Algèbre linèaire

Cours et problèmes

deuxième édition

Série Schaum

Algèbre linéaire

Cours et problèmes

Deuxième édition

Seymour Lipszchutz
Temple University

Traduit par:
Abdellatif Abouhazim

McGraw-Hill International (UK) Ltd.

London • New York • San Francisco • St. Louis • Auckland • Bogotà • Caracas • Lisbon • Madrid • Mexico City • Milan • Montreal • New Delhi • San Juan • Singapore • Sydney • Tokyo • Toronto

Titre de l'édition originale :
Schaum's Outline of Theory and Problems of Linear Algebra
Second Edition
Seymour Lipschutz

Copyright de l'édition originale :
© 1991 by the McGraw-Hill Companies Inc., New York

Copyright © 1994 de l'édition française :
McGraw-Hill International (UK) Ltd.
Shoppenhangers Road
Maidenhead, Berkshire
SL6-2QL England

McGraw-Hill

A Division of The **McGraw-Hill** Companies

ISBN 2-7042-1282-1

Avant-propos

Depuis quelques années, l'algèbre linéaire est devenue une partie essentielle du bagage mathématique nécessaire aux mathématiciens, physiciens, ingénieurs et autres scientifiques. Ce besoin reflète l'importance et les applications étendues du sujet.

Ce livre peut être utilisé comme manuel de base pour un cours d'algèbre linéaire ou comme complément à d'autres ouvrages. Il vise à présenter une introduction à l'algèbre linéaire, utile à tous les lecteurs, quelles que soient leurs spécialités. Ce livre contient plus de matière que ce que l'on peut prévoir dans la plupart des premiers cours d'algèbre linéaire. Ceci a été fait dans le but de rendre l'ouvrage plus souple, de fournir un livre de référence utile et, finalement, de stimuler l'intérêt porté à cette matière.

Chaque chapitre comprend des énoncés clairs de définitions, de principes et de théorèmes, des éléments d'illustration et de description. Viennent ensuite des problèmes résolus, de difficulté croissante, et des problèmes supplémentaires. Les problèmes résolus servent à illustrer et à amplifier la théorie, à mettre au point de façon précise les passages délicats, sans lesquels l'étudiant se sent constamment sur un terrain incertain. De nombreuses démonstrations de théorèmes font parties des problèmes résolus. Les problèmes supplémentaires permettent une révision complète de chaque chapitre.

Le premier chapitre traite des systèmes d'équations linéaires. Il fournit les outils fondamentaux de calcul pour l'étude du reste de l'ouvrage. Après l'introduction des matrices et des vecteurs, vient l'étude des espaces vectoriels, des sous-espaces et des espaces préhilbertiens, suivis des déterminants. Un chapitre sur les valeurs propres et les vecteurs propres, donne les conditions permettant de représenter un opérateur linéaire par une matrice diagonale. Les derniers chapitres couvrent l'étude abstraite des applications linéaires et conduisent naturellement à l'étude des formes canoniques et, plus précisément, les formes triangulaires, de Jordan et les formes canoniques rationnelles. Le dernier chapitre est consacré à l'étude des applications linéaires entre espaces préhilbertiens.

Les principaux changements dans cette seconde édition ont été faits plus pour des raisons pédagogiques (de forme), que pour le contenu. Ici, la notion d'application est introduite très tôt dans l'ouvrage, ainsi que la notion d'espace préhilbertien qui vient juste après l'étude des espaces vectoriels et des sous-espaces. Aussi, les algorithmes de réduction suivant les lignes, d'inversion des matrices utilisant le calcul des déterminants et la diagonalisation de matrices et des formes quadratiques, sont présentés en utilisant la notation algorithmique. En outre, des sujets tels les matrices élémentaires, la factorisation LU, les coefficients de Fourier et les différentes normes sur $\mathbb{R}^n$ sont introduits directement dans la partie cours au lieu de la partie problèmes. Finalement, en traitant des sujets plus abstraits et plus avancés dans la dernière partie de l'ouvrage, nous faisons de cette édition un ouvrage susceptible de couvrir le cours d'algèbre linéaire pendant les deux semestres de l'année.

Je voudrais remercier les éditions McGraw-Hill et, plus précisément, John Aliano, David Beckwith et Margaret Tobin pour leurs suggestions inestimables ainsi que pour leur aide et leur coopération. Enfin, je veux exprimer toute ma gratitude à Wilhelm Magnus, mon professeur, conseiller et ami, et qui m'a initié à la beauté des mathématiques.

SEYMOUR LIPSCHUTZ

Table des matières

Chapitre 1

Équations linéaires

1.1. INTRODUCTION

La théorie des équations linéaires joue un rôle important en algèbre linéaire. En fait, de très nombreux problèmes de cette matière se résument à l'étude d'un système d'équations linéaires, par exemple la recherche du noyau d'une application linéaire et la détermination d'un sous-espace vectoriel engendré par un ensemble de vecteurs. En conséquence, les techniques introduites dans ce chapitre seront applicables aux méthodes plus abstraites données par la suite. D'autre part quelques-uns des résultats de ces méthodes abstraites nous donneront de nouveaux aperçus sur la structure des systèmes « concrets » d'équations linéaires.

Dans ce chapitre, nous étudierons les systèmes d'équations linéaires et décrirons en détail l'algorithme d'élimination de Gauss, utilisé pour la recherche des solutions. Dans le chapitre 3, nous étudierons en détail les matrices, mais nous les introduisons déjà ici ainsi que certaines opérations que l'on peut effectuer sur elles, puisque les matrices sont intimement liées à l'étude et à la recherche de solutions de systèmes d'équations linéaires.

Toutes nos équations utilisent des nombres appelés *constantes* ou *scalaires*. Pour simplifier, nous supposerons que toutes les équations de ce chapitre sont données sur le corps $\mathbb{R}$ des nombres réels. Les solutions de nos équations seront donc des n-uplets $u = (k_1, k_2, \ldots, k_n)$ de nombres réels appelés *vecteurs*. L'ensemble de ces n-uplets est noté $\mathbb{R}^n$.

Les résultats et les méthodes employées ici resteront valables dans le corps des nombres complexes $\mathbb{C}$ ou dans un corps $\mathbb{K}$ arbitraire.

1.2. ÉQUATIONS LINÉAIRES, SOLUTIONS

Par *équation linéaire* à n inconnues x_1, x_2, ...,x_n, sur le corps $\mathbb{R}$, nous désignons une expression qu'on peut écrire sous la *forme standard* :

$$a_1 x_1 + a_2 x_2 + \cdots + a_n x_n = b \qquad (1.1)$$

où a_1, a_2, ..., a_n, b sont des scalaires. Les a_i s'appellent les *coefficients* des x_i, et b le *terme constant* ou simplement la constante de l'équation.

Une *solution* de l'équation linéaire précédente est un ensemble de valeurs $x_1 = k_1$, $x_2 = k_2$, ..., $x_n = k_n$, ou simplement le n-uplet $u = (k_1, k_2, \ldots, k_n)$ de constantes, ayant la propriété de vérifier l'énoncé suivant (obtenu en remplaçant chaque x_i par k_i dans l'équation) :

$$a_1 k_1 + a_2 k_2 + \cdots + a_n k_n = b$$

Cet ensemble de valeurs est dit alors *satisfaisant* l'équation.

L'ensemble de telles solutions est appelé *ensemble solution* ou *solution générale*, ou simplement *solution* de l'équation.

Remarque : Les définitions des notions précédentes supposent implicitement un ordre entre les inconnues. Afin d'éviter les indices, nous utiliserons les variables x, y, z dans cet ordre pour désigner trois inconnues, x, y, z, t dans cet ordre pour désigner quatre inconnues et x, y, z, s, t dans cet ordre pour désigner cinq inconnues.

Exemple 1.1

(a) L'équation $2x - 5y + 3xz = 4$ n'est pas linéaire puisque le produit xz de deux inconnues est du second degré.

(b) L'équation $x + 2y - 4z + t = 3$ est linéaire à quatre inconnues x, y, z, t.

Le quadruplet $u = (3, 2, 1, 0)$ est une solution de l'équation puisque

$$3 + 2(2) - 4(1) + 0 = 3 \qquad \text{ou} \qquad 3 = 3$$

est une égalité vraie. Cependant, le quadruplet $v = (1, 2, 4, 5)$ n'est pas une solution de l'équation puisque

$$1 + 2(2) - 4(4) + 5 = 3 \qquad \text{ou} \qquad -6 = 3$$

n'est pas vérifiée.

Équations linéaires à une inconnue

Les résultats fondamentaux suivants seront démontrés dans le problème 1.5.

Théorème 1.1 : Considérons l'équation linéaire $ax = b$.

    (i) Si $a \neq 0$, alors $x = b/a$ est une solution unique de $ax = b$.

    (ii) Si $a = 0$ mais $b \neq 0$, alors $ax = b$ n'a pas de solution unique de $ax = b$.

    (iii) Si $a = 0$ et $b = 0$, alors tout scalaire k est une solution de $ax = b$.

Exemple 1.2

(a) Résoudre l'équation $4x - 1 = x + 6$.

Récrivons cette équation sous la forme standard $4x - x = 6 + 1$ ou $3x = 7$. En multipliant par $\frac{1}{3}$ nous obtenons l'unique solution $x = \frac{7}{3}$ [Théorème 1.1 (i)].

(b) Résoudre l'équation $2x - 5 - x = x + 3$.

Récrivons cette équation sous la forme standard $x - 5 = x + 3$ ou $x - x = 3 + 8$ ou encore $0x = 8$. L'équation n'a pas de solution [Théorème 1.1 (ii)].

(c) Résoudre l'équation $4 + x - 3 = 2x + 1 - x$.

Récrivons cette équation sous la forme standard $x + 1 = x + 1$ ou $x - x = 1 - 1$ ou $0x = 0$. Tout scalaire k est solution [Théorème 1.1 (iii)].

Équations linéaires dégénérées

Une équation linéaire est dite *dégénérée* si elle est de la forme

$$0x_1 + 0x_2 + \cdots + 0x_n = b$$

c'est-à-dire si tous les coefficients de l'équation sont nuls. La solution d'une telle équation est la suivante :

Théorème 1.2 : Considérons l'équation linéaire dégénérée $0x_1 + 0x_2 + \cdots + 0x_n = b$.

    (i) Si $b \neq 0$, alors l'équation n'a pas de solution.

    (ii) Si $b = 0$, alors tout vecteur $u = (k_1, k_2, \ldots, k_n)$ est une solution.

Preuve. (i)   Soit $u = (k_1, k_2, \ldots, k_n)$ un vecteur quelconque. Supposons $b \neq 0$. En remplaçant les inconnues par les composantes de u dans l'équation, nous obtenons :

$$0k_1 + 0k_2 + \cdots + 0k_n = b \qquad \text{ou} \qquad 0 + 0 + \cdots + 0 = b \qquad \text{ou} \qquad 0 = b$$

Ce qui est absurde, puisque $b \neq 0$. Ainsi, aucun vecteur u n'est solution de l'équation. (ii)   Supposons $b = 0$. En remplaçant les inconnues par les composantes de u dans l'équation, nous obtenons :

$$0k_1 + 0k_2 + \cdots + 0k_n = 0 \qquad \text{ou} \qquad 0 + 0 + \cdots + 0 = 0 \qquad \text{ou} \qquad 0 = 0$$

qui est une égalité vraie. Ainsi, tout vecteur $u \in \mathbb{R}^n$ est solution de l'équation.

Exemple 1.3.   Décrire la solution de l'équation $4y - x - 3y + 3 = 2 + x - 2x + y + 1$.

Récrivons l'équation sous la forme standard en regroupant les termes correspondants :

$$y - x + 3 = y - x + 3 \qquad \text{ou} \qquad y - x - y + x = 3 - 3 \qquad \text{ou} \qquad 0x + 0y = 0$$

L'équation est dégénérée avec un terme constant égal à zéro, donc tout vecteur $u = (a, b) \in \mathbb{R}^2$ est solution.

Équations linéaires non dégénérées, inconnue principale

Dans ce paragraphe, nous étudions les solutions d'une seule équation linéaire non dégénérée, d'une ou plusieurs inconnues, disons

$$a_1x_1 + a_2x_2 + \cdots + a_nx_n = b$$

Par *inconnue principale* d'une telle équation, nous désignons la première inconnue de coefficient non nul. Sa position p dans l'équation est alors la plus petite valeur entière de j telle que $a_j \neq 0$. En d'autres termes, x_p est l'inconnue principale si $a_j = 0$ pour $j < p$, mais $a_p \neq 0$.

Exemple 1.4

Considérons l'équation linéaire $5y - 2z = 3$. Ici, y est l'*inconnue principale*. Si les inconnues sont x, y et z, alors $p = 2$ est sa position. Si, par contre, y et z sont les seules inconnues, $p = 1$.

Le théorème suivant sera démontré dans le problème 1.9.

Théorème 1.3 :   Considérons l'équation linéaire non dégénérée $a_1x_1 + a_2x_2 + \cdots + a_nx_n = b$ d'inconnue principale x_p.

      (i) Tout ensemble de valeurs données aux inconnues x_j avec $j \neq p$, conduit à une solution unique de l'équation. (Les inconnues x_j s'appellent des *variables libres* puisqu'on peut leur donner n'importe quelle valeur.)

      (ii) Toutes les solutions de l'équation sont obtenues dans (i).

      (L'ensemble de toutes les solutions du système s'appelle *la solution générale de l'équation.*)

Exemple 1.5

(a) Trouver trois solutions particulières de l'équation $2x - 4y + z = 8$.

Ici, x est l'inconnue principale. Par conséquent, on peut donner des valeurs quelconques aux variables libres y et z, puis résoudre l'équation en x pour trouver une solution. Par exemple :

(1) Posons $y = 1$ et $z = 1$. En remplaçant dans l'équation, nous obtenons

$$2x - 4(1) + 1 = 8 \qquad \text{ou} \qquad 2x - 4 + 1 = 8 \qquad \text{ou} \qquad 2x = 11 \qquad \text{ou} \qquad x = \frac{11}{2}$$

Ainsi, $u_1 = (\frac{11}{2}, 1, 1)$ est une solution.

(2) Posons $y = 1$ et $z = 0$. En remplaçant dans l'équation, nous obtenons $x = 6$. Donc $u_2 = (6, 1, 0)$ est une solution.

(3) Posons $y = 0$ et $z = 1$. En remplaçant dans l'équation, nous obtenons $x = \frac{7}{2}$. Donc $u_3 = (\frac{7}{2}, 0, 1)$ est une solution.

(*b*) La solution générale de l'équation précédente $2x - 4y + z = 8$ s'obtient de la manière suivante :

Donnons d'abord des valeurs arbitraires (appelées *paramètres*) aux variables libres, disons $y = a$ et $z = b$. En remplaçant dans l'équation, nous obtenons :

$$2x - 4a + b = 8 \qquad \text{ou} \qquad 2x = 8 + 4a - b \qquad \text{ou} \qquad x = 4 + 2a - \tfrac{1}{2}b$$

Ainsi,

$$x = 4 + 2a - \tfrac{1}{2}b = 8, \;\; y = a, \;\; z = b \qquad \text{ou} \qquad u = (4 + 2a - \tfrac{1}{2}b, a, b)$$

est la solution générale.

1.3. ÉQUATION LINÉAIRE À DEUX INCONNUES

Dans cette section, nous considérons un cas particulier d'équations linéaires à deux inconnues, x et y, c'est-à-dire les équations qui peuvent s'écrire sous la forme standard :

$$ax + by = c$$

où a, b et c sont des nombres réels. (Nous supposons également que l'équation est non dégénérée, *i.e.* que a et b ne sont pas tous deux nuls.) Chaque solution de cette équation est un couple de nombres réels, $u = (k_1, k_2)$, qui peut être trouvée en donnant une valeur arbitraire à x puis en résolvant en y ou *vice versa*.

Chaque solution $u = (k_1, k_2)$ de l'équation précédente correspond à un point du plan cartésien $\mathbb{R}^2$. Comme a et b ne sont pas tous deux nuls, l'ensemble de telles solutions correspond précisément aux points d'une ligne droite (d'où le nom d'« équation linéaire »). Cette droite s'appelle le *graphe* de l'équation.

Exemple 1.6. Considérons l'équation linéaire $2x + y = 4$. Cherchons trois solutions de cette équation comme suit. Choisissons d'abord une valeur de l'une des deux inconnues, disons $x = -2$. En remplaçant $x = -2$ dans l'équation, nous obtenons

$$2(-2) + y = 4 \qquad \text{ou} \qquad -4 + y = 4 \qquad \text{ou} \qquad y = 8$$

Ainsi, $x = 2$, $y = 8$ ou le point $(-2, 8) \in \mathbb{R}^2$ est une solution. Maintenant, pour déterminer le point d'intersection de la droite avec l'axe des x, posons $x = 0$ dans l'équation pour obtenir $y = 4$. Ainsi, sur l'axe des x, le point $(0, 4)$ est solution. Pour déterminer le point d'intersection de la droite avec l'axe des y, posons $y = 0$ dans l'équation pour obtenir $x = 2$. Ainsi, sur l'axe des y, le point $(2, 0)$ est solution.

Pour construire le graphe de l'équation, plaçons d'abord les trois solutions $(-2, 8)$, $(0, 4)$ et $(2, 0)$ dans le plan $\mathbb{R}^2$ comme indiqué sur la figure 1-1. Puis, construisons la droite L déterminée par deux des solutions données. Notons que la troisième solution appartient également à la droite L. (En effet, L est l'ensemble de toutes les solutions de l'équation.) La droite L est le graphe de l'équation.

Système de deux équations à deux inconnues

Dans ce paragraphe, nous considérons un système de deux équations linéaires (non dégénérées) à deux inconnues x et y :

$$\begin{aligned} a_1 x + b_1 y = c_1 \\ a_2 x + b_2 y = c_2 \end{aligned} \tag{1.2}$$

(Ainsi a_1 et b_1 ne sont pas tous deux nuls et a_2 et b_2 ne sont pas tous deux nuls.) Nous étudions séparément ce système simple puisque son interprétation géométrique et ses propriétés éclairciront le cas général.

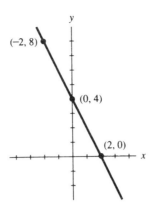

Graphe de $2x + y = 4$

Fig. 1-1

Un couple $u = (k_1, k_2)$ de nombres réels satisfaisant simultanément les deux équations est appelé *solution du système* d'équations. On distingue trois cas, qu'on peut décrire géométriquement.

(1) Le système admet exactement une solution. Dans ce cas les graphes des deux équations linéaires se coupent en un seul point, comme l'indique la figure 1.2(a).

(2) Le système n'admet pas de solution. Dans ce cas les graphes des deux équations linéaires sont parallèles, comme l'indique la figure 1.2(b).

(1) Le système admet une infinité de solutions. Dans ce cas les graphes des deux équations linéaires coïncident, comme l'indique la figure 1.2(c).

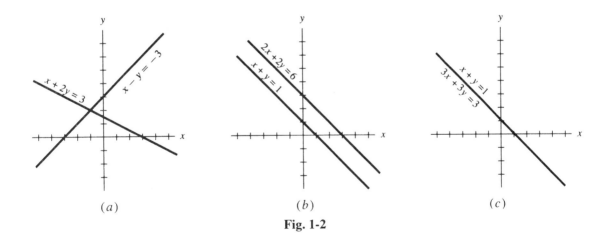

(a) (b) (c)

Fig. 1-2

Les cas particuliers (2) et (3) apparaissent lorsque les coefficients de x et de y dans les deux équations linéaires sont proportionnels; c'est-à-dire si

$$\frac{a_1}{a_2} = \frac{b_1}{b_2} \qquad \text{ou} \qquad \begin{vmatrix} a_1 & b_1 \\ a_2 & b_2 \end{vmatrix} = a_1 b_2 - a_2 b_1 = 0$$

Plus précisément, les cas particuliers (2) et (3) apparaissent si

$$\frac{a_1}{a_2} = \frac{b_1}{b_2} \neq \frac{c_1}{c_2} \qquad \text{ou} \qquad \frac{a_1}{a_2} = \frac{b_1}{b_2} = \frac{c_1}{c_2}$$

respectivement. Sauf mention expresse du contraire, nous supposons que nous travaillons dans le cas général (1).

Remarque : L'expression $\begin{vmatrix} a_1 & b_1 \\ a_2 & b_2 \end{vmatrix}$, qui vaut $a_1b_2 - a_2b_1$, s'appelle un *déterminant* d'ordre deux. Les déterminants seront étudiés au chapitre 7. Ainsi, le système admet une solution unique lorsque le déterminant de ses coefficients est différent de zéro.

Algorithme d'élimination

La solution du système *(1.2)* peut être résolu à l'aide de la *méthode de substitution* ou *algorithme d'élimination* qui permet de réduire le système à une seule équation à une inconnue. En supposant que le système admet une solution unique, cet algorithme comprend les deux étapes suivantes :

Étape 1. Ajouter un multiple d'une équation à l'autre équation (ou à un multiple de l'autre équation) afin d'éliminer l'une des inconnues dans la nouvelle équation.

Étape 2. Résoudre la nouvelle équation pour l'inconnue donnée puis la remplacer par la valeur obtenue dans l'une des équations initiales pour obtenir la valeur de l'autre inconnue.

Exemple 1.7

(*a*) Considérons le système

$$L_1 : \quad 2x + 5y = 8$$
$$L_2 : \quad 3x - 2y = -7$$

Éliminons la variable x des équations en formant la nouvelle équation $L = 3L_1 - 2L_2$; c'est-à-dire en multipliant L_1 par 3 et L_2 par -2 puis en additionnant les équations obtenues :

$$\begin{array}{rl} 3L_1 : & 6x + 15y = 24 \\ -2L_2 : & -6x + 4y = 14 \\ \hline \text{Addition :} & 19y = 38 \end{array}$$

Résolvons la nouvelle équation en y pour obtenir $y = 2$. Maintenant, en remplaçant $y = 2$ dans l'une des équations initiales, disons L_1, nous obtenons :

$$2x + 5(2) = 8 \quad \text{ou} \quad 2x + 10 = 8 \quad \text{ou} \quad 2x = -2 \quad \text{ou} \quad x = -1$$

Ainsi, $x = -1$ et $y = 2$, ou le couple $(-1, 2)$, est l'unique solution du système.

(*b*) Considérons le système

$$L_1 : \quad x - 3y = 4$$
$$L_2 : \quad -2x + 6y = 5$$

Éliminons la variable x des équations en multipliant L_1 par 2 puis en additionnant l'équation obtenue à L_2 ; c'est-à-dire en formant l'équation $L = 2L_1 + L_2$. Ceci conduit à une nouvelle équation $0x + 0y = 13$. C'est une équation linéaire non dégénérée dont le terme constant est non nul. Par conséquent, le système n'admet pas de solution. (Géométriquement, ceci signifie que les deux droites sont parallèles.)

(*c*) Considérons le système

$$L_1 : \quad x - 3y = 4$$
$$L_2 : \quad -2x + 6y = -8$$

Éliminons la variable x en multipliant L_1 par 2 puis en additionnant l'équation obtenue à L_2. Ceci conduit à la nouvelle équation $0x + 0y = 0$. C'est une équation linéaire dégénérée dont le terme constant est égal à zéro. Par conséquent, le système admet une infinité de solutions qui correspondent aux solutions de chacune des deux équations. (Géométriquement, les deux droites coïncident.) Pour trouver la solution générale, posons $y = a$ et remplaçons dans L_1 pour obtenir $x - 3a = 4$, ou $x = 3a + 4$. Par conséquent, la solution générale du système est

$$(3a + 4, a)$$

où a est un nombre réel arbitraire.

1.4. SYSTÈME D'ÉQUATIONS LINÉAIRES, SYSTÈMES ÉQUIVALENTS, OPÉRATIONS ÉLÉMENTAIRES

Considérons maintenant un système de m équations linéaires, L_1, L_2, ..., L_n, à n inconnues x_1, x_2, ..., x_n qu'on peut écrire sous la *forme standard* :

$$\begin{aligned} a_{11}x_1 + a_{12}x_2 + \cdots + a_{1n}x_n &= b_1 \\ a_{21}x_1 + a_{22}x_2 + \cdots + a_{2n}x_n &= b_2 \\ &\cdots\cdots\cdots\cdots\cdots\cdots\cdots\cdots \\ a_{m1}x_1 + a_{m2}x_2 + \cdots + a_{mn}x_n &= b_m \end{aligned} \qquad (1.3)$$

où les a_{ij}, b_i sont des constantes réelles.

Une *solution* (ou une *solution particulière*) du système précédent est un ensemble de valeurs des inconnues $x_1 = k_1$, $x_2 = k_2$, ..., $x_n = k_n$, ou un n-uplet $u = (k_1, k_2 \cdots k_n)$ de nombres réels qui satisfait chacune des équations du système. L'ensemble de toutes les solutions est souvent appelé *solution générale du système*.

Exemple 1.8. Considérons le système

$$\begin{aligned} x_1 + 2x_2 - 5x_3 + 4x_4 &= 3 \\ 2x_1 + 3x_2 + x_3 - 2x_4 &= 1 \end{aligned}$$

Chercher si $x_1 = -8$, $x_2 = 4$, $x_3 = 1$, $x_4 = 2$ est une solution du système.

En remplaçant ces valeurs dans chaque équation, nous obtenons

(1) $-8 + 2(4) - 5(1) + 4(2) = 3$ ou $-8 + 8 - 5 + 8 = 3$ ou $3 = 3$.

(2) $2(-8) + 3(4) + 1 - 2(2) = 1$ ou $-16 + 12 + 1 - 4 = 1$ ou $-7 = 3$.

Non, ce n'est pas une solution du système, puisque ce n'est pas une solution de la seconde équation.

Systèmes équivalents, opérations élémentaires

Deux systèmes d'équations linéaires ayant les mêmes inconnues sont dits *équivalents* s'ils ont les mêmes ensembles solution. Un moyen pour obtenir des systèmes équivalents à un système donné, formé des équations linéaires L_1, L_2, ..., L_m, est d'appliquer un nombre fini d'opérations appelées *opérations élémentaires* comme suit :

$[E_1]$ Échanger la i-ième et la j-ième équations : $L_i \leftrightarrow L_j$.

$[E_2]$ Multiplier la i-ième équation par un scalaire non nul k : $kL_i \rightarrow L_i$, $k \neq 0$.

$[E_3]$ Remplacer la i-ième équation par k fois la j-ième plus la i-ième équation : $(kL_j + L_i) \rightarrow L_i$.

En pratique, nous appliquons les étapes $[E_2]$ puis $[E_3]$ dans une même étape, c'est-à-dire l'opération

$[E]$ Remplacer la i-ième équation par k' fois la j-ième plus k fois (k, non nul) la i-ième équation :

$$(k'L_j + kL_i) \rightarrow L_i, \quad k \neq 0$$

La procédure précédente est formellement énoncée dans le théorème suivant qui sera démontré dans le problème 1.46.

Théorème 1.4 : Supposons qu'un système (#) d'équations linéaires soit obtenu à partir d'un système (*) d'équations linéaires en appliquant un nombre fini d'opérations élémentaires. Alors les systèmes (#) et (*) ont le même ensemble solution.

Notre méthode de résolution du système *(1.3)* d'équations linéaires, comprend deux étapes :

Étape 1. Utiliser les opérations élémentaires précédentes pour réduire le système à un système équivalent plus simple (sous forme triangulaire ou échelonnée).

Étape 2. Utiliser la méthode de substitution pour résoudre le système plus simple.

Les deux étapes précédentes sont illustrées par l'exemple 1.9. Cependant, pour des raisons pédagogiques, nous discuterons d'abord l'étape 2, en détail, dans la section 1.5 puis l'étape 1, en détail, dans la section 1.6.

Exemple 1.9. La solution du système

$$x + 2y - 4z = -4$$
$$5x + 11y - 21z = -22$$
$$3x - 2y + 3z = 11$$

s'obtient de la manière suivante :

Étape 1. D'abord, nous éliminons x de la seconde équation en appliquant l'opération élémentaire $(-5L_1 + L_2) \rightarrow L_2$, c'est-à-dire en multipliant L_1 par -5 puis en rajoutant l'équation obtenue à L_2 ; puis nous éliminons x de la troisième équation en appliquant l'opération élémentaire $(-3L_1 + L_3) \rightarrow L_3$, c'est-à-dire en multipliant L_1 par -3 puis en rajoutant l'équation obtenue à L_3 :

$-5 \times L_1 : -5x - 10y + 20z = 20$	$-3 \times L_1 : -3x - 6y + 12z = 12$
$L_2 : \quad 5x + 11y - 21z = -22$	$L_3 : \quad 3x - 2y + 3z = 11$
nouvelle $L_2 : \qquad y - z = -2$	nouvelle $L_3 : \qquad -8y + 15z = 23$

Ainsi, le système initial est équivalent au système suivant

$$x + 2y - 4z = -4$$
$$y - z = -2$$
$$-8y + 15z = 23$$

Maintenant, éliminons y de la troisième équation en appliquant l'opération élémentaire $(8L_2 + L_3) \rightarrow L_3$, c'est-à-dire en multipliant L_1 par 8 puis en rajoutant l'équation obtenue à L_3 :

$$8 \times L_2 : \quad 8y - 8z = -16$$
$$L_3 : -8y + 15z = \quad 23$$
$$\text{nouvelle } L_3 : \qquad 7z = \quad 7$$

Nous obtenons donc le système suivant sous la forme triangulaire :

$$x + 2y - 4z = -4$$
$$y - z = -2$$
$$7z = 7$$

Étape 2. Maintenant, résolvons le système simple par substitution inverse. La troisième équation donne $z = 1$. En remplaçant $z = 1$ dans la seconde équation, nous obtenons

$$y - 1 = 2 \qquad \text{ou} \qquad y = -1$$

Maintenant, en remplaçant $z = 1$ et $y = -1$ dans la première équation, nous obtenons

$$x + 2(-1) - 4(1) = -4 \qquad \text{ou} \qquad x - 2 - 4 = -4 \qquad \text{ou} \qquad x - 6 = -4 \qquad \text{ou} \qquad x = 2$$

Ainsi, $x = 2$, $y = -1$ et $z = 1$ ou, en d'autres termes, le triplet $(2, -1, 1)$ est l'unique solution du système donné.

Les deux étapes précédentes de l'algorithme pour résoudre un système d'équations linéaires constituent l'*algorithme d'élimination de Gauss*. Le théorème suivant sera utilisé dans l'étape 1 de l'algorithme.

Théorème 1.5 : Supposons que le système linéaire contienne l'équation dégénérée

$$L : \quad 0x_1 + 0x_2 + \cdots + 0x_n = b$$

(*a*) Si $b = 0$, alors L peut être supprimée sans changer l'ensemble solution du système.

(*b*) Si $b \neq 0$, alors le système n'admet pas de solution.

Preuve. La démonstration découle directement du théorème 1.2. En effet, la partie (a) découle du fait que tout vecteur de $\mathbb{R}^n$ est solution de L et la partie (b) découle du fait que L n'a pas de solution et, par suite, le système n'admet pas de solution.

1.5. SYSTÈMES SOUS FORME TRIANGULAIRE ET ÉCHELONNÉE

Dans cette section, nous étudions deux types de systèmes simples d'équations linéaires : les systèmes sous forme triangulaire et, plus généralement, les systèmes sous forme échelonnée.

Forme triangulaire

Un système d'équations linéaires est écrit sous la *forme triangulaire* si le nombre d'équations est égal au nombre d'inconnues et si x_k est l'inconnue principale dans la k-ième équation. Ainsi, un système triangulaire d'équations linéaires s'écrit sous la forme suivante :

$$
\begin{aligned}
a_{11}x_1 + a_{12}x_2 + \cdots + \quad a_{1,n-1}x_{n-1} + \quad a_{1n}x_n &= b_1 \\
a_{22}x_2 + \cdots + \quad a_{2,n-1}x_{n-1} + \quad a_{2n}x_n &= b_2 \\
\cdots\cdots\cdots\cdots\cdots\cdots\cdots\cdots\cdots\cdots\cdots\cdots\cdots\cdots & \\
a_{n-1,n-1}x_{n-1} + a_{n-1,n}x_n &= b_{n-1} \\
a_{nn}x_n &= b_n
\end{aligned}
\tag{1.4}
$$

où $a_{11} \neq 0$, $a_{22} \neq 0$, ..., $a_{nn} \neq 0$.

Le système triangulaire d'équations linéaires admet une solution unique qui peut être obtenue par la méthode dite de *substitution inverse*. D'abord, résolvons la dernière équation pour trouver la valeur de la dernière inconnue x_n :

$$
x_n = \frac{b_n}{a_{nn}}
$$

Puis, remplaçons la valeur de x_n obtenue dans l'avant-dernière équation qu'on résout pour trouver la valeur de l'avant-dernière inconnue x_{n-1} :

$$
x_{n-1} = \frac{b_{n-2} - a_{n-1,n}(b_n/a_{nn})}{a_{n-1,n-1}}
$$

Ensuite, remplaçons les valeurs de x_n et x_{n-1} obtenues dans l'équation suivante qu'on résout pour trouver la valeur de x_{n-2} :

$$
x_{n-2} = \frac{b_{n-2} - (a_{n-2,n-1}/a_{n-1,n-1})[b_{n-1} - a_{n-1,n}(b_n/a_{nn})] - (a_{n-2,n}/a_{nn})b_n}{a_{n-2,n-2}}
$$

En général, on détermine la valeur de x_k en remplaçant x_n, x_{n-1}, ..., x_{k+1} dans la k-ième équation par leurs valeurs obtenues précédemment :

$$
x_k = \frac{b_k - \sum_{m=k+1}^{n} a_{km}x_m}{a_{kk}}
$$

Le procédé s'arrête lorsqu'on a obtenu la valeur de la première inconnue x_1. La solution est unique puisque, à chaque étape de l'algorithme, la valeur de x_k est déterminée d'une manière unique, d'après le théorème 1.1(i).

Exemple 1.10. Considérons le système

$$
\begin{aligned}
2x + 4y - \quad z &= 11 \\
5y + \quad z &= 2 \\
3z &= -9
\end{aligned}
$$

Puisque le système est triangulaire, il peut être résolu par substitution inverse.

(i) La dernière équation donne $z = -3$.

(ii) Remplaçons z par -3 dans la seconde équation pour obtenir $5y - 3 = 2$ ou $5y = 5$ ou encore $y = 1$.

(iii) En remplaçant maintenant y et z par leurs valeurs dans la première équation, nous obtenons

$$2x + 4(1) - (-3) = 11 \qquad \text{ou} \qquad 2x + 4 + 3 = 11 \qquad \text{ou} \qquad 2x = 4 \qquad \text{ou} \qquad x = 2$$

Ainsi, le vecteur $u = (2, 1, -3)$ est l'unique solution du système.

Forme échelonnée, variables libres

Un système d'équations linéaires est écrit sous la *forme échelonnée* si aucune de ses équations n'est dégénérée et si l'inconnue principale de chaque équation est située à droite de l'inconnue principale de l'équation précédente. Ainsi, un système échelonné d'équations linéaires s'écrit sous la forme suivante :

$$
\begin{aligned}
a_{11}x_1 + a_{12}x_2 + a_{13}x_3 + a_{14}x_4 + \cdots\cdots\cdots + a_{1n}x_n &= b_1 \\
a_{2j_2}x_{j_2} + a_{2,j_2+1}x_{j_2+1} + \cdots\cdots + a_{2n}x_n &= b_2 \\
\cdots\cdots\cdots\cdots\cdots\cdots\cdots\cdots\cdots\cdots\cdots\cdots \\
a_{rj_r}x_{j_r} + a_{r,j_r+1}x_{j_r+1} + \cdots + a_{rn}x_n &= b_r
\end{aligned}
\tag{1.5}
$$

où $1 < j_2 < \ldots < j_r$ et où $a_{11} \neq 0$, $a_{2j_2} \neq 0$, ..., $a_{rj_r} \neq 0$. Remarquer que $r \leq n$.

Une inconnue x_k du système échelonné précédent *(1.5)* est dite une *variable libre* si x_k n'est une inconnue principale dans aucune équation, c'est-à-dire $x_k \neq x_1$, $x_k \neq x_{j_2}$, ..., $x_k \neq x_{j_r}$.

Le théorème suivant, qui sera démontré dans le problème 1.13, décrit l'ensemble solution d'un système échelonné.

Théorème 1.6 : Considérons le système échelonné *(1.5)* d'équations linéaires. Deux cas se présentent.

(i) $r = n$. Cela signifie qu'il y a autant d'équations que d'inconnues. Alors, le système admet une solution unique.

(ii) $r < n$. Cela signifie qu'il y a moins d'équations que d'inconnues. Alors, le système admet une solution pour chaque ensemble de valeurs arbitraires données aux $n - r$ variables libres.

Supposons que le système échelonné *(1.5)* contienne plus d'inconnues que d'équations. Alors le système admet une infinité de solutions puisqu'on peut donner des valeurs arbitraires aux $n - r$ variables libres. La solution générale du système s'obtient donc comme suit. Des valeurs arbitraires, appelées *paramètres*, sont assignées aux $n - r$ variables libres puis, par substitution inverse, nous calculons les valeurs des autres variables en fonction des paramètres. Autrement dit, on peut utiliser la méthode de substitution inverse pour résoudre directement le système avec les inconnues x_1, x_{j_2}, ..., x_{j_r} en fonction des variables libres.

Exemple 1.11. Considérons le système

$$
\begin{aligned}
x + 4y - 3z + 2t &= 5 \\
z - 4t &= 2
\end{aligned}
$$

Le système est déjà sous forme échelonnée. Les inconnues principales sont x et z, donc les variables libres sont les autres inconnues y et t.

Pour trouver la solution générale du système, donnons des valeurs arbitraires aux variables libres y et t, disons $y = a$ et $t = b$ puis, par substitution inverse, résolvons le système en x et z. En remplaçant dans la dernière équation, nous obtenons $z - 4b = 2$ ou $z = 2 + 4b$, puis en remplaçant dans la première, nous obtenons

$$x + 4a - 3(2 + 4b) + 2b = 5 \qquad \text{ou} \qquad x + 4a - 6 - 12b + 2b = 5 \qquad \text{ou} \qquad x = 11 - 4a + 10b$$

Ainsi,

$$x = 11 - 4a + 10b, \quad y = a, \quad z = 2 + 4b, \quad t = b \qquad \text{ou} \qquad (11 - 4a + 10b, a, 2 + 4b, b)$$

est la solution générale sous forme paramétrique. Autrement dit, on peut utiliser la méthode de substitution inverse pour résoudre directement le système avec les inconnues x et z en fonction des variables libres y et t. La dernière équation donne $z = 2 + 4t$. En remplaçant dans la première, nous obtenons

$$x + 4y - 3(2 + 4t) + 2t = 5 \quad \text{ou} \quad x + 4y - 6 - 12t + 2t = 5 \quad \text{ou} \quad x = 11 - 4y + 10t$$

Par conséquent,

$$x = 11 - 4y + 10t$$
$$z = 2 + 4t$$

est une autre forme de la solution générale du système.

1.6. ALGORITHME DE RÉDUCTION

L'algorithme suivant (appelé quelquefois *algorithme de réduction suivant les lignes*) réduit le système *(1.3)* de m équations linéaires à n inconnues à la forme échelonnée (éventuellement triangulaire) ou bien détermine si le système n'admet pas de solution.

Algorithme de réduction

Étape 1. Échanger les équations de telle sorte que la première inconnue x_1 ait un coefficient non nul ; *i.e.*, s'arranger pour que $a_{11} \neq 0$.

Étape 2. Utiliser a_{11} comme pivot pour éliminer x_1 de toutes les équations à l'exception de la première. C'est-à-dire, pour chaque $i > 1$, appliquer l'opération élémentaire (*cf.* § 1.4)

$$[E_3]: \ -(a_{i1}/a_{11})L_1 + L_i \to L_i \quad \text{ou} \quad [E]: \ -a_{i1}L_1 + a_{11}L_i \to L_i$$

Étape 3. Vérifier chaque nouvelle équation L :

   (*a*) Si L est de la forme $0x_1 + 0x_2 + \cdots + 0x_n = 0$ ou bien si L est un multiple d'une autre ligne, supprimer l'équation L du système.

   (*b*) Si L est de la forme $0x_1 + 0x_2 + \cdots + 0x_n = b$ avec $b \neq 0$, sortir de l'algorithme. Le système n'admet pas de solution.

Étape 4. Répéter les étapes 1, 2 et 3 avec le système partiel formé de toutes les équations, à l'exception de la première.

Étape 5. Continuer ce procédé jusqu'à ce que le système soit mis sous forme échelonnée, ou bien qu'une équation dégénérée soit obtenue dans l'étape 3(*b*).

L'étape 3 est justifiée par le théorème 1.5 et le fait que si $L = kL'$ pour une autre équation L' du système, l'opération élémentaire $-kL' + L \to L$ remplace L par $0x_1 + 0x_2 + \cdots + 0x_n = 0$ qui, aussi, peut être supprimée d'après le théorème 1.5.

Exemple 1.12

(*a*) Le système

$$2x + y - 2z = 10$$
$$3x + 2y + 2z = 1$$
$$5x + 4y + 3z = 4$$

peut être résolu en le réduisant d'abord à la forme échelonnée. Pour éliminer x de la deuxième et de la troisième équation, appliquons les opérations élémentaires $-3L_1 + 2L_2 \to L_2$ et $-5L_1 + 2L_3 \to L_3$:

$$
\begin{array}{ll}
-3L_1: \ -6x - 3y + 6z = -30 & \qquad -5L_1: \ -10x - 5y + 10z = -50 \\
\underline{\ 2L_2: \quad 6x + 4y + 4z = \quad 2} & \qquad \underline{\ 2L_3: \quad 10x + 8y + 6z = \quad 8} \\
-3L_1 + 2L_2: \qquad \quad y + 10z = -28 & \quad -5L_1 + 2L_3: \qquad \quad 3y + 16z = -42
\end{array}
$$

Ceci conduit au système suivant, dans lequel nous éliminons y en appliquant l'opération élémentaire $-3L_2+L_3 \to L_3$:

$$\left.\begin{array}{rcl} 2x + y - 2z = & 10 \\ y + 10z = & -28 \\ 3y + 16z = & -42 \end{array}\right\} \longrightarrow \left\{\begin{array}{rcl} 2x + y - 2z = & 10 \\ y + 10z = & -28 \\ -14z = & 42 \end{array}\right.$$

Le système est maintenant sous la forme triangulaire. Nous pouvons maintenant utiliser la méthode de substitution inverse pour trouver l'unique solution $u = (1, 2, -3)$.

(b) Le système

$$\begin{array}{rcl} x + 2y - 3z &=& 1 \\ 2x + 5y - 8z &=& 4 \\ 3x + 8y - 13z &=& 7 \end{array}$$

peut être résolu en le réduisant d'abord à la forme échelonnée. Pour éliminer x de la deuxième et de la troisième équation, appliquons les opérations élémentaires $-2L_1 + L_2 \to L_2$ et $-3L_1 + L_3 \to L_3$:

$$\begin{array}{rcl} x + 2y - 3z &=& 1 \\ y - 2z &=& 2 \\ 2y - 4z &=& 4 \end{array} \qquad \text{ou} \qquad \begin{array}{rcl} x + 2y - 3z &=& 1 \\ y - 2z &=& 2 \end{array}$$

(La troisième équation est supprimée puisqu'elle est un multiple de la seconde équation.) Le système est maintenant sous la forme échelonnée ayant z pour variable libre.

Pour obtenir la solution générale, posons $z = a$ et utilisons la méthode de substitution inverse. Remplaçons $z = a$ dans la seconde équation pour obtenir $y = 2 + 2a$, puis remplaçons $z = a$ et $y = 2 + 2a$ dans la première équation ; nous obtenons $x + 2(2 + 2a) - 3a = 1$ ou $x = -3 - a$. Ainsi, la solution générale du système est

$$x = -3 - a, \ y = 2 + 2a, \ z = a \qquad \text{ou} \qquad (-3 - a, 2 + 2a, a)$$

où a est un paramètre.

(c) Le système

$$\begin{array}{rcl} x + 2y - 3z &=& -1 \\ 3x - y + 2z &=& 7 \\ 5x + 3y - 4z &=& 2 \end{array}$$

peut être résolu en le réduisant d'abord à la forme échelonnée. Pour éliminer x de la deuxième et de la troisième équation, appliquons les opérations élémentaires $-3L_1 + L_2 \to L_2$ et $-5L_1 + L_3 \to L_3$:

$$\begin{array}{rcl} x + 2y - 3z &=& -1 \\ -7y + 11z &=& 10 \\ -7y + 11z &=& 7 \end{array}$$

L'opération élémentaire $-L_2 + L_3 \to L_3$ conduit à une équation dégénérée

$$0x + 0y + 0z = -3$$

Le système n'admet donc pas de solution.

Le résultat fondamental suivant a déjà été énoncé précédemment.

Théorème 1.7 : Tout système d'équations linéaires admet ou bien (i) une solution unique, (ii) aucune solution, ou (iii) une infinité de solutions.

Preuve. Si nous appliquons l'algorithme précédent au système, nous pouvons ou bien réduire le système à une forme échelonnée, ou bien montrer que le système n'admet pas de solution. Si la forme échelonnée conduit à des variables libres, le système admet une infinité de solutions.

Remarque : Un système est dit *consistant* s'il admet une ou plusieurs solutions [cas (i) ou (iii) du théorème 1.7] et est dit *inconsistant* s'il n'a pas de solutions [cas (ii) du théorème 1.7]. La figure 1-3 illustre cette situation.

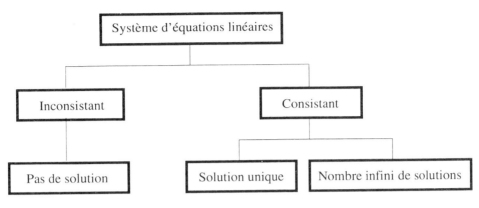

Fig. 1-3

1.7. MATRICES

Soit A le tableau rectangulaire suivant :

$$A = \begin{pmatrix} a_{11} & a_{12} & \ldots & a_{1n} \\ a_{21} & a_{22} & \ldots & a_{2n} \\ \ldots\ldots\ldots\ldots\ldots\ldots\ldots \\ a_{m1} & a_{m2} & \ldots & a_{mn} \end{pmatrix}$$

où les a_{ij} sont des nombres. Le tableau A s'appelle une *matrice*. Une telle matrice peut être notée $A = (a_{ij})$, $i = 1, \ldots, m$, $j = 1, \ldots, n$, ou simplement $A = (a_{ij})$. Les m n-uplets horizontaux

$$(a_{11}, a_{12}, \ldots, a_{1n}), \quad (a_{21}, a_{22}, \ldots, a_{2n}), \ldots (a_{m1}, a_{m2}, \ldots, a_{mn})$$

sont les *lignes* de la matrice et les n m-uplets verticaux

$$\begin{pmatrix} a_{11} \\ a_{21} \\ \ldots \\ a_{m1} \end{pmatrix}, \begin{pmatrix} a_{12} \\ a_{22} \\ \ldots \\ a_{m2} \end{pmatrix}, \ldots, \begin{pmatrix} a_{1n} \\ a_{2n} \\ \ldots \\ a_{mn} \end{pmatrix}$$

sont ses *colonnes*. Noter que a_{ij}, appelé *élément ij* ou *composante ij* de A, est situé à l'intersection de la i-ième ligne et la j-ième colonne. Une matrice ayant m lignes et n colonnes s'appelle une matrice $m \times n$. Le couple (m, n) s'appelle le *format* de la matrice.

Exemple 1.13. Soit $A = \begin{pmatrix} 1 & -3 & 4 \\ 0 & 5 & -2 \end{pmatrix}$. Alors A est une matrice 2×3. Ses lignes sont $(1, -3, 4)$ et $(0, 5, -2)$ et ses colonnes sont $\begin{pmatrix} 1 \\ 0 \end{pmatrix}$, $\begin{pmatrix} -3 \\ 5 \end{pmatrix}$ et $\begin{pmatrix} 4 \\ -2 \end{pmatrix}$.

Le premier élément *non nul* d'une ligne R d'une matrice s'appelle l'élément *distingué* ou *principal* de R. Si R n'a pas d'élément non nul, *i.e.*, si tous les éléments de R sont égaux à 0, alors R est une *ligne nulle*. Si toutes les lignes de A sont nulles, *i.e.*, si tous les éléments de A sont égaux à 0, alors A est la *matrice nulle* notée 0.

Matrices échelonnées

Une matrice A est dite *échelonnée* ou est sous *forme échelonnée* si les deux conditions suivantes sont vérifiées :

(i) Toutes les lignes nulles sont situées en bas de la matrice.

(ii) Chaque élément distingué est situé à droite de l'élément distingué de la ligne précédente.

Ainsi, $A = (a_{ij})$ est une matrice échelonnée s'il existe des éléments non nuls

$$a_{1j_1}, a_{2j_2}, \ldots, a_{rj_r} \qquad \text{ou} \qquad j_1 < j_2 < \cdots < j_r$$

avec la propriété suivante

$$a_{ij} = 0 \quad \text{pour (i) } i \le r, \; j < j_i \quad \text{et (ii) } i > r$$

Dans ce cas, $a_{1j_1}, a_{2j_2}, \ldots, a_{rj_r}$ sont les éléments distingués de A.

Exemple 1.14. Les matrices suivantes sont échelonnées et leurs éléments distingués ont été encadrés :

$$\begin{pmatrix} ② & 3 & 2 & 0 & 4 & 5 & -6 \\ 0 & 0 & ① & 1 & -3 & 2 & 0 \\ 0 & 0 & 0 & 0 & 0 & ⑥ & 2 \\ 0 & 0 & 0 & 0 & 0 & 0 & 0 \end{pmatrix} \begin{pmatrix} ① & 2 & 3 \\ 0 & 0 & ① \\ 0 & 0 & 0 \end{pmatrix} \begin{pmatrix} 0 & ① & 3 & 0 & 0 & 4 \\ 0 & 0 & 0 & ① & 0 & -3 \\ 0 & 0 & 0 & 0 & ① & 2 \end{pmatrix}$$

Une matrice échelonnée A est dite mise sous *forme canonique ligne* (on dit également *forme échelonnée réduite*) si les deux conditions supplémentaires suivantes sont vérifiées :

(i) Chaque élément distingué est égal à 1.

(ii) Chaque élément distingué est l'unique élément non nul dans toute sa colonne.

La troisième matrice de l'exemple ci-dessus est mise sous forme canonique ligne. La seconde matrice n'est pas mise sous forme canonique ligne puisque l'élément distingué de la deuxième ligne n'est pas l'unique élément non nul de sa colonne, il y a un 3 au-dessus. La première matrice n'est pas mise sous forme canonique ligne puisque certains éléments distingués ne sont pas égaux à 1.

La matrice nulle, quel que soit le nombre de lignes et de colonnes, est aussi un exemple de matrice sous forme canonique ligne.

1.8. ÉQUIVALENCE ET OPÉRATIONS ÉLÉMENTAIRES SUR LES LIGNES

Une matrice A est dite *ligne-équivalente* à une matrice B, et on écrit $A \sim B$, si B peut être obtenue à partir de A en effectuant un nombre fini d'opérations élémentaires suivantes :

[E_1] Échanger la i-ième et la j-ième ligne : $R_i \leftrightarrow R_j$.

[E_2] Multiplier la i-ième ligne par un scalaire non nul k : $kR_i \rightarrow R_i$, $k \ne 0$.

[E_3] Remplacer la i-ième ligne par k fois la j-ième plus la i-ième ligne : $kR_j + R_i \rightarrow R_i$.

En pratique, nous appliquons les étapes [E_2] puis [E_3] dans une même étape, c'est-à-dire l'opération :

[E] Remplacer la i-ième ligne par k' fois la j-ième plus k fois (k, non nul) la i-ième ligne :

$$k'R_j + kR_i \rightarrow R_i, \quad k \ne 0.$$

Le lecteur reconnaît la ressemblance entre les opérations précédentes et celles utilisées pour résoudre les systèmes d'équations linéaires.

L'algorithme suivant permet de réduire par les lignes une matrice A à la forme échelonnée. (Le terme « réduire par les lignes » ou simplement « réduire » désignera par la suite les transformations d'une matrice par des opérations sur les lignes.)

Algorithme 1.8 A

Soit $A = (a_{ij})$ une matrice quelconque.

Étape 1. Appeler j_1 la première colonne contenant un élément non nul.

Étape 2. Échanger les lignes de telle sorte que ce premier élément non nul apparaisse dans la première ligne, dans la j-ième colonne, c'est-à-dire tel que $a_{1j_1} \neq 0$.

Étape 3. Utiliser a_{1j_1} comme pivot pour obtenir des zéros en dessous de a_{1j_1} ; c'est-à-dire, pour chaque $i > 1$, appliquer l'opération élémentaire

$$-a_{ij_1}R_1 + a_{1j_1}R_i \rightarrow R_i \qquad \text{ou} \qquad (-a_{ij_1}/a_{1j_1})R_1 + R_i \rightarrow R_i$$

Étape 4. Répéter les étapes 1, 2 et 3 avec la sous-matrice formée de toutes les lignes, à l'exception de la première.

Étape 5. Continuer le procédé jusqu'à ce que la matrice soit mise sous forme échelonnée.

Exemple 1.15. La matrice $A = \begin{pmatrix} 1 & 2 & -3 & 0 \\ 2 & 4 & -2 & 2 \\ 3 & 6 & -4 & 3 \end{pmatrix}$ peut être réduite à la forme échelonnée en utilisant l'algorithme 1.8 A comme suit :

Utilisons $a_{11} = 1$ comme pivot pour obtenir des zéros en dessous de a_{11}, ce qui revient à appliquer les opérations élémentaires sur les lignes $-2R_1 + R_2 \rightarrow R_2$ et $-3R_1 + R_3 \rightarrow R_3$ pour obtenir la matrice

$$A = \begin{pmatrix} 1 & 2 & -3 & 0 \\ 0 & 0 & 4 & 2 \\ 0 & 0 & 5 & 3 \end{pmatrix}$$

Maintenant, utilisons $a_{23} = 4$ comme pivot pour obtenir des zéros en dessous de a_{23}, ce qui revient à appliquer l'opération élémentaire sur les lignes $-5R_2 + 4R_3 \rightarrow R_3$ pour obtenir la matrice

$$A = \begin{pmatrix} 1 & 2 & -3 & 0 \\ 0 & 0 & 4 & 2 \\ 0 & 0 & 0 & 2 \end{pmatrix}$$

La matrice est maintenant mise sous forme échelonnée.

L'algorithme suivant permet de réduire par les lignes une matrice A échelonnée à la forme canonique ligne.

Algorithme 1.8 B

Soit $A = (a_{ij})$ une matrice échelonnée ayant pour éléments distingués

$$a_{1j_1}, a_{2j_2}, \ldots, a_{rj_r}$$

Étape 1. Multiplier la dernière ligne non nulle R_r par $1/a_{rj_r}$ de telle sorte que l'élément distingué soit 1.

Étape 2. Utiliser $a_{rj_r} = 1$ comme pivot pour obtenir des zéros au-dessus de a_{rj_r} ; c'est-à-dire, pour chaque $i = r-1$, $r-2, \ldots, 1$, appliquer l'opération élémentaire

$$-a_{ir_i}R_r + R_i \rightarrow R_i$$

Étape 3. Répéter les étapes 1 et 2 avec les lignes R_{r-1}, $R_{r-2}, \ldots, R_2$.

Étape 4. Multiplier la ligne R_1 par $1/a_{1j_1}$.

Exemple 1.16. Utilisons l'algorithme 1.8 B pour réduire la matrice échelonnée

$$A = \begin{pmatrix} 2 & 3 & 4 & 5 & 6 \\ 0 & 0 & 3 & 2 & 5 \\ 0 & 0 & 0 & 0 & 4 \end{pmatrix}$$

à la forme canonique ligne, comme suit :

Multiplions R_3 par $\frac{1}{4}$ de sorte que l'élément distingué soit égal à 1, puis utilisons $a_{35} = 1$ comme pivot pour obtenir des zéros au-dessus, ce qui revient à appliquer les opérations élémentaires sur les lignes $-5R_3 + R_2 \rightarrow R_2$ et $-6R_3 + R_1 \rightarrow R_1$:

$$A \sim \begin{pmatrix} 2 & 3 & 4 & 5 & 6 \\ 0 & 0 & 3 & 2 & 5 \\ 0 & 0 & 0 & 0 & 1 \end{pmatrix} \sim \begin{pmatrix} 2 & 3 & 4 & 5 & 0 \\ 0 & 0 & 3 & 2 & 0 \\ 0 & 0 & 0 & 0 & 1 \end{pmatrix}$$

Multiplions R_2 par $\frac{1}{3}$ de sorte que l'élément distingué soit égal à 1, puis utilisons $a_{23} = 1$ comme pivot pour obtenir des zéros au-dessus, ce qui revient à appliquer l'opération élémentaire sur les lignes $-4R_2 + R_1 \rightarrow R_1$:

$$A \sim \begin{pmatrix} 2 & 3 & 4 & 5 & 0 \\ 0 & 0 & 1 & \frac{2}{3} & 0 \\ 0 & 0 & 0 & 0 & 1 \end{pmatrix} \sim \begin{pmatrix} 2 & 3 & 0 & \frac{7}{3} & 0 \\ 0 & 0 & 1 & \frac{2}{3} & 0 \\ 0 & 0 & 0 & 0 & 1 \end{pmatrix}$$

Finalement, en multipliant R_1 par $\frac{1}{2}$, nous obtenons

$$\begin{pmatrix} 1 & \frac{3}{2} & 0 & \frac{7}{6} & 0 \\ 0 & 0 & 1 & \frac{2}{3} & 0 \\ 0 & 0 & 0 & 0 & 1 \end{pmatrix}$$

La matrice est donc sous forme canonique ligne.

Les algorithmes 1.8 A et B montrent que toute matrice est ligne-équivalente à au moins une matrice sous forme canonique ligne. Dans le chapitre 5, nous montrerons qu'une telle matrice est unique, c'est-à-dire :

Théorème 1.8 : Toute matrice A est ligne-équivalente à une matrice unique sous forme canonique ligne (appelée *forme canonique ligne* de A).

Remarque : Si une matrice est échelonnée, alors ses éléments distingués sont appelés les *éléments pivots*. Le terme provient de l'algorithme précédent qui permet de réduire une matrice à la forme échelonnée.

1.9. SYSTÈMES D'ÉQUATIONS LINÉAIRES ET MATRICES

La matrice augmentée M du système *(1.3)* de m équations linéaires à n inconnues est définie par

$$A = \begin{pmatrix} a_{11} & a_{12} & \ldots & a_{1n} & b_1 \\ a_{21} & a_{22} & \ldots & a_{2n} & b_2 \\ \ldots\ldots\ldots\ldots\ldots\ldots & \ldots \\ a_{m1} & a_{m2} & \ldots & a_{mn} & b_m \end{pmatrix}$$

Remarquer que chaque ligne de M correspond à une équation du système, et chaque colonne de M correspond aux coefficients d'une inconnue, excepté la dernière colonne qui correspond aux termes constants du système.

La matrice A des coefficients du système *(1.3)* est

$$A = \begin{pmatrix} a_{11} & a_{12} & \ldots & a_{1n} \\ a_{21} & a_{22} & \ldots & a_{2n} \\ \ldots\ldots\ldots\ldots\ldots\ldots \\ a_{m1} & a_{m2} & \ldots & a_{mn} \end{pmatrix}$$

Remarquer que la matrice A des coefficients du système s'obtient à partir de la matrice augmentée M en supprimant la dernière colonne de M.

Un moyen de résoudre un système d'équations linéaires consiste à utiliser sa matrice augmentée M ; plus précisément, à réduire sa matrice augmentée à la forme échelonnée (et permet aussi de dire si le système est consistant) puis le réduire à la forme canonique ligne (qui donne directement la solution). La justification de cette procédure provient des faits suivants :

(1) Appliquer une opération élémentaire sur les lignes de la matrice augmentée du système revient à appliquer l'opération correspondante sur le système lui-même.

(2) Le système admet une solution si et seulement si la forme échelonnée de la matrice augmentée M ne contient pas de ligne de la forme $(0, 0, \ldots, 0, b)$ avec $b \neq 0$.

(3) Dans la forme canonique ligne de la matrice augmentée (en excluant les lignes nulles), chaque élément distingué est le coefficient de l'inconnue principale correspondante dans le système, et est le seul élément non nul de sa colonne. Ainsi, la *forme variables libres* de la solution s'obtient simplement en transposant les termes des variables libres dans la partie constante.

Cette procédure est illustrée par l'exemple suivant.

Exemple 1.17

(a) Le système

$$x + y - 2z + 4t = 5$$
$$2x + 2y - 3z + t = 3$$
$$3x + 3y - 4z - 2t = 1$$

peut être résolu en réduisant la matrice augmentée M à la forme échelonnée et par suite à la forme canonique ligne, comme suit :

$$M = \begin{pmatrix} 1 & 1 & -2 & 4 & 5 \\ 2 & 2 & -3 & 1 & 3 \\ 3 & 3 & -4 & -2 & 1 \end{pmatrix} \sim \begin{pmatrix} 1 & 1 & -2 & 4 & 5 \\ 0 & 0 & 1 & -7 & -7 \\ 0 & 0 & 2 & -14 & -14 \end{pmatrix} \sim \begin{pmatrix} 1 & 1 & 0 & -10 & -9 \\ 0 & 0 & 1 & -7 & -7 \end{pmatrix}$$

[La troisième ligne (dans la seconde matrice) est supprimée puisque c'est un multiple de la seconde ligne et conduit donc à une ligne nulle.] Par suite, la forme variables libres de la solution générale du système est la suivante :

$$\begin{array}{ll} x + y - 10t = -9 \\ z - 7t = -7 \end{array} \quad \text{ou} \quad \begin{array}{ll} x = -9 - y + 10t \\ z = -7 + 7t \end{array}$$

Ici, les variables libres sont y et t et les inconnues principales sont x et z.

(b) Le système

$$x_1 + x_2 - 2x_3 + 3x_4 = 4$$
$$2x_1 + 3x_2 + 3x_3 - x_4 = 3$$
$$5x_1 + 7x_2 + 4x_3 + x_4 = 5$$

peut être résolu en réduisant la matrice augmentée M à la forme échelonnée et par suite à la forme canonique ligne, comme suit :

$$M = \begin{pmatrix} 1 & 1 & -2 & 3 & 4 \\ 2 & 3 & 3 & -1 & 3 \\ 5 & 7 & 4 & 1 & 5 \end{pmatrix} \sim \begin{pmatrix} 1 & 1 & -2 & 3 & 4 \\ 0 & 1 & 7 & -7 & -5 \\ 0 & 2 & 14 & -14 & 15 \end{pmatrix} \sim \begin{pmatrix} 1 & 1 & -2 & 3 & 4 \\ 0 & 1 & 7 & -7 & -5 \\ 0 & 0 & 0 & 0 & -5 \end{pmatrix}$$

Il est inutile de continuer à chercher la forme canonique ligne de la matrice, puisque sa forme échelonnée nous dit déjà que le système n'admet pas de solution. Plus précisément, la troisième ligne de la matrice échelonnée correspond à l'équation dégénérée

$$0x_1 + 0x_2 + 0x_3 + 0x_4 = -5$$

qui n'a pas de solution.

(c) Le système

$$x + 2y + z = 3$$
$$2x + 5y - z = -4$$
$$3x - 2y - z = 5$$

peut être résolu en réduisant la matrice augmentée M à la forme échelonnée et par suite à la forme canonique ligne, comme suit :

$$M = \begin{pmatrix} 1 & 2 & 1 & 3 \\ 2 & 5 & -1 & -4 \\ 3 & -2 & -1 & 5 \end{pmatrix} \sim \begin{pmatrix} 1 & 2 & 1 & 3 \\ 0 & 1 & -3 & -10 \\ 0 & -8 & -4 & -4 \end{pmatrix} \sim \begin{pmatrix} 1 & 2 & 1 & 3 \\ 0 & 1 & -3 & -10 \\ 0 & 0 & -28 & -84 \end{pmatrix}$$

$$\sim \begin{pmatrix} 1 & 2 & 1 & 3 \\ 0 & 1 & -3 & -10 \\ 0 & 0 & 1 & 3 \end{pmatrix} \sim \begin{pmatrix} 1 & 2 & 0 & 0 \\ 0 & 1 & 0 & -1 \\ 0 & 0 & 1 & 3 \end{pmatrix} \sim \begin{pmatrix} 1 & 0 & 0 & 2 \\ 0 & 1 & 0 & -1 \\ 0 & 0 & 1 & 3 \end{pmatrix}$$

Ainsi, le système admet l'unique solution $x = 2$, $y = -1$ et $z = 3$ ou $u = (2, -1, 3)$. (Noter que la forme échelonnée de la matrice M indique déjà que la solution est unique puisque le système est équivalent à un système triangulaire.)

1.10. SYSTÈMES HOMOGÈNES D'ÉQUATIONS LINÉAIRES

Le système (1.3) d'équations linéaires est dit *homogène* si toutes les constantes sont égales à zéro, c'est-à-dire si le système est de la forme

$$a_{11}x_1 + a_{12}x_2 + \cdots + a_{1n}x_n = 0$$
$$a_{21}x_1 + a_{22}x_2 + \cdots + a_{2n}x_n = 0$$
$$\dots\dots\dots\dots\dots\dots\dots\dots \dots$$
$$a_{m1}x_1 + a_{m2}x_2 + \cdots + a_{mn}x_n = 0$$

(1.6)

En fait, le système (1.6) est appelé le système homogène associé au système (1.3).

Le système homogène (1.6) a toujours une solution, plus précisément le n-uplet $0 = (0, 0, \dots, 0)$ appelée solution nulle ou triviale. (Toute autre solution est dite non nulle ou non triviale.) Par conséquent, il peut être réduit à un système homogène échelonné équivalent de la forme :

$$a_{11}x_1 + a_{12}x_2 + a_{13}x_3 + a_{14}x_4 + \cdots\cdots\cdots + a_{1n}x_n = 0$$
$$a_{2j_2}x_{j_2} + a_{2,j_2+1}x_{j_2+1} + \cdots\cdots + a_{2n}x_n = 0$$
$$\dots\dots\dots\dots\dots\dots\dots\dots\dots\dots\dots\dots \dots$$
$$a_{rj_r}x_{jr} + a_{r,j_r+1}x_{jr+1} + \cdots + a_{rn}x_n = 0$$

(1.7)

Il y a deux possibilités :

    (i) $r = n$. Le système admet uniquement la solution nulle.

    (ii) $r < n$. Le système admet une solution non nulle.

Par conséquent, si le nombre d'équations est inférieur au nombre d'inconnues alors, sous la forme échelonnée, $r < n$ et le système admet une solution non nulle. Ceci prouve le théorème important suivant.

Théorème 1.9 : Un système homogène d'équations linéaires dont le nombre d'équations est inférieur au nombre d'inconnues admet une solution non nulle.

Exemple 1.18

(a) Le système

$$x + 2y - 3z + w = 0$$
$$x - 3y + z - 2w = 0$$
$$2x + y - 3z + 5w = 0$$

admet une solution non nulle puisqu'il y a quatre inconnues et seulement trois équations.

(b) Réduisons le système suivant à la forme échelonnée :

$$
\begin{array}{lll}
x +\ \ y\ -\ \ z = 0 & x +\ \ y\ -\ \ z = 0 & \\
2x - 3y +\ \ z = 0 & \quad\ \ - 5y + 3z = 0 & x +\ \ y\ -\ \ z = 0 \\
x - 4y + 2z = 0 & \quad\ \ - 5y + 3z = 0 & \quad\ \ - 5y + 3z = 0
\end{array}
$$

Le système admet une solution non nulle puisque nous n'avons obtenu que deux équations à trois inconnues sous la forme échelonnée. Par exemple, si $z = 5$, alors $y = 3$ et $x = 2$. En d'autres termes, le triplet $(2, 3, 5)$ est une solution non nulle particulière du système.

(c) Réduisons le système suivant à la forme échelonnée :

$$
\begin{array}{lll}
x +\ \ y\ -\ \ z = 0 & x +\ \ y\ -\ \ z = 0 & x +\ \ y\ -\ \ \ z = 0 \\
2x + 4y\ -\ \ z = 0 & \quad\ \ 2y +\ \ z = 0 & \quad\ \ 2y +\ \ \ z = 0 \\
3x + 2y + 2z = 0 & \quad\ \ -y + 5z = 0 & \quad\ \ 11z = 0
\end{array}
$$

Puisque le système homogène, sous forme échelonnée, contient autant d'équations que d'inconnues, il admet uniquement la solution nulle $(0, 0, 0)$.

Bases d'une solution générale d'un système homogène

Soit W la solution générale d'un système homogène. On dit que les vecteurs non nuls u_1, u_2, ..., u_s, solutions du système, forment une *base* de W si tout vecteur solution $w \in W$ peut s'exprimer d'une manière unique comme combinaison linéaire des u_1, u_2, ..., u_s. Le nombre s de tels vecteurs de base s'appelle la *dimension* de W, et on écrit dim $W = s$. (Si $W = \{0\}$, on pose dim $W = 0$.)

Le théorème suivant, qui sera démontré au chapitre 5, nous dit comment trouver une telle base.

Théorème 1.10 : Soit W la solution générale d'un système homogène et supposons qu'une forme échelonnée du système a s variables libres. Soit u_1, u_2, ..., u_s les solutions obtenues en posant l'une des variables libres égale à 1 (ou toute autre constante non nulle) et les autres variables libres égales à 0. Alors dim $W = s$ et les vecteurs u_1, u_2, ..., u_s forment une base de W.

Remarque : Le terme précédent de *combinaison linéaire* fait appel à la multiplication par un scalaire et à l'addition des vecteurs. Ces opérations sont définies par

$$k(a_1, a_2, \ldots, a_n) = (ka_1, ka_2, \ldots, ka_n)$$
$$(a_1, a_2, \ldots, a_n) + (b_1, b_2, \ldots, b_n) = (a_1 + b_1, a_2 + b_2, \ldots, a_n + b_n)$$

Ces opérations seront étudiées en détail au chapitre 2.

Exemple 1.19. Cherchons la dimension et une base de la solution générale W du système homogène suivant

$$
\begin{array}{l}
x +\ \ 2y\ -\ \ 3z + 2s\ -\ \ 4t = 0 \\
2x +\ \ 4y\ -\ \ 5z +\ \ s\ -\ \ 6t = 0 \\
5x + 10y - 13z + 4s - 16t = 0
\end{array}
$$

Tout d'abord, réduisons le système à la forme échelonnée. En appliquant les opérations $-2L_1 + L_2 \rightarrow L_2$ puis $-5L_2 + L_3 \rightarrow L_3$ et $-2L_2 + L_3 \rightarrow L_3$, nous obtenons :

$$
\begin{array}{lll}
x + 2y - 3z + 2s - 4t = 0 & & x + 2y - 3z + 2s - 4t = 0 \\
\quad\ \ z - 3s + 2t = 0 & \text{et} & \quad\ \ z - 3s + 2t = 0 \\
\quad\ \ 2z - 6s + 4t = 0 & &
\end{array}
$$

Sous forme échelonnée, le système a trois variables libres, y, s et t. Donc dim $W = 3$. Trois vecteurs solution formant une base de W s'obtiennent comme suit :

(1) Posons $y = 1$, $s = 0$ et $t = 0$. La substitution inverse conduit à la solution : $u_1 = (-2, 1, 0, 0, 0)$.

(2) Posons $y = 0$, $s = 1$ et $t = 0$. La substitution inverse conduit à la solution : $u_2 = (7, 0, 3, 1, 0)$.

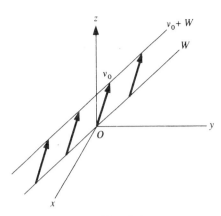

Fig. 1-4

(3) Posons $y = 0$, $s = 0$ et $t = 1$. La substitution inverse conduit à la solution : $u_3 = (-2, 0, -2, 0, 1)$.

L'ensemble $\{u_1, u_2, u_3\}$ est une base de W.

Maintenant, toute solution du système peut s'écrire sous la forme

$$au_1 + bu_2 + cu_3 = a(-2, 1, 0, 0, 0) + b(7, 0, 3, 1, 0) + c(-2, 0, -2, 0, 1)$$
$$= (-2a + 7b - 2c, a, 3b - 2c, b, c)$$

où a, b et c sont des constantes arbitraires. Noter que ce résultat n'est autre que la forme paramétrique de la solution générale en choisissant comme paramètres $y = a$, $s = b$ et $t = c$.

Systèmes non homogènes et systèmes homogènes associés

La relation entre le système non homogène *(1.3)* et le système homogène associé *(1.6)* est contenue dans le théorème suivant, dont la démonstration sera faite au chapitre 3 (Théorème 3.5).

Théorème 1.11 : Soit v_0 une solution particulière et soit U la solution générale d'un système non homogène d'équations linéaires. Alors

$$U = v_0 + W = \{v_0 + w : w \in W\}$$

où W est la solution générale du système homogène associé.

C'est-à-dire, $U = v_0 + W$ peut être obtenu en additionnant v_0 à chaque élément de W.

Le théorème précédent admet une interprétation géométrique dans l'espace $\mathbb{R}^3$. Plus précisément, si W est une droite passant par l'origine, alors, comme le montre la figure 1-4, $U = v_0 + W$ est la droite parallèle à W qui s'obtient en additionnant v_0 à chaque élément de W. D'une manière analogue, lorsque W est un plan passant par l'origine, alors $U = v_0 + W$ est la droite parallèle à W.

Problèmes résolus

ÉQUATIONS LINÉAIRES, SOLUTIONS

1.1. Déterminer si les équations suivantes sont linéaires :

(a) $5x + 7y - 8yz = 16$ (b) $x + \pi y + ez = \log 5$ (c) $3x + ky - 8z = 16$.

(a) Non, puisque le produit yz de deux inconnues est du second degré.

(b) Oui, puisque π, e et $\log 5$ sont des constantes.

(c) L'équation telle qu'elle est énoncée contient quatre inconnues x, y, z et k. Et à cause du terme ky, l'équation n'est pas linéaire. Cependant, si on suppose que k est une constante, l'équation est linéaire en x, y et z.

1.2. Considérons l'équation linéaire $x + 2y - 3z = 4$. Déterminer si $u = (8, 1, 2)$ est solution.

Puisque x, y et z est l'ordre des inconnues, $u = (8, 1, 2)$ pour $x = 8$, $y = 1$ et $z = 2$. En remplaçant dans l'équation, nous obtenons

$$8 + 2(1) - 3(2) = 4 \qquad \text{ou} \qquad 8 + 2 - 6 = 4 \qquad \text{ou} \qquad 4 = 4$$

Oui, c'est une solution.

1.3. Déterminer si (a) $u = (3, 2, 1, 0)$ et (b) $v = (1, 2, 4, 5)$ sont des solutions de l'équation $x_1 + 2x_2 - 4x_3 + x_4 = 3$.

(a) En remplaçant dans l'équation, nous obtenons $3 + 2(2) - 4(1) + 0 = 3$, ou $3 = 3$. Oui, u est une solution.

(b) En remplaçant dans l'équation, nous obtenons $1 + 2(2) - 4(4) + 5 = 3$, ou $-6 = 3$. Non, v n'est pas une solution.

1.4. Déterminer si $u = (6, 4, -2)$ est solution de l'équation $3x_2 + x_3 - x_1 = 4$.

Par convention, les composantes de u sont ordonnées suivant les indices des inconnues. Ainsi, si $u = (6, 4, -2)$, on a $x_1 = 6$, $x_2 = 4$ et $x_3 = -2$. En remplaçant dans l'équation, nous obtenons $3(4) - 2 - 6 = 4$, ou $4 = 4$. Oui, u est une solution.

1.5. Démontrer le théorème 1.1.

Supposons que $a \neq 0$. Alors, le scalaire b/a est bien défini. En remplaçant x par b/a dans l'équation $ax = b$, nous obtenons $a(b/a) = b$, ou encore $b = b$. Donc (b/a) est solution. D'autre part, soit x_0 une solution de l'équation, donc $ax_0 = b$. En multipliant les deux membres par $1/a$, nous obtenons $x_0 = b/a$. Par conséquent, b/a est l'unique solution de l'équation $ax = b$. Et (i) est démontré.

Supposons maintenant que $a = 0$. Alors, pour tout scalaire k, nous avons $ak = 0k = 0$. Si $b \neq 0$, alors $ak \neq b$. Par suite, k n'est pas solution de l'équation $ax = b$ et (ii) est démontré. Si $b = 0$, alors $ak = b$, c'est-à-dire tout scalaire k est solution de l'équation $ax = b$. Et (iii) est démontré.

1.6. Résoudre les équations suivantes

(a) $ex = \log 5$ (c) $3x - 4 - x = 2x + 3$

(b) $cx = 0$ (d) $7 + 2x - 4 = 3x + 3 - x$

(a) Puisque $e \neq 0$, multiplions par $1/e$ pour obtenir $x = (\log 5)/e$.

(b) Si $c \neq 0$, alors $0/c = 0$ est l'unique solution. Si $c = 0$, alors tout scalaire k est solution de l'équation [Théorème 1.1(iii)].

(c) Récrivons l'équation sous la forme standard, $2x - 4 = 2x + 3$ ou $0x = 7$. L'équation n'a pas de solution [Théorème 1.1(ii)].

(d) Récrivons l'équation sous la forme standard, $3 + 2x = 2x + 3$ ou $0x = 0$. Tout scalaire k est solution [Théorème 1.1(iii)].

1.7.   Décrire les solutions de l'équation $2x + y + x - 5 = 2y + 3x - y + 4$.

Récrivons l'équation sous la forme standard en regroupant puis en transposant les termes correspondants :

$$3x + y - 5 = y + 3x + 4 \qquad \text{ou} \qquad 0x + 0y = 9$$

L'équation est dégénérée et son terme constant est non nul, donc elle n'admet pas de solution.

1.8.   Décrire les solutions de l'équation $2y + 3x - y + 4 = x + 3 + y + 1 + 2x$.

Récrivons l'équation sous la forme standard en regroupant puis en transposant les termes correspondants :

$$y + 3x + 4 = 3x + 4 + y \qquad \text{ou} \qquad 0x + 0y = 0$$

L'équation est dégénérée et son terme constant est nul, donc tout vecteur $u = (a, b) \in \mathbb{R}^2$ est solution de l'équation.

1.9.   Démontrer le théorème 1.3.

Montrons d'abord (i). Soit $x_j = k_j$ pour $j \neq p$. Comme $a_j = 0$ pour $j < p$, l'équation s'écrit

$$a_p x_p + a_{p+1} k_{p+1} + \cdots + a_n k_n = b \qquad \text{ou} \qquad a_p x_p = b - a_{p+1} k_{p+1} - \cdots - a_n k_n$$

avec $a_p \neq 0$. D'après le théorème 1.1(i), x_p est déterminé d'une manière unique par

$$x_p = \frac{1}{a_p} \left(b - a_{p+1} k_{p+1} - \cdots - a_n k_n \right)$$

Ainsi, (i) est démontré.

Montrons maintenant (ii). Supposons que $u = (k_1, k_2, \ldots, k_n)$ est solution. Alors

$$a_p k_p + a_{p+1} k_{p+1} + \cdots + a_n k_n = b \qquad \text{ou} \qquad k_p = \frac{1}{a_p} \left(b - a_{p+1} k_{p+1} - \cdots - a_n k_n \right)$$

Ce qui donne précisément la solution

$$u = \left(k_1, \ldots, k_{p-1}, \frac{b - a_{p+1} k_{p+1} - \cdots - a_n k_n}{a_p}, k_{p+1}, \ldots, k_n \right)$$

obtenue en (i). Ainsi, (ii) est démontré.

1.10.   Considérons l'équation linéaire $x - 2y + 3z = 4$. Trouver (a) trois solutions particulières et (b) la solution générale de l'équation.

(a) Ici, x est l'inconnue principale. Par suite, en donnant des valeurs quelconques aux variables libres y et z, puis en résolvant l'équation en x, nous obtenons une solution. Par exemple :

(1) Posons $y = 1$ et $z = 1$. En remplaçant dans l'équation, nous obtenons

$$x - 2(1) + 3(1) = 4 \qquad \text{ou} \qquad x - 2 + 3 = 4 \qquad \text{ou} \qquad x = 3$$

Ainsi, $u_1 = (3, 1, 1)$ est une solution.

(2) Posons $y = 1$ et $z = 0$. Après substitution, nous obtenons $x = 6$. Donc $u_2 = (6, 1, 0)$ est une solution.

(3) Posons $y = 0$ et $z = 1$. Après substitution, nous obtenons $x = 1$. Donc $u_3 = (1, 0, 1)$ est une solution.

(b) Pour trouver la solution générale, donnons des valeurs arbitraires aux variables libres, disons $y = a$ et $z = b$. (Rappelons que a et b sont les *paramètres* de la solution.) En remplaçant dans l'équation, nous obtenons

$$x - 2a + 3b = 4 \qquad \text{ou} \qquad x = 4 + 2a - 3b$$

Ainsi, $u = (4 + 2a - 3b, a, b)$ est la solution générale.

SYSTÈMES SOUS FORME TRIANGULAIRE ET ÉCHELONNÉE

1.11. Résoudre le système

$$2x - 3y + 5z - 2t = 9$$
$$5y - z + 3t = 1$$
$$7z - t = 3$$
$$2t = 8$$

Le système est sous forme triangulaire. On utilise donc la méthode de substitution inverse.

(i) La dernière équation donne $t = 4$.

(ii) En remplaçant $t = 4$ dans la troisième équation, nous obtenons $7z - 4 = 3$ ou $7z = 7$ d'où $z = 1$.

(iii) En remplaçant $z = 1$ et $t = 4$ dans la seconde équation, nous obtenons

$$5y - 1 + 3(4) = 1 \quad \text{ou} \quad 5y - 1 + 12 = 1 \quad \text{ou} \quad 5y = -10 \quad \text{d'où} \quad y = -2$$

(iv) En remplaçant $y = -2$, $z = 1$ et $t = 4$ dans la première équation, nous obtenons

$$2x - 3(-2) + 5(1) - 2(4) = 9 \quad \text{ou} \quad 2x + 6 + 5 - 8 = 9 \quad \text{ou} \quad 2x = 6 \quad \text{d'où} \quad x = 3$$

1.12. Déterminer les variables libres de chacun des systèmes suivants :

$3x + 2y - 5z - 6s + 2t = 4$	$5x - 3y + 7z = 1$	$x + 2y - 3z = 2$
$z + 8s - 3t = 6$	$4y + 5z = 6$	$2x - 3y + z = 1$
$s - 5t = 5$	$4z = 9$	$5x - 4y - z = 4$
(a)	(b)	(c)

(a) Dans un système échelonné, toute inconnue qui n'est pas une inconnue principale est une variable libre. Ici, y et z sont les variables libres.

(b) Les inconnues principales sont x, y et z. Donc, il n'y a pas de variable libre (comme c'est le cas dans tout système triangulaire).

(c) La notion de variable libre s'applique uniquement dans un système échelonné.

1.13. Démontrer le théorème 1.6.

On distingue deux cas :

(i) $r = n$. C'est-à-dire : il y a autant d'équations que d'inconnues. Alors le système admet une solution unique.

(ii) $r < n$. C'est-à-dire : il y a moins d'équations que d'inconnues. Alors, à chaque fois qu'on donne des valeurs aux $n - r$ variables libres, on obtient une solution du système.

La démonstration se fait par récurrence sur le nombre r d'équations dans le système. Si $r = 1$, le système contient une seule équation linéaire non dégénérée. Dans ce cas, on applique le théorème 1.3 lorsque $n > r = 1$ et le théorème 1.1 lorsque $n = r = 1$. Ainsi, le théorème est démontré pour $r = 1$.

Supposons que $r > 1$ et que le théorème est vérifié pour un système à $r - 1$ équations. Écrivons les $r - 1$ équations

$$a_{2j_2}x_{j_2} + a_{2,j_2+1}x_{j_2+1} + \cdots\cdots + a_{2n}x_n = b_2$$
$$\dots\dots\dots\dots\dots\dots\dots\dots\dots\dots\dots\dots\dots$$
$$a_{rj_r}x_{jr} + a_{r,j_r+1}x_{jr+1} + \cdots + a_{rn}x_n = b_r$$

comme un système d'inconnues $x_{j_2}, \ldots, x_n$. Remarquons que le système est écrit sous forme échelonnée. Par hypothèse de récurrence, nous pouvons donner des valeurs arbitraires aux $(n - j_2 + 1) - (r - 1)$ variables libres dans le système réduit pour obtenir une solution (par exemple, $x_{j_2} = k_{j_2}, \ldots, x_n = k_n$). Comme dans le cas $r = 1$, ces valeurs ainsi que les valeurs arbitraires des $j_2 - 2$ autres variables libres (par exemple, $x_2 = k_2, \ldots, x_{j_2-1} = k_{j_2-1}$) forment une solution de la première équation avec

$$x_1 = \frac{1}{a_{11}} (b - a_{12}k_2 - \cdots - a_{1n}k_n)$$

[Remarquons qu'il y a $(n - j_2 + 1) - (r - 1) + (j_2 - 2) = n - r$ variables libres.] De plus, ces valeurs pour $x_1, \ldots, x_n$ satisfont aussi les autres équations puisque dans ces équations les coefficients de $x_1, \ldots, x_{j_2-1}$ sont nuls.

Enfin, si $r = n$, alors $j_2 = 2$. Ainsi, par récurrence, nous obtenons une solution unique partielle et donc une solution unique du système complet. Par conséquent, le théorème est démontré.

1.14. Trouver la solution générale du système échelonné

$$
\begin{aligned}
x - 2y - 3z + 5s - 2t &= 4 \\
2z - 6s + 3t &= 2 \\
5t &= 10
\end{aligned}
$$

Comme les équations du système commencent par les inconnues x, z et t, respectivement, les autres inconnues y et s sont donc les variables libres. Pour trouver la solution générale, posons $y = a$ et $s = b$, où a et b sont des paramètres, puis utilisons la méthode de substitution inverse pour résoudre le système en x, z et t.

(i) La dernière équation donne $t = 2$.

(ii) En remplaçant $t = 2$ et $s = b$ dans la seconde équation, nous obtenons

$$2z - 6b + 3(2) = 2 \quad \text{ou} \quad 2z - 6b + 6 = 2 \quad \text{ou} \quad 2z = 6b - 4 \quad \text{ou} \quad z = 3b - 2$$

(iii) En remplaçant maintenant $t = 2$, $s = b$, $z = 3b - 2$ et $y = a$ dans la première équation, nous obtenons

$$x - 2a - 3(3b - 2) + 5b - 2(2) = 4 \quad \text{ou} \quad x - 2a - 9b + 6 + 5b - 4 = 4 \quad \text{ou} \quad x = 2a + 4b + 2$$

Ainsi

$$x = 2a + 4b + 2 \qquad y = a \qquad z = 3b - 2 \qquad s = b \qquad t = 2$$

ou, d'une manière équivalente

$$u = (2a + 4b + 2, a, 3b - 2, b, 2)$$

est la forme paramétrique de la solution générale.

D'une manière analogue, on peut résoudre le système en x, z et t en fonction des variables libres y et s et obtenir la forme variables libres de la solution générale :

$$x = 2y + 4s + 2 \qquad z = 3s - 2 \qquad t = 2$$

SYSTÈMES D'ÉQUATIONS LINÉAIRES, ÉLIMINATION DE GAUSS

1.15. Résoudre le système

$$
\begin{aligned}
x - 2y + z &= 7 \\
2x - y + 4z &= 17 \\
3x - 2y + 2z &= 14
\end{aligned}
$$

Réduisons d'abord le système à la forme échelonnée. Appliquons les opérations élementaires $-2L_1 + L_2 \rightarrow L_2$ et $-3L_1 + L_3 \rightarrow L_3$ pour éliminer x de la seconde et de la troisième équation, puis $-4L_2 + 3L_3 \rightarrow L_3$ pour éliminer y de la troisième équation.

Ces opérations donnent

$$
\begin{aligned}
x - 2y + z &= 7 \\
3y + 2z &= 3 \\
4y - z &= -7
\end{aligned}
\qquad \text{et} \qquad
\begin{aligned}
x - 2y + z &= 7 \\
3y + 2z &= 3 \\
-11z &= -33
\end{aligned}
$$

Le système étant mis sous forme triangulaire, la méthode de substitution inverse montre qu'il admet l'unique solution $u = (2, -1, 3)$.

1.16. Résoudre le système

$$2x - 5y + 3z - 4s + 2t = 4$$
$$3x - 7y + 2z - 5s + 4t = 9$$
$$5x - 10y - 5z - 4s + 7t = 22$$

Réduisons d'abord le système à la forme échelonnée. Appliquons les opérations élémentaires $-3L_1 + 2L_2 \to L_2$ et $-5L_1 + 2L_3 \to L_3$, puis $-5L_2 + L_3 \to L_3$ pour obtenir

$$2x - 5y + 3z - 4s + 2t = 4 \qquad\qquad 2x - 5y + 3z - 4s + 2t = 4$$
$$y - 5z + 2s + 2t = 6 \qquad \text{et} \qquad y - 5z + 2s + 2t = 6$$
$$5y - 25z + 12s + 4t = 24 \qquad\qquad 2s - 6t = 6$$

Le système est maintenant mis sous forme échelonnée. Les inconnues principales sont x, y et s. En résolvant le système en x, y et s, en fonction des variables libres z et t, nous obtenons la forme variables libres de la solution générale :

$$x = 26 + 11z - 15t \qquad y = 12 + 5z - 8t \qquad s = -3 + 3t$$

Ce qui nous permet d'écrire la forme paramétrique de la solution générale (où $z = a$ et $t = b$) :

$$x = 26 + 11a - 15b \qquad y = 12 + 5a - 8b \qquad z = a \qquad s = -3 + 3b \qquad t = b$$

1.17. Résoudre le système

$$x + 2y - 3z + 4t = 2$$
$$2x + 5y - 2z + t = 1$$
$$5x + 12y - 7z + 6t = 7$$

Réduisons d'abord le système à la forme échelonnée. Éliminons x de la deuxième et de la troisième équation en appliquant les opérations élémentaires $-2L_1 + L_2 \to L_2$ et $-5L_1 + L_3 \to L_3$. Nous obtenons le système

$$x + 2y - 3z + 4t = 2$$
$$y + 4z - 7t = -3$$
$$2y + 8z - 14t = -3$$

L'opération élémentaire $-2L_2 + L_3 \to L_3$ conduit à l'équation dégénérée $0 = 3$. Par conséquent, le système n'a pas de solution (même si le système a plus d'inconnues que d'équations).

1.18. Déterminer les valeurs de k de telle sorte que le système suivant en x, y et z admette : (i) une solution unique, (ii) aucune solution, (iii) une infinité de solutions.

$$x + y - z = 1$$
$$2x + 3y + kz = 3$$
$$x + ky + 3z = 2$$

Réduisons d'abord le système à la forme échelonnée. Éliminons x de la deuxième et de la troisième équation en appliquant les opérations élémentaires $-2L_1 + L_2 \to L_2$ et $-L_1 + L_3 \to L_3$. Nous obtenons le système

$$x + y - z = 1$$
$$y + (k + 2)z = 1$$
$$(k - 1)y + 4z = 1$$

Pour éliminer y de la troisième équation, appliquons l'opération $-(k-1)L_2 + L_3 \to L_3$ pour obtenir

$$x + y - \qquad\qquad z = 1$$
$$y + \qquad (k+2)z = 1$$
$$(3+k)(2-k)z = 2-k$$

Le système admet une solution unique si le coefficient de z dans la troisième équation est différent de zéro, c'est-à-dire $k \neq 2$ et $k \neq -3$. Dans le cas $k = 2$, la troisième équation se réduit à $0 = 0$ et le système admet une infinité de solutions (une pour chaque valeur de z). Dans le cas $k = -3$, la troisième équation se réduit à $0 = 5$ et le système n'admet pas de solution. En résumé : (i) $k \neq 2$ et $k \neq -3$, (ii) $k = -3$, (iii) $k = 2$.

1.19. Quelles sont les conditions que doivent satisfaire a, b et c pour que le système suivant ait une solution ?

$$x + 2y - \quad 3z = a$$
$$2x + 6y - 11z = b$$
$$x - 2y + \quad 7z = c$$

Réduisons d'abord le système à la forme échelonnée. Éliminons x de la deuxième et de la troisième équation en appliquant les opérations élémentaires $-2L_1 + L_2 \to L_2$ et $-L_1 + L_3 \to L_3$. Nous obtenons le système équivalent

$$x + 2y - \quad 3z = a$$
$$2y - \quad 5z = b - 2a$$
$$-4y + 10z = c - a$$

Éliminons maintenant y de la troisième équation en appliquant l'opération élémentaire $2L_2 + L_3 \to L_3$. Nous obtenons le système

$$x + 2y - 3z = a$$
$$2y - 5z = b - 2a$$
$$0 = c + 2b - 5a$$

Le système n'admet pas de solution si $c + 2b - 5a \neq 0$. Ainsi, le système admet au moins une solution si $c + 2b - 5a = 0$, ou encore $5a = 2b + c$. Remarquer que, dans ce cas, le système admet une infinité de solutions. Par conséquent, le système ne peut avoir une solution unique.

MATRICES, MATRICES ÉCHELONNÉES, RÉDUCTION SUIVANT LES LIGNES

1.20. Échanger les lignes de chacune des matrices suivantes pour obtenir des matrices échelonnées :

$$\begin{pmatrix} 0 & 1 & -3 & 4 & 6 \\ 4 & 0 & 2 & 5 & -3 \\ 0 & 0 & 7 & -2 & 8 \end{pmatrix} \qquad \begin{pmatrix} 0 & 0 & 0 & 0 & 0 \\ 1 & 2 & 3 & 4 & 5 \\ 0 & 0 & 5 & -4 & 7 \end{pmatrix} \qquad \begin{pmatrix} 0 & 2 & 2 & 2 & 2 \\ 0 & 3 & 1 & 0 & 0 \\ 0 & 0 & 0 & 0 & 0 \end{pmatrix}$$
$$(a) \qquad\qquad\qquad (b) \qquad\qquad\qquad (c)$$

(a) Échanger la première et la deuxième ligne, *i.e.*, appliquer l'opération élémentaire sur les lignes $R_1 \leftrightarrow R_2$.

(b) Ramener la ligne nulle en bas de la matrice, *i.e.*, appliquer les opérations $R_1 \leftrightarrow R_2$, puis $R_2 \leftrightarrow R_3$.

(c) Aucun échange de lignes ne produit une matrice échelonnée.

1.21. Réduire la matrice suivante à la forme échelonnée :

$$A = \begin{pmatrix} 1 & 2 & -3 & 0 \\ 2 & 4 & -2 & 2 \\ 3 & 6 & -4 & 3 \end{pmatrix}$$

Utiliser $a_{11} = 1$ comme pivot pour obtenir des zéros en dessous ; puis appliquer les opérations sur les lignes $-2R_1 + R_2 \rightarrow R_2$ et $-3R_1 + R_3 \rightarrow R_3$ pour obtenir la matrice

$$\begin{pmatrix} 1 & 2 & -3 & 0 \\ 0 & 0 & 4 & 2 \\ 0 & 0 & 5 & 3 \end{pmatrix}$$

Maintenant, utiliser $a_{23} = 4$ comme pivot pour obtenir des zéros en dessous ; puis appliquer l'opération sur les lignes $-5R_2 + 4R_3 \rightarrow R_3$ pour obtenir la matrice

$$\begin{pmatrix} 1 & 2 & -3 & 0 \\ 0 & 0 & 4 & 2 \\ 0 & 0 & 0 & 2 \end{pmatrix}$$

qui est sous la forme échelonnée.

1.22. Réduire la matrice suivante à la forme échelonnée :

$$B = \begin{pmatrix} -4 & 1 & -6 \\ 1 & 2 & -5 \\ 6 & 3 & -4 \end{pmatrix}$$

· Les calculs à la main sont plus faciles avec un pivot égal à 1. Commençons donc par échanger R_1 et R_2, puis appliquer les opérations $4R_1 + R_2 \rightarrow R_2$ et $-6R_1 + R_3 \rightarrow R_3$ et enfin $R_2 + R_3 \rightarrow R_3$ pour obtenir la matrice

$$B \sim \begin{pmatrix} 1 & 2 & -5 \\ -4 & 1 & -6 \\ 6 & 3 & -4 \end{pmatrix} \sim \begin{pmatrix} 1 & 2 & -5 \\ 0 & 9 & -26 \\ 0 & -9 & 26 \end{pmatrix} \sim \begin{pmatrix} 1 & 2 & -5 \\ 0 & 9 & -26 \\ 0 & 0 & 0 \end{pmatrix}$$

La matrice est maintenant sous la forme échelonnée.

1.23. Décrire l'algorithme *pivotant* de réduction d'une matrice par les lignes. Dire quels sont les avantages à utiliser cet algorithme.

L'algorithme de réduction d'une matrice par les lignes devient l'algorithme pivotant si c'est l'élément de la colonne j_1 de plus grande valeur absolue qui est choisi comme pivot a_{1j_1} et si on utilise l'opération sur les lignes

$$(-a_{ij_1}/a_{1j_1})R_1 + R_i \rightarrow R_i$$

L'avantage principal de cet algorithme est que les opérations sur les lignes contiennent toutes des divisions par le pivot en cours a_{1j_1} et, sur ordinateur, les erreurs d'arrondi peuvent être substantiellement réduites lorsqu'on divise par un nombre aussi grand en valeur absolue que possible.

1.24. Utiliser l'algorithme pivotant pour réduire la matrice suivante à la forme échelonnée :

$$A = \begin{pmatrix} 2 & -2 & 2 & 1 \\ -3 & 6 & 0 & -1 \\ 1 & -7 & 10 & 2 \end{pmatrix}$$

Échangeons d'abord les lignes R_1 et R_2 de telle sorte que -3 puisse être utilisé comme pivot, puis appliquer l'opération $(\frac{2}{3})R_1 + R_2 \rightarrow R_2$ puis $(\frac{1}{3})R_1 + R_3 \rightarrow R_3$:

$$A \sim \begin{pmatrix} -3 & 6 & 0 & -1 \\ 2 & -2 & 2 & 1 \\ 1 & -7 & 10 & 2 \end{pmatrix} \sim \begin{pmatrix} -3 & 6 & 0 & -1 \\ 0 & 2 & 2 & \frac{1}{3} \\ 0 & -5 & 10 & \frac{5}{3} \end{pmatrix}$$

Échangeons maintenant R_2 et R_3 de telle sorte que -5 puisse être utilisé comme pivot, puis appliquer l'opération $(\frac{2}{5})R_2 + R_3 \to R_3$:

$$A \sim \begin{pmatrix} -3 & 6 & 0 & -1 \\ 0 & -5 & 10 & \frac{5}{3} \\ 0 & 2 & 2 & \frac{1}{3} \end{pmatrix} \sim \begin{pmatrix} -3 & 6 & 0 & -1 \\ 0 & -5 & 10 & \frac{5}{3} \\ 0 & 0 & 6 & 1 \end{pmatrix}$$

La matrice est maintenant mise sous la forme échelonnée.

FORME CANONIQUE LIGNE

1.25. Parmi les matrices échelonnées suivantes, quelles sont celles qui sont sous forme canonique ligne ?

$$\begin{pmatrix} 1 & 2 & -3 & 0 & 1 \\ 0 & 0 & 5 & 2 & -4 \\ 0 & 0 & 0 & 7 & 3 \end{pmatrix} \quad \begin{pmatrix} 0 & 1 & 7 & -5 & 0 \\ 0 & 0 & 0 & 0 & 1 \\ 0 & 0 & 0 & 0 & 0 \end{pmatrix} \quad \begin{pmatrix} 1 & 0 & 5 & 0 & 2 \\ 0 & 1 & 2 & 0 & 4 \\ 0 & 0 & 0 & 1 & 7 \end{pmatrix}$$

La première matrice n'est pas sous forme canonique ligne puisque, par exemple, deux des éléments distingués sont 5 et 7 et non 1. Aussi, il y a des éléments de la matrice situés au-dessus des éléments distingués 5 et 7. La deuxième et la troisième matrice sont sous forme canonique ligne.

1.26. Réduire la matrice suivante à la forme canonique ligne :

$$B = \begin{pmatrix} 2 & 2 & -1 & 6 & 4 \\ 4 & 4 & 1 & 10 & 13 \\ 6 & 6 & 0 & 20 & 19 \end{pmatrix}$$

Réduisons d'abord la matrice à la forme échelonnée en appliquant $-2R_1 + R_2 \to R_2$ et $-3R_1 + R_3 \to R_3$, puis $-R_2 + R_3 \to R_3$:

$$B \sim \begin{pmatrix} 2 & 2 & -1 & 6 & 4 \\ 0 & 0 & 3 & -2 & 5 \\ 0 & 0 & 3 & 2 & 7 \end{pmatrix} \sim \begin{pmatrix} 2 & 2 & -1 & 6 & 4 \\ 0 & 0 & 3 & -2 & 5 \\ 0 & 0 & 0 & 4 & 2 \end{pmatrix}$$

Réduisons maintenant la matrice échelonnée à la forme canonique ligne. Plus précisément, multiplions R_3 par $\frac{1}{4}$, de sorte que le pivot soit $b_{34} = 1$, puis appliquons les opérations $2R_3 + R_2 \to R_2$ et $-6R_3 + R_1 \to R_1$:

$$B \sim \begin{pmatrix} 2 & 2 & -1 & 6 & 4 \\ 0 & 0 & 3 & -2 & 5 \\ 0 & 0 & 0 & 1 & \frac{1}{2} \end{pmatrix} \sim \begin{pmatrix} 2 & 2 & -1 & 0 & 1 \\ 0 & 0 & 3 & 0 & 6 \\ 0 & 0 & 0 & 1 & \frac{1}{2} \end{pmatrix}$$

Maintenant, multiplions R_2 par $\frac{1}{3}$, de sorte que le pivot soit $b_{23} = 1$, puis appliquons l'opération $R_2 + R_1 \to R_1$:

$$B \sim \begin{pmatrix} 2 & 2 & -1 & 0 & 1 \\ 0 & 0 & 1 & 0 & 2 \\ 0 & 0 & 0 & 1 & \frac{1}{2} \end{pmatrix} \sim \begin{pmatrix} 2 & 2 & 0 & 0 & 3 \\ 0 & 0 & 1 & 0 & 2 \\ 0 & 0 & 0 & 1 & \frac{1}{2} \end{pmatrix}$$

Finalement, multiplions R_1 par $\frac{1}{2}$, pour obtenir la forme canonique ligne

$$B \sim \begin{pmatrix} 1 & 1 & 0 & 0 & \frac{3}{2} \\ 0 & 0 & 1 & 0 & 2 \\ 0 & 0 & 0 & 1 & \frac{1}{2} \end{pmatrix}$$

1.27. Réduire la matrice suivante à la forme canonique ligne.

$$A = \begin{pmatrix} 1 & -2 & 3 & 1 & 2 \\ 1 & 1 & 4 & -1 & 3 \\ 2 & 5 & 9 & -2 & 8 \end{pmatrix}$$

Réduisons d'abord la matrice A à la forme échelonnée en appliquant $-R_1 + R_2 \to R_2$ et $-2R_1 + R_3 \to R_3$, puis $-3R_2 + R_3 \to R_3$:

$$A \sim \begin{pmatrix} 1 & -2 & 3 & 1 & 2 \\ 0 & 3 & 1 & -2 & 1 \\ 0 & 9 & 3 & -4 & 4 \end{pmatrix} \sim \begin{pmatrix} 1 & -2 & 3 & 1 & 2 \\ 0 & 3 & 1 & -2 & 1 \\ 0 & 0 & 0 & 2 & 1 \end{pmatrix}$$

Utilisons maintenant la substitution inverse. Multiplions R_3 par $\frac{1}{2}$, pour obtenir le pivot $a_{34} = 1$, puis appliquons les opérations $2R_3 + R_2 \to R_2$ et $-R_3 + R_1 \to R_1$:

$$A \sim \begin{pmatrix} 1 & -2 & 3 & 1 & 2 \\ 0 & 3 & 1 & -2 & 1 \\ 0 & 0 & 0 & 1 & \frac{1}{2} \end{pmatrix} \sim \begin{pmatrix} 1 & -2 & 3 & 0 & \frac{3}{2} \\ 0 & 3 & 1 & 0 & 2 \\ 0 & 0 & 0 & 1 & \frac{1}{2} \end{pmatrix}$$

Maintenant, multiplions R_2 par $\frac{1}{3}$, pour obtenir le pivot $a_{22} = 1$, puis appliquons l'opération $2R_3 + R_1 \to R_1$:

$$A \sim \begin{pmatrix} 1 & -2 & 3 & 0 & \frac{3}{2} \\ 0 & 1 & \frac{1}{3} & 0 & \frac{2}{3} \\ 0 & 0 & 0 & 1 & \frac{1}{2} \end{pmatrix} \sim \begin{pmatrix} 1 & 0 & \frac{11}{3} & 0 & \frac{17}{6} \\ 0 & 1 & \frac{1}{3} & 0 & \frac{2}{3} \\ 0 & 0 & 0 & 1 & \frac{1}{2} \end{pmatrix}$$

Puisque $a_{11} = 1$, la dernière matrice est la forme canonique ligne de A cherchée.

1.28. Décrire l'algorithme d'élimination de Gauss-Jordan qui permet de réduire une matrice arbitraire A à la forme canonique ligne.

L'algorithme d'élimination de Gauss-Jordan est semblable à l'algorithme d'élimination de Gauss sauf que, ici, l'algorithme permet de normaliser la ligne pour obtenir un pivot égal à 1, puis d'utiliser ce pivot pour placer des zéros au-dessus et en dessous du pivot avant de passer au pivot suivant.

1.29. Utiliser l'algorithme d'élimination de Gauss-Jordan pour obtenir la forme canonique ligne de la matrice du problème 1.27.

Utilisons l'élément distingué $a_{11} = 1$ comme pivot pour mettre des zéros en dessous en appliquant les opérations $-R_1 + R_2 \to R_2$ et $-2R_1 + R_3 \to R_3$. Nous obtenons

$$A \sim \begin{pmatrix} 1 & -2 & 3 & 1 & 2 \\ 0 & 3 & 1 & -2 & 1 \\ 0 & 9 & 3 & -4 & 4 \end{pmatrix}$$

Multiplions R_2 par $\frac{1}{3}$, pour obtenir le pivot $a_{22} = 1$ puis mettons des zéros en dessous et au-dessus de a_{22} en appliquant l'opération $-9R_2 + R_3 \to R_3$ et $2R_2 + R_1 \to R_1$:

$$A \sim \begin{pmatrix} 1 & -2 & 3 & 1 & 2 \\ 0 & 1 & \frac{1}{3} & -\frac{2}{3} & \frac{1}{3} \\ 0 & 9 & 3 & -4 & 4 \end{pmatrix} \sim \begin{pmatrix} 1 & 0 & \frac{11}{3} & -\frac{1}{3} & \frac{8}{3} \\ 0 & 1 & \frac{1}{3} & -\frac{2}{3} & \frac{1}{3} \\ 0 & 0 & 0 & 2 & 1 \end{pmatrix}$$

Finalement, multiplions R_3 par $\frac{1}{2}$ pour obtenir le pivot $a_{34} = 1$ puis mettre des zéros en dessous et au-dessus de a_{34} en appliquant l'opération $\frac{2}{3}R_3 + R_2 \to R_2$ et $\frac{1}{3}R_3 + R_1 \to R_1$:

$$A \sim \begin{pmatrix} 1 & 0 & \frac{11}{3} & -\frac{1}{3} & \frac{8}{3} \\ 0 & 1 & \frac{1}{3} & -\frac{2}{3} & \frac{1}{3} \\ 0 & 0 & 0 & 1 & \frac{1}{2} \end{pmatrix} \sim \begin{pmatrix} 1 & 0 & \frac{11}{3} & 0 & \frac{17}{6} \\ 0 & 1 & \frac{1}{3} & 0 & \frac{2}{3} \\ 0 & 0 & 0 & 1 & \frac{1}{2} \end{pmatrix}$$

1.30. On parle d'« une » forme échelonnée d'une matrice et de « la » forme canonique ligne. Pourquoi ?

Une matrice arbitraire A peut être ligne équivalente à plusieurs matrices échelonnées. Par contre, quel que soit l'algorithme utilisé, une matrice A est ligne équivalente à une matrice unique sous la forme canonique ligne. (Le terme canonique implique généralement l'unicité.) Par exemple, les formes canoniques ligne des problèmes 1.27 et 1.29 sont identiques.

1.31. Étant donné une matrice échelonnée $n \times n$ sous forme triangulaire,

$$A = \begin{pmatrix} a_{11} & a_{12} & a_{13} & \dots & a_{1,n-1} & a_{1n} \\ 0 & a_{22} & a_{23} & \dots & a_{2,n-1} & a_{2n} \\ 0 & 0 & a_{33} & \dots & a_{3,n-1} & a_{3n} \\ \dotfill \\ 0 & 0 & 0 & \dots & 0 & a_{nn} \end{pmatrix}$$

avec tous les $a_{ii} \neq 0$. Trouver la forme canonique ligne de A.

Multiplions R_n par $\frac{1}{a_{nn}}$, pour obtenir le nouveau pivot $a_{nn} = 1$

$$\begin{pmatrix} a_{11} & a_{12} & a_{13} & \dots & a_{1,n-1} & 0 \\ 0 & a_{22} & a_{23} & \dots & a_{2,n-1} & 0 \\ 0 & 0 & a_{33} & \dots & a_{3,n-1} & 0 \\ \dotfill \\ 0 & 0 & 0 & \dots & 0 & 1 \end{pmatrix}$$

Remarquons que la dernière colonne de A a été transformée en un vecteur unité. Les substitutions inverses successives conduisent également à des vecteurs unités. Ce qui donne

$$A \sim \begin{pmatrix} 1 & 0 & \dots & 0 \\ 0 & 1 & \dots & 0 \\ \dotfill \\ 0 & 0 & \dots & 1 \end{pmatrix}$$

i.e., la forme canonique ligne de A est la *matrice identité* $n \times n : I$.

1.32. Réduire la matrice triangulaire suivante, dont les éléments diagonaux sont tous non nuls, à la forme canonique ligne.

$$C = \begin{pmatrix} 5 & -9 & 6 \\ 0 & 2 & 3 \\ 0 & 0 & 7 \end{pmatrix}$$

D'après le problème 1.31, C est ligne équivalente à la matrice identité. Plus précisément, en utilisant la méthode de substitution inverse,

$$C \sim \begin{pmatrix} 5 & -9 & 6 \\ 0 & 2 & 3 \\ 0 & 0 & 1 \end{pmatrix} \sim \begin{pmatrix} 5 & -9 & 0 \\ 0 & 2 & 0 \\ 0 & 0 & 1 \end{pmatrix} \sim \begin{pmatrix} 5 & -9 & 0 \\ 0 & 1 & 0 \\ 0 & 0 & 1 \end{pmatrix} \sim \begin{pmatrix} 5 & 0 & 0 \\ 0 & 1 & 0 \\ 0 & 0 & 1 \end{pmatrix} \sim \begin{pmatrix} 1 & 0 & 0 \\ 0 & 1 & 0 \\ 0 & 0 & 1 \end{pmatrix}$$

ÉCRITURE MATRICIELLE D'UN SYSTÈME D'ÉQUATIONS LINÉAIRES

1.33. Trouver la matrice augmentée M et la matrice des coefficients A du système suivant :

$$x + 2y - 3z = 4$$
$$3y - 4z + 7x = 5$$
$$6z + 8x - 9y = 1$$

Tout d'abord, alignons les inconnues dans l'ordre dans le système

$$x + 2y - 3z = 4$$
$$7x + 3y - 4z = 5$$
$$8x - 9y + 6z = 1$$

Donc

$$M = \begin{pmatrix} 1 & 2 & -3 & 4 \\ 7 & 3 & -4 & 5 \\ 8 & -9 & 6 & 1 \end{pmatrix} \quad \text{et} \quad A = \begin{pmatrix} 1 & 2 & -3 \\ 7 & 3 & -4 \\ 8 & -9 & 6 \end{pmatrix}$$

1.34. Résoudre le système suivant en utilisant la matrice augmentée,

$$x - 2y + 4z = 2$$
$$2x - 3y + 5z = 3$$
$$3x - 4y + 6z = 7$$

Réduisons la matrice augmentée à la forme échelonnée :

$$\begin{pmatrix} 1 & -2 & 4 & 2 \\ 2 & -3 & 5 & 3 \\ 3 & -4 & 6 & 7 \end{pmatrix} \sim \begin{pmatrix} 1 & -2 & 4 & 2 \\ 0 & 1 & -3 & -1 \\ 0 & 2 & -6 & 1 \end{pmatrix} \sim \begin{pmatrix} 1 & -2 & 4 & 2 \\ 0 & 1 & -3 & -1 \\ 0 & 0 & 0 & 3 \end{pmatrix}$$

La troisième ligne de la matrice augmentée correspond à l'équation dégénérée $0 = 3$; donc le système n'a pas de solution.

1.35. Résoudre le système suivant, en utilisant la matrice augmentée,

$$x + 2y - 3z - 2s + 4t = 1$$
$$2x + 5y - 8z - s + 6t = 4$$
$$x + 4y - 7z + 5s + 2t = 8$$

Réduisons la matrice augmentée à la forme échelonnée, puis à la forme canonique ligne :

$$\begin{pmatrix} 1 & 2 & -3 & -2 & 4 & 1 \\ 2 & 5 & -8 & -1 & 6 & 4 \\ 1 & 4 & -7 & 5 & 2 & 8 \end{pmatrix} \sim \begin{pmatrix} 1 & 2 & -3 & -2 & 4 & 1 \\ 0 & 1 & -2 & 3 & -2 & 2 \\ 0 & 2 & -4 & 7 & -2 & 7 \end{pmatrix} \sim \begin{pmatrix} 1 & 2 & -3 & -2 & 4 & 1 \\ 0 & 1 & -2 & 3 & -2 & 2 \\ 0 & 0 & 0 & 1 & 2 & 3 \end{pmatrix}$$

$$\sim \begin{pmatrix} 1 & 2 & -3 & 0 & 8 & 7 \\ 0 & 1 & -2 & 0 & -8 & -7 \\ 0 & 0 & 0 & 1 & 2 & 3 \end{pmatrix} \sim \begin{pmatrix} 1 & 0 & 1 & 0 & 24 & 21 \\ 0 & 1 & -2 & 0 & -8 & -7 \\ 0 & 0 & 0 & 1 & 2 & 3 \end{pmatrix}$$

Ainsi, la forme variables libres de la solution générale est

$$\begin{array}{rcl} x + \quad z + 24t &=& 21 \\ y - 2z - \ 8t &=& -7 \\ s + \ 2t &=& 3 \end{array} \quad \text{ou} \quad \begin{array}{rcl} x &=& 21 - \ z - 24t \\ y &=& -7 + 2z + \ 8t \\ s &=& 3 \qquad - 2t \end{array}$$

où z et t sont les variables libres.

1.36. Résoudre le système suivant, en utilisant la matrice augmentée,

$$x + 2y - z = 3$$
$$x + 3y + z = 5$$
$$3x + 8y + 4z = 17$$

Réduisons la matrice augmentée à la forme échelonnée, puis à la forme canonique ligne :

$$
\begin{pmatrix} 1 & 2 & -1 & 3 \\ 1 & 3 & 1 & 5 \\ 3 & 8 & 4 & 17 \end{pmatrix} \sim \begin{pmatrix} 1 & 2 & -1 & 3 \\ 0 & 1 & 2 & 2 \\ 0 & 2 & 7 & 8 \end{pmatrix} \sim \begin{pmatrix} 1 & 2 & -1 & 3 \\ 0 & 1 & 2 & 2 \\ 0 & 0 & 3 & 4 \end{pmatrix}
$$

$$
\sim \begin{pmatrix} 1 & 2 & -1 & 3 \\ 0 & 1 & 2 & 2 \\ 0 & 0 & 1 & \frac{4}{3} \end{pmatrix} \sim \begin{pmatrix} 1 & 2 & 0 & \frac{13}{3} \\ 0 & 1 & 0 & -\frac{2}{3} \\ 0 & 0 & 1 & \frac{4}{3} \end{pmatrix} \sim \begin{pmatrix} 1 & 0 & 0 & \frac{17}{3} \\ 0 & 1 & 0 & -\frac{2}{3} \\ 0 & 0 & 1 & \frac{4}{3} \end{pmatrix}
$$

Le système admet l'unique solution $x = \frac{17}{3}$, $y = -\frac{2}{3}$, $z = \frac{4}{3}$ ou encore $u = (\frac{17}{3}, -\frac{2}{3}, \frac{4}{3})$.

SYSTÈMES HOMOGÈNES

1.37. Déterminer si les systèmes suivants admettent une solution non nulle.

$$
\begin{array}{ccc}
& & x + 2y - z = 0 \\
x - 2y + 3z - 2w = 0 & x + 2y - 3z = 0 & 2x + 5y + 2z = 0 \\
3x - 7y - 2z + 4w = 0 & 2x + 5y + 2z = 0 & x + 4y + 7z = 0 \\
4x + 3y + 5z + 2w = 0 & 3x - y - 4z = 0 & x + 3y + 3z = 0 \\
& & \\
(a) & (b) & (c)
\end{array}
$$

(a) Le système doit avoir une solution non nulle puisqu'il y a plus d'inconnues que d'équations.

(b) Réduisons d'abord le système à la forme échelonnée :

$$
\begin{array}{ccc}
x + 2y - 3z = 0 & x + 2y - 3z = 0 & x + 2y - 3z = 0 \\
2x + 5y + 2z = 0 \quad\longrightarrow & y + 8z = 0 \quad\longrightarrow & y + 8z = 0 \\
3x - y - 4z = 0 & -7y + 5z = 0 & 61z = 0
\end{array}
$$

Sous la forme échelonnée, il y a exactement trois équations et trois inconnues. Donc le système admet une solution unique, la solution nulle.

(c) Réduisons d'abord le système à la forme échelonnée :

$$
\begin{array}{ccc}
x + 2y - z = 0 & x + 2y - z = 0 & \\
2x + 5y + 2z = 0 & y + 4z = 0 & x + 2y - z = 0 \\
x + 4y + 7z = 0 \quad\longrightarrow & 2y + 8z = 0 \quad\longrightarrow & y + 4z = 0 \\
x + 3y + 3z = 0 & y + 4z = 0 &
\end{array}
$$

Sous la forme échelonnée, il y a seulement deux équations et trois inconnues. Donc le système admet une solution non nulle.

1.38. Trouver la dimension et une base de la solution générale W du système homogène

$$
\begin{aligned}
x + 3y - 2z + 5s - 3t &= 0 \\
2x + 7y - 3z + 7s - 5t &= 0 \\
3x + 11y - 4z + 10s - 9t &= 0
\end{aligned}
$$

Montrer comment on obtient la forme paramétrique de la solution générale du système à partir de la base.

Réduisons d'abord le système à la forme échelonnée. Appliquons les opérations $-2L_1 + L_2 \rightarrow L_2$ et $-3L_1 + L_3 \rightarrow L_3$ puis $-2L_2 + L_3 \rightarrow L_3$. Nous obtenons

$$
\begin{array}{cc}
x + 3y - 2z + 5s - 3t = 0 & x + 3y - 2z + 5s - 3t = 0 \\
y + z - 3s + t = 0 \quad\longrightarrow & y + z - 3s + t = 0 \\
2y + 2z - 5s = 0 & s - 2t = 0
\end{array}
$$

Sous la forme échelonnée, le système admet deux variables libres z et t ; donc $\dim W = 2$. Une base $\{u_1, u_2\}$ de W peut être obtenue de la manière suivante :

(1) Posons $z = 1$, $t = 0$. La substitution inverse donne $s = 0$, $y = -1$ puis $x = 5$. Par suite, $u_1 = (5, -1, 1, 0, 0)$.

(2) Posons $z = 0$, $t = 1$. La substitution inverse donne $s = 2$, $y = 5$ puis $x = -22$. Par suite, $u_2 = (-22, 5, 0, 2, 1)$.

En multipliant les vecteurs de base par des paramètres a et b, respectivement, nous obtenons

$$au_1 + bu_2 = a(5, -1, 1, 0, 0) + b(-22, 5, 0, 2, 1) = (5a - 22b, -a + 5b, a, 2b, b)$$

Ceci est la forme paramétrique de la solution générale du système.

1.39. Trouver la dimension et une base de la solution générale W du système homogène

$$\begin{aligned} x + 2y - 3z &= 0 \\ 2x + 5y + 2z &= 0 \\ 3x - y - 4z &= 0 \end{aligned}$$

Réduisons d'abord le système à la forme échelonnée. D'après le problème 1.37(b), nous avons

$$\begin{aligned} x + 2y - 3z &= 0 \\ y + 8z &= 0 \\ 61z &= 0 \end{aligned}$$

Il n'y a pas de variable libre (le système est mis sous forme triangulaire). Donc $\dim W = 0$ et W n'admet pas de base. Plus précisément, W contient uniquement la solution nulle, $W = \{0\}$.

1.40. Trouver la dimension et une base de la solution générale W du système homogène

$$\begin{aligned} 2x + 4y - 5z + 3t &= 0 \\ 3x + 6y - 7z + 4t &= 0 \\ 5x + 10y - 11z + 6t &= 0 \end{aligned}$$

Réduisons d'abord le système à la forme échelonnée. Appliquons les opérations $-3L_1 + 2L_2 \to L_2$ et $-5L_1 + 2L_3 \to L_3$ puis $-3L_2 + L_3 \to L_3$. Nous obtenons

$$\begin{aligned} 2x + 4y - 5z + 3t &= 0 \\ z - t &= 0 \\ 3z - 3t &= 0 \end{aligned} \longrightarrow \begin{aligned} 2x + 4y - 5z + 3t &= 0 \\ z - t &= 0 \end{aligned}$$

Sous la forme échelonnée, le système admet deux variables libres y et t ; donc $\dim W = 2$. Une base $\{u_1, u_2\}$ de W peut être obtenue de la manière suivante :

(1) Posons $y = 1$, $t = 0$. La substitution inverse donne la solution $u_1 = (-2, 1, 0, 0)$.

(2) Posons $y = 0$, $t = 1$. La substitution inverse donne la solution $u_2 = (1, 0, 1, 1)$.

1.41. Considérons le système

$$\begin{aligned} x - 3y - 2z + 4t &= 5 \\ 3x - 8y - 3z + 8t &= 18 \\ 2x - 3y + 5z - 4t &= 19 \end{aligned}$$

(a) Trouver la forme paramétrique de la solution générale.

(b) Montrer que le résultat obtenu en (a) peut être récrit sous la forme donnée par le théorème 1.11.

(a) Réduisons d'abord le système à la forme échelonnée. Appliquons les opérations $-3L_1 + L_2 \rightarrow L_2$ et $-2L_1 + L_3 \rightarrow L_3$ puis $-3L_2 + L_3 \rightarrow L_3$. Nous obtenons

$$\begin{aligned} x - 3y - 2z + 4t &= 5 \\ y + 3z - 4t &= 3 \\ 3y + 9z - 12t &= 9 \end{aligned} \qquad \text{et} \qquad \begin{aligned} x - 3y - 2z + 4t &= 5 \\ y + 3z - 4t &= 3 \end{aligned}$$

Sous la forme échelonnée, le système admet deux variables libres z et t. Posons $z = a$, $t = b$ où a et b sont des paramètres. La substitution inverse donne $y = 3 - 3a + 4b$ puis $x = 14 - 7a + 8b$. Ainsi, la forme paramétrique de la solution générale du système est

$$x = 14 - 7a + 8b \qquad y = 3 - 3a + 4b \qquad z = a \qquad t = b \tag{$*$}$$

(b) Soit $v_0 = (14, 3, 0, 0)$ le vecteur formé des termes constants de $(*)$, soit $u_1 = (-7, -3, 1, 0)$ le vecteur des coefficients de a dans $(*)$ et $u_2 = (8, 4, 0, 1)$ le vecteur des coefficients de b dans $(*)$. La solution générale $(*)$ peut être récrite sous la forme vectorielle

$$(x, y, z, t) = v_0 + au_1 + b_2 \tag{$**$}$$

Montrons maintenant que $(**)$ est la solution générale par le théorème 1.11. Remarquons d'abord que v_0 est une solution du système non homogène obtenu en posant $a = 0$ et $b = 0$. Considérons le système homogène associé, sous forme échelonnée :

$$\begin{aligned} x - 3y - 2z + 4t &= 0 \\ y + 3z - 4t &= 0 \end{aligned}$$

Les variables libres sont z et t. Posons $z = 1$, $t = 0$ pour obtenir la solution $u_1 = (-7, -3, 1, 0)$. Posons $z = 0$, $t = 1$ pour obtenir la solution $u_2 = (8, 4, 0, 1)$. D'après le théorème 1.10, $\{u_1, u_2\}$ est une base de l'espace solution du système homogène. Ainsi, $(**)$ est bien écrite sous la forme désirée.

PROBLÈMES DIVERS

1.42. Montrer que chacune des opérations élémentaires $[E_1]$, $[E_2]$ et $[E_3]$ admet une opération inverse du même type.

$[E_1]$ Échanger la i-ième et la j-ième équations : $L_i \leftrightarrow L_j$.

$[E_2]$ Multiplier la i-ième équation par un scalaire non nul k : $kL_i \rightarrow L_i$, $k \neq 0$.

$[E_3]$ Remplacer la i-ième équation par k fois la j-ième plus la i-ième équation : $kL_j + L_i \rightarrow L_i$.

(a) En échangeant deux fois les mêmes équations, nous obtenons le même système ; c'est-à-dire l'opération $L_i \leftrightarrow L_j$ est égale à son propre inverse.

(b) En multipliant la i-ième équation par k puis par k^{-1} ou d'abord par k^{-1} puis par k, nous obtenons le même système ; c'est-à-dire les opérations $kL_i \rightarrow L_i$ et $k^{-1}L_i \rightarrow L_i$ sont inverses.

(c) En appliquant l'opération $kL_j + L_i \rightarrow L_i$ puis l'opération $-kL_j + L_i \rightarrow L_i$, ou *vice versa*, nous obtenons le même système ; c'est-à-dire les opérations $kL_j + L_i \rightarrow L_i$ et $-kL_j + L_i \rightarrow L_i$ sont inverses.

1.43. Montrer que l'opération $[E]$ suivante s'obtient en appliquant successivement $[E_2]$ puis $[E_3]$.

$[E]$ Remplacer la i-ième équation par k' fois la j-ième plus k fois (k, non nul) la i-ième équation : $k'L_j + kL_i \rightarrow L_i$, $k \neq 0$.

L'application successive des opérations $kL_i \rightarrow L_i$ puis $k'L_j + L_i \rightarrow L_i$ conduit au même résultat que l'application de l'opération $k'L_j + kL_i \rightarrow L_i$.

1.44. Supposons que chaque équation L_i du système *(1.3)* est multipliée par une constante c_i puis, en additionnant les équations résultantes, nous obtenons

$$(c_1 a_{11} + \cdots + c_m a_{m1})x_1 + \cdots + (c_1 a_{1n} + \cdots + c_m a_{mn})x_n = (c_1 b_1 + \cdots + c_m b_m) \tag{1}$$

Une telle équation s'appelle une combinaison linéaire des équations L_i. Montrer que toute solution du système *(1.3)* est aussi solution de la combinaison linéaire *(1)*.

Soit $u = (k_1, k_2, \ldots, k_n)$ une solution du système *(1.3)* :

$$a_{i1}k_1 + a_{i2}k_2 + \cdots + a_{in}k_n = b_i \qquad (i = 1, 2, \ldots, m) \tag{2}$$

Pour montrer que u est aussi solution de *(1)*, nous devons vérifier l'équation :

$$(c_1 a_{11} + \cdots + c_m a_{m1})k_1 + \cdots + (c_1 a_{1n} + \cdots + c_m a_{mn})k_n = (c_1 b_1 + \cdots + c_m b_m)$$

Or, cette équation peut être récrite comme suit

$$c_1(a_{11}k_1 + \cdots + a_{1n}k_n) + \cdots + c_m(a_{m1}k_1 + \cdots + a_{mn}k_n) = c_1 b_1 + \cdots + c_m b_m$$

ou encore, d'après *(2)*,

$$c_1 b_1 + \cdots + c_m b_m = c_1 b_1 + \cdots + c_m b_m$$

qui est, bien évidemment, une égalité vraie.

1.45. Supposons qu'un système (#) d'équations linéaires s'obtient à partir d'un système (∗) d'équations linéaires en appliquant une seule des opérations élémentaires — $[E_1]$, $[E_2]$ ou $[E_3]$. Montrer que les deux systèmes (#) et (∗) ont exactement les mêmes solutions (*i.e.* les deux systèmes sont équivalents).

Chaque équation dans (#) est une combinaison linéaire d'équations de (∗). Donc, d'après le problème 1.44, toute solution de (∗) est aussi solution de toutes les équations de (#). En d'autres termes, l'ensemble des solutions de (∗) est contenu dans l'ensemble des solutions de (#). D'autre part, comme les opérations $[E_1]$, $[E_2]$ et $[E_3]$ ont des opérations élémentaires inverses, le système (∗) peut être obtenu à partir de (#) en appliquant une seule opération élémentaire. Par conséquent, l'ensemble des solutions de (#) est contenu dans l'ensemble des solutions de (∗). Ainsi, les deux systèmes (#) et (∗) ont exactement les mêmes solutions.

1.46. Démontrer le théorème 1.4.

D'après le problème 1.45, chaque étape ne change pas l'ensemble des solutions. Ainsi, le système initial (∗) et le système final (#) (et tous les systèmes intermédiaires) ont exactement les mêmes solutions.

1.47. Démontrer que les trois énoncés suivants, sur les systèmes d'équations linéaires, sont équivalents :

   (i) Le système est consistant (admet une solution).

   (ii) Aucune combinaison linéaire des équations du système ne donne l'équation

$$0x_1 + 0x_2 + \cdots + 0x_n = b \neq 0 \tag{∗}$$

   (iii) Le système peut être réduit à une forme échelonnée.

Supposons que le système peut être réduit à une forme échelonnée. Le système sous forme échelonnée admet une solution. Par suite, le système initial admet une solution. Ainsi (iii) implique (i).

Supposons que le système admet une solution. D'après le problème 1.44, toute combinaison linéaire des équations du système admet aussi une solution. Or, l'équation (∗) n'admet pas de solution ; donc (∗) ne peut être une combinaison linéaire des équations du système. Ainsi (i) implique (ii).

Supposons que le système n'est pas réductible à une forme échelonnée. Donc, dans l'algorithme de Gauss, il doit y avoir une équation de la forme (∗). Donc (∗) est une combinaison linéaire des équations du système. Ainsi, [non(iii)] implique [non(ii)] ou, d'une manière équivalente, (ii) implique (iii).

Problèmes supplémentaires

SOLUTIONS D'ÉQUATIONS LINÉAIRES

1.48. Résoudre :

$$(a)\quad \begin{aligned} 2x + 3y &= 1 \\ 5x + 7y &= 3 \end{aligned} \qquad (b)\quad \begin{aligned} 2x + 4y &= 10 \\ 3x + 6y &= 15 \end{aligned} \qquad (c)\quad \begin{aligned} 4x - 2y &= 5 \\ -6x + 3y &= 1 \end{aligned}$$

1.49. Résoudre :

$$(a)\quad \begin{aligned} 2x - y - 3z &= 5 \\ 3x - 2y + 2z &= 5 \\ 5x - 3y - z &= 16 \end{aligned} \qquad (b)\quad \begin{aligned} 2x + 3y - 2z &= 5 \\ x - 2y + 3z &= 2 \\ 4x - y + 4z &= 1 \end{aligned} \qquad (c)\quad \begin{aligned} x + 2y + 3z &= 3 \\ 2x + 3y + 8z &= 4 \\ 3x + 2y + 17z &= 1 \end{aligned}$$

1.50. Résoudre :

$$(a)\quad \begin{aligned} 2x + 3y &= 3 \\ x - 2y &= 5 \\ 3x + 2y &= 7 \end{aligned} \qquad (b)\quad \begin{aligned} x + 2y - 3z + 2t &= 2 \\ 2x + 5y - 8z + 6t &= 5 \\ 3x + 4y - 5z + 2t &= 4 \end{aligned} \qquad (c)\quad \begin{aligned} x + 2y - z + 3t &= 3 \\ 2x + 4y + 4z + 3t &= 9 \\ 3x + 6y - z + 8t &= 10 \end{aligned}$$

1.51. Résoudre :

$$(a)\quad \begin{aligned} x + 2y + 2z &= 2 \\ 3x - 2y - z &= 5 \\ 2x - 5y + 3z &= -4 \\ x + 4y + 6z &= 0 \end{aligned} \qquad (b)\quad \begin{aligned} x + 5y + 4z - 13t &= 3 \\ 3x - y + 2z + 5t &= 2 \\ 2x + 2y + 3z - 4t &= 1 \end{aligned}$$

SYSTÈMES HOMOGÈNES

1.52. Déterminer si les systèmes suivants admettent une solution non nulle :

$$(a)\quad \begin{aligned} x + 3y - 2z &= 0 \\ x - 8y + 8z &= 0 \\ 3x - 2y + 4z &= 0 \end{aligned} \qquad (b)\quad \begin{aligned} x + 3y - 2z &= 0 \\ 2x - 3y + z &= 0 \\ 3x - 2y + 2z &= 0 \end{aligned} \qquad (c)\quad \begin{aligned} x + 2y - 5z + 4t &= 0 \\ 2x - 3y + 2z + 3t &= 0 \\ 4x - 7y + z - 6t &= 0 \end{aligned}$$

1.53. Trouver la dimension et une base de l'espace W, solution générale de chacun des systèmes homogènes suivants :

$$(a)\quad \begin{aligned} x + 3y + 2z - s - t &= 0 \\ 2x + 6y + 5z + s - t &= 0 \\ 5x + 15y + 12z + s - 3t &= 0 \end{aligned} \qquad (b)\quad \begin{aligned} 2x - 4y + 3z - s + 2t &= 0 \\ 3x - 6y + 5z - 2s + 4t &= 0 \\ 5x - 10y + 7z - 3s + t &= 0 \end{aligned}$$

MATRICES ÉCHELONNÉES ET OPÉRATIONS ÉLÉMENTAIRES SUR LES LIGNES

1.54. Réduire la matrice A à la forme échelonnée, puis à sa forme canonique ligne, avec

$$(a) \quad A = \begin{pmatrix} 1 & 2 & -1 & 2 & 1 \\ 2 & 4 & 1 & -2 & 3 \\ 3 & 6 & 2 & -6 & 5 \end{pmatrix} \quad (b) \quad A = \begin{pmatrix} 2 & 3 & -2 & 5 & 1 \\ 3 & -1 & 2 & 0 & 4 \\ 4 & -5 & 6 & -5 & 7 \end{pmatrix}$$

1.55. Réduire la matrice A à la forme échelonnée, puis à sa forme canonique ligne, avec

$$(a) \quad A = \begin{pmatrix} 1 & 3 & -1 & 2 \\ 0 & 11 & -5 & 3 \\ 2 & -5 & 3 & 1 \\ 4 & 1 & 1 & 5 \end{pmatrix} \quad (b) \quad A = \begin{pmatrix} 0 & 1 & 3 & -2 \\ 0 & 4 & -1 & 3 \\ 0 & 0 & 1 & 1 \\ 0 & 5 & -3 & 4 \end{pmatrix}$$

1.56. Décrire toutes les matrices carrées 2×2 qui peuvent être réduites à la forme échelonnée

1.57. Soit A une matrice carrée réduite à la forme échelonnée. Montrer que si $A \neq I$, la matrice identité, alors A a une ligne nulle.

1.58. Montrer que chacune des opérations élémentaires sur les lignes, admet une opération inverse du même type.

  $[E_1]$ Échanger la i-ième et la j-ième ligne : $R_i \longleftrightarrow R_j$.

  $[E_2]$ Multiplier la i-ième ligne par un scalaire non nul k : $kR_i \longrightarrow R_i$, $k \neq 0$.

  $[E_3]$ Remplacer la i-ième ligne par k fois la j-ième plus la i-ième ligne : $kR_j + R_i \longrightarrow R_i$.

1.59. Montrer que l'équivalence suivant les lignes des matrices est une relation d'équivalence :

  (i) A est ligne équivalente à A ;

  (ii) Si A est ligne équivalente à B, alors B est ligne équivalente à A ;

  (iii) Si A est ligne équivalente à B et B est ligne équivalente à C, alors A est ligne équivalente à C.

PROBLÈMES DIVERS

1.60. Considérons deux équations linéaires générales à deux inconnues x et y sur le corps des nombres réels $\mathbb{R}$:

$$ax + by = e$$
$$cx + dy = f$$

Montrer que :

  (i) Si $\dfrac{a}{c} \neq \dfrac{b}{d}$, $i.e.$, si $ad - bc \neq 0$, alors le système admet une solution unique $x = \dfrac{de - bf}{ad - bc}$, $y = \dfrac{af - ce}{ad - bc}$.

  (ii) Si $\dfrac{a}{c} = \dfrac{b}{d} \neq \dfrac{e}{f}$, alors le système n'admet aucune solution.

  (iii) Si $\dfrac{a}{c} = \dfrac{b}{d} = \dfrac{e}{f}$, alors le système admet plus d'une solution.

1.61. Considérons le système

$$ax + by = 1$$
$$cx + dy = 0$$

Montrer que si $ad - bc \neq 0$, alors le système admet une solution unique $x = d/(ad - bc)$, $y = -c/(ad - bc)$. Montrer aussi que, si $ad - bc = 0$, $c \neq 0$ ou $d \neq 0$, alors le système n'admet pas de solution.

1.62. Montrer qu'une équation de la forme $0x_1 + 0x_2 + \cdots + 0x_n = 0$ peut être ajoutée ou supprimée d'un système sans changer l'ensemble des solutions.

1.63. Considérons un système d'équations linéaires ayant autant d'équations que d'inconnues :

$$a_{11}x_1 + a_{12}x_2 + \ldots + a_{1n}x_n = b_1$$
$$a_{21}x_1 + a_{22}x_2 + \ldots + a_{2n}x_n = b_2$$
$$\ldots\ldots\ldots\ldots\ldots\ldots\ldots\ldots\ldots\ldots\ldots \tag{1}$$
$$a_{n1}x_1 + a_{n2}x_2 + \ldots + a_{nn}x_n = b_n$$

(i) Supposons que le système homogène associé n'admet que la solution nulle. Montrer que *(1)* admet une solution unique pour chaque choix des constantes b_i.

(ii) Supposons que le système homogène associé admet une solution non nulle. Montrer qu'il existe des constantes b_i pour lesquelles le système *(1)* n'admet pas de solution. Montrer aussi que si *(1)* admet une solution, alors, il en admet une infinité.

1.64. Supposons que dans un système homogène d'équations linéaires, les coefficients de l'une des inconnues sont tous nuls. Montrer que le système admet au moins une solution non nulle.

Réponses aux problèmes supplémentaires

1.48. (*a*) $x = 2$, $y = -1$; (*b*) $x = 5 - 2a$, $y = a$; (*c*) aucune solution.

1.49. (*a*) $(1, -3, -2)$; (*b*) aucune solution ; (*c*) $(-1 - 7a, 2 + 2a, a)$ ou $\begin{cases} x = -1 - 7z \\ y = 2 + 2z \end{cases}$

1.50. (*a*) $x = 3$, $y = -1$; (*b*) $(-a + 2b, 1 + 2a - 2b, a, b)$ ou $\begin{cases} x = - z + 2t \\ y = 1 + 2z - 2t \end{cases}$

(*c*) $(\frac{7}{2} - 5b/2 - 2a, a, \frac{1}{2} + b/2, b)$ ou $\begin{cases} x = \frac{7}{2} - 5t/2 - 2y \\ z = \frac{1}{2} + t/2 \end{cases}$

1.51. (*a*) $(2, 1, -1)$; (*b*) aucune solution.

1.52. (*a*) oui ; (*b*) non ; (*c*) oui, d'après le théorème 1.8.

1.53. (*a*) $\dim W = 3$; $u_1 = (-3, 1, 0, 0, 0)$, $u_2 = (7, 0, -3, 1, 0)$, $u_3 = (3, 0, -1, 0, 1)$.

(*b*) $\dim W = 2$; $u_1 = (-2, 1, 0, 0, 0)$, $u_2 = (5, 0, -5, -3, 1)$.

1.54. (*a*) $\begin{pmatrix} 1 & 2 & -1 & 2 & 1 \\ 0 & 0 & 3 & -6 & 1 \\ 0 & 0 & 0 & -6 & 1 \end{pmatrix}$ et $\begin{pmatrix} 1 & 2 & 0 & 0 & \frac{4}{3} \\ 0 & 0 & 1 & 0 & 0 \\ 0 & 0 & 0 & 1 & -\frac{1}{6} \end{pmatrix}$

(*b*) $\begin{pmatrix} 2 & 3 & -2 & 5 & 1 \\ 0 & -11 & 10 & -15 & 5 \\ 0 & 0 & 0 & 0 & 0 \end{pmatrix}$ et $\begin{pmatrix} 1 & 0 & \frac{4}{11} & \frac{5}{11} & \frac{13}{11} \\ 0 & 1 & -\frac{10}{11} & \frac{15}{11} & -\frac{5}{11} \\ 0 & 0 & 0 & 0 & 0 \end{pmatrix}$

1.55. (*a*) $\begin{pmatrix} 1 & 3 & -1 & 2 \\ 0 & 11 & -5 & 3 \\ 0 & 0 & 0 & 0 \\ 0 & 0 & 0 & 0 \end{pmatrix}$ et $\begin{pmatrix} 1 & 0 & \frac{4}{11} & \frac{13}{11} \\ 0 & 1 & -\frac{5}{11} & \frac{3}{11} \\ 0 & 0 & 0 & 0 \\ 0 & 0 & 0 & 0 \end{pmatrix}$

(*b*) $\begin{pmatrix} 0 & 1 & 3 & -2 \\ 0 & 0 & -13 & 11 \\ 0 & 0 & 0 & 35 \\ 0 & 0 & 0 & 0 \end{pmatrix}$ et $\begin{pmatrix} 0 & 1 & 0 & 0 \\ 0 & 0 & 1 & 0 \\ 0 & 0 & 0 & 1 \\ 0 & 0 & 0 & 0 \end{pmatrix}$

Chapitre 2

Vecteurs dans $\mathbb{R}^n$ et $\mathbb{C}^n$, vecteurs dans l'espace

2.1. INTRODUCTION

Dans diverses applications physiques apparaissent certaines quantités, comme la température et la valeur absolue de la vitesse qui possèdent seulement une *amplitude*. Ces quantités peuvent être représentées par des nombres réels et sont appelés des *scalaires*. D'autre part, il existe d'autres quantités comme la force et l'accélération, qui possèdent à la fois une amplitude et une *direction*. Ces quantités peuvent être représentées par des segments orientés (ayant une longueur et une direction données et ayant pour origine un point de référence O) et sont appelées des *vecteurs*.

Commençons par étudier les opérations élémentaires sur les vecteurs

(i) *Addition* : La résultante $\mathbf{u} + \mathbf{v}$ de deux vecteurs $\mathbf{u}$ et $\mathbf{v}$ est obtenue d'après la règle appelée *règle du parallélogramme*, i.e. , $\mathbf{u} + \mathbf{v}$ est la diagonale du parallélogramme formé par $\mathbf{u}$ et $\mathbf{v}$ comme l'indique la figure 2-1 (a).

(ii) *Multiplication scalaire* : Le produit $k\mathbf{u}$ du vecteur $\mathbf{u}$ par un nombre réel k est obtenu en multipliant la longueur de $\mathbf{u}$ par la valeur absolue de k, et en conservant le même sens que celui de $\mathbf{u}$ si $k > 0$, ou le sens opposé si $k < 0$ comme l'indique la figure 2-1 (b).

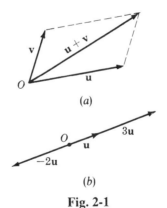

(a)

(b)

Fig. 2-1

Nous supposons maintenant que le lecteur est familiarisé avec la représentation des points du plan par des couples ordonnés de nombres réels. Si l'origine des axes est choisie au point de référence O, chaque vecteur est déterminé d'une manière unique par les coordonnées de son extrémité. Il s'ensuit les relations suivantes entre les opérations précédentes et les coordonnées des points extrémités de vecteurs.

(i) *Addition* : Si (a, b) et (c, d) sont les coordonnées des extrémités des vecteurs $\mathbf{u}$ et $\mathbf{v}$, alors $(a + c, b + d)$ sont les coordonnées de l'extrémité du vecteur $\mathbf{u} + \mathbf{v}$, comme l'indique la figure 2-2(a).

(ii) *Multiplication scalaire* : Si (a, b) sont les coordonnées de l'extrémité du vecteur $\mathbf{u}$, alors (ka, kb) sont les coordonnées de l'extrémité du vecteur $k\mathbf{u}$, comme l'indique la figure 2-2(b).

De façon générale, nous identifierons un vecteur **u** par son point extrémité (a, b), sachant que son origine est le point de référence O, et nous écrirons **u** $= (a, b)$. De plus, suivant cette interprétation, nous appellerons *point* ou *vecteur* tout couple (a, b) de nombres réels.

En généralisant cette notion, nous appellerons vecteur un n-uplet $(a_1, a_2, \ldots, a_n)$ de nombres réels. Nous adopterons, cependant, des notations particulières pour les vecteurs dans l'espace $\mathbb{R}^3$ (Section 2.8).

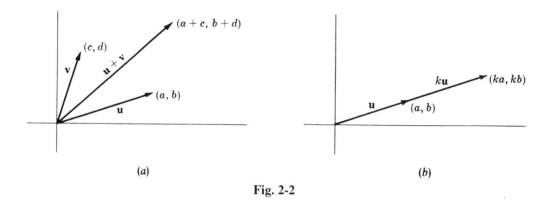

(a)   (b)

Fig. 2-2

Nous supposons que le lecteur est familiarisé avec les propriétés élémentaires du corps des nombres réels noté $\mathbb{R}$.

2.2. VECTEURS DANS $\mathbb{R}^n$

L'ensemble de tous les n-uplets de nombres réels, noté $\mathbb{R}^n$, est appelé n-*espace*, ou espace à n dimensions. En particulier, un n-uplet de $\mathbb{R}^n$

$$u = (u_1, u_2, \ldots, u_n)$$

est appelé un *point* ou un *vecteur* ; les nombres réels u_i sont appelés les *composantes* (ou *coordonnées*) du vecteur u. De plus, lorsque nous serons dans l'espace $\mathbb{R}^n$, nous utiliserons le terme *scalaire* pour les éléments de $\mathbb{R}$.

Deux vecteurs u et v sont *égaux* (on écrit $u = v$) s'il ont le même nombre de composantes, appartiennent au même espace et si les composantes correspondantes sont égales.

Exemple 2.1

(a) Considérons les vecteurs suivants :

$$(0, 1) \quad (1, -3) \quad (1, 2, \sqrt{3}, 4) \quad (5, \tfrac{1}{2}, 0, \pi)$$

Les deux premiers vecteurs ont deux composantes et sont donc dans $\mathbb{R}^2$; les deux derniers vecteurs ont quatre composantes et sont donc dans $\mathbb{R}^4$.

(b) Soit $(x - y, x + y, z - 1) = (4, 2, 3)$. Alors, par définition de l'égalité des vecteurs, on a :

$$x - y = 4$$
$$x + y = 2$$
$$z - 1 = 3$$

En résolvant le système précédent, nous obtenons $x = 3$, $y = -1$ et $z = 4$.

Parfois les vecteurs d'un n-espace sont notés verticalement en colonne, au lieu de l'écriture horizontale en ligne, comme ci-dessus. De tels vecteurs sont appelés des *vecteurs colonnes*. Par exemple :

$$\begin{pmatrix} 0 \\ 1 \end{pmatrix} \quad \begin{pmatrix} 1 \\ -3 \end{pmatrix} \quad \begin{pmatrix} 1 \\ 7 \\ -8 \end{pmatrix} \quad \begin{pmatrix} 1, 2 \\ -35 \\ 28 \end{pmatrix}$$

sont des vecteurs colonnes ayant 2, 2, 3 et 3 composantes respectivement.

2.3. ADDITION VECTORIELLE ET MULTIPLICATION SCALAIRE

Soit u et v deux vecteurs de $\mathbb{R}^n$:

$$u = (u_1, u_2, \ldots, u_n) \qquad \text{et} \qquad v = (v_1, v_2, \ldots, v_n)$$

La *somme* de u et v, qu'on écrit $u + v$, est le vecteur obtenu en additionnant les composantes correspondantes de u et de v :

$$u + v = (u_1 + v_1, u_2 + v_2, \ldots, u_n + v_n)$$

Le *produit* du vecteur u par un scalaire k, qu'on écrit ku, est le vecteur obtenu en multipliant chaque composante de u par k :

$$ku = (ku_1, ku_2, \ldots, ku_n)$$

Remarquons que $u + v$ et ku sont aussi des vecteurs de $\mathbb{R}^n$. On définit aussi :

$$-u = -1u \qquad \text{et} \qquad u - v = u + (-v)$$

La somme de vecteurs, ayant des nombres distincts de composantes, n'est pas définie.

Les propriétés essentielles des vecteurs de $\mathbb{R}^n$, par rapport à l'addition et la multiplication par un scalaire, sont résumées dans le théorème suivant (démontré dans le problème 2.4). Dans le théorème, $0 \equiv (0, 0, \ldots, 0)$, est le *vecteur nul* de $\mathbb{R}^n$.

Théorème 2.1 : Quels que soient les vecteurs u, v, $w \in \mathbb{R}^n$ et quels que soient les scalaires k, $k' \in \mathbb{R}$,

(i)	$(u + v) + w = u + (v + w)$	(v)	$k(u + v) = ku + kv$
(ii)	$u + 0 = u$	(vi)	$(k + k')u = ku + k'u$
(iii)	$u + (-u) = 0$	(vii)	$(kk')u = k(k'u)$
(iv)	$u + v = v + u$	(viii)	$1u = u$

Supposons que u et v soient des vecteurs de $\mathbb{R}^n$ tels que $u = kv$, où k est un scalaire non nul. Alors, u et v sont dits *colinéaires*. Les deux vecteurs u et v ont le *même sens*, si $k > 0$, et des *sens opposés* si $k < 0$.

2.4. VECTEURS ET ÉQUATIONS LINÉAIRES

Deux notions importantes, les *combinaisons linéaires* et la *dépendance linéaire*, sont intimement liées aux systèmes d'équations linéaires, comme suit.

Combinaisons linéaires

Considérons le système non homogène de m équations linéaires à n inconnues :

$$\begin{cases} a_{11}x_1 + a_{12}x_2 + \cdots + a_{1n}x_n = b_1 \\ a_{21}x_1 + a_{22}x_2 + \cdots + a_{2n}x_n = b_2 \\ \dots\dots\dots\dots\dots\dots\dots\dots\dots\dots \\ a_{m1}x_1 + a_{m2}x_2 + \cdots + a_{mn}x_n = b_m \end{cases}$$

Ce système est équivalent à l'équation vectorielle suivante :

$$x_1 \begin{pmatrix} a_{11} \\ a_{21} \\ \cdots \\ a_{m1} \end{pmatrix} + x_2 \begin{pmatrix} a_{12} \\ a_{22} \\ \cdots \\ a_{m2} \end{pmatrix} + \cdots + x_n \begin{pmatrix} a_{1n} \\ a_{2n} \\ \cdots \\ a_{mn} \end{pmatrix} = \begin{pmatrix} b_1 \\ b_2 \\ \cdots \\ b_m \end{pmatrix}$$

équation vectorielle qu'on peut écrire sous la forme

$$x_1 u_1 + x_2 u_2 + \ldots + x_n u_n = v$$

où $u_1, u_2, \ldots, u_n, v$ sont les vecteurs colonnes précédents respectifs.

Maintenant, si le système précédent admet une solution, alors v est dit une combinaison linéaire des vecteurs u_i. Nous énonçons formellement la définition de cette notion importante.

Définition : Un vecteur v est une *combinaison linéaire* des vecteurs $u_1, u_2, \ldots, u_n$ s'il existe des scalaires $k_1, k_2, \ldots, k_n$ tels que :

$$v = k_1 u_1 + k_2 u_2 + \cdots + k_n u_n$$

c'est-à-dire si l'équation vectorielle

$$v = x_1 u_1 + x_2 u_2 + \cdots + x_n u_n$$

admet une solution lorsque les x_i sont des scalaires inconnus.

La définition précédente s'applique aussi bien aux vecteurs colonnes qu'aux vecteurs lignes, bien que notre illustration fût faite en termes de vecteurs colonnes.

Exemple 2.2. Considérons les vecteurs :

$$v = \begin{pmatrix} 2 \\ 3 \\ -4 \end{pmatrix} \quad u_1 = \begin{pmatrix} 1 \\ 1 \\ 1 \end{pmatrix} \quad u_2 = \begin{pmatrix} 1 \\ 1 \\ 0 \end{pmatrix} \quad \text{et} \quad u_3 = \begin{pmatrix} 1 \\ 0 \\ 0 \end{pmatrix}$$

Alors v est une combinaison linéaire des vecteurs u_1, u_2, u_3 puisque l'équation vectorielle (ou le système)

$$\begin{pmatrix} 2 \\ 3 \\ -4 \end{pmatrix} = x \begin{pmatrix} 1 \\ 1 \\ 1 \end{pmatrix} + y \begin{pmatrix} 1 \\ 1 \\ 0 \end{pmatrix} + z \begin{pmatrix} 1 \\ 0 \\ 0 \end{pmatrix} \quad \text{ou} \quad \begin{cases} 2 = x + y + z \\ 3 = x + y \\ -4 = x \end{cases}$$

admet une solution $x = -4$, $y = 7$, $z = -1$. En d'autres termes,

$$v = -4u_1 + 7u_2 - u_3$$

Dépendance linéaire

Considérons le système homogène de m équations linéaires à n inconnues :

$$\begin{cases} a_{11}x_1 + a_{12}x_2 + \cdots + a_{1n}x_n = 0 \\ a_{21}x_1 + a_{22}x_2 + \cdots + a_{2n}x_n = 0 \\ \cdots\cdots\cdots\cdots\cdots\cdots\cdots\cdots\cdots\cdots \\ a_{m1}x_1 + a_{m2}x_2 + \cdots + a_{mn}x_n = 0 \end{cases}$$

Ce système est équivalent à l'équation vectorielle suivante :

$$x_1 \begin{pmatrix} a_{11} \\ a_{21} \\ \cdots \\ a_{m1} \end{pmatrix} + x_2 \begin{pmatrix} a_{12} \\ a_{22} \\ \cdots \\ a_{m2} \end{pmatrix} + \ldots + x_n \begin{pmatrix} a_{1n} \\ a_{2n} \\ \cdots \\ a_{mn} \end{pmatrix} = \begin{pmatrix} 0 \\ 0 \\ \cdots \\ 0 \end{pmatrix}$$

équation vectorielle qu'on peut écrire sous la forme

$$x_1 u_1 + x_2 u_2 + \ldots + x_n u_n = v$$

où $u_1, u_2, \ldots, u_n, v$ sont les vecteurs colonnes précédents respectivement. Maintenant, si le système précédent admet une solution non nulle, alors $u_1, u_2, \ldots, u_n$, sont dits *linéairement dépendants*. D'autre part, si l'équation admet uniquement la solution nulle, alors les vecteurs $u_1, u_2, \ldots, u_n$ sont dits *linéairement indépendants*. Nous énonçons formellement la définition de cette notion importante.

Définition : Des vecteurs $u_1, u_2, \ldots, u_n$ de $\mathbb{R}^n$ sont *linéairement dépendants* s'il existe des scalaires $k_1, k_2, \ldots, k_n$ tels que :

$$k_1 u_1 + k_2 u_2 + \cdots + k_n u_n = 0$$

c'est-à-dire si l'équation vectorielle

$$x_1 u_1 + x_2 u_2 + \cdots + x_n u_n = 0$$

admet une solution non nulle lorsque les x_i sont des scalaires inconnus. Dans le cas contraire, ces vecteurs sont dits *linéairement indépendants*.

La définition précédente s'applique aussi bien aux vecteurs colonnes qu'aux vecteurs lignes, bien que notre illustration fût faite en termes de vecteurs colonnes.

Exemple 2.3

(a) L'unique solution de l'équation vectorielle (ou du système)

$$x \begin{pmatrix} 1 \\ 1 \\ 1 \end{pmatrix} + y \begin{pmatrix} 1 \\ 1 \\ 0 \end{pmatrix} + z \begin{pmatrix} 1 \\ 0 \\ 0 \end{pmatrix} = \begin{pmatrix} 0 \\ 0 \\ 0 \end{pmatrix} \qquad \text{ou} \qquad \begin{cases} x + y + z = 0 \\ x + y \quad = 0 \\ x \quad\quad = 0 \end{cases}$$

est la solution nulle $x = 0$, $y = 0$, $z = 0$. Donc les trois vecteurs ci-dessus sont linéairement indépendants.

(b) L'équation vectorielle (ou le système d'équations linéaires)

$$x \begin{pmatrix} 1 \\ 1 \\ 1 \end{pmatrix} + y \begin{pmatrix} 2 \\ -1 \\ 3 \end{pmatrix} + z \begin{pmatrix} 1 \\ -5 \\ 3 \end{pmatrix} = \begin{pmatrix} 0 \\ 0 \\ 0 \end{pmatrix} \qquad \text{ou} \qquad \begin{cases} x + 2y + z = 0 \\ x - y - 5z = 0 \\ x + 3y + 3z = 0 \end{cases}$$

admet une solution non nulle $(3, -2, 1)$, *i.e.* , $x = 3$, $y = -2$, $z = 1$. Donc, les trois vecteurs ci-dessus sont linéairement dépendants.

2.5. PRODUIT SCALAIRE

Soit u et v deux vecteurs de $\mathbb{R}^n$:

$$u = (u_1, u_2, \ldots, u_n) \qquad \text{et} \qquad v = (v_1, v_2, \ldots, v_n)$$

Le *produit scalaire* de u et v, qu'on écrit $u \cdot v$, est le scalaire obtenu en multipliant les composantes correspondantes puis en additionnant les produits obtenus :

$$u \cdot v = u_1 v_1 + u_2 v_2 + \ldots + u_n v_n$$

Les vecteurs u et v sont dits *orthogonaux* (ou *perpendiculaires*) si leur produit scalaire est nul : $u \cdot v = 0$.

Exemple 2.4.   Soit $u = (1, -2, 3, -4)$, $v = (6, 7, 1, -2)$, $w = (5, -4, 5, 7)$. Alors :

$$u \cdot v = 1 \times 6 + (-2) \times 7 + 3 \times 1 + (-4) \times (-2) = 6 - 14 + 3 + 8 = 3$$

$$u \cdot w = 1 \times 5 + (-2) \times (-4) + 3 \times 5 + (-4) \times 7 = 5 + 8 + 15 - 28 = 0$$

Ainsi, les vecteurs u et w sont orthogonaux.

Les propriétés essentielles du produit scalaire dans $\mathbb{R}^n$ sont résumées dans le théorème suivant (démontré dans le problème 2.17).

Théorème 2.2 : Quels que soient les vecteurs $u, v, w \in \mathbb{R}^n$ et quel que soit le scalaire $k \in \mathbb{R}$,

    (i) $(u + v) \cdot w = u \cdot w + v \cdot w$ (iii) $u \cdot v = v \cdot u$

    (ii) $(ku) \cdot v = k(u \cdot v)$ (iv) $u \cdot u \geq 0$,   et $u \cdot u = 0$ ssi $u = 0$

Remarque : L'espace $\mathbb{R}^n$, muni de l'addition vectorielle, de la multiplication par un scalaire et du produit scalaire, est appelé *l'espace euclidien de dimension n*.

2.6. NORME D'UN VECTEUR

Soit $u = (u_1, u_2, \ldots, u_n)$ un vecteur de $\mathbb{R}^n$. La *norme* (ou *longueur*) du vecteur u, noté $\|u\|$, est définie comme la racine carrée positive de $u \cdot u$:

$$\|u\| = \sqrt{u \cdot u} = \sqrt{u_1^2 + u_2^2 + \cdots + u_n^2}$$

Puisque $u \cdot u \geq 0$, la racine carrée existe. Donc si $u \neq 0$, alors $\|u\| > 0$; et $\|0\| = 0$.

La définition précédente de la norme d'un vecteur est conforme à celle de la longueur d'un vecteur (ligne) en géométrie euclidienne. Plus précisément, on suppose que **u** est un vecteur (ligne) de $\mathbb{R}^2$ d'extrémité $P(a, b)$ comme le montre la figure 2-3. Alors $|a|$ et $|b|$ sont les longueurs des côtés du triangle rectangle formé par **u** et les deux directions horizontale et verticale. D'après le théorème de Pythagore, la longueur $|\mathbf{u}|$ de **u** est :

$$|\mathbf{u}| = \sqrt{a^2 + b^2}$$

Cette valeur est la même que celle de la norme de **u**, définie plus haut.

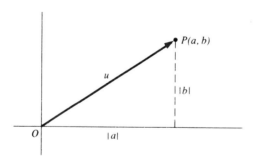

Fig. 2-3

Exemple 2.5. Soit $u = (3, -12, -4)$. Pour trouver $\|u\|$, nous calculons d'abord $\|u\|^2 = u \cdot u$, en élevant au carré les composantes de u puis en additionnant :

$$\|u\|^2 = 3^2 + (-12)^2 + (-4)^2 = 9 + 144 + 16 = 169 \qquad \text{donc} \qquad \|u\| = \sqrt{169} = 13.$$

Un vecteur u est appelé un *vecteur unitaire* si sa norme est égale à 1 : $\|u\| = 1$, ou d'une manière équivalente, si $u \cdot u = 1$. Maintenant, si v est un vecteur non nul quelconque, alors

$$\widehat{v} = \frac{1}{\|v\|} v = \frac{v}{\|v\|}$$

est un vecteur unitaire de même direction que v. (Le procédé de calcul de $\widehat{v}$ s'appelle la *normalisation* de v). Par exemple,

$$\widehat{v} = \frac{v}{\|v\|} = \left(\frac{2}{\sqrt{102}}, \frac{-3}{\sqrt{102}}, \frac{8}{\sqrt{102}}, \frac{-5}{\sqrt{102}} \right)$$

est le vecteur unitaire ayant la même direction que $v = (2, -3, 8, -5)$.

Énonçons maintenant la relation fondamentale (qui sera démontrée dans le problème 2.22) connue sous le nom d'*inégalité de Cauchy-Schwarz*.

Théorème 2.3 (Cauchy-Schwarz) : Quels que soient les vecteurs u et $v \in \mathbb{R}^n$, $|u \cdot v| \leq \|u\| \, \|v\|$.

En utilisant l'inégalité précédente, nous pouvons démontrer (Problème 2.33) le résultat suivant, appelé *l'inégalité triangulaire* ou *inégalité de Minkowski*.

Théorème 2.4 (Minkowski) : Quels que soient les vecteurs u et $v \in \mathbb{R}^n$, $|u + v| \leq \|u\| + \|v\|$.

Distances, angles, projections

Soit $u = (u_1, u_2, \ldots, u_n)$ et $v = (v_1, v_2, \ldots, v_n)$ des vecteurs de $\mathbb{R}^n$. La *distance* entre u et v, notée $d(u, v)$, est définie par :

$$d(u, v) \equiv \|u - v\| = \sqrt{(u_1 - v_1)^2 + (u_2 - v_2)^2 + \cdots + (u_n - v_n)^2}$$

Montrons que cette définition correspond à la notion usuelle de *distance euclidienne* dans le plan $\mathbb{R}^2$. Considérons deux vecteurs $u = (a, b)$ et $v = (c, d) \in \mathbb{R}^2$ d'extrémités respectives les points $P(a, b)$ et $Q(c, d)$. Comme indiqué sur la figure 2-4, la distance entre les points P et Q est :

$$d = \sqrt{(a - c)^2 + (b - d)^2}$$

D'autre part, d'après la définition précédente,

$$d(u, v) = \|u - v\| = \|(a - c, b - d)\| = \sqrt{(a - c)^2 + (b - d)^2}$$

ce qui donne la même valeur.

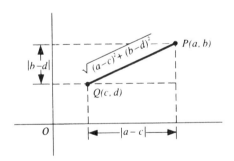

Fig. 2-4

En utilisant l'inégalité de Cauchy-Schwarz, nous pouvons définir maintenant l'angle θ entre deux vecteurs non nuls u et $v \in \mathbb{R}^n$ par :

$$\cos \theta = \frac{u \cdot v}{\|u\| \, \|v\|}$$

Remarquons que si $u \cdot v = 0$ alors $\theta = 90°$ (ou $\theta = \pi/2$). Ce qui correspond bien à notre définition de l'orthogonalité.

Exemple 2.6. Soit $u = (1, -2, 3)$ et $v = (3, -5, -7)$. Alors

$$d(u, v) = \sqrt{(1 - 3)^2 + (-2 + 5)^2 + (3 + 7)^2} = \sqrt{4 + 9 + 100} = \sqrt{113}$$

Pour trouver $\cos \theta$, où θ est l'angle entre u et v, nous calculons d'abord

$$u \cdot v = 3 + 10 - 21 = -8 \qquad \|u\|^2 = 1 + 4 + 9 = 14 \qquad \|v\|^2 = 9 + 25 + 49 = 83$$

Alors

$$\cos \theta = \frac{u \cdot v}{\|u\| \, \|v\|} = -\frac{-8}{\sqrt{14}\sqrt{83}}$$

Soit u et $v \neq 0$ deux vecteurs de $\mathbb{R}^n$. Le vecteur *projection* de u sur v est le vecteur

$$\text{proj}\,(u, v) = \frac{u \cdot v}{\|v\|^2}v$$

Montrons que cette définition est conforme à la notion usuelle de projection vectorielle en physique. Considérons deux vecteurs **u** et **v** comme indiqué sur la figure 2-5. La projection (orthogonale) de **u** sur **v** est le vecteur **u**, de longueur

$$|\mathbf{u}^*| = |\mathbf{u}| \cos \theta = |\mathbf{u}| \frac{\mathbf{u} \cdot \mathbf{v}}{|\mathbf{u}| \, |\mathbf{v}|} = \frac{\mathbf{u} \cdot \mathbf{v}}{|\mathbf{v}|}$$

Pour obetnir **u***, nous multiplions sa longueur par le vecteur unitaire de direction **v** :

$$\mathbf{u}^* = |\mathbf{u}^*| \frac{\mathbf{v}}{|\mathbf{v}|} = \frac{\mathbf{u} \cdot \mathbf{v}}{|\mathbf{v}|^2}\mathbf{v}$$

Ce qui correspond bien à la définition précédente de proj (u, v).

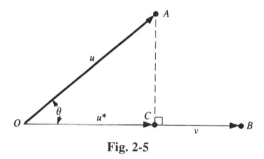

Fig. 2-5

Exemple 2.7.   Soit $u = (1, -2, 3)$ et $v = (2, 5, 4)$. Pour trouver proj (u, v), nous calculons d'abord

$$u \cdot v = 2 - 10 + 12 = 4 \qquad \text{et} \qquad \|v\|^2 = 4 + 25 + 16 = 45$$

Alors

$$\text{proj}\,(u, v) = \frac{u \cdot v}{\|v\|^2}v = \frac{4}{45}(2, 5, 4) = \left(\frac{8}{45}, \frac{20}{45}, \frac{16}{45}\right) = \left(\frac{8}{45}, \frac{4}{9}, \frac{16}{45}\right)$$

2.7. VECTEURS LOCALISÉS, HYPERPLANS ET DROITES DANS $\mathbb{R}^n$

Dans cette section, nous distinguons entre le n-uplet $P(a_1, a_2, \ldots, a_n) \equiv P(a_i)$ vu comme un point de $\mathbb{R}^n$ et le n-uplet $v = [c_1, c_2, \ldots, c_n]$ vu comme un vecteur (ligne) d'origine O et d'extrémité le point $C(c_1, c_2, \ldots, c_n)$. Tout couple de points $P = (a_i)$ et $Q = (b_i)$ de $\mathbb{R}^n$ définit un *vecteur localisé* ou *segment orienté* de P vers Q, noté $\overrightarrow{PQ}$. Nous identifions $\overrightarrow{PQ}$ avec le vecteur

$$v = \overrightarrow{OQ} - \overrightarrow{OP} = [b_1 - a_1, b_2 - a_2, \ldots, b_n - a_n]$$

puisque $\overrightarrow{PQ}$ et v ont la même longueur, la même direction et le même sens comme indiqué sur la figure 2-6.

Un *hyperplan* H de $\mathbb{R}^n$ est l'ensemble des points $(x_1, x_2, \ldots, x_n)$ qui vérifient l'équation linéaire non dégénérée

$$a_1x_1 + a_2x_2 + \cdots + a_nx_n = b$$

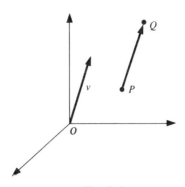

Fig. 2-6

En particulier, un hyperplan H de $\mathbb{R}^2$ est une droite; un hyperplan H de $\mathbb{R}^3$ est un plan. Le vecteur $u = [a_1, a_2, \ldots, a_n] \neq 0$ est dit *normal* à H. Cette terminologie sera justifiée par le fait (*cf.* Problème 2.33) que tout segment orienté $\overrightarrow{PQ}$, où P et Q appartiennent à H, est orthogonal au vecteur normal u. La figure 2-7 donne une illustration de ce fait dans $\mathbb{R}^3$.

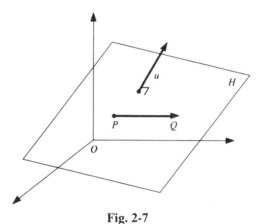

Fig. 2-7

La *droite* L dans $\mathbb{R}^n$ passant par le point $P(a_1, a_2, \ldots, a_n)$ ayant pour direction le vecteur non nul $u = [u_1, u_2, \ldots, u_n]$ est formée de tous les points $X(x_1, x_2, \ldots, x_n)$ qui vérifient

$$X = P + tu \qquad \text{ou} \qquad \begin{cases} x_1 = a_1 + u_1 t \\ x_2 = a_2 + u_2 t \\ \ldots \ldots \ldots \\ x_n = a_n + u_n t \end{cases}$$

où t est un paramètre qui parcourt l'ensemble des nombres réels (*cf.* Fig. 2-8).

Exemple 2.8

(*a*) Considérons l'hyperplan H dans $\mathbb{R}^4$ passant par le point $P(1, 3, -4, , 2)$ et de vecteur normal $u = [4, -2, 5, 6]$. Son équation doit être de la forme

$$4x - 2y + 5z + 6t = k$$

En substituant les coordonnées de P dans cette équation, nous obtenons

$$4(1) - 2(3) + 5(-4) + 6(2) = k \qquad \text{ou} \qquad 4 - 6 - 20 + 12 = k \qquad \text{et} \qquad k = -10$$

Ainsi, $4x - 2y + 5z + 6t = -10$ est l'équation de H.

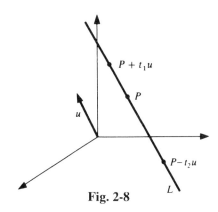

Fig. 2-8

(*b*) Considérons la droite L dans $\mathbb{R}^4$ passant par le point $P(1, 2, 3, -4)$ et de vecteur directeur $u = [5, 6, -7, -8]$. Une représentation paramétrique de L est la suivante :

$$\begin{aligned} x_1 &= 1 + 5t \\ x_2 &= 2 + 6t \\ x_3 &= 3 - 7t \\ x_4 &= -4 + 8t \end{aligned} \qquad \text{ou} \qquad (1 + 5t, 2 + 6t, 3 - 7t, -4 + 8t)$$

Remarquer qu'en prenant $t = 0$ dans l'équation de L, nous obtenons le point P.

Courbes dans $\mathbb{R}^n$

Soit D un intervalle (borné ou non) de la droite réelle $\mathbb{R}$. Une fonction continue $F : D \to \mathbb{R}^n$ définit une *courbe* de $\mathbb{R}^n$. Ainsi, pour tout $t \in D$, on fait correspondre le vecteur (ou le point) de $\mathbb{R}^n$:

$$F(t) = [F_1(t), F_2(t), \ldots, F_n(t)]$$

De plus, la dérivée (si elle existe) de $F(t)$ est donnée par le vecteur

$$V(t) = \mathrm{d}F(t)/\mathrm{d}t = [\, \mathrm{d}F_1(t)/\mathrm{d}t, \ \mathrm{d}F_2(t)/\mathrm{d}t, \ \ldots, \ \mathrm{d}F_n(t)/\mathrm{d}t]$$

qui est un *vecteur tangent* à la courbe. En normalisant $V(t)$, nous obtenons

$$\mathbf{T}(t) = \frac{V(t)}{\|V(t)\|}$$

qui est le vecteur unitaire tangent à la courbe. [Les vecteurs unitaires ayant une signification géométrique sont souvent notés en lettres grasses ; *cf.* Section 2.8.]

Exemple 2.9.   Considérons la courbe C de $\mathbb{R}^3$ définie par :

$$F(t) = [\sin t, \cos t, t]$$

La dérivée de $F(t)$ s'obtient en calculant la dérivée de chacune de ses fonctions composantes, comme suit

$$V(t) = [\cos t, \sin t, 1]$$

qui est donc un vecteur tangent à la courbe. Pour normaliser $V(t)$, nous calculons d'abord

$$\|V(t)\|^2 = \cos^2 t + \sin^2 t + 1 = 1 + 1 = 2$$

D'où

$$\mathbf{T}(t) = \frac{V(t)}{\|V(t)\|} = \left[\frac{\cos t}{\sqrt{2}}, \ \frac{-\sin t}{\sqrt{2}}, \ \frac{1}{\sqrt{2}} \right]$$

qui est le vecteur unitaire tangent à la courbe.

2.8. VECTEURS DANS L'ESPACE, NOTATION ijk DANS $\mathbb{R}^3$

Les vecteurs dans $\mathbb{R}^3$, appelés *vecteurs dans l'espace*, apparaissent dans beaucoup d'applications, particulièrement en physique. En fait, une notion spéciale est fréquemment utilisée pour de tels vecteurs, comme suit :

$$\mathbf{i} = (1, 0, 0) \text{ désigne le vecteur unitaire de l'axe des } x,$$

$$\mathbf{j} = (0, 1, 0) \text{ désigne le vecteur unitaire de l'axe des } y,$$

$$\mathbf{k} = (0, 0, 1) \text{ désigne le vecteur unitaire de l'axe des } z.$$

Par conséquent, tout vecteur $u = (a, b, c) \in \mathbb{R}^3$ peut s'écrire d'une manière unique sous la forme

$$u = (a, b, c) = a\mathbf{i} + b\mathbf{j} + c\mathbf{k}$$

Puisque $\mathbf{i}, \mathbf{j}, \mathbf{k}$ sont des vecteurs unitaires et deux à deux orthogonaux, nous avons

$$\mathbf{i} \cdot \mathbf{i} = 1, \qquad \mathbf{j} \cdot \mathbf{j} = 1, \qquad \mathbf{k} \cdot \mathbf{k} = 1, \qquad \text{et} \qquad \mathbf{i} \cdot \mathbf{j} = 0, \qquad \mathbf{i} \cdot \mathbf{k} = 0, \qquad \mathbf{j} \cdot \mathbf{k} = 0.$$

Les différentes opérations sur les vecteurs, étudiées précédemment, peuvent être exprimées dans la nouvelle notation, comme suit : soit $u = a_1\mathbf{i} + a_2\mathbf{j} + a_3\mathbf{k}$ et $v = b_1\mathbf{i} + b_2\mathbf{j} + b_3\mathbf{k}$, alors

$$u + v = (a_1 + b_1)\mathbf{i} + (a_2 + b_2)\mathbf{j} + (a_3 + b_3)\mathbf{k} \qquad u \cdot v = a_1b_1 + a_2b_2 + a_3b_3$$

$$cu = ca_1\mathbf{i} + ca_2\mathbf{j} + ca_3\mathbf{k} \qquad \|u\| = \sqrt{u \cdot u} = \sqrt{a_1^2 + a_2^2 + a_3^2}$$

où c désigne un scalaire quelconque.

Exemple 2.10. Soit $u = 3\mathbf{i} + 5\mathbf{j} - 2\mathbf{k}$ et $v = 4\mathbf{i} - 3\mathbf{j} + 7\mathbf{k}$.

(a) Pour calculer $u + v$, on additionne les composantes correspondantes des deux vecteurs, ce qui donne :

$$u + v = 7\mathbf{i} + 2\mathbf{j} + 5\mathbf{k}$$

(b) Pour calculer $3u - 2v$, on multiplie d'abord par les scalaires, puis on additionne, ce qui donne :

$$3u - 2v = (9\mathbf{i} + 15\mathbf{j} - 6\mathbf{k}) + (-8\mathbf{i} + 6\mathbf{j} - 14\mathbf{k}) = 4\mathbf{i} + 21\mathbf{j} - 20\mathbf{k}$$

(c) Pour calculer $u \cdot v$, on multiplie d'abord les composantes correspondantes puis on additionne, ce qui donne :

$$u \cdot v = 12 - 15 - 14 = -17$$

(d) Pour calculer $\|u\|$, on élève au carré chaque composante correspondante puis on additionne, ce qui donne :

$$\|u\|^2 = 9 + 25 + 4 = 38 \qquad \text{et donc} \qquad \|u\| = \sqrt{38}$$

Produit vectoriel

On définit une opération spéciale pour des vecteurs u et v de $\mathbb{R}^3$, appelée *produit vectoriel* et notée $u \times v$ (ou $u \wedge v$). Plus précisément, si on pose

$$u = a_1\mathbf{i} + a_2\mathbf{j} + a_3\mathbf{k} \qquad \text{et} \qquad v = b_1\mathbf{i} + b_2\mathbf{j} + b_3\mathbf{k}$$

alors

$$u \times v = (a_2b_3 - a_3b_2)\mathbf{i} + (a_3b_1 - a_1b_3)\mathbf{j} + (a_1b_2 - a_2b_1)\mathbf{k}$$

Remarquer que $u \times v$ est un vecteur.

En utilisant la notion des déterminants (chapitre 7), où $\begin{vmatrix} a & b \\ c & d \end{vmatrix} = ad - bc$, le produit vectoriel peut également s'écrire sous la forme suivante :

$$u \times v = \begin{vmatrix} a_2 & a_3 \\ b_2 & b_3 \end{vmatrix} \mathbf{i} - \begin{vmatrix} a_1 & a_3 \\ b_1 & b_3 \end{vmatrix} \mathbf{j} + \begin{vmatrix} a_1 & a_2 \\ b_1 & b_2 \end{vmatrix} \mathbf{k}$$

ou d'une manière équivalente

$$u \times v = \begin{vmatrix} \mathbf{i} & \mathbf{j} & \mathbf{k} \\ a_1 & a_2 & a_3 \\ b_1 & b_2 & b_3 \end{vmatrix}$$

Dans le théorème suivant, nous énonçons deux propriétés importantes du produit vectoriel (*cf.* Problème 2.56).

Théorème 2.5 : Soit $u, v, w \in \mathbb{R}^3$.

(i) Le produit $u \times v$ est orthogonal aux deux vecteurs u et v.

(ii) La valeur absolue du « triple produit » $u \cdot v \times w$ (appelé *produit mixte*) représente le volume du parallélépipède formé des trois vecteurs u, v, et w (comme indiqué sur la figure 2-9).

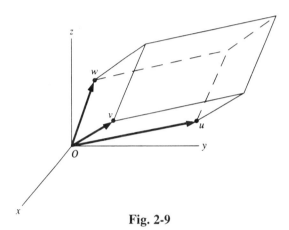

Fig. 2-9

Exemple 2.11

(a) Soit $u = 4\mathbf{i} + 3\mathbf{j} + 6\mathbf{k}$ et $v = 2\mathbf{i} + 5\mathbf{j} - 3\mathbf{k}$. Alors

$$u \times v = \begin{vmatrix} 3 & 6 \\ 5 & -3 \end{vmatrix} \mathbf{i} - \begin{vmatrix} 4 & 6 \\ 2 & -3 \end{vmatrix} \mathbf{j} + \begin{vmatrix} 4 & 3 \\ 2 & 5 \end{vmatrix} \mathbf{k} = -39\mathbf{i} + 24\mathbf{j} + 14\mathbf{k}$$

(b) $$(2, -1, 5) \times (3, 7, 6) = \left(\begin{vmatrix} -1 & 5 \\ 7 & 6 \end{vmatrix}, -\begin{vmatrix} 2 & 5 \\ 3 & 6 \end{vmatrix}, \begin{vmatrix} 2 & -1 \\ 3 & 7 \end{vmatrix} \right) = (-41, 3, 17)$$

(Ici, nous avons calculé le produit vectoriel sans utiliser la notation $\mathbf{ijk}$.)

(c) $\mathbf{i} \times \mathbf{j} = \mathbf{k}, \quad \mathbf{j} \times \mathbf{k} = \mathbf{i}, \quad \mathbf{k} \times \mathbf{i} = \mathbf{j},$ et $\mathbf{j} \times \mathbf{i} = -\mathbf{k}, \quad \mathbf{k} \times \mathbf{j} = -\mathbf{i}, \quad \mathbf{i} \times \mathbf{k} = -\mathbf{j}$

En d'autres termes, si nous considérons le triplet $(\mathbf{i}, \mathbf{j}, \mathbf{k})$ comme une permutation cyclique, *i.e.* si les vecteurs $\mathbf{i}$, $\mathbf{j}$ et $\mathbf{k}$ sont rangés sur un cercle dans le sens positif (sens inverse des aiguilles d'une montre) comme le montre la figure 2-10, alors le produit vectoriel de deux d'entre eux dans le sens positif est égale au troisième, alors que le produit de deux d'entre eux dans le sens négatif est égal à l'opposé du troisième.

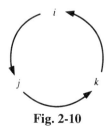

Fig. 2-10

2.9. NOMBRES COMPLEXES

L'ensemble des nombres complexes est noté $\mathbb{C}$. Formellement, un nombre complexe est un couple (a, b) de nombres réels. L'égalité, l'addition et la multiplication des nombres complexes sont définies de la manière suivante :

$$(a, b) = (c, d) \quad \text{ssi} \quad a = c \quad \text{et} \quad b = d$$
$$(a, b) + (c, d) = (a + c, b + d)$$
$$(a, b)(c, d) = (ac - bd, ad + bc)$$

Nous identifions le nombre réel a au nombre complexe $(a, 0)$:

$$a \leftrightarrow (a, 0)$$

Ceci est possible puisque les opérations d'addition et de multiplication des nombres réels sont conservées par cette correspondance

$$(a, 0) + (b, 0) = (a + b, 0) \quad \text{et} \quad (a, 0)(b, 0) = (ab, 0)$$

Ainsi nous pouvons considérer $\mathbb{R}$ comme un sous-ensemble de $\mathbb{C}$ et remplacer $(a, 0)$ par a lorsque c'est possible.

Le nombre complexe $(0, 1)$, noté i, possède la propriété importante suivante

$$i^2 = ii = (0, 1)(0, 1) = (-1, 0) = -1 \quad \text{ou} \quad i = \sqrt{-1}$$

De plus, en utilisant le fait que

$$(a, b) = (a, 0) + (0, b) \quad \text{et} \quad (0, b) = (b, 0)(0, 1)$$

Nous avons

$$(a, b) = (a, 0) + (b, 0)(0, 1) = a + bi$$

La notation $z = a + bi$, où $a \equiv \text{Re } z$ et $b \equiv \text{Im } z$ sont appelés respectivement la *partie réelle* et la *partie imaginaire* du nombre complexe z, convient mieux que la notation (a, b). Par exemple, la somme et le produit de deux nombres complexes $z = a + bi$ et $w = c + di$ peuvent être obtenus simplement en utlisant les propriétés de commutativité et de distributivité et $i^2 = -1$:

$$z + w = (a + bi) + (c + di) = a + c + bi + di = (a + c) + (b + d)i$$
$$zw = (a + bi)(c + di) = ac + bci + adi + bdi^2 = (ac - bd) + (bc + ad)i$$

Attention : La précédente utlisation de la lettre i pour $\sqrt{-1}$ n'a aucun lien avec la notation vectorielle $\mathbf{i} = (1, 0, 0)$ introduite dans la section 2.8.

Le *conjugué* du nombre complexe $z = (a, b) = a + bi$ est noté et défini par

$$\bar{z} = \overline{a + bi} = a - bi$$

Donc $z\bar{z} = (a + bi)(a - bi) = a^2 - b^2i^2 = a^2 + b^2$. Si, de plus, $z \neq 0$, alors l'*inverse* z^{-1} de z et la division de w par z sont donnés par

$$z^{-1} = \frac{\bar{z}}{z\bar{z}} = \frac{a}{a^2 + b^2} + \frac{-b}{a^2 + b^2}i \quad \text{et} \quad \frac{w}{z} = wz^{-1}$$

où $w \in \mathbb{C}$. Nous pouvons également définir

$$-z = -1z \quad \text{et} \quad w - z = w + (-z)$$

Comme les nombres réels sont représentés par des points sur une droite, les nombres complexes peuvent être représentés par des points dans le plan. Plus précisément, le point (a, b) représente le nombre complexe $z = a + bi$, c'est-à-dire le nombre dont la partie réelle est a et la partie imaginaire est b (*cf.* Fig. 2-11).

La *valeur absolue* de z, appelée *module* de z et notée $|z|$, est définie comme la distance de z à l'origine :

$$z = \sqrt{a^2 + b^2}$$

Remarquer que $|z|$ est égale à la norme du vecteur (a, b). Ainsi, $|z| = \sqrt{z\bar{z}}$.

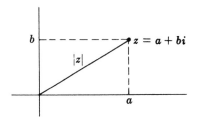

Fig. 2-11

Exemple 2.12.   Soit $z = 2 + 3i$ et $w = 5 - 2i$. Alors

$$z + w = (2 + 3i) + (5 - 2i) = 2 + 5 + 3i - 2i = 7 + i$$

$$zw = (2 + 3i)(5 - 2i) = 10 + 15i - 4i - 6i^2 = 16 + 11i$$

$$\bar{z} = \overline{2 + 3i} = 2 - 3i \quad \text{et} \quad \bar{w} = \overline{5 - 2i} = 5 + 2i$$

$$\frac{w}{z} = \frac{5 - 2i}{2 + 3i} = \frac{(5 - 2i)(2 - 3i)}{(2 + 3i)(2 - 3i)} = \frac{4 - 19i}{13} = \frac{4}{13} - \frac{19}{13}i$$

$$|z| = \sqrt{4 + 9} = \sqrt{13} \quad \text{et} \quad |w| = \sqrt{25 + 4} = \sqrt{29}$$

Remarque :   L'ensemble $\mathbb{C}$ des nombres complexes, muni des opérations précédentes d'addition et de multiplication, est un corps comme $\mathbb{R}$.

2.10. VECTEURS DANS $\mathbb{C}^n$

L'ensemble de tous les n-uplets de nombres complexes, noté $\mathbb{C}^n$, s'appelle le *n-espace complexe*. Comme dans le cas réel, les éléments de $\mathbb{C}^n$ s'appellent des *vecteurs* ou des *points*, les éléments de $\mathbb{C}$ s'appellent des *scalaires*. L'*addition vectorielle* et la *multiplication par un scalaire* dans $\mathbb{C}^n$ sont définies par

$$(z_1, z_2, \ldots, z_n) + (w_1, w_2, \ldots, w_n) = (z_1 + w_1, z_2 + w_2, \ldots, z_n + w_n)$$

$$z(z_1, z_2, \ldots, z_n) = (zz_1, zz_2, \ldots, zz_n)$$

où $z_i, w_i, z \in \mathbb{C}$.

Exemple 2.13

(a) $(2 + 3i, 4 - i, 3) + (3 - 2i, 5i, 4 - 6i) = (5 + i, 4 + 4i, 7 - 6i)$

(b) $2i(2 + 3i, 4 - i, 3) = (-6 + 4i, 2 + 8i, 6i)$.

Maintenant, soit u et v deux vecteurs arbitraires dans $\mathbb{C}^n$:

$$u = (z_1, z_2, \ldots, z_n) \qquad v = (w_1, w_2, \ldots, w_n) \qquad z_i, w_i \in \mathbb{C}$$

Le *produit scalaire complexe*, de u et v, est défini de la manière suivante :

$$u \cdot v = z_1 \bar{w}_1 + z_2 \bar{w}_2 + z_n \bar{w}_n$$

Remarquer que cette définition se réduit à la précédente dans le cas réel, si w_i est un nombre réel, on a $w_i = \overline{w_i}$. La norme de u est définie par

$$\|u\| = \sqrt{u \cdot u} = \sqrt{z_1 \overline{z}_1 + z_2 \overline{z}_2 + \cdots + z_n \overline{z}_n} = \sqrt{|z_1|^2 + |z_2|^2 + \cdots + |z_n|^2}$$

Observer que $u \cdot u$ et $\|u\|$ sont des nombres réels strictement positifs lorsque $u \neq 0$ et nuls lorsque $u = 0$.

Exemple 2.14. Soit $u = (2 + 3i, 4 - i, 2i)$ et $v = (3 - 2i, 5, 4 - 6i)$. Alors

$$u \cdot v = (2 + 3i)(\overline{3 - 2i}) + (4 - i)(\overline{5}) + (2i)(\overline{4 - 6i})$$
$$= (2 + 3i)(3 + 2i) + (4 - i)(5) + (2i)(4 + 6i)$$
$$= 13i + 20 - 5i - 12 + 8i = 8 + 16i$$
$$u \cdot u = (2 + 3i)(\overline{2 + 3i}) + (4 - i)(\overline{4 - i}) + (2i)(\overline{2i})$$
$$= (2 + 3i)(2 - 3i) + (4 - i)(4 + i) + (2i)(-2i)$$
$$= 13 + 17 + 4 = 34$$
$$\|u\| = \sqrt{u \cdot u} = \sqrt{34}$$

L'espace $\mathbb{C}^n$, muni des opérations précédentes d'addition vectorielle, de multiplication par un scalaire et du produit scalaire s'appelle un *n-espace euclidien complexe*.

Remarque : Si $u \cdot v$ était défini par $u \cdot v = z_1 w_1 + z_2 w_2 + \cdots + z_n w_n$, alors il serait possible de trouver un vecteur $u \neq 0$ tel que $u \cdot u = 0$; par exemple $u = (1, i, 0)$. En fait, $u \cdot u$ peut même ne pas être réel.

Problèmes résolus

VECTEURS DANS $\mathbb{R}^n$

2.1. Soit $u = (2, -7, 1)$, $v = (-3, 0, 4)$, $w = (0, 5, -8)$. Calculer (a) $3u - 4v$, (b) $2u + 3v - 5w$.

(a) $3u - 4v = 3(2, -7, 1) - 4(-3, 0, 4) = (6, -21, 3) + (12, 0, -16) = (18, -21, -13)$

(b) $2u + 3v - 5w = 2(2, -7, 1) + 3(-3, 0, 4) - 5(0, 5, -8)$
$$= (4, -14, 2) + (-9, 0, 12) + (0, -25, 40)$$
$$= (4 - 9 + 0, -14 + 0 - 25, 2 + 12 + 40) = (-5, -39, 54)$$

2.2. Calculer :

$$(a) \quad 2 \begin{pmatrix} 1 \\ -1 \\ 3 \end{pmatrix} - 3 \begin{pmatrix} 2 \\ 3 \\ -4 \end{pmatrix}, \qquad (b) \quad -2 \begin{pmatrix} 5 \\ 3 \\ -4 \end{pmatrix} + 4 \begin{pmatrix} -1 \\ 5 \\ 2 \end{pmatrix} - 3 \begin{pmatrix} 3 \\ -1 \\ -1 \end{pmatrix}$$

Effectuons d'abord les multiplications par un scalaire, puis les additions vectorielles.

$$(a) \quad 2 \begin{pmatrix} 1 \\ -1 \\ 3 \end{pmatrix} - 3 \begin{pmatrix} 2 \\ 3 \\ -4 \end{pmatrix} = \begin{pmatrix} 2 \\ -2 \\ 6 \end{pmatrix} + \begin{pmatrix} -6 \\ -9 \\ 12 \end{pmatrix} = \begin{pmatrix} -4 \\ -11 \\ 18 \end{pmatrix}$$

$$(b) \quad -2 \begin{pmatrix} 5 \\ 3 \\ -4 \end{pmatrix} + 4 \begin{pmatrix} -1 \\ 5 \\ 2 \end{pmatrix} - 3 \begin{pmatrix} 3 \\ -1 \\ -1 \end{pmatrix} = \begin{pmatrix} -10 \\ -6 \\ 8 \end{pmatrix} + \begin{pmatrix} -4 \\ 20 \\ 8 \end{pmatrix} + \begin{pmatrix} -9 \\ 3 \\ 3 \end{pmatrix} = \begin{pmatrix} -23 \\ 17 \\ 19 \end{pmatrix}$$

2.3.   Trouver deux nombres x et y tels que (a) $(x, 3) = (2, x + y)$; (b) $(4, y) = x(2, 3)$.

     (a) Puisque les deux vecteurs sont égaux, leurs composantes correspondantes sont respectivement égales :

$$x = 2 \qquad 3 = x + y$$

          En remplaçant $x = 2$ dans la seconde équation, nous obtenons $y = 1$. Ainsi $x = 2$ et $y = 1$.

     (b) En multipliant par le scalaire x, nous obtenons $(4, y) = x(2, 3) = (2x, 3y)$. En identifiant leurs composantes correspondantes les unes aux autres, on écrit :

$$4 = 2x \qquad y = 3x$$

          Maintenant, en résolvant les équations linéaires en x, puis en y, nous obtenons : $x = 2$ et $y = 6$.

2.4.   Démontrer le théorème 2.1.

       Soit u_i, v_i et w_i les i-ièmes composantes de u, v, et w respectivement.

    (i)   Par définition $u_i + v_i$ est la i-ième composante de $u + v$ et donc $(u_i + v_i) + w_i$ est la i-ième composante de $(u + v) + w$. D'autre part, $v_i + w_i$ est la i-ième composante de $v + w$ et donc $u_i + (v_i + w_i)$ la i-ième composante de $u + (v + w)$. Or, u_i, v_i et w_i sont des nombres réels, donc d'après la propriété de l'associativité de l'addition, on a

$$(u_i + v_i) + w_i = u_i + (v_i + w_i) \quad \text{pour} \quad i = 1, \dots, n$$

          Par conséquent, $(u + v) + w = u + (v + w)$ puisque leurs composantes correspondantes sont égales.

    (ii)   Puisque $0 = (0, 0, \dots, 0)$ on a

$$u + 0 = (u_1, u_2, \dots, u_n) + (0, 0, \dots, 0)$$
$$= (u_1 + 0, u_2 + 0, \dots, u_n + 0) = (u_1, u_2, \dots, u_n) = u$$

    (iii)   Puisque $-u = -1(u_1, u_2, \dots, u_n) = (-u_1, -u_2, \dots, -u_n)$,

$$u + (-u) = (u_1, u_2, \dots, u_n) + (-u_1, -u_2, \dots, -u_n)$$
$$= (u_1 - u_1, u_2 - u_2, \dots, u_n - u_n) = (0, 0, \dots, 0) = 0$$

    (iv)   Par définition $u_i + v_i$ est la i-ième composante de $u + v$ et $(v_i + u_i)$ est la i-ième composante de $(u + v)$. Or, u_i et v_i sont des nombres réels, donc d'après la propriété de la commutativité de l'addition, on a

$$(u_i + v_i) = v_i + u_i \quad \text{pour} \quad i = 1, \dots, n$$

          Par conséquent, $u + v = v + u$ puisque leurs composantes correspondantes sont égales.

    (v)   Puisque $u_i + v_i$ est la i-ième composante de $u + v$, $k(u_i + v_i)$ est la i-ième composante de $k(u + v)$. Puisque ku_i et kv_i sont les i-ièmes composantes de ku et kv respectivement, $ku_i + kv_i$ est la i-ième composante de $ku + kv$. Or, k, u_i, et v_i sont des nombres réels, donc

$$k(u_i + v_i) = ku_i + kv_i \quad \text{pour} \quad i = 1, \dots, n$$

          Par conséquent, $k(u + v) = ku + kv$ puisque leurs composantes correspondantes sont égales.

    (vi)   Observons d'abord que le premier signe plus est celui de l'addition des deux scalaires k et k', alors que le second est celui de l'addition vectorielle des deux vecteurs ku et kv.

          Par définition, $(k + k')u_i$ est la i-ième composante du vecteur $(k + k')u$. Puisque ku_i et $k'u_i$ sont les i-ièmes composantes de ku et $k'u$, respectivement, $ku_i + k'u_i$ est la i-ième composante de $ku + k'u$. Or, k, k', et u_i sont des nombres réels, donc

$$(k + k')u_i = ku_i + k'u_i \quad \text{pour} \quad i = 1, \dots, n$$

          Par conséquent, $(k + k')u = ku + k'u$ puisque leurs composantes correspondantes sont égales.

    (vii)   Puisque, $k'u_i$ est la i-ième composante de $k'u$, $k(k'u_i)$ est la i-ième composante $k(k'u)$. Comme $(kk')u_i$, est la i-ième composante de $(kk')u$, et k, k', et u_i sont des nombres réels, on a

$$(kk')u_i = k(k'u_i) \quad \text{pour} \quad i = 1, \dots, n$$

          Par conséquent, $(kk')u = k(k'u)$ puisque leurs composantes correspondantes sont égales.

    (viii) $1 \cdot u = 1(u_1, u_2, \dots, u_n) = (1u_1, 1u_2, \dots, 1u_n) = (u_1, u_2, \dots, u_n) = u$.

VECTEURS ET ÉQUATIONS LINÉAIRES

2.5. Convertir l'équation vectorielle suivante en un système d'équations linéaires, puis le résoudre.

$$\begin{pmatrix} 1 \\ -6 \\ 5 \end{pmatrix} = x \begin{pmatrix} 1 \\ 2 \\ 3 \end{pmatrix} + y \begin{pmatrix} 2 \\ 5 \\ 8 \end{pmatrix} + z \begin{pmatrix} 3 \\ 2 \\ 3 \end{pmatrix}$$

Multiplions les vecteurs dans le membre de droite, par les scalaires inconnus, puis additionnons :

$$\begin{pmatrix} 1 \\ -6 \\ 5 \end{pmatrix} = \begin{pmatrix} x \\ 2x \\ 3x \end{pmatrix} + \begin{pmatrix} 2y \\ 5y \\ 8y \end{pmatrix} + \begin{pmatrix} 3z \\ 2z \\ 3z \end{pmatrix} = \begin{pmatrix} x + 2y + 3z \\ 2x + 5y + 2z \\ 3x + 8y + 3z \end{pmatrix}$$

En identifiant les composantes correspondantes les unes aux autres, puis en réduisant le système à la forme échelonnée, nous obtenons :

$$\begin{aligned} x + 2y + 3z &= 1 \\ 2x + 5y + 2z &= -6 \\ 3x + 8y + 3z &= 5 \end{aligned} \qquad \begin{aligned} x + 2y + 3z &= 1 \\ y - 4z &= -8 \\ 2y - 6z &= 2 \end{aligned} \qquad \begin{aligned} x + 2y + 3z &= 1 \\ y - 4z &= -8 \\ 2z &= 18 \end{aligned}$$

Ce système est triangulaire donc, par substitution inverse, on obtient une solution unique $x = -82$, $y = 28$ et $z = 9$.

2.6. Écrire le vecteur $v = (1, -2, 5)$ comme une combinaison linéaire des vecteurs $u_1 = (1, 1, 1)$, $u_2 = (1, 2, 3)$ et $u_3 = (2, -1, 1)$.

Nous voulons exprimer v sous la forme $v = xu_1 + yu_2 + zu_3$, où x, y et z sont encore inconnues. Nous avons donc :

$$\begin{pmatrix} 1 \\ -2 \\ 5 \end{pmatrix} = x \begin{pmatrix} 1 \\ 1 \\ 1 \end{pmatrix} + y \begin{pmatrix} 1 \\ 2 \\ 3 \end{pmatrix} + z \begin{pmatrix} 2 \\ -1 \\ 1 \end{pmatrix} = \begin{pmatrix} x + y + 2z \\ x + 2y - z \\ x + 3y + z \end{pmatrix}$$

(Il est plus commode d'écrire les vecteurs en colonnes plutôt qu'en lignes pour former des combinaisons linéaires.) En identifiant les composantes correspondantes les unes aux autres, nous obtenons :

$$\begin{aligned} x + y + 2z &= 1 \\ x + 2y - z &= -2 \\ x + 3y + z &= 5 \end{aligned} \quad \text{ou} \quad \begin{aligned} x + y + 3z &= 1 \\ y - 3z &= -3 \\ 2y - z &= 4 \end{aligned} \quad \text{ou} \quad \begin{aligned} x + y + 2z &= 1 \\ y - 3z &= -3 \\ 5z &= 10 \end{aligned}$$

L'unique solution de ce système triangulaire est $x = -6$, $y = 3$ et $z = 2$; donc $v = -6u_1 + 3u_2 + 2u_3$.

2.7. Écrire le vecteur $v = (2, 3, -5)$ comme une combinaison linéaire des vecteurs $u_1 = (1, 2, -3)$, $u_2 = (2, -1, -4)$ et $u_3 = (1, 7, -5)$.

Cherchons d'abord un système d'équations linéaires équivalent :

$$\begin{pmatrix} 2 \\ 3 \\ -5 \end{pmatrix} = x \begin{pmatrix} 1 \\ 2 \\ -3 \end{pmatrix} + y \begin{pmatrix} 2 \\ -1 \\ -4 \end{pmatrix} + z \begin{pmatrix} 1 \\ 7 \\ -5 \end{pmatrix} = \begin{pmatrix} x + 2y + z \\ 2x - y + 7z \\ -3x - 4y - 5z \end{pmatrix}$$

En identifiant les composantes correspondantes les unes aux autres, nous obtenons :

$$\begin{aligned} x + 2y + z &= 2 \\ 2x - y + 7z &= 3 \\ -3x - 4y - 5z &= -5 \end{aligned} \quad \text{ou} \quad \begin{aligned} x + 2y + z &= 2 \\ -5y + 5z &= -1 \\ 2y - 2z &= 1 \end{aligned} \quad \text{ou} \quad \begin{aligned} x + 2y + z &= 2 \\ -5y + 5z &= -1 \\ 0 &= 3 \end{aligned}$$

La troisième équation, $0 = 3$, montre que le système n'a pas de solution. Ainsi v ne peut être écrit comme combinaison linéaire des vecteurs u_1, u_2 et u_3.

2.8. Déterminer si les vecteurs $u_1 = (1, 1, 1)$, $u_2 = (2, -1, 3)$ et $u_3 = (1, -5, 3)$ sont linéairement dépendants ou indépendants.

Rappelons que u_1, u_2 et u_3 sont linéairement dépendants ou linéairement indépendants selon que l'équation vectorielle $xu_1 + yu_2 + zu_3 = 0$ admet une solution non nulle ou n'admet que la solution nulle. En écrivant qu'une combinaison linéaire de ces vecteurs est égale au vecteur nul, on a

$$\begin{pmatrix} 0 \\ 0 \\ 0 \end{pmatrix} = x \begin{pmatrix} 1 \\ 1 \\ 1 \end{pmatrix} + y \begin{pmatrix} 2 \\ -1 \\ 3 \end{pmatrix} + z \begin{pmatrix} 1 \\ -5 \\ 3 \end{pmatrix} = \begin{pmatrix} x + 2y + z \\ x - y - 5z \\ x + 3y + 3z \end{pmatrix}$$

En identifiant les composantes correspondantes les unes aux autres, et en réduisant le système à la forme échelonnée, nous obtenons :

$$\begin{array}{lll}
\begin{array}{l} x + 2y + z = 0 \\ x - y - 5z = 0 \\ x + 3y + 3z = 0 \end{array} \quad \text{ou} &
\begin{array}{l} x + 2y + z = 0 \\ -3y - 6z = 0 \\ y + 2z = 0 \end{array} \quad \text{ou} &
\begin{array}{l} x + 2y + z = 0 \\ y + 2z = 0 \end{array}
\end{array}$$

Le système sous la forme échelonnée admet une variable libre ; donc le système admet des solutions non nulles. Ainsi les vecteurs u_1, u_2 et u_3 sont linéairement dépendants. (Nous n'avons pas besoin de résoudre le système pour déterminer la dépendance ou l'indépendance linéaire ; il suffit de savoir si des solutions non nulles existent.)

2.9. Déterminer si les vecteurs $(1, -2, -3)$, $(2, 3, -1)$ et $(3, 2, 1)$ sont linéairement dépendants.

Écrivons qu'une combinaison linéaire de ces vecteurs est égale au vecteur nul :

$$\begin{pmatrix} 0 \\ 0 \\ 0 \end{pmatrix} = x \begin{pmatrix} 1 \\ -2 \\ -3 \end{pmatrix} + y \begin{pmatrix} 2 \\ 3 \\ -1 \end{pmatrix} + z \begin{pmatrix} 3 \\ 2 \\ 1 \end{pmatrix} = \begin{pmatrix} x + 2y + 3z \\ -2x + 3y + 2z \\ -3x - y + z \end{pmatrix}$$

En identifiant les composantes correspondantes les unes aux autres, et en réduisant le système à la forme échelonnée, nous obtenons :

$$\begin{array}{llll}
\begin{array}{l} x + 2y + 3z = 0 \\ -2x + 3y + 2z = 0 \\ -3x - y + z = 0 \end{array} \text{ou} &
\begin{array}{l} x + 2y + 3z = 0 \\ 7y + 8z = 0 \\ 5y + 10z = 0 \end{array} \text{ou} &
\begin{array}{l} x + 2y + 3z = 0 \\ y + 2z = 0 \\ 7y + 8z = 0 \end{array} \text{ou} &
\begin{array}{l} x + 2y + 3z = 0 \\ y + 2z = 0 \\ -6z = 0 \end{array}
\end{array}$$

Dans le troisième système, nous avons échangé la deuxième et la troisième ligne.

Le système homogène est écrit sous la forme triangulaire, sans aucune variable libre ; donc le système admet uniquement la solution nulle. Ainsi les vecteurs u_1, u_2 et u_3 sont linéairement indépendants.

2.10. Démontrer que $n + 1$ (ou plus) vecteurs de $\mathbb{R}^n$ sont linéairement dépendants.

Soit u_1, u_2, ..., u_q des vecteurs de $\mathbb{R}^n$ avec $q > n$. Alors l'équation

$$x_1 u_1 + x_2 u_2 + \cdots + x_q u_q = 0$$

est équivalente à un système de n équations à $q > n$ inconnues. D'après le théorème 1.9, ce système admet des solutions non nulles. Donc les vecteurs u_1, u_2, ..., u_q sont linéairement dépendants.

2.11. Démontrer que tout ensemble de q vecteurs de $\mathbb{R}^n$ contenant le vecteur nul, est linéairement dépendant.

En écrivant ces vecteurs $0, u_2, ..., u_q$, on a : $1(0) + 0u_2 + \cdots + 0u_q = 0$.

PRODUIT SCALAIRE, ORTHOGONALITÉ

2.12. Calculer $u \cdot v$ pour $u = (1, -2, 3, -4)$ et $v = (6, 7, 1, -2)$.

En multipliant les composantes correspondantes, puis en additionnant, nous obtenons :

$$u \cdot v = (1)(6) + (-2)(7) + (3)(1) + (-4)(-2) = 3$$

2.13. Soit $u = (3, 2, 1)$, $v = (5, -3, 4)$, $w = (1, 6, -7)$. Calculer : (a) $(u+v) \cdot w$; (b) $u \cdot w + v \cdot w$.

(a) Calculons d'abord $u + v$ en additionnant les composantes correspondantes.

$$u + v = (3 + 5, 2 - 3, 1 + 4) = (8, -1, 5)$$

Puis calculons $(u + v) \cdot w = (8)(1) + (-1)(6) + (5)(-7) = 8 - 6 - 35 = -33$.

(b) Calculons d'abord $u \cdot w = 3 + 12 - 7 = 8$ et $v \cdot w = 5 - 18 - 28 = -41$. Donc

$$u \cdot w + v \cdot w = 8 - 41 = -33$$

[Noter que, comme ou s'y attendait, d'après le théorème 2.2(i), les deux valeurs sont égales.]

2.14. Soit $u = (1, 2, 3, -4)$, $v = (5, -6, 7, 8)$ et $k = 3$. Calculer : (a) $k(u \cdot v)$; (b) $(ku) \cdot v$; (c) $u \cdot (kv)$.

(a) Calculons d'abord $u \cdot v = 5 - 12 + 21 - 32 = -18$ puis $k(u \cdot v) = 3(-18) = -54$.

(b) Calculons d'abord $ku = (3(1), 3(2), 3(3), 3(-4)) = (3, 6, 9, -12)$. Donc

$$(ku) \cdot v = (3)(5) + (6)(-6) + (9)(7) + (-12)(8) = 15 - 36 + 63 - 96 = -54$$

(c) Calculons d'abord $kv = (15, -18, 21, 24)$. Donc

$$u \cdot (kv) = (1)(15) + (2)(-18) + (3)(21) + (-4)(24) = 15 - 36 + 63 - 96 = -54$$

2.15. Soit $u = (5, 4, 1)$, $v = (3, -4, 1)$ et $w = (1, -2, 3)$. Parmi ces vecteurs, lesquels sont perpendiculaires ?

Calculons le produit scalaire de chaque paire de vecteurs :

$$u \cdot v = 15 - 16 + 1 = 0 \qquad v \cdot w = 3 + 8 + 3 = 14 \qquad u \cdot w = 5 - 8 + 3 = 0$$

Ainsi, les vecteurs u et v et les vecteurs u et w sont orthogonaux. Mais, v et w ne le sont pas.

2.16. Déterminer k de telle sorte que les vecteurs u et v soient orthogonaux, où $u = (1, k, -3)$ et $v = (2, -5, 4)$.

Calculons le produit scalaire $u \cdot v$, puis résolvons l'équation $u \cdot v = 0$ en k.

$$u \cdot v = (1)(2) + (k)(-5) + (-3)(4) = 2 - 5k - 12 = 0, \qquad \text{ou} \qquad -5k - 10 = 0.$$

Ce qui donne $k = -2$.

2.17. Démontrer le théorème 2.2.

Soit $u = (u_1, u_2, \ldots, u_n)$; $v = (v_1, v_2, \ldots, v_n)$; $w = (w_1, w_2, \ldots, w_n)$.

(i) Puisque $u + v = (u_1 + v_1, u_2 + v_2, \ldots, u_n + v_n)$,

$$\begin{aligned}
(u + v) \cdot w &= (u_1 + v_1)w_1 + (u_2 + v_2)w_2 + \cdots + (u_n + v_n)w_n \\
&= u_1 w_1 + v_1 w_1 + u_2 w_2 + v_2 w_2 + \cdots + u_n w_n + v_n w_n \\
&= (u_1 w_1 + u_2 w_2 + \cdots + u_n w_n) + (v_1 w_1 + v_2 w_2 + \cdots + v_n w_n) \\
&= u \cdot w + v \cdot w
\end{aligned}$$

(ii) Puisque $ku = (ku_1, ku_2, \ldots, ku_n)$,

$$(ku) \cdot v = ku_1 v_1 + \cdots + ku_2 v_2 + \cdots + ku_n v_n = k(u_1 v_1 + u_2 v_2 + \cdots + u_n v_n) = k(u \cdot v)$$

(iii) $u \cdot v = u_1 v_1 + u_2 v_2 + \cdots + u_n v_n = v_1 u_1 + v_2 u_2 + \cdots + v_n u_n = v \cdot u$.

(iv) Puisque u_i^2 est positif pour tout i, et puisque la somme de nombres positifs est encore un nombre positif,

$$u \cdot u = u_1^2 + u_2^2 + \cdots + u_n^2 \geq 0$$

De plus, $u \cdot u = 0$ si, et seulement si $u_i = 0$ pour tout i, c'est-à-dire si, et seulement si $u = 0$.

NORME ET LONGUEUR DANS $\mathbb{R}^n$

2.18. Calculer $\|w\|$ si $w = (-3, 1, -2, 4, -5)$.

$$\|w\|^2 = (-3)^2 + 1^2 + (-2)^2 + 4^2 + (-5)^2 = 9 + 1 + 4 + 16 + 25 = 55. \text{ Donc } \|w\| = \sqrt{55}.$$

2.19. Déterminer les valeurs de k telles que $\|u\| = \sqrt{39}$ où $u = (1, k, -2, 5)$.

$\|u\|^2 = 1^2 + k^2 + (-2)^2 + 5^2 = k^2 + 30$. En résolvant l'équation $k^2 + 30 = 39$, nous obtenons : $k = 3, -3$.

2.20. Normaliser le vecteur $w = (4, -2, -3, 8)$.

Calculons d'abord $\|w\|^2 = w \cdot w = (4)^2 + (-2)^2 + (-3)^2 + 8^2 = 16 + 4 + 9 + 64 = 93$. En divisant chaque composante de w par $\|w\| = \sqrt{93}$, nous obtenons :

$$\widehat{w} = \frac{w}{\|w\|} \left(\frac{4}{\sqrt{93}}, \frac{-2}{\sqrt{93}}, \frac{-3}{\sqrt{93}}, \frac{8}{\sqrt{93}} \right)$$

2.21. Normaliser le vecteur $v = \left(\frac{1}{2}, \frac{2}{3}, -\frac{1}{4} \right)$.

Remarquons que v, ou tout vecteur multiple positif de v, donnera la même forme normalisée. Donc, multiplions d'abord v par le dénominateur commun 12 pour supprimer les fractions du vecteur v : $12v = (6, 8, -3)$. Donc

$$\|12v\|^2 = 36 + 64 + 9 = 109 \qquad \text{et} \qquad \widehat{v} = \widehat{12v} = \frac{12v}{\|12v\|} = \left(\frac{6}{\sqrt{109}}, \frac{8}{\sqrt{109}}, \frac{-3}{\sqrt{109}} \right)$$

2.22. Démontrer le théorème 2.3 (inégalité de Cauchy-Schwarz).

Nous allons démontrer le résultat, plus fort, suivant : $|u \cdot v| \leq \sum_{i=1}^{n} |u_i v_i| \leq \|u\| \, \|v\|$. D'abord, si $u = 0$ ou $v = 0$, l'inégalité se réduit à $0 \leq 0 \leq 0$ et elle est donc vraie. Il suffit donc de considérer le cas où $u \neq 0$ et $v \neq 0$, c'est-à-dire, où $\|u\| \neq 0$ et $\|v\| \neq 0$. De plus, puisque

$$|u \cdot v| = \left| \sum u_i v_i \right| \leq \sum |u_i v_i|$$

il nous reste uniquement à démontrer la seconde inégalité.

Maintenant, pour tous nombres réels $x, y \in \mathbb{R}$, $0 \leq (x - y)^2 = x^2 - 2xy + y^2$ ou, d'une manière équivalente,

$$2xy \leq x^2 + y^2 \tag{1}$$

Posons $x = |u_i|/\|u\|$ et $y = |v_i|/\|v\|$ dans (1). Nous obtenons pour tout i,

$$2 \frac{|u_i|}{\|u\|} \frac{|v_i|}{\|v\|} \leq \frac{|u_i|^2}{\|u\|^2} + \frac{|v_i|^2}{\|v\|^2} \tag{2}$$

Mais alors, par définition de la norme d'un vecteur, $\|u\| = \sum u_i^2 = \sum |u_i|^2$ et $\|v\| = \sum v_i^2 = \sum |v_i|^2$. Par suite, en prenant la somme des inégalités (2), pour $i = 1, \ldots, n$ et en utilisant l'égalité $|u_i v_i| = |u_i| \, |v_i|$, nous obtenons

$$2 \frac{\sum |u_i v_i|}{\|u\| \, \|v\|} \leq \frac{\sum |u_i|^2}{\|u\|^2} + \frac{\sum |v_i|^2}{\|v\|^2} = \frac{\|u\|^2}{\|u\|^2} + \frac{\|v\|^2}{\|v\|^2} = 2$$

C'est-à-dire,

$$\frac{\sum |u_i v_i|}{\|u\| \, \|v\|} \leq 1$$

Finalement, en multipliant les deux membres par $\|u\| \, \|v\|$, nous obtenons l'inégalité cherchée.

2.23. Démontrer le théorème 2.4 (inégalité de Minkowski).

D'après l'inégalité de Cauchy-Schwarz (Problème 2.22) et les autres propriétés du produit scalaire,

$$\|u + v\|^2 = (u + v) \cdot (u + v) = u \cdot u + 2(u \cdot v) + v \cdot v$$
$$\leq \|u\|^2 + 2 \|u\| \, \|v\| + \|v\|^2 = (\|u\| + \|v\|)^2$$

En prenant la racine carrée des deux membres, nous obtenons l'inégalité cherchée.

2.24. Démontrer que la norme dans $\mathbb{R}^n$ satisfait les propriétés suivantes :

(a) $[N_1]$ Quel que soit le vecteur u, $\|u\| \geq 0$; et $\|u\| = 0$ si, et seulement si $u = 0$.

(b) $[N_2]$ Quel que soit le vecteur u, et quel que soit le scalaire k, $\|ku\| = |k|\,\|u\|$.

(c) $[N_3]$ Quels que soient les vecteurs u et v, $\|u + v\| \leq \|u\| + \|v\|$.

(a) D'après le théorème 2.2, $u \cdot u \geq 0$, et $u \cdot u = 0$ si, et seulement si $u = 0$. Puisque $\|u\| = \sqrt{u \cdot u}$, $[N_1]$ en découle.

(b) Supposons $u = (u_1, u_2, \ldots, u_n)$ et donc $ku = (ku_1, ku_2, \ldots, ku_n)$. Alors

$$\|ku\|^2 = (ku_1)^2 + (ku_2)^2 + \ldots + (ku_n)^2 = k^2(u_1^2 + u_2^2 + \cdots + u_n^2) = k^2\,\|u\|^2$$

En prenant la racine carrée des deux membres, nous obtenons $[N_2]$.

(c) La propriété $[N_3]$ a été démontrée dans le problème 2.23.

2.25. Soit $u = (1, 2, -2)$, $v = (3, -12, 4)$, et $k = -3$. (a) Calculer $\|u\|, \|v\|$ et $\|ku\|$. (b) Vérifier que $\|ku\| = |k|\,\|u\|$ et $\|u + v\| \leq \|u\| + \|v\|$.

(a) $\|u\| = \sqrt{1 + 4 + 4} = \sqrt{9} = 3$, $\|v\| = \sqrt{9 + 144 + 16} = \sqrt{169} = 13$, $ku = (-3, -6, 6)$, et $\|ku\| = \sqrt{9 + 36 + 36} = \sqrt{81} = 9$.

(b) Puisque $|k| = |-3| = 3$, nous avons $|k|\,\|u\| = 3 \cdot 3 = 9 = \|ku\|$. Aussi $u + v = (4, -10, 2)$. Ainsi

$$\|u + v\| = \sqrt{16 + 100 + 4} = \sqrt{120} \leq 16 = 3 + 13 = \|u\| + \|v\|$$

DISTANCES, ANGLES ET PROJECTIONS

2.26. Calculer la distance $d(u, v)$ entre les vecteurs u et v où

(a) $u = (1, 7), v = (6, -5)$,

(b) $u = (3, -5, 4), v = (6, 2, -1)$,

(c) $u = (5, 3, -2, -4, -1), v = (2, -1, 0, -7, 2)$.

Dans chaque cas, utilisons la formule $d(u, v) = \|u - v\| = \sqrt{(u_1 - v_1)^2 + \cdots + (u_n - v_n)^2}$

(a) $d(u, v) = \sqrt{(1 - 6)^2 + (7 + 5)^2} = \sqrt{25 + 144} = \sqrt{169} = 13$

(b) $d(u, v) = \sqrt{(3 - 6)^2 + (-5 - 2)^2 + (4 + 1)^2} = \sqrt{9 + 49 + 25} = \sqrt{83}$

(c) $d(u, v) = \sqrt{(5 - 2)^2 + (3 + 1)^2 + (-2 + 0)^2 + (-4 + 7)^2 + (-1 - 2)^2} = \sqrt{47}$.

2.27. Chercher toutes les valeurs de k telles que $d(u, v) = 6$, où $u = (2, k, 1, -4)$ et $v = (3, -1, 6, -3)$.

Calculons d'abord

$$[d(u, v)]^2 = (2 - 3)^2 + (k + 1)^2 + (1 - 6)^2 + (-4 + 3)^2 = k^2 + 2k + 28$$

Maintenant, résolvons $k^2 + 2k + 28 = 6^2$ pour obtenir $k = 2, -4$.

2.28. En utilisant le problème 2.24, démontrer que la fonction distance $d(u, v)$ satisfait les propriétés suivantes :

$[M_1]$ $d(u, v) \geq 0$; et $d(u, v) = 0$ si, et seulement si $u = v$.

$[M_2]$ $d(u, v) = d(v, u)$.

$[M_3]$ $d(u, v) \leq d(u, w) + d(w, v)$ (inégalité triangulaire).

$[M_1]$ découle directement de $[N_1]$. D'après $[N_2]$, nous avons

$$d(u, v) = \|u - v\| = \|(-1)(v - u)\| = |-1|\,\|v - u\| = \|v - u\| = d(v, u)$$

Ce qui n'est autre que la propriété $[M_2]$. D'autre part, d'après $[N_3]$, nous avons

$$d(u, v) = \|u - v\| = \|(u - w) + (w - v)\| \leq \|u - w\| + \|w - v\| = d(u, w) + d(w, v)$$

qui n'est autre que la propriété $[M_3]$.

2.29. Calculer $\cos \theta$, où θ est l'angle entre $u = (1, 2, -5)$ et $v = (2, 4, 3)$.

Calculons d'abord

$$u \cdot v = 2 + 8 - 15 = -5 \qquad \|u\|^2 = 1 + 4 + 25 = 30 \qquad \|v\|^2 = 4 + 16 + 9 = 29$$

Alors

$$\cos \theta = \frac{u \cdot v}{\|u\| \, \|v\|} = -\frac{5}{\sqrt{30}\sqrt{29}}$$

2.30. Calculer $\text{proj}(u, v)$ où $u = (1, -3, 4)$ et $v = (3, 4, 7)$.

Calculons d'abord $u \cdot v = 3 - 12 + 28 = 19$ et $\|v\|^2 = 9 + 16 + 49 = 74$. Alors

$$\text{proj}(u, v) = \frac{u \cdot v}{\|v\|^2} v = \frac{19}{74}(3, 4, 7) = \left(\frac{57}{74}, \frac{76}{74}, \frac{133}{74} \right) = \left(\frac{57}{74}, \frac{38}{37}, \frac{133}{74} \right)$$

POINTS, DROITES ET HYPERPLANS

Dans cette section nous faisons la distinction entre un n-uplet $P(a_1, a_2, \ldots, a_n) \equiv P(a_i)$, considéré comme un point de $\mathbb{R}^n$ et le n-uplet $v = [c_1, c_2, \ldots, c_n]$, considéré comme un vecteur (ligne) d'origine O et dont l'extrémité est le point $C(c_1, c_2, \ldots, c_n)$.

2.31. Trouver le vecteur v identifié par le segment orienté $\overrightarrow{PQ}$ avec (a) $P(2, 5)$ et $Q(-3, 4)$ dans $\mathbb{R}^2$, (b) $P(1, -2, 4)$ et $Q(6, 0, -3)$ dans $\mathbb{R}^3$.

    (a) $v = OQ - OP = [-3 - 2, 4 - 5] = [-5, -1]$.

    (b) $v = OQ - OP = [6 - 1, 0 + 2, -3 - 4] = [5, 2, -7]$.

2.32. Soit $P(3, k, -2)$ et $Q(5, 3, 4)$ deux points de $\mathbb{R}^3$. Trouver toutes les valeurs de k telles que $\overrightarrow{PQ}$ soit orthogonal au vecteur $u = [4, -3, 2]$.

Calculons d'abord $v = OQ - OP = [5 - 3, 3 - k, 4 + 2] = [2, 3 - k, 6]$, puis calculons

$$u \cdot v = 4 \times 2 - 3(3 - k) + 2 \times 6 = 8 - 9 + 3k + 12 = 3k + 11$$

Enfin, posons $u \cdot v = 0$ donc $3k + 11 = 0$, d'où $k = -11/3$.

2.33. Considérons l'hyperplan H de $\mathbb{R}^n$, ensemble solution de l'équation linéaire

$$a_1 x_1 + a_2 x_2 + \cdots + a_n x_n = b \tag{1}$$

où $u = [a_1, a_2, \ldots, a_n] \neq 0$. Montrer que le vecteur $\overrightarrow{PQ}$, où les points P, $Q \in H$, est orthogonal au vecteur u des coefficients de l'équation. Le vecteur u est dit *normal* à l'hyperplan H.

Soit $w_1 = \overrightarrow{OP}$ et $w_2 = \overrightarrow{OQ}$; donc $v = w_2 - w_1 = \overrightarrow{PQ}$. D'après (1), $u \cdot w_1 = b$ et $u \cdot w_2 = b$. Mais alors

$$u \cdot v = u \cdot (w_2 - w_1) = u \cdot w_2 - u \cdot w_1 = b - b = 0$$

Ainsi $v = \overrightarrow{PQ}$ est orthogonal au vecteur normal u.

2.34. Trouver une équation de l'hyperplan H dans $\mathbb{R}^4$ passant par le point $P(3, -2, 1, -4)$ et normal à $u = [2, 5, -6, -2]$.

Une équation de H est de la forme $2x + 5y - 6z - 2w = k$ puisque u est normal à H. En remplaçant les coordonnées de P dans cette équation, nous obtenons $k = -2$. Ainsi une équation de H est $2x + 5y - 6z - 2w = -2$.

2.35. Trouver une équation de l'hyperplan H dans $\mathbb{R}^3$ passant par le point $P(1, -5, 2)$ et parallèle au plan H' d'équation $3x - 7y + 4z = 5$.

H et H' sont parallèles si, et seulement si leurs normales sont parallèles. Donc une équation de H est de la forme $3x - 7y + 4z = k$. En remplaçant les coordonnées de $P(1, -5, 2)$ dans cette équation, nous obtenons $k = 46$. Ainsi l'équation demandée est $3x - 7y + 4z = 46$.

2.36. Trouver une représentation paramétrique, dans $\mathbb{R}^4$, de la droite passant par $P(4, -2, 3, 1)$ et de vecteur directeur $u = [2, 5, -7, 11]$.

La droite L dans $\mathbb{R}^n$ passant par le point $P(a_i)$ et dirigée par le vecteur non nul $u = [u_i]$ est l'ensemble des points $X = (x_i)$ qui satisfont l'équation

$$X = P + tu \qquad \text{ou} \qquad x_i = a_i + u_i t \qquad \text{ou} \qquad (\text{pour } i = 1, 2, \ldots, n) \qquad (1)$$

où le paramètre t parcourt l'ensemble des nombres réels. Nous obtenons ainsi,

$$\begin{cases} x = 4 + 2t \\ y = -2 + 5t \\ z = 3 - 7t \\ w = 1 + 11t \end{cases} \qquad \text{ou} \qquad (4 + 2t, -2 + 5t, 3 - 7t, 1 + 11t)$$

2.37. Trouver une équation paramétrique de la droite dans $\mathbb{R}^3$ passant par les points $P(5, 4, -3)$ et $Q(1, -3, 2)$.

Calculons d'abord $u = \overrightarrow{PQ} = [1 - 5, -3 - 4, 2 - (-3)] = [-4, -7, 5]$. Puis utilisons le problème 2.36 pour obtenir

$$x = 5 - 4t \qquad y = 4 - 7t \qquad z = -3 + 5t$$

2.38. Donner une représentation cartésienne pour la droite du problème 2.37.

Résolvons en t chacune des équations coordonnées puis identifier les résultats

$$\frac{x - 5}{-4} = \frac{y - 4}{-7} = \frac{z + 3}{5}$$

ce qui équivaut à la paire d'équations linéaires $7x - 4y = 19$ et $5x + 4z = 13$.

2.39. Trouver une équation paramétrique de la droite, dans $\mathbb{R}^3$, perpendiculaire au plan $2x - 3y + 7z = 4$ et qui le coupe au point $P(6, 5, 1)$.

Puisque la droite est perpendiculaire au plan, elle doit être de même direction que le vecteur normal $u = [2, -3, 7]$ au plan. Donc

$$x = 6 + 2t \qquad y = 5 - 3t \qquad z = 1 + 7t$$

2.40. Considérons la courbe C suivante, dans $\mathbb{R}^4$, où $0 \leq t \leq 4$:

$$F(t) = (t^2, 3t - 2, t^3, t^2 + 5)$$

Trouver le vecteur unitaire $\mathbf{T}$, tangent à la courbe pour $t = 2$.

En calculant la dérivée de (chaque composante de) $F(t)$, nous obtenons un vecteur V, tangent à la courbe :

$$V(t) = \frac{dF(t)}{dt} = (2t, 3, 3t^2, 2t)$$

En remplaçant t par 2, nous obtenons $V = (4, 3, 12, 4)$. Il suffit maintenant de normaliser V pour avoir le vecteur unitaire $\mathbf{T}$ tangent à la courbe lorsque $t = 2$. Nous avons

$$\|V\|^2 = 16 + 9 + 144 + 16 = 185 \qquad \text{ou} \qquad \|V\| = \sqrt{185}$$

Ainsi

$$\mathbf{T} = \left[\frac{4}{\sqrt{185}}, \frac{3}{\sqrt{185}}, \frac{12}{\sqrt{185}}, \frac{4}{\sqrt{185}} \right]$$

2.41. Soit $\mathbf{T}(t)$ un vecteur unitaire, tangent à la courbe C dans $\mathbb{R}^n$. Montrer que $d\mathbf{T}(t)/dt$ est orthogonal à $\mathbf{T}(t)$.

Nous avons $\mathbf{T}(t) \cdot \mathbf{T}(t) = 1$. En utilisant la règle de dérivation du produit scalaire, et sachant que $d(1)/dt = 0$, nous avons

$$d[\mathbf{T}(t) \cdot \mathbf{T}(t)]/dt = \mathbf{T}(t) \cdot d\mathbf{T}(t)/dt + d\mathbf{T}(t)/dt \cdot \mathbf{T}(t) = 2\mathbf{T}(t) \cdot d\mathbf{T}(t)/dt = 0$$

Ainsi $d\mathbf{T}(t)/dt$ est orthogonal vers $\mathbf{T}(t)$.

VECTEURS DANS L'ESPACE, PLANS, DROITES, COURBES ET SURFACES DANS $\mathbb{R}^3$

Les formules suivantes seront utilisées dans les problèmes 2.42-2.53.

L'équation du plan passant par le point $P_0(x_0, y_0, z_0)$ et de vecteur normal $N = a\mathbf{i} + b\mathbf{j} + c\mathbf{k}$, est

$$a(x - x_0) + b(y - y_0) + c(x - x_0) = 0 \tag{2.1}$$

L'équation paramétrique de la droite L passant par un point $P_0(x_0, y_0, z_0)$ et de vecteur directeur $v = a\mathbf{i} + b\mathbf{j} + c\mathbf{k}$, est

$$x = at + x_0 \qquad y = bt + y_0 \qquad z = ct + z_0$$

ou, d'une manière équivalente,

$$f(t) = (at + x_0)\mathbf{i} + (bt + y_0)\mathbf{j} + (ct + z_0)\mathbf{k} \tag{2.2}$$

L'équation du vecteur N, normal à la surface $F(x, y, z) = 0$, est

$$N = F_x\mathbf{i} + F_y\mathbf{j} + F_z\mathbf{k} \tag{2.3}$$

2.42. Trouver l'équation du plan de vecteur normal $N = 5\mathbf{i} - 6\mathbf{j} + 7\mathbf{k}$ et passant par le point $P(3, 4, -2)$.

En remplaçant les coordonnées de P et N dans l'équation (2.1), nous obtenons

$$5(x - 3) - 6(y - 4) + 7(z + 2) = 0 \qquad \text{ou} \qquad 5x - 6y + 7z = -23$$

2.43. Trouver un vecteur N, normal au plan $4x + 7y - 12z = 3$.

Les coefficients de x, y, z donnent un vecteur normal $N = 4\mathbf{i} + 7\mathbf{j} - 12\mathbf{k}$. (Chaque multiple de N est aussi normal au plan.)

2.44. Trouver le plan H parallèle au plan $4x + 7y - 12z = 3$ et passant par le point $(2, 3, -1)$.

H et le plan donné ont la même direction donc le vecteur $N = 4\mathbf{i} + 7\mathbf{j} - 12\mathbf{k}$ est normal à H. En remplaçant les coordonnées de P et N dans l'équation (a), nous obtenons

$$4(x - 2) + 7(y - 3) - 12(z + 1) = 0 \qquad \text{ou} \qquad 4x + 7y - 12z = 41$$

2.45. Soit H et K des plans d'équations $x + 2y - 4z = 5$ et $2x - y + 3z = 7$, respectivement. Calculer $\cos\theta$ où θ est l'angle entre les plans H et K.

L'angle θ entre H et K est le même angle qu'entre un vecteur N, normal à H, et un vecteur N', normal à K. Nous avons

$$N = \mathbf{i} + 2\mathbf{j} - 4\mathbf{k} \qquad \text{et} \qquad N' = 2\mathbf{i} - \mathbf{j} + 3\mathbf{k}$$

Alors

$$N \cdot N' = 2 - 2 - 12 = -12 \qquad \|N\|^2 = 1 + 4 + 16 = 21 \qquad \|N'\|^2 = 4 + 1 + 9 = 14$$

Ainsi

$$\cos\theta = \frac{N \cdot N'}{\|N\| \, \|N'\|} = -\frac{12}{\sqrt{21}\sqrt{14}} = -\frac{12}{7\sqrt{6}}$$

2.46. Retrouver l'équation (2.1).

Soit $P(x, y, z)$ un point arbitraire du plan. Le vecteur v d'origine P_0 et d'extrémité P est

$$v = OP - OP_0 = (x - x_0)\mathbf{i} + (y - y_0)\mathbf{j} + (z - z_0)\mathbf{k}$$

En écrivant le fait que le vecteur v est orthogonal à $N = a\mathbf{i} + b\mathbf{j} + c\mathbf{k}$ (*cf.* fig. 2-12), nous obtenons la formule cherchée :

$$a(x - x_0) + b(y - y_0) + c(z - z_0) = 0$$

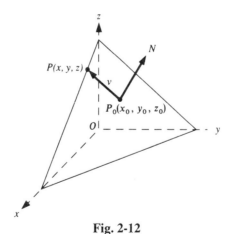

Fig. 2-12

2.47. Retrouver l'équation (2.2).

Soit $P(x, y, z)$ un point arbitraire de la droite L. Le vecteur w d'origine P_0 et d'extrémité P est

$$w = OP - OP_0 = (x - x_0)\mathbf{i} + (y - y_0)\mathbf{j} + (z - z_0)\mathbf{k} \tag{1}$$

Comme w et v ont la même direction (*cf.* fig. 2-13), nous avons

$$w = tv = t(a\mathbf{i} + b\mathbf{j} + c\mathbf{k}) = at\mathbf{i} + bt\mathbf{j} + ct\mathbf{k} \tag{2}$$

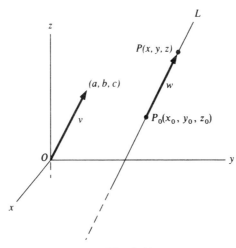

Fig. 2-13

Les équations *(1)* et *(2)* nous donnent le résultat cherché.

2.48. Trouver l'équation (paramétrique) de la droite L passant par :

(*a*) le point $P(3, 4, -2)$ et de vecteur directeur $v = 5\mathbf{i} - \mathbf{j} + 3\mathbf{k}$,

(*b*) les points $P(1, 3, 2)$ et $Q(2, 5, -6)$.

(*a*) En remplaçant dans l'équation *(2.2)*, nous obtenons

$$f(t) = (5t + 3)\mathbf{i} + (-t + 4)\mathbf{j} + (3t - 2)\mathbf{k}$$

(*b*) Calculons d'abord le vecteur v d'origine P et d'extrémité Q : $v = OQ - OP = \mathbf{i} + 2\mathbf{j} - 8\mathbf{k}$. Ensuite, en appliquant l'équation *(2.2)* avec v et un des points donnés, par exemple P, nous obtenons

$$f(t) = (t + 1)\mathbf{i} + (2t + 3)\mathbf{j} + (-8t + 2)\mathbf{k}$$

2.49. Soit H le plan d'équation $3x + 5y + 7z = 15$. Trouver l'équation de la droite L perpendiculaire à H et passant par le point $P(1, -2, 4)$.

Comme L est perpendiculaire au plan H, L doit être de même direction que le vecteur $N = 3\mathbf{i} + 5\mathbf{j} + 7\mathbf{k}$, normal à H. Ainsi en utilisant *(2.2)* avec N et P, nous obtenons

$$f(t) = (3t + 1)\mathbf{i} + (5t - 2)\mathbf{j} + (7t + 4)\mathbf{k}$$

2.50. Considérons un corps mobile B dont la position à l'instant t est donnée par $R(t) = t^3\mathbf{i} + 2t^2\mathbf{j} + 3t\mathbf{k}$. [Donc $V(t) = \mathrm{d}R(t)/\mathrm{d}t$ désigne la vitesse de B et $A(t) = \mathrm{d}V(t)/\mathrm{d}t$ désigne l'accélération de B.]

(*a*) Trouver la position de B pour $t = 1$ (*c*) Trouver la vitesse s de B pour $t = 1$

(*b*) Trouver le vecteur vitesse v de B pour $t = 1$ (*d*) Trouver l'accélération a de B pour $t = 1$

(*a*) En remplaçant $t = 1$ dans $R(t)$, nous obtenons le vecteur position $R(1) = \mathbf{i} + 2\mathbf{j} + 3\mathbf{k}$.

(*b*) En calculant le dérivé de $R(t)$, nous obtenons le vecteur vitesse

$$V(t) = \frac{\mathrm{d}R(t)}{\mathrm{d}t} = 3t^2\mathbf{i} + 4t\mathbf{j} + 3\mathbf{k}$$

Maintenant, en remplaçant $t = 1$ dans $V(t)$, nous obtenons $v = V(1) = 3\mathbf{i} + 4\mathbf{j} + 3\mathbf{k}$.

(*c*) La vitesse s est la norme du vecteur vitesse v. Ainsi

$$s^2 = \|v\|^2 = 9 + 16 + 9 = 34 \qquad \text{et donc} \qquad s = \sqrt{34}$$

(d) En calculant la dérivée seconde de $R(t)$ ou, en d'autres termes, la dérivée de $V(t)$, nous obtenons

$$A(t) = \frac{dV(t)}{dt} = 6t\mathbf{i} + 4\mathbf{j}$$

Maintenant, en remplaçant $t = 1$ dans $A(t)$, nous obtenons $a = A(1) = 6\mathbf{i} + 4\mathbf{j}$.

2.51. Considérons la surface $xy^2 + 2yz = 16$ dans $\mathbb{R}^3$. Trouver (a) le vecteur $N(x, y, z)$, normal à la surface, et (b) le plan H tangent à la surface au point $P(1, 2, 3)$.

(a) Calculons les dérivées partielles F_x, F_y, F_z, où $F(x, y, z) = xy^2 + 2yz - 16$. Nous avons

$$F_x = y^2 \qquad F_y = 2xy + 2z \qquad F_z = 2y$$

Ainsi, l'équation *(2.3)* donne $N(x, y, z) = y^2\mathbf{i} + (2xy + 2z)\mathbf{j} + 2y\mathbf{k}$.

(b) Un vecteur normal à la surface au point P est

$$N(P) = N(1, 2, 3) = 4\mathbf{i} + 10\mathbf{j} + 4\mathbf{k}$$

Ainsi $N = 2\mathbf{i} + 5\mathbf{j} + 2\mathbf{k}$ est un vecteur normal en P au plan tangent. En remplaçant les coordonnées de P et N dans l'équation *(2.1)*, nous obtenons

$$2(x - 1) + 5(y - 2) + 2(z - 3) = 0 \qquad \text{ou} \qquad 2x + 5y + 2z = 18$$

2.52. Considérons l'ellipsoïde $x^2 + 2y^2 + 3z^2 = 15$. Trouver le plan tangent H au point $P(2, 2, 1)$.

Cherchons d'abord le vecteur normal [à l'aide de l'équation *(2.3)*]

$$N(x, y, z) = F_x\mathbf{i} + F_y\mathbf{j} + F_z\mathbf{k} = 2x\mathbf{i} + 4y\mathbf{j} + 6z\mathbf{k}$$

Le vecteur normal $N(x, y, z)$ au point P s'écrit

$$N(P) = N(2, 2, 1) = 4\mathbf{i} + 8\mathbf{j} + 6\mathbf{k}$$

Ainsi le vecteur $N = 2\mathbf{i} + 4\mathbf{j} + 3\mathbf{k}$ est normal à l'ellipsoïde en P. En remplaçant P et N dans l'équation (2.1), nous obtenons H :

$$2(x - 2) + 4(y - 2) + 3(z - 1) = 0 \qquad \text{ou} \qquad 2x + 4y + 3z = 15$$

2.53. Considérons l'équation $F(x, y, z) \equiv x^2 + y^2 - z = 0$, dont l'ensemble solution $z = x^2 + y^2$ représente une surface S dans $\mathbb{R}^3$. Trouver (a) un vecteur normal N à la surface S quand $x = 2$, $y = 3$; et (b) le plan tangent H à la surface S quand $x = 2$, $y = 3$.

(a) Posons $F(x, y, z) = f(x, y) - z$. Alors, nous avons $F_x = f_x$, $F_y = f_y$ et $F_z = -1$. Par conséquent

$$N = (f_x, f_y, -1) = 2x\mathbf{i} + 2y\mathbf{j} - \mathbf{k} = 4x\mathbf{i} + 6y\mathbf{j} - \mathbf{k}$$

(b) Lorsque $x = 2$ et $y = 3$, on a $z = 4 + 9 = 13$; donc $P(2, 3, 13)$ est un point sur la surface S. En remplaçant les coordonnées de P et $N = 4\mathbf{i} + 6\mathbf{j} - \mathbf{k}$ dans l'équation *(2.1)*, nous obtenons l'équation de H.

$$4(x - 2) + 6(y - 3) + (z - 13) = 0 \qquad \text{ou} \qquad 4x + 6y - z = 13$$

PRODUIT VECTORIEL

Le produit vectoriel est défini uniquement pour les vecteurs de $\mathbb{R}^3$.

2.54. Calculer $u \times v$ où (a) $u = (1, 2, 3)$ et $v = (4, 5, 6)$, (b) $u = (7, 3, 1)$ et $v = (1, 1, 1)$, (c) $u = (-4, 12, 2)$ et $v = (6, -18, 3)$.

Le produit vectoriel de $u = (a_1, a_2, a_3)$ et $v = (b_1, b_2, b_3)$ peut être obtenu comme suit. On dispose le vecteur $v = (b_1, b_2, b_3)$ *sous* le vecteur $u = (a_1, a_2, a_3)$ pour former le tableau

$$\begin{pmatrix} a_1 & a_2 & a_3 \\ b_1 & b_2 & b_3 \end{pmatrix}$$

Alors

$$u \times v = \left(\left| \begin{array}{ccc} \boxed{a_1} & a_2 & a_n \\ \boxed{b_1} & b_2 & b_n \end{array} \right|, \; - \left| \begin{array}{ccc} a_1 & \boxed{a_2} & a_3 \\ b_1 & \boxed{b_2} & b_3 \end{array} \right|, \; \left| \begin{array}{ccc} a_1 & a_2 & \boxed{a_3} \\ b_1 & b_2 & \boxed{b_3} \end{array} \right| \right)$$

C'est-à-dire, « éliminer » la première colonne du tableau puis prendre le déterminant pour obtenir la première composante du produit $u \times v$; éliminer la seconde colonne puis prendre l'opposé du déterminant [calculer $a_3b_1 - a_1b_3$ au lieu de $-(a_1b_3 - a_3b_1)$] pour obtenir la seconde composante ; et enfin éliminer la troisième colonne puis prendre le déterminant pour obtenir la troisième composante.

(a) $u \times v = \left(\left| \begin{array}{ccc} \boxed{1} & 2 & 3 \\ \boxed{4} & 5 & 6 \end{array} \right|, \; - \left| \begin{array}{ccc} 1 & \boxed{2} & 3 \\ 4 & \boxed{5} & 6 \end{array} \right|, \; \left| \begin{array}{ccc} 1 & 2 & \boxed{3} \\ 4 & 5 & \boxed{6} \end{array} \right| \right) = (12 - 15, 12 - 6, 5 - 8) = (-3, 6, -3)$

(b) $u \times v = \left(\left| \begin{array}{ccc} \boxed{7} & 3 & 1 \\ \boxed{1} & 1 & 1 \end{array} \right|, \; - \left| \begin{array}{ccc} 7 & \boxed{3} & 1 \\ 1 & \boxed{1} & 1 \end{array} \right|, \; \left| \begin{array}{ccc} 7 & 3 & \boxed{1} \\ 1 & 1 & \boxed{1} \end{array} \right| \right) = (3 - 1, 1 - 7, 7 - 3) = (2, -6, 4)$

(c) $u \times v = \left(\left| \begin{array}{ccc} \boxed{-4} & 12 & 2 \\ \boxed{6} & -18 & 3 \end{array} \right|, \; - \left| \begin{array}{ccc} -4 & \boxed{12} & 2 \\ 6 & \boxed{-18} & 3 \end{array} \right|, \; \left| \begin{array}{ccc} -4 & 12 & \boxed{2} \\ 6 & -18 & \boxed{3} \end{array} \right| \right)$

$$= (36 + 36, 12 + 12, 72 - 72) = (72, 24, 0).$$

2.55. Considérons les vecteurs $u = 2\mathbf{i} - 3\mathbf{j} + 4\mathbf{k}$, $v = 3\mathbf{i} + \mathbf{j} - 2\mathbf{k}$ et $w = \mathbf{i} + 5\mathbf{j} + 3\mathbf{k}$. Calculer : (a) $u \times v$; (b) $u \times w$; (c) $v \times w$.

Nous allons utiliser la formule

$$v_1 \times v_2 = \left| \begin{array}{ccc} \mathbf{i} & \mathbf{j} & \mathbf{k} \\ a_1 & a_2 & a_3 \\ b_1 & b_2 & b_3 \end{array} \right| = \left| \begin{array}{cc} a_2 & a_3 \\ b_2 & b_3 \end{array} \right| \mathbf{i} - \left| \begin{array}{cc} a_1 & a_n \\ b_1 & b_3 \end{array} \right| \mathbf{j} + \left| \begin{array}{cc} a_1 & a_2 \\ b_1 & b_2 \end{array} \right| \mathbf{k}$$

où $v_1 = a_1\mathbf{i} + a_2\mathbf{j} + a_3\mathbf{k}$ et $v_2 = b_1\mathbf{i} + b_2\mathbf{j} + b_3\mathbf{k}$.

(a) $u \times v = \left| \begin{array}{ccc} \mathbf{i} & \mathbf{j} & \mathbf{k} \\ 2 & -3 & 4 \\ 3 & 1 & -2 \end{array} \right| = (6 - 4)\mathbf{i} + (12 + 4)\mathbf{j} + (2 + 9)\mathbf{k} = 2\mathbf{i} + 16\mathbf{j} + 11\mathbf{k}$. (*Remarquons* que la composante $\mathbf{j}$ est obtenue en prenant l'opposé du déterminant.)

(b) $u \times w = \left| \begin{array}{ccc} \mathbf{i} & \mathbf{j} & \mathbf{k} \\ 2 & -3 & 4 \\ 1 & 5 & 3 \end{array} \right| = (-9 - 20)\mathbf{i} + (4 - 6)\mathbf{j} + (10 + 3)\mathbf{k} = -29\mathbf{i} - 2\mathbf{j} + 13\mathbf{k}$

(c) $v \times w = \left| \begin{array}{ccc} \mathbf{i} & \mathbf{j} & \mathbf{k} \\ 3 & 1 & -2 \\ 1 & 5 & 3 \end{array} \right| = (3 + 10)\mathbf{i} + (-2 - 9)\mathbf{j} + (15 - 1)\mathbf{k} = 13\mathbf{i} - 11\mathbf{j} + 14\mathbf{k}$.

2.56. Démontrer le théorème 2.5(i) : Le vecteur $u \times v$ est orthogonal aux deux vecteurs u et v.

Supposons $u = (a_1, a_2, a_3)$ et $v = (b_1, b_2, b_3)$. Alors

$$u \cdot (u \times v) = a_1(a_2b_3 - a_3b_2) + a_2(a_3b_1 - a_1b_3) + a_3(a_1b_2 - a_2b_1)$$
$$= a_1a_2b_3 - a_1a_3b_2 + a_2a_3b_1 - a_1a_2b_3 + a_1a_3b_2 - a_2a_3b_1 = 0$$

Ainsi $u \times v$ est orthogonal à u. On démontre, d'une manière analogue, que $u \times v$ est orthogonal à v.

2.57. Trouver un vecteur unitaire u orthogonal à $v = (1, 3, 4)$ et $w = (2, -6, -5)$.

Calculons d'abord $v \times w$ qui est orthogonal à v et w. Le tableau $\begin{pmatrix} 1 & 3 & 4 \\ 2 & -6 & -5 \end{pmatrix}$ donne

$$v \times w = (-15 + 24, 8 + 5, -6 - 6) = (9, 13, -12)$$

Maintenant, il reste à normaliser le vecteur $v \times w$ pour obtenir $u = (9/\sqrt{394}, 13/\sqrt{394}, -12/\sqrt{394})$.

2.58. Démontrer l'*identité de Lagrange*, $\|u \times v\|^2 = (u \cdot u)(v \cdot v) - (u \cdot v)^2$.

Si $u = (a_1, a_2, a_3)$ et $v = (b_1, b_2, b_3)$, alors

$$\|u \times v\|^2 = (a_2 b_3 - a_3 b_2)^2 + (a_3 b_1 - a_1 b_3)^2 + (a_1 b_2 - a_2 b_1)^2 \tag{1}$$

$$(u \cdot u)(v \cdot v) - (u \cdot v)^2 = (a_1^2 + a_2^2 + a_3^2)(b_1^2 + b_2^2 + b_3^2) - (a_1 b_1 + a_2 b_2 + a_3 b_3)^2 \tag{2}$$

Le développement des deux membres de droite dans *(1)* et *(2)* établit l'identité.

NOMBRES COMPLEXES

2.59. Soit $z = 5 + 3i$ et $w = 2 - 4i$. Calculer (a) $z + w$; (b) $z - w$; (c) zw.

Nous utilisons les règles algébriques usuelles et $i^2 = -1$, pour obtenir des résultats sous la forme standard $a + bi$.

(a) $z + w = (5 + 3i) + (2 - 4i) = 7 - i$.

(b) $z - w = (5 + 3i) - (2 - 4i) = 5 + 3i - 2 + 4i = 3 + 7i$.

(c) $zw = (5 + 3i)(2 - 4i) = 10 - 14i + 12i^2 = 10 - 14i + 12 = 22 - 14i$.

2.60. Simplifier : (a) $(5 + 3i)(2 - 7i)$; (b) $(4 - 3i)^2$; (c) $(1 + 2i)^3$.

(a) $(5 + 3i)(2 - 7i) = 10 + 6i - 35i - 21i^2 = 31 - 29i$.

(b) $(4 - 3i)^2 = 16 - 24i + 9i^2 = 7 - 24i$.

(c) $(1 + 2i)^3 = 1 + 6i + 12i^2 + 8i^3 = 1 + 6i - 12 - 8i = -11 - 2i$.

2.61. Simplifier : (a) i^0, i^3, i^4 ; (b) i^5, i^6, i^7, i^8 ; (c) i^{39}, i^{174}, i^{252}, i^{317}.

(a) $i^0 = 0$, $i^3 = i^2(i) = (-1)i = -i$, $i^4 = (i^2)(i^2) = (-1)(-1) = 1$.

(b) $i^5 = (i^4)(i) = (1)(i) = i$, $i^6 = (i^4)(i^2) = (1)(i^2) = i^2 = -1$, $i^7 = i^3 = -i$, $i^8 = i^4 = 1$.

(c) Nous avons $i^4 = 1$ et $i^n = i^{4q+r} = (i^4)^q i^r = 1^q i^r = i^r$, il suffit donc de diviser l'exposant n par 4 pour obtenir le reste r :

$$i^{39} = i^{4(9)+3} = (i^4)^9 i^3 = 1^9 i^3 = i^3 = -i, \qquad i^{174} = i^2 = -1, \qquad i^{252} = i^0 = 1, \qquad i^{317} = i^1 = i$$

2.62. Trouver le conjugué de chacun des nombres complexes suivants :

(a) $6 + 4i$, $7 - 5i$, $4 + i$, $-3 - i$; (b) 6, -3, $4i$, $-9i$.

(a) $\overline{6 + 4i} = 6 - 4i$, $\overline{7 - 5i} = 7 + 5i$, $\overline{4 + i} = 4 - i$, $\overline{-3 - i} = -3 + i$.

(b) $\overline{6} = 6$, $\overline{-3} = -3$, $\overline{4i} = -4i$, $\overline{-9i} = 9i$. (*Remarquons* que le conjugué d'un nombre réel est égal à lui-même, alors que le conjugué d'un nombre imaginaire pur est égal à son opposé.)

2.63. Calculer $z\bar{z}$ et $|z|$ quand $z = 3 + 4i$.

Pour $z = a + bi$, nous avons $z\bar{z} = a^2 + b^2$ et $|z| = \sqrt{z\bar{z}} = \sqrt{a^2 + b^2}$. Donc

$$z\bar{z} = 9 + 16 = 25 \qquad |z| = \sqrt{25} = 5$$

2.64. Simplifier $\dfrac{2 - 7i}{5 + 3i}$.

Pour simplifier une fraction z/w de nombres complexes, il suffit de multiplier, à la fois, le numérateur et le dénominateur par $\bar{w}$, partie conjuguée du dénominateur.

$$\frac{2 - 7i}{5 + 3i} = \frac{(2 - 7i)(5 - 3i)}{(5 + 3i)(5 - 3i)} = \frac{-11 - 41i}{34} = -\frac{11}{34} - \frac{41}{34}i$$

2.65. Démontrer que pour des nombres complexes quelconques $z, w \in \mathbb{C}$, (i) $\overline{z + w} = \overline{z} + \overline{w}$, (ii) $\overline{zw} = \overline{z}\,\overline{w}$,

(iii) $\overline{\overline{z}} = z$.

Posons $z = a + bi$ et $w = c + di$ où $a, b, c, d \in \mathbb{R}$.

(i) $\overline{z + w} = \overline{(a + bi) + (c + di)} = \overline{(a + c) + (b + d)i}$.

$\qquad = (a + c) - (b + d)i = a + c - bi - di$.

$\qquad = (a - bi) + (c - di) = \overline{z} + \overline{w}$.

(ii) $\overline{zw} = \overline{(a + bi)(c + di)} = \overline{(ac - bd) + (ad + bc)i}$.

$\qquad = (ac - bd) - (ad + bc)i = (a - bi)(c - di) = \overline{z}\,\overline{w}$.

(iii) $\overline{\overline{z}} = \overline{\overline{(a + bi)}} = \overline{(a - bi)} = a - (-b)i = a + bi = z$.

2.66. Démontrer que pour des nombres complexes quelconques $z, w \in \mathbb{C}$, $|zw| = |z||w|$.

D'après la partie (ii) du problème 2.65, nous avons

$$|zw|^2 = (zw)(\overline{zw}) = (zw)(\overline{z}\,\overline{w})$$
$$= (z\overline{z})(w\overline{w}) = |z|^2|w|^2$$

La racine carrée des deux côtés nous donne le résultat cherché.

2.67. Démontrer que, pour des nombres complexes quelconques $z, w \in \mathbb{C}$, $|z + w| \le |z| + |w|$.

Posons $z = a + bi$ et $w = c + di$ où $a, b, c, d \in \mathbb{R}$. Considérons les vecteurs $u = (a, b)$ et $v = (c, d)$ de $\mathbb{R}^2$ et remarquons que

$$|z| = \sqrt{a^2 + b^2} = \|u\| \qquad \text{et} \qquad |w| = \sqrt{c^2 + d^2} = \|v\|$$

et

$$|z + w| = |(a + c) + (b + d)i| = \sqrt{(a + c)^2 + (b + d)^2} = \|a + c, b + d\| = \|u + v\|$$

D'après l'inégalité de Minkowski (*cf.* problème 2.23), $\|u + v\| \le \|u\| + \|v\|$ et donc

$$|z + w| = \|u + v\| \le \|u\| + \|v\| = |z| + |w|$$

2.68. Calculer le produit scalaire $u \cdot v$ et $v \cdot u$ où : (*a*) $u = (1 - 2i, 3 + i)$, $v = (4 + 2i, 5 - 6i)$, et (*b*) $u = (3 - 2i, 4i, 1 + 6i)$, $v = (5 + i, 2 - 3i, 7 + 2i)$.

Rappelons que, dans le produit scalaire complexe, on multiplie par les conjugués des composantes du second vecteur :

$$(z_1, \ldots, z_n) \cdot (w_1, \ldots, w_n) = z_1\overline{w}_1 + \cdots + z_n\overline{w}_n$$

(*a*) $u \cdot v = (1 - 2i)(\overline{4 + 2i}) + (3 + i)(\overline{5 - 6i})$

$\qquad = (1 - 2i)(4 - 2i) + (3 + i)(5 + 6i) = -10i + 9 + 23i = 9 + 13i$

$\quad v \cdot u = (4 + 2i)(\overline{1 - 2i}) + (5 - 6i)(\overline{3 + i})$

$\qquad = (4 + 2i)(1 + 2i) + (5 - 6i)(3 - i) = 10i + 9 - 23i = 9 - 13i$

(*b*) $u \cdot v = (3 - 2i)(\overline{5 + i}) + (4i)(\overline{2 - 3i}) + (1 + 6i)(\overline{7 + 2i})$

$\qquad = (3 - 2i)(5 - i) + (4i)(2 + 3i) + (1 + 6i)(7 - 2i) = 20 + 35i$

$\quad v \cdot u = (5 + i)(\overline{3 - 2i}) + (2 - 3i)(\overline{4i}) + (7 + 2i)(\overline{1 + 6i})$

$\qquad = (5 + i)(3 + 2i) + (2 - 3i)(-4i) + (7 + 2i)(1 - 6i) = 20 - 35i$

Dans les deux cas, nous avons $v \cdot u = \overline{u \cdot v}$. Cette égalité reste vraie dans le cas général, comme nous le verrons dans le problème 2.70.

2.69. Soit $u = (7 - 2i, 2 + 5i)$ et $v = (1 + i, -3 - 6i)$. Calculer :

(a) $u + v$; (b) $2iu$; (c) $(3 - i)v$; (d) $u \cdot v$; (e) $\|u\|$ et $\|v\|$.

 (a) $u + v = (7 - 2i + 1 + i, 2 + 5i - 3 - 6i) = (8 - i, -1 - i)$.

 (b) $2iu = (14i - 4i^2, 4i + 10i^2) = (4 + 14i, -10 + 4i)$.

 (c) $(3 - i)v = (3 + 3i - i - i^2, -9 - 18i + 3i + 6i^2) = (4 + 2i, -15 - 15i)$.

 (d) $u \cdot v = (7 - 2i)(\overline{1 + i}) + (2 + 5i)(\overline{-3 - 6i}) = (7 - 2i)(1 - i) + (2 + 5i)(-3 + 6i) = 5 - 9i - 36 - 3i = -31 - 12i$.

 (e) $\|u\| = \sqrt{7^2 + (-2)^2 + 2^2 + 5^2} = \sqrt{82}$; $\|v\| = \sqrt{1^2 + 1^2 + (-3)^2 + (-6)^2} = \sqrt{47}$.

2.70. Démontrer que : quels que soient les vecteurs u et $v \in \mathbb{C}^n$ et quel que soit le scalaire $z \in \mathbb{C}$, (i) $u \cdot v = \overline{v \cdot u}$, (ii) $(zu) \cdot v = z(u \cdot v)$, (iii) $u \cdot (zv) = \bar{z}(u \cdot v)$.

  Posons $u = (z_1, z_2, \ldots, z_n)$ et $v = (w_1, w_2, \ldots, w_n)$.

 (i) En utilisant les propriétés de la conjugaison des nombres complexes, nous avons

$$\overline{v \cdot u} = \overline{w_1 \overline{z_1} + w_2 \overline{z_2} + \cdots + w_n \overline{z_n}} = \overline{w_1 \overline{z_1}} + \overline{w_2 \overline{z_2}} + \cdots + \overline{w_n \overline{z_n}}$$
$$= \overline{w_1} z_1 + \overline{w_2} z_2 + \cdots + \overline{w_n} z_n = z_1 \overline{w_1} + z_2 \overline{w_2} + \cdots + z_n \overline{w_n} = u \cdot v$$

 (ii) Puisque $zu = (zz_1, zz_2, \ldots, zz_n)$,

$$(zu) \cdot v = zz_1 \overline{w_1} + zz_2 \overline{w_2} + \cdots + zz_n \overline{w_n} = z(z_1 \overline{w_1} + z_2 \overline{w_2} + \cdots + z_n \overline{w_n}) = z(u \cdot v)$$

  (Comparer ces résultats avec ceux du théorème 2.2 sur les vecteurs dans $\mathbb{R}^n$.)

 (iii) **Méthode 1.** Puisque $zv = (zw_1, zw_2, \ldots, zw_n)$,

$$u \cdot (zv) = z_1 \overline{zw_1} + z_2 \overline{zw_2} + \cdots + z_n \overline{zw_n} = z_1 \bar{z} \overline{w_1} + z_2 \bar{z} \overline{w_2} + \cdots + z_n \bar{z} \overline{w_n}$$
$$= \bar{z}(z_1 \overline{w_1} + z_2 \overline{w_2} + \cdots + z_n \overline{w_n}) = \bar{z}(u \cdot v)$$

Méthode 2. En utilisant (i) et (ii), nous avons

$$u \cdot (zv) = \overline{(zv) \cdot u} = \overline{z(v \cdot u)} = \bar{z} \overline{(v \cdot u)} = \bar{z}(u \cdot v)$$

Problèmes supplémentaires

VECTEURS DANS $\mathbb{R}^n$

2.71. Soit $u = (2, -1, 0, -3), v = (1, -1, -1, 3), w = (1, 3, -2, 2)$. Calculer : (a) $2u - 3v$; (b) $5u - 3v - 4w$; (c) $-u + 2v - 2w$; (d) $u \cdot v$, $u \cdot w$ et $v \cdot w$; (e) $\|u\|$, $\|v\|$ et $\|w\|$.

2.72. Déterminer x et y si : (a) $x(3, 2) = 2(y, -1)$; (b) $x(2, y) = y(1, -2)$.

2.73. Calculer $d(u, v)$ et proj(u, v) pour (a) $u = (1, -3)$, $v = (4, 1)$ et (b) $u = (2, -1, 0, 1)$, $v = (1, -1, 1, 2)$.

COMBINAISONS LINÉAIRES, INDÉPENDANCE LINÉAIRE

2.74. Soit

$$u_1 = \begin{pmatrix} 1 \\ 0 \\ 1 \end{pmatrix} \qquad u_2 = \begin{pmatrix} 1 \\ 1 \\ 1 \end{pmatrix} \qquad u_3 = \begin{pmatrix} 1 \\ 2 \\ 3 \end{pmatrix}$$

Écrire v comme une combinaison linéaire de u_1, u_2, u_3 où

$$(a)\ v = \begin{pmatrix} 1 \\ -2 \\ 4 \end{pmatrix} \qquad (b)\ v = \begin{pmatrix} 1 \\ 3 \\ 5 \end{pmatrix} \qquad (c)\ v = \begin{pmatrix} a \\ b \\ c \end{pmatrix}$$

2.75. Déterminer si les vecteurs suivants u, v, w sont linéairement indépendants et, sinon, écrire l'un d'eux comme combinaison linéaire des autres.

   (a) $u = (1, 0, 1)$, $v = (1, 2, 3)$, $w = (3, 2, 5)$;

   (b) $u = (1, 0, 1)$, $v = (1, 1, 1)$, $w = (0, 1, 1)$;

   (c) $u = (1, 2)$, $v = (1, -1)$, $w = (2, 5)$;

   (d) $u = (1, 0, 0, 1)$, $v = (0, 1, 2, 1)$, $w = (1, 2, 3, 4)$;

   (e) $u = (1, 0, 0, 1)$, $v = (0, 1, 2, 1)$, $w = (1, 2, 4, 3)$.

2.76. Démontrer qu'on a égalité dans le théorème 2.3 si, et seulement si u et v sont linéairement indépendants.

VECTEURS LOCALISÉS, HYPERPLANS, DROITES, COURBES

2.77. Trouver les composantes du vecteur $v = \overrightarrow{PQ}$ lorsque (a) $P(2, 3, -7)$ et $Q(1, -6, -5)$; (b) $P(1, -8, -4, 6)$ et $Q(3, -5, 2, -4)$.

2.78. Trouver une équation de l'hyperplan dans $\mathbb{R}^3$:

   (a) passant par $(2, -7, 1)$ et de vecteur normal $(3, 1, -11)$;

   (b) passant par $(1, -2, 2)$, $(0, 1, 3)$ et $(0, 2, -1)$;

   (c) passant par $(1, -5, 2)$ et parallèle à $3x - 7y + 4z = 5$.

2.79. Trouver une représentation de la droite :

   (a) passant par le point $(7, -1, 8)$ et de vecteur directeur $(1, 3, -5)$;

   (b) passant par les points $(1, 9, -4, 5)$ et $(2, -3, 0, 4)$;

   (c) passant par le point $(4, -1, 9)$ et perpendiculaire au plan $3x - 2y + z = 18$.

VECTEURS DANS L'ESPACE, PLANS, DROITES, COURBES ET SURFACES DANS $\mathbb{R}^3$

2.80. Trouver l'équation du plan H :

   (a) passant par le point $P(1, 2, -3)$ et de vecteur normal $N = 3\mathbf{i} - 4\mathbf{j} + 5\mathbf{k}$;

   (b) passant par le point $P(1, 2, -3)$ et parallèle à $4x + 3y - 2z = 11$.

2.81. Trouver le vecteur unitaire u, normal au plan :

   (a) $3x - 4y - 12z = 11$;   (b) $2x - y - 2z = 7$.

2.82. Calculer $\cos \theta$ où θ est l'angle entre les plans :

   (a) $3x - 2y - 4z = 5$ et $x + 2y - 6z = 4$;

   (b) $2x + 5y - 4z = 1$ et $4x + 3y + 2z = 1$.

2.83. Trouver l'équation paramétrique de la droite L :

   (a) passant par le point $P(2, 5, -3)$ et de vecteur directeur $v = 4\mathbf{i} - 5\mathbf{j} + 7\mathbf{k}$;

   (b) passant par les points $P(1, 2, -4)$ et $Q(3, -7, 2)$;

   (c) passant par le point $P(1, -5, 7)$ et perpendiculaire au plan $2x - 3y + 7z = 4$.

2.84. Considérons la courbe suivante :

$$F(t) = t^3 \mathbf{i} - t^2 \mathbf{j} + (2t - 3)\mathbf{k} \qquad \text{où } 0 \le t \le 5$$

(a) Calculer $F(t)$ pour $t = 2$.

(b) Trouver les points extrémités de la courbe.

(c) Trouver le vecteur unitaire $\mathbf{T}$, tangent à la courbe lorsque $t = 2$.

2.85. Considérons la courbe $F(t) = (\cos t)\mathbf{i} + (\sin t)\mathbf{j} + t\mathbf{k}$:

(a) Trouver le vecteur unitaire $\mathbf{T}(t)$, tangent à la courbe.

(b) Trouver le vecteur unitaire $\mathbf{N}(t)$, normal à la courbe en normalisant $U(t) = \mathrm{d}\mathbf{T}(t)/\mathrm{d}t$.

(c) Trouver le vecteur unitaire $\mathbf{B}(t)$, binormal à la courbe en utilisant $\mathbf{B} = \mathbf{T} \times \mathbf{N}$.

2.86. Considérons un corps mobile B dont la position au temps t est donnée par $R(t) = t^2\mathbf{i} + t^3\mathbf{j} + 2t\mathbf{k}$. [Alors $V(t) = \mathrm{d}R(t)/\mathrm{d}t$ désigne la vitesse de B et $A(t) = \mathrm{d}V(t)/\mathrm{d}t$ désigne l'accélération de B.]

(a) Trouver la position de B pour $t = 1$.

(b) Trouver le vecteur vitesse v de B pour $t = 1$.

(c) Trouver la vitesse s de B pour $t = 1$.

(d) Trouver l'accélération a de B pour $t = 1$.

2.87. Trouver un vecteur normal N et le plan tangent H à la surface au point donné :

(a) Surface $x^2 y + 3yz = 20$ au point $P(1, 3, 2)$.

(b) Surface $x^2 + 3y^2 - 5z^2 = 16$ au point $P(3, -2, 1)$.

2.88. Étant donné la surface $z = f(x, y) = x^2 + 2xy$, trouver le vecteur normal N et le plan tangent H pour $x = 3$, $y = 1$.

PRODUIT VECTORIEL

Le produit vectoriel est défini seulement pour les vecteurs dans $\mathbb{R}^3$.

2.89. Étant donné $u = 3\mathbf{i} - 4\mathbf{j} + 2\mathbf{k}$, $v = 2\mathbf{i} + 5\mathbf{j} - 3\mathbf{k}$, $w = 4\mathbf{i} + 7\mathbf{j} + 2\mathbf{k}$, calculer (a) $u \times v$; (b) $u \times w$; (c) $v \times w$;

(d) $v \times u$.

2.90. Calculer le vecteur unitaire w, orthogonal à (a) $u = (1, 2, 3)$ et $v = (1, -1, 2)$; (b) $u = 3\mathbf{i} - \mathbf{j} + 2\mathbf{k}$ et $v = 4\mathbf{i} - 2\mathbf{j} - \mathbf{k}$.

2.91. Démontrer les propriétés suivantes du produit vectoriel :

(a) $u \times v = -(v \times u)$　　　　　　　　　　　(d) $u \times (v + w) = (u \times v) + (u \times w)$

(b) $u \times u = 0$ pour un vecteur quelconque u　　(e) $(v + w) \times u = (v \times u) + (w \times u)$

(c) $(ku) \times v = k(u \times v) = u \times (kv)$　　　　(f) $(u \times v) \times w = (u \cdot w)v - (v \cdot w)u$

NOMBRES COMPLEXES

2.92. Simplifier : (a) $(4 - 7i)(9 + 2i)$; (b) $(3 - 5i)^2$; (c) $\dfrac{1}{4 - 7i}$; (d) $\dfrac{9 + 2i}{3 - 5i}$; (e) $(1 - i)^3$.

2.93. Simplifier : (a) $\dfrac{1}{2i}$; (b) $\dfrac{2 + 3i}{7 - 3i}$; (c) i^{15}, i^{25}, i^{34} ; (d) $\left(\dfrac{1}{3 - i}\right)^2$.

2.94. Soit $z = 2 - 5i$ et $w = 7 + 3i$. Calculer : (a) $z + w$; (b) zw ; (c) z/w ; (d) $\bar{z}$, $\overline{w}$; (e) $|z|$, $|w|$.

2.95. Soit $z = 2 + i$ et $w = 6 - 5i$. Calculer : (a) z/w ; (b) $\bar{z}$, $\overline{w}$; (c) $|z|$, $|w|$.

2.96. Montrer que : (a) $\operatorname{Re} z = \frac{1}{2}(z + \bar{z})$; (b) $\operatorname{Im} z = (z - \bar{z})/2i$.

2.97. Montrer que $zw = 0$ implique $z = 0$ ou $w = 0$.

VECTEURS DANS $\mathbb{C}^n$

2.98. Démontrer que pour des vecteurs quelconques u, v, $w \in \mathbb{C}^n$:
(i) $(u + v) \cdot w = u \cdot w + v \cdot w$;   (ii) $w \cdot (u + v) = w \cdot u + w \cdot v$.

2.99. Démontrer que la norme dans $\mathbb{C}^n$ satisfait aux propriétés suivantes :
[N_1] Quel que soit le vecteur u, $\|u\| \geq 0$; et $\|u\| = 0$ si, et seulement si $u = 0$.
[N_2] Quel que soit le vecteur u et quel que soit le nombre complexe z, $\|zu\| = |z|\,\|u\|$.
[N_3] Quels que soient les vecteurs u et v, $\|u + v\| \leq \|u\| + \|v\|$.

Réponses aux problèmes supplémentaires

2.71. (a) $2u - 3v = (1, 1, 3, -15)$ (d) $u \cdot v = -6v$, $u \cdot w = -7$, $v \cdot w = 6$

(b) $5u - 3v - 4w = (3, -14, 11, -32)$ (e) $\|u\| = \sqrt{14}$, $\|v\| = 2\sqrt{3}$, $\|w\| = 3\sqrt{2}$

(c) $-u + 2v - 2w = (-2, -7, 2, 5)$.

2.72. (a) $x = -1$, $y = -\frac{3}{2}$; (b) $x = 0$, $y = 0$ ou $x = -2$, $y = -4$.

2.73. (a) $d = 5$, $\operatorname{proj}(u, v) = (\frac{4}{17}, \frac{1}{17})$; (b) $d = \sqrt{11}$, $\operatorname{proj}(u, v) = (\frac{5}{7}, -\frac{5}{7}, \frac{5}{7}, \frac{10}{7})$.

2.74. (a) $v = (\frac{9}{2})u_1 - 5u_2 + 3u_3$;

(b) $v = u_2 + 2u_3$;

(c) $v = [(a - 2b + c)/2]u_1 + (a + b - c)u_2 + [(c - a)/2]u_3$.

2.75. (a) dépendant ; (b) indépendant ; (c) dépendant ; (d) indépendant ; (e) dépendant.

2.77. (a) $v = (-1, -9, 2)$; (b) $v = (2, 3, 6, -10)$.

2.78. (a) $3x + y - 11z = -12$; (b) $13x + 4y + z = 7$; (c) $3x - 7y + 4z = 46$.

2.79. (a) $x = 7 + t$, $y = -1 + 3t$, $z = 8 - 5t$

(b) $x_1 = 1 + t$, $x_2 = 9 - 12t$, $x_3 = -4 + 4t$, $x_4 = 5 - t$

(c) $x = 4 + 3t$, $y = -1 - 2t$, $z = 9 + t$.

2.80. (a) $3x - 4y + 5z = -20$; (b) $4x + 3y - 2z = 16$.

2.81. (a) $u = (3\mathbf{i} - 4\mathbf{j} - 12\mathbf{k})/13$; (b) $u = (2\mathbf{i} - \mathbf{j} - 2\mathbf{k})/3$.

2.82. (a) $23/(\sqrt{29}\sqrt{41})$; (b) $15/(\sqrt{45}\sqrt{29})$.

2.83.   (a) $x = 2 + 4t$, $y = 5 - 5t$, $z = -3 + 7t$

       (b) $x = 1 + 2t$, $y = 2 - 9t$, $z = -4 + 6t$

       (c) $x = 1 + 2t$, $y = -5 - 3t$, $z = 7 + 7t$.

2.84.   (a) $8\mathbf{i} - 4\mathbf{j} + \mathbf{k}$;   (b) $-3\mathbf{k}$ et $125\mathbf{i} - 25\mathbf{j} + 7\mathbf{k}$;   (c) $\mathbf{T} = (6\mathbf{i} - 2\mathbf{j} + \mathbf{k})/\sqrt{41}$.

2.85.   (a) $\mathbf{T}(t) = ((-\sin t)\mathbf{i} + (\cos t)\mathbf{j} + \mathbf{k})/\sqrt{2}$

       (b) $\mathbf{N}(t) = (-\cos t)\mathbf{i} - (\sin t)\mathbf{j}$

       (c) $\mathbf{B}(t) = ((\sin t)\mathbf{i} - (\cos t)\mathbf{j} + \mathbf{k})/\sqrt{2}$.

2.86.   (a) $\mathbf{i} + \mathbf{j} + 2\mathbf{k}$;   (b) $2\mathbf{i} + 3\mathbf{j} + 2\mathbf{k}$;   (c) $\sqrt{17}$;   (d) $2\mathbf{i} + 6\mathbf{j}$.

2.87.   (a) $N = 6\mathbf{i} + 7\mathbf{j} + 9\mathbf{k}$, $6x + 7y + 9z = 45$;

       (b) $N = 6\mathbf{i} - 12\mathbf{j} - 10\mathbf{k}$, $3x - 6y - 5z = 16$.

2.88. $N = 8\mathbf{i} + 6\mathbf{j} - \mathbf{k}$, $8x + 6y - z = 15$.

2.89.   (a) $2\mathbf{i} + 13\mathbf{j} + 23\mathbf{k}$ (c) $31\mathbf{i} - 16\mathbf{j} - 6\mathbf{k}$

       (b) $-22\mathbf{i} + 2\mathbf{j} + 37\mathbf{k}$ (d) $-2\mathbf{i} - 13\mathbf{j} - 23\mathbf{k}$.

2.90.   (a) $(7, 1, -3)/\sqrt{59}$;   (b) $(5\mathbf{i} + 11\mathbf{j} - 2\mathbf{k})/\sqrt{150}$.

2.92.   (a) $50 - 55i$;   (b) $-16 - 30i$;   (c) $(4 + 7i)/65$;   (d) $(1 + 3i)/2$;   (e) $-2 - 2i$.

2.93.   (a) $-\frac{1}{2}i$;   (b) $(5 + 27i)/58$;   (c) $-i, i, -1$;   (d) $(4 + 3i)/50$.

2.94.   (a) $z + w = 9 - 2i$ (d) $\bar{z} = 2 + 5i$, $\bar{w} = 7 - 3i$

       (b) $zw = 29 - 29i$ (e) $|z| = \sqrt{29}$, $|w| = \sqrt{58}$

       (c) $z/w = (-1 - 41i)/58$

2.95.   (a) $z/w = (7 + 16i)/61$;   (b) $\bar{z} = 2 - i$, $\bar{w} = 6 + 5i$;   (c) $|z| = \sqrt{5}$, $|w| = \sqrt{61}$.

2.97.   Si $zw = 0$, alors $|zw| = |z||w| = |0| = 0$. Donc $|z| = 0$ ou $|w| = 0$; et par conséquent $z = 0$ ou $w = 0$.

Chapitre 3

Matrices

3.1. INTRODUCTION

Les matrices ont déjà été introduites au chapitre 1 et leurs éléments ont été reliés aux coefficients de systèmes d'équations linéaires. Dans ce chapitre, nous réintroduisons les matrices et étudions certaines de leurs propriétés algébriques. Le matériel utilisé ici est principalement calculatoire. Cependant, comme pour les équations linéaires, l'étude de certaines notions abstraites, introduites plus loin, nous donnera une nouvelle approche de la structure des matrices.

Les éléments des matrices que nous considérerons appartiennent à un corps arbitraire, mais fixé, $\mathbb{K}$. Les éléments de $\mathbb{K}$ sont appelés des *scalaires*. Sans perdre en généralité, nous pouvons supposer que $\mathbb{K}$ est soit le corps réel $\mathbb{R}$, soit le corps complexe $\mathbb{C}$.

Plus tard, nous remarquerons que les *vecteurs lignes* ou les *vecteurs colonnes*, qui sont des matrices particulières, sont des éléments de $\mathbb{R}^n$ ou de $\mathbb{C}^n$.

3.2. MATRICES

Une *matrice sur le corps* $\mathbb{K}$ (ou simplement *matrice* lorsque $\mathbb{K}$ est implicite) est un tableau rectangulaire de scalaires a_{ij} de la forme

$$\begin{pmatrix} a_{11} & a_{12} & \dots & a_{1n} \\ a_{21} & a_{22} & \dots & a_{2n} \\ \dots\dots\dots\dots\dots\dots\dots \\ a_{m1} & a_{m2} & \dots & a_{mn} \end{pmatrix}$$

La matrice précédente est aussi notée (a_{ij}), $i = 1, \dots, m$; $j = 1, \dots, n$, ou simplement par (a_{ij}). Les m n-uplets horizontaux

$$(a_{11}, a_{12}, \dots, a_{1n}), \ (a_{21}, a_{22}, \dots, a_{2n}), \ \dots, \ (a_{m1}, a_{m2}, \dots, a_{mn})$$

sont les lignes de la matrice, et les n m-uplets verticaux

$$\begin{pmatrix} a_{11} \\ a_{21} \\ \dots \\ a_{m1} \end{pmatrix}, \ \begin{pmatrix} a_{12} \\ a_{22} \\ \dots \\ a_{m2} \end{pmatrix}, \ \dots, \ \begin{pmatrix} a_{1n} \\ a_{2n} \\ \dots \\ a_{mn} \end{pmatrix}$$

sont ses *colonnes*. Remarquons que l'élément a_{ij}, appelé le ij-élément ou la ij-ième composante de la matrice, se trouve à l'intersection de la i-ième ligne et de la j-ième colonne. Une matrice ayant m lignes et n colonnes est appelée une (m, n) matrice, ou matrice $m \times n$; le couple de nombres (m, n) est appelé le *format* ou la *dimension* de la matrice.

Les matrices seront notées habituellement par des lettres majuscules $A, B \dots$, et les éléments du corps $\mathbb{K}$ seront notés par des lettres minuscules $a, b, \dots$ Deux matrices A et b sont *égales*, et on écrit $A = B$, si elles ont même format et si leurs éléments correspondants sont égaux. Ainsi l'égalité de deux matrices $m \times n$ est équivalente à un système de mn égalités, une pour chaque paire d'indices.

Exemple 3.1

(*a*) Soit la matrice 2×3 : $\begin{pmatrix} 1 & -3 & 4 \\ 0 & 5 & -2 \end{pmatrix}$.

Ses lignes sont $(1, -3, 4)$ et $(0, 5, -2)$; ses colonnes sont $\begin{pmatrix} 1 \\ 0 \end{pmatrix}$, $\begin{pmatrix} -3 \\ 5 \end{pmatrix}$ et $\begin{pmatrix} 4 \\ -2 \end{pmatrix}$.

(*b*) L'égalité $\begin{pmatrix} x+y & 2z+w \\ x-y & z-w \end{pmatrix} = \begin{pmatrix} 3 & 5 \\ 1 & 4 \end{pmatrix}$ est équivalente au système d'équations suivant :

$$\begin{cases} x+y = 3 \\ x-y = 1 \\ 2z+w = 5 \\ z-w = 4 \end{cases}$$

La solution de ce système est $x = 2$, $y = 1$, $z = 3$, $w = -1$.

Remarque : Une matrice à une ligne peut être considérée comme un *vecteur ligne*, et une matrice à une colonne comme un *vecteur colonne*. En particulier un élément du corps $\mathbb{K}$ peut être interprété comme une matrice 1×1.

3.3. ADDITION DES MATRICES ET MULTIPLICATION PAR UN SCALAIRE

Soit A et B deux matrices de même format, *i.e.* , ayant le même nombre de lignes et de colonnes, c'est-à-dire deux matrices $m \times n$:

$$A = \begin{pmatrix} a_{11} & a_{12} & \ldots & a_{1n} \\ a_{21} & a_{22} & \ldots & a_{2n} \\ \ldots\ldots\ldots\ldots\ldots\ldots \\ a_{m1} & a_{m2} & \ldots & a_{mn} \end{pmatrix} \quad \text{et} \quad B = \begin{pmatrix} b_{11} & b_{12} & \ldots & b_{1n} \\ b_{21} & b_{22} & \ldots & b_{2n} \\ \ldots\ldots\ldots\ldots\ldots\ldots \\ b_{m1} & b_{m2} & \ldots & b_{mn} \end{pmatrix}$$

La *somme* de A et B, écrite $A+B$, est la matrice obtenue en ajoutant les éléments correspondants des deux matrices :

$$A + B = \begin{pmatrix} a_{11}+b_{11} & a_{12}+b_{12} & \ldots & a_{1n}+b_{1n} \\ a_{21}+b_{21} & a_{22}+b_{22} & \ldots & a_{2n}+b_{2n} \\ \ldots\ldots\ldots\ldots\ldots\ldots\ldots\ldots\ldots\ldots\ldots\ldots\ldots \\ a_{m1}+b_{m1} & a_{m2}+b_{m2} & \ldots & a_{mm}+b_{mn} \end{pmatrix}$$

Le *produit* d'une matrice A par un scalaire k, noté $k \cdot A$, ou kA, est la matrice obtenue en multipliant chaque élément de la matrice A par k :

$$kA = \begin{pmatrix} ka_{11} & ka_{12} & \ldots & ka_{1n} \\ ka_{21} & ka_{22} & \ldots & ka_{2n} \\ \ldots\ldots\ldots\ldots\ldots\ldots\ldots\ldots \\ ka_{m1} & ka_{m2} & \ldots & ka_{mn} \end{pmatrix}$$

Remarquons que $A + B$ et kA sont aussi des matrices $m \times n$. On définit aussi

$$-A = (-1) \times A \qquad \text{et} \qquad A - B = A + (-B)$$

La somme de deux matrices de dimensions différentes n'est pas définie.

Exemple 3.2. Soient $A = \begin{pmatrix} 1 & -2 & 3 \\ 4 & 5 & -6 \end{pmatrix}$ et $B = \begin{pmatrix} 3 & 0 & 2 \\ -7 & 1 & 8 \end{pmatrix}$. Alors

$$A + B = \begin{pmatrix} 1+3 & -2+0 & 3+2 \\ 4-7 & 5+1 & -6+8 \end{pmatrix} = \begin{pmatrix} 4 & -2 & 5 \\ -3 & 6 & 2 \end{pmatrix}$$

$$3A = \begin{pmatrix} 3 \times 1 & 3 \times (-2) & 3 \times 3 \\ 3 \times 4 & 3 \times 5 & 3 \times (-6) \end{pmatrix} = \begin{pmatrix} 3 & -6 & 9 \\ 12 & 15 & -18 \end{pmatrix}$$

$$2A - 3B = \begin{pmatrix} 2 & -4 & 6 \\ 8 & 10 & -12 \end{pmatrix} + \begin{pmatrix} -9 & 0 & -6 \\ 21 & -3 & -24 \end{pmatrix} = \begin{pmatrix} -7 & -4 & 0 \\ 29 & 7 & -36 \end{pmatrix}$$

La matrice $m \times n$ dont les éléments sont tous nuls, est appelée la *matrice nulle*. Par exemple, la matrice nulle 2×3 est

$$\begin{pmatrix} 0 & 0 & 0 \\ 0 & 0 & 0 \end{pmatrix}$$

La matrice nulle est semblable au scalaire 0 et sera désignée par le même symbole 0. Pour toute matrice $m \times n$, $A = (a_{ij})$,

$$A + 0 = (a_{ij} + 0) = (a_{ij}) = A = 0 + A$$

Les principales propriétés des matrices se déduisent de l'addition et de la multiplication par un scalaire.

Théorème 3.1 : Soit V l'ensemble de toutes les matrices $m \times n$ sur un corps $\mathbb{K}$. Quelles que soient les matrices A, B et $C \in V$ et quels que soient les scalaires k_1, $k_2 \in \mathbb{K}$.

    (i) $(A + B) + C = A + (B + C)$ (v) $k_1(A + B) = k_1 A + k_1 B$

    (ii) $(A + 0) = A$ (vi) $(k_1 + k_2)A = k_1 A + k_2 A$

    (iii) $A + (-A) = 0$ (vii) $(k_1 k_2)A = k_1(k_2 A)$

    (iv) $A + B = B + A$ (viii) $1 \times A = A$ et $0 \times A = 0$

        En utilisant (vi) et (vii) on a aussi $A + A = 2A, A + A + A = 3A, \ldots$

Remarque : Supposons que les vecteurs de $\mathbb{R}^n$ soient représentés par des vecteurs lignes (ou des vecteurs colonnes), c'est-à-dire

$$u = (a_1, a_2, \ldots, a_n) \qquad \text{et} \qquad v = (b_1, b_2, \ldots, b_n)$$

En considérant ces vecteurs comme des matrices, la somme $u + v$ et le produit par un scalaire ku sont :

$$u + v = (a_1 + b_1, a_2 + b_2, \ldots, a_n + b_n) \qquad \text{et} \qquad ku = (ka_1, ka_2, \ldots, ka_n)$$

ces résultats correspondent précisément à la somme vectorielle et au produit par un scalaire tels qu'ils sont définis dans le chapitre 2. En d'autres termes les opérations précédentes sur les matrices peuvent être considérées comme une généralisation des opérations correspondantes définies dans le chapitre 2.

3.4. MULTIPLICATION DES MATRICES

Le produit de matrices A et B, écrit AB, est quelque peu compliqué. Pour cette raison, nous commençons par étudier un cas particulier.

Le produit $A \cdot B$ d'une matrice ligne $A = (a_i)$ par une matrice colonne $B = (b_i)$, ayant le même nombre d'éléments, est défini comme suit :

$$(a_1, a_2, \ldots, a_n) \begin{pmatrix} b_1 \\ b_2 \\ \cdots \\ b_n \end{pmatrix} = a_1 b_1 + a_2 b_2 + \cdots + a_n b_n = \sum_{k=1}^{n} a_k b_k$$

Remarquons que $A \cdot B$ est un scalaire (ou une matrice 1×1). Le produit $A \cdot B$ n'est pas défini lorsque A et B ont un nombre différent d'éléments.

Exemple 3.3

$$(8, -4, 5) \begin{pmatrix} 3 \\ 2 \\ -1 \end{pmatrix} = 8 \times 3 + (-4) \times 2 + 5 \times (-1) = 24 - 8 - 5 = 11$$

En utilisant la définition précédente, nous pouvons définir la multiplication des matrices dans le cas général.

Définition : Supposons que $A = (a_{ij})$ et $B = (b_{ij})$ soient des matrices dont le nombre de colonnes de A soit égal au nombre de lignes de B ; c'est-à-dire A est une matrice $m \times p$ et B est une matrice $p \times n$. Alors, le produit AB est une matrice $m \times n$ où le ij-élément est obtenu en multipliant la i-ième ligne A_i de A par la j-ième colonne B^j de B :

$$AB = \begin{pmatrix} A_1 \times B^1 & A_1 \times B^2 & \ldots & A_1 \times B^n \\ A_2 \times B^1 & A_2 \times B^2 & \ldots & A_2 \times B^n \\ \hdotsfor{4} \\ A_m \times B^1 & A_m \times B^2 & \ldots & A_m \times B^n \end{pmatrix}$$

D'où

$$\begin{pmatrix} a_{11} & \ldots & a_{1p} \\ & \ldots & \\ \boxed{a_{i1} \ldots a_{ip}} \\ & \ldots & \\ a_{m1} & \ldots & a_{mp} \end{pmatrix} \begin{pmatrix} b_{11} & \ldots & \boxed{b_{1j}} & \ldots & b_{1n} \\ . & & . & & . \\ . & & . & & . \\ . & & . & \ddots & . \\ b_{p1} & \ldots & \boxed{b_{pj}} & \ldots & b_{pn} \end{pmatrix} = \begin{pmatrix} c_{11} & \ldots & & & c_{1n} \\ . & \ldots & & & . \\ . & & \boxed{c_{ij}} & & . \\ . & \ldots & & & . \\ c_{m1} & \ldots & & & c_{mn} \end{pmatrix}$$

où $\quad c_{ij} = a_{i1}b_{1j} + a_{i2}b_{2j} + \cdots + a_{ip}b_{pj} = \sum_{k=1}^{p} a_{ik}b_{kj}$.

Il est important de remarquer que le produit AB n'est pas défini si A est une matrice $m \times p$ et B une matrice $q \times n$, où $p \neq q$.

Exemple 3.4

(a) $\begin{pmatrix} r & s \\ t & u \end{pmatrix} \begin{pmatrix} a_1 & a_2 & a_3 \\ b_1 & b_2 & b_3 \end{pmatrix} = \begin{pmatrix} ra_1 + sb_1 & ra_2 + sb_2 & ra_3 + sb_3 \\ ta_1 + ub_1 & ta_2 + ub_2 & ta_3 + ub_3 \end{pmatrix}$

(b) $\begin{pmatrix} 1 & 2 \\ 3 & 4 \end{pmatrix} \begin{pmatrix} 1 & 1 \\ 0 & 2 \end{pmatrix} = \begin{pmatrix} 1 \times 1 + 2 \times 0 & 1 \times 1 + 2 \times 2 \\ 3 \times 1 + 4 \times 0 & 3 \times 1 + 4 \times 2 \end{pmatrix} = \begin{pmatrix} 1 & 5 \\ 3 & 11 \end{pmatrix}$

$\begin{pmatrix} 1 & 1 \\ 0 & 2 \end{pmatrix} \begin{pmatrix} 1 & 2 \\ 3 & 4 \end{pmatrix} = \begin{pmatrix} 1 \times 1 + 1 \times 3 & 1 \times 2 + 1 \times 4 \\ 0 \times 1 + 2 \times 3 & 0 \times 2 + 2 \times 4 \end{pmatrix} = \begin{pmatrix} 4 & 6 \\ 6 & 8 \end{pmatrix}$

Les exemples précédents montrent que la multiplication des matrices n'est pas commutative ; les produits AB et BA des matrices peuvent ne pas être égaux.

De plus la multiplication des matrices satisfait aux propriétés suivantes :

Théorème 3.2 : (i) $(AB)C = A(BC)$ (associativité)

(ii) $A(B + C) = AB + AC$ (distributivité à gauche)

(iii) $(B + C)A = BA + CA$ (distributivité à droite)

(iv) $k(AB) = (kA)B = A(kB)$ où k est un scalaire.

Nous supposons que les sommes et les produits du théorème précédent sont définis.

Nous remarquons que $0A = 0$ et $B0 = 0$, où 0 est la matrice nulle.

3.5. TRANSPOSÉE D'UNE MATRICE

La matrice *transposée* d'une matrice A, notée A^T, est la matrice obtenue en écrivant les lignes de A en colonnes :

$$\begin{pmatrix} a_{11} & a_{12} & \ldots & a_{1n} \\ a_{21} & a_{22} & \ldots & a_{2n} \\ \hdotsfor{4} \\ a_{m1} & a_{m2} & \ldots & a_{mn} \end{pmatrix}^T = \begin{pmatrix} a_{11} & a_{21} & \ldots & a_{m1} \\ a_{12} & a_{22} & \ldots & a_{m2} \\ \hdotsfor{4} \\ a_{1n} & a_{2n} & \ldots & a_{mn} \end{pmatrix}$$

En d'autres termes, si $A = (a_{ij})$ est une matrice $m \times n$, alors $A^T = (a_{ij}^T)$ est une matrice $n \times m$, où $a_{ij}^T = a_{ji}$, pour tout i et j.

Remarquons que la transposée d'un vecteur ligne est un vecteur colonne et vice versa.

L'opération de transposition des matrices satisfait au propriétés suivantes :

Théorème 3.3 : (i) $(A + B)^T = A^T + B^T$ (iii) $(kA)^T = kA^T$ (pour k scalaire)

             (ii) $(A^T)^T = A$ (iv) $(AB)^T = B^T A^T$

Remarquons que, dans (iv), la transposée d'un produit est le produit des transposées, mais dans l'ordre inverse.

3.6. MATRICES ET SYSTÈMES D'ÉQUATIONS LINÉAIRES

Considérons le système de m équations linéaires à n inconnues :

$$
\begin{array}{l}
a_{11}x_1 + a_{12}x_2 + \cdots + a_{1n}x_n = b_1 \\
a_{21}x_1 + a_{22}x_2 + \cdots + a_{2n}x_n = b_2 \\
\cdots\cdots\cdots\cdots\cdots\cdots\cdots\cdots\cdots\cdots\cdots \\
a_{m1}x_1 + a_{m2}x_2 + \cdots + a_{mn}x_n = b_m
\end{array}
\qquad (3.1)
$$

Ce système est équivalent à l'équation matricielle suivante :

$$
\begin{pmatrix}
a_{11} & a_{12} & \ldots & a_{1n} \\
a_{21} & a_{22} & \ldots & a_{2n} \\
\cdots\cdots\cdots\cdots\cdots\cdots \\
a_{m1} & a_{m2} & \ldots & a_{mn}
\end{pmatrix}
\begin{pmatrix}
x_1 \\ x_2 \\ x_3 \\ \cdots \\ x_n
\end{pmatrix}
=
\begin{pmatrix}
b_1 \\ b_2 \\ \cdots \\ b_m
\end{pmatrix}
\qquad \text{ou simplement} \qquad AX = B
$$

où la matrice $A = (a_{ij})$ est appelée la *matrice des coefficients*, $X = (x_j)$ la matrice colonne des inconnues et $B = (b_i)$ la matrice colonne des constantes. En somme, chaque solution du système *(3.1)* est une solution de l'équation matricielle et inversement.

La *matrice augmentée* du système *(3.1)* est la matrice suivante :

$$
\begin{pmatrix}
a_{11} & a_{12} & \ldots & a_{1n} & b_1 \\
a_{21} & a_{22} & \ldots & a_{2n} & b_2 \\
\cdots\cdots\cdots\cdots\cdots\cdots\cdots\cdots \\
a_{m1} & a_{m2} & \ldots & a_{mn} & b_m
\end{pmatrix}
$$

Ainsi, la matrice augmentée du système $AX = B$ est la matrice constituée de la matrice A des coefficients suivie de la matrice B des constantes. Remarquons que le système *(3.1)* est complètement déterminé par sa matrice augmentée.

Exemple 3.5. Dans ce qui suit, nous avons un système d'équations linéaires et l'équation matricielle équivalente :

$$
\begin{array}{l}
2x + 3y - 4z = 7 \\
x - 2y - 5z = 3
\end{array}
\qquad \text{et} \qquad
\begin{pmatrix}
2 & 3 & -4 \\
1 & -2 & -5
\end{pmatrix}
\begin{pmatrix}
x \\ y \\ z
\end{pmatrix}
=
\begin{pmatrix}
7 \\ 3
\end{pmatrix}
$$

(*Remarquons* que la taille de la matrice colonne des inconnues n'est pas égale à la taille de la matrice colonne des constantes.)

La matrice augmentée du système est

$$
\begin{pmatrix}
2 & 3 & -4 & 7 \\
1 & -2 & -5 & 3
\end{pmatrix}
$$

En étudiant les équations linéaires, il est habituellement plus simple d'employer le langage et la théorie des matrices, comme le montrent les théorèmes suivants.

Théorème 3.4 : Supposons que $u_1, u_2, \ldots, u_n$ soient les solutions d'un système homogène d'équations linéaires $AX = 0$. Chaque combinaison linéaire des u_i de la forme $k_1 u_1 + k_2 u_2 + \cdots + k_n u_n$, où les k_i sont des scalaires, est aussi une solution de $AX = 0$. Ainsi en particulier, chaque multiple ku d'une solution quelconque u de $AX = 0$ est aussi une solution de $AX = 0$.

Preuve. $u_1, u_2, \ldots, u_n$ étant des solutions du système donc $Au_1 = 0$, $Au_2 = 0$, $\ldots$, $Au_n = 0$. Ainsi :

$$A(ku_1 + ku_2 + \ldots + ku_n) = k_1 Au_1 + k_2 Au_2 + \cdots + k_n Au_n$$
$$= k_1 0 + k_2 0 + \cdots + k_n 0 = 0$$

En conséquence $k_1 u_1 + \cdots + k_n u_n$ est une solution du système homogène $AX = 0$.

Théorème 3.5 : La solution générale du système non homogène $AX = B$ s'obtient en additionnant la solution générale W du système homogène $AX = 0$ et une solution particulière v_0 du système non homogène $AX = B$. (Ainsi, $v_0 + W$ est la solution générale de $AX = B$.)

Preuve. Soit w une solution quelconque du système $AX = 0$. Donc

$$A(v_0 + w) = A(v_0) + A(w) = B + 0 = B$$

Ainsi, la somme $v_0 + w$ est une solution du système $AX = B$.

D'autre part, soit v une solution quelconque du système $AX = B$ (qui peut être distincte de v_0). Alors

$$A(v - v_0) = A(v) - A(v_0) = B - B = 0$$

Ainsi, la différence $v - v_0$ est une solution générale du système homogène $AX = 0$. Mais

$$v = v_0 + (v - v_0)$$

Par conséquent, toute solution de $AX = B$ peut être obtenue en additionnant la solution de $AX = 0$ et une solution particulière v_0 de $AX = B$.

Théorème 3.6 : Supposons le corps $\mathbb{K}$ infini (ce qui a lieu si $\mathbb{K}$ est le corps réel $\mathbb{R}$ ou le corps complexe $\mathbb{C}$). Le système $AX = B$ a soit pas de solution, soit une solution unique, soit un nombre infini de solutions.

Preuve. Il suffit de montrer que si $AX = B$ a plus d'une solution alors il en a une infinité. Supposons que u et v soient des solutions distinctes de $AX = B$; donc $Au = B$ et $Av = B$. Alors quel que soit $k \in \mathbb{K}$,

$$A[u + k(u - v)] = Au + k(Au - Av) = B + k(B - B) = B$$

En d'autres termes, quel que soit $k \in \mathbb{K}$, $u + k(u - v)$ est une solution de $AX = B$. Puisque toutes ces solutions sont distinctes (*cf.* problème 3.21), $AX = B$ a un nombre infini de solutions comme il était prévu.

3.7. MATRICES DÉCOMPOSÉES EN BLOCS

En utilisant un système de lignes horizontales et verticales, nous pouvons décomposer une matrice A en plusieurs matrices plus petites, ce qui donne une matrice décomposée en *blocs*. Il est évident qu'une matrice donnée peut être décomposée de différentes manières ; par exemple,

$$\begin{pmatrix} 1 & -2 & 0 & 1 & 3 \\ 2 & 3 & 5 & 7 & -2 \\ 3 & 1 & 4 & 5 & 9 \end{pmatrix} = \left(\begin{array}{ccc:cc} 1 & -2 & 0 & 1 & 3 \\ \hdashline 2 & 3 & 5 & 7 & -2 \\ 3 & 1 & 4 & 5 & 9 \end{array} \right) = \left(\begin{array}{ccc:cc} 1 & -2 & 0 & 1 & 3 \\ \hdashline 2 & 3 & 5 & 7 & -2 \\ \hdashline 3 & 1 & 4 & 5 & 9 \end{array} \right)$$

L'utilité de la décomposition en blocs est que le résultat des opérations dans les matrices décomposées en blocs peut être obtenu en calculant avec les blocs comme si ceux-ci étaient effectivement des éléments des matrices. Ce qui est illustré par les exemples ci-dessous. Supposons que A soit décomposée en blocs ; c'est-à-dire

$$A = \begin{pmatrix} A_{11} & A_{12} & \dots & A_{1n} \\ A_{21} & A_{22} & \dots & A_{2n} \\ \dots\dots\dots\dots\dots\dots\dots\dots\dots \\ A_{m1} & A_{m2} & \dots & A_{mn} \end{pmatrix}$$

En multipliant chaque bloc par un scalaire k, on multiplie chaque élément de A par k ; ainsi

$$kA = \begin{pmatrix} kA_{11} & kA_{12} & \dots & kA_{1n} \\ kA_{21} & kA_{22} & \dots & kA_{2n} \\ \dots\dots\dots\dots\dots\dots\dots\dots\dots \\ kA_{m1} & kA_{m2} & \dots & kA_{mn} \end{pmatrix}$$

Supposons maintenant que la matrice B soit décomposée en un même nombre de blocs que la matrice A ; c'est-à-dire

$$B = \begin{pmatrix} B_{11} & B_{12} & \dots & B_{1n} \\ B_{21} & B_{22} & \dots & B_{2n} \\ \dots\dots\dots\dots\dots\dots\dots\dots\dots \\ B_{m1} & B_{m2} & \dots & B_{mn} \end{pmatrix}$$

De plus nous supposons que les blocs correspondants de A et de B ont la même dimension. En additionnant les blocs correspondants, on additionne les éléments correspondants de A et de B. D'où

$$A + B = \begin{pmatrix} A_{11} + B_{11} & A_{12} + B_{12} & \dots & A_{1n} + B_{1n} \\ A_{21} + B_{21} & A_{22} + B_{22} & \dots & A_{2n} + B_{2n} \\ \dots\dots\dots\dots\dots\dots\dots\dots\dots\dots\dots \\ A_{m1} + B_{m1} & A_{m2} + B_{m2} & \dots & A_{mn} + B_{mn} \end{pmatrix}$$

Le cas de la multiplication est moins évident, mais reste néanmoins vrai. Supposons que A et B soient deux matrices décomposées en blocs comme suit :

$$U = \begin{pmatrix} U_{11} & U_{12} & \dots & U_{1p} \\ U_{21} & U_{22} & \dots & U_{2p} \\ \dots\dots\dots\dots\dots\dots\dots\dots \\ U_{m1} & U_{m2} & \dots & U_{mp} \end{pmatrix} \quad \text{et} \quad V = \begin{pmatrix} V_{11} & V_{12} & \dots & V_{1n} \\ V_{21} & V_{22} & \dots & V_{2n} \\ \dots\dots\dots\dots\dots\dots\dots\dots \\ V_{p1} & V_{p2} & \dots & V_{pn} \end{pmatrix}$$

de telle sorte que le nombre de colonnes de chaque bloc U_{ik} est égale au nombre de lignes de chaque bloc V_{kj}. Alors

$$UV = \begin{pmatrix} W_{11} & W_{12} & \dots & W_{1n} \\ W_{21} & W_{22} & \dots & W_{2n} \\ \dots\dots\dots\dots\dots\dots\dots\dots \\ W_{m1} & W_{m2} & \dots & W_{mn} \end{pmatrix}$$

ou

$$W_{ij} = U_{i1}V_{1j} + U_{i2}V_{2j} + \dots + U_{ip}V_{pj}$$

La démonstration de la formule ci-dessus pour UV se fait directement sans difficulté ; mais elle est longue et fastidieuse. Elle fait l'objet d'un problème supplémentaire (*cf.* problème 3.31).

Problèmes résolus

ADDITION ET MULTIPLICATION SCALAIRE DE MATRICES

3.1. Calculer

(a) $A + B$, pour $A = \begin{pmatrix} 1 & 2 & 3 \\ 4 & 5 & 6 \end{pmatrix}$ et $B = \begin{pmatrix} 1 & -1 & 2 \\ 0 & 3 & -5 \end{pmatrix}$

(b) $3A$ et $-5A$, où $A = \begin{pmatrix} 1 & -2 & 3 \\ 4 & 5 & -6 \end{pmatrix}$

(a) Additionnons les éléments correspondants :

$$A + B = \begin{pmatrix} 1+1 & 2+(-1) & 3+2 \\ 4+0 & 5+3 & 6+(-5) \end{pmatrix} = \begin{pmatrix} 2 & 1 & 5 \\ 4 & 8 & 1 \end{pmatrix}$$

(b) Multiplions chaque élément de la matrice par le scalaire donné :

$$3A = \begin{pmatrix} 3 \times 1 & 3 \times (-2) & 3 \times 3 \\ 3 \times 4 & 3 \times 5 & 3 \times (-6) \end{pmatrix} = \begin{pmatrix} 3 & -6 & 9 \\ 12 & 15 & -18 \end{pmatrix}$$

$$-5A = \begin{pmatrix} -5 \times 1 & -5 \times (-2) & -5 \times 3 \\ -5 \times 4 & -5 \times 5 & -5 \times (-6) \end{pmatrix} = \begin{pmatrix} -5 & 10 & -15 \\ -20 & -25 & 30 \end{pmatrix}$$

3.2. Trouver $2A - 3B$, où $A = \begin{pmatrix} 1 & -2 & 3 \\ 4 & 5 & -6 \end{pmatrix}$ et $B = \begin{pmatrix} 3 & 0 & 2 \\ -7 & 1 & 8 \end{pmatrix}$.

En faisant d'abord la multiplication scalaire puis l'addition :

$$2A - 3B = \begin{pmatrix} 2 & -4 & 6 \\ 8 & 10 & -12 \end{pmatrix} + \begin{pmatrix} -9 & 0 & -6 \\ 21 & -3 & -24 \end{pmatrix} = \begin{pmatrix} -7 & -4 & 0 \\ 29 & 7 & -36 \end{pmatrix}$$

(Remarquer que nous avons d'abord multiplié B par -3 puis additionné, au lieu de multiplier B par 3 puis de soustraire, ceci permet toujours d'éviter les erreurs.)

3.3. Trouver x, y, z et w si $3 \begin{pmatrix} x & y \\ z & w \end{pmatrix} = \begin{pmatrix} x & 6 \\ -1 & 2w \end{pmatrix} + \begin{pmatrix} 4 & x+y \\ z+w & 3 \end{pmatrix}$.

Réduisons chaque membre à une seule matrice :

$$\begin{pmatrix} 3x & 3y \\ 3z & 3w \end{pmatrix} = \begin{pmatrix} x+4 & x+y+6 \\ z+w-1 & 2w+3 \end{pmatrix}$$

En identifiant les éléments correspondants les uns aux autres,

$$\begin{array}{ll} 3x = x+4 & 2x = 4 \\ 3y = x+y+6 & 2y = 6+x \\ 3z = z+w-1 \quad \text{ou} & 2z = w-1 \\ 3w = 2w+3 & w = 3 \end{array}$$

La solution est donnée par $x = 2, y = 4, z = 1, w = 3$.

3.4. Démontrer le théorème 3.1(v) : Soient A et B deux matrices $m \times n$ et k un scalaire. Alors $k(A+B) = kA+kB$.

Soient $A = (a_{ij})$ et $B = (b_{ij})$. D'où $a_{ij} + b_{ij}$ est le ij-élément de $A + B$, et ainsi $k(a_{ij} + b_{ij})$ est ij-élément de $k(A + B)$. D'autre part, ka_{ij} et kb_{ij} sont les ij-éléments de kA et kB respectivement et ainsi $ka_{ij} + kb_{ij}$ est le ij-élément de $kA + kB$. Or k, a_{ij} et b_{ij} sont des scalaires appartenant à un corps, d'où

$$k(a_{ij} + b_{ij}) = ka_{ij} + kb_{ij} \quad \text{pour chaque} \quad i, j$$

Ainsi $k(A + B) = kA + kB$, puisque les éléments correspondants sont égaux.

MULTIPLICATION MATRICIELLE

3.5. Calculer : (a) $(3, 8, -2, 4) \begin{pmatrix} 5 \\ -1 \\ 6 \end{pmatrix}$ $\qquad (b)$ $(1, 8, 3, 4)(6, 1, -3, 5)$

(a) Le produit n'est pas défini puisque la matrice ligne et la matrice colonne ont des nombres différents d'éléments.

(b) Le produit d'une matrice ligne par une matrice ligne n'est pas défini.

3.6. Soient $A = \begin{pmatrix} 1 & 3 \\ 2 & -1 \end{pmatrix}$ et $B = \begin{pmatrix} 2 & 0 & -4 \\ 3 & -2 & 6 \end{pmatrix}$. Trouver (a) AB ; (b) BA.

(a) Puisque A est une matrice 2×2 et B est une matrice 2×3, le produit AB est défini et est une matrice 2×3. Pour obtenir les éléments de la première ligne de AB, on multiplie la première ligne $(1, 3)$ de A par les colonnes $\begin{pmatrix} 2 \\ 3 \end{pmatrix}$, $\begin{pmatrix} 0 \\ -2 \end{pmatrix}$ et $\begin{pmatrix} -4 \\ 6 \end{pmatrix}$ de B respectivement :

$$\begin{pmatrix} \boxed{1 \quad 3} \\ 2 \quad -1 \end{pmatrix} \begin{pmatrix} \boxed{2} & \boxed{0} & \boxed{-4} \\ \boxed{3} & \boxed{-2} & \boxed{6} \end{pmatrix} = \begin{pmatrix} 1 \times 2 + 3 \times 3 & 1 \times 0 + 3 \times (-2) & 1 \times (-4) + 3 \times 6 \end{pmatrix}$$

$$= \begin{pmatrix} 2 + 9 & 0 - 6 & -4 + 18 \end{pmatrix} = \begin{pmatrix} 11 & -6 & 14 \end{pmatrix}$$

Pour obtenir les éléments de la deuxième ligne de AB, on multiplie la deuxième ligne $(2, -1)$ de A par les colonnes de B, respectivement :

$$\begin{pmatrix} 1 & 3 \\ \boxed{2 \quad -1} \end{pmatrix} \begin{pmatrix} \boxed{2} & \boxed{0} & \boxed{-4} \\ \boxed{3} & \boxed{-2} & \boxed{6} \end{pmatrix} = \begin{pmatrix} 11 & -6 & 14 \\ 4 - 3 & 0 + 2 & -8 - 6 \end{pmatrix}$$

ainsi $\qquad\qquad AB = \begin{pmatrix} 11 & -6 & 14 \\ 1 & 2 & -14 \end{pmatrix}$

(b) Remarquons que B est une matrice 2×3 et A une matrice 2×2. Les moyens 3 et 2 n'étant pas égaux, le produit BA n'est pas défini.

3.7. Soient $A = \begin{pmatrix} 2 & -1 \\ 1 & 0 \\ -3 & 4 \end{pmatrix}$ et $B = \begin{pmatrix} 1 & -2 & -5 \\ 3 & 4 & 0 \end{pmatrix}$, trouver (a) AB, (b) BA.

(a) Puisque A est une matrice 3×2, et B une matrice 2×3, le produit AB est défini, et est une matrice 3×3. Pour obtenir la première ligne de AB, on multiplie la première ligne de A par chaque colonne de B, respectivement :

$$\begin{pmatrix} \boxed{2 \quad -1} \\ 1 & 0 \\ -3 & 4 \end{pmatrix} \begin{pmatrix} \boxed{1} & \boxed{-2} & \boxed{-5} \\ \boxed{3} & \boxed{4} & \boxed{0} \end{pmatrix} = \begin{pmatrix} 2 - 3 & -4 - 4 & -10 + 0 \end{pmatrix} = \begin{pmatrix} -1 & -8 & -10 \end{pmatrix}$$

Pour obtenir la seconde ligne de AB on multiplie la seconde ligne de A par chaque colonne de B respectivement :

$$\begin{pmatrix} 2 & -1 \\ \boxed{1 \quad 0} \\ -3 & 4 \end{pmatrix} \begin{pmatrix} \boxed{1} & \boxed{-2} & \boxed{-5} \\ \boxed{3} & \boxed{4} & \boxed{0} \end{pmatrix} = \begin{pmatrix} -1 & -8 & -10 \\ 1 + 0 & -2 + 0 & -5 + 10 \end{pmatrix} = \begin{pmatrix} -1 & -8 & -10 \\ 1 & -2 & -5 \end{pmatrix}$$

Pour obtenir la troisième ligne de AB on multiplie la troisième ligne de A par chaque colonne de B respectivement :

$$\begin{pmatrix} 2 & -1 \\ 1 & 0 \\ \boxed{-3 & 4} \end{pmatrix} \left(\boxed{\begin{matrix}1\\3\end{matrix}} \ \boxed{\begin{matrix}-2\\4\end{matrix}} \ \boxed{\begin{matrix}-5\\0\end{matrix}} \right) = \begin{pmatrix} -1 & -8 & -10 \\ 1 & -2 & -5 \\ -3+12 & 6+16 & 15+0 \end{pmatrix} = \begin{pmatrix} -1 & -8 & -10 \\ 1 & -2 & -5 \\ 9 & 22 & 15 \end{pmatrix}$$

ainsi

$$AB = \begin{pmatrix} -1 & -8 & -10 \\ 1 & -2 & -5 \\ 9 & 22 & 15 \end{pmatrix}$$

(b) Puisque B est une matrice 2×3 et A est une matrice 3×2, le produit BA est défini et est une matrice 2×2. Pour obtenir la première ligne de BA on multiplie la première ligne de B par chaque colonne de A respectivement :

$$\left(\boxed{\begin{matrix}1 & -2 & -5\end{matrix}} \atop \begin{matrix}3 & 4 & 0\end{matrix} \right) \begin{pmatrix} \boxed{2} & -1 \\ \boxed{1} & 0 \\ \boxed{-3} & 4 \end{pmatrix} = \begin{pmatrix} 2-2+15 & -1+0-20 \end{pmatrix} = \begin{pmatrix} 15 & -21 \end{pmatrix}$$

Pour obtenir la deuxième ligne de BA on multiplie la deuxième ligne de B par chaque colonne de A respectivement :

$$\left(\begin{matrix}1 & -2 & -5\end{matrix} \atop \boxed{\begin{matrix}3 & 4 & 0\end{matrix}} \right) \begin{pmatrix} \boxed{2} & \boxed{-1} \\ \boxed{1} & \boxed{0} \\ \boxed{-3} & \boxed{4} \end{pmatrix} = \begin{pmatrix} 15 & -21 \\ 6+4+0 & -3+0+0 \end{pmatrix} = \begin{pmatrix} 15 & -21 \\ 10 & -3 \end{pmatrix}$$

ainsi

$$BA = \begin{pmatrix} 15 & -21 \\ 10 & -3 \end{pmatrix}$$

Remarque : Observons que dans ce cas à la fois AB et BA sont définis, mais ne sont pas égaux ; en fait les matrices résultats n'ont pas les mêmes dimensions.

3.8. Trouver AB, où

$$A = \begin{pmatrix} 2 & 3 & -1 \\ 4 & -2 & 5 \end{pmatrix} \qquad B = \begin{pmatrix} 2 & -1 & 0 & 6 \\ 1 & 3 & -5 & 1 \\ 4 & 1 & -2 & 2 \end{pmatrix}$$

Puisque A est 2×3 et B est 3×4, le produit est défini comme une matrice 2×4. On multiplie les lignes de A par les colonnes de B pour obtenir :

$$AB = \begin{pmatrix} 4+3-4 & -2+9-1 & 0-15+2 & 12+3-2 \\ 8-2+20 & -4-6+5 & 0+10-10 & 24-2+10 \end{pmatrix} = \begin{pmatrix} 3 & 6 & -13 & 13 \\ 26 & -5 & 0 & 32 \end{pmatrix}$$

3.9. Dans le problème 3.8, supposons que seul le calcul de la troisième colonne du produit AB nous intéresse. Comment peut-on la calculer indépendamment ?

D'après la règle de multiplication des matrices, la j-ième colonne du produit AB est égale au produit de la matrice A par le j-ième vecteur colonne de B. Ainsi, pour la troisième colonne

$$\begin{pmatrix} 2 & 3 & -1 \\ 4 & -2 & 5 \end{pmatrix} \begin{pmatrix} 0 \\ -5 \\ -2 \end{pmatrix} = \begin{pmatrix} 0-15+2 \\ 0+10-10 \end{pmatrix} = \begin{pmatrix} -13 \\ 0 \end{pmatrix}$$

D'une manière analogue, la i-ième ligne du produit AB est égale au produit du i-ième vecteur ligne de la matrice A par la matrice B.

3.10. Soit A une matrice $m \times n$, avec $m > 1$ et $n > 1$. Si u et v sont des vecteurs, discuter les conditions sous lesquelles (a) Au, (b) vA, sont définis.

(a) Le produit Au est défini uniquement lorsque u est un vecteur colonne ayant n composantes, c'est-à-dire une matrice $n \times 1$. Dans ce cas, Au est un vecteur colonne ayant m composantes.

(b) Le produit vA est défini uniquement lorsque v est un vecteur ligne ayant m composantes, c'est-à-dire une matrice $1 \times m$. Dans ce cas, vA est un vecteur ligne ayant n composantes.

3.11. Calculer : (a) $\begin{pmatrix} 2 \\ 3 \\ -1 \end{pmatrix} (6, -4, 5)$ et (b) $(6, -4, 5) \begin{pmatrix} 2 \\ 3 \\ -1 \end{pmatrix}$.

(a) Le premier facteur est une matrice 3×1 et le second une matrice 1×3, donc le produit est défini comme une matrice 3×3.

$$\begin{pmatrix} 2 \\ 3 \\ -1 \end{pmatrix} (6, -4, 5) = \begin{pmatrix} (2)(6) & (2)(-4) & (2)(5) \\ (3)(6) & (3)(-4) & (3)(5) \\ (-1)(6) & (-1)(-4) & (-1)(5) \end{pmatrix} = \begin{pmatrix} 12 & -8 & 10 \\ 18 & -12 & 15 \\ -6 & 4 & -5 \end{pmatrix}$$

(b) Le premier facteur est une matrice 1×3 et le second une matrice 3×1, donc le produit est défini comme une matrice 1×1, que nous écrivons fréquemment comme un scalaire.

$$(6, -4, 5) \begin{pmatrix} 2 \\ 3 \\ -1 \end{pmatrix} = (12 - 12 - 5) = (-5) = -5$$

3.12. Démontrer le théorème 3.2(i) : $(AB)C = A(BC)$.

Soit $A = (a_{ij})$, $B = (b_{jk})$ et $C = (c_{kl})$. Posons $AB = S = (s_{ik})$ et $BC = T = (t_{jl})$. Alors

$$s_{ik} = a_{i1}b_{1k} + a_{i2}b_{2k} + \cdots + a_{im}b_{mk} = \sum_{j=1}^{m} a_{ij}b_{jk}$$

$$t_{jl} = b_{j1}c_{1l} + b_{j2}c_{2l} + \cdots + b_{jn}c_{nl} = \sum_{k=1}^{n} b_{jk}c_{kl}$$

Multiplions maintenant S par C c'est-à-dire (AB) par C ; l'élément de la i-ième ligne et de la l-ième colonne de la matrice $(AB)C$ est

$$s_{i1}c_{1l} + s_{i2}c_{2l} + \cdots + s_{in}c_{nl} = \sum_{k=1}^{n} s_{ik}c_{kl} = \sum_{k=1}^{n} \sum_{j=1}^{m} (a_{ij}b_{jk})c_{kl}$$

D'autre part multiplions A par T, c'est-à-dire A par BC ; l'élément de la i-ième ligne et de la l-ième colonne de la matrice $A(BC)$ est

$$a_{i1}t_{1l} + a_{i2}t_{2l} + \cdots + a_{im}t_{ml} = \sum_{j=1}^{m} a_{ij}t_{jl} = \sum_{j=1}^{m} \sum_{k=1}^{n} a_{ij}(b_{jk}c_{kl})$$

Les sommes précédentes étant égales, le théorème est ainsi démontré.

3.13. Démontrer le théorème 3.2(ii) : $A(B + C) = AB + AC$.

Soit $A = (a_{ij})$, $B = (b_{jk})$ et $C = (c_{jk})$. Appelons $D = B + C = (d_{jk})$, $E = AB = (e_{ik})$ et $F = AC = (f_{ik})$; alors

$$d_{jk} = b_{jk} + c_{jk}$$

$$e_{ik} = a_{i1}b_{1k} + a_{i2}b_{2k} + \cdots + a_{im}b_{mk} = \sum_{j=1}^{m} a_{ij}b_{jk}$$

$$f_{ik} = a_{i1}c_{1k} + a_{i2}c_{2k} + \cdots + a_{im}c_{mk} = \sum_{j=1}^{m} a_{ij}c_{jk}$$

Ainsi l'élément de la i-ième ligne et de la k-ième colonne de la matrice $AB + AC$ est :

$$e_{ik} + f_{ik} = \sum_{j=1}^{m} a_{ij}b_{jk} + \sum_{j=1}^{m} a_{ij}c_{jk} = \sum_{j=1}^{m} a_{ij}(b_{jk} + c_{jk})$$

D'autre part, l'élément de la i-ième ligne et de la k-ième colonne de la matrice $AD = A(B + C)$ est

$$a_{i1}d_{1k} + a_{i2}d_{2k} + \cdots + a_{im}d_{mk} = \sum_{j=1}^{m} a_{ij}d_{jk} = \sum_{j=1}^{m} a_{ij}(b_{jk} + c_{jk})$$

d'où $A(B + C) = AB + AC$ lorsque les éléments correspondants sont égaux.

TRANSPOSITION

3.14. Soit $A = \begin{pmatrix} 1 & 3 & 5 \\ 6 & -7 & -8 \end{pmatrix}$, trouver A^T et $(A^T)^T$.

On écrit les lignes de A comme colonnes pour obtenir A^T, et après on écrit les lignes de A^T comme colonnes pour obtenir $(A^T)^T$:

$$A^T = \begin{pmatrix} 1 & 6 \\ 3 & -7 \\ 5 & -8 \end{pmatrix} \qquad (A^T)^T = \begin{pmatrix} 1 & 3 & 5 \\ 6 & -7 & -8 \end{pmatrix}$$

[Comme il est énoncé dans le théorème 3.3(ii), $(A^T)^T = A$.]

3.15. Montrer que les matrices AA^T et A^TA sont définies pour toute matrice A.

Si A est une matrice $m \times n$, alors A^T est une matrice $n \times m$. Ainsi AA^T est définie comme une matrice $m \times m$, et A^TA est définie comme une matrice $n \times n$.

3.16. Trouver AA^T et A^TA, où $A = \begin{pmatrix} 1 & 2 & 0 \\ 3 & -1 & 4 \end{pmatrix}$.

On obtient A^T en écrivant les lignes de A comme colonnes :

$$A^T = \begin{pmatrix} 1 & 3 \\ 2 & -1 \\ 0 & 4 \end{pmatrix} \qquad \text{alors} \qquad AA^T = \begin{pmatrix} 1 & 2 & 0 \\ 3 & -1 & 4 \end{pmatrix} \begin{pmatrix} 1 & 3 \\ 2 & -1 \\ 0 & 4 \end{pmatrix} = \begin{pmatrix} 5 & 1 \\ 1 & 26 \end{pmatrix}$$

$$A^TA = \begin{pmatrix} 1 & 3 \\ 2 & -1 \\ 0 & 4 \end{pmatrix} \begin{pmatrix} 1 & 2 & 0 \\ 3 & -1 & 4 \end{pmatrix} = \begin{pmatrix} 1+9 & 2-3 & 0+12 \\ 2-3 & 4+1 & 0-4 \\ 0+12 & 0-4 & 0+16 \end{pmatrix} = \begin{pmatrix} 10 & -1 & 12 \\ -1 & 5 & -4 \\ 12 & -4 & 16 \end{pmatrix}$$

3.17. Démontrer le théorème 3.3(iv) : $(AB)^T = B^TA^T$.

Si $A = (a_{ij})$ et $B = (b_{kj})$, le ij-ième élément de la matrice AB est

$$a_{i1}b_{1j} + a_{i2}b_{2j} + \cdots + a_{im}b_{mj} \qquad (1)$$

Donc (1) est le ji-ième élément (l'ordre des indices étant inversé) de la matrice transposée $(AB)^T$.

D'autre part, la j-ième colonne de B devient la j-ième ligne de B^T, et la i-ième ligne de A devient la i-ième colonne de A^T. Par conséquent, le ji-ième élément de la matrice B^TA^T est

$$(b_{1j}, b_{2j}, \cdots, b_{mj}) \begin{pmatrix} a_{i1} \\ a_{i2} \\ \cdots \\ a_{im} \end{pmatrix} = b_{1j}a_{i1} + b_{2j}a_{i2} + \cdots + b_{mj}a_{im}$$

Ainsi, $(AB)^T = B^TA^T$, puisque leurs éléments correspondants sont égaux.

MATRICES DÉCOMPOSÉES EN BLOCS

3.18. Calculer AB en utilisant la multiplication par blocs ; où

$$A = \left(\begin{array}{cc|c} 1 & 2 & 1 \\ 3 & 4 & 0 \\ \hline 0 & 0 & 2 \end{array} \right) \qquad \text{et} \qquad B = \left(\begin{array}{ccc|c} 1 & 2 & 3 & 1 \\ 4 & 5 & 6 & 1 \\ \hline 0 & 0 & 0 & 1 \end{array} \right)$$

Ici, $A = \begin{pmatrix} E & F \\ 0_{1 \times 2} & G \end{pmatrix}$ et $B = \begin{pmatrix} R & S \\ 0_{1 \times 3} & T \end{pmatrix}$, où E, F, G, R, S et T sont les blocs donnés. D'où

$$AB = \begin{pmatrix} ER & ES+FT \\ 0_{1 \times 3} & GT \end{pmatrix} = \left(\begin{array}{cc} \begin{pmatrix} 9 & 12 & 15 \\ 19 & 26 & 33 \end{pmatrix} & \begin{pmatrix} 3 \\ 7 \end{pmatrix} + \begin{pmatrix} 1 \\ 0 \end{pmatrix} \\ (0 \quad 0 \quad 0) & (2) \end{array} \right) = \begin{pmatrix} 9 & 12 & 15 & 4 \\ 19 & 26 & 33 & 7 \\ 0 & 0 & 0 & 2 \end{pmatrix}$$

3.19. Calculer CD par la multiplication des blocs, où

$$C = \left(\begin{array}{cc|ccc} 1 & 2 & 0 & 0 & 0 \\ 3 & 4 & 0 & 0 & 0 \\ \hline 0 & 0 & 5 & 1 & 2 \\ 0 & 0 & 3 & 4 & 1 \end{array} \right) \qquad \text{et} \qquad D = \left(\begin{array}{cc|cc} 3 & -2 & 0 & 0 \\ 2 & 4 & 0 & 0 \\ \hline 0 & 0 & 1 & 2 \\ 0 & 0 & 2 & -1 \\ 0 & 0 & -4 & 1 \end{array} \right)$$

$$CD = \left(\begin{array}{cc} \begin{pmatrix} 1 & 2 \\ 3 & 4 \end{pmatrix} \begin{pmatrix} 3 & -2 \\ 2 & 4 \end{pmatrix} & 0_{2 \times 2} \\ 0_{2 \times 2} & \begin{pmatrix} 5 & 1 & 2 \\ 3 & 4 & 1 \end{pmatrix} \begin{pmatrix} 1 & 2 \\ 2 & -1 \\ -4 & 1 \end{pmatrix} \end{array} \right)$$

$$= \left(\begin{array}{cc} \begin{pmatrix} 3+4 & -2+8 \\ 9+8 & -6+16 \end{pmatrix} & 0_{2 \times 2} \\ 0_{2 \times 2} & \begin{pmatrix} 5+2-8 & 10-3+2 \\ 3+8-4 & 6-12+1 \end{pmatrix} \end{array} \right) = \begin{pmatrix} 7 & 6 & 0 & 0 \\ 17 & 10 & 0 & 0 \\ 0 & 0 & -1 & 9 \\ 0 & 0 & 7 & -5 \end{pmatrix}$$

PROBLÈMES DIVERS

3.20. Montrer que : (a) si A a une ligne nulle, alors AB a une ligne nulle. (b) Si B a une colonne nulle, alors AB a une colonne nulle.

(a) Soit R_i une ligne nulle de A, et $B^1, \ldots, B^n$ les colonnes de B. Alors la i-ième ligne de AB est

$$(R_i \times B^1, R_i \times B^2, \ldots, R_i \times B^n) = (0, 0, \ldots, 0)$$

(b) Soit C_j une colonne nulle de B, et $A_1, \ldots, A_n$ les lignes de A. Alors la j-ième colonne de AB est

$$\begin{pmatrix} A_1 \times C_j \\ A_2 \times C_j \\ \cdots \\ A_m \times C_j \end{pmatrix} = \begin{pmatrix} 0 \\ 0 \\ \cdots \\ 0 \end{pmatrix}$$

3.21. Soit u et v deux vecteurs distincts. Montrer que, pour différents scalaires $k \in \mathbb{K}$, les vecteurs $u + k(u - v)$ sont différents.

Il suffit de montrer que si

$$u + k_1(u - v) = u + k_2(u - v) \qquad\qquad (1)$$

alors $k_1 = k_2$. Supposons que (1) est vérifié. Alors

$$k_1(u - v) = k_2(u - v) \qquad \text{ou encore} \qquad (k_1 - k_2)(u - v) = 0$$

Puisque u et v sont distincts, $u - v \neq 0$. D'où $k_1 - k_2 = 0$ et $k_1 = k_2$.

Problèmes supplémentaires

OPÉRATIONS SUR LES MATRICES

Dans les problèmes 3.22-3.25, nous utiliserons les matrices suivantes :

$$A = \begin{pmatrix} 1 & -2 \\ 3 & -4 \end{pmatrix} \qquad B = \begin{pmatrix} 5 & 0 \\ -6 & 7 \end{pmatrix} \qquad C = \begin{pmatrix} 1 & -3 & 4 \\ 2 & 6 & -5 \end{pmatrix}$$

3.22. Trouver $5A - 2B$ et $2A + 3B$.

3.23. Trouver : (a) AB et $(AB)C$; (b) BC et $A(BC)$. [Remarquer que $(AB)C = A(BC)$.]

3.24. Trouver : A^T, B^T et $A^T B^T$. [Remarquer que $A^T B^T \neq (AB)^T$.]

3.25. Trouver $AA = A^2$ puis AC.

3.26. Soit $e_1 = (1, 0, 0)$, $e_2 = (0, 1, 0)$, $e_3 = (0, 0, 1)$. Étant donné $A = \begin{pmatrix} a_1 & a_2 & a_3 & a_4 \\ b_1 & b_2 & b_3 & b_4 \\ c_1 & c_2 & c_3 & c_4 \end{pmatrix}$. Trouver $e_1 A$, $e_2 A$ et $e_3 A$.

3.27. Soit $e_i = (0, \ldots, 0, 1, 0, \ldots, 0)$ où 1 est la i-ième composante. Démontrer les propriétés suivantes :

(a) $e_i A = A_i$, la i-ième ligne de la matrice A.

(b) $Be_j^T = B^j$, la j-ième colonne de B.

(c) Si $e_i A = e_i B$, pour chaque i, alors $A = B$

(d) Si $Ae_j^T = Be_j^T$, pour chaque j, alors $A = B$

3.28. Soit $A = \begin{pmatrix} 1 & 2 \\ 3 & 6 \end{pmatrix}$. Trouver une matrice 2×3 B ayant des éléments distincts telle que $AB = 0$.

3.29. Prouver le théorème 3.2 (iii) : $(B + C)A = BA + CA$; (iv) $k(AB) = (kA)B = A(kB)$, où k est un scalaire. [Les parties (i) et (ii) seront démontrées dans les problèmes 3.12 et 3.13, respectivement.]

3.30. Prouver le théorème 3.3 (i) : $(A + B)^T = A^T + B^T$;(ii) $(A^T)^T = A$, (iii) $(kA)^T = kA^T$ pour k un scalaire. [La partie (iv) est démontrée dans le problème 3.17.]

3.31. Supposons que $A = (A_{ik})$ et $B = (B_{kj})$ soient des matrices blocs pour lesquelles AB est défini et le nombre des colonnes de chaque bloc A_{ik} est égal au nombre des lignes de chaque bloc B_{kj}. Montrer que

$$AB = (C_{ij}), \quad \text{où} \quad C_{ij} = \sum_k A_{ik} B_{kj}$$

Réponses aux problèmes supplémentaires

3.22. $\begin{pmatrix} -5 & 10 \\ 27 & -36 \end{pmatrix}, \begin{pmatrix} 17 & 4 \\ -12 & 13 \end{pmatrix}.$

3.23. (a) $\begin{pmatrix} -7 & 14 \\ 39 & -28 \end{pmatrix}, \begin{pmatrix} 21 & 105 & -98 \\ -17 & -285 & 296 \end{pmatrix}$; (b) $\begin{pmatrix} 5 & -15 & 20 \\ 8 & 60 & -59 \end{pmatrix}, \begin{pmatrix} 21 & 105 & -98 \\ -17 & -285 & 296 \end{pmatrix}.$

3.24. $\begin{pmatrix} 1 & 3 \\ 2 & -4 \end{pmatrix}, \begin{pmatrix} 5 & -6 \\ 0 & 7 \end{pmatrix}, \begin{pmatrix} 5 & 15 \\ 10 & -40 \end{pmatrix}.$

3.25. $\begin{pmatrix} 7 & -6 \\ -9 & 22 \end{pmatrix}, \begin{pmatrix} 5 & 9 & -6 \\ -5 & -33 & 32 \end{pmatrix}.$

3.26. $(a_1, a_2, a_3, a_4), (b_1, b_2, b_3, b_4), (c_1, c_2, c_3, c_4)$, les lignes de A.

3.28. $\begin{pmatrix} 2 & 4 & 6 \\ -1 & -2 & -3 \end{pmatrix}.$

Chapitre 4

Matrices carrées, matrices élémentaires

4.1. INTRODUCTION

Les matrices ayant le même nombre de lignes et de colonnes sont appelées *matrices carrées*. Ces matrices jouent un rôle majeur en algèbre linéaire et seront utilisées tout le long de cet ouvrage. Dans ce chapitre nous étudierons les matrices carrées et certaines de leurs propriétés élémentaires.

Dans ce chapitre, nous étudierons également les matrices élémentaires qui sont intimement liées avec les opérations élémentaires sur les lignes, vues au chapitre 1. Nous utiliserons ces matrices pour justifier deux algorithmes — l'un pour calculer l'inverse d'une matrice, et l'autre pour diagonaliser une forme quadratique.

Les scalaires dans ce chapitre sont les nombres réels, sauf mention expresse du contraire. Cependant, nous étudierons des cas particuliers de matrices complexes et certaines de leurs propriétés.

4.2. MATRICES CARRÉES

Une *matrice carrée* est une matrice ayant le même nombre de lignes et de colonnes. Une matrice carrée $n \times n$ est appelée *une matrice carrée d'ordre n*.

Rappelons que l'addition et la multiplication ne sont pas définies pour des matrices quelconques. Cependant, si on considère uniquement des matrices carrées d'ordre n donné, alors les opérations d'addition, de multiplication, de multiplication par un scalaire et de transposée de matrices sont définies et leurs résultats sont encore des matrices carrées d'ordre n.

Exemple 4.1. Soit $A = \begin{pmatrix} 1 & 2 & 3 \\ -4 & -4 & -4 \\ 5 & 6 & 7 \end{pmatrix}$ et $B = \begin{pmatrix} 2 & -5 & 1 \\ 0 & 3 & -2 \\ 1 & 2 & -4 \end{pmatrix}$. Alors A et B sont des matrices carrées d'ordre 3.

Aussi

$$A + B = \begin{pmatrix} 3 & -3 & 4 \\ -4 & -1 & -6 \\ 6 & 8 & 3 \end{pmatrix} \qquad 2A = \begin{pmatrix} 2 & 4 & 6 \\ -8 & -8 & -8 \\ 10 & 12 & 14 \end{pmatrix} \qquad A^T = \begin{pmatrix} 1 & -4 & 5 \\ 2 & -4 & 6 \\ 3 & -4 & 7 \end{pmatrix}$$

et

$$AB = \begin{pmatrix} 2+0+3 & -5+6+6 & 1-4-12 \\ -8+0-4 & 20-12-8 & -4+8+16 \\ 10+0+7 & -25+18+14 & 5-12-28 \end{pmatrix} = \begin{pmatrix} 5 & 7 & 15 \\ -12 & 0 & 20 \\ 17 & 7 & -35 \end{pmatrix}$$

sont d'ordre 3.

Remarque : Une collection **A** non vide de matrices est dite une *algèbre* (de matrices) si **A** est stable pour les opérations d'addition, de multiplication par un scalaire et de multiplication des matrices. Ainsi, l'ensemble $\mathbf{M}_n$ de toutes les matrices carrées d'ordre n est algèbre de matrices.

Matrices carrées comme fonctions

Soit A une matrice carrée d'ordre n. Alors A peut être considérée comme une fonction $A : \mathbb{R}^n \to \mathbb{R}^n$ de deux manières différentes :

(1) $A(u) = Au$ où u est un vecteur colonne ;

(2) $A(u) = uA$ où u est un vecteur ligne.

Dans cet ouvrage, nous adoptons la première définition de $A(u)$, c'est-à-dire que la fonction définie par la matrice A est $A(u) = Au$. Par conséquent, sauf mention expresse du contraire, un vecteur de $\mathbb{R}^n$ est un vecteur colonne (et non vecteur ligne). Cependant, pour des considérations typographiques, un tel vecteur colonne sera toujours présenté comme le transposé d'un vecteur ligne.

Exemple 4.2. Soit $A = \begin{pmatrix} 1 & -2 & 3 \\ 4 & 5 & -6 \\ 2 & 0 & -1 \end{pmatrix}$. Si $u = (1, -3, 7)^T$, alors

$$A(u) = Au = \begin{pmatrix} 1 & -2 & 3 \\ 4 & 5 & -6 \\ 2 & 0 & -1 \end{pmatrix} \begin{pmatrix} 1 \\ -3 \\ 7 \end{pmatrix} = \begin{pmatrix} 1+6+21 \\ 4-15-42 \\ 2+0-7 \end{pmatrix} = \begin{pmatrix} 28 \\ -53 \\ -5 \end{pmatrix}$$

Si $w = (2, -1, 4)^T$, alors

$$A(w) = Aw = \begin{pmatrix} 1 & -2 & 3 \\ 4 & 5 & -6 \\ 2 & 0 & -1 \end{pmatrix} \begin{pmatrix} 2 \\ -1 \\ 4 \end{pmatrix} = \begin{pmatrix} 2+2+12 \\ 8-5-24 \\ 4+0-4 \end{pmatrix} = \begin{pmatrix} 16 \\ -21 \\ 0 \end{pmatrix}$$

Matrices commutantes

On dit que les matrices A et B *commutent* si $AB = BA$, condition qui exige que les deux matrices A et B soient des matrices carrées et de même ordre. Par exemple, soit

$$A = \begin{pmatrix} 1 & 2 \\ 3 & 4 \end{pmatrix} \qquad \text{et} \qquad B = \begin{pmatrix} 5 & 4 \\ 6 & 11 \end{pmatrix}$$

Donc

$$AB = \begin{pmatrix} 5+12 & 4+22 \\ 15+24 & 12+44 \end{pmatrix} = \begin{pmatrix} 17 & 26 \\ 39 & 56 \end{pmatrix}$$

et

$$BA = \begin{pmatrix} 5+12 & 10+16 \\ 6+33 & 12+44 \end{pmatrix} = \begin{pmatrix} 17 & 26 \\ 39 & 56 \end{pmatrix}$$

Comme $AB = BA$, ces deux matrices commutent.

4.3. DIAGONALE, TRACE D'UNE MATRICE, MATRICE IDENTITÉ

Soit A une matrice carrée d'ordre n. La *diagonale* (ou *diagonale principale*) de A est constituée des éléments $a_{11}, a_{22}, \ldots, a_{nn}$. La *trace* de A, qu'on écrit $\operatorname{tr} A$, est la somme des éléments diagonaux de A, c'est-à-dire

$$\operatorname{tr} A = a_{11} + a_{22} + \cdots + a_{nn} \equiv \sum_{i=1}^{n} a_{ii}$$

La matrice carrée d'ordre n ayant des 1 sur la diagonale et des 0 partout ailleurs se note I_n, ou simplement I et s'apppele la *matrice identité* ou *matrice unité*. La matrice I est semblable au scalaire 1 en ceci que pour toute matrice A (du même ordre),

$$AI = IA = A$$

Plus généralement, si B est une matrice $m \times n$, alors $BI_n = B$ et $I_m B = B$ (*cf.* .problème 4.9).

Pour tout scalaire $k \in \mathbb{K}$, la matrice kI ayant des k sur la diagonale et des 0 partout ailleurs s'appelle la *matrice scalaire* correspondant au scalaire k.

Exemple 4.3

(a) le *symbole de Kronecker* δ_{ij} est défini par

$$\delta_{ij} = \begin{cases} 0 & \text{si } i \neq j \\ 1 & \text{si } i = j \end{cases}$$

Ainsi, la matrice identité peut être définie par $I = (\delta_{ij})$.

(b) Les matrices scalaires d'ordre 2, 3, et 4 correspondant au scalaire $k = 5$ sont, respectivement,

$$\begin{pmatrix} 5 & 0 \\ 0 & 5 \end{pmatrix} \qquad \begin{pmatrix} 5 & 0 & 0 \\ 0 & 5 & 0 \\ 0 & 0 & 5 \end{pmatrix} \qquad \begin{pmatrix} 5 & & & \\ & 5 & & \\ & & 5 & \\ & & & 5 \end{pmatrix}$$

(C'est une pratique courante d'ignorer de mettre les zéros ou les blocs de zéros dans la troisième matrice.)

Le théorème suivant sera démontré dans le problème 4.10.

Théorème : Soit $A = (a_{ij})$ et $B = (b_{ij})$, deux matrices carrées d'ordre n, et k un scalaire. Alors

$$\text{(i)} \quad \text{tr}(A + B) = \text{tr}\,A + \text{tr}\,B, \qquad \text{(ii)} \quad \text{tr}\,kA = k \cdot \text{tr}\,A, \qquad \text{(iii)} \quad \text{tr}\,AB = \text{tr}\,BA.$$

4.4. PUISSANCE DE MATRICES, POLYNÔMES DE MATRICES

Soit A une matrice carrée d'ordre n sur le corps $\mathbb{K}$. Les puissances de A sont définies de la manière suivante :

$$A^2 = AA \quad A^3 = A^2 A, \dots, A^{n+1} = A^n A, \dots, \quad \text{et} \quad A^0 = I$$

Nous pouvons donc définir des polynômes de matrices. Plus précisément, pour tout polynôme

$$f(x) = a_0 + a_1 x + a_2 x^2 + \cdots + a_n x^n$$

où les a_i sont des scalaires, $f(A)$ est défini comme la matrice

$$f(A) = a_0 I + a_1 A + a_2 A^2 + \cdots + a_n A^n$$

[Noter que $f(A)$ s'obtient à partir de $f(x)$ en remplaçant la variable x par A et le scalaire a_0 par la matrice scalaire $a_0 I$.] Dans le cas où $f(A)$ est la matrice nulle, la matrice A est dite un *zéro* ou une *racine* du polynôme $f(x)$.

Exemple 4.4. Soit $A = \begin{pmatrix} 1 & 2 \\ 3 & -4 \end{pmatrix}$. Alors

$$A^2 = \begin{pmatrix} 1 & 2 \\ 3 & -4 \end{pmatrix} \begin{pmatrix} 1 & 2 \\ 3 & -4 \end{pmatrix} = \begin{pmatrix} 7 & -6 \\ -9 & 22 \end{pmatrix} \quad \text{et} \quad A^3 = A^2 A = \begin{pmatrix} 7 & -6 \\ -9 & 22 \end{pmatrix} \begin{pmatrix} 1 & 2 \\ 3 & -4 \end{pmatrix} = \begin{pmatrix} -11 & 38 \\ 57 & -106 \end{pmatrix}$$

Si $f(x) = 2x^2 - 3x + 5$, alors

$$f(A) = 2 \begin{pmatrix} 7 & -6 \\ -9 & 22 \end{pmatrix} - 3 \begin{pmatrix} 1 & 2 \\ 3 & -4 \end{pmatrix} + 5 \begin{pmatrix} 1 & 0 \\ 0 & 1 \end{pmatrix} = \begin{pmatrix} 16 & -18 \\ -27 & 61 \end{pmatrix}$$

Si $g(x) = x^2 + 3x - 10$, alors

$$g(A) = \begin{pmatrix} 7 & -6 \\ -9 & 22 \end{pmatrix} + 3 \begin{pmatrix} 1 & 2 \\ 3 & -4 \end{pmatrix} - 10 \begin{pmatrix} 1 & 0 \\ 0 & 1 \end{pmatrix} = \begin{pmatrix} 0 & 0 \\ 0 & 0 \end{pmatrix}$$

Ainsi, A est un zéro du polynôme $g(x)$.

La correspondance précédente définit une application de l'anneau des polynômes $\mathbb{K}[x]$ dans l'algèbre des matrices $\mathbf{M}_n$ des matrices carrées d'ordre n comme suit

$$f(x) \longmapsto f(A)$$

Cette application s'appelle l'*évaluation en A*.

Théorème : Soit $f(x)$ et $g(x)$ deux polynômes et soit A une matrice carrée d'ordre n (tous sur $\mathbb{K}$). Alors

    (i) $(f + g)(A) = f(A) + g(A)$,

    (ii) $(fg)(A) = f(A)g(A)$,

    (iii) $f(A)g(A) = g(A)f(A)$.

En d'autre termes, (i) et (ii) disent qu'on peut d'abord additionner (resp. multiplier) les polynômes $f(x)$ et $g(x)$, puis évaluer la somme (resp. le produit) en A. Nous obtenons le même résultat si nous commençons par évaluer les polynômes $f(x)$ et $g(x)$ en A, puis additionner (resp. multiplier) les matrices $f(A)$ et $g(A)$. La partie (iii) dit que deux polynômes quelconque commutent en A.

4.5. MATRICES INVERSIBLES (NON SINGULIÈRES)

Une matrice carrée A est dite *inversible* ou *non singulière* s'il existe une matrice B ayant la propriété

$$AB = BA = I$$

où I est la matrice identité. Une telle matrice B est unique. En effet,

$$AB_1 = B_1A = I \quad \text{et} \quad AB_2 = B_2A = I \quad \text{implique} \quad B_1 = B_1I = B_1(AB_2) = (B_1A)B_2 = IB_2 = B_2$$

Une telle matrice B s'appelle l'*inverse* de A et se note A^{-1}. Noter que la relation précédente est symétrique ; c'est-à-dire, si B est l'inverse de A, alors A est l'inverse de B.

Exemple 4.5

(a) Soit $A = \begin{pmatrix} 2 & 5 \\ 1 & 3 \end{pmatrix}$ et $B = \begin{pmatrix} 3 & -5 \\ -1 & 2 \end{pmatrix}$. Alors

$$AB = \begin{pmatrix} 2 & 5 \\ 1 & 3 \end{pmatrix} \begin{pmatrix} 3 & -5 \\ -1 & 2 \end{pmatrix} = \begin{pmatrix} 6-5 & -10+10 \\ 3-3 & -5+6 \end{pmatrix} = \begin{pmatrix} 1 & 0 \\ 0 & 1 \end{pmatrix} = I$$

$$BA = \begin{pmatrix} 3 & -5 \\ -1 & 2 \end{pmatrix} \begin{pmatrix} 2 & 5 \\ 1 & 3 \end{pmatrix} = \begin{pmatrix} 6-5 & 15-15 \\ -2+2 & -5+6 \end{pmatrix} = \begin{pmatrix} 1 & 0 \\ 0 & 1 \end{pmatrix} = I$$

Ainsi, A et B sont inversibles et sont inverses l'une de l'autre.

(b) Soit $A = \begin{pmatrix} 1 & 0 & 2 \\ 2 & -1 & 3 \\ 4 & 1 & 8 \end{pmatrix}$ et $B = \begin{pmatrix} -11 & 2 & 2 \\ -4 & 0 & 1 \\ 6 & -1 & -1 \end{pmatrix}$. Alors

$$AB = \begin{pmatrix} -11+0+12 & 2+0-2 & 2+0-2 \\ -22+4+18 & 4+0-3 & 4-1-3 \\ -44-4+48 & 8+0-8 & 8+1-8 \end{pmatrix} = \begin{pmatrix} 1 & 0 & 0 \\ 0 & 1 & 0 \\ 0 & 0 & 1 \end{pmatrix} = I$$

D'après le problème 4.21, $AB = I$ si, et seulement si $BA = I$; donc il est inutile de vérifier si $BA = I$. Ainsi, A et B sont inverses l'une de l'autre.

Considérons maintenent une matrice carrée 2×2 quelconque

$$A = \begin{pmatrix} a & b \\ c & d \end{pmatrix}$$

Nous pouvons déterminer si A est inversible et, dans ce cas, donner une formule pour calculer l'inverse. Tout d'abord, cherchons des scalaires x, y, z et t tels que

$$\begin{pmatrix} a & b \\ c & d \end{pmatrix} \begin{pmatrix} x & y \\ z & t \end{pmatrix} = \begin{pmatrix} 1 & 0 \\ 0 & 1 \end{pmatrix} \qquad \text{ou} \qquad \begin{pmatrix} ax + bz & ay + bt \\ cx + dz & cy + dt \end{pmatrix} = \begin{pmatrix} 1 & 0 \\ 0 & 1 \end{pmatrix}$$

ce qui revient à résoudre les deux systèmes d'équations

$$\begin{cases} ax + bz = 1 \\ cx + dz = 0 \end{cases} \qquad \begin{cases} ay + bt = 0 \\ cy + dt = 1 \end{cases}$$

où la matrice initiale A est la matrice des coefficients de chaque système. Posons $|A| = ad - bc$ (le déterminant de A). D'après les problèmes 1.60 et 1.61, les deux systèmes sont résolubles et la matrice A est inversible si, et seulement si $|A| \neq 0$. Dans ce cas, le premier système admet une solution unique $x = d/|A|$, $z = -c/|A|$ et le second système admet une solution unique $y = -b/|A|$, $t = a/|A|$. Par conséquent,

$$A^{-1} = \begin{pmatrix} d/|A| & -b/|A| \\ -c/|A| & a/|A| \end{pmatrix} = \frac{1}{|A|} \begin{pmatrix} d & -b \\ -c & a \end{pmatrix}$$

Autrement dit : lorsque $|A| \neq 0$, l'inverse d'une matrice carrée A d'ordre 2 s'obtient (i) en échangeant les éléments de la diagonale principale, (ii) en remplaçant les autres éléments par leurs opposés et (iii) en multipliant la matrice obtenue par $1/|A|$.

Remarque 1 : La propriété précédente « une matrice A est inversible si, et seulement si $|A| \neq 0$ » est vraie pour toute matrice carrée de tout ordre. (*Cf.* chapitre 7.)

Remarque 2 : Soit A et B deux matrices inversibles, alors la matrice AB est inversible et $(AB)^{-1} = B^{-1}A^{-1}$. Plus généralement, si A_1, A_2, ..., A_k sont des matrices inversibles, alors la matrice produit est inversible et

$$(A_1 A_2 \ldots A_k)^{-1} = A_k^{-1} A_2^{-1} \ldots A_1^{-1}$$

produit des matrices inverses dans l'ordre inverse.

4.6. CAS PARTICULIERS DE MATRICES CARRÉES

Dans cette section, nous étudions un certain nombre de matrices carrées particulières qui jouent un rôle important en algèbre linéaire.

Matrices diagonales

Une matrice carrée $D = d_{ij}$ est dite *diagonale* si tous ses éléments non diagonaux sont nuls. Une telle matrice est fréqueemment notée $D = \text{diag}(d_{11}, d_{22}, \ldots, d_{nn})$, où certains ou tous les scalaires d_{ij} peuvent être égaux à zéro. Par exemple,

$$\begin{pmatrix} 3 & 0 & 0 \\ 0 & -7 & 0 \\ 0 & 0 & 2 \end{pmatrix} \qquad \begin{pmatrix} 4 & 0 \\ 0 & -5 \end{pmatrix} \qquad \begin{pmatrix} 6 & & \\ & 0 & \\ & & -9 \\ & & & 1 \end{pmatrix}$$

sont des matrices qui peuvent être représentées, respectivement, par

$$\text{diag}(3, -7, 2) \qquad \text{diag}(4, -5) \qquad \text{diag}(6, 0, -9, 1)$$

(Remarquer que les blocs de zéros dans la troisième matrice ont été supprimés.)

Il est clair que la smme, le produit par un scalaire et le produit de matrices diagonales sont encore des matrices diagonales. Ainsi, l'ensemble des matrices diagonales d'ordre n est une algèbre de matrices. En fait, les matrices diagonales forment une algèbre commutative puisque les matrices diagonales d'ordre n commutent.

Matrices triangulaires

Une matrice carrée $A = (a_{ij})$ est dite *triangulaire supérieure* si tous ses éléments situés en dessous de la diagonale sont nuls ; si $a_{ij} = 0$ pour $i > j$. Les matrices triangulaires supérieures d'ordre 2, 3, et 4 sont, respectivement,

$$\begin{pmatrix} a_{11} & a_{12} \\ 0 & a_{22} \end{pmatrix} \qquad \begin{pmatrix} b_{11} & b_{12} & b_{13} \\ & b_{22} & b_{23} \\ & & b_{33} \end{pmatrix} \qquad \begin{pmatrix} c_{11} & c_{12} & c_{13} & c_{14} \\ & c_{22} & c_{23} & c_{24} \\ & & c_{33} & c_{34} \\ & & & c_{44} \end{pmatrix}$$

(Comme pour les matrices diagonales, les blocs de zéros ont été supprimés.)

L'ensemble des matrices triangulaires supérieures d'ordre n est une algèbre de matrices. En effet,

Théorème : Soit $A = a_{ij}$ et $B = b_{ij}$ des matrices triangulaires supérieures d'ordre n. Alors

    (i) $A + B$ est triangulaire supérieure avec la diagonale $a_{11} + b_{11}, a_{22} + b_{22}, \ldots, a_{nn} + b_{nn}$.

    (ii) kA est triangulaire supérieure avec la diagonale $ka_{11}, ka_{22}, \ldots, ka_{nn}$.

    (iii) AB est triangulaire supérieure avec la diagonale $a_{11}b_{11}, a_{22}b_{22}, \ldots, a_{nn}b_{nn}$.

    (iv)   Pour tout polynôme $f(x)$, la matrice $f(A)$ est triangulaire supérieure avec la diagonale $(f(a_{11}), f(a_{22}), \ldots, f(a_{nn}))$.

    (v) A est inversible si, et seulement si pour tout élément diagonal $a_{ij} \neq 0$.

D'une manière analogue, une matrice est dite *triangulaire inférieure* si tous ses éléments situés au-dessus de la diagonale sont nuls. On peut énoncer l'analogue du théorème 4.3 pour les matrices triangulaires inférieures.

Matrices symétriques

Une matrice réelle A est dite *symétrique* si $A^T = A$. D'une manière équivalente, la matrice $A = (a_{ij})$ est symétrique si les éléments symétriques (par rapport à la diagonale principale) sont égaux, c'est-à-dire si $a_{ij} = a_{ji}$. (Noter que A doit être carrée puisque $A^T = A$.)

Une matrice réelle A est dite *anti-symétrique* si $A^T = -A$. D'une manière équivalente, la matrice $A = (a_{ij})$ est anti-symétrique si $a_{ij} = -a_{ji}$. Il est clair que les éléments diagonaux d'une matrice anti-symétrique doivent être tous nuls puisque $a_{ii} = -a_{ii}$ implique $a_{ii} = 0$.

Exemple 4.6. Considérons les matrices suivantes

$$A = \begin{pmatrix} 2 & -3 & 5 \\ -3 & 6 & 7 \\ 5 & 7 & -8 \end{pmatrix} \qquad B = \begin{pmatrix} 0 & 3 & -4 \\ -3 & 0 & 5 \\ 4 & -5 & 0 \end{pmatrix} \qquad C = \begin{pmatrix} 1 & 0 & 0 \\ 0 & 0 & 1 \end{pmatrix}$$

(a) Les éléments symétriques de A sont égaux , ou encore $A^T = A$. Donc, A est symétrique.

(b) Les éléments diagonaux de B sont tous nuls et les éléments symétriques sont opposés. Donc, B est anti-symétrique.

(c) Puisque la matrice C n'est pas carrée, C ne peut être ni symétrique ni anti-symétrique.

Si A et B sont des matrices symétriques, alors $A + B$, kA sont symétriques. Cependant, AB peut ne pas être symétrique. Par exemple,

$$A = \begin{pmatrix} 1 & 2 \\ 2 & 3 \end{pmatrix} \text{ et } B = \begin{pmatrix} 4 & 5 \\ 5 & 6 \end{pmatrix} \text{ sont symétriques, mais } AB = \begin{pmatrix} 14 & 17 \\ 23 & 28 \end{pmatrix} \text{ n'est pas symétrique.}$$

Par conséquent, l'ensemble des matrices symétriques n'est pas une algèbre de matrices.

Le théorème suivant sera démontré dans le problème 4.29.

Théorème 4.4 : Si A est une matrice carrée, alors (i) $A + A^T$ est symétrique ; (ii) $A - A^T$ est anti-symétrique ; (iii) $A = B + C$, où B est une matrice symétrique et C une matrice anti-symétrique.

Matrices orthogonales

Une matrice réelle A est dite *orthogonale* si $AA^T = A^TA = I$. Remarquer qu'une matrice orthogonale A doit être nécessairement carrée et inversible d'inverse $A^{-1} = A^T$.

Exemple 4.7. Soit $A = \begin{pmatrix} \frac{1}{9} & \frac{8}{9} & -\frac{4}{9} \\ \frac{4}{9} & -\frac{4}{9} & -\frac{7}{9} \\ \frac{8}{9} & \frac{1}{9} & \frac{4}{9} \end{pmatrix}$. Alors

$$AA^T = \begin{pmatrix} \frac{1}{9} & \frac{8}{9} & -\frac{4}{9} \\ \frac{4}{9} & -\frac{4}{9} & -\frac{7}{9} \\ \frac{8}{9} & \frac{1}{9} & \frac{4}{9} \end{pmatrix} \begin{pmatrix} \frac{1}{9} & \frac{4}{9} & \frac{8}{9} \\ \frac{8}{9} & -\frac{4}{9} & \frac{1}{9} \\ -\frac{4}{9} & -\frac{7}{9} & \frac{4}{9} \end{pmatrix} = \frac{1}{81} \begin{pmatrix} 1+64+16 & 4-32+28 & 8+8-16 \\ 4-32+28 & 16+16+49 & 32-4-28 \\ 8+8-16 & 32-4-28 & 64+1+16 \end{pmatrix}$$

$$= \frac{1}{81} \begin{pmatrix} 81 & 0 & 0 \\ 0 & 81 & 0 \\ 0 & 0 & 81 \end{pmatrix} = \begin{pmatrix} 1 & 0 & 0 \\ 0 & 1 & 0 \\ 0 & 0 & 1 \end{pmatrix} = I$$

Ceci signifie que $A^T = A^{-1}$ et donc $A^TA = I$. Par conséquent, A est une matrice orthogonale.

Considérons maintenant une matrice 3×3 quelconque

$$A = \begin{pmatrix} a_1 & a_2 & a_3 \\ b_1 & b_2 & b_3 \\ c_1 & c_2 & c_3 \end{pmatrix}$$

Si A est orthogonale, alors

$$AA^T = \begin{pmatrix} a_1 & a_2 & a_3 \\ b_1 & b_2 & b_3 \\ c_1 & c_2 & c_3 \end{pmatrix} \begin{pmatrix} a_1 & b_1 & c_1 \\ a_2 & b_2 & c_2 \\ a_3 & b_3 & c_3 \end{pmatrix} = \begin{pmatrix} 1 & 0 & 0 \\ 0 & 1 & 0 \\ 0 & 0 & 1 \end{pmatrix} = I$$

Ce qui donne

$$a_1^2 + a_2^2 + a_3^2 = 1 \qquad a_1b_1 + a_2b_2 + a_3b_3 = 0 \qquad a_1c_1 + a_2c_2 + a_3c_3 = 0$$

$$b_1a_1 + b_2a_2 + b_3a_3 = 0 \qquad b_1^2 + b_2^2 + b_3^2 = 1 \qquad b_1c_1 + b_2c_2 + b_3c_3 = 0$$

$$c_1a_1 + c_2a_2 + c_3a_3 = 0 \qquad c_1b_1 + c_2b_2 + c_3b_3 = 0 \qquad c_1^2 + c_2^2 + c_3^2 = 1$$

ou, en d'autres termes,

$$u_1 \cdot u_1 = 1 \qquad u_1 \cdot u_2 = 0 \qquad u_1 \cdot u_3 = 0$$
$$u_2 \cdot u_1 = 0 \qquad u_2 \cdot u_2 = 1 \qquad u_2 \cdot u_3 = 0$$
$$u_3 \cdot u_1 = 0 \qquad u_3 \cdot u_2 = 0 \qquad u_3 \cdot u_3 = 1$$

où $u_1 = (a_1, a_2, a_3)$, $u_2 = (b_1, b_2, b_3)$, $u_3 = (c_1, c_2, c_3)$ sont les lignes de A. Par conséquent, les vecteurs lignes u_1, u_2 et u_3 sont orthogonaux deux à deux et de longueur l'unité ou, en d'autres termes, les vecteurs u_1, u_2 et u_3 forment une *famille orthonormale*. La condition $AA^T = I$ montre également que les vecteurs colonnes forment aussi une famille orthonormale. De plus, comme chaque étape est réversible, la réciproque est vraie.

Théorème 4.5 : Soit A une matrice réelle. Alors, les propriétés suivantes sont équivalentes : (a) A est orthogonale ; (b) les lignes de A forment une famille orthonormée de $\mathbb{R}^3$; (c) les colonnes de A forment une famille orthonormée de $\mathbb{R}^3$.

Pour $n = 2$, nous avons le résultat suivant, qui sera démontré dans le problème 4.33.

Théorème 4.6 : Toute matrice orthogonale d'ordre 2 est de la forme $\begin{pmatrix} \cos\theta & \sin\theta \\ -\sin\theta & \cos\theta \end{pmatrix}$ ou $\begin{pmatrix} \cos\theta & \sin\theta \\ \sin\theta & -\cos\theta \end{pmatrix}$ pour un certain nombre réel θ.

Remarque : La condition « les vecteurs u_1, u_2 et u_m forment une famille orthonormale » revient à dire que $u_i \cdot u_j = \delta_{ij}$, où δ_{ji} désigne le symbole de Kronecker [Exemple 4.3(a)].

Matrices normales

Une matrice réelle A est dite *normale* si A et sa transposée A^T commutent, c'est-à-dire si $AA^T = A^TA$. Il est clair que si A est symétrique, orthogonale ou anti-symétrique, alors A est une matrice normale. Cependant, ce ne sont pas les seules matrices normales.

Exemple 4.8. Soit $A = \begin{pmatrix} 6 & -3 \\ 3 & 6 \end{pmatrix}$. Alors

$$AA^T = \begin{pmatrix} 6 & -3 \\ 3 & 6 \end{pmatrix} \begin{pmatrix} 6 & 3 \\ -3 & 6 \end{pmatrix} = \begin{pmatrix} 45 & 0 \\ 0 & 45 \end{pmatrix} \quad \text{et} \quad A^TA = \begin{pmatrix} 6 & 3 \\ -3 & 6 \end{pmatrix} \begin{pmatrix} 6 & -3 \\ 3 & 6 \end{pmatrix} = \begin{pmatrix} 45 & 0 \\ 0 & 45 \end{pmatrix}$$

Ainsi, $AA^T = A^TA$, donc la matrice A est normale.

Le théorème suivant, qui sera démontré dans le problème 4.35, donne une caractérisation complète des matrices carrées normales d'ordre 2.

Théorème 4.7 : Soit A une matrice carrée normale d'ordre 2. A est soit une matrice symétrique, soit la somme d'une matrice scalaire et d'une matrice anti-symétrique.

4.7. MATRICES COMPLEXES

Soit A une matrice complexe, c'est-à-dire une matrice dont les éléments sont des nombres complexes. Rappelons (section 2.9) que si $z = a + bi$ est un nombre complexe, alors $\bar{z} = a - bi$ est le *conjugué* de z. Le conjugué de la matrice complexe A est la matrice, notée $\overline{A}$, obtenue à partir de A en prenant le conjugué de chacun des éléments de A, c'est-à-dire si $A = (a_{ij})$ alors $A = (b_{ij})$ où $b_{ij} = \overline{a_{ij}}$. [On désigne ce fait en écrivant $A = (\overline{a_{ij}})$.]

Les deux opérations de transposition et de conjugaison commutent pour toute matrice complexe A, c'est-à-dire $(\overline{A})^T = \overline{(A^T)}$. En fait, la notation A^H est utilisée pour désigner le conjugué de la transposée de A. (Noter que si A est réelle, alors $A^H = A^T$.)

Exemple 4.9. Soit $A = \begin{pmatrix} 2+8i & 5-3i & 4-7i \\ 6i & 1-4i & 3+2i \end{pmatrix}$. Alors

$$A^H = \begin{pmatrix} \overline{2+8i} & \overline{6i} \\ \overline{5-3i} & \overline{1-4i} \\ \overline{4-7i} & \overline{3+2i} \end{pmatrix} = \begin{pmatrix} 2-8i & 6i \\ 5+3i & 1+4i \\ 4+7i & 3-2i \end{pmatrix}$$

Matrices complexes hermitiennes, unitaires et normales

Une matrice carrée complexe A est dite *hermitienne* ou *anti-hermitienne* suivant que

$$A^H = A \quad \text{ou} \quad A^H = -A$$

Si la matrice $A = (a_{ij})$ est hermitienne, alors $a_{ij} = \overline{a_{ji}}$ et, par suite, tout élément diagonal a_{ii} de A doit être réel. D'une manière analogue, si A est anti-hermitienne, alors tout élément diagonal a_{ii} de A doit être égal à zéro.

Une matrice carrée complexe A est dite *unitaire* si

$$A^H = A^{-1}$$

Une matrice complexe A est dite *unitaire* si, et seulement si ses lignes (resp. colonnes) forment une famille orthonormale de vecteurs relativement au produit hermitien, produit scalaire de vecteurs complexes. (*Cf.* problème 4.39.)

Noter que dans le cas réel, matrice hermitienne désigne le même concept que matrice symétrique. De même, matrice unitaire désigne le même concept que matrice orthogonale.

Une matrice carrée complexe A est dite *normale* si

$$AA^H = A^H A$$

Cette définition est donc identique dans le cas réel.

Exemple 4.10. Considérons les matrices suivantes :

$$A = \frac{1}{2}\begin{pmatrix} 1 & -i & -1+i \\ i & 1 & 1+i \\ 1+i & -1+i & 0 \end{pmatrix} \qquad B = \begin{pmatrix} 3 & 1-2i & 4+7i \\ 1+2i & -4 & -2i \\ 4-7i & 2i & 2 \end{pmatrix} \qquad C = \begin{pmatrix} 2+3i & 1 \\ i & 1+2i \end{pmatrix}$$

(*a*) A est unitaire si $A^H = A^{-1}$ ou si $AA^H = A^H A = I$. Il suffit de montrer que $AA^H = I$:

$$AA^H = AA^T = \frac{1}{4}\begin{pmatrix} 1 & -i & -1+i \\ i & 1 & 1+i \\ 1+i & -1+i & 0 \end{pmatrix}\begin{pmatrix} 1 & -i & 1-i \\ i & 1 & -1-i \\ -1-i & 1-i & 0 \end{pmatrix}$$

$$= \frac{1}{4}\begin{pmatrix} 1+1+2 & -i-i+2i & 1-i+i-1+0 \\ i+i-2i & 1+1+2 & i+1-1-i \\ 1+i-i-1+0 & -i+1-1+i+0 & 2+2+0 \end{pmatrix} = \begin{pmatrix} 1 & 0 & 0 \\ 0 & 1 & 0 \\ 0 & 0 & 1 \end{pmatrix} = I$$

Par conséquent, A est unitaire.

(*b*) B est hermitienne puisque ses éléments diagonaux 3, -4 et 2 sont réels et les éléments symétriques, $1-2i$, $1+2i$, $4-7i$, $4+7i$, $-2i$ et $2i$ sont conjugués.

(*c*) Pour montrer que C est normale, calculons CC^H et $C^H C$:

$$CC^H = C\overline{C}^T = \begin{pmatrix} 2+3i & 1 \\ i & 1+2i \end{pmatrix}\begin{pmatrix} 2-3i & -i \\ 1 & 1-2i \end{pmatrix} = \begin{pmatrix} 14 & 4-4i \\ 4+4i & 6 \end{pmatrix}$$

$$C^H C = \overline{C}^T C = \begin{pmatrix} 2-3i & -i \\ 1 & 1-2i \end{pmatrix}\begin{pmatrix} 2+3i & 1 \\ i & 1+2i \end{pmatrix} = \begin{pmatrix} 14 & 4-4i \\ 4+4i & 6 \end{pmatrix}$$

Puisque $CC^H = C^H C$, la matrice complexe C est normale.

4.8. MATRICES CARRÉES PAR BLOCS

Une matrice décomposée en blocs A est appelée *matrice carrée par blocs* si (i) A est une matrice carrée, (ii) les blocs forment une matrice carrée et (iii) les blocs diagonaux sont aussi des matrices carrées. Les deux dernières conditions sont vérifiées si, et seulement si, il y a autant de lignes horizontales que de lignes verticales et elles sont placées d'une manière symétrique.

Considérons les deux matrices décomposées en blocs :

$$A = \left(\begin{array}{cc|cc|c} 1 & 2 & 3 & 4 & 5 \\ 1 & 1 & 1 & 1 & 1 \\ \hline 9 & 8 & 7 & 6 & 5 \\ \hline 4 & 4 & 4 & 4 & 4 \\ 3 & 5 & 3 & 5 & 3 \end{array} \right) \qquad B = \left(\begin{array}{cc|cc|c} 1 & 2 & 3 & 4 & 5 \\ 1 & 1 & 1 & 1 & 1 \\ \hline 9 & 8 & 7 & 6 & 5 \\ 4 & 4 & 4 & 4 & 4 \\ \hline 3 & 5 & 3 & 5 & 3 \end{array} \right)$$

La matrice décomposée en blocs A n'est pas une matrice carrée par blocs puisque les deuxième et troisième blocs diagonaux ne sont pas des matrices carrées. D'autre part, la matrice B est une matrice carrée par blocs.

Une *matrice diagonale par blocs* M est une matrice carrée par blocs où tous les blocs non diagonaux sont des matrices nulles. L'importance des matrices diagonales par blocs est que l'étude de l'algèbre des matrices par blocs est fréquemment réduite à celle de l'algèbre de blocs diagonaux. Plus précisément, soit M une matrice diagonale par blocs et $f(x)$ un polynôme. Alors M et $f(M)$ sont de la forme suivante :

$$M = \begin{pmatrix} A_{11} & & & \\ & A_{22} & & \\ & & \ldots & \\ & & & A_{rr} \end{pmatrix} \qquad f(M) = \begin{pmatrix} f(A_{11}) & & & \\ & f(A_{22}) & & \\ & & \ldots & \\ & & & f(A_{rr}) \end{pmatrix}$$

(Comme d'habitude, les blocs de zéros ont été supprimés.)

D'une manière analogue, une matrice carrée par blocs est dite *matrice triangulaire supérieure par blocs* si tous les blocs situés en dessous de la diagonale sont des matrices nulles ; elle est dite *matrice triangulaire inférieure par blocs* si tous les blocs situés au-dessus de la diagonale sont des matrices nulles.

4.9. MATRICES ÉLÉMENTAIRES, APPLICATIONS

Rappelons d'abord (section 1.8) les opérations suivantes sur une matrice A, appelées *opérations élémentaires* sur les lignes :

$[E_1]$ (Échange de lignes) Échanger la i-ième ligne et la j-ième ligne :

$$R_i \leftrightarrow R_j$$

$[E_2]$ (Échelle des lignes) Multiplier la i-ième ligne par un scalaire non nul k :

$$kR_i \rightarrow R_i, \quad k \neq 0$$

$[E_3]$ (Addition des lignes) Remplacer la i-ième ligne par k fois la j-ième plus la i-ième ligne :

$$kR_j + R_i \rightarrow R_i$$

Chacune des opérations précédentes admet une opération inverse du même type. Plus précisément (*cf.* problème 4.19) :

(1) $R_j \rightarrow R_i$ est son propre inverse.

(2) $kR_i \rightarrow R_i$ et $-kR_i \rightarrow R_i$ $(k \neq 0)$ sont inverses l'une de l'autre.

(3) $kR_j + R_i \rightarrow R_i$ et $-kR_j + R_i \rightarrow R_i$ sont inverses l'une de l'autre.

Rappelons (section 1.8) qu'une matrice B est dite ligne-équivalente à une matrice A, et on écrit $A \sim B$, si B peut être obtenue à partir de A en utilisant un nombre fini d'opérations élémentaires sur les lignes. Comme les opérations élémentaires sur les lignes sont réversibles, la ligne-équivalence est une relation d'équivalence ; c'est-à-dire : (a) $A \sim A$; (b) si $A \sim B$ alors $B \sim A$; (c) si $A \sim B$ et $B \sim C$ alors $A \sim C$. Nous rappelons ci-dessous le résultat fondamental sur la ligne-équivalence des matrices.

Théorème 4.8 : Toute matrice A est ligne-équivalence à une matrice unique sous forme canonique ligne.

Matrices élémentaires

Soit e une opération élémentaire sur les lignes et soit $e(A)$ le résultat de l'applicatin de l'opération e sur une matrice A. Soit E la matrice obtenue en appliquant l'opération e sur la matrice identité I,

$$E = e(I)$$

E s'appelle la *matrice élémentaire* correspondant à l'opération élémentaire sur les lignes e.

Exemple 4.11. Les matrices carrées élémentaires d'ordre 3 correspondant aux opérations élémentaires sur les lignes $R_2 \leftrightarrow R_3$, $-6R_2 \rightarrow R_2$ et $-4R_1 + R_3 \rightarrow R_3$ sont, respectivement,

$$E_1 = \begin{pmatrix} 1 & 0 & 0 \\ 0 & 0 & 1 \\ 0 & 1 & 0 \end{pmatrix} \qquad E_2 = \begin{pmatrix} 1 & 0 & 0 \\ 0 & -6 & 0 \\ 0 & 0 & 1 \end{pmatrix} \qquad E_3 = \begin{pmatrix} 1 & 0 & 0 \\ 0 & 1 & 0 \\ -4 & 0 & 1 \end{pmatrix}$$

Le théorème suivant, qui sera démontré dans le problème 4.18, montre la relation fondamentale entre les opérations élémentaires sur les lignes et les matrices élémentaires correspondantes.

Théorème 4.9 : Soit e une opération élémentaire sur les lignes et E une matrice carrée élémentaire d'ordre m correspondante, c'est-à-dire $E = e(I_m)$. Alors, pour toute matrice $m \times n$, A, on a $e(A) = EA$.

Autrement dit, appliquer une opération élémentaire e, sur les lignes d'une matrice A, revient à multiplier A, à gauche, par la matrice élémentaire correspondante E.

Supposons maintenant que e' soit l'opération inverse de e. Soit E' et E les matrices élémentaires correspondantes. Nous démontrerons, dans le problème 4.19, que E est inversible et E' son inverse. Ceci prouve, en particulier, que tout produit

$$P = E_k \cdots E_2 E_1$$

de matrices élémentaires est non singulier.

En utlisant le théorème 4.9, nous pouvons maintenant démontrer (*cf.* problème 4.20) le résultat fondamental suivant sur les matrices inversibles.

Théorème 4.10 : Soit A une matrice carrée. Alors, les propriétés suivantes sont équivalentes :

(i) A est inversible (non singulière) ;

(ii) A est ligne-équivalente à la matrice identité I ;

(iii) A est un produit de matrices élémentaires.

Nous utilisons aussi le théorème 4.9 pour démontrer le théorème fondamental suivant.

Théorème 4.11 : Si $AB = I$, alors $BA = I$ et $B = A^{-1}$.

Théorème 4.12 : B est ligne-équivalente à A si, et seulement si, il existe une matrice non singulière P telle que $B = PA$.

Application à la recherche de l'inverse d'une matrice

Soit A une matrice inversible et réductible par les lignes à la matrice identité I par la suite finie d'opérations élémentaires sur les lignes $e_1, e_2, \ldots, e_q$. Pour chaque $i = 1, \ldots, q$, soit E_i la matrice élémentaire correspondante à l'opération e_i. Alors, d'après le théorème 4.9, nous avons

$$E_q \cdots E_2 E_1 A = I \quad \text{ou} \quad (E_q \cdots E_2 E_1 I)A = I \quad \text{donc} \quad A^{-1} = E_q \cdots E_2 E_1 I$$

En d'autres termes, A^{-1} peut être obtenue en appliquant les opérations élémentaires sur les lignes $e_1, e_2, \ldots, e_q$ à la matrice identité I.

La discussion précédente nous conduit à l'algorithme (d'élimination de Gauss) suivant qui, appliqué à une matrice carrée d'ordre n, permet de calculer son inverse ou de déterminer si elle n'est pas inversible.

Algorithme 4.9 : inverse d'une matrice

Étape 1. Former la matrice $n \times 2n$ [par blocs] $M = (A \vdots I)$; c'est-à-dire, A dans la moitié gauche et la matrice identité I dans la moitié droite de M.

Étape 2. Réduire la matrice M à la forme échelonnée. Si le processus engendre des lignes nulles dans la moitié gauche de M, c'est TERMINÉ (A n'est pas inversible). Sinon, la moitié gauche de M doit être sous forme triangulaire.

Étape 3. Réduire M à la forme canonique ligne $(I \vdots B)$, où la matrice identité a remplacé la matrice A dans la moitié gauche de M.

Étape 4. Poser $A^{-1} = B$.

Exemple 4.12. Cherchons l'inverse de la matrice $A = \begin{pmatrix} 1 & 0 & 2 \\ 2 & -1 & 3 \\ 4 & 1 & 8 \end{pmatrix}$. Formons d'abord la matrice par blocs $M = (A \vdots I)$, puis réduisons-la à la forme échelonnée :

$$M = \begin{pmatrix} 1 & 0 & 2 & \vdots & 1 & 0 & 0 \\ 2 & -1 & 3 & \vdots & 0 & 1 & 0 \\ 4 & 1 & 8 & \vdots & 0 & 0 & 1 \end{pmatrix} \sim \begin{pmatrix} 1 & 0 & 2 & \vdots & 1 & 0 & 0 \\ 0 & -1 & -1 & \vdots & -2 & 1 & 0 \\ 0 & 1 & 0 & \vdots & -4 & 0 & 1 \end{pmatrix} \sim \begin{pmatrix} 1 & 0 & 2 & \vdots & 1 & 0 & 0 \\ 0 & -1 & -1 & \vdots & -2 & 1 & 0 \\ 0 & 0 & -1 & \vdots & -6 & 1 & 1 \end{pmatrix}$$

Sous la forme échelonnée, la moitié gauche de M est bien sous forme triangulaire. Donc A est inversible. Maintenant, réduisons M à la forme canonique ligne :

$$\sim \begin{pmatrix} 1 & 0 & 0 & \vdots & -11 & 2 & 2 \\ 0 & -1 & 0 & \vdots & 4 & 0 & -1 \\ 0 & 0 & 1 & \vdots & 6 & -1 & -1 \end{pmatrix} \sim \begin{pmatrix} 1 & 0 & 0 & \vdots & -11 & 2 & 2 \\ 0 & 1 & 0 & \vdots & -4 & 0 & 1 \\ 0 & 0 & 1 & \vdots & 6 & -1 & -1 \end{pmatrix}$$

Remarquons que la matrice finale est bien de la forme $(I \vdots B)$. Ainsi, la matrice A est inversible et B est son inverse. Par conséquent

$$A^{-1} = \begin{pmatrix} -11 & 2 & 2 \\ -4 & 0 & 1 \\ 6 & -1 & -1 \end{pmatrix}$$

4.10. OPÉRATIONS ÉLÉMENTAIRES SUR LES COLONNES, ÉQUIVALENCES DES MATRICES

Dans cette section, nous recommençons la discussion de la section précédente en utilisant les colonnes d'une matrice au lieu des lignes. (Le choix d'utiliser en premier les opérations élémentaires sur les lignes provient du fait qu'elles sont intimement liées à celles sur les équations linéaires.) Nous allons maintenant montrer le lien entre les opérations sur les lignes et celles sur les colonnes ainsi que les matrices élémentaires correspondantes.

Les opérations élémentaires sur les colonnes, analogues des opérations élémentaires sur les lignes, s'énoncent de la manière suivante :

[F_1] (Échange de colonnes) Échanger la i-ième et la j-ième colonne :

$$C_i \leftrightarrow C_j$$

[F_2] (Échelle des colonnes) Multiplier la i-ième colonne par un scalaire non nul k :

$$kC_i \rightarrow C_i, \quad k \neq 0$$

[F_3] (Addition des colonnes) Remplacer la i-ième colonne par k fois la j-ième plus la i-ième colonne :

$$kC_j + C_i \rightarrow C_i$$

Chacune des opérations précédentes admet une opération inverse du même type comme les opérations élémentaires sur les lignes.

Soit f une opération élémentaire sur les colonnes. La matrice F obtenue en appliquant l'opération f sur la matrice identité I, c'est-à-dire

$$F = f(I)$$

s'appelle la *matrice élémentaire* correspondant à l'opération élémentaire sur les colonnes f.

Exemple 4.13. Les matrices carrées élémentaires d'ordre 3 correspondant aux opérations élémentaires sur les colonnes $C_3 \rightarrow C_1$, $-2C_3 \rightarrow C_3$ et $-5C_2 + C_3 \rightarrow C_3$ sont, respectivement,

$$F_1 = \begin{pmatrix} 0 & 0 & 1 \\ 0 & 1 & 0 \\ 1 & 0 & 0 \end{pmatrix} \qquad F_2 = \begin{pmatrix} 1 & 0 & 0 \\ 0 & 1 & 0 \\ 0 & 0 & -2 \end{pmatrix} \qquad F_3 = \begin{pmatrix} 0 & 0 & 1 \\ 0 & 1 & -5 \\ 0 & 0 & 1 \end{pmatrix}$$

Dans la suite, e et f désignent, respectivement, des opérations élémentaires correspondantes sur les lignes et sur les colonnes ; E et F désignent les matrices élémentaires correspondantes.

Lemme 4.13 : Soit A une matrice quelconque. Alors

$$f(A) = [e(A^T)]^T$$

c'est-à-dire, l'application de l'opération élémentaire sur les colonnes f à la matrice A donne le même résultat que l'application de l'opération élémentaire sur les lignes e à la matrice A^T, puis en prenant la transposée.

La démonstration de ce lemme découle directement du fait que les colonnes de A sont les lignes de A^T, et vice versa. Le lemme montre que

$$F = f(I) = [e(I^T)]^T = [e(I)]^T = E^T$$

En d'autres termes :

Corollaire 4.14 : F est la transposée de E.

(Ainsi, F est inversible puisque E est inversible.) Aussi, d'après le lemme précédent,

$$f(A) = [e(A^T)]^T = [EA^T]^T = (A^T)^T E^T = AF$$

Ceci prouve le théorème suivant (analogue du théorème 4.9 sur les opérations élémentaires sur les lignes) :

Théorème 4.15 : Pour toute matrice A, $f(A) = AF$.

Autrement dit, appliquer une opération élémentaire f, sur les lignes d'une matrice A, revient à multiplier A, à droite, par la matrice élémentaire correspondante F.

Une matrice B est dite *colonne-équivalente* à une matrice A si B peut être obtenue à partir de A par une suite finie d'opérations élémentaires sur les colonnes. En utilisant les mêmes arguments qu'au théorème 4.12, nous avons :

Théorème 4.16 : B est colonne-équivalente à A si, et seulement si, il existe une matrice Q non singulière telle que $B = AQ$.

Équivalence des matrices

Une matrice B est dite *équivalente* à une matrice A si B peut être obtenue à partir de A par une suite finie d'opérations élémentaires sur les lignes et sur les colonnes. Autrement dit (*cf.* problème 4.23), B est équivalente à A s'il existe deux matrices P et Q non singulières telles que $B = PAQ$. Comme la ligne-équivalence et la colonne-équivalence, l'équivalence des matrices est une relation d'équivalence.

Le résultat principal de ce paragraphe, qui sera démontré dans le problème 4.25, est le suivant :

Théorème 4.17 : Toute matrice A de format $m \times n$ est équivalente à l'unique matrice par blocs de la forme

$$\left(\begin{array}{c|c} I_r & 0 \\ \hline 0 & 0 \end{array} \right)$$

où I_r est la matrice identité d'ordre r. (L'entier positif r s'appelle le *rang* de A.)

4.11. CONGRUENCE DES MATRICES SYMÉTRIQUES, LOI D'INERTIE

Une matrice B est dite *congrue* à une matrice A s'il existe une matrice P non singulière telle que

$$B = P^T A P$$

D'après le problème 4.123, la congruence des matrices est une relation d'équivalence. Supposons que A est symétrique, c'est-à-dire $A^T = A$. Alors

$$B^T = (P^T A P)^T = P^T A^T P^{TT} = P^T A P = B$$

donc B est symétrique. Puisque les matrices diagonales sont un cas particulier de matrices symétriques, il s'ensuit que seules des matrices symétriques sont congrues à des matrices diagonales.

Le théorème suivant joue un rôle important en algèbre linéaire.

Théorème 4.18 (Loi d'inertie) : Soit A une matrice réelle symétrique. Alors il existe une matrice P non singulière telle que la matrice $B = P^T A P$ soit daigonale. De plus, toutes ces matrices diagonales B ont le même nombre d'éléments positifs $\mathbf{p}$, et le même nombre d'éléments négatifs $\mathbf{n}$.

Le *rang* et la *signature* de la matrice réelle symétrique A, sont définis et notés, respectivement, par

$$\text{rang}\, A = \mathbf{p} + \mathbf{n} \qquad \text{et} \qquad \text{sgn}\, A = \mathbf{p} - \mathbf{n}$$

Le théorème 4.18 montre que le rang et la signature de A sont uniques. [La notion de rang est définie pour une matrice quelconque (section 5.7), et la définition précédente est conforme à la définition générale.]

Diagonalisation d'une matrice symétrique

L'algorithme suivant donne la procédure de diagonalisation (à une matrice congrue près) d'une matrice réelle symétrique $A = (a_{ij})$.

Algorithme 4.11 : Diagonalisation d'une matrice symétrique

Étape 1. Former la matrice $n \times 2n$ [par blocs] $M = (A \mid I)$; c'est-à-dire, A dans la moitié gauche et la matrice identité I dans la moitié droite de M.

Étape 2. Examiner l'élément a_{11}.

Cas I : $a_{11} \neq 0$. Appliquer l'opération sur les lignes $-a_{i1}R_1 + a_{11}R_i \to R_i$, $i = 1, \ldots, n$, puis l'opération correspondante sur les colonnes $-a_{i1}C_1 + a_{11}C_i \to C_i$ pour réduire la matrice M à la forme

$$M = \begin{pmatrix} a_{11} & 0 & \vdots & * & * \\ 0 & B & \vdots & * & * \end{pmatrix} \qquad (1)$$

Cas II : $a_{11} = 0$, mais $a_{ii} \neq 0$ pour un certain $i > 1$. Appliquer l'opération sur les lignes $R_1 \leftrightarrow R_i$, puis l'opération correspondante sur les colonnes $C_1 \leftrightarrow C_i$ pour ramener a_{ii} à la première position de la diagonale. Ce qui réduit la matrice M à la forme du cas I.

Cas III :   Tous les éléments diagonaux $a_{ii} = 0$. Choisir i, j tels que $a_{ij} \neq 0$ et appliquer l'opération sur les lignes $R_j + R_i \to R_i$, puis l'opération correspondante sur les colonnes $C_j + C_i \to C_i$ pour obtenir $2a_{ij} \neq 0$ à la i-ième position de la diagonale. Ce qui réduit la matrice M à la forme du cas II.

Dans chacun des cas ci-dessus, nous avons réduit la matrice M à la forme (1), où B est une matrice symétrique d'ordre inférieur à celui de A.

Remarque : Les opérations sur les lignes changent les deux moitiés de la matrice M, alors que les opérations sur les colonnes changent uniquement la moitié gauche de M.

Étape 3. Recommencer l'étape 2 avec chaque nouvelle matrice (en supprimant à chaque étape la première ligne et la première colonne de la matrice précédente) jusqu'à diagonaliser A, c'est-à-dire jusqu'à ce que M soit transformée en une matrice $M' = (D \mid Q)$, où D est diagonale.

Étape 4. Poser $P = Q^T$. Donc $D = P^T A P$.

L'algorithme précédent se démontre de la manière suivante. Soit e_1, e_2, $\ldots$, e_k les opérations élémentaires sur les lignes dans l'algorithme et $f_1, f_2, \ldots, f_k$ les opérations élémentaires correspondantes sur les colonnes. Soit E_i et F_i les matrices élémentaires correspondantes. D'après le corollaire 4.14,

$$F_i = E_i^T$$

D'après l'algorithme précédent,

$$Q = E_k \cdots E_2 E_1 I = E_k \cdots E_2 E_1$$

puisque la moitié droite I de M est transformée d'une manière unique à l'aide des opérations sur les lignes. D'autre part, la moitié gauche A de M est transformée d'une manière unique à l'aide des opérations sur les colonnes. Par conséquent,

$$D = E_k \ldots E_2 E_1 A F_1 \ldots F_2 F_k$$
$$= (E_k \ldots E_2 E_1) A (E_k \ldots E_2 E_1)^T$$
$$= Q A Q^T = P^T A P$$

D'où $P = Q^T$.

Exemple 4.14. Soit $A = \begin{pmatrix} 1 & 2 & -3 \\ 2 & 5 & -4 \\ -3 & -4 & 8 \end{pmatrix}$ une matrice symétrique. Pour trouver une matrice P non singulière telle que la matrice $B = P^T A P$ soit diagonale, formons la matrice par blocs $(A \mid I)$:

$$(A \mid I) = \begin{pmatrix} 1 & 2 & -3 & \vdots & 1 & 0 & 0 \\ 2 & 5 & -4 & \vdots & 0 & 1 & 0 \\ -3 & -4 & 8 & \vdots & 0 & 0 & 1 \end{pmatrix}$$

Appliquons les opérations $-2R_1 + R_2 \rightarrow R_2$ et $3R_1 + R_3 \rightarrow R_3$ à la matrice $(A \mid I)$, puis les opérations correspondantes sur les colonnes $-2C_1 + C_2 \rightarrow C_2$ et $3C_1 + C_3 \rightarrow C_3$ à A pour obtenir

$$\left(\begin{array}{rrr|rrr} 1 & 2 & -3 & 1 & 0 & 0 \\ 0 & 1 & 2 & -2 & 1 & 0 \\ 0 & 2 & -1 & 3 & 0 & 1 \end{array}\right) \quad \text{et donc} \quad \left(\begin{array}{rrr|rrr} 1 & 0 & 0 & 1 & 0 & 0 \\ 0 & 1 & 2 & -2 & 1 & 0 \\ 0 & 0 & -1 & 3 & 0 & 1 \end{array}\right)$$

Appliquons maintenant l'opération $-2R_2 + R_3 \rightarrow R_3$, puis l'opération correspondante sur les colonnes $-2C_2 + C_3 \rightarrow C_3$, pour obtenir

$$\left(\begin{array}{rrr|rrr} 1 & 0 & 0 & 1 & 0 & 0 \\ 0 & 1 & 2 & -2 & 1 & 0 \\ 0 & 0 & -5 & 7 & -2 & 1 \end{array}\right) \quad \text{et donc} \quad \left(\begin{array}{rrr|rrr} 1 & 0 & 0 & 1 & 0 & 0 \\ 0 & 1 & 0 & -2 & 1 & 0 \\ 0 & 0 & -5 & 7 & -2 & 1 \end{array}\right)$$

Finalement, la matrice A est diagonalisée. Posons

$$P = \left(\begin{array}{rrr} 1 & -2 & 7 \\ 0 & 1 & -2 \\ 0 & 0 & 1 \end{array}\right) \quad \text{et donc} \quad B = P^T A P = \left(\begin{array}{rrr} 1 & 0 & 0 \\ 0 & 1 & 0 \\ 0 & 0 & -5 \end{array}\right)$$

Noter que la matrice B a $\mathbf{p} = 2$ élément diagonaux positifs et $\mathbf{n} = 1$ élément négatif.

4.12. FORMES QUADRATIQUES

Une *forme quadratique* des variables $x_1, x_2, \ldots, x_n$ est un polynôme

$$q(x_1, x_2, \ldots, x_n) = \sum_{i < j} c_{ij} x_i x_j \tag{4.1}$$

(où chaque terme est de degré deux). La forme quadratique q est dite *diagonalisée* si

$$q(x_1, x_2, \ldots, x_n) = c_{11} x_1^2 + c_{22} x_2^2 + \cdots + c_{nn} x_n^2$$

c'est-à-dire si l'expression de q ne contient que des carrés et aucun terme $x_i x_j$, avec $i \neq j$.

La forme quadratique *(4.1)* s'écrit d'une manière unique sous la forme matricielle

$$q(X) = X^T A X \tag{4.2}$$

où $X = (x_1, x_2, \ldots, x_n)^T$ et $A = (a_{ij})$ est une matrice symétrique. Les éléments de A peuvent être obtenus à partir de la formule *(4.1)* en posant

$$a_{ii} = c_{ii} \quad \text{et} \quad a_{ij} = a_{ji} = c_{ij}/2 \quad (\text{pour } i \neq j)$$

c'est-à-dire que les éléments a_{ii} de la diagonale de A sont égaux aux coefficients des x_i^2, alors que les éléments a_{ij} et a_{ji} sont égaux à la moitié des coefficients de $x_i x_j$. Ainsi,

$$q(X) = (x_1, x_2, \ldots, x_n) \left(\begin{array}{cccc} a_{11} & a_{12} & \ldots & a_{1n} \\ a_{21} & a_{22} & \ldots & a_{2n} \\ \multicolumn{4}{c}{\dotfill} \\ a_{n1} & a_{n2} & \ldots & a_{nn} \end{array}\right) \left(\begin{array}{c} x_1 \\ x_2 \\ \ldots \\ x_n \end{array}\right)$$

$$= \sum_{ij} a_{ij} x_i x_j = a_{11} x_1^2 + a_{22} x_2^2 + \cdots + a_{nn} x_n^2 + 2 \sum_{i < j} a_{ij} x_i x_j$$

La matrice symétrique A s'appelle la *représentation matricielle* de la forme quadratique q. Bien que plusieurs matrices A définissent la même forme quadratique q, une seule d'entre elles est symétrique.

Réciproquement, toute matrice symétrique A définit une forme quadratique q par la formule (4.2). Ainsi, il y a une correspondance bijective entre l'ensemble des formes quadratiques q et l'ensemble des matrices symétriques A. De plus, une forme quadratique q est diagonalisée si, et seulement si la matrice symétrique correspondante A est diagonale.

Exemple 4.15

(a) La forme quadratique

$$q(x, y, z) = x^2 - 6xy + 8y^2 - 4xz + 5yz + 7z^2$$

peut s'écrire sous la forme matricielle

$$q(x, y, z) = (x, y, z) \begin{pmatrix} 1 & -3 & -2 \\ -3 & 8 & \frac{5}{2} \\ -2 & \frac{5}{7} & 7 \end{pmatrix} \begin{pmatrix} x \\ y \\ z \end{pmatrix}$$

où la matrice est symétrique. La forme quadratique q peut également s'écrire sous la forme matricielle

$$q(x, y, z) = (x, y, z) \begin{pmatrix} 1 & -6 & -4 \\ 0 & 8 & 5 \\ 0 & 0 & 7 \end{pmatrix} \begin{pmatrix} x \\ y \\ z \end{pmatrix}$$

où la matrice est triangulaire supérieure.

(b) La matrice symétrique $\begin{pmatrix} 2 & 3 \\ 3 & 5 \end{pmatrix}$ définit la forme quadratique

$$q(x, y) = (x, y) \begin{pmatrix} 2 & 3 \\ 3 & 5 \end{pmatrix} \begin{pmatrix} x \\ y \end{pmatrix} = 2x^2 + 6xy + 5y^2$$

Remarque :   Pour des raisons théoriques, nous supposons toujours que la forme quadratique est représentée par une matrice symétrique A. D'autre part, puisque A s'obtient à partir de l'expression de q en effectuant des divisions par 2, nous supposons aussi que $1 + 1 \neq 0$ dans le corps $\mathbb{K}$. Ceci est topujours vrai lorsque $\mathbb{K}$ est le corps des nombres réels $\mathbb{R}$ ou complexes $\mathbb{C}$.

Matrice de changement de variable

Définir un changement de variables, par exemple de $x_1, x_2, \ldots, x_n$ vers $y_1, y_2, \ldots, y_n$, revient à trouver une nouvelle base de l'espace, donc n équations linéaires inversibles, de changement de variables, de la forme

$$x_i = p_{i1}y_1 + p_{i2}y_2 + \cdots + p_{in}y_n \qquad (i = 1, 2, \ldots, n)$$

(Ici, *inversible* signifie qu'on peut résoudre ce système en y_i d'une manière unique en fonction des x_i.) Un tel système linéaire peut s'écrire sous la forme matricielle

$$X = PY \qquad\qquad (4.3)$$

où

$$X = (x_1, x_2, \ldots, x_n)^T \qquad Y = (y_1, y_2, \ldots, y_n)^T \qquad \text{et} \qquad P = (p_{ij})$$

La matrice P s'appelle la *matrice de changement de variables* ou *matrice de passage* de l'ancienne à la nouvelle base. Elle est non singulière puisque le système d'équations linéaires en y_i admet une solution unique en fonction des x_i.

Réciproquement, toute matrice non singulière P définit un système d'équations linéaires, de changement de variables, $X = PY$. De plus

$$Y = P^{-1}X$$

donne la formule de calcul des y_i en fonction des x_i.

Il y a une interprétation géométrique de la matrice de changement de variable P, illustrée dans l'exemple suivant.

Exemple 4.16. Dans le plan cartésien $\mathbb{R}^2$, muni du système d'axes de coordonnées Ox et Oy, considérons la matrice carrée non singulière d'ordre 2 :

$$P = \begin{pmatrix} 2 & -1 \\ 1 & 1 \end{pmatrix}$$

Les colonnes $u_1 = (2, 1)^T$ $u_2 = (-1, 1)^T$ de P déterminent un nouveau système d'axes de coordonnées Os et Ot du plan, comme le montre la figure 4-1. C'est-à-dire :

(1) L'axe Os est de direction u_1 et de vecteur unité u_1.

(2) L'axe Ot est de direction u_2 et de vecteur unité u_2.

Tout point Q du plan admet des coordonnées dans chacun des deux systèmes. Soit, par exemple, (a, b) les coordonnées de Q dans le système Oxy et (a', b') les coordonnées de Q dans le système Ost. Ces vecteurs coordonnés sont reliés à l'aide de la matrice P. Plus précisément,

$$\begin{pmatrix} a \\ b \end{pmatrix} = \begin{pmatrix} 2 & -1 \\ 1 & 1 \end{pmatrix} \begin{pmatrix} a' \\ b' \end{pmatrix} \qquad \text{ou} \qquad X = PY$$

où $X = (a, b)^T$ et $Y = (a', b')^T$.

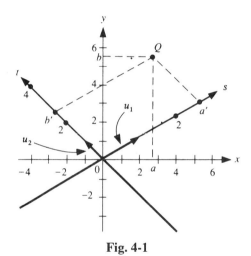

Fig. 4-1

Diagonalisation d'une forme quadratique

Soit q une forme quadratique des variables x_1, x_2, ..., x_n, disons $q(X) = X^T A X$ (où A est une matrice symétrique). Supposons que l'on effectue le changement de variable *(4.3)*. En posant $X = PY$ dans l'expression de q, nous obtenons la forme quadratique $q(y) = (PY)^T A(PY) = Y^T(P^T A P)Y$. Ainsi, $B = P^T A P$ est la représentation matricielle de la forme quadratique par rapport aux nouvelles variables y_1, y_2, ..., y_n. Remarquer que la nouvelle matrice B est congrue à la matrice initiale A représentant q.

On dit que le changement de variable $X = PY$ *diagonalise* la forme quadratique $q(X)$ si $q(Y)$ est définie par une matrice diagonale, c'est-à-dire, si la matrice $B = P^T A P$ est diagonale. Comme B est congrue à A et A est une matrice symétrique, le théorème 4.18 peut s'énoncer de la manière suivante :

Théorème 4.19 (Loi d'inertie) : Soit $q(X) = X^T A X$ une forme quadratique réelle. Alors il existe une base dans laquelle la matrice de q est diagonale. De plus, toute représentation diagonale de q a le même nombre **p** d'éléments positifs et le même nombre **n** d'éléments négatifs.

Le *rang* et la *signature* de la forme quadratique réelle q sont définis et notés, respectivement, par

$$\text{rang } q = \mathbf{p} + \mathbf{n} \qquad \text{et} \qquad \text{sgn } q = \mathbf{p} - \mathbf{n}$$

Le théorème 4.18 montre que le rang et la signature d'une forme quadratique sont uniques.

Puisque la diagonalisation d'une forme quadratique est identique à la diagonalisation d'une matrice réelle symétrique, à une matrice congrue près, l'algorithme 4.11 peut être également utilisé ici.

Exemple 4.17. Considérons la forme quadratique

$$q(x, y, z) = x^2 + 4xy + 5y^2 - 6xz - 8yz + 8z^2 \tag{1}$$

La matrice (symétrique) qui représente q est

$$A = \begin{pmatrix} 1 & 2 & -3 \\ 2 & 5 & -4 \\ -3 & -4 & 8 \end{pmatrix}$$

D'après l'exemple 4.14, la matrice non singulière P diagonalise la matrice A, à une matrice congrue près :

$$P = \begin{pmatrix} 1 & -2 & 7 \\ 0 & 1 & -2 \\ 0 & 0 & 1 \end{pmatrix} \qquad \text{et} \qquad B = P^T A P = \begin{pmatrix} 1 & 0 & 0 \\ 0 & 1 & 0 \\ 0 & 0 & -5 \end{pmatrix}$$

Par conséquent, q peut être diagonalisée en effectuant le changement de variables

$$\begin{aligned} x &= r - 2s + 7t \\ y &= s - 2t \\ z &= t \end{aligned}$$

Plus précisément, en remplaçant x, y et z par leurs expressions dans *(1)*, nous obtenons la forme quadratique

$$q(r, s, t) = r^2 + s^2 - 5t^2$$

Il est clair que $\mathbf{p} = 2$ et $\mathbf{n} = 1$; donc

$$\text{rang } q = 3 \qquad \text{et} \qquad \text{sgn } q = 1 \tag{2}$$

Remarque : On peut donner une interprétation géométrique à la loi d'inertie (théorème 4.19) en utilisant la forme quadratique q de l'exemple 4.17. Considérons la surface S définie dans $\mathbb{R}^3$ par :

$$q(x, y, z) = x^2 + 4xy + 5y^2 - 6xy - 8yz + 8z^2 = 25$$

En utilisant le changement de variables

$$\begin{aligned} x &= r - 2s + 7t \\ y &= s - 2t \\ z &= t \end{aligned}$$

ou, d'une manière équivalente, dans le nouveau système de coordonnées d'axes Or, Os et Ot, l'équation de S devient

$$q(r, s, t) = r^2 + s^2 - 5t^2 = 25$$

Par conséquent, S est un hyperboloïde à une nappe, puisqu'il y a deux éléments positifs et un négatif sur la diagonale. De plus, S est toujours un hyperboloïde à une nappe, quel que soit le système de coordonnées choisi. Ainsi, toute représentation diagonale de la forme quadratique $q(x, y, z)$ contient deux éléments positifs et un élément négatif sur la diagonale.

Matrices symétriques et formes quadratiques définies positives

La matrice symétrique A est dite *définie positive* si

$$X^T A X > 0$$

pour tout vecteur (colonne) non nul X de $\mathbb{R}^n$. D'une manière analogue, une forme quadratique est dite *féfinie positive* si $q(v) > 0$ pour tout vecteur non nul v de $\mathbb{R}^n$.

Autrement dit, une matrice symétrique A, ou la forme quadratique associée q, est dite *définie positive* si toute représéntation diagonale de A ou de q n'a que des éléments positifs sur la diagonale. De telles matrices et formes quadratiques jouent un rôle important en algèbre linéaire. Elles seront étudiées dans les problèmes 4.54–4.60.

4.13. SIMILITUDE

Une fonction $f : \mathbb{R}^n \to \mathbb{R}^n$ peut être interprétée géométriquement comme transformant chaque point Q en un point $f(Q)$ de l'espace $\mathbb{R}^n$. Supposons que f peut être représentée de la manière suivante

$$f(Q) = AQ$$

où A est une matrice $n \times n$ et les coordonnées de Q sont écrites en (vecteur) colonne. De plus, soit P une matrice non singulière de changement de base dans $\mathbb{R}^n$ (*cf.* exemple 4.16). Relativement au nouveau système de coordonnées, f est représentée par la matrice

$$B = P^{-1}AP$$

c'est-à-dire

$$f(Q') = BQ'$$

où Q' désigne le vecteur colonne des coordonnées de Q relativement au nouveau système de coordonnées.

Exemple 4.18. Considérons la fonction $f : \mathbb{R}^2 \to \mathbb{R}^2$ définie par

$$f(x, y) = (3x - 4y, 5x + 2y)$$

ou, d'une manière équivalente,

$$f\begin{pmatrix} x \\ y \end{pmatrix} = A \begin{pmatrix} x \\ y \end{pmatrix} \qquad \text{où} \qquad A = \begin{pmatrix} 3 & -4 \\ 5 & 2 \end{pmatrix}$$

Considérons maintenant le nouveau système de coordonnées d'axes Os et Ot défini par la matrice non singulière

$$P = \begin{pmatrix} 2 & -1 \\ 1 & 1 \end{pmatrix} \qquad \text{et donc} \qquad P^{-1} = \begin{pmatrix} \frac{1}{3} & \frac{1}{3} \\ -\frac{1}{3} & \frac{2}{3} \end{pmatrix}$$

(*cf.* fig 4-1.) Relativement à ce nouveau système de coordonnées, la fonction f peut être représentée de la manière suivante

$$f\begin{pmatrix} s \\ t \end{pmatrix} = B \begin{pmatrix} s \\ t \end{pmatrix}$$

où

$$B = P^{-1}AP = \begin{pmatrix} \frac{1}{3} & \frac{1}{3} \\ -\frac{1}{3} & \frac{2}{3} \end{pmatrix} \begin{pmatrix} 3 & -4 \\ 5 & 2 \end{pmatrix} \begin{pmatrix} 2 & -1 \\ 1 & 1 \end{pmatrix} = \begin{pmatrix} \frac{14}{3} & -\frac{10}{3} \\ \frac{22}{3} & \frac{1}{3} \end{pmatrix}$$

En d'autres termes,

$$f(s, t) = \left(\frac{14}{3} s - \frac{10}{3} t, \; \frac{22}{3} s + \frac{1}{3} t \right)$$

La discussion précédente nous conduit à la définition suivante :

Définition : Une matrice B est dite *semblable* à une matrice A s'il existe une matrice P non singulière telle que

$$B = P^{-1}AP$$

La similitude, comme la congruence des matrices, est une relation d'équivalence (*cf.* problème 4.125). Ainsi, nous dirons que A et B sont des matrices semblables lorsque $B = P^{-1}AP$.

Une matrice A est dite *diagonalisable*, s'il existe une matrice P non singulière telle que la matrice $B = P^{-1}AP$ soit diagonale. La question de savoir si une matrice A donnée est diagonalisable ou non, et de chercher la matrice P lorsque A est diagonalisable, joue un rôle très important en algèbre linéaire. Ces questions seront étudiées dans le chapitre 8.

4.14. FACTORISATION *LU*

Soit A une matrice non singulière qui peut être réduite à la forme triangulaire (supérieure) U en appliquant uniquement des opérations d'additions de lignes. Supposons donc que A soit trigonalisée à l'aide de l'algorithme suivant, que nous écrivons en notations de programmation.

Algorithme 4.14 : Trigonalisation de la matrice $A = (a_{ij})$

Étape 1. Répéter pour $i = 1, \ldots, n - 1$;

Étape 2.   Répéter pour $j = i + 1, \ldots, n$;

(a) Poser $m_{ij} := a_{ij}/a_{ii}$

(b) Poser $R_j := m_{ij}R_i + R_j$

[Fin de l'étape 2, boucle intérieure.]

[Fin de l'étape 1, boucle extérieure.]

Étape 3. Sortir.

Les nombres m_{ij} sont appelés les *multiplicateurs*. Quelquefois, on utilise ces multiplicateurs pour définir la matrice triangulaire inférieure L :

$$L = \begin{pmatrix} 1 & 0 & 0 & \ldots & 0 & 0 \\ -m_{21} & 1 & 0 & \ldots & 0 & 0 \\ -m_{31} & -m_{32} & 1 & \ldots & 0 & 0 \\ \cdots\cdots\cdots\cdots\cdots\cdots\cdots\cdots\cdots\cdots\cdots\cdots\cdots \\ -m_{n1} & -m_{n2} & -m_{n3} & \ldots & -m_{n,n-1} & 1 \end{pmatrix}$$

matrice ayant des 1 sur la diagonale, des 0 au-dessus de la diagonale et les opposés des m_{ij} comme ij-éléments en dessous de la diagonale.

La matrice triangulaire inférieure précédente L peut être décrite autrement comme suit : soit $e_1, e_2, \ldots, e_k$ la suite finie d'opérations élémentaires sur les lignes du précédent algorithme. Les opérations inverses de ces opérations sont définies, pour $i = 1, 2, \ldots, n - 1$, de la manière suivante

$$-m_{ij}R_i + R_j \rightarrow R_j \qquad (j = i - 1, \ldots, n)$$

Appliquons ces opérations inverses dans l'ordre inverse à la matrice identité I. Nous obtenons la matrice L. Ainsi

$$L = E_1^{-1}E_2^{-1}\ldots E_k^{-1}I$$

où $E_1, E_2, \ldots, E_k$ désignent les matrices élémentaires correspondant aux opérations élémentaires $e_1, e_2, \ldots, e_k$.

Par ailleurs, les opérations élémentaires $e_1, e_2, \ldots, e_k$ transforment la matrice initiale A en une matrice triangulaire supérieure U. Ainsi, $E_k \ldots E_2E_1A = U$. Par conséquent

$$A = (E_1^{-1}E_2^{-1} \cdots E_k^{-1})U = (E_1^{-1}E_2^{-1} \cdots E_k^{-1}I)U = LU$$

Ce qui donne la factorisation classique LU d'une telle matrice A. Nous énonçons formellement ce résultat comme un théorème.

Théorème 4.20 : Soit A une matrice comme ci-dessus. Alors $A = LU$ où L est une matrice triangulaire inférieure et U est une matrice triangulaire supérieure n'ayant aucun zéro sur la diagonale.

Remarque : Soulignons le fait que le théorème précédent s'applique uniquement aux matrices A non singulières pouvant être réduite à la forme triangulaire (supérieure) sans échanger les lignes. De telles matrices sont dites *LU-factorisables* ou admettent une *LU*-factorisation.

Exemple 4.19. Soit $A = \begin{pmatrix} 1 & 2 & -3 \\ -3 & -4 & 13 \\ 2 & 1 & -5 \end{pmatrix}$. Alors A peut être réduite à la forme triangulaire en appliquant les opérations élémentaires sur les lignes $3R_1 + R_2 \to R_3$ et $-2R_1 + R_3 \to R_3$ puis $\frac{3}{2}R_2 + R_3 \to R_3$:

$$A \sim \begin{pmatrix} 1 & 2 & -3 \\ 0 & 2 & 4 \\ 0 & -3 & 1 \end{pmatrix} \sim \begin{pmatrix} 1 & 2 & -3 \\ 0 & 2 & 4 \\ 0 & 0 & 7 \end{pmatrix}$$

Ceci donne la factorisation $A = LU$ de A, avec

$$L = \begin{pmatrix} 1 & 0 & 0 \\ -3 & 1 & 0 \\ 2 & -\frac{3}{2} & 1 \end{pmatrix} \qquad U = \begin{pmatrix} 1 & 2 & -3 \\ 0 & 2 & 4 \\ 0 & 0 & 7 \end{pmatrix}$$

Noter que les éléments -3, 2 et $\frac{3}{2}$ dans L sont les multiplicateurs provenant des opérations élémentaires sur les lignes précédentes. La matrice U est la forme triangulaire de A.

Applications aux équations linéaires

Considérons un algorithme M implémenté sur ordinateur. Soit $C(n)$ le temps d'exécution de l'algorithme comme fonction de la taille n des données. [La fonction $C(n)$ est appelée parfois le temps de *complexité* ou simplement la *complexité* de l'algorithme M.] Fréquemment, $C(n)$ désigne le nombre de multiplications et de divisions exécutées par M, mais pas les additions et soustractions puisque celles-ci prennent beaucoup moins de temps.

Considérons maintenant un système carré d'équations linéaires

$$AX = B$$

où $A = (a_{ij})$ admet une LU-factorisation et

$$X = (x_1, \ldots, x_n)^T \qquad \text{et} \qquad B = (b_1, \ldots, b_n)^T$$

Ce système peut être mis sous la forme triangulaire (afin de pouvoir appliquer la méthode de résolution de substitution inverse) en appliquant l'algorithme précédent à la matrice augmentée $M = (A, B)$ du système. Les fonctions de complexité de l'algorithme précédent et de substitution inverse sont, respectivement,

$$C(n) \approx n^3/2 \qquad \text{et} \qquad C(n) \approx n^2/2$$

où n est le nombre d'équations.

D'autre part, supposons que nous avons toujours la factorisation $A = LU$. Alors pour trigonaliser le système, nous avons besoin uniquement d'appliquer, dans l'algorithme, des opérations sur les lignes (retenues par la matrice L) au vecteur colonne B. Dans ce cas, la fonction complexité devient

$$C(n) \approx n^2/2$$

Bien sûr, pour obtenir la factorisation $A = LU$, nous avons besoin de l'algorithme initial avec $C(n) \approx n^3/2$. Par suite, il est inutile de chercher d'abord la factorisation LU lorsqu'on a à résoudre un seul système. Cependant, il y a des situations, illustrées ci-dessous, où la factorisation LU est utilisée.

Soit A une matrice donnée. Supposons qu'on ait à résoudre le système

$$AX = B$$

pour une suite de termes constants différents, par exemple les vecteurs B_1, B_2, ..., B_k. Supposons également que certains B_i dépendent des solutions obtenues des systèmes correspondant aux B_j précédents. Dans ce cas, il est plus efficace de chercher d'abord la factorisation LU de A, puis d'utiliser cette factorisation pour résoudre le système pour chaque nouveau B.

Exemple 4.20. Considérons le système

$$
\begin{aligned}
x - 2y - z &= k_1 \\
2x - 5y - z &= k_2 \qquad \text{ou} \qquad AX = B \\
-3x + 10y - 3z &= k_3
\end{aligned}
\qquad (1)
$$

où $A = \begin{pmatrix} 1 & -2 & -1 \\ 2 & -5 & -1 \\ -3 & 10 & -3 \end{pmatrix}$ et $B = \begin{pmatrix} k_1 \\ k_2 \\ k_3 \end{pmatrix}$.

Supposons qu'on ait à résoudre le système pour B_1, B_2, B_3 et B_4, où $B_1 = (1, 2, 3)^T$ et

$$B_{j+1} = B_j + X_j \quad (\text{pour } j > 1)$$

où X_j est la solution de (1), obtenue en utlisant B_j. Ici, il est plus efficace de chercher d'abord la factorisation LU de A, puis d'utiliser cette factorisation pour résoudre le système pour chaque nouveau B. (*Cf.* problème 4.73.)

Problèmes résolus

ALGÈBRE DES MATRICES CARRÉES

4.1. Soit $A = \begin{pmatrix} 1 & 3 & 6 \\ 2 & -5 & 8 \\ 4 & -2 & 7 \end{pmatrix}$. Trouver : ($a$) la diagonale et la trace de A ; (b) $A(u)$ où $u = (2, -3, 5)^T$;

(c) $A(v)$ où $v = (1, 7, -2)$.

(a) La diagonale est formée des éléments a_{11}, a_{22}, a_{33}. Ainsi, la diagonale de A est constituée des scalaires 1, -5 et 7. La trace de A est égale à la somme des éléments de la diagonale. Donc $\operatorname{tr} A = 1 - 5 + 7 = 3$.

(b) $$A(u) = Au = \begin{pmatrix} 1 & 3 & 6 \\ 2 & -5 & 8 \\ 4 & 2 & 7 \end{pmatrix} \begin{pmatrix} 2 \\ -3 \\ 5 \end{pmatrix} = \begin{pmatrix} 2 - 9 + 306 \\ 4 + 15 + 40 \\ 8 + 6 + 35 \end{pmatrix} \begin{pmatrix} 23 \\ 59 \\ 49 \end{pmatrix}$$

(c) D'après notre convention, $A(v)$ n'est pas défini pour un vecteur ligne v.

4.2. Soit $A = \begin{pmatrix} 1 & 2 \\ 4 & -3 \end{pmatrix}$. ($a$) Trouver A^2 et A^3. (b) Trouver $f(A)$ où $f(x) = 2x^3 - 4x + 5$.

(a)
$$A^2 = AA = \begin{pmatrix} 1 & 2 \\ 4 & -3 \end{pmatrix} \begin{pmatrix} 1 & 2 \\ 4 & -3 \end{pmatrix} = \begin{pmatrix} 1+8 & 2-6 \\ 4-12 & 8+9 \end{pmatrix} = \begin{pmatrix} 9 & -4 \\ -8 & 17 \end{pmatrix}$$

$$A^3 = AA^2 = \begin{pmatrix} 1 & 2 \\ 4 & -3 \end{pmatrix} \begin{pmatrix} 9 & -4 \\ -8 & 17 \end{pmatrix} = \begin{pmatrix} 9-16 & -4+34 \\ 36+24 & -16-51 \end{pmatrix} = \begin{pmatrix} -7 & 30 \\ 60 & -67 \end{pmatrix}$$

(b) Pour trouver $f(A)$, remplçons x par A et 5 par $5I$ dans l'expression donnée de $f(x) = 2x^3 - 4x + 5$:

$$f(A) = 2A^3 - 4A + 5I = 2\begin{pmatrix} -7 & 30 \\ 60 & -67 \end{pmatrix} - 4\begin{pmatrix} 1 & 2 \\ 4 & -3 \end{pmatrix} + 5\begin{pmatrix} 1 & 0 \\ 0 & 1 \end{pmatrix}$$

Puis, multiplions chaque matrice par le scalaire correpondant :

$$f(A) = \begin{pmatrix} -14 & 60 \\ 120 & -134 \end{pmatrix} + \begin{pmatrix} -4 & -8 \\ -16 & 12 \end{pmatrix} + \begin{pmatrix} 5 & 0 \\ 0 & 5 \end{pmatrix}$$

Additionnons maintenant les éléments correspondants des matrices :

$$f(A) = \begin{pmatrix} -14-4+5 & 60-8+0 \\ 120-60+0 & -134+12+5 \end{pmatrix} = \begin{pmatrix} -13 & 52 \\ 104 & -117 \end{pmatrix}$$

4.3. Soit $A = \begin{pmatrix} 2 & 2 \\ 3 & -1 \end{pmatrix}$. Trouver $g(A)$, où $g(x) = x^2 - x - 8$.

$$A^2 = \begin{pmatrix} 2 & 2 \\ 3 & -1 \end{pmatrix} \begin{pmatrix} 2 & 2 \\ 3 & -1 \end{pmatrix} = \begin{pmatrix} 4+6 & 4-2 \\ 6-3 & 6+1 \end{pmatrix} = \begin{pmatrix} 10 & 2 \\ 3 & 7 \end{pmatrix}$$

$$g(A) = A^2 - A + 8I = \begin{pmatrix} 10 & 2 \\ 3 & 7 \end{pmatrix} - \begin{pmatrix} 2 & 2 \\ 3 & -1 \end{pmatrix} - 8\begin{pmatrix} 1 & 0 \\ 0 & 1 \end{pmatrix}$$

$$= \begin{pmatrix} 10 & 2 \\ 3 & 7 \end{pmatrix} + \begin{pmatrix} -2 & -2 \\ -3 & 1 \end{pmatrix} + \begin{pmatrix} -8 & 0 \\ 0 & -8 \end{pmatrix} = \begin{pmatrix} 0 & 0 \\ 0 & 0 \end{pmatrix}$$

Ainsi, A est un zéro du polynôme $g(x)$.

4.4. Soit $A = \begin{pmatrix} 1 & 3 \\ 4 & -3 \end{pmatrix}$. Trouver un vecteur colonne *non nul* $u = \begin{pmatrix} x \\ y \end{pmatrix}$ tel que $A(u) = 3u$.

Posons d'abord l'équation matricielle $A(u) = 3u$:

$$\begin{pmatrix} 1 & 3 \\ 4 & -3 \end{pmatrix} \begin{pmatrix} x \\ y \end{pmatrix} = 3\begin{pmatrix} x \\ y \end{pmatrix}$$

Écrivons chaque membre de l'équation comme une seule matrice (vecteur colonne) :

$$\begin{pmatrix} x+3y \\ 4x-3y \end{pmatrix} = \begin{pmatrix} 3x \\ 3y \end{pmatrix}$$

En identifiant les éléments correspondants, nous obtenons le système d'équations suivant, que nous réduisons à la forme échelonnée :

$$\begin{rcases} x+3y=3x \\ 4x-3y=3y \end{rcases} \rightarrow \begin{cases} 2x-3y=0 \\ 4x-6y=0 \end{cases} \rightarrow \begin{rcases} 2x+3y=0 \\ 0=0 \end{rcases} \rightarrow 2x-3y=0$$

Le système se réduit donc à une équation homogène à deux inconnues et admet une infinité de solutions. Pour obtenir une solution non nulle, posons par exemple $y = 2$, nous obtenons $x = 3$. Ainsi, $u = (3, 2)^T$ a la propriété cherchée.

4.5. Soit $A = \begin{pmatrix} 1 & 2 & -3 \\ 2 & 5 & -1 \\ 5 & 12 & -5 \end{pmatrix}$. Trouver tous les vecteurs $u = (x, y, z)^T$ tels que $A(u) = 0$.

Posons d'abord l'équation matricielle $A(u) = 0$, puis écrivons chaque membre de l'équation comme une seule matrice :

$$\begin{pmatrix} 1 & 2 & -3 \\ 2 & 5 & -1 \\ 5 & 12 & -5 \end{pmatrix} \begin{pmatrix} x \\ y \\ z \end{pmatrix} = \begin{pmatrix} 0 \\ 0 \\ 0 \end{pmatrix} \quad \text{ou} \quad \begin{pmatrix} x+2y-3z \\ 2x+5y-z \\ 5x+12y-5z \end{pmatrix} = \begin{pmatrix} 0 \\ 0 \\ 0 \end{pmatrix}$$

En identifiant les éléments correspondants, nous obtenons le système homogène suivant, que nous réduisons à la forme échelonnée :

$$\left. \begin{matrix} x + 2y - 3z = 0 \\ 2x + 5y \quad z = 0 \\ 5x + 12y - 5z = 0 \end{matrix} \right\} \rightarrow \left\{ \begin{matrix} x + 2y - 3z = 0 \\ y + 5z = 0 \\ 2y + 10z = 0 \end{matrix} \right. \rightarrow \left\{ \begin{matrix} x + 2y - 3z = 0 \\ y + 5z = 0 \end{matrix} \right.$$

Sous la forme échelonnée, z est une variable libre. Pour obtenir la solution générale, posons $z = a$ où a est un paramètre. La méthode de sibstitution inverse nous donne $y = -5a$ et donc $x = 13a$. Ainsi, $u = (13a, -5a, a)^T$ représente l'ensemble des vecteurs tels que $Au = 0$.

4.6. Montrer que l'ensemble **M** des matrices carrées d'ordre 2 de la forme $\begin{pmatrix} s & t \\ t & s \end{pmatrix}$ est une algèbre commutative de matrices.

Il est clair que **M** est non vide. Si $A = \begin{pmatrix} a & b \\ b & a \end{pmatrix}$ et $B = \begin{pmatrix} c & d \\ d & c \end{pmatrix}$ sont des éléments de **M**, alors

$$A + B = \begin{pmatrix} a+c & d+b \\ b+d & a+c \end{pmatrix} \qquad kA = \begin{pmatrix} ka & kb \\ kb & ka \end{pmatrix} \qquad AB = \begin{pmatrix} ac+bd & ad+bc \\ bc+ad & bd+ac \end{pmatrix}$$

appartiennent également à **M**. Ainsi, **M** est une algèbre de matrices.

$$BA = \begin{pmatrix} ca+db & cb+da \\ da+cb & db+ca \end{pmatrix}$$

Ainsi, $AB = BA$ et **M** est algèbre commutative de matrices.

4.7. Trouver toutes les matrices $M = \begin{pmatrix} x & y \\ z & t \end{pmatrix}$ qui commutent avec $A = \begin{pmatrix} 1 & 1 \\ 0 & 1 \end{pmatrix}$

Calculons d'abord

$$AM = \begin{pmatrix} x+z & y+t \\ z & t \end{pmatrix} \qquad \text{et} \qquad MA = \begin{pmatrix} x & x+y \\ z & z+t \end{pmatrix}$$

puis posons $AM = MA$ pour obtenir les quatre équations

$$x+z = x \qquad y+t = x+y \qquad z = z \qquad t = z+t$$

La première et la dernière équation donnent $z = 0$. La deuxième donne $x = t$. Ainsi, M est de la forme $\begin{pmatrix} x & y \\ 0 & x \end{pmatrix}$.

4.8. Soit $e_i = (0, \dots, 1, \dots, 0)^T$, où $i = 1, \dots, n$, le vecteur (colonne) de $\mathbb{R}^n$ dont la i-ième composante est égale à 1 et 0 ailleurs. Soit A et B deux matrices $m \times n$.

(a) Montrer que Ae_i est la i-ième colonne de A.

(b) Montrer que $Ae_i = Be_i$ pour tout i, alors $A = B$.

(c) Montrer que si $Au = Bu$, pour tout vecteur $u \in \mathbb{R}^n$, alors $A = B$.

(a) Soit $A = (a_{ij})$ et posons $Ae_i = (b_1, b_2, \ldots, b_n)^T$. Alors

$$b_k = R_k e_i = (a_{k1}, \ldots, a_{kn})(0, \ldots, 1, \ldots, 0)^T = a_{ki}$$

où R_k est la k-ième ligne de A. Ainsi,

$$Ae_i = (a_{1i}, a_{2i}, \ldots, a_{ni})^T$$

est la i-ième colonne de A.

(b) $Ae_i = Be_i$ signifie que A et B ont la même i-ième colonne pour tout i. Donc $A = B$.

(c) Si $Au = Bu$ pour tout vecteur $u \in \mathbb{R}^n$, alors $Ae_i = Be_i$ pour tout i. D'où $A = B$.

4.9. Soit A une matrice $m \times n$. Montrer que (a) $I_m A = A$; (b) $A I_n = A$. (Ainsi, $AI = IA = A$ lorsque A est une matrice carrée.)

Nous utilisons le fait que $I = (\delta_{ij})$ où δ_{ij} est le symbole de Kronecker (*cf.* exemple 4.3).

(a) Posons $I_m A = (f_{ij})$. Alors

$$f_{ij} = \sum_{k=1}^{m} \delta_{ik} a_{kj} = \delta_{ii} a_{ij} = a_{ij}$$

Ainsi $I_m A = A$, puisque les éléments correspondants sont égaux.

(b) Posons $A I_n = (g_{ij})$. Alors

$$g_{ij} = \sum_{k=1}^{n} a_{ik} \delta_{kj} = a_{ij} \delta_{jj} = a_{ij}$$

Ainsi $A I_n = A$, puisque les éléments correspondants sont égaux.

4.10. Démontrer le théorème 4.1.

(i) Soit $A + B = (c_{ij})$ Donc $c_{ij} = a_{ij} + b_{ij}$ et

$$\mathrm{tr}(A + B) = \sum_{k=1}^{n} c_{kk} = \sum_{k=1}^{n} (a_{kk} + b_{kk}) = \sum_{k=1}^{n} a_{kk} + \sum_{k=1}^{n} b_{kk} = \mathrm{tr}\,A + \mathrm{tr}\,B$$

(ii) Soit $kA = (c_{ij})$. Donc $c_{ij} = k a_{ij}$ et

$$\mathrm{tr}\,kA = \sum_{j=1}^{n} k a_{jj} = k \sum_{k=1}^{n} a_{jj} = k \cdot \mathrm{tr}\,A$$

(iii) Soit $AB = (c_{ij})$ et $BA = (d_{ij})$. Donc $c_{ij} = \sum_{k=1}^{n} a_{ik} b_{kj}$ et $d_{ij} = \sum_{k=1}^{n} b_{ik} a_{kj}$

$$\mathrm{tr}\,AB = \sum_{i=1}^{n} = \sum_{i=1}^{n} \sum_{k=1}^{n} b_{ki} a_{ik} = \sum_{k=1}^{n} d_{kk} = \mathrm{tr}\,BA$$

4.11. Démontrer le théorème 4.2.

Soit $f(x) = \sum_{i=1}^{r} a_i x^i$ et $g(x) = \sum_{j=1}^{s} b_j x^j$

(i) Nous pouvons supposer que $r = s = n$ en ajoutant des puissances des x de coefficients nuls. Alors

$$f(x) + g(x) = \sum_{i=1}^{n} (a_i + b_i) x^i$$

Donc

$$(f+g)(A) = \sum_{i=1}^{n}(a_i+b_i)A^i = \sum_{i=1}^{n}a_iA^i + \sum_{i=1}^{n}b_iA^i = f(A) + g(A)$$

(ii) Nous avons $f(x)g(x) = \sum_{ij}^{n} a_ib_j x^{i+j}$. Donc

$$f(A)g(A) = \left(\sum_i a_i A^i\right)\left(\sum_j b_j A^j\right) = \sum_{ij} a_ib_j A^{i+j} = (fg)(A)$$

(iii) En utilisant $f(x)g(x) = g(x)f(x)$, nous avons

$$f(A)g(A) = (fg)(A) = (gf)(A) = g(A)f(A)$$

4.12. Soit $Dk = kI$, une matrice scalaire. Montrer que (a) $D_kA = kA$; (b) $BD_k = kB$; (c) $D_k + D_{k'} = d_{k+k'}$ et (d) $D_kD_{k'} = D_{kk'}$.

  (a) $D_kA = (kI)A = k(IA) = kA$.

  (b) $BD_k = B(kI) = k(BI) = kB$.

  (c) $D_k + D_{k'} = kI + k'I = (k+k')I = d_{k+k'}$.

  (d) $D_kD_{k'} = (kI)(k'I) = kk'I = D_{kk'}$.

MATRICES INVERSIBLES, INVERSES

4.13. Trouver l'inverse de $\begin{pmatrix} 3 & 5 \\ 2 & 3 \end{pmatrix}$.

Méthode 1. Nous cherchons des scalaires x, y, z et w qui vérifient

$$\begin{pmatrix} 3 & 5 \\ 2 & 3 \end{pmatrix}\begin{pmatrix} x & y \\ z & w \end{pmatrix} = \begin{pmatrix} 1 & 0 \\ 0 & 1 \end{pmatrix} \qquad \text{ou} \qquad \begin{pmatrix} 3x+5z & 3y+5w \\ 2x+3z & 2y+3w \end{pmatrix} = \begin{pmatrix} 1 & 0 \\ 0 & 1 \end{pmatrix}$$

donc qui satisfont

$$\begin{cases} 3x+5z = 1 \\ 2x+3z = 0 \end{cases} \qquad \text{et} \qquad \begin{cases} 3y+5w = 0 \\ 2y+3w = 1 \end{cases}$$

La solution du premier système est $x = -3, z = 2$ et du second système est $y = 5, w = -3$. Ainsi, l'inverse de la matrice donnée est $\begin{pmatrix} -3 & 5 \\ 2 & -3 \end{pmatrix}$.

Méthode 2. La formule générale donnant l'inverse d'une matrice carrée d'ordre 2, $A = \begin{pmatrix} a & b \\ c & d \end{pmatrix}$, est

$$A^{-1} = \begin{pmatrix} d/|A| & -b/|A| \\ -c/|A| & a/|A| \end{pmatrix} = \frac{1}{|A|}\begin{pmatrix} d & -b \\ -c & a \end{pmatrix} \qquad \text{où} \qquad |A| = ad - bc$$

Ainsi, si $A = \begin{pmatrix} 3 & 5 \\ 2 & 3 \end{pmatrix}$, calculons d'abord $|A| = (3)(3) - (5)(2) = -1 \neq 0$, puis échangeons les éléments diagonaux et prenons les opposés des autres éléments. Enfin, en multipliant par $\frac{1}{|A|}$, nous obtenons

$$A^{-1} = -1\begin{pmatrix} 3 & -5 \\ -2 & 3 \end{pmatrix} = \begin{pmatrix} -3 & 5 \\ 2 & -3 \end{pmatrix}$$

4.14. Trouver l'inverse de (a) $A = \begin{pmatrix} 1 & 2 & -4 \\ -1 & -1 & 5 \\ 2 & 7 & -3 \end{pmatrix}$ et (b) $B = \begin{pmatrix} 1 & 3 & -4 \\ 1 & 5 & -1 \\ 3 & 13 & -6 \end{pmatrix}$.

(a) Formons la matrice par blocs $M = (A\,|\,I)$, puis réduisons-la, suivant les lignes, à la forme échelonnée :

$$M = \begin{pmatrix} 1 & 2 & -4 & | & 1 & 0 & 0 \\ -1 & -1 & 5 & | & 0 & 1 & 0 \\ 2 & 7 & -3 & | & 0 & 0 & 1 \end{pmatrix} \sim \begin{pmatrix} 1 & 2 & -4 & | & 1 & 0 & 0 \\ 0 & 1 & 1 & | & 1 & 1 & 0 \\ 0 & 3 & 5 & | & -2 & 0 & 1 \end{pmatrix}$$

$$\sim \begin{pmatrix} 1 & 2 & -4 & | & 1 & 0 & 0 \\ 0 & 1 & 1 & | & 1 & 1 & 0 \\ 0 & 0 & 1 & | & -5 & -3 & 1 \end{pmatrix}$$

La moitié gauche de la matrice M est maintenant sous forme triangulaire, donc A est inversible. Réduisons maintenant M à la forme canonique ligne :

$$M \sim \begin{pmatrix} 1 & 2 & 0 & | & -9 & -6 & 2 \\ 0 & 1 & 0 & | & \frac{7}{2} & \frac{5}{2} & -\frac{1}{2} \\ 0 & 0 & 1 & | & -\frac{5}{2} & -\frac{3}{2} & \frac{1}{2} \end{pmatrix} \sim \begin{pmatrix} 1 & 0 & 0 & | & -16 & -11 & 3 \\ 0 & 1 & 0 & | & \frac{7}{2} & \frac{5}{2} & -\frac{1}{2} \\ 0 & 0 & 1 & | & -\frac{5}{2} & -\frac{3}{2} & \frac{1}{2} \end{pmatrix} = (I\,|\,A^{-1})$$

Ainsi, $A^{-1} = \begin{pmatrix} -16 & -11 & 3 \\ \frac{7}{2} & \frac{5}{2} & -\frac{1}{2} \\ -\frac{5}{2} & -\frac{3}{2} & \frac{1}{2} \end{pmatrix}$.

(b) Formons la matrice par blocs $M = (B\,|\,I)$, puis réduisons-la, suivant les lignes, à la forme échelonnée :

$$M = \begin{pmatrix} 1 & 3 & -4 & | & 1 & 0 & 0 \\ 1 & 5 & -1 & | & 0 & 1 & 0 \\ 3 & 13 & -6 & | & 0 & 0 & 1 \end{pmatrix} \sim \begin{pmatrix} 1 & 3 & -4 & | & 1 & 0 & 0 \\ 0 & 2 & 3 & | & -1 & 1 & 0 \\ 0 & 4 & 6 & | & -3 & 0 & 1 \end{pmatrix}$$

$$\sim \begin{pmatrix} 1 & 3 & -4 & | & 1 & 0 & 0 \\ 0 & 2 & 3 & | & -1 & 1 & 0 \\ 0 & 0 & 0 & | & -1 & -2 & 1 \end{pmatrix}$$

Sous forme échelonnée, M contient sue ligne de zéros dans sa moitié gauche. Ainsi, B ne peu⁺ être réduite, suivant les lignes, à la forme triangulaire. Par conséquent, B n'est pas inversible.

4.15. Démontrer les propriétés suivantes :

(a) Si A et B sont inversibles, alors AB est inversible et $(AB)^{-1} = B^{-1}A^{-1}$.

(b) Si $A_1, A_2, \ldots, A_n$ sont inversibles, alors $(A_1 A_2 \ldots A_n)^{-1} = A_n^{-1} \ldots A_2^{-1} A_1^{-1}$.

(c) A est inversible si, et seulement si A^T est inversible.

(d) Les opérations d'inversion et de transposition commutent : $(A^T)^{-1} = (A^{-1})^T$.

(a) Nous avons

$$(AB)(B^{-1}A^{-1}) = A(BB^{-1}A^{-1} = AIA^{-1}) = AA^{-1} = I$$
$$(B^{-1}A^{-1})(AB) = B^{-1}(A^{-1}A)B = B^{-1}IB = B^{-1}B = I$$

Ainsi, $B^{-1}A^{-1}$ est l'inverse de AB.

(b) Par récurrence sur n et en utilisant la partie (a), nous avons

$$(A_1 \ldots A_{n-1}A_n)^{-1} = [(A_1 \ldots A_{n-1})A_n]^{-1} = A_n^{-1} \ldots A_2^{-1} A_1^{-1}$$

(c) Si A est inversible, alors il existe une matrice B telle que $AB = BA = I$. Alors

$$(AB)^T = (BA)^T = I^T \qquad \text{et donc} \qquad B^T A^T = A^T B^T = I$$

Donc, A^T est inversible d'inverse B^T. La réciproque découle du fait que $(A^T)^T = A$.

(d) D'après la partie (c), B^T a pour inverse A^T, c'est-à-dire $B^T = (A^T)^{-1}$. Or $B = A^{-1}$, donc $(A^{-1})^T = (A^T)^{-1}$.

4.16. Montrer que si A contient une ligne ou une colonne nulle, alors A n'est pas inversible.

D'après le problème 3.20, si A contient une ligne nulle, alors AB contient une ligne nulle. Ainsi, si A est inversible, alors $AA^{-1} = I$ implique que I contient une ligne nulle. par suite A n'est pas inversible. D'autre part, si A contient une colonne nulle, alors A^T contient une ligne nulle et d'après ce qui précède, A^T n'est pas inversible. Par conséquent, A n'est pas inversible.

MATRICES ÉLÉMENTAIRES

4.17. Trouver les trois matrices élémentaires d'ordre 3, E_1, E_2 et E_3 qui correspondent, respectivement, aux opérations sur les lignes $R_1 \leftrightarrow R_2$, $-7R_3 \to R_3$ et $-3R_1 + R_2 \to R_2$.

Appliquons ces opérations à la matrice identité $I_3 = \begin{pmatrix} 1 & 0 & 0 \\ 0 & 1 & 0 \\ 0 & 0 & 1 \end{pmatrix}$ pour obtenir

$$E_1 = \begin{pmatrix} 0 & 1 & 0 \\ 1 & 0 & 0 \\ 0 & 0 & 1 \end{pmatrix} \qquad E_2 = \begin{pmatrix} 1 & 0 & 0 \\ 0 & 1 & 0 \\ 0 & 0 & -7 \end{pmatrix} \qquad E_3 = \begin{pmatrix} 1 & 0 & 0 \\ -3 & 1 & 0 \\ 0 & 0 & 1 \end{pmatrix}$$

4.18. Démontrer le théorème 4.9.

Soit R_i la i-ième ligne de A. La matrice A peut donc s'écrire $A = (R_1, R_2, \ldots, R_m)$. Si B est une matrice telle que le produit AB est défini, alors il découle directement de la définition du produit des matrices que $AB = (R_1B, \ldots, R_mB)$. Posons maintenant

$$e_i = (0, \ldots, 0, \overset{\frown}{1}, 0, \ldots, 0), \qquad \overset{\frown}{} = i$$

Ici, $\overset{\frown}{} = i$ signifie que 1 est situé à la i-ième composante. D'après le problème 4.8, $e_iA = R_i$. Remarquons aussi que $I = (e_i, \ldots, e_m)$ est la matrice identité.

(i) Soit e l'opération élémentaire sur les lignes $R_i \leftrightarrow R_j$. Alors, en posant $\overset{\frown}{} = i$ et $\overset{\frown\frown}{} = j$,

$$E = e(I) = (e_1, \ldots, \widehat{e_j}, \ldots, \widehat{\widehat{e_i}}, \ldots, e_m)$$

et

$$e(A) = (R_1, \ldots, \widehat{R_j}, \ldots, \widehat{\widehat{R_i}}, \ldots, R_m)$$

Ainsi,

$$EA = (e_1A, \ldots, \widehat{e_jA}, \ldots, \widehat{\widehat{e_iA}}, \ldots, e_mA) = (R_1, \ldots, \widehat{R_j}, \ldots, \widehat{\widehat{R_i}}, \ldots, R_m) = e(A)$$

(ii) Maintenant, soit l'opération élémentaire sur les lignes $kR_i \to R_i$, $k \neq 0$. Alors, en posant $\overset{\frown}{} = i$,

$$E = e(I) = (e_1, \ldots, \widehat{ke_i}, \ldots, e_m) \qquad \text{et} \qquad e(A) = (R_1, \ldots, \widehat{kR_i}, \ldots, R_m)$$

Ainsi,

$$EA = (e_1A, \ldots, \widehat{ke_iA}, \ldots, e_mA) = (R_1, \ldots, \widehat{kR_i}, \ldots, R_m) = e(A)$$

(iii) Finalement, soit l'opération élémentaire sur les lignes $kR_j + R_i \to R_i$. Alors en posant $\overset{\frown}{} = i$,

$$E = e(I) = (e_1, \ldots, \widehat{ke_j + e_i}, \ldots, e_m) \qquad \text{et} \qquad e(A) = (R_1, \ldots, \widehat{kR_j + R_i}, \ldots, R_m)$$

En utilisant $(ke_j + e_i)A = k(e_jA) + e_iA + kR_j + R_i \to R_i$. Donc, pour $\overset{\frown}{} = i$

$$EA = (e_1A, \ldots, \widehat{(ke_j + e_i)A}, \ldots, e_mA) = (R_1, \ldots, \widehat{kR_j + R_i}, \ldots, R_m) = e(A)$$

Ce qui achève la démonstration du théorème.

4.19. Démontrer chacune des propriétés suivantes :

(a) Chacune des opérations élémentaires sur les lignes suivantes admet une opération inverse du même type.

[E_1] Échanger la i-ième et la j-ième ligne : $R_i \leftrightarrow R_j$.

[E_2] Multiplier la i-ième ligne par un scalaire non nul k : $kR_i \to R_i$, $k \neq 0$.

[E_3] Remplacer le i-ième migne par k fois la j-ième ligne : $kR_j + R_i \to R_i$.

(b) Chaque matrice élémentaire E est inversible et a pour inverse une matrice élémentaire.

(a) Chaque opération élémentaire est traitée séparément.

(1) En échangeant deux fois la même ligne, nous obtenons la matrice initiale. Donc, cette opération est son propre inverse.

(2) Multiplier la i-ième ligne par k puis par k^{-1} ou par k^{-1} puis par k, nous obtenons la matrice initiale. Autrement dit, les opérations $kR_i \to R_i$ et $k^{-1}R_i \to R_i$ sont inverses.

(3) En appliquant les opérations $kR_j + R_i \to R_i$, puis $-kR_j + R_i \to R_i$ ou, en appliquant les opérations $-kR_j + R_i \to R_i$, puis $kR_j + R_i \to R_i$, nous obtenons la matrice initiale. Autrement dit, ces opérations sont inverses.

(b) Soit E la matrice élémentaire correpondant à l'opération élémentaire sur les lignes e : $e(I) = E$. Soit e' l'opération inverse de e et E' la matrice élémentaire correspondante. Alors

$$I = e'(e(I)) = e'(E) = E'E \qquad \text{et} \qquad I = e(e'(I)) = e(E') = EE'$$

Par conséquent, E' est l'inverse de la matrice E.

4.20. Démontrer le théorème 4.10.

Soit A une matrice inversible et supposons que A est ligne-équivalente à une matrice B sous forme canonique ligne. Alors, il existe des matrices élémentaires E_1, E_2, ..., E_s telles que $E_s \ldots E_2 E_1 A = B$. Comme A est inversible et chaque matrice élémentaire E_i est inversible, B est inversible. Or, si $B \neq I$, B contient une ligne nulle et, par suite, B n'est pas inversible. Ainsi, $B = I$ et (a) implique (b).

Supposons que (b) soit vérifié, alors il existe des matrices élémentaires E_1, E_2, ..., E_s telles que $E_s \cdots E_2 E_1 A = I$. Mais alors, $A = (E_s E_2 \cdots E_1)^{-1} = E_1^{-1} \cdots E_2^{-1} E_s^{-1}$, où les E_i^{-1} sont aussi des matrices élémentaires. Ainsi, (b) implique (c).

Si (c) est vérifié, alors $A = E_1 E_2 \cdots E_s$. Les E_i sont des matrices inversibles, donc leur produit, A, est aussi une matrice inversible. Ainsi, (c) implique (a). Le théorème est donc démontré.

4.21. Démontrer le théorème 4.11.

Soit A une matrice non inversible. Alors A n'est pas ligne-équivalente à la matrice identité I. Donc, A es ligne-équivalente à une matrice contenant une ligne nulle. Autrement dit, il existe des matrices élémentaires E_1, E_2, ..., E_s telles que $E_s \cdots E_2 E_1 A = I$ contient une ligne nulle. Donc $E_s \cdots E_2 E_1 AB = E_s \cdots E_2 E_1$, une matrice inversible, contient une ligne nulle. Or, les matrices inversibles ne peuvent contenir des lignes nulles, donc A est inversible d'inverse A^{-1}. Nous avons aussi

$$B = IB = (A^{-1}A)B = A^{-1}(AB) = A^{-1}I = A^{-1}$$

4.22. Démontrer le théorème 4.12.

Si $B \sim A$, alors $B = e_s(\ldots(e_2(e_1(A)))\ldots) = E_s \cdots E_2 E_1 A = PA$, où $P = E_s \cdots E_2 E_1$ est une matrice non singulière. Réciproquement, supposons que $B = PA$ où P est non singulière. D'après le problème 4.10, P est un produit de matrices élémentaires et, par suite, B peut être obtenue à partir de A en appliquant une suite d'opérations élémentaires sur les lignes, c'est-à-dire, $B \sim A$. Le théorème est ainsi démontré.

4.23. Montrer que B est équivalente à A si, et seulement si, il existe deux matrices inversibles P et Q telles que $B = PAQ$.

Si B est équivalente à A, alors $B = E_s \cdots E_2 E_1 A F_1 F_2 \cdots F_t \equiv PAQ$, où $P = E_s \cdots E_2 E_1$ et $Q = F_1 F_2 \cdots F_t$ sont inversibles. La réciproque découle du fait que chaque étape est inversible.

4.24. Montrer que l'équivalence des matrices, notée $\approx$, est une relation d'équivalence : (a) $A \approx A$; (b) si $A \approx B$, alors $B \approx A$; (c) si $A \approx B$ et $B \approx C$, alors $A \approx C$.

(a) $A = IAI$ où I est non singulière ; donc $A \approx A$.

(*b*) Si $A \approx B$, alors $A = PAQ$ où P et Q sont non singulières. Alors $B = P^{-1}AQ^{-1}$ où P^{-1} et Q^{-1} sont non singulières. Donc, $B \approx A$.

(*c*) Si $A \approx B$ et $B \approx C$, alors $A = PBQ$ et $B = P'CQ'$ où P, Q, P' et Q' sont non singulières. Alors

$$A = P(P'CQ')Q = (PP')C(QQ')$$

où PP' et QQ' sont non singulières. Donc $A \approx C$.

4.25. Démontrer le théorème 4.17.

La démonstration se fait par étapes, sous la forme d'un algorithme.

Étape 1. Réduire A à la forme canonique ligne, avec les éléments distingués a_{11}, a_{2j_2}, ..., a_{rj_r}.

Étape 2. Échanger C_2 et C_{j_2}, échanger C_3 et C_{j_3}, et échanger C_r et C_{j_r}. Ceci conduit à une matrice de la forme $\left(\begin{array}{c|c} I_r & B \\ \hline 0 & 0 \end{array} \right)$, avec les éléments distingués a_{11}, a_{22}, ..., a_{rr}.

Étape 3. Utiliser des opérations sur les colonnes, avec A_{ii} comme pivots, afin de remplacer chaque élément de B par un zéro ; c'est-à-dire, pour

$$i = 1, 2, \ldots, r \qquad \text{et} \qquad j = r+1, r+2, \ldots, n,$$

appliquer l'opération $-b_{ij}C_i + C_i \rightarrow C_j$. La matrice finale est de la forme $\left(\begin{array}{c|c} I_r & 0 \\ \hline 0 & 0 \end{array} \right)$.

MATRICES PARTICULIÈRES

4.26. Trouver une matrice triangulaire supérieure A telle que $A^3 = \begin{pmatrix} 8 & -57 \\ 0 & 27 \end{pmatrix}$.

Posons $A = \begin{pmatrix} x & y \\ 0 & z \end{pmatrix}$. Alors A^3 est de la forme $\begin{pmatrix} x^3 & * \\ 0 & z^3 \end{pmatrix}$. Ainsi $x^3 = 8$, donc $x = 2$; $z^3 = 27$, donc $z = 3$.

Calculons maintenant A^3 en utlisant $x = 2$ et $z = 3$:

$$A^2 = \begin{pmatrix} 2 & y \\ 0 & 3 \end{pmatrix} \begin{pmatrix} 2 & y \\ 0 & 3 \end{pmatrix} = \begin{pmatrix} 4 & 5y \\ 0 & 9 \end{pmatrix} \qquad \text{et} \qquad A^3 = \begin{pmatrix} 2 & y \\ 0 & 3 \end{pmatrix} \begin{pmatrix} 4 & 5y \\ 0 & 9 \end{pmatrix} = \begin{pmatrix} 8 & 19y \\ 0 & 27 \end{pmatrix}$$

Ainsi, $19y = -57$, donc $y = -3$. Par conséquent, $A = \begin{pmatrix} 2 & -3 \\ 0 & 3 \end{pmatrix}$.

4.27. Démontrer le théorème 4.3(iii).

Soit $Ab = (c_{ij})$. Alors

$$c_{ij} = \sum_{k=1}^{n} a_{ik}b_{kj} \qquad \text{et} \qquad c_{ii} = \sum_{k=1}^{n} a_{ik}b_{ki}$$

Supposons que $i > j$. Alors, pour tout k, nous avons soit $i > k$, soit $k > j$, donc $a_{ik} = 0$ ou $b_{kj} = 0$. Ainsi, $c_{ij} = 0$ et AB est triangulaire supérieure. Supposons que $i = j$. Alors, pour $k < i$, $a_{ik} = 0$ et pour $k > i$, $b_{ki} = 0$. Donc $c_{ij} = a_{ii}b_{ii}$. Ce qu'il fallait démontrer.

4.28. Quelles sont toutes les matrices qui sont à la fois triangulaire supérieure et triangulaire inférieure ?

Si A est à la fois triangulaire supérieure et triangulaire inférieure, alors tout élément extérieur à la diagonale est nul. Donc A est une matrice diagonale.

4.29. Démontrer le théorème 4.4.

    (i) $(A + A^T)^T = A^T + (A^T)^T = A^T + A = A + A^T$

    (ii) $(A - A^T)^T = A^T - (A^T)^T = A^T - A = -(A - A^T)$

    (iii) Choisir $B \equiv \frac{1}{2}(A + A^T)$ et $C \equiv \frac{1}{2}(A - A^T)$, puis utiliser (i) et (ii). Remarquer qu'il n'y a pas d'autres choix possibles.

4.30. Écrire $A = \begin{pmatrix} 2 & 3 \\ 7 & 8 \end{pmatrix}$, comme la somme d'une matrice symétrique B et d'une matrice anti-symétrique C.

Calculer $A^T = \begin{pmatrix} 2 & 7 \\ 3 & 8 \end{pmatrix}$, $A + A^T = \begin{pmatrix} 4 & 10 \\ 10 & 16 \end{pmatrix}$, et $A - A^T = \begin{pmatrix} 0 & -4 \\ 4 & 0 \end{pmatrix}$. Alors

$$B = \frac{1}{2}(A + A^T) = \begin{pmatrix} 2 & 5 \\ 5 & 8 \end{pmatrix} \qquad C = \frac{1}{2}(A - A^T) = \begin{pmatrix} 0 & -2 \\ 2 & 0 \end{pmatrix}$$

4.31. Trouver x, y, z, s, t de sorte que la matrice $A = \begin{pmatrix} x & \frac{2}{3} & \frac{2}{3} \\ \frac{2}{3} & \frac{1}{3} & y \\ z & s & t \end{pmatrix}$ soit orthogonale.

Soit R_1, R_2 et R_3 les lignes de A et C_1, C_2 et C_3 les colonnes de A. Comme R_1 doit être un vecteur unitaire, $x^2 + \frac{4}{9} + \frac{4}{9} = 1$, donc $x = \pm\frac{1}{3}$. Comme R_2 doit être un vecteur unitaire, $\frac{4}{9} + \frac{1}{9} + y^2 = 1$, donc $y = \pm\frac{2}{3}$. Comme $R_1 \cdot R_2 = 0$, nous avons $2x/3 + \frac{2}{9} + 2y/3 = 0$, donc $3x + 3y = -1$. La seule possibilité est que $x = \frac{1}{3}$ et $y = -\frac{2}{3}$. Ainsi

$$A = \begin{pmatrix} \frac{1}{3} & \frac{2}{3} & \frac{2}{3} \\ \frac{2}{3} & \frac{1}{3} & -\frac{2}{3} \\ z & s & t \end{pmatrix}$$

D'autre part, les colonnes sont aussi des vecteurs unitaires

$$\frac{1}{9} + \frac{4}{9} + z^2 = 1 \qquad \frac{4}{9} + \frac{1}{9} + s^2 = 1 \qquad \frac{4}{9} + \frac{4}{9} + t^2 = 1$$

Ainsi $z = \pm\frac{2}{3}$, $s = \pm\frac{2}{3}$, et $t = \pm\frac{1}{3}$.

Cas (i) : $z = \frac{2}{3}$. Comme C_1 et C_2 sont orthogonaux, $s = -\frac{2}{3}$ et Comme C_1 et C_3 sont orthogonaux, $t = \frac{1}{3}$.

Cas (ii) : $z = -\frac{2}{3}$. Comme C_1 et C_2 sont orthogonaux, $s = \frac{2}{3}$ et Comme C_1 et C_3 sont orthogonaux, $t = -\frac{1}{3}$.

Finalement, il y a exactement deux solutions possibles :

$$A = \begin{pmatrix} \frac{1}{3} & \frac{2}{3} & \frac{2}{3} \\ \frac{2}{3} & \frac{1}{3} & -\frac{2}{3} \\ \frac{2}{3} & -\frac{2}{3} & \frac{1}{3} \end{pmatrix} \qquad \text{et} \qquad \begin{pmatrix} \frac{1}{3} & \frac{2}{3} & \frac{2}{3} \\ \frac{2}{3} & \frac{1}{3} & -\frac{2}{3} \\ -\frac{2}{3} & \frac{2}{3} & -\frac{1}{3} \end{pmatrix}$$

4.32. Supposons que $A = \begin{pmatrix} a & b \\ c & d \end{pmatrix}$ est orthogonale. Montrer que $a^2 + b^2 = 1$ et

$$A = \begin{pmatrix} a & b \\ b & -a \end{pmatrix} \qquad \text{ou} \qquad A = \begin{pmatrix} a & b \\ -b & a \end{pmatrix}$$

Puisque A est orthogonale, les lignes de A forment une famille orthogonale. Donc

$$a^2 + b^2 = 1 \qquad c^2 + d^2 = 1 \qquad ac + bd = 0$$

D'une manière analogue, les colonnes de A forment une famille orthogonale. Donc

$$a^2 + c^2 = 1 \qquad b^2 + d^2 = 1 \qquad ab + cd = 0$$

Et par suite, $c^2 = 1 - a^2 = b^2$, d'où $c = \pm b$.

Cas (i) : $c = +b$. Alors $b(a + d) = 0$, d'où $d = -a$. La matrice correspondante est $A = \begin{pmatrix} a & b \\ b & -a \end{pmatrix}$.

Cas (ii) : $c = -b$. Alors $b(d - a) = 0$, d'où $d = a$. La matrice correspondante est $A = \begin{pmatrix} a & b \\ -b & a \end{pmatrix}$.

4.33. Démontrer le théorème 4.6.

Soit a et b deux nombres réels quelconques tels que $a^2 + b^2 = 1$. Alors, il existe un nombre réel θ tel que $a = \cos \theta$ et $b = \sin \theta$. Le résultat découle maintenant du problème 4.32.

4.34. Trouver une matrice orthogonale P d'ordre 3 dont la première ligne est multiple de $u_1 = (1, 1, 1)$ et dont la seconde ligne est multiple de $u_2 = (0, -1, 1)$.

Cherchons d'abord un vecteur u_3 orthogonale à u_1 et u_2. Par exemple, le produit vectoriel $u_3 = u_1 \times u_2 = (2, -1, -1)$. Soit A la matrice dont les lignes sont u_1, u_2 et u_3. Soit P la matrice obtenue à partir de A en normalisant ses lignes. Donc

$$A = \begin{pmatrix} 1 & 1 & 1 \\ 0 & -1 & 1 \\ 2 & -1 & -1 \end{pmatrix} \quad \text{et} \quad \begin{pmatrix} 1/\sqrt{3} & 1/\sqrt{3} & 1/\sqrt{3} \\ 0 & -1/\sqrt{2} & 1/\sqrt{2} \\ 2/\sqrt{6} & -1/\sqrt{6} & -1/\sqrt{6} \end{pmatrix}$$

4.35. Démontrer le théorème 4.7.

Soit $A = \begin{pmatrix} a & b \\ c & d \end{pmatrix}$. Alors

$$AA^T = \begin{pmatrix} a & b \\ c & d \end{pmatrix} \begin{pmatrix} a & c \\ b & d \end{pmatrix} = \begin{pmatrix} a^2 + b^2 & ac + bd \\ ac + bd & c^2 + d^2 \end{pmatrix}$$

$$A^T A = \begin{pmatrix} a & c \\ b & d \end{pmatrix} \begin{pmatrix} a & b \\ c & d \end{pmatrix} = \begin{pmatrix} a^2 + c^2 & ab + cd \\ ab + cd & b^2 + d^2 \end{pmatrix}$$

Comme $AA^T = A^T A$, nous avons

$$a^2 + b^2 = a^2 + c^2 \qquad c^2 + d^2 = b^2 + d^2 \qquad ac + bd = ab + cd$$

La première équation donne $b^2 = c^2$, donc $b = c$ ou $b = -c$.

Cas (i) : $b = c$ (qui contient le cas $b = -c = 0$). Nous obtenons donc la matrice symétrique $A = \begin{pmatrix} a & b \\ b & d \end{pmatrix}$.

Cas (ii) : $b = -c \neq 0$. Donc $ac + bd = b(d - a)$ et $ab + cd = b(a - d)$. Ainsi, $b(d - a) = b(a - d)$ et, par suite, $2b(d - a) = 0$. Comme $b \neq 0$, $a = d$. Par conséquent, A est de la forme

$$A = \begin{pmatrix} a & b \\ -b & a \end{pmatrix} = \begin{pmatrix} a & 0 \\ 0 & a \end{pmatrix} + \begin{pmatrix} 0 & b \\ -b & 0 \end{pmatrix}$$

qui est la somme d'une matrice scalaire et d'une matrice anti-symétrique.

MATRICES COMPEXES

4.36. Trouver la matrice conjuguée de $A = \begin{pmatrix} 2 + i & 3 - 5i & 4 + 8i \\ 6 - i & 2 - 9i & 5 + 6i \end{pmatrix}$.

En prenant le conjugué de chaque élément de la matrice (où $\overline{a + bi} = a - bi$), nous obtenons :

$$\overline{A} = \overline{\begin{pmatrix} 2 + i & 3 - 5i & 4 + 8i \\ 6 - i & 2 - 9i & 5 + 6i \end{pmatrix}} = \begin{pmatrix} 2 - i & 3 + 5i & 4 - 8i \\ 6 + i & 2 + 9i & 5 - 6i \end{pmatrix}$$

4.37. Trouver A^H où $A = \begin{pmatrix} 2 - 3i & 5 + 8i \\ -4 & 3 - 7i \\ -6 - i & 5i \end{pmatrix}$.

$A^H = \overline{A^T}$, la matrice conjuguée de la transposée de A. Donc,

$$A^H = \begin{pmatrix} \overline{2 - 3i} & \overline{-4} & \overline{-6 - i} \\ \overline{5 + 8i} & \overline{3 - 7i} & \overline{5i} \end{pmatrix} = \begin{pmatrix} 2 + 3i & -4 & -6 - i \\ 5 - 8i & 3 + 7i & -5i \end{pmatrix}$$

4.38. Écrire $A = \begin{pmatrix} 2 + 6i & 5 + 3i \\ 9 - i & 4 - 2i \end{pmatrix}$ sous la forme $A = B + C$, où B est hermitienne et C est anti-hermitienne.

Cherchons d'abord

$$A^H = \begin{pmatrix} 2 - 6i & 9 + i \\ 5 - 3i & 4 + 2i \end{pmatrix} \qquad A + A^H = \begin{pmatrix} 4 & 14 + 4i \\ 14 - 4i & 8 \end{pmatrix} \qquad A - A^H = \begin{pmatrix} 12i & -4 + 2i \\ 4 + 2i & -4i \end{pmatrix}$$

Donc, les matrices cherchées sont

$$B = \frac{1}{2}(A + A^H) = \begin{pmatrix} 2 & 7 + 2i \\ 7 - 2i & 4 \end{pmatrix} \qquad \text{et} \qquad C = \frac{1}{2}(A - A^H) = \begin{pmatrix} 6i & -2 + i \\ 2 + i & -2i \end{pmatrix}$$

4.39. Définir une famille orthogonale de vecteurs de $\mathbb{C}^n$ et démontrer l'analogue du théorème 4.5 dans le cas complexe.

Théorème : Soit A une matrice complexe. Alors les propriétés suivantes sont équivalentes : (a) A est unitaire ; (b) les lignes de A forment une famille orthonormale ; (c) les colonnes de A forment une famille orthonormale.

Les vecteurs u_1, u_2, $u_r \in \mathbb{C}^n$ forment une famille orthonormale si $u_i \cdot u_j = \delta_{ij}$, où le produit scalaire dans $\mathbb{C}$ est défini par

$$(a_1, a_2, \ldots, a_n) \cdot (b_1, b_2, \ldots, b_n) = a_1 \overline{b_1} + a_2 \overline{b_2} + \cdots + a_n \overline{b_n}$$

et δ_{ij} désigne le symbole de Kronecker [*cf.* exemple 4.3(a)].

Soit R_1, R_2, $\ldots$, R_n les lignes de A. Donc $\overline{R}_1^T$, $\overline{R}_2^T$, $\ldots$, $\overline{R}_n^T$ les colonnes de A^H. Posons $AA^H = (c_{ij})$. Par définition du produit des matrices, $c_{ij} = R_i \overline{R}_j^T = R_i \cdot R_j$. Il s'ensuit que $AA^T = I$ si, et seulement si $R_i \cdot R_j = \delta_{ij}$ si, et seulement si R_1, R_2, $\ldots$, R_n forment une famille orthonormale. Ainsi, (a) et (b) sont équivalentes. D'une manière analogue, A est unitaire si, et seulement si A^H est unitaire si, et seulement si les lignes de A^H forment une famille orthonormale si, et seulement si les conjugués des colonnes de A^H forment une famille orthonormale si, et seulement si les colonnes de A^H forment une famille orthonormale. Ainsi, (a) et (c) sont équivalents et le théorème est démontré.

4.40. Montrer que la matrice $A = \begin{pmatrix} \frac{1}{3} - \frac{2}{3}i & \frac{2}{3}i \\ -\frac{2}{3}i & -\frac{1}{3} - \frac{2}{3}i \end{pmatrix}$ est unitaire.

Les lignes de A forment une famille orthonormale :

$$(\tfrac{1}{3} - \tfrac{2}{3}i, \tfrac{2}{3}i) \cdot (\tfrac{1}{3} - \tfrac{2}{3}i, \tfrac{2}{3}i) = (\tfrac{1}{9} + \tfrac{4}{9}) + \tfrac{4}{9} = 1$$

$$(\tfrac{1}{3} - \tfrac{2}{3}i, \tfrac{2}{3}i) \cdot (-\tfrac{2}{3}i, -\tfrac{1}{3} - \tfrac{2}{3}i) = (\tfrac{2}{9}i + \tfrac{4}{9}) + (-\tfrac{2}{9}i - \tfrac{4}{9}) = 0$$

$$(-\tfrac{2}{3}i, -\tfrac{1}{3} - \tfrac{2}{3}i) \cdot (-\tfrac{2}{3}i, -\tfrac{1}{3} - \tfrac{2}{3}i) = \tfrac{4}{9} + (\tfrac{1}{9} + \tfrac{4}{9}) = 1$$

Ainsi, A est unitaire.

MATRICES CARRÉES PAR BLOCS

4.41. Déterminer si les matrices suivantes sont carrées par blocs :

$$A = \left(\begin{array}{cc|c|cc} 1 & 2 & 3 & 4 & 5 \\ 1 & 1 & 1 & 1 & 1 \\ \hline 9 & 8 & 7 & 6 & 5 \\ 3 & 3 & 3 & 3 & 3 \\ \hline 1 & 3 & 5 & 7 & 9 \end{array} \right) \qquad B = \left(\begin{array}{cc|c|cc} 1 & 2 & 3 & 4 & 5 \\ 1 & 1 & 1 & 1 & 1 \\ \hline 9 & 8 & 7 & 6 & 5 \\ \hline 3 & 3 & 3 & 3 & 3 \\ \hline 1 & 3 & 5 & 7 & 9 \end{array} \right)$$

Bien que A, matrice carrée d'ordre 5, soit décomposée en une matrice par blocs 3×3, le deuxième et le troisième blocs diagonaux ne sont pas des matrices carrées. Donc A n'est pas une matrice carrée par blocs.

La matrice B est une matrice carrée par blocs.

4.42. Compléter la partition de $C = \left(\begin{array}{ccccc} 1 & 2 & 3 & 4 & 5 \\ 1 & 1 & 1 & 1 & 1 \\ \hline 9 & 8 & 7 & 6 & 5 \\ 3 & 3 & 3 & 3 & 3 \\ \hline 1 & 3 & 5 & 7 & 9 \end{array} \right)$ pour obtenir une matrice carrée par blocs.

Un trait horizontale sépare les deuxième et troisième lignes, donc il faut ajouter un trait entre les deuxième et troisième colonnes. L'autre trait horizontal sépare la quatrième et la cinquième ligne, donc il faut ajouter un trait vertical entre la quatrième et la cinquième colonne. [Les traits horizontaux et verticaux doivent être symétriques par rapport à la diagonale, pour obtenir une matrice carrée par blocs.] Ceci conduit donc à la matrice carrée par blocs.

$$C = \left(\begin{array}{cc|cc|c} 1 & 2 & 3 & 4 & 5 \\ 1 & 1 & 1 & 1 & 1 \\ \hline 9 & 8 & 7 & 6 & 5 \\ 3 & 3 & 3 & 3 & 3 \\ \hline 1 & 3 & 5 & 7 & 9 \end{array} \right)$$

4.43. Déterminer si les matrices carrées par blocs suivantes sont triangulaires inférieures, triangulaires supérieures ou diagonales par blocs :

$$A = \left(\begin{array}{cc|c} 1 & 2 & 0 \\ 3 & 4 & 5 \\ \hline 0 & 0 & 6 \end{array} \right) \quad B = \left(\begin{array}{c|cc|c} 1 & 0 & 0 & 0 \\ \hline 2 & 3 & 4 & 0 \\ 5 & 0 & 6 & 0 \\ \hline 0 & 7 & 8 & 9 \end{array} \right) \quad C = \left(\begin{array}{c|cc} 1 & 0 & 0 \\ \hline 9 & 2 & 3 \\ 0 & 4 & 5 \end{array} \right) \quad D = \left(\begin{array}{cc|c} 1 & 2 & 0 \\ 3 & 4 & 5 \\ \hline 0 & 6 & 7 \end{array} \right)$$

A est triangulaire supérieure par blocs, puisque le bloc au-dessus de la diagonale est une matrice nulle.

B est triangulaire inférieure par blocs, puisque le bloc en dessous de la diagonale est une matrice nulle.

C est diagonale par blocs puisque les blocs au-dessus et en dessous de la diagonale sont des matrices nulles.

D est ni triangulaire inférieure ni triangulaire supérieure par blocs. De plus, aucune autre partition de D ne donne ni une matrice triangulaire inférieure ni une matrice triangulaire supérieure par blocs.

4.44. Considérons les matrices diagonales par blocs suivantes dont les blocs correspondants sont de même ordre :

$$M = \operatorname{diag}(A_1, A_2, \ldots, A_r) \qquad \text{et} \qquad N = \operatorname{diag}(B_1, B_2, \ldots, B_r)$$

Trouver : (a) $M + N$; (b) kM ; (c) MN ; (d) $f(M)$ pour un polynôme $f(x)$ donné.

   (a) Il suffit d'additionner les blocs diagonaux : $M + N = \operatorname{diag}(A_1 + B_1, A_2 + B_2, \ldots, A_r + B_r)$.

   (b) Il suffit de multiplier chaque bloc diagonal par k : $kM = \operatorname{diag}(kA_1, kA_2, \ldots, kA_r)$.

(c) Il suffit de multiplier les blocs diagonaux : $MN = \mathrm{diag}(A_1B_1, A_2B_2, \ldots, A_rB_r)$.

(d) Calculons $f(A_i)$ pour chaque bloc diagonal A_i. Alors $f(M) = \mathrm{diag}(f(A_1), f(A_2), \ldots, f(A_r))$.

4.45. Calculer M^2 où $M = \left(\begin{array}{cc|c|cc} 1 & 2 & & & \\ 3 & 4 & & & \\ \hline & & 5 & & \\ \hline & & & 1 & 3 \\ & & & 5 & 7 \end{array}\right)$.

Puisque M est diagonale par blocs, il suffit d'élever au carré chaque bloc :

$$\begin{pmatrix} 1 & 2 \\ 3 & 4 \end{pmatrix}\begin{pmatrix} 1 & 2 \\ 3 & 4 \end{pmatrix} = \begin{pmatrix} 7 & 10 \\ 15 & 22 \end{pmatrix}$$

$$(5)(5) = (25)$$

$$\begin{pmatrix} 1 & 3 \\ 5 & 7 \end{pmatrix}\begin{pmatrix} 1 & 3 \\ 5 & 7 \end{pmatrix} = \begin{pmatrix} 16 & 24 \\ 40 & 64 \end{pmatrix}$$

Ainsi, $M^2 = \left(\begin{array}{cc|c|cc} 7 & 10 & & & \\ 15 & 22 & & & \\ \hline & & 25 & & \\ \hline & & & 16 & 24 \\ & & & 40 & 64 \end{array}\right)$

CONGRUENCE DES MATRICES SYMÉTRIQUES ET FORMES CANONIQUES

4.46. Soit $A = \begin{pmatrix} 1 & -3 & 2 \\ -3 & 7 & -5 \\ 2 & -5 & 8 \end{pmatrix}$, une matrice symétrique. Trouver (a) une matrice P non singulière telle que

la matrice $B = P^t AP$ soit diagonale ; (b) la signature de A.

(a) Formons d'abord la matrice blocs $(A \vdots I)$:

$$(A \vdots I) = \begin{pmatrix} 1 & -3 & 2 & \vdots & 1 & 0 & 0 \\ -3 & 7 & -5 & \vdots & 0 & 1 & 0 \\ 2 & -5 & 8 & \vdots & 0 & 0 & 1 \end{pmatrix}$$

Appliquons les opérations élémentaires sur les lignes $3R_1 + R_2 \to R_2$ et $-2R_1 + R_3 \to R_3$ à la matrice $(A \vdots I)$ puis les opérations correspondantes sur les colonnes $3C_1 + C_2 \to C_2$ et $-2C_1 + C_3 \to C_3$ à la matrice A pour obtenir

$$\begin{pmatrix} 1 & -3 & 2 & \vdots & 1 & 0 & 0 \\ 0 & -2 & 1 & \vdots & 3 & 1 & 0 \\ 0 & 1 & 4 & \vdots & -2 & 0 & 1 \end{pmatrix} \quad \text{et donc} \quad \begin{pmatrix} 1 & 0 & 0 & \vdots & 1 & 0 & 0 \\ 0 & -2 & 1 & \vdots & 3 & 1 & 0 \\ 0 & 1 & 4 & \vdots & -2 & 0 & 1 \end{pmatrix}$$

Appliquons maintenant l'opération sur les lignes $R_2 + 2R_3 \to R_3$ puis l'opération correspondante sur les colonnes $C_2 + 2C_3 \to C_3$ pour obtenir

$$\begin{pmatrix} 1 & 0 & 0 & \vdots & 1 & 0 & 0 \\ 0 & -2 & 1 & \vdots & 3 & 1 & 0 \\ 0 & 0 & 9 & \vdots & -1 & 1 & 2 \end{pmatrix} \quad \text{ou} \quad \begin{pmatrix} 1 & 0 & 0 & \vdots & 1 & 0 & 0 \\ 0 & -2 & 0 & \vdots & 3 & 1 & 0 \\ 0 & 0 & 18 & \vdots & -1 & 1 & 2 \end{pmatrix}$$

Maintenant, A étant diagonalisée, posons

$$P = \begin{pmatrix} 1 & 3 & -1 \\ 0 & 1 & 1 \\ 0 & 0 & 2 \end{pmatrix} \quad \text{et donc} \quad B = P^T AP = \begin{pmatrix} 1 & 0 & 0 \\ 0 & -2 & 0 \\ 0 & 0 & 18 \end{pmatrix}$$

(b) B contient **p** = 2 éléments positifs et **n** = 1 élément négatif sur la diagonale. Donc $\mathrm{sgn}\,A = 2 - 1 = 1$.

FORMES QUADRATIQUES

4.47. Trouver la forme quadratique $q(x, y)$ correspond à la matrice symétrique $A \begin{pmatrix} 5 & -3 \\ -3 & 8 \end{pmatrix}$.

$$q(x, y) = (x, y) \begin{pmatrix} 5 & -3 \\ -3 & 8 \end{pmatrix} \begin{pmatrix} x \\ y \end{pmatrix} = (5x - 3y, -3x + 8y) \begin{pmatrix} x \\ y \end{pmatrix}$$
$$= 5x^2 - 3xy - 3xy + 8y^2 = 5x^2 - 6xy + 8y^2$$

4.48. Trouver la matrice symétrique A associée à la forme quadratique

$$q(x, y, z) = 3x^2 + 4xy - y^2 + 8xz - 6yz + z^2$$

La matrice symétrique $A = (a_{ij})$ représentant $q(x_1, \ldots, x_n)$ a sur sa diagonale l'élément a_{ii} égal au coefficient de x_i^2, les éléments a_{ij} et a_{ji} étant égaux à la moitié du coefficient du produit $x_i x_j$. Ainsi,

$$A = \begin{pmatrix} 3 & 2 & 4 \\ 2 & -1 & -3 \\ 4 & -3 & 1 \end{pmatrix}$$

4.49. Dans chacun des cas suivants, trouver la matrice symétrique B associée à la forme quadratique

$$(a) \quad q(x, y) = 4x^2 + 5xy - 7y^2 \qquad (b) \quad q(x, y, z) = 4xy + 5y^2$$

(a) Ici, $B = \begin{pmatrix} 4 & \frac{5}{2} \\ \frac{5}{2} & -7 \end{pmatrix}$. (La division par 2 peut introduire des fractions même si les coefficients dans q sont entiers.)

(b) Même si seulement x et y apparaissent dans le polynôme quadratique, l'expression $q(x, y, z)$ indique qu'il s'agit bien d'une forme de trois variables. Autrement dit,

$$q(x, y, z) = 0x^2 + 4xy + 5y^2 + 0xz + 0yz + 0z^2$$

Ainsi,

$$B = \begin{pmatrix} 0 & 2 & 0 \\ 2 & 5 & 0 \\ 0 & 0 & 0 \end{pmatrix}$$

4.50. Considérons la forme quadratique $q(x, y) = 3x^2 + 2xy - y^2$ et les équations de changement de variables, $x = s - 3t$, $y = 2s + t$.

(a) Récrire $q(x, y)$ en notation matricielle et trouver la matrice A représentant la forme quadratique.

(b) Récrire les équations de changement de variables en notation matricielle et trouver la matrice P correspondante.

(c) Trouver $q(s, t)$ en utlisant directement les équations de changement de variables.

(d) Trouver $q(s, t)$ en utlisant la notation matricielle.

(a) Ici, $q(x, y) = (x, y) \begin{pmatrix} 3 & 1 \\ 1 & -1 \end{pmatrix} \begin{pmatrix} x \\ y \end{pmatrix}$. Donc $A = \begin{pmatrix} 3 & 1 \\ 1 & -1 \end{pmatrix}$ et $q(X) = X^T A X$ où $X = (x, y)^T$.

(b) Nous avons $\begin{pmatrix} x \\ y \end{pmatrix} = \begin{pmatrix} 1 & -3 \\ 2 & 1 \end{pmatrix} \begin{pmatrix} s \\ t \end{pmatrix}$. Ainsi, $P = \begin{pmatrix} 1 & -3 \\ 2 & 1 \end{pmatrix}$ et $q(X) = PY$ où $X = (x, y)^T$ et $Y = (s, t)^T$.

(c) En remplaçant x et y dans q par leurs expressions en fonction de s et t, nous obtenons

$$q(s, t) = 3(s - 3t)^2 + 2(s - 3t)(2s + t) - (2s + t)^2$$
$$= 3(s^2 - 6st + 9t^2) + 2(2s^2 - 5st - 3t^2) - (s^2 + 4st + t^2) = 3s^2 - 32st + 20t^2$$

(d) Ici, $q(X) = X^T A X$ et $X = PY$. Ainsi, $X^T = Y^T P^T$. Par conséquent

$$q(s, t) = q(Y) = Y^T P^T A P Y = (s, t) \begin{pmatrix} 1 & 2 \\ -3 & 1 \end{pmatrix} \begin{pmatrix} 3 & 1 \\ 1 & -1 \end{pmatrix} \begin{pmatrix} 1 & -3 \\ 2 & 1 \end{pmatrix} \begin{pmatrix} s \\ t \end{pmatrix}$$

$$= (s, t) \begin{pmatrix} 3 & -16 \\ -16 & 20 \end{pmatrix} \begin{pmatrix} s \\ t \end{pmatrix} = 3s^2 - 32st + 20t^2$$

[Bien entendu, les résultats obtenus en (c) et (d) sont égaux.]

4.51. Soit L un système d'équations de changement de variables $X = PY$, comme dans le problème 4.50.

(a) Déterminer quand L est non singulier ? orthogonal ? (b) Décrire l'avantage principal d'un changement de variables orthogonal sur un changement de variables non singulier. (c) Le changement de variables du problème 4.50 est-il non singulier ? orthogonal ?

(a) L est dit non singulier ou orthogonal suivant que la matrice P, représentant ce changement de variables, est non singulière ou orthogonale.

(b) Rappelons que les colonnes de la matrice P, représentant le changement de variables, définissent un nouveau système d'axes de coordonnées. Si P est orthogonale, les nouveaux axes sont perpendiculaires et les vecteurs de base sont unitaires comme pour les axes originaux.

(c) La matrice $P = \begin{pmatrix} 1 & -3 \\ 2 & 1 \end{pmatrix}$ est non singulière, mais elle n'est pas orthogonale. Donc le changement de variables est non singulier et non orthogonal.

4.52. Soit $q(x, y, z) = x^2 + 4xy + 3y^2 - 8xz - 12yz + 9z^2$. Trouver un changement de variables non singulier exprimant les variables x, y, et z en fonction de r, s et t de sorte que $q(r, s, t)$ soit diagonale. En déduire la signature de q.

Formons d'abord la matrice par blocs $(A|I)$, où A est la matrice associée à la forme quadratique q :

$$(A|I) = \begin{pmatrix} 1 & 2 & -4 & | & 1 & 0 & 0 \\ 2 & 3 & -6 & | & 0 & 1 & 0 \\ -4 & -6 & 9 & | & 0 & 0 & 1 \end{pmatrix}$$

Appliquons les opérations sur les lignes $-2R_1 + R_2 \to R_2$ et $4R_1 + R_3 \to R_3$ puis les opérations correspondantes sur les colonnes et $2R_2 + R_3 \to R_3$ l'opération correspondante sur les colonnes, pour obtenir

$$\begin{pmatrix} 1 & 0 & 0 & | & 1 & 0 & 0 \\ 0 & -1 & 2 & | & -2 & 1 & 0 \\ 0 & 2 & -7 & | & 4 & 0 & 1 \end{pmatrix} \quad \text{et donc} \quad \begin{pmatrix} 1 & 0 & 0 & | & 1 & 0 & 0 \\ 0 & -1 & 0 & | & -2 & 1 & 0 \\ 0 & 0 & -3 & | & 0 & 2 & 1 \end{pmatrix}$$

Ainsi, le changement de variables $x = r - 2s$, $y = s + 2t$, $z = t$ donnent la forme quadratique

$$q(r, s, t) = r^2 - s^2 - 3t^2$$

Par conséquent, la signature de q est sgn $q = 1 - 2 = -1$.

4.53. Diagonaliser la forme quadratique q en utilisant la méthode dite *en complétant les carrés* :

$$q(x, y) = 2x^2 - 12xy + 5y^2$$

Mettons d'abord en facteur le coefficient de x^2 dans les termes en x^2 et xy pour obtenir

$$q(x, y) = 2(x^2 - 6xy \quad) + 5y^2$$

Maintenant, complétons l'expression entre parenthèses pour obtenir un carré, en additionnant le multiple approprié de y^2 puis en le retranchant à l'extérieur de la parenthèse. Nous obtenons

$$q(x, y) = 2(x^2 - 6x + 9y^2) + 5y^2 - 18y^2 = 2(x - 3y)^2 - 13y^2$$

(Le -18 provient du fait que $9y^2$ à l'intérieur de la parenthèse est multiplié par 2.) Posons maintenant $s = x - 3y$, $t = y$. Alors $x = s + 3t$, $y = t$. Ces équations de changement de variables conduisent à la nouvelle expression de la forme quadratique $q(s, t) = 2s^2 - 13t^2$.

FORMES QUADRATIQUES DÉFINIES POSITIVES

4.54. Soit $q(x, y, z) = x^2 + 2y^2 - 4yz + 7z^2$. q est-elle définie positive ?

Commençons par diagonaliser la matrice symétrique A (à une matrice congrue près) associée à la forme quadratique q (en appliquant les opérations $2R_1 + R_3 \rightarrow R_3$ et $2C_1 + C_3 \rightarrow C_3$ puis $R_2 + R_3 \rightarrow R_3$ et $C_2 + C_3 \rightarrow C_3$) :

$$A = \begin{pmatrix} 1 & 0 & -2 \\ 0 & 2 & -2 \\ -2 & -2 & 7 \end{pmatrix} \rightarrow \begin{pmatrix} 1 & 0 & 0 \\ 0 & 2 & -2 \\ 0 & -2 & 3 \end{pmatrix} \rightarrow \begin{pmatrix} 1 & 0 & 0 \\ 0 & 2 & 0 \\ 0 & 0 & 1 \end{pmatrix}$$

La représentation diagonale de q contient uniquement des éléments positifs, 1, 2 et 1, sur la diagonale ; donc q est définie positive.

4.55. Soit $q(x, y, z) = x^2 + y^2 + 2xz + 4yz + 3z^2$. q est-elle définie positive ?

Commençons par diagonaliser la matrice symétrique A (à une matrice congrue près) associée à la forme quadratique q :

$$A = \begin{pmatrix} 1 & 0 & 1 \\ 0 & 1 & 2 \\ 1 & 2 & 3 \end{pmatrix} \rightarrow \begin{pmatrix} 1 & 0 & 0 \\ 0 & 1 & 2 \\ 0 & 2 & 2 \end{pmatrix} \rightarrow \begin{pmatrix} 1 & 0 & 0 \\ 0 & 1 & 0 \\ 0 & 0 & -2 \end{pmatrix}$$

La représentation diagonale de q contient un élément négatif -2, donc q n'est pas définie positive.

4.56. Montrer que $q(x, y) ax^2 + bxy + cy^2$ est définie positive si, et seulement si le discriminant $D = b^2 - 4ac < 0$.

Soit $v = (x, y) \neq 0$, avec $y \neq 0$. Posons $t = x/y$. Alors

$$q(v) = y^2[a(x/y)^2 + b(x/y) + c] = y^2(at^2 + bt + c)$$

Cependant, $s = at^2 + bt + c$ est situé au-dessus de l'axe des t, c'est-à-dire, est positif pour toute valeur de t, si et seulement si le discriminant $D = b^2 - 4ac < 0$. Ainsi, q est définie positive si et seulement si $D < 0$.

4.57. Déterminer si les formes quadratiques suivantes sont définies positives :

$$(a)\ \ q(x, y) = x^2 - 4xy + 5y^2 \qquad (b)\ \ q(x, y) = x^2 + 6xy + 3y^2$$

(a) **Méthode 1.** Diagonalisons q en complétant les carrés :

$$q(x, y) = x^2 - 4xy + 4y^2 + 5y^2 - 4y^2 = (x - 2y)^2 + y^2 = s^2 + t^2$$

où $s = x - 2y$, $t = y$. Ainsi q est définie positive.

Méthode 2. Calculons le discriminant $D = b^2 - 4ac = 16 - 20 = -4$. Comme $D < 0$, q est définie positive.

(b) **Méthode 1.** Diagonalisons q en complétant les carrés :

$$q(x, y) = x^2 + 6xy + 9y^2 + 3y^2 - 9y^2 = (x + 3y)^2 - 6y^2 = s^2 - 6t^2$$

où $s = x + 3y$, $t = y$. Comme $-6 < 0$, q n'est pas définie positive.

Méthode 2. Calculons le discriminant $D = b^2 - 4ac = 36 - 12 = 24$. Comme $D > 0$, q n'est pas définie positive.

4.58. Soit B une matrice non singulière quelconque et $M = B^T B$. Montrer que (a) M est symétrique, et (b) M est définie positive.

(a) $M^T = (B^T B)^T = B^T B^{TT} = B^T B = M$; donc M est symétrique.

(b) Puisque B est non singulière, $BX \neq 0$ pour tout vecteur non nul $X \in \mathbb{R}^n$. Donc, le produit scalaire de BX par lui-même, $BX \cdot BX = (BX)^T(BX)$, est positif. Ainsi,

$$q(X) = X^T M X = X^T(B^T B)X = (X^T B^T)(BX) = (BX)^T(BX) > 0$$

Par conséquent, M est définie positive.

4.59. Montrer que $q(X) = \|X\|^2$, le carré de la norme d'un vecteur X, est une forme quadratique définie positive.

Pour $X = (x_1, x_2, \ldots, x_n)$, nous avons $q(X) = x_1^2 + x_2^2 + \cdots + x_n^2)$. q est un polynôme dont chaque terme est de degré deux et q est écrit sous forme diagonale où tous les éléments diagonaux sont positifs. Par conséquent, q est une forme quadratique définie positive.

4.60. Montrer que les deux définitions de forme quadratique définie positive sont équivalentes :

(a) Les éléments diagonaux, dans toute représentation diagonale de q, sont tous positifs.

(b) $q(Y) > 0$, pour tout vecteur non nul $Y \in \mathbb{R}^n$.

$q(Y) = a_1 y_1^2 + a_2 y_2^2 + \cdots + a_n y_n^2$. Si tous les coefficients a_i sont positifs, alors il est clair que $q(Y) > 0$ pour tout vecteur non nul $Y \in \mathbb{R}^n$. Ainsi, (a) implique (b). Réciproquement, supposons que $a_k \leq 0$. Soit $e_k = (0, \ldots, 1, \ldots, 0)$ le vecteur dont toutes les composantes sont nulles sauf la k-ième qui est égale à 1. Alors $q(e_k) = a_k \leq 0$ pour le vecteur $e_k \neq 0$. Ainsi, non(a) implique non(b). Par conséquent, les deux définitions (a) et (b) sont équivalentes.

MATRICES SEMBLABLES

4.61. Considérons le plan cartésien $\mathbb{R}^2$ muni de son système de coordonnées usuelles x et y. La matrice non singulière d'ordre 2

$$P = \begin{pmatrix} 1 & 3 \\ -1 & 2 \end{pmatrix}$$

détermine un nouveau système de coordonnées, défini par les axes s et t. (*cf.* exemple 4.16.)

(a) Construire les axes s et t du nouveau système de coordonnées dans le plan $\mathbb{R}^2$.

(b) Trouver les coordonnées de $Q(1, 5)$ dans le nouveau système de coordonnées.

(a) On construit l'axe s dans la direction du premier vecteur colonne $u_1 = (1, -1)^T$ de P avec, comme unité, la longueur de u_1. D'une manière analogue, on construit l'axe t dans la direction du second vecteur colonne $u_2 = (3, 2)^T$ de P avec, comme unité, la longueur de u_2. (*Cf.* fig. 4-2.)

(b) Calculons d'abord $P^{-1} = \begin{pmatrix} \frac{2}{5} & -\frac{3}{5} \\ \frac{1}{5} & \frac{1}{5} \end{pmatrix}$, par exemple en utilisant la formule de l'inverse d'une matrice carrée d'ordre 2. Multiplions maintenant le vecteur des coordonnées de Q par P^{-1} :

$$P^{-1}Q = \begin{pmatrix} \frac{2}{5} & -\frac{3}{5} \\ \frac{1}{5} & \frac{1}{5} \end{pmatrix} \begin{pmatrix} 1 \\ 5 \end{pmatrix} \begin{pmatrix} -\frac{13}{5} \\ \frac{6}{5} \end{pmatrix}$$

Ainsi, $Q'(-\frac{13}{5}, \frac{6}{5})$ sont les coordonnées de Q dans le nouveau système.

4.62. Soit $f : \mathbb{R}^2 \to \mathbb{R}^2$ définie par $f(x, y) = (2x - 5y, 3x + 4y)$.

(a) En utilisant $X = (x, y)^T$, écrire f en notation matricielle, *i.e.* trouver la matrice A telle que $f(X) = AX$.

(b) En se référant au nouveau système d'axes s et t de $\mathbb{R}^2$ introduit au problème 4.61 et, en utlisant $Y = (s, t)^T$, trouver $f(s, t)$ en cherchant d'abord la matrice B telle que $f(Y) = BY$.

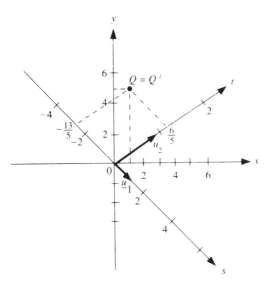

Fig. 4-2.

(a) Ici, $f\begin{pmatrix} x \\ y \end{pmatrix} = \begin{pmatrix} 2 & -5 \\ 3 & 4 \end{pmatrix}\begin{pmatrix} x \\ y \end{pmatrix}$; donc $A = \begin{pmatrix} 2 & -5 \\ 3 & 4 \end{pmatrix}$.

(b) Calculons $B = P^{-1}AP = \begin{pmatrix} \frac{2}{5} & -\frac{3}{5} \\ \frac{1}{5} & \frac{1}{5} \end{pmatrix}\begin{pmatrix} 2 & -5 \\ 3 & 4 \end{pmatrix}\begin{pmatrix} 1 & 3 \\ -1 & 2 \end{pmatrix} = \begin{pmatrix} \frac{17}{5} & -\frac{59}{5} \\ \frac{6}{5} & \frac{13}{5} \end{pmatrix}$. Alors

$$f\begin{pmatrix} x \\ y \end{pmatrix} = \begin{pmatrix} \frac{17}{5} & -\frac{59}{5} \\ \frac{6}{5} & \frac{13}{5} \end{pmatrix}\begin{pmatrix} x \\ y \end{pmatrix} =$$

Ainsi, $f(s, t) = (\frac{17}{5}s - \frac{5\gamma}{5}t, \frac{6}{5}s + \frac{13}{5}t)$.

4.63. Considérons l'espace $\mathbb{R}^3$ muni de son système de coordonnées usuelles x, y et z. La matrice non singulière d'ordre 2

$$P = \begin{pmatrix} 1 & 3 & -2 \\ -2 & -5 & 2 \\ 1 & 2 & 1 \end{pmatrix}$$

détermine un nouveau système de coordonnées de $\mathbb{R}^3$, défini par les axes r, s et t. [Autrement dit, P définit des équations de changement de variables : $X = PX$, où $X = (x, y, z)^T$ et $Y = (r, s, t)^T$.] Trouver les coordonnées de $Q(1, 2, 3)$ dans le nouveau système de coordonnées.

Calculons d'abord P^{-1}. Formons la matrice par blocs $M = (P|I)$ puis réduuisons-la à la forme canonique ligne :

$$M = \begin{pmatrix} 1 & 3 & -2 & \vdots & 1 & 0 & 0 \\ -2 & -5 & 2 & \vdots & 0 & 1 & 0 \\ 1 & 2 & 1 & \vdots & 0 & 1 & 0 \end{pmatrix} \sim \begin{pmatrix} 1 & 3 & -2 & \vdots & 1 & 0 & 0 \\ 0 & 1 & -2 & \vdots & 2 & 1 & 0 \\ 0 & -1 & 3 & \vdots & -1 & 0 & 1 \end{pmatrix}$$

$$\sim \begin{pmatrix} 1 & 3 & -2 & \vdots & 1 & 0 & 0 \\ 0 & 1 & -2 & \vdots & 2 & 1 & 0 \\ 0 & 0 & 1 & \vdots & 1 & 1 & 1 \end{pmatrix} \sim \begin{pmatrix} 1 & 3 & 0 & \vdots & 3 & 2 & 2 \\ 0 & 1 & 0 & \vdots & 4 & 3 & 2 \\ 0 & 0 & 1 & \vdots & 1 & 1 & 1 \end{pmatrix}$$

$$\sim \begin{pmatrix} 1 & 0 & 0 & \vdots & -9 & -7 & -4 \\ 0 & 1 & 0 & \vdots & 4 & 3 & 2 \\ 0 & 0 & 1 & \vdots & 1 & 1 & 1 \end{pmatrix}$$

Par conséquent,

$$P^{-1} = \begin{pmatrix} -9 & -7 & -4 \\ 4 & 3 & 2 \\ 1 & 1 & 1 \end{pmatrix} \quad \text{et} \quad P^{-1}Q = \begin{pmatrix} -9 & -7 & -4 \\ 4 & 3 & 2 \\ 1 & 1 & 1 \end{pmatrix} \begin{pmatrix} 1 \\ 2 \\ 3 \end{pmatrix} = \begin{pmatrix} -47 \\ 16 \\ 6 \end{pmatrix}$$

Ainsi, $Q'(-47, 16, 6)$ sont les coordonnées de Q dans le nouveau système.

4.64. Soit $f : \mathbb{R}^3 \to \mathbb{R}^3$ définie par

$$f(x, y, z) = (x + 2y - 3z, 2x - 3y + z)$$

et P la matrice non singulière de changement de variables définie au problème 4.63. [Ainsi, $X = PY$, où $X = (x, y, z)^T$ et $Y = (r, s, t)^T$.] Trouver (a) la matrice A telle que $f(X) = AX$, (b) la matrice B telle que $f(Y) = BY$, et (c) $f(r, s, t)$.

(a) Les coefficients de x, y et z donnent la matrice A :

$$f \begin{pmatrix} x \\ y \\ z \end{pmatrix} = \begin{pmatrix} 1 & 2 & -3 \\ 2 & 0 & 1 \\ 1 & -3 & 1 \end{pmatrix} \begin{pmatrix} x \\ y \\ z \end{pmatrix} \quad \text{et donc} \quad A = \begin{pmatrix} 1 & 2 & -3 \\ 2 & 0 & 1 \\ 1 & -3 & 1 \end{pmatrix}$$

(b) Ici, B est semblable à A,

$$B = P^{-1}AP = \begin{pmatrix} -9 & -7 & -4 \\ 4 & 3 & 2 \\ 1 & 1 & 1 \end{pmatrix} \begin{pmatrix} 1 & 2 & -3 \\ 2 & 0 & 1 \\ 1 & -3 & 1 \end{pmatrix} \begin{pmatrix} 1 & 2 & -3 \\ 2 & 0 & 1 \\ 1 & -3 & 1 \end{pmatrix} = \begin{pmatrix} 1 & -19 & 58 \\ 1 & 12 & -27 \\ 5 & 15 & -11 \end{pmatrix}$$

(c) Maintenant, en utlisant la matrice B, nous obtenons

$$f(r, s, t) = (r - 19s + 58t, r + 12s - 27t, 5r + 15s - 11t)$$

4.65. Supposons que la matrice B est semblable à A. Montrer que $\operatorname{tr} B = \operatorname{tr} A$.

Comme B est semblable à A, il existe une matrice P non singulière telle que $B = P^{-1}AP$. Alors, d'après le théorème 4.1,

$$\operatorname{tr} B = \operatorname{tr} P^{-1}AP = \operatorname{tr} PP^{-1}A = \operatorname{tr} A$$

FACTORISATION-*LU*

4.66. Trouver la factorisation LU de la matrice $A = \begin{pmatrix} 1 & 3 & 2 \\ 2 & 5 & 6 \\ -3 & -2 & 7 \end{pmatrix}$.

Réduisons la matrice A à la forme triangulaire en appliquant les opérations $-2R_1 + R_2 \to R_2$ et $3R_1 + R_3 \to R_3$ puis $7R_2 + R_3 \to R_3$:

$$A \sim \begin{pmatrix} 1 & 3 & 2 \\ 0 & -1 & 0 \\ 0 & 7 & 13 \end{pmatrix} \quad \text{et donc} \quad \sim \begin{pmatrix} 1 & 3 & 2 \\ 1 & -1 & 2 \\ 0 & 0 & 27 \end{pmatrix}$$

Maintenant, en prenant les opposés des multiplicateurs -2, 3 et 7 dans les opérations précédentes sur les lignes, nous pouvons former la matrice L, puis en utilisant la forme tiangulaire de A, nous obtenons la matrice U. Ce qui donne

$$L = \begin{pmatrix} 1 & 0 & 0 \\ 2 & 1 & 0 \\ -3 & -7 & 1 \end{pmatrix} \quad \text{et} \quad U = \begin{pmatrix} 1 & 3 & 2 \\ 0 & -1 & 2 \\ 0 & 0 & 27 \end{pmatrix}$$

(On peut effectivement multiplier L par U pour vérifier la décomposition $A = LU$.)

4.67. Trouver la factorisation LDU de la matrice A du problème 4.66.

La factorisation LDU fait appel à la décomposition de A comme produit d'une matrice L, triangulaire inférieure avec des 1 sur la diagonale (comme dans la factorisation LU de A), d'une matrice D, diagonale, et d'une matrice U, triangulaire supérieure avec des 1 sur la diagonale. Il suffit simplement de mettre en facteur les éléments diagonaux de la matrice U dans la factorisation LU de A pour obtenir les matrices D et L. Ainsi,

$$L = \begin{pmatrix} 1 & 0 & 0 \\ 2 & 1 & 0 \\ -3 & -7 & 1 \end{pmatrix} \qquad D = \begin{pmatrix} 1 & 0 & 0 \\ 0 & -1 & 0 \\ 0 & 0 & \frac{1}{27} \end{pmatrix} \qquad U = \begin{pmatrix} 1 & 3 & 2 \\ 0 & 1 & -2 \\ 0 & 0 & 1 \end{pmatrix}$$

4.68. Trouver la factorisation LU de la matrice $B = \begin{pmatrix} 1 & 4 & -3 \\ 2 & 8 & 1 \\ -5 & -9 & 7 \end{pmatrix}$.

Réduisons la matrice B à la forme triangulaire en appliquant les opérations $-2R_1 + R_2 \rightarrow R_2$ et $5R_1 + R_3 \rightarrow R_3$:

$$B \sim \begin{pmatrix} 1 & 4 & -3 \\ 0 & 0 & 7 \\ 0 & 11 & -8 \end{pmatrix}$$

Remarquer que le second élément diagonal de B est un 0. Donc B ne peut pas être réduite à la forme triangulaire sans échanger les lignes. Par conséquent, B n'admet pas de factorisation LU.

4.69. Trouver la factorisation LU de la matrice $A = \begin{pmatrix} 1 & 2 & -3 & 4 \\ 2 & 3 & -8 & 5 \\ 1 & 3 & 1 & 3 \\ 3 & 8 & -1 & 13 \end{pmatrix}$ par une méthode directe.

Formons d'abord les matrices L et U suivantes :

$$L = \begin{pmatrix} 1 & 0 & 0 & 0 \\ l_{21} & 1 & 0 & 0 \\ l_{31} & l_{32} & 1 & 0 \\ l_{41} & l_{42} & l_{43} & 1 \end{pmatrix} \qquad \text{et} \qquad U = \begin{pmatrix} u_{11} & u_{12} & u_{13} & u_{14} \\ 0 & u_{22} & u_{23} & u_{24} \\ 0 & 0 & u_{33} & u_{34} \\ 0 & 0 & 0 & u_{44} \end{pmatrix}$$

La partie du produit LU qui donne la première ligne de A conduit aux quatre équations

$$u_{11} = 1 \qquad u_{12} = 2 \qquad u_{13} = -3 \qquad u_{14} = 4$$

et la partie du produit LU qui donne la première colonne de A conduit aux équations

$$l_{21}u_{11} = 2, \quad l_{31}u_{11} = 1, \quad l_{41}u_{11} = 3 \qquad \text{ou} \qquad l_{21} = 2, \quad l_{31} = 1, \quad l_{41} = 3$$

Maintenant, les matrices L et U sont de la forme

$$L = \begin{pmatrix} 1 & 0 & 0 & 0 \\ 2 & 0 & 0 & 0 \\ 1 & l_{32} & 1 & 0 \\ 3 & l_{42} & l_{43} & 1 \end{pmatrix} \qquad \text{et} \qquad U = \begin{pmatrix} 1 & 2 & -3 & 4 \\ 0 & u_{22} & u_{23} & u_{24} \\ 0 & 0 & u_{33} & u_{34} \\ 0 & 0 & 0 & u_{44} \end{pmatrix}$$

La partie du produit LU qui donne les autres éléments de la seconde ligne de A conduit aux équations

ou

$$4 + u_{22} = 3 \qquad -6 + u_{23} = -8 \qquad 8 + u_{24} = 5$$

$$u_{22} = -1 \qquad u_{23} = -2 \qquad u_{24} = -3$$

et la partie du produit LU qui donne les autres éléments de la seconde colonne de A conduit aux équations

$$2 + l_{32}u_{22} = 3, \quad 6 + l_{42}u_{22} = 8 \quad \text{ou} \quad l_{32} = -1, \quad l_{42} = -2$$

Maintenant, les matrices L et U sont de la forme

$$L = \begin{pmatrix} 1 & 0 & 0 & 0 \\ 2 & 1 & 0 & 0 \\ 1 & -1 & 1 & 0 \\ 3 & -2 & l_{43} & 1 \end{pmatrix} \quad \text{et} \quad U = \begin{pmatrix} 1 & 2 & -3 & 4 \\ 0 & -1 & -2 & -3 \\ 0 & 0 & u_{33} & u_{34} \\ 0 & 0 & 0 & u_{44} \end{pmatrix}$$

Continuons le procédé, en utilisant la troisième ligne, la troisième colonne puis la quatrième ligne de A. Nous obtenons :

$$u_{33} = 2, \quad u_{34} = -1 \quad \text{donc} \quad l_{43} = 2 \quad \text{et enfin} \quad u_{44} = 3$$

Ainsi,

$$L = \begin{pmatrix} 1 & 0 & 0 & 0 \\ 2 & 1 & 0 & 0 \\ 1 & -1 & 1 & 0 \\ 3 & -2 & 2 & 1 \end{pmatrix} \quad \text{et} \quad U = \begin{pmatrix} 1 & 2 & -3 & 4 \\ 0 & -1 & -2 & -3 \\ 0 & 0 & 2 & -1 \\ 0 & 0 & 0 & 3 \end{pmatrix}$$

4.70. Trouver la factorisation LDU de la matrice A du problème 4.69.

Ici, U doit avoir des 1 sur la diagonale et D est une matrice diagonale. Ainsi, en utilisant la factorisation LU précédente de la matrice A, mettons en facteur les éléments diagonaux de U, pour obtenir

$$D = \begin{pmatrix} 1 & & & \\ & -1 & & \\ & & 2 & \\ & & & 3 \end{pmatrix} \quad \text{et} \quad U = \begin{pmatrix} 1 & 2 & -3 & 4 \\ & 1 & 2 & 3 \\ & & 1 & -2 \\ & & & 1 \end{pmatrix}$$

La matrice est la même que dans le problème 4.69.

4.71. Étant donné la factorisation $A = LU$, où $L = (l_{ij})$ et $U = (u_{ij})$, considérons le système $AX = B$. Déterminer (a) l'algorithme pour calculer $L^{-1}B$ et (b) l'algorithme pour résoudre $UX = B$ par substitution inverse.

(a) L'élément l_{ij} de la matrice L correspond à l'opération élémentaire sur les lignes $-l_{ij}R_i + R_j \rightarrow R_j$. Ainsi, l'algorithme qui transforme B en B' est le suivant :

Algorithme P4.71A : Calcul de $L^{-1}B$

Étape 1. Répéter pour $j = 1$ à $n - 1$:

Étape 2.   Répéter pour $i = j + 1$ à n :

$$b_j := -l_{ij}b_i + b_j$$

[Fin de l'étape 2, boucle intérieure.]

[Fin de l'étape 1, boucle extérieure.]

Étape 3. Sortir.

[La complexité de cet algorithme est $C(n) \approx n^2/2$.]

(b) L'algorithme de substitution inverse est le suivant :

Algorithme P4.71B : Substitution inverse pour le système $UX = B$

Étape 1. $x_n = b_n/u_{nn}$

Étape 2.   Répéter pour $j = n - 1, n - 2, \ldots, 1$:

$$x_j = (b_j - u_{j,j+1}x_{j+1} - \cdots - u_{jn}x_n)/u_{jj}$$

Étape 3. Sortir.

[La complexité de cet algorithme est aussi $C(n) \approx n^2/2$.]

4.72. Trouver La factorisation LU de la matrice $A = \begin{pmatrix} 1 & 2 & 1 \\ 2 & 3 & 3 \\ -3 & -10 & 2 \end{pmatrix}$.

Réduisons la matrice B à la forme triangulaire en appliquant les opérations :

$$(1) \ -2R_1 + R_2 \to R_2, \qquad (2) \ 3R_1 + R_3 \to R_3, \qquad (3) \ -4R_2 + R_3 \to R_3$$

$$A \sim \begin{pmatrix} 1 & 2 & 1 \\ 0 & -1 & 1 \\ 0 & -4 & 5 \end{pmatrix} \sim \begin{pmatrix} 1 & 2 & 1 \\ 0 & -1 & 1 \\ 0 & 0 & 1 \end{pmatrix}$$

Par conséquent

$$L = \begin{pmatrix} 1 & 0 & 0 \\ 2 & 1 & 0 \\ -3 & 4 & 1 \end{pmatrix} \qquad \text{et} \qquad U = \begin{pmatrix} 1 & 2 & 1 \\ 0 & -1 & 1 \\ 0 & 0 & 1 \end{pmatrix}$$

Les nombres 2, -3 et 4 dans L sont les opposés des multiplicateurs dans les opérations précédentes sur les lignes.

4.73. Résoudre le système $AX = B$, pour B_1, B_2 et B_3, où A est la matrice du problème 4.72 et $B_1 = (1, 1, 1)$, $B_2 = B_1 + X_1$ et $B_3 = B_2 + X_2$ (ici, X_j est la solution du système lorsque $B = B_j$).

(a) Calculons $L^{-1}B_1$ ou, d'une manière équivalente, appliquons opérations sur les lignes (1), (2) et (3) à B_1 pour obtenir

$$B_1 = \begin{pmatrix} 1 \\ 1 \\ 1 \end{pmatrix} \xrightarrow{\text{(1) et (2)}} \begin{pmatrix} 1 \\ -1 \\ 4 \end{pmatrix} \xrightarrow{\text{(3)}} \begin{pmatrix} 1 \\ -1 \\ 8 \end{pmatrix}$$

Résolvons $UX = B$ pour $B = (1, -1, 8)$ par substitution inverse. Nous obtenons $X_1 = (-25, 9, 8)$.

(b) Calculons d'abord $B_2 = B_1 + X_1 = (1, 1, 1) + (-25, 9, 8) = (-24, 10, 9)$. Appliquons les opérations sur les lignes (1), (2) et (3) à B_2 pour obtenir $(-24, 58, -63)$ puis $B = (-24, 58, -295)$.

Résolvons $UX = B$ par substitution inverse. Nous obtenons $X_2 = (943, -353, -295)$.

(c) Calculons d'abord $B_3 = B_2 + X_2 = (-24, 10, 9) + (943, -353, -295) = (919, -343, -286)$. Appliquons les opérations sur les lignes (1), (2) et (3) à B_3 pour obtenir $(919, -2\,181, 2\,671)$ puis $B = (919, -2\,181, 11\,395)$.

Résolvons $UX = B$ par substitution inverse. Nous obtenons $X_3 = (-37\,628, 13\,576, 11\,395)$.

Problèmes supplémentaires

ALGÈBRE DES MATRICES

4.74. Soit $A = \begin{pmatrix} 1 & 2 \\ 0 & 1 \end{pmatrix}$. Trouver A^n.

4.75. Supposons qu'une matrice carrée B d'ordre 2 commute avec toute matrice A d'ordre 2. Montrer que $B = \begin{pmatrix} k & 0 \\ 0 & k \end{pmatrix}$ pour un certain k, *i.e.* B est une matrice scalaire.

4.76. Soit $A = \begin{pmatrix} 5 & 2 \\ 0 & k \end{pmatrix}$. Dans chacun des cas suivants, trouver tous les nombres k tels que A soit un zéro du polynôme

(a) $f(x) = x^2 - 7x + 10$, (b) $g(x) = x^2 - 25$, (c) $h(x) = x^2 - 4$.

4.77. Soit $B = \begin{pmatrix} 1 & 0 \\ 26 & 27 \end{pmatrix}$. Trouver une matrice A telle que $A^3 = B$.

4.78. Soit $A = \begin{pmatrix} 0 & 1 & 0 & 0 \\ 0 & 0 & 1 & 0 \\ 0 & 0 & 0 & 1 \\ 0 & 0 & 0 & 0 \end{pmatrix}$ et $B = \begin{pmatrix} 1 & 1 & 0 \\ 0 & 1 & 1 \\ 0 & 0 & 1 \end{pmatrix}$. Trouver (a) A^n et (b) B^n pour tout entier positif n.

4.79. Trouver des conditions sur les matrices A et B pour que $A^2 - B^2 = (A + B)(A - B)$.

MATRICES INVERSIBLES, INVERSES, MATRICES ÉLÉMENTAIRES

4.80. Trouver l'inverse des matrices : (a) $\begin{pmatrix} 1 & 3 & -2 \\ 2 & 8 & -3 \\ 1 & 7 & 1 \end{pmatrix}$; (b) $\begin{pmatrix} 2 & 1 & -1 \\ 5 & 2 & -3 \\ 0 & 2 & 1 \end{pmatrix}$; (c) $\begin{pmatrix} 1 & -2 & 0 \\ 2 & -3 & 1 \\ 1 & 1 & 5 \end{pmatrix}$.

4.81. Trouver l'inverse des matrices : (a) $\begin{pmatrix} 1 & 1 & 1 & 1 \\ 0 & 1 & 1 & 1 \\ 0 & 0 & 1 & 1 \\ 0 & 0 & 0 & 1 \end{pmatrix}$; (b) $\begin{pmatrix} 1 & 2 & 1 & 0 \\ 0 & 1 & -1 & 1 \\ 1 & 3 & 1 & -2 \\ 1 & 4 & -2 & 4 \end{pmatrix}$.

4.82. Écrire les matrices suivantes comme produit de matrices élémentaires : (a) $\begin{pmatrix} 1 & 2 \\ 3 & 4 \end{pmatrix}$; (b) $\begin{pmatrix} 3 & -6 \\ -2 & 4 \end{pmatrix}$.

4.83. Écrire la matrice $A = \begin{pmatrix} 1 & 2 & 0 \\ 0 & 1 & 3 \\ 3 & 8 & 7 \end{pmatrix}$ comme produit de matrices élémentaires.

4.84. Soit A une matrice inversible. Montrer que si $AB = AC$, alors $B = C$. Donner un exemple de matrice non nulle A telle que $AB = AC$, mais $B \neq C$.

4.85. Soit A une matrice inversible. Montrer que si kA est inversible $k \neq 0$, d'inverse $k^{-1}A^{-1}$.

4.86. Soit A et B deux matrices inversibles telles que $A + B \neq 0$. Montrer que $A + B$ peut ne pas être inversible.

MATRICES CARRÉES PARTICULIÈRES

4.87. En utilisant uniquement des 0 et des 1, trouver trois matrices d'ordre 3, triangulaires supérieures non singulières.

4.88. En utilisant uniquement des 0 et des 1, trouver le nombre (a) de matrices d'ordre 4 diagonales, (b) de matrices d'ordre 4, triangulaires supérieures, (c) de matrices d'ordre 4, triangulaires supérieures non singulières. Généraliser ces résultats aux matrices carrées d'ordre n.

4.89. Trouver toutes les matrices réelles A telles que $A^2 = B$ où (a) $B = \begin{pmatrix} 4 & 21 \\ 0 & 25 \end{pmatrix}$; (b) $B = \begin{pmatrix} 1 & 4 \\ 0 & -9 \end{pmatrix}$.

4.90. Soit $B = \begin{pmatrix} 1 & 8 & 5 \\ 0 & 9 & 5 \\ 0 & 0 & 4 \end{pmatrix}$. Trouver une matrice A dont les éléments diagonaux sont positifs, telle que $A^2 = B$.

4.91. Supposons que $AB = C$, où A et C sont triangulaires supérieures.

(a) Montrer, par un exemple, que B peut ne pas être triangulaire supérieure même lorsque A et C sont des matrices non nulles.

(b) Montrer que B est triangulaire supérieure lorsque A est inversible.

4.92. Montrer que AB peut ne pas être symétrique même si A et B sont symétriques.

4.93. Soit A et B deux matrices symétriques. Montrer que AB est symétrique si et seulement si A et B commutent.

4.94. Soit A une matrice symétrique. Montrer que (a) A^2 et, en général, A^n est symétrique ; (b) $f(A)$ est symétrique pour tout polynôme $f(x)$; (c) $P^T A P$ est symétrique.

4.95. Trouver une matrice orthogonale P d'ordre 2, dont la première ligne est : (a) $\left(2/\sqrt{29}, 5/\sqrt{29}\right)$; (b) un multiple de $(3, 4)$.

4.96. Trouver une matrice orthogonale P d'ordre 3, dont les deux premières lignes sont : (a) $(1, 2, 3)$ et $(0, -2, 3)$, respectivement ; (b) $(1, 3, 1)$ et $(1, 0, -1)$, respectivement.

4.97. Soit A et B deux matrices orthogonales. Montrer que A^T, A^{-1} et AB sont aussi orthogonales.

4.98. Parmi les matrices suivantes, lesquelles sont normales ?

$$A = \begin{pmatrix} 3 & -4 \\ 4 & 3 \end{pmatrix} \quad B = \begin{pmatrix} 1 & -2 \\ 2 & 3 \end{pmatrix} \quad C = \begin{pmatrix} 1 & 1 & 1 \\ 0 & 1 & 1 \\ 0 & 0 & 1 \end{pmatrix} \quad D = \begin{pmatrix} 2 & -1 & 3 \\ 1 & 2 & 1 \\ -3 & -1 & 2 \end{pmatrix}$$

4.99. Soit A une matrice normale. Montrer que (a) A^T, (b) A^2 et, en général, A^n, (c) $B = kI + A$ sont aussi normales.

4.100. Une matrice E est dite *idempotente* si $E^2 = E$. Montrer que $E = \begin{pmatrix} 2 & -2 & -4 \\ -1 & 3 & 4 \\ 1 & -2 & -3 \end{pmatrix}$ est idempotente.

4.101. Montrer que si $AB = A$ et $BA = B$, alors A et B sont idempotentes.

4.102. Une matrice A est dite *nilpotente d'indice p* si $A^p = 0$, mais $A^{p-1} \neq 0$. Montrer que $A = \begin{pmatrix} 1 & 1 & 3 \\ 5 & 2 & 6 \\ -2 & -1 & -3 \end{pmatrix}$ est nilpotente d'indice 3.

4.103. Soit A une matrice nilpotente d'indice p. Montrer que $A^q = 0$ pour $q > p$, mais $A^q \neq 0$ pour $q < p$.

4.104. Une matrice carrée est dite *tridiagonale* si les éléments non nuls apparaissent uniquement sur la diagonale, ou directement au-dessus de la diagonale (sur la *surdiagonale*), ou directement en dessous de la diagonale (sur la *sous-diagonale*). Écrire les formes générales des matrices tridiagonales d'ordres 4 et 5.

4.105. Montrer que le produit de deux matrices tridiagonales peut ne pas être tridiagonale.

MATRICES COMPLEXES

4.106. Trouver des nombres réels x, y et z de sorte que la matrice A soit hermitienne, où

$$(a)\ A = \begin{pmatrix} x + yi & 3 \\ 3 + zi & 0 \end{pmatrix}, \qquad (b)\ A = \begin{pmatrix} 3 & x + 2i & yi \\ 3 - 2i & 0 & 1 + zi \\ yi & 1 - xi & -1 \end{pmatrix}$$

4.107. Soit A une matrice complexe. Montrer que AA^H et $A^H A$ sont toutes deux hermitiennes.

4.108. Soit A une matrice carrée complexe quelconque. Montrer que $A + A^H$ est hermitienne et $A - A^H$ est anti-hermitienne.

4.109. Parmi les matrices suivantes, lesquelles sont unitaires ?

$$A = \begin{pmatrix} i/2 & -\sqrt{3}/2 \\ \sqrt{3}/2 & -i/2 \end{pmatrix} \quad B = \frac{1}{2} \begin{pmatrix} 1+i & 1-i \\ 1-i & 1+i \end{pmatrix} \quad C = \frac{1}{2} \begin{pmatrix} 1 & -i & -1+i \\ i & 1 & 1+i \\ 1+i & -1+i & 0 \end{pmatrix}$$

4.110. Soient A et B deux matrices unitaires. Montrer que : (a) A^H est unitaire, (b) A^{-1} est unitaire, (c) AB est unitaire.

4.111. Déterminer si les matrices suivantes sont normales ? $A = \begin{pmatrix} 3+4i & 1 \\ i & 2+3i \end{pmatrix}$; $B = \begin{pmatrix} 1 & 0 \\ 1-i & i \end{pmatrix}$.

4.112. Soit A une matrice normale et U une matrice unitaire. Montrer que $B = U^H A U$ est aussi normale.

4.113. Rappelons les opérations élémentaires sur les lignes :

$$[E_1] \ R_i \leftrightarrow R_j, \qquad [E_2] \ kR_i \rightarrow R_i, \ k \neq 0, \qquad [E_3] \ kR_j + R_i \rightarrow R_i$$

Pour les matrices complexes, les opérations hermitiennes correspondantes sur les colonnes sont les suivantes :

$$[G_1] \ C_i \leftrightarrow C_j, \qquad [G_2] \ \bar{k}C_i \rightarrow C_i, \ k \neq 0, \qquad [G_3] \ \bar{k}C_j + C_i \rightarrow C_i$$

Montrer que les matrices élémentaires correspondant aux $[G_i]$ sont les conjuguées des transposées des matrices élémentaires correspondant aux $[E_i]$.

MATRICES CARRÉES PAR BLOCS

4.114. En rajoutant des traits verticaux, compléter la partition de chaque matrice afin d'obtenir des matrices carrées par blocs :

$$A = \begin{pmatrix} 1 & 2 & 3 & 4 & 5 \\ \hline 1 & 1 & 1 & 1 & 1 \\ 9 & 8 & 7 & 6 & 5 \\ \hline 2 & 2 & 2 & 2 & 2 \\ 3 & 3 & 3 & 3 & 3 \end{pmatrix} \qquad B = \begin{pmatrix} 1 & 2 & 3 & 4 & 5 \\ 1 & 1 & 1 & 1 & 1 \\ \hline 9 & 8 & 7 & 6 & 5 \\ \hline 2 & 2 & 2 & 2 & 2 \\ 3 & 3 & 3 & 3 & 3 \end{pmatrix}$$

4.115. Compléter la partition de chacune des matrices suivantes afin d'obtenir des matrices diagonales par blocs, avec le plus de blocs diagonaux possibles.

$$A = \begin{pmatrix} 1 & 0 & 0 \\ 0 & 0 & 2 \\ 0 & 0 & 3 \end{pmatrix} \qquad B = \begin{pmatrix} 1 & 2 & 0 & 0 & 0 \\ 3 & 0 & 0 & 0 & 0 \\ 0 & 0 & 4 & 0 & 0 \\ 0 & 0 & 5 & 0 & 0 \\ 0 & 0 & 0 & 0 & 6 \end{pmatrix} \qquad C = \begin{pmatrix} 0 & 1 & 0 \\ 0 & 0 & 0 \\ 0 & 2 & 0 \end{pmatrix}$$

4.116. Trouver M^2 et M^3 pour chaque matrice M :

$$(a) \ M = \begin{pmatrix} 2 & 0 & 0 & 0 \\ \hline 0 & 1 & 4 & 0 \\ 0 & 2 & 1 & 0 \\ \hline 0 & 0 & 0 & 3 \end{pmatrix} \qquad (b) \ M = \begin{pmatrix} 1 & 1 & 0 & 0 \\ 2 & 3 & 0 & 0 \\ \hline 0 & 0 & 1 & 2 \\ 0 & 0 & 4 & 5 \end{pmatrix}$$

4.117. Soit $M = \text{diag}(A_1, \ldots, A_k)$ et $N = \text{diag}(B_1, \ldots, B_k)$ une matrice diagonale par blocs où les blocs correspondants A_i et B_i sont de même format. Démontrer que MN est une matrice diagonale par blocs et

$$MN = \text{diag}(A_1 B_1, A_2 B_2, \ldots, A_k B_k)$$

MATRICES SYMÉTRIQUES RÉELLES ET FORMES QUADRATIQUES

4.118. Soit $A = \begin{pmatrix} 1 & 1 & -2 & -3 \\ 1 & 2 & -5 & -1 \\ -2 & -5 & 6 & 9 \\ -3 & -1 & 9 & 11 \end{pmatrix}$. Trouver une matrice P non singulière telle que la matrice $B = P^T A P$ soit diagonale. trouver aussi B et $\operatorname{sgn} A$.

4.119. Pour chacune des formes quadratiques $q(x, y, z)$, trouver un changement de variables non singulier permettant d'écrire les variables x, y et z en fonction des variables r, s et t de telle sorte que $q(r, s, t)$ soit diagonale.

(a) $q(x, y, z) = x^2 + 6xy + 8y^2 - 4xz + 2yz - 9z^2$;

(b) $q(x, y, z) = 2x^2 - 3y^2 + 8xz + 12yz + 25z^2$.

4.120. Trouver toutes les valeurs de k pour que les formes quadratiques données soient définies positives.

(a) $q(x, y) = 2x^2 - 5xy + ky^2$;

(b) $q(x, y) = 3x^2 - kxy + 12y^2$;

(c) $q(x, y, z) = x^2 + 2xy + 2y^2 + 2xz + 6yz + kz^2$.

4.121. Donner un exemple d'une forme quadratique $q(x, y)$ telle que $q(u) = 0$ et $q(v) = 0$, mais $q(u + v) \neq 0$.

4.122. Montrer que toute matrice symétrique réelle A est congrue à une matrice diagonale ayant que des 1, des -1 et des 0 sur la diagonale.

4.123. Montrer que la congruence des matrices est une relation d'équivalence.

MATRICES SEMBLABLES

4.124. Considérons le plan cartésien $\mathbb{R}^3$ muni de son système de coordonnées usuelles x, y et z. La matrice non singulière $P = \begin{pmatrix} 1 & -2 & -2 \\ 2 & -3 & -6 \\ 1 & 1 & -7 \end{pmatrix}$ détermine un nouveau système de coordonnées de $\mathbb{R}^3$, défini par les axes r, s et t. Trouver

(a) Les coordonnées de $Q(1, 1, 1)$ dans le nouveau système de coordonnées ;

(b) $f(r, s, t)$ lorsque $f(x, y, z) = (x + y, y + 2z, x - z)$;

(c) $g(r, s, t)$ lorsque $g(x, y, z) = (x + y - z, x - 3z, 2x + y)$.

4.125. Montrer que la similitude des matrices est une relation d'équivalence.

FACTORISATION LU

4.126. Trouver les factorisations LU et LDU de chaque matrice (a) $A = \begin{pmatrix} 1 & 3 & -1 \\ 2 & 5 & 1 \\ 3 & 4 & 2 \end{pmatrix}$; (b) $B = \begin{pmatrix} 2 & 3 & 6 \\ 4 & 7 & 9 \\ 3 & 5 & 4 \end{pmatrix}$.

4.127. Soit $A = \begin{pmatrix} 1 & -1 & -1 \\ 3 & -4 & -2 \\ 2 & -3 & -2 \end{pmatrix}$.

(a) Trouver la factorisation LU de A.

(b) Soit X_k la solution du système $AX = B_k$. Trouver X_1, X_2, X_3, X_4, où $B_1 = (1, 1, 1)^T$ et $B_{k+1} = B_k + X_k$ pour $k > 0$.

Réponses aux problèmes supplémentaires

4.74. $\begin{pmatrix} 1 & 2^n \\ 0 & 1 \end{pmatrix}$

4.76. (a) $k = 2$; (b) $k = -5$; (c) Aucun.

4.77. $\begin{pmatrix} 1 & 0 \\ 2 & 3 \end{pmatrix}$

4.78. (a) $A^2 = \begin{pmatrix} 0 & 0 & 1 & 0 \\ 0 & 0 & 0 & 1 \\ 0 & 0 & 0 & 0 \\ 0 & 0 & 0 & 0 \end{pmatrix}$, $A^3 = \begin{pmatrix} 0 & 0 & 0 & 1 \\ 0 & 0 & 0 & 0 \\ 0 & 0 & 0 & 0 \\ 0 & 0 & 0 & 0 \end{pmatrix}$, $A^k = 0$ pour $k > 3$; (b) $B^n = \begin{pmatrix} 1 & n & n(n-1)/2 \\ 0 & 1 & n \\ 0 & 0 & 1 \end{pmatrix}$

4.79. $AB = BA$

4.80. (a) $\begin{pmatrix} \frac{29}{2} & -\frac{17}{2} & \frac{7}{2} \\ -\frac{5}{2} & \frac{3}{2} & -\frac{1}{2} \\ 3 & -2 & 1 \end{pmatrix}$ (b) $\begin{pmatrix} 8 & -3 & -1 \\ -5 & 2 & 1 \\ 10 & -4 & -1 \end{pmatrix}$ (c) $\begin{pmatrix} -8 & 5 & -1 \\ -\frac{9}{2} & \frac{5}{2} & -\frac{1}{2} \\ \frac{5}{2} & -\frac{3}{2} & \frac{1}{2} \end{pmatrix}$.

4.81. (a) $\begin{pmatrix} 1 & -1 & 0 & 0 \\ 0 & 1 & -1 & 0 \\ 0 & 0 & 1 & -1 \\ 0 & 0 & 0 & 1 \end{pmatrix}$ (b) $\begin{pmatrix} -10 & -20 & 4 & 7 \\ 3 & 6 & -1 & -2 \\ 5 & 8 & -2 & -3 \\ 2 & 3 & -1 & -1 \end{pmatrix}$

4.82. (a) $\begin{pmatrix} 1 & 0 \\ 3 & 1 \end{pmatrix} \begin{pmatrix} 1 & -1 \\ 0 & 1 \end{pmatrix} \begin{pmatrix} 1 & 0 \\ 0 & -2 \end{pmatrix}$ ou $\begin{pmatrix} 1 & 0 \\ 3 & 0 \end{pmatrix} \begin{pmatrix} 1 & 0 \\ 0 & -2 \end{pmatrix} \begin{pmatrix} 1 & 2 \\ 0 & 1 \end{pmatrix}$.

(b) Aucun : matrice non inversible.

4.83. $\begin{pmatrix} 1 & 0 & 0 \\ 0 & 1 & 0 \\ 3 & 0 & 1 \end{pmatrix} \begin{pmatrix} 1 & 0 & 0 \\ 0 & 1 & 0 \\ 0 & 2 & 1 \end{pmatrix} \begin{pmatrix} 1 & 0 & 0 \\ 0 & 1 & 3 \\ 0 & 0 & 1 \end{pmatrix} \begin{pmatrix} 1 & 2 & 0 \\ 0 & 1 & 0 \\ 0 & 0 & 1 \end{pmatrix}$.

4.84. $A = \begin{pmatrix} 1 & 2 \\ 1 & 2 \end{pmatrix}$, $B = \begin{pmatrix} 0 & 0 \\ 1 & 1 \end{pmatrix}$, $C = \begin{pmatrix} 2 & 2 \\ 0 & 0 \end{pmatrix}$.

4.86. $A = \begin{pmatrix} 1 & 2 \\ 0 & 3 \end{pmatrix}$, $B = \begin{pmatrix} 4 & 3 \\ 3 & 0 \end{pmatrix}$.

4.87. Pour qu'une matrice triangulaire soit non singulière, il faut que tous les éléments diagonaux soient différents de zéro, ici égaux à 1. Il y a huit choix possibles pour les éléments au-dessus de la diagonale :

$$\begin{pmatrix} 0 & 0 \\ * & 0 \end{pmatrix}, \begin{pmatrix} 0 & 0 \\ * & 1 \end{pmatrix}, \begin{pmatrix} 0 & 1 \\ * & 0 \end{pmatrix}, \begin{pmatrix} 0 & 1 \\ * & 1 \end{pmatrix}, \begin{pmatrix} 1 & 0 \\ * & 0 \end{pmatrix}, \begin{pmatrix} 1 & 0 \\ * & 1 \end{pmatrix}, \begin{pmatrix} 1 & 1 \\ * & 0 \end{pmatrix}, \begin{pmatrix} 1 & 1 \\ * & 1 \end{pmatrix}$$

4.88. (a) $2^4[2^n]$, (b) $2^{10}[2^{n(n+1)/2}]$, (c) $2^6[2^{n(n-1)/2}]$.

4.89. (a) $\begin{pmatrix} 2 & 4 \\ 0 & 5 \end{pmatrix}$, $\begin{pmatrix} 2 & -7 \\ 0 & -5 \end{pmatrix}$, $\begin{pmatrix} -2 & 7 \\ 0 & 5 \end{pmatrix}$, $\begin{pmatrix} -2 & -4 \\ 0 & -5 \end{pmatrix}$, (b) Aucune.

4.90. $\begin{pmatrix} 1 & 2 & 1 \\ & 3 & 1 \\ & & 2 \end{pmatrix}$.

4.91. (a) $A = \begin{pmatrix} 1 & 1 \\ 0 & 0 \end{pmatrix}$, $B = \begin{pmatrix} 1 & 2 \\ 3 & 4 \end{pmatrix}$, $C = \begin{pmatrix} 4 & 6 \\ 0 & 0 \end{pmatrix}$.

4.92. $\begin{pmatrix} 1 & 2 \\ 2 & 2 \end{pmatrix} \begin{pmatrix} 3 & 3 \\ 3 & 1 \end{pmatrix} = \begin{pmatrix} 9 & 5 \\ 12 & 8 \end{pmatrix}$.

4.95. (a) $\begin{pmatrix} 2/\sqrt{29} & 5/\sqrt{29} \\ -5/\sqrt{29} & 2/\sqrt{29} \end{pmatrix}$, (b) $\begin{pmatrix} \frac{3}{5} & \frac{4}{5} \\ -\frac{4}{5} & \frac{3}{5} \end{pmatrix}$.

4.96. (a) $\begin{pmatrix} 1/\sqrt{14} & 2/\sqrt{14} & 3/\sqrt{14} \\ 0 & -2/\sqrt{13} & 3/\sqrt{13} \\ 12/\sqrt{157} & -3/\sqrt{157} & -2/\sqrt{157} \end{pmatrix}$, (b) $\begin{pmatrix} 1/\sqrt{11} & 3/\sqrt{11} & 1/\sqrt{11} \\ 1/\sqrt{2} & 0 & -1/\sqrt{2} \\ 3/\sqrt{22} & -2/\sqrt{22} & 3/\sqrt{22} \end{pmatrix}$.

4.98. A, C.

4.104. $\begin{pmatrix} a_{11} & a_{21} & & \\ a_{21} & a_{22} & a_{32} & \\ & a_{32} & a_{33} & a_{34} \\ & & a_{43} & a_{44} \end{pmatrix}$, $\begin{pmatrix} b_{11} & b_{21} & & & \\ b_{21} & b_{22} & b_{23} & & \\ & b_{32} & b_{33} & b_{34} & \\ & & b_{43} & b_{44} & b_{45} \\ & & & b_{54} & b_{55} \end{pmatrix}$.

4.105. $\begin{pmatrix} 1 & 1 & 0 \\ 1 & 1 & 1 \\ 0 & 1 & 1 \end{pmatrix} \begin{pmatrix} 1 & 1 & 0 \\ 1 & 1 & 1 \\ 0 & 1 & 1 \end{pmatrix} = \begin{pmatrix} 2 & 2 & 1 \\ 2 & 3 & 2 \\ 1 & 2 & 2 \end{pmatrix}$.

4.106. (a) $x = a$ (paramètre), $y = 0$, $z = 0$; (b) $x = 3$, $y = 0$, $z = 3$.

4.109. A, B, C.

4.111. A.

4.114. $A = \left(\begin{array}{ccc:c:c} 1 & 2 & 3 & 4 & 5 \\ \hdashline 1 & 1 & 1 & 1 & 1 \\ 9 & 8 & 7 & 6 & 5 \\ \hdashline 2 & 2 & 2 & 2 & 2 \\ 3 & 3 & 3 & 3 & 3 \end{array}\right)$, $B = \left(\begin{array}{cc:c:c:c} 1 & 2 & 3 & 4 & 5 \\ 1 & 1 & 1 & 1 & 1 \\ \hdashline 9 & 8 & 7 & 6 & 5 \\ 2 & 2 & 2 & 2 & 2 \\ 3 & 3 & 3 & 3 & 3 \end{array}\right)$.

4.115. $A = \left(\begin{array}{c:cc} 1 & 0 & 0 \\ \hdashline 0 & 0 & 2 \\ 0 & 0 & 3 \end{array}\right)$, $B = \left(\begin{array}{cc:cc:c} 1 & 2 & 0 & 0 & 0 \\ 3 & 0 & 0 & 0 & 0 \\ \hdashline 0 & 0 & 4 & 0 & 0 \\ 0 & 0 & 5 & 0 & 0 \\ \hdashline 0 & 0 & 0 & 0 & 6 \end{array}\right)$, $C = \begin{pmatrix} 0 & 1 & 0 \\ 0 & 0 & 0 \\ 0 & 2 & 0 \end{pmatrix}$.

(C, elle-même, est une matrice diagonale par blocs ; aucune autre partition de C n'est possible.)

4.116. (a) $M^2 = \begin{pmatrix} 4 & & \\ & 9 & 8 \\ & 4 & 9 \\ & & & 9 \end{pmatrix}$, $M^3 = \begin{pmatrix} 8 & & \\ & 25 & 44 \\ & 22 & 25 \\ & & & 27 \end{pmatrix}$.

(b) $M^2 = \begin{pmatrix} 3 & 4 & & \\ 8 & 11 & & \\ & & 9 & 12 \\ & & 24 & 33 \end{pmatrix}$, $M^3 = \begin{pmatrix} 11 & 15 & & \\ 30 & 41 & & \\ & & 57 & 78 \\ & & 156 & 213 \end{pmatrix}$.

4.118. $P = \begin{pmatrix} 1 & -1 & -1 & 26 \\ 0 & 1 & 3 & 13 \\ 0 & 0 & 1 & 9 \\ 0 & 0 & 0 & 7 \end{pmatrix}$, $B = \begin{pmatrix} 1 & & & \\ & 1 & & \\ & & -7 & \\ & & & 469 \end{pmatrix}$, $\operatorname{sgn} A = 2$.

4.119. (a) $x = r - 3s + 19t$, $y = s + 7t$, $z = t$,

$q(r, s, t) = r^2 - s^2 + 36t^2$, $\operatorname{rang} q = 3$, $\operatorname{sgn} q = 1$.

(b) $x = r - 2t$, $y = s + 2t$, $z = t$,

$q(r, s, t) = 2r^2 - 3s^2 + 29t^2$, $\operatorname{rang} q = 3$, $\operatorname{sgn} q = 1$

(c) $x = r - 2s + 18t$, $y = s - 7t$, $z = t$,

$q(r, s, t) = r^2 + s^2 - 62t^2$, $\operatorname{rang} q = 3$, $\operatorname{sgn} q = 1$

(d) $x = r - s - t$, $y = s - t$, $z = t$,

$q(x, y, z) = r^2 + s^2$, $\operatorname{rang} q = 2$, $\operatorname{sgn} q = 2$.

4.120. (a) $k > \frac{25}{8}$; (b) $k < -12$ ou $k > 12$; (c) $k > 5$.

4.121. $q(x, y) = x^2 - y^2$, $u = (1, 1)$, $v = (1, -1)$.

4.122. Supposons que A soit diagonalisée en $P^T A P = \operatorname{diag}(a_i)$. Soit $Q = \operatorname{diag}(b_j)$ défini par $\begin{cases} 1/\sqrt{|a_i|} & \text{si } a_i \neq 0 \\ 1 & \text{si } a_i = 0 \end{cases}$.

Alors $B = Q^T P^T A P Q = (PQ)^T A (PQ)$ a la forme désirée.

4.124. (a) $Q(17, 5, 3)$, (b) $f(r, s, t) = (17r - 61s + 134t, 4r - 41s + 46t, 3r - 25s + 25t)$,

(c) $g(r, s, t) = (61r + s - 330t, 16r + 3s - 91t, 9r - 4s - 4t)$.

4.126. (a) $A = \begin{pmatrix} 1 & & \\ 2 & 1 & \\ 3 & 5 & 1 \end{pmatrix} \begin{pmatrix} 1 & & \\ & -1 & \\ & & -10 \end{pmatrix} \begin{pmatrix} 1 & 3 & -1 \\ & 1 & -3 \\ & & -1 \end{pmatrix}$.

(b) $B = \begin{pmatrix} 1 & & \\ 2 & 1 & \\ \frac{3}{2} & \frac{1}{2} & 1 \end{pmatrix} \begin{pmatrix} 2 & & \\ & 1 & \\ & & -\frac{7}{2} \end{pmatrix} \begin{pmatrix} 1 & \frac{3}{2} & 3 \\ & 1 & -3 \\ & & 1 \end{pmatrix}$.

4.127. (a) $A = \begin{pmatrix} 1 & 0 & 0 \\ 3 & 1 & 0 \\ 2 & 1 & 1 \end{pmatrix} \begin{pmatrix} 1 & -1 & -1 \\ 0 & -1 & 1 \\ 0 & 0 & -1 \end{pmatrix}$

(b) $X_1 = \begin{pmatrix} 1 \\ 1 \\ -1 \end{pmatrix}$, $B_2 = \begin{pmatrix} 2 \\ 2 \\ 0 \end{pmatrix}$, $X_2 = \begin{pmatrix} 6 \\ 4 \\ 0 \end{pmatrix}$ $B_3 = \begin{pmatrix} 8 \\ 6 \\ 0 \end{pmatrix}$, $X_3 = \begin{pmatrix} 22 \\ 16 \\ -2 \end{pmatrix}$, $B_4 = \begin{pmatrix} 30 \\ 22 \\ -2 \end{pmatrix}$, $X_4 = \begin{pmatrix} 86 \\ 62 \\ -6 \end{pmatrix}$.

Chapitre 5

Espaces vectoriels

5.1. INTRODUCTION

Dans ce chapitre, nous étudierons la structure fondamentale en algèbre linéaire — c'est-à-dire la structure d'espace vectoriel de dimension finie. La définition d'un espace vectoriel suppose la donnée d'un corps arbitraire dont les éléments sont appelés *scalaires*. Nous adopterons les notations suivantes (sauf mention du contraire) :

$$\mathbb{K} \quad \text{corps des scalaires}$$
$$a, b, c \text{ ou } k \quad \text{des éléments de } \mathbb{K}$$
$$V \quad \text{l'espace vectoriel donné}$$
$$u, v, w \quad \text{les éléments de } V$$

Sans perdre de généralité, nous pouvons supposer que $\mathbb{K}$ est le corps $\mathbb{R}$ des nombres réels ou $\mathbb{C}$ des nombres complexes.

Les notions de produit scalaire et d'orthogonalité ne sont pas étudiées dans ce chapitre, car ne font pas partie de la structure fondamentale d'espace vectoriel. Elles seront introduites au chapitre 6, comme structures supplémentaires.

5.2. ESPACES VECTORIELS

Dans ce qui suit, nous donnons la définition d'un espace vectoriel qu'on appelle aussi espace linéaire.

Définition : Soit $\mathbb{K}$ un corps donné et soit V un ensemble non vide muni de deux lois, l'addition et la multiplication par un scalaire, qui font correspondre à u, $v \in V$ la somme $u + v \in V$ et à un $u \in V$ et $k \in \mathbb{K}$ le produit $ku \in V$. Alors, V est appelé un *espace vectoriel sur* $\mathbb{K}$ (et les éléments de V sont appelés *vecteurs*) si les axiomes suivants sont vérifiés :

[A_1] Quels que soient les vecteurs u, v, $w \in V$, $(u + v) + w = u + (v + w)$.

[A_2] Il existe un vecteur de V, noté 0 et appelé *vecteur nul* tel que $u + 0 = 0 + u = u$, quel que soit $u \in V$.

[A_3] Pour chaque vecteur $u \in V$ il existe un vecteur de V, noté $-u$, tel que $u + (-u) = 0$.

[A_4] Quels que soient les vecteurs u, $v \in V$, $u + v = v + u$.

[M_1] Quel que soit le scalaire $k \in \mathbb{K}$ et quels que soient les vecteurs u, $v \in V$, $k(u + v) = ku + kv$.

[M_2] Quels que soient les scalaires a, $b \in \mathbb{K}$ et quel que soit le vecteur $u \in V$, $(a + b)u = au + bu$.

[M_3] Quels que soient les scalaires a, $b \in \mathbb{K}$ et quel que soit le vecteur $u \in V$, $(ab)u = a(bu)$.

[M_4] pour le scalaire unité $1 \in \mathbb{K}$, $1u = u$ quel que soit le vecteur $u \in V$.

Les axiomes précédents se scindent naturellement en deux parties. Les quatre premiers concernent la structure additive de V et peuvent être résumés en disant que V est *un groupe commutatif* par rapport à l'addition. Il s'ensuit pour une somme quelconque de vecteurs de la forme

$$v_1 + v_2 + v_3 + \cdots + v_m$$

qu'il est inutile de mettre des parenthèse et que cette somme ne dépend pas de l'ordre des termes, que le vecteur nul 0 est unique, et que l'*opposé* $-u$ de u est unique, d'où la loi de régularité :

$$u + w = v + w \quad \text{implique} \quad u = v$$

De même, la *soustraction* est définie par

$$u - v = u + (-v)$$

D'autre part, les quatre axiomes qui suivent définissent *l'action* du corps $\mathbb{K}$ sur V. En utilisant les axiomes de l'addition, on démontre les propriétés simples suivantes d'un espace vectoriel.

Théorème 5.1 : Soit V un espace vectoriel sur le corps $\mathbb{K}$.

(i) Quel que soit le scalaire $k \in \mathbb{K}$ et $0 \in V$, $k0 = 0$.

(ii) Pour $0 \in \mathbb{K}$ et quel que soit le vecteur $u \in V$, $0u = 0$.

(iii) Si $ku = 0$ avec $k \in \mathbb{K}$ et $u \in V$, alors $k = 0$ ou $u = 0$.

(iv) Quel que soit le scalaire $k \in \mathbb{K}$ et quel que soit le vecteur $u \in V$, $(-k)u = k(-u) = -ku$.

5.3. EXEMPLES D'ESPACES VECTORIELS

Dans cette section, nous dressons une liste des exemples des espaces vectoriels les plus importants qui seront utilisés dans cet ouvrage.

L'espace vectoriel $\mathbb{K}^n$

Soit $\mathbb{K}$ un corps arbitraire. La notation $\mathbb{K}^n$ est fréquemment utilisée pour désigner l'ensemble de tous les n-uplets d'éléments de $\mathbb{K}$. Ici, $\mathbb{K}^n$ est considéré comme l'espace vectoriel sur $\mathbb{K}$ avec l'addition vectorielle et la multiplication scalaire définies par

$$(a_1, a_2, \ldots, a_n) + (b_1, b_2, \ldots, b_n) = (a_1 + b_1, a_2 + b_2, \ldots, a_n + b_n)$$

et

$$k(a_1, a_2, \ldots, a_n) = (ka_1, ka_2, \ldots, ka_n)$$

Le vecteur nul de $\mathbb{K}^n$ est le n-uplet dont tous les éléments sont nuls

$$0 = (0, 0, \ldots, 0)$$

et l'opposé d'un vecteur est défini par

$$-(a_1, a_2, \ldots, a_n) = (-a_1, -a_2, \ldots, -a_n)$$

Pour démontrer que $\mathbb{K}^n$ est un espace vectoriel, il suffit d'appliquer le théorème 2.1. Nous pouvons maintenant énoncer que $\mathbb{R}^n$ muni des lois précédentes est un espace vectoriel sur $\mathbb{R}$.

L'espace vectoriel des matrices $\mathbf{M}_{m,n}$

La notation $\mathbf{M}_{m,n}$ est fréquemment utilisée pour désigner l'ensemble de toutes les matrices $m \times n$ sur un corps arbitraire $\mathbb{K}$. Alors $\mathbf{M}_{m,n}$ est un espace vectoriel sur $\mathbb{K}$ avec les opérations usuelles d'addition vectorielle et de multiplication scalaire. (*Cf.* théorème 3.1.)

L'espace vectoriel des polynômes P *(t)*

Soit **P**(*t*) l'ensemble de tous les polynômes

$$a_0 + a_1 t + a_2 t^2 + \cdots + a_s t^s \qquad (s = 0, 1, 2, \ldots)$$

dont les coefficients a_i appartiennent à un corps $\mathbb{K}$. Alors **P**(*t*) est un espace vectoriel sur $\mathbb{K}$ avec les opérations usuelles d'addition des polynômes et de multiplication d'un polynôme par une constante.

L'espace vectoriel des fonctions *F(X, $\mathbb{K}$)*

Soit X un ensemble non vide quelconque et $\mathbb{K}$ un corps arbitraire. Considérons l'ensemble **F**($X, \mathbb{K}$) de toutes les fonctionss définies de X dans $\mathbb{K}$. [Noter que **F**($X, \mathbb{K}$) est non vide puisque X est non vide.] La somme de deux fonctions f, $g \in$ **F**($X, \mathbb{K}$) est la fonction $f + g \in$ **F**($X, \mathbb{K}$) définie par

$$(f + g)(x) = f(x) + g(x) \qquad \forall x \in X$$

et le produit d'une fonction $f \in$ **F**($X, \mathbb{K}$) par un scalaire $k \in \mathbb{K}$ est la fonction $kf \in$ **F**($X, \mathbb{K}$) définie par

$$(kf)(x) = kf(x) \qquad \forall x \in X$$

(Le symbole $\forall$ désigne le quatificateur « quel que soit ».) Alors **F**($X, \mathbb{K}$) muni des opérations précédentes, est un espace vectoriel sur $\mathbb{K}$. (*Cf.* problème 5.5.)

Le vecteur nul de **F**($X, \mathbb{K}$) est la fonction nulle **0** qui, à chaque $x \in X$, fait correspondre $0 \in \mathbb{K}$, c'est-à-dire

$$\mathbf{0}(x) = 0 \qquad \forall x \in X$$

De même, pour une fonction quelconque $f \in$ **F**($X, \mathbb{K}$), la fonction $-f$ définie par

$$(-f)(x) = -f(x) \qquad \forall x \in X$$

est l'opposée de la fonction f.

Corps et sous-corps

Soit E un corps contenant un sous-corps $\mathbb{K}$. Alors E peut être considéré comme un espace vectoriel sur $\mathbb{K}$ de la manière suivante. Considérons l'addition dans E comme l'addition vectorielle, et le produit par un scalaire kv de $k \in \mathbb{K}$ par $v \in E$ comme le produit de k par v pris comme éléments du corps E. Alors E est un espace vectoriel sur $\mathbb{K}$, c'est-à-dire que les huit axiomes précédents d'un espace vectoriel sont satisfaits par E et $\mathbb{K}$.

5.4. SOUS-ESPACES VECTORIELS

Soit W un sous-ensemble d'un espace vectoriel sur un corps $\mathbb{K}$. W est un *sous-espace vectoriel* de V si W est lui-même un espace vectoriel sur $\mathbb{K}$ par rapport aux lois d'addition vectorielle et de multiplication par un scalaire définies sur V. Il en découle les critères d'identification des sous-espaces vectoriels suivants (*cf.* problème 5.4 pour la démonstration).

Théorème 5.2 : Soit W un sous-ensemble d'un espace vectoriel V. Alors W est un sous-espace vectoriel de V si, et seulement si

  (i) $0 \in W$.

  (ii) W est *stable pour l'addition vectorielle*, c'est-à-dire :

       Pour chaque u, $v \in W$, la somme $u + v \in W$.

  (iii) W est *stable pour multiplication par un scalaire*, c'est-à-dire :

       Pour chaque $u \in W$, $k \in \mathbb{K}$ le multiple $ku \in W$.

Les conditions (ii) et (iii) peuvent être rassemblées en une seule condition, énoncée en (ii) ci-dessous (*cf.* problème 5.5 pour la démonstration).

Corollaire 5.3 : W est un sous-espace vectoriel de V si et seulement si :

    (i) $0 \in W$

    (ii) $au + bv \in W$ pour chaque u, $v \in W$ et a, $b \in \mathbb{K}$.

Exemple 5.1

(*a*) Soit V un espace vectoriel quelconque. L'ensemble $\{0\}$ constitué du seul vecteur nul, ainsi que l'espace entier V sont des sous-espaces vectoriels de V.

(*b*) Soit W le plan Oxy de $\mathbb{R}^3$ constitué des vecteurs dont la troisième composante est 0 ; ou, en d'autres termes, $W = \{(a, b, 0) \, : \, a, b \in \mathbb{R}\}$. Noter que $0 = (0, 0, 0) \in W$ puisque la troisième composante du vecteur nul est 0. De plus, pour tous vecteurs $u = (a, b, 0)$ et $v = (c, d, 0)$ de W et quel que soit le scalaire $k \in \mathbb{R}$, nous avons

$$u + v = (a + b, c + d, 0) \qquad \text{et} \qquad ku = (ka, kb, 0)$$

appartiennent à W. Donc W est sous-espace vectoriel de V.

(*c*) Soit $V = \mathbf{M}_{n,n}$ l'espace des matrices carrées d'ordre n. Alors le sous-ensemble W_1 des matrices triangulaires (supérieures) et le sous-ensemble W_2 des matrices symétriques sont des sous-espaces de V puisqu'ils sont non vides et stables par l'addition des matrices et la multiplication par un scalaire.

(*d*) Rappelons que $\mathbf{P}(t)$ désigne l'espace vectoriel des polynômes. Soit $\mathbf{P}_n(t)$ le sous-ensemble de $\mathbf{P}(t)$ constitué de tous les polynômes de degré $\leq n$, pour un n fixé. Alors $\mathbf{P}_n(t)$ est un sous-espace vectoriel de $\mathbf{P}(t)$. Cet espace vectoriel $\mathbf{P}_n(t)$ apparaîtra plusieurs fois dans nos exemples.

Exemple 5.2

Soit U et W deux sous-espaces vectoriels d'un espace vectoriel V. Montrons que leur intersection $U \cap W$ est aussi un sous-espace vectoriel de V. Il est clair que $0 \in U$ et $0 \in W$ puisque U et W sont des sous-espaces vectoriels ; d'où $0 \in U \cap W$. Soit maintenant u, $v \in U \cap W$. Donc u, $v \in U$ et u, $v \in W$ et puisque U et W sont des sous-espaces vectoriels,

$$u + v, \; ku \in U \qquad \text{et} \qquad u + v, \; ku \in W$$

quel que soit le scalaire k. D'où $u + v$, $ku \in U \cap W$. Ainsi $U \cap W$ est un sous-espace vectoriel de V.

Le résultat de l'exemple précédent est généralisé dans le théorème suivant.

Théorème 5.4 : L'intersection d'un nombre quelconque de sous-espaces d'un espace vectoriel V est un sous-espace vectoriel de V.

Rappelons qu'une solution quelconque u d'un système d'équations linéaires à n inconnues $AX = B$ peut être identifiée à un point de $\mathbb{K}^n$; d'où l'ensemble des solutions d'un tel système est un sous-ensemble de $\mathbb{K}^n$. Supposons que le système soit homogène, c'est-à-dire supposons que le système est de la forme $AX = 0$. Appelons W l'ensemble des solutions. Puisque $A0 = 0$, le vecteur nul $0 \in W$. En outre si u et v appartiennent à W, c'est-à-dire si u et v sont des solutions de $AX = 0$, alors $Au = 0$ et $Av = 0$. Donc, pour des scalaires quelconques a et $b \in \mathbb{K}$, on a

$$A(au + bv) = aAu + bAv = a0 + b0 = 0 + 0 = 0$$

Ainsi $au + bv$ est aussi une solution de $AX = 0$ ou, d'une autre manière, $au + bv \in W$. En conséquence, par le corollaire 5.3 précédent, on a prouvé le théorème suivant :

Théorème 5.5 : L'ensemble des solutions W d'un système homogène $AX = 0$ à n inconnues, est un sous-espace vectoriel de $\mathbb{K}^n$.

Cependant l'ensemble des solutions d'un système non homogène $AX = B$ ($B \neq 0$), n'est pas un sous-espace vectoriel de $\mathbb{K}^n$. En effet le vecteur nul 0 n'appartient pas à l'ensemble des solutions.

5.5. COMBINAISONS LINÉAIRES, GÉNÉRATEURS

Soit V un espace vectoriel sur un corps $\mathbb{K}$ et soit v_1, v_2, ..., $v_m \in V$. Tout vecteur de V de la forme

$$a_1 v_1 + a_2 v_2 + \cdots + a_m v_m$$

où les $a_i \in \mathbb{K}$, est appelé une *combinaison linéaire* des vecteurs v_1, v_2, ..., v_m. L'ensemble de toutes ces combinaisons linéaires, qu'on désigne par

$$\text{vect}\,(v_1, v_2, \ldots, v_m)$$

est appelé le *sous-espace engendré* par les vecteurs v_1, v_2, ..., v_m.

Plus généralement, pour un sous-ensemble S quelconque de V, $\text{vect}\,(S) = \{0\}$ si S est vide et $\text{vect}\,(S)$ est constitué de toutes les combinaisons linéaires des vecteurs de S.

Le théorème suivant est démontré dans le problème 5.16.

Théorème 5.6 : Soit S un sous-ensemble de l'espace vectoriel V.

       (i) Alors $\text{vect}\,(S)$ est un sous-espace vectoriel de V qui contient S.

      (ii) Si W est un sous-espace vectoriel de V contenant S, alors $\text{vect}\,(S) \subseteq W$.

D'autre part, soit V un espace vectoriel, on dit que les vecteurs u_1, u_2, ..., u_r *engendrent* V ou que ces vecteurs forment un *système de générateurs* de V si

$$V = \text{vect}\,(u_1, u_2, \ldots, u_r)$$

En d'autres termes, u_1, u_2, ..., u_r engendrent V si, pour tout $v \in V$, il existe des scalaires a_1, a_2, ..., a_r tels que

$$v = a_1 u_1 + a_2 u_2 + \cdots + a_r u_r$$

c'est-à-dire si tout vecteur de V est une combinaison linéaire de u_1, u_2, ..., u_r.

Exemple 5.3

(a) Considérons l'espace vectoriel $\mathbb{R}^3$. Le sous-espace vectoriel engendré par un vecteur non nul quelconque $u \in \mathbb{R}^3$ est constitué de tous les multiples scalaires de u ; géométriquement, $\text{vect}\,u$ est la droite passant par l'origine et par l'extrémité du vecteur u, comme le montre la figure 5.1(a).

De même, pour deux vecteurs quelconques $u, v \in \mathbb{R}^3$ non colinéaires, $\text{vect}\,(u, v)$ est le plan passant par l'origine et par les points extrémités des vecteurs u et v, comme le montre la figure 5.1(b).

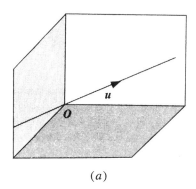

(a)

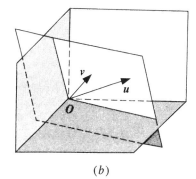

(b)

Fig. 5-1

(b) Les vecteurs $e_1 = (1, 0, 0)$, $e_2 = (0, 1, 0)$ et $e_3 = (0, 0, 1)$ engendrent l'espace vectoriel $\mathbb{R}^3$. Plus précisément, pour un vecteur quelconque $u = (a, b, c)$ $\mathbb{R}^3$, nous avons

$$u = (a, b, c) = a(1, 0, 0) + b(0, 1, 0) + c(0, 0, 1) = a e_1 + b e_2 + c e_3$$

C'est-à-dire u est une combinaison linéaire de e_1, e_2, e_3.

(c) Les polynômes $1, t, t^2, t^3, \ldots$ engendrent l'espace vectoriel $\mathbf{P}(t)$ de tous les polynômes. Donc

$$\mathbf{P}(t) = \text{vect}\,(1, t, t^2, t^3, \ldots)$$

En d'autres termes, chaque polynôme est une combinaison linéaire de 1 et de puissances de t. De même, les polynômes $1, t, t^2, \ldots, t^n$ engendrent l'espace vectoriel $\mathbf{P}_n(t)$ de tous les polynômes de degré $\leq n$.

Espace ligne d'une matrice

Soit A une matrice arbitraire $m \times n$ sur un corps $\mathbb{K}$:

$$A = \begin{pmatrix} a_{11} & a_{12} & \ldots & a_{1n} \\ a_{21} & a_{22} & \ldots & a_{2n} \\ \ldots\ldots\ldots\ldots\ldots\ldots \\ a_{m1} & a_{m2} & \ldots & a_{mn} \end{pmatrix}$$

Les lignes de A sont

$$R_1 = (a_{11}, a_{12}, \ldots, a_{1n}), \ \ldots, \ R_m = (a_{m1}, a_{m2}, \ldots, a_{mn})$$

et peuvent être considérées comme des vecteurs de $\mathbb{K}^n$ engendrant un sous-espace de $\mathbb{K}^n$ appelé *espace ligne* de A, c'est-à-dire que

$$\text{l'espace ligne de } A = \text{vect}\,(R_1, R_2, \ldots, R_m)$$

De manière analogue, les colonnes de A peuvent être considérées comme des vecteurs de $\mathbb{K}^m$ engendrant un sous-espace de $\mathbb{K}^n$ appelé *espace colonne* de A. Remarquons que l'espace colonne de A n'est autre que l'espace ligne de la matrice A^T, transposée de A.

Appliquons maintenant sur A les opérations élémentaires sur les lignes suivantes :

$$\text{(i)} \ \ R_i \leftrightarrow R_j, \qquad \text{(ii)} \ kR_i \rightarrow R_i, \ \ k \neq 0, \qquad \text{ou} \qquad \text{(iii)} \ kR_j + R_i \rightarrow R_i$$

nous obtenons une matrice B. Il est clair donc que chaque ligne de B est soit une ligne de A, soit une combinaison linéaire des lignes de A. En conséquence, l'espace ligne de B est contenu dans l'espace ligne de A. D'autre part, nous pouvons appliquer les opérations élémentaires inverses des précédentes sur B et obtenir A ; d'où l'espace ligne de A est contenu dans l'espace ligne de B. En conclusion, A et B ont le même espace ligne ; ce qui nous conduit au théorème suivant.

Théorème 5.7 : Deux matrices ligne-équivalentes ont le même espace ligne.

En particulier, nous démontrons les résultats fondamentaux suivants concernant les matrices ligne-équivalentes (*cf.* problème 5.51 et problème 5.52, respectivement).

Théorème 5.8 : Les matrices canoniques ligne ont le même espace ligne si, et seulement si elles ont les mêmes lignes non nulles.

Théorème 5.9 : Chaque matrice est ligne-équivalente à une unique matrice appelée *forme canonique ligne*.

Nous appliquons les résultats précédents dans l'exemple suivant.

Exemple 5.4. Montrer que le sous-espace U de $\mathbb{R}^4$ engendré par les vecteurs

$$u_1 = (1, 2, -1, 3) \quad u_2 = (2, 4, 1, -2) \quad \text{et} \quad u_3 = (3, 6, 3, -7)$$

et le sous-espace W de $\mathbb{R}^4$ engendré par les vecteurs

$$v_1 = (1, 2, -4, 11) \qquad \text{et} \qquad v_2 = (2, 4, -5, 14)$$

sont égaux ; c'est-à-dire $U = W$.

Méthode 1. Il suffit de montrer que chaque u_i est une combinaison linéaire de v_1 et v_2 et montrer que chaque v_i est une combinaison linéaire de u_1, u_2 et u_3. Remarquer que nous avons ainsi à montrer que les six systèmes d'équations linéaires sont compatibles.

Méthode 2. Formons la matrice A dont les lignes sont les u_i, et réduisons-la suivant les lignes à la forme canonique ligne :

$$A = \begin{pmatrix} 1 & 2 & -1 & 3 \\ 2 & 4 & 1 & -2 \\ 3 & 6 & 3 & -7 \end{pmatrix} \sim \begin{pmatrix} 1 & 2 & -1 & 3 \\ 0 & 0 & 3 & -8 \\ 0 & 0 & 6 & -16 \end{pmatrix} \sim \begin{pmatrix} 1 & 2 & 0 & \frac{1}{3} \\ 0 & 0 & 1 & -\frac{8}{3} \\ 0 & 0 & 0 & 0 \end{pmatrix}$$

Formons maintenant la matrice B dont les lignes sont les v_i, et réduisons-la suivant les lignes à la forme canonique ligne :

$$B = \begin{pmatrix} 1 & 2 & -4 & 11 \\ 2 & 4 & -5 & 14 \end{pmatrix} \sim \begin{pmatrix} 1 & 2 & -4 & 11 \\ 0 & 0 & 3 & -8 \end{pmatrix} \sim \begin{pmatrix} 1 & 2 & 0 & \frac{1}{3} \\ 0 & 0 & 1 & -\frac{8}{3} \end{pmatrix}$$

Puisque les lignes non nulles des matrices réduites sont identiques, les espaces ligne de A et de B sont égaux et donc $U = W$.

5.6. DÉPENDANCE ET INDÉPENDANCE LINÉAIRE

Dans ce qui suit, nous donnons la définition de la dépendance et l'indépendance linéaires. Ces concepts jouent un rôle essentiel en algèbre linéaire et en mathématiques en général.

Définition : Soit V un espace vectoriel sur le corps $\mathbb{K}$. Les vecteurs $v_1, \ldots, v_m \in V$ sont dits *linéairement dépendants sur* $\mathbb{K}$, ou simplement dépendants s'il existe des scalaires $a_1, \ldots, a_m \in \mathbb{K}$ non nuls, tels que :

$$a_1 v_1 + a_1 v_2 + \cdots + a_m v_m = 0 \tag{$*$}$$

Sinon, les vecteurs sont dits *linéairement indépendants sur* $\mathbb{K}$, ou simplement *indépendants*.

Remarquons que la relation $(*)$ est toujours vérifiée si les a sont tous nuls. Si cette relation est vérifiée seulement dans ce cas, c'est-à-dire

$$a_1 v_1 + a_1 v_2 + \cdots + a_m v_m = 0 \quad \text{implique} \quad a_1 = 0, \ldots, a_m = 0$$

Alors, les vecteurs sont linéairement indépendants. Par contre, si la relation $(*)$ est vérifiée lorsque l'un des a_s n'est pas nul, alors les vecteurs sont linéairement dépendants. Un ensemble $\{v_1, v_2, \ldots, v_m\}$ est dit linéairement dépendant ou indépendant suivant que les vecteurs $v_1, v_2, \ldots, v_m$ sont linéairement dépendants ou indépendants. Un ensemble infini S des vecteurs est linéairement dépendant s'il existe des vecteurs $u_1, \ldots, u_n$ dans S qui sont linéairement dépendants ; sinon S est dit linéairement indépendant.

Les remarques suivantes découlent des définitions précédentes.

Remarque 1 : Si 0 est l'un des vecteurs $v_1, v_2, \ldots, v_m$, disons $v_1 = 0$, alors ces vecteurs doivent être linéairement dépendants car :

$$1 v_1 + 0 v_2 + \cdots + 0 v_m = 1 \times 0 + 0 + \cdots + 0 = 0$$

le coefficient de v_1 n'étant pas nul.

Remarque 2 : Un vecteur quelconque non nul v est par lui-même linéairement indépendant car

$$kv = 0, \quad v \neq 0 \quad \text{implique} \quad k = 0$$

Remarque 3 : Si deux des vecteurs $v_1, v_2, \ldots, v_m$ sont égaux ou colinéaires, c'est-à-dire l'un étant multiple scalaire de l'autre, disons $v_1 = kv_2$, alors l'ensemble de ces vecteurs est linéairement dépendant, car

$$v_1 - kv_2 + 0v_3 + \cdots + 0v_m = 0$$

le coefficient de v_1 n'étant pas nul.

Remarque 4 : Deux vecteurs v_1 et v_2 sont linéairement dépendants si, et seulement si, ils sont colinéaires.

Remarque 5 : Si l'ensemble de vecteurs $\{v_1, v_2, \ldots, v_m\}$ est linéairement indépendant alors toute permutation $\{v_{i_1}, v_{i_2}, \ldots, v_{i_m}\}$ des vecteurs est aussi un ensemble linéairement indépendant.

Remarque 6 : Si S est un ensemble de vecteurs linéairement indépendants, alors tout sous-ensemble de S est linéairement indépendant. Autrement dit, si S contient un sous-ensemble linéairement dépendant, alors S est linéairement dépendant.

Remarque 7 : Dans l'espace vectoriel réel $\mathbb{R}^3$, la dépendance linéaire des vecteurs peut être décrite géométriquement de la manière suivante. (a) Deux vecteurs quelconques u et v sont linéairement dépendants si, et seulement si, ils sont situés sur la même droite passant par l'origine comme le montre la figure 5-2(a). (b) Trois vecteurs quelconques u, v et w sont linéairement dépendants si, et seulement si, ils sont situés dans le même plan passant par l'origine comme le montre la figure 5-2(b).

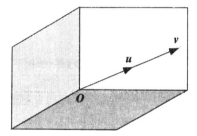   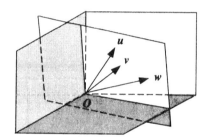

(a) u et v sont linéairement dépendants   (b) u, v et w sont linéairement dépendants

Fig. 5-2

Nous verrons d'autres cas de vecteurs dépendants et indépendants dans les exemples suivants.

Exemple 5.5

(a) Les vecteurs $u = (1, -1, 0)$, $v = (1, 3, -1)$, et $w = (5, 3, -2)$ sont linéairement dépendants puisque

$$3(1, -1, 0) + 2(1, 3, -1) - (5, 3, -2) = (0, 0, 0)$$

Autrement dit, $3u + 2v - w = 0$.

(b) Montrons que les vecteurs $u = (6, 2, 3, 4)$, $v = (0, 5, -3, 1)$, et $w = (0, 0, 7, -2)$ sont linéairement dépendants. Supposons que $xu + yv + zw = 0$ où x, y, et z sont des scalaires. Alors

$$(0, 0, 0, 0) = x(6, 2, 3, 4) + y(0, 5, -3, 1) + z(0, 0, 7, -2)$$
$$= (6x, 2x + 5y, 3x - 3y + 7z, 4x + y - 2z)$$

et donc, par identification des composantes correspondantes,

$$\begin{aligned}
6x & & & = 0 \\
2x &+ 5y & & = 0 \\
3x &- 3y &+ 7z &= 0 \\
4x &+ \ \ y &- 2z &= 0
\end{aligned}$$

La première équation donne $x = 0$; la deuxième équation avec $x = 0$ donne $y = 0$ et la troisième équation avec $x = 0$, $y = 0$ donne $z = 0$. Ainsi,

$$xu + yv + zw = 0 \quad \text{implique} \quad x = 0, \ y = 0, \ z = 0$$

En conséquence u, v et w sont linéairement indépendants.

Combinaisons linéaires et dépendance linéaire

Les notions de combinaisons linéaires et de dépendance linéaire sont étroitement liées. Plus précisément, pour plus d'un vecteur, nous montrons que les vecteurs v_1, v_2, ..., v_m sont linéairement dépendants si, et seulement si l'un d'eux s'écrit comme combinaison linéaire des autres.

Supposons que v_i s'écrit comme combinaison linéaire des autres vecteurs :

$$v_i = a_1 v_1 + \cdots + a_{i-1} v_{i-1} + a_{i+1} v_{i+1} + \cdots + a_m v_m$$

Alors en ajoutant $-v_i$ au deux membres, nous obtenons

$$a_1 v_1 + \cdots + a_{i-1} v_{i-1} - v_i + a_{i+1} v_{i+1} + \cdots + a_m v_m = 0$$

où le coefficient de v_i n'est pas nul, ce qui montre que ces vecteurs sont linéairement dépendants. Réciproquement, supposons que les vecteurs soient linéairement dépendants, donc

$$b_1 v_1 + \cdots + b_j v_j + \cdots + b_m v_m = 0 \qquad \text{où} \qquad b_j \neq 0$$

Alors

$$v_j = -b_j^{-1} b_1 v_1 - \cdots - b_j^{-1} b_{j-1} v_{j-1} - b_j^{-1} b_{j+1} v_{j+1} - \cdots - b_j^{-1} b_m v_m$$

et ainsi, v_j s'écrit comme combinaison linéaire des autres vecteurs.

Indiquons maintenant un résultat plus important que le précédent (*cf.* problème 5.36 pour la démonstration). Ce résultat a plusieurs conséquences importantes.

Lemme 5.10 : Supposons que deux ou plusieurs vecteurs non nuls $v_1, v_2, \ldots, v_m$ soient linéairement dépendants. Alors l'un de ces vecteurs est une combinaison linéaire des vecteurs précédents, c'est-à-dire qu'il existe un $k > 1$ tel que

$$v_k = c_1 v_1 + c_2 v_2 + \cdots + c_{k-1} v_{k-1}$$

Exemple 5.6. Considérons la matrice suivante mise sous la forme échelonnée :

$$A = \begin{pmatrix} 0 & 2 & 3 & 4 & 5 & 6 & 7 \\ 0 & 0 & 4 & -4 & 4 & -4 & 4 \\ 0 & 0 & 0 & 0 & 7 & 8 & 9 \\ 0 & 0 & 0 & 0 & 0 & 6 & -6 \\ 0 & 0 & 0 & 0 & 0 & 0 & 0 \end{pmatrix}$$

Remarquons que les lignes R_2, R_3 et R_4 ont des zéros dans la deuxième colonne (en dessous de l'élément pivot de R_1) et, par suite, toute combinaison linéaire de R_2, R_3 et R_4 doit avoir un zéro dans sa deuxième composante. Ainsi R_1 ne peut être combinaison linéaire des lignes non nulles suivantes. De même, R_3 et R_4 ont des zéros dans la troisième colonne (en dessous de l'élément pivot de R_2) donc, R_2 ne peut être combinaison linéaire des lignes non nulles suivantes. Finalement, R_3 ne peut être multiple de R_4 puisque R_4 a un zéro dans la cinquième colonne (en dessous de l'élément pivot de R_3). En regardant les lignes non nulles de bas en haut, R_4, R_3, R_2 et R_1, aucune d'elles n'est combinaison linéaire des lignes précédentes. Ainsi, les lignes non nulles sont linéairement indépendantes d'après le lemme 5.10.

L'argument utilisé dans l'exemple précédent peut être également utilisé pour les lignes non nulles d'une matrice échelonnée quelconque. Ainsi nous avons le résultat suivant, très utilisé (*cf.* problème 5.37 pour la démonstration).

Théorème 5.11 : Les lignes non nulles d'une matrice mise sous la forme échelonnée, sont linéairement indépendantes.

5.7. BASES ET DIMENSIONS

Commençons d'abord par énoncer deux manières équivalentes (*cf.* problème 5.30) pour définir une base dans l'espace vectoriel V.

Définition A : Un ensemble de vecteurs $S = \{u_1, u_2, \ldots, u_n\}$ est une *base* de V si les deux conditions suivantes sont vérifiées :

    (1) $u_1, u_2, \ldots, u_n$ sont linéairement indépendants.

    (2) $u_1, u_2, \ldots, u_n$ engendrent V.

Définition B : Un ensemble de vecteurs $S = \{u_1, u_2, \ldots, u_n\}$ est une *base* de V si tout vecteur $v \in V$ peut s'écrire d'une manière unique comme une combinaison linéaire des vecteurs de base.

Un espace vectoriel V est dit *n-dimensionnel* ou de *dimension finie* n, et on écrit

$$\dim V = n$$

si V admet une telle base ayant n-éléments. Cette définition de la dimension est bien définie d'après le théorème suivant (*cf.* problème 5.40 pour la démonstration).

Théorème 5.12 : Soit V un espace vectoriel de dimension finie. Alors toute base de V a le même nombre d'éléments.

L'espace vectoriel $\{0\}$ est définie par sa dimension 0. Si un espace vectoriel n'est pas de dimension finie, on dit qu'il est de *dimension infinie*.

Exemple 5.7

(a) Considérons l'espace vectoriel $\mathbf{M}_{2,3}$ de toutes les matrices 2×3 sur un corps $\mathbb{K}$. Alors les six matrices suivantes forment une base de $\mathbf{M}_{2,3}$:

$$\begin{pmatrix} 1 & 0 & 0 \\ 0 & 0 & 0 \end{pmatrix} \begin{pmatrix} 0 & 1 & 0 \\ 0 & 0 & 0 \end{pmatrix} \begin{pmatrix} 0 & 0 & 1 \\ 0 & 0 & 0 \end{pmatrix} \begin{pmatrix} 0 & 0 & 0 \\ 1 & 0 & 0 \end{pmatrix} \begin{pmatrix} 0 & 0 & 0 \\ 0 & 1 & 0 \end{pmatrix} \begin{pmatrix} 0 & 0 & 0 \\ 0 & 0 & 1 \end{pmatrix}$$

Plus généralement, dans l'espace vectoriel $\mathbf{M}_{r,s}$ des matrices $r \times s$, soit E_{ij} une matrice ayant 1 comme élément ij et 0 ailleurs. Alors l'ensemble de ces matrices E_{ij} est une base de $\mathbf{M}_{r,s}$, appelée la *base usuelle* (ou *base canonique*) de $\mathbf{M}_{r,s}$. Donc $\dim \mathbf{M}_{r,s} = rs$. En particulier, $e_1 = (1, 0, \ldots, 0)$, $e_2(0, 1, \ldots, 0), \ldots, e_n = (0, 0, \ldots, 1)$ forment la base usuelle pour $\mathbb{K}^n$.

(b) Considérons l'espace vectoriel $\mathbf{P}_n(t)$ des polynômes de degré $\leq n$. Les polynômes $1, t, t^2, \ldots, t^n$ forment une base de $\mathbf{P}_n(t)$, et ainsi $\dim \mathbf{P}_n(t) = n + 1$.

Le précédent théorème 5.12, théorème fondamental sur la dimension, est une conséquence de *l'important lemme* suivant (*cf.* problème 5.39 pour la démonstration).

Lemme 5.13 : Supposons que $\{v_1, v_2, \ldots, v_n\}$ engendre V et que $\{w_1, w_2, \ldots, w_m\}$ soit linéairement indépendant. Alors $m \leq n$ et V est engendré par un ensemble de la forme

$$\{w_1, \ldots, w_m, v_{i_1}, \ldots, v_{i_{n-m}}\}$$

Ainsi, en particulier, $n + 1$ vecteurs quelconques, ou un nombre plus grand de vecteurs de V sont linéairement dépendants.

Remarquons que dans le lemme précédent nous avons remplacé m vecteurs dans l'ensemble engendrant l'espace vectoriel par m vecteurs indépendants, et que nous obtenons encore un ensemble qui engendre l'espace vectoriel.

Les théorèmes suivants (*cf.* problème 5.41, 5.42, et 5.43, respectivement, pour la démonstration) seront fréquemment utilisés.

Théorème 5.14 : Soit V un espace vectoriel de dimension finie n.

(i) Tout ensemble de $n + 1$ ou d'un nombre plus grand de vecteurs de V est linéairement indépendant.

(ii) Tout ensemble $S = \{u_1, u_2, \ldots, u_n\}$, linéairement indépendant ayant n éléments est une base de V.

(iii) Tout ensemble $T = \{v_1, v_2, \ldots, v_n\}$ engendrant V ayant n éléments est une base de V.

Théorème 5.15 : Supposons que S engendre un espace vectoriel V.

(i) Tout sous-ensemble linéairement indépendant maximal de S est une base de V.

(ii) Si on supprime de S chaque vecteur qui s'écrit comme combinaison linéaire des vecteurs précédents de S, alors les vecteurs qui restent forment une base de V.

Théorème 5.16 (Théorème de la base incomplète) : Soit V un espace vectoriel de dimension finie et soit $S = \{u_1, u_2, \ldots, u_n\}$ un ensemble de vecteurs linéairement indépendants de V. Alors S est une partie d'une base de V, c'est-à-dire S peut être complété en une base de V.

Exemple 5.8

(a) Considérons les quatre vecteurs de $\mathbb{R}^4$ suivants :

$$(1, 1, 1, 1) \quad (0, 1, 1, 1) \quad (0, 0, 1, 1) \quad (0, 0, 0, 1)$$

Remarquer que ces vecteurs forment une matrice sous forme échelonnée ; donc ils sont linéairement indépendants. De plus puisque $\dim \mathbb{R}^4 = 4$, ces quatre vecteurs forment une base de $\mathbb{R}^4$.

(b) On considère les $n + 1$ polymômes de $\mathbf{P}_n(t)$ suivants :

$$1, \ t - 1, \ (t - 1)^2, \ \ldots, \ (t - 1)^n$$

Le degré de $(t - 1)^k$ est k ; par suite aucun polynôme ne peut être une combinaison linéaire des polynômes précédents. Ainsi ces polynômes sont linéairement indépendants. De plus, ils forment une base de $\mathbf{P}_n(t)$ puisque $\dim \mathbf{P}_n(t) = n+1$.

Dimension et sous-espaces

Le théorème suivant (*cf.* problème 5.44 pour la démonstration) établit la relation fondamentale entre la dimension d'un espace vectoriel et la dimension d'un sous-espace.

Théorème 5.17 : Soit W un sous-espace de l'espace vectoriel V de dimension n. Alors $\dim W \leq n$. En particulier si $\dim W = n$, alors $W = V$.

Exemple 5.9. Soit W un sous-espace de l'espace réel $\mathbb{R}^3$. Comme $\dim \mathbb{R}^3 = 3$, d'après le théorème 5.17, la dimension de W peut être seulement 0, 1, 2 ou 3. Nous pouvons donc distinguer les cas suivants :

(i) $\dim W = 0$, alors $W = \{0\}$ est réduit au seul vecteur nul c'est-à-dire à l'origine.

(ii) $\dim W = 1$, alors W est une droite issue de l'origine.

(iii) $\dim W = 2$, alors W est un plan passant par l'origine.

(iv) $\dim W = 3$, alors W est l'espace entier $\mathbb{R}^3$.

Rang d'une matrice

Soit A une matrice $m \times n$ quelconque sur un corps $\mathbb{K}$. Rappelons que l'espace ligne de A est le sous-espace de $\mathbb{K}^n$ engendré par les lignes de A, et l'espace colonne de A est le sous-espace de $\mathbb{K}^m$ engendré par ses colonnes.

Le *rang ligne* d'une matrice A est égal au nombre maximum de lignes linéairement indépendantes ou, d'une manière équivalente, à la dimension de l'espace ligne de A. D'une manière analogue, le *rang colonne* d'une matrice A est égal au nombre maximum de colonnes linéairement indépendantes ou, d'une manière équivalente, à la dimension de l'espace colonne de A.

Bien que l'espace ligne A soit un sous-espace de $\mathbb{K}^n$ et l'espace colonne A soit un sous-espace de $\mathbb{K}^m$, où n peut ne pas être égal à m, nous avons les résultats importants suivants (*cf.* problème 5.53 pour la démonstration).

Théorème 5.18 : Le rang ligne et le rang colonne d'une matrice A sont égaux.

Définition : Le rang d'une matrice A, que l'on note rang A, est la valeur commune du rang ligne et du rang colonne de A.

Le rang d'une matrice peut être facilement trouvé en utilisant la réduction suivant les lignes comme le montre l'exemple suivant.

Exemple 5.10. Cherchons une base et la dimension de l'espace ligne de la matrice

$$A = \begin{pmatrix} 1 & 2 & 0 & -1 \\ 2 & 6 & -3 & -3 \\ 3 & 10 & -6 & -5 \end{pmatrix}$$

Réduisons d'abord A à sa forme échelonnée, en utilisant des opérations élémentaires sur les lignes de la matrice :

$$A \sim \begin{pmatrix} 1 & 2 & 0 & -1 \\ 0 & 2 & -3 & -1 \\ 0 & 4 & -6 & -2 \end{pmatrix} \sim \begin{pmatrix} 1 & 2 & 0 & -1 \\ 0 & 2 & -3 & -1 \\ 0 & 0 & 0 & 0 \end{pmatrix}$$

Rappelons que des matrices lignes-équivalentes ont le même espace ligne. Donc les lignes non nulles d'une matrice échelonnée, qui sont indépendantes d'après le théorème 5.11, forment une base de l'espace ligne de A. Ainsi la dimension de l'espace ligne de A est égale à 2. D'où rang $A = 2$.

5.8. ÉQUATIONS LINÉAIRES ET ESPACES VECTORIELS

Considérons un système de m équations linéaires à n inconnues $x_1, x_2, \ldots, x_n$ sur un corps $\mathbb{K}$:

$$\begin{aligned} a_{11}x_1 + a_{12}x_2 + \cdots + a_{1n}x_n &= b_1 \\ a_{21}x_1 + a_{22}x_2 + \cdots + a_{2n}x_n &= b_2 \\ &\cdots\cdots\cdots\cdots\cdots\cdots\cdots\cdots\cdots \\ a_{m1}x_1 + a_{m2}x_2 + \cdots + a_{mn}x_n &= b_m \end{aligned} \qquad (5.1)$$

ou l'équation matricielle équivalente

$$AX = B$$

où $A = (a_{ij})$ est la matrice des coefficients, $X = (x_i)$ et $B = (b_i)$ sont les vecteurs colonnes représentant respectivement les inconnues et les termes constants. Rappelons que la matrice augmentée de ce système est définie par la matrice

$$(A, B) = \begin{pmatrix} a_{11} & a_{12} & \cdots & a_{1n} & b_1 \\ a_{21} & a_{22} & \cdots & a_{2n} & b_2 \\ \multicolumn{5}{c}{\cdots\cdots\cdots\cdots\cdots\cdots\cdots\cdots\cdots} \\ a_{m1} & a_{m2} & \cdots & a_{mn} & b_m \end{pmatrix}$$

Remarque 1 : Les équations linéaires précédentes sont dites dépendantes ou indépendantes suivant que les vecteurs correspondants, c'est-à-dire les lignes de la matrice augmentée, sont dépendants ou indépendants.

Remarque 2 : Deux systèmes d'équations linéaires sont équivalents si leurs matrices complètes correspondantes, sont lignes-équivalentes, c'est-à-dire ont le même espace ligne.

Remarque 3 : Nous pouvons toujours remplacer un système d'équations par un système d'équations indépendantes, de telle manière que l'on ait un système sous forme échelonnée. Le nombre d'équations indépendantes sera toujours égal au rang de la matrice augmentée.

Remarquons que le système *(5.1)* est aussi équivalent à l'équation vectorielle

$$x_1 \begin{pmatrix} a_{11} \\ a_{21} \\ \cdots \\ a_{m1} \end{pmatrix} + x_2 \begin{pmatrix} a_{12} \\ a_{22} \\ \cdots \\ a_{m2} \end{pmatrix} + \cdots + x_n \begin{pmatrix} a_{1n} \\ a_{2n} \\ \cdots \\ a_{mn} \end{pmatrix} = \begin{pmatrix} b_1 \\ b_2 \\ \cdots \\ a_m \end{pmatrix}$$

Le commentaire précédent nous donne le théorème fondamental d'existence suivant :

Théorème 5.19 : Les trois propriétés suivantes sont équivalentes :

(*a*) Le système d'équations linéaires $AX = B$ admet une solution.

(*b*) B est une combinaison linéaire des colonnes de A.

(*c*) La matrice des coefficients A et la matrice augmentée (A, B) ont le même rang.

Rappelons qu'une matrice $m \times n$, A, peut être considérée comme une fonction $A : \mathbb{K}^n \to \mathbb{K}^m$. Ainsi le vecteur B appartient à l'image de A si, et seulement si l'équation $AX = B$ admet une solution. Ce qui signifie que l'emsemble image de la fonction A, noté $\operatorname{Im} A$, est précisément l'espace colonne de A. Donc,

$$\dim(\operatorname{Im} A) = \dim(\text{espace colonne de A}) = \operatorname{rang} A$$

Nous utilisons ce fait pour démontrer (*cf.* problème 5.59) le résultat fondamental suivant sur les systèmes des équations linéaires homogènes.

Théorème 5.20 : La dimension de l'espace solution W d'un système homogène d'équations linéaires $AX = 0$ est $n - r$ où n est le nombre d'inconnues et r le rang de la matrice des coefficients A.

Dans le cas où le système $AX = 0$ est sous la forme échelonnée, alors il a précisément $n - r$ variables libres, par exemple $x_{i_1}, x_{i_2}, \ldots, x_{i_{n-r}}$. Soit v_j la solution obtenue en posant $x_{ij} = 1$ (ou tout autre constante non nulle) et le reste des variables égal à 0. Alors les vecteurs solutions $v_1, \ldots, v_{n-r}$ sont linéairement indépendants (*cf.* problème 5.58) et, par suite, forment une base de l'espace solution.

Exemple 5.11. Cherchons la dimension et une base de l'espace solution W, du système d'équations linéaires suivant :

$$\begin{aligned} x + 2y + 2z - s + t &= 0 \\ x + 2y + 3z + s + t &= 0 \\ 3x + 6y + 8z + s + 5t &= 0 \end{aligned}$$

Réduisons d'abord le système à la forme échelonnée :

$$\begin{aligned} x + 2y + 2z - s + 3t &= 0 \\ z + 2s - 2t &= 0 \\ 2z + 4s - 4t &= 0 \end{aligned} \qquad \text{ou} \qquad \begin{aligned} x + 2y + 2z - s + 3t &= 0 \\ z + 2s - 2t &= 0 \end{aligned}$$

Il y a 5 inconnues et 2 équations (non nulles) dans la forme échelonnée ; donc $\dim W = 5 - 2 = 3$. Remarquons que les inconnues libres sont y, s et t. Ainsi $\dim W = 3$. Pour obtenir une base de W, posons :

(i) $y = 1$, $s = 0$, $t = 0$ pour obtenir la solution $v_1 = (-2, 1, 0, 0, 0)$,

(ii) $y = 0$, $s = 1$, $t = 0$ pour obtenir la solution $v_2 = (5, 0, -2, 1, 0)$,

(iii) $y = 0$, $s = 0$, $t = 1$ pour obtenir la solution $v_3 = (-7, 0, 2, 0, 1)$.

L'ensemble $\{v_1, v_2, v_3\}$ est une base de l'espace solution W.

Deux algorithmes de recherche de bases

Considérons des vecteurs u_1, u_2, ..., u_r de $\mathbb{K}^n$. Soit

$$W = \text{vect}\,(u_1, u_2, \ldots, u_r)$$

le sous-espace de $\mathbb{K}^n$ engendré par les vecteurs donnés. Chacun des algorithmes suivants permet de trouver une base (et par suite la dimension) de W.

Algorithme 5.8 A (Algorithme sur l'espace des lignes)

Étape 1. Former la matrice A dont les *lignes* sont les vecteurs donnés.

Étape 2. Réduire la matrice A à la forme échelonnée.

Étape 3. Supprimer les lignes nulles de la matrice échelonnée.

L'algorithme précédent a été déjà utilisé dans l'exemple 5.10. L'algorithme suivant sera illustré par l'exemple 5.12 et utilise les résultats précédents sur les systèmes non homogènes d'équations linéaires.

Algorithme 5.8 B (Algorithme d'élimination)

Étape 1. Former la matrice M dont les *colonnes* sont les vecteurs donnés.

Étape 2. Réduire la matrice M à la forme échelonnée.

Étape 3. Pour chaque colonne C_k de la matrice échelonnée ne contenant pas de pivot, supprimer (ou éliminer) le vecteur v_k des vecteurs donnés.

Étape 4. Les vecteurs qui restent (correspondant aux colonnes avec pivots) forment une base du sous-espace engendré.

Exemple 5.12. Soit W le sous espace de $\mathbb{R}^3$ engendré par les vecteurs suivants :

$$v_1 = (1, 2, 1, -2, 3) \qquad v_2 = (2, 5, -1, 3, -2) \qquad v_3 = (1, 3, -2, 5, -5)$$

$$v_4 = (3, 1, 2, -4, 1) \qquad v_5 = (5, 6, 1, -1, -1)$$

Nous utilisons l'algorithme 5.8 B, pour déterminer une base de W.

Formons d'abord la matrice M dont les colonnes sont les vecteurs donnés puis réduisons-la à la forme échelonnée :

$$M = \begin{pmatrix} 1 & 2 & 1 & 3 & 5 \\ 2 & 5 & 3 & 1 & 6 \\ 1 & -1 & -2 & 2 & 1 \\ -2 & 3 & 5 & -4 & -1 \\ 3 & -2 & -5 & 1 & -1 \end{pmatrix} \sim \begin{pmatrix} 1 & 2 & 1 & 3 & 5 \\ 0 & 1 & 1 & -5 & -4 \\ 0 & -3 & -3 & -1 & -4 \\ 0 & 7 & 7 & 2 & 9 \\ 0 & -8 & -8 & -8 & -16 \end{pmatrix}$$

$$\sim \begin{pmatrix} 1 & 2 & 1 & 3 & 5 \\ 0 & 1 & 1 & 7 & -4 \\ 0 & 0 & 0 & -16 & -16 \\ 0 & 0 & 0 & 37 & 37 \\ 0 & 0 & 0 & -48 & -48 \end{pmatrix} \sim \begin{pmatrix} 1 & 2 & 1 & 3 & 5 \\ 0 & 1 & 1 & 7 & -4 \\ 0 & 0 & 0 & 1 & 1 \\ 0 & 0 & 0 & 0 & 0 \\ 0 & 0 & 0 & 0 & 0 \end{pmatrix}$$

Remarquer que les pivots, dans la matrice échelonnée, apparaissent dans les colonnes C_1, C_2 et C_4. Le fait que la colonne C_3 ne contient pas de pivot signifie que le système $xv_1 + yv_2 = v_3$ admet une solution et, par suite, le vecteur v_3 est une combinaison linéaire de v_1 et v_2. D'une manière analogue, le fait que la colonne C_5 ne contient pas de pivot signifie que le vecteur v_5 est une combinaison linéaire des vecteurs qui le précèdent. Par conséquent, les vecteurs v_1, v_2 et v_4, qui correspondent aux colonnes contenant les pivots, dans la matrice échelonnée, forment une base du sous-espace W, et dim $W = 3$.

5.9. SOMMES ET SOMMES DIRECTES

Soit U et W des sous-espaces vectoriels de V. La somme de U et W, qui s'écrit $U + W$, est l'ensemble constitué de toutes les sommes $u + w$ où $u \in U$ et $w \in W$. C'est-à-dire ;

$$U + W = \{u + w \, : \, u \in U, w \in W\}$$

Supposons maintenant que U et W sont des sous-espaces de l'espace vectoriel V. Noter que $0 = 0 + 0 \in U + W$, puisque $0 \in U$ et $0 \in W$. De plus, si $u + w$ et $u' + w'$ appartiennent à $U + W$, avec u, $u' \in U$ et w, $w' \in W$, alors

$$(u + w) + (u' + w') = (u + u') + (w + w') \in U + W$$

et, pour tout scalaire k quelconque,

$$k(u + w) = ku + kw \in U + W$$

Ainsi, nous avons démontré le théorème suivant.

Théorème 5.21 : La somme de deux sous-espaces de V est aussi un sous-espace de V.

Rappelons que $U \cap W$ est aussi un sous-espace de V. Le théorème suivant, démontré dans le problème 5.69, indique les dimensions de ces sous-espaces.

Théorème 5.22 : Soit U et W des sous-espaces de dimension finie de l'espace vectoriel V. Alors $U + W$ est de dimension finie et

$$\dim(U + W) = \dim(U) + \dim(W) - \dim(U \cap W)$$

Exemple 5.13. Soit U et W les plans Oxy et Oyz, respectivement, dans $\mathbb{R}^3$. C'est-à-dire

$$U = \{(a, b, 0)\} \qquad \text{et} \qquad W = \{(0, b, c)\}$$

Puisque $\mathbb{R}^3 = U + W$, nous avons dim$(U + W) = 3$. Aussi, dim $U = 2$ et dim $W = 2$. D'après le théorème 5.22,

$$3 = 2 + 2 - \dim(U \cap W) \qquad \text{d'où} \qquad \dim(U \cap W) = 1$$

Ceci est en accord avec le fait que $U \cap W$ est l'axe Oy (*cf.* fig. 5-3) et que celui-ci est de dimension 1.

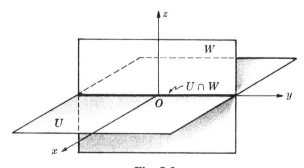

Fig. 5-3

Somme directe

L'espace vectoriel V est dit la *somme directe* des sous-espaces U et W, et on note

$$V = U \oplus W$$

si chaque vecteur $v \in V$ s'écrit d'une manière unique sous la forme $v = u + w$, où $u \in U$ et $v \in W$.

Le théorème suivant, démontré dans le problème 5.70, caractérise une telle décomposition.

Théorème 5.23 : L'espace vectoriel V est la somme directe des sous-espaces U et W si, et seulement si

(i) $V = U + W$ et (ii) $U \cap W = \{0\}$.

Exemple 5.14

(a) Dans l'espace vectoriel $\mathbb{R}^3$, soit U le plan Oxy et W le plan Oyz :

$$U = \{(a, b, 0) \ : \ a, b \in \mathbb{R}\} \quad \text{et} \quad W = \{(0, b, c) \ : \ b, c \in \mathbb{R}\}$$

D'où $\mathbb{R}^3 = U + W$ puisque chaque vecteur de $\mathbb{R}^3$ est la somme d'un vecteur de U et d'un vecteur de W. Cependant $\mathbb{R}^3$ n'est pas la somme directe de U et de W puisque la décomposition d'un vecteur n'est pas unique ; par exemple,

$$(3, 5, 7) = (3, 1, 0) + (0, 4, 7) \quad \text{et aussi} \quad (3, 5, 7) = (3, -4, 0) + (0, 9, 7)$$

(b) Dans $\mathbb{R}^3$, soit U le plan Oxy et W l'axe des Oz :

$$U = \{(a, b, 0) \ : \ a, b \in \mathbb{R}\} \quad \text{et} \quad W = \{(0, 0, c) \ : \ c \in \mathbb{R}\}$$

Maintenant un vecteur quelconque $(a, b, c) \in \mathbb{R}$ peut s'écrire comme somme d'un vecteur de U et d'un vecteur de V d'une manière unique :

$$(a, b, c) = (a, b, 0) + (0, 0, c)$$

Par conséquent, $\mathbb{R}^3$ est la somme directe de U et W, c'est-à-dire $\mathbb{R}^3 = U \oplus W$. Autrement dit, $\mathbb{R}^3 = U \oplus W$ puisque $\mathbb{R}^3 = U + W$ et $U \cap W = \{0\}$.

Somme directe générale

On peut étendre la notion de somme directe à plusieurs sous-espaces. Ainsi, V est la *somme directe* des sous-espaces W_1, W_2, ..., W_r, et on écrit

$$V = W_1 \oplus W_2 \oplus \cdots \oplus W_r$$

si tout vecteur $v \in V$ peut s'écrire d'une manière unique sous la forme

$$v = w_1 + w_2 + \cdots + w_r$$

où $w_1 \in W_1$, $w_2 \in W_2$, ..., $w_r \in W_r$.

Nous avons les théorèmes suivants.

Théorème 5.24 : Supposons que $V = W_1 \oplus W_2 \oplus \cdots \oplus W_r$ et, pour chaque i, soit S_i un sous-ensemble linéairement indépendant de W_i. Alors

(a) La réunion $S = \bigcup_i S_i$ est un ensemble linéairement indépendant de V.

(b) Si S_i est une base de W_i, alors $S = \bigcup_i S_i$ est une base de V.

(c) $\dim V = \dim W_1 + \dim W_2 + \cdots + \dim W_r$.

Théorème 5.25 : Supposons que $V = W_1 + W_2 + \cdots + W_r$ (où V est de dimension finie) et supposons que

$$\dim V = \dim W_1 + \dim W_2 + \cdots + \dim W_r$$

Alors $V = W_1 \oplus W_2 \oplus \cdots \oplus W_r$.

5.10. COORDONNÉES

Soit V un espace vectoriel de dimension n sur un corps $\mathbb{K}$, et soit

$$S = \{u_1, u_2, \ldots, u_n\}$$

une base de V. Alors tout vecteur $v \in V$ peut être écrit d'une manière unique comme combinaison linéaire des vecteurs de la base S, par exemple

$$v = a_1 u_1 + a_2 u_2 + \cdots + a_n u_n$$

Les n scalaires $a_1, a_2, \ldots, a_n$ sont appelés *les coordonnées* de v relativement à la base S ; et ils forment le n-uplet $[a_1, a_2, \ldots, a_n]$ dans $\mathbb{K}^n$, appelé *le vecteur coordonné* de v relativement à la base S. Désignons ce vecteur $[v]_S$, ou plus simplement $[v]$, lorsqu'il n'y a pas d'ambiguïté sur S. Ainsi

$$[v]_S = [a_1, a_2, \ldots, a_n]$$

Remarquer que nous avons utilisé les crochets $[\ldots]$, et non les parenthèses $(\ldots)$, pour désigner le vecteur coordonné de v.

Exemple 5.15

(a) Considérons $\mathbf{P}_2(t)$ l'espace vectoriel des polynômes de degré ≤ 2. Les polynômes

$$p_1 = 1 \quad p_2 = t - 1 \quad p_3 = (t-1)^2 = t^2 - 2t + 1$$

forment une base S de $\mathbf{P}_2(t)$. Soit $v = 2t^2 - 5t + 6$. Les coordonnées de v dans la base S s'obtiennent comme suit. Posons $v = xp_1 + yp_2 + zp_3$ et cherchons les scalaires inconnus x, y, z :

$$2t^2 - 5t + 6 = x(1) + y(t-1) + z(t^2 - 2t + 1)$$
$$= x + yt - y + zt^2 - 2zt + z$$
$$= zt^2 + (y - 2z)t + (x - y + z)$$

Alors, en identifiant les coefficients des mêmes puissances de t les uns aux autres, nous obtenons :

$$
\begin{aligned}
x - y + z &= 6 \\
y - 2z &= -5 \\
z &= 2
\end{aligned}
$$

La solution du système précédent est $x = 3$, $y = -1$, $z = 2$. Ainsi

$$v = 3p_1 - p_2 - 2p_3 \qquad \text{et donc} \qquad [v] = [3, -1, 2]$$

(b) Considérons l'espace réel $\mathbb{R}^3$. Les vecteurs

$$u_1 = (1, -1, 0) \quad u_2 = (1, 1, 0) \quad u_3 = (0, 1, 1)$$

forment une base S de $\mathbb{R}^3$. Soit $v = (5, 3, 4)$. Les coordonnées de v relativement à la base S s'obtiennent comme suit. Posons $v = xu_1 + yu_2 + zu_3$, c'est-à-dire écrivons v comme combinaison linéaire des vecteurs de base en utilisant des scalaires x, y, z :

$$(5, 3, 4) = x(1, -1, 0) + y(1, 1, 0) + z(0, 1, 1)$$
$$= (x, -x, 0) + (y, y, 0) + (0, z, z)$$
$$= (x + y, -x + y + z, z)$$

Alors, en identifiant les composantes correspondantes les unes aux autres, nous obtenons le système équivalent d'équations linéaires

$$x + y = 5 \qquad -x + y + z = 3 \qquad z = 4$$

La solution du système est $x = 3$, $y = 2$, $z = 4$. Ainsi

$$v = 3u_1 + 2u_2 + 4u_3 \quad \text{et donc} \quad [v]_S = [3, 2, 4]$$

Remarque : Il y a une interprétation géométrique des coordonnées d'un vecteur v relativement à une base S de l'espace réel $\mathbb{R}^n$. Nous illustrons ceci en utilisant la base suivante de $\mathbb{R}^3$, vue dans l'exemple 5.15.

$$S = \{u_1 = (1, -1, 0),\ u_2 = (1, 1, 0),\ u_3 = (0, 1, 1)\}$$

Considérons d'abord l'espace $\mathbb{R}^3$ muni de son système d'axes usuels Ox, Oy et Oz (*i.e.* muni de sa base canonique). Alors les vecteurs de la base S déterminent, dans $\mathbb{R}^3$, un nouveau système de coordonnées d'axes Ox', Oy' et Oz' comme le montre la figure 5-4. C'est-à-dire :

(1) L'axe Ox' de direction u_1.

(2) L'axe Oy' de direction u_2.

(3) L'axe Oz' de direction u_3.

De plus, l'unité de longueur dans chacun des axes est égale, respectivement, à la longueur du vecteur de base correspondant. Alors tout vecteur $v = (a, b, c)$ ou, d'une manière équivalente, tout point $P(a, b, c)$ dans $\mathbb{R}^3$ admet de nouvelles coordonnées dans le nouveau système d'axes Ox', Oy' et Oz'. Ces nouvelles coordonnées sont précisément les coordonnées de v dans la base S.

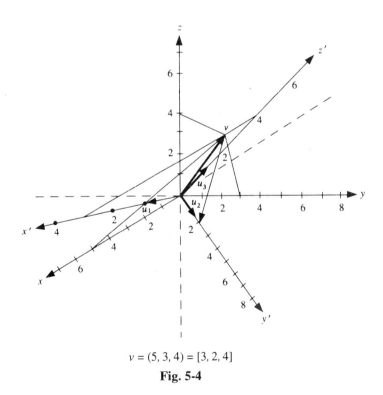

$$v = (5, 3, 4) = [3, 2, 4]$$

Fig. 5-4

Isomorphismes entre V et $\mathbb{K}^n$

Considérons la base $S = \{u_1, u_2, \ldots, u_n\}$ de l'espace vectoriel V sur un corps $\mathbb{K}$. Nous avons montré précédemment qu'à chaque vecteur $v \in V$ correspond un unique n-uplet $[v]_S$ dans $\mathbb{K}^n$. D'autre part, pour tout n-uplet $[c_1, c_2, \ldots, c_n] \in \mathbb{K}^n$, on fait correspondre le vecteur $c_1u_1 + c_2u_2 + \cdots + c_nu_n$ dans V.

Ainsi la base S induit une correspondance bijective entre les vecteurs de V et les n-uplets de $\mathbb{K}^n$. De plus, supposons que

$$v = a_1 u_1 + a_2 u_2 + \cdots + a_n u_n \qquad \text{et} \qquad w = b_1 u_1 + b_2 u_2 + \cdots + b_n u_n$$

Alors

$$v + w = (a_1 + b_1)u_1 + (a_2 + b_2)u_2 + \cdots + (a_n + b_n)u_n$$

$$kv = (ka_1)u_1 + (ka_2)u_2 + \cdots + (ka_n)u_n$$

où k est un scalaire. En conséquence,

$$[v + w]_s = [a_1 + b_1, \ldots, a_n + b_n] = [a_1, \ldots, a_n] + [b_1, \cdots, b_n] = [v]_s + [w]_s$$

et

$$[kv]_s = [ka_1, ka_2, \cdots, ka_n] = k[a_1, a_2, \cdots, ka_n] = k[v]_s$$

Ainsi la précédente correspondance bijective entre V et $\mathbb{K}^n$ préserve les opérations d'espace vectoriel d'addition vectorielle et de multiplication par des scalaires. On dit alors que V et $\mathbb{K}^n$ sont *isomorphes* et on note $V \cong \mathbb{K}^n$. Nous énonçons ce résultat formellement dans le théorème suivant.

Théorème 5.26 : Soit V un espace vectoriel de dimension n sur le corps $\mathbb{K}$. Alors V et $\mathbb{K}^n$ sont isomorphes.

L'exemple suivant nous donne une application pratique du résultat précédent.

Exemple 5.16. Suposons que nous cherchons à déterminer si les matrices suivantes sont linéairement indépendantes ou non, dans l'espace $\mathbf{M}_{2,3}$:

$$A = \begin{pmatrix} 1 & 2 & -3 \\ 4 & 0 & 1 \end{pmatrix} \qquad B = \begin{pmatrix} 1 & 3 & -4 \\ 6 & 5 & 4 \end{pmatrix} \qquad C = \begin{pmatrix} 3 & 8 & -11 \\ 16 & 10 & 9 \end{pmatrix}$$

Les vecteurs coordonnés des matrices précédentes relativement à la base usuelle [exemple 5.7(a)] de $\mathbf{M}_{2,3}$ sont

$$[A] = (1, 2, -3, 4, 0, 1) \qquad [B] = (1, 3, -4, 6, 5, 4) \qquad [C] = (3, 8, -11, 16, 10, 9)$$

Formons la matrice M dont les lignes sont les précédents vecteurs coordonnés :

$$M = \begin{pmatrix} 1 & 2 & -3 & 4 & 0 & 1 \\ 1 & 3 & -4 & 6 & 5 & 4 \\ 3 & 8 & -11 & 16 & 10 & 9 \end{pmatrix}$$

Réduisons M suivant les lignes à la forme échelonnée :

$$M \sim \begin{pmatrix} 1 & 2 & -3 & 4 & 0 & 1 \\ 0 & 1 & -1 & 2 & 5 & 3 \\ 0 & 2 & -2 & 4 & 10 & 6 \end{pmatrix} \sim \begin{pmatrix} 1 & 2 & -3 & 4 & 0 & 1 \\ 0 & 1 & -1 & 2 & 5 & 3 \\ 0 & 0 & 0 & 0 & 0 & 0 \end{pmatrix}$$

Puisque la matrice échelonnée a seulement deux lignes non nulles, les vecteurs coordonnés $[A]$, $[B]$, et $[C]$ engendrent un sous-espace de dimension 2 et sont donc linéairement dépendants. En conséquence, les matrices initiales A, B et C sont linéairement dépendantes.

5.11. CHANGEMENT DE BASE

Nous avons montré dans la section 5.10 que nous pouvons représenter chaque vecteur dans l'espace vectoriel V par un n-uplet, une fois une base S de V ayant été choisie. Une question naturelle se pose : comment cette représentation peut-elle changer si nous choisissons une autre base ? Pour répondre à cette question, nous devons d'abord redéfinir quelques termes. Plus précisément, soit $a_1, a_2, \ldots, a_n$ les coordonnées d'un vecteur v relativement à la base S de V.

Alors, nous allons représenter v par son *vecteur colonne coordonné*, noté et défini par

$$[v]_S = \begin{pmatrix} a_1 \\ a_2 \\ \cdots \\ a_n \end{pmatrix} = (a_1, a_2, \ldots, a_n)^T$$

Soulignons le fait que, dans cette section, $[v]_S$ est une matrice $n \times 1$, et non simplement un élément de $\mathbb{K}^n$. (La signification de $[v]_S$ sera toujours claire par son contexte.)

Soit $S = \{u_1, u_2, \ldots, u_n\}$ une base de l'espace vectoriel V et soit $S' = \{v_1, v_2, \ldots, v_n\}$ une autre base. Puisque S est une base, chaque vecteur de S' peut s'écrire d'une manière unique comme combinaison linéaire des éléments de S. Nous avons donc

$$v_1 = c_{11}u_1 + c_{12}u_2 + \cdots + c_{1n}u_n$$
$$v_2 = c_{21}u_1 + c_{22}u_2 + \cdots + c_{2n}u_n$$
$$\cdots\cdots\cdots\cdots\cdots\cdots\cdots\cdots\cdots\cdots\cdots$$
$$v_n = c_{n1}u_1 + c_{n2}u_2 + \cdots + c_{nn}u_n$$

Soit P la transposée de la matrice des coefficients ci-dessus :

$$P = \begin{pmatrix} c_{11} & c_{21} & \ldots & c_{n1} \\ c_{12} & c_{22} & \ldots & c_{n2} \\ \cdots\cdots\cdots\cdots\cdots\cdots \\ c_{1n} & c_{2n} & \ldots & c_{nn} \end{pmatrix}$$

C'est-à-dire $P = (p_{ij})$ où $p_{ij} = c_{ji}$. Alors P est appelée la *matrice de passage* ou *matrice de changement de base* de « l'ancienne base » S à « la nouvelle base » S'.

Remarque : Puisque les vecteurs $v_1, v_2, \ldots, v_n$ de S' sont linéairement indépendants, la matrice P est inversible (*cf.* problème 5.47). En fait, son inverse P^{-1} est la matrice de passage de la base S' à la base S.

Exemple 5.17. Considérons les deux bases suivantes de $\mathbb{R}^2$:

$$S = \{u_1 = (1, 2), \ u_2 = (3, 5)\} \qquad E = \{e_1 = (1, 0), \ e_2 = (0, 1)\}$$

À partir de $u_1 = e_1 + 2e_2$, $u_2 = 3e_1 + 5e_2$, il s'ensuit

$$e_1 = -5u_1 + 2u_2$$
$$e_2 = \ \ 3u_1 - \ u_2$$

En écrivant les coefficients de u_1 et u_2 en colonnes, nous obtenons la matrice de passage P de la base S à la base usuelle E :

$$P = \begin{pmatrix} -5 & 3 \\ 2 & -1 \end{pmatrix}$$

De plus, puisque E est la base usuelle,

$$u_1 = (1, 2) = \ e_1 + 2e_2$$
$$u_2 = (3, 5) = 3e_1 + 5e_2$$

En écrivant les coefficients de e_1 et e_2 en colonnes, nous obtenons la matrice de passage Q de la base E à la base S :

$$Q = \begin{pmatrix} 1 & 3 \\ 2 & 5 \end{pmatrix}$$

Remarquer que les matrices P et Q sont inverses l'une de l'autre :

$$PQ = \begin{pmatrix} -5 & 3 \\ 2 & -1 \end{pmatrix} \begin{pmatrix} 1 & 3 \\ 2 & 5 \end{pmatrix} = \begin{pmatrix} 1 & 0 \\ 0 & 1 \end{pmatrix} = I$$

Le théorème suivant (*cf.* problème 5.19 pour la démonstration) nous montre comment les vecteurs (colonnes) coordonnés sont affectés par un changement de base.

Théorème 5.27 : Soit P la matrice de passage de la base S à la base S' dans un espace vectoriel V. Alors, pour un vecteur quelconque $v \in V$, nous avons

$$P[v]_{S'} = [v]_S \quad \text{et donc} \quad P^{-1}[v]_S = [v]_{S'}$$

Remarque : Bien que P soit appelé la matrice de passage de l'ancienne base S à la nouvelle base S', c'est P^{-1} qui transforme les coordonnées de v relativement à la base initiale en les coordonnées de v relativement à la nouvelle base S'.

Illustrons le précédent théorème dans le cas où dim $V = 3$. Supposons que P soit la matrice de passage de la base $S = \{u_1, u_2, u_3\}$ à la base $S' = \{v_1, v_2, v_3\}$; c'est-à-dire

$$v_1 = a_1 u_1 + a_2 u_2 + a_3 u_3$$
$$v_2 = b_1 u_1 + b_2 u_2 + b_3 u_3$$
$$v_3 = c_1 u_1 + c_2 u_2 + c_3 u_3$$

Donc
$$P = \begin{pmatrix} a_1 & b_1 & c_1 \\ a_2 & b_2 & c_3 \\ a_3 & b_3 & c_3 \end{pmatrix}$$

Maintenant, soit $v \in V$ et posons $v = k_1 v_1 + k_2 v_2 + k_3 v_3$. Alors en remplaçant dans cette expression les v_1, v_2, v_3 par leurs valeurs en fonction des u_i, nous obtenons

$$v = k_1(a_1 u_1 + a_2 u_2 + a_3 u_3) + k_2(b_1 u_1 + b_2 u_2 + b_3 u_3) + k_3(c_1 u_1 + c_2 u_2 + c_3 u_3)$$
$$= (a_1 k_1 + b_1 k_2 + c_1 k_3)u_1 + (a_2 k_1 + b_2 k_2 + c_2 k_3)u_2 + (a_3 k_1 + b_3 k_2 + c_3 k_3)u_3$$

Ainsi
$$[v]_{S'} = \begin{pmatrix} k_1 \\ k_2 \\ k_3 \end{pmatrix} \quad \text{et} \quad [v]_S = \begin{pmatrix} a_1 k_1 + b_1 k_2 + c_1 k_3 \\ a_2 k_1 + b_2 k_2 + c_2 k_3 \\ a_3 k_1 + b_3 k_2 + c_3 k_3 \end{pmatrix}$$

En conséquence,

$$P[v]_{S'} = \begin{pmatrix} a_1 & b_1 & c_1 \\ a_2 & b_2 & c_3 \\ a_3 & b_3 & c_3 \end{pmatrix} \begin{pmatrix} k_1 \\ k_2 \\ k_3 \end{pmatrix} = \begin{pmatrix} a_1 k_1 + b_1 k_2 + c_1 k_3 \\ a_2 k_1 + b_2 k_2 + c_2 k_3 \\ a_3 k_1 + b_3 k_2 + c_3 k_3 \end{pmatrix} = [v]_S$$

Aussi, en multipliant l'équation précédente par P^{-1}, nous avons :

$$P^{-1}[v]_S = P^{-1}P[v]_{S'} = I[v]_{S'} = [v]_{S'}$$

Remarque : Soit $S = \{u_1, u_2, \ldots, u_n\}$ une base d'un espace vectoriel V sur un corps $\mathbb{K}$. Supposons que $P = (pj)$ est une matrice non singulière quelconque sur le corps $\mathbb{K}$. Alors les n vecteurs

$$v_1 = p_{1i} u_1 + p_{2i} u_2 + \cdots + p_{ni} u_n \qquad i = 1, 2, \ldots, n$$

sont linéairement indépendants (*cf.* problème 5.84) et donc forment une autre base S' de V. De plus, P est la matrice de passage de la base S à la nouvelle base S'.

Problèmes résolus

ESPACES VECTORIELS

5.1. Démontrer le théorème 5.1.

(i) D'après l'axiome $[A_2]$ avec $u = 0$, nous avons $0 + 0 = 0$. Donc, d'après l'axiome $[M_1]$,

$$k0 = k(0 + 0) = k0 + k0$$

En ajoutant $-k0$ aux deux membres, nous obtenons le résultat désiré.

(ii) D'après une propriété de $\mathbb{K}$, $0 + 0 = 0$. D'où d'après l'axiome $[M_2]$, $0u = (0 + 0)u = 0u + 0u$. En ajoutant $-u0$ aux deux membres, nous obtenons le résultat demandé.

(iii) Supposons $ku = 0$ et $k \neq 0$. Il existe un scalaire k^{-1} tel que $k^{-1}k = 1$, donc

$$u = 1u = (k^{-1}k)u = k^{-1}(ku) = k^{-1}0 = 0$$

(iv) En utilisant $u + (-u) = 0$, nous obtenons $0 = k0 = k(u + (-u)) = ku + (-ku)$. Puis, en ajoutant $-ku$ aux deux membres, nous obtenons $-ku = k(-u)$.

En utilisant $k + (-k) = 0$, nous obtenons $0 = 0u = (k + (-k))u = ku + (-k)u$. Puis, en ajoutant $-ku$ aux deux membres, nous obtenons $-ku = (-k)u$. Ainsi $(-k)u = k(-u) = -ku$.

5.2. Montrer que, quel que soit le scalaire k et quels que soient les vecteurs u et v, $k(u - v) = ku - kv$.

En utilisant la définition de la soustraction $(u - v = u + (-v))$ et le résultat $k(-v) = -kv$, nous avons :

$$k(u - v) = k(u + (-v)) = ku + k(-v) = ku + (-kv) = ku - kv$$

5.3. Soit V l'ensemble des fonctions définies d'un ensemble non vide X vers le corps $\mathbb{K}$. Quelles que soient les fonctions f, $g \in V$ et quel que soit le scalaire $k \in \mathbb{K}$, soit $f + g$ et kf les fonctions de V définies comme suit :

$$(f + g)(x) = f(x) + g(x) \quad \text{et} \quad (kf)(x) = kf(x) \quad \forall x \in X$$

Démontrer que V est un espace vectoriel sur $\mathbb{K}$.

Puisque X est non vide, V est aussi non vide. Montrons maintenent que tous les axiomes de l'espace vectoriel sont vérifiés.

$[A_1]$ Soit f, g, $h \in V$. Pour montrer que $(f + g) + h = f + (g + h)$, il est nécessaire de montrer que la fonction $(f + g) + h$ et la fonction $f + (g + h)$ font correspondre à chaque $x \in X$ la même valeur. D'où,

$$((f + g) + h)(x) = (f + g)(x) + h(x) = (f(x) + g(x)) + h(x) \quad \forall x \in X$$
$$(f + (g + h))(x) = f(x) + (g + h)(x) = f(x) + (g(x) + h(x)) \quad \forall x \in X$$

Mais $f(x)$, $g(x)$ et $h(x)$ sont des scalaires du corps $\mathbb{K}$ où l'addition des scalaires est associative ; d'où

$$(f(x) + g(x)) + h(x) = f(x) + (g(x) + h(x)) \quad \forall x \in X$$

En conséquence, $(f + g) + h = f + (g + h)$.

$[A_2]$ Soit $\mathbf{0}$ la fonction nulle : $\mathbf{0}(x) = 0$, $\forall x \in X$. Alors pour toute fonction $f \in V$,

$$(f + \mathbf{0})(x) = f(x) + \mathbf{0}(x) = f(x) + 0 = f(x) \quad \forall x \in X$$

Ainsi $f + \mathbf{0} = f$, et $\mathbf{0}$ est le vecteur nul de V.

[A_3] Pour toute fonction $f \in V$, soit $-f$ la fonction définie par $(-f)(x) = -f(x)$. Alors,

$$(f + (-f))(x) = f(x) + (-f)(x) = f(x) - f(x) = 0 = \mathbf{0}(x) \quad \forall x \in X$$

D'où $f + (-f) = \mathbf{0}$.

[A_4] Soit f, $g \in V$. Alors

$$(f + g)(x) = f(x) + g(x) = g(x) + f(x) = (g + f)(x) \quad \forall x \in X$$

Donc $f + g = g + f$. [Remarquer que $f(x) + g(x) = g(x) + f(x)$ découle du fait que $f(x)$ et $g(x)$ sont des scalaires sur le corps $\mathbb{K}$ où l'addition est commutative.]

[M_1] Soit f, $g \in V$ et $k \in \mathbb{K}$. Alors

$$(k(f + g))(x) = k((f + g)(x)) = k(f(x) + g(x)) = kf(x) + kg(x)$$
$$= (kf)(x) + (kg)(x) = (kf + kg)(x) \quad \forall x \in X$$

Donc $k(f + g) = kf + kg$. [Remarquer que $k(f(x) + g(x)) = kf(x) + kg(x)$ découle du fait que k, $f(x)$ et $g(x)$ sont des scalaires du corps $\mathbb{K}$ où la multiplication est distributive par rapport à l'addition.]

[M_2] Soit $f \in V$ et a, $b \in \mathbb{K}$. Alors,

$$((a + b)f)(x) = (a + b)f(x) = af(x) + bf(x) = (af)(x) + bf(x)$$
$$= (af + bf)(x), \quad \forall x \in X$$

Donc $(a + b)f = af + bf$.

[M_3] Soit $f \in V$ et a, $b \in \mathbb{K}$. Alors,

$$((ab)f)(x) = (ab)f(x) = a(bf(x)) = a(bf)(x) = (a(bf))(x) \quad \forall x \in X$$

Donc $(ab)f = a(bf)$.

[M_4] Soit $f \in V$. Alors, pour l'élément neutre $1 \in \mathbb{K}$, $(1f)(x) = 1f(x) = f(x)$, $\forall x \in X$. Donc $1f = f$.

Puisque tous les axiomes sont vérifiés, V est un espace vectoriel sur le corps $\mathbb{K}$.

SOUS-ESPACES VECTORIELS

5.4. Démontrer le théorème 5.

Pour que W soit un sous-espace, il est clair que les conditions (i), (ii) et (iii) sont nécessaires ; montrons qu'elles sont suffisantes. D'après (i), W est non vide ; et d'après (ii) et (iii), les opérations d'addition vectorielle et de multiplication par des scalaires sont bien définies dans W. De plus, les axiomes [A_1], [A_4], [M_1], [M_2], [M_3], et [M_4] sont vérifiés dans W puisque les vecteurs de W appartiennent à V. Donc, il nous reste seulement à montrer que [A_2] et [A_3] sont vérifiés dans W. Maintenant, [A_2] est évidemment vérifié, parce que le vecteur nul de V est aussi le vecteur nul de W. Finalement, si $v \in W$, alors $(-1)v = -v \in W$ et $v + (-v) = 0$; c'est-à-dire que [A_3] est vérifié.

5.5. Démontrer le corollaire 5.3.

Supposons que W satisfait les conditions (i) et (ii). Alors, d'après (i), W est non vide. De plus, si v, $w \in W$ alors d'après (ii), $v + w = 1v + 1w \in W$; et si $v \in W$ et $k \in \mathbb{K}$ alors, d'après (ii) $kv = kv + 0v \in W$. Ainsi, d'après le théorème 5.2, W est un sous-espce de V.

Réciproquement, si W est un sous-espace de V alors (i) et (ii) sont bien évidemment vérifiés dans W.

5.6. Montrer que W est un sous-espace de $\mathbb{R}^3$ où $W = \{(a, b, c) : a + b + c = 0\}$, c'est-à-dire que W est l'ensemble des vecteurs dont la somme des composants est égale à 0.

$0 = (0, 0, 0) \in W$ puisque $0 + 0 + 0 = 0$. Soit $v = (a, b, c)$ et $w = (a', b', c') \in W$, c'est-à-dire que $a + b + c = 0$ et $a' + b' + c' = 0$. Alors quels que soient les scalaires k et k',

$$kv + k'w = k(a, b, c) + k'(a', b', c') = (ka, kb, kc) + (k'a', k'b', k'c') = (ka + k'a', kb + k'b', kc + k'c')$$

De plus, nous avons

$$(ka + k'a') + (kb + k'b') + (kc + k'c') = k(a, b, c) + k'(a', b', c') = k0 + k'0 = 0$$

Ainsi $kv + k'w \in W$ et, par suite, W est un sous-espace de $\mathbb{R}^3$.

5.7. Soit V l'espace vectoriel des matrices carrées $n \times n$ sur le corps $\mathbb{K}$. Montrer que W est un sous-espace de V où

(a) W est formé de toutes les matrices symétriques ; c'est-à-dire toutes les matrices $A = (a_{ij})$ pour lesquelles $a_{ji} = a_{ij}$.

(b) W est formé de toutes les matrices qui commutent avec une matrice donnée T ; c'est-à-dire

$$W = \{ \forall \in V : AT = TA \}.$$

(a) $0 \in W$ puisque tous les éléments de la matrice 0 sont nuls et donc égaux. Maintenant, soit $A = (a_{ij})$ et $B = (b_{ij}) \in W$; *i.e.*, $a_{ji} = a_{ij}$ et $b_{ji} = b_{ij}$. Quels que soient les scalaires a, $b \in \mathbb{K}$, $aA + bB$ est une matrice dont le ij-élément est $aa_{ij} + bb_{ij}$. Or, $aa_{ji} + bb_{ji} = aa_{ij} + bb_{ij}$. Ainsi $aA + bB$ est aussi une matrice symétrique. est un sous-espace de V.

(b) $0 \in W$ puisque $0T = 0 = T0$. Soit A, $B \in W$, *i.e.*, $AT = TA$ et $BT = TB$. Quels que soient les scalaires a, $b \in \mathbb{K}$,

$$(aA + bB)T = (aA)T + (bB)T = a(AT) + b(BT) = a(TA) + b(TB)$$
$$= T(aA) + T(bB) = T(aA + bB)$$

Ainsi $aA + bB$ commute avec T, *i.e.* appartient à W. Par conséquent, W est un sous-espace de V.

5.8. Soit V l'espace vectoriel des matrices carrées d'ordre 2 sur $\mathbb{R}$. Montrer que W n'est pas un sous-espace de V où :

(a) W est l'ensemble de toutes les matrices ayant un déterminant nul.

(b) W est l'ensemble de toutes les matrices A telles que $A^2 = A$ (idempotentes).

(a) $\left[\text{Rappelons que } \det \begin{pmatrix} a & b \\ c & d \end{pmatrix} = ad - bc. \right]$. Les matrices $A = \begin{pmatrix} 1 & 0 \\ 0 & 0 \end{pmatrix}$ et $B = \begin{pmatrix} 0 & 0 \\ 0 & 1 \end{pmatrix}$ appartiennent à W puisque $\det(A) = 0$ et $\det(B) = 0$. Mais $A + B = \begin{pmatrix} 1 & 0 \\ 0 & 1 \end{pmatrix}$ n'appartient pas à W puisque $\det(A + B) = 1$. Donc W n'est pas un sous-espace de V.

(b) La matrice identité $I = \begin{pmatrix} 1 & 0 \\ 0 & 1 \end{pmatrix}$ appartient à W puisque

$$I^2 = \begin{pmatrix} 1 & 0 \\ 0 & 1 \end{pmatrix} \begin{pmatrix} 1 & 0 \\ 0 & 1 \end{pmatrix} = \begin{pmatrix} 1 & 0 \\ 0 & 1 \end{pmatrix} = I$$

Mais $2I = \begin{pmatrix} 2 & 0 \\ 0 & 2 \end{pmatrix}$ n'appartient pas à W puisque

$$(2I)^2 = \begin{pmatrix} 2 & 0 \\ 0 & 2 \end{pmatrix} \begin{pmatrix} 2 & 0 \\ 0 & 2 \end{pmatrix} = \begin{pmatrix} 4 & 0 \\ 0 & 4 \end{pmatrix} \neq 2I$$

D'où W n'est pas un sous-espace de V.

5.9. Soit V l'espace vectoriel de toutes les fonctions du corps réel $\mathbb{R}$ dans $\mathbb{R}$. Montrer que W est un sous-espace de V où W est formé des fonctions impaires, c'est-à-dire les fonctions f telles que $f(-x) = -f(x)$.

Soit $\mathbf{0}$ la fonction nulle : $\mathbf{0}(x) = 0$ pour tout $x \in \mathbb{R}$. $\mathbf{0} \in W$ puisque $\mathbf{0}(-x) = 0 = -0 = -\mathbf{0}(x)$. Soit f, $g \in W$, c'est-à-dire $f(-x) = -f(x)$ et $g(-x) = -g(x)$. Alors pour tous nombres réels a et b,

$$(af + bg)(-x) = af(-x) + bg(-x) = -af(x) - bg(x) = -[af(x) + bg(x)] = -(af + bg)(x)$$

Donc $af + bg \in W$. Par conséquent, W est un sous-espace de V.

5.10. Soit V l'espace vectoriel des polynômes $a_0 + a_1 t + a_2 t^2 + \cdots + a_s t^s$ ($s = 0, 1, 2, \ldots$), à coefficients réels, c'est-à-dire $a_i \in \mathbb{R}$. Déterminer si W est un sous-espace de V où :

(a) W est l'ensemble de tous les polynômes à coefficients entiers ;

(b) W est l'ensemble de tous les polynômes de degré ≤ 3 ;

(c) W est l'ensemble de tous les polynômes constitués uniquement de puissances paires de t.

(d) W est l'ensemble de tous les polynômes ayant $i = \sqrt{-1}$ comme racine.

(a) Non, puisque les multiples scalaires de vecteurs de W n'appartiennent pas toujours à W. Par exemple,

$$v = 3 + 5t + 7t^2 \in W \quad \text{mais} \quad \tfrac{1}{2}v = \tfrac{3}{2} + \tfrac{5}{2}t + \tfrac{7}{2}t^2 \notin W$$

(Remarquer que W est « stable » par addition vectorielle, c'est-à-dire que les sommes d'éléments de W appartiennent encore à W.)

(b), (c) et (d). Oui. En effet, dans chaque cas, W est non vide, les sommes d'éléments de W appartiennent à W, et les multiples scalaires d'un élément quelconque de W appartiennent à W.

5.11. Démontrer le théorème 5.4.

Soit $\{W_i : i \in I\}$ une famille de sous-espaces de V et soit $W = \bigcap_{i \in I} W_i$. Puisque chaque W_i est un sous-espace, $0 \in W_i$ pour chaque $i \in W$. D'où $0 \in W$. Soit $u, v \in W$. Alors $u, v \in W_i$ pour chaque $i \in I$. Puisque chaque W_i est un sous-espace, $au + bv \in W_i$ pour chaque $i \in I$. Donc $au + bv \in W$. Ainsi W est un sous-espace de V.

COMBINAISONS LINÉAIRES

5.12. Exprimer le vecteur $v = (1, -2, 5)$ de $\mathbb{R}^3$ comme une combinaison linéaire des vecteurs u_1, u_2, u_3 où $u_1 = (1, -3, 2)$, $u_2 = (2, -4, -1)$ et $u_3 = (1, -5, 7)$.

Posons d'abord

$$(1, -2, 5) = x(1, -3, 2) + y(2, -4, -1) + z(1, -5, 7) = (x + 2y + z, -3x - 4y - 5z, 2x - y + 7z)$$

Puis, formons le système équivalent d'équations linéaires que nous réduisons à la forme échelonnée :

$$
\begin{array}{lcl}
\begin{aligned}
x + 2y + z &= 1 \\
-3x - 4y - 5z &= -2 \\
2x - y + 7z &= 5
\end{aligned}
& \text{ou} &
\begin{aligned}
x + 2y + z &= 1 \\
2y - 2z &= 1 \\
-5y + 5z &= 3
\end{aligned}
\quad \text{ou} \quad
\begin{aligned}
x + 2y + z &= 1 \\
2y - 2z &= 1 \\
0 &= 11
\end{aligned}
\end{array}
$$

Le système n'admet pas de solution. Par conséquent, v n'est pas une combinaison linéaire des vecteurs u_1, u_2, u_3.

5.13. Exprimer le polynôme $v = t^2 + 4t - 3$ sur le corps $\mathbb{R}$ comme une combinaison linéaire des polynômes $p_1 = t^2 - 2t + 5$, $p_2 = 2t^2 - 3t$, $p_3 = t + 3$.

Écrivons v comme une combinaison linéaire de p_1, p_2 et p_3 en utilisant x, y et z comme inconnues : $v = xp_1 + yp_2 + zp_3$.

$$
\begin{aligned}
t^2 + 4t - 3 &= x(t^2 - 2t + 5) + y(2t^2 - 3t) + z(t + 3) \\
&= xt^2 - 2xt + 5x + 2yt^2 - 3yt + zt + 3z \\
&= (x + 2y)t^2 + (-2x - 3y + z)t + (5x + 3z)
\end{aligned}
$$

Identifions les coefficients des mêmes puissances de t, puis réduisons le système obtenu à la forme échelonnée :

$$
\begin{array}{lcl}
\begin{aligned}
x + 2y &= 1 \\
-2x - 3y + z &= 4 \\
5x + 3z &= -3
\end{aligned}
& \text{ou} &
\begin{aligned}
x + 2y &= 1 \\
y + z &= 6 \\
-10y + 3z &= -8
\end{aligned}
\quad \text{ou} \quad
\begin{aligned}
x + 2y &= 1 \\
y + z &= 6 \\
13z &= 52
\end{aligned}
\end{array}
$$

Le système est sous forme triangulaire et admet donc une solution. Par substitution inverse, nous obtenons $x = -3$, $y = 2$, $z = 4$. Ainsi $v = -3p_1 + 2p_2 + 4p_3$.

5.14. Écrire la matrice $E = \begin{pmatrix} 3 & 1 \\ 1 & -1 \end{pmatrix}$ comme une combinaison linéaire des matrices

$$A = \begin{pmatrix} 1 & 1 \\ 1 & 0 \end{pmatrix} \qquad B = \begin{pmatrix} 0 & 0 \\ 1 & 1 \end{pmatrix} \qquad \text{et} \qquad C = \begin{pmatrix} 0 & 2 \\ 0 & -1 \end{pmatrix}$$

Écrivons E comme une combinaison linéaire de A, B, C en utilisant x, y, z comme inconnues : $E = xA + yB + zC$.

$$\begin{pmatrix} 3 & 1 \\ 1 & -1 \end{pmatrix} = x \begin{pmatrix} 1 & 1 \\ 1 & 0 \end{pmatrix} + y \begin{pmatrix} 0 & 0 \\ 1 & 1 \end{pmatrix} + z \begin{pmatrix} 0 & 2 \\ 0 & -1 \end{pmatrix}$$

$$= \begin{pmatrix} x & x \\ x & 0 \end{pmatrix} + \begin{pmatrix} 0 & 0 \\ y & y \end{pmatrix} + \begin{pmatrix} 0 & 2z \\ 0 & -z \end{pmatrix} = \begin{pmatrix} x & x + 2z \\ x + y & y - z \end{pmatrix}$$

Formons le système d'équations linéaires équivalent en identifiant les éléments correspondants des deux me nbres :

$$x = 3 \qquad x + y = 1 \qquad x + 2z = 1 \qquad y - z = -1$$

Remplaçons x par 3 dans la deuxième et la troisième équation ; nous obtenons $y = -2$ et $z = -1$. Puisque ces valeurs satisfont aussi la dernière équation, elles forment une solution du système. Donc $E = 3A - 2B - C$.

5.15. Trouver des conditions sur a, b, c telles que $w = (a, b, c)$ soit une combinaison linéaire de $u = (1, -3, 2)$ et $v = (2, -1, 1)$, c'est-à-dire telle que w appartienne à vect (u, v).

Posons $w = xu + yv$ en utilisant les inconnues x et y :

$$(a, b, c) = x(1, -3, 2) + y(2, -1, 1) = (x + 2y, -3x - y, 2x + y)$$

Formons le système équivalent que nous réduisons à la forme échelonnée

$$
\begin{array}{lll}
x + 2y = a & x + 2y = a & x + 2y = a \\
-3x - y = b \quad \text{ou} & 5y = 3a + b \quad \text{ou} & 5y = 3a + b \\
2x + y = c & -3y = -2a + c & 0 = -a + 3b + 5c
\end{array}
$$

Le système est compatible si, et seulement si $a - 3b - 5c = 0$. Par conséquent, w est une combinaison linéaire de u et v quand $a - 3b - 5c = 0$.

5.16. Démontrer le théorème 5.6

Supposons que S est vide. Par définition, vect $S = \{0\}$. Donc vect $S = \{0\}$ est un sous-espace et $S \subseteq$ vect S. Supposons S non vide, soit $v \in S$. Alors $1v = v \in$ vect S ; donc S est un sous-ensemble de vect S, c'est-à-dire :

$$v = a_1 v_1 + \cdots + a_m v_m \qquad \text{et} \qquad w = b_1 w_1 + \cdots + b_n w_n$$

où v_i, $w_j \in S$ et a_i, b_j sont des scalaires. Alors

$$v + w = a_1 v_1 + \cdots + a_m v_m + b_1 w_1 + \cdots + b_n w_n$$

et, quel que soit le scalaire k,

$$kv = k(a_1 v_1 + \cdots + a_m v_m) = ka_1 v_1 + \cdots + ka_m v_m$$

appartient à vect S puisque ce sont des combinaisons linéaires des vecteurs de S. Ainsi vect S est un sous-espace de V.

Maintenant, supposons que W est un sous-espace de V contenant S. Soit $v_1, \ldots, v_m \in S \subseteq W$. Alors, tous leurs multiples $a_1 v_1, \ldots, a_m v_m \in W$, où $a_i \in \mathbb{K}$. Donc, la somme $a_1 v_1 + \cdots + a_m v_m \in W$. C'est-à-dire W contient toutes les combinaisons linéaires d'éléments de S. Par conséquent, vect S est un sous-espace de W. Ce qu'il fallait démontrer.

LA DÉPENDANCE LINÉAIRE

5.17. Déterminer si les vecteurs $u = 1 - 3t - 2t^2 - 3t^3$ et $v = -3 + 9t - 6t^2 + 9t^3$ sont linéairement dépendant.

Deux vecteurs sont linéairement dépendants si, et seulement si l'un d'eux est multiple de l'autre. Dans ce cas, $v = -3u$.

5.18. Déterminer si les vecteurs suivants de $\mathbb{R}^3$ sont linéairement dépendants :

$$u = (1, -2, 1), v = (2, 1, -1), w = (7, -4, 1)$$

Méthode 1. Supposons que le vecteur nul s'écrit comme combinaison linéaire de ces vecteurs à l'aide des scalaires x, y, et z :

$$x(1, -2, 1) + y(2, 1, -1) + z(7, -4, 1) = (0, 0, 0)$$

Alors

$$(x, -2x, x) + (2y, y, -y) + (7z, -4z, z) = (0, 0, 0)$$

ou

$$(x + 2y + 7z, -2x + y - 4z, x - y + z) = (0, 0, 0)$$

En identifiant les composantes correspondantes, nous obtenons le système homogène équivalent que nous réduisons à sa forme échelonnée :

$$
\begin{array}{l}
x + 2y + 7z = 0 \\
-2x + \ y - 4z = 0 \\
x - \ y + \ z = 0
\end{array}
\quad \text{ou} \quad
\begin{array}{l}
x + 2y + \ 7z = 0 \\
5y + 10z = 0 \\
-3y - \ 6z = 0
\end{array}
\quad \text{ou} \quad
\begin{array}{l}
x + 2y + 7z = 0 \\
y + 2z = 0
\end{array}
$$

Le système réduit à sa forme échelonnée contient seulement deux équations non nulles à trois inconnues ; donc le système admet une solution non nulle. Ce qui montre que les vecteurs initiaux sont linéairement dépendants.

Méthode 2. Formons la matrice dont les lignes sont les vecteurs donnés et réduisons-la à sa forme échelonnée en utilisant des opérations élémentaires sur les lignes :

$$
\begin{pmatrix} 1 & -2 & 1 \\ 2 & 1 & -1 \\ 7 & -4 & 1 \end{pmatrix}
\sim
\begin{pmatrix} 1 & -2 & 1 \\ 0 & 5 & -3 \\ 0 & 10 & -6 \end{pmatrix}
\sim
\begin{pmatrix} 1 & -2 & 1 \\ 0 & 5 & -3 \\ 0 & 0 & 0 \end{pmatrix}
$$

Puisque la matrice échelonnée a une ligne nulle, les vecteurs sont linéairement dépendants. (Les trois vecteurs donnés engendrent un sous-espace de dimension 2.)

5.19. Considérons l'espace vectoriel $\mathbf{P}(t)$ des polynômes sur $\mathbb{R}$. Déterminer si les polynômes u, v, et w sont linéairement dépendants avec $u = t^3 + 4t^2 - 2t + 3$, $v = t^3 + 6t^2 - t + 4$ et $w = 3t^3 + 8t^2 - 8t + 7$.

Supposons que le polynôme nul s'écrit comme combinaison linéaire des polynômes u, v, et w à l'aide des scalaires x, y, et z ; c'est-à-dire tel que $xu + yv + wz = 0$. Ainsi

$$x(t^3 + 4t^2 - 2t + 3) + y(t^3 + 6t^2 - t + 4) + z(3t^3 + 8t^2 - 8t + 7) = 0$$

ou

$$xt^3 + 4xt^2 - 2xt + 3x + yt^3 + 6yt^2 - yt + 4y + 3zt^3 + 8zt^2 - 8zt + 7z = 0$$

ou

$$(x + y + 3z)t^3 + (4x + 6y + 8z)t^2 + (-2x - y - 8z)t + (3x + 4y + 7z) = 0$$

Posons les coefficients des puissances de t égaux à 0, puisque 1, t, t^2 et t^3 forment une famille libre de $\mathbf{P}(t)$, puis réduisons le système obtenu à la forme échelonnée :

$$
\begin{array}{l}
x + \ y + 3z = 0 \\
4x + 6y + 8z = 0 \\
-2x - \ y - 8z = 0 \\
3x + 4y + 7z = 0
\end{array}
\quad \text{ou} \quad
\begin{array}{l}
x + \ y + 3z = 0 \\
2y - 4z = 0 \\
y - 2z = 0 \\
y - 2z = 0
\end{array}
\quad \text{ou finalement} \quad
\begin{array}{l}
x + y + 3z = 0 \\
y - 2z = 0
\end{array}
$$

Le système dans sa forme échelonnée a une variable libre et donc une une solution non nulle. Nous avons donc démontré que $xu + yv + zw = 0$ n'implique pas que $x = 0$, $y = 0$, $z = 0$. Ainsi les polynômes sont linéairement dépendants.

5.20. Soit V l'espace vectoriel des fonctions de $\mathbb{R}$ dans $\mathbb{R}$. Montrer que les fonctions f, g, $h \in V$ sont linéairement indépendantes, où $f(t) = \sin t$, $g(t) = \cos t$, $h(t) = t$.

Supposons que la fonction nulle $\mathbf{0}$ s'écrit comme combinaison linéaire des fonctions données à l'aide des scalaires x, y et z : $xf + yg + zh = \mathbf{0}$; et montrons que $x = 0$, $y = 0$, $z = 0$. Dire que $xf + yg + zh = \mathbf{0}$ revient à dire que *pour toute valeur de t*, $xf(t) + yg(t) + zh(t) = 0$.

Ainsi, en prenant des valeurs particulières de t, puis en remplaçant dans l'équation $x \sin t + y \cos t + zt = 0$, nous obtenons

$$
\begin{array}{llll}
t = 0 & \text{on obtient} & x \cdot 0 + y \cdot 1 + z \cdot 0 = 0 & \text{ou} \quad\quad\quad y = 0 \\
t = \pi/2 & \text{on obtient} & x \cdot 1 + y \cdot 0 + z \cdot \pi/2 = 0 & \text{ou} \quad x + \pi z/2 = 0 \\
t = \pi & \text{on obtient} & x \cdot 0 + y(-1) + z \cdot \pi = 0 & \text{ou} \quad -y + \pi z = 0
\end{array}
$$

Les trois dernières équations admettent uniquement la solution nulle : $x = 0$, $y = 0$, $z = 0$. Ainsi f, g et h sont linéairement indépendantes.

5.21. Soit V l'espace vectoriel des matrices carrées d'ordre 2 sur $\mathbb{R}$. Déterminer si les matrices A, B, $C \in V$ sont linéairement dépendantes, où

$$
A = \begin{pmatrix} 1 & 1 \\ 1 & 1 \end{pmatrix} \qquad B = \begin{pmatrix} 1 & 0 \\ 0 & 1 \end{pmatrix} \qquad C = \begin{pmatrix} 1 & 1 \\ 0 & 0 \end{pmatrix}
$$

Supposons que la matrice nulle s'écrit comme combinaison linéaire des matrices A, B et C à l'aide des scalaires x, y et z ; c'est-à-dire $xA + yB + zC = 0$. Ainsi

$$
x \begin{pmatrix} 1 & 1 \\ 1 & 1 \end{pmatrix} + y \begin{pmatrix} 1 & 0 \\ 0 & 1 \end{pmatrix} + z \begin{pmatrix} 1 & 1 \\ 0 & 0 \end{pmatrix} = \begin{pmatrix} 0 & 0 \\ 0 & 0 \end{pmatrix}
$$

ou

$$
\begin{pmatrix} x + y + z & x + z \\ x & x + y \end{pmatrix} = \begin{pmatrix} 0 & 0 \\ 0 & 0 \end{pmatrix}
$$

En identifiant les composantes correspondantes, nous obtenons le système d'équations linéaires équivalent suivant :

$$
x + y + z = 0 \qquad x + z = 0 \qquad x = 0 \qquad x + y = 0
$$

Le système précédent admet uniquement la solution nulle : $x = 0$, $y = 0$, $z = 0$. Nous avons donc montré que $xA + yB + zC$ implique $x = 0$, $y = 0$, $z = 0$. Par conséquent, les matrices A, B, C sont linéairement dépendantes.

5.22. Soit u, v et w des vecteurs linéairement indépendants. Montrer que $u + v$, $u - v$ et $u - 2v + w$ sont aussi linéairement indépendants.

Supposons $x(u + v) + y(u - v) + z(u - 2v + w) = 0$ où x, y et z sont des scalaires. Alors

$$
xu + xv + yu - yv + zu - 2zv + zw = 0
$$
ou
$$
(x + y + z)u + (x - y - 2z)v + zw = 0
$$

Or, u, v et w sont linéairement indépendants ; donc les coefficients dans la relation précédente sont nuls.

$$
\begin{array}{l}
x + y + z = 0 \\
x - y - 2z = 0 \\
z = 0
\end{array}
$$

La seule solution du système précédent est $x = 0$, $y = 0$, $z = 0$. Donc $u + v$, $u - v$ et $u - 2v + w$ sont linéairement indépendants.

5.23. Montrer que les vecteurs $v = (1 + i, 2i)$ et $w = (1, 1 + i)$ de $\mathbb{C}^2$ sont linéairement dépendants sur $\mathbb{C}^2$, considéré comme espace vectoriel sur le corps complexe $\mathbb{C}$, mais sont linéairement indépendants sur $\mathbb{C}^2$, considéré comme espace vectoriel sur le corps réel $\mathbb{R}$.

Rappelons que deux vecteurs sont linéairement dépendants (sur le corps $\mathbb{K}$) si, et seulement si l'un d'entre eux est un multiple de l'autre (par un élément de $\mathbb{K}$). Puisque

$$(1+i)w = (1+i)(1, 1+i) = (1+i, 2i) = v$$

v et w sont linéairement dépendants sur $\mathbb{C}$. D'autre part, v et w sont linéairement indépendants sur $\mathbb{R}$ puisque aucun multiple réel de w ne peut être égal à v. Plus précisément, si k est réel, la première composante de $kw = (k, k+ki)$ est réelle et ne peut être égale à la première composante $1+i$ de v qui est complexe.

BASE ET DIMENSION

5.24. Déterminer si $(1, 1, 1)$, $(1, 2, 3)$, et $(2, -1, 1)$ forment une base de l'espace vectoriel $\mathbb{R}^3$.

Les trois vecteurs forment une base si et seulement s'ils sont linéairement indépendants. Formons donc la matrice A dont les lignes sont les vecteurs donnés, et réduisons-la suivant les lignes à une forme échelonnée :

$$A = \begin{pmatrix} 1 & 1 & 1 \\ 1 & 2 & 3 \\ 2 & -1 & 1 \end{pmatrix} \sim \begin{pmatrix} 1 & 1 & 1 \\ 0 & 1 & 2 \\ 0 & -3 & -1 \end{pmatrix} \sim \begin{pmatrix} 1 & 1 & 1 \\ 0 & 1 & 2 \\ 0 & 0 & 5 \end{pmatrix}$$

La matrice échelonnée n'a pas de ligne nulle. Donc les trois vecteurs sont linéairement indépendants et ils forment une base pour $\mathbb{R}^3$.

5.25. Déterminer si $(1, 1, 1, 1)$, $(1, 2, 3, 2)$, $(2, 5, 6, 4)$, et $(2, 6, 8, 5)$ forment une base de l'espace vectoriel $\mathbb{R}^4$.

Formons la matrice A dont les lignes sont les vecteurs donnés et réduisons-la suivant les lignes à une forme échelonnée :

$$B = \begin{pmatrix} 1 & 1 & 1 & 1 \\ 1 & 2 & 3 & 2 \\ 2 & 5 & 6 & 4 \\ 2 & 6 & 8 & 5 \end{pmatrix} \sim \begin{pmatrix} 1 & 1 & 1 & 1 \\ 0 & 1 & 2 & 1 \\ 0 & 3 & 4 & 2 \\ 0 & 4 & 6 & 3 \end{pmatrix} \sim \begin{pmatrix} 1 & 1 & 1 & 1 \\ 0 & 1 & 2 & 1 \\ 0 & 0 & -2 & -1 \\ 0 & 0 & -2 & -1 \end{pmatrix} \sim \begin{pmatrix} 1 & 1 & 1 & 1 \\ 0 & 1 & 2 & 1 \\ 0 & 0 & 2 & 1 \\ 0 & 0 & 0 & 0 \end{pmatrix}$$

La matrice échelonnée admet une ligne nulle. Donc, les quatre vecteurs sont linéairement dépendants et ne forment pas une base de $\mathbb{R}^4$.

5.26. Considérons l'espace vectoriel $\mathbf{P}_n(t)$ des polynômes en t de degré $\leq n$. Déterminer si $1+t$, $t+t^2$, t^2+t^3, $\ldots$, $t^{n-1}+t^n$ forme une base de $\mathbf{P}_n(t)$.

Les polynômes sont linéairement indépendants puisque chaque polynôme est de degré supérieur aux précédents. Cependant, il y a seulement n polynômes et $\dim \mathbf{P}_n(t) = n+1$. Donc ces polynômes ne forment pas une base de $\mathbf{P}_n(t)$.

5.27. Soit V l'espace vectoriel des matrices carrées réelles d'ordre 2. Déterminer si

$$A = \begin{pmatrix} 1 & 1 \\ 0 & 0 \end{pmatrix} \qquad B = \begin{pmatrix} 0 & 1 \\ 1 & 0 \end{pmatrix} \qquad C = \begin{pmatrix} 0 & 0 \\ 1 & 1 \end{pmatrix} \qquad D = \begin{pmatrix} 0 & 0 \\ 0 & 1 \end{pmatrix}$$

forment une base de V.

Les vecteurs coordonnées (*cf.* section 5.10) des matrices relativement à la base usuelle sont, respectivement,

$$[A] = (1, 1, 0, 0) \qquad [B] = (0, 1, 1, 0) \qquad [C] = (0, 0, 1, 1) \qquad [D] = (0, 0, 0, 1)$$

Les vecteurs coordonnées forment une matrice sous forme échelonnée. Donc, ils sont linéairement indépendants. Ainsi, les quatre matrices données sont linéairement indépendantes. De plus, puisque $\dim V = 4$, elles forment une base de V.

5.28. Soit V l'espace vectoriel des matrices symétriques d'ordre 2 sur $\mathbb{K}$. Montrer que $\dim V = 3$. [Rappelons que $A = (a_{ij})$ est symétrique si, et seulement si $A = A^T$ ou, d'une manière équivalente, $a_{ij} = a_{ji}$.]

Une matrice symétrique arbitraire d'ordre 2 est de la forme $A = \begin{pmatrix} a & b \\ b & c \end{pmatrix}$ où a, b, $c \in \mathbb{K}$. (Remarquer qu'il y a uniquement 3 *variables*.) En posant

$$(i) \ a = 1, b = 0, c = 0, \quad (ii) \ a = 0, b = 1, c = 0, \quad (iii) \ a = 0, b = 0, c = 1.$$

nous obtenons les matrices respectives :

$$E_1 = \begin{pmatrix} 1 & 0 \\ 0 & 0 \end{pmatrix} \quad E_2 = \begin{pmatrix} 0 & 1 \\ 1 & 0 \end{pmatrix} \quad E_3 = \begin{pmatrix} 0 & 0 \\ 0 & 1 \end{pmatrix}$$

Montrons que la famille $\{E_1, E_2, E_3\}$ est une base de V, c'est-à-dire que (a) elle engendre V et (b) elle est linéairement indépendante.

(a) Pour la matrice arbitraire précédente A de V, nous avons

$$A = \begin{pmatrix} a & b \\ b & c \end{pmatrix} = aE_1 + bE_2 + cE_3$$

Ainsi $\{E_1, E_2, E_3\}$ engendre V.

(b) Supposons $xE_1 + yE_2 + zE_3 = 0$, où x, y, z sont des scalaires. C'est-à-dire, supposons que

$$x \begin{pmatrix} 1 & 0 \\ 0 & 0 \end{pmatrix} + y \begin{pmatrix} 0 & 1 \\ 1 & 0 \end{pmatrix} + z \begin{pmatrix} 0 & 0 \\ 0 & 1 \end{pmatrix} = \begin{pmatrix} 0 & 0 \\ 0 & 0 \end{pmatrix} \quad \text{ou} \quad \begin{pmatrix} x & y \\ y & z \end{pmatrix} = \begin{pmatrix} 0 & 0 \\ 0 & 0 \end{pmatrix}$$

En identifiant les éléments correspondants des deux matrices, nous obtenons $x = 0$, $y = 0$, $z = 0$. En d'autres termes,

$$xE_1 + yE_2 + zE_3 = 0 \quad \text{implique} \quad x = 0, y = 0, z = 0$$

Par conséquent, $\{E_1, E_2, E_3\}$ est linéairement indépendante.

Ainsi $\{E_1, E_2, E_3\}$ est une base de V et donc la dimension de V est 3.

5.29. Considérons le corps complexe $\mathbb{C}$ qui contient le corps réel $\mathbb{R}$, qui contient le corps rationnel $\mathbb{Q}$. (Ainsi $\mathbb{C}$ est un espace vectoriel sur $\mathbb{R}$, et $\mathbb{R}$ est un espace vectoriel sur $\mathbb{Q}$.)

(a) Montrer que $\mathbb{C}$ est un espace vectoriel de dimension 2 sur $\mathbb{R}$.

(b) Montrer que $\mathbb{R}$ est un espace vectoriel de dimension infinie sur $\mathbb{Q}$.

(a) Nous affirmons que $\{1, i\}$ est une base de $\mathbb{C}$ sur $\mathbb{R}$. Comme pour tout $v \in \mathbb{C}$, nous avons $v = a + bi = a \cdot 1 + b \cdot i$ où a, $b \in \mathbb{R}$; la famille $\{1, i\}$ engendre $\mathbb{C}$ sur $\mathbb{R}$. De plus, si $x \cdot 1 + y \cdot i = 0$ ou $x + yi = 0$, où x, $y \in \mathbb{R}$, alors $x = 0$ et $y = 0$; donc $\{1, i\}$ est linéairement indépendante sur $\mathbb{R}$, ainsi $\{1, i\}$ est une base de $\mathbb{C}$ sur $\mathbb{R}$, et donc $\mathbb{C}$ est de dimension 2 sur $\mathbb{R}$.

(b) Nous affirmons que, pour tout n, l'ensemble $\{1, \pi, \pi^2, \ldots, \pi^n\}$ est linéairement indépendant sur $\mathbb{Q}$. Supposons que $a_0 1 + a_1 \pi + a_2 \pi^2 + \cdots + a_n \pi^n = 0$, où les $a_i \in \mathbb{Q}$ et ne sont pas tous nuls. Alors π serait racine d'un polynôme non nul sur $\mathbb{Q}$: $a_0 + a_1 x + a_2 x^2 + \cdots + a_n x^n = 0$. Mais, on démontre que π est un nombre *transcendant*, c'est-à-dire que π n'est racine d'aucun polynôme non nul sur $\mathbb{Q}$. Par conséquent, les $n + 1$ nombres réels 1, π, π^2, $\ldots$, π^n sont linéairement indépendants sur $\mathbb{Q}$. Ainsi $\mathbb{R}$ ne peut pas être de dimension n sur $\mathbb{Q}$ pour aucun entier n fini, ce qui montre que $\mathbb{R}$ est de dimension infinie sur $\mathbb{Q}$.

5.30. Soit $S = \{u_1, u_2, \ldots, u_n\}$ un sous-ensemble d'un espace vectoriel V. Montrer que les deux conditions suivantes sont équivalentes : (a) S est linéairement indépendant et engendre V, et (b) chaque vecteur $v \in V$ peut être écrit d'une manière unique comme une combinaison linéaire des vecteurs dans S.

Supposons que (a) est vérifié. Puisque S engendre V, le vecteur v est une combinaison linéaire des u_i ; par exemple,

$$v = a_1 u_1 + a_2 u_2 + \cdots + a_n u_n$$

Supposons que nous ayons aussi

$$v = b_1 u_1 + b_2 u_2 + \cdots + b_n u_n$$

En soustrayant les deux équations, nous avons

$$0 = v - v = (a_1 - b_1)u_1 + (a_2 - b_2)u_2 + \cdots + (a_n - b_n)u_n$$

Mais les u_i sont linéairement indépendants ; donc les coefficients dans la relation précédente sont nuls :

$$a_1 - b_1 = 0, \; a_2 - b_2 = 0, \; \cdots, \; a_n - b_n = 0$$

Par suite, $a_1 = b_1$, $a_2 = b_2$, ..., $a_n = b_n$; donc la représentation de v comme combinaison linéaire des u_i est unique. Ainsi (a) implique (b).

Supposons que (b) est vérifié. Alors S engendre V. Supposons

$$0 = c_1 u_1 + c_2 u_2 + \cdots + c_n u_n$$

Cependant, nous avons

$$0 = 0u_1 + 0u_2 + \cdots + 0u_n$$

Par hypothèse, la représentation de 0 comme combinaison linéaire des u_i est unique. Donc chaque $c_i = 0$ et les u_i sont linéairement indépendants. Ainsi (b) implique (a).

DIMENSION ET SOUS-ESPACE

5.31. Trouver une base et la dimension du sous-espace W de $\mathbb{R}^3$ où

$$(a) \quad W = \{(a, b, c) : a + b + c = 0\} \qquad (b) \quad W = \{(a, b, c) : a = b = c\}$$
$$(c) \quad W = \{(a, b, c) : c = 3a\}$$

(a) Remarquons d'abord que $W \neq \mathbb{R}^3$ puisque, par exemple, $(1, 2, 3) \notin W$. Ainsi $\dim W < 3$. Les deux vecteurs $u_1 = (1, 0, -1)$ et $u_2 = (0, 1, -1)$ sont indépendants dans W. Donc $\dim W = 2$ et ainsi $\{u_1, u_2\}$ est une base de W.

(b) Le vecteur $u = (1, 1, 1) \in W$. Chaque vecteur $w \in W$ a la forme $w = (k, k, k)$. Donc $w = ku$. Ainsi u engendre W et $\dim W = 1$.

(c) $W \neq \mathbb{R}^3$ puisque, par exemple, $(1, 1, 1) \notin W$. Donc, $\dim W < 3$. Les vecteurs $u_1 = (1, 0, 3)$ et $u_2 = (0, 1, 0)$ appartiennent à W et sont linéairement indépendants. Ainsi, $\dim W = 2$ et $\{u_1, u_2\}$ est une base de W.

5.32. Trouver une base et la dimension du sous-espace W de $\mathbb{R}^4$ engendré par

$$u_1 = (1, -4, -2, 1) \quad u_2 = (1, -3, -1, 2) \quad u_3 = (3, -8, -2, 7)$$

Appliquons l'algorithme 5.8A sur l'espace ligne. Formons la matrice dont les lignes sont les vecteurs donnés, et réduisons-la suivant les lignes à la forme échelonnée :

$$\begin{pmatrix} 1 & -4 & -2 & 1 \\ 1 & -3 & -1 & 2 \\ 3 & -8 & -2 & 7 \end{pmatrix} \sim \begin{pmatrix} 1 & -4 & -2 & 1 \\ 0 & 1 & 1 & 1 \\ 0 & 4 & 4 & 4 \end{pmatrix} \sim \begin{pmatrix} 1 & -4 & -2 & 1 \\ 0 & 1 & 1 & 1 \\ 0 & 0 & 0 & 0 \end{pmatrix}$$

Les lignes non nulles dans la matrice échelonnée forment une base de W et donc $\dim W = 2$. En particulier, cela signifie que les trois vecteurs initiaux sont linéairement dépendants.

5.33. Soit W le sous-espace de $\mathbb{R}^4$ engendré par les vecteurs

$$u_1 = (1, -2, 5, -3) \quad u_2 = (2, 3, 1, -4) \quad u_3 = (3, 8, -3, -5)$$

(a) Trouver une base et la dimension de W. (b) Étendre la base de W en une base de l'espace $\mathbb{R}^4$.

(a) Formons la matrice A dont les lignes sont les vecteurs donnés, et réduisons-la suivant les lignes à la forme échelonnée :

$$A = \begin{pmatrix} 1 & -2 & 5 & -3 \\ 2 & 3 & 1 & -4 \\ 3 & 8 & -3 & -5 \end{pmatrix} \sim \begin{pmatrix} 1 & -2 & 5 & -3 \\ 0 & 7 & -9 & 2 \\ 0 & 14 & -18 & 4 \end{pmatrix} \sim \begin{pmatrix} 1 & -2 & 5 & -3 \\ 0 & 7 & -9 & 2 \\ 0 & 0 & 0 & 0 \end{pmatrix}$$

Les lignes non nulles $(1, -2, 5, -3)$ et $(0, 7, -9, 2)$ de la matrice échelonnée forment une base de l'espace ligne de A et donc de W. Ainsi, en particulier, $\dim W = 2$.

(b) Cherchons quatre vecteurs linéairement indépendants qui incluront les deux vecteurs précédents. Les quatre vecteurs $(1, -2, 5, -3)$, $(0, 7, -9, 2)$, $(0, 0, 1, 0)$ et $(0, 0, 0, 1)$ sont linéairement indépendants (puisqu'ils forment une matrice échelonnée), et forment donc une base de $\mathbb{R}^4$ qui est une extension de la base W.

5.34. Soit W un sous-espace de $\mathbb{R}^5$ engendré par les vecteurs $u_1 = (1, 2, -1, 3, 4)$, $u_2 = (2, 4, -2, 6, 8)$, $u_3 = (1, 3, 2, 2, 6)$, $u_4 = (1, 4, 5, 1, 8)$ et $u_5 = (2, 7, 3, 3, 9)$. Trouver un sous-ensemble des vecteurs donnés, pour former une base de W.

Méthode 1. Ici nous utilisons l'algorithme d'élimination 5.8B. Formons la matrice dont les colonnes sont les vecteurs donnés et réduisons-la à la forme échelonnée :

$$\begin{pmatrix} 1 & 2 & 1 & 1 & 2 \\ 2 & 4 & 3 & 4 & 7 \\ -1 & -2 & 2 & 5 & 3 \\ 3 & 6 & 2 & 1 & 3 \\ 4 & 8 & 6 & 8 & 9 \end{pmatrix} \sim \begin{pmatrix} 1 & 2 & 1 & 1 & 2 \\ 0 & 0 & 1 & 2 & 3 \\ 0 & 0 & 3 & 6 & 5 \\ 0 & 0 & -1 & -2 & -3 \\ 0 & 0 & 2 & 4 & 1 \end{pmatrix}$$

$$\sim \begin{pmatrix} 1 & 2 & 1 & 1 & 2 \\ 0 & 0 & 1 & 2 & 3 \\ 0 & 0 & 0 & 0 & -4 \\ 0 & 0 & 0 & 0 & 0 \\ 0 & 0 & 0 & 0 & -5 \end{pmatrix} \sim \begin{pmatrix} 1 & 2 & 1 & 1 & 2 \\ 0 & 0 & 1 & 2 & 3 \\ 0 & 0 & 0 & 0 & -4 \\ 0 & 0 & 0 & 0 & 0 \\ 0 & 0 & 0 & 0 & 0 \end{pmatrix}$$

La position des pivots sont dans les colonnes C_1, C_3 et C_5. Donc les vecteurs correspondants u_1, u_3 et u_5 forment une base de W et dim $W = 3$.

Méthode 2. Ici nous utilisons une légère modification de l'algorithme 5.8A, de réduction suivant les lignes. Formons la matrice dont les lignes sont les vecteurs donnés et réduisons-la à la forme « échelonnée » mais sans échanger aucune ligne nulle :

$$\begin{pmatrix} 1 & 2 & -1 & 3 & 4 \\ 2 & 4 & -2 & 6 & 8 \\ 1 & 3 & 2 & 2 & 6 \\ 1 & 4 & 5 & 1 & 8 \\ 2 & 7 & 3 & 3 & 9 \end{pmatrix} \sim \begin{pmatrix} 1 & 2 & -1 & 3 & 4 \\ 0 & 0 & 0 & 0 & 0 \\ 0 & 1 & 3 & -1 & 2 \\ 0 & 2 & 6 & -2 & 4 \\ 0 & 3 & 5 & -3 & 1 \end{pmatrix} \sim \begin{pmatrix} 1 & 2 & -1 & 3 & 4 \\ 0 & 0 & 0 & 0 & 0 \\ 0 & 1 & 3 & -1 & 2 \\ 0 & 0 & 0 & 0 & 0 \\ 0 & 0 & -4 & 0 & -5 \end{pmatrix}$$

Les lignes non nulles sont la première, la troisième et la cinquième ligne ; donc u_1, u_3 et u_5 forment une base de W. Ainsi, en particulier, dim $W = 3$.

5.35. Soit V l'espace vectoriel des matrices carrées réelles d'ordre 2. Trouver la dimension et une base du sous-espace W de V engendré par

$$A = \begin{pmatrix} 1 & 2 \\ -1 & 3 \end{pmatrix} \quad B = \begin{pmatrix} 2 & 5 \\ 1 & -1 \end{pmatrix} \quad C = \begin{pmatrix} 5 & 12 \\ 1 & 1 \end{pmatrix} \quad D = \begin{pmatrix} 3 & 4 \\ -2 & 5 \end{pmatrix}$$

Les vecteurs coordonnées (*cf.* section 5.10) des matrices données relativement à la base usuelle de V sont comme suit :

$$[A] = [1, 2, -1, 3] \qquad [B] = [2, 5, 1, -1] \qquad [C] = [5, 12, 1, 1] \qquad [D] = [3, 4, -2, 5]$$

Formons la matrice dont les lignes sont les vecteurs coordonnés, et réduisons-la à la forme échelonnée :

$$\begin{pmatrix} 1 & 2 & -1 & 3 \\ 2 & 5 & 1 & -1 \\ 5 & 12 & 1 & 1 \\ 3 & 4 & -2 & 5 \end{pmatrix} \sim \begin{pmatrix} 1 & 2 & -1 & 3 \\ 0 & 1 & 3 & -7 \\ 0 & 2 & 6 & -14 \\ 0 & -2 & 1 & -4 \end{pmatrix} \sim \begin{pmatrix} 1 & 2 & -1 & 3 \\ 0 & 1 & 3 & -7 \\ 0 & 0 & 0 & 0 \\ 0 & 0 & 7 & -18 \end{pmatrix}$$

Les lignes non nulles sont linéairement indépendantes, donc les matrices correspondantes $\begin{pmatrix} 1 & 2 \\ -1 & 3 \end{pmatrix}$, $\begin{pmatrix} 0 & 1 \\ 3 & -7 \end{pmatrix}$ et $\begin{pmatrix} 0 & 0 \\ -2 & 5 \end{pmatrix}$ forment une base de W et $\dim W = 3$. (Remarquer aussi que les matrices A, B et D forment une base de W.)

THÉORÈME DE DÉPENDANCE LINÉAIRE, BASE ET DIMENSION

5.36. Démontrer le lemme 5.10.

Puisque les vecteurs v_i sont linéairement dépendants, il existe des scalaires, non tous nuls, tel que $a_1 v_1 + \cdots + a_m v_m = 0$. Soit k le plus grand entier tel que $a_k \neq 0$. Alors

$$a_1 v_1 + \cdots + a_k v_k + 0 v_{k+1} + \cdots + 0 v_m = 0 \quad \text{ou} \quad a_1 v_1 + \cdots + a_k v_k = 0$$

Supposons que $k = 1$; alors $a_1 v_1 = 0$, $a_1 \neq 0$ et donc $v_1 = 0$. Or, les v_i sont des vecteurs non nuls ; donc $k > 1$ et

$$v_k = -a_k^{-1} a_1 v_1 - \cdots - a_k^{-1} a_{k-1} v_{k-1}$$

C'est-à-dire v_k est une combinaison linéaire des vecteurs qui le précèdent.

5.37. Démontrer le théorème 5.11.

Supposons que R_n, R_{n-1}, ..., R_1 sont linéairement dépendants. Alors, l'une des lignes, par exemple R_m, est une combinaison linéaire des lignes précédentes :

$$R_m = a_{m+1} R_{m+1} + a_{m+2} R_{m+2} + \cdots + a_n R_n \tag{*}$$

Supposons maintenant que la k-ième composante de R_m soit son premier élément non nul. Alors, puisque la matrice est sous la forme échelonnée, les k-ièmes composantes de R_{m+1}, R_{m+2}, ..., R_n sont toutes nulles, et donc la k-ième composante de $(*)$ est

$$a_{m+1} \cdot 0 + a_{m+2} \cdot 0 + \cdots + a_n \cdot 0 = 0$$

Mais ceci est en contradiction avec le fait que la k-ième composante de R_m est non nulle. Ainsi R_1, ..., R_n sont linéairement indépendantes.

5.38. Supposons que $\{v_1, v_2, \ldots, v_n\}$ engendre l'espace vectoriel V. Démontrer que :

(a) Si $w \in V$, alors $\{w, v_1, \ldots, v_n\}$ est linéairement dépendant et engendre V.

(b) Si v_i est une combinaison linéaire des vecteurs $(v_1, v_2, \ldots, v_{i-1})$, alors $\{v_1, \ldots, v_{i-1}, v_{i+1}, \ldots, v_m\}$ engendre V.

(a) Le vecteur w est une combinaison linéaire des v_i puisque $\{v_i\}$ engendre V. En conséquence, $\{w, v_1, \ldots, v_n\}$ est linéairement dépendant. Il est évident que w et les v_i engendrent V puisque les v_i eux-mêmes engendrent V. C'est-à-dire, $\{w, v_1, \ldots, v_n\}$ engendre V.

(b) Supposons que $v_i = k_1 v_1 + \cdots + k_{i-1} v_{i-1}$. Soit $u \in V$. Puisque $\{v_i\}$ engendre V, u est une combinaison linéaire des v_i, c'est-à-dire $u = a_1 v_1 + \cdots + a_m v_m$. En remplaçant v_i par son expression, nous obtenons

$$u = a_1 v_1 + \cdots + a_{i-1} v_{i-1} + a_i (k_1 v_1 + \cdots + k_{i-1} v_{i-1}) + a_{i+1} v_{i+1} + \cdots + a_m v_m$$
$$= (a_1 + a_i k_1) v_1 + \cdots + (a_{i-1} + a_i k_{i-1}) v_{i-1} + a_{i+1} v_{i+1} + \cdots + a_m v_m$$

Ainsi $\{v_1, \ldots, v_{i-1}, v_{i+1}, \ldots, v_m\}$, engendre V. En d'autres termes, nous pouvons supprimer v_i de l'ensemble des générateurs et obtenir encore un ensemble de générateurs.

5.39. Démontrer le lemme 5.13.

Il suffit de démontrer le théorème dans le cas où les v_i ne sont pas tous nuls (à justifier !). Puisque $\{v_i\}$ engendre V, d'après le problème 5.38, nous avons

$$\{w_1, v_1, \ldots, v_n\} \tag{1}$$

est linéairement dépendant et engendre aussi V. D'après le lemme 5.10, l'un des vecteurs de (1) est une combinaison linéaire des vecteurs précédents. Ce vecteur ne peut être w_1, donc il doit être l'un des v, par exemple v_j. Ainsi, d'après le problème précédent, nous pouvons supprimer v_j de l'ensemble des générateurs (1) et obtenir un nouvel ensemble générateur

$$\{w_1, v_1, \ldots, v_{j-1}, v_{j+1}, \ldots, v_n\} \tag{2}$$

Recommençons le même procédé avec le vecteur w_2. Donc, puisque (2) engendre V, l'ensemble

$$\{w_1, w_2, v_1, \ldots, v_{j-1}, v_{j+1}, \ldots, v_n\} \tag{3}$$

est linéairement indépendant et engendre aussi V. De nouveau, d'après le lemme 5.10, l'un des vecteurs de (3) est une combinaison linéaire des vecteurs précédents. Nous pouvons affirmer que ce vecteur ne peut être ni w_1 ni w_2 puisque $\{w_1, \ldots, w_m\}$ est indépendant ; il doit donc être l'un des v, par exemple v_k. Ainsi d'après le problème précédent, nous pouvons supprimer v_k de l'ensemble des générateurs (3) et obtenir un nouvel ensemble générateur

$$\{w_1, w_2, v_1, \ldots, v_{j-1}, v_{j+1}, \ldots, v_{k-1}, v_{k+1}, \ldots, v_n\}$$

Nous recommençons le même procédé avec le vecteur w_3 et ainsi de suite. À chaque étape nous pouvons ajouter l'un des vecteurs w et supprimer l'un des vecteurs v dans l'ensemble des générateurs. Si $m \leq n$, nous obtenons finalement un ensemble de générateurs de la forme demandée :

$$\{w_1, \ldots, w_m, v_{i_1}, \ldots, v_{i_{n-m}}\}$$

Finalement, nous montrons que $m \geq n$ n'est pas possible. D'autre part, au bout de n étapes semblables, nous obtenons l'ensemble de générateurs $\{w_1, \ldots, w_n\}$. Cela implique que w_{n+1} est une combinaison linéaire de $w_1, \ldots, w_n$. Ce qui contredit l'hypothèse que l'ensemble $\{w_i\}$ est linéairement indépendant.

5.40. Démontrer le théorème 5.12.

Supposons que $\{u_1, u_2, \ldots, u_n\}$ est une base de V et que $\{v_1, v_2, \ldots\}$ est une autre base de V. Puisque $\{u_i\}$ engendre V, la base $\{v_1, v_2, \ldots\}$ doit contenir n ou un nombre inférieur de vecteurs, sinon l'ensemble précédent est dépendant d'après le problème 5.39 (lemme 5.13). D'autre part, si la base $\{v_1, v_2, \ldots\}$ contient moins de n éléments, alors $\{u_1, u_2, \ldots, u_n\}$ est linéairement dépendant d'après le problème 5.39. Ainsi la base $\{v_1, v_2, \ldots\}$ contient exactement n vecteurs. Ainsi, le théorème est démontré.

5.41. Démontrer le théorème 5.14.

Supposons que $B = \{w_1, w_2, \ldots, w_n\}$ soit une base de V.

(i) Puisque B engendre V, $n+1$ vecteurs quelconques, ou un nombre plus grand de vecteurs, sont linéairement dépendants d'après le lemme 5.13.

(ii) D'après le lemme 5.13, les éléments de B et les éléments de S réunis peuvent former un ensemble de générateurs de V avec n éléments. Comme S contient déjà n éléments, S est lui-même un ensemble de générateurs de V. Ainsi S est une base de V.

(iii) Supposons que T soit linéairement dépendant. Alors il existe un vecteur v_p qui s'écrit comme une combinaison linéaire des vecteurs qui le précèdent. D'après le problème 5.38, V est engendré par des vecteurs de T sans v_p et il y en a $n-1$. D'après le lemme 5.13, l'ensemble indépendant B ne peut avoir plus de $n-1$ éléments. Ceci contredit le fait que B contient n éléments. Ainsi T est linéairement indépendant et donc T est une base de V.

5.42. Démontrer le théorème 5.15.

(i) Soit $\{v_1, \ldots, v_m\}$ un sous-ensemble indépendant maximal de S, et soit $w \in S$. Donc, $\{v_1, \ldots, v_m, w\}$ est linéairement dépendant. Aucun v_k ne peut s'écrire comme combinaison linéaire des vecteurs précédents ; donc w est une combinaison linéaire des v_i. Ainsi $w \in \text{vect}\{v_i\}$ et, par suite, $S \subseteq \text{vect}\{v_i\}$. Cela donne

$$V = \text{vect } S \subseteq \text{vect}\{v_i\} \subseteq V$$

Ainsi, $\{v_i\}$ engendre V et, puisqu'il est linéairement indépendant, c'est une base de V.

(ii) Les vecteurs restants forment un sous-ensemble indépendant maximal de S donc, d'après la partie (i), c'est une base de V.

5.43. Démontrer le théorème 5.16.

Supposons que $B = \{w_1, w_2, \ldots, w_n\}$ est une base de V. Alors B engendre V et donc V est engendré par

$$S \cup B = \{u_1, u_2, \ldots, w_1, w_2, \ldots, w_n\}$$

D'après le théorème 5.15, nous pouvons supprimer de $S \cup B$ tout vecteur qui est une combinaison linéaire des vecteurs précédents et obtenir une base B' de V. Puisque S est linéairement indépendant, aucun u_k n'est une combinaison linéaire des vecteurs précédents. Ainsi B' contient tous les vecteurs de S. Donc S est une partie de la base B' de V.

5.44. Démontrer le théorème 5.17.

Puisque V est de dimension n, $n + 1$ vecteurs quelconques, ou un nombre plus grand, sont linéairement dépendants. De plus, puisqu'une base de W est formée de vecteurs linéairement indépendants, elle ne peut contenir plus de n éléments. En conséquence, $\dim W \leq n$.

En particulier, si $\{w_1, \ldots, w_n\}$ est une base de W, alors, puisque c'est un ensemble indépendant ayant n éléments, c'est aussi une base de V. Ainsi, $W = V$ quand $\dim W = n$.

ESPACE LIGNE ET RANG D'UNE MATRICE

5.45. Déterminer si les matrices suivantes ont le même espace ligne :

$$A = \begin{pmatrix} 1 & 1 & 5 \\ 2 & 3 & 13 \end{pmatrix} \qquad B = \begin{pmatrix} 1 & -1 & -2 \\ 3 & -2 & -3 \end{pmatrix} \qquad C = \begin{pmatrix} 1 & -1 & -1 \\ 4 & -3 & -1 \\ 3 & -1 & 3 \end{pmatrix}$$

Les matrices ont le même espace ligne si, et seulement si leurs formes canoniques ligne ont les mêmes lignes non nulles. Réduisons, suivant les lignes, chaque matrice à la forme canonique ligne :

$$A = \begin{pmatrix} 1 & 1 & 5 \\ 2 & 3 & 13 \end{pmatrix} \sim \begin{pmatrix} 1 & 1 & 5 \\ 0 & 1 & 3 \end{pmatrix} \sim \begin{pmatrix} 1 & 0 & 2 \\ 0 & 1 & 3 \end{pmatrix}$$

$$B = \begin{pmatrix} 1 & -1 & -2 \\ 3 & -2 & -3 \end{pmatrix} \sim \begin{pmatrix} 1 & -1 & -2 \\ 0 & 1 & 3 \end{pmatrix} \sim \begin{pmatrix} 1 & 0 & 1 \\ 0 & 1 & 3 \end{pmatrix}$$

$$C = \begin{pmatrix} 1 & -1 & -1 \\ 4 & -3 & -1 \\ 3 & -1 & 3 \end{pmatrix} \sim \begin{pmatrix} 1 & -1 & -1 \\ 0 & 1 & 3 \\ 0 & 2 & 6 \end{pmatrix} \sim \begin{pmatrix} 1 & -1 & -1 \\ 0 & 1 & 3 \\ 0 & 0 & 0 \end{pmatrix} \longrightarrow \begin{pmatrix} 1 & 0 & 2 \\ 0 & 1 & 3 \\ 0 & 0 & 0 \end{pmatrix}$$

Puisque les lignes non nulles de la forme réduite de A et de la forme réduit de C sont les mêmes, A et C ont le même espace ligne. D'autre part, les lignes non nulles de la forme réduite de B sont différentes des autres donc l'espace ligne de B est différent.

5.46. Démontrer que les matrices $A = \begin{pmatrix} 1 & 3 & 5 \\ 1 & 4 & 3 \\ 1 & 1 & 9 \end{pmatrix}$ et $B = \begin{pmatrix} 1 & 2 & 3 \\ -2 & -3 & -4 \\ 7 & 12 & 17 \end{pmatrix}$ ont le même espace colonne.

Deux matrices A et B ont le même espace colonne si, et seulement si leurs transposées A^T et B^T ont le même espace ligne. Réduisons donc A^T et B^T à la forme canonique :

$$A^T = \begin{pmatrix} 1 & 1 & 1 \\ 3 & 4 & 1 \\ 5 & 3 & 9 \end{pmatrix} \sim \begin{pmatrix} 1 & 1 & 1 \\ 0 & 1 & -2 \\ 0 & -2 & 4 \end{pmatrix} \sim \begin{pmatrix} 1 & 1 & 1 \\ 0 & 1 & -2 \\ 0 & 0 & 0 \end{pmatrix} \longrightarrow \begin{pmatrix} 1 & 0 & 3 \\ 0 & 1 & -2 \\ 0 & 0 & 0 \end{pmatrix}$$

$$B^T = \begin{pmatrix} 1 & -2 & 7 \\ 2 & -3 & 12 \\ 3 & -4 & 17 \end{pmatrix} \sim \begin{pmatrix} 1 & -2 & 7 \\ 0 & 1 & -2 \\ 0 & 2 & -4 \end{pmatrix} \sim \begin{pmatrix} 1 & -2 & 7 \\ 0 & 1 & -2 \\ 0 & 0 & 0 \end{pmatrix} \longrightarrow \begin{pmatrix} 1 & 0 & 3 \\ 0 & 1 & -2 \\ 0 & 0 & 0 \end{pmatrix}$$

Puisque A^T et B^T ont le même espace ligne, A et B ont aussi le même espace colonne.

5.47. Considérons le sous-espace $U = \text{vect}(u_1, u_2, u_3)$ et $W = \text{vect}(w_1, w_2, w_3)$ de $\mathbb{R}^3$ où :

$$u_1 = (1, 1, -1) \qquad u_2 = (2, 3, -1) \qquad u_3 = (3, 1, -5)$$
$$w_1 = (1, -1, -3) \qquad w_2 = (3, -2, -8) \qquad w_3 = (2, 1, -3)$$

Montrer que $U = W$.

Formons la matrice A dont les lignes sont les u_i, et réduisons-la à la forme canonique ligne :

$$A = \begin{pmatrix} 1 & 1 & -1 \\ 2 & 3 & -1 \\ 3 & 1 & -5 \end{pmatrix} \sim \begin{pmatrix} 1 & 1 & -1 \\ 0 & 1 & 1 \\ 0 & -2 & -2 \end{pmatrix} \sim \begin{pmatrix} 1 & 0 & -2 \\ 0 & 1 & 1 \\ 0 & 0 & 0 \end{pmatrix}$$

Formons, maintenant, la matrice B dont les lignes sont les w_i, et réduisons-la à la forme canonique ligne :

$$B = \begin{pmatrix} 1 & -1 & -3 \\ 3 & -2 & -8 \\ 2 & 1 & -3 \end{pmatrix} \sim \begin{pmatrix} 1 & -1 & -3 \\ 0 & 1 & 1 \\ 0 & 3 & 3 \end{pmatrix} \sim \begin{pmatrix} 1 & 0 & -2 \\ 0 & 1 & 1 \\ 0 & 0 & 0 \end{pmatrix}$$

Puisque A et B ont la même forme canonique ligne, les espaces ligne de A et de B sont égaux et donc $U = W$.

5.48. Trouver le rang de la matrice A où :

$$(a) \quad A = \begin{pmatrix} 1 & 2 & -3 \\ 2 & 1 & 0 \\ -2 & -1 & 3 \\ -1 & 4 & -2 \end{pmatrix} \qquad (b) \quad A = \begin{pmatrix} 1 & 3 \\ 0 & -2 \\ 5 & -1 \\ -2 & 3 \end{pmatrix}$$

(a) Puisque le rang ligne est égal au rang colonne, il est plus facile de former la transposée de A et de la réduire suivant les lignes à la forme échelonnnée :

$$A^t = \begin{pmatrix} 1 & 2 & -2 & -1 \\ 2 & 1 & -1 & 4 \\ -3 & 0 & 3 & -2 \end{pmatrix} \sim \begin{pmatrix} 1 & 2 & -2 & -1 \\ 0 & -3 & 3 & 6 \\ 0 & 6 & -3 & -5 \end{pmatrix} \sim \begin{pmatrix} 1 & 2 & -2 & -1 \\ 0 & -3 & 3 & 6 \\ 0 & 0 & 3 & 7 \end{pmatrix}$$

Ainsi, $\text{rang} A = 3$.

(b) Les deux colonnes sont linéairement indépendantes puisque chacune d'elles ne peut être un multiple de l'autre. Donc, $\text{rang} A = 2$.

5.49. Considérons une matrice arbitraire $A = (a_{ij})$. Supposons que $u = (b_1, \ldots, b_n)$ est une combinaison linéaire des lignes $R_1, \ldots, R_m$ de A ; c'est-à-dire $u = k_1 R_1 + \cdots + k_m R_m$. Montrer que

$$b_i = k_1 a_{1i} + k_2 a_{2i} + \cdots + k_m a_{mi} \qquad (i = 1, 2, \ldots, n)$$

où $a_{1i}, \ldots, a_{mi}$ sont les éléments de la i-ième colonne de A.

Étant donné $u = k_1 R_1, \cdots, k_m R_m$; nous avons

$$(b_1, \ldots, b_n) = k_1(a_{11}, \ldots, a_{1n}) + \cdots + k_m(a_{m1}, \ldots, a_{mn})$$
$$= (k_1 a_{11} + \cdots + k_m a_{m1}, \ldots, k_1 a_{m1} + \cdots + k_m a_{mn})$$

En identifiant les composantes correspondantes, nous obtenons le résultat désiré.

5.50. Supposons que $A = (a_{ij})$ et $B = (b_{ij})$ sont des matrices échelonnées ayant les éléments distingués, respectivement :

$$a_{1j_1}, a_{2j_2}, \ldots, a_{rj_r} \quad \text{et} \quad b_{1k_1}, b_{2k_2}, \ldots, b_{sk_s}$$

$$A = \begin{pmatrix} \square & a_{1j_1} & * & * & * & * & * & * \\ \overline{\rule{2cm}{0pt}} & & a_{2j_2} & * & * & * & * & \\ \multicolumn{8}{c}{\cdots\cdots\cdots\cdots\cdots\cdots\cdots\cdots} \\ & \overline{\rule{1.5cm}{0pt}} & & & a_{rj_r} & * & * & \\ & \overline{\rule{4cm}{0pt}} & & & & & & \end{pmatrix}, \qquad B = \begin{pmatrix} \square & b_{1k_1} & * & * & * & * & * & * \\ \overline{\rule{2cm}{0pt}} & & b_{2k_2} & * & * & * & & \\ \multicolumn{8}{c}{\cdots\cdots\cdots\cdots\cdots\cdots\cdots\cdots} \\ & \overline{\rule{1.5cm}{0pt}} & & & b_{sk_s} & * & * & \\ & \overline{\rule{4cm}{0pt}} & & & & & & \end{pmatrix}$$

Supposons que A et B ont le même espace ligne. Montrer que les éléments distingués de A et B sont dans la même position : $j_1 = k_1$, $j_2 = k_2$, ..., $j_r = k_r$ et $r = s$.

Il est clair que $A = 0$ si, et seulement si $B = 0$, il nous reste donc à démontrer le théorème précédent lorsque $r \geq 1$ et $s \geq 1$. Montrons d'abord que $j_1 = k_1$. Supposons $j_1 \leq k_1$. Alors la j_1-ième colonne de B est nulle. Puisque la première ligne de A appartient à l'espace ligne de B, nous avons, d'après le problème précédent,

$$a_{1j_1} = c_1 0 + c_2 0 + \cdots + c_m 0 = 0$$

pour des scalaires c_i, mais ceci contredit le fait que l'élément distingué $a_{1j_1} \neq 0$. Donc, $j_1 \geq k_1$ et, d'une manière analogue $k_1 \geq j_1$. D'où, $j_1 = k_1$.

Soit maintenant A' la sous-matrice de A obtenue en supprimant la première ligne, et soit B' la sous-matrice de B obtenue en supprimant la première ligne. Nous allons démontrer que A' et B' ont le même espace ligne. Le théorème s'ensuit par récurrence puisque A' et B' sont aussi des matrices échelonnées.

Soit $R = (a_1, a_2, \ldots, a_n)$ une ligne quelconque de A', et soit R_1, ..., R_m les lignes de B. Puisque R appartient à l'espace ligne de B, il existe des scalaires d_1, ..., d_m, tels que $R = d_1 R_1 + d_2 R_2 + \cdots + d_m R_m$. Or, A est sous la forme échelonnée et R n'est pas la première ligne de A, le j_1-ième élément de R est zéro : $a_i = 0$ pour $i = j_1 = k_1$. De plus B étant sous la forme échelonnée, tous les éléments de la k_1-ième colonne de B sont nuls sauf le premier : $b_{1k_1} \neq 0$, mais $b_{2k_1} = 0$, ..., $b_{mk_1} = 0$. Donc

$$0 = a_{k_1} = d_1 b_{1k_1} + d_2 0 + \cdots + d_m 0 = d_1 b_{1k_1}$$

D'où $b_{1k_1} \neq 0$, donc $d_1 = 0$. Ainsi R est une combinaison linéare de R_2, ..., R_m et donc appartient à l'espace ligne de B'. Puisque R est une ligne quelconque de A', l'espace ligne de A' est contenu dans l'espace ligne de B'. De façon analogue, l'espace ligne de B' est contenu dans l'espace de A'. Ainsi A' et B' ont le même espace ligne. Ainsi, le théorème est démontré.

5.51. Démontrer le théorème 5.8.

Évidemment, si A et B ont les mêmes lignes non nulles, alors elles ont le même espace ligne. Ainsi, il nous reste à démontrer la réciproque.

Supposons que A et B ont le même espace ligne, et soit $R \neq 0$ la i-ième ligne de A. Alors, il existe des scalaires c_1, c_2, ..., c_s tels que

$$R = c_1 R_1 + c_2 R_2 + \cdots + c_s R_s \tag{1}$$

où les R_i sont les lignes non nulles de B. Le théorème sera démontré si nous montrons que $R = R_i$, ou $c_i = 1$ mais $c_k = 0$ pour $k \neq i$.

Soit a_{ij_i} l'élément distingué de R, c'est-à-dire le premier élément non nul de R. D'après (1) et le problème 5.49,

$$a_{ij_i} = c_1 b_{1j_i} + c_2 b_{2j_i} + \cdots + c_s b_{sj_i} \tag{2}$$

Mais, d'après le problème précédent, b_{ij_i} est un élément distingué de B et, puisque B est réduite ligne, c'est le seul élément non nul dans la j_i-ième colonne de B. Ainsi, d'après (2), nous obtenons $a_{ij_i} = c_i b_{ij_i}$. Cependant, $a_{ij_i} = 1$ et $b_{ij_i} = 1$ puisque A et B sont réduites ; d'où $c_i = 1$.

Supposons maintenant que $k \neq i$ et b_{kj_k} l'élément distingué de R_k. D'après (1) et le problème 5.49,

$$a_{ij_k} = c_1 b_{1j_k} + c_2 b_{2j_k} + \cdots + c_s b_{sj_k} \tag{3}$$

Puisque B est réduite ligne, b_{kj_k} est le seul élément non nul dans la j_k-ième colonne de B ; donc d'après (3), $a_{ij_k} = c_k b_{kj_k}$. De plus, d'après le problème précédent, a_{kj_k} est un élément distingué de A et puisque A est réduite ligne, $a_{ij_k} = 0$. Donc $c_k b_{kj_k} = 0$ et puisque $b_{kj_k} = 1$, $c_k = 0$. Ainsi, on a $R = R_i$ et le théorème est démontré.

5.52. Démontrer le théorème 5.9.

Supposons que A est ligne-équivalente aux matrices A_1 et A_2 où A_1 et A_2 sont sous la forme canonique ligne. Donc l'espace ligne de A est égal à l'espace ligne de A_1 et l'espace ligne de A est égal à l'espace ligne de A_2. D'où l'espace ligne de A_1 est égal à l'espace ligne de A_2. Puisque A_1 et A_2 sont sous la forme canonique ligne, $A_1 = A_2$ d'après le théorème 5.8. Ainsi, le théorème est démontré.

5.53. Démontrer le théorème 5.18.

Considérons une matrice $m \times n$ arbitraire :

$$A = \begin{pmatrix} a_{11} & a_{12} & \dots & a_{1n} \\ a_{21} & a_{22} & \dots & a_{2n} \\ \dots\dots\dots\dots\dots\dots \\ a_{m1} & a_{m2} & \dots & a_{mn} \end{pmatrix}$$

Soit $R_1, R_2, \dots, R_m$ désignant les lignes de A :

$$R_1 = (a_{11}, a_{12}, \dots, a_{1n}), \dots, R_m = (a_{m1}, a_{m2}, \dots, a_{mn})$$

Supposons que le rang ligne de A est r et que les r vecteurs suivants forment une base de l'espace ligne :

$$S_1 = (b_{11}, b_{12}, \dots, b_{1n}), \quad S_2 = (b_{21}, b_{22}, \dots, b_{2n}), \quad \dots, \quad S_r = (b_{r1}, b_{r2}, \dots, b_{rs})$$

Donc, chacun des vecteurs lignes est une combinaison linéaire des S_i :

$$R_1 = k_{11}S_1 + k_{12}S_2 + \cdots + k_{1r}S_r$$
$$R_2 = k_{21}S_1 + k_{22}S_2 + \cdots + k_{2r}S_r$$
$$\dots\dots\dots\dots\dots\dots\dots\dots\dots\dots\dots$$
$$R_m = k_{m1}S_1 + k_{m2}S_2 + \cdots + k_{mr}S_r$$

où les k_{ij} sont des scalaires. En identifiant les i-ièmes composantes des deux membres dans les équations précédentes, nous obtenons le système d'équations suivant, pour $i = 1, \dots, n$:

$$a_{1i} = k_{11}b_{1i} + k_{12}b_{2i} + \cdots + k_{1r}b_{ri}$$
$$a_{2i} = k_{21}b_{1i} + k_{22}b_{2i} + \cdots + k_{2r}b_{ri}$$
$$\dots\dots\dots\dots\dots\dots\dots\dots\dots\dots\dots$$
$$a_{mi} = k_{m1}b_{1i} + k_{m2}b_{2i} + \cdots + k_{mr}b_{ri}$$

Donc, pour $i = 1, \dots, n$;

$$\begin{pmatrix} a_{1i} \\ a_{2i} \\ \dots \\ a_{mi} \end{pmatrix} = b_{1i}\begin{pmatrix} k_{11} \\ k_{21} \\ \dots \\ k_{m1} \end{pmatrix} + b_{2i}\begin{pmatrix} k_{12} \\ k_{22} \\ \dots \\ k_{m2} \end{pmatrix} + \cdots + b_{ri}\begin{pmatrix} k_{1r} \\ k_{2r} \\ \dots \\ k_{mr} \end{pmatrix}$$

En d'autres termes, chacune des colonnes de A est une combinaison linéaire des r vecteurs

$$\begin{pmatrix} k_{11} \\ k_{21} \\ \dots \\ k_{m1} \end{pmatrix}, \begin{pmatrix} k_{12} \\ k_{22} \\ \dots \\ k_{m2} \end{pmatrix}, \dots, \begin{pmatrix} k_{1r} \\ k_{2r} \\ \dots \\ k_{mr} \end{pmatrix}$$

Ainsi, l'espace colonne de la matrice A est au plus de dimension r, *i.e.* le rang colonne $\leq r$. Par suite, le rang colonne $\leq$ rang ligne.

D'une manière analogue, (ou en considérant la matrice transposée A^T) nous obtenons, rang ligne $\leq$ rang colonne. Par conséquent, le rang ligne et le rang colonne d'une matrice sont égaux.

5.54. Soit R un vecteur ligne et A et B des matrices tels que RB et AB soient définis. Démontrer que :

(*a*) RB est une combinaison linéaire des lignes de B.

(*b*) L'espace ligne de AB est contenu dans l'espace ligne de B.

(*c*) L'espace colonne de AB est contenu dans l'espace colonne de B.

(*d*) Le rang $AB \leq$ rang B et le rang $AB \leq$ rang A.

(a) Posons $R = (a_1, a_2, \ldots, a_m)$ et $B = (b_{ij})$. Supposons que $B_1, \ldots, B_m$ désignent les lignes de B, et $B^1, \ldots,$ B^n ses colonnes. Alors

$$RB = (R \times B^1, R \times B^2, \ldots, R \times B^n)$$
$$= (a_1 b_{11} + a_2 b_{21} + \cdots + a_m b_{m1},\ a_1 b_{12} + a_2 b_{22} + \cdots + a_m b_{m2}, \ldots,\ a_1 b_{1n} + a_2 b_{2n} + \cdots + a_m b_{mn})$$
$$= a_1(b_{11}, b_{12}, \ldots, b_{1n}) + a_2(b_{21}, b_{22}, \ldots, b_{2n}) + \cdots + a_m(b_{m1}, b_{m2}, \ldots, b_{mn})$$
$$= a_1 B_1 + a_2 B_2 + \cdots + a_m B_m$$

Ainsi, RB est une combinaison linéaire des lignes de B, comme nous l'avons affirmé.

(b) Les lignes de AB sont les $R_i B$ où R_i est la i-ième ligne de A. Ainsi, d'après la partie (a), chaque ligne de AB est dans l'espace ligne de B. Ainsi, l'espace ligne de AB est contenu dans l'espace ligne de B, comme demandé.

(c) En utilisant la partie (b), nous avons :

$$\text{espace colonne } AB = \text{espace ligne } (AB)^T$$
$$= \text{espace ligne } B^T A^T \subseteq \text{espace ligne } A^T = \text{espace colonne } A$$

(d) L'espace ligne de AB est contenu dans l'espace ligne de B ; donc $\operatorname{rang} AB \leq \operatorname{rang} B$. De plus, l'espace colonne de AB est contenu dans l'espace colonne de A ; donc $\operatorname{rang} AB \leq \operatorname{rang} A$.

5.55. Soit A une matrice carrée d'ordre n. Montrer que A est inversible si, et seulement si $\operatorname{rang} A = n$.

Remarquons que les lignes de la matrice carrée identité d'ordre n, I_n, sont linéairement indépendantes puisque I_n est sous forme échelonnée ; donc $\operatorname{rang} I_n = n$. Maintenant si A est inversible, alors A est ligne-équivalente à I_n ; donc $\operatorname{rang} A = n$. Mais si A n'est pas inversible, alors A est ligne-équivalente à une matrice ayant une ligne nulle ; donc $\operatorname{rang} A < n$. C'est-à-dire : A est inversible si, et seulement si $\operatorname{rang} A = n$.

APPLICATIONS AUX ÉQUATIONS LINÉAIRES

5.56. Trouver la dimension et une base de l'espace solution W du système

$$x + 2y + z - 3t = 0$$
$$2x + 4y + 4z - t = 0$$
$$3x + 6y - 7z + t = 0$$

Réduisons le système à la forme échelonnée :

$$
\begin{array}{ll}
\begin{aligned}
x + 2y + z - 3t &= 0 \\
2z + 5t &= 0 \\
4z + 10t &= 0
\end{aligned}
&\quad \text{ou} \quad
\begin{aligned}
x + 2y + z - 3t &= 0 \\
2z + 5t &= 0
\end{aligned}
\end{array}
$$

Les variables libres sont y et t, et $\dim W = 2$. Posons :

(i) $y = 1$, $z = 0$ pour obtenir la solution $u_1 = (-2, 1, 0, 0)$;

(ii) $y = 0$, $t = 2$ pour obtenir la solution $u_2 = (11, 0, -5, 2)$.

Alors $\{u_1, u_2\}$ est une base de W. [Le choix de $y = 0$, $t = 2$ dans (ii), aurait introduit des fractions dans la solution.]

5.57. Trouver le système homogène dont l'ensemble de solution W est engendré par

$$\{(1, -2, 0, 3), (1, -1, -1, 4), (1, 0, -2, 5)\}$$

Soit $v = (x, y, z, t)$. Formons la matrice M dont les premières lignes sont les vecteurs donnés et dont la dernière ligne est v ; puis réduisons-la suivant les lignes à la forme échelonnée :

$$
M = \begin{pmatrix}
1 & -2 & 0 & 3 \\
1 & -1 & -1 & 4 \\
1 & 0 & -2 & 5 \\
x & y & z & t
\end{pmatrix}
\sim
\begin{pmatrix}
1 & -2 & 0 & 3 \\
0 & 1 & -1 & 1 \\
0 & 2 & -2 & 2 \\
1 & 2x+y & z & -3x+t
\end{pmatrix}
\sim
\begin{pmatrix}
1 & -2 & 0 & 3 \\
0 & 1 & -1 & 1 \\
0 & 0 & 2x+y+z & -5x-y+t \\
0 & 0 & 0 & 0
\end{pmatrix}
$$

Les trois premières lignes initiales montrent que W est de dimension 2. Ainsi, $v \in W$ si, et seulement si la ligne supplémentaire n'augmente pas la dimension de l'espace ligne. Par suite, en identifiant à 0 les deux derniers éléments dans la troisième ligne, nous obtenons le système homogène demandé

$$
\begin{aligned}
2x + y + z &= 0 \\
5x + y \quad - t &= 0
\end{aligned}
$$

5.58. Soit $x_{i1}, x_{i2}, \ldots, x_{ik}$ des variables libres d'un système homogène d'équations linéaires à n inconnues. Soit v_j la solution obtenue en posant $x_{ij} = 1$ et toutes les autres variables libres $= 0$. Montrer que les solutions $v_1, v_2, \ldots, v_k$ sont linéairement indépendantes.

Soit A la matrice dont les lignes sont les v_i, respectivement. Nous échangeons la colonne 1 et la colonne i_1, puis la colonne 2 et la colonne $i_2 \ldots$, et enfin la colonne k et la colonne i_k. Nous obtenons la matrice $k \times n$ suivante

$$
B = (I, C) = \begin{pmatrix}
1 & 0 & 0 & \ldots & 0 & 0 & c_{1,k+1} & \ldots & c_{1n} \\
1 & 1 & 0 & \ldots & 0 & 0 & c_{2,k+1} & \ldots & c_{2n} \\
\hdotsfor{9} \\
0 & 0 & 0 & \ldots & 0 & 1 & c_{k,k+1} & \ldots & c_{kn}
\end{pmatrix}
$$

La précédente matrice B est sous forme échelonnée, donc ses lignes sont indépendantes ; donc rang $B = k$. Comme les matrices A et B sont colonne-équivalentes, elles ont le même rang, c'est-à-dire rang $A = k$. Or, A admet k lignes. Donc ses lignes, *i.e.* les v_i, sont linéairement indépendants. Ce qu'il fallait démontrer.

5.59. Démontrer le théorème 5.20.

Supposons que $u_1, u_2, \ldots, u_r$ forment une base de l'espace colonne de A. (Il y a r vecteurs de ce type, puisque rang $A = r$.) D'après le théorème 5.19, chaque système $AX = u_i$ admet une solution v_i. Donc

$$
Av_1 = u_1, Av_2 = u_2, \ldots, Av_r = u_r \tag{1}
$$

Supposons que dim $W = s$ et $w_1, w_2, \ldots, w_s$ forment une base de W. Soit

$$
B = \{v_1, v_2, \ldots, v_r, w_1, w_2, \ldots, w_s\}
$$

Nous affirmons que B est une base de $\mathbb{K}^n$. Ainsi, il sufit de prouver que B engendre $\mathbb{K}^n$ et que B est linéairement indépendant.

(a) *B engendre $\mathbb{K}^n$*. Soit $v \in \mathbb{K}^n$ et $Av = u$. Alors $u = Av$ appartient à l'espace colonne de A et donc Av est une combinaison linéaire des u_i. C'est-à-dire,

$$
Av = k_1 u_1 + k_2 u_+ \cdots + k_r u_r \tag{2}
$$

Soit $v' = v - k_1 v_1 - k_2 v_2 - \cdots - k_r v_r$. Alors, en utilisant (1) et (2),

$$
\begin{aligned}
A(v') &= A(v - k_1 v_1 - k_2 v_2 - \cdots - k_r v_r) \\
&= Av - k_1 Av_1 - k_2 Av_2 - \cdots - k_r Av_r \\
&= Av - k_1 u_1 - k_2 u_2 - \cdots - k_r u_r = Av - Av = 0
\end{aligned}
$$

Ainsi v' appartient à l'ensemble solution W et donc v' est une combinaison linéaire des w_i. C'est-à-dire $v' = c_1 w_1 + c_2 w_2 + \cdots + c_s w_s$. Alors

$$
v = v' + \sum_{i=1}^{r} k_i v_i = \sum_{i=1}^{r} k_i v_i + \sum_{j=1}^{s} c_j w_j
$$

Ainsi, v est une combinaison linéaire des éléments de B et, par suite, B engendre $\mathbb{K}^n$.

(b) *B est linéairement indépendant*. Supposons que

$$
a_1 v_1 + a_2 v_2 + \cdots + a_r v_r + b_1 w_1 + b_2 w_2 + \cdots + b_s w_s = 0 \tag{3}
$$

Puisque $w_j \in W$, chaque $Aw_j = 0$. En utilisant ce fait et (1) et (3), nous obtenons

$$
\begin{aligned}
0 = A(0) = A\left(\sum_{i=1}^{r} a_i v_i + \sum_{j=1}^{s} b_j w_j \right) &= \sum_{i=1}^{r} a_i Av_i + \sum_{j=1}^{s} b_j Aw_j \\
&= \sum_{i=1}^{r} a_i u_i + \sum_{j=1}^{s} b_j 0 = a_1 u_1 + a_2 u_2 + \cdots + a_r u_r
\end{aligned}
$$

Puisque $u_1, \ldots, u_r$ sont linéairement indépendants, chaque $a_i = 0$. En remplaçant les a_i par 0 dans *(3)*, nous obtenons,

$$b_1 w_1 + b_2 w_2 + \cdots + b_s w_s = 0$$

Comme $w_1, \ldots, w_s$ sont linéairement indépendants, chaque $b_j = 0$. Donc, B est linéairement indépendant.

En conséquence, B est une base de $\mathbb{K}^n$. Puisque B contient $r + s$ éléments, nous avons $r + s = n$. D'où $\dim W = s = n - r$. Ce qu'il fallait démontrer.

SOMMES, SOMMES DIRECTES, INTERSECTIONS

5.60. Soit U et W des sous-espaces de l'espace vectoriel V. Montrer que : (a) U et W sont contenus dans $U + W$; (b) $U + W$ est le plus petit sous-espace de V contenant U et W, c'est-à-dire $U + W = \text{vect}(U, W)$, le sous-espace engendré par U et W ; (c) $W + W = W$.

(a) Soit $u \in U$. Par hypothèse, W est un sous-espace de V, donc $0 \in W$. Donc $u = u + 0 \in U + W$. D'où U est contenu dans $U + W$. D'une manière analogue, W est contenu dans $U + W$.

(b) Puisque $U + W$ est un sous-espace de V contenant à la fois U et W, il doit aussi contenir l'espace engendré par U et W, c'est-à-dire $\text{vect}(U, W) \subseteq U + W$.

D'autre part, si $v \in U + W$ alors $v = u + w = 1u + 1w$ où $u \in U$ et $w \in W$; d'où v est une combinaison linéaire des éléments de $U \cup W$ et appartient ainsi au sous-espace engendré par $\text{vect}(U, W)$. Donc $U + W \subseteq \text{vect}(U, W)$.

(c) Puisque W est un sous-espace de V, nous savons que W est stable par addition vectorielle ; donc $W + W \subseteq W$. D'après la partie (a), $W \subseteq W + W$. Donc $W + W = W$.

5.61. Donner un exemple d'un sous-ensemble S de $\mathbb{R}^2$ tel que : (a) $S + S \subset S$ (inclusion stricte) ; (b) $S \subset S + S$ (inclusion stricte) ; (c) $S + S = S$ mais S n'est pas un sous-espace de $\mathbb{R}^2$.

(a) Soit $S = \{(0, 5), (0, 6), (0, 7), \ldots\}$. Alors $S + S \subset S$.

(b) Soit $S = \{(0, 0), (0, 1)\}$. Alors $S \subset S + S$.

(c) Soit $S = \{(0, 0), (0, 1), (0, 2), (0, 3), \ldots\}$. Alors $S + S = S$.

5.62. Supposons U et W sont deux sous-espaces distincts de dimension 4 d'un espace vectoriel V de dimension 6. Trouver les dimensions possibles de $U \cap W$.

Puisque U et W sont distincts, $U + W$ contient U et W strictement ; donc $\dim(U + W) > 4$. Mais $\dim(U + W)$ ne peut être plus grande que 6, puisque $\dim V = 6$. Nous avons donc, deux possibilités : (i) $\dim(U + W) = 5$ ou (ii) $\dim(U + W) = 6$. D'après le théorème 5.22,

$$\dim(U \cap W) = \dim U + \dim W - \dim(U + W) = 8 - \dim(U + W)$$

Ainsi, (i) $\dim(U \cap W) = 3$ ou (ii) $\dim(U \cap W) = 2$.

5.63. Considérons les sous-espaces de $\mathbb{R}^4$ suivants :

$$U = \text{vect}\,\{(1, 1, 0, -1), (1, 2, 3, 0), (2, 3, 3, -1)\}$$

$$W = \text{vect}\,\{(1, 2, 2, -2), (2, 3, 2, -3), (1, 3, 4, -3)\}$$

Trouver : (a) $\dim(U + W)$ et (b) $\dim(U \cap W)$.

(a) $U + W$ est un espace engendré par les six vecteurs. Formons donc la matrice dont les lignes sont les six vecteurs donnés, puis réduisons-la à la forme échelonnée :

$$\begin{pmatrix} 1 & 1 & 0 & -1 \\ 1 & 2 & 3 & 0 \\ 2 & 3 & 3 & -1 \\ 1 & 2 & 2 & -2 \\ 2 & 3 & 2 & -3 \\ 1 & 3 & 4 & -3 \end{pmatrix} \sim \begin{pmatrix} 1 & 1 & 0 & -1 \\ 0 & 1 & 3 & 1 \\ 0 & 1 & 3 & 1 \\ 0 & 1 & 2 & -1 \\ 0 & 1 & 2 & -1 \\ 0 & 2 & 4 & -2 \end{pmatrix} \sim \begin{pmatrix} 1 & 1 & 0 & -1 \\ 0 & 1 & 3 & 1 \\ 0 & 1 & 2 & -1 \\ 0 & 0 & 0 & 0 \\ 0 & 0 & 0 & 0 \\ 0 & 0 & 0 & 0 \end{pmatrix}$$

$$\sim \begin{pmatrix} 1 & 1 & 0 & -1 \\ 0 & 1 & 3 & 1 \\ 0 & 0 & -1 & -2 \\ 0 & 0 & 0 & 0 \\ 0 & 0 & 0 & 0 \\ 0 & 0 & 0 & 0 \end{pmatrix}$$

Puisque la matrice échelonnée contient trois lignes non nulles, $\dim(U + W) = 3$.

(b) Cherchons d'abord $\dim U$ et $\dim W$. Formons deux matrices dont les lignes sont les générateurs de U et W, respectivement, puis réduisons-les à la forme échelonnée :

$$\begin{pmatrix} 1 & 1 & 0 & -1 \\ 1 & 2 & 3 & 0 \\ 2 & 3 & 3 & -1 \end{pmatrix} \sim \begin{pmatrix} 1 & 1 & 0 & -1 \\ 0 & 1 & 3 & 1 \\ 0 & 1 & 3 & 1 \end{pmatrix} \sim \begin{pmatrix} 1 & 1 & 0 & -1 \\ 0 & 1 & 3 & 1 \\ 0 & 0 & 0 & 0 \end{pmatrix}$$

et

$$\begin{pmatrix} 1 & 2 & 2 & -2 \\ 2 & 3 & 2 & -3 \\ 1 & 3 & 4 & -3 \end{pmatrix} \sim \begin{pmatrix} 1 & 2 & 2 & -2 \\ 0 & -1 & -2 & 1 \\ 0 & 1 & 2 & -1 \end{pmatrix} \sim \begin{pmatrix} 1 & 2 & 2 & -2 \\ 0 & -1 & -2 & 1 \\ 0 & 0 & 0 & 0 \end{pmatrix}$$

Puisque chacune de ces matrices admet deux lignes non nulles, $\dim U = 2$ et $\dim W = 2$. D'après le théorème 5.22, nous avons $\dim(U + W) = \dim U + \dim W - \dim(U \cap W)$. Ce qui donne

$$3 = 2 + 2 - \dim(U \cap W) \qquad \text{ou} \qquad \dim(U \cap W) = 1$$

5.64. Soit U et W les deux sous-espaces suivants de $\mathbb{R}^4$:

$$U = \{(a, b, c, d) : b + c + d = 0\} \qquad \text{et} \qquad W = \{(a, b, c, d) : a + b = 0, c = 2d\}$$

Trouver une base et la dimension de : (a) U, (b) W, (c) $U \cap W$, (d) $U + W$.

(a) Cherchons une base de l'ensemble des solutions (a, b, c, d) de l'équation

$$b + c + d = 0 \qquad \text{ou encore} \qquad 0 \cdot a + b + c + d = 0$$

Les variables libres sont a, c et d. Posons :

(1) $a = 1$, $c = 0$, $d = 0$ pour obtenir la solution $v_1 = (1, 0, 0, 0)$;

(2) $a = 0$, $c = 1$, $d = 0$ pour obtenir la solution $v_2 = (0, -1, 1, 0)$;

(3) $a = 0$, $c = 0$, $d = 1$ pour obtenir la solution $v_3 = (0, -1, 0, 1)$.

L'ensemble $\{v_1, v_2, v_3\}$ est une base de U, donc $\dim U = 3$.

(b) Cherchons une base de l'ensemble des solutions (a, b, c, d) du système

$$\begin{array}{ll} a + b = 0 \\ c = 2d \end{array} \qquad \text{ou} \qquad \begin{array}{ll} a + b = 0 \\ c - 2d = 0 \end{array}$$

Les variables libres sont b et d. Posons

(1) $b = 1$, $d = 0$ pour obtenir la solution $v_1 = (-1, 1, 0, 0)$;

(2) $b = 0$, $d = 1$ pour obtenir la solution $v_2 = (0, 0, 2, 1)$.

L'ensemble $\{v_1, v_2\}$ est une base de W, donc $\dim W = 2$

(c) $U \cap W$ est constitué de tous les vecteurs qui satisfont les conditions qui définissent U et celles qui définissent W, c'est-à-dire, les trois équations

$$\begin{array}{l} b + c + d = 0 \\ a + b = 0 \\ c = 2d \end{array} \qquad \text{ou} \qquad \begin{array}{l} a + b = 0 \\ b + c + d = 0 \\ c - 2d = 0 \end{array}$$

La seule variable libre est d. Posons $d = 1$ pour obtenir la solution $v = (3 - 3, 2, 1)$. Ainsi $\{v\}$ est une base de $U \cap W$, donc $\dim(U \cap W) = 1$.

(d) D'après le théorème 5.22,

$$\dim(U + W) = \dim U + \dim W + \dim(U \cap W) = 3 + 2 - 1 = 4$$

Ainsi $U + W = \mathbb{R}^4$. Par conséquent, toute base de $\mathbb{R}^4$, par exemple la base usuelle, est une base de $U + W$.

5.65. Considérons les sous-espaces suivants de $\mathbb{R}^5$:

$$U = \text{vect}\,\{(1, 3, -2, 2, 3), (1, 4, -3, 4, 2), (2, 3, -1, -2, 9)\}$$
$$W = \text{vect}\,\{(1, 3, 0, 2, 1), (1, 5, -6, 6, 3), (2, 5, 3, 2, 1)\}$$

Trouver une base et la dimension de (a) $U + W$ et (b) $U \cap W$.

(a) $U + W$ est l'espace engendré par les six vecteurs. Formons donc la matrice dont les lignes sont les six vecteurs donnés, puis réduisons-la à la forme échelonnée :

$$\begin{pmatrix} 1 & 3 & -2 & 2 & 3 \\ 1 & 4 & -3 & 4 & 2 \\ 2 & 3 & -1 & -2 & 9 \\ 1 & 3 & 0 & 2 & 1 \\ 1 & 5 & -6 & 6 & 3 \\ 2 & 5 & 3 & 2 & 1 \end{pmatrix} \sim \begin{pmatrix} 1 & 3 & -2 & 2 & 3 \\ 0 & 1 & -1 & 2 & -1 \\ 0 & -3 & 3 & -6 & 3 \\ 0 & 0 & 2 & 0 & -2 \\ 0 & 2 & -4 & 4 & 0 \\ 0 & -1 & 7 & -2 & -5 \end{pmatrix}$$

$$\sim \begin{pmatrix} 1 & 3 & -2 & 2 & 3 \\ 0 & 1 & 1 & 2 & -1 \\ 0 & 0 & 0 & 0 & 0 \\ 0 & 0 & 2 & 0 & -2 \\ 0 & 0 & -2 & 0 & 2 \\ 0 & 0 & 6 & 0 & -6 \end{pmatrix} \sim \begin{pmatrix} 1 & 3 & -2 & 2 & 3 \\ 0 & 1 & -1 & 2 & -1 \\ 0 & 0 & 2 & 0 & -2 \\ 0 & 0 & 0 & 0 & 0 \\ 0 & 0 & 0 & 0 & 0 \\ 0 & 0 & 0 & 0 & 0 \end{pmatrix}$$

L'ensemble des lignes non nulles de la matrice échelonnée,

$$\{(1, 3, -2, 2, 3),\ (0, 1, -1, 2, -1),\ (0, 0, 2, 0, -2)\}$$

constitue une base de $U + W$. Ainsi, $\dim(U + W) = 3$.

(b) Cherchons d'abord les systèmes homogènes dont les ensembles solutions sont U et W, respectivement. Pour cela, formons la matrice dont les trois premières lignes engendrent U et dont la dernière ligne est (x, y, z, s, t), puis réduisons-la à la forme échelonnée :

$$\begin{pmatrix} 1 & 3 & -2 & 2 & 3 \\ 1 & 4 & -3 & 4 & 2 \\ 2 & 3 & -1 & -2 & 9 \\ x & y & z & s & t \end{pmatrix} \sim \begin{pmatrix} 1 & 3 & -2 & 2 & 3 \\ 0 & 1 & -1 & 2 & -1 \\ 0 & -3 & 3 & -6 & 3 \\ 0 & -3x+y & 2x+z & -2x+s & -3x+t \end{pmatrix}$$

$$\sim \begin{pmatrix} 1 & 3 & -2 & 2 & 3 \\ 0 & 1 & -1 & 2 & -1 \\ 0 & 0 & -x+y+z & 4x-2y+s & -6x+y+t \\ 0 & 0 & 0 & 0 & 0 \end{pmatrix}$$

Identifions maintenant, les éléments de la troisième ligne à 0 de manière à obtenir le système homogène dont l'ensemble solution est U :

$$-x + y + z = 0 \qquad 4x - 2y + s = 0 \qquad -6x + y + t = 0$$

Formons maintenant la matrice dont les premières lignes engendrent W et dont la dernière ligne est (x, y, z, s, t), puis réduisons-la à la forme échelonnée :

$$\begin{pmatrix} 1 & 3 & 0 & 2 & 1 \\ 1 & 5 & -6 & 6 & 3 \\ 2 & 5 & 3 & 2 & 1 \\ x & y & z & s & t \end{pmatrix} \sim \begin{pmatrix} 1 & 3 & 0 & 2 & 1 \\ 0 & 2 & -6 & 4 & 2 \\ 0 & -1 & 3 & -2 & -1 \\ 0 & -3x+y & z & -2x+s & -x+t \end{pmatrix}$$

$$\sim \begin{pmatrix} 1 & 3 & 0 & 2 & 1 \\ 0 & 1 & -3 & 2 & 1 \\ 0 & 0 & -9x+3y+z & 4x-2y+s & 2x-y+t \\ 0 & 0 & 0 & 0 & 0 \end{pmatrix}$$

Identifions maintenant les éléments de la troisième ligne à 0 de manière à obtenir le système homogène dont l'ensemble solution est W :

$$-9x+3y+z = 0 \qquad 4x-2y+s = 0 \qquad 2x-y+t = 0$$

En combinant les deux systèmes précédents, nous obtenons un système homogène dont l'ensemble solution est $U \cap W$, que nous pouvons résoudre :

$$\begin{cases} -x + y + z & = 0 \\ 4x - 2y & + s & = 0 \\ -6x + y & + t = 0 \\ -9x + 3y + z & = 0 \\ 4x - 2y & + s & = 0 \\ 2x - y + & t = 0 \end{cases} \quad \text{ou} \quad \begin{cases} -x + y + z & = 0 \\ 2y + 4z + s & = 0 \\ -5y - 6z & + t = 0 \\ -6y - 8z & = 0 \\ 2y + 4z + s & = 0 \\ y + 2z & + t = 0 \end{cases}$$

$$\text{ou} \quad \begin{cases} -x + y + z & = 0 \\ 2y + 4z + s & = 0 \\ 8z + 5s + 2t = 0 \\ 4z + 3s & = 0 \\ s - 2t = 0 \end{cases} \quad \text{ou} \quad \begin{cases} -x + y + z & = 0 \\ 2y + 4z + s & = 0 \\ 8z + 5s + 2t = 0 \\ s - 2t = 0 \end{cases}$$

Il y a une seule variable libre : t ; donc $\dim(U \cap W) = 1$. Posons $t = 2$, pour obtenir la solution $x = 1$, $y = 4$, $z = -3$, $s = 4$, $t = 2$. Ainsi $\{(1, 4, -3, 4, 2)\}$ est une base de $U \cap W$.

5.66. Soit U et W les deux sous-espaces de $\mathbb{R}^3$ définis par

$$U = \{(a, b, c) : a = b = c\} \qquad \text{et} \qquad W = \{(0, b, c)\}$$

(Remarquer que W est le plan des Oyz.) Montrer que $\mathbb{R}^3 = U \oplus W$.

Remarquons d'abord que $U \cap W = \{0\}$. En effet, $v = (a, b, c) \in U \cap W$ implique que

$$a = b = c \qquad \text{et} \qquad a = 0 \qquad \text{qui implique} \qquad a = 0, b = 0, c = 0$$

Nous pouvons affirmer aussi que $\mathbb{R}^3 = U + W$. En effet, si $v = (a, b, c) \in \mathbb{R}^3$, alors

$$v = (a, a, a) + (0, b-a, c-a) \qquad \text{où} \qquad (a, a, a) \in U \qquad \text{et} \qquad (0, b-a, c-a) \in W$$

Les deux conditions, $U \cap W = \{0\}$ et $\mathbb{R}^3 = U + W$, impliquent que $\mathbb{R}^3 = U \oplus W$.

5.67. Soit V l'espace vectoriel des matrices carrées d'ordre n sur le corps $\mathbb{K}$.

(a) Montrer que $V = U \oplus W$ où U et W sont, respectivement, les sous-espaces des matrices symétriques et antisymétriques. (Rappelons que M est symétrique si, et seulement si $M = M^T$, et M est antisymétrique si, et seulement si $M^T = -M$.)

(b) Montrer que $V \neq U \oplus W$ où U et W sont, respectivement, les sous-espaces des matrices triangulaires supérieures et inférieures. (Remarquer que $V = U + W$.)

(a) Nous montrons d'abord que $V = U + W$. Soit A une matrice carrée d'ordre n quelconque. Remarquons que

$$A = \tfrac{1}{2}(A + A^T) + \tfrac{1}{2}(A - A^T)$$

Nous affirmons que $\tfrac{1}{2}(A + A^T) \in U$ et que $\tfrac{1}{2}(A - A^T) \in W$. De plus,

$$(\tfrac{1}{2}(A + A^T)^T) = \tfrac{1}{2}(A + A^T)^T = \tfrac{1}{2}(A^T - A^{TT}) = \tfrac{1}{2}(A + A^T)$$

C'est-à-dire que $\tfrac{1}{2}(A + A^T)$ est symétrique. De plus,

$$(\tfrac{1}{2}(A - A^T))^T = \tfrac{1}{2}(A - A^T)^T = \tfrac{1}{2}(A^T - A) = -\tfrac{1}{2}(A - A^T)$$

C'est-à-dire : $\tfrac{1}{2}(A - A^T)$ est symétrique.

Montrons, ensuite, que $U \cap W = \{0\}$. Soit $M \in U \cap W$. Alors $M = M^T$ et $M^T = -M$. Ce qui implique $M = -M$, donc $M = 0$. Ainsi $U \cap W = \{0\}$. Par conséquent, $V = U \oplus W$.

(b) $U \cap W \neq \{0\}$, puisque $U \cap W$ est constitué de toutes les matrices diagonales. Par conséquent, la somme n'est pas directe.

5.68. Soit U et W deux sous-espaces d'un espace vectoriel V, et supposons que $S = \{u_i\}$ engendre U et $S' = \{w_j\}$ engendre W. Montrer que $S \cup S'$ engendre $U + W$. (Par conséquent, par récurrence, si S_i engendre W_i pour $i = 1, 2, \ldots, n$, alors $S_i \cup \cdots \cup S_n$ engendre $W_1 + \cdots + W_n$.)

Soit $v \in U + W$. Alors $v = u + w$, où $u \in U$ et $w \in W$. Puisque S engendre U, u est une combinaison linéaire des $\{u_i\}$, et puisque S' engendre W, w est une combinaison linéaire des $\{w_j\}$:

$$u = a_1 u_{i_1} + a_2 u_{i_2} + \cdots + a_n u_{i_n} \qquad a_j \in \mathbb{K}$$
$$w = b_1 w_{j_1} + b_2 w_{j_2} + \cdots + b_m w_{j_m} \qquad b_j \in \mathbb{K}$$

Ainsi,

$$v = u + w = a_1 u_{i_1} + a_2 u_{i_2} + \cdots + a_n u_{i_n} + b_1 w_{j_1} + b_2 w_{j_2} + \cdots + b_m w_{j_m}$$

Par conséquent, $S \cup S' = \{u_i, v_j\}$ engendre $U + W$.

5.69. Démontrer le théorème 5.22.

Remarquons que $U \cap W$ est, à la fois, un sous-espace de U et de W. Supposons que $\dim U = m$, $\dim W = n$ et $\dim(U \cap W) = r$. Soit $\{v_1, \ldots, v_r\}$ une base de $U \cap W$. D'après le théorème 5.16, nous pouvons étendre $\{v_i\}$ en une base de U et en une base de W ; c'est-à-dire,

$$\{v_1, \ldots, v_r, u_1, \ldots, u_{m-r}\} \qquad \text{et} \qquad \{v_1, \ldots, v_r, w_1, \ldots, w_{n-r}\}$$

sont des bases de U et W, respectivement. Soit

$$B = \{v_1, \ldots, v_r, u_1, \ldots, u_{m-r}, w_1, \ldots, w_{n-r}\}$$

Remarquons que B a exactement $m + n - r$ éléments. Ainsi le théorème sera démontré si nous montrons que B est une base de $U + W$. Puisque $\{v_i, u_j\}$ engendre U et que v_i, w_k engendre W, la réunion $B = \{v_i, u_j, w_k\}$ engendre $U + W$. Ainsi, il suffit de démontrer que B est indépendant.

Supposons que

$$a_1 v_1 + \cdots + a_r v_r + b_1 u_1 + \cdots + b_{m-r} u_{m-r} + c_1 w_1 + \cdots + c_{n-r} w_{n-r} = 0 \qquad (1)$$

où a_i, b_j, c_k sont des scalaires. Soit

$$v = a_1 v_1 + \cdots + a_r v_r + b_1 u_1 + \cdots + b_{m-r} u_{m-r} \qquad (2)$$

D'après (1), nous avons aussi

$$v = -c_1 w_1 - \cdots - c_{n-r} w_{n-r} \qquad (3)$$

Puisque $\{v_i, u_j\} \subseteq U$, donc $v \in U$ d'après (2) ; et puisque $\{w_k\} \subseteq W$, donc $v \in W$ d'après (3). Par conséquent, $v \in U \cap W$. Maintenant $\{v_i\}$ est une base de $U \cap W$ et donc il existe des scalaires $d_1, \ldots, d_r$ pour lesquels $v = d_1 v_1 + \cdots + d_r v_r$. Ainsi, d'après (3), nous avons

$$d_1 v_1 + \cdots + d_r v_r + c_1 w_1 + \cdots + c_{n-r} w_{n-r} = 0$$

Mais, $\{v_i, w_k\}$ est une base de W et donc c'est un ensemble indépendant. Donc, l'équation précédente nous donne $c_1 = \cdots = c_{n-r} = 0$. En remplaçant ceci dans *(1)*, nous obtenons

$$a_1 v_1 + \cdots + a_r v_r + b_1 u_1 + \cdots + b_{m-r} u_{m-r} = 0$$

Mais $\{v_i, u_j\}$ est une base de U et donc c'est un ensemble indépendant. Donc, l'équation précédente nous donne $a_1 = 0, \ldots, a_r = 0$ et $b_1 = 0, \ldots, b_{m-r} = 0$.

Puisque l'équation *(1)* implique que les a_i, b_j, c_k sont tous nuls, l'ensemble $B = \{v_i, u_j, w_k\}$ est indépendant et le théorème est démontré.

5.70. Démontrer le théorème 5.23.

Supposons que $V = U \oplus W$. Alors, tout vecteur $v \in V$ peut s'écrire d'une manière unique sous la forme $v = u + w$, où $u \in U$ et $w \in W$. En particulier, $V = U + W$. Supposons maintenant que $v \in U \cap W$. Alors :

$$(1)\, v = v + 0 \quad \text{où} \quad v \in U,\, 0 \in W; \qquad \text{et} \qquad (2)\, v = 0 + v \quad \text{où} \quad 0 \in U,\, v \in W$$

Puisqu'une telle écriture de v doit être unique, $v = 0$. Par conséquent, $U \cap W = \{0\}$.

D'autre part, supposons que $V = U + W$ et $U \cap W = \{0\}$. Soit $v \in V$. Puisque $V = U + W$, il existe $u \in U$ et $w \in W$ tels que $v = u + w$. Il reste donc à démontrer que l'écriture de chaque vecteur est unique. Supposons que v s'écrit aussi $v = u' + w'$ où $u' \in U$ et $w' \in W$. Alors

$$u + w = u' + w' \qquad \text{et donc} \qquad u - u' = w' - w$$

Mais $u - u' \in U$ et $w' - w \in W$; donc, comme $U \cap W = \{0\}$, nous avons

$$u - u' = 0,\; w' - w = 0 \qquad \text{et donc} \qquad u = u',\; w = w'$$

Ainsi, l'écriture de chaque vecteur $v \in V$ est unique et $V = U \oplus W$.

5.71. Démontrer le théorème 5.24 (pour deux sous-espaces). Supposons que $V = U \oplus W$. Soit $S = \{u_1, \ldots, u_m\}$ et $S = \{w_1, \ldots, w_m\}$ deux sous-ensembles linéairement indépendants de U et W, respectivement. Alors (a) $S \cup S'$ est linéairement indépendant dans V ; (b) si S est une base de U et S' est une base de W, alors $S \cup S'$ est une base de V ; et (c) $\dim V = \dim U + \dim W$.

(a) Supposons que $a_1 u_1 + \cdots + a_m u_m + b_1 w_1 + \cdots + b_n w_n = 0$, où a_i, b_j sont des scalaires. Alors

$$0 = (a_1 u_1 + \cdots + a_m u_m) + (b_1 w_1 + \cdots + b_n w_n) = 0 + 0$$

où $0, a_1 u_1 + \cdots + a_m u_m \in U$ et $0, b_1 w_1 + \cdots + b_n w_n \in W$. Puisque l'écriture du vecteur 0 est unique, cela donne

$$a_1 u_1 + \cdots + a_m u_m = 0 \qquad b_1 w_1 + \cdots + b_n w_n = 0$$

Puisque S est linéairement indépendant, chaque $a_i = 0$, et puisque S' est linéairement indépendant, chaque $b_j = 0$. Ainsi, $S \cup S'$ est linéairement indépendant.

(b) D'après la partie (a), $S \cup S'$ est linéairement indépendant et, d'après le problème 5.68, $S \cup S'$ engendre V. Donc $S \cup S'$ est une base de V.

(c) Le résultat découle directement de la partie (b).

VECTEURS COORDONNÉS

5.72. Soit S une base de $\mathbb{R}^2$ formée des vecteurs $u_1 = (2, 1)$ et $u_2 = (1, -1)$. Trouver le vecteur coordonné $[v]$ de v relativement à la base S où $v = (a, b)$.

Posons $v = x u_1 + y u_2$, alors $(a, b) = (2x + y, x - y)$. Les équations $2x + y = a$ et $x - y = b$ donnent $x = (a + b)/3$, $y = (a - 2b)/3$. Ainsi, $[v] = [(a + b)/3, (a - 2b)/3]$.

5.73. Considérons l'espace vectoriel $\mathbf{P}_3(t)$ des polynômes réels en t de degré ≤ 3.

(a) Montrer que $S = \{1, 1, -t, (1 - t)^2, (1 - t)^3\}$ est une base de $\mathbf{P}_3(t)$.

(b) Trouver le vecteur coordonné $[u]$ de $u = 2 - 3t + t^2 + 2t^3$ relativement à S.

(*a*) Le degré de $(1-t)^k$ est k ; donc aucun polynôme de S n'est une combinaison linéaire des polynômes précédents. Ainsi, ces polynômes sont linéairement indépendants et, puisque dim $\mathbf{P}_3(t) = 4$, ils forment une base de $\mathbf{P}_3(t)$.

(*b*) Écrivons u comme combinaison linéaire des vecteurs de base en utilisant les inconnues x, y, z, s :

$$u = 2 - 3t + t^2 + 2t^3 = x(1) + y(1-t) + z(1-t)^2 + s(1-t)^3$$
$$= x(1) + y(1-t) + z(1 - 2t + t^2) + s(1 - 3t + 3t^2 + t^3)$$
$$= x + y - yt + z - 2zt + zt^2 + s - 3st + 3st^2 + st^3$$
$$= (x + y + z + s) + (-y - 2z - 3s)t + (z + 3s)t^3 + (-s)t^3$$

Alors, en identifiant les coefficients de la même puissance de t, nous avons

$$x + y + z + s = 2 \qquad -y - 2z - 3s = -3 \qquad z + 3s = 1 \qquad -s = 2$$

En résolvant ce système, nous obtenons : $x = 2$, $y = -5$, $z = 7$, $s = -2$. Ainsi $[u] = [2, -5, 7, -2]$.

5.74. Considérons la matrice $A = \begin{pmatrix} 2 & 3 \\ 4 & -7 \end{pmatrix}$ de l'espace vectoriel V des matrices carrées réelles d'ordre 2. Trouver le vecteur coordonné $[A]$ de la matrice A relativement à la base usuelle de V :

$$\left\{ \begin{pmatrix} 1 & 0 \\ 0 & 0 \end{pmatrix}, \begin{pmatrix} 0 & 1 \\ 0 & 0 \end{pmatrix}, \begin{pmatrix} 0 & 0 \\ 1 & 0 \end{pmatrix}, \begin{pmatrix} 0 & 0 \\ 0 & 1 \end{pmatrix} \right\}$$

Nous avons : $\begin{pmatrix} 2 & 3 \\ 4 & -7 \end{pmatrix} = x \begin{pmatrix} 1 & 0 \\ 0 & 0 \end{pmatrix} + y \begin{pmatrix} 0 & 1 \\ 0 & 0 \end{pmatrix} + z \begin{pmatrix} 0 & 0 \\ 1 & 0 \end{pmatrix} + t \begin{pmatrix} 0 & 0 \\ 0 & 1 \end{pmatrix} = \begin{pmatrix} x & y \\ z & t \end{pmatrix}$.

Ainsi, $x = 2$, $y = 3$, $z = 4$, $s = -7$. Donc $[A] = [2, 3, 4, -7]$, dont les composantes sont les éléments de A écrits ligne par ligne.

Remarque : Le résultat précédent est vrai dans le cas général, c'est-à-dire, si A est une matrice $m \times n$ quelconque de l'espace vectoriel V des matrices $m \times n$ sur un corps $\mathbb{K}$, alors le vecteur coordonné $[A]$ de A relativement à la base usuelle de V, est le vecteur coordonné appartenant à $\mathbb{K}^{mn}$ et dont les composantes sont les éléments de A écrits ligne par ligne.

CHANGEMENT DE BASE

Dans cette section, nous représentons un vecteur $v \in V$ relativement à une base S de V par son vecteur colonne coordonné,

$$[v]_S = \begin{pmatrix} a_1 \\ a_2 \\ \dots \\ a_n \end{pmatrix} = [a_1, a_2, \dots, a_n]^T$$

(qui est une matrice $n \times 1$).

5.75. Considérons la base suivante de $\mathbb{R}^2$:

$$S_1 = \{u_1 = (1, -2), u_2 = (3, -4)\} \qquad \text{et} \qquad S_2 = \{v_1 = (1, 3), v_2 = (3, 8)\}$$

(*a*) Trouver les coordonnées d'un vecteur arbitraire $v = (a, b)$ dans $\mathbb{R}^2$ relativement à la base $S_1 = \{u_1, u_2\}$.

(*b*) Trouver la matrice de passage P de S_1 à S_2.

(*c*) Trouver les coordonnées d'un vecteur arbitraire $v = (a, b)$ dans $\mathbb{R}^2$ relativement à la base $S_2 = \{v_1, v_2\}$.

(*d*) Trouver la matrice de passage Q de S_2 à S_1.

(e) Vérifier que $Q = P^{-1}$.

(f) Montrer que $P[v]_{S_2} = P[v]_{S_1}$ pour tout vecteur $v = (a, b)$. (Voir théorème 5.27.)

(g) Montrer que $P^{-1}[v]_{S_1} = [v]_{S_2}$ pour tout vecteur $v = (a, b)$. (Voir théorème 5.27.)

(a) Soit $v = xu_1 + yu_2$ où x et y sont inconnues :

$$\begin{pmatrix} a \\ b \end{pmatrix} = x \begin{pmatrix} 1 \\ -2 \end{pmatrix} + y \begin{pmatrix} 3 \\ -4 \end{pmatrix} \qquad \text{ou} \qquad \begin{array}{r} x + 3y = a \\ -2x - 4y = b \end{array} \qquad \text{ou} \qquad \begin{array}{r} x + 3y = a \\ 2y = b \end{array}$$

En calculant x et y en fonction de a et b, nous obtenons $x = -2a - \frac{3}{2}b$, $y = a + \frac{1}{2}b$. Ainsi,

$$(a, b) = (-2a - \tfrac{3}{2}b)u_1 + (a + \tfrac{1}{2}b)u_2 \qquad \text{et} \qquad [(a, b)]_{S_1} = [-2a - \tfrac{3}{2}b, a + \tfrac{1}{2}b]^T$$

(b) Utilisons (a) pour écrire chaque vecteur v_1 et v_2 de la base S_2 comme combinaison linéaire des vecteurs u_1 et u_2 de la base S_1 :

$$v_1 = (1, 3) = (-2 - \tfrac{9}{2})u_1 + (1 + \tfrac{3}{2})u_2 = (-\tfrac{13}{2})u_1 + (\tfrac{5}{2})u_2$$

$$v_2 = (3, 8) = (-6 - 12)u_1 + (3 + 4)u_2 = -18u_1 + 7u_2$$

Alors, P est la matrice dont les colonnes sont les coordonnées de v_1 et v_2 relativement à la base S_1, c'est-à-dire :

$$P = \begin{pmatrix} -\frac{13}{2} & -18 \\ \frac{5}{2} & 7 \end{pmatrix}$$

(c) Soit $v = xv_1 + yv_2$ en utilisant les inconnues x et y :

$$\begin{pmatrix} a \\ b \end{pmatrix} = x \begin{pmatrix} 1 \\ 3 \end{pmatrix} + y \begin{pmatrix} 3 \\ 8 \end{pmatrix} \qquad \text{ou} \qquad \begin{array}{r} x + 3y = a \\ 3x + 8y = b \end{array} \qquad \text{ou} \qquad \begin{array}{r} x + 3y = a \\ -y = b - 3a \end{array}$$

En calculant x et y en fonction de a et b, nous obtenons $x = -8a + 3b$, $y = 3a - b$. Ainsi,

$$(a, b) = (-8a + 3b)v_1 + (3a - b)v_2 \qquad \text{et} \qquad [(a, b)]S_2 = [-8a + 3b, 3a - b]^T$$

(d) Utilisons (c) pour écrire chaque vecteur u_1 et u_2 de la base S_1 comme combinaison linéaire des vecteurs v_1 et v_2 de la base S_2 :

$$u_1 = (1, -2) = (-8 - 6)v_1 + (3 + 2)v_2 = -14v_1 + 5v_2$$

$$u_2 = (3, -4) = (-24 - 12)v_1 + (9 + 4)v_2 = -36v_1 + 13v_2$$

Écrivons les coordonnées de u_1 et u_2 relativement à S_2 en colonnes pour obtenir $Q = \begin{pmatrix} -14 & -36 \\ 5 & 13 \end{pmatrix}$.

(e)
$$QP = \begin{pmatrix} -14 & -36 \\ 5 & 13 \end{pmatrix} \begin{pmatrix} -\frac{13}{2} & -18 \\ \frac{5}{2} & 7 \end{pmatrix} = \begin{pmatrix} 1 & 0 \\ 0 & 1 \end{pmatrix} = I$$

(f) En utilisant les parties (a), (b) et (c), nous obtenons

$$P[v]_{S_2} = \begin{pmatrix} -\frac{13}{2} & -18 \\ \frac{5}{2} & 7 \end{pmatrix} \begin{pmatrix} -8a + 3b \\ 3a - b \end{pmatrix} = \begin{pmatrix} -2a - \frac{3}{2}b \\ a + \frac{1}{2}b \end{pmatrix} = [v]_{S_1}$$

(g) En utilisant les parties (a), (c) et (d), nous obtenons

$$P^{-1}[v]_{S_1} = Q[v]_{S_1} = \begin{pmatrix} -14 & -36 \\ 5 & 13 \end{pmatrix} \begin{pmatrix} -2a - \frac{3}{2}b \\ a + \frac{1}{2}b \end{pmatrix} = \begin{pmatrix} -8a + 3b \\ 3a - b \end{pmatrix} = [v]_{S_2}$$

5.76. Supposons que les vecteurs suivants forment une base S de $\mathbb{K}^n$:

$$v_1 = (a_1, a_2, \ldots, a_n), \quad v_2 = (b_1, b_2, \ldots, b_n), \quad \ldots, \quad v_n = (c_1, c_2, \ldots, c_n)$$

Montrer que la matrice de passage de la base usuelle $E = \{e_i\}$ de $\mathbb{K}^n$ à la base S est la matrice P dont les colonnes sont respectivement les vecteurs $v_1, v_2, \ldots, v_n$.

Puisque $e_1, e_2, \ldots, e_n$ forment la base usuelle E de $\mathbb{K}^n$, nous avons

$$v_1 = (a_1, a_2, \ldots, a_n) = a_1 e_1 + a_2 e_2 + \cdots + a_n e_n$$
$$v_2 = (b_1, b_2, \ldots, b_n) = b_1 e_1 + b_2 e_2 + \cdots + b_n e_n$$
$$\ldots\ldots\ldots\ldots\ldots\ldots\ldots\ldots\ldots\ldots\ldots\ldots$$
$$v_n = (c_1, c_2, \ldots, c_n) = c_1 e_1 + c_2 e_2 + \cdots + c_n e_n$$

En écrivant les coordonnées en colonnes, nous obtenons

$$P = \begin{pmatrix} a_1 & b_1 & \ldots & c_1 \\ a_2 & b_2 & \ldots & c_2 \\ \ldots\ldots\ldots\ldots\ldots \\ a_n & b_n & \ldots & c_n \end{pmatrix}$$

Ce qu'il fallait trouver.

5.77. Considérons la base $S = \{u_1 = (1, 2, 0), u_2 = (1, 3, 2), u_3 = (0, 1, 3)\}$ de $\mathbb{R}^3$. Trouver :

(a) La matrice de passage P de la base usuelle $E = \{e_1, e_2, e_3\}$ de $\mathbb{R}^3$ à la base S,

(b) La matrice de passage Q de la base S à la base usuelle E de $\mathbb{R}^3$.

(a) Puisque E est la base usuelle de $\mathbb{R}^3$, écrivons simplement les vecteurs base de S en colonnes, pour obtenir :

$$P = \begin{pmatrix} 1 & 1 & 0 \\ 2 & 3 & 1 \\ 0 & 2 & 3 \end{pmatrix}$$

(b) **Méthode 1.** Écrivons chaque vecteur de la base E comme combinaison linéaire des vecteurs de la base de S en cherchant d'abord les coordonnées d'un vecteur arbitraire $v = (a, b, c)$ relativement à la base S. Nous avons

$$\begin{pmatrix} a \\ b \\ c \end{pmatrix} = x \begin{pmatrix} 1 \\ 2 \\ 0 \end{pmatrix} + y \begin{pmatrix} 1 \\ 3 \\ 0 \end{pmatrix} + z \begin{pmatrix} 0 \\ 1 \\ 3 \end{pmatrix} \qquad \text{ou} \qquad \begin{aligned} x + y &= a \\ 2x + 3y + z &= b \\ 2y + 3z &= c \end{aligned}$$

En calculant x, y et z en fonction de a, b et c, nous obtenons $x = 7a - 3b + c$, $y = -6a + 3b - c$, $z = 4a - 2b + c$. Ainsi,

$$v = (a, b, c) = (7a - 3b + c)u_1 + (-6a + 3b - c)u_2 + (4a - 2b + c)u_3$$

ou

$$[v]_S = [(a, b, c)]_S = [7a - 3b + c, -6aa + 3b - c, 4a - 2b + c]^T$$

En utilisant la formule précédente de $[v]_S$ puis en écrivant les coordonnées des e_i en colonnes, cela donne

$$\begin{aligned} e_1 = (1, 0, 0) &= 7u_1 - 6u_2 + 4u_3 \\ e_2 = (0, 1, 0) &= -3u_1 + 3u_2 - 2u_3 \\ e_3 = (0, 0, 1) &= u_1 - u_2 + u_3 \end{aligned} \qquad \text{et} \qquad Q = \begin{pmatrix} 7 & -3 & 1 \\ -6 & 3 & -1 \\ 4 & -2 & 1 \end{pmatrix}$$

Méthode 2. Calculons P^{-1} en réduisant la matrice $M = (P \mid I)$ à la forme $(I \mid P^{-1})$:

$$M = \begin{pmatrix} 1 & 1 & 0 & \vdots & 1 & 0 & 0 \\ 2 & 3 & 1 & \vdots & 0 & 1 & 0 \\ 0 & 2 & 3 & \vdots & 0 & 0 & 1 \end{pmatrix} \sim \begin{pmatrix} 1 & 1 & 0 & \vdots & 1 & 0 & 0 \\ 0 & 1 & 1 & \vdots & -2 & 1 & 0 \\ 0 & 2 & 3 & \vdots & 0 & 0 & 1 \end{pmatrix}$$

$$\sim \begin{pmatrix} 1 & 1 & 0 & \vdots & 1 & 0 & 0 \\ 0 & 1 & 1 & \vdots & -2 & 1 & 0 \\ 0 & 0 & 1 & \vdots & 4 & -2 & 1 \end{pmatrix} \sim \begin{pmatrix} 1 & 1 & 0 & \vdots & 1 & 0 & 0 \\ 0 & 1 & 0 & \vdots & -6 & 3 & -1 \\ 0 & 0 & 1 & \vdots & 4 & -2 & 1 \end{pmatrix}$$

$$\sim \begin{pmatrix} 1 & 1 & 0 & \vdots & 7 & -3 & 1 \\ 0 & 1 & 0 & \vdots & -6 & 3 & -1 \\ 0 & 0 & 1 & \vdots & 4 & -2 & 1 \end{pmatrix}$$

Ainsi, $Q = P^{-1} = \begin{pmatrix} 7 & -3 & 1 \\ -6 & 3 & -1 \\ 4 & -2 & 1 \end{pmatrix}$.

5.78. Supposons qu'on fasse tourner les axes Ox et Oy dans le plan $\mathbb{R}^2$ de $45°$ dans le sens inverse des aiguilles d'une montre de telle sorte que le nouvel axe Ox' se trouve le long de la droite $y = x$ et le nouvel axe Oy' se trouve le long de la droite $y = -x$. Trouver (a) la matrice de passage P de l'ancien au nouveau système d'axes ; (b) les coordonnées du point $A(5, 6)$ dans le nouveau système d'axes.

(a) Les vecteurs unités des nouveaux axes Ox' et Oy' sont respectivement,

$$u_1 = (\sqrt{2}/2, \sqrt{2}/2) \qquad \text{et} \qquad u_2 = (-\sqrt{2}/2, \sqrt{2}/2)$$

(Les vecteurs unités des axes initiaux Ox et Oy sont respectivement les vecteurs de la base usuelle de $\mathbb{R}^2$.) Ainsi, en écrivant les coordonnées de u_1 et u_2 en colonne nous obtenons

$$P = \begin{pmatrix} \sqrt{2}/2 & -\sqrt{2}/2 \\ \sqrt{2}/2 & \sqrt{2}/2 \end{pmatrix}$$

(b) Multiplions les coordonnées du point $A(5, 6)$ par P^{-1} :

$$\begin{pmatrix} \sqrt{2}/2 & \sqrt{2}/2 \\ -\sqrt{2}/2 & \sqrt{2}/2 \end{pmatrix} \begin{pmatrix} 5 \\ 6 \end{pmatrix} = \begin{pmatrix} 11\sqrt{2}/2 \\ \sqrt{2}/2 \end{pmatrix}$$

[La matrice P étant orthogonale, P^{-1} est simplement la transposée de P.]

5.79. Considérons les bases $S = \{1, i\}$ et $S' = \{1 + i, 1 + 2i\}$ du corps complexe $\mathbb{C}$ sur le corps réel $\mathbb{R}$. Trouver (a) la matrice de passage P de la base S à la base S' et (b) trouver la matrice de passage Q de la base S' à la base S.

(a) Nous avons

$$\begin{aligned} 1 + i &= 1(1) + 1(i) \\ 1 + 2i &= 1(1) + 2(i) \end{aligned} \qquad \text{et donc} \qquad P = \begin{pmatrix} 1 & 1 \\ 1 & 2 \end{pmatrix}$$

(b) En utilisant la formule d'inversion d'une matrice carrée d'ordre 2, nous obtenons $Q = P^{-1} = \begin{pmatrix} 2 & -1 \\ -1 & 1 \end{pmatrix}$.

5.80. Supposons que P est la matrice de passage d'une base $\{u_i\}$ à une base $\{w_i\}$, et supposons que Q est la matrice de passage de la base $\{w_i\}$ à la base $\{u_i\}$. Démontrer que P est inversible et $Q = P^{-1}$.

Supposons, pour $i = 1, 2, \ldots, n$,

$$w_i = a_{i1}u_1 + a_{i2}u_2 + \cdots + a_{in}u_n = \sum_{j=1}^{n} a_{ij}u_j \tag{1}$$

et, pour $j = 1, 2, \ldots, n$,

$$u_j = b_{j1}w_1 + b_{j2}w_2 + \cdots + b_{jn}w_n = \sum_{k=1}^{n} a_{jk}w_k \tag{2}$$

Soit $A = (a_{ij})$ et $B = (b_{jk})$. Alors $P = A^T$ et $Q = B^T$. En remplaçant (2) dans (1), nous avons

$$w_1 = \sum_{j=1}^{n} a_{ij}\left(\sum_{k=1}^{n} b_{jk}w_k \right) = \sum_{k=1}^{n} \left(\sum_{j=1}^{n} a_{ij}b_{jk} \right) w_k$$

Comme $\{w_i\}$ est une base, $\sum a_{ij}b_{jk} = \delta_{ik}$ où δ_{ik} est le symbole de Kronecker, c'est-à-dire : $\delta_{ik} = 1$ si $i = k$ et $\delta_{ik} = 0$ si $i \neq k$. Posons $AB = (c_{ik})$. Alors $c_{ik} = \delta_{ik}$. Par conséquent, $AB = I$, et donc

$$QP = B^T A^T = (AB)^T = I^T = I$$

Ainsi $Q = P^{-1}$.

5.81. Démontrer le théorème 5.27.

Supposons que $S = \{u_1, \ldots, u_n\}$ et $S' = \{w_1, \ldots, w_n\}$, et que pour tout $i = 1, \ldots, n$,

$$w_i = a_{i1}u_1 + a_{i2}u_2 + \cdots + a_{in}u_n = \sum_{j=1}^{n} a_{ij}u_j$$

Alors, P est la matrice carrée d'ordre n dont la j-ième ligne est

$$(a_{1j}, a_{2j}, \ldots, a_{nj}) \tag{1}$$

Posons aussi $v = k_1 w_1 + k_2 w_2 + \cdots + k_n w_n = \sum_{i=1}^{n} k_i w_i$. Alors,

$$[v]_{S'} = [k_{1j}, k_{2j}, \ldots, k_{nj}]^T \tag{2}$$

En remplaçant les w_i par leurs expressions dans l'équation de v, nous obtenons

$$v = \sum_{i=1}^{n} k_i w_i = \sum_{i=1}^{n} k_i \left(\sum_{j=1}^{n} a_{ij}u_j \right) = \sum_{j=1}^{n} \left(\sum_{i=1}^{n} a_{ij}k_i \right) u_j$$

$$= \sum_{j=1}^{n} (a_{1j}k_1 + a_{2j}k_2 + \cdots + a_{nj}k_n)u_j$$

Par conséquent, $[v]_S$ est le vecteur colonne dont le j-ième élément est

$$a_{1j}k_1 + a_{2j}k_2 + \cdots + a_{nj}k_n \tag{3}$$

D'autre part, le j-ième élément de $P[v]_{S'}$ est obtenu en multipliant la j-ième ligne de P par $[v]_{S'}$, c'est-à-dire *(1)* par *(2)*. Cependant, le produit de *(1)* par *(2)* donne *(3)*; donc $P[v]_{S'}$ et $[v]_S$ ont les mêmes éléments. Ainsi $P[v]_{S'} = [v]_S$, comme il est demandé.

De plus, en multipliant le résultat précédent par P^{-1}, nous obtenons $P^{-1}[v]_S = P^{-1}P[v]_{S'} = [v]_{S'}$.

PROBLÈMES DIVERS

5.82. Considérons une suite finie de vecteurs $S = \{v_1, v_2, \ldots, v_n\}$. Soit T la suite de vecteurs obtenue à partir de S en appliquant l'une des *opérations élémentaires* suivantes : (i) échanger deux vecteurs, (ii) multiplier un vecteur par un scalaire non nul, (iii) additionner un multiple d'un vecteur à un autre vecteur. Montrer que S et T engendrent le même espace W. Montrer aussi que T est indépendant si, et seulement si S est indépendant.

Remarquons que, pour chaque opération, les vecteurs de T sont des combinaisons linéaires des vecteurs de S. D'autre part, chaque opération admet une opération inverse du même type (à démontrer !) ; donc les vecteurs de S sont aussi des combinaisons linéaires des vecteurs de T. Ainsi S et T engendrent le même espace W. Aussi, T est indépendant si, et seulement si dim $W = n$, ce qui est vérifié si, et seulement si S est aussi indépendant.

5.83. Soit $A = (a_{ij})$ et $B = (b_{ij})$ deux matrices $m \times n$ ligne-équivalentes sur un corps $\mathbb{K}$, et soit $v_1, v_2, \ldots, v_n$ des vecteurs quelconques d'un espace vectoriel V sur $\mathbb{K}$, soit

$$u_1 = a_{11}v_1 + a_{12}v_2 + \cdots + a_{1n}v_n \qquad w_1 = b_{11}v_1 + b_{12}v_2 + \cdots + b_{1n}v_n$$

$$u_2 = a_{21}v_2 + a_{22}v_2 + \cdots + a_{2n}v_n \qquad w_2 = b_{21}v_1 + b_{22}v_2 + \cdots + b_{2n}v_n$$

$$\cdots\cdots\cdots\cdots\cdots\cdots\cdots\cdots\cdots\cdots\cdots \qquad \cdots\cdots\cdots\cdots\cdots\cdots\cdots\cdots\cdots\cdots\cdots$$

$$u_2 = a_{m1}v_1 + a_{m2}v_2 + \cdots + a_{mn}v_n \qquad w_m = b_{m1}v_1 + b_{m2}v_2 + \cdots + b_{mn}v_n$$

Montrer que u_i et w_i engendrent le même espace.

Appliquer une *opération élémentaire* du problème précédent aux u_i équivaut à appliquer une opération élémentaire sur les lignes de la matrice A. Puisque A et B sont ligne-équivalentes, B peut être obtenue à partir de A par une suite finie d'opérations élémentaires sur les lignes ; donc $\{w_i\}$ peut être obtenu à partir de $\{u_i\}$ par la suite d'opérations correspondantes. Donc $\{u_i\}$ et $\{w_i\}$ engendrent le même espace.

5.84. Soit $v_1, v_2, \ldots, v_n$ des vecteurs appartenant à un espace vectoriel V sur un corps $\mathbb{K}$. Soit

$$w_1 = b_{11}v_1 + b_{12}v_2 + \cdots + b_{1n}v_n$$

$$w_2 = b_{21}v_1 + b_{22}v_2 + \cdots + b_{2n}v_n$$

$$\ldots\ldots\ldots\ldots\ldots\ldots\ldots\ldots\ldots\ldots\ldots$$

$$w_m = b_{m1}v_1 + b_{m2}v_2 + \cdots + b_{mn}v_n$$

où $a_{ij} \in \mathbb{K}$. Soit P la matrice carrée d'ordre n des coefficients, c'est-à-dire $P = (a_{ij})$.

(a) Supposons P inversible. Montrer que $\{w_i\}$ et $\{v_i\}$ engendrent le même espace ; donc $\{w_i\}$ est indépendant si, et seulement si $\{v_i\}$ est indépendant.

(b) Supposons que P n'est pas inversible. Montrer que $\{w_i\}$ est dépendant.

(c) Supposons que $\{w_i\}$ est indépendant. Montrer que P est inversible.

   (a) Puisque P est inversible, P est ligne-équivalente à la matrice identité I. Donc, d'après le problème précédent, $\{w_i\}$ et $\{v_i\}$ engendrent le même espace. Ainsi, l'un de ces ensembles est indépendant si, et seulement si l'autre l'est aussi.

   (b) Puisque P n'est pas inversible, elle est ligne-équivalente à une matrice ayant une ligne nulle. Ce qui veut dire que $\{w_i\}$ engendre un espace dont un ensemble générateur a moins de n éléments. Ainsi $\{w_i\}$ est dépendant.

   (c) Il s'agit de la contraposée de la propriété (b) et donc, elle découle de (b).

5.85. Supposons que $A_1, A_2, \ldots$ sont des ensembles de vecteurs linéairement indépendants et que $A_1 \subseteq A_2 \subseteq \ldots$. Montrer que la réunion $A = A_1 \cup A_2 \cup \ldots$ est aussi linéairement indépendant.

   Supposons que A est linéairement dépendant. Alors, il existe des vecteurs $v_1, \ldots, v_n \in A$ et des scalaires $a_1, \ldots, a_n \in \mathbb{K}$, non tous nuls, tels que

$$a_1v_1 + a_2v_2 + \cdots + a_nv_n = 0 \qquad (1)$$

Puisque $A = \cup A_i$ et les $v_i \in A$, il existe des ensembles $A_{i_1}, \ldots, A_{i_n}$ tels que

$$v_1 \in A_{i_1}, v_2 \in A_{i_2}, \ldots, v_n \in A_{i_n}$$

Soit k le plus grand des indices de ces ensembles A_{i_j} : $k = \max(i_1, \ldots, i_n)$. Il s'ensuit donc, puisque $A_1 \subseteq A_2 \subseteq \ldots$, que tous les A_{i_j} sont contenus dans A_k. Ainsi, $v_1, \ldots, v_n \in A_k$ et donc, d'après (1), A_k est linéairement indépendant. Ce qui contredit notre hypothèse. Par conséquent, A est linéairement indépendant.

5.86. Soit $\mathbb{K}$ un sous-corps d'un corps $\mathbb{L}$ et $\mathbb{L}$ un sous-corps d'un corps $\mathbb{E}$: $\mathbb{K} \subseteq \mathbb{L} \subseteq \mathbb{E}$ (et par suite, $\mathbb{K}$ est un sous-corps de $\mathbb{E}$). Supposons que $\mathbb{E}$ soit de dimension n sur $\mathbb{L}$ et $\mathbb{L}$ soit de dimension m sur $\mathbb{K}$. Montrer que $\mathbb{E}$ est de dimension mn sur $\mathbb{K}$.

   Supposons que $\{v_1, \ldots, v_n\}$ soit une base de $\mathbb{E}$ sur $\mathbb{L}$ et $\{a_1, \ldots, a_m\}$ une base de $\mathbb{L}$ sur $\mathbb{K}$. Nous affirmons que $\{a_iv_j : i = 1, \ldots, m, j = 1, \ldots, n\}$ est une base de $\mathbb{E}$ sur $\mathbb{K}$. Remarquons que $\{a_iv_j\}$ contient mn éléments.

   Soit w un élément quelconque de $\mathbb{E}$. Puisque $\{v_1, \ldots, v_n\}$ engendre $\mathbb{E}$ sur $\mathbb{L}$, w est une combinaison linéaire des v_i à coeficients dans $\mathbb{L}$.

$$w = b_1v_1 + b_2v_2 + \cdots + b_nv_n \qquad b_i \in \mathbb{L} \qquad (1)$$

Puisque $\{a_1, \ldots, a_m\}$ engendre $\mathbb{L}$ sur $\mathbb{K}$, chaque $b_i \in \mathbb{L}$ est une combinaison linéaire des a_j à coefficients dans $\mathbb{K}$:

$$b_1 = k_{11}a_1 + k_{12}a_2 + \cdots + k_{1m}a_m$$

$$b_2 = k_{21}a_1 + k_{22}a_2 + \cdots + k_{2m}a_m$$

$$\ldots\ldots\ldots\ldots\ldots\ldots\ldots\ldots\ldots\ldots\ldots\ldots$$

$$b_n = k_{n1}a_1 + k_{n2}a_2 + \cdots + k_{nm}a_m$$

où $k_{ij} \in \mathbb{K}$. En remplaçant dans (1), nous obtenons

$$w = (k_{11}a_1 + \cdots + k_{1m}a_m)v_1 + (k_{21}a_1 + \cdots + k_{2m}a_m)v_2 + \cdots + (k_{n1}a_1 + \cdots + k_{nm}a_m)v_n$$

$$= k_{11}a_1v_1 + \cdots + k_{1m}a_mv_1 + k_{21}a_1v_2 + \cdots + k_{2m}a_mv_2 + \cdots + k_{n1}a_1v_n + \cdots + k_{nm}a_mv_n$$

$$= \sum_{i,j} k_{ji}(a_iv_j)$$

où $k_{ji} \in \mathbb{K}$. w est donc une combinaison linéaire des $a_i v_j$ à coefficients dans $\mathbb{K}$; donc $\{a_i, v_j\}$ engendre $\mathbb{E}$ sur $\mathbb{K}$.

La démonstration sera achevée si nous montrons que $\{a_i, v_j\}$ est linéairement indépendant sur $\mathbb{K}$. Supposons que, pour les scalaires $x_{ji} \in \mathbb{K}$, $\sum_{i,j} x_{ji}(a_i v_j) = 0$; c'est-à-dire

$$(x_{11}a_1v_1 + x_{12}a_2v_1 + \cdots + x_{1m}a_mv_1) + \cdots + (x_{n1}a_1v_n + x_{n2}a_2v_n + \cdots + x_{nm}a_mv_n) = 0$$

ou

$$(x_{11}a_1 + x_{12}a_2 + \cdots + x_{1m}a_m)v_1 + \cdots + (x_{n1}a_1 + x_{n2}a_2 + \cdots + x_{nm}a_m)v_n = 0$$

Puisque $\{v_1, \ldots, v_n\}$ est linéairement indépendant sur $\mathbb{L}$, et puisque les coefficients précédents des v_i appartiennent à $\mathbb{L}$, chaque coefficient doit être nul :

$$x_{11}a_1 + x_{12}a_2 + \cdots + x_{1m}a_m = 0, \quad \ldots, \quad x_{n1}a_1 + x_{n2}a_2 + \cdots + x_{nm}a_m = 0$$

Mais $\{a_1, \ldots, a_m\}$ est linéairement indépendant sur $\mathbb{K}$; donc, puisque $x_{ji} \in \mathbb{K}$,

$$x_{11} = 0, x_{12} = 0, \ldots, x_{1m} = 0, \quad \ldots, \quad x_{n1} = 0, x_{n2} = 0, \ldots, x_{nm} = 0$$

Par conséquent, $\{a_1 v_j\}$ est linéairement indépendant sur $\mathbb{K}$. Ainsi, le théorème est démontré.

Problèmes supplémentaires

ESPACES VECTORIELS

5.87. Soit V l'ensemble des couples (a, b) de nombres réels, muni de l'addition et d'une multiplication scalaire définies par

$$(a, b) + (c, d) = (a + c, b + d) \qquad \text{et} \qquad k(a, b) = (ka, 0)$$

Montrer que V satisfait tous les axiomes d'espace vectoriel sauf $[M_4]$: $1u = u$. Donc $[M_4]$ n'est pas une conséquence des autres axiomes.

5.88. Montrer que l'axiome $[A_4]$ suivant peut être obtenu à partir des autres axiomes de l'espace vectoriel.

$[A_4]$ Quels que soient les vecteurs $u, v \in V$, $u + v = v + u$.

5.89. Soit V l'ensemble des suites infinies $(a_1, a_2, \ldots)$ sur un corps $\mathbb{K}$ muni de l'addition et d'une multiplication scalaire définies par

$$(a_1, a_2, \ldots) + (b_1, b_2, \ldots) = (a_1 + b_1, a_2 + b_2, \ldots)$$

$$k(a_1, a_2, \ldots) = (ka_1, ka_2, \ldots)$$

où $a_i, b_j \in \mathbb{K}$. Montrer que V est un espace vectoriel sur $\mathbb{K}$.

SOUS-ESPACES VECTORIELS

5.90. Déterminer si W est un sous-espace de $\mathbb{R}^3$, où W est l'ensemble des vecteurs $(a, b, c) \in \mathbb{R}^3$ pour lesquels (a) $a = 2b$; (b) $a \le b \le c$; (c) $ab = 0$; (d) $a = b = c$; (e) $a = b^2$.

5.91. Soit V l'espace vectoriel des matrices carrées d'ordre n sur le corps $\mathbb{K}$. Montrer que W est un sous-espace de V si W est l'ensemble des matrices (a) antisymétriques $(A^T = -A)$, (b) triangulaires (supérieures), (c) diagonales, (d) scalaires.

5.92. Soit $AX = B$ un système non homogène d'équations linéaires à n inconnues sur un corps $\mathbb{K}$. Montrer que l'ensemble des solutions n'est pas un sous-espace de $\mathbb{K}^n$.

5.93. Discuter si $\mathbb{R}^2$ est un sous-espace de $\mathbb{R}^3$.

5.94. Soit U et W deux sous-espaces de V tels que $U \cup W$ soit aussi un sous-espace. Montrer que l'on a soit $U \subseteq W$ soit $W \subseteq U$.

5.95. Soit V l'espace vectoriel de toutes les fonctions du corps réel $\mathbb{R}$ dans $\mathbb{R}$. Montrer que W est un sous-espace de V dans chacun des cas suivants :

   (*a*) W est l'ensemble de toutes les fonctions bornées. [Ici $f : \mathbb{R} \to \mathbb{R}$ est bornée s'il existe une constante $M \in \mathbb{R}$ telle que $|f(x)| \le M, \quad \forall x \in \mathbb{R}$].

   (*b*) W est l'ensemble de toutes les fonctions paires. [Ici $f : \mathbb{R} \to \mathbb{R}$ est paire si $f(-x) = f(x), \forall x \in \mathbb{R}$].

   (*c*) W est l'ensemble de toutes les fonctions continues.

   (*d*) W est l'ensemble de toutes les fonctions différentiables.

   (*e*) W est l'ensemble de toutes les fonctions intégrables, par exemple, sur l'intervalle $0 \le x \le 1$.

   (Les trois derniers cas demandent la connaissance d'un peu d'analyse.)

5.96. Soit V l'espace vectoriel (*cf.* problème 5.106) des suites infinies $(a_1, a_2, \ldots)$ dans un corps $\mathbb{K}$. Montrer que W est un sous-espace de V où (*a*) W est l'ensemble de toutes les suites ayant 0 comme premier terme ; (*b*) W est l'ensemble de toutes les suites ayant un nombre fini de termes non nuls.

COMBINAISONS LINÉAIRES, GÉNÉRATEURS

5.97. Montrer que les nombres complexes $w = 2 + 3i$ et $z = 1 - 2i$ engendrent le corps complexe $\mathbb{C}$ considéré comme un espace vectoriel sur le corps réel $\mathbb{R}$.

5.98. Montrer que les polynômes $(1 - t)^3$, $(1 - t)^2$, $1 - t$, et 1 engendrent l'espace $\mathbf{P}_3(t)$ des polynômes de degré ≤ 3.

5.99. Trouver un vecteur de $\mathbb{R}^3$ qui engendre l'intersection de U et W où U est le plan $Oxy : U = \{(a, b, 0)\}$ et W est l'espace engendré par les vecteurs $(1, 2, 3)$ et $(1, -1, 1)$.

5.100. Démontrer que vect S est l'intersection de tous les sous-espaces de V contenant S.

5.101. Montrer que vect $S = \mathrm{vect}\,(S \cup \{0\})$. Ce qui équivaut à dire qu'en adjoignant ou en supprimant d'un ensemble le vecteur nul, on ne change pas l'espace engendré par cet ensemble.

5.102. Montrer que si $S \subseteq T$, alors vect $S \subseteq T$.

5.103. Montrer que vect (vect S) = vect S.

5.104. Soit $W_1, W_2, \ldots$ des sous-espaces de l'espace vectoriel V pour lesquels $W_1 \subseteq W_2 \subseteq \cdots$. Soit $W = W_1 \cup W_2 \cup \cdots$. (*a*) Montrer que W est un sous-espace de V. (*b*) Supposons que S_i engendre W_i pour tout $i = 1, 2, \ldots$. Montrer que $S = S_1 \cup S_2 \cup \ldots$ engendre W.

DÉPENDANCES ET INDÉPENDANCES LINÉAIRES

5.105. Déterminer si les vecteurs suivants de $\mathbb{R}^4$ sont linéairement dépendants ou indépendants :

$$(a) \quad (1, 3, -1, 4), (3, 8, -5, 7), (2, 9, 4, 23) \qquad (b) \quad (1, -2, 4, 1), (2, 1, 0, -3), (3, -6, 1, 4)$$

5.106. Soit V l'espace vectoriel des polynômes de degré ≤ 3 sur $\mathbb{R}$. Déterminer si les vecteurs $u, v, w \in W$ sont linéairement dépendants ou indépendants où :

   (*a*) $u = t^3 - 4t^2 + 2t + 3, v = t^3 + 2t^2 + 4t - 1, w = 2t^3 - t^2 - 3t + 5$;

   (*b*) $u = t^3 - 5t^2 - 2t + 3, v = t^3 - 4t^2 - 3t + 4, w = 2t^3 - 7t^2 - 7t + 9$.

5.107. Montrer que (a) les vecteurs $(1 - i, i)$ et $(2, -1 + i)$ dans $\mathbb{C}^2$ sont linéairement dépendants sur le corps des complexes $\mathbb{C}$, mais sont linéairement indépendants sur le corps des réels $\mathbb{R}$; (b) les vecteurs $(3 + \sqrt{2}, 1 + \sqrt{2})$ et $(7, 1 + 2\sqrt{2})$ dans $\mathbb{R}^2$ sont linéairement dépendants sur le corps $\mathbb{R}$, mais sont linéairement indépendants sur le corps des rationnels $\mathbb{Q}$.

5.108. Supposons que $\{u_1, \ldots, u_r, w_1, \ldots, w_r\}$ est un sous-ensemble linéairement indépendant d'un espace vectoriel V. Montrer que vect $\{u_i\} \cap$ vect $\{w_j\} = \{0\}$. (Rappelons que vect $\{u_i\}$ est le sous-espace de V engendré par les u_i).

5.109. Supposons que $v_1, v_2, \ldots, v_n$ sont des vecteurs linéairement indépendants. Démontrer que :

   (a) $\{a_1 v_1, a_2 v_2, \ldots, a_n v_n\}$ est linéairement indépendant si $a_i \neq 0$ pour tout i.

   (b) $\{v_1, \ldots, v_{i-1}, w, v_{i+1}, \ldots, v_n\}$ est linéairement indépendant où $w = b_1 v_1 + \cdots + b_i v_i + \cdots + b_n v_n$ avec $b_i \neq 0$.

5.110. Soit $(a_{11}, \ldots, a_{1n}), \ldots, (a_{m1}, \ldots, a_{mn})$ des vecteurs linéairement indépendants de $\mathbb{K}^n$. Supposons que $v_1, v_2, \ldots, v_n$ sont des vecteurs linéairement indépendants dans un espace vectoriel V sur $\mathbb{K}$. Montrer que les vecteurs

$$w_1 = a_{11} v_1 + \cdots + a_{1n} v_n, \ldots, w_m = a_{m1} v_1 + \cdots + a_{mn} v_n$$

sont aussi linéairement indépendants.

5.111. Soit A une matrice carrée d'ordre n quelconque et $u_1, u_2, \ldots, u_r$ des vecteurs colonnes $n \times 1$. Montrer que, si $Au_1, Au_2, \ldots, Au_r$ sont des vecteurs (colonnes) linéairement indépendants, alors $u_1, u_2, \ldots, u_r$ sont linéairement indépendants.

BASES ET DIMENSIONS

5.112. Trouver un sous-ensemble de u_1, u_2, u_3, u_4 qui forme une base du sous-espace $W = $ vect (u_1, u_2, u_3, u_4) de $\mathbb{R}^5$ où :

   (a) $u_1 = (1, 1, 1, 2, 3)$, $u_2 = (1, 2, -1, -2, 1)$, $u_3 = (3, 5, -1, -2, 5)$, $u_4 = (1, 2, 1, -1, 4)$.

   (b) $u_1 = (1, -2, 1, 3, -1)$, $u_2 = (-2, 4, -2, -6, 2)$, $u_3 = (1, -3, 1, 2, 1)$, $u_4 = (3, -7, 3, 8, -1)$.

   (c) $u_1 = (1, 0, 1, 0, 1)$, $u_2 = (1, 1, 2, 1, 0)$, $u_3 = (1, 2, 3, 1, 1)$, $u_4 = (1, 2, 1, 1, 1)$.

   (d) $u_1 = (1, 0, 1, 1, 1)$, $u_2 = (2, 1, 2, 0, 1)$, $u_3 = (1, 1, 2, 3, 4)$, $u_4 = (4, 2, 5, 4, 6)$.

5.113. Soit U et W les deux sous-espaces suivants de $\mathbb{R}^4$:

$$U = \{(a, b, c, d) : b - 2c + d = 0\} \qquad W = \{(a, b, c, d) : a = d, b = 2c\}$$

Trouver une base et la dimension de (a) U, (b) W, (c) $U \cap W$.

5.114. Trouver une base et la dimension de l'espace W, solution de chacun des systèmes homogènes suivants :

$$
\begin{array}{ll}
x + 2y - 2z + 2s - t = 0 & \qquad x + 2y - z + 3s - 4t = 0 \\
x + 2y - z + 3s - 2t = 0 & \qquad 2x + 4y - 2z - s + 5t = 0 \\
2x + 4y - 7z + s + t = 0 & \qquad 2x + 4y - 2z + 4s - 2t = 0 \\
\qquad\qquad (a) & \qquad\qquad\qquad (b)
\end{array}
$$

5.115. Trouver un système homogène dont l'espace solution est engendré par

$$(1, -2, 0, 3, -1) \qquad (2, -3, 2, 5, -3) \qquad (1, -2, 1, 2, -2)$$

5.116. Soit V l'espace vectoriel des polynômes en t de degré $\leq n$. Déterminer si les ensembles suivants forment une base de V :

   (a) $\{1, 1 + t, 1 + t + t^2, 1 + t + t^2 + t^3, \ldots, 1 + t + t^2 + \ldots + t^{n-1} + t^n\}$.

   (b) $\{1 + t, t + t^2, t^2 + t^3, \ldots, t^{n-2} + t^{n-1}, t^{n-1} + t^n\}$.

5.117. Trouver une base et la dimension du sous-espace W de $\mathbf{P}(t)$ engendré par les polynômes

   (a) $u = t^3 + 2t^2 - 2t + 1$, $v = t^3 + 3t^2 - t + 4$, et $w = 2t^3 + t^2 - 7t - 7$.

   (b) $u = t^3 + t^2 - 3t + 2$, $v = 2t^3 + t^2 + t - 4$, et $w = 4t^3 + 3t^2 - 5t + 2$.

5.118. Soit V l'espace des matrices carrées réelles d'ordre 2. Trouver une base et la dimension du sous-espace W de V engendré par les matrices

$$\begin{pmatrix} 1 & -5 \\ -4 & 2 \end{pmatrix} \quad \begin{pmatrix} 1 & 1 \\ -1 & 5 \end{pmatrix} \quad \begin{pmatrix} 2 & -4 \\ -5 & 7 \end{pmatrix} \quad \text{et} \quad \begin{pmatrix} 1 & -7 \\ -5 & 1 \end{pmatrix}$$

ESPACE LIGNE ET RANG D'UNE MATRICE

5.119. Considérons les sous-espaces suivants de $\mathbb{R}^3$:

$$U_1 = \text{vect}\,[(1, 1, -1), (2, 3, -1), (3, 1, -5)]$$
$$U_2 = \text{vect}\,[(1, -1, -3), (3, -2, -8), (2, 1, -3)]$$
$$U_3 = \text{vect}\,[(1, 1, 1), (1, -1, 3), (3, -1, 7)]$$

Parmi ces sous-espaces, lesquels sont identiques ?

5.120. Trouver le rang de chacune des matrices suivantes :

$$\begin{pmatrix} 1 & 3 & -2 & 5 & 4 \\ 1 & 4 & 1 & 3 & 5 \\ 1 & 4 & 2 & 4 & 3 \\ 2 & 7 & -3 & 6 & 13 \end{pmatrix} \quad \begin{pmatrix} 1 & 2 & -3 & -2 & -3 \\ 1 & 3 & -2 & 0 & -4 \\ 3 & 8 & -7 & -2 & -11 \\ 2 & 1 & -9 & -10 & -3 \end{pmatrix} \quad \begin{pmatrix} 1 & 1 & 2 \\ 4 & 5 & 5 \\ 5 & 8 & 1 \\ -1 & -2 & 2 \end{pmatrix} \quad \begin{pmatrix} 2 & 1 \\ 3 & -7 \\ -6 & 1 \\ 5 & -8 \end{pmatrix}$$

$$(a) \qquad\qquad (b) \qquad\qquad (c) \qquad (d)$$

5.121. Montrer que si une ligne quelconque est supprimée d'une matrice dans la forme échelonnée (resp. canonique ligne) alors la matrice obtenue est encore sous la forme échelonnée (resp. canonique ligne).

5.122. Soit A et B des matrices arbitraires $m \times n$. Montrer que $\text{rang}(A + B) \leq \text{rang}\,A + \text{rang}\,B$.

5.123. Donner des exemples de matrices carrées d'ordre 2, A et B telles que

(a) $\text{rang}(A + B) < \text{rang}\,A,\ \text{rang}\,B$ (c) $\text{rang}(A + B) > \text{rang}\,A,\ \text{rang}\,B$.

(b) $\text{rang}(A + B) = \text{rang}\,A = \text{rang}\,B$.

SOMMES, SOMMES DIRECTES, INTERSECTIONS

5.124. Soit U et W deux sous-espaces de dimension 2 de $\mathbb{R}^3$. Montrer que $U \cap W \neq \{0\}$.

5.125. Soit U et W deux sous-espaces de V tels que $\dim U = 4$, $\dim W = 5$ et $\dim V = 7$. Trouver les dimensions possibles de $U \cap W$.

5.126. Soit U et W deux sous-espaces de $\mathbb{R}^3$ tels que $\dim U = 1$, $\dim W = 2$ et $U \not\subseteq W$. Montrer que $\mathbb{R}^3 = U \oplus W$.

5.127. Soit U le sous-espace de $\mathbb{R}^5$ engendré par

$$(1, 3, -3, -1, -4) \quad (1, 4, -1, -2, -2) \quad (2, 9, 0, -5, -2)$$

et soit W le sous-espace engendré par

$$(1, 6, 2, -2, 3) \quad (2, 8, -1, -6, -5) \quad (1, 3, -1, -5, -6)$$

Trouver : (a) $\dim(U + W)$, (b) $\dim(U \cap W)$.

5.128. Soit V l'espace vectoriel des polynômes sur $\mathbb{R}$. Trouver : (a) dim$(U + W)$, (b) dim$(U \cap W)$, où

$$U = \text{vect } (t^3 + 4t^2 - t + 3, t^3 + 5t^2 + 5, 3t^3 + 10t^2 - 5t + 5)$$
$$W = \text{vect } (t^3 + 4t^2 + 6, t^3 + 2t^2 - t + 5, 2t^3 + 2t^2 - 3t + 9)$$

5.129. Soit U le sous-espace de $\mathbb{R}^5$ engendré par

$$(1, -1, -1, -2, 0) \qquad (1, -2, -2, 0, -3) \qquad (1, -1, -2, -2, 1)$$

et soit W le sous-espace engendré par

$$(1, -2, -3, 0, -2) \qquad (1, -1, -3, 2, -4) \qquad (1, -1, -2, 2, -5)$$

(a) Trouver deux systèmes homogènes dont les espaces solutions sont U et W, respectivement.

(b) Trouver une base et la dimension de $U \cap W$.

5.130. Soit U_1, U_2 et U_3 les sous-espaces suivants de $\mathbb{R}^3$:

$$U_1 = \{(a, b, c) : a + b + c = 0\} \qquad U_2 = \{(a, b, c) : a = c\} \qquad U_3 = \{(0, 0, 0) : c \in \mathbb{R}\}$$

Montrer que : (a) $\mathbb{R}^3 = U_1 + U_2$; (b) $\mathbb{R}^3 = U_2 + U_3$; (c) $\mathbb{R}^3 = U_1 + U_3$. Quand la somme est-elle directe ?

5.131. Soit U, V et W des sous-espaces d'un espace vectoriel. Démontrer que

$$(U \cap V) + (U \cap W) \subseteq U \cap (V + W)$$

Trouver les sous-espaces de $\mathbb{R}^2$ pour lesquels l'égalité n'est pas vérifiée.

5.132. La somme de deux sous-ensembles arbitraires non vides (pas nécessairement des sous-espaces) S et T d'un espace vectoriel V est définie par $S + T = \{s + t \ : \ s \in S, t \in T\}$. Montrer que cette opération satisfait les propriétés suivantes :

(a) Loi commutative : $S + T = T + S$
(b) Loi associative   : $(S_1 + S_2) + S_3 = S_1 + (S_2 + S_3)$
(c) $S + \{0\} = \{0\} + S = S$
(d) $S + V = V + S = V$.

5.133. Soit $W_1, W_2, \ldots, W_r$ des sous-espaces d'un espace vectoriel V. Montrer que :

(a) vect $(W_1, W_2, \ldots, W_r) = W_1 + W_2 + \cdots + W_r$.

(b) Si S_i engendre W_i pour $i = 1, \ldots, r$, alors $S_1 \cup S_2 \cup \cdots \cup S_r$ engendre $W_1 + W_2 + \cdots + W_r$.

5.134. Démontrer le théorème 5.24.

5.135. Démontrer le théorème 5.25.

5.136. Soit U et W deux espaces vectoriels sur un corps $\mathbb{K}$. Soit V l'ensemble des couples (u, w) où $u \in U$ et $w \in W$: $V = \{(u, w) : u \in U, w \in W\}$. Montrer que V est un espace vectoriel sur $\mathbb{K}$ avec l'addition et la multiplication scalaire définies par

$$(u, w) + (u', w') = (u + u', w + w') \qquad \text{et} \qquad k(u, w) = (ku, kw)$$

où $u, u' \in U$, $w, w' \in W$ et $k \in \mathbb{K}$. (Cet espace V est apelé *la somme directe extérieure* de U et W).

5.137. Soit V la somme directe extérieure des espaces vectoriels U et W sur un corps $\mathbb{K}$. (*Cf.* problème 5.136.) Soit $\widehat{U} = \{(u, 0) \ : \ u \in U\}$ et $\widehat{W} = \{(0, w) \ : \ w \in W\}$. Montrer que

(a) $\widehat{U}$ et $\widehat{W}$ sont des sous-espaces de V et que $V = \widehat{U} \oplus \widehat{W}$;

(b) U est isomorphe à $\widehat{U}$ sous la correspondance $u \leftrightarrow (u, 0)$, et que W est isomorphe à $\widehat{W}$ sous la correspondance $w \leftrightarrow (0, w)$;

(c) dim $V = $ dim $U + $ dim W.

5.138. Supposons que $V = U \oplus W$. Soit $\widehat{V}$ le produit direct extérieur de U et W. Montrer que V est isomorphe à $\widehat{V}$ sous la correspondance $v = u + w \leftrightarrow (u, w)$.

VECTEURS COORDONNÉS

5.139. Considérons la base $S = \{u_1 = (1, -2), u_2 = (4, -7)\}$ de $\mathbb{R}^2$. Trouver le vecteur coordonné $[v]$ de v relativement à S où : (a) $v = (3, 5)$; (b) $v = (1, 1)$; (c) $v = (a, b)$.

5.140. Considérons l'espace vectoriel $\mathbf{P}^3(t)$ des polynômes de degré ≤ 3 et la base $S = \{1, t + 1, t^2 + t, t^3 + t^2\}$ de $\mathbf{P}^3(t)$. Trouver le vecteur coordonné de v relativement à S où : (a) $v = 2 - 3t + t^2 + 2t^3$; (b) $3 - 2t - t^2$; et (c) $v = a + bt + ct^2 + dt^3$.

5.141. Soit S la base suivante de l'espace vectoriel W des matrices symétriques réelles d'ordre 2 :

$$\left\{ \begin{pmatrix} 1 & -1 \\ -1 & 2 \end{pmatrix}, \begin{pmatrix} 4 & 1 \\ 1 & 0 \end{pmatrix}, \begin{pmatrix} 3 & -2 \\ -2 & 1 \end{pmatrix} \right\}$$

Trouver le vecteur coordonné de la matrice $A \in W$ relativement à la base précédente si : (a) $A = \begin{pmatrix} 1 & -5 \\ -5 & 5 \end{pmatrix}$ et (b) $A = \begin{pmatrix} 1 & 2 \\ 2 & 4 \end{pmatrix}$.

CHANGEMENT DE BASE

5.142. Trouver la matrice de passage P de la base usuelle $E = \{(1, 0), (0, 1)\}$ de $\mathbb{R}^2$ à la base S, puis la matrice de passage Q de la base S à la base E, et le vecteur coordonné de $v = (a, b)$ relativement à S où

    (a) $S = \{(1, 2), (3, 5)\}$ (c) $S = \{(2, 5), (3, 7)\}$

    (b) $S = \{(1, -3), (3, -8)\}$ (d) $S = \{(2, 3), (4, 5)\}$

5.143. Considérons les bases suivantes de $\mathbb{R}^2$: $S = \{u_1 = (1, 2), u_2 = (2, 3)\}$ et $S' = \{v_1 = (1, 3), v_2 = (1, 4)\}$. Trouver : ($a$) la matrice de passage P de S à S' et (b) la matrice de passage Q de S' à S.

5.144. Supposons qu'on fasse tourner les axes Ox et Oy dans le plan $\mathbb{R}^2$ de $30°$ dans le sens inverse des aiguilles d'une montre pour obtenir de nouveaux axes Ox' et Oy' dans le plan. Trouver : (a) les vecteurs unités des nouvelles directions Ox' et Oy' ; (b) la matrice de passage P de l'ancien au nouveau système d'axes ; (c) les coordonnées de chacun des points $A(1, 3)$, $B = (2, -5)$, $C = (a, b)$ dans le nouveau système d'axes.

5.145. Trouver la matrice de passage P de la base usuelle E de $\mathbb{R}^3$ à la base S, puis la matrice de passage Q de la base S à la base E et le vecteur coordonné de $v = (a, b, c)$ relativement à S où S est formée des vecteurs :

    (a) $u_1 = (1, 1, 0)$, $u_2 = (0, 1, 2)$, $u_3 = (0, 1, 1)$;   (c) $u_1 = (1, 2, 1)$, $u_2 = (1, 3, 4)$, $u_3 = (2, 5, 6)$;

    (b) $u_1 = (1, 1, 1)$, $u_2 = (1, 1, 2)$, $u_3 = (1, 2, 4)$.

5.146. Soit S_1, S_2 et S_3 des bases de l'espace vectoriel V. Supposons que P est la matrice de passage de S_1 à S_2 et Q la matrice de passage de S_2 à S_3. Démontrer que le produit PQ est la matrice de passage de S_1 à S_3.

PROBLÈMES DIVERS

5.147. Déterminer la dimension de l'espace vectoriel W des matrices carrées d'ordre n : (a) symétriques sur le corps $\mathbb{K}$; (b) antisymétriques sur le corps $\mathbb{K}$.

5.148. Soit V un espace vectoriel de dimension n sur le corps $\mathbb{K}$, et supposons que $\mathbb{K}$ est un espace vectoriel de dimension m sur le sous-corps $\mathbb{F}$. (Donc V peut être aussi considéré comme un espace vectoriel sur le sous-corps $\mathbb{F}$.) Démontrer que la dimension de V sur $\mathbb{F}$ est mn.

5.149. Soit $t_1, t_2, \ldots, t_n$ des symboles et $\mathbb{K}$ un corps quelconque. Soit V l'ensemble des expressions

$$a_1 t_1 + a_2 t_2 + \cdots + a_n t_n \qquad \text{où} \qquad a_i \in \mathbb{K}$$

On définit une addition dans V par

$$(a_1 t_1 + a_2 t_2 + \cdots + a_n t_n) + (b_1 t_1 + b_2 t_2 + \cdots + b_n t_n) = (a_1 + b_1)t_1 + (a_2 + b_2)t_2 + \cdots + (a_n + b_n)t_n$$

On définit aussi une multiplication scalaire sur V par

$$k(a_1 t_1 + a_2 t_2 + \cdots + a_n t_n) = k a_1 t_1 + k a_2 t_2 + \cdots + k a_n t_n$$

Montrer que V, muni des opérations précédentes, est un espace vectoriel sur $\mathbb{K}$. Montrer aussi que $\{t_1, \ldots, t_n\}$ est une base de V où, pour tout $i = 1, \ldots, n$,

$$t_i = 0 t_1 + \cdots + 0 t_{i-1} + 1 t_i + 0 t_{i+1} + \cdots + 0 t_n$$

Réponses aux problèmes supplémentaires

5.90. (a) Oui.

(b) Non ; par exemple, $(1, 2, 3) \in W$ mais $-2(1, 2, 3) \notin W$.

(c) Non ; par exemple, $(1, 0, 0) \in W$, $(0, 1, 0) \in W$, mais non leur somme.

(d) Oui.

(e) Non ; par exemple, $(9, 3, 0) \in W$ mais $2(9, 3, 0) \notin W$.

5.92. $X = 0$ n'est pas une solution de $AX = B$.

5.93. Non. Bien qu'on puisse *identifier*, par exemple, le vecteur $(a, b) \in \mathbb{R}^2$ avec $(a, b, 0)$ du plan Oxy de $\mathbb{R}^3$, ce sont des éléments distincts appartenant à des ensembles disjoints.

5.95. (a) Soit f, $g \in W$ avec M_f et M_g, bornes de f et de g respectivement. Alors quels que soit les scalaires $a, b \in \mathbb{R}$,

$$|(af + bg)(x)| = |af(x) + bg(x)| \leq |af(x)| + |bg(x)| = |a||f(x)| + |b||g(x)| \leq |a|M_f + |b|M_g$$

C'est-à-dire, $|a|M_f + |b|M_g$ est une borne de la fonction $af + bg$.

(b) $(af + bg)(-x) = (af)(-x) + (bg)(-x) = (af)(x) + (bg)(x) = (af + bg)(x)$.

5.99. $(2, -5, 0)$.

5.105. (a) Dépendant.   (b)Indépendant.

5.106. (a) Indépendant.   (b) Dépendant.

5.107. (a) $(2, -1 + i) = (1 + i)(1 - i, i)$;   (b) $(7, 1 + 2\sqrt{2}) = (3 - \sqrt{2})(3 + \sqrt{2}, 1 + \sqrt{2})$

5.112. (a) u_1, u_2, u_4 ;   (b) u_1, u_3 ;   (c) u_1, u_2, u_3, u_4 ;   (d) u_1, u_2, u_3.

5.113. (a) Base $\{(1, 0, 0, 0), (0, 2, 1, 0), (0, -1, 0, 1)\}$; dim $U = 3$.

(b) Base $\{(1, 0, 0, 1), (0, 2, 1, 0)\}$; dim $W = 2$.

(c) Base $\{(0, 2, 1, 0)\}$; $\dim(U \cap W) = 1$. *Indication* : $U \cap W$ doit satisfaire les trois conditions en a, b, c et d.

5.114. (a) Base $\{(2, -1, 0, 0, 0), (4, 0, 1, -1, 0), (3, 0, 1, 0, 1)\}$; $\dim W = 3$.

   (b) Base $\{(2, -1, 0, 0, 0), (1, 0, 1, 0, 0)\}$; $\dim W = 2$.

5.115. $\begin{cases} 5x + y - z - s & = 0 \\ x + y - z & - t = 0 \end{cases}$

5.116. (a) Oui. (b) Non. $\dim V = n + 1$, mais l'ensemble donné contient seulement n éléments.

5.117. (a) $\dim W = 2$, (b) $\dim W = 3$.

5.118. $\dim W = 2$.

5.119. U_1 et U_2.

5.120. (a) 3, (b) 2, (c) 3, (d) 2.

5.123. (a) $A = \begin{pmatrix} 1 & 1 \\ 0 & 0 \end{pmatrix}$, $B = \begin{pmatrix} -1 & -1 \\ 0 & 0 \end{pmatrix}$ (c) $A = \begin{pmatrix} 1 & 0 \\ 0 & 0 \end{pmatrix}$, $B = \begin{pmatrix} 0 & 0 \\ 0 & 1 \end{pmatrix}$

   (b) $A = \begin{pmatrix} 1 & 0 \\ 0 & 0 \end{pmatrix}$, $B = \begin{pmatrix} 0 & 2 \\ 0 & 1 \end{pmatrix}$

5.125. $\dim(U \cap W) = 2, 3$ ou 4.

5.127. (a) $\dim(U + W) = 3$, (b) $\dim(U \cap W) = 2$.

5.128. (a) $\dim(U + W) = 3$, (b) $\dim(U \cap W) = 1$.

5.129. (a) $\begin{cases} 3x + 4y - z & -t = 0 \\ 4x + 2y & + s = 0 \end{cases}$ $\begin{cases} 4x + 2y & - s & = 0 \\ 9x + 2y + z & +t = 0 \end{cases}$

   (b) $\{(1, -2, -5, 0, 0), (0, 0, 1, 0, -1)\}$ et $\dim(U \cap W) = 2$.

5.130. La somme est directe dans (b) et (c).

5.131. Dans $\mathbb{R}^2$, soit U, V et W, respectivement, la droite $y = x$, l'axe Ox et l'axe Oy.

5.139. (a) $[-41, 11]$, (b) $[-11, 3]$, (c) $[-7a - 4b, 2a + b]$.

5.140. (a) $[4, -2, -1, 2]$, (b) $[4, -1, -1, 0]$, (c) $[a - b + c - d, b - c + d, c - d, d]$.

5.141. (a) $[2, -1, 1]$, (b) $[3, 1, -2]$.

5.142. (a) $P = \begin{pmatrix} 1 & 3 \\ 2 & 5 \end{pmatrix}$, $Q = \begin{pmatrix} -5 & 3 \\ 2 & -1 \end{pmatrix}$, $[v] = \begin{pmatrix} -5a + b \\ 2a - b \end{pmatrix}$

(b) $P = \begin{pmatrix} 1 & 3 \\ -3 & -8 \end{pmatrix}$, $Q = \begin{pmatrix} -8 & -3 \\ 3 & 1 \end{pmatrix}$, $[v] = \begin{pmatrix} -8a - 3b \\ 3a - b \end{pmatrix}$

(c) $P = \begin{pmatrix} 2 & 3 \\ 5 & 7 \end{pmatrix}$, $Q = \begin{pmatrix} -7 & 3 \\ 5 & -2 \end{pmatrix}$, $[v] = \begin{pmatrix} -7a + 3b \\ 5a - 2b \end{pmatrix}$

(d) $P = \begin{pmatrix} 2 & 4 \\ 3 & 5 \end{pmatrix}$, $Q = \begin{pmatrix} -\frac{5}{2} & 2 \\ \frac{3}{2} & -1 \end{pmatrix}$, $[v] = \begin{pmatrix} (-\frac{5}{2})a + 2b \\ (\frac{3}{2}a) - b \end{pmatrix}$

5.143. (a) $P = \begin{pmatrix} 3 & 5 \\ -1 & -1 \end{pmatrix}$, (b) $Q = \begin{pmatrix} 2 & 5 \\ -1 & -3 \end{pmatrix}$

5.144. (a) $(\sqrt{3}/2, \frac{1}{2})$, $(-\frac{1}{2}, \sqrt{3}/2)$

(b) $P = \begin{pmatrix} \sqrt{3}/2 & -\frac{1}{2} \\ \frac{1}{2} & \sqrt{3}/2 \end{pmatrix}$

$[A] = [(\sqrt{3} - 3)/2, (1 + 3\sqrt{3})/2]$, $[B] = [(2\sqrt{3} + 5)/2, (2 - 5\sqrt{3})/2]$, $[C] = [(\sqrt{3}a - b)/2, (a + \sqrt{3}b)/2]$.

5.145. Puisque E est la base usuelle, P est simplement la matrice dont les colonnes sont u_1, u_2, u_3. Alors $Q = P^{-1}$ et $[v] = P^{-1}v = Qv$.

(a) $P = \begin{pmatrix} 1 & 0 & 0 \\ 1 & 1 & 1 \\ 0 & 2 & 1 \end{pmatrix}$, $Q = \begin{pmatrix} 1 & 0 & 0 \\ 1 & -1 & 1 \\ -2 & 2 & -1 \end{pmatrix}$, $[v] = \begin{pmatrix} a \\ a - b + c \\ -2a + 2b - c \end{pmatrix}$

(b) $P = \begin{pmatrix} 1 & 1 & 1 \\ 0 & 1 & 2 \\ 1 & 2 & 4 \end{pmatrix}$, $Q = \begin{pmatrix} 0 & -2 & 1 \\ 2 & 3 & -2 \\ -1 & -1 & 1 \end{pmatrix}$, $[v] = \begin{pmatrix} -2b + c \\ 2a + 3b - 2c \\ -a - b + c \end{pmatrix}$

(c) $P = \begin{pmatrix} 1 & 1 & 2 \\ 2 & 3 & 5 \\ 1 & 4 & 6 \end{pmatrix}$, $Q = \begin{pmatrix} -2 & 2 & -1 \\ -7 & 4 & -1 \\ 5 & -3 & 1 \end{pmatrix}$, $[v] = \begin{pmatrix} -2a + 2b - c \\ -7a + 4b - c \\ 5a - 3b + c \end{pmatrix}$.

5.147. (a) $n(n + 1)/2$, (b) $n(n - 1)/2$.

5.148. *Indication* : La démonstration est identique à celle donnée dans le problème 5.86 pour un cas particulier lorsque V est une extension du corps $\mathbb{K}$.

Chapitre 6

Espaces préhilbertiens, orthogonalité

6.1. INTRODUCTION

La définition d'un espace vectoriel V suppose la donnée d'un corps arbitraire $\mathbb{K}$. Dans ce chapitre, nous supposons que $\mathbb{K}$ est le corps des nombres réels $\mathbb{R}$ ou le corps des nombres complexes $\mathbb{C}$. Plus précisément, et sans perdre en généralité, nous supposons d'abord que $\mathbb{K} = \mathbb{R}$, auquel cas V est dit un *espace vectoriel réel*, puis dans les sections suivantes, nous étendrons nos résultats au corps $\mathbb{K} = \mathbb{C}$ des nombres complexes, auquel cas V est dit un *espace vectoriel complexe*.

Rappelons que les notions de *longueur* et d'*orthogonalité* ne font pas partie de la structure fondamentale d'espace vectoriel (bien qu'elles soient apparues au chapitre 2 pour les espaces $\mathbb{R}^n$ et $\mathbb{C}^n$). Dans ce chapitre, nous étudions une structure supplémentaire sur un espace vectoriel V pour obtenir un espace préhilbertien, dans lequel ces notions sont bien définies.

Comme au chapitre 5, nous adopterons les notations suivantes (sauf mention du contraire) :

V	l'espace vectoriel donné
u, v, w	des vecteurs dans V
$\mathbb{K}$	le corps des scalaires
a, b, c ou k	des scalaires de $\mathbb{K}$

Nous soulignons le fait que V désignera un espace vectoriel de dimension finie, sauf mention du contraire. En fait, beaucoup de théorèmes dans ce chapitre ne sont pas vrais en dimension infinie. Ceux-ci seront illustrés par des exemples ou traités dans des problèmes.

6.2. ESPACES PRÉHILBERTIENS

Donnons d'abord une définition.

Définition : Soit V un espace vectoriel réel ou complexe. Supposons que, pour tout couple de vecteurs $u, v \in V$, on associe un nombre réel noté $\langle u, v \rangle$. Cette fonction, ainsi définie, est appelée *produit scalaire (réel)* sur V si les axiomes suivants sont satisfaits :

[I_1] $\langle au_1 + bu_2, v \rangle = a\langle u_1, v \rangle + b\langle u_2, v \rangle$ (linéarité)

[I_2] $\langle u, v \rangle = \langle v, u \rangle$ (symétrie)

[I_3] $\langle u, u \rangle \geq 0$ et $\langle u, u \rangle = 0$ si, et seulement si $u = 0$ (défini positif).

Un espace vectoriel V muni d'un produit scalaire est appelé *espace préhilbertien*.

L'axiome [I_1] est équivalent aux deux conditions suivantes :

$$(a) \quad \langle u_1 + u_2, v \rangle = \langle u_1, v \rangle + \langle u_2, v \rangle \qquad \text{et} \qquad (b) \quad \langle ku, v \rangle = k\langle u, v \rangle$$

En utilisant $[I_1]$ et l'axiome de symétrie $[I_2]$, nous obtenons :

$$\langle u, cv_1 + dv_2 \rangle = \langle cv_1 + dv_2, u \rangle = c\langle v_1, u \rangle + d\langle v_2, u \rangle = c\langle u, v_1 \rangle + d\langle u, v_2 \rangle$$

ou, d'une manière équivalente, les deux conditions

$$(a) \quad \langle u, v_1 + v_2 \rangle = \langle u, v_1 \rangle + \langle u, v_2 \rangle \qquad \text{et} \qquad (b) \quad \langle u, kv \rangle = k\langle u, v \rangle$$

C'est-à-dire, la fonction produit scalaire est aussi linéaire par rapport à la seconde variable. Par récurrence, nous obtenons

$$\langle a_1 u_1 + \cdots + a_r u_r, v \rangle = a_1 \langle u_1, v \rangle + a_2 \langle u_2, v \rangle + \cdots + a_r \langle u_r, v \rangle$$

et

$$\langle u, b_1 v_1 + b_2 v_2 + \cdots + b_s v_s \rangle = b_1 \langle u, v_1 \rangle + b_2 \langle u, v_2 \rangle + \cdots + b_s \langle u, v_s \rangle$$

Finalement, en combinant ces deux propriétés, nous obtenons la formule générale suivante :

$$\left\langle \sum_{i=1}^{r} a_i u_i, \sum_{j=1}^{s} b_j v_j \right\rangle = \sum_{i=1}^{r} \sum_{j=1}^{s} a_i b_j \langle u_i, v_j \rangle$$

Les remarques suivantes précisent la définition précédente.

Remarque 1 : L'axiome $[I_1]$ implique que

$$\langle 0, 0 \rangle = \langle 0v, 0 \rangle = 0\langle v, 0 \rangle = 0$$

Par conséquent, $[I_1]$, $[I_2]$ et $[I_3]$ sont équivalents à $[I_1]$, $[I_2]$ et l'axiome suivant :

$$[I_3'] \quad \text{Si} \quad u \neq 0, \quad \text{alors} \quad \langle u, u \rangle > 0$$

C'est-à-dire : toute fonction satisfaisant les axiomes $[I_1]$, $[I_2]$ et $[I_3']$ est un produit scalaire.

Remarque 2 : D'après l'axiome $[I_3]$, $\langle u, u \rangle$ est positif ou nul, donc admet une racine carrée. Nous utilisons la notation

$$\|u\| = \sqrt{\langle u, u \rangle}$$

Le nombre réel positif $\|u\|$ est appelé *norme* ou *longueur* de u. Cette fonction vérifie les axiomes d'une norme sur un espace vectoriel. (*Cf.* théorème 6.25 et section 6.9.) La relation $\|u\|^2 = \langle u, u \rangle$ sera fréquemment utilisée.

Exemple 6.1. Considérons l'espace vectoriel $\mathbb{R}^n$ et le *produit scalaire* dans $\mathbb{R}^n$

$$u \cdot v = a_1 b_1 + a_2 b_2 + \cdots + a_n b_n$$

où $u = (a_i)$ et $v = (b_i)$. Il s'agit du *produit scalaire usuel* sur $\mathbb{R}^n$. La norme $\|u\|$ du vecteur $u = (a_i)$ dans cet espace est

$$\|u\| = \sqrt{u \cdot u} = \sqrt{a_1^2 + a_2^2 + \cdots + a_n^2}$$

Par ailleurs, d'après le théorème de Pythagore, la distance à l'origine O de $\mathbb{R}^3$ d'un point $P(a, b, c)$, illustrée par la figure 6-1, est donnée par $\sqrt{a^2 + b^2 + c^2}$. Ceci est identique à la définition précédente de la norme d'un vecteur $v = (a, b, c)$ de $\mathbb{R}^3$. Comme le théorème de Pythagore est une conséquence des axiomes de la géométrie euclidienne, l'espace vectoriel $\mathbb{R}^n$, muni du produit scalaire défini ci-dessus, est appelé l'*espace euclidien* de dimension n. Bien qu'il y ait plusieurs manières de définir un produit scalaire sur $\mathbb{R}^n$, nous utiliserons, sauf mention spécifiée du contraire, le *produit scalaire usuel* sur $\mathbb{R}^n$.

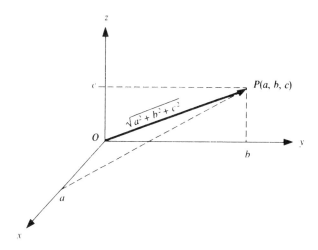

Fig. 6-1

Remarque : Très fréquemment, les vecteurs de $\mathbb{R}^n$ sont représentés par des matrices colonnes $n \times 1$. Dans ce cas, le produit scalaire sur $\mathbb{R}^n$ (*cf.* exemple 6.1) peut être défini par

$$\langle u, v \rangle = u^T v$$

Exemple 6.2

(a) Soit V l'espace vectoriel des fonctions continues sur l'intervalle $a \le t \le b$. L'expression suivante définit un produit scalaire sur V

$$\langle f, g \rangle = \int_a^b f(t)\, g(t)\, \mathrm{d}t$$

où $f(t)$ et $g(t)$ sont des fonctions quelconques, continues sur $[a, b]$.

(b) Soit V l'espace vectoriel des fonctions continues sur l'intervalle $a \le t \le b$. Soit $w(t)$ une fonction continue et positive sur l'intervalle $a \le t \le b$. L'expression suivante définit aussi un produit scalaire sur V

$$\langle f, g \rangle = \int_a^b w(t) f(t)\, g(t)\, \mathrm{d}t$$

Dans ce cas, la fonction $w(t)$ est appelée une *fonction poids* pour le produit scalaire.

Exemple 6.3

(a) Soit V l'espace vectoriel des matrices $m \times n$ sur $\mathbb{R}$. L'expression suivante définit un produit scalaire sur V :

$$\langle A, B \rangle = \mathrm{tr}(B^T A)$$

où tr désigne la trace, c'est-à-dire la somme des éléments diagonaux de la matrice. Si $A = (a_{ij})$ et $B = (b_{ij})$, alors

$$\langle A, B \rangle = \mathrm{tr}(B^T A) \sum_{i=1}^m \sum_{j=1}^n a_{ij} b_{ij}$$

la somme des produits des éléments correspondants. En particulier,

$$\|A\|^2 = \langle A, A \rangle = \sum_{i=1}^m \sum_{j=1}^n a_{ij}^2$$

la somme des carrés de tous les éléments de A.

(*b*) Soit V l'espace vectoriel des suites infinies de nombres réels $(a_1, a_2, \cdots)$ satisfaisant

$$\sum_{i=1}^{\infty} a_i^2 = a_1^2 + a_2^2 + \cdots < \infty$$

i.e., la série est convergente. L'addition et la multiplication par un scalaire des suites sont définies comme suit :

$$(a_1, a_2, \cdots) + (b_1, b_2, \cdots) = (a_1 + b_1, a_2 + b_2, \cdots)$$
$$k(a_1, a_2, \cdots) = (ka_1, ka_2, \cdots)$$

Un produit scalaire est défini sur V par

$$\langle (a_1, a_2, \cdots), (b_1, b_2, \cdots) \rangle = a_1 b_1 + a_2 b_2 + \cdots$$

La série précédente converge absolument quels que soient les éléments de V (*cf.* problème 6.12) ; donc le produit scalaire est bien défini. Cet espace préhilbertien est appelé *espace* ℓ_2 (ou espace de Hilbert).

6.3. INÉGALITÉ DE CAUCHY-SCHWARZ, APPLICATIONS

La formule suivante (*cf.* problème 6.10 pour la démonstration), appelée *inégalité de Cauchy-Schwarz*, est utilisée dans de nombreuses branches des mathématiques.

Théorème 6.1   (Cauchy-Schwarz) : Pour tous vecteurs $u, v \in V$,

$$\langle u, v \rangle \le \langle u, u \rangle \langle v, v \rangle \quad \text{ou, d'une manière équivalente,} \quad |\langle u, v \rangle| \le \|u\| \, \|v\|$$

Examinons maintenant cette inégalité dans des cas bien déterminés.

Exemple 6.4

(*a*) Considérons des nombres réels quelconques $a_1, \ldots, a_n$, $b_1, \ldots, b_n$. Alors, d'après l'inégalité de Cauchy-Schwarz,

$$(a_1 b_1 + a_2 b_2 + \cdots + a_n b_n)^2 \le (a_1^2 + \cdots + a_n^2)(b_1^2 + \cdots + b_n^2)$$

c'est-à-dire : $(u \cdot v)^2 \le \|u\|^2 \, \|v\|^2$ où $u = (a_i)$ et $v = (b_i)$.

(*b*) Soit f et g deux fonctions définies et continues sur l'intervalle unité $0 \le t \le 1$. Alors, d'après l'inégalité de Cauchy-Schwarz,

$$(\langle f, g \rangle)^2 = \left(\int_0^1 f(t) \, g(t) \, \mathrm{d}t \right)^2 \le \int_0^1 f^2(t) \, \mathrm{d}t \int_0^1 g^2(t) \, \mathrm{d}t = \|f\|^2 \, \|g\|^2$$

Ici, V est l'espace préhilbertien de l'exemple 6.2(*a*).

Le théorème suivant (*cf.* problème 6.11 pour la démonstration) donne les propriétés fondamentales d'une norme. La démonstration de la troisième propriété nécessite l'utilisation de l'inégalité de Cauchy-Schwarz.

Théorème 6.2 : Soit V un espace préhilbertien. Alors, la norme sur V satisfait les propriétés suivantes :

[N_1] $\|v\| \ge 0$; et $\|v\| = 0$ si, et seulement si $v = 0$.

[N_2] $\|kv\| = |k| \, \|v\|$.

[N_3] $\|u + v\| \le \|u\| + \|v\|$.

Les propriétés précédentes [N_1], [N_2] et [N_3] sont celles qui ont été choisies comme axiomes pour définir une norme dans un espace vectoriel (*cf.* problème 6.9). Ainsi, le théorème précédent montre que la norme définie par le produit scalaire est bien une norme. La propriété [N_3] est appelée l'*inégalité triangulaire* puisque, si on considère $u + v$ comme troisième côté du triangle formé avec u et v (comme le montre la figure 6-2), [N_3] montre que la longueur d'un côté du triangle est inférieure ou égale à la somme des longueurs des deux autres côtés.

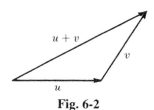

Fig. 6-2

Remarque 1 : Si $\|u\| = 1$ ou, d'une manière équivalente, si $\langle u, u \rangle = 1$, alors u est appelé un *vecteur unitaire*, on dit que u est *normalisé*. Remarquons que tout vecteur non nul $v \in V$ peut être multiplié par l'inverse de sa norme pour obtenir le vecteur unitaire

$$\widehat{v} = \frac{1}{\|v\|} v$$

qui est un multiple positif de v. Ce procédé s'appelle la *normalisation* de v.

Remarque 2 : Le nombre réel positif ou nul $d(u, v) = \|u - v\|$ est appelé *distance* de u à v. Cette fonction satisfait les axiomes d'un espace métrique (*cf.* théorème 6.19).

Remarque 3 : Quels que soient les vecteurs $u, v \in V$, l'angle que font entre eux u et v est l'angle θ tel que $0 \le \theta \le \pi$ et

$$\cos \theta = \frac{\langle u, v \rangle}{\|u\| \, \|v\|}$$

D'après l'inégalité de Cauchy-Schwarz, $-1 \le \cos \theta \le 1$ et donc l'angle θ existe toujours et il est unique.

6.4. ORTHOGONALITÉ

Soit V un espace préhilbertien. Les vecteurs $u, v \in V$ sont dits *orthogonaux* ou bien u est dit *orthogonal* à v si

$$\langle u, v \rangle = 0$$

Cette relation est évidemment symétrique ; c'est-à-dire que si u est orthogonal à v, alors $\langle v, u \rangle = 0$ et, par suite, v est orthogonal à u. Remarquons que $0 \in V$ est orthogonal à tout vecteur $v \in V$. En effet,

$$\langle 0, v \rangle = \langle 0v, v \rangle = 0\langle v, v \rangle = 0$$

Inversement, si u est orthogonal à tout vecteur $v \in V$, alors $\langle u, u \rangle = 0$ et donc $u = 0$ d'après $[I_3]$. Remarquons que u est orthogonal à v si, et seulement si $\cos \theta = 0$, où θ est l'angle que font entre eux u et v et ceci est vrai si, et seulement si u et v sont « perpendiculaires », *i.e.* : $\theta = \pi/2$ (ou $\theta = 90°$).

Exemple 6.5

(*a*) Considérons un vecteur arbitraire $u = (a_1, a_2, \ldots, a_n) \in \mathbb{R}^n$. Alors, le vecteur $v = (x_1, x_2, \ldots, x_n)$ est orthogonal à u si

$$\langle u, v \rangle = a_1 x_1 + a_2 x_2 + \cdots + a_n x_n = 0$$

En d'autres termes, v est orthogonal à u si v satisfait une équation homogène dont les coefficients sont les composantes de u.

(b) Cherchons un vecteur non nul $w = (x, y, z)$ orthogonal à la fois à $v_1 = (1, 3, 5)$ et à $v_2 = (0, 1, 4)$ dans $\mathbb{R}^3$. Posons

$$0 = \langle v_1, w \rangle = x + 3y + 5z \quad \text{et} \quad 0 = \langle v_2, w \rangle = y + 4z$$

Ainsi, nous obtenons le système homogène

$$x + 3y + 5z = 0 \qquad y + 4z = 0$$

Posons $z = 1$ pour obtenir $y = -4$ et $x = 7$; alors $w = (7, -4, 1)$ est orthogonal à v_1 et v_2. En normalisant w, nous obtenons

$$\widehat{w} = w/\|w\| = (7/\sqrt{66}, -4/\sqrt{66}, 1/\sqrt{66})$$

qui est bien un vecteur unitaire orthogonal à v_1 et v_2.

Supplémentaire orthogonal

Soit S un sous-ensemble de l'espace préhilbertien V. Le *supplémentaire orthogonal* de S, noté $S^\perp$ (lire « S orthogonal ») est l'ensemble de tous les vecteurs de V qui sont orthogonaux à tout vecteur $u \in S$:

$$S^\perp = \{v \in V : \langle v, u \rangle = 0 \text{ pour tout } u \in S\}$$

En particulier, pour un vecteur $u \in V$ donné, nous avons

$$u^\perp = \{v \in V : \langle v, u \rangle = 0\}$$

C'est-à-dire, $u^\perp$ est l'ensemble de tous les vecteurs V qui sont orthogonaux au vecteur donné u.

Montrons que $S^\perp$ est un sous-espace de V. Il est clair que $0 \in S^\perp$ puisque 0 est orthogonal à tout vecteur de V. Supposons maintenant que $v, w \in S^\perp$. Alors, quels que soient les scalaires a et b et pour tout vecteur $u \in S$, nous avons :

$$\langle av + bw, u \rangle = a\langle v, u \rangle + b\langle w, u \rangle = a \cdot 0 + b \cdot 0 = 0$$

Ainsi, $av + bw \in S^\perp$ et, par suite, $S^\perp$ est un sous-espace de V.

Finalement, nous pouvons énoncer ce résultat formellement.

Proposition 6.3 : Soit S un sous-ensemble d'un espace préhilbertien V. Alors $S^\perp$ est un sous-espace de V.

Remarque 1 : Soit u un vecteur non nul de $\mathbb{R}^3$. Alors, il y a une description géométrique de $u^\perp$. Plus précisément, $u^\perp$ est un plan de $\mathbb{R}^3$ passant par l'origine O et perpendiculaire à u, comme le montre la figure 6-3.

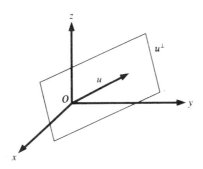

Fig. 6-3

Remarque 2 : Considérons le système homogène sur $\mathbb{R}$:

$$a_{11}x_1 + a_{12}x_2 + \cdots + a_{1n}x_n = 0$$
$$a_{21}x_1 + a_{22}x_2 + \cdots + a_{2n}x_n = 0$$
$$\cdots\cdots\cdots\cdots\cdots\cdots\cdots\cdots\cdots\cdots$$
$$a_{m1}x_1 + a_{m2}x_2 + \cdots + a_{mn}x_n = 0$$

Rappelons que l'espace solution W peut être considéré comme la solution de l'équation matricielle équivalente $AX = 0$ où $A = (a_{ij})$ et $X = (x_i)$. Ce qui donne une autre interprétation de W en utilisant la notion d'orthogonalité. Plus précisément, chaque vecteur $v = (x_1, x_2, \ldots, x_n)$, solution de cette équation, est orthogonal à chaque ligne de A ; et par conséquent, W est le supplémentaire orthogonal de l'espace ligne de A.

Exemple 6.6. Cherchons une base du sous-espace $u^\perp \in \mathbb{R}^3$ où $u = (1, 3, -4)$. Rappelons que $u^\perp$ est l'ensemble de tous les vecteurs (x, y, z) tels que

$$\langle (x, y, z), (1, 3, -4) \rangle = 0 \quad \text{ou} \quad x + 3y - 4z = 0$$

Les variables libres sont y et z. Posons

(1) $y = -1$, $z = 0$ pour obtenir $w_1 = (3, -1, 0)$;

(2) $y = 0$, $z = 1$ pour obtenir $w_2 = (4, 0, 1)$.

Les vecteurs w_1 et w_2 forment une base de l'espace solution de l'équation et, par suite, une base de $u^\perp$.

Soit W un sous-espace de V. Alors W et $W^\perp$ sont des sous-espaces de V. Le théorème suivant (qui sera démontré au problème 6.35) nécessite des résultats des sections suivantes et constitue un résultat fondamental en algèbre linéaire.

Théorème 6.4 : Soit W un sous-espace de V. Alors V est la somme directe de W et $W^\perp$, c'est-à-dire $V = W \oplus W^\perp$.

Exemple 6.7. Soit W l'axe des z dans $\mathbb{R}^3$, c'est-à-dire $W = \{(0, 0, c); c \in \mathbb{R}\}$. Alors $W^\perp$ est le plan xy, ce qui revient à dire que $W^\perp = \{(a, b, 0) : a, b \in \mathbb{R}\}$ comme le montre la figure 6-4. Comme nous l'avons noté précédemment, nous avons $\mathbb{R}^3 = W \oplus W^\perp$.

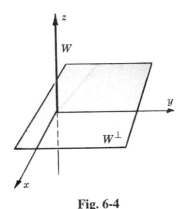

Fig. 6-4

6.5. ENSEMBLES ORTHOGONAUX, BASES ORTHOGONALES, PROJECTIONS

Un ensemble S de vecteurs de V est dit *orthogonal* si deux vecteurs quelconques de S sont orthogonaux. S est dit *orthonormal* si tout vecteur de S est de norme 1. En d'autres termes, $S = \{u_1, u_2, \ldots, u_r\}$ est dit *orthogonal* si

$$\langle u_i, u_j \rangle = 0 \quad \text{pour} \quad i \neq j$$

et S est dit *orthonormal* si

$$\langle u_i, u_j \rangle = \delta_{ij} = \begin{cases} 0 & \text{pour } i \neq j \\ 1 & \text{pour } i = j \end{cases}$$

Normaliser un ensemble orthogonal S revient à multiplier chaque vecteur de S par l'inverse de sa norme afin de transformer S en un ensemble orthonormal de vecteurs.

Les deux théorèmes suivants, qui sont démontrés dans les problèmes 6.20 et 6.21, respectivement, s'appliquent.

Théorème 6.5 : Soit S un ensemble orthogonal de vecteurs non nuls. Alors, S est linéairement indépendant.

Théorème 6.6 (Pythagore) : Soit $\{u_1, u_2, \ldots, u_r\}$ un ensemble orthogonal de vecteurs. Alors,

$$\|u_1 + u_2 + \cdots + u_r\|^2 = \|u_1\|^2 + \|u_2\|^2 + \cdots + \|u_r\|^2$$

Ici, nous démontrons le théorème de Pythagore dans le cas particulier, très familier, de deux vecteurs. En effet, supposons que $\langle u, v \rangle = 0$. Alors

$$\|u + v\|^2 = \langle u + v, u + v \rangle = \langle u, u \rangle + 2\langle u, v \rangle + \langle v, v \rangle = \langle u, u \rangle + \langle v, v \rangle = \|u\|^2 + \|v\|^2$$

Ce qu'il fallait démontrer.

Exemple 6.8

(a) Considérons la base usuelle E de l'espace euclidien $\mathbb{R}^3$:

$$E = \{e_1 = (1, 0, 0), e_2 = (0, 1, 0), e_3 = (0, 0, 1)\}$$

Il est clair que

$$\langle e_1, e_2 \rangle = \langle e_1, e_3 \rangle = \langle e_2, e_3 \rangle = 0 \quad \text{et} \quad \langle e_1, e_1 \rangle = \langle e_2, e_2 \rangle = \langle e_3, e_3 \rangle = 1$$

Ainsi, E est une base orthonormale de $\mathbb{R}^3$. Plus généralement, la base usuelle de $\mathbb{R}^n$ est une base orthonormale pour tout n.

(b) Soit V l'espace vectoriel des fonctions continues sur l'intervalle $-\pi \leq t \leq \pi$, muni du produit scalaire défini par $\langle f, g \rangle = \int_{-\pi}^{\pi} f(t) g(t) \, dt$. Nous donnons ici un exemple classique d'un sous-ensemble orthonormal de V :

$$\{1, \cos t, \cos 2t, \ldots, \sin t, \sin 2t, \cdots\}$$

Cet ensemble orthonormal joue un rôle important dans la théorie des séries de Fourier.

(c) Considérons l'ensemble S suivant de vecteurs de $\mathbb{R}^4$:

$$S = \{u = (1, 2, -3, 4), \ v = (3, 4, 1, -2), \ w = (3, -2, 1, 1)\}$$

Remarquons que

$$\langle u, v \rangle = 3 + 8 - 3 - 8 = 0 \qquad \langle u, w \rangle = 3 - 4 - 3 + 4 = 0 \qquad \langle v, w \rangle = 9 - 8 + 1 - 2 = 0$$

Ainsi, S est orthogonal. Normalisons S pour obtenir un ensemble orthonormal en calculant d'abord

$$\|u\|^2 = 1 + 4 + 9 + 16 = 30 \qquad \|v\|^2 = 9 + 16 + 1 + 4 = 30 \qquad \|w\|^2 = 9 + 4 + 1 + 1 = 15$$

Par suite, les vecteurs suivants forment l'ensemble orthonormal cherché :

$$\widehat{u} = (1/\sqrt{30}, 2/\sqrt{30}, -3/\sqrt{30}, 4/\sqrt{30})$$
$$\widehat{v} = (3/\sqrt{30}, 4/\sqrt{30}, 1/\sqrt{30}, -2/\sqrt{30})$$
$$\widehat{w} = (3/\sqrt{15}, -2/\sqrt{30}, 1/\sqrt{15}, 1/\sqrt{15})$$

Nous avons également, $u + v + w = (7, 4, -1, 3)$ et $\|u + v + w\|^2 = 49 + 16 + 1 + 9 = 75$. Ainsi,

$$\|u\|^2 + \|v\|^2 + \|w\|^2 = 30 + 30 + 15 = 75 = \|u + v + w\|^2$$

l'ensemble orthogonal S vérifie le théorème de Pythagore.

Exemple 6.9. Considérons le vecteur $u = (1, 1, 1, 1) \in \mathbb{R}^4$. Cherchons une base orthogonale de $u^\perp$, le supplémentaire orthogonal de u. Remarquons que $u^\perp$ est l'ensemble solution de l'équation linéaire

$$x + y + z + t = 0 \qquad\qquad (1)$$

Cherchons d'abord un vecteur non nul v_1, solution de *(1)*, par exemple $v_1 = (0, 0, 1, -1)$. Puis, cherchons un deuxième vecteur v_2, solution de *(1)* et orthogonal à v_1, *i.e.* solution du système

$$x + y + z + t = 0 \qquad z - t = 0 \qquad\qquad (2)$$

Cherchons maintenant un vecteur non nul v_2, solution de *(2)*, par exemple $v_2 = (0, 2, -1, -1)$. Puis, cherchons un troisième vecteur v_3, solution de *(1)* et orthogonal à v_1 et v_2, *i.e.* solution du système

$$x + y + z + t = 0 \qquad 2y - z - t = 0 \qquad z - 1 = 0 \qquad\qquad (3)$$

Cherchons finalement un vecteur non nul v_3, solution de *(3)*, par exemple $v_3 = (-3, 1, 1, 1)$. Alors $\{v_1, v_2, v_3\}$ est une base orthogonale de $u^\perp$. (Remarquer que nous avons choisi les solutions intermédiaires v_1 et v_2 de telle sorte que chaque nouveau système soit déjà sous forme échelonnée. Ceci rend les calculs plus simples.) Nous pouvons trouver une base orthonormale de $u^\perp$ en normalisant la base orthonormale précédente. Nous avons

$$\|v_1\|^2 = 0 + 0 + 1 + 1 = 2 \qquad \|v_2\|^2 = 0 + 4 + 1 + 1 = 6 \qquad \|v_3\|^2 = 9 + 1 + 1 + 1 = 12$$

Ainsi, la base suivante est une base orthonormale de $u^\perp$.

$$v_1 = (0, 0, 1/\sqrt{2}, -1/\sqrt{2}) \qquad v_2 = (0, 2/\sqrt{6}, -1/\sqrt{6}, -1/\sqrt{6}) \qquad v_3 = (-3/\sqrt{12}, 1/\sqrt{12}, 1/\sqrt{12}, 1/\sqrt{12})$$

Exemple 6.10. Soit S l'ensemble formé des trois vecteurs de $\mathbb{R}^3$:

$$u_1 = (1, 2, 1) \quad u_2 = (2, 1, -4) \quad u_3 = (3, -2, 1)$$

Alors, S est orthogonale puisque u_1, u_2 et u_3 sont orthogonaux deux à deux :

$$\langle u_1, u_2 \rangle = 2 + 2 - 4 = 0 \qquad \langle u_1, u_3 \rangle = 3 - 4 + 1 = 0 \qquad \langle u_2, u_3 \rangle = 6 - 2 - 4 = 0$$

Alors, S est linéairement indépendant et, puisque S contient 3 éléments, S est une base orthogonale de $\mathbb{R}^3$.

Cherchons à écrire le vecteur $v = (4, 1, 18)$ comme une combinaison linéaire de u_1, u_2, u_3. Pour cela, supposons que v s'écrit comme combinaison linéaire de u_1, u_2, u_3 à l'aide des scalaires x, y, z, comme suit

$$(4, 1, 18) = x(1, 1, 1) + y(2, 1, -4) + z(3, -2, 1) \qquad\qquad (1)$$

Méthode 1. Développons *(1)* pour obtenir

$$x + 2y + 3z = 4 \qquad 2x + y - 2z = 1 \qquad x - 4y + z = 18$$

Ce qui donne $x = 4$, $y = -3$, $z = 2$. D'où $v = 4u_1 - 3u_2 + 2u_3$.

Méthode 2. (Cette méthode utilise le fait que les vecteurs de base sont orthogonaux, l'arithmétique étant plus simple.) Calculons le produit scalaire de *(1)* par u_1 pour obtenir

$$(4, 1, 18) \cdot (1, 2, 1) = x(1, 2, 1) \cdot (1, 2, 1) \quad \text{ou} \quad 24 = 6x \quad \text{ou} \quad x = 4$$

(Les deux derniers termes sont éliminés puisque u_1 est ortogonal à u_2 et à u_3.) Calculons le produit scalaire de *(1)* par u_2 pour obtenir

$$(4, 1, 18) \cdot (2, 1, -4) = y(2, 1, -4) \cdot (2, 1, -4) \quad \text{ou} \quad -63 = 21y \quad \text{ou} \quad y = -3$$

Finalement, calculons le produit scalaire de *(1)* par u_3 pour obtenir

$$(4, 1, 18) \cdot (3, -2, 1) = z(3, -2, 1) \cdot (3, -2, 1) \quad \text{ou} \quad 28 = 14z \quad \text{ou} \quad z = 2$$

Ainsi, $v = 4u_1 - 3u_2 + 2u_3$.

Le procédé utilisé dans la méthode 2 de l'exemple 6.10 est vrai dans le cas général. En effet, nous avons

Théorème 6.7 : Supposons que $\{u_1, u_2, \ldots, u_n\}$ est une base de V. Alors, quel que soit le vecteur $v \in V$,

$$v = \frac{\langle v, u_1 \rangle}{\langle u_1, u_1 \rangle} u_1 + \frac{\langle v, u_2 \rangle}{\langle u_2, u_2 \rangle} u_2 + \cdots + \frac{\langle v, u_n \rangle}{\langle u_n, u_n \rangle} u_n$$

(*Cf.* problème 6.5 pour la démonstration.)

Remarque : Le coefficient

$$k_i \equiv \frac{\langle v, u_i \rangle}{\langle u_i, u_i \rangle} = \frac{\langle v, u_i \rangle}{\|u_i\|^2}$$

est appelé le *coefficient de Fourier* de v suivant u_i, puisque c'est l'analogue d'un coefficient dans la série de Fourier d'une fonction. Ce scalaire a aussi une interprétation géométrique qui sera décrite plus loin.

Projections

Considérons un vecteur non nul w d'un espace préhilbertien V. Pour tout vecteur $v \in V$, nous montrons (*cf.* problème 6.24) que

$$c = \frac{\langle v, w \rangle}{\langle w, w \rangle} = \frac{\langle v, w \rangle}{\|w\|^2}$$

est l'unique scalaire tel que $v' = v - cw$ est orthogonal à w. La projection de v sur w, comme le montre la figure 6-5, est notée et définie par

$$\text{proj}(v, w) = cw = \frac{\langle v, w \rangle}{\langle w, w \rangle} w = \frac{\langle v, w \rangle}{\|w\|^2} w$$

Ce scalaire c est aussi appelé le coefficient de Fourier de v suivant w ou la composante de v sur w.

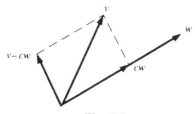

Fig. 6-5

Exemple 6.11

(*a*) Cherchons la composante c et la projection cw de $v = (1, 2, 3, 4)$ sur $w = (1, -3, 4, -2) \in \mathbb{R}^4$. Pour cela, calculons d'abord

$$\langle v, w \rangle = 1 - 6 + 12 - 8 = -1 \quad \text{et} \quad \|w\|^2 = 1 + 9 + 16 + 4 = 30$$

Alors $c = -\frac{1}{30}$ et $\text{proj}(v, w) = cw = \left(-\frac{1}{30}, \frac{1}{10}, -\frac{2}{15}, \frac{1}{30}\right)$.

(*b*) Soit V l'espace vectoriel des polynômes, muni du produit scalaire $\langle f, g \rangle = \int_0^1 f(t) \, g(t) \, dt$. Cherchons la composante (coefficient de Fourier) c et la projection cg de $f(t) = 2t - 1$ sur $g(t) = t^2$. Calculons d'abord

$$\langle f, g \rangle = \int_0^1 (2t^3 - t^2) \, dt = \left[\frac{t^4}{2} - \frac{t^3}{3}\right]_0^1 = \frac{1}{6} \qquad \langle g, g \rangle = \int_0^1 t^4 \, dt = \left[\frac{t^5}{5}\right]_0^1 = \frac{1}{5}$$

Ainsi, $c = 5/6$ et $\text{proj}(f, g) = cg = 5t^2/6$.

La notion précédente est généralisée comme suit.

Théorème 6.8 : Supposons que $w_1, w_2, \ldots, w_r$ forment une famille de vecteurs non nuls de V. Soit v un vecteur quelconque de V. On définit $v' = v - c_1 w_1 - c_2 w_2 - \cdots - c_r - w_r$, où

$$c_1 = \frac{\langle v, w_1 \rangle}{\|w_1\|^2}, \quad c_2 = \frac{\langle v, w_2 \rangle}{\|w_2\|^2}, \quad \ldots, \quad c_r = \frac{\langle v, w_r \rangle}{\|w_r\|^2}$$

Alors v' est orthogonal à chacun des vecteurs $w_1, w_2, \ldots, w_r$.

Remarquer que les c_i sont, dans le théorème précédent, les coefficients de Fourier de v suivant les vecteurs w_i. De plus, le théorème suivant (*cf.* problème 6.31 pour la démonstration) montre que $c_1 w_1 + \cdots + c_r w_r$ est la meilleure approximation de v, comme combinaison linéaire des vecteurs w_1, $w_2, \ldots, w_r$.

Théorème 6.9 : Supposons que w_1, $w_2, \ldots, w_r$ forment une famille orthogonale de vecteurs non nuls de V. Soit v un vecteur quelconque de V et soit c_i la composante de v suivant w_i. Alors, quels que soient les scalaires $a_1, \ldots, a_r$,

$$\left\| v - \sum_{k=1}^{r} c_k w_k \right\| \leq \left\| v - \sum_{k=1}^{r} a_k w_k \right\|$$

Le théorème suivant (*cf.* problème 6.32 pour la démonstration) est connu sous le nom d'*inégalité de Bessel*.

Théorème 6.10 : Supposons que $\{e_1, e_2, \ldots, e_r\}$ forment une famille orthonormale de vecteurs de V. Soit v un vecteur quelconque de V et soit c_i le coefficient de Fourier de v suivant u_i. Alors

$$\sum_{k=1}^{r} c_k^2 \leq \|v\|^2$$

Remarque : On peut généraliser ce qui précède au cas de la projection sur un sous-espace comme suit. Soit W un sous-espace de V et $v \in V$. D'après le théorème 6.4, $V = W \oplus W^{\perp}$; donc v peut s'écrire d'une manière unique sous la forme

$$v = w + w' \quad \text{où} \quad w \in W, \; w' \in W^{\perp}$$

w est appelé la *projection de v sur W* et est noté $\text{proj}(v, W)$. (*Cf.* fig 6-6.) En particulier, si $W = \text{vect}(w_1, \ldots, w_r)$ où les w_i forment une famille orthogonale, alors

$$\text{proj}(v, W) = c_1 w_1 + c_2 w_2 + \cdots + c_r w_r$$

où c_i désigne la composante de v suivant w_i.

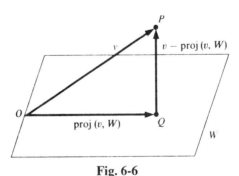

Fig. 6-6

6.6. PROCÉDÉ D'ORTHOGONALISATION DE GRAM-SCHMIDT

Soit $\{v_1, v_2, \ldots, v_n\}$ une base arbitraire de l'espace préhilbertien V. On peut construire une base orthogonale $\{w_1, w_2, \ldots, w_n\}$ de V comme suit. Posons

$$w_1 = v_1$$

$$w_2 = v_2 - \frac{\langle v_2, w_1 \rangle}{\|w_1\|^2} w_1$$

$$w_3 = v_3 - \frac{\langle v_3, w_1 \rangle}{\|w_1\|^2} w_1 - \frac{\langle v_3, w_2 \rangle}{\|w_2\|^2} w_2$$

$$\cdots\cdots\cdots\cdots\cdots\cdots\cdots\cdots\cdots\cdots\cdots\cdots\cdots$$

$$w_n = v_n - \frac{\langle v_n, w_1 \rangle}{\|w_1\|^2} w_1 - \frac{\langle v_n, w_2 \rangle}{\|w_2\|^2} w_2 - \cdots - \frac{\langle v_n, w_{n-1} \rangle}{\|w_{n-1}\|^2} w_{n-1}$$

En d'autres termes, pour $k = 2, 3, \ldots, n$, on définit

$$w_k = v_k - c_{k1}w_1 - c_{k2}w_2 - \cdots - c_{k,k-1}w_{k-1}$$

où $c_{ki} = \langle v_k, w_i \rangle / \|w_i\|^2$ est la composante de v_k suivant w_i. D'après le théorème 6.8, chaque w_k est orthogonal aux vecteurs w qui le précèdent. Ainsi, $w_1, w_2, \ldots, w_n$ forment une base orthogonale de V. Finalement, en normalisant chaque w_k, nous obtenons une base orthonormale de V.

La construction précédente est connue sous le nom de *procédé d'orthogonalisation de Gram-Schmidt*. Faisons les remarques suivantes.

Remarque 1 : Chaque vecteur w_k est une combinaison linéaire de v_k et des vecteurs w qui le précèdent. Donc, par récurrence, chaque w_k est une combinaison linéaire de $v_1, v_2, \ldots, v_k$.

Remarque 2 : Supposons que les vecteurs $w_1, w_2, \ldots, w_r$ sont linéairement indépendants. Alors, ils forment une base de $U = \text{vect } w_i$. En appliquant le procédé d'orthogonalisation de Gram-Schmidt aux w_i, nous obtenons une base orthogonale de U.

Remarque 3 : Lorsqu'on effectue des calculs à la main, il est plus simple de supprimer les fractions dans tout nouveau vecteur w_k en multipliant w_k par un scalaire approprié, puisque cela n'a pas d'effet sur l'orthogonalité.

Les théorèmes suivants, qui sont démontrés dans les problèmes 6.32 et 6.33, respectivement, utilisent les remarques et l'algorithme précédents.

Théorème 6.11 : Soit $\{v_1, v_2, \ldots, v_n\}$ une base arbitraire d'un espace préhilbertien V. Alors, il existe une base orthonormale $\{u_1, u_2, \ldots, u_n\}$ de V telle que la matrice de passage de la base $\{v_i\}$ à la base $\{u_i\}$ soit triangulaire ; c'est-à-dire pour $k = 1, \ldots, n$,

$$u_k = a_{k1}v_1 + a_{k2}v_2 + \cdots + a_{kk}v_k$$

Théorème 6.12 : Supposons que $S = \{w_1, w_2, \ldots, w_r\}$ est une base orthogonale d'un sous-espace W de V. Alors S peut être complétée en une base orthogonale de V, c'est-à-dire qu'on peut trouver des vecteurs $w_{r+1}, \ldots, w_n$, tels que $\{w_1, w_2, \ldots, w_n\}$ soit une base orthogonale de V.

Exemple 6.12. Considérons le sous-espace U de $\mathbb{R}^4$ engendré par

$$v_1 = (1, 1, 1, 1) \qquad v_2 = (1, 2, 4, 5) \qquad v_3 = (1, -3, -4, -2)$$

Cherchons une base orthonormale de U en cherchant d'abord une base orthogonale de U à l'aide de l'algorithme de Gram-Schmidt. Posons $w_1 = v_1 = (1, 1, 1, 1)$. Puis, calculons

$$v_2 - \frac{\langle v_2, w_1 \rangle}{\|w_1\|^2} w_1 = (1, 2, 4, 5) - \frac{12}{4}(1, 1, 1, 1) = (-2, -1, 1, 2)$$

Posons donc $w_2 = (-2, -1, 1, 2)$. Calculons maintenant

$$v_3 - \frac{\langle v_3, w_1 \rangle}{\|w_1\|^2} w_1 - \frac{\langle v_3, w_2 \rangle}{\|w_1\|^2} w_2 = (1, -3, -4, -2) - \frac{-8}{4}(1, 1, 1, 1) - \frac{-7}{10}(-2, -1, 1, 2)$$

$$= \left(\frac{8}{5}, -\frac{17}{10}, -\frac{13}{10}, \frac{7}{5} \right)$$

On peut supprimer les fractions en posant $w_3 = (16, -17, -13, 14)$. Finalement, il reste à normaliser la base

$$w_1 = (1, 1, 1, 1) \qquad w_2 = (-2, -1, 1, 2) \qquad w_3 = (16, -17, -13, 14)$$

Puisque $\|w_1\|^2 = 4$, $\|w_2\|^2 = 10$, $\|w_3\|^2 = 910$, les vecteurs suivants forment une base orthonormale de U :

$$u_1 = \frac{1}{2}(1, 1, 1, 1) \qquad u_2 = \frac{1}{\sqrt{10}}(-2, -1, 1, 2) \qquad u_3 = \frac{1}{\sqrt{910}}(16, -17, -13, 14)$$

Exemple 6.13. Soit V l'espace vectoriel des polynômes $f(t)$, muni du produit scalaire $\langle f, g \rangle = \int_{-1}^{1} f(t)\, g(t)\, \mathrm{d}t$. Nous appliquons l'algorithme de Gram-Schmidt à la famille $\{1, t, t^2, t^3\}$ pour obtenir une base orthogonale $\{f_0, f_1, f_2, f_3\}$ avec des coefficients entiers, du sous-espace U des polynômes de degré ≤ 3. Ici, nous utilisons le fait que si $r + s = n$, alors

$$\langle t^r, t^s \rangle = \int_{-1}^{1} t^n \,\mathrm{d}t = \left[\frac{t^{n+1}}{n+1} \right]_{-1}^{1} = \begin{cases} 2/(n+1) & \text{si } n \text{ est impair} \\ 0 & \text{si } n \text{ est pair} \end{cases}$$

Posons d'abord $f_0 = 1$, puis calculons

$$t - \frac{\langle t, 1 \rangle}{\langle 1, 1 \rangle} \cdot 1 = t - \frac{0}{2} \times 1 = t$$

Soit $f_1 = t$. Calculons maintenant

$$t^2 - \frac{\langle t^2, 1 \rangle}{\langle 1, 1 \rangle} \cdot 1 - \frac{\langle t^2, t \rangle}{\langle t, t \rangle} t = t^2 - \frac{\frac{2}{3}}{2} \times 1 - \frac{0}{\frac{2}{3}} t = t^2 - \frac{1}{3}$$

En multipliant par 3, nous obtenons $f_2 = 3t^2 - 1$. Finalement, calculons

$$t^3 - \frac{\langle t^3, 1 \rangle}{\langle 1, 1 \rangle} \cdot 1 - \frac{\langle t^3, t \rangle}{\langle t, t \rangle} t - \frac{\langle t^3, 3t^2 - 1 \rangle}{\langle 3t^2 - 1, 3t^2 - 1 \rangle}(3t^2 - 1) = t^3 - 0 \times 1 - \frac{\frac{2}{5}}{\frac{2}{3}} t - 0(3t^2 - 1) = t^3 - \frac{3}{5} t$$

En multipliant par 5, nous obtenons $f_3 = 5t^3 - 3t$. Ainsi, $\{1, t, 3t^2 - 1, 5t^3 - 3t\}$ est la base orthogonale cherchée de U.

Remarque : En normalisant les polynômes de l'exemple 6.13 de telle sorte que $p(1) = 1$, pour chaque polynôme $p(t)$, nous obtenons les polynômes

$$1, \quad t, \quad \frac{1}{2}(3t^2 - 1), \quad \frac{1}{2}(5t^3 - 3t)$$

Ce sont les quatre premiers *polynômes de Legendre* (qui jouent un rôle important dans l'étude des équations différentielles).

6.7. PRODUIT SCALAIRE ET MATRICES

Dans cette section, nous étudions deux types de matrices qui jouent un rôle particulier dans la théorie des espaces euclidiens V : les matrices définies positives et les matrices orthogonales. Dans ce contexte, les vecteurs de $\mathbb{R}^n$ seront représentés comme des vecteurs colonnes. (Ainsi, $\langle u, v \rangle = u^T v$ désigne le produit scalaire usuel dans $\mathbb{R}^n$.)

Matrices définies positives

Soit A une matrice symétrique réelle. Rappelons (*cf.* section 4.11) que A est congrue à une matrice diagonale B, *i.e.* il existe une matrice non singulière P telle que la matrice $B = P^T A P$ soit diagonale. Le nombre d'éléments positifs de B est un invariant de A (*cf.* théorème 4.18, loi d'inertie). La matrice A est dite *définie positive* si tous les éléments de la diagonale de B sont positifs. Autrement dit, la matrice A est dite définie positive si $X^T A X > 0$ pour tout vecteur non nul $X \in \mathbb{R}^n$.

Exemple 6.14. Soit $A = \begin{pmatrix} 1 & 0 & -1 \\ 0 & 1 & -2 \\ -1 & -2 & 8 \end{pmatrix}$. Cherchons une matrice diagonale congrue à A (*cf.* section 4.11) en appliquant l'opération sur les lignes $R_1 + R_3 \to R_3$ et l'opération correspondante sur les colonnes $C_1 + C_3 \to C_3$; puis, en appliquant $2R_2 + R_3 \to R_3$ et $2C_2 + C_3 \to C_3$:

$$A \sim \begin{pmatrix} 1 & 0 & 0 \\ 0 & 1 & -2 \\ 0 & -2 & 7 \end{pmatrix} \sim \begin{pmatrix} 1 & 0 & 0 \\ 0 & 1 & 0 \\ 0 & 0 & 3 \end{pmatrix}$$

Comme la matrice diagonale obtenue a uniquement des éléments positifs sur sa diagonale, A est une matrice définie positive.

Remarque : Une matrice carrée symétrique d'ordre 2, $A = \begin{pmatrix} a & b \\ c & d \end{pmatrix} = \begin{pmatrix} a & b \\ b & d \end{pmatrix}$ est définie positive si, et seulement si les éléments diagonaux a et d sont positifs et $\det(A) = ad - bc = ad - b^2$ est positif.

Le théorème suivant sera démontré dans le problème 6.40.

Théorème 6.13 : Soit A une matrice réelle définie positive. Alors, la fonction $\langle u, v \rangle = u^T A v$ est un produit scalaire sur $\mathbb{R}^n$.

Le théorème 6.13 dit que toute matrice réelle définie positive A définit un produit scalaire. La discussion suivante et le théorème 6.15 peuvent être considérés comme une réciproque de ce résultat.

Soit V un espace préhilbertien et $S = \{u_1, u_2, \ldots, u_n\}$ une base arbitraire de V. La matrice suivante A est appelée la *représentation matricielle* du produit scalaire sur V *relativement à la base* S :

$$A = \begin{pmatrix} \langle u_1, u_1 \rangle & \langle u_1, u_2 \rangle & \cdots & \langle u_1, u_n \rangle \\ \langle u_2, u_1 \rangle & \langle u_2, u_2 \rangle & \cdots & \langle u_2, u_n \rangle \\ \cdots\cdots\cdots\cdots\cdots\cdots\cdots\cdots\cdots \\ \langle u_n, u_1 \rangle & \langle u_n, u_2 \rangle & \cdots & \langle u_n, u_n \rangle \end{pmatrix}$$

C'est-à-dire $A = (a_{ij})$ où $a_{ij} = \langle u_i, u_j \rangle$.

Remarquer que A est symétrique puisque le produit scalaire est symétrique, c'est-à-dire : $\langle u_i, u_j \rangle = \langle u_j, u_i \rangle$. Aussi, A dépend à la fois du produit scalaire sur V et de la base S de V. De plus, si S est une base orthogonale, alors A est diagonale, et si S est une base orthonormale, alors A est la matrice identité.

Exemple 6.15. Les trois vecteurs suivants forment une base S de l'espace euclidien $\mathbb{R}^3$:

$$u_1 = (1, 1, 0) \qquad u_2 = (1, 2, 3) \qquad u_3 = (1, 3, 5)$$

En calculant tous les produits $\langle u_i, u_j \rangle = \langle u_j, u_i \rangle$, nous avons

$$\langle u_1, u_1 \rangle = 1 + 1 + 0 = 2 \qquad \langle u_1, u_2 \rangle = 1 + 2 + 0 = 3 \qquad \langle u_1, u_3 \rangle = 1 + 3 + 0 = 4$$

$$\langle u_2, u_2 \rangle = 1 + 4 + 9 = 14 \qquad \langle u_2, u_3 \rangle = 1 + 6 + 15 = 22 \qquad \langle u_3, u_3 \rangle = 1 + 9 + 25 = 35$$

Ainsi, $$A = \begin{pmatrix} 2 & 3 & 4 \\ 3 & 14 & 22 \\ 4 & 22 & 35 \end{pmatrix}$$

est la représentation matricielle du produit usuel dans $\mathbb{R}^3$ relativement à la base S.

Les théorèmes suivants sont démontrés dans les problèmes 6.41 et 6.42, respectivement.

Théorème 6.14 : Soit A une représentation matricielle d'un produit scalaire relativement à une base S de V. Alors, quels que soient les vecteurs $u, v \in V$, nous avons

$$\langle u, v \rangle = [u]^T A [v]$$

où $[u]$ et $[v]$ désignent les vecteurs (colonnes) coordonnés relativement à la base S.

Théorème 6.15 : Soit A une représentation matricielle d'un produit scalaire arbitraire sur V. Alors, A est une matrice définie positive.

Matrices orthogonales

Rappelons (section 4.6) qu'une matrice réelle P est dite orthogonale si P est non singulière et $P^{-1} = P^T$, c'est-à-dire si $PP^T = P^T P = I$. Dans ce paragraphe, nous allons approfondir l'étude de ces matrices. Tout d'abord, rappelons (théorème 4.5) une caractérisation importante de ces matrices.

Théorème 6.16 : Soit P une matrice réelle. Les trois propriétés suivantes sont équivalentes :

(i) P est orthogonale, c'est-à-dire, $P^T = P^{-1}$.

(ii) Les lignes de P forment une famille orthonormale.

(iii) Les colonnes de P forment une famille orthonormale.

(Le théorème précédent est vrai uniquement lorsqu'on utilise le produit scalaire usuel de $\mathbb{R}^n$. Il n'est pas vrai lorsqu'on utilise un autre produit scalaire sur $\mathbb{R}^n$.)

Remarque 1 : Toute matrice orthogonale d'ordre 2 est de la forme $\begin{pmatrix} \cos\theta & \sin\theta \\ -\sin\theta & \cos\theta \end{pmatrix}$ ou $\begin{pmatrix} \cos\theta & \sin\theta \\ \sin\theta & -\cos\theta \end{pmatrix}$ pour un certain nombre réel θ (*cf.* théorème 4.6).

Exemple 6.16

Soit $P = \begin{pmatrix} 1/\sqrt{3} & 1/\sqrt{3} & 1/\sqrt{3} \\ 0 & 1/\sqrt{2} & -1/\sqrt{2} \\ 2/\sqrt{6} & -1/\sqrt{6} & -1/\sqrt{6} \end{pmatrix}$. Les lignes sont orthogonales deux à deux et sont des vecteurs unitaires. Ainsi, les lignes de P forment une base orthonormale. Par conséquent, P est une matrice orthogonale.

Les deux théorèmes suivants, qui sont démontrés dans les problèmes 6.48 et 6.49, respectivement, montrent les relations entre les matrices orthogonales et les bases orthonormales d'un espace préhilbertien V.

Théorème 6.17 : Soit $E = \{e_i\}$ et $E' = \{e'_i\}$ deux bases orthonormales de V. Soit P la matrice de passage de la base E à la base E'. Alors P est orthogonale.

Théorème 6.18 : Soit $\{e_1, \ldots, e_n\}$ une base orthonormale d'un espace préhilbertien V. Soit $P = (a_{ij})$ une matrice orthogonale. Alors, les n vecteurs suivants forment une base orthonormale de V :

$$e'_i = a_{1i}e_1 + a_{2i}e_2 + \cdots + a_{ni}e_n \qquad (i = 1, 2, \ldots, n)$$

6.8. ESPACES PRÉHILBERTIENS COMPLEXES

Dans cette section, V désignera un espace vectoriel sur le corps des nombres complexes $\mathbb{C}$. Rappelons d'abord certaines propriétés des nombres complexes (*cf.* section 2.9). Soit $z \in \mathbb{C}$. Posons $z = a + bi$, où $a, b \in \mathbb{R}$. Alors

$$\bar{z} = a - bi \qquad z\bar{z} = a^2 + b^2 \quad \text{et} \quad |z| = \sqrt{a^2 + b^2}$$

Aussi, quels que soient $z, z_1, z_2 \in \mathbb{C}$,

$$\overline{z_1 + z_2} = \overline{z_1} + \overline{z_2} \qquad \overline{z_1 z_2} = \overline{z_1} \cdot \overline{z_2} \qquad \bar{\bar{z}} = z$$

et z est réel si et seulement si $\bar{z} = z$.

Définition : Soit V un espace vectoriel sur le corps des nombres complexes $\mathbb{C}$. Supposons qu'à chaque paire de vecteurs $u, v \in V$, on associe un nombre complexe $\langle u, v \rangle$. Cette fonction, appelée *produit scalaire complexe*, satisfait les axiomes suivants :

$[I_1^*]$ $\quad \langle au_1 + bu_2, v \rangle = a\langle u_1, v \rangle + b\langle u_2, v \rangle \quad$ (linéarité) ;

$[I_2^*]$ $\quad \langle u, v \rangle = \overline{\langle u, v \rangle} \quad$ (symétrie hermitienne) ;

$[I_3^*]$ $\quad \langle u, u \rangle \geq 0$; et $\langle u, u \rangle = 0$ si, et seulement si $u = 0 \quad$ (définie positive).

L'espace vectoriel complexe V sur $\mathbb{C}$, muni d'un produit scalaire complexe, est appelé *espace préhilbertien complexe*.

Remarquer qu'un produit scalaire complexe diffère légèrement d'un produit scalaire réel (seul $[I_2^*]$ diffère de $[I_2]$). En fait, beaucoup de définitions et propriétés du produit scalaire complexe sont les mêmes que celles d'un produit scalaire réel. Cependant, certaines démonstrations doivent être adaptées au cas complexe.

L'axiome $[I_1^*]$ est aussi équivalent aux deux conditions suivantes :

$$(a) \quad \langle u_1 + u_2, v \rangle = \langle u_1, v \rangle + \langle u_2, v \rangle \qquad \text{et} \qquad (b) \quad \langle ku, v \rangle = k\langle u, v \rangle$$

D'autre part,

$$\langle u, kv \rangle = \overline{\langle kv, u \rangle} = \overline{k\langle v, u \rangle} = \overline{k}\,\overline{\langle v, u \rangle} = \overline{k}\langle u, v \rangle$$

(En d'autres termes, nous devons multiplier par le conjugué d'un nombre complexe lorsque nous sortons celui-ci de la seconde composante du produit scalaire.) En fait, nous montrerons (*cf.* problème 6.50) que le produit scalaire complexe est *semi-linéaire* (ou *linéaire conjugué*) par rapport à la seconde composante, c'est-à-dire :

$$\langle u, av_1 + bv_2 \rangle = \overline{a}\langle u, v_1 \rangle + \overline{b}\langle u, v_2 \rangle$$

On peut démontrer d'une manière analogue (*cf.* problème 6.96) que

$$\langle a_1u_1 + a_2u_2, b_1v_1 + b_2v_2 \rangle = a_1\overline{b_1}\langle u_1, v_1 \rangle + a_1\overline{b_2}\langle u_1, v_2 \rangle + a_2\overline{b_1}\langle u_2, v_1 \rangle + a_2\overline{b_2}\langle u_2, v_2 \rangle$$

et, par récurrence,

$$\left\langle \sum_{i=1}^{m} a_iu_i, \sum_{j=1}^{n} b_jv_j \right\rangle = \sum_{i,j} a_i\overline{b_j}\langle u_i, v_j \rangle$$

Faisons les remarques suivantes.

Remarque 1 : L'axiome $[I_1^*]$, en lui-même, implique que $\langle 0, 0 \rangle = \langle 0v, 0 \rangle = 0\langle v, 0 \rangle = 0$. Par conséquent, $[I_1^*]$, $[I_2^*]$ et $[I_3^*]$ sont équivalents à $[I_1^*]$, $[I_2^*]$ et l'axiome suivant :

$$[I_3^{*'}] \text{ si } u \neq 0, \qquad \text{alors} \qquad \langle u, u \rangle > 0$$

Cela signifie qu'une fonction qui satisfait $[I_1^*]$, $[I_2^*]$ et $[I_3^{*'}]$ est un produit scalaire (complexe) sur V.

Remarque 2 : D'après $[I_2^*]$, $\langle u, u \rangle = \overline{\langle u, u \rangle}$. Donc $\langle u, u \rangle$ doit être un nombre réel. D'après $[I_3^*]$, $\langle u, u \rangle$ doit être positif ou nul, donc sa racine carrée existe. Comme dans un espace préhilbertien réel, nous définissons la norme ou longueur de u par : $\|u\| = \sqrt{\langle u, u \rangle}$.

Remarque 3 : Comme la norme, nous définissons aussi les notions d'orthogonalité, de supplémentaire orthogonal, de familles orthogonales comme dans le cas réel déjà étudié. En fait, les définitions de la distance, des coefficients de Fourier et de la projection sont les mêmes que dans le cas réel.

Exemple 6.17. Soit $u = (z_i)$ et $v = (w_i)$ deux vecteurs de $\mathbb{C}^n$. Alors

$$\langle u, v \rangle = \sum_{k=1}^{n} z_k \overline{w_k} = z_1 \overline{w_1} + z_2 \overline{w_2} + \cdots + z_n \overline{w_n}$$

est un produit scalaire (complexe) sur $\mathbb{C}^n$, appelé produit scalaire usuel (ou standard) sur $\mathbb{C}^n$. (Nous supposerons, sauf mention du contraire, que $\mathbb{C}^n$ est muni de ce produit scalaire.) Si toutes les composantes de u et v sont réelles, nous avons $\overline{w_i} = w_i$ et

$$\langle u, v \rangle = \sum_{k=1}^{n} z_k \overline{w_k} = z_1 \overline{w_1} + z_2 \overline{w_2} + \cdots + z_n \overline{w_n} = z_1 w_1 + z_2 w_2 + \cdots + z_n w_n$$

En d'autres termes, ce produit scalaire restreint à $\mathbb{R}^n$ n'est autre que le produit scalaire usuel de $\mathbb{R}^n$.

Remarque : Soit u et v deux vecteurs colonnes, alors, le produit scalaire précédent peut être défini par : $\langle u, v \rangle = u^T \overline{v}$.

Exemple 6.18

(a) Soit V l'espace vectoriel des fonctions continues à valeurs complexes définies sur l'intervalle $a \leq t \leq b$. Alors, l'expression suivante définit le produit scalaire usuel sur V :

$$\langle f, g \rangle = \int_a^b f(t) \overline{g(t)}\, dt$$

(b) Soit U l'espace vectoriel des matrices $m \times n$ sur $\mathbb{C}$. Soit $A = (z_{ij})$ et $B = (w_{ij})$ deux éléments de U. Alors, l'expression suivante définit le produit scalaire usuel sur U :

$$\langle A, B \rangle = \operatorname{tr} B^H A = \sum_{i=1}^{m} \sum_{j=1}^{n} \overline{w_{ij}} z_{ij}$$

Comme d'habitude, $B^H = \overline{B}^T$, c'est-à-dire B^H est la matrice conjuguée de la transposée de B.

Les théorèmes suivants sur le produit scalaire complexe sont analogues à ceux du cas réel (*cf.* problème 6.53 pour la démonstration du théorème 6.19).

Théorème 6.19   (Inégalité de Cauchy-Schwarz) : Soit V un espace préhilbertien complexe. Alors

$$|\langle u, v \rangle| \leq \|u\|\, \|v\|$$

Théorème 6.20 : Soit W un sous-espace de l'espace préhilbertien complexe V. Alors $V = W \oplus W$.

Théorème 6.21 : Soit $\{u_1, u_2, \ldots, u_n\}$ une base orthogonale de l'espace vectoriel complexe V. Alors, quel que soit $v \in V$,

$$v = \frac{\langle v, u_1 \rangle}{\|u_1\|^2} u_1 + \frac{\langle v, u_2 \rangle}{\|u_2\|^2} u_2 + \cdots + \frac{\langle v, u_n \rangle}{\|u_n\|^2} u_n$$

Théorème 6.22 : Soit $\{u_1, u_2, \ldots, u_n\}$ une base de l'espace préhilbertien complexe V. Soit $A = (a_{ij})$ la matrice complexe définie par $a_{ij} = \langle u_i, u_j \rangle$. Alors, quels que soient les vecteurs $u, v \in V$,

$$\langle u, v \rangle = [u]^T A \overline{[v]}$$

où $[u]$ et $[v]$ désignent les vecteurs colonnes coordonnés dans la base $\{u_i\}$ donnée. *Remarque* : On dit que la matrice A représente le produit scalaire sur V.

Théorème 6.23 : Soit A une matrice hermitienne (*i.e.* : $A^H = \overline{A}^T = A$) telle que $X^T A \overline{X}$ est un nombre réel positif pour tout vecteur non nul $X \in \mathbb{C}^n$. Alors $\langle u, v \rangle = u^T A \overline{v}$ est un produit scalaire sur $\mathbb{C}^n$.

Théorème 6.24 : Soit A une matrice qui représente un produit scalaire sur V. Alors A est hermitienne et $X^T A X$ est un nombre réel positif pour tout vecteur non nul $X \in \mathbb{C}^n$.

6.9. ESPACES VECTORIELS NORMÉS

Donnons d'abord une définition

Définition : Soit V un espace vectoriel réel ou complexe. Supposons qu'à chaque vecteur $v \in V$, on associe un nombre réel, noté $\|v\|$. Cette application $\| \cdot \|$ est appelée une *norme* sur V si les axiomes suivants sont satisfaits :

$[N_1]$　　$\|v\| \geq 0$; et $\|v\| = 0$ si, et seulement si $v = 0$.

$[N_2]$　　$\|kv\| = |k| \, \|v\|$.

$[N_3]$　　$\|u + v\| \leq \|u\| + \|v\|$.

L'espace vectoriel V, muni d'une norme, est appelé un *espace vectoriel normé* (e.v.n.)

Faisons les remarques suivantes.

Remarque 1 : L'axiome $[N_2]$, en lui-même, implique que $\|0\| = \|0v\| = 0\|v\| = 0$. Par conséquent, $[N_1]$, $[N_2]$ et $[N_3]$ sont équivalents à $[N_2]$, $[N_3]$ et l'axiome suivant :

$$[N_1'] \quad \text{si} \quad v \neq 0, \qquad \text{alors} \qquad \|v\| > 0$$

C'est-à-dire : une fonction $\|\cdot\|$ qui satisfait $[N_1']$, $[N_2]$ et $[N_3]$ est une norme sur l'espace vectoriel V.

Remarque 2 : Soit V un espace préhilbertien. La norme sur V définie par $\|v\| = \sqrt{\langle u, v \rangle}$ satisfait les axiomes $[N_1]$, $[N_2]$ et $[N_3]$. Ainsi, tout espace préhilbertien V est un espace vectoriel normé. D'autre part, il existe des normes sur des espaces vectoriels qui ne proviennent pas d'un produit scalaire sur V.

Remarque 3 : Soit V un espace vectoriel normé. La *distance* entre deux vecteurs $u, v \in V$ est notée et définie par $d(u, v) = \|u - v\|$.

Le théorème suivant donne les propriétés fondamentales de la distance $d(u, v)$ entre deux vecteurs u et v.

Théorème 6.25 : Soit V un espace vectoriel normé. Alors, la fonction $d(u, v) = \|u - v\|$ satisfait les trois axiomes suivants d'un espace métrique :

$[M_1]$　　$d(u, v) \geq 0$; et $d(u, v) = 0$ si, et seulement si $u = v$.

$[M_2]$　　$d(u, v) = d(v, u)$.

$[M_4]$　　$d(u, v) \leq d(u, w) + d(w, v)$.

Normes sur $\mathbb{R}^n$ et $\mathbb{C}^n$

Les expressions suivantes définissent trois normes importantes sur $\mathbb{R}^n$ et $\mathbb{C}^n$:

$$\|(a_1, \ldots, a_n)\|_\infty = \max(|a_i|)$$
$$\|(a_1, \ldots, a_n)\|_1 = |a_1| + |a_2| + \cdots + |a_n|$$
$$\|(a_1, \ldots, a_n)\|_2 = \sqrt{|a_1|^2 + |a_2|^2 + \cdots + |a_n|^2}$$

(Noter que les indices sont utilisés pour distinguer entre les trois normes.) Les normes $\| \cdot \|_\infty$, $\| \cdot \|_1$ et $\| \cdot \|_2$ sont appelées *norme-sup*, *norme-un* et *norme-deux*, respectivement. Remarquons que $\| \cdot \|_2$ est la norme sur $\mathbb{R}^n$ [et sur $\mathbb{C}^n$] induite par le produit scalaire usuel sur $\mathbb{R}^n$ [sur $\mathbb{C}^n$]. (Notons d_∞, d_1 et d_2 les normes correspondantes, respectivement.)

Exemple 6.19. Considérons les vecteurs $u = (1, -5, 3)$ et $v = (4, 2, -3) \in \mathbb{R}^3$.

(a) La norme-sup est égale au maximum des valeurs absolues des composantes d'un vecteur. Donc

$$\|u\|_\infty = 5 \qquad \text{et} \qquad \|v\|_\infty = 4$$

(b) La norme-un est égale à la somme des valeurs absolues des composantes d'un vecteur. Donc

$$\|u\|_1 = 1 + 5 + 3 = 9 \qquad \text{et} \qquad \|v\|_1 = 4 + 2 + 3 = 9$$

(c) La norme-deux est égale à la racine carrée de la somme des carrés des composantes d'un vecteur (*i.e.*, la norme induite par le produit scalaire usuel sur $\mathbb{R}^3$). Donc

$$\|u\|_2 = \sqrt{1 + 25 + 9} = \sqrt{35} \qquad \text{et} \qquad \|v\|_2 = \sqrt{16 + 4 + 9} = \sqrt{29}$$

(d) Puisque $u - v = (1 - 4, -5 - 2, 3 + 3) = (-3, -7, 6)$, nous avons

$$d_\infty(u, v) = 7 \qquad d_1(u, v) = 3 + 7 + 6 = 16 \qquad d_2(u, v) = \sqrt{9 + 49 + 36} = \sqrt{94}$$

Exemple 6.20. Considérons le plan cartésien $\mathbb{R}^2$ représenté dans la figure 6-7.

(a) Soit D_1 l'ensemble des points $u = (x, y) \in \mathbb{R}^2$ tels que $\|u\|_2 = 1$. Donc, D_1 est formé de tous les points (x, y) tels que $\|u\|_2^2 = x^2 + y^2 = 1$. Ainsi, D_1 est le cercle unité, comme le montre la figure 6-7.

(b) Soit D_2 l'ensemble des points $u = (x, y) \in \mathbb{R}^2$ tels que $\|u\|_1 = 1$. Donc, D_2 est formé de tous les points (x, y) tels que $\|u\|_1 = |x| + |y| = 1$. D_2 est le losange inscrit dans le cercle unité, comme le montre la figure 6-7.

(c) Soit D_3 l'ensemble des points $u = (x, y) \in \mathbb{R}^2$ tels que $\|u\|_\infty = 1$. Donc, D_3 est formé de tous les points (x, y) tels que $\|u\|_\infty = \max(|x|, |y|) = 1$. Ainsi, D_3 est le carré circonscrit au cercle unité, comme le montre la figure 6-7.

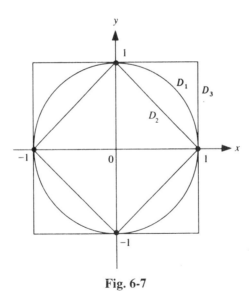

Fig. 6-7

Normes sur $C[a, b]$

Considérons l'espace vectoriel $V = C[a, b]$ des fonctions réelles continues, définies sur l'intervalle $a \le t \le b$. Rappelons que l'expression suivante définit un produit scalaire sur V :

$$\langle f, g \rangle = \int_a^b f(t)\, g(t)\, \mathrm{d}t$$

Par conséquent, le produit scalaire précédent définit la norme suivante sur $V = C[a, b]$ (qui est analogue à la norme $\| \cdot \|_2$ sur $\mathbb{R}^n$) :

$$\|f\|_2 = \int_a^b [f(t)]^2 \, dt$$

L'exemple suivant définit deux autres normes sur $V = C[a, b]$.

Exemple 6.21

(a) Posons $\|f\|_1 = \int_a^b |f(t)| \, dt$. (Cette norme est analogue à la norme $\| \cdot \|_1$ sur $\mathbb{R}^n$.) Il y a une description géométrique de $\|f\|_1$ et de la distance $d_1(f, g)$. Comme le montre la figure 6-8, $\|f\|_1$ est égale à l'aire du domaine situé entre la fonction $|f|$ et l'axe des abscisses t et $d_1(f, g)$ est égale à l'aire du domaine situé entre les deux fonctions f et g [et bien sûr délimité par les deux droites verticales $t = a$ et $t = b$].

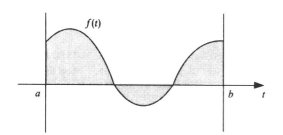 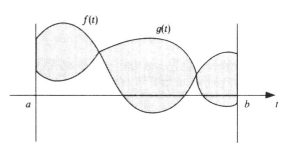

(a) $\|f\|_1 = $ Aire du domaine colorié   (b) $d_1(f, g) = $ Aire du domaine colorié

Fig. 6-8

(b) Soit $\|f\|_\infty = \max |f(t)|$. (Cette norme est analogue à la norme $\| \cdot \|_\infty$ dans $\mathbb{R}^n$.) Il y a une description géométrique de $\|f\|_\infty$ et de la distance $d_\infty(f, g)$. Comme le montre la figure 6-9, $\|f\|_\infty$ représente la distance maximale entre f et l'axe des abscisses ; et $d_\infty(f, g)$ est la distance maximale entre f et g.

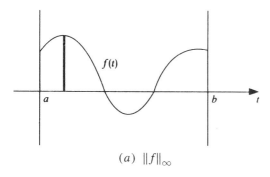 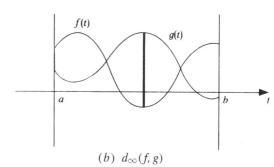

(a) $\|f\|_\infty$ (b) $d_\infty(f, g)$

Fig. 6-9

Problèmes résolus

PRODUIT SCALAIRE

6.1. Développer $\langle 5u_1 + 8u_2, 6v_1 - 7v_2 \rangle$.

Utilisons la linéarité par rapport aux deux composantes, pour obtenir

$$\langle 5u_1 + 8u_2, 6v_1 - 7v_2 \rangle = \langle 5u_1, 6v_1 \rangle + \langle 5u_1, -7v_2 \rangle + \langle 8u_2, 6v_1 \rangle + \langle 8u_2, -7v_2 \rangle$$
$$= 30\langle u_1, v_1 \rangle - 35\langle u_1, v_2 \rangle + 48\langle u_2, v_1 \rangle - 56\langle u_2, v_2 \rangle$$

[Remarquer la similitude entre le développement précédent et le développement de l'expression $(5a+8b)(6c-7d)$ en algèbre ordinaire.]

6.2. Considérons les vecteurs suivants dans $\mathbb{R}^3$; $u = (1, 2, 4)$, $v = (2, -3, 5)$ et $w = (4, 2, -3)$. Calculer : (a) $u \cdot v$, (b) $u \cdot w$, (c) $v \cdot w$, (d) $(u + v) \cdot w$, (e) $\|u\|$, (f) $\|v\|$, (g) $\|u + v\|$.

(a) Multiplions les composantes correspondantes, puis additionnons pour obtenir $u \cdot v = 2 - 6 + 20 = 16$.

(b) $u \cdot w = 4 + 4 - 12 = -4$.

(c) $v \cdot w = 8 - 6 - 15 = -13$.

(d) Calculons d'abord $u + v = (3, -1, 9)$. Donc $(u + v) \cdot w = 12 - 2 - 27 = -17$. Autrement dit, en utilisant $[I_1]$, $(u + v) \cdot w = u \cdot w + v \cdot w = -4 - 13 = -17$.

(e) Calculons d'abord $\|u\|^2$ en additionnant les carrés des composantes de u :
$$\|u\|^2 = 1^2 + 2^2 + 4^2 = 1 + 4 + 16 = 21 \quad \text{et donc} \quad \|u\|^2 = \sqrt{21}$$

(f) $\|v\|^2 = 4 + 9 + 25 = 38$ et donc $\|v\|^2 = \sqrt{38}$.

(g) D'après (d), $u + v = (3, -1, 9)$. Donc, $\|u + v\|^2 = 9 + 1 + 81 = 91$. D'où $\|u + v\| = \sqrt{91}$.

6.3. Vérifier que l'expression suivante définit un produit scalaire sur $\mathbb{R}^2$:
$$\langle u, v \rangle = x_1 y_1 - x_1 y_2 - x_2 y_1 + 3 x_2 y_2 \quad \text{ou} \quad u = (x_1, y_1), \quad v = (y_1, y_2)$$

Méthode 1. Vérifions les trois axiomes d'un produit scalaire. En posant $w = (z_1, z_2)$, nous avons
$$au + bw = a(x_1, x_2) + b(z_1, z_2) = (ax_1 + bz_1, ax_2 + bz_2)$$
Ainsi,
$$\begin{aligned}\langle au + bw, v \rangle &= \langle (ax_1, ax_2 + bz_2), (y_1, y_2) \rangle \\ &= (ax_1 + bz_1)y_1 - (ax_1 + bz_1)y_2 - (ax_2 + bz_2)y_1 + 3(ax_2 + bz_2)y_2 \\ &= a(x_1 y_1 - x_1 y_2 - x_2 y_1 + 3 x_2 y_2) + b(z_1 y_1 - z_1 y_2 - z_2 y_1 + 3 z_2 y_2) \\ &= a\langle u, v \rangle + b\langle w, v \rangle\end{aligned}$$
donc, l'axiome $[I_1]$ est vérifié. Aussi,
$$\langle v, u \rangle = y_1 x_1 - y_1 x_2 - y_2 x_1 + 3 y_2 x_2 = x_1 y_1 - x_1 y_2 - x_2 y_1 + 3 x_2 y_2 = \langle u, v \rangle$$
donc, l'axiome $[I_2]$ est vérifié. Finalement,
$$\langle u, u \rangle = x_1^2 - 2x_1 x_2 + 3x_2^2 = x_1^2 - 2x_1 x_2 + x_2^2 + 2x_2^2 = (x_1 - x_2)^2 + 2x_2^2 \geq 0$$
D'autre part, $\langle u, u \rangle = 0$ si, et seulement si $x_1 = 0$, $x_2 = 0$, $i.e.$: $u = 0$. Par conséquent, l'axiome $[I_2]$ est aussi vérifié.

Méthode 2. Utilisons les matrices. En effet, nous écrivons $\langle u, v \rangle$ en notation matricielle comme suit :
$$\langle u, v \rangle = u^T A v = (x_1, x_2) \begin{pmatrix} 1 & -1 \\ -1 & 3 \end{pmatrix} \begin{pmatrix} y_1 \\ y_2 \end{pmatrix}$$

Puisque A est une matrice réelle symétrique, il suffit de démontrer que A est définie positive. Appliquons l'opération élémentaire sur les lignes $R_1 + R_2 \to R_2$ et, par suite, l'opération élémentaire correspondante sur les colonnes $C_1 + C_2 \to C_2$. Nous obtenons la matrice diagonale $\begin{pmatrix} 1 & 0 \\ 0 & 2 \end{pmatrix}$. Ainsi, A est définie positive. Par conséquent, $\langle u, v \rangle$ est un produit scalaire.

6.4. Considérons les vecteurs $u = (1, 5)$ et $v = (3, 4)$ dans $\mathbb{R}^2$. Trouver :

(a) $\langle u, v \rangle$ par rapport au produit scalaire usuel de $\mathbb{R}^2$;

(b) $\langle u, v \rangle$ par rapport au produit scalaire de $\mathbb{R}^2$ défini dans le problème 6.3 ;

(c) $\|v\|$ par rapport au produit scalaire usuel de $\mathbb{R}^2$;

(d) $\|v\|$ par rapport au produit scalaire de $\mathbb{R}^2$ défini dans le problème 6.3.

(a) $\langle u, v \rangle = 3 + 20 = 23$.

(b) $\langle u, v \rangle = 1 \cdot 3 - 1 \cdot 4 - 5 \cdot 3 + 3 \cdot 5 \cdot 4 = 3 - 4 - 15 + 60 = 44$.

(c) $\|v\|^2 = \langle v, v \rangle = \langle (3, 4), (3, 4) \rangle = 9 + 16 = 25$; donc $\|v\| = 5$.

(d) $\|v\|^2 = \langle v, v \rangle = \langle (3, 4), (3, 4) \rangle = 9 - 12 - 12 + 48 = 33$; donc $\|v\| = \sqrt{33}$.

6.5. Soit V l'espace vectoriel des polynômes, muni du produit scalaire défini par $\int_0^1 f(t) g(t) \, dt$ et considérons les polynômes $f(t) = t + 2$, $g(t) = 3t - 2$ et $h(t) = t^2 - 2t - 3$. Trouver : (a) $\langle f, g \rangle$ et $\langle f, h \rangle$; (b) $\|f\|$ et $\|g\|$; (c) normaliser f et g.

(a) Calculons les intégrales

$$\langle f, g \rangle = \int_0^1 (t + 2)(3t - 2) \, dt = \int_0^1 (3t^2 + 4t - 4) \, dt = [t^3 + 2t^2 - 4t]_0^1 = -1$$

$$\langle f, h \rangle = \int_0^1 (t + 2)(t^2 - 2t - 3) \, dt = \left[\frac{t^4}{4} - \frac{7t^2}{2} - 6t \right]_0^1 = -\frac{37}{4}$$

(b)
$$\langle f, f \rangle = \int_0^1 (t + 2)(t + 2) \, dt = \frac{19}{3} \quad \text{et} \quad \|f\| = \sqrt{\langle f, f \rangle} = \sqrt{19/3} = \frac{\sqrt{57}}{3}$$

$$\langle g, g \rangle = \int_0^1 (3t - 2)(3t - 2) \, dt = 1 \quad \text{et} \quad \|g\| = \sqrt{1} = 1$$

(c) Puisque $\|f\| = \dfrac{\sqrt{57}}{3}$, $\hat{f} = \dfrac{1}{\|f\|} f = \dfrac{3}{\sqrt{57}}(t + 2)$.

Remarquons que g est déjà un vecteur unitaire, puisque $\|g\| = 1$; donc $\hat{g} = g = 3t - 2$.

6.6. Soit V l'espace vectoriel des matrices réelles 2×3, muni du produit scalaire $\langle A, B \rangle = \operatorname{tr} B^T A$ et considérons les matrices

$$A = \begin{pmatrix} 9 & 8 & 7 \\ 6 & 5 & 4 \end{pmatrix} \qquad B = \begin{pmatrix} 1 & 2 & 3 \\ 4 & 5 & 6 \end{pmatrix} \qquad C = \begin{pmatrix} 3 & -5 & 2 \\ 1 & 0 & -4 \end{pmatrix}$$

Trouver : (a) $\langle A, B \rangle$, $\langle A, C \rangle$ et $\langle B, C \rangle$; (b) $\langle 2A + 3B, 4C \rangle$; (c) $\|A\|$ et $\|B\|$; (d) Normaliser A et B.

(a) $\left[\text{Utiliser } \langle A, B \rangle = \operatorname{tr} B^T A = \sum_{i=1}^m \sum_{j=1}^n a_{ij} b_{ij}, \text{ la somme des produits des éléments correspondants.} \right]$

$$\langle A, B \rangle = 9 + 16 + 21 + 24 + 25 + 24 = 119$$
$$\langle A, C \rangle = 27 - 40 + 14 + 6 + 0 - 16 = -9$$
$$\langle B, C \rangle = 3 - 10 + 6 + 4 + 0 - 24 = -21$$

(b) Calculons d'abord $2A + 3B = \begin{pmatrix} 21 & 22 & 23 \\ 24 & 25 & 26 \end{pmatrix}$ et $4C = \begin{pmatrix} 12 & -20 & 8 \\ 4 & 0 & -16 \end{pmatrix}$. Donc,

$$\langle 2A + 3B, 4C \rangle = 252 - 440 + 184 + 96 + 0 - 416 = -324$$

Autrement dit, en utilisant la propriété de linéarité du produit scalaire,

$$\langle 2A + 3B, 4C \rangle = 8\langle A, C \rangle + 12\langle B, C \rangle = 8(-9) + 12(-21) = -324$$

(c) $\left[\text{Utiliser } \|A\|^2 = \langle A, A \rangle = \sum_{i=1}^m \sum_{j=1}^n a_{ij}^2, \text{ la somme des carrés de tous les éléments de } A. \right]$

$$\|A\|^2 = \langle A, A \rangle = 9^2 + 8^2 + 7^2 + 6^2 + 5^2 + 4^2 = 271 \quad \text{et} \quad \|A\| = \sqrt{271}$$
$$\|B\|^2 = \langle B, B \rangle = 1^2 + 2^2 + 3^2 + 4^2 + 5^2 + 6^2 = 91 \quad \text{et} \quad \|B\| = \sqrt{91}$$

(d)
$$\widehat{A} = \frac{1}{\|A\|}A = \frac{1}{\sqrt{271}}A = \begin{pmatrix} 9/\sqrt{271} & 8/\sqrt{271} & 7/\sqrt{271} \\ 6/\sqrt{271} & 5/\sqrt{271} & 4/\sqrt{271} \end{pmatrix}$$

$$\widehat{B} = \frac{1}{\|B\|}B = \frac{1}{\sqrt{91}}B = \begin{pmatrix} 1/\sqrt{91} & 2/\sqrt{91} & 3/\sqrt{91} \\ 4/\sqrt{91} & 5/\sqrt{91} & 6/\sqrt{91} \end{pmatrix}$$

6.7. Trouver la distance $d(u, v)$ entre les vecteurs :

(a) $u = (1, 3, 5, 7)$ et $v = (4, -2, 8, 1)$ dans $\mathbb{R}^4$;

(b) $u = t + 2$ et $v = 3t - 2$ où $\langle u, v \rangle = \int_0^1 u(t)\, v(t)\, dt$.

Utiliser $d(u, v) = \|u - v\|$.

(a) $u - v = (-3, 5, -3, 6)$. Donc
$$\|u - v\|^2 = 9 + 25 + 9 + 36 = 79 \quad \text{et} \quad d(u, v) = \|u - v\| = \sqrt{79}$$

(b) $u - v = -2t + 4$. Donc

$$\|u - v\|^2 = \langle u - v, u - v \rangle = \int_0^1 (-2t + 4)(-2t + 4)\, dt$$

$$= \int_0^1 (4t^2 - 16t + 16)\, dt = \left[\frac{4}{3}t^3 - 8t^2 + 16t \right]_0^1 = \frac{28}{3}$$

Ainsi, $d(u, v) = \sqrt{\frac{28}{3}} = \frac{2}{3}\sqrt{21}$.

6.8. Trouver $\cos\theta$ où θ est l'angle entre :

(a) $u = (1, -3, 2)$ et $v = (2, 1, 5)$ dans $\mathbb{R}^3$;

(b) $u = (1, 3, -5, 4)$ et $v = (2, -3, 4, 1)$ dans $\mathbb{R}^4$;

(c) $f(t) = 2t - 1$ et $g(t) = t^2$, où $\langle f, g \rangle = \int_0^1 f(t)\, g(t)\, dt$;

(d) $A = \begin{pmatrix} 2 & 1 \\ 3 & -1 \end{pmatrix}$ et $B = \begin{pmatrix} 0 & -1 \\ 2 & 3 \end{pmatrix}$, où $\langle A, B \rangle = \operatorname{tr} B^T A$.

Nous savons que $\cos\theta = \dfrac{\langle u, v \rangle}{\|u\|\, \|v\|}$.

(a) Calculons $\langle u, v \rangle = 2 - 3 + 10 = 9$, $\|u\|^2 = 1 + 9 + 4 = 14$, $\|v\|^2 = 4 + 1 + 25 = 30$. Ainsi,
$$\cos\theta = \frac{9}{\sqrt{14}\sqrt{30}} = \frac{9}{\sqrt{105}}$$

(b) Ici, $\langle u, v \rangle = 2 - 9 - 20 + 4 = -23$, $\|u\|^2 = 1 + 9 + 25 + 16 = 51$, $\|v\|^2 = 4 + 9 + 16 + 1 = 30$.
$$\cos\theta = \frac{-23}{\sqrt{51}\sqrt{30}} = \frac{-23}{3\sqrt{170}}$$

(c) Calculons d'abord
$$\langle f, g \rangle = \int_0^1 (2t^3 - t^2)\, dt = \left[\frac{t^4}{2} - \frac{t^3}{3} \right]_0^1 = \frac{1}{2} - \frac{1}{3} = \frac{1}{6}$$

$$\|f\|^2 = \langle f, f \rangle = \int_0^1 (4t^2 - 4t + 1)\, dt = \frac{1}{3} \quad \text{et} \quad \|g\|^2 = \langle g, g \rangle = \int_0^1 t^4\, dt = \frac{1}{3}$$

Ainsi, $\cos\theta = \dfrac{\frac{1}{6}}{(1/\sqrt{3})(1/\sqrt{5})} = \dfrac{\sqrt{15}}{6}$.

(*d*) Calculons $\langle A, B \rangle = 0 - 1 + 6 - 3 = 2$, $\|A\|^2 = 4 + 1 + 9 + 1 = 15$, $\|B\|^2 = 0 + 1 + 4 + 9 = 14$. Ainsi,

$$\cos \theta = \frac{2}{\sqrt{15}\sqrt{14}} = \frac{2}{\sqrt{210}}$$

6.9.   Vérifier chacune des propriétés suivantes :

(*a*) La propriété du parallélogramme (*cf.* fig 6-10) : $\|u + v\|^2 + \|u - v\|^2 = 2\|u\|^2 + 2\|v\|^2$.

(*b*) La forme polaire de $\langle u, v \rangle$ (qui montre que le produit scalaire peut être obtenu à partir de la norme) : $\langle u, v \rangle = \frac{1}{4}\left(\|u + v\|^2 - \|u - v\|^2\right)$.

Développons chaque terme de l'expression donnée pour obtenir :

$$\|u + v\|^2 = \langle u + v, u + v \rangle = \|u\|^2 + 2\langle u, v \rangle + \|v\|^2 \qquad (1)$$

$$\|u - v\|^2 = \langle u - v, u - v \rangle = \|u\|^2 - 2\langle u, v \rangle + \|v\|^2 \qquad (2)$$

En additionnant *(1)* et *(2)*, nous obtenons la propriété du parallélogramme *(a)*. Et, en soustrayant *(2)* à *(1)* nous obtenons

$$\|u + v\|^2 - \|u - v\|^2 = 4\langle u, v \rangle$$

Maintenant, en divisant les deux membres par 4, nous obtenons la forme polaire (réelle) *(b)*. (Dans le cas complexe, l'expression de la forme polaire est différente.)

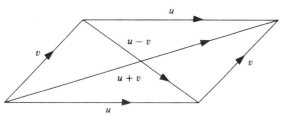

Fig. 6-10

6.10.   Démontrer le théorème 6.1 (inégalité de Cauchy-Schwarz).

Quel que soit le nombre réel t, nous avons

$$\langle tu + v, tu + c \rangle = t^2\langle u, u \rangle + 2t\langle u, v \rangle + \langle v, v \rangle = t^2\|u\|^2 + 2t\langle u, v \rangle + \|v\|^2$$

Posons $a = \|u\|^2$, $b = 2\langle u, v \rangle$ et $c = \|v\|^2$. Puisque $\|tu + v\|^2 \geq 0$, nous avons

$$at^2 + bt + c \geq 0$$

quelle que soit la valeur de t. Ceci signifie que le polynôme quadratique n'admet pas deux racines réelles. Par conséquent, son discriminant est négatif ou nul, *i.e.* : $b^2 - 4ac \leq 0$ ou $b^2 \leq 4ac$. Ainsi,

$$4\langle u, v \rangle^2 \leq 4\|u\|^2 \|v\|^2$$

En divisant les deux membres par 4, nous obtenons notre résultat. (*Remarque* : L'inégalité de Cauchy-Schwarz, dans le cas d'un produit scalaire complexe, sera démontrée dans le problème 6.53.)

6.11.   Démontrer le théorème 6.2.

Si $v \neq 0$, alors $\langle v, v \rangle > 0$ et, par suite, $\|v\| = \sqrt{\langle v, v \rangle} > 0$. Si $v = 0$, alors $\langle 0, 0 \rangle = 0$. Par conséquent, $\|0\| = \sqrt{0} = 0$. D'où $[N_1]$ est vrai.

Nous avons $\|kv\|^2 = \langle kv, kv \rangle = k^2\langle v, v \rangle = k^2\|v\|^2$. En prenant la racine carrée des deux membres, nous obtenons $[N_2]$.

Maintenant, en utilisant l'inégalité de Cauchy-Schwarz, nous obtenons

$$\|u+v\|^2 = \langle u+v, u+v \rangle = \langle u, u \rangle + \langle u, v \rangle + \langle u, v \rangle + \langle v, v \rangle$$

$$\leq \|u\|^2 + 2\|u\|\|v\| + \|v\|^2 = (\|u\| + \|v\|)^2$$

En prenant la racine carrée des deux membres, nous obtenons $[N_3]$.

6.12. Soit $(a_1, a_2, \ldots)$ et $(b_1, b_2, \ldots)$ deux éléments de l'espace l_2 (*cf.* exemple 6.3(b)). Montrer que le produit scalaire est bien défini, *i.e.* montrer que la série $\sum_{i=1}^{\infty} a_i b_i = a_1 b_1 + a_2 b_2 + \cdots$ converge absolument.

D'après l'exemple 6.4(a) (inégalité de Cauchy-Schwarz),

$$|a_1 b_1| + \cdots + |a_n b_n| \leq \sqrt{\sum_{i=1}^{n} a_i^2} \sqrt{\sum_{i=1}^{n} b_i^2} \leq \sqrt{\sum_{i=1}^{\infty} a_i^2} \sqrt{\sum_{i=1}^{\infty} b_i^2}$$

inégalités vraies pour tout n. Ainsi, la suite (croissante) des sommes partielles $S_n = |a_1 b_1| + \cdots + |a_n b_n|$ est bornée et, par suite, convergente. Par conséquent la série, donnant le produit scalaire, converge absolument.

ORTHOGONALITÉ

6.13. Trouver les valeurs de k, pour que les vecteurs suivants soient orthogonaux :

(a) $u = (1, 2, k, 3)$ et $v = (3, k, 7, -5)$ dans $\mathbb{R}^4$;

(b) $f(t) = t + k$ et $g(t) = t^2$ où $\langle f, g \rangle = \int_0^1 f(t) g(t) \, dt$.

(a) Calculons d'abord $\langle u, v \rangle = (1, 2, k, 3) \cdot (3, k, 7, -5) = 3 + 2k + 7k - 15 = 9k - 12$. Posons alors $\langle u, v \rangle = 9k - 12 = 0$ pour trouver $k = \frac{4}{3}$.

(b) Calculons d'abord

$$\langle f, g \rangle = \int_0^1 (t+k)t^2 \, dt = \int_0^1 (t^3 + kt^2) \, dt = \left[\frac{t^4}{4} + \frac{kt^3}{3} \right]_0^1 = \frac{1}{4} + \frac{k}{3}$$

Posons $\langle f, g \rangle = \frac{1}{4} + \frac{k}{3} = 0$ pour trouver $k = -\frac{3}{4}$.

6.14. Soit $u = (0, 1, -2, 5) \in \mathbb{R}^4$. Trouver une base du supplémentaire orthogonal $u^\perp$ de u.

Nous cherchons l'ensemble des vecteurs $(x, y, z, t) \in \mathbb{R}^4$ tels que

$$\langle (x, y, z, t), (0, 1, -2, 5) \rangle = 0 \quad \text{et} \quad 0x + y - 2z + 5t = 0$$

(1) Posons $x = 1$, $z = 0$, $t = 0$ pour obtenir la solution $w_1 = (1, 0, 0, 0)$.

(2) Posons $x = 0$, $z = 1$, $t = 0$ pour obtenir la solution $w_2 = (0, 2, 1, 0)$.

(3) Posons $x = 0$, $z = 0$, $t = 1$ pour obtenir la solution $w_3 = (0, -5, 0, 1)$.

Les vecteurs w_1, w_2 et w_3 forment une base de l'espace solution de l'équation et, par suite, une base de $u^\perp$.

6.15. Soit W le sous-espace de $\mathbb{R}^5$ engendré par les vecteurs $u = (1, 2, 3, -1, 2)$ et $v = (2, 4, 7, 2, -1)$. Trouver une base du supplémentaire orthogonal $W^\perp$ de W.

Nous cherchons l'ensemble des vecteurs $w = (x, y, z, s, t)$ tels que

$$\langle w, u \rangle = x + 2y + 3z - s + 2t = 0$$

$$\langle w, v \rangle = 2x + 4y + 7z + 2s - t = 0$$

En éliminant x de la seconde équation, nous obtenons le système équivalent

$$x + 2y + 3z - s + 2t = 0$$

$$z + 4s - 5t = 0$$

Les variables libres sont y, s et t. Par conséquent,

(1) Posons $y = -1$, $s = 0$, $t = 0$ pour obtenir la solution $w_1 = (2, -1, 0, 0, 0)$.

(2) Posons $y = 0$, $s = 1$, $t = 0$ pour obtenir la solution $w_2 = (13, 0, -4, 1, 0)$.

(3) Posons $y = 0$, $s = 0$, $t = 1$ pour obtenir la solution $w_3 = (-17, 0, 5, 0, 1)$.

La famille $\{w_1, w_2, w_3\}$ est une base de $W^\perp$.

6.16. Soit $w = (1, 2, 3, 1)$ un vecteur de $\mathbb{R}^4$. Trouver une base orthogonale de $w^\perp$.

Cherchons une solution non nulle de l'équation $x + 2y + 3z + t = 0$; par exemple, $v_1 = (0, 0, 1, -3)$. Maintenant, cherchons une solution non nulle du système

$$x + 2y + 3z + t = 0 \qquad z - 3t = 0$$

par exemple, $v_2 = (0, -5, 3, 1)$. Finalement, cherchons une solution non nulle du système

$$x + 2y + 3z + t = 0 \qquad -5y + 3z + t = 0 \qquad z - 3t = 0$$

par exemple, $v_3 = (-14, 2, 3, 1)$. Ainsi, v_1, v_2 et v_3 forment une base orthogonale de $w^\perp$. (Comparer ce résultat avec celui du problème 6.14 où la base n'était pas nécessairement orthogonale.)

6.17. Soit S l'ensemble des vecteurs suivants de $\mathbb{R}^3$:

$$u_1 = (1, 1, 1) \qquad u_2 = (1, 2, -3) \qquad u_3 = (5, -4, -1)$$

(a) Montrer que S est orthogonal et qu'il forme une base de $\mathbb{R}^3$.

(b) Écrire $v = (1, 5, -7)$ comme combinaison linéaire des vecteurs u_1, u_2 et u_3.

(a) Calculons

$$\langle u_1, u_2 \rangle = 1 + 2 - 3 = 0 \qquad \langle u_1, u_3 \rangle = 5 - 4 - 1 = 0 \qquad \langle u_2, u_3 \rangle = 5 - 8 + 3 = 0$$

Comme chaque produit scalaire est égal à 0, S est orthogonal, donc S est linéairement indépendant. Ainsi, S est une base de $\mathbb{R}^3$, puisque tout ensemble linéairement indépendant formé de trois éléments est une base de $\mathbb{R}^3$.

(b) Écrivons $v = xu_1 + yu_2 + zu_3$ où x, y, z sont inconnus. Nous avons

$$(1, 5, -7) = x(1, 1, 1) + y(1, 2, -3) + z(5, -4, -1) \qquad (1)$$

Méthode 1. Développons (1) pour obtenir le système

$$x + y + 5z = 1 \qquad x + 2y - 4z = 5 \qquad x - 3y - z = -7$$

La résolution de ce système donne $x = -\frac{1}{3}$, $y = \frac{16}{7}$, $z = -\frac{4}{21}$.

Méthode 2. (Cette méthode utilise le fait que les vecteurs de base sont orthogonaux ; les calculs sont simples.) Calculons le produit scalaire de (1) par u_1 pour obtenir

$$(1, 5, -7) \cdot (1, 1, 1) = x(1, 1, 1,) \cdot (1, 1, 1) \quad \text{ou} \quad -1 = 3x \quad \text{ou} \quad x = -\frac{1}{3}$$

(Les deux derniers termes sont éliminés puisque u_1 est orthogonal à u_2 et u_3.) Calculons le produit scalaire de (1) par u_2 pour obtenir

$$(1, 5, -7) \cdot (1, 2, -3) = y(1, 2, -3) \cdot (1, 2, -3) \quad \text{ou} \quad 32 = 14y \quad \text{ou} \quad y = \frac{16}{7}$$

Calculons le produit scalaire de (1) par u_3 pour obtenir

$$(1, 5, -7) \cdot (5, -4, -1) = z(5, -4, -1) \cdot (5, -4, -1) \quad \text{ou} \quad -8 = 42z \quad \text{ou} \quad z = -\frac{4}{21}$$

Ainsi, en utilisant l'une où l'autre méthode, nous obtenons $v = (-\frac{1}{3})u_1 + (\frac{16}{7})u_2 - (\frac{4}{21})u_3$.

6.18. Soit S l'ensemble des vecteurs suivants de $\mathbb{R}^4$:

$$u_1 = (1, 1, 0, -1) \quad u_2 = (1, 2, 1, 3) \quad u_3 = (1, 1, -9, 2) \quad u_4 = (16, -13, 1, 3)$$

(a) Montrer que S est orthogonal, puis que S est une base de $\mathbb{R}^4$.

(b) Trouver les coordonnées d'un vecteur arbitraire $v = (a, b, c, d)$ de $\mathbb{R}^4$ relativement à la base S.

(a) Calculons

$$u_1 \cdot u_2 = 1 + 2 + 0 - 3 = 0 \qquad u_1 \cdot u_3 = 1 + 1 + 0 - 2 = 0 \qquad u_1 \cdot u_4 = 16 - 13 + 0 - 3 = 0$$

$$u_2 \cdot u_3 = 1 + 2 - 9 + 6 = 0 \qquad u_2 \cdot u_4 = 16 + 26 + 1 + 9 = 0 \qquad u_3 \cdot u_4 = 16 - 13 - 9 + 6 = 0$$

Ainsi, S est orthogonal et, par suite, S est linéairement indépendant. Par conséquent, S est une base de $\mathbb{R}^4$, puisque tout ensemble linéairement indépendant formé de quatre éléments est une base de $\mathbb{R}^4$.

(b) Puisque S est orthogonal, il suffit de calculer les coefficients de Fourier de v relativement aux vecteurs de la base (*cf.* théorème 6.7). Ainsi,

$$k_1 = \frac{\langle v, u_1 \rangle}{\langle u_1, u_1 \rangle} = \frac{a + b - d}{3} \qquad\qquad k_3 = \frac{\langle v, u_3 \rangle}{\langle u_3, u_3 \rangle} = \frac{a + b - 9c + 2d}{87}$$

$$k_2 = \frac{\langle v, u_2 \rangle}{\langle u_2, u_2 \rangle} = \frac{a + 2b + c + 3d}{15} \qquad\qquad k_4 = \frac{\langle v, u_4 \rangle}{\langle u_4, u_4 \rangle} = \frac{16a - 13b + c + 3d}{435}$$

sont les coordonnées de v relativement à la base S.

6.19. Soit S, S_1 et S_2 trois sous-ensembles de V. Démontrer les propriétés suivantes :

(a) $S \subseteq S^{\perp\perp}$;   (b) Si $S_1 \subseteq S_2$, alors $S_2^{\perp} \subseteq S_1^{\perp}$;   (c) $S^{\perp} = $ vect $S^{\perp}$.

(a) Soit $w \in S$. Alors $\langle w, v \rangle = 0$ pour tout $v \in S^{\perp}$; donc $w \in S^{\perp\perp}$. Par suite, $S \subseteq S^{\perp\perp}$.

(b) Soit $w \in S_2^{\perp}$. Alors $\langle w, v \rangle = 0$ pour tout $v \in S_2$. Puisque $S_1 \subseteq S_2$, $\langle w, v \rangle = 0$ pour tout $v \in S_1$. Ainsi, $w \in S_1^{\perp}$. Donc $S_2^{\perp} \subseteq S_1^{\perp}$.

(c) Puisque $S \subseteq $ vect S, nous avons vect $S^{\perp} \subseteq S^{\perp}$. Soit $u \in S^{\perp}$ et $v \in $ vect $S^{\perp}$. Alors, il existe $w_1, w_2, \ldots, w_k$ dans S tels que :

$$v = a_1 w_1 + a_2 w_2 + \cdots + a_k w_k$$

Alors, comme $u \in S^{\perp}$, nous avons

$$\langle u, v \rangle = \langle u, a_1 w_1 + a_2 w_2 + \cdots + a_k w_k \rangle = a_1 \langle u, w_1 \rangle + a_2 \langle u, w_2 \rangle + \cdots + a_k \langle u, w_k \rangle$$

$$= a_1 \cdot 0 + a_2 \cdot 0 + \cdots + a_k \cdot 0 = 0$$

Ainsi, $u \in $ vect $S^{\perp}$. Par conséquent, $S^{\perp} \subseteq $ vect $S^{\perp}$. Les deux inclusions montrent que $S^{\perp} = $ vect $S^{\perp}$.

6.20 Démontrer le théorème 6.5.

Soit $S = \{u_1, u_2, \ldots, u_r\}$. Supposons que

$$a_1 u_1 + a_2 u_2 + \cdots + a_r u_r = 0 \qquad\qquad (1)$$

En calculant le produit scalaire de *(1)* par u_1, nous obtenons

$$0 = \langle 0, u_1 \rangle = \langle a_1 u_1 + a_2 u_2 + \cdots + a_r u_r, u_1 \rangle$$

$$= a_1 \langle u_1, u_1 \rangle + a_2 \langle u_2, u_1 \rangle + \cdots + a_r \langle u_r, u_1 \rangle$$

$$= a_1 \langle u_1, u_1 \rangle + a_2 \cdot 0 + \cdots + a_r \cdot 0 = a_1 \langle u_1, u_1 \rangle$$

Puisque $u_1 \neq 0$, nous avons $\langle u_1, u_1 \rangle \neq 0$. Donc $a_1 = 0$. De même, pour $i = 2, \ldots, r$, en calculant le produit scalaire de *(1)* par u_i, nous obtenons

$$0 = \langle 0, u_i \rangle = \langle a_1 u_1 + a_2 u_2 + \cdots + a_r u_r, u_i \rangle$$

$$= a_1 \langle u_1, u_i \rangle + \cdots + a_i \langle u_i, u_i \rangle + \cdots + a_r \langle u_r, u_i \rangle = a_i \langle u_i, u_i \rangle$$

Puisque $\langle u_i, u_i \rangle \neq 0$, nous avons $a_i = 0$. Ainsi, S est linéairement indépendant.

6.21. Démontrer le théorème 6.6 (Pythagore).

En développant le produit scalaire, nous obtenons

$$\|u_1 + u_2 + \cdots + u_r\|^2 = \langle u_1 + u_2 + \cdots + u_r, u_1 + u_2 + \cdots + u_r \rangle$$

$$= \langle u_1, u_1 \rangle + \langle u_2, u_2 \rangle + \cdots + \langle u_r, u_r \rangle + \sum_{i \neq j} \langle u_i, u_j \rangle$$

Le théorème découle directement du fait que $\langle u_i, u_i \rangle = \|u_i\|^2$ et $\langle u_i, u_j \rangle = 0$ pour $i \neq j$.

6.22. Démontrer le théorème 6.7.

Posons $v = k_1 v_1 + k_2 v_2 + \cdots + k_n v_n$. En prenant le produit scalaire des deux membres par u_1, nous obtenons

$$\langle v, u_1 \rangle = \langle k_1 v_1 + k_2 v_2 + \cdots + k_n v_n, u_1 \rangle$$

$$= k_1 \langle u_1, u_1 \rangle + k_2 \langle u_2, u_1 \rangle + \cdots + k_n \langle u_n, u_1 \rangle$$

$$= k_1 \langle u_1, u_1 \rangle + k_2 \cdot 0 + \cdots + k_n \cdot 0 = k_1 \langle u_1, u_1 \rangle$$

Ainsi, $k_1 = \langle v, u_1 \rangle / \langle u_1, u_1 \rangle$. De même, pour $i = 2, \ldots, n$,

$$\langle v, u_i \rangle = \langle k_1 u_1 + k_2 u_2 + \cdots + k_n u_n, u_i \rangle$$

$$= k_1 \langle u_1, u_i \rangle + k_2 \langle u_2, u_i \rangle + \cdots + k_n \langle u_n, u_i \rangle$$

$$= k_1 \cdot 0 + \cdots + k_i \langle u_i, u_i \rangle + \cdots + k_n \cdot 0 = k_i \langle u_i, u_i \rangle$$

Ainsi, $k_i = \langle v, u_i \rangle / \langle u_i, u_i \rangle$. En remplaçant k_i par leurs valeurs dans l'équation $u = k_1 v_1 + k_2 v_2 + \cdots + k_n v_n$, nous obtenons le résultat cherché.

6.23. Soit $E = \{e_1, e_2, \ldots, e_n\}$ une base orthogonale de V. Démontrer que :

(a) Pour tout $u \in V$, nous avons $u = \langle u, e_1 \rangle e_1 + \langle u, e_2 \rangle e_2 + \cdots + \langle u, e_n \rangle e_n$.

(b) $\langle a_1 e_1 + \cdots + a_n e_n, b_1 e_1 + \cdots + b_n e_n \rangle = a_1 b_1 + a_2 b_2 + \cdots + a_n b_n$.

(c) Pour tout $u, v \in V$, nous avons $\langle u, v \rangle = \langle u, e_1 \rangle \langle v, e_1 \rangle + \cdots + \langle u, e_n \rangle \langle v, e_n \rangle$.

  (a) Posons $u = k_1 e_1 + k_2 e_2 + \cdots + k_n e_n$. En prenant le produit scalaire de u par e_1,

$$\langle u, e_1 \rangle = \langle k_1 e_1 + k_2 e_2 + \cdots + k_n e_n, e_1 \rangle$$

$$= k_1 \langle e_1, e_1 \rangle + k_2 \langle e_2, e_1 \rangle + \cdots + k_n \langle e_n, e_1 \rangle$$

$$= k_1 \cdot 1 + k_2 \cdot 0 + \cdots + k_n \cdot 0 = k_1$$

De même, pour $i = 2, \ldots, n$

$$\langle u, e_i \rangle = \langle k_1 e_1 + \cdots + k_i e_i + \cdots + k_n e_n, e_i \rangle$$

$$= k_1 \langle e_1, e_i \rangle + \cdots + k_i \langle e_i, e_i \rangle + \cdots + k_n \langle e_n, e_i \rangle$$

$$= k_1 \cdot 0 + \cdots + k_i \cdot 1 + \cdots + k_n \cdot 0 = k_i$$

En remplaçant k_i par $\langle u, e_i \rangle$ dans l'équation $u = k_1 e_1 + \cdots + k_n e_n$, nous obtenons le résultat cherché.

  (b) Nous avons

$$\left\langle \sum_{i=1}^{n} a_i e_i, \sum_{j=1}^{n} b_j e_j \right\rangle = \sum_{i,j=1}^{n} a_i b_j \langle e_i, e_j \rangle = \sum_{i=1}^{n} a_i b_i \langle e_i, e_i \rangle + \sum_{i \neq j} a_i b_j \langle e_i, e_j \rangle$$

Mais $\langle e_i, e_j \rangle = 0$ pour $i \neq j$, et $\langle e_i, e_i \rangle = 1$ pour $i = j$;

$$\left\langle \sum_{i=1}^{n} a_i e_i, \sum_{j=1}^{n} b_j e_j \right\rangle = \sum_{i=1}^{n} a_i b_i = a_1 b_1 + a_2 b_2 + \cdots + a_n b_n$$

  (c) D'après (a), nous avons :

$$u = \langle u, e_1 \rangle e_1 + \cdots + \langle u, e_n \rangle e_n \quad \text{et} \quad v = \langle v, e_1 \rangle e_1 + \cdots + \langle v, e_n \rangle e_n$$

Ainsi, d'après (b), nous avons

$$\langle u, v \rangle = \langle u, e_1 \rangle \langle v, e_1 \rangle + \langle u, e_2 \rangle \langle v, e_2 \rangle + \cdots + \langle u, e_n \rangle \langle v, e_n \rangle$$

PROJECTIONS, ALGORITHME DE GRAM-SCHMIDT, APPLICATIONS

6.24. Supposons que $w \neq 0$. Soit v un vecteur quelconque de V. Démontrer que :

$$c = \frac{\langle v, w \rangle}{\langle w, w \rangle} = \frac{\langle v, w \rangle}{\|w\|^2}$$

est l'unique scalaire tel que $v' = v - cw$ est orthogonal à w.

Pour que v' soit orthogonal à w, il faut que

$$\langle v - cw, w \rangle = 0 \quad \text{ou} \quad \langle v, w \rangle - c\langle w, w \rangle = 0 \quad \text{ou} \quad \langle v, w \rangle = c\langle w, w \rangle$$

Ainsi, $c = \langle v, w \rangle / \langle w, w \rangle$. Inversement, supposons que $c = \langle v, w \rangle / \langle w, w \rangle$. Alors

$$\langle v - cw, w \rangle = \langle v, w \rangle - c\langle w, w \rangle = \langle v, w \rangle - \frac{\langle v, w \rangle}{\langle w, w \rangle}\langle w, w \rangle = 0$$

6.25. Trouver le coefficient de Fourier c et la projection de $v = (1, -2, 3, -4)$ sur $w = (1, 2, 1, 2)$ dans $\mathbb{R}^4$.

Calculons $\langle v, w \rangle = 1 - 4 + 3 - 8 = -8$ et $\|w\|^2 = 1 + 4 + 1 + 4 = 10$. Donc $c = -\frac{8}{10} = -\frac{4}{5}$ et $\text{proj}(v, w) = cw = (-\frac{4}{5}, -\frac{8}{5}, -\frac{4}{5}, -\frac{8}{5})$.

6.26. Trouver une base orthonormale du sous-espace U de $\mathbb{R}^4$ engendré par les vecteurs

$$v_1 = (1, 1, 1, 1) \qquad v_2 = (1, 1, 2, 4) \qquad v_3 = (1, 2, -4, -3)$$

Cherchons d'abord une base orthogonale de U en utilisant l'algorithme de Gram-Schmidt. Commençons l'algorithme en posant $w_1 = u_1 = (1, 1, 1, 1)$. Puis, calculons

$$v_2 = \frac{\langle v_2, w_1 \rangle}{\|w_1\|^2} w_1 = (1, 1, 2, 4) - \frac{8}{4}(1, 1, 1, 1) = (-1, -1, 0, 2)$$

Posons $w_2 = (-1, -1, 0, 2)$. Puis, calculons

$$v_3 - \frac{\langle v_3, w_1 \rangle}{\|w_1\|^2} w_1 - \frac{\langle v_3, w_2 \rangle}{\|w_2\|^2} w_2 = (1, 2, -4, -3) - \frac{-4}{4}(1, 1, 1, 1) - \frac{-9}{6}(-1, -1, 0, 2)$$

$$= (\frac{1}{2}, \frac{3}{2}, -3, 1)$$

En éliminant les fractions, nous obtenons $w_3 = (1, 3, -6, 2)$. Il nous reste maintenant à normaliser la base orthogonale formée des vecteurs obtenus w_1, w_2, w_3. Puisque $\|w_1\|^2 = 4$, $\|w_2\|^2 = 6$, et $\|w_3\|^2 = 50$, les vecteurs suivants forment une base orthonormale de U :

$$u_1 = \frac{1}{2}(1, 1, 1, 1) \qquad u_2 = \frac{1}{\sqrt{6}}(-1, -1, 0, 2) \qquad u_3 = \frac{1}{5\sqrt{2}}(1, 3, -6, 2)$$

6.27. Soit V l'espace vectoriel des polynômes $f(t)$, muni du produit scalaire $\langle f, g \rangle = \int_0^1 f(t)\, g(t)\, dt$. Appliquer l'algorithme de Gram-Schmidt à la famille $\{1, t, t^2, t^3\}$ pour obtenir une base orthogonale $\{f_0, f_1, f_2, f_3\}$ avec des coefficients entiers.

Posons $f_0 = 1$. Puis, calculons

$$t - \frac{\langle t, 1 \rangle}{\langle 1, 1 \rangle} \cdot 1 = t - \frac{\frac{1}{2}}{1} \times 1 = t - \frac{1}{2}$$

En éliminant les fractions, nous obtenons $f_1 = 2t - 1$. Puis, calculons

$$t^2 - \frac{\langle t^2, 1 \rangle}{\langle 1, 1 \rangle} \cdot 1 - \frac{\langle t^2, 2t - 1 \rangle}{\langle 2t - 1, 2t - 1 \rangle} \cdot (2t - 1) = t^2 - \frac{\frac{1}{3}}{1} \times 1 - \frac{\frac{1}{6}}{\frac{1}{3}} \cdot (2t - 1) = t^2 - t + \frac{1}{6}$$

En éliminant les fractions, nous obtenons $f_2 = 6t^2 - 6t + 1$. Ainsi, $\{1, 2t - 1, 6t^2 - 6t + 1\}$ est la famille cherchée.

6.28. Soit $v = (1, 3, 5, 7)$. Trouver la projection de v sur W (ou bien, trouver un vecteur $w \in W$ qui minimise $\|v - w\|$) où W est le sous-espace de $\mathbb{R}^4$ engendré par :

$$(a) \quad u_1 = (1, 1, 1, 1) \quad \text{et} \quad u_2 = (1, -3, 4, -2)$$

$$(b) \quad v_1 = (1, 1, 1, 1) \quad \text{et} \quad v_2 = (1, 2, 3, 2)$$

(a) Puisque u_1 et u_2 sont orthogonaux, il suffit de calculer leurs coefficients de Fourier :

$$c_1 = \frac{\langle v, u_1 \rangle}{\|u_1\|^2} = \frac{1+3+5+7}{1+1+1+1} = \frac{16}{4} = 4$$

$$c_2 = \frac{\langle v, u_2 \rangle}{\|u_2\|^2} = \frac{1-9+20-14}{1+9+16+4} = \frac{-2}{30} = \frac{-1}{15}$$

Donc,

$$w = \text{proj}(v, W) = c_1 u_1 + c_2 u_2 = 4(1, 1, 1, 1) - \frac{1}{15}(1, -3, 4, -2) = \left(\tfrac{59}{15}, \tfrac{63}{5}, \tfrac{56}{15}, \tfrac{62}{15}\right)$$

(b) Comme v_1 et v_2 ne sont pas orthogonaux, appliquons d'abord l'algorithme de Gram-Schmidt pour trouver une base orthogonale de W. Posons $w_1 = v_1 = (1, 1, 1, 1)$. Puis, calculons

$$v_2 = -\frac{\langle v_2, w_1 \rangle}{\|w_1\|^2} w_1 = (1, 2, 3, 2) - \frac{8}{4}(1, 1, 1, 1) = (-1, 0, 1, 0)$$

Posons $w_2 = (-1, 0, 1, 0)$. Maintenant, calculons

$$c_1 = \frac{\langle v, w_1 \rangle}{\|w_1\|^2} = \frac{1+3+5+7}{1+1+1+1} = \frac{16}{4} = 4 \quad \text{et} \quad c_2 = \frac{\langle v, w_2 \rangle}{\|w_2\|^2} = \frac{-1+0+5+0}{1+0+1+0} = \frac{-6}{2} = -3$$

Donc $w = \text{proj}(v, W) = c_1 w_1 + c_2 w_2 = 4(1, 1, 1, 1) - 3(-1, 0, 1, 0) = (7, 4, 1, 4)$.

6.29. Soit w_1 et w_2 deux vecteurs orthogonaux non nuls. Soit v un vecteur quelconque de V. Trouver c_1 et c_2 tels que v' soit orthogonal à w_1 et w_2 où $v' = v - c_1 w_1 - c_2 w_2$.

Si v' est orthogonal à w_1, alors

$$0 = \langle v - c_1 w_1 - c_2 w_2, w_1 \rangle = \langle v, w_1 \rangle - c_1 \langle w_1, w_1 \rangle - c_2 \langle w_2, w_1 \rangle$$
$$= \langle v, w_1 \rangle - c_1 \langle w_1, w_1 \rangle - c_2 0 = \langle v, w_1 \rangle - c_1 \langle w_1, w_1 \rangle$$

Ainsi $c_1 = \langle v, w_1 \rangle / \langle w_1, w_1 \rangle$. (C'est-à-dire : c_1 est la composante de v suivant w_1.) De même, si v' est orthogonal à w_2, alors

$$0 = \langle v - c_1 w_1 - c_2 w_2, w_2 \rangle = \langle v, w_2 \rangle - c_2 \langle w_2, w_2 \rangle$$

Ainsi $c_2 = \langle v, w_2 \rangle / \langle w_2, w_2 \rangle$. (C'est-à-dire : c_2 est la composante de v suivant w_2.)

6.30. Démontrer le théorème 6.8.

Pour $i = 1, 2, \ldots, r$ et, en utilisant $\langle w_i, w_j \rangle = 0$ pour $i \neq j$, nous avons

$$\langle v - c_1 w_1 - c_2 w_2 - \cdots - c_r w_r, w_i \rangle = \langle v, w_i \rangle - c_1 \langle w_1, w_i \rangle - \cdots - c_i \langle w_i, w_i \rangle - \cdots - c_r \langle w_r, w_i \rangle$$

$$= \langle v, w_i \rangle - c_i \langle w_i, w_i \rangle = \langle v, w_i \rangle - \frac{\langle v, w_i \rangle}{\langle w_i, w_i \rangle} \langle w_i, w_i \rangle$$

$$= 0$$

Ainsi, le théorème est démontré.

6.31. Démontrer le théorème 6.9.

D'après le théorème 6.8, $v - \sum c_k w_k$ est orthogonal à tout vecteur w_i et, par suite, est orthogonal à toute combinaison linéaire des vecteurs $w_1, w_2, \ldots, w_r$. Donc, d'après le théorème de Pythagore, en prenant la somme pour $k = 1, \ldots, r$,

$$\left\| v - \sum a_k w_k \right\|^2 = \left\| v - \sum c_k w_k + \sum (c_k - a_k) w_k \right\|^2 = \left\| v - \sum c_k w_k \right\|^2 + \left\| \sum (c_k - a_k) w_k \right\|^2$$

$$\geq \left\| v - \sum c_k w_k \right\|^2$$

La racine carrée des deux membres achève la démonstration du théorème.

6.32. Démontrer le théorème 6.10 (inégalité de Bessel).

Remarquons d'abord que $c_i = \langle v, e_i \rangle$ puisque $\|e_i\| = 1$. Donc, sachant que $\langle e_i, e_j \rangle = 0$ pour $i \neq j$ et, en prenant la somme de $k = 1$ à r, nous obtenons :

$$0 \leq \left\langle v - \sum c_k e_k, v - \sum c_k e_k \right\rangle = \langle v, v \rangle - 2 \left\langle v, \sum c_k e_k \right\rangle + \sum c_k^2$$

$$= \langle v, v \rangle - \sum 2 c_k \langle v, e_k \rangle + \sum c_k^2 = \langle v, v \rangle - \sum c_k^2 + \sum c_k^2$$

$$= \langle v, v \rangle - \sum c_k^2$$

Ce qui donne l'inégalité.

6.33. Démontrer le théorème 6.11.

La démonstration utilise l'algorithme de Gram-Schmidt et les remarques 1 et 2 de la section 6.6. En effet, appliquons l'algorithme à $\{v_i\}$ pour obtenir une base orthogonale $\{w_1, w_2, \ldots, w_n\}$ et, par suite, normalisons $\{w_i\}$ pour obtenir une base orthonormale $\{u_i\}$ de V. Cet algorithme particulier montre que chaque w_k est une combinaison linéaire de $\{v_1, v_2, \ldots, v_k\}$ et, par suite, chaque u_k est une combinaison linéaire de $\{v_1, v_2, \ldots, v_k\}$.

6.34. Démontrer le théorème 6.12.

S peut être complété en une base $S' = \{w_1, \ldots, w_r, v_{r+1}, \ldots, v_n\}$ de V. En appliquant l'algorithme de Gram-Schmidt à S', nous trouvons d'abord $w_1, w_2, \ldots, w_r$ puisque S est orthogonal, puis nous obtenons des vecteurs $w_{r+1}, \ldots, w_n$ de sorte que $\{w_1, w_2, \ldots, w_n\}$ soit une base orthogonale de V. Ainsi, le théorème est démontré.

6.35. Démontrer le théorème 6.4.

D'après le théorème 6.11, il existe une base orthogonale $\{u_1, \ldots, u_r\}$ de W ; et, d'après le théorème 6.12, nous pouvons la compléter en une base $\{u_1, u_2, \ldots, u_n\}$ de V. Donc, $u_{r+1}, \ldots, u_n \in W^\perp$. Si $V \in V$, alors

$$v = a_1 u_1 + \cdots + a_n u_n \quad \text{où} \quad a_1 u_1 + \cdots + a_r u_r \in V \quad a_{r+1} u_{r+1} + \cdots + a_n u_n \in W^\perp$$

Par conséquent, $V = W + W^\perp$.

D'autre part, si $w \in W \cap W^\perp$, alors $\langle w, w \rangle = 0$. Ce qui donne $w = 0$; d'où $W \cap W^\perp = \{0\}$.

Les deux conditions, $V = W + W^\perp$ et $W \cap W^\perp = \{0\}$, montrent que $V = W \oplus W^\perp$.

Noter que nous avons démontré le théorème uniquement dans le cas où V est de dimension finie. Le théorème reste vrai aussi pour des espaces de dimension quelconque.

6.36. Soit W un sous-espace d'un espace de dimension finie V. Montrer que $W = W^{\perp\perp}$.

D'après le théorème 6.4, $V = W \oplus W^\perp$ et, aussi, $V = W \oplus W^{\perp\perp}$. Donc,

$$\dim W = \dim V - \dim W^\perp \quad \text{et} \quad \dim W^{\perp\perp} = \dim V - \dim W^\perp$$

Ce qui montre que $\dim W = \dim W^{\perp\perp}$. Or, nous savons que $W \subseteq W^{\perp\perp}$ [cf. problème 6.19(a)], d'où $W = W^{\perp\perp}$, comme demandé.

PRODUIT SCALAIRE ET MATRICES DÉFINIES POSITIVES

6.37. Déterminer si la matrice A est définie positive où $A = \begin{pmatrix} 1 & 0 & 1 \\ 0 & 1 & 2 \\ 1 & 2 & 3 \end{pmatrix}$.

L'algorithme de diagonalisation de la section 4.11 permet de transformer A en une matrice diagonale (congrue). Pour cela, appliquons les opérations $-R_1 + R_3 \rightarrow R_3$ et $-C_1 + C_3 \rightarrow C_3$, puis $-2R_2 + R_3 \rightarrow R_3$ et $-2C_2 + C_3 \rightarrow C_3$ pour obtenir

$$A \sim \begin{pmatrix} 1 & 0 & 1 \\ 0 & 1 & 2 \\ 1 & 2 & 2 \end{pmatrix} \sim \begin{pmatrix} 1 & 0 & 0 \\ 0 & 1 & 0 \\ 0 & 0 & -2 \end{pmatrix}$$

Il y a un élément négatif -2 sur la diagonale de la matrice obtenue, donc A n'est pas définie positive.

6.38. Trouver la matrice A qui représente le produit scalaire usuel de $\mathbb{R}^2$ relativement à chacune des bases suivantes de $\mathbb{R}^2$: (a) $\{v_1 = (1, 3),\ v_2 = (2, 5)\}$; (b) $\{w_1 = (1, 2),\ w_2 = (4, -2)\}$.

(a) Calculons $\langle v_1, v_1 \rangle = 1 + 9 = 10$, $\langle v_1, v_2 \rangle = 2 + 15 = 17$, $\langle v_2, v_2 \rangle = 4 + 25 = 29$. Ainsi, $A = \begin{pmatrix} 10 & 17 \\ 17 & 29 \end{pmatrix}$.

(b) Calculons $\langle w_1, w_1 \rangle = 1 + 4 = 5$, $\langle w_1, w_2 \rangle = 4 - 4 = 0$, $\langle w_2, w_2 \rangle = 16 + 4 = 20$. Ainsi, $A = \begin{pmatrix} 5 & 0 \\ 0 & 20 \end{pmatrix}$.

(Puisque les vecteurs de base sont orthogonaux, la matrice A est diagonale.)

6.39. Considérons l'espace vectoriel V des polynômes de degré ≤ 2, muni du produit scalaire $\langle f, g \rangle = \int_{-1}^{1} f(t)\, g(t)\, dt$.

(a) Trouver $\langle f, g \rangle$ où $f(t) = t + 2$ et $g(t) = t^2 - 3t + 4$.

(b) Trouver la matrice A du produit scalaire relativement à la base $\{1, t, t^2\}$ de V.

(c) Vérifier le théorème 6.14 en montrant que $\langle f, g \rangle = [f]^T A[g]$ relativement à la base $\{1, t, t^2\}$.

(a) $\langle f, g \rangle = \int_{-1}^{1} (t + 2)(t^2 - 3t + 4)\, dt = \int_{-1}^{1} (t^3 - t^2 - 2t + 8)\, dt = \left[\dfrac{t^4}{4} - \dfrac{t^3}{3} - t^2 + 8t \right]_{-1}^{1} = \dfrac{46}{3}$.

(b) Ici, nous utilisons le fait que, si $r + s = n$,

$$\langle t^r, t^s \rangle = \int_{-1}^{1} t^n\, dt = \left[\dfrac{t^{n+1}}{n+1} \right]_{-1}^{1} = \begin{cases} 2/(n+1) & \text{si } n \text{ est pair} \\ 0 & \text{si } n \text{ est impair} \end{cases}$$

Donc, $\langle 1, 1 \rangle = 2$, $\langle 1, t \rangle = 0$, $\langle 1, t^2 \rangle = \frac{2}{3}$, $\langle t, t \rangle = \frac{2}{3}$, $\langle t, t^2 \rangle = 0$, $\langle t^2, t^2 \rangle = \frac{2}{5}$. Ainsi,

$$A = \begin{pmatrix} 2 & 0 & \frac{2}{3} \\ 0 & \frac{2}{3} & 0 \\ \frac{2}{3} & 0 & \frac{2}{5} \end{pmatrix}$$

(c) Nous avons $[f]^T = (2, 1, 0)$ et $[g]^T = (4, -3, 1)$ relativement à la base donnée. Donc

$$[f]^T A[g] = (2, 1, 0) \begin{pmatrix} 2 & 0 & \frac{2}{3} \\ 0 & \frac{2}{3} & 0 \\ \frac{2}{3} & 0 & \frac{2}{5} \end{pmatrix} \begin{pmatrix} 4 \\ -3 \\ 1 \end{pmatrix} = (4, \tfrac{2}{3}, \tfrac{4}{3}) \begin{pmatrix} 4 \\ -3 \\ 1 \end{pmatrix} = \tfrac{46}{3} = \langle f, g \rangle$$

6.40. Démontrer le théorème 6.13.

Pour tous vecteurs u_1, u_2 et v,

$$\langle u_1 + u_2, v \rangle = (u_1 + u_2)^T A v = (u_1^T + u_2^T)Av = u_1^T A v + u_2^T A v = \langle u_1, v \rangle + \langle u_2, v \rangle$$

et pour tout scalaire k et tous vecteurs u, v,

$$\langle ku, v \rangle = (ku)^T A v = ku^T A v = k\langle u, v \rangle$$

Ainsi $[I_1]$ est satisfait.

Puisque $u^T A v$ est un scalaire, $(u^T A v)^T = u^T A v$. Aussi, $A^T = A$ puisque A est symétrique. Donc

$$\langle u, v \rangle = u^T A v = (u^T A v)^T = v^T A^T u^{TT} = v^T A u = \langle v, u \rangle$$

Ainsi $[I_2]$ est satisfait.

Finalement, puisque A est définie positive, $X^T A X > 0$, pour tout vecteur non nul $X \in \mathbb{R}^n$. Ainsi, pour tout vecteur non nul v, $\langle u, v \rangle = v^T A v > 0$. Aussi, $\langle 0, 0 \rangle = 0^T A 0 = 0$. Ainsi, $[I_3]$ est satisfait. Par conséquent, la fonction $\langle u, v \rangle = u^T A v$ est un produit scalaire.

6.41. Démontrer le théorème 6.14.

Soit $S = \{w_1, w_2, \ldots, w_n\}$ et $A = (k_{ij})$. D'où $k_{ij} = \langle w_i, w_j \rangle$. Posons

$$u = a_1 w_1 + a_2 w_2 + \cdots + a_n w_n \quad \text{et} \quad v = b_1 w_1 + b_2 w_2 + \cdots + b_n w_n$$

Alors

$$\langle u, v \rangle = \sum_{i=1}^{n} \sum_{j=1}^{m} a_i b_j \langle w_i, w_j \rangle \tag{1}$$

D'autre part,

$$[u]^T A[v] = (a_1, a_2, \ldots, a_n) \begin{pmatrix} k_{11} & k_{12} & \cdots & k_{1n} \\ k_{21} & k_{22} & \cdots & k_{2n} \\ \cdots\cdots\cdots\cdots\cdots\cdots \\ k_{n1} & k_{n2} & \cdots & k_{nn} \end{pmatrix} \begin{pmatrix} b_1 \\ b_2 \\ \cdots \\ b_n \end{pmatrix}$$

$$= \left(\sum_{i=1}^{n} a_i k_{i1}, \sum_{i=1}^{n} a_i k_{i2}, \ldots, \sum_{i=1}^{n} a_i k_{in} \right) \begin{pmatrix} b_1 \\ b_2 \\ \cdots \\ b_n \end{pmatrix} = \sum_{j=1}^{n} \sum_{i=1}^{n} a_i b_j k_{ij} \tag{2}$$

Puisque $k_{ij} = \langle w_i, w_j \rangle$, les sommes finales dans *(1)* et *(2)* sont égales. Donc $\langle u, v \rangle = [u]^T A[v]$.

6.42. Démontrer le théorème 6.15.

Puisque $\langle w_i, w_j \rangle = \langle w_j, w_i \rangle$ quels que soient les vecteurs de base w_i et w_j, la matrice A est symétrique. Soit X un vecteur non nul de $\mathbb{R}^n$. Alors $[u] = X$ pour un vecteur non nul $u \in V$. En utilisant le théorème 6.14, nous avons $X^T A X = [u]^T A[u] = \langle u, u \rangle > 0$. Ainsi A est définie positive.

PRODUITS SCALAIRES ET MATRICES ORTHOGONALES

6.43. Trouver une matrice orthogonale P dont la première ligne est $u_1 = (\frac{1}{3}, \frac{2}{3}, \frac{2}{3})$.

Cherchons d'abord un vecteur non nul $w_2 = (x, y, z)$ orthogonal à u_1, *i.e.* tel que

$$0 = \langle u_1, w_2 \rangle = \frac{x}{3} + \frac{2y}{3} + \frac{2z}{3} = 0 \quad \text{ou} \quad x + 2y + 2z = 0$$

Une telle solution est $w_2 = (0, 1, -1)$. Normalisons w_2 pour obtenir la deuxième ligne de P, *i.e.* :

$$u_2 = (0, 1/\sqrt{2}, -1/\sqrt{2})$$

Cherchons maintenant un vecteur non nul $w_3 = (x, y, z)$, orthogonal à u_1 et u_2, *i.e.* tel que

$$0 = \langle u_1, w_3 \rangle = \frac{x}{3} + \frac{2y}{3} + \frac{2z}{3} = 0 \quad \text{ou} \quad x + 2y + 2z = 0$$

$$0 = \langle u_2, w_3 \rangle = \frac{y}{\sqrt{2}} - \frac{y}{\sqrt{2}} = 0 \quad \text{ou} \quad y - z = 0$$

En posant $z = -1$, nous trouvons la solution $w_3 = (4, -1, -1)$. Finalement, en normalisant w_3, nous trouvons la troisième ligne de P, *i.e.* $u_3 = (4/\sqrt{18}, -1/\sqrt{18}, -1/\sqrt{18})$. Ainsi,

$$P = \begin{pmatrix} 1/3 & 2/3 & 2/3 \\ 0 & 1/\sqrt{2} & -1/\sqrt{2} \\ 4/3\sqrt{2} & -1/3\sqrt{2} & -1/3\sqrt{2} \end{pmatrix}$$

Il est à souligner que la matrice précédente P n'est pas unique.

6.44. Soit $A = \begin{pmatrix} 1 & 1 & -1 \\ 1 & 3 & 4 \\ 7 & -5 & 2 \end{pmatrix}$. Déterminer si : (a) les lignes de A sont orthogonales ; (b) A est une matrice orthogonale ; (c) les colonnes de A sont orthogonales.

(a) Oui, puisque

$$(1, 1, -1) \cdot (1, 3, 4) = 1 + 3 - 4 = 0 \qquad (1, 1, -1) \cdot (7, -5, 2) = 7 - 5 - 2 = 0$$
$$(1, 3, 4) \cdot (7, -5, 2) = 7 - 15 + 8 = 0$$

(b) Non, puisque les lignes de A ne sont pas des vecteurs unitaires, par exemple, $(1, 1, -1)^2 = 1 + 1 + 1 = 3$.

(c) Non, par exemple, $(1, 1, 7) \cdot (1, 3, -5) = 1 + 3 - 35 = -31 \neq 0$.

6.45. Soit B la matrice obtenue en normalisant chaque ligne de la matrice A du problème 6.44. (a) Trouver B. (b) La matrice B est-elle orthogonale ? (c) Les colonnes de B sont-elles orthogonales ?

(a) Nous avons

$$\|(1, 1, -1)\|^2 = 1 + 1 + 1 = 3 \qquad \|(1, 3, 4)\|^2 = 1 + 9 + 16 = 26$$
$$\|(7, -5, 2)\|^2 = 49 + 25 + 4 = 78$$

Ainsi,

$$\begin{pmatrix} 1/\sqrt{3} & 1/\sqrt{3} & -1/\sqrt{3} \\ 1/\sqrt{26} & 3/\sqrt{26} & 4/\sqrt{26} \\ 7/\sqrt{78} & -5/\sqrt{78} & 2/\sqrt{78} \end{pmatrix}$$

(b) Oui, puisque les lignes de B sont encore orthogonaux et sont, maintenant, des vecteurs unitaires.

(c) Oui, puisque les lignes de B forment une famille orthonormale, donc, d'après le théorème 6.15, les colonnes de B doivent automatiquement former une famille orthonormale.

6.46. Démontrer les propriétés suivantes :

(a) P est orthogonale si, et seulement si P^T est orthogonale.

(b) Si P est orthogonale, alors P^{-1} est orthogonale.

(c) Si P et Q sont orthogonales, alors PQ est orthogonale.

(a) Nous avons $(P^T)^T = P$. Donc P est orthogonale ssi $PP^T = I$ ssi $P^{TT}P^T = I$ ssi P^T est orthogonale.

(b) Nous avons $P^T = P^{-1}$ puisque P est orthogonale. Ainsi, d'après (a), P^{-1} est orthogonale.

(c) Nous avons $P^T = P^{-1}$ et $Q^T = Q^{-1}$. Donc

$$(PQ)(PQ)^T = PQQ^TP^T = PQQ^{-1}P^{-1} = I$$

Ainsi, $(PQ)^T = (PQ)^{-1}$ et, par suite, PQ est orthogonale.

6.47. Soit P une matrice orthogonale. Montrer que :

(a) $\langle Pu, Pv \rangle = \langle u, v \rangle$ quels que soient $u, v \in V$;   (b) $\|Pu\| = \|u\|$ pour tout $u \in V$.

(a) En utilisant $P^TP = I$, nous avons

$$\langle Pu, Pv \rangle = (Pu)^T(Pv)^T = u^TP^TPv = u^Tv = \langle u, v \rangle$$

(b) En utilisant $P^TP = I$, nous avons

$$\|Pu\|^2 = \langle Pu, Pu \rangle = (Pu)^T(Pu)^T = u^TP^TPu = u^Tu = \langle u, u \rangle = \|u\|^2$$

En prenant la racine carrée des deux membres, nous obtenons le résultat cherché.

6.48. Démontrer le théorème 6.17.

Supposons que

$$e'_i = b_{i1}e_1 + b_{i2}e_2 + \cdots + b_{in}e_n \qquad i = 1, \ldots, n \tag{1}$$

D'après le problème 6.23(b), et le fait que E' est orthonormale, nous obtenons

$$\delta_{ij} = \langle e'_i, e'_j \rangle = b_{i1}b_{j1} + b_{i2}b_{j2} + \cdots + b_{in}b_{jn} \tag{2}$$

Soit $B = (b_{ij})$ la matrice des coefficients dans (1). (Donc $P = B^T$.) Supposons que $BB^T = (c_{ij})$. Alors

$$c_{ij} = b_{i1}b_{j1} + b_{i2}b_{j2} + \cdots + b_{in}b_{jn} \tag{3}$$

D'après (2) et (3), nous avons $c_{ij} = \delta_{ij}$. Donc $BB^T = I$. Par conséquent, B est orthogonale et, par suite, $P = B^T$ est orthogonale.

6.49. Démontrer le théorème 6.18.

Puisque $\{e_i\}$ est orthonormale, nous avons, d'après le problème 6.23(b),

$$\langle e'_i, e'_j \rangle = a_{1i}a_{1j} + a_{2i}a_{2j} + \cdots + a_{ni}a_{nj} = \langle C_i, C_j \rangle$$

où C_i désigne la i-ième colonne de la matrice orthogonale $P = (a_{ij})$. Puisque P est orthogonale, ses colonnes forment une famille orthonormale. Ceci implique que $\langle e'_i, e'_j \rangle = \langle C_i, C_j \rangle = \delta_{ij}$. Ainsi, $\{e'_i\}$ est une base orthonormale.

PRODUIT SCALAIRE COMPLEXE

6.50. Soit V un espace préhilbertien complexe. Vérifier la relation

$$\langle u, av_1 + bv_2 \rangle = \overline{a}\langle u, v_1 \rangle + \overline{b}\langle u, v_2 \rangle$$

En utilisant $[I_2^*]$, $[I_1^*]$, puis $[I_2^*]$, nous avons

$$\langle u, av_1 + bv_2 \rangle = \overline{\langle av_1 + bv_2, u \rangle} = \overline{a\langle v_1, u \rangle + b\langle v_2, u \rangle} = \overline{a}\,\overline{\langle v_1, u \rangle} + \overline{b}\,\overline{\langle v_2, u \rangle} = \overline{a}\langle u, v_1 \rangle + \overline{b}\langle u, v_2 \rangle$$

6.51. Supposons $\langle u, v \rangle = 3 + 2i$ dans un espace préhilbertien complexe V. Trouver :

(a) $\langle (2 - 4i)u, v \rangle$;   (b) $\langle u, (4 + 3i)v \rangle$;   (c) $\langle (3 - 6i)u, (5 - 2i)v \rangle$.

(a) $\langle (2 - 4i)u, v \rangle = (2 - 4i)\langle u, v \rangle = (2 - 4i)(3 + 2i) = 14 - 18i$.

(b) $\langle u, (4 + 3i)v \rangle = \overline{(4 + 3i)}\langle u, v \rangle = (4 - 3i)(3 + 2i) = 18 - i$.

(c) $\langle (3 - 6i)u, (5 - 2i)v \rangle = (3 - 6i)\overline{(5 - 2i)}\langle u, v \rangle = (3 - 6i)(5 + 2i)(3 + 2i) = 137 - 30i$.

6.52. Trouver les coefficients de Fourier c et la projection cw de $v = (3+4i, 2-3i)$ suivant le vecteur $w = (5+i, 2i)$ dans $\mathbb{C}^2$.

Rappelons que $c = \langle v, w \rangle / \langle w, w \rangle$. Calculons donc

$$\langle v, w \rangle = (3+4i)(\overline{(5+i)}) + (2-3i)\overline{(2i)} = (3+4i)(5-i) + (2-3i)(-2i)$$
$$= 19 + 17i - 6 - 4i = 13 + 13i$$
$$\langle w, w \rangle = 25 + 1 + 4 = 30$$

Ainsi, $c = (13+13i)/30 = \frac{13}{30} + 13i/30$. Par conséquent,

$$\text{proj}(u, w) = cw = (\tfrac{26}{15} + 39i/15, -\tfrac{13}{15} + i/15)$$

6.53. Démontrer le théorème 6.19 (Cauchy-Schwarz).

Si $v = 0$, l'inégalité se réduit à $0 \le 0$ et donc est vraie. Supposons maintenant que $v \ne 0$. En utilisant $z\bar{z} = |z|^2$ (pour tout nombre complexe) et $\langle v, u \rangle = \overline{\langle u, v \rangle}$, nous développons $\|u - \langle u, v \rangle tv\|^2 \ge 0$, où t est un nombre réel quelconque :

$$0 \le \|u - \langle u, v \rangle tv\|^2 = \left\langle u - \langle u, v \rangle tv, \; u - \langle u, v \rangle tv \right\rangle$$
$$= \langle u, u \rangle - \overline{\langle u, v \rangle} t \langle u, v \rangle - \langle u, v \rangle t \langle v, u \rangle + \langle u, v \rangle \overline{\langle u, v \rangle} t^2 \langle v, v \rangle$$
$$= \|u\|^2 - 2t|\langle u, v \rangle|^2 + |\langle u, v \rangle|^2 t^2 + \|v\|^2$$

Posons $t = 1/\|v\|^2$ pour obtenir $0 \le \|u\|^2 - \dfrac{|\langle u, v \rangle|^2}{\|v\|^2}$, qui donne $|\langle u, v \rangle|^2 \le \|v\|^2 \|v\|^2$. Finalement, en prenant la racine carrée des deux membres, nous obtenons l'inégalité cherchée.

6.54. Trouver une base orthogonale de $u^\perp$ dans $\mathbb{C}^3$ où $u = (1, i, 1+i)$.

Ici $u^\perp$ est l'ensemble de tous les vecteurs $w = (x, y, z)$ tels que

$$\langle w, u \rangle = x - iy + (1-i)z = 0$$

Cherchons d'abord une solution de cette équation, par exemple $w_1 = (0, 1-i, i)$. Puis, cherchons une solution du système

$$x - iy + (1-i)z = 0 \qquad (1+i)y - iz = 0$$

Ici, z est une variable libre. Posons $z = 1$ pour obtenir $y = i/(1+i) = (1+i)/2$ et $x = (3i-3)/2$. En multipliant par 2, nous obtenons la solution $w_2 = (3i-3, 1+i, 2)$. Les vecteurs w_1 et w_2 forment une base orthogonale de $u^\perp$.

6.55. Trouver une base orthonormale du sous-espace W de $\mathbb{C}^3$ engendré par :

$$v_1 = (1, i, 0) \quad \text{et} \quad v_2 = (1, 2, 1-i)$$

Appliquons l'algorithme de Gram-Schmidt. Posons $w_1 = v_1 = (1, i, 0)$. Puis, calculons

$$v_2 - \frac{\langle v_2, w_1 \rangle}{\|w_1\|^2} w_1 = (1, 2, 1-i) - \frac{1-2i}{2}(1, i, 0) = \left(\frac{1}{2} + i, 1 - \frac{1}{2}i, 1-i \right)$$

En multipliant par 2 pour éliminer les fractions, nous obtenons $w_2 = (1+2i, 2-i, 2-2i)$. Calculons maintenant $\|w_1\|^2 = \sqrt{2}$, puis $\|w_2\| = \sqrt{18}$. Finalement, en normalisant $\{w_1, w_2\}$ nous obtenons une base orthonormale de W :

$$\left\{ u_1 = \left(\frac{1}{\sqrt{2}}, \frac{i}{\sqrt{2}}, 0 \right), u_2 = \left(\frac{1+2i}{\sqrt{18}}, \frac{2-i}{\sqrt{18}}, \frac{2-2i}{\sqrt{18}} \right) \right\}$$

6.56. Trouver la matrice P qui représente le produit scalaire usuel de $\mathbb{C}^3$ relativement à la base $\{1, i, 1-i\}$.

Calculons

$$\langle 1, 1 \rangle = 1 \qquad\qquad \langle 1, i \rangle = \bar{i} = -i \qquad\qquad \langle i, 1-i \rangle = \overline{1-i} = 1+i$$
$$\langle i, i \rangle = i\,\bar{i} = 1 \qquad \langle i, 1-i \rangle = i\overline{(1-i)} = -1+i \qquad \langle 1-i, 1-i \rangle = 2$$

Donc, sachant que $\langle u, v \rangle = \overline{\langle v, u \rangle}$, nous avons

$$P = \begin{pmatrix} 1 & -i & 1+i \\ i & 1 & -1+i \\ 1-i & -1-i & 2 \end{pmatrix}$$

(P est hermitienne, $P^H = P$.)

ESPACES VECTORIELS NORMÉS

6.57. Considérons les vecteurs $u = (1, 3, -6, 4)$ et $v = (3, -5, 1, -2)$ dans $\mathbb{R}^4$. Trouver :

(a) $\|u\|_\infty$ et $\|v\|_\infty$ (c) $\|u\|_2$ et $\|v\|_2$

(b) $\|u\|_1$ et $\|v\|_1$ (d) $d_\infty(u, v)$, $d_1(u, v)$ et $d_2(u, v)$.

   (a) La norme-infinie est égale au maximum des valeurs absolues des composantes d'un vecteur. Donc

$$\|u\|_\infty = 6 \quad \text{et} \quad \|v\|_\infty = 5$$

   (b) La norme-un est égale à la somme des valeurs absolues des composantes d'un vecteur. Donc

$$\|u\|_1 = 1 + 3 + 6 + 4 = 14 \quad \text{et} \quad \|v\|_1 = 3 + 5 + 1 + 2 = 11$$

   (c) La norme-deux est égale à la racine carrée de la somme des carrés des composantes d'un vecteur (*i.e.*, la norme induite par le produit scalaire usuel sur $\mathbb{R}^3$). Donc

$$\|u\|_2 = \sqrt{1 + 9 + 36 + 16} = \sqrt{62} \quad \text{et} \quad \|v\|_2 = \sqrt{9 + 25 + 1 + 4} = \sqrt{39}$$

   (d) Calculons d'abord $u - v = (-2, 8, -7, 6)$. Donc

$$d_\infty(u, v) = \|u - v\|_\infty = 8$$
$$d_1(u, v) = \|u - v\|_1 = 2 + 8 + 7 + 6 = 23$$
$$d_2(u, v) = \|u - v\|_2 = \sqrt{4 + 64 + 49 + 36} = \sqrt{153}$$

6.58. Considérons la fonction $f(t) = t^2 - 4t$ dans $C[0, 3]$. (a) Trouver $\|f\|_\infty$. (b) Construire la courbe de f dans le plan $\mathbb{R}^2$. (c) Trouver $\|f\|_1$. (d) Trouver $\|f\|_2$.

   (a) Calculons $\|f\|_\infty = \max |f(t)|$. Comme $f(t)$ est différentiable sur $[0, 3]$, $|f(t)|$ admet un maximum au point critique de $f(t)$, *i.e.*, lorsque la dérivée $f'(t) = 0$, ou en un des points extrémités de $[0, 3]$. Puisque $f'(t) = 2t - 4$, posons $2t - 4 = 0$ pour obtenir le point critique en $t = 2$. Calculons maintenant

$$f(2) = 4 - 8 = -4 \qquad f(0) = 0 - 0 = 0 \qquad f(3) = 9 - 12 = -3$$

   Ainsi, $\|f\|_\infty = |f(2)| = |-4| = 4$.

   (b) Calculons $f(t)$ pour quelques valeurs de t dans $[0, 3]$, par exemple

t	0	1	2	3
$f(t)$	0	-3	-4	-3

   Marquer les points indiqués dans $\mathbb{R}^2$ puis construire une courbe continue passant par ces points comme le montre la figure 6-11.

   (c) Calculons $\|f\|_1 = \int_0^3 |f(t)|\, dt$. Comme indiqué sur la figure 6-11, $f(t)$ est négative sur l'intervalle $[0, 3]$; donc $|f(t)| = -(t^2 - 4t) = 4t - t^2$. Ainsi

$$\|f\|_1 = \int_0^3 (4t - t^2)\, dt = \left[2t^2 - \frac{t^3}{3} \right]_0^3 = 18 - 9 = 9$$

   (d)

$$\|f\|_2^2 = \int_0^3 [f(t)]^2\, dt = \int_0^3 (t^4 - 8t^3 + 16t^2)\, dt = \left[\frac{t^5}{5} - 2t^4 + \frac{16t^3}{3} \right]_0^3 = \frac{153}{5}$$

   Ainsi, $\|f\|_2 = \sqrt{\frac{153}{5}}$.

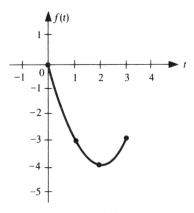

Fig. 6-11

6.59. Démontrer le théorème 6.25.

Si $u \neq v$, alors $u - v \neq 0$ et $d(u, v) = \|u - v\| > 0$. Nous avons aussi $d(u, u) = \|u - u\| = \|0\| = 0$. Ainsi, $[M_1]$ est satisfait. Nous avons également

$$d(u, v) = \|u - v\| = \|-1(v - u)\| = |-1| \|v - u\| = \|v - u\| = d(v, u)$$

et

$$d(u, v) = \|u - v\| = \|(u - w) + (w - v)\| \leq \|u - w\| + \|w - v\| = d(u, w) + d(w, v)$$

Ainsi, $[M_2]$ et $[M_3]$ sont satisfaits.

Problèmes supplémentaires

PRODUIT SCALAIRE

6.60. Vérifier que l'expression suivante définit un produit scalaire sur $\mathbb{R}^2$ où $u = (x_1, x_2)$ et $v = (y_1, y_2)$:

$$f(u, v) = x_1 y_1 - 2x_1 y_2 - 2x_2 y_1 + 5x_2 y_2$$

6.61. Trouver les valeurs de k pour que l'expression suivante définisse un produit scalaire sur $\mathbb{R}^2$ où $u = (x_1, x_2)$ et $v = (y_1, y_2)$:

$$f(u, v) = x_1 y_1 - 3x_1 y_2 - 3x_2 y_1 + kx_2 y_2$$

6.62. Considérons les vecteurs $u = (1, -3)$ et $v = (2, 5)$ dans $\mathbb{R}^2$. Trouver :

(a) $\langle u, v \rangle$ relativement au produit scalaire usuel de $\mathbb{R}^2$.

(b) $\langle u, v \rangle$ relativement au produit scalaire sur $\mathbb{R}^2$ du problème 6.60.

(c) $\|v\|$ en utilisant le produit scalaire usuel de $\mathbb{R}^2$.

(d) $\|v\|$ en utilisant le produit scalaire sur $\mathbb{R}^2$ du problème 6.60.

6.63. Montrer que chacune des expressions suivantes n'est pas un produit scalaire dans $\mathbb{R}^3$ où $u = (x_1, x_2, x_3)$ et $v = (y_1, y_2, y_3)$:

$$(a) \quad \langle u, v \rangle = x_1 y_1 + x_2 y_2 \qquad \text{et} \qquad (b) \quad \langle u, v \rangle = x_1 y_2 x_3 + y_1 x_2 y_3$$

6.64. Soit V l'espace vectoriel des matrices réelles d'ordre $m \times n$ sur $\mathbb{R}$. Montrer que $\langle A, B \rangle = \text{tr}(B^T A)$ définit un produit scalaire sur V.

6.65. Soit V l'espace vectoriel des polynômes sur $\mathbb{R}$. Montrer que $\langle f, g \rangle = \int_0^1 f(t)\,g(t)\,\mathrm{d}t$ définit un produit scalaire sur V.

6.66. Supposons que $|\langle u, v \rangle| = \|u\|\,\|v\|$. (C'est-à-dire : l'inégalité de Cauchy-Schwarz est réduite à une égalité.) Montrer que u et v sont linéairement dépendants.

6.67. Supposons que $f(u, v)$ et $g(u, v)$ sont des produits scalaires sur un espace vectoriel V sur $\mathbb{R}$. Démontrer que

(a) La somme $f + g$ est un produit scalaire sur V où $(f + g)(u, v) = f(u, v) + g(u, v)$.

(b) Le produit kf, pour $k > 0$, est un produit scalaire sur V où $(kf)(u, v) = kf(u, v)$.

ORTHOGONALITÉ, SUPPLÉMENTAIRE ORTHOGONAL, FAMILLES ORTHOGONALES

6.68. Soit V l'espace vectoriel des polynômes sur $\mathbb{R}$ de degré ≤ 2 muni du produit scalaire $\langle f, g \rangle = \int_0^1 f(t)\,g(t)\,\mathrm{d}t$. Trouver une base du sous-espace W, orthogonal à $h(t) = 2t + 1$.

6.69. Trouver une base du sous-espace W de $\mathbb{R}^4$, orthogonal aux vecteurs $u_1 = (1, -2, 3, 4)$ et $u_2 = (3, -5, 7, 8)$.

6.70. Trouver une base du sous-espace W de $\mathbb{R}^5$, orthogonal aux vecteurs $u_1 = (1, 1, 3, 4, 1)$ et $u_2 = (1, 2, 1, 2, 1)$.

6.71. Soit $w = (1, -2, -1, 3)$ un vecteur de $\mathbb{R}^4$. Trouver (a) une base orthogonale de $w^\perp$; (b) une base orthonormale de $w^\perp$.

6.72. Soit W le sous-espace de $\mathbb{R}^4$ orthogonal aux vecteurs $u_1 = (1, 1, 2, 2)$ et $u_2 = (0, 1, 2, -1)$. Trouver (a) une base orthogonale de $w^\perp$; (b) une base orthonormale de $w^\perp$. (À comparer avec le problème 6.69.)

6.73. Soit S le sous-ensemble de $\mathbb{R}^4$ formé des vecteurs suivants :

$$u_1 = (1, 1, 1, 1) \quad u_2 = (1, 1, -1, -1) \quad u_3 = (1, -1, 1, -1) \quad u_4 = (1, -1, -1, 1)$$

(a) Montrer que S est orthogonal et forme une base de $\mathbb{R}^4$.

(b) Écrire $v = (1, 3, -5, 6)$ comme combinaison linéaire de u_1, u_2, u_3, u_4.

(c) Trouver les coordonnées d'un vecteur arbitraire $v = (a, b, c, d)$ de $\mathbb{R}^4$ relativement à la base S.

(d) Normaliser S pour obtenir une base orthonormale de $\mathbb{R}^4$.

6.74. Soit V l'espace des matrices carrées d'ordre 2 sur $\mathbb{R}$, muni du produit scalaire $\langle A, B \rangle = \mathrm{tr}(B^T A)$. Montrer que la famille suivante définit une base orthonormale de V :

$$\left\{ \begin{pmatrix} 1 & 0 \\ 0 & 0 \end{pmatrix}, \begin{pmatrix} 0 & 1 \\ 0 & 0 \end{pmatrix}, \begin{pmatrix} 0 & 0 \\ 1 & 0 \end{pmatrix}, \begin{pmatrix} 0 & 0 \\ 0 & 1 \end{pmatrix} \right\}$$

6.75. Soit V l'espace des matrices carrées d'ordre 2 sur $\mathbb{R}$, muni du produit scalaire $\langle A, B \rangle = \mathrm{tr}(B^T A)$. Trouver une base orthogonale du supplémentaire orthogonal (a) du sous-espace des matrices diagonales, (b) du sous-espace des matrices symétriques.

6.76. Soit $\{u_1, u_2, \ldots, u_n\}$ une famille orthogonale de vecteurs. Montrer que $\{k_1 u_1, k_2 u_2, \ldots, k_r u_r\}$ est orthogonale quels que soient les scalaires $k_1, k_2, \ldots, k_r$.

6.77. Soit U et W deux sous-espaces de dimensions finies de V. Montrer que : (a) $(U + W)^\perp = U^\perp \cap W^\perp$; et (b) $(U \cap W)^\perp = U^\perp + W^\perp$.

PROJECTIONS, ALGORITHME DE GRAM-SCHMIDT, APPLICATIONS

6.78. Trouver une base orthogonale et une base orthonormale du sous-espace U de $\mathbb{R}^4$ engendré par les vecteurs $v_1 = (1, 1, 1, 1)$, $v_2 = (1, -1, 2, 2)$, $v_3 = (1, 2, -3, -4)$.

6.79. Soit V l'espace vectoriel des polynômes $f(t)$ sur $\mathbb{R}$, muni du produit scalaire $\langle f, g \rangle = \int_0^2 f(t)\, g(t)\, dt$. Appliquer l'algorithme de Gram-Schmidt à la famille $\{1, t, t^2\}$ pour obtenir une famille orthogonale $\{f_0, f_1, f_2\}$ ayant des coefficients entiers.

6.80. Soit $v = (1, 2, 3, 4, 6)$. Trouver la projection de v sur W (ce qui revient à chercher un vecteur $w \in W$ qui minimise la norme $\|v - w\|$) où W est le sous-espace de $\mathbb{R}^5$ engendré par :

$$(a)\ u_1 = (1, 2, 1, 2, 1)\ \text{et}\ u_2 = (1, -1, 2, -1, 1)\,;\qquad (b)\ v_1 = (1, 2, 1, 2, 1)\ \text{et}\ v_2 = (1, 0, 1, 5, -1)$$

6.81. Soit $V = C[-1, 1]$ muni du produit scalaire $\langle f, g \rangle = \int_{-1}^1 f(t)\, g(t)\, dt$. Soit W le sous-espace vectoriel de V des polynômes de degré ≤ 3. Trouver la projection de $f(t) = t^5$ sur W. [*Indication* : Utiliser les polynômes (de Legendre), 1, t, $3t^2 - 1$, $5t^3 - 3t$ de l'exemple 6.13.]

6.82. Soit $V = C[0, 1]$ muni du produit scalaire $\langle f, g \rangle = \int_0^1 f(t)\, g(t)\, dt$. Soit W le sous-espace vectoriel de V des polynômes de degré ≤ 2. Trouver la projection de $f(t) = t^3$ sur W. [*Indication* : Utiliser les polynômes 1, $2t - 1$, $6t^2 - 6t + 1$ du problème 6.27.]

6.83. Soit le sous-espace de $\mathbb{R}^4$ engendré par les vecteurs :

$$v_1 = (1, 1, 1, 1)\qquad v_2 = (1, -1, 2, 2)\qquad v_3 = (1, 2, -3, -4)$$

Trouver la projection de $v = (1, 2, -3, 4)$ sur U. [*Indication* : Utiliser le problème 6.78.]

PRODUITS SCALAIRES ET MATRICES DÉFINIES POSITIVES, MATRICES ORTHOGONALES

6.84. Trouver la matrice A qui représente le produit scalaire usuel de $\mathbb{R}^2$ relativement aux bases suivantes : (a) $\{v_1 = (1, 4), v_2 = (2, -3)\}$ et (b) $\{w_1 = (1, -3), w_2 = (6, 2)\}$.

6.85. Considérons le produit scalaire suivant sur $\mathbb{R}^2$:

$$f(u, v) = x_1 y_1 - 2x_1 y_2 - 2x_2 y_1 + 5x_2 y_2 \qquad \text{où} \quad u = (x_1, x_2) \quad \text{et} \quad v = (y_1, y_2)$$

Trouver la matrice B qui représente le produit scalaire usuel de $\mathbb{R}^2$ relativement à chacune des bases du problème 6.84.

6.86. Trouver la matrice C qui représente la base usuelle de $\mathbb{R}^2$ dans la base S formée des vecteurs : $u_1 = (1, 1, 1)$, $u_2 = (1, 2, 1)$, $u_3 = (1, -1, 3)$

6.87. Considérons l'espace vectoriel des polynômes $f(t)$ de degré ≤ 2, muni du produit scalaire $\langle f, g \rangle = \int_0^1 f(t)\, g(t)\, dt$.

(a) Trouver $\langle f, g \rangle$ où $f(t) = t + 2$ et $g(t) = t^2 - 3t + 4$.

(b) Trouver la matrice A du produit scalaire relativement à la base $\{1, t, t^2\}$ de V.

(c) Vérifier le théorème 6.14, c'est-à-dire que $\langle f, g \rangle = [f]^T A [g]$ relativement à la base $\{1, t, t^2\}$.

6.88. Déterminer, parmi les matrices suivantes, lesquelles sont définies positives :

$$(a)\ \begin{pmatrix} 1 & 3 \\ 3 & 5 \end{pmatrix}, \quad (b)\ \begin{pmatrix} 3 & 4 \\ 4 & 7 \end{pmatrix}, \quad (c)\ \begin{pmatrix} 4 & 2 \\ 2 & 1 \end{pmatrix}, \quad (d)\ \begin{pmatrix} 6 & -7 \\ -7 & 9 \end{pmatrix}$$

6.89. Déterminer, parmi les matrices suivantes, lesquelles sont définies positives :

$$(a)\ A = \begin{pmatrix} 2 & -2 & 1 \\ -2 & 3 & -2 \\ 1 & -2 & 2 \end{pmatrix}, \quad (b)\ A = \begin{pmatrix} 1 & 1 & 2 \\ 1 & 2 & 6 \\ 2 & 6 & 9 \end{pmatrix}$$

6.90. Soit A et B deux matrices définies positives. Montrer que : (a) $A + B$ est définie positive ; (b) kA est définie positive pour $k > 0$.

6.91. Soit B une matrice non singulière. Montrer que : (a) $B^T B$ est symétrique, et (b) $B^T B$ est définie positive.

6.92. Trouver toutes les matrices orthogonales d'ordre 2 de la forme $\begin{pmatrix} \frac{1}{3} & x \\ y & z \end{pmatrix}$.

6.93. Trouver toutes les matrices orthogonales P d'ordre 3 dont la première ligne est un multiple de $u = (1, 1, 1)$ et $v = (1, -2, 3)$, respectivement.

6.94. Trouver une matrice symétrique orthogonale P d'ordre 3 dont la première ligne est $(\frac{1}{3}, \frac{2}{3}, \frac{2}{3})$. (Comparer ce résultat avec celui du problème 6.43.)

6.95. Deux matrices réelles A et B sont dites *orthogonalement équivalentes* s'il existe une matrice orthogonale P telle que $B = P^T A P$. Montrer que ceci définit une relation d'équivalence.

PRODUIT SCALAIRE COMPLEXE

6.96. Vérifier que

$$\langle a_1 u_1 + a_2 u_2, b_1 v_1 + b_2 v_2 \rangle = a_1 \overline{b}_1 \langle u_1, v_1 \rangle + a_1 \overline{b}_2 \langle u_1, v_2 \rangle + a_1 \overline{b}_1 \langle u_2, v_1 \rangle + a_2 \overline{b}_2 \langle u_2, v_2 \rangle$$

Plus généralement, démontrer que : $\left\langle \sum_{i=1}^{m} a_i u_i, \sum_{j=1}^{n} b_j v_j \right\rangle = \sum_{i,j} a_i \overline{b}_j \langle u_i, v_j \rangle$.

6.97. Considérons les vecteurs $u = (1 + i, 3, 4 - i)$ et $v = (3 - 4i, 1 + i, 2i)$ de $\mathbb{C}^3$. Trouver

(a) $\langle u, v \rangle$, (b) $\langle v, u \rangle$, (c) $\|u\|$, (d) $\|v\|$, (e) $d(u, v)$.

6.98. Trouver le coefficient de Fourier c et la projection cw de

(a) $u = (3 + i, 5 - 2i)$ suivant $w = (5 + i, 1 + i)$ dans $\mathbb{C}^2$.

(b) $u = (1 - i, 3i, 1 + i)$ suivant $w = (1, 2 - i, 3 + 2i)$ dans $\mathbb{C}^3$.

6.99. Soit $u = (z_1, z_2)$ et $v = (w_1, w_2)$ deux vecteurs de $\mathbb{C}^2$. Vérifier que l'expression suivante définit un produit scalaire sur $\mathbb{C}^2$:

$$f(u, v) = z_1 \overline{w}_1 + (1 + i) z_1 \overline{w}_2 + (1 - i) z_2 \overline{w}_1 + 3 z_2 \overline{w}_2$$

6.100. Trouver une base orthogonale et une base orthonormale du sous-espace W de $\mathbb{C}^3$ engendré par $u_1 = (1, i, 1)$ et $u_2 = (1 + i, 0, 2)$.

6.101. Soit $u = (z_1, z_2)$ et $v = (w_1, w_2)$ deux vecteurs de $\mathbb{C}^2$. Pour quelles valeurs de a, b, c, $d \in \mathbb{C}$, l'expression suivante définit-elle un produit scalaire sur $\mathbb{C}^2$?

$$f(u, v) = a z_1 \overline{w}_1 + b z_1 \overline{w}_2 + c z_2 \overline{w}_1 + d z_2 \overline{w}_2$$

6.102. Démontrer la forme polaire d'un produit scalaire dans un espace vectoriel complexe V :

$$\langle u, v \rangle = \frac{1}{4} \|u + v\|^2 - \frac{1}{4} \|u - v\|^2 + \frac{1}{4} \|u + iv\|^2 - \frac{1}{4} \|u - iv\|^2$$

[Comparer ce résultat avec celui du problème 6.9(b).]

6.103. Soit V un espace préhilbertien réel. Montrer que :

(i) $\|u\| = \|v\|$ si et seulement si $\langle u + v, u - v \rangle = 0$.

(i) $\|u + v\|^2 = \|v\|^2 + \|v\|^2$ si, et seulement si $\langle u, v \rangle = 0$.

Montrer, avec un contre-exemple, que les énoncés précédents ne sont pas vrais, par exemple, dans $\mathbb{C}^2$.

6.104. Trouver la matrice P qui représente le produit scalaire usuel sur $\mathbb{C}^3$ relativement à la base $\{1, 1 + i, 1 - 2i\}$.

6.105. Une matrice complexe A est *unitaire* si et seulement si elle est inversible et $A^{-1} = A^H$. Autrement dit, A est unitaire si ses lignes (resp. colonnes) forment une base orthonormale (relativement au produit scalaire usuel de $\mathbb{C}^n$). Trouver une matrice unitaire dont la première ligne est multiple de (a) $(1, 1 - i)$; (b) $(\frac{1}{2}, \frac{1}{2}i, \frac{1}{2} - \frac{1}{2}i)$.

ESPACES VECTORIELS NORMÉS

6.106. Considérons les vecteurs $u = (1, -3, 4, 1, -2)$ et $v = (3, 1, -2, -3, 1)$ de $\mathbb{R}^2$. Trouver :

(a) $\|u\|_\infty$ et $\|v\|_\infty$ (c) $\|u\|_2$ et $\|v\|_2$

(b) $\|u\|_1$ et $\|v\|_1$ (d) $d_\infty(u, v)$, $d_1(u, v)$ et $d_2(u, v)$.

6.107. Considérons les vecteurs $u = (1 + i, 2 - 4i)$ et $v = (1 - i, 2 + 3i)$ de $\mathbb{C}^2$. Trouver :

(a) $\|u\|_\infty$ et $\|v\|_\infty$ (c) $\|u\|_2$ et $\|v\|_2$

(b) $\|u\|_1$ et $\|v\|_1$ (d) $d_\infty(u, v)$, $d_1(u, v)$ et $d_2(u, v)$.

6.108. Considérons les fonctions $f(t) = 5t - t^2$ et $g(t) = 3t - t^2$ dans $C[0, 4]$. Trouver :

(a) $d_\infty(f, g)$; (b) $d_1(f, g)$ et (c) $d_2(f, g)$.

6.109. Démontrer que : (a) $\|\cdot\|_1$ est une norme sur $\mathbb{R}^n$; (b) $\|\cdot\|_\infty$ est une norme sur $\mathbb{R}^n$.

6.110. Démontrer que : (a) $\|\cdot\|_1$ est une norme sur $C[a, b]$; (b) $\|\cdot\|_\infty$ est une norme sur $C[a, b]$.

Réponses aux problèmes supplémentaires

6.61. $k > 9$.

6.62. (a) -13, (b) -71, (c) $\sqrt{29}$, (d) $\sqrt{89}$.

6.63. Soit $u = (0, 0, 1)$. Alors $\langle u, u \rangle = 0$ dans les deux cas.

6.68. $\{7t^2 - 5t, 12t^2 - 5\}$.

6.69. $\{1, 2, 1, 0), (4, 1, 0, 1)\}$.

6.70. $(-1, 0, 0, 0, 1), (-6, 2, 1, 0), (-5, 2, 1, 0, 0)$.

6.71. (a) $(0, 0, 3, 1), (0, 3, -3, 1), (2, 10, -9, 3)$; (b) $(0, 0, 3, 1)/\sqrt{10}, (0, 3, -3, 1)/\sqrt{19}, (2, 10, -9, 3)/\sqrt{194}$.

6.72. (a) $(0, 2, -1, 0), (-15, 1, 2, 5)$; (b) $(0, 2, -1, 0)/\sqrt{5}, (-15, 1, 2, 5)/\sqrt{255}$.

6.73. (b) $v = (5u_1 + 3u_2 - 13u_3 + 9u_4)/4$

(c) $[v] = [a + b + c + d, a + b - c - d, a - b + c - d, a - b - c + d]/4$.

6.75. (a) $\begin{pmatrix} 0 & 1 \\ 0 & 0 \end{pmatrix}, \begin{pmatrix} 0 & 0 \\ 1 & 0 \end{pmatrix}$ et (b) $\begin{pmatrix} 0 & -1 \\ 1 & 0 \end{pmatrix}$.

6.78. $w_1 = (1, 1, 1, 1), w_2 = (0, -2, 1, 1), w_3 = (12, -4, -1, -7)$.

6.79. $f_0 = 1, f_1 = t - 1, f_3 = 3t^2 - 6t + 2$.

6.80. (a) $\mathrm{proj}(v, W) = (21, 27, 26, 27, 21)/8$

(b) Trouver d'abord une base orthogonale de W : $w_1 = (1, 2, 1, 2, 1)$, $w_2 = (0, 2, 0, -3, 2)$. Alors $\mathrm{proj}(v, W) = (34, 76, 34, 56, 42)/17$.

6.81. (a) $\mathrm{proj}(f, W) = \dfrac{10t^3}{9} - \dfrac{5t}{21}$.

6.82. (a) $\mathrm{proj}(f, W) = \dfrac{3t^2}{2} - \dfrac{3t}{5} + \dfrac{1}{20}$.

6.83. (a) $\mathrm{proj}(v, U) = (-14, 158, 47, 89)/70$.

6.84. (a) $\begin{pmatrix} 17 & -10 \\ -10 & 13 \end{pmatrix}$, $\quad (b)$ $\begin{pmatrix} 10 & 0 \\ 0 & 40 \end{pmatrix}$.

6.85. (a) $\begin{pmatrix} 65 & -68 \\ -68 & 73 \end{pmatrix}$, $\quad (b)$ $\begin{pmatrix} 58 & 23 \\ 23 & 8 \end{pmatrix}$.

6.86. $\begin{pmatrix} 3 & 4 & 3 \\ 4 & 6 & 2 \\ 3 & 2 & 11 \end{pmatrix}$.

6.87. (a) $\dfrac{83}{12}$, $\quad (b)$ $\begin{pmatrix} 1 & \frac{1}{2} & \frac{1}{3} \\ \frac{1}{2} & \frac{1}{3} & \frac{1}{4} \\ \frac{1}{3} & \frac{1}{4} & \frac{1}{5} \end{pmatrix}$.

6.88. (a) Non, $\quad (b)$ oui, $\quad (c)$ non, $\quad (d)$ oui.

6.89. (a) Oui, $\quad (b)$ non.

6.92. $\begin{pmatrix} \frac{1}{3} & \sqrt{8}/3 \\ \sqrt{8}/3 & -\frac{1}{3} \end{pmatrix}$, $\begin{pmatrix} \frac{1}{3} & \sqrt{8}/3 \\ -\sqrt{8}/3 & -\frac{1}{3} \end{pmatrix}$, $\begin{pmatrix} \frac{1}{3} & -\sqrt{8}/3 \\ \sqrt{8}/3 & \frac{1}{3} \end{pmatrix}$, $\begin{pmatrix} \frac{1}{3} & -\sqrt{8}/3 \\ -\sqrt{8}/3 & -\frac{1}{3} \end{pmatrix}$.

6.93. $\begin{pmatrix} 1/\sqrt{3} & 1/\sqrt{3} & 1/\sqrt{3} \\ 1/\sqrt{14} & -2/\sqrt{14} & 3/\sqrt{14} \\ 5/\sqrt{38} & -2/\sqrt{38} & -3/\sqrt{38} \end{pmatrix}$.

6.94. $\begin{pmatrix} \frac{1}{3} & \frac{2}{3} & \frac{1}{3} \\ \frac{2}{3} & -\frac{2}{3} & \frac{1}{3} \\ \frac{2}{3} & \frac{1}{3} & -\frac{2}{3} \end{pmatrix}$.

6.97. (a) $-4i$, $\quad (b)$ $4i$, $\quad (c)$ $\sqrt{28}$, $\quad (d)$ $\sqrt{31}$, $\quad (e)$ $\sqrt{59}$.

6.98. (a) $c = (19 - 5i)/28$, $\quad (b)$ $(3 + 6i)/19$.

6.100. $\{v_1 = (1, i, 1)/\sqrt{3}, v_2 = (2i, 1 - 3i, 3 - i)/\sqrt{24}\}$

6.101. a et b sont réels et positifs, $c = \overline{b}$ et $ad - bc$ positif.

6.103. $u = (1, 2)$, $\quad v = (i, 2i)$.

6.104. $P = \begin{pmatrix} 1 & 1 - i & 1 + 2i \\ 1 + i & 2 & -2 + 3i \\ 1 - 2i & -2 - 3i & 5 \end{pmatrix}$.

6.105. (a) $\begin{pmatrix} 1/\sqrt{3} & (1-i)/\sqrt{3} \\ (1+i)/\sqrt{3} & -1/\sqrt{3} \end{pmatrix}$, $\quad$ $\begin{pmatrix} \frac{1}{2} & \frac{1}{2}i & \frac{1}{2}-\frac{1}{2}i \\ i/\sqrt{2} & -1/\sqrt{2} & 0 \\ \frac{1}{2} & -\frac{1}{2}i & -\frac{1}{2}+\frac{1}{2}i \end{pmatrix}$.

6.106. (a) 4 et 3, $\quad$ (b) 11 et 13, $\quad$ (c) $\sqrt{31}$ et $\sqrt{24}$ $\quad$ (d) 6, 19 et 9.

6.107. (a) $\sqrt{20}$ et $\sqrt{13}$, $\quad$ (b) $\sqrt{2}+\sqrt{20}$ et $\sqrt{2}+\sqrt{13}$, $\quad$ (c) $\sqrt{22}$ et $\sqrt{15}$, $\quad$ (d) 7, 9 et $\sqrt{53}$.

6.108. (a) 8, $\quad$ (b) 16, $\quad$ (c) $\dfrac{256}{3}$.

Chapitre 7

Déterminants

7.1. INTRODUCTION

À chaque matrice carrée $A = a_{ij}$ d'ordre n on peut associer un scalaire appelé le *déterminant de A*, noté habituellement par $\det(A)$ ou $|A|$, ou encore

$$\begin{vmatrix} a_{11} & a_{12} & \cdots & a_{1n} \\ a_{21} & a_{22} & \cdots & a_{2n} \\ \cdots\cdots\cdots\cdots\cdots\cdots\cdots \\ a_{n1} & a_{n2} & \cdots & a_{nn} \end{vmatrix}$$

Soulignons qu'un tableau carré $n \times n$ de scalaires entouré de traits verticaux, appelé *déterminant d'ordre n*, n'est pas une matrice mais désigne le déterminant du tableau en question, c'est-à-dire la matrice associée.

La fonction déterminant a été découverte pour la première fois lors de l'étude de systèmes d'équations linéaires. Nous aurons l'occasion de voir que le déterminant est indispensable pour la recherche et l'étude des propriétés des matrices carrées.

Notons que la définition du déterminant et la plupart de ses propriétés sont également valables dans le cas où les éléments de la matrice appartiennent à un anneau.

Nous commencerons avec les cas particuliers des déterminants d'ordre un, deux ou trois. Après, nous définirons un déterminant d'ordre quelconque. La définition générale sera précédée par une étude des permutations qui est absolument nécessaire pour cette définition générale des déterminants.

7.2. DÉTERMINANTS D'ORDRE UN ET D'ORDRE DEUX

Les déterminants d'ordre un et d'ordre deux sont définis comme suit :

$$|a_{11}| = a_{11}$$

$$\begin{vmatrix} a_{11} & a_{12} \\ a_{21} & a_{22} \end{vmatrix} = a_{11}a_{22} - a_{12}a_{21}$$

Ainsi, le déterminant d'une matrice $A = (a_{11})$ d'ordre 1, est le scalaire a_{11} lui-même, c'est-à-dire : $\det(A) = |a_{11}| = a_{11}$. Le déterminant d'ordre deux peut facilement être rappelé par l'utilisation du diagramme suivant :

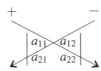

Cela signifie que le déterminant est égal au produit des éléments de la diagonale principale, désignée par le signe plus, moins le produit des éléments de l'anti-diagonale, désignée par le signe moins. (Il existe un diagramme analogue pour les déterminants d'ordre trois, mais pas pour les déterminants d'ordre supérieur à trois.)

Exemple 7.1

(a) Puisque le déterminant d'ordre un est le scalaire lui-même, nous avons $\det(24) = 24$, $\det(-6) = -6$ et $\det(t+2) = t+2$.

(b) $\begin{vmatrix} 5 & 4 \\ 2 & 3 \end{vmatrix} = (5)(3) - (4)(2) = 15 - 8 = 7$ et $\begin{vmatrix} 2 & 1 \\ -4 & 6 \end{vmatrix} = (2)(6) - (1)(-4) = 12 + 4 = 16$.

Considérons deux équations linéaires à deux inconnues :

$$a_1 x + b_1 y = c_1$$
$$a_2 x + b_2 y = c_2$$

Rappelons (*cf.* problème 1.60) que le système admet une solution unique si, et seulement si $D \equiv a_1 b_2 - a_2 b_1 \neq 0$; et que la solution est

$$x = \frac{b_2 c_1 - b_1 c_2}{a_1 b_2 - a_2 b_1} \qquad y = \frac{a_1 c_2 - a_2 c_1}{a_1 b_2 - a_2 b_1}$$

La solution peut être complètement exprimée en fonction des déterminants :

$$x = \frac{N_x}{D} = \frac{b_2 c_1 - b_1 c_2}{a_1 b_2 - a_2 b_1} = \frac{\begin{vmatrix} c_1 & b_1 \\ c_2 & b_2 \end{vmatrix}}{\begin{vmatrix} a_1 & b_1 \\ a_2 & b_2 \end{vmatrix}} \qquad y = \frac{N_y}{D} = \frac{a_1 c_2 - a_2 c_1}{a_1 b_2 - a_2 b_1} = \frac{\begin{vmatrix} a_1 & c_1 \\ a_2 & c_2 \end{vmatrix}}{\begin{vmatrix} a_1 & b_1 \\ a_2 & b_2 \end{vmatrix}}$$

Ici D, le déterminant de la matrice des coefficients, apparaît dans le dénominateur des deux quotients. Les numérateurs N_x et N_y des quotients donnant x et y, respectivement, peuvent être obtenus en remplaçant la colonne des coefficients de l'inconnue à déterminer, dans la matrice des coefficients, par la colonne des termes constants.

Exemple 7.2

Résoudre le système suivant à l'aide des déterminants : $\begin{cases} 2x - 3y = 7 \\ 3x + 5y = 1 \end{cases}$

Le déterminant D de la matrice des coefficients est :

$$D = \begin{vmatrix} 2 & -3 \\ 3 & 5 \end{vmatrix} = (2)(5) - (3)(-3) = 10 + 9 = 19$$

Comme $D \neq 0$, le système admet une solution unique. Pour obtenir le numérateur N_x, remplaçons, dans la matrice des coefficients, les coefficients de x par la colonne des termes constants :

$$N_x = \begin{vmatrix} 7 & -3 \\ 1 & 5 \end{vmatrix} = (7)(5) - (1)(-3) = 35 + 3 = 38$$

Pour obtenir le numérateur N_y remplaçons, dans la matrice des coefficients, les coefficients de y par la colonne des termes constants :

$$N_y = \begin{vmatrix} 2 & 7 \\ 3 & 1 \end{vmatrix} = (2)(1) - (7)(3) = 2 - 21 = -19$$

Ainsi l'unique solution du système est :

$$x = \frac{N_x}{D} = \frac{38}{19} = 2 \qquad \text{et} \qquad y = \frac{N_y}{D} = \frac{-19}{19} = -1$$

Remarque : Le résultat de l'exemple 7.2 est vrai pour un système quelconque de n équations linéaires à n inconnues. Ce résultat général sera discuté dans la section 7.5. Soulignons le fait que cette méthode est importante pour des raisons théoriques. En pratique, la méthode d'élimination de Gauss est généralement utilisée pour la résolution des systèmes d'équations linéaires plutôt que celle utilisant les déterminants.

7.3. DÉTERMINANTS D'ORDRE TROIS

Considérons la matrice arbitraire $A = (a_{ij})$ d'ordre 3. Le déterminant de A est défini comme suit :

$$\det(A) = \begin{vmatrix} a_{11} & a_{12} & a_{13} \\ a_{21} & a_{22} & a_{23} \\ a_{31} & a_{32} & a_{33} \end{vmatrix} = a_{11}a_{22}a_{33} + a_{12}a_{23}a_{31} + a_{13}a_{21}a_{32}$$
$$- a_{13}a_{22}a_{31} - a_{12}a_{21}a_{33} - a_{11}a_{23}a_{32}$$

Remarquons qu'il y a six produits, dont chacun contient trois éléments de la matrice initiale. Trois des produits sont désignés par le signe plus et les trois autres sont désignés par le signe moins.

Le diagramme dans la figure 7-1 permet de se rappeler les six produits précédents dans $\det(A)$. En effet, le déterminant est égal à la somme des produits des éléments suivant les trois flèches désignées par le signe plus dans la figure 7-1, plus la somme des opposés des produits des éléments suivant les trois flèches désignées par le signe moins. Soulignons le fait que de tels diagrammes n'existent pas pour des déterminants d'ordre supérieur.

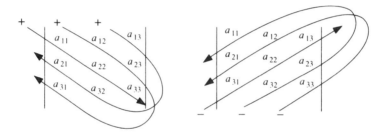

Figure. 7-1

Exemple 7.3

$$\begin{vmatrix} 2 & 1 & 1 \\ 0 & 5 & -2 \\ 1 & -3 & 4 \end{vmatrix} = (2)(5)(4) + (1)(-2)(1) + (1)(-3)(0) - (1)(5)(1) - (-3)(-2)(2) - (4)(1)(0)$$
$$= 40 - 2 + 0 - 5 - 12 - 0 = 21$$

Le déterminant de la matrice $A = a_{ij}$ d'ordre 3 peut être récrit de la manière suivante :

$$\det(A) = a_{11}(a_{22}a_{33} - a_{23}a_{32}) - a_{12}(a_{21}a_{33} - a_{23}a_{31}) + a_{13}(a_{21}a_{32} - a_{22}a_{31})$$

$$= a_{11}\begin{vmatrix} a_{22} & a_{23} \\ a_{32} & a_{33} \end{vmatrix} - a_{12}\begin{vmatrix} a_{21} & a_{23} \\ a_{31} & a_{33} \end{vmatrix} + a_{13}\begin{vmatrix} a_{21} & a_{22} \\ a_{31} & a_{32} \end{vmatrix}$$

qui est une combinaison linéaire de trois déterminants d'ordre deux dont les coefficients (en alternant les signes) forment la première ligne de la matrice donnée. Cette combinaison linéaire peut être écrite sous la forme

$$a_{11}\begin{vmatrix} a_{11} & a_{12} & a_{13} \\ a_{21} & a_{22} & a_{23} \\ a_{31} & a_{32} & a_{33} \end{vmatrix} - a_{12}\begin{vmatrix} a_{11} & a_{12} & a_{13} \\ a_{21} & a_{22} & a_{23} \\ a_{31} & a_{32} & a_{33} \end{vmatrix} + a_{13}\begin{vmatrix} a_{11} & a_{12} & a_{13} \\ a_{21} & a_{22} & a_{23} \\ a_{31} & a_{32} & a_{33} \end{vmatrix}$$

Remarquons que chacune des matrices d'ordre 2 peut être obtenue en supprimant, dans la matrice initiale, la ligne et la colonne qui contiennent les coefficients.

Exemple 7.4

$$\begin{vmatrix} 1 & 2 & 3 \\ 4 & -2 & 3 \\ 0 & 5 & -1 \end{vmatrix} = 1 \begin{vmatrix} \boxed{1 \ 2 \ 3} \\ 4 & -2 & 3 \\ 0 & 5 & -1 \end{vmatrix} - 2 \begin{vmatrix} 1 & 2 & 3 \\ 4 & -2 & 3 \\ 0 & 5 & -1 \end{vmatrix} + 3 \begin{vmatrix} 1 & 2 & 3 \\ 4 & -2 & 3 \\ 0 & 5 & -1 \end{vmatrix}$$

$$= 1 \begin{vmatrix} -2 & 3 \\ 5 & -1 \end{vmatrix} - 2 \begin{vmatrix} 4 & 3 \\ 0 & -1 \end{vmatrix} + 3 \begin{vmatrix} 4 & -2 \\ 0 & 5 \end{vmatrix}$$

$$= 1(2 - 15) - 2(-4 + 0) + 3(20 + 0) = -13 + 8 + 60 = 55$$

7.4. PERMUTATIONS

Une *permutation* σ de l'ensemble $\{1, 2, \ldots, n\}$ est une bijection de l'ensemble sur lui-même ou, simplement, un réarrangement des nombres $1, 2, \ldots, n$. Une telle permutation σ est désignée par

$$\sigma = \begin{pmatrix} 1 & 2 & \ldots & n \\ j_1 & j_2 & \ldots & j_n \end{pmatrix} \quad \text{ou} \quad \sigma = j_1 j_2 \ldots j_n \quad \text{où } j_i = \sigma(i)$$

L'ensemble de toutes ces permutations est désigné par S_n et le nombre de telles permutations est $n!$. Si $\sigma \in S_n$, alors la bijection réciproque $\sigma^{-1} \in S_n$; et si $\sigma, \tau \in S_n$, alors la composition $\sigma \circ \tau \in S_n$. Aussi la permutation identité $\varepsilon = \sigma \circ \sigma^{-1} \in S_n$. (En fait, $\varepsilon = 12 \ldots n$.)

Exemple 7.5

(a) Il y a $2! = 2 \times 1 = 2$ permutations dans S_2 : les permutations 12 et 21

(b) Il y a $3! = 3 \times 2 \times 1 = 6$ permutations dans S_3 : les permutations 123, 132, 213, 231, 312 et 321.

Considérons une permutation arbitraire σ dans S_n ; c'est-à-dire, $\sigma = j_1 j_2 \ldots j_n$. Nous dirons que la permutation σ est *paire* ou *impaire* suivant qu'elle contient un nombre pair ou impair *d'inversions*. Une *inversion* désigne un couple d'entiers (i, k) tel que $i > k$ et i précède k dans σ. La *signature* de σ, ou la *parité* de σ, notée sgn σ, est définie par :

$$\text{sgn } \sigma = \begin{cases} 1 & \text{si } \sigma \text{ est paire} \\ -1 & \text{si } \sigma \text{ est impaire} \end{cases}$$

Exemple 7.6

(a) Considérons la permutation $\sigma = 35142$ dans S_5. Pour chaque élément, dans l'écriture condensée de σ, compter le nombre d'éléments qui lui sont inférieurs et situés à sa droite. Ainsi

        3 produit deux inversions $(3, 1)$ et $(3, 2)$;

        5 produit trois inversions $(5, 1), (5, 4), (5, 2)$;

        4 produit une inversion $(4, 2)$.

(Remarquer que 1 et 2 ne produisent aucune inversion.) Finalement, puisqu'il y a, en tout, six inversions, σ est paire et sgn $\sigma = 1$.

(b) La permutation identité $\varepsilon = 123 \ldots n$ est paire puisqu'il n'y a aucune inversions dans ε.

(c) Dans S_2, la permutation 12 est paire et 21 est impaire. Dans S_3, les permutations 123, 231 et 312 sont paires, et les permutations 132, 213, et 321 sont impaires.

(d) Soit τ la permutation qui échange deux nombres i et j en gardant fixes les autres nombres, c'est-à-dire,

$$\tau(i) = j \quad \tau(j) = i \quad \tau(k) = k \quad k \neq i, j$$

Nous appelons τ une *transpostion*. Si $i < j$, Alors

$$\tau = 12 \ldots (i - 1) j (i + 1) \ldots (j - 1) i (j + 1) \ldots n$$

Il y a $2(j - i - 1) + 1$ inversions dans τ ; plus précisément :

$$(j, i), (j, x), (x, i) \qquad \text{où} \quad x = i + 1, \ldots, j - 1$$

Ainsi, toute transposition est impaire.

7.5. DÉTERMINANTS D'ORDRE QUELCONQUE

Soit $A = (a_{ij})$ une matrice carrée d'ordre n sur un corps $\mathbb{K}$:

$$A = \begin{pmatrix} a_{11} & a_{12} & \cdots & a_{1n} \\ a_{21} & a_{22} & \cdots & a_{2n} \\ \cdots\cdots\cdots\cdots\cdots\cdots \\ a_{n1} & a_{n2} & \cdots & a_{nn} \end{pmatrix}$$

Considérons un produit de n éléments de A tel qu'aucune paire de ces éléments ne se trouve sur une même ligne ou une même colonne. Un tel produit peut s'écrire sous la forme :

$$a_{1j_1} a_{2j_2} \ldots a_{nj_n}$$

Autrement dit, les facteurs proviennent des lignes successives de la matrice de telle sorte que leurs premiers indices soient rangés dans l'ordre naturel $1, 2, \ldots, n$. Maintenant, puisque ces facteurs proviennent de colonnes différentes, la suite des seconds indices forme une permutation $\sigma = j_1 j_2 \ldots j_n$ de S_n. Réciproquement, chaque permutation dans S_n détermine un produit de la forme précédente. Ainsi la matrice A contient $n!$ tels produits.

Définition :   Le déterminant de $A = (a_{ij})$, noté $\det(A)$ ou $|A|$, est la somme des $n!$ produits précédents où chacun de ces produits est multiplié par sgn σ. C'est-à-dire :

$$|A| = \sum_\sigma (\text{sgn } \sigma) a_{1j_1} a_{2j_2} \ldots a_{nj_n}$$

ou

$$|A| = \sum_{\sigma \in S_n} (\text{sgn } \sigma) a_{1\sigma(1)} a_{2\sigma(2)} \ldots a_{n\sigma(n)}$$

Le déterminant de la matrice carrée A d'ordre n est dit *déterminant d'ordre n*.

L'exemple suivant montre que la définition précédente est conforme avec la définition précédente du déterminant d'ordre un, deux, et trois.

Exemple 7.7

(a) Soit $A = (a_{11})$ une matrice 1×1. Puisque S_1 contient une seule permutation qui est paire, $\det(A) = a_{11}$, le nombre lui-même.

(b) Soit $A = (a_{ij})$ une matrice 2×2. Dans S_2, la permutation 12 est paire et la permutation 21 est impaire. Donc

$$\det(A) = \begin{vmatrix} a_{11} & a_{12} \\ a_{21} & a_{22} \end{vmatrix} = a_{11}a_{12} - a_{21}a_{22}$$

(c) Soit $A = (a_{ij})$ une matrice 3×3. Dans S_3, les permutations 123, 231 et 312 sont paires, et les permutations 321, 213 et 132 sont impaires. Donc

$$\det(A) = \begin{vmatrix} a_{11} & a_{12} & a_{13} \\ a_{21} & a_{22} & a_{23} \\ a_{31} & a_{32} & a_{33} \end{vmatrix} = a_{11}a_{22}a_{33} + a_{12}a_{23}a_{31} + a_{13}a_{21}a_{32}a_{13}a_{22}a_{31} - a_{12}a_{21}a_{33} - a_{11}a_{23}a_{32}$$

Lorsque n augmente, le nombre de termes dans le déterminant devient très grand. Par conséquent, nous utiliserons des méthodes indirectes pour évaluer les déterminants au lieu d'utiliser la définition. En effet, nous allons démontrer un certain nombre de propriétés sur les déterminants qui nous permettront d'écourter considérablement le calcul. En particulier, nous montrerons qu'un déterminant d'ordre n est égal à une combinaison linéaire de déterminants d'ordre $n - 1$ comme dans le cas précédent où $n = 3$.

7.6. PROPRIÉTÉS DES DÉTERMINANTS

Voici maintenant la liste des propriétés fondamentales du déterminant.

Théorème 7.1 : Les déterminants d'une matrice A et de sa transposée A^T sont égaux ; c'est-à-dire : $|A| = |A^T|$.

D'après ce théorème, qui est démontré dans le problème 7.21, tout autre théorème concernant le déterminant d'une matrice A qui s'applique aux lignes de A, entraînera un théorème analogue s'appliquant aux colonnes de A.

Le théorème suivant, qui est démontré dans le problème 7.23, donne certains cas pour lesquels le déterminant peut être obtenu immédiatement.

Théorème 7.2 : Soit A une matrice carrée.

   (a) Si A a une ligne (ou une colonne) de zéros, alors $|A| = 0$.

   (b) Si A a deux lignes (ou deux colonnes) identiques, alors $|A| = 0$.

   (c) Si A est triangulaire, c'est-à-dire si A est constituée de zéros au-dessus ou en dessous de la diagonale, alors $|A|$ est égal au produit des éléments diagonaux. Ainsi en particulier, $|I| = 1$ où I est la matrice identité.

Le théorème suivant, qui est démontré dans le problème 7.22, montre comment le déterminant d'une matrice est affecté par les opérations élémentaires sur les lignes et les colonnes.

Théorème 7.3 : Supposons que la matrice B est obtenue à partir de A par une opération ligne (colonne) élémentaire.

   (a) Si deux lignes (ou deux colonnes) de A ont été échangées, alors $|B| = -|A|$.

   (b) Si une ligne (ou une colonne) de A a été multipliée par un scalaire k, alors $|B| = k|A|$.

   (c) Si un multiple d'une ligne (ou d'une colonne) a été additionné à une autre, alors $|B| = |A|$.

Énonçons maintenant deux des théorèmes les plus importants et les plus utiles concernant les déterminants.

Théorème 7.4 : Soit A une matrice carrée $n \times n$ quelconque. Alors les énoncés suivants sont équivalents :

   (i) A est inversible ; c'est-à-dire : A a une matrice inverse A^{-1}.

   (ii) $AX = 0$ admet uniquement la solution nulle.

   (iii) Le déterminant de A est est différent de zéro : $|A| \neq 0$.

Remarque : Suivant les auteurs et le contexte, une matrice non singulière A est définie comme une matrice inversible A, ou une matrice A telle que $|A| \neq 0$, ou une matrice A telle que $AX = 0$ admet uniquement la solution nulle. Le théorème ci-dessus montre que toute ces définitions sont équivalentes.

Théorème 7.5 : Le déterminant est une fonction multiplicative. C'est-à-dire, le déterminant d'un produit de deux matrices A et B est égal au produit de leurs déterminants : $|AB| = |A||B|$.

Nous démontrerons les deux théorèmes précédents (*cf.* problème 7.27 et 7.28, respectivement) en utilisant la théorie des matrices élémentaires et le lemme suivant (démontré dans le problème 7.25).

Lemme 7.6 : Soit E une matrice élémentaire. Alors, quelle que soit la matrice A, $|EA| = |E||A|$.

Remarquons que l'on peut démontrer les deux théorèmes précédents directement, sans utiliser la théorie des matrices élémentaires.

Rappelons que les matrices A et B sont *semblables* s'il existe une matrice P non singulière telle que $B = P^{-1}AP$. Utilisant la propriété multiplicative des déterminants (*cf.* théorème 7.5), nous pouvons démontrer (*cf.* problème 7.30) :

Théorème 7.7 : Si A et B sont des matrices semblables, alors $|A| = |B|$.

7.7. MINEURS ET COFACTEURS

Considérons une matrice carrée $A = (a_{ij})$ d'ordre n. Appelons M_{ij} la sous-matrice carrée d'ordre $(n-1)$ de A, obtenue en supprimant la i-ième ligne et la j-ième colonne de A. Le déterminant $|M_{ij}|$ est appelé *le mineur* de l'élément a_{ij} de A. Le *cofacteur* de a_{ij}, noté A_{ij}, est le mineur affecté de sa signature :

$$A_{ij} = (-1)^{i+j}|M_{ij}|$$

Notons que les « signes » $(-1)^{i+j}$ des mineurs forment un arrangement en échiquier, avec les + sur la diagonale prncipale :

$$\begin{pmatrix} + & - & + & - & \dots \\ - & + & - & + & \dots \\ + & - & + & - & \dots \\ \dots\dots\dots\dots\dots\dots \end{pmatrix}$$

Noter que M_{ij} désigne une matrice, alors que A_{ij} désigne un scalaire.

Remarque : Le signe $(-1)^{i+j}$ du cofacteur A_{ij} s'obtient souvent en utilisant l'arrangement en damier. Plus précisément, il suffit d'alterner les signes en commençant par un « + » sur la diagonale principale, c'est-à-dire : $+, -, +, -, \dots$, pour arriver au carré approprié.

Exemple 7.8. Considérons la matrice $A = \begin{pmatrix} 2 & 3 & 4 \\ 5 & 6 & 7 \\ 8 & 9 & 1 \end{pmatrix}$.

$$|M_{23}| = \begin{vmatrix} 2 & 3 & \boxed{4} \\ \boxed{5 \quad 6} & 7 \\ 8 & 9 & \boxed{1} \end{vmatrix} = \begin{vmatrix} 2 & 3 \\ 8 & 9 \end{vmatrix} = 18 - 24 = -6 \text{ et donc } A_{23} = (-1)^{2+3}|M_{23}| = (-1) \times (-6) = -6$$

Le théorème suivant, qui est démontré dans le problème 7.31, s'applique alors.

Théorème 7.8 : Le déterminant de la matrice $A = (a_{ij})$ est égale à la somme des produits obtenus en multipliant les éléments d'une ligne (resp. d'une colonne) quelconque par leurs cofacteurs respectifs :

$$|A| = a_{i1}A_{i1} + a_{i2}A_{i2} + \cdots + a_{in}A_{in} = \sum_{j=1}^{n} a_{ij}A_{ij}$$

et

$$|A| = a_{1j}A_{1j} + a_{2j}A_{2j} + \cdots + a_{nj}A_{nj} = \sum_{i=1}^{n} a_{ij}A_{ij}$$

Les formules précédentes sont appelées les *développements de Laplace* du déterminant de A suivant la i-ième ligne et la j-ième colonne, respectivement. Ces formules, avec les opérations élémentaires sur les lignes (resp. sur les colonnes), offrent une méthode qui simplifie le calcul de $|A|$, décrite ci-dessous.

Calcul des déterminants

L'algorithme suivant permet de réduire le calcul d'un déterminant d'ordre n au calcul d'un déterminant d'ordre $n-1$.

Algorithme 7.7 (Réduction de l'ordre d'un déterminant)

Ici $A = (a_{ij})$ est une matrice carrée non nulle d'ordre n avec $n > 1$.

Étape 1. Choisir un élément $a_{ij} = 1$ ou, simplement, $a_{ij} \neq 0$.

Étape 2. Utiliser a_{ij} comme pivot, puis appliquer les opérations élémentaires sur les lignes [resp. colonnes] pour créer des zéros dans toutes les autres positions de la j-ième colonne [resp. i-ième ligne].

Étape 3. Développer le déterminant suivant la j-ième colonne [resp. i-ième ligne] contenant a_{ij}.

Faisons les remarques suivantes :

Remarque 1 : L'algorithme 7.7 est utilisé habituellement pour le calcul des déterminants d'ordre quatre et plus. Pour les déterminants d'ordre inférieur à quatre, on utilise uniquement les formules particulières citées plus haut.

Remarque 2 : L'algorithme d'élimination de Gauss ou, d'une manière équivalente, l'application répétée de l'algorithme 7.7, en échangeant les lignes, permettent de transformer A en une matrice triangulaire supérieure dont le déterminant est égal au produit des éléments diagonaux. Cependant, il faut connaître le nombre de lignes échangées puisque à chaque fois qu'on échange deux lignes, on change le signe du déterminant (*cf.* problème 7.11).

Exemple 7.9. Calculer le déterminant de la matrice : $A = \begin{pmatrix} 5 & 4 & 2 & 1 \\ 2 & 3 & 1 & -2 \\ -5 & -7 & -3 & 9 \\ 1 & -2 & -1 & 4 \end{pmatrix}$ en utilisant l'algorithme 7.7.

Utilisons l'élément $a_{23} = 1$ comme pivot pour créer des zéros dans les autres positions de la troisième colonne, c'est-à-dire : appliquons les opérations sur les lignes $-2R_2 + R_1 \rightarrow R_1$, $3R_2 + R_3 \rightarrow R_3$ et $R_2 + R_4 \rightarrow R_4$. D'après le théorème 7.3(c), la valeur du déterminant ne change pas par ces opérations ; c'est-à-dire :

$$|A| = \begin{vmatrix} 5 & 4 & 2 & 1 \\ 2 & 3 & 1 & -2 \\ -5 & -7 & -3 & 9 \\ 1 & -2 & -1 & 4 \end{vmatrix} = \begin{vmatrix} 1 & -2 & 0 & 5 \\ 2 & 3 & 1 & -2 \\ 1 & 2 & 0 & 3 \\ 3 & 1 & 0 & 2 \end{vmatrix}$$

Maintenant, si nous développons suivant la troisième colonne, nous pouvons omettre tous les termes qui contiennent le facteur 0. Ainsi :

$$|A| = (-1)^{2+3} \begin{vmatrix} 1 & -2 & 0 & 5 \\ 2 & 3 & 1 & -2 \\ 1 & 2 & 0 & 3 \\ 3 & 1 & 0 & 2 \end{vmatrix} = - \begin{vmatrix} 1 & -2 & 5 \\ 1 & 2 & 3 \\ 3 & 1 & 2 \end{vmatrix} = -(4 - 18 + 5 - 30 - 3 + 4) = -(-38) = 38$$

7.8. ADJOINTE CLASSIQUE

Considérons une matrice carrée $A = (a_{ij})$ d'ordre n sur un corps $\mathbb{K}$. L'*adjointe classique* (traditionnellement juste « adjointe ») de A, notée adj A, est la transposée de la matrice des cofacteurs des éléments a_{ij} de A :

$$\text{adj}\, A = \begin{pmatrix} A_{11} & A_{12} & \cdots & A_{1n} \\ A_{21} & A_{22} & \cdots & A_{2n} \\ \cdots\cdots\cdots\cdots\cdots\cdots \\ A_{n1} & A_{n2} & \cdots & A_{nn} \end{pmatrix}$$

Nous disons « adjointe classique » au lieu de simplement « adjointe » parce que le terme adjointe est utilisé couramment pour un concept entièrement différent.

Exemple 7.10. Soit $A = \begin{pmatrix} 2 & 3 & -4 \\ 0 & -4 & 2 \\ 1 & -1 & 5 \end{pmatrix}$. Les cofacteurs des neuf éléments de A sont

$$A_{11} = + \begin{vmatrix} -4 & 2 \\ -1 & 5 \end{vmatrix} = -18 \qquad A_{12} = - \begin{vmatrix} 0 & 2 \\ 1 & 5 \end{vmatrix} = 2 \qquad A_{13} = + \begin{vmatrix} 0 & -4 \\ 1 & -1 \end{vmatrix} = 4$$

$$A_{21} = - \begin{vmatrix} 3 & -4 \\ -1 & 5 \end{vmatrix} = -11 \qquad A_{22} = + \begin{vmatrix} 2 & -4 \\ 1 & 5 \end{vmatrix} = 14 \qquad A_{23} = - \begin{vmatrix} 2 & 3 \\ 1 & -1 \end{vmatrix} = 5$$

$$A_{31} = + \begin{vmatrix} 3 & -4 \\ -4 & 2 \end{vmatrix} = -10 \qquad A_{32} = - \begin{vmatrix} 2 & -4 \\ 0 & 2 \end{vmatrix} = -4 \qquad A_{33} = + \begin{vmatrix} 2 & 3 \\ 0 & -4 \end{vmatrix} = -8$$

La transposée de la matrice précédente des cofacteurs donne l'adjointe classique de A :

$$\text{adj } A = \begin{pmatrix} -18 & -11 & -10 \\ 2 & 14 & -4 \\ 4 & 5 & -8 \end{pmatrix}$$

Le théorème suivant sera démontré dans le problème 7.33.

Théorème 7.9 : Pour une matrice quelconque A,

$$A \cdot (\text{adj } A) = (\text{adj } A) \cdot A = |A| I$$

où I est une matrice identité. Ainsi, si $|A| \neq 0$,

$$A^{-1} = \frac{1}{|A|} (\text{adj } A)$$

Remarquer que le théorème 7.9 nous donne une autre méthode pour obtenir l'inverse d'une matrice non singulière.

Exemple 7.11. Considérons la matrice A de l'exemple 7.10 pour laquelle $|A| = -46$. Nous avons

$$A(\text{adj } A) = \begin{pmatrix} 2 & 3 & -4 \\ 0 & -4 & 2 \\ 1 & -1 & 5 \end{pmatrix} \begin{pmatrix} -18 & -11 & -10 \\ 2 & 14 & -4 \\ 4 & 5 & -8 \end{pmatrix} = \begin{pmatrix} -46 & 0 & 0 \\ 0 & -46 & 0 \\ 0 & 0 & -46 \end{pmatrix} = -46 \begin{pmatrix} 1 & 0 & 0 \\ 0 & 1 & 0 \\ 0 & 0 & 1 \end{pmatrix}$$
$$= -46I = |A| I$$

De plus, d'après le théorème 7.9,

$$A^{-1} = \frac{1}{|A|} (\text{adj } A) = \begin{pmatrix} -18/(-46) & -11/(-46) & -10/(-46) \\ 2/(-46) & 14/(-46) & -4/(-46) \\ 4/(-46) & 5/(-46) & -8/(-46) \end{pmatrix} = \begin{pmatrix} \frac{9}{23} & \frac{11}{46} & \frac{5}{23} \\ -\frac{1}{23} & -\frac{7}{23} & \frac{2}{23} \\ -\frac{2}{23} & -\frac{5}{46} & \frac{4}{23} \end{pmatrix}$$

7.9. APPLICATIONS AUX ÉQUATIONS LINÉAIRES, RÈGLE DE CRAMER

Considérons un système de n équations linéaires à n inconnues :

$$a_{11}x_1 + a_{12}x_2 + \cdots + a_{1n}x_n = b_1$$
$$a_{21}x_1 + a_{22}x_2 + \cdots + a_{2n}x_n = b_2$$
$$\dots\dots\dots\dots\dots\dots\dots \dots$$
$$a_{n1}x_1 + a_{n2}x_2 + \cdots + a_{nn}x_n = b_n$$

Le système précédent peut être écrit sous la forme $AX = B$ où $A = (a_{ij})$ est la matrice (carrée) des coefficients et $B = (b_i)$ est le vecteur colonne des termes constants. Soit A_i est la matrice obtenue à partir de A en remplaçant la

i-ième colonne de A par le vecteur colonne B. Soit $D = \det(A)$ et soit $N_i = \det(A_i)$ pour $i = 1, 2, \ldots, n$. La relation fondamentale entre les déterminants et la solution du système précédent est donnée par le théorème suivant.

Théorème 7.10 : Le système précédent admet une solution unique si, et seulement si $D \neq 0$. Dans ce cas la solution unique est donnée par

$$x_1 = N_1/D, \quad x_2 = N_2/D, \quad \ldots, \quad x_n = N_n/D$$

Le théorème précédent est connu sous le nom de *règle de Cramer* pour la résolution des systèmes d'équations linéaires. Cependant ce théorème s'applique uniquement à un système qui a autant d'équations que d'inconnues, et il donne uniquement une solution dans le cas où $D \neq 0$. En fait, si $D = 0$ le théorème ne nous dit pas si le système admet ou non une solution. Cependant, dans le cas d'un sytème homogène, nous avons le résultat suivant qui s'avère d'un grand intérêt (*cf.* problème 7.65 pour la démonstration).

Théorème 7.11 : Le système homogène $AX = 0$ admet une solution non nulle si, et seulement si $D = |A| = 0$.

Exemple 7.12. Résoudre, en utilisant les déterminants : $\begin{cases} 2x + \; y - \; z = 3 \\ \;\; x + \; y + \; z = 1 \\ \;\; x - 2y - 3z = 4 \end{cases}$.

Calculons d'abord le déterminant D de la matrice des coefficients :

$$D = \begin{vmatrix} 2 & 1 & -1 \\ 1 & 1 & 1 \\ 1 & -2 & -3 \end{vmatrix} = -6 + 1 + 2 + 1 + 4 + 3 = 5$$

Puisque $D \neq 0$, le système a une solution unique. Pour calculer N_x, N_y et N_z, remplaçons les coefficients de x, y et z dans la matrice des coefficients par les termes constants :

$$N_x = \begin{vmatrix} 3 & 1 & -1 \\ 1 & 1 & 1 \\ 4 & -2 & -3 \end{vmatrix} = -9 + 4 + 2 + 4 + 6 + 3 = 10$$

$$N_y = \begin{vmatrix} 2 & 3 & -1 \\ 1 & 1 & 1 \\ 1 & 4 & -3 \end{vmatrix} = -6 + 3 - 4 + 1 - 8 + 9 = -5$$

$$N_z = \begin{vmatrix} 2 & 1 & 3 \\ 1 & 1 & 1 \\ 1 & -2 & 4 \end{vmatrix} = 8 + 1 - 6 - 3 + 4 - 4 = 0$$

Ainsi l'unique solution du système est $x = N_x/D = 2$, $y = N_y/D = -1$, $z = N_z/D = 0$.

7.10. SOUS-MATRICES, MINEURS QUELCONQUES, MINEURS PRINCIPAUX

Soit $A = (a_{ij})$ une matrice carrée d'ordre n. Soit $i_1, i_2, \ldots, i_r$ un ensemble ordonné d'indices de lignes et soit $j_1, j_2, \ldots, j_r$ un ensemble ordonné d'indices de colonnes. On définit la sous-matrice de A d'ordre r correspondant à ces ensembles d'indices comme suit :

$$A_{i_1, i_2, \ldots, i_r}^{j_1, j_2, \ldots, j_r} = \begin{pmatrix} a_{i_1, j_1} & a_{i_1, j_2} & \ldots & a_{i_1, j_r} \\ a_{i_2, j_1} & a_{i_2, j_2} & \ldots & a_{i_2, j_r} \\ \ldots\ldots\ldots\ldots\ldots\ldots\ldots \\ a_{i_r, j_1} & a_{i_r, j_2} & \ldots & a_{i_r, j_r} \end{pmatrix}$$

Le déterminant $\left| A_{i_1, i_2, \ldots, i_r}^{j_1, j_2, \ldots, j_r} \right|$ est appelé *le mineur* de A d'ordre r et

$$(-1)^{i_1 + i_2 + \cdots + i_r + j_1 + j_2 + \cdots + j_r} \left| A_{i_1, i_2, \ldots, i_r}^{j_1, j_2, \ldots, j_r} \right|$$

est le mineur signé correspondant. (Remarquer qu'un mineur d'ordre $n - 1$ est mineur au sens de la section 7.7 et le mineur signé correspondant d'ordre $n - 1$ est un cofacteur.) De plus, si i'_k et j'_k désignent, respectivement, les indices des autres lignes et colonnes, alors

$$\left| A^{j'_1, \ldots, j'_{n-r}}_{i'_1, \ldots, i'_{n-r}} \right|$$

est le *mineur complémentaire*.

Exemple 7.13. Soit $A = (a_{ij})$ une matrice carrée d'ordre 5. Les indices 3 et 5 désignant des lignes et les exposants 1 et 4 désignant des colonnes, on définit la sous-matrice

$$A^{1,\,4}_{3,\,5} = \begin{pmatrix} a_{31} & a_{34} \\ a_{51} & a_{54} \end{pmatrix}$$

Le mineur et le mineur signé correspondants sont, respectivement,

$$\left| A^{1,\,4}_{3,\,5} \right| = \begin{vmatrix} a_{31} & a_{34} \\ a_{51} & a_{54} \end{vmatrix} = a_{31}a_{54} - a_{34}a_{51} \qquad \text{et} \qquad (-1)^{3+5+1+4} \left| A^{1,\,4}_{3,\,5} \right| = - \left| A^{1,\,4}_{3,\,5} \right|$$

Les indices, désignant les autres lignes, sont 1, 2 et 4, et les indices désignant les autres colonnes sont 2, 3 et 5 ; donc le mineur complémentaire de $\left| A^{1,\,4}_{3,\,5} \right|$ est

$$\left| A^{2,\,3,\,5}_{1,\,2,\,4} \right| = \begin{vmatrix} a_{12} & a_{13} & a_{15} \\ a_{22} & a_{23} & a_{35} \\ a_{42} & a_{43} & a_{45} \end{vmatrix}$$

Mineurs principaux

Un mineur est *principal* lorsque les indices des lignes et les indices des colonnes de la sous-matrice sont identiques ; c'est-à-dire lorsque les éléments diagonaux du mineur proviennent de la diagonale principale de la matrice.

Exemple 7.14. Considérons les mineurs suivants d'une matrice carrée $A = (a_{ij})$ d'ordre 5 :

$$M_1 = \begin{vmatrix} a_{22} & a_{24} & a_{25} \\ a_{42} & a_{44} & a_{45} \\ a_{52} & a_{54} & a_{55} \end{vmatrix} \qquad M_2 = \begin{vmatrix} a_{11} & a_{13} & a_{15} \\ a_{21} & a_{23} & a_{25} \\ a_{51} & a_{53} & a_{55} \end{vmatrix} \qquad M_3 = \begin{vmatrix} a_{22} & a_{25} \\ a_{52} & a_{55} \end{vmatrix}$$

Ici M_1 et M_3 sont des mineurs principaux puisque tous leurs éléments diagonaux appartiennent à la diagonale de A. D'autre part, le mineur M_2 n'est pas principal, puisque a_{23} appartient à la diagonale de M_2 mais pas à celle de A.

Faisons les remarques suivantes :

Remarque 1 : Le signe du mineur principal est toujours +1 puisque la somme des indices lignes et des mêmes indices pour les colonnes, est paire.

Remarque 2 : Un mineur est principal si, et seulement si le mineur complémentaire est aussi principal.

Remarque 3 : Une matrice symétrique réelle A est définie positive si, et seulement si tous les mineurs principaux sont positifs.

7.11. MATRICES PAR BLOCS ET DÉTERMINANTS

Le théorème suivant est le résultat principal de cette section.

Théorème 7.12 : Soit M une matrice par blocs, triangulaire supérieure (inférieure) avec les blocs carrés diagonaux $A_1, A_2, \ldots, A_n$. Alors

$$\det(M) = \det(A_1) \det(A_2) \cdots \det(A_n)$$

La démonstration du théorème est faite dans le problème 7.35.

Exemple 7.15. Trouver $|M|$ où $M = \begin{pmatrix} 2 & 3 & 4 & 7 & 8 \\ -1 & 5 & 3 & 2 & 1 \\ 0 & 0 & 2 & -1 & 5 \\ 0 & 0 & 3 & -1 & 4 \\ 0 & 0 & 5 & 2 & 6 \end{pmatrix}$.

Remarquer que M est une matrice triangulaire supérieure par blocs. Calculons le déterminant de chaque bloc diagonal :

$$\begin{vmatrix} 2 & 3 \\ -1 & 5 \end{vmatrix} = 10 + 3 = 13 \qquad \begin{vmatrix} 2 & 1 & 5 \\ 3 & -1 & 4 \\ 5 & 2 & 6 \end{vmatrix} = -12 + 20 + 30 + 25 - 16 - 18 = 29$$

Donc $|M| = (13)(29) = 377$.

Remarque : Supposons que $M = \begin{pmatrix} A & B \\ C & D \end{pmatrix}$ où A, B, C, D sont des matrices carrées. Alors il n'est généralement pas vrai que $|M| = |A||D| - |B||C|$. (*Cf.* problème 7.77.)

7.12. DÉTERMINANTS ET VOLUME

Les déterminants sont liés aux aires et aux volumes de la manière suivante. Soit u_1, u_2, ..., u_n des vecteurs de $\mathbb{R}^n$. Soit S le parallélépipède (solide) déterminé par ces vecteurs ; c'est-à-dire :

$$S = \{a_1 u_1 + a_2 u_2 + \cdots + a_n u_n : 0 \le a_i \le 1 \text{ pour } i = 1, \ldots, n\}$$

(Lorsque $n = 2$, S est un parallélogramme.) Soit $V(S)$ le volume de S (ou la surface de S lorsque $n = 2$). Alors

$$V(S) = \text{la valeur absolue de } \det(A)$$

où A est la matrice dont les lignes sont u_1, u_2, ..., u_n. En général, $V(S) = 0$ si, et seulement si, les vecteurs u_1, u_2, ..., u_n ne forment pas un système de coordonnées de $\mathbb{R}^n$, c'est-à-dire si, et seulement si, les vecteurs sont linéairement dépendants.

7.13. MULTILINÉARITÉ ET DÉTERMINANTS

Soit V un espace vectoriel sur un corps $\mathbb{K}$. Soit $\mathcal{A} = V^n$, c'est-à-dire $\mathcal{A}$ contient tous les n-uplets

$$A = (A_1, A_2, \ldots, A_n)$$

où les A_i sont des vecteurs de V. Donnons d'abord les définitions suivantes :

Définition : Une fonction $D : \mathcal{A} \to \mathbb{K}$ est dite *multilinéaire* si elle est linéaire par rapport à chacune de ses composantes ; c'est-à-dire :

   (i) Si $A_i = B + C$, alors

$$D(A) = D(\ldots, B + C, \ldots) = D(\ldots, B, \ldots) + D(\ldots, C \ldots)$$

   (ii) Si $A_i = kB$, où $k \in \mathbb{K}$, alors

$$D(A) = D(\ldots, kB, \ldots) = kD(\ldots, B, \ldots)$$

Nous pouvons dire aussi n-linéaire au lieu de multilinéaire si elle est linéaire pour chacune de ses n composantes.

Définition : Une fonction $D : \mathcal{A} \to \mathbb{K}$ est dite alternée si $D(A) = 0$ toutes les fois que A a deux lignes identiques ; c'est-à-dire :

$$D(A_1, A_2, \ldots, A_n) = 0 \quad \text{dès que} \quad A_i = A_j, i \neq j$$

Maintenant, soit **M** l'ensemble de toutes les matrices carrées A d'ordre n sur un corps $\mathbb{K}$. Nous pouvons considérer A comme un n-uplet constitué des vecteurs lignes A_1, A_2, ..., A_n de A ; c'est-à-dire que nous pouvons écrire A sous la forme $A = (A_1, A_2, \ldots, A_n)$.

Nous obtenons le théorème fondamental suivant (*cf.* problème 7.36 pour la démonstration) où I désigne la matrice identité :

Théorème 7.13 : Il existe une fonction unique $D : \mathbf{M} \to \mathbb{K}$ telle que

(i) D est multilinéaire,   (ii) D est alternée,   (iii) $D(I) = 1$.

Cette fonction D n'est autre chose que la fonction *déterminant* ; c'est-à-dire la fonction qui à une matrice quelconque $A \in \mathbf{M}$, associe $D(A) = |A|$.

Problèmes résolus

CALCUL DE DÉTERMINANTS D'ORDRE DEUX ET D'ORDRE TROIS

7.1. Calculer le déterminant de chacune des matrices suivantes :

$$\begin{pmatrix} 6 & 5 \\ 2 & 3 \end{pmatrix}, \qquad \begin{pmatrix} 3 & -2 \\ 4 & 5 \end{pmatrix}, \qquad \begin{pmatrix} 4 & -5 \\ -1 & -2 \end{pmatrix}$$

$$\begin{vmatrix} 6 & 5 \\ 2 & 3 \end{vmatrix} = (6)(3) - (5)(2) = 18 - 10 = 8, \quad \begin{vmatrix} 3 & -2 \\ 4 & 5 \end{vmatrix} = 15 + 8 = 23, \quad \begin{vmatrix} 4 & -5 \\ -1 & -2 \end{vmatrix} = -8 - 5 = -13.$$

7.2. Trouver le déterminant de $\begin{pmatrix} t-5 & 7 \\ -1 & t+3 \end{pmatrix}$.

$$\begin{vmatrix} t-5 & 7 \\ -1 & t+3 \end{vmatrix} = (t-5)(t+3) + 7 = t^2 + 2t - 15 + 7 = t^2 - 2t - 8$$

7.3. Déterminer les valeurs de k pour lesquelles $\begin{vmatrix} k & k \\ 4 & 2k \end{vmatrix} = 0$.

Posons $\begin{vmatrix} k & k \\ 4 & 2k \end{vmatrix} = 2k^2 - 4k = 0$, ou $2k(k-2) = 0$. Donc $k = 0$; et $k = 2$. C'est-à-dire : si $k = 0$ ou $k = 2$, le déterminant est nul.

7.4. Calculer le déterminant de chacune des matrices suivantes :

$$(a) \begin{pmatrix} 1 & -2 & 3 \\ 2 & 4 & -1 \\ 1 & 5 & -2 \end{pmatrix}, \qquad (b) \begin{pmatrix} a_1 & b_1 & c_1 \\ a_2 & b_2 & c_2 \\ a_3 & b_3 & c_3 \end{pmatrix}.$$

En utilisant le diagramme de la figure 7-1, nous avons

$$(a) \quad \begin{vmatrix} 1 & -2 & 3 \\ 2 & 4 & -1 \\ 1 & 5 & -2 \end{vmatrix} = (1)(4)(-2) + (-2)(-1)(1) + (3)(5)(2) - (1)(4)(3) - (5)(-1)(1) - (-2)(-2)(2).$$
$$= -8 + 2 + 30 - 12 + 5 - 8 = 9$$

$$(b) \quad \begin{vmatrix} a_1 & b_1 & c_1 \\ a_2 & b_2 & c_2 \\ a_3 & b_3 & c_3 \end{vmatrix} = a_1 b_2 c_3 + b_1 c_2 a_3 + c_1 b_3 a_2 - a_3 b_2 c_1 + b_3 c_2 a_1 + c_3 b_1 a_2.$$

7.5. Calculer le déterminant de $\begin{pmatrix} 2 & 3 & 4 \\ 5 & 6 & 7 \\ 8 & 9 & 1 \end{pmatrix}$.

Simplifions d'abord les éléments en faisant la soustraction des deux premières lignes de la deuxième ligne, c'est-à-dire en appliquant $-2R_1 + R_2 \rightarrow R_2$:

$$\begin{vmatrix} 2 & 3 & 4 \\ 5 & 6 & 7 \\ 8 & 9 & 1 \end{vmatrix} = \begin{vmatrix} 2 & 3 & 4 \\ 1 & 0 & -1 \\ 8 & 9 & 1 \end{vmatrix} = 0 - 24 + 36 - 0 + 18 - 3 = 27$$

7.6. Trouver le déterminant de la matrice A où :

$$(a) \quad A = \begin{pmatrix} \frac{1}{2} & -1 & \frac{-1}{3} \\ \frac{3}{4} & \frac{1}{2} & -1 \\ 1 & -4 & 1 \end{pmatrix}, \qquad (b) \quad A = \begin{pmatrix} t+3 & -1 & 1 \\ 5 & t-3 & 1 \\ 6 & -6 & t+4 \end{pmatrix}$$

(a) Multiplions d'abord la première ligne par 6 et la deuxième par 4. Alors

$$6 \times 4|A| = 24|A| = \begin{vmatrix} 3 & -6 & -2 \\ 3 & 2 & -4 \\ 1 & -4 & 1 \end{vmatrix} = 6 + 24 + 24 + 4 - 48 + 18 = 28$$

Donc $|A| = \frac{28}{24} = \frac{7}{6}$. (Remarquer que les multiplications de départ éliminent les fractions, et que le calcul devient simple.)

(b) Ajoutons la deuxième colonne à la première, puis la troisième colonne à la deuxième pour créer des zéros ; ce qui revient à appliquer les opérations $C_2 + C_1 \rightarrow C_1$ et $C_3 + C_2 \rightarrow C_2$:

$$|A| = \begin{vmatrix} t+2 & 0 & 1 \\ t+2 & t-2 & 1 \\ 0 & t-2 & t+4 \end{vmatrix}$$

Maintenant, en mettant en facteur $t+2$ dans la première colonne et $t-2$ dans la seconde, nous obtenons

$$|A| = (t+2)(t-2) \begin{vmatrix} 1 & 0 & 1 \\ 1 & 1 & 1 \\ 0 & 1 & t+4 \end{vmatrix}$$

Finalement, en soustrayant la première colonne de la troisième, nous obtenons

$$|A| = (t+2)(t-2)\begin{vmatrix} 1 & 0 & 0 \\ 1 & 1 & 0 \\ 0 & 1 & t+4 \end{vmatrix} = (t+2)(t-2)(t+4)$$

CALCUL DE DÉTERMINANTS D'ORDRE ARBITRAIRE

7.7. Calculer le déterminant de la matrice $A = \begin{pmatrix} 2 & 5 & -3 & -2 \\ -2 & -3 & 2 & -5 \\ 1 & 3 & -2 & 2 \\ -1 & -6 & 4 & 3 \end{pmatrix}$

Utilisons $a_{31} = 1$ comme pivot et appliquons les opérations élémentaires sur les lignes $-2R_3 + R_1 \to R_1$, $2R_3 + R_1 \to R_2$ et $R_3 + R_4 \to R_4$:

$$|A| = \begin{vmatrix} 2 & 5 & -3 & -2 \\ -2 & -3 & 2 & -5 \\ 1 & 3 & -2 & 2 \\ -1 & -6 & 4 & 3 \end{vmatrix} = \begin{vmatrix} 0 & -1 & 1 & -6 \\ 0 & 3 & -2 & -1 \\ 1 & 3 & -2 & 2 \\ 0 & -3 & 2 & 5 \end{vmatrix} = + \begin{vmatrix} -1 & 1 & -6 \\ 3 & -2 & -1 \\ -3 & 2 & 5 \end{vmatrix}$$

$$= 10 + 3 - 36 + 36 - 2 - 15 = -4$$

7.8. Calculer le déterminant de la matrice $A = \begin{pmatrix} 1 & 2 & 2 & 3 \\ 1 & 0 & -2 & 0 \\ 3 & -1 & 1 & -2 \\ 4 & -3 & 0 & 2 \end{pmatrix}$.

Utilisons $a_{21} = 1$ comme pivot et appliquons l'opération $2C_1 + C_3 \to C_3$:

$$|A| = \begin{vmatrix} 1 & 2 & 4 & 3 \\ 1 & 0 & 0 & 0 \\ 3 & -1 & 7 & -2 \\ 3 & -3 & 6 & 2 \end{vmatrix} = -\begin{vmatrix} 2 & 4 & 3 \\ -1 & 7 & -2 \\ -3 & 8 & 2 \end{vmatrix} = -(28 + 24 - 24 + 63 + 32 + 8) = -131$$

7.9. Trouver le déterminant de la matrice $C = \begin{pmatrix} 6 & 2 & 1 & 0 & 5 \\ 2 & 1 & 1 & -2 & 1 \\ 1 & 1 & 2 & -2 & 3 \\ 3 & 0 & 2 & 3 & -1 \\ -1 & -1 & -3 & 4 & 2 \end{pmatrix}$.

Tout d'abord réduisons $|C|$ à un déterminant d'ordre quatre, puis à un déterminant d'ordre trois. Utilisons $c_{22} = 1$ comme pivot et appliquons les opérations $-2R_2 + R_1 \to R_1$, $-R_2 + R_3 \to R_3$, et $R_2 + R_5 \to R_5$:

$$|C| = \begin{vmatrix} 2 & 0 & -1 & 4 & 3 \\ 2 & 1 & 1 & -2 & 1 \\ -1 & 0 & 1 & 0 & 2 \\ 3 & 0 & 2 & 3 & -1 \\ 1 & 0 & -2 & 2 & 6 \end{vmatrix} = \begin{vmatrix} 2 & -1 & 4 & 3 \\ -1 & 1 & 0 & 2 \\ 3 & 2 & 3 & -1 \\ 1 & -2 & 2 & 3 \end{vmatrix} = \begin{vmatrix} 1 & 1 & 4 & -1 \\ 0 & 1 & 0 & 0 \\ 5 & 2 & 3 & -5 \\ -1 & -2 & 2 & 7 \end{vmatrix}$$

$$= \begin{vmatrix} 1 & 4 & -1 \\ 5 & 3 & -5 \\ -1 & 2 & 7 \end{vmatrix} = 21 + 20 - 10 - 3 + 10 - 140 = -102$$

7.10. Trouver le déterminant de chacune des matrices suivantes :

$(a)\ A = \begin{pmatrix} 5 & 6 & 7 & 8 \\ 0 & 0 & 0 & 0 \\ 1 & -3 & 5 & -7 \\ 8 & 4 & 2 & 6 \end{pmatrix}, \qquad (b)\ B = \begin{pmatrix} 5 & 6 & 7 & 6 \\ 1 & -3 & 5 & -3 \\ 4 & 9 & -3 & 9 \\ 2 & 7 & 8 & 7 \end{pmatrix},$

$(c)\ C = \begin{pmatrix} 2 & 3 & 4 & 5 \\ 0 & -3 & 7 & -8 \\ 0 & 0 & 5 & 6 \\ 0 & 0 & 0 & 4 \end{pmatrix}.$

(a) Puisque A contient une ligne de zéros, $\det(A) = 0$.

(b) Puisque la deuxième et la quatrième colonne de B sont égales, $\det(B) = 0$.

(c) Puisque C est triangulaire, $\det(C)$ est égal au produit des éléments diagonaux. Par suite, $\det(C) = -120$.

7.11. Décrire l'algorithme d'élimination de Gauss qui permet de calculer le déterminant d'une matrice carrée $A = (a_{ij})$ d'ordre n.

L'algorithme utilise le procédé d'élimination de Gauss pour transformer A en une matrice triangulaire supérieure (dont le déterminant est égal au produit des éléments diagonaux). Comme l'algorithme exige des échanges de lignes, lesquels changent le signe du déterminant, nous devons suivre ces changements en utilisant une certaine variable, par exemple SIGN. Nous utilisons également l'algorithme « pivotant » ; c'est-à-dire le fait de choisir comme pivot l'élément dont la valeur absolue est la plus grande. L'algorithme est donc le suivant :

Étape 1. Poser SIGN = 0 [Ceci initialise la variable SIGN.]

Étape 2. Trouver l'élément a_{i1} de la première colonne de plus grande valeur absolue.

   (a) Si $a_{i1} = 0$, alors poser $\det(A) = 0$ puis SORTIR.

   (b) Si $i \neq 1$, échanger la première ligne avec la i-ième et poser SIGN = SIGN + 1.

Étape 3. Utiliser a_{11} comme pivot et appliquer les opérations élémentaires sur les lignes $kR_q + R_p \rightarrow R_p$ pour créer des zéros en dessous de a_{11}.

Étape 4. Recommencer les étapes 2 et 3 avec la sous-matrice obtenue en supprimant la première ligne et la première colonne.

Étape 5. Continuer le procédé ci-dessus jusqu'à ce que la matrice A soit triangulaire supérieure.

Étape 6. Poser $\det A = (-1)^{\text{SIGN}} a_{11} a_{12} \cdots a_{nn}$, puis SORTIR.

Remarquer que l'opération élémentaire sur les lignes $R_p \rightarrow kR_p$, (qui multiplie une ligne par un scalaire) qui était permise dans l'algorithme de Gauss pour la résolution de systèmes d'équations linéaires, est interdite ici, puisqu'elle change la valeur du déterminant.

7.12. Utiliser l'algorithme d'élimination de Gauuss du problème 7.11 pour trouver le déterminant de

$$A = \begin{pmatrix} 3 & 8 & 6 \\ -2 & -3 & 1 \\ 5 & 10 & 15 \end{pmatrix}$$

Réduisons d'abord la matrice, suivant les lignes, à une forme triangulaire supérieure, en comptant le nombre d'échanges de lignes :

$$A \sim \begin{pmatrix} 5 & 10 & 15 \\ -2 & -3 & 1 \\ 3 & 8 & 6 \end{pmatrix} \sim \begin{pmatrix} 5 & 10 & 15 \\ 0 & 1 & 7 \\ 0 & 2 & -3 \end{pmatrix} \sim \begin{pmatrix} 5 & 10 & 15 \\ 0 & 2 & -3 \\ 0 & 1 & 7 \end{pmatrix} \sim \begin{pmatrix} 5 & 10 & 15 \\ 0 & 2 & -3 \\ 0 & 0 & \frac{17}{2} \end{pmatrix}$$

A est maintenant sous forme triangulaire (supérieure) et SIGN = 2 puisqu'il y a eu deux échanges de lignes. D'où :
$$A = (-1)^{\text{SIGN}} \times 5 \times 2 \times (\tfrac{17}{2}) = 85.$$

7.13. Calculer $|B| = \begin{vmatrix} 0,921 & 0,185 & 0,476 & 0,614 \\ 0,782 & 0,157 & 0,527 & 0,138 \\ 0,872 & 0,484 & 0,637 & 0,799 \\ 0,312 & 0,555 & 0,841 & 0,448 \end{vmatrix}$

Multiplions la ligne contenant le pivot a_{ij} par $1/a_{ij}$ pour obtenir un pivot égal à 1 :

$$|B| = 0,921 \begin{vmatrix} 1 & 0,201 & 0,517 & 0,667 \\ 0,782 & 0,157 & 0,527 & 0,138 \\ 0,872 & 0,484 & 0,637 & 0,799 \\ 0,312 & 0,555 & 0,841 & 0,448 \end{vmatrix} = 0,921 \begin{vmatrix} 1 & 0,201 & 0,571 & 0,667 \\ 0 & 0 & 0,123 & -0,384 \\ 0 & 0,309 & 0,196 & 0,217 \\ 0 & 0,492 & 0,680 & 0,240 \end{vmatrix}$$

$$= 0,921 \begin{vmatrix} 0 & 0,123 & -0,384 \\ 0,309 & 0,196 & 0,217 \\ 0,492 & 0,680 & 0,240 \end{vmatrix} = 0,921(-0,384) \begin{vmatrix} 0 & -0,320 & 1 \\ 0,309 & 0,196 & 0,217 \\ 0,492 & 0,680 & 0,240 \end{vmatrix}$$

$$= 0,921(-0,384) \begin{vmatrix} 0 & 0 & 1 \\ 0,309 & 0,265 & 0,217 \\ 0,492 & 0,757 & 0,240 \end{vmatrix} = 0,921(-0,384) \begin{vmatrix} 0,309 & 0,265 \\ 0,492 & 0,757 \end{vmatrix}$$

$$= 0,921(-0,384)(0,104) = -0,037$$

COFACTEURS, ADJOINTES CLASSIQUES

7.14. Considérons la matrice $A = \begin{pmatrix} 2 & 1 & -3 & 4 \\ 5 & -4 & 7 & -2 \\ 4 & 0 & 6 & -3 \\ 3 & -2 & 5 & 2 \end{pmatrix}$. Trouver le cofacteur de 7 dans la matrice A, c'est-à-dire A_{23}.

Nous avons

$$A_{23} = (-1)^{2+3} \begin{vmatrix} 2 & 1 & \boxed{-3} & 4 \\ 5 & -4 & 7 & -2 \\ 4 & 0 & 6 & -3 \\ 3 & -2 & 5 & 2 \end{vmatrix} = - \begin{vmatrix} 2 & 1 & 4 \\ 4 & 0 & -3 \\ 3 & -2 & 2 \end{vmatrix} = -(0 - 9 - 32 - 0 - 12 - 8) = -(-61) = 61$$

L'exposant $2 + 3$ provient du fait que 7 apparaît dans la deuxième ligne et la troisième colonne.

7.15. Considérons la matrice $B = \begin{pmatrix} 1 & 1 & 1 \\ 2 & 3 & 4 \\ 5 & 8 & 9 \end{pmatrix}$. Calculer : (a) $|B|$, (b) adj B, et (c) B^{-1} en utilisant adj B.

(a) $|B| = 27 + 20 + 16 - 15 - 32 - 18 = -2$.

(*b*) Prendre la transposée de la matrice des cofacteurs :

$$\text{adj} B = \left(\begin{array}{ccc} \begin{vmatrix} 3 & 4 \\ 8 & 9 \end{vmatrix} & -\begin{vmatrix} 2 & 4 \\ 5 & 9 \end{vmatrix} & \begin{vmatrix} 2 & 3 \\ 5 & 8 \end{vmatrix} \\ -\begin{vmatrix} 1 & 1 \\ 8 & 9 \end{vmatrix} & \begin{vmatrix} 1 & 1 \\ 5 & 9 \end{vmatrix} & -\begin{vmatrix} 1 & 1 \\ 5 & 8 \end{vmatrix} \\ \begin{vmatrix} 1 & 1 \\ 3 & 4 \end{vmatrix} & -\begin{vmatrix} 1 & 1 \\ 2 & 4 \end{vmatrix} & \begin{vmatrix} 1 & 1 \\ 2 & 3 \end{vmatrix} \end{array} \right)^T = \begin{pmatrix} -5 & 2 & 1 \\ -1 & 4 & -3 \\ 1 & -2 & 1 \end{pmatrix}^T = \begin{pmatrix} -5 & -1 & 1 \\ 2 & 4 & -2 \\ 1 & -3 & 1 \end{pmatrix}$$

(*c*) Puisque $|B| \neq 0$,

$$B^{-1} = \frac{1}{|B|}(\text{adj} B) = \frac{1}{-2} \begin{pmatrix} -5 & -1 & 1 \\ 2 & 4 & -2 \\ 1 & -3 & 1 \end{pmatrix} = \begin{pmatrix} \frac{5}{2} & \frac{1}{2} & -\frac{1}{2} \\ -1 & -2 & 1 \\ -\frac{1}{2} & \frac{3}{2} & -\frac{1}{2} \end{pmatrix}$$

7.16. Considérons une matrice arbitraire $A = \begin{pmatrix} a & b \\ c & d \end{pmatrix}$ d'ordre 2. (*a*) Trouver $\text{adj} A$. (*b*) Montrer que $\text{adj}(\text{adj} A) = A$.

(*a*) $\text{adj} A = \begin{pmatrix} +|d| & -|c| \\ -|b| & +|a| \end{pmatrix}^T = \begin{pmatrix} d & -c \\ -b & a \end{pmatrix}^T = \begin{pmatrix} d & -b \\ -c & a \end{pmatrix}$.

(*b*) $\text{adj}(\text{adj} A) = \text{adj} \begin{pmatrix} d & -b \\ -c & a \end{pmatrix} = \begin{pmatrix} +|a| & -|-c| \\ -|-b| & +|d| \end{pmatrix}^T = \begin{pmatrix} a & c \\ b & d \end{pmatrix}^T = \begin{pmatrix} a & b \\ c & d \end{pmatrix} = A$.

DÉTERMINANTS ET ÉQUATIONS LINÉAIRES, RÈGLE DE CRAMER

7.17. Résoudre le système suivant en utilisant les déterminants.

$$\begin{cases} ax - 2by = c \\ 3ax - 5by = 2c \end{cases} \qquad \text{où} \quad ab \neq 0$$

Calculons d'abord $D = \begin{vmatrix} a & -2b \\ 3a & -5b \end{vmatrix} = -5ab + 6ab = ab$. Puisque $D = ab \neq 0$, le système admet une solution unique. Calculons maintenant

$$N_x = \begin{vmatrix} c & -2b \\ 2c & -5b \end{vmatrix} = -5bc + 4bc = -bc \quad \text{et} \quad N_y = \begin{vmatrix} a & c \\ 3a & 2c \end{vmatrix} = 2ac - 3ac = -ac$$

Alors $x = N_x/D = -bc/ab = -c/a$ et $y = N_y/D = -ac/ab = -c/b$.

7.18. Résoudre le système suivant, en utilisant les déterminants : $\begin{cases} 3y + 2x = z + 1 \\ 3x + 2z = 8 - 5y \\ 3z - 1 = x - 2y \end{cases}$

Tout d'abord mettons le système sous la forme standard de telle manière que les inconnues apparaissent en colonnes :

$$\begin{aligned} 2x + 3y - z &= 1 \\ 3x + 5y + 2z &= 8 \\ x - 2y - 3z &= -1 \end{aligned}$$

Calculons le déterminant D de la matrice des coefficients :

$$D = \begin{vmatrix} 2 & 3 & -1 \\ 3 & 5 & 2 \\ 1 & -2 & -3 \end{vmatrix} = -30 + 6 + 6 + 5 + 8 + 27 = 22$$

Puisque $D \neq 0$, le système admet une solution unique. Pour calculer N_x, N_y et N_z, remplaçons la colonne des coefficients correspondant à l'inconnue considérée dans la matrice des coefficients par la colonne des constantes :

$$N_x = \begin{vmatrix} 1 & 3 & -1 \\ 8 & 5 & 2 \\ -1 & -2 & -3 \end{vmatrix} = -15 - 6 + 16 - 5 + 4 + 72 = 66$$

$$N_y = \begin{vmatrix} 2 & 1 & -1 \\ 3 & 8 & 2 \\ 1 & -1 & -3 \end{vmatrix} = -48 + 2 + 3 + 8 + 4 + 9 = -22$$

$$N_z = \begin{vmatrix} 2 & 3 & 1 \\ 3 & 5 & 8 \\ 1 & -2 & -1 \end{vmatrix} = -10 + 24 - 6 - 5 + 32 + 9 = 44$$

Donc

$$x = \frac{N_x}{D} = \frac{66}{22} = 3 \qquad y = \frac{N_y}{D} = \frac{22}{22} = 1 \qquad z = \frac{N_z}{D} = \frac{44}{22} = 2$$

7.19. Résoudre le système suivant en utilisant la règle de Cramer :

$$\begin{aligned} 2x_1 + x_2 + 5x_3 + x_4 &= 5 \\ x_1 + x_2 - 3x_3 - 4x_4 &= -1 \\ 3x_1 + 6x_2 - 2x_3 + x_4 &= 8 \\ 2x_1 + 2x_2 + 2x_3 - 3x_4 &= 2 \end{aligned}$$

Calculons

$$D = \begin{vmatrix} 2 & 1 & 5 & 1 \\ 1 & 1 & -3 & -4 \\ 3 & 6 & -2 & 1 \\ 2 & 2 & 2 & -3 \end{vmatrix} = -120 \qquad N_1 = \begin{vmatrix} 5 & 1 & 5 & 1 \\ -1 & 1 & -3 & -4 \\ 8 & 6 & -2 & 1 \\ 2 & 2 & 2 & -3 \end{vmatrix} = -240$$

$$N_2 = \begin{vmatrix} 2 & 5 & 5 & 1 \\ 1 & -1 & -3 & -4 \\ 3 & 8 & -2 & 1 \\ 2 & 2 & 2 & -3 \end{vmatrix} = -24 \qquad N_3 = \begin{vmatrix} 2 & 1 & 5 & 1 \\ 1 & 1 & -3 & -4 \\ 3 & 6 & 8 & 1 \\ 2 & 2 & 2 & -3 \end{vmatrix} = 0$$

$$N_4 = \begin{vmatrix} 2 & 1 & 5 & 5 \\ 1 & 1 & -3 & -1 \\ 3 & 6 & -2 & 8 \\ 2 & 2 & 2 & 2 \end{vmatrix} = -96$$

Alors $x_1 = N_1/D = 2$, $x_2 = N_2/D = \frac{1}{5}$, $x_3 = N_3/D = 0$, $x_4 = N_4/D = \frac{4}{5}$.

7.20. Utiliser les déterminants pour trouver les valeurs de k pour lesquelles le système suivant admet une solution unique :

$$\begin{aligned} kx + y + z &= 1 \\ x + ky + z &= 1 \\ x + y + kz &= 1 \end{aligned}$$

Le système admet une solution unique lorsque $D \neq 0$, où D désigne le déterminant de la matrice des coefficients. Calculons

$$D = \begin{vmatrix} k & 1 & 1 \\ 1 & k & 1 \\ 1 & 1 & k \end{vmatrix} = k^3 + 1 + 1 - k - k - k = k^3 - 3k + 2 = (k-1)^2(k+2)$$

Ainsi le système admet une solution unique lorsque $(k-1)^2(k+2) \neq 0$, c'est-à-dire pour $k \neq 1$ et $k \neq -2$. (Le procédé d'élimination de Gauss montre que le système n'a pas de solution lorsque $k = -2$, et admet une infinité de solutions lorsque $k = 1$.)

DÉMONSTRATION DES THÉORÈMES

7.21. Démontrons le théorème 7.1.

Si $A = (a_{ij})$, alors $A^T = (b_{ij})$, avec $b_{ij} = a_{ji}$. Donc

$$\left|A^T\right| = \sum_{\sigma \in S_n} (\text{sgn } \sigma) b_{1\sigma(1)} b_{2\sigma(2)} \cdots b_{n\sigma(n)} = \sum_{\sigma \in S_n} (\text{sgn } \sigma) a_{\sigma(1),1} a_{\sigma(2),2} \cdots a_{\sigma(n),n}$$

Soit $\tau = \sigma^{-1}$. D'après le problème 7.43, nous avons $\text{sgn } \tau = \text{sgn } \sigma$, et $a_{\sigma(1),1} a_{\sigma(2),2} \cdots a_{\sigma(n),n} = a_{1\tau(1)} a_{2\tau(2)} \cdots a_{n\tau(n)}$. Donc

$$\left|A^T\right| = \sum_{\sigma \in S_n} (\text{sgn } \tau) a_{1\tau(1)} a_{2\tau(2)} \cdots a_{n\tau(n)}$$

Cependant, comme σ parcourt tous les éléments de S_n, $\tau = \sigma^{-1}$ parcourt aussi tous les éléments de S_n. Ainsi $\left|A^T\right| = |A|$.

7.22. Démontrer le théorème 7.3 (a).

Nous démontrons ce théorème dans le cas où deux colonnes sont échangées. Soit τ la transposition qui échange les indices des deux colonnes de A qui sont échangées. Si $A = (a_{ij})$ et $B = (b_{ij})$, alors $b_{ij} = a_{i\tau(j)}$. Donc, pour une permutation quelconque σ,

$$b_{1\sigma(1)} b_{2\sigma(2)} \cdots b_{n\sigma(n)} = a_{1\tau\sigma(1)} a_{2\tau\sigma(2)} \cdots a_{n\tau\sigma(n)}$$

Ainsi

$$|B| = \sum_{\sigma \in S_n} (\text{sgn } \sigma) b_{1\sigma(1)} b_{2\sigma(2)} \cdots b_{n\sigma(n)} = \sum_{\sigma \in S_n} (\text{sgn } \sigma) a_{1\tau\sigma(1)} a_{2\tau\sigma(2)} \cdots a_{n\tau\sigma(n)}$$

Puisque la transposition τ est une permutation impaire, $\text{sgn } \tau\sigma = \text{sgn } \tau \cdot \text{sgn } \sigma = -\text{sgn } \sigma$. Donc $\text{sgn } \sigma = -\text{sgn } \tau\sigma$ et donc

$$|B| = -\sum_{\sigma \in S_n} (\text{sgn } \tau\sigma) a_{1\tau\sigma(1)} a_{2\tau\sigma(2)} \cdots a_{n\tau\sigma(n)}$$

Mais, comme σ parcourt tous les éléments de S_n, $\tau\sigma$ parcourt aussi tous les éléments de S_n ; donc $|B| = -|A|$.

7.23. Démontrer le théorème 7.2.

(a) Chaque terme dans $|A|$ contient un facteur provenant de chaque ligne et donc, en particulier, de la ligne de zéros. Donc chaque terme de $|A|$ est égal à zéro et, par suite, $|A| = 0$.

(b) Supposons $1 + 1 \neq 0$ dans $\mathbb{K}$. Si nous échangeons les deux lignes identiques de A, nous obtenons toujours la matrice A. Donc d'après le problème 7.22, $|A| = -|A|$ et, par suite, $|A| = 0$.

Supposons maintenant $1 + 1 = 0$ dans $\mathbb{K}$. Alors $\text{sgn } \sigma = 1$ pour tout $\sigma \in S_n$. Puisque A a deux lignes identiques, nous pouvons arranger les termes de A en paires de termes égaux. Puisque chaque paire est nulle, le déterminant de A est égal à zéro.

(c) Supposons que $A = (a_{ij})$ est une matrice triangulaire inférieure, c'est-à-dire que les éléments au-dessus de la diagonale sont tous nuls : $a_{ij} = 0$ pour tout $i < j$. Considérons un terme t du déterminant de A :

$$t = (\text{sgn } \sigma) a_{1i_1} a_{2i_2} \cdots a_{ni_n} \qquad \text{où} \quad \sigma = i_1 i_2 \ldots i_n$$

Supposons $i_1 \neq 0$. Alors $1 < i_1$ et donc $a_{1i_1} = 0$; d'où $t = 0$. En somme, chaque terme pour lequel $i_1 \neq 1$ est nul.

Supposons maintenant $i_1 = 1$ mais $i_2 \neq 2$. Alors $2 < i_2$ et donc $a_{2i_2} = 0$; d'où $t = 0$. Ainsi chaque terme pour lequel $i_1 \neq 1$ ou $i_2 \neq 2$ est nul.

D'une manière analogue, nous obtenons que chaque terme pour lequel $i_1 \neq 1$ ou $i_2 \neq 2$ ou... ou $i_n \neq n$ est nul. Par conséquent, $|A| = a_{11} a_{22} \cdots a_{nn} = $ produit des éléments diagonaux.

7.24. Démontrer le théorème 7.3.

    (*a*) Résultat démontré dans le problème 7.22.

    (*b*) Si la *j*-ième ligne de *A* est multipliée par *k*, alors chaque terme de $|A|$ est multiplié par *k* et donc $|B| = k|A|$. C'est-à-dire :

$$|B| = \sum_\sigma (\text{sgn } \sigma) a_{1i_1} a_{2i_2} \ldots (k a_{ji_j}) \ldots a_{ni_n} = k \sum_\sigma (\text{sgn } \sigma) a_{1i_1} a_{2i_2} \ldots a_{ni_n} = k|A|$$

    (*c*) Supposons que l'on additionne *c* fois la *k*-ième ligne à la *j*-ième ligne de *A*. En utilisant le symbole $\frown$ pour désigner la *j*-ième position dans le déterminant, nous avons

$$|B| = \sum_\sigma (\text{sgn } \sigma) a_{1i_1} a_{2i_2} \ldots \overset{\frown}{(c a_{ki_k} + a_{ji_j})} \ldots a_{ni_n}$$

$$= c \sum_\sigma (\text{sgn } \sigma) a_{1i_1} a_{2i_2} \ldots \overset{\frown}{a_{ki_k}} \ldots a_{ni_n} + \sum_\sigma (\text{sgn } \sigma) a_{1i_1} a_{2i_2} \ldots \overset{\frown}{a_{ji_j}} \ldots a_{ni_n}$$

La première somme est égale au déterminant d'une matrice dont les *k*-ième et *j*-ième lignes sont identiques ; donc d'après le théorème 7.2(*b*), cette somme est nulle. La deuxième somme est égale au déterminant de *A*. Ainsi $|B| = c \cdot 0 + |A| = |A|$.

7.25. Démontrer le lemme 7.6.

    Considérons les opérations élémentaires suivantes : (i) multiplication de lignes par une constante $k \neq 0$; (ii) échanges de deux lignes ; (iii) addition d'un multiple d'une ligne par une autre. Soit E_1, E_2 et E_3 les matrices élémentaires correspondantes. C'est-à-dire, E_1, E_2 et E_3 sont obtenues en appliquant les opérations précédentes, respectivement, à la matrice identité *I*. D'après le problème 7.24,

$$|E_1| = k|I| = k \qquad |E_2| = -|I| = -1 \qquad |E_3| = |I| = 1$$

Rappelons (*cf.* théorème 4.12) que $E_i A$ est identique à la matrice obtenue en appliquant l'opération correspondante à *A*. Ainsi, d'après le théorème 7.3,

$$|E_1 A| = k|A| = |E_1||A| \qquad |E_2 A| = -|A| = |E_2||A| \qquad |E_3 A| = |A| = 1|A| = |E_3||A|$$

et le lemme est démontré.

7.26. Supposons que *B* soit ligne-équivalente à *A*. Montrer que $|B| = 0$ si, et seulement si $|A| = 0$.

    D'après le théorème 7.3, l'effet d'une opération élémentaire est de changer le signe du déterminant ou de le multiplier par un scalaire non nul. Donc $|B| = 0$ si, et seulement si $|A| = 0$.

7.27. Démontrer le théorème 7.4.

    La démonstration se fait en utilisant l'algorithme de Gauss. Si *A* est inversible, elle est ligne-équivalente à *I*. Mais $|I| \neq 0$; donc, d'après le problème 7.26, $|A| \neq 0$. Si *A* n'est pas inversible, elle est ligne-équivalente à une matrice avec une ligne nulle ; donc, $\det A = 0$. Ainsi (i) et (iii) sont équivalentes.

    Si $AX = 0$ admet l'unique solution $X = 0$, alors *A* est ligne-équivalente à *I* et, par suite, *A* est inversible. Réciproquement, si *A* est inversible, d'inverse A^{-1}, alors

$$X = IX = (A^{-1}A)X = A^{-1}(AX) = A^{-1}0 = 0$$

est l'unique solution de $AX = 0$. Ainsi (i) et (ii) sont équivalentes.

7.28. Démontrer le théorème 7.5.

    Si *A* est singulière, alors *AB* est aussi singulière et donc $|AB| = 0 = |A||B|$. D'autre part, si *A* est non singulière, alors $A = E_n \cdots E_2 E_1$ est un produit de matrices élémentaires. Ainsi, d'après le lemme 7.6, nous obtenons

$$|AB| = |E_n \cdots E_2 E_1 B| = |E_n| \cdots |E_2||E_1||B| = |A||B|$$

7.29. Soit *P* une matrice inversible. Montrer que $|P^{-1}| = |P|^{-1}$.

    $P^{-1}P = I$. Donc $1 = |I| = |P^{-1}P| = |P^{-1}||P|$, et donc $|P^{-1}| = |P|^{-1}$.

7.30. Démontrer le théorème 7.7.

Puisque A et B sont semblables, il existe une matrice P inversible telle que $B = P^{-1}AP$. Alors, d'après le problème précédent, $|B| = |P^{-1}AP| = |P^{-1}||A||P| = |A||P^{-1}||P| = |A|$.

Remarquer que, bien que les matrices P^{-1} et A ne commutent pas, leurs déterminants $|P^{-1}|$ et $|A|$ commutent puisqu'ils sont des scalaires dans le corps $\mathbb{K}$.

7.31. Si $A = (a_{ij})$, démontrer que $|A| = a_{i1}A_{i1} + a_{i2}A_{i2} + \cdots + a_{in}A_{in}$, où A_{ij} est le cofacteur de a_{ij}.

Chaque terme dans $|A|$ contient un et un seul élément de la i-ième ligne $(a_{i1}, a_{i2}, \cdots, a_{in})$ de A. Donc, nous pouvons écrire $|A|$ sous la forme

$$|A| = a_{i1}A_{i1}^* + a_{i2}A_{i2}^* + \cdots + a_{in}A_{in}^*$$

(Remarquer que A_{in}^* est une somme de termes ne contenant aucun élément de la i-ième ligne de A.) Ainsi le théorème sera démontré si nous montrons que

$$A_{ij}^* = A_{ij} = (-1)^{i+j}|M_{ij}|$$

où $|M_{ij}|$ est une matrice obtenue en supprimant la ligne et la colonne contenant a_{ij}. (Historiquement, l'expression A_{ij}^* était définie comme le cofacteur de a_{ij} et le théorème se réduit à démontrer que les deux définitions du cofacteur sont équivalentes.)

Considérons d'abord le cas où $i = n$, $j = n$. La somme des termes dans $|A|$ contenant a_{nn} est

$$a_{nn}A_{nn}^* = a_{nn} \sum_{\sigma} (\text{sgn } \sigma)a_{1,\sigma(1)}a_{2,\sigma(2)} \cdots a_{n-1,\sigma(n-1)}$$

où la somme est prise sur toutes les permutations $\sigma \in S_n$ pour lesquelles $\sigma(n) = n$, ce qui est équivalent (à démontrer !) à sommer sur toutes les permutations de $\{1, \ldots, n-1\}$. Ainsi $A_{nn}^* = |M_{nn}| = (-1)^{n+n}|M_{nn}|$.

Considérons maintenant i et j, deux indices quelconques. Échangeons la i-ième ligne avec la ligne suivante et ainsi de suite jusqu'à ce qu'elle soit la dernière, puis échangeons de même la j-ième colonne avec la colonne suivante jusqu'à ce qu'elle soit la dernière. Remarquons que le déterminant $|M_{ij}|$ est inchangé puisque les positions relatives des autres lignes et colonnes ne sont pas affectées par ces échanges. Cependant, le *signe* de $|A|$ et de A_{nn}^* a changé $n - i$ et $n - j$ fois. En conséquence :

$$A_{ij}^* = (-1)^{n-i+n-j}|M_{ij}| = (-1)^{i+j}|M_{ij}|$$

7.32. Soit $A = (a_{ij})$ et soit B la matrice obtenue à partir de A en remplaçant la i-ième ligne de A par le vecteur ligne $(b_{i1}, \ldots, b_{in})$. Montrer que

$$|B| = b_{i1}A_{i1} + b_{i2}A_{i2} + \cdots + b_{in}A_{in}$$

De plus, montrer que, pour $j \neq i$,

$$a_{j1}A_{i1} + a_{j2}A_{i2} + \cdots + a_{jn}A_{in} = 0 \quad \text{et} \quad a_{1j}A_{1i} + a_{2j}A_{2i} + \cdots + a_{nj}A_{ni} = 0$$

Soit $B = (b_{ij})$. D'après le théorème 7.8, nous avons

$$|B| = b_{i1}B_{i1} + b_{i2}B_{i2} + \cdots + b_{in}B_{in}$$

Puisque B_{ij} ne dépend pas de la i-ième ligne de B, $B_{ij} = A_{ij}$ pour $j = 1, \ldots, n$. Donc

$$|B| = b_{i1}A_{i1} + b_{i2}A_{i2} + \cdots + b_{in}A_{in}$$

Soit A' la matrice obtenue à partir de A en remplaçant la i-ième ligne de A par la j-ième ligne de A. Puisque A' a deux lignes identiques, $|A'| = 0$. Ainsi, d'après le résultat précédent,

$$|A'| = a_{j1}A_{i1} + a_{j2}A_{i2} + \cdots + a_{jn}A_{in} = 0$$

En utilisant $|A'| = |A|$, nous obtenons aussi que $a_{1j}A_{1i} + a_{2j}A_{2i} + \cdots + a_{nj}A_{ni} = 0$.

7.33. Démontrer le théorème 7.9.

Soit $A = (a_{ij})$. Posons $A \cdot (\text{adj } A) = (b_{ij})$. La i-ième ligne de A est

$$(a_{i1}, a_{i2}, \ldots, a_{in}) \qquad (1)$$

Puisque $\text{adj } A$ est la transposée de la matrice des cofacteurs, la j-ième colonne de $\text{adj } A$ est la transposée des cofacteurs de la j-ième ligne de A ; c'est-à-dire :

$$(A_{j1}, A_{j2}, \ldots, A_{jn})^T \qquad (2)$$

Maintenant b_{ij}, le ij-élément de $A \cdot (\text{adj } A)$, est obtenu en multipliant (1) par (2) :

$$b_{ij} = a_{i1}A_{j1} + a_{i2}A_{j2} + \ldots + a_{in}A_{jn}$$

D'après le théorème 7.8 et le problème 7.32,

$$b_{ij} = \begin{cases} |A| & \text{si } i = j \\ 0 & \text{si } i \neq j \end{cases}$$

En conséquence, $A \cdot (\text{adj } A)$ est la matrice diagonale dont chaque élément diagonal est $|A|$. En d'autres termes, $A \cdot (\text{adj } A) = |A| \cdot I$. D'une manière analogue, $(\text{adj } A) \cdot A = |A|I$.

7.34. Démontrer le théorème 7.10.

D'après le résultat précédent, $AX = B$ admet une solution unique si, et seulement si A est inversible, et A est inversible si, et seulement si $D = |A| \neq 0$.

Maintenant, supposons $D \neq 0$. D'après le théorème 7.9, $A^{-1} = (1/D)(\text{adj } A)$. En multipliant $AX = B$ par A^{-1}, nous obtenons

$$X = A^{-1}AX = (1/D)(\text{adj } A)B \qquad (1)$$

Remarquer que la i-ième ligne de $(1/D)(\text{adj } A)$ est $(1/D)(A_{1i}, A_{2i}, \ldots, A_{ni})$. Si $B = (b_1, b_2, \ldots, b_n)^T$ alors, d'après (1),

$$x_i = (1/D)(b_1A_{1i} + b_2A_{2i} + \cdots + b_nA_{ni})$$

Cependant, comme dans le problème 7.32, $(b_1A_{1i} + b_2A_{2i} + \cdots + b_nA_{ni}) = N_i$, le déterminant de la matrice obtenue en remplaçant la i-ième colonne de A par le vecteur colonne B. Ainsi $x_i = (1/D)N_i$, comme il est demandé.

7.35. Démontrer le théorème 7.12.

Il suffit de démontrer le théorème pour $n = 2$, c'est-à-dire, lorsque M est une matrice carrée par blocs de la forme $M = \begin{pmatrix} A & C \\ 0 & B \end{pmatrix}$. La démonstration du théorème, dans le cas général, en découle par récurrence.

Supposons que $A = (a_{ij})$, une matrice carrée d'ordre r, $B = (b_{ij})$, une matrice carrée d'ordre s et $M = (m_{ij})$, une matrice carrée d'ordre n, où $n = r + s$. Par définition, nous avons

$$\det M = \sum_{\sigma \in S_n} (\text{sgn } \sigma)m_{1\sigma(1)}m_{2\sigma(2)} \cdots m_{n\sigma(n)}$$

Si $i > r$ et $j \leq r$, donc $m_{ij} = 0$. Ainsi, il suffit de considérer uniquement les permutations σ telles que

$$\sigma\{r+1, r+2, \ldots, r+s\} = \{r+1, r+2, \ldots, r+s\} \quad \text{et} \quad \sigma\{1, 2, \ldots, r\} = \{1, 2, \ldots, r\}$$

Soit $\sigma_1(k) = \sigma(k)$ pour $k \leq r$, et soit $\sigma_2(k) = \sigma(r+k) - r$ pour $k \leq s$. Donc

$$(\text{sgn } \sigma)m_{1\sigma(1)}m_{2\sigma(2)} \cdots m_{n\sigma(n)} = (\text{sgn } \sigma_1)a_{1\sigma_1(1)}a_{2\sigma_1(2)} \cdots a_{r\sigma_2(r)}(\text{sgn } \sigma_2)b_{1\sigma_2(1)}b_{2\sigma_2(2)} \cdots b_{s\sigma_2(s)}$$

ce qui implique que $\det M = (\det A)(\det B)$.

7.36. Démontrer le théorème 7.13.

Soit D la fonction déterminant : $D(A) = |A|$. Nous devons montrer que D satisfait (i), (ii), et (iii), et que D est la seule fonction vérifiant (i), (ii) et (iii).

D'après le théorème 7.2, D satisfait (ii) et (iii) ; donc, il nous reste à démontrer que D est multilinéaire. Supposons que la i-ième ligne de $A = (a_{ij})$ est de la forme $(b_{i1} + c_{i1}, b_{i2} + c_{i2}, \ldots, b_{in} + c_{in},)$. Alors

$$D(A) = D(A_1, \ldots, B_i + C_i, \ldots, A_n)$$
$$= \sum_{S_n} (\text{sgn } \sigma) a_{1\sigma(1)} \cdots a_{i-1,\sigma(i-1)} (b_{i\sigma(i)} + c_{i\sigma(i)}) \cdots a_{n\sigma(n)}$$
$$= \sum_{S_n} (\text{sgn } \sigma) a_{i\sigma(1)} \cdots b_{i\sigma(1)} \cdots a_{n\sigma(n)} + \sum_{S_n} (\text{sgn } \sigma) a_{1\sigma(1)} \cdots c_{i\sigma(i)} \cdots a_{n\sigma(n)}$$
$$= D(A_1, \ldots, B_i, \ldots, A_n) + D(A_1, \ldots, C_i, \ldots, A_n)$$

Aussi, d'après le théorème 7.3(b),

$$D(A_1, \ldots, kA_i, \ldots, A_n) = kD(A_1, \ldots, A_i, \ldots, A_n)$$

Ainsi, D est multilinéaire, c'est-à-dire que D satisfait (i).

Nous devons maintenant démontrer l'unicité de D. Supposons que D satisfait (i), (ii) et (iii). Si $\{e_1, e_2, \ldots, e_n\}$ est la base usuelle de $\mathbb{K}^n$, alors, d'après (iii), $D(e_1, e_2, \ldots, e_n) = D(I) = 1$. En utilisant (ii), nous avons aussi

$$D(e_{i_1}, e_{i_2}, \ldots, e_{i_n}) = \text{sgn } \sigma \quad \text{où} \quad \sigma = i_1 i_2 \ldots i_n \tag{1}$$

Supposons maintenant que $A = (a_{ij})$. Remarquons que la k-ième ligne A_k de A est

$$A_k = (a_{k1}, a_{k2}, \ldots, a_{kn}) = a_{k1} e_1 + a_{k2} e_2 + \cdots + a_{kn} e_n)$$

Ainsi

$$D(A) = D(a_{11} e_1 + \cdots + a_{1n} e_n, a_{21} e_1) + \cdots + a_{2n} e_n, \ldots, a_{n1} e_n + \cdots + a_{nn} e_n)$$

En utilisant la multilinéarité de D, nous pouvons écrire $D(A)$ sous la forme d'une somme de termes :

$$D(A) = \sum D(a_{1i_1} e_{i_1}, a_{2i_2} e_{i_2}, \ldots, a_{ni_n} e_{i_n})$$
$$= \sum (a_{1i_1} a_{2i_2} \cdots a_{ni_n}) D(e_{i_1}, e_{i_2}, \ldots, e_{i_n}) \tag{2}$$

où la somme est prise sur toutes les suites $i_1 i_2 \cdots i_n$ où $i_k \in \{1, \ldots, n\}$. Si deux des indices sont égaux, par exemple $i_j = i_k$, mais $j \neq k$, alors d'après (ii),

$$D(e_{i_1}, e_{i_2}, \ldots, e_{i_n}) = 0$$

En conséquence, il suffit de prendre la somme dans (2) sur toutes les permutations $\sigma = i_1 i_2 \cdots i_n$. En utilisant (1), nous avons finalement

$$D(A) = \sum_{\sigma} (a_{1i_1} a_{2i_2} \cdots a_{ni_n}) D(e_{i_1}, e_{i_2}, \ldots, e_{i_n})$$
$$= \sum_{\sigma} (\text{sgn } \sigma) a_{1i_1} a_{2i_2} \cdots a_{ni_n} \quad \text{où} \quad \sigma = i_1 i_2 \ldots i_n$$

Donc D est la fonction déterminant et le théorème est démontré.

PERMUTATIONS

7.37. Déterminer la parité de la permutation $\sigma = 542163$.

Méthode 1. Il faut chercher le nombre de couples (i, j) pour lesquels $i > j$ et i précède j dans σ, c'est-à-dire :

3 nombres (5, 4 et 2) sont supérieurs à 1 et précèdent 1,

2 nombres (5 et 4) sont supérieurs à 2 et précèdent 2,

3 nombres (5, 4 et 6) sont supérieurs à 3 et précèdent 3,

1 nombre (5) est supérieur à 4 et précède 4,

pas de nombre supérieur à 5 et précédant 5,

pas de nombre supérieur à 6 et précédant 6.

Puisque $3 + 2 + 3 + 1 + 0 + 0 = 9$ est impair, σ est une permutation impaire et donc sgn $\sigma = -1$.

Méthode 2. Transposons 1 à la première position comme suit :

$$5 \quad 4 \quad 2 \quad (1) \quad 6 \quad 3 \qquad \text{d'où} \qquad 1 \quad 5 \quad 4 \quad 2 \quad 6 \quad 3$$

Transposons 2 à la deuxième position :

$$1 \quad 5 \quad 4 \quad (2) \quad 6 \quad 3 \qquad \text{d'où} \qquad 1 \quad 2 \quad 5 \quad 4 \quad 6 \quad 3$$

Transposons 3 à la troisième position :

$$1 \quad 2 \quad 5 \quad 4 \quad 6 \quad (3) \qquad \text{d'où} \qquad 1 \quad 2 \quad 3 \quad 5 \quad 4 \quad 6$$

Transposons 4 à la quatrième position :

$$1 \quad 2 \quad 3 \quad 5 \quad (4) \quad 6 \qquad \text{d'où} \qquad 1 \quad 2 \quad 3 \quad 4 \quad 5 \quad 6$$

Remarquons que 5 et 6 sont dans leurs positions normales. Cherchons le nombre de « sauts » : 3+2+3+1 = 9. Puisque 9 est impair, σ est une permutation impaire. (*Remarque* : cette méthode ressemble essentiellement à la méthode précédente).

Méthode 3. L'échange de deux nombres dans une permutation est équivalent au produit de la permutation par une transposition. Il suffit donc de transformer σ en la permutation identique en utilisant des transpositions telles que

$$
\begin{array}{cccccc}
5 & 4 & 2 & 1 & 6 & 3 \\
1 & 4 & 2 & 5 & 6 & 3 \\
1 & 2 & 4 & 5 & 6 & 3 \\
1 & 2 & 3 & 5 & 6 & 4 \\
1 & 2 & 3 & 4 & 6 & 5 \\
1 & 2 & 3 & 4 & 5 & 6
\end{array}
$$

Puisqu'un nombre impair de transpositions est utilisé, 5, (et puisque impair $\times$ impair = impair), σ est une permutation impaire.

7.38. Soit $\sigma = 24513$ et $\tau = 41352$ des permutations de S_5. Trouver :

(a) les permutations composées $\tau \circ \sigma$, (b) $\sigma \circ \tau$, (c) σ^{-1}.

Rappelons que $\sigma = 24513$ et $\tau = 41352$ sont des écritures condensées de

$$\sigma = \begin{pmatrix} 1 & 2 & 3 & 4 & 5 \\ 2 & 4 & 5 & 1 & 3 \end{pmatrix} \qquad \text{et} \qquad \tau = \begin{pmatrix} 1 & 2 & 3 & 4 & 5 \\ 4 & 1 & 3 & 5 & 2 \end{pmatrix}$$

Ce qui veut dire

$$\sigma(1) = 2 \qquad \sigma(2) = 4 \qquad \sigma(3) = 5 \qquad \sigma(4) = 1 \qquad \text{et} \qquad \sigma(5) = 3$$

et

$$\tau(1) = 4 \qquad \tau(2) = 1 \qquad \tau(3) = 3 \qquad \tau(4) = 5 \qquad \text{et} \qquad \tau(5) = 2$$

(a) L'action de σ, puis de τ sur $1, 2, \ldots, 5$ est la suivante :

$$
\begin{array}{cccccc}
 & 1 & 2 & 3 & 4 & 5 \\
\sigma & \downarrow & \downarrow & \downarrow & \downarrow & \downarrow \\
 & 2 & 4 & 5 & 1 & 3 \\
\tau & \downarrow & \downarrow & \downarrow & \downarrow & \downarrow \\
 & 1 & 5 & 2 & 4 & 3
\end{array}
$$

Ainsi $\tau \circ \sigma = \begin{pmatrix} 1 & 2 & 3 & 4 & 5 \\ 1 & 5 & 2 & 4 & 3 \end{pmatrix}$, ou $\tau \circ \sigma = 15243$.

(*b*) L'action de τ, puis de σ sur $1, 2, \ldots, 5$ est la suivante :

$$
\begin{array}{cccccc}
 & 1 & 2 & 3 & 4 & 5 \\
\tau & \downarrow & \downarrow & \downarrow & \downarrow & \downarrow \\
 & 4 & 1 & 3 & 5 & 2 \\
\sigma & \downarrow & \downarrow & \downarrow & \downarrow & \downarrow \\
 & 1 & 2 & 5 & 3 & 4
\end{array}
$$

Ainsi $\sigma \circ \tau = 12534$.

(*c*) Par définition, $\sigma^{-1}(j) = k$ si, et seulement si $\sigma(k) = j$; donc

$$
\sigma^{-1} = \begin{pmatrix} 2 & 4 & 5 & 1 & 3 \\ 1 & 2 & 3 & 4 & 5 \end{pmatrix} = \begin{pmatrix} 1 & 2 & 3 & 4 & 5 \\ 4 & 1 & 5 & 2 & 3 \end{pmatrix} \qquad \text{ou} \qquad \sigma^{-1} = 41523
$$

7.39. Considérons une permutation quelconque $\sigma = j_1 j_2 \ldots j_n$. Montrer que pour toute inversion (i, k) dans σ, il existe un couple (i^*, k^*) telle que

$$
i^* < k^* \quad \text{et} \quad \sigma(i^*) > \sigma(k^*) \tag{1}
$$

et vice versa. Ainsi σ est pair ou impair suivant qu'il y a un nombre pair ou impair de couples satisfaisant *(1)*.

Choisissons i^* et k^* de telle sorte que $\sigma(i^*) = i$ et $\sigma(k^*) = k$. Alors $i > k$ si, et seulement si $\sigma(i^*) > \sigma(k^*)$, et i précède k dans σ si, et seulement si $i^* < k^*$.

7.40. Considérons le polynôme $g = g(x_1, \ldots, x_n) = \prod_{i<j}(x_i - x_j)$. Écrire explicitement le polynôme :

$$
g = g(x_1, x_2, x_3, x_4)
$$

Le symbole $\prod$ est utilisé pour désigner un produit de facteurs, de la même façon que le symbole $\sum$ est utilisé pour désigner une somme de termes, ce qui revient à dire, $\prod_{i<j}(x_i - x_j)$ représente le produit de tous les facteurs $(x_i - x_j)$ pour lesquels $i < j$. Donc

$$
g = g(x_1, \ldots, x_4) = (x_1 - x_2)(x_1 - x_3)(x_1 - x_4)(x_2 - x_3)(x_2 - x_4)(x_3 - x_4)
$$

7.41. Soit σ une permutation arbitraire. En considérant le polynôme g du problème 7.40, défini par $\sigma(g) = \prod_{i<j}(x_{\sigma(i)} - x_{\sigma(j)})$. Montrer que

$$
\sigma(g) = \begin{cases} g & \text{si } \sigma \text{ est paire} \\ -g & \text{si } \sigma \text{ est impaire} \end{cases}
$$

En conséquence, $\sigma(g) = (\operatorname{sgn} \sigma)g$.

Puisque σ est injective et surjective,

$$
\sigma(g) = \prod_{i<j}(x_{\sigma(i)} - x_{\sigma(j)}) = \prod_{i<j \text{ ou } i>j}(x_i - x_j)
$$

Ainsi, $\sigma(g) = g$ ou $\sigma(g) = -g$ suivant qu'il y a un nombre pair ou impair de facteurs de la forme $(x_i - x_j)$ où $i > j$. Remarquer que pour chaque couple (i, j) pour lequel

$$
i < j \quad \text{et} \quad \sigma(i) > \sigma(j) \tag{1}
$$

il y a un facteur $(x_{\sigma(i)} - x_{\sigma(j)})$ dans $\sigma(g)$ pour lequel $\sigma(i) > \sigma(j)$. Puisque σ est paire si, et seulement si il y a un nombre pair de couples satisfaisant *(1)*, nous avons $\sigma(g) = g$ si, et seulement si σ est paire. En conséquence, $\sigma(g) = -g$ si, et seulement si σ est impaire.

7.42. Soit $\sigma, \tau \in S_n$. Montrer que $\operatorname{sgn}(\tau \circ \sigma) = (\operatorname{sgn} \tau)(\operatorname{sgn} \sigma)$. Ainsi, le produit de deux permutations paires ou impaires est pair, et le produit d'une permutation impaire par une permutation paire est impair.

En utilisant le problème 7.40, nous avons

$$\text{sgn}(\tau \circ \sigma)g = (\tau \circ \sigma)(g) = \tau(\sigma(g)) = \tau((\text{sgn } \sigma)g) = (\text{sgn } \tau)(\text{sgn } \sigma)g$$

En conséquence, $\text{sgn}(\tau \circ \sigma) = (\text{sgn } \tau)(\text{sgn } \sigma)$.

7.43. Considérons la permutation $\sigma = j_1 j_2 \ldots, j_n$. Montrer que $\text{sgn } \sigma^{-1} = \text{sgn } \sigma$ et, quels que soient les scalaires a_{ij}, montrer que

$$a_{j_1 1} a_{j_2 2} \cdots a_{j_n n} = a_{1 k_1} a_{2 k_2} \cdots a_{n k_n}$$

où $\sigma^{-1} = k_1 k_2 \ldots k_n$.

Nous avons $\sigma^{-1} \circ \sigma = \varepsilon$, la permutation identité. Puisque ε est paire, σ^{-1} et σ sont toutes les deux paires ou toutes les deux impaires. Donc $\text{sgn } \sigma^{-1} = \text{sgn } \sigma$.

Puisque $\sigma = j_1 j_2 \ldots j_n$ est une permutation, $a_{j_1 1} a_{j_2 2} \ldots a_{j_n n} = a_{1 k_1} a_{2 k_2} \ldots a_{n k_n}$. Alors $k_1, k_2, \ldots, k_n$ a la propriété suivante :

$$\sigma(k_1) = 1, \sigma(k_2) = 2, \ldots, \sigma(k_n) = n$$

Soit $\tau = k_1, k_2, \ldots, k_n$. Alors pour $i = 1, \ldots, n$,

$$(\sigma \circ \tau)(i) = \sigma(\tau(i)) = \sigma(k_i) = i$$

Ainsi, $\sigma \circ \tau = \varepsilon$, la permutation identité ; d'où $\tau = \sigma^{-1}$.

PROBLÈMES DIVERS

7.44. Sans développer le déterminant, montrer que $\begin{vmatrix} 1 & a & b+c \\ 1 & b & c+a \\ 1 & c & a+b \end{vmatrix} = 0$.

En additionnant la deuxième et la troisième colonne, puis en mettant $(a+b+c)$ en facteur dans la troisième colonne ; nous obtenons :

$$\begin{vmatrix} 1 & a & b+c \\ 1 & b & c+a \\ 1 & c & a+b \end{vmatrix} = \begin{vmatrix} 1 & a & a+b+c \\ 1 & b & a+b+c \\ 1 & c & a+b+c \end{vmatrix} = (a+b+c) \begin{vmatrix} 1 & a & 1 \\ 1 & b & 1 \\ 1 & c & 1 \end{vmatrix} = (a+b+c)(0) = 0$$

(Nous utilisons le fait qu'un déterminant ayant deux colonnes identiques est nul.)

7.45. Montrer que le polynôme $g(x_1, \ldots, x_n)$ du problème 7.40 peut être écrit à l'aide du *déterminant de Vandermonde* de $x_1, x_2 \ldots, x_{n-1}, x$, défini par :

$$V_{n-1}(x) = \begin{vmatrix} 1 & 1 & \ldots & 1 & 1 \\ x_1 & x_2 & \ldots & x_{n-1} & x_n \\ x_1^2 & x_2^2 & \ldots & x_{n-1}^2 & x_n^2 \\ \ldots\ldots\ldots\ldots\ldots\ldots\ldots\ldots\ldots \\ x_1^{n-1} & x_2^{n-1} & \ldots & x_{n-1}^{n-1} & x^{n-1} \end{vmatrix}$$

C'est un polynôme en x de degré $n-1$, dont les racines sont : $x_1, x_2, \ldots, x_{n-1}$; de plus, le coefficient principal (le cofacteur de x^{n-1}) est égal à $V_{n-2}(x_{n-1})$. Ainsi :

$$V_{n-1}(x) = (x - x_1)(x - x_2) \ldots (x - x_{n-1}) V_{n-2}(x_{n-1})$$

et, par récurrence,

$$V_{n-1}(x) = [(x - x_1) \ldots (x - x_{n-1})][(x_{n-1} - x_1) \ldots (x_{n-1} - x_{n-2})] V_{n-3}(x_{n-2})$$

$$= \ldots$$

$$= [(x - x_1) \ldots (x - x_{n-1})][(x_{n-1} - x_1) \ldots (x_{n-1} - x_{n-2})] \ldots [(x_2 - x_1)]$$

Ce qui donne :

$$V_{n-1}(x) = \prod_{n \geq i > j \geq 1} (x_i - x_j) = (-1)^{n(n-1)/2} \prod_{1 \leq i < j \leq n} (x_i - x_j)$$

Ainsi, $g(x_1, \ldots, x_n) = (-1)^{n(n-1)/2} V_{n-1}(x)$.

7.46. Calculer $V(S)$, le volume du parallélépipède S de $\mathbb{R}^3$ défini par les vecteurs $u_1 = (2, -1, 4)$, $u_2 = (2, 1, -3)$ et $u_3 = (5, 7, 9)$.

Calculons le déterminant $\begin{vmatrix} 1 & 2 & 4 \\ 2 & 1 & -3 \\ 5 & 7 & 9 \end{vmatrix} = 9 - 30 + 56 - 20 + 21 - 36 = 0$. Ainsi $V(S) = 0$. Ce qui revient à dire que les trois vecteurs u_1, u_2 et u_3 sont coplanaires (*i.e.* appartiennent à un même plan).

7.47. Calculer $V(S)$, le volume du parallélépipède S de $\mathbb{R}^4$ défini par les vecteurs $u_1 = (2, -1, 4, -3)$, $u_2 = (-1, 1, 0, 2)$, $u_3 = (3, 2, 3, -1)$ et $u_4 = (1, -2, 2, 3)$.

Calculons le déterminant suivant, en utilisant u_{22} comme pivot et en appliquant les opérations $C_2 + C_1 \to C_1$ et $-2C_2 + C_4 \to C_4$:

$$\begin{vmatrix} 2 & -1 & 4 & -3 \\ -1 & 1 & 0 & 2 \\ 3 & 2 & 3 & -1 \\ 1 & -2 & 2 & 3 \end{vmatrix} = \begin{vmatrix} 1 & -1 & 4 & -1 \\ 0 & 1 & 0 & 0 \\ 5 & 2 & 3 & -5 \\ -1 & -2 & 2 & 7 \end{vmatrix} = \begin{vmatrix} 1 & 4 & -1 \\ 5 & 3 & -5 \\ -1 & 2 & 7 \end{vmatrix}$$

$$= 21 + 20 - 10 - 3 + 10 - 140 = -102$$

Donc $V(S) = 102$.

7.48. Calculer $\det(M)$ où $M = \begin{pmatrix} 3 & 4 & 0 & 0 & 0 \\ 2 & 5 & 0 & 0 & 0 \\ 0 & 9 & 2 & 0 & 0 \\ 0 & 5 & 0 & 6 & 7 \\ 0 & 0 & 4 & 3 & 4 \end{pmatrix}$.

Décomposons M pour former une matrice par blocs, triangulaire (inférieure), comme suit :

$$M = \left(\begin{array}{cc:c:cc} 3 & 4 & 0 & 0 & 0 \\ 2 & 5 & 0 & 0 & 0 \\ \hdashline 0 & 9 & 2 & 0 & 0 \\ \hdashline 0 & 5 & 0 & 6 & 7 \\ 0 & 0 & 4 & 3 & 4 \end{array} \right)$$

Calculons maintenant le déterminant de chaque bloc diagonal :

$$\begin{vmatrix} 3 & 4 \\ 2 & 5 \end{vmatrix} = 15 - 8 = 7 \qquad |2| = 2 \qquad \begin{vmatrix} 6 & 7 \\ 3 & 4 \end{vmatrix} = 24 - 21 = 3$$

Donc $|M| = 7 \times 2 \times 3 = 42$.

7.49. Calculer le mineur, le mineur signé et le mineur complémentaire de $A_{1,3}^{2,3}$ où

$$A = \begin{pmatrix} 1 & 0 & 4 & -1 \\ 3 & 2 & -2 & 5 \\ 0 & 1 & -3 & 7 \\ 6 & -4 & -5 & -1 \end{pmatrix}$$

Les indices de lignes sont 1 et 3, et les indices colonnes sont 2 et 3 ; donc le mineur est

$$\left|A_{1,3}^{2,3}\right| = \begin{vmatrix} a_{12} & a_{13} \\ a_{32} & a_{33} \end{vmatrix} = \begin{vmatrix} 0 & 4 \\ 1 & -3 \end{vmatrix} = 0 - 4 = -4$$

et le mineur signé est

$$(-1)^{1+3+2+3} \left|A_{1,3}^{2,3}\right| = -(-4) = 4$$

Les indices des lignes manquants sont 2 et 4 et les indices des colonnes manquants sont 1 et 4. Donc le mineur complémentaire est

$$\left|A_{2,4}^{1,4}\right| = \begin{vmatrix} a_{21} & a_{24} \\ a_{41} & a_{44} \end{vmatrix} = \begin{vmatrix} 3 & 5 \\ 6 & -1 \end{vmatrix} = -3 - 30 = -33$$

7.50. Soit $A = (a_{ij})$ une matrice carrée d'ordre 3. Décrire la somme S_k des mineurs principaux d'ordre :

(a) $k = 1$,   (b) $k = 2$,   (c) $k = 3$.

   (a) Les mineurs principaux d'ordre un sont les éléments diagonaux. Ainsi $S_1 = a_{11} + a_{22} + a_{33} = \text{tr} A$, la trace de A.

   (b) Les mineurs principaux d'ordre deux sont les cofacteurs des éléments diagonaux. Ainsi, $S_2 = A_{11} + A_{22} + A_{33}$ où A_{ij} est le cofacteur de a_{ij}.

   (c) Il y a seulement un mineur principal d'ordre trois, le déterminant de A. Ainsi $S_3 = \det(A)$.

7.51. Calculer le nombre N_k et la somme S_k de tous les mineurs principaux d'ordre : (a) $k = 1$, (b) $k = 2$, (c) $k = 3$ et (d) $k = 4$ de la matrice

$$A = \begin{pmatrix} 1 & 3 & 0 & -1 \\ -4 & 2 & 5 & 1 \\ 1 & 0 & 3 & -2 \\ 3 & -2 & 1 & 4 \end{pmatrix}$$

Chaque sous-ensemble (non vide) de la diagonale (ou, d'une manière équivalente, chaque sous-ensemble non vide de $\{1, 2, 3, 4\}$) détermine un mineur principal de A, et $N_k = \binom{n}{k} = \dfrac{n!}{k!(n-k)!}$ d'entre eux sont d'ordre k.

(a) $N_1 = \binom{4}{1} = 4$ et

$$S_1 = |1| + |2| + |3| + |4| = 1 + 2 + 3 + 4 = 10$$

(b) $N_2 = \binom{4}{2} = 6$ et

$$S_2 = \begin{vmatrix} 1 & 3 \\ -4 & 2 \end{vmatrix} + \begin{vmatrix} 1 & 0 \\ 1 & 3 \end{vmatrix} + \begin{vmatrix} 1 & -1 \\ 3 & 4 \end{vmatrix} + \begin{vmatrix} 2 & 5 \\ 0 & 3 \end{vmatrix} + \begin{vmatrix} 2 & 1 \\ -2 & 4 \end{vmatrix} + \begin{vmatrix} 3 & -2 \\ 1 & 4 \end{vmatrix}$$

$$= 14 + 3 + 7 + 6 + 10 + 14 = 54$$

(c) $N_3 = \binom{4}{3} = 4$ et

$$S_3 = \begin{vmatrix} 1 & 3 & 0 \\ -4 & 2 & 5 \\ 1 & 0 & 3 \end{vmatrix} + \begin{vmatrix} 1 & 2 & -1 \\ -4 & 2 & 1 \\ 3 & -2 & 4 \end{vmatrix} + \begin{vmatrix} 1 & 0 & -1 \\ 1 & 3 & -2 \\ 3 & 1 & 4 \end{vmatrix} + \begin{vmatrix} 2 & 5 & 1 \\ 0 & 3 & -2 \\ -2 & 1 & 4 \end{vmatrix}$$

$$= 57 + 65 + 22 + 54 = 198$$

(d) $N_4 = 1$ et $S_4 = \det(A) = 378$.

7.52. Soit V l'espace vectoriel des matrices 2×2, $M = \begin{pmatrix} a & b \\ c & d \end{pmatrix}$ sur le corps $\mathbb{R}$. Déterminer si l'application $D : V \to \mathbb{R}$ est bilinéaire (par rapport aux lignes) lorsque : (a) $D(M) = a + d$, (b) $D(M) = ad$.

(a) Non. Par exemple, supposons $A = (1, 1)$ et $B = (3, 3)$; alors

$$D(A, B) = D \begin{pmatrix} 1 & 1 \\ 3 & 3 \end{pmatrix} = 4 \quad \text{et} \quad D(2A, B) = D \begin{pmatrix} 2 & 2 \\ 3 & 3 \end{pmatrix} = 5 \neq 2D(A, B)$$

(b) Oui. Soit $A = (a_1, a_2)$, $B = (b_1, b_2)$, et $C = (c_1, c_2)$; alors

$$D(A, C) = D \begin{pmatrix} a_1 & a_2 \\ c_1 & c_2 \end{pmatrix} = a_1 c_2 \quad \text{et} \quad D(B, C) = D \begin{pmatrix} b_1 & b_2 \\ c_1 & c_2 \end{pmatrix} = b_1 c_2$$

Donc, quels que soient les scalaires $s, t \in \mathbb{R}$,

$$D(sA + tB, C) = D \begin{pmatrix} sa_1 + tb_1 & sa_2 + tb_2 \\ c_1 & c_2 \end{pmatrix} = (sa_1 + tb_1)c_2$$
$$= s(a_1 c_2) + t(b_1 c_2) = sD(A, C) + tD(B, C)$$

C'est-à-dire, D est linéaire par rapport à la première ligne.

De plus,

$$D(C, A) = D \begin{pmatrix} c_1 & c_2 \\ a_1 & a_2 \end{pmatrix} = c_1 a_2 \quad \text{et} \quad D(C, B) = D \begin{pmatrix} c_1 & c_2 \\ b_1 & b_2 \end{pmatrix} = c_1 b_2$$

Donc, quels que soient les scalaires $s, t \in \mathbb{R}$,

$$D(C, sA + tB) = D \begin{pmatrix} c_1 & c_2 \\ sa_1 + tb_1 & sa_2 + tb_2 \end{pmatrix} = c_1(sa_2 + tb_2)$$
$$= s(c_1 a_2) + t(c_1 b_2) = sD(C, A) + tD(C, B)$$

C'est-à-dire, D est linéaire par rapport à la seconde ligne.

Les deux conditions de linéarité montrent que D est bilinéaire.

7.53. Soit D une application bilinéaire alternée. Montrer que $D(A, B) = -D(B, A)$. Plus généralement, montrer que si D est multilinéaire et alternée, alors

$$D(\ldots, A, \ldots, B, \ldots) = -D(\ldots, B, \ldots, A, \ldots)$$

ce qui veut dire que le signe est changé à chaque fois que deux composantes sont échangées.

Puisque D est alternée, $D(A + B, A + B) = 0$. De plus, puisque D est multilinéaire,

$$0 = D(A + B, A + B) = D(A, A + B)D(B, A + B)$$
$$= D(A, A) + D(A, B) + D(B, A) + D(B, B)$$

Mais $D(A, A) = 0$ et $D(B, B) = 0$. Donc

$$0 = D(A + B) + D(B, A) \quad \text{et} \quad D(A, B) = -D(B, A)$$

D'une manière analogue,

$$0 = D(\ldots, A + B, \ldots, A + B, \ldots)$$
$$= D(\ldots, A, \ldots, A, \ldots) + D(\ldots, A, \ldots, B, \ldots) + D(\ldots, B, \ldots, A, \ldots) + D(\ldots, B, \ldots, B, \ldots)$$
$$= D(\ldots, A, \ldots, B, \ldots) + D(\ldots, B, \ldots, A, \ldots)$$

et ainsi, $D(\ldots, A, \ldots, B, \ldots) = -D(\ldots, B, \ldots, A, \ldots)$.

Problèmes supplémentaires

CALCUL DE DÉTERMINANTS

7.54. Calculer le déterminant de chacune des matrices :

$$(a)\ \begin{pmatrix} 2 & 1 & 1 \\ 0 & 5 & -2 \\ 1 & -3 & 4 \end{pmatrix}, \quad (b)\ \begin{pmatrix} 3 & -2 & -4 \\ 2 & 5 & -1 \\ 0 & 6 & 1 \end{pmatrix}, \quad (c)\ \begin{pmatrix} -2 & -1 & 4 \\ 6 & -3 & -2 \\ 4 & 1 & 2 \end{pmatrix}, \quad (d)\ \begin{pmatrix} 7 & 6 & 5 \\ 1 & 2 & 1 \\ 3 & -2 & 1 \end{pmatrix}$$

7.55. Évaluer le déterminant de chacune des matrices :

$$(a)\ \begin{pmatrix} t-2 & 4 & 3 \\ 1 & t+1 & -2 \\ 0 & 0 & t-4 \end{pmatrix}, \quad (b)\ \begin{pmatrix} t-1 & 3 & -3 \\ -3 & t+5 & -3 \\ -6 & 6 & y-4 \end{pmatrix}, \quad (c)\ \begin{pmatrix} t+3 & -1 & 1 \\ 7 & t-5 & 1 \\ 6 & -6 & t+2 \end{pmatrix}$$

7.56. Pour chacune des matrices du problème 7.54, déterminer les valeurs de t pour lesquelles le déterminant est nul.

7.57. Calculer le déterminant de chacune des matrices :

$$(a)\ \begin{pmatrix} 1 & 2 & 2 & 3 \\ 1 & 0 & -2 & 0 \\ 3 & -1 & 1 & -2 \\ 4 & -3 & 0 & 2 \end{pmatrix}, \quad (b)\ \begin{pmatrix} 2 & 1 & 3 & 2 \\ 3 & 0 & 1 & -2 \\ 1 & -1 & 4 & 3 \\ 2 & 2 & -1 & 1 \end{pmatrix}$$

7.58. Calculer les déterminants suivants :

$$(a)\ \begin{vmatrix} 1 & 2 & -1 & 3 & 1 \\ 2 & -1 & 1 & -2 & 3 \\ 3 & 1 & 0 & 2 & -1 \\ 5 & 1 & 2 & -3 & 4 \\ -2 & 3 & -1 & 1 & -2 \end{vmatrix}, \quad (b)\ \begin{vmatrix} 1 & 3 & 5 & 7 & 9 \\ 2 & 4 & 2 & 4 & 2 \\ 0 & 0 & 1 & 2 & 3 \\ 0 & 0 & 5 & 6 & 2 \\ 0 & 0 & 2 & 3 & 1 \end{vmatrix}, \quad (c)\ \begin{vmatrix} 1 & 2 & 3 & 4 & 5 \\ 5 & 4 & 3 & 2 & 1 \\ 0 & 0 & 6 & 5 & 1 \\ 0 & 0 & 0 & 7 & 4 \\ 0 & 0 & 0 & 2 & 3 \end{vmatrix}$$

COFACTEURS, ADJOINTE CLASSIQUE, INVERSES

7.59. Soit $A = \begin{pmatrix} 1 & 2 & 2 \\ 3 & 1 & 0 \\ 1 & 1 & 1 \end{pmatrix}$. Trouver : (a) adj$A$, puis (b) A^{-1}.

7.60. Trouver l'adjointe classique de chacune des matrices du problème 7.57.

7.61. Déterminer toutes les matrices carrées A d'ordre 2 pour lesquelles $A = \text{adj}\,A$.

7.62. Soit A une matrice diagonale et B une matrice triangulaire ; par exemple,

$$A = \begin{pmatrix} a_1 & 0 & \dots & 0 \\ 0 & a_2 & \dots & 0 \\ \dots\dots\dots\dots\dots \\ 0 & 0 & \dots & a_n \end{pmatrix} \quad \text{et} \quad B = \begin{pmatrix} b_1 & c_{12} & \dots & c_{1n} \\ 0 & b_2 & \dots & c_{2n} \\ \dots\dots\dots\dots\dots \\ 0 & 0 & \dots & b_n \end{pmatrix}$$

(a) Montrer que adj$A$ est diagonale et adj$B$ triangulaire.

(b) Montrer que B est inversible si, et seulement si tous les $b_i \neq 0$ et, par suite, que A est inversible si, et seulement si tous les $a_i \neq 0$.

(*c*) Montrer que les inverses de A et B (s'ils existent) sont de la forme

$$A^{-1} = \begin{pmatrix} a_1^{-1} & 0 & \dots & 0 \\ 0 & a_2^{-1} & \dots & 0 \\ \hdotsfor{4} \\ 0 & 0 & \dots & a_n^{-1} \end{pmatrix}, \qquad B^{-1} = \begin{pmatrix} b_1^{-1} & d_{12} & \dots & d_{1n} \\ 0 & b_2^{-1} & \dots & d_{2n} \\ \hdotsfor{4} \\ 0 & 0 & \dots & b_n^{-1} \end{pmatrix}$$

ce qui revient à montrer que les éléments diagonaux de A^{-1} et B^{-1} sont les inverses des éléments diagonaux correspondants de A et B.

DÉTERMINANTS ET ÉQUATIONS LINÉAIRES

7.63. Résoudre les systèmes suivants, à l'aide des déterminants : (*a*) $\begin{cases} 3x + 5y = 8 \\ 4x - 2y = 1 \end{cases}$ (*b*) $\begin{cases} 2x - 3y = -1 \\ 4x + 7y = -1 \end{cases}$

7.64. Résoudre les systèmes suivants, à l'aide des déterminants : (*a*) $\begin{cases} 2x - 5y + 2z = 7 \\ x + 2y - 4z = 3 \\ 3x - 4y - 6z = 5 \end{cases}$ (*b*) $\begin{cases} 2z + 3 = y + 3x \\ x - 3z = 2y + 1 \\ 3y + z = 2 - 2x \end{cases}$

7.65. Démontrer le théorème 7.11.

PERMUTATIONS

7.66. Déterminer la parité des permutations suivantes de S_5 : (*a*)$\sigma = 32145$, (*b*)$\tau = 13524$, (*c*)$\pi = 42531$.

7.67. Pour les permutations σ, τ et π du problème 7.66, trouver : (*a*) $\tau \circ \sigma$, (*b*) $\pi \circ \sigma$, (*c*) σ^{-1}, (*d*) τ^{-1}.

7.68. Soit $\tau \in S_n$. Montrer que $\tau \circ \sigma$ parcourt S_n lorsque σ parcourt S_n ; c'est-à-dire : $S_n = \{\tau \circ \sigma : \sigma \in S_n\}$.

7.69. Soit $\sigma \in S_n$ ayant la propriété $\sigma(n) = n$. Soit $\sigma^* \in S_{n-1}$ définie par $\sigma^*(x) = \sigma(x)$. (*a*) Montrer que sgn σ^* = sgn σ. (*b*) Montrer que lorsque σ parcourt S_n, avec $\sigma(n) = n$, σ^* parcourt S_{n-1} ; c'est-à-dire, $S_{n-1} = \{\sigma^* : \sigma \in S_n, \sigma(n) = n\}$.

7.70. Considérons une permutation $\sigma = j_1 j_2 \dots j_n$. Soit $\{e_i\}$ la base usuelle de $\mathbb{K}^n$, et soit A la matrice dont la i-ième ligne est e_j ; c'est-à-dire : $A = (e_{j1}, e_{j2}, \dots, e_{jn})$. Montrer que $|A|$ = sgn σ.

PROBLÈMES DIVERS

7.71. Trouver le volume $V(S)$ du parallélépipède S dans $\mathbb{R}^3$ déterminé par les vecteurs :

(*a*) $u_1 = (1, 2, -3)$, $u_2 = (3, 4, -1)$, $u_3 = (2, -1, 5)$, (*b*) $u_1 = (1, 1, 3)$, $u_2 = (1, -2, -4)$, $u_3 = (4, 1, 2)$.

7.72. Trouver le volume $V(S)$ du parallélépipède S dans $\mathbb{R}^4$ déterminé par les vecteurs :

$$u_1 = (1, -2, 5, -1) \quad u_2 = (2, 1, -2, 1) \quad u_3 = (3, 0, 1, -2) \quad u_4 = (1, -1, 4, -1)$$

7.73. Trouver le mineur M_1, le mineur signé M_2, et le mineur complémentaire M_3 de $A_{3,4}^{1,4}$ où :

$$(a)\quad A = \begin{pmatrix} 1 & 2 & 3 & 2 \\ 1 & 0 & -2 & 3 \\ 3 & -1 & 2 & 5 \\ 4 & -3 & 0 & -1 \end{pmatrix}, \qquad (b)\quad A = \begin{pmatrix} 1 & 3 & -1 & 5 \\ 2 & -3 & 1 & 4 \\ 0 & -5 & 2 & 1 \\ 3 & 0 & 5 & -2 \end{pmatrix}.$$

7.74. Pour $k = 1, 2, 3$, calculer la somme S_k de tous les mineurs principaux d'ordre k :

$$(a)\quad A = \begin{pmatrix} 1 & 3 & 2 \\ 2 & -4 & 3 \\ 5 & -2 & 1 \end{pmatrix}, \qquad (b)\quad B = \begin{pmatrix} 1 & 5 & -4 \\ 2 & 6 & 1 \\ 3 & -2 & 0 \end{pmatrix}, \qquad (c)\quad C = \begin{pmatrix} 1 & -4 & 3 \\ 2 & 1 & 5 \\ 4 & -7 & 11 \end{pmatrix}.$$

7.75. Pour $k = 1, 2, 3, 4$, calculer la somme S_k de tous les mineurs principaux d'ordre k :

$$A = \begin{pmatrix} 1 & 2 & 3 & -1 \\ 1 & -2 & 0 & 5 \\ 0 & 1 & -2 & 2 \\ 4 & 0 & -1 & -3 \end{pmatrix}$$

7.76. Soit A une matrice carrée d'ordre n. Démontrer que $|kA| = k^n |A|$.

7.77. Soit A, B, C et D des matrices carrées d'ordre n qui commutent. Considérons la matrice carrée par blocs, d'ordre $2n$, $M = \begin{pmatrix} A & B \\ C & D \end{pmatrix}$. Démontrer que $|M| = |A| \cdot |D| - |B| \cdot |C|$. Montrer que le résultat peut ne pas être vrai si les matrices ne commutent pas.

7.78. Soit A une matrice orthogonale, c'est-à-dire avec $A^T A = I$. Montrer que $\det(A) = \pm 1$.

7.79. Soit V l'espace vectoriel des matrices carrées d'ordre 2, $M = \begin{pmatrix} a & b \\ c & d \end{pmatrix}$ sur $\mathbb{R}$. Déterminer si l'application $D : V \to \mathbb{R}$ est bilinéaire (par rapport aux lignes) si : (a) $D(M) = ac - bd$, (b) $D(M) = ab - cd$, (c) $D(M) = 0$ et (d) $D(M) = 1$.

7.80. Soit V l'espace vectoriel des matrices carrées d'ordre m considérées comme des m-uplets des vecteurs lignes. Supposons que $D : V \to \mathbb{K}$ est m-linéaire et alternée. Montrer que si $A_1, A_2, \ldots, A_m$ sont linéairement dépendants, alors $D(A_1, \ldots, A_m) = 0$.

7.81. Soit V l'espace vectoriel des matrices carrées d'ordre m (comme ci-dessus), et supposons que $D : V \to \mathbb{K}$. Montrer que l'énoncé suivant, plus faible que le précédent, est équivalent à D alternée :

$$D(A_1, \ldots, A_m) = 0 \qquad \text{dès que } A_i = A_{i+1} \text{ pour un certain } i$$

7.82. Soit V l'espace des matrices carrées d'ordre n sur $\mathbb{K}$. Soit $B \in V$ une matrice inversible, donc $\det B \neq 0$. On définit $D : V \to \mathbb{K}$ par $D(A) = \det(AB)/\det(B)$ où $A \in V$. Alors

$$D(A_1, A_2, \ldots, A_n) = \det(A_1 B, A_2 B, \ldots, A_n B)/\det(B)$$

où A_i est la i-ième ligne de A et donc $A_i B$ est la i-ième ligne de AB. Montrer que D est multilinéaire alternée, et que $D(I) = 1$. (Cette méthode est utilisée parfois pour démontrer que $|AB| = |A||B|$.)

7.83. Soit A une matrice carrée d'ordre n. Le *rang déterminant* de A est l'ordre de la plus grande sous-matrice de A (obtenue en supprimant des lignes et des colonnes de A) de déterminant non nul. Montrer que le rang déterminant de A est égal au rang de A, c'est-à-dire au nombre maximum de lignes (ou de colonnes) linéairement indépendantes.

Réponses aux problèmes supplémentaires

7.54. $(a)\, 21$, $\quad (b)\, -11$, $\quad (c)\, 100$, $\quad (d)\, 0$.

7.55. $(a)\, (t+2)(t-3)(t-4)$, $\quad (b)\, (t+2)^2(t-4)$, $\quad (c)\, (t+2)^2(t-4)$.

7.56. $(a)\, 3, 4, -2$; $\quad (b)\, 4, -2$; $\quad (c)\, 4, -2$.

7.57. $(a)\, -131$, $\quad (b)\, -55$.

7.58. $(a)\, -12$, $\quad (b)\, -42$, $\quad (c)\, -468$.

7.59. $\operatorname{adj} A = \begin{pmatrix} 1 & 0 & -2 \\ -3 & -1 & 6 \\ 2 & 1 & -5 \end{pmatrix}$, $\quad A^{-1} = \begin{pmatrix} -1 & 0 & 2 \\ 3 & 1 & -6 \\ -2 & -1 & 5 \end{pmatrix}$

7.60. $(a)\, \begin{pmatrix} -16 & -29 & -26 & -2 \\ -30 & -38 & -16 & 29 \\ -8 & 51 & -13 & -1 \\ -13 & 1 & 28 & -18 \end{pmatrix}$, $\quad (b)\, \begin{pmatrix} 21 & -14 & -17 & -19 \\ -44 & 11 & 33 & 11 \\ -29 & 1 & 13 & 21 \\ 17 & 7 & -19 & -18 \end{pmatrix}$.

7.61. $A = \begin{pmatrix} k & 0 \\ 0 & k \end{pmatrix}$.

7.63. $(a)\, x = \frac{21}{26}, y = \frac{29}{26}$; $\quad (b)\, x = -\frac{5}{13}, y = \frac{1}{13}$.

7.64. $(a)\, x = 5, y = 1, z = 1$. $\quad (b)$ Puisque $D = 0$, le système ne peut être résolu à l'aide des déterminants.

7.66. $\operatorname{sgn} \sigma = 1$, $\operatorname{sgn} \tau = -1$, $\operatorname{sgn} \pi = -1$.

7.67. $(a)\, \tau \circ \sigma = 53142$, $\quad (b)\, \pi \circ \sigma = 52413$, $\quad (c)\, \sigma^{-1} = 32154$, $\quad (d)\, \tau^{-1} = 14253$.

7.71. $(a)\, 30$, $\quad (b)\, 0$.

7.72. 17.

7.73. $(a)\, -3, -3, -1$; $\quad (b)\, -23, -23, -10$.

7.74. $(a)\, -2, -17, 73$; $\quad (b)\, 7, 10, 105$; $(c)\, 13, 54, 0$.

7.75. $S_1 = -6$, $S_2 = 13$, $S_3 = 62$, $S_4 = -219$.

7.79. (a) Oui, $\quad (b)$ Non, $\quad (c)$ Oui, $\quad (d)$ Non.

Valeurs propres et vecteurs propres, diagonalisation

8.1. INTRODUCTION

Considérons une matrice carrée A d'ordre n sur un corps $\mathbb{K}$. Rappelons (section 4.13) que A définit une fonction $f : \mathbb{K}^n \to \mathbb{K}^n$ par

$$f(X) = AX$$

où X est un point quelconque (vecteur colonne) dans $\mathbb{K}^n$. (Nous considérons alors A comme la matrice qui représente la fonction f dans la base usuelle E dans $\mathbb{K}^n$.)

Supposons une nouvelle base choisie dans $\mathbb{K}^n$, par exemple

$$S = \{u_1, u_2, \ldots, u_n\}$$

(Géométriquement, S détermine un nouveau système de coordonnées de $\mathbb{K}^n$.) Soit P la matrice dont les colonnes sont les vecteurs $u_1, u_2, \ldots, u_n$. Alors (cf. section 5.11), P est la matrice de passage de la base usuelle E à la base S. Aussi, d'après le théorème 5.27, l'expression

$$X' = P^{-1}X$$

donne les coordonnées de X dans la nouvelle base S. De plus, la matrice

$$B = P^{-1}AP$$

représente la fonction f dans la nouvelle base S ; c'est-à-dire : $f(X') = BX'$.

Dans ce chapitre, nous étudierons les deux questions suivantes :

(1) Étant donné une matrice A, pouvons-nous trouver une matrice non singulière P (représentant un nouveau système de coordonnées S), telle que

$$B = P^{-1}AP$$

soit une matrice diagonale ? Si la réponse est oui, nous disons que A est *diagonalisable*.

(2) Étant donné une matrice A, pouvons-nous trouver une matrice orthogonale P (représentant un nouveau système orthonormal S), telle que

$$B = P^{-1}AP$$

soit une matrice diagonale ? Si la réponse est oui, nous disons que A est *orthogonalement diagonalisable*.

Rappelons que les matrices A et B sont dites *semblables* (resp. *orthogonalement semblables*) s'il existe une matrice P non singulière (resp. orthogonale) telle que $B = P^{-1}AP$. Poser les questions précédentes revient à chercher si la matrice donnée A est semblable (resp. orthogonalement semblable) à une matrice diagonale.

Les réponses à ces questions sont liées à la recherche de racines de certains polynômes associés à A. Le corps de base $\mathbb{K}$ joue un rôle important dans cette théorie puisque l'existence de racines de polynômes dépend de $\mathbb{K}$. En ce qui concerne cette relation, voir l'appendice (page 446).

8.2. POLYNÔMES DE MATRICES

Considérons un polynôme $f(t)$ sur un corps $\mathbb{K}$; c'est-à-dire

$$f(t) = a_n t^n + \cdots + a_1 t + a_0$$

Rappelons que si A est une matrice carrée sur $\mathbb{K}$, nous pouvons définir

$$f(A) = a_n A^n + \cdots + a_1 A + a_0 I$$

où I est la matrice identité. En particulier, nous disons que A est *une racine* ou *un zéro* du polynôme $f(t)$ si $f(A) = 0$.

Exemple 8.1. Soit $A = \begin{pmatrix} 1 & 2 \\ 3 & 4 \end{pmatrix}$ et soit $f(t) = 2t^2 - 3t + 7$, $g(t) = t^2 - 5t - 2$. Alors

$$f(A) = 2 \begin{pmatrix} 1 & 2 \\ 3 & 4 \end{pmatrix}^2 - 3 \begin{pmatrix} 1 & 2 \\ 3 & 4 \end{pmatrix} + 7 \begin{pmatrix} 1 & 0 \\ 0 & 1 \end{pmatrix} = \begin{pmatrix} 18 & 14 \\ 21 & 39 \end{pmatrix}$$

et

$$g(A) = \begin{pmatrix} 1 & 2 \\ 3 & 4 \end{pmatrix}^2 - 5 \begin{pmatrix} 1 & 2 \\ 3 & 4 \end{pmatrix} - 2 \begin{pmatrix} 1 & 0 \\ 0 & 1 \end{pmatrix} = \begin{pmatrix} 0 & 0 \\ 0 & 0 \end{pmatrix}$$

Donc A est un zéro de $g(t)$.

Le théorème suivant sera démontré dans le problème 8.26.

Théorème 8.1 : Soit f et g, deux polynômes sur $\mathbb{K}$, et soit A une matrice carrée d'ordre n sur $\mathbb{K}$. Alors

(i) $(f + g)(A) = f(A) + g(A)$

(ii) $(fg)(A) = f(A)\, g(A)$

(iii) $(kf)(A) = k f(A)$ pour tout scalaire $k \subset \mathbb{K}$

(iv) $f(A)\, g(A) = g(A) f(A)$.

D'après (iv), deux polynômes quelconques de la matrice A commutent.

8.3. POLYNÔME CARACTÉRISTIQUE, THÉORÈME DE CAYLEY-HAMILTON

Considérons une matrice carrée quelconque A sur un corps $\mathbb{K}$:

$$A = \begin{pmatrix} a_{11} & a_{12} & \ldots & a_{1n} \\ a_{21} & a_{22} & \ldots & a_{2n} \\ \hdotsfor{4} \\ a_{n1} & a_{n2} & \ldots & a_{nn} \end{pmatrix}$$

La matrice $tI_n - A$, où I_n est la matrice identité d'ordre n et t une inconnue, est appelée *la matrice caractéristique* de A :

$$tI_n - A = \begin{pmatrix} t - a_{11} & -a_{12} & \ldots & -a_{1n} \\ -a_{21} & t - a_{22} & \ldots & -a_{2n} \\ \hdotsfor{4} \\ -a_{n1} & -a_{n2} & \ldots & t - a_{nn} \end{pmatrix}$$

Son déterminant

$$\Delta_A(t) = \det(tI_n - A)$$

qui est un polynôme en t, est appelé le *polynôme caractéristique* de A. Aussi, l'équation

$$\Delta_A(t) = \det(tI_n - A) = 0$$

est appelée l'*équation caractéristique* de A.

Maintenant, chaque terme dans le déterminant contient un et seulement un élément de chaque ligne et de chaque colonne ; donc le polynôme caractéristique précédent est de la forme

$$\Delta_A(t) = (t - a_{11})(t - a_{12})\ldots(t - a_{1n})$$
$$+ \text{des termes avec plus de } n - 2 \text{ facteurs de la forme } t - a_{ii}$$

Par conséquent,

$$\Delta_A(t) = t^n - (a_{11} + a_{22}) + \cdots + a_{nn})t^{n-1} + \text{termes de degré inférieur.}$$

Rappelons que la *trace* de A est la somme de ses éléments diagonaux. Ainsi le polynôme caractéristique $\Delta_A(t) = \det(tI_n - A)$ de A est un polynôme unitaire de degré n, et le coefficient de t^{n-1} est l'opposé de la trace de A. (Un polynôme est dit *unitaire* si le coefficient de son terme de plus haut degré est 1.)

De plus, si nous posons $t = 0$ dans $\Delta_A(t)$, nous obtenons

$$\Delta_A(0) = |-A| = (-1)^n|A|$$

Mais $\Delta_A(0)$ est le terme constant du polynôme $\Delta_A(t)$. Ainsi le terme constant du polynôme caractéristique de la matrice A est $(-1)^n|A|$ où n est l'ordre de A.

Nous allons maintenant énoncer l'un des théorèmes les plus importants de l'algèbre linéaire (*cf.* problème 8.27 pour la démonstration) :

Théorème de Cayley-Hamilton 8.2 : Chaque matrice est un zéro de son polynôme caractéristique.

Exemple 8.2. Soit $B = \begin{pmatrix} 1 & 2 \\ 3 & 2 \end{pmatrix}$. Son polynôme caractéristique est

$$\Delta(t) = |tI - B| = \begin{vmatrix} t - 1 & -2 \\ -3 & t - 2 \end{vmatrix} = (t - 1)(t - 2) - 6 = t^2 - 3t - 4$$

Comme prévu, d'après le théorème de Cayley-Hamilton, B est un zéro de $\Delta(t)$:

$$\Delta(B) = B^2 - 3B - 4I = \begin{pmatrix} 7 & 6 \\ 9 & 10 \end{pmatrix} + \begin{pmatrix} -3 & -6 \\ -9 & -6 \end{pmatrix} + \begin{pmatrix} -4 & 0 \\ 0 & -4 \end{pmatrix} = \begin{pmatrix} 0 & 0 \\ 0 & 0 \end{pmatrix}$$

Maintenant, soit A et B deux matrices semblables, c'est-à-dire il existe P inversible telle que $B = P^{-1}AP$. Montrons que A et B ont le même polynôme caractéristique. Utilisant $tI = P^{-1}tIP$, nous avons

$$|tI - B| = |tI - P^{-1}AP| = |P^{-1}tIP - P^{-1}AP|$$
$$= |P^{-1}(tI - A)P| = |P^{-1}||tI - A||P|$$

Puisque les déterminants sont des scalaires, ils commutent, et puisque $|P^{-1}||P| = 1$, nous obtenons, finalement

$$|tI - B| = |tI - A|$$

Nous avons ainsi démontré le théorème suivant.

Théorème 8.3 : Les matrices semblables ont le même polynôme caractéristique.

Polynômes caractéristiques de degré deux ou trois

Soit A une matrice d'ordre deux ou trois. Alors, il y existe une formule simple pour calculer son polynôme caractéristique $\Delta(t)$. Plus précisément :

(1) Supposons $A = \begin{pmatrix} a_{11} & a_{12} \\ a_{21} & a_{22} \end{pmatrix}$. Alors

$$\Delta(t) = t^2 - (a_{11} + a_{22})t + \begin{vmatrix} a_{11} & a_{12} \\ a_{21} & a_{22} \end{vmatrix} = t^2(\operatorname{tr} A)t + \det(A)$$

(Ici $\operatorname{tr} A$ désigne la trace de A, c'est-à-dire la somme de ses éléments diagonaux.)

(2) Supposons $A = \begin{pmatrix} a_{11} & a_{12} & a_{13} \\ a_{21} & a_{22} & a_{23} \\ a_{31} & a_{32} & a_{33} \end{pmatrix}$. Alors

$$\Delta(t) = t^3 - (a_{11} + a_{22} + a_{33})t^2 + \left(\begin{vmatrix} a_{22} & a_{23} \\ a_{32} & a_{33} \end{vmatrix} + \begin{vmatrix} a_{11} & a_{13} \\ a_{31} & a_{33} \end{vmatrix} + \begin{vmatrix} a_{11} & a_{12} \\ a_{21} & a_{22} \end{vmatrix} \right) t - \begin{vmatrix} a_{11} & a_{12} & a_{13} \\ a_{21} & a_{22} & a_{23} \\ a_{31} & a_{32} & a_{33} \end{vmatrix}$$

$$= t^3 - (\operatorname{tr} A)t^2 + (A_{11} + A_{22} + A_{33})t - \det(A)$$

(Ici A_{11}, A_{22}, A_{33} désignent, respectivement, les cofacteurs des éléments diagonaux a_{11}, a_{22}, a_{33}.)

Considérons encore une matrice carrée $A = (a_{ij})$, d'ordre 3. En utilisant les notations précédentes,

$$S_1 = \operatorname{tr} A \qquad S_2 = A_{11} + A_{22} + A_{33} \qquad S_3 = \det(A)$$

sont les coefficients de son polynôme caractéristique en alternant les signes. D'autre part, chaque S_k est la somme de tous les mineurs principaux de A d'ordre k. Le théorème suivant, dont la démonstration dépasse le niveau de cet ouvrage, montre que ce résultat est vrai dans le cas général.

Théorème 8.4 : Soit A une matrice carrée d'ordre n. Alors son polynôme caractéristique est

$$\Delta(t) = t^n - S_1 t^{n-1} + S_2 t^{n-2} - \cdots + (-1)^n S_n$$

où S_k est la somme des mineurs principaux d'ordre k.

Polynômes caractéristiques et matrices triangulaires par blocs

Soit M une matrice triangulaire par blocs, c'est-à-dire $M = \begin{pmatrix} A_1 & B \\ 0 & A_2 \end{pmatrix}$ où A_1 et A_2 sont des matrices carrées. Alors la matrice caractéristique de M,

$$tI - M = \begin{pmatrix} tI - A_1 & -B \\ 0 & tI - A_2 \end{pmatrix}$$

est aussi une matrice triangulaire par blocs, avec les blocs diagonaux $tI - A_1$ et $tI - A_2$. Ainsi, d'après le théorème 7.12,

$$|tI - M| = \begin{vmatrix} tI - A_1 & -B \\ 0 & tI - A_2 \end{vmatrix} = |tI - A_1||tI - A_2|$$

Cela signifie que le polynôme caractéristique de M est le produit des polynômes caractéristiques des blocs diagonaux A_1 et A_2.

Par récurrence, nous obtenons le résultat pratique suivant.

Théorème 8.5 : Soit M une matrice triangulaire par blocs, avec des blocs diagonaux $A_1, A_2, \ldots, A_r$. Alors le polynôme caractéristique de M est le produit des polynômes caractéristiques des blocs diagonaux A_i. C'est-à-dire :

$$\Delta_M(t) = \Delta_{A_1}(t)\Delta_{A_2}(t) \cdots \Delta_{A_r}(t)$$

Exemple 8.3. Considérons la matrice

$$M = \begin{pmatrix} 9 & -1 & 5 & 7 \\ 8 & 3 & 2 & -4 \\ 0 & 0 & 3 & 6 \\ 0 & 0 & -1 & 8 \end{pmatrix}$$

Alors M est une matrice triangulaire par blocs, avec des blocs diagonaux $A = \begin{pmatrix} 9 & -1 \\ 8 & 3 \end{pmatrix}$ et $B = \begin{pmatrix} 3 & 6 \\ -1 & 8 \end{pmatrix}$. Ici

$$\operatorname{tr} A = 9 + 3 = 12 \qquad \det(A) = 27 + 8 = 35 \qquad \text{et donc} \qquad \Delta_A(t) = t^2 - 12t + 35 = (t - 5)(t - 7)$$

$$\operatorname{tr} B = 3 + 8 = 11 \qquad \det(B) = 24 + 6 = 30 \qquad \text{et donc} \qquad \Delta_B(t) = t^2 - 11t + 30 = (t - 5)(t - 6)$$

Par conséquent, le polynôme caractéristique de M est le produit

$$\Delta_M(t) = \Delta_A(t)\Delta_B(t) = (t - 5)^2(t - 6)(t - 7)$$

8.4. VALEURS PROPRES ET VECTEURS PROPRES

Soit A une matrice carrée d'ordre n sur un corps $\mathbb{K}$. Un scalaire $\lambda \in \mathbb{K}$ est appelé une *valeur propre* de A s'il existe un vecteur (colonne) non nul $v \in \mathbb{K}^n$ tel que

$$Av = \lambda v$$

Tout vecteur satisfaisant cette relation est alors appelé *un vecteur propre* de A correspondant à la valeur propre λ. Remarquons que tout multiple kv de v est aussi un vecteur propre

$$A(kv) = kA(v) = k(\lambda v) = \lambda(kv)$$

L'ensemble E_λ de tous les vecteurs propres associés à λ est un sous-espace de $\mathbb{K}^n$ (*cf.* problème 8.16), appelé *sous-espace propre* associé à λ. (Si $\dim E_\lambda = 1$, alors E_λ est appelé une *droite propre* et λ le *facteur d'échelle*.)

Les termes *valeurs caractéristiques* et *vecteurs caractéristiques* sont également utilisés au lieu de valeurs propres et vecteurs propres.

Exemple 8.4. Soit $A = \begin{pmatrix} 1 & 2 \\ 3 & 2 \end{pmatrix}$ et soit $v_1 = (2, 3)^T$ et $v_2 = (1, -1)^T$. Alors

$$Av_1 = \begin{pmatrix} 1 & 2 \\ 3 & 2 \end{pmatrix} \begin{pmatrix} 2 \\ 3 \end{pmatrix} = \begin{pmatrix} 8 \\ 12 \end{pmatrix} = 4 \begin{pmatrix} 2 \\ 3 \end{pmatrix} = 4v_1$$

et

$$Av_2 = \begin{pmatrix} 1 & 2 \\ 3 & 2 \end{pmatrix} \begin{pmatrix} 1 \\ -1 \end{pmatrix} = \begin{pmatrix} -1 \\ 1 \end{pmatrix} = (-1)v_2$$

Ainsi, v_1 et v_2 sont les vecteurs propres de A associés, respectivement, aux valeurs propres $\lambda_1 = 4$ et $\lambda_2 = -1$ de A.

Le théorème suivant (*cf.* problème 8.28 pour la démonstration) donne la règle principale pour calculer les valeurs propres et les vecteurs propres (*cf.* section 8.5).

Théorème 8.6 : Soit A une matrice carrée d'ordre n sur un corps $\mathbb{K}$. Alors les propriétés suivantes sont équivalentes :

    (i) Un scalaire $\lambda \in \mathbb{K}$ est une valeurs propre de A.

    (ii) La matrice $M = \lambda I - A$ est singulière.

    (iii) Le scalaire λ est une racine du polynôme caractéristique $\Delta(t)$ de A.

Le sous-espace propre E_λ de λ est l'espace solution du système homogène $MX = (\lambda I - A)X = 0$. Quelquefois il est plus convenable de résoudre le système homogène $(A - \lambda I)X = 0$; les deux systèmes, bien évidemment, admettent le même espace solution.

Certaines matrices peuvent ne pas avoir de valeurs propres et donc pas de vecteurs proprs. D'ailleurs, en utilisant le théorème fondamental de l'algèbre (tout polynôme sur $\mathbb{C}$ admet une racine) et le théorème 8.6, nous obtenons le résultat suivant.

Théorème 8.7 : Soit A une matrice carrée d'ordre n sur le corps des complexes $\mathbb{C}$. Alors A admet au moins une valeur propre.

Supposons maintenant que λ est une valeur propre d'une matrice A. La *multiciplité algébrique* de λ est définie par la multiplicité de λ comme racine du polynôme caractéristique de A. La *multiciplité géométrique* de λ est définie par la dimension de son sous-espace propre.

Le théorème suivant sera démontré dans le problème 10.27.

Théorème 8.8 : Soit λ une valeur propre de la matrice A. Alors la multiciplité géométrique de λ n'excède pas sa multiciplité algébrique.

Matrices diagonalisables

Une matrice A est dite *diagonalisable* s'il existe une matrice non singulière P telle que la matrice $D = P^{-1}AP$ soit diagonale, c'est-à-dire si A est semblable à une matrice diagonale D. Le théorème suivant (*cf.* problème 8.29 pour la démonstration) caractérise de telles matrices.

Théorème 8.9 : Une matrice carrée A d'ordre n est semblable à une matrice diagonale D si, et seulement si A admet n vecteurs propres linéairement indépendants. Dans ce cas, les éléments diagonaux de D sont les valeurs propres correspondantes et $D = P^{-1}AP$ où P est la matrice dont les colonnes sont les vecteurs propres.

Supposons qu'une matrice A peut être diagonalisée comme ci-dessus, c'est-à-dire $P^{-1}AP = D$ est diagonale. Alors A admet la *factorisation diagonale* très utilisée

$$A = PDP^{-1}$$

En utilisant cette factorisation, l'étude de la matrice A se réduit à celle de la matrice D, qui peut être calculée simplement. Plus précisément, supposons que $D = \operatorname{diag}(k_1, k_2, \ldots, k_n)$. Alors

$$A^m = (PDP^{-1})m = PD^mP^{-1} = P\operatorname{diag}(k_1^m, \ldots, k_n^m)P^{-1}$$

et, plus généralement, pour un polynôme $f(t)$ quelconque,

$$f(A) = f(PDP^{-1}) = Pf(D)P^{-1} = P\operatorname{diag}(f(k_1), \ldots, (f(k_n))P^{-1}$$

De plus, si les éléments diagonaux de D sont positifs ou nuls, alors la matrice B suivante est une « racine carrée » de A :

$$B = P\operatorname{diag}(\sqrt{k_1}, \ldots, \sqrt{k_n})P^{-1}$$

C'est-à-dire $B^2 = A$.

Exemple 8.5. Considérons la matrice $A = \begin{pmatrix} 1 & 2 \\ 3 & 2 \end{pmatrix}$. D'après l'exemple 8.4, A admet deux vecteurs propres linéairement indépendants $\begin{pmatrix} 2 \\ 3 \end{pmatrix}$ et $\begin{pmatrix} 1 \\ -1 \end{pmatrix}$. Posons $P = \begin{pmatrix} 2 & 3 \\ 1 & -1 \end{pmatrix}$, et donc $P^{-1} = \begin{pmatrix} \frac{1}{5} & \frac{1}{5} \\ \frac{3}{5} & -\frac{2}{5} \end{pmatrix}$. Alors A est semblable à la matrice diagonale

$$B = P^{-1}AP = \begin{pmatrix} \frac{1}{5} & \frac{1}{5} \\ \frac{3}{5} & -\frac{2}{5} \end{pmatrix} \begin{pmatrix} 1 & 2 \\ 3 & 2 \end{pmatrix} \begin{pmatrix} 2 & 1 \\ 3 & -1 \end{pmatrix} = \begin{pmatrix} 4 & 0 \\ 0 & -1 \end{pmatrix}$$

Comme prévu, les éléments diagonaux 4 et -1 de la matrice diagonale B sont les valeurs propres correspondantes aux vecteurs propres donnés. En particulier, A admet la factorisation diagonale

$$A = PDP^{-1} = \begin{pmatrix} 2 & 1 \\ 3 & -1 \end{pmatrix} \begin{pmatrix} 4 & 0 \\ 0 & -1 \end{pmatrix} \begin{pmatrix} \frac{1}{5} & \frac{1}{5} \\ \frac{3}{5} & -\frac{2}{5} \end{pmatrix}$$

Par conséquent,

$$A^4 = PD^4P^{-1} = \begin{pmatrix} 2 & 1 \\ 3 & -1 \end{pmatrix} \begin{pmatrix} 256 & 0 \\ 0 & 1 \end{pmatrix} \begin{pmatrix} \frac{1}{5} & \frac{1}{5} \\ \frac{3}{5} & -\frac{2}{5} \end{pmatrix} = \begin{pmatrix} 103 & 102 \\ 153 & 154 \end{pmatrix}$$

De plus, si $f(t) = t^3 - 7t^2 + 9t - 2$, alors

$$f(A) = Pf(D)P^{-1} = \begin{pmatrix} 2 & 1 \\ 3 & -1 \end{pmatrix} \begin{pmatrix} -14 & 0 \\ 0 & -19 \end{pmatrix} \begin{pmatrix} \frac{1}{5} & \frac{1}{5} \\ \frac{3}{5} & -\frac{2}{5} \end{pmatrix} = \begin{pmatrix} -17 & 2 \\ 3 & -16 \end{pmatrix}$$

Remarque : Dans tout ce chapitre, nous utilisons le fait que l'inverse de la matrice

$$P = \begin{pmatrix} a & b \\ c & d \end{pmatrix} \quad \text{est la matrice} \quad P^{-1} = \begin{pmatrix} d/|P| & -b/|P| \\ -c/|P| & a/|P| \end{pmatrix}$$

Cela signifie que P^{-1} est obtenue en échangeant les éléments diagonaux a et d de P, en prenant les opposés des éléments non diagonaux b et c, puis en divisant chaque élément par le déterminant $|P|$.

Les deux théorèmes suivants, démontrés dans les problèmes 8.30 et 8.31, respectivement, seront utilisés ultérieurement.

Théorème 8.10 : Soit $v_1, \ldots, v_n$ des vecteurs propres non nuls de la matrice A associés aux valeurs propres distinctes $\lambda_1, \ldots, \lambda_n$. Alors $v_1, \ldots, v_n$ sont linéairement indépendants.

Théorème 8.11 : Supposons que le polynôme caractéristique $\Delta(t)$ d'une matrice carrée A d'ordre n est le produit de n facteurs distincts, ou $\Delta(t) = (t - a_1)(t - a_2) \cdots (t - a_n)$. Alors A est semblable à la matrice diagonale dont les éléments diagonaux sont les a_i.

8.5. CALCUL DES VALEURS PROPRES ET DES VECTEURS PROPRES, DIAGONALISATION DES MATRICES

Dans cette section, nous calculons les valeurs propres et les vecteurs propres d'une matrice carrée A donnée et déterminons s'il existe une matrice non singulière P telle que $P^{-1}AP$ soit diagonale. Plus précisément, nous allons appliquer l'algorithme suivant à la matrice A.

Algorithme de diagonalisation 8.5

Soit A une matrice carrée donnée.

Étape 1. Trouver le polynôme caractéristique $\Delta(t)$ de A.

Étape 2. Trouver les racines de $\Delta(t)$ pour obtenir les valeurs propres de A.

Étape 3. Répéter (a) et (b) pour chaque valeur propre λ de A :

     (a) Former la matrice $M = A - \lambda I$ en soustrayant λ de la diagonale de A, ou la matrice $M' = tI - A$ en remplaçant t par λ dans $tI - A$.

     (b) Trouver une base de l'espace solution du système homogène $MX = 0$. [Les vecteurs de la base sont des vecteurs propres linéairement indépendants, de A, associés à λ.]

Étape 4. Considérons l'ensemble $S = \{v_1, v_2, \ldots, v_m\}$ de tous les vecteurs propres obtenus à l'étape 3 :

     (a) Si $m \neq n$, alors A n'est pas diagonalisable.

(*b*) Si $m = n$, soit P la matrice dpont les colonnes sont les vecteurs $v_1, v_2, \ldots, v_n$. Alors

$$D = P^{-1}AP = \begin{pmatrix} \lambda_1 & & & \\ & \lambda_2 & & \\ & & \ddots & \\ & & & \lambda_n \end{pmatrix}$$

où λ_i sont les valeurs propres associées aux vecteurs propres v_i.

Exemple 8.6. Appliquons l'algorithme de diagonalistion à la matrice $A = \begin{pmatrix} 4 & 2 \\ 3 & -1 \end{pmatrix}$.

1. Le polynôme caractéristique $\Delta(t)$ de A est le déterminant

$$\Delta(t) = |tI - A| = \begin{vmatrix} t - 4 & -1 \\ -3 & t + 1 \end{vmatrix} = t^2 - 3t - 10 = (t - 5)(t + 2)$$

Autre méthode : puisque $\mathrm{tr}\, A = 4 - 1 = 3$ et $|A| = -4 - 6 = -10$; nous avons $\Delta(t) = t^2 - 3t - 10$.

2. Posons $\Delta(t) = t^2 - 3t - 10 = (t - 5)(t + 2) = 0$. Les racines $\lambda_1 = 5$ et $\lambda_2 = -2$ sont les valeurs propres de A.

3. (i) Cherchons un vecteur propre v_1 de A associé à la valeur propre $\lambda_1 = 5$.

Pour cela, soustrayons $\lambda_1 = 5$ de la diagonale de A pour obtenir la matrice $M = \begin{pmatrix} -1 & 2 \\ 3 & -6 \end{pmatrix}$. Les vecteurs propres associés à $\lambda_1 = 5$ forment la solution du système homogène $MX = 0$, c'est-à-dire :

$$\begin{pmatrix} -1 & 2 \\ 3 & -6 \end{pmatrix} \begin{pmatrix} x \\ y \end{pmatrix} = \begin{pmatrix} 0 \\ 0 \end{pmatrix} \qquad \text{et} \qquad \begin{cases} -x + 2y = 0 \\ 3x - 6y = 0 \end{cases} \qquad \text{ou} \qquad -x + 2y = 0$$

Le système admet uniquement une solution indépendante ; par exemple, $x = 2$, $y = 1$. Ainsi $v_1 = (2, 1)$ est un vecteur propre qui engendre le sous-espace propre associé à $\lambda_1 = 5$.

3. (ii) Cherchons un vecteur propre v_2 de A associé à la valeur propre $\lambda_2 = -2$.

Pour cela, soustrayons -2 (ou additionnons 2) de la diagonale de A pour obtenir la matrice $M = \begin{pmatrix} 6 & 2 \\ 3 & 1 \end{pmatrix}$ qui conduit au système homogène

$$\begin{cases} 6x + 2y = 0 \\ 3x + y = 0 \end{cases} \qquad \text{ou} \qquad 3x + y = 0$$

Le système admet uniquement une solution indépendante ; par exemple, $x = -1$, $y = 3$. Ainsi $v_2 = (-1, 3)$ est un vecteur propre qui engendre le sous-espace propre associé à $\lambda_2 = -2$.

4. Soit P une matrice dont les colonnes sont les vecteurs propres précédents : $P = \begin{pmatrix} 2 & -1 \\ 1 & 3 \end{pmatrix}$. Alors $P^{-1} = \begin{pmatrix} \frac{3}{7} & \frac{1}{7} \\ -\frac{1}{7} & \frac{2}{7} \end{pmatrix}$ et $D = P^{-1}AP$ est la matrice diagonale dont les éléments diagonaux sont les valeurs propres, respectivement :

$$D = P^{-1}AP = \begin{pmatrix} \frac{3}{7} & \frac{1}{7} \\ -\frac{1}{7} & \frac{2}{7} \end{pmatrix} \begin{pmatrix} 4 & 2 \\ 3 & -1 \end{pmatrix} \begin{pmatrix} 2 & -1 \\ 1 & 3 \end{pmatrix} = \begin{pmatrix} 5 & 0 \\ 0 & -2 \end{pmatrix}$$

Par conséquent, A admet la *factorisation diagonale*

$$A = PDP^{-1} = \begin{pmatrix} 2 & -1 \\ 1 & 3 \end{pmatrix} \begin{pmatrix} 5 & 0 \\ 0 & -2 \end{pmatrix} \begin{pmatrix} \frac{3}{7} & \frac{1}{7} \\ -\frac{1}{7} & \frac{2}{7} \end{pmatrix}$$

Si $f(t) = t^4 - 4t^3 - 3t^2 + 5$, alors nous pouvons calculer $f(5) = 55$, $f(-2) = 41$; ainsi

$$f(A) = Pf(D)P^{-1} = \begin{pmatrix} 2 & -1 \\ 1 & 3 \end{pmatrix} \begin{pmatrix} 55 & 0 \\ 0 & 41 \end{pmatrix} \begin{pmatrix} \frac{3}{7} & \frac{1}{7} \\ -\frac{1}{7} & \frac{2}{7} \end{pmatrix} = \begin{pmatrix} 53 & 4 \\ 6 & 43 \end{pmatrix}$$

Exemple 8.7. Considérons la matrice $B = \begin{pmatrix} 5 & 1 \\ -4 & 1 \end{pmatrix}$. Ici $\operatorname{tr} B = 5 + 1 = 6$ et $|B| = 5 + 4 = 9$. Donc $\Delta(t) = t^2 - t + 9 = (t - 3)^2$ est le polynôme caractéristique de B. Ainsi, $\lambda = 3$ est la seule valeur propre de B.

Maintenant, soustrayons $\lambda = 3$ de la diagonale de B pour obtenir la matrice $M = \begin{pmatrix} 2 & 1 \\ -4 & -2 \end{pmatrix}$ qui conduit au système homogène

$$\begin{cases} 2x + \ y = 0 \\ -4x - 2y = 0 \end{cases} \qquad \text{ou} \qquad 2x + y = 0$$

Le système admet uniquement une solution indépendante; par exemple, $x = 1$, $y = -2$. Ainsi $v = (1, -2)$ est le seul vecteur propre indépendant de la matrice B. Par conséquent, B n'est pas diagonalisable puisqu'il n'existe pas de base formée de vecteurs propres de B.

Exemple 8.8. Considérons la matrice $A = \begin{pmatrix} 2 & -5 \\ 1 & -2 \end{pmatrix}$. Ici $\operatorname{tr} A = 2 - 2 = 0$ et $|A| = -4 + 5 = 1$. Ainsi $\Delta(t) = t^2 + 1$ est le polynôme caractéristique de A. Nous considérons deux cas :

(a) A est une matrice sur le corps réel $\mathbb{R}$. Alors $\Delta(t)$ n'a aucune racine (réelle). Ainsi A n'a ni valeurs propres ni vecteurs propres, et donc A n'est pas diagonalisable dans $\mathbb{R}$.

(b) A est une matrice sur le corps complexe $\mathbb{C}$. Alors $\Delta(t) = (t - i)(t + i)$ admet deux racines, i et $-i$. Ainsi A admet deux valeurs propres distinctes i et $-i$ et, par suite, A a deux vecteurs propres indépendants. Par conséquent, il existe une matrice non singulière P sur le corps complexe $\mathbb{C}$ telle que

$$P^{-1}AP = \begin{pmatrix} i & 0 \\ 0 & -i \end{pmatrix}$$

Ainsi, A est diagonalisable (sur $\mathbb{C}$).

8.6. DIAGONALISATION DES MATRICES SYMÉTRIQUES RÉELLES

Il existe beaucoup de matrices réelles A qui ne sont pas diagonalisables. En effet, certaines peuvent ne pas avoir de valeur propre (réelle). Cependant, si A est une matrice *symétrique* réelle, alors ces problèmes n'existe plus. Plus précisément :

Théorème 8.12 : Soit A une matrice symétrique réelle. Alors chaque racine λ de son polynôme caractéristique est réelle.

Théorème 8.13 : Soit A une matrice symétrique réelle. Soit u et v deux vecteurs propres non nuls de A associés aux valeurs propres distinctes λ_1 et λ_2. Alors u et v sont orthogonaux, c'est-à-dire $\langle u, v \rangle = 0$.

Les deux théorèmes précédents nous donnent le résultat fondamental suivant :

Théorème 8.14 : Soit A une matrice symétrique réelle. Alors il existe une matrice orthogonale P telle que $D = P^{-1}AP$ soit diagonale.

En choisissant des vecteurs propres orthogonaux et normalisés de A, comme colonnes de la matrice précédente P, alors, les éléments diagonaux de D seront les valeurs propres correspondantes.

Exemple 8.9. Soit $A = \begin{pmatrix} 2 & -2 \\ -2 & 5 \end{pmatrix}$. Cherchons une matrice P telle que $P^{-1}AP$ soit diagonale. Ici $\operatorname{tr} A = 2 + 5 = 7$ et $|A| = 10 - 4 = 6$. Donc $\Delta(t) = t^2 - 7t + 6 = (t - 6)(t - 1)$ est le polynôme caractéristique de A. Les valeurs propres de A sont 6 et 1. Soustrayons $\lambda = 6$ de la diagonale de A pour obtenir le système homogène correspondant

$$-4x - 2y = 0 \qquad -2x - y = 0$$

Une solution non nulle est $v_1 = (1, -2)$. Soustrayons, maintenant, $\lambda = 1$ de la diagonale de A pour trouver le système homogène correspondant

$$+x - 2y = 0 \qquad -2x + 4y = 0$$

Une solution non nulle est $(2, 1)$. Comme prévu, d'après le théorème 8.13, v_1 et v_2 sont orthogonaux. Normalisons v_1 et v_2 pour obtenir des vecteurs orthogonaux

$$u_1 = (1/\sqrt{5}, -2/\sqrt{5}) \qquad u_2 = (2/\sqrt{5}, 1/\sqrt{5})$$

Finalement, soit P la matrice dont les colonnes sont u_1 et u_2, respectivement. Alors

$$P = \begin{pmatrix} 1/\sqrt{5} & 2/\sqrt{5} \\ -2/\sqrt{5} & 1/\sqrt{5} \end{pmatrix} \qquad \text{et} \qquad P^{-1}AP = \begin{pmatrix} 6 & 0 \\ 0 & 1 \end{pmatrix}$$

Comme prévu, les éléments diagonaux de $P^{-1}AP$ sont les valeurs propres correspondant aux vecteurs colonnes de P.

Application aux formes quadratiques

Rappelons (*cf.* section 4.12) qu'une *forme quadratique* réelle $q(x_1, x_2, \ldots, x_n)$ peut s'écrire sous la forme

$$q(X) = X^T A X$$

où $X = (x_1, x_2, \ldots, x_n)^T$ et A est une matrice symétrique réelle. Si nous effectuons le changement de variable $X = PY$, où $Y = (y_1, y_2, \ldots, y_n)$ et P est une matrice non singulière, la forme quadratique s'écrit

$$q(Y) = Y^T B Y$$

où $B = P^T A P$. (Ainsi, B est congrue à A.)

Maintenant, si P est orthogonale, alors $P = P^{-1}$. Dans ce cas, $B = P^T A P = P^{-1}AP$ et B est orthogonalement semblable à A. Par conséquent, la méthode précédente de diagonalisation d'une matrice symétrique réelle A peut être utilisée pour diagonaliser une forme quadratique q en effectuant un changement de variable, comme suit :

Algorithme de diagonalisation orthogonale 8.6

Soit $q(X)$ une forme quadratique donnée.

Étape 1. Chercher d'abord la matrice symétrique A qui représente q, puis chercher son polynôme caractéristique $\Delta(t)$.

Étape 2. Trouver les valeurs propres de A, racines de $\Delta(t)$.

Étape 3. Pour chaque valeur propre λ de A, obtenue dans l'étape 2, trouver une base orthogonale de son sous-espace propre.

Étape 4. Normaliser tous les vecteurs obtenus dans l'étape 3 qui forment ainsi une base orthonormale de $\mathbb{R}^n$.

Étape 5. Soit P la matrice dont les colonnes sont les vecteurs propres normalisés dans l'étape 4.

Alors, $X = PY$ est le changement orthogonal de coordonnées demandé, et les éléments diagonaux de $P^T A P$ seront les valeurs propres $\lambda_1, \ldots, \lambda_n$, qui correspondent aux colonnes de P.

8.7. POLYNÔME MINIMAL

Soit A une matrice carrée d'ordre n sur un corps $\mathbb{K}$ et soit $J(A)$ l'ensemble de tous les polynômes $f(t)$ tels que $f(A) = 0$. [Remarquer que $J(A)$ est non vide, puisque le polynôme caractéristique $\Delta(t)$ de A appartient à $J(A)$.] Soit $m(t)$ le polynôme unitaire de degré minimum dans $J(A)$. Alors $m(t)$ est appelé le *polynôme minimal* de A. [Un tel polynôme $m(t)$ existe et est unique (*cf.* problème 8.25).]

Théorème 8.15 : Le polynôme minimal $m(t)$ de A divise tout polynôme dont A est un zéro. En particulier, $m(t)$ divise le polynôme caractéristique $\Delta(t)$ de A.

(La démonstration est donnée dans le problème 8.32.) Il s'agit là d'une relation très importante entre $m(t)$ et $\Delta(t)$.

Théorème 8.16 : Les polynômes caractéristique et minimal d'une matrice A ont les mêmes facteurs irréductibles.

Ce théorème (*cf.* problème 8.33(b) pour la démonstration) ne dit pas que $m(t) = \Delta(t)$; mais seulement que tout facteur irréductible de l'un doit diviser l'autre. En particulier, puisqu'un facteur linéaire est irréductible, $m(t)$ et $\Delta(t)$ ont les mêmes facteurs linéaires ; donc ils ont les mêmes racines. Ainsi, nous obtenons :

Théorème 8.17 : Un scalaire λ est une valeur propre d'une matrice A si, et seulement si λ est une racine du polynôme minimal de A.

Exemple 8.10. Trouver le polynôme minimal $m(t)$ de $A = \begin{pmatrix} 2 & 2 & -5 \\ 3 & 7 & -15 \\ 1 & 2 & -4 \end{pmatrix}$.

Cherchons d'abord le polynôme caractéristique $\Delta(t)$ de A :

$$\Delta(t) = |tI - A| = \begin{vmatrix} t-2 & -2 & 5 \\ -3 & t-7 & 15 \\ -1 & -2 & t+4 \end{vmatrix} = t^3 - 5t^2 + 7t - 3 = (t-1)^2(t-3)$$

Par une autre méthode, $\Delta(t) = t^3 - (\text{tr} A)t^2 + (A_{11} + A_{22} + A_{33})t - |A| = t^3 - 5t^2 + 7t - 3 = (t-1)^2(t-3)$ (où A_{ii} est le cofacteur de a_{ii} dans A).

Le polynôme minimal $m(t)$ doit diviser $\Delta(t)$. Aussi, chaque facteur irréductible de $\Delta(t)$, c'est-à-dire $t-1$ et $t-3$, est aussi un des facteurs de $m(t)$. Ainsi, $m(t)$ est exactement l'un des polynômes suivants :

$$f(t) = (t-3)(t-1) \qquad \text{ou} \qquad g(t) = (t-3)(t-1)^2$$

Nous savons, d'après le théorème de Cayley-Hamilton, que $g(t) = \Delta(t) = 0$; donc, il suffit de vérifier que $f'(t)$. Nous avons

$$f(A) = (A - I)(A - 3I) = \begin{pmatrix} 1 & 2 & -5 \\ 3 & 6 & -15 \\ 1 & 2 & -5 \end{pmatrix} \begin{pmatrix} -1 & 2 & -5 \\ 3 & 4 & -15 \\ 1 & 2 & -7 \end{pmatrix} = \begin{pmatrix} 0 & 0 & 0 \\ 0 & 0 & 0 \\ 0 & 0 & 0 \end{pmatrix}$$

Ainsi, $f(t) = m(t) = (t-1)(t-3) = t^2 - 4t + 3$ est le polynôme minimal de A.

Exemple 8.11. Considérons la matrice carrée d'ordre n suivante, où $a \neq 0$.

$$M = \begin{pmatrix} \lambda & a & 0 & \ldots & 0 & 0 \\ 0 & \lambda & a & \ldots & 0 & 0 \\ \ldots & \ldots & \ldots & \ldots & \ldots & \ldots \\ 0 & 0 & 0 & \ldots & \lambda & a \\ 0 & 0 & 0 & \ldots & 0 & \lambda \end{pmatrix}$$

Remarquer que M a des λ sur la diagonale, des a sur la surdiagonale, et des 0 ailleurs. Cette matrice est très importante en algèbre linéaire, plus particulièrement lorsque $a = 1$, . On peut montrer que

$$f(t) = (t - \lambda)^n$$

est à la fois le polynôme caractéristique et minimal de M.

Exemple 8.12. Considérons un polynôme unitaire arbitraire $f(t) = t^n + a_{n-1}t^{n-1} + \ldots + a_1 t + a_0$. Soit A la matrice carrée d'ordre n avec 1 sur la sous-diagonale, les opposés des coefficients dans la dernière colonne et des 0 ailleurs, comme suit :

$$A = \begin{pmatrix} 0 & 0 & \ldots & 0 & -a_0 \\ 1 & 0 & \ldots & 0 & -a_1 \\ 0 & 1 & \ldots & 0 & -a_2 \\ \ldots & \ldots & \ldots & \ldots & \ldots \\ 0 & 0 & \ldots & 1 & -a_{n-1} \end{pmatrix}$$

Alors A est appelé la *matrice compagnon* du polynôme $f(t)$. De plus, le polynôme minimal $m(t)$ et le polynôme caractéristique $\Delta(t)$ de la matrice compagnon précédente A sont tous les deux égaux à $f(t)$.

Polynôme minimal et matrices diagonales par blocs

Le théorème suivant sera démontré dans le problème 8.34.

Théorème 8.18 : Soit M une matrice diagonale par blocs, avec les blocs diagonaux $A_1, A_2, \ldots, A_r$. Alors le polynôme minimal de M est égal au plus petit commun multiple (PPCM) des polynômes minimaux des blocs diagonaux A_i.

Remarque : Soulignons que ce théorème s'applique aux matrices diagonales par blocs, alors que le théorème 8.5, analogue, sur les polynômes caractéristiques, s'applique aux matrices triangulaires par blocs.

Exemple 8.13. Trouver le polynôme caractéristique $\Delta(t)$ et le polynôme minimal $m(t)$ de la matrice

$$A = \begin{pmatrix} 2 & 5 & 0 & 0 & 0 \\ 0 & 2 & 0 & 0 & 0 \\ 0 & 0 & 4 & 2 & 0 \\ 0 & 0 & 3 & 5 & 0 \\ 0 & 0 & 0 & 0 & 7 \end{pmatrix}$$

Remarquer que A est une matrice diagonale par blocs avec les blocs diagonaux

$$A_1 = \begin{pmatrix} 2 & 5 \\ 0 & 2 \end{pmatrix} \quad A_2 = \begin{pmatrix} 4 & 2 \\ 3 & 5 \end{pmatrix} \quad \text{et} \quad A_3 = (7)$$

Alors $\Delta(t)$ est le produit des polynômes caractéristiques $\Delta_1(t)$, $\Delta_2(t)$ et $\Delta_3(t)$ de A_1, A_2 et A_3, respectivement. Puisque A_1 et A_3 sont triangulaires, $\Delta_1(t) = (t-2)^2$ et $\Delta_3(t) = (t-7)$. Aussi,

$$\Delta_2(t) = t^2 - (\operatorname{tr} A_2)t + |A_2| = t^2 - 9t + 14 = (t-2)(t-7)$$

Ainsi $\Delta(t) = (t-2)^3(t-7)^2$. [Comme prévu, deg $\Delta(t) = 5$.]

Les polynômes minimaux $m_1(t)$, $m_2(t)$ et $m_3(t)$ des blocs diagonaux A_1, A_2 et A_3, respectivement, sont égaux aux polynômes caractéristiques ; c'est-à-dire :

$$m_1(t) = (t-2)^2 \qquad m_2(t) = (t-2)(t-7) \qquad m_3(t) = t-7$$

Mais $m(t)$ est égal au plus petit commun multiple de $m_1(t)$, $m_2(t)$ et $m_3(t)$. Ainsi $m(t) = (t-2)^2(t-7)$.

Problèmes résolus

POLYNÔMES DE MATRICES ET POLYNÔMES CARACTÉRISTIQUES

8.1. Soit $A = \begin{pmatrix} 1 & -2 \\ 4 & 5 \end{pmatrix}$. Trouver $f(A)$ où : $(a)\ f(t) = t^2 - 3t + 7$, $(b)\ f(t) = t^2 - 6t + 13$.

(a)
$$f(A) = A^2 - 3A + 7I = \begin{pmatrix} 1 & -2 \\ 4 & 5 \end{pmatrix}^2 - 3\begin{pmatrix} 1 & -2 \\ 4 & 5 \end{pmatrix} + 7\begin{pmatrix} 1 & 0 \\ 0 & 1 \end{pmatrix}$$

$$= \begin{pmatrix} -7 & -12 \\ 24 & 17 \end{pmatrix} + \begin{pmatrix} -3 & 6 \\ -12 & -15 \end{pmatrix} + \begin{pmatrix} 7 & 0 \\ 0 & 7 \end{pmatrix} = \begin{pmatrix} -3 & -6 \\ 12 & 9 \end{pmatrix}$$

(b)
$$f(A) = A^2 - 6A + 13I = \begin{pmatrix} -7 & -12 \\ 24 & 17 \end{pmatrix} + \begin{pmatrix} -6 & 12 \\ -24 & -30 \end{pmatrix} + \begin{pmatrix} 13 & 0 \\ 0 & 13 \end{pmatrix} = \begin{pmatrix} 0 & 0 \\ 0 & 0 \end{pmatrix}$$

[Ainsi A est une racine de $f(t)$.]

8.2. Trouver le polynôme caractéristique $\Delta(t)$ de la matrice $A = \begin{pmatrix} 2 & -3 \\ 5 & 1 \end{pmatrix}$.

Formons la matrice caractéristique $tI - A$:

$$tI - A = \begin{pmatrix} t & 0 \\ 0 & t \end{pmatrix} + \begin{pmatrix} -2 & 3 \\ -5 & -1 \end{pmatrix} = \begin{pmatrix} t-2 & 3 \\ -5 & t-1 \end{pmatrix}$$

Le polynôme caractéristique $\Delta(t)$ de A est le déterminant de cette matrice :

$$\Delta(t) = |tI - A| = \begin{vmatrix} t-2 & 3 \\ -5 & t-1 \end{vmatrix} = (t-2)(t-1) + 15 = t^2 - 3t + 17$$

Par une autre méthode, $\operatorname{tr} A = 2 - 1 = 3$ et $|A| = 2 + 15 = 17$; donc $\Delta(t) = t^2 - 3t + 17$.

8.3. Trouver le polynôme caractéristique $\Delta(t)$ de la matrice $A = \begin{pmatrix} 1 & 6 & -2 \\ -3 & 2 & 0 \\ 0 & 3 & -4 \end{pmatrix}$.

$$\Delta(t) = |tI - A| = \begin{vmatrix} t-1 & -6 & 2 \\ 3 & t-2 & 0 \\ 0 & -3 & t+4 \end{vmatrix} = (t-1)(t-2)(t+4) - 18 + 18(t+4) = t^3 + t^2 - 8t + 62$$

Par une autre méthode, $\operatorname{tr} A = 1 + 2 - 4 = -1$, $A_{11} = \begin{vmatrix} 2 & 0 \\ 3 & -4 \end{vmatrix} = -8$, $A_{22} = \begin{vmatrix} 1 & -2 \\ 0 & -4 \end{vmatrix} = -4$,

$A_{33} = \begin{vmatrix} 1 & 6 \\ -3 & 2 \end{vmatrix} = 2 + 18 = 20$, $A_{11} + A_{22} + A33 = -8 - 4 + 20 = 8$, et $|A| = -8 + 18 - 72 = -62$.
Ainsi,

$$\Delta(t) = t^3 - (\operatorname{tr} A)t^2 + (A_{11} + A_{22} + A_{33})t - |A| = t^3 + t^2 - 8t + 62$$

8.4. Trouver le polynôme caractéristique des matrices suivantes :

$$(a) \quad R = \begin{pmatrix} 1 & 2 & 3 & 4 \\ 0 & 2 & 8 & -6 \\ 0 & 0 & 3 & -5 \\ 0 & 0 & 0 & 4 \end{pmatrix} \qquad (b) \quad S = \begin{pmatrix} 2 & 5 & 7 & -9 \\ 1 & 4 & -6 & 4 \\ 0 & 0 & 6 & -5 \\ 0 & 0 & 2 & 3 \end{pmatrix}$$

(a) Puisque R est triangulaire, $\Delta(t) = (t-1)(t-2)(t-3)(t-4)$.

(b) Remarquer que S est triangulaire par blocs, avec les blocs diagonaux $A_1 = \begin{pmatrix} 2 & 5 \\ 1 & 4 \end{pmatrix}$ et $A_2 = \begin{pmatrix} 6 & -5 \\ 2 & 3 \end{pmatrix}$.
Ainsi,

$$\Delta(t) = \Delta_{A_1}(t)\Delta_{A_2}(t) = (t^2 - 6t + 3)(t^2 - 9t + 28)$$

VALEURS PROPRES ET VECTEURS PROPRES

8.5. Soit $A = \begin{pmatrix} 1 & 4 \\ 2 & 3 \end{pmatrix}$. Trouver (a) toutes les valeurs propres de A et les sous-espaces propres correspondants,
(b) une matrice inversible P telle que $P^{-1}AP$ soit diagonale, et (c) A^5 et $f(A)$ où $f(t) = t^4 - 3t^3 - 7t^2 + 6t - 15$.

(a) Formons la matrice caractéristique $tI - A$ de A :

$$tI - A = \begin{pmatrix} t & 0 \\ 0 & t \end{pmatrix} - \begin{pmatrix} 1 & 4 \\ 2 & 3 \end{pmatrix} = \begin{pmatrix} t-1 & -4 \\ -2 & t-3 \end{pmatrix} \qquad (1)$$

Le polynôme caractéristique $\Delta(t)$ de A est son déterminant :

$$\Delta(t) = |tI - A| = \left| \begin{pmatrix} t-1 & -4 \\ -2 & t-3 \end{pmatrix} \right| = t^2 - 4t - 5 = (t-5)(t+1)$$

Par une autre méthode, $\operatorname{tr} A = 1 + 3 = 4$ et $|A| = 3 - 8 = -5$, donc $\Delta(t) = t^2 - 4t - 5$. Les racines $\lambda_1 = 5$ et $\lambda_2 = -1$ du polynôme caractéristique $\Delta(t)$ sont les valeurs propres de A.

Cherchons les vecteurs propres de A correspondant à la valeur propre $\lambda_1 = 5$. Remplaçons d'abord $t = 5$ dans la matrice caractéristique *(1)*, nous obtenons la matrice $M = \begin{pmatrix} 4 & -4 \\ -2 & 2 \end{pmatrix}$. Les vecteurs propres correspondant à la valeur propre $\lambda_1 = 5$ forment la solution du système homogène $MX = 0$ déterminé par la matrice précédente, c'est-à-dire :

$$\begin{pmatrix} 4 & -4 \\ -2 & 2 \end{pmatrix} \begin{pmatrix} x \\ y \end{pmatrix} = \begin{pmatrix} 0 \\ 0 \end{pmatrix} \qquad \text{ou} \qquad \begin{cases} 4x - 4y = 0 \\ -2x + 2y = 0 \end{cases} \qquad \text{et} \qquad x - y = 0$$

Le système admet une seule solution indépendante ; par exemple, $x = 1$, $y = 1$. Ainsi $v_1 = (1, 1)$ est un vecteur propre qui engendre le sous-espace propre associé à $\lambda_1 = 5$. Cherchons maintenant, les vecteurs propres de A correspondant à la valeur propre $\lambda_2 = -1$. Remplaçons d'abord $t = -1$ dans $tI - A$, nous obtenons la matrice $M = \begin{pmatrix} -2 & -4 \\ -2 & -4 \end{pmatrix}$ qui conduit au système homogène

$$\begin{cases} -2x - 4y = 0 \\ -2x - 4y = 0 \end{cases} \qquad \text{et} \qquad x + 2y = 0$$

Le système admet une seule solution indépendante ; par exemple, $x = 2$, $y = -1$. Ainsi $v_2 = (2, -1)$ est un vecteur propre qui engendre le sous-espace propre associé à $\lambda_2 = -1$.

(*b*) Soit P la matrice dont les colonnes sont les vecteurs propres précédents : $P = \begin{pmatrix} 1 & 2 \\ 1 & -1 \end{pmatrix}$. Alors $D = P^{-1}AP$ est la matrice diagonale dont les éléments sont les valeurs propres respectives :

$$D = P^{-1}AP = \begin{pmatrix} \frac{1}{3} & \frac{2}{3} \\ \frac{1}{3} & -\frac{1}{3} \end{pmatrix} \begin{pmatrix} 1 & 4 \\ 2 & 3 \end{pmatrix} \begin{pmatrix} 1 & 2 \\ 1 & -1 \end{pmatrix} = \begin{pmatrix} 5 & 0 \\ 0 & -1 \end{pmatrix}$$

[*Remarque* : Ici, P est la matrice de passage de la base usuelle de $\mathbb{R}^2$ à la base formée des vecteurs propres $S = [v_1, v_2]$. Donc D est la représentation matricielle de l'opérateur A dans la nouvelle base.]

(*c*) Utiliser la factorisation diagonale de A,

$$A = PDP^{-1} = \begin{pmatrix} 1 & 2 \\ 1 & -1 \end{pmatrix} \begin{pmatrix} 5 & 0 \\ 0 & -1 \end{pmatrix} \begin{pmatrix} \frac{1}{3} & \frac{2}{3} \\ \frac{1}{3} & -\frac{1}{3} \end{pmatrix}$$

Nous obtenons $(5^5 = 3\,125,\ (-1)^5 = -1)$:

$$A^5 = PD^5P^{-1} = \begin{pmatrix} 1 & 2 \\ 1 & -1 \end{pmatrix} \begin{pmatrix} 3\,125 & 0 \\ 0 & -1 \end{pmatrix} \begin{pmatrix} \frac{1}{3} & \frac{2}{3} \\ \frac{1}{3} & -\frac{1}{3} \end{pmatrix} = \begin{pmatrix} 1\,041 & 2\,084 \\ 1\,042 & 2\,083 \end{pmatrix}$$

Aussi, puisque $f(5) = 90$ et $f(-1) = -24$,

$$f(A) = Pf(D)P^{-1} = \begin{pmatrix} 1 & 2 \\ 1 & -1 \end{pmatrix} \begin{pmatrix} 90 & 0 \\ 0 & -24 \end{pmatrix} \begin{pmatrix} \frac{1}{3} & \frac{2}{3} \\ \frac{1}{3} & -\frac{1}{3} \end{pmatrix} = \begin{pmatrix} 14 & 76 \\ 38 & 52 \end{pmatrix}$$

8.6. Trouver toutes les valeurs propres et un ensemble maximal S de vecteurs propres linéairement indépendants pour les matrices suivantes :

$$(a) \quad A = \begin{pmatrix} 5 & 6 \\ 3 & -2 \end{pmatrix} \qquad (b) \quad C = \begin{pmatrix} 5 & -1 \\ 1 & 3 \end{pmatrix}$$

Ces matrices sont-elles diagonalisables ? Si oui, trouver la matrice non singulière P demandée.

(*a*) Cherchons le polynôme caractéristique $\Delta(t) = t^2 - 3t - 28 = (t-7)(t+4)$. Ainsi, les valeurs propres de A sont $\lambda_1 = 7$ et $\lambda_2 = -4$.

(i) Soustrayons $\lambda_1 = 7$ de la diagonale de A pour obtenir $M = \begin{pmatrix} -2 & 6 \\ 3 & -9 \end{pmatrix}$ qui correspond au système

$$\begin{cases} -2x + 6y = 0 \\ 3x - 9y = 0 \end{cases} \quad \text{et} \quad x - 3y = 0$$

Ici, $v_1 = (3, 1)$ est une solution non nulle (qui engendre l'espace solution du système), donc v_1 est le vecteur propre de $\lambda_1 = 7$.

(ii) Soustrayons $\lambda_2 = -4$ (ou additionnons 4) de la diagonale de A pour obtenir $M = \begin{pmatrix} 9 & 6 \\ 3 & 2 \end{pmatrix}$ qui correspond au système $3x + 2y = 0$. Ici, $v_2 = (2, -3)$ est une solution, donc c'est un vecteur propre de $\lambda_2 = -4$.

Alors, $S = \{v_1 = (3, 1), v_2 = (2, -3)\}$ est un ensemble maximal des vecteurs propres linéairement indépendants de A. Puisque S est une base de $\mathbb{R}^2$, A est diagonalisable. Soit P la matrice dont les colonnes sont v_1 et v_2. Alors,

$$P = \begin{pmatrix} 3 & 2 \\ 1 & -3 \end{pmatrix} \quad \text{et} \quad P^{-1}AP = \begin{pmatrix} 7 & 0 \\ 0 & -4 \end{pmatrix}$$

(b) Nous avons $\Delta(t) = t^2 - 8t + 16 = (t - 4)^2$. Ainsi, $\lambda = 4$ est la seule valeur propre. Soustrayons $\lambda = 4$ de la diagonale de C pour obtenir la matrice $M = \begin{pmatrix} 1 & -1 \\ 1 & -1 \end{pmatrix}$ qui correspond au système homogène $x + y = 0$. Ici, $v = (1, 1)$ est une solution non nulle du système, donc v est un vecteur propre de C associé à $\lambda = 4$. Puisqu'il n'existe pas d'autres valeurs propres, le singleton $S = \{v = (1, 1)\}$ est l'ensemble maximal des vecteurs propres linéairement indépendants. De plus, C n'est pas diagonalisable puisque le nombre de vecteurs propres linéairement indépendants n'est pas égal à la dimension de l'espace vectoriel $\mathbb{R}^2$. En particulier, il n'existe aucune matrice non singulière P répondant à la question.

8.7. Soit $A = \begin{pmatrix} 2 & 2 \\ 1 & 3 \end{pmatrix}$. Trouver : ($a$) toutes les valeurs propres de A et les vecteurs propres associés ; (b) une matrice inversible P telle que $D = P^{-1}AP$ soit diagonale ; (c) A^6 ; et (d) une « racine carrée positive » de A, c'est-à-dire une matrice B n'ayant que des valeurs propres positives, telles que $B^2 = A$.

(a) Ici, $\Delta(t) = t^2 - \mathrm{tr}\, A + |A| = t^2 - 5t + 4 = (t - 1)(t - 4)$. Donc $\lambda_1 = 1$ et $\lambda_2 = 4$ sont les valeurs propres de A. Cherchons les vecteurs propres associés :

(i) Soustrayons $\lambda_1 = 1$ de la diagonale de A pour obtenir $M = \begin{pmatrix} 1 & 2 \\ 1 & 2 \end{pmatrix}$ qui correspond au système homogène $x + 2y = 0$. Ici, $v_1 = (2, -1)$ est une solution non nulle du système, donc c'est un vecteur propre de A associé à $\lambda_1 = 1$.

(ii) Soustrayons $\lambda_2 = 4$ de la diagonale de A pour obtenir $M = \begin{pmatrix} -2 & 2 \\ 1 & -1 \end{pmatrix}$ qui correspond au système homogène $x - y = 0$. Ici, $v_2 = (1, 1)$ est une solution non nulle du système, donc c'est un vecteur propre de A associé à $\lambda_2 = 4$.

(b) Soit P la matrice dont les colonnes sont v_1 et v_2. Alors

$$P = \begin{pmatrix} 2 & 1 \\ -1 & 1 \end{pmatrix} \quad \text{et} \quad D = P^{-1}AP = \begin{pmatrix} 1 & 0 \\ 0 & 4 \end{pmatrix}$$

(c) Pour calculer A^6, utilisons la factorisation diagonale de A,

$$A = PDP^{-1} = \begin{pmatrix} 2 & 1 \\ -1 & 1 \end{pmatrix} \begin{pmatrix} 1 & 0 \\ 0 & 4 \end{pmatrix} \begin{pmatrix} \frac{1}{3} & -\frac{1}{3} \\ \frac{1}{3} & \frac{2}{3} \end{pmatrix}$$

Nous obtenons

$$A^6 = PD^6P^{-1} = \begin{pmatrix} 2 & 1 \\ -1 & 1 \end{pmatrix} \begin{pmatrix} 1 & 0 \\ 0 & 4\,096 \end{pmatrix} \begin{pmatrix} \frac{1}{3} & -\frac{1}{3} \\ \frac{1}{3} & \frac{2}{3} \end{pmatrix} = \begin{pmatrix} 1\,366 & 2\,730 \\ 1\,365 & 2\,731 \end{pmatrix}$$

(d) Ici, $\begin{pmatrix} \pm 1 & 0 \\ 0 & \pm 2 \end{pmatrix}$ sont les racines carrées de D. Donc

$$B = P\sqrt{D}P^{-1} = \begin{pmatrix} 2 & 1 \\ -1 & 1 \end{pmatrix} \begin{pmatrix} 1 & 0 \\ 0 & 2 \end{pmatrix} \begin{pmatrix} \frac{1}{3} & -\frac{1}{3} \\ \frac{1}{3} & \frac{2}{3} \end{pmatrix} = \begin{pmatrix} \frac{4}{3} & \frac{2}{3} \\ \frac{1}{3} & \frac{5}{3} \end{pmatrix}$$

est la racine carrée positive de A.

8.8. Soit $A = \begin{pmatrix} 4 & 1 & -1 \\ 2 & 5 & -2 \\ 1 & 1 & 2 \end{pmatrix}$. Trouver : (a) le polynôme caractéristique $\Delta(t)$ de A ; (b) les valeurs propres de A ; et (c) l'ensemble maximal de vecteurs propres linéairement indépendants de A. (d) A est-elle diagonalisable ? Si oui, trouver la matrice P telle que $P^{-1}AP$ soit diagonale.

(a) Nous avons

$$\Delta(t) = |tI - A| = \begin{vmatrix} t-4 & -1 & 1 \\ -2 & t-5 & 2 \\ -1 & -1 & t-2 \end{vmatrix} = t^3 - 11t^2 + 39t - 45$$

Par une autre méthode, $\Delta(t) = t^3 - (\operatorname{tr}A)t^2 + (A_{11} + A_{22} + A_{33})t - |A| = t^3 - 11t^2 + 39t - 45$. (Ici, A_{ii} est le cofacteur de a_{ii} dans la matrice A.)

(b) Supposons que $\Delta(t)$ admette une racine rationnelle, elle doit être parmi ± 1, ± 3, ± 5, ± 9, ± 15, ± 45. En testant, nous obtenons

$$\begin{array}{r|rrrr} 3 & 1 & -11 & +39 & -45 \\ & & 3 & -24 & +45 \\ \hline & 1 & -8 & -15 & +0 \end{array}$$

Ainsi $t = 3$ est la racine de $\Delta(t)$ et $t - 3$ est un facteur du polynôme caractéristique. Par suite,

$$\Delta(t) = (t-3)(t^2 - 8t + 15) = (t-3)(t-5)(t-3) = (t-3)^2(t-5)$$

Par conséquent, $\lambda_1 = 3$ et $\lambda_2 = 5$ sont les valeurs propres de A.

(c) Cherchons les vecteurs propres indépendants associés à chacune des valeurs propres de A.

(i) Soustrayons $\lambda_1 = 3$ de la diagonale de A pour obtenir la matrice $M = \begin{pmatrix} 1 & 1 & -1 \\ 2 & 2 & -2 \\ 1 & 1 & -1 \end{pmatrix}$ qui correspond au système homogène $x + y - z = 0$. Ici, $u = (1, -1, 0)$ et $v = (1, 0, 1)$ sont deux solutions indépendantes.

(ii) Soustrayons $\lambda_2 = 5$ de la diagonale de A pour obtenir la matrice $M = \begin{pmatrix} -1 & 1 & -1 \\ 2 & 0 & -2 \\ 1 & 1 & -3 \end{pmatrix}$ qui correspond au système homogène

$$\begin{cases} -x + y - z = 0 \\ 2x - 2z = 0 \\ x + y - 3z = 0 \end{cases} \quad \text{ou} \quad \begin{cases} x - z = 0 \\ y - 2z = 0 \end{cases}$$

Seule z est une variable libre. Ici, $w = (1, 2, 1)$ est une solution.

Ainsi $\{u = (1, -1, 0), v = (1, 0, 1), w = (1, 2, 1)\}$ est l'ensemble maximal de vecteurs propres linéairement indépendants de A.

Remarque : Les vecteurs u et v ont été choisis comme des solutions indépendantes du système homogène $x + y - z = 0$. D'autre part, w est automatiquement indépendant de u et v puisque w est associé à une valeur propre différente. Ainsi, les trois vecteurs sont linéairement indépendants.

(d) A est diagonalisable puisque A a trois vecteurs propres linéairement indépendants. Soit P la matrice dont les colonnes sont u, v, w. Alors

$$P = \begin{pmatrix} 1 & 1 & 1 \\ -1 & 0 & 2 \\ 0 & 1 & 1 \end{pmatrix} \quad \text{et} \quad P^{-1}AP = \begin{pmatrix} 3 & & \\ & 3 & \\ & & 5 \end{pmatrix}$$

8.9. Soit $B = \begin{pmatrix} -3 & 1 & -1 \\ -7 & 5 & -1 \\ -6 & 6 & -2 \end{pmatrix}$. Trouver : (a) le polynôme caractéristique $\Delta(t)$ et les valeurs propres de B ; et (b) un ensemble maximal S de vecteurs propres linéairement indépendants de B. (c) B est-elle diagonalisable ? Si oui, trouver une matrice P telle que $P^{-1}BP$ soit diagonale.

(a) Nous avons

$$\Delta(t) = |tI - B| = \begin{vmatrix} t+2 & -1 & 1 \\ 7 & t-5 & 1 \\ 6 & -6 & t+2 \end{vmatrix} = t^3 - 12t - 16$$

Donc, $\Delta(t) = (t+2)^2(t-4)$. Ainsi, $\lambda_1 = -2$ et $\lambda_2 = 4$ sont les valeurs propres de B.

(b) Cherchons une base du sous-espace propre associé à chacune des valeurs propres.

(i) Remplaçons $t = -2$ dans $tI - B$, pour obtenir le système homogène

$$\begin{pmatrix} 1 & -1 & 1 \\ 7 & -7 & 1 \\ 6 & -6 & 0 \end{pmatrix} \begin{pmatrix} x \\ y \\ z \end{pmatrix} = \begin{pmatrix} 0 \\ 0 \\ 0 \end{pmatrix} \quad \text{ou} \quad \begin{cases} x - y + z = 0 \\ 7x - 7y + z = 0 \\ 6x - 6y = 0 \end{cases} \quad \text{ou} \quad \begin{cases} x - y + z = 0 \\ x - y = 0 \end{cases}$$

Le système admet une seule solution indépendante, par exemple, $x = 1$, $y = 1$, $z = 0$. Ainsi, $u = (1, 1, 0)$ est une base du sous-espace propre associé à $\lambda_1 = -2$.

(ii) Remplaçons $t = 4$ dans $tI - B$ pour obtenir le système homogène

$$\begin{pmatrix} 7 & -1 & 1 \\ 7 & -1 & 1 \\ 6 & -6 & 6 \end{pmatrix} \begin{pmatrix} x \\ y \\ z \end{pmatrix} = \begin{pmatrix} 0 \\ 0 \\ 0 \end{pmatrix} \quad \text{ou} \quad \begin{cases} 7x - y + z = 0 \\ 7x - y + z = 0 \\ 6x - 6y + 6z = 0 \end{cases} \quad \text{ou} \quad \begin{cases} 7x - y + z = 0 \\ x = 0 \end{cases}$$

Le système admet une seule solution indépendante, par exemple, $x = 0$, $y = 1$, $z = 1$. Ainsi, $v = (0, 1, 1)$ est une base du sous-espace propre associé à $\lambda_2 = 4$.

Ainsi, $S = \{u, v\}$ est un ensemble maximal de vecteurs propres linéairement indépendants de B.

(c) Puisque B admet au plus deux vecteurs propres indépendants, B n'est pas semblable à une matrice diagonale, ce qui signifie que B n'est pas diagonalisable.

8.10. Trouver les ordres de multiplicité algébrique et géométrique de la valeur propre $\lambda_1 = -2$ dans la matrice B du problème 8.9.

L'ordre de multiplicité algébrique de λ_1 est 2. Cependant, l'ordre de multiplicité géométrique de λ_1 est 1, car $\dim E_{\lambda_1} = 1$.

8.11. Soit $A = \begin{pmatrix} 1 & -1 \\ 2 & -1 \end{pmatrix}$. Trouver toutes les valeurs propres et les vecteurs propres correspondants de A en supposant que A est une matrice réelle. A est-elle diagonalisable ? Si oui, trouver une matrice P telle que $P^{-1}AP$ soit diagonale.

Le polynôme caractéristique de A est $\Delta(t) = t^2 + 1$ qui n'admet pas de solution dans $\mathbb{R}$. Ainsi A, considérée comme une matrice réelle, n'a pas de valeurs propres dans $\mathbb{R}$ et, par suite, n'a pas de vecteurs propres. Par conséquent, A n'est pas diagonalisable sur $\mathbb{R}$.

8.12. Reprendre le problème 8.11 en supposant maintenant que A est une matrice sur le corps complexe $\mathbb{C}$.

Le polynôme caractéristique de A est encore $\Delta(t) = t^2 + 1$. (Il ne dépend pas du corps $\mathbb{K}$.) Sur $\mathbb{C}$, $\Delta(t)$ factorise ; plus précisément, $\Delta(t) = t^2 + 1 = (t - i)(t + i)$. Ainsi, $\lambda_1 = i$ et $\lambda_2 = -i$ sont les valeurs propres de A.

(i) Remplaçons $t = i$ dans $tI - A$ pour obtenir le système homogène

$$\begin{pmatrix} i - 1 & 1 \\ -2 & i + 1 \end{pmatrix} \begin{pmatrix} x \\ y \end{pmatrix} = \begin{pmatrix} 0 \\ 0 \end{pmatrix} \quad \text{ou} \quad \begin{cases} (i - 1)x + y = 0 \\ -2x + (i + 1)y = 0 \end{cases} \quad \text{ou} \quad (i - 1)x + y = 0$$

Le système admet une seule solution indépendante, par exemple : $x = 1$, $y = 1 - i$. Ainsi, $v_1 = (1, 1 - i)$ est un vecteur propre qui engendre le sous-espace propre associé à $\lambda_1 = i$.

(ii) Remplaçons $t = -i$ dans $tI - A$ pour obtenir le système homogène

$$\begin{pmatrix} -i - 1 & 1 \\ -2 & -i - 1 \end{pmatrix} \begin{pmatrix} x \\ y \end{pmatrix} = \begin{pmatrix} 0 \\ 0 \end{pmatrix} \quad \text{ou} \quad \begin{cases} (-i - 1)x + y = 0 \\ -2x + (-i - 1)y = 0 \end{cases} \quad \text{ou} \quad (-i - 1)x + y = 0$$

Le système admet une seule solution indépendante, par exemple, $x = 1$, $y = 1 + i$. Ainsi, $v_2 = (1, 1 + i)$ est un vecteur propre de A qui engendre le sous-espace propre associé à $\lambda_2 = -i$.

Considérée comme matrice complexe, A est diagonalisable. Soit P la matrice dont les colonnes sont v_1 et v_2. Alors

$$P = \begin{pmatrix} 1 & 1 \\ 1 - i & 1 + i \end{pmatrix} \quad \text{et} \quad P^{-1}AP = \begin{pmatrix} i & 0 \\ 0 & -i \end{pmatrix}$$

8.13. Soit $B = \begin{pmatrix} 2 & 4 \\ 3 & 1 \end{pmatrix}$. Trouver : (a) toutes les valeurs propres de B et les vecteurs propres correspondants ; (b) une matrice inversible P telle que $D = P^{-1}BP$ soit diagonale ; et (c) B^6.

(a) Ici, $\Delta(t) = t^2 - \operatorname{tr} B + |B| = t^2 - 3t - 10 = (t - 5)(t + 2)$. Ainsi, $\lambda_1 = 5$ et $\lambda_2 = -2$ sont les valeurs propres de B.

(i) Soustrayons $\lambda_1 = 5$ de la diagonale de B pour obtenir $M = \begin{pmatrix} -3 & 4 \\ 3 & -4 \end{pmatrix}$ qui correspond au système homogène $3x - 4y = 0$. Ici, $v_1 = (4, 3)$ est une solution non nulle.

(ii) Soustrayons $\lambda_2 = -2$ de la diagonale de B pour obtenir $M = \begin{pmatrix} 4 & 4 \\ 3 & 3 \end{pmatrix}$ qui correspond au système homogène $x + y = 0$ qui admet une solution non nulle $v_2 = (1, -1)$.

(Puisque B admet deux vecteurs propres indépendants, B est diagonalisable.)

(b) Soit P la matrice dont les colonnes sont v_1 et v_2. Alors

$$P = \begin{pmatrix} 4 & 1 \\ 3 & -1 \end{pmatrix} \quad \text{et} \quad D = P^{-1}BP = \begin{pmatrix} 5 & 0 \\ 0 & -2 \end{pmatrix}$$

(c) Utilisons la factorisation diagonale de B,

$$B = PDP^{-1} = \begin{pmatrix} 4 & 1 \\ 3 & -1 \end{pmatrix} \begin{pmatrix} 5 & 0 \\ 0 & -2 \end{pmatrix} \begin{pmatrix} \frac{1}{7} & \frac{1}{7} \\ \frac{3}{7} & -\frac{4}{7} \end{pmatrix}$$

pour obtenir ($5^6 = 15\,625$, $(-2)^2 = 64$) :

$$B^6 = PD^6P^{-1} = \begin{pmatrix} 4 & 1 \\ 3 & -1 \end{pmatrix} \begin{pmatrix} 15\,625 & 0 \\ 0 & 64 \end{pmatrix} \begin{pmatrix} \frac{1}{7} & \frac{1}{7} \\ \frac{3}{7} & -\frac{4}{7} \end{pmatrix} = \begin{pmatrix} 8\,956 & 8\,892 \\ 6\,669 & 6\,733 \end{pmatrix}$$

8.14. Déterminer si la matrice A est diagonalisable, où $A = \begin{pmatrix} 1 & 2 & 3 \\ 0 & 2 & 3 \\ 0 & 0 & 3 \end{pmatrix}$.

Puisque A est triangulaire, les valeurs propres de A sont les éléments diagonaux 1, 2 et 3. Puisqu'ils sont distincts, A admet trois vecteurs propres indépendants et, par suite, A est semblable à une matrice diagonale (*cf.* théorème 8.11).

(Soulignons qu'ici nous n'avons pas besoin de calculer les vecteurs propres pour montrer que A est diagonalisable. Nous les aurons calculés uniquement pour trouver la matrice P telle que $P^{-1}AP$ est diagonale.)

8.15. Soit A et B deux matrices carrées d'ordre n.

(a) Montrer que 0 est une valeur propre de A si, et seulement si A est singulière.

(b) Montrer que AB et BA ont les mêmes valeurs propres.

(c) Supposons que A est non singulière (inversible) et λ une valeur propre de A. Montrer que λ^{-1} est une valeur propre de A^{-1}.

(d) Montrer que A et sa transposée A^T ont le même polynôme caractéristique.

 (a) Nous savons que 0 est une valeur propre de A si, et seulement si il existe un vecteur non nul v tel que $A(v) = 0v = 0$, c'est-à-dire si, et seulement si A est singulière.

 (b) D'après la partie (a) et sachant que le produit de matrices non singulières est une matrice non singulière, les propositions suivantes sont équivalentes : (i) 0 est une valeur propre de AB, (ii) AB est singulière, (iii) A ou B est singulière, (iv) BA est singulière, (v) 0 est une valeur propre de BA.

 Supposons maintenant que λ est une valeur propre non nulle de AB. Alors il existe un vecteur non nul v tel que $ABv = \lambda v$. Posons $w = Bv$. Puisque $\lambda \neq 0$ et $v \neq 0$, nous avons

$$Aw = ABv = \lambda v \neq 0 \qquad \text{et donc} \qquad w \neq 0$$

 Mais w est un vecteur propre de BA correspondant à la valeur propre λ puisque

$$BAw = BABv = B\lambda v = \lambda Bv = \lambda w$$

 Donc λ est une valeur propre de BA. D'une manière analogue, une valeur propre non nulle de BA est aussi une valeur propre de AB.

 Ainsi AB et BA ont les mêmes valeurs propres.

 (c) D'après la partie (a), $\lambda \neq 0$. D'après la définition d'une valeur propre, il existe un vecteur non nul v tel que $A(v) = \lambda v$. En multipliant les deux membres de cette égalité par A^{-1}, nous obtenons $v = A^{-1}(\lambda v) = \lambda A^{-1}(v)$. Donc $A^{-1}(v) = \lambda^{-1} v$; c'est-à-dire : λ^{-1} est une valeur propre de A^{-1}.

 (d) Puisqu'une matrice et sa transposée ont le même déterminant, $|tI - A| = \left|(tI - A)^T\right| = \left|tI - A^T\right|$. Ainsi A et A^T ont le même polynôme caractéristique.

8.16. Soit λ une valeur propre d'une matrice carrée A d'ordre n sur un corps $\mathbb{K}$. Soit E_λ le sous-espace propre associé à λ c'est-à-dire l'ensemble de tous les vecteurs propres de A correspondant à λ. Montrer que E_λ est un sous-espace de $\mathbb{K}^n$, ce qui revient à montrer que : (a) si $v \in E_\lambda$, alors $kv \in E_\lambda$ pour tout scalaire $k \in \mathbb{K}$; et (b) si $u, v \in E_\lambda$, alors $u + v \in E_\lambda$.

 (a) Puisque $v \in E_\lambda$, nous avons $A(v) = \lambda v$. Alors

$$A(kv) = kA(v) = k(\lambda v) = \lambda(kv)$$

 Ainsi, $kv \in E_\lambda$. [Nous devons admettre le vecteur nul de $\mathbb{K}^n$ pour servir de « vecteur propre » correspondant à la valeur $k = 0$, pour rendre E_λ un sous-espace.]

 (b) Puisque $u, v \in E_\lambda$, nous avons $A(u) = \lambda v$ et $A(v) = \lambda v$. Alors

$$A(u + v) = A(u) + A(v) = \lambda u + \lambda v = \lambda(u + v)$$

 Ainsi, $u + v \in E_\lambda$.

DIAGONALISATION DES MATRICES ET DES FORMES QUADRATIQUES RÉELLES

8.17. Soit $A = \begin{pmatrix} 3 & 2 \\ 2 & 3 \end{pmatrix}$. Trouver une matrice orthogonale (réelle) P telle P^TAP soit diagonale.

 Le polynôme caractéristique $\Delta(t)$ de A est

$$\Delta(t) = |tI - A| = \begin{vmatrix} t-3 & -2 \\ -2 & t-3 \end{vmatrix} = t^2 - 6t + 5 = (t-5)(t-1)$$

et ainsi, les valeurs propres de A sont 5 et 1.

Soustrayons $\lambda = 5$ de la diagonale de A pour obtenir le système homogène d'équations linéaires correspondant

$$-2x + 2y = 0 \qquad 2x - 2y = 0$$

Une solution non nulle est $v_1 = (1, 1)$. Il suffit de normaliser v_1 pour trouver la solution unitaire $u_1 = (1/\sqrt{2}, 1/\sqrt{2})$.

Ensuite, soustrayons $\lambda = 1$ de la diagonale de A pour obtenir le système homogène d'équations linéaires correspondant

$$2x + 2y = 0 \qquad 2x + 2y = 0$$

Une solution non nulle est $v_2 = (1, -1)$. Il suffit de normaliser v_2 pour trouver la solution unitaire $u_2 = (1/\sqrt{2}, -1/\sqrt{2})$.

Enfin, soit P la matrice dont les colonnes sont u_1 et u_2, respectivement ; alors

$$P = \begin{pmatrix} 1/\sqrt{2} & 1/\sqrt{2} \\ 1/\sqrt{2} & -1/\sqrt{2} \end{pmatrix} \qquad \text{et} \qquad P^T A P = \begin{pmatrix} 5 & 0 \\ 0 & 1 \end{pmatrix}$$

Comme prévu, les éléments diagonaux de $P^T A P$ sont les vecteurs propres de A.

8.18. Soit $C = \begin{pmatrix} 11 & -8 & 4 \\ -8 & -1 & -2 \\ 4 & -2 & -4 \end{pmatrix}$. Trouver : (a) le polynôme caractéristique $\Delta(t)$ de C ; (b) les valeurs propres de C ou, en d'autre termes, les racines de $\Delta(t)$; (c) un ensemble maximal S de vecteurs propres orthogonaux non nuls de C ; et (d) une matrice orthogonale P telle que $P^{-1}CP$ soit diagonale.

(a) Nous avons

$$\Delta(t) = t^3 - (\text{tr } C)t^2 + (C_{11} + C_{22} + C_{33})t - |C| = t^3 - 6t^2 - 135t - 400$$

[Ici C_{ii} désigne le cofacteur de c_{ii} dans $C = (c_{ij})$.]

(b) Si $\Delta(t)$ admet une racine rationnelle, elle doit diviser 400. En testant $t = -5$, nous obtenons

$$\begin{array}{r|rrrr} -5 & 1 & -\ 6 & -\ 135 & -\ 400 \\ & & 5 & +\ 55 & +\ 400 \\ \hline & 1 & -\ 11 & -\ 80 & +\quad 0 \end{array}$$

Ainsi, $t + 5$ est un facteur de $\Delta(t)$ et

$$\Delta(t) = (t + 5)(t^2 - 11t - 80) = (t + 5)^2(t - 16)$$

Par conséquent, les valeurs propres de C sont $\lambda = -5$ (de multiplicité 2) et $\lambda = 16$ (de multiplicité 1).

(c) Cherchons une base orthogonale de chaque sous-espace propre.

Soustrayons $\lambda = -5$ de la diagonale de C pour obtenir le système homogène

$$16x - 8y + 4z = 0 \qquad -8x + 4y - 2z = 0 \qquad 4x - 2y + z = 0$$

C'est-à-dire : $4x - 2y + z = 0$. Le système admet deux solutions indépendantes : $v_1 = (0, 1, 2)$ est une solution ; cherchons une seconde solution $v_2 = (a, b, c)$ orthogonale à v_1, c'est-à-dire, telle que

$$4a - 2b + c = 0 \qquad \text{et aussi} \qquad b - 2c = 0$$

Une telle solution est $v_2 = (-5, -8, 4)$.

Soustrayons $\lambda = 16$ de la diagonale de C pour obtenir le système homogène

$$-5x - 8y + 4z = 0 \qquad -8x - 17y - 2z = 0 \qquad 4x - 2y - 20z = 0$$

Ce système admet une solution non nulle $v_3 = (4, -2, 1)$. (Comme prévu par le théorème 8.13, le vecteur propre v_3 est orthogonal à v_1 et v_2.)

Alors, v_1, v_2, v_3 forment un ensemble maximal de vecteurs propres orthogonaux non nuls de C.

(*d*) Il reste à normaliser v_1, v_2, v_3 pour obtenir la base orthonormale

$$u_1 = (0, 1/\sqrt{5}, 2/\sqrt{5}) \quad u_2 = (-5/\sqrt{105}, -8/\sqrt{105}, 4/\sqrt{105}) \quad u_3 = (4/\sqrt{21}, -2/\sqrt{21}, 1/\sqrt{21})$$

Alors P est la matrice dont les colonnes sont u_1, u_2, u_3. Ainsi,

$$P = \begin{pmatrix} 0 & -5/\sqrt{105} & 4/\sqrt{21} \\ 1/\sqrt{5} & -8/\sqrt{105} & -2/\sqrt{21} \\ 2/\sqrt{5} & 4/\sqrt{105} & 1/\sqrt{21} \end{pmatrix} \quad \text{et} \quad P^T C P = \begin{pmatrix} -5 & & \\ & -5 & \\ & & 16 \end{pmatrix}$$

8.19. Soit $q(x, y) = 3x^2 - 6xy + 11y^2$. Trouver un changement orthogonal de coordonnées qui diagonalise q.

Cherchons la matrice symétrique A représentant q et son polynôme caractéristique $\Delta(t)$:

$$A = \begin{pmatrix} 3 & -3 \\ -3 & 11 \end{pmatrix} \quad \text{et} \quad \Delta(t) = \begin{vmatrix} t-3 & 3 \\ 3 & t-11 \end{vmatrix} = t^2 - 14t + 24 = (t-2)(t-12)$$

Les valeurs propres sont 2 et 12 ; donc une forme diagonale de q est

$$q(x', y') = 2x'^2 + 12y'^2$$

Le changement de coordonnées correspondant s'obtient en cherchant un ensemble de vecteurs propres correspondants de A.

Soustrayons $\lambda = 2$ de la diagonale de A pour obtenir le système homogène

$$-9x - 3y = 0 \quad \text{et} \quad -3x - y = 0$$

Une solution non nulle est $v_1 = (3, 1)$. Remplaçons maintenant $t = 12$ dans la matrice $tI - A$ pour obtenir le système homogène

$$9x + 3y = 0 \quad \text{et} \quad 3x + y = 0$$

Une solution non nulle est $v_2 = (-1, 3)$. Il nous reste à normaliser v_1 et v_2 pour obtenir la base orthonormale

$$u_1 = (3/\sqrt{10}, 1/\sqrt{10}) \qquad u_2 = (-1/\sqrt{10}, 3/\sqrt{10})$$

La matrice de passage P correspond au changement de coordonnées suivant :

$$P = \begin{pmatrix} 3/\sqrt{10} & -1/\sqrt{10} \\ 1/\sqrt{10} & 3/\sqrt{10} \end{pmatrix} \quad \text{et} \quad \begin{pmatrix} x \\ y \end{pmatrix} = P \begin{pmatrix} x' \\ y' \end{pmatrix} \quad \text{ou} \quad \begin{cases} x = (3x' - y')/\sqrt{10} \\ y = (x' + 3y')/\sqrt{10} \end{cases}$$

Nous pouvons aussi exprimer x' et y' en fonction de x et y en utilisant $P^{-1} = P^T$, c'est-à-dire,

$$x' = (3x + y)/\sqrt{10} \qquad y' = (-x + 3y)/\sqrt{10}$$

8.20. Considérons la forme quadratique $q(x, y, z) = 3x^2 + 2xy + 3y^2 + 2xz + 2yz + 3z^2$. Trouver :

(*a*) la matrice symétrique A qui représente q et son polynôme caractéristique $\Delta(t)$;

(*b*) les valeurs propres de A ou, en d'autre termes, les racines de $\Delta(t)$;

(*c*) un ensemble maximal S de vecteurs propres orthogonaux non nuls de A ;

(*d*) un changement orthogonal de coordonnées qui diagonalise q.

(*a*) Rappelons $A = (a_{ij})$ est la matrice symétrique où a_{ij} est le coefficient de x_i^2 et $a_{ij} = a_{ji}$ est $\frac{1}{2}$ du coefficient de $x_i x_j$. Ainsi

$$A = \begin{pmatrix} 3 & 1 & 1 \\ 1 & 3 & 1 \\ 1 & 1 & 3 \end{pmatrix} \quad \text{et} \quad \Delta(t) = \begin{vmatrix} t-3 & -1 & -1 \\ -1 & t-3 & -1 \\ -1 & -1 & t-3 \end{vmatrix} = t^3 - 9t^2 + 24t - 20$$

(b) Si $\Delta(t)$ admet une racine rationnelle, elle doit diviser le terme constant 20 ou, en d'autres termes, elle doit être parmi ± 1, ± 2, ± 4, ± 5, ± 10, ± 20. En testant, nous obtenons :

$$
\begin{array}{r|rrrr}
2 & 1 & -9 & +24 & -20 \\
  &   & 2 & -14 & +20 \\
\hline
  & 1 & -7 & -10 & +0
\end{array}
$$

Ainsi, $t - 2$ est un cofacteur de $\Delta(t)$ et nous avons

$$\Delta(t) = (t-2)(t^2 - 7t + 10) = (t-2)^2(t-5)$$

Donc, les valeurs propres de A sont 2 (de multiplicité 2) et 5 (de multiplicité 1).

(c) Cherchons maintenant une base orthogonale de chaque sous-espace propre.

Pour cela, soustrayons $\lambda = 2$ de la diagonale de A pour obtenir le système homogène correspondant

$$x + y + z = 0 \qquad x + y + z = 0 \qquad x + y + z = 0$$

C'est-à-dire : $4x - 2y + z = 0$. Le système admet deux solutions indépendantes. Une première solution est $v_1 = (0, 1, -1)$. Cherchons la seconde $v_2 = (a, b, c)$ qui doit être orthogonale à v_1 ; c'est-à-dire telle que

$$a + b + c = 0 \qquad \text{et aussi} \qquad b - c = 0$$

Par exemple, $v_2 = (2, -1, -1)$. Ainsi, $v_1 = (0, 1, -1)$, $v_2 = (2, -1, -1)$ forment une base du sous-espace propre associé à $\lambda = 2$.

Soustrayons $\lambda = 5$ de la diagonale de A pour obtenir le système homogène correspondant

$$-2x + y + z = 0 \qquad x - 2y + z = 0 \qquad x + y - 2z = 0$$

Ce système admet une solution non nulle $v_3 = (1, 1, 1)$. (Comme prévu par le théorème 8.13, le vecteur propre v_3 est orthogonal à v_1 et v_2.)

Alors v_1, v_2, v_3 forment un ensemble maximal de vecteurs propres orthogonaux non nuls de A.

(d) Il nous reste à normaliser v_1, v_2, v_3 pour obtenir la base orthonormale

$$u_1 = (0, 1/\sqrt{2}, -1/\sqrt{2}) \quad u_2 = (2/\sqrt{6}, -1/\sqrt{6}, -1/\sqrt{6}) \quad u_3 = (1/\sqrt{3}, 1/\sqrt{3}, 1/\sqrt{3})$$

Soit P la matrice dont les colonnes sont u_1, u_2, u_3. Alors

$$
P = \begin{pmatrix} 0 & 2/\sqrt{6} & 1/\sqrt{3} \\ 1/\sqrt{2} & -1/\sqrt{6} & 1/\sqrt{3} \\ -1/\sqrt{2} & -1/\sqrt{6} & 1/\sqrt{3} \end{pmatrix} \qquad \text{et} \qquad P^T A P = \begin{pmatrix} 2 & & \\ & 2 & \\ & & 5 \end{pmatrix}
$$

Ainsi, le changement orthogonal de coordonnées demandé est

$$
\begin{aligned}
x &= & \frac{2y'}{\sqrt{6}} + \frac{z'}{\sqrt{3}} \\
y &= \frac{x'}{\sqrt{2}} - \frac{y'}{\sqrt{6}} + \frac{z'}{\sqrt{3}} \\
z &= -\frac{x'}{\sqrt{2}} - \frac{y'}{\sqrt{6}} + \frac{z'}{\sqrt{3}}
\end{aligned}
$$

Sous ce changement de coordonnées, q est transformée sous la forme diagonale

$$q(x', y', z') = 2x'^2 + 2y'^2 + 5z'^2$$

POLYNÔME MINIMAL

8.21. Trouver le polynôme minimal $m(t)$ de la matrice $A = \begin{pmatrix} 2 & -1 & 1 \\ 6 & -3 & 4 \\ 3 & -2 & 3 \end{pmatrix}$.

Cherchons d'abord le polynôme caractéristique $\Delta(t)$ de A :

$$\Delta(t) = |tI - A| = \begin{vmatrix} t-2 & 1 & -1 \\ -6 & t+3 & -4 \\ -3 & 2 & t-3 \end{vmatrix} = t^3 - 4t^2 + 5t - 2 = (t-2)(t-1)^2$$

Par une autre méthode, $\Delta(t) = t^3 - (\operatorname{tr} A)t^2 + (A_{11} + A_{22} + A_{33})t - |A| = t^3 - 4t^2 + 5t - 2 = (t-2)(t-1)^2$. (Ici A_{ii} désigne le cofacteur de a_{ii} dans A.)

Le polynôme minimal $m(t)$ doit diviser $\Delta(t)$. Aussi, chaque facteur irréductible de $\Delta(t)$, c'est-à-dire, $t-2$ et $t-1$, est aussi un facteur de $m(t)$. Ainsi, $m(t)$ est exactement l'un des deux polynômes suivants :

$$f(t) = (t-2)(t-1) \qquad \text{ou} \qquad g(t) = (t-2)(t-1)^2$$

D'après le théorème de Cayley-Hamilton, nous savons que $g(A) = \Delta(A) = 0$; donc il suffit de tester $f(A)$. Nous avons :

$$f(A) = (A-2I)(A-I) = \begin{pmatrix} 2 & -2 & 2 \\ 6 & -5 & 4 \\ 3 & -2 & 1 \end{pmatrix} \begin{pmatrix} 3 & -2 & 2 \\ 6 & -4 & 4 \\ 3 & -2 & 2 \end{pmatrix} = \begin{pmatrix} 0 & 0 & 0 \\ 0 & 0 & 0 \\ 0 & 0 & 0 \end{pmatrix}$$

Ainsi $f(t) = m(t) = (t-2)(t-1) = t^2 - 3t + 2$ est le polynôme minimal de A.

8.22. Trouver le polynôme minimal $m(t)$ de la matrice B, où $a \neq 0$ et $B = \begin{pmatrix} \lambda & a & 0 \\ 0 & \lambda & a \\ 0 & 0 & \lambda \end{pmatrix}$.

Le polynôme caractéristique de B est $\Delta(t) = (t-\lambda)^3$. [Noter que $m(t)$ est exactement l'un des polynômes : $t-\lambda$, $(t-\lambda)^2$, ou $(t-\lambda)^3$.] Et puisque $(B-\lambda I)^2 \neq 0$; alors $m(t) = \Delta(t) = (t-\lambda)^3$.

(*Remarque* : Cette matrice est un cas particulier de l'exemple 8.11 et du problème 8.61.)

8.23. Trouver le polynôme minimal $m(t)$ de la matrice suivante : $M' = \begin{pmatrix} 4 & 1 & 0 & 0 & 0 \\ 0 & 4 & 1 & 0 & 0 \\ 0 & 0 & 4 & 0 & 0 \\ 0 & 0 & 0 & 4 & 1 \\ 0 & 0 & 0 & 0 & 4 \end{pmatrix}$.

Ici M' est la matrice diagonale par blocs dont les blocs diagonaux sont :

$$A' = \begin{pmatrix} 4 & 1 & 0 \\ 0 & 4 & 1 \\ 0 & 0 & 4 \end{pmatrix} \qquad \text{et} \qquad B' = \begin{pmatrix} 4 & 1 \\ 0 & 4 \end{pmatrix}$$

Le polynôme caractéristique et minimal de A' est $f(t) = (t-4)^3$, et le polynôme caractéristique et minimal de B' est $g(t) = (t-4)^2$. Ainsi, $\Delta(t) = f(t) g(t) = (t-4)^5$ est le polynôme caractéristique de M', mais $m(t) = \operatorname{PPCM}[f(t) g(t)] = (t-4)^3$ (dont le degré est égal à l'ordre du plus grand bloc) est le polynôme minimal de M'.

8.24. Trouver une matrice A dont le polynôme minimal est :

(*a*) $f(t) = t^3 - 8t^2 + 5t + 7$,   (*b*) $f(t) = t^4 - 3t^3 - 4t^2 + 5t + 6$

Soit A la matrice compagnon (*cf.* exemple 8.12) de $f(t)$. Alors

$$(a) \ A = \begin{pmatrix} 0 & 0 & -7 \\ 1 & 0 & -5 \\ 0 & 1 & 8 \end{pmatrix}, \qquad (b) \ A = \begin{pmatrix} 0 & 0 & 0 & -6 \\ 1 & 0 & 0 & -5 \\ 0 & 1 & 0 & 4 \\ 0 & 0 & 1 & 3 \end{pmatrix}$$

(*Remarque* : Le polynôme $f(t)$ est aussi le polynôme caractéristique de A.)

8.25. Montrer que le polynôme minimal d'une matrice A existe et est unique.

D'après le théorème de Cayley-Hamilton, A est un zéro d'un certain polynôme non nul (*cf.* problème 8.37). Soit n le plus petit degré pour lequel il existe un polynôme $f(t)$ tel que $f(A) = 0$. En divisant $f(t)$ par le coefficient de son terme de plus haut degré, nous obtenons un polynôme unitaire $m(t)$ de degré n qui admet A comme zéro. Supposons que $m'(t)$ est un autre polynôme unitaire de degré n tel que $m'(A) = 0$. Alors la différence $m(t) - m'(t)$ est un polynôme non nul de degré inférieur à n qui admet A comme zéro. Ceci est en contradiction avec le degré n du polynôme minimal. Par conséquent, $m(t)$ est un polynôme minimal unique.

DÉMONSTRATION DE THÉORÈMES

8.26. Démontrer le théorème 8.1.

Soit $f(t) = a_n t^n + \ldots + a_1 t + a_0$ et $g = b_m t^m + \ldots + b_1 t + b_0$. Alors, par définition,

$$f(A) = a_n A^n + \ldots + a_1 A + a_0 I \qquad \text{et} \qquad g(A) = b_m A^m + \ldots + b_1 A + b_0 I$$

(i) Supposons $m \leq n$ et soit $b_i = 0$ si $i > m$. Alors

$$f + g = (a_n + b_n)t^n + \ldots + (a_1 + b_1)t + (a_0 + b_0)$$

Donc

$$(f + g)(A) = (a_n + b_n)A^n + \ldots + (a_1 + b_1)A + (a_0 + b_0)I$$
$$= a_n A^n + b_n A^n + \ldots + a_1 A + b_1 A + a_0 I + b_0 I = f(A) + g(A)$$

(ii) Par définition, $fg(t) = c_{n+m} t^{n+m} + \ldots + c_1 t + c_0 = \sum_{k=0}^{n+m} c_k t^k$ où

$$c_k = a_0 b_k + a_1 b_{k-1} + \cdots + a_k b_0 = \sum_{i=0}^{k} a_i b_{k-i}$$

Donc $(fg)(A) = \sum_{k=0}^{n+m} c_k A^k$ et

$$f(A)\, g(A) = \left(\sum_{i=0}^{n} a_i A^i \right) \left(\sum_{j=0}^{m} b_j A^j \right) = \sum_{i=0}^{n} \sum_{j=0}^{m} a_i b_j A^{i+j} = \sum_{k=0}^{n+m} c_k A^k = (fg)(A)$$

(iii) Par définition, $kf(t) = ka_n t^n + \ldots + ka_1 t + ka_0$, et donc

$$(kf)(A) = ka_n A^n + \ldots + ka_1 A + ka_0 I = k(a_n A^n + \ldots + a_1 A + a_0 I) = kf(A)$$

(iv) D'après (ii), $g(A)f(A) = (gf)(A) = (fg)(A) = f(A)\, g(A)$.

8.27. Démontrer le théorème de Cayley-Hamilton (8.2).

Soit A une matrice carrée d'ordre n et soit $\Delta(t)$ son polynôme caractéristique :

$$\Delta(t) = |tI - A| = t^n + a_{n-1} t^{n-1} + \cdots + a_1 t + a_0$$

Maintenant, soit $B(t)$ l'adjointe classique de la matrice $tI - A$. Les éléments de $B(t)$ sont les cofacteurs de la matrice $tI - A$ et, par suite, sont des polynômes en t de degré inférieur ou égal à $n - 1$. Ainsi

$$B(t) = B_{n-1} t^{n-1} + \cdots + B_1 t + B_0$$

où les B_i sont les matrices carrées d'ordre n sur $\mathbb{K}$ qui sont indépendantes de t. D'après la priorité fondamentale de l'adjointe classique (*cf.* théorème 7.9), $(tI - A)B(t) = |tI - A|I$, ou

$$(tI - A)(B_{n-1} t^{n-1} + \cdots + B_1 t + B_0) = (t^n + a_{n-1} t^{n-1} + \cdots + a_1 t + a_0)I$$

En supprimant les parenthèses puis en identifiant les coefficients des puissances correspondantes de t, nous obtenons :

$$B_{n-1} = I$$
$$B_{n-2} - AB_{n-1} = a_{n-1}I$$
$$B_{n-3} - AB_{n-2} = a_{n-2}I$$
$$\dots\dots\dots\dots\dots\dots$$
$$B_0 - AB_1 = a_1I$$
$$-AB_0 = a_0I$$

En multipliant les équations matricielles précédentes par A^n, A^{n-1}, ..., A, I, respectivement, nous obtenons :

$$A^n B_{n-1} = A^n$$
$$A^{n-1}B_{n-2} - A^n B_{n-1} = a_{n-1}A^{n-1}$$
$$A^{n-2}B_{n-3} - A^{n-1}B_{n-2} = a_{n-2}A^{n-2}$$
$$\dots\dots\dots\dots\dots\dots\dots\dots\dots\dots$$
$$AB_0 - A^2 B_1 = a_1A$$
$$-AB_0 = a_0I$$

Maintenant, en additionnant les équations matricielles précédentes,

$$0 = A^n + a_{n-1}A^{n-1} + \dots + a_1A + a_0I$$

ou encore $\Delta(A) = 0$. Donc A est un zéro du polynôme caractéristique. D'où le le théorème de Cayley-Hamilton.

8.28. Démontrer le théorème 8.6.

Le scalaire λ est une valeur propre de A si, et seulement si il existe un vecteur non nul v tel que

$$Av = \lambda v \qquad \text{ou} \qquad (\lambda I)v = 0 \qquad \text{ou} \qquad (\lambda I - A)v = 0$$

ou encore $M = \lambda I - A$ est singulière. Dans ce cas, λ est une racine de $\Delta(t) = |tI - A|$. Aussi, v appartient au sous-espace propre E_λ associé à λ si, et seulement si la relation précédente est vérifiée ; donc v est une solution de $(\lambda I - A)X = 0$.

8.29. Démontrer le théorème 8.9.

Supposons que A admet n vecteurs propres linéairement indépendants v_1, v_2, ..., v_n associés aux valeurs propres correspondantes λ_1, λ_2, ..., λ_n. Soit P la matrice dont les colonnes sont v_1, v_2, ..., v_n. Alors P est non singulière. Aussi, les colonnes de AP sont Av_1, ..., Av_n. Mais $Av_k = \lambda_k v_k$. Donc les colonnes de AP sont $\lambda_1 v_1$, ..., $\lambda_n v_n$. D'autre part, soit $D = \text{diag}(\lambda_1, \lambda_2, \dots, \lambda_n)$, c'est-à-dire la matrice diagonale associée aux éléments diagonaux λ_k. Alors PD est aussi une matrice dont les colonnes sont $\lambda_k v_k$. Par conséquent,

$$AP = PD \qquad \text{et donc} \qquad D = P^{-1}AP$$

comme demandé.

Réciproquement, supposons qu'il existe une matrice non singulière P telle que

$$P^{-1}AP = \text{diag}(\lambda_1, \lambda_2, \dots, \lambda_n) = D \qquad \text{et donc} \qquad AP = PD$$

Soit v_1, v_2, ..., v_n les vecteurs colonnes de P. Alors les colonnes de AP sont Av_k et les colonnes de PD sont $\lambda_k v_k$. Par conséquent, puisque $AP = PD$, nous avons

$$Av_1 = \lambda_1 v_1, \quad Av_1 = \lambda_2 v_2, \quad \dots, \quad Av_n = \lambda_n v_n$$

En outre, puisque P est non singulière, v_1, v_2, ..., v_n sont non nuls et donc, ce sont les vecteurs propres de A correspondant aux valeurs propres qui sont les éléments diagonaux de D. De plus, ces vecteurs sont linéairement indépendants. Ce qui achève la démonstration du théorème.

8.30. Démontrer le théorème 8.10.

La démonstration se fait par récurrence sur n. Si $n = 1$, alors v_1 est linéairement indépendant puisque $v_1 \neq 0$. Soit $n > 1$. Supposons que

$$a_1 v_1 + a_2 v_2 + \ldots + a_n v_n = 0 \qquad (1)$$

où les a_i sont des scalaires. En multipliant (1) par A, nous obtenons

$$a_1 A v_1 + a_2 A v_2 + \ldots + a_n A v_n = A0 = 0$$

Par hypothèse, $A v_i = \lambda_i v_i$. Ainsi, en remplaçant, nous obtenons

$$a_1 \lambda_1 v_1 + a_2 \lambda_2 v_2 + \ldots + a_n \lambda_n v_n = 0 \qquad (2)$$

D'autre part, en multipliant (1) par λ_n, nous obtenons

$$a_1 \lambda_n v_1 + a_2 \lambda_n v_2 + \ldots + a_n \lambda_n v_n = 0 \qquad (3)$$

Maintenant, soustrayons (3) de (2) pour obtenir

$$a_1(\lambda_1 - \lambda_n)v_1 + a_2(\lambda_2 - \lambda_n)v_2 + \ldots + a_{n-1}(\lambda_{n-1} - \lambda_n)v_{n-1} = 0$$

Par réccurence, $v_1, v_2, \ldots, v_{n-1}$ sont linéairement indépendants ; donc tous les coefficients précédents sont nuls. Puisque les λ_i sont distincts, $\lambda_i - \lambda_n \neq 0$ pour $i \neq n$. Donc $a_1 = \cdots = a_{n-1} = 0$. En remplaçant dans (1), nous obtenons $a_n v_n = 0$ et, par suite, $a_n = 0$. Ainsi, les v_i sont linéairement indépendants.

8.31. Démontrer le théorème 8.11.

D'après le théorème 8.6, les a_i sont les valeurs propres de A. Pour chaque i, soit v_i un vecteur propre associé à la valeur propre a_i. D'après le théorème 8.10, les v_i sont linéairement indépendants et forment donc une base de $\mathbb{K}^n$. Ainsi A est diagonalisable par le théorème 8.9.

8.32. Démontrer le théorème 8.15.

Supposons que $f'(t)$ est un polynôme pour lequel $f(A) = 0$. En effectuant la division euclidienne de $f(t)$ par $m(t)$, il existe des polynômes $q(t)$ et $r(t)$ tels que $f(t) = m(t)q(t) + r(t)$ avec $r(t) = 0$ ou $\deg r(t) < \deg m(t)$. Remplaçons t par A dans cette équation et utilisons le fait que $f(A) = 0$ et $m(A) = 0$, nous obtenons $r(A) = 0$. Si $r(t) \neq 0$, alors $r(t)$ est un polynôme de degré inférieur à celui de $m(t)$ dont A est un zéro. C'est en contradiction avec la définition du polynôme minimal. Donc $r(t) = 0$ et, par suite, $f(t) = m(t)q(t)$, c'est-à-dire : $m(t)$ divise $f(t)$.

8.33. Soit $m(t)$ le polynôme minimal d'une matrice carrée A d'ordre n.

(a) Montrer que le polynôme caractéristique de A divise $(m(t))^n$.

(b) Démontrer le théorème 8.16.

(a) Supposons $m(t) = t^r + c_1 t^{r-1} + \cdots + c_{r-1} t + c_r$. Considérons les matrices suivantes

$$B_0 = I$$
$$B_1 = A + c_1 I$$
$$B_2 = A^2 + c_1 A + c_2 I$$
$$\cdots\cdots\cdots\cdots\cdots\cdots\cdots\cdots\cdots\cdots\cdots\cdots$$
$$B_{r-1} = A^{r-1} + c_1 A^{r-2} + \cdots + c_{r-1} I$$

Donc
$$B_0 = I$$
$$B_1 - A B_0 = c_1 I$$
$$B_2 - A B_1 = c_2 I$$
$$\cdots\cdots\cdots\cdots\cdots\cdots\cdots\cdots$$
$$B_{r-1} - A B_{r-2} = c_{r-1} I$$

Aussi,
$$-A B_{r-1} = c_r I - (A^r + c_1 A^{r-1} + \cdots + c_{r-1} A + c_r I)$$
$$= c_r I - m(A)$$
$$= c_r I$$

Posons

$$B(t) = t^{r-1}B_0 + t^{r-2}B_1 + \cdots + tB_{r-2} + B_{r-1}$$

Alors

$$(tI - A) \cdot B(t) = (t^r B_0 + t^{r-1}B_1 + \cdots + tB_{r-1}) - (t^{r-1}AB_0 + t^{r-2}AB_1 + \cdots + AB_{r-1})$$

$$= t^r B_0 + t^{r-1}(B_1 - AB_0) + t^{r-2}(B_2 - AB_1) + \cdots + t(B_{r-1} - AB_{r-2}) - AB_{r-1}$$

$$= t^r I + c_1 t^{r-1} I + c_2 t^{r-2} I + \cdots + c_{r-1}tI + c_r I$$

$$= m(t)I$$

Le déterminant des deux membres donne $|tI - A||B(t)| = |m(t)I| = (m(t))^n$. Puisque $|B(t)|$ est un polynôme, $|tI - A|$ divise $(m(t))^n$; c'est-à-dire : le polynôme caractéristique de A divise $(m(t))^n$.

(b) Supposons que le polynôme $f(t)$ soit irréductible. Si $f(t)$ divise $m(t)$ alors, puisque $m(t)$ divise $\Delta(t)$, $f(t)$ divise $\Delta(t)$. D'autre part, si $f(t)$ divise $\Delta(t)$ alors, d'après la partie (a), $f(t)$ divise $(m(t))^n$. Mais $f(t)$ est irréductible ; donc $f(t)$ divise aussi $m(t)$. Ainsi, $m(t)$ et $\Delta(t)$ ont les mêmes facteurs irréductibles.

8.34. Démontrer le théorème 8.18.

Nous démontrons le théorème dans le cas $r = 2$. La démonstration du théorème dans le cas général en découle par récurrence. Supposons que $M = \begin{pmatrix} A & 0 \\ 0 & B \end{pmatrix}$, où A et B sont des matrices carrées. Nous devons montrer que le polynôme minimal $m(t)$ de M est égal au plus petit commun multiple des polynômes minimaux $g(t)$ et $h(t)$ de A et B, respectivement.

Puisque $m(t)$ est le polynôme minimal de M, $m(M) = \begin{pmatrix} m(A) & 0 \\ 0 & m(B) \end{pmatrix} = 0$ et, par suite, $m(A) = 0$ et $m(B) = 0$. Puisque $g(t)$ est le polynôme minimal de A, $g(t)$ divise $m(t)$. D'une manière analogue, $h(t)$ divise $m(t)$. Ainsi, $m(t)$ est un multiple de $g(t)$ et de $h(t)$.

Maintenant, soit $f(t)$ un autre multiple de $g(t)$ et de $h(t)$; donc $f(M) = \begin{pmatrix} f(A) & 0 \\ 0 & f(B) \end{pmatrix} = \begin{pmatrix} 0 & 0 \\ 0 & 0 \end{pmatrix} = 0$.

Mais, $m(t)$ est le polynôme minimal de M, donc $m(t)$ divise $f(t)$. Ainsi, $m(t)$ est égal au plus petit commun multiple de $g(t)$ et $h(t)$.

8.35. Soit A une matrice symétrique réelle considérée comme une matrice sur $\mathbb{C}$.

(a) Démontrer que $\langle Au, v \rangle = \langle u, Av \rangle$ pour le produit scalaire dans $\mathbb{C}^n$.

(b) Démontrer les théorèmes 8.12 et 8.13 pour la matrice A.

(a) Nous utilisons le fait que le le produit scalaire dans $\mathbb{C}^n$ est défini par $\langle u, v \rangle = u^T \overline{v}$. Puisque A est symétrique réelle, $A = A^T = \overline{A}$. Ainsi

$$\langle Au, v \rangle = (Au)^T \overline{v} = u^T A^T \overline{v} = u^T \overline{A}\, \overline{v} = u^T \overline{Av} = \langle u, Av \rangle$$

(b) Nous utilisons le fait que dans $\mathbb{C}^n$, $\langle ku, v \rangle = k\langle u, v \rangle$ mais $\langle u, kv \rangle = \overline{k}\langle u, v \rangle$.

(1) Il existe $v \neq 0$ tel que $Av = \lambda v$. Alors

$$\lambda \langle v, v \rangle = \langle \lambda v, v \rangle = \langle Av, v \rangle = \langle v, Av \rangle = \langle v, \lambda v \rangle = \overline{\lambda}\langle v, v \rangle$$

Mais $\langle v, v \rangle \neq 0$ puisque $v \neq 0$. Ainsi, $\lambda = \overline{\lambda}$ et donc λ est un réel.

(2) Ici $Au = \lambda_1 u$ et $Av = \lambda_2 v$ et, d'après (1), λ_2 est un réel. Alors

$$\lambda_1 \langle u, v \rangle = \langle \lambda_1 u, v \rangle = \langle Au, v \rangle = \langle v, Av \rangle = \langle v, \lambda_2 v \rangle = \overline{\lambda_2}\langle u, v \rangle = \lambda_2 \langle u, v \rangle$$

Puisque $\lambda_1 \neq \lambda_2$, nous avons $\langle u, v \rangle = 0$.

PROBLÈMES DIVERS

8.36. Soit A une matrice symétrique d'ordre 2 de valeurs propres 1 et 9. Supposons que $u = (1, 3)^T$ est un vecteur propre associé à la valeur propre 1. Trouver : (a) un vecteur propre v associé à la valeur propre 9, (b) la matrice A et (c) une racine carrée de A, c'est-à-dire une matrice B telle que $B^2 = A$.

(a) Puisque A est symétrique, v doit être orthogonal à u. Posons $v = (-3, 1)^T$.

(b) Soit P la matrice dont les colonnes sont les vecteurs propres u et v. Alors, d'après la factorisation diagonale de A, nous avons

$$A = PDP^{-1} = \begin{pmatrix} 1 & -3 \\ 3 & 1 \end{pmatrix} \begin{pmatrix} 1 & 0 \\ 0 & 9 \end{pmatrix} \begin{pmatrix} \frac{1}{10} & \frac{3}{10} \\ -\frac{3}{10} & \frac{1}{10} \end{pmatrix} = \begin{pmatrix} \frac{41}{5} & -\frac{12}{5} \\ -\frac{12}{5} & \frac{9}{5} \end{pmatrix}$$

(Autre méthode, A est la matrice pour laquelle $Au = u$ et $Av = 9v$.)

(c) Utilisons la factorisation diagonale de A pour obtenir

$$B = P\sqrt{D}P^{-1} = \begin{pmatrix} 1 & -3 \\ 3 & 1 \end{pmatrix} \begin{pmatrix} 1 & 0 \\ 0 & 3 \end{pmatrix} \begin{pmatrix} \frac{1}{10} & \frac{3}{10} \\ -\frac{3}{10} & \frac{1}{10} \end{pmatrix} = \begin{pmatrix} \frac{14}{5} & -\frac{3}{5} \\ -\frac{3}{5} & \frac{6}{5} \end{pmatrix}$$

8.37. Soit A une matrice carrée d'ordre n. Sans utiliser le théorème de Cayley-Hamilton, montrer que A est racine d'un polynôme non nul.

Soit $N = n^2$. On considère les $N + 1$ matrices suivantes

$$I,\ A,\ A^2, \ldots,\ A^N$$

Rappelons que l'espace vectoriel V des matrices $n \times n$ est de dimension $N = n^2$. Donc les $N + 1$ matrices précédentes sont linéairement dépendantes. Ainsi, il existe des scalaires $a_0, a_1, a_2, \ldots, a_N$, non tous nuls, tels que

$$a_N A^N + \cdots + a_1 A + a_0 I = 0$$

Ainsi, A est racine du polynôme $f(t) = a_N t^N + \cdots + a_1 t + a_0$.

8.38. Soit A une matrice carrée d'ordre n. Démontrer les propriétés suivantes :

(a) A est non singulière si, et seulement si le terme constant du polynôme minimal de A est non nul.

(b) Si A est non singulière, alors A^{-1} peut s'écrire comme un polynôme en A de degré ne dépassant pas n.

(a) Soit $f(t) = t^r + a_{r-1}t^{r-1} + \cdots + a_1 t + a_0$ le polynôme (caractéristique) minimal de A. Les propriétés suivantes sont équivalentes : (i) A est non singulière, (ii) 0 n'est pas une racine de $f(t)$, et (iii) le terme constant a_0 est non nul. Ainsi, l'énoncé est vrai.

(b) Soit $m(t)$ le polynôme minimal de A. Donc $m(t) = t^r + a_{r-1}t^{r-1} + \cdots + a_1 t + a_0$, où $r \leq n$. Puisque A est non singulière, $a_0 \neq 0$ d'après la partie (a). Nous avons

$$m(A) = A^r + a^{r-1}A^{r-1} + \cdots + a_1 A + a_0 I = 0$$

Ainsi,

$$-\frac{1}{a_0}(A^{r-1} + a_{r-1}A^{r-2} + \cdots + a_1 I)A = I$$

Par conséquent,

$$A^{-1} = -\frac{1}{a_0}(A^{r-1} + a_{r-1}A^{r-2} + \cdots + a_1 I)$$

8.39. Soit F une extension du corps $\mathbb{K}$. Soit A une matrice carrée d'ordre n sur $\mathbb{K}$. [Noter que A peut aussi être considérée comme une matrice $\widehat{A}$ sur F.] Il est clair que $|tI - A| = |tI - \widehat{A}|$, c'est-à-dire, A et $\widehat{A}$ ont le même polynôme caractéristique. Montrer que A et $\widehat{A}$ ont aussi le même polynôme minimal.

Soit $m(t)$ et $m'(t)$ les polynômes minimaux de A et de $\widehat{A}$, respectivement. Maintenant, $m'(t)$ divise tout polynôme sur F dont A est un zéro. Puisque A est un zéro de $m(t)$ et puisque $m(t)$ peut être considéré comme un polynôme sur F, $m'(t)$ divise $m(t)$. Montrons maintenant que $m(t)$ divise $m'(t)$.

Puisque $m'(t)$ est un polynôme sur F, qui est une extension de $\mathbb{K}$, nous pouvons écrire

$$m'(t) = f_1(t)b_1 + f_2(t)b_2 + \cdots + f_n(t)b_n$$

où $f_i(t)$ sont des polynômes sur $\mathbb{K}$, et $b_1, \ldots, b_n$ appartiennent à F et sont linéairement indépendants sur $\mathbb{K}$. Nous avons

$$m'(A) = f_1(A)b_1 + f_2(A)b_2 + \cdots + f_n(A)b_n = 0 \tag{1}$$

Soit $a_{ij}^{(k)}$ le ij-élément de $f_k(A)$. L'équation matricielle précédente implique que, pour tout couple (i,j),

$$a_{ij}^{(1)}b_1 + a_{ij}^{(2)}b_2 + \cdots + a_{ij}^{(n)}b_n = 0$$

Puisque les b_i sont linéairement indépendants sur $\mathbb{K}$ et puisque les $a_{ij}^{(k)} \in \mathbb{K}$, chaque $a_{ij}^{(k)} = 0$. D'où

$$f_1(A) = 0, f_2(A) = 0, \ldots, f_n(A) = 0$$

Puisque les $f_i(t)$ sont des polynômes sur $\mathbb{K}$ ayant A comme zéro, et puisque $m(t)$ est le polynôme minimal de A, considérée comme une matrice sur $\mathbb{K}$, $m(t)$ divise chacun des $f_i(t)$. Par conséquent, d'après (1), $m(t)$ doit aussi diviser $m'(t)$. Mais, deux polynômes unitaires qui se divisent l'un l'autre sont nécessairement égaux. Donc $m(t) = m'(t)$.

Problèmes supplémentaires

POLYNÔMES DE MATRICES

8.40. Soit $f(t) = 2t^2 - 5t + 6$ et $g(t) = t^3 - 2t^2 + t + 3$. Trouver $f(A)$, $g(A)$, $f(B)$ et $g(B)$ où $A = \begin{pmatrix} 2 & -3 \\ 5 & 1 \end{pmatrix}$ et $B = \begin{pmatrix} 1 & 2 \\ 0 & 3 \end{pmatrix}$.

8.41. Soit $A = \begin{pmatrix} 1 & 1 \\ 0 & 1 \end{pmatrix}$. Trouver A^2, A^3, A^n.

8.42. Soit $B = \begin{pmatrix} 8 & 12 & 0 \\ 0 & 8 & 12 \\ 0 & 0 & 8 \end{pmatrix}$. Trouver une matrice réelle A telle que $B = A^3$.

8.43. Montrer que, pour une matrice carrée quelconque A, $(P^{-1}AP)^n = P^{-1}A^nP$ où P est inversible. Plus généralement, montrer que $f(P^{-1}AP) = P^{-1}f(A)P$ pour tout polynôme $f(t)$.

8.44. Soit $f(t)$ un polynôme quelconque. Montrer que (a) $f(A^T) = (f(A))^T$, et (b) si A est symétrique, c'est-à-dire si $A^T = A$, alors $f(A)$ est symétrique.

VALEURS PROPRES ET VECTEURS PROPRES

8.45. Soit $A = \begin{pmatrix} 5 & 6 \\ -2 & -2 \end{pmatrix}$. Trouver : (a) toutes les valeurs propres et les vecteurs propres correspondants ; (b) P telle que $D = P^{-1}AP$ soit diagonale ; (c) A^{10} et $f(A)$ où $f(t) = t^4 - 5t^3 + 7t^2 - 2t + 5$; et (d) B telle que $B^2 = A$.

8.46. Pour chacune des matrices suivantes, trouver toutes les valeurs propres et une base de chacun des sous-espaces propres associés :

(a) $A = \begin{pmatrix} 3 & 1 & 1 \\ 2 & 4 & 2 \\ 1 & 1 & 3 \end{pmatrix}$ (b) $B = \begin{pmatrix} 1 & 2 & 2 \\ 1 & 2 & -1 \\ -1 & 1 & 4 \end{pmatrix}$ (c) $C = \begin{pmatrix} 1 & 1 & 0 \\ 0 & 1 & 0 \\ 0 & 0 & 1 \end{pmatrix}$

Lorsque c'est possible, trouver les matrices inversibles P_1, P_2, et P_3 telles que $P_1^{-1}AP_1$, $P_2^{-1}BP_2$, et $P_3^{-1}CP_3$ soient diagonales.

8.47. Considérons les matrices $A = \begin{pmatrix} 2 & -1 \\ 1 & 4 \end{pmatrix}$ et $B = \begin{pmatrix} 3 & -1 \\ 13 & -3 \end{pmatrix}$. Trouver toutes les valeurs propres et les vecteurs propres linéairement indépendants, en supposant que (a) A et B sont des matrices réelles sur le corps réel $\mathbb{R}$, et (b) A et B sont des matrices sur le corps complexe $\mathbb{C}$.

8.48. Supposons que v soit un vecteur propre non nul des matrices A et B. Montrer que v est aussi un vecteur propre de la matrice $kA + k'B$ où k et k' sont des scalaires quelconques.

8.49. Supposons que v soit vecteur propre non nul de la matrice A correspondant à la valeur propre λ. Montrer que pour $n > 0$, v est aussi un vecteur propre de A^n correspondant à la valeur propre λ^n.

8.50. Supposons que λ soit une valeur propre d'une matrice A. Montrer que $f(\lambda)$ est une valeur propre de $f(A)$ pour tout polynôme $f(t)$.

8.51. Montrer que deux matrices semblables ont les mêmes valeurs propres.

8.52. Montrer que les matrices A et A^T ont les mêmes valeurs propres. Donner un exemple où A et A^T ont des vecteurs propres différents.

POLYNÔMES MINIMAL ET CARACTÉRISTIQUE

8.53. Trouver les polynômes minimal et caractéristique de chacune des matrices suivantes :

$$A = \begin{pmatrix} 2 & 5 & 0 & 0 & 0 \\ 0 & 2 & 0 & 0 & 0 \\ 0 & 0 & 4 & 2 & 0 \\ 0 & 0 & 3 & 5 & 0 \\ 0 & 0 & 0 & 0 & 7 \end{pmatrix} \qquad B = \begin{pmatrix} 3 & 1 & 0 & 0 & 0 \\ 0 & 3 & 0 & 0 & 0 \\ 0 & 0 & 3 & 1 & 0 \\ 0 & 0 & 0 & 3 & 1 \\ 0 & 0 & 0 & 0 & 3 \end{pmatrix} \qquad C = \begin{pmatrix} \lambda & 0 & 0 & 0 & 0 \\ 0 & \lambda & 0 & 0 & 0 \\ 0 & 0 & \lambda & 0 & 0 \\ 0 & 0 & 0 & \lambda & 0 \\ 0 & 0 & 0 & 0 & \lambda \end{pmatrix}$$

8.54. Soit $A = \begin{pmatrix} 1 & 1 & 0 \\ 0 & 2 & 0 \\ 0 & 0 & 1 \end{pmatrix}$ et $B = \begin{pmatrix} 2 & 0 & 0 \\ 0 & 2 & 2 \\ 0 & 0 & 1 \end{pmatrix}$. Montrer que A et B ont des polynômes caractéristiques différents (et donc ne sont pas semblables), mais qu'elles ont le même polynôme minimal. Ainsi, des matrices non semblables peuvent avoir le même polynôme minimal.

8.55. Considérons la matrice carrée par blocs $M = \begin{pmatrix} A & B \\ C & D \end{pmatrix}$. Montrer que $tI - M = \begin{pmatrix} tI - A & -B \\ -C & tI - D \end{pmatrix}$ est la matrice caractéristique de M.

8.56. Soit A une matrice carrée d'ordre n telle que $A^k = 0$ pour un certain $k > n$. Montrer que $A^n = 0$.

8.57. Montrer qu'une matrice A et sa transposée A^T ont le même polynôme minimal.

8.58. Supposons que $f(t)$ soit un polynôme unitaire irréductible tel que $f(A) = 0$, où A est une matrice. Montrer que $f(t)$ est le polynôme minimal de A.

8.59. Montrer que A est une matrice scalaire kI si, et seulement si le polynôme minimal de A est $m(t) = t - k$.

8.60. Trouver une matrice A dont le polynôme minimal est (a) $t^3 - 5t^2 + 6t + 8$, (b) $t^4 - 5t^3 - 2t^2 + 7t + 4$.

8.61. Considérons les matrices carrées d'ordre n suivantes (où $a \neq 0$) :

$$N = \begin{pmatrix} 0 & 1 & 0 & \dots & 0 & 0 \\ 0 & 0 & 1 & \dots & 0 & 0 \\ \dots\dots\dots\dots\dots\dots \\ 0 & 0 & 0 & \dots & 0 & 1 \\ 0 & 0 & 0 & \dots & 0 & 0 \end{pmatrix} \qquad M = \begin{pmatrix} \lambda & a & 0 & \dots & 0 & 0 \\ 0 & \lambda & a & \dots & 0 & 0 \\ \dots\dots\dots\dots\dots\dots \\ 0 & 0 & 0 & \dots & \lambda & a \\ 0 & 0 & 0 & \dots & 0 & \lambda \end{pmatrix}$$

Ici la matrice N n'a que des 1 sur la première diagonale au-dessus de la diagonale principale et des 0 ailleurs. La matrice M a des $\lambda's$ sur la diagonale principale, des a sur la première diagonale au-dessus de la diagonale principale et des 0 ailleurs.

(a) Montrer que pour $k < n$, N^k admet des 1 sur la k-ième diagonale au-dessus de la diagonale principale et des 0 ailleurs, et montrer que $N^n = 0$.

(b) Montrer que le polynôme caractéristique et le polynôme minimal de N sont tous deux égaux à $f(t) = t^n$.

(c) Montrer que le polynôme caractéristique et le polynôme minimal de M sont tous deux égaux à $g(t) = (t - \lambda)^n$. (*Indication* : Remarquer que $M = \lambda I + aN$.)

DIAGONALISATION

8.62. Soit $A = \begin{pmatrix} a & b \\ c & d \end{pmatrix}$ une matrice sur le corps des réels $\mathbb{R}$. Trouver les conditions nécessaires et suffisantes sur a, b, c et d de telle sorte que A soit diagonalisable, c'est-à-dire que A admette deux vecteurs propres linéairement indépendants.

8.63. Recommencer le problème 8.62 dans le cas où A est une matrice sur le corps des complexes $\mathbb{C}$.

8.64. Montrer qu'une matrice A est diagonalisable si, et seulement si son polynôme minimal est un produit de facteurs linéaires distincts.

8.65. Soit E une matrice telle que $E^2 = E$.

(a) Trouver le polynôme minimal $m(t)$ de E.

(b) Montrer que E est diagonalisable et peut être représentée par la matrice diagonale $A = \begin{pmatrix} I_r & 0 \\ 0 & 0 \end{pmatrix}$ où r est le rang de E.

DIAGONALISATION DES MATRICES SYMÉTRIQUES RÉELLES ET FORMES QUADRATIQUES

8.66. Pour chacune des matrices symétriques suivantes A, trouver une matrice orthogonale P telle que P^1AP soit diagonale :

$$(a) \quad A = \begin{pmatrix} 1 & 2 \\ 2 & -2 \end{pmatrix}, \quad (b) \quad A = \begin{pmatrix} 5 & 4 \\ 4 & -1 \end{pmatrix}, \quad (c) \quad A = \begin{pmatrix} 7 & 3 \\ 3 & -1 \end{pmatrix}.$$

8.67. Trouver une transformation orthogonale des coordonnées qui diagonalise chaque forme quadratique :

$$(a) \quad q(x, y) = 2x^2 - 6xy + 10y^2 \qquad (b) \quad q(x, y) = x^2 + 8xy - 5y^2$$

8.68. Trouver une transformation orthogonale des coordonnées qui diagonalise la forme quadratique suivante $q(x, y, z) = 2xy + 2xz + 2yz$.

8.69. Soit A une matrice symétrique réelle d'ordre 2 ayant les valeurs propres 2 et 3, et soit $u = (1, 2)$ un vecteur propre associé à 2. Trouver un vecteur propre v associé à 3, puis trouver A.

Réponses aux problèmes supplémentaires

8.40. $f(A) = \begin{pmatrix} -26 & -3 \\ 5 & -27 \end{pmatrix}$, $g(A) = \begin{pmatrix} -40 & 39 \\ -65 & -27 \end{pmatrix}$, $f(B) = \begin{pmatrix} 3 & 6 \\ 0 & 9 \end{pmatrix}$, $g(B) = \begin{pmatrix} 3 & 12 \\ 0 & 15 \end{pmatrix}$.

8.41. $A^2 = \begin{pmatrix} 1 & 2 \\ 0 & 1 \end{pmatrix}$, $A^3 = \begin{pmatrix} 1 & 3 \\ 0 & 1 \end{pmatrix}$, $A^n = \begin{pmatrix} 1 & n \\ 0 & 1 \end{pmatrix}$.

8.42. *Indication* : Soit $A = \begin{pmatrix} 2 & a & b \\ 0 & a & c \\ 0 & 0 & 2 \end{pmatrix}$. En posant $B = A^3$, on obtient les conditions sur a, b et c.

8.45. (a) $\lambda_1 = 1$, $u = (3, -2)$; $\lambda_2 = 2$, $v = (2, -1)$ (b) $P = \begin{pmatrix} -1 & -2 \\ 2 & 3 \end{pmatrix}$

(c) $A^{10} = \begin{pmatrix} 4\,093 & 6\,138 \\ -2\,046 & -3\,066 \end{pmatrix}$, $f(A) = \begin{pmatrix} 2 & -6 \\ 2 & 9 \end{pmatrix}$ (d) $B = \begin{pmatrix} -3 + 4\sqrt{2} & -6 + 6\sqrt{2} \\ 2 - 2\sqrt{2} & 4 - 3\sqrt{2} \end{pmatrix}$

8.46. (a) $\lambda_1 = 2$, $u = (1, -1, 0)$, $v = (1, 0, -1)$; $\lambda_2 = 6$, $w = (1, 2, 1)$

(b) $\lambda_1 = 3$, $u = (1, 1, 0)$, $v = (1, 0, 1)$; $\lambda_2 = 1$, $w = (2, -1, 1)$

(c) $\lambda = 1$, $u = (1, 0, 0)$, $v = (0, 0, 1)$

Posons $P_1 = \begin{pmatrix} 1 & 1 & 1 \\ -1 & 0 & 2 \\ 0 & -1 & 1 \end{pmatrix}$ et $P_2 = \begin{pmatrix} 1 & 1 & 2 \\ 1 & 0 & -1 \\ 0 & 1 & 1 \end{pmatrix}$. P_3 n'existe pas puisque C a au plus deux

vecteurs propres linéairement indépendants et, par suite, ne peut être diagonalisée.

8.47. (a) Pour A, $\lambda = 3$, $u = (1, -1)$; B n'a pas de valeurs propres (dans $\mathbb{R}$).

(b) Pour A, $\lambda = 3$, $u = (1, -1)$; pour B, $\lambda_1 = 2i$, $u = (1, 3 - 2i)$; $\lambda_2 = -2i$, $v = (1, 3 + 2i)$.

8.52. Soit $A = \begin{pmatrix} 1 & 1 \\ 0 & 1 \end{pmatrix}$. Alors $\lambda = 1$ est la seule valeur propre et $v = (1, 0)$ engendre le sous-espace propre associé à

$\lambda = 1$. D'autre part, pour $A^T = \begin{pmatrix} 1 & 0 \\ 1 & 1 \end{pmatrix}$, $\lambda = 1$ est encore la seule valeur propre, mais $w = (0, 1)$ engendre le sous-espace propre associé à $\lambda = 1$.

8.53. (a) $\Delta(t) = (t - 2)^3(t - 7)^2$; $m(t) = (t - 2)^2(t - 7)$

(b) $\Delta(t) = (t - 3)^5$; $m(t) = (t - 3)^3$

(c) $\Delta(t) = (t - \lambda)^5$; $m(t) = t - \lambda$

8.60. (a) $A = \begin{pmatrix} 0 & 0 & -8 \\ 1 & 0 & -6 \\ 0 & 1 & 5 \end{pmatrix}$, (b) $A = \begin{pmatrix} 0 & 0 & 0 & -8 \\ 1 & 0 & 0 & -6 \\ 0 & 1 & 0 & 2 \\ 0 & 0 & 1 & 5 \end{pmatrix}$.

8.65. (a) Si $E = I$, $m(t) = (t - 1)$; si $E = 0$, $m(t) = t$; autrement $m(t) = t(t - 1)$.

8.66. (a) $P = \begin{pmatrix} 2/\sqrt{5} & -1/\sqrt{5} \\ -1/\sqrt{5} & 2/\sqrt{5} \end{pmatrix}$, (b) $P = \begin{pmatrix} 2/\sqrt{5} & -1/\sqrt{5} \\ -1/\sqrt{5} & 2/\sqrt{5} \end{pmatrix}$, (c) $P = \begin{pmatrix} 3/\sqrt{10} & -1/\sqrt{10} \\ -1/\sqrt{10} & 3/\sqrt{10} \end{pmatrix}$.

8.67. (a) $x = (3x' - y')/\sqrt{10}, y = (x' + 3y')/\sqrt{10}$, (b) $x = (2x' - y')/\sqrt{5}, y = (x' + 2y')/\sqrt{5}$.

8.68. $x = x'/\sqrt{3} + y'/\sqrt{2} + z'/\sqrt{6}$, $y = x'/\sqrt{3} - y'/\sqrt{2} + z'/\sqrt{6}$, $z = x'/\sqrt{3} - 2z'/\sqrt{6}$.

8.69. $v = (2, -1)$, $A = \begin{pmatrix} \frac{14}{5} & -\frac{2}{5} \\ -\frac{2}{5} & \frac{11}{5} \end{pmatrix}$.

Chapitre 9

Applications linéaires

9.1. INTRODUCTION

L'un des sujet principaux en algèbre linéaire est l'étude des espaces vectoriels de dimension finie et les applications linéaires entre ces espaces. Les espaces vectoriels ont été introduits au chapitre 5. Dans ce chapitre, nous étudierons les applications linéaires. Commençons d'abord par une introduction des applications dans le cas général.

9.2. APPLICATIONS

Soit A et B deux ensembles non vides quelconques. Supposons qu'à chaque élément de A, on fait correspondre un unique élément de B. L'ensemble de ces correspondances est appelée une *application* de A vers B. L'ensemble A s'appelle le *domaine* de l'application et B le *codomaine*. Une application f de A vers B se note

$$f : A \longrightarrow B$$

Nous écrivons $f(a)$ [lire « f de a »], pour l'élément de B associé à $a \in A$ par l'application f ; c'est la *valeur* de f en a, ou *l'image* de a par f.

Remarque : Nous utiliserons indifféremment les termes de *fonction* ou d'*application*, bien que certains textes réservent le mot « fonction » pour des applications à valeurs réelles ou complexes, c'est-à-dire dans $\mathbb{R}$ ou $\mathbb{C}$.

Considérons une application $f : A \to B$. Si A' est un sous-ensemble quelconque de A, alors $f(A')$ désigne l'ensemble des images des éléments de A' ; et si B' est un sous-ensemble quelconque de B, alors $f^{-1}(B')$ désigne l'ensemble des éléments de A dont l'image appartient à B' :

$$f(A') = \{f(a) \,:\, a \in A'\} \quad \text{et} \quad f^{-1}(B') = \{a \in A \,:\, f(a) \in B'\}$$

$f(A')$ est appelé *l'image de A'* et $f^{-1}(B')$ *l'image réciproque* ou *préimage* de B'. En particulier, l'ensemble des images des éléments de A, *i.e.* $f(A)$, s'appelle *image de f*.

À toute application $f : A \to B$, on fait correspondre un sous-ensemble de $A \times B$ donné par $\{(a, f(a)) \,:\, a \in A\}$. Cet ensemble s'appelle le *graphe* de f. Deux applications $f : A \to B$ et $g : A \to B$ sont dites *égales*, et on écrit $f = g$, si $f(a) = g(a)$ pour tout $a \in A$, c'est-à-dire si elles ont le même graphe. Ainsi, nous ne ferons pas de distinction entre une fonction et son graphe. La négation de la propriété $f = g$, s'écrit $f \neq g$ et signifie qu'*il existe $a \in A$ tel que $f(a) \neq g(a)$*.

Nous utiliserons une flèche « amorcée » $\mapsto$ pour désigner l'image d'un élément arbitraire $x \in A$ par l'application $f : A \to B$ en écrivant

$$x \longmapsto f(x)$$

L'exemple suivant illustre cette situation.

Exemple 9.1

(a) Soit $f : \mathbb{R} \to \mathbb{R}$ l'application qui, à tout nombre réel x, fait correspondre son carré x^2 :

$$x \mapsto x^2 \quad \text{ou} \quad f(x) = x^2$$

Ici, l'image de -3 est 9, donc nous écrivons $f(-3) = 9$.

(b) Considérons la matrice 2×3, $A = \begin{pmatrix} 1 & -3 & 5 \\ 2 & 4 & -1 \end{pmatrix}$. Si les vecteurs de $\mathbb{R}^3$ et de $\mathbb{R}^2$ sont écrits comme vecteurs colonnes, alors A détermine une application $F : \mathbb{R}^3 \to \mathbb{R}^2$ définie par

$$v \mapsto Av \quad \text{c'est-à-dire} \quad F(v) = Av \quad v \in \mathbb{R}^3$$

Ainsi, si $v = \begin{pmatrix} 3 \\ 1 \\ -2 \end{pmatrix}$, alors $F(v) = Av = \begin{pmatrix} 1 & -3 & 5 \\ 2 & 4 & -1 \end{pmatrix} \begin{pmatrix} 3 \\ 1 \\ -2 \end{pmatrix} = \begin{pmatrix} -10 \\ 12 \end{pmatrix}$.

(c) Soit V l'espace vectoriel des polynômes d'une variable t sur le corps $\mathbb{R}$ des nombres réels. Alors l'opération de dérivation définit une application $\mathbf{D} : V \to V$ où, pour tout polynôme $f \in V$, nous posons $\mathbf{D}(f) = \mathrm{d}f/\mathrm{d}t$. Par exemple, $\mathbf{D}(3t^2 - 5t + 2) = 6t - 5$.

(d) Soit V l'espace vectoriel des polynômes d'une variable t sur le corps $\mathbb{R}$ (comme dans (c)). Alors l'intégrale définie entre 0 et 1 par exemple, définit une application $\mathbf{J} : V \to \mathbb{R}$ où, pour tout polynôme $f \in V$, nous posons $\mathbf{J}(f) = \int_0^1 f(t)\,\mathrm{d}t$. Par exemple,

$$\mathbf{J}(3t^2 - 5t + 2) = \int_0^1 (3t^2 - 5t + 2)\,\mathrm{d}t = \tfrac{1}{2}$$

Noter que cette application est définie de l'espace vectoriel V vers $\mathbb{R}$, alors que l'application dans (c) est définie de V dans lui-même.

Remarque 1 : Toute matrice $m \times n$, A, sur un corps $\mathbb{K}$ détermine une application $F : \mathbb{K}^n \to \mathbb{K}^m$ définie par

$$v \longrightarrow Av$$

où les vecteurs dans $\mathbb{K}^n$ et $\mathbb{K}^m$ sont écrits comme des vecteurs colonnes. Par commodité, nous désignerons souvent l'application précédente par le même symbole A utilisé pour désigner la matrice qui la définit.

Composition des fonctions

Considérons deux applications $f : A \to B$ et $g : B \to C$ illustrées comme suit :

$$\boxed{A} \xrightarrow{\ f\ } \boxed{B} \xrightarrow{\ g\ } \boxed{C}$$

Soit $a \in A$, alors $f(a) \in B$, le domaine de g. Donc, nous pouvons obtenir l'image de $f(a)$ par l'application g ; c'est-à-dire $g(f(a))$. Cette application

$$a \mapsto g(f(a))$$

de A vers C est appelée l'application *composée* ou *produit* de f et g et est notée $g \circ f$. En d'autres termes, $(g \circ f) : A \to C$ est l'application définie par

$$(g \circ f)(a) = g(f(a))$$

Notre premier théorème montre que la composition des fonctions est une opération *associative*.

Théorème 9.1 : Soit $f : A \to B$, $g : B \to C$ et $h : C \to D$. Alors $h \circ (g \circ f) = (h \circ g) \circ f$.

Nous démontrons, tout de suite, ce théorème. Soit $a \in A$, alors

$$(h \circ (g \circ f))(a) = h((g \circ f)(a)) = h(g(f(a)))$$

et

$$((h \circ g) \circ f)(a) = (h \circ g)(f(a)) = h(g(f(a)))$$

Ainsi, $(h \circ (g \circ f))(a) = ((h \circ g) \circ f)(a)$ pour tout $a \in A$, et, par suite, $h \circ (g \circ f) = (h \circ g) \circ f)$.

Remarque : Soit $F : A \to B$. Certains auteurs écrivent aF au lieu de $F(a)$ pour désigner l'image de $a \in A$ par F. Avec cette notation, la composition des fonctions $F : A \to B$ et $G : B \to C$ est notée $F \circ G$ au lieu de $G \circ F$ comme nous l'utiliserons, par la suite, dans ce texte.

Applications injectives, applications surjectives

Nous introduisons formellement certains types d'applications particulières.

Définition : Une application $f : A \to B$ est dite *injective* si deux éléments distincts quelconques de A ont des images distinctes ; c'est-à-dire,

$$\text{si } a \neq a' \quad \text{implique} \quad f(a) \neq f(a')$$

ou, d'une manière équivalente, si $f(a) = f(a')$ implique $a \neq a'$.

Définition : Une application $f : A \to B$ est dite *surjective* si tout élément $b \in B$ est l'image d'au moins un élément $a \in A$.

Une application $f : A \to B$ qui est à la fois injective et surjective est dite *bijective*.

Exemple 9.2

(a) Soit $f : \mathbb{R} \to \mathbb{R}$, $g : \mathbb{R} \to \mathbb{R}$ et $h : \mathbb{R} \to \mathbb{R}$ définies par $f(x) = 2^x$, $g(x) = x^3 - x$ et $h(x) = x^2$. Les graphes de ces fonctions sont construits dans la figure 9-1. L'application f est injective. Cela signifie, géométriquement, qu'aucune droite horizontale ne contient plus d'un point de f. L'application g est surjective. Cela signifie, géométriquement, que chaque droite horizontale contient au moins un point de g. L'application h n'est ni injective, ni surjective. En effet, par exemple, 2 et -2 ont la même image 4 par h et -16 n'est l'image d'aucun élément de $\mathbb{R}$.

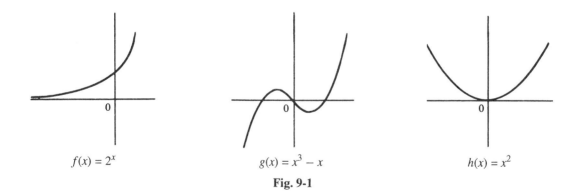

$$f(x) = 2^x \qquad\qquad g(x) = x^3 - x \qquad\qquad h(x) = x^2$$

Fig. 9-1

(b) Soit A un ensemble quelconque. L'application $f : A \to A$ définie par $f(a) = a$, *i.e.* qui, à tout élément de A, fait correspondre l'élément lui-même, est appelée *l'application identité* sur A et est notée $\mathbf{1}_A$ ou $\mathbf{1}$ ou encore I_A ou simplement I.

(c) Soit $f : A \to B$. L'application $g : B \to A$ est appelée *l'inverse* de f, et est notée f^{-1}, si

$$f \circ g = \mathbf{1}_B \quad \text{et} \quad g \circ f = \mathbf{1}_A$$

Dans ce cas, nous disons que l'application f est inversible. Notons que f est inversible si et seulement si f est bijective, c'est-à-dire, à la fois injective et bijective (*cf.* problème 9.11). Aussi, si $b \in B$ alors $f^{-1}(b) = a$ où a est l'unique élément de A tel que $f(a) = b$.

9.3. APPLICATIONS LINÉAIRES

Soit V et U deux espaces vectoriels sur le même corps $\mathbb{K}$. Une application $F : V \to U$ est appelée une *application linéaire* [ou *transformation linéaire* ou encore un *homomorphisme d'espaces vectoriels*] si les deux conditions suivantes sont satisfaites :

(1) Quels que soient v, $w \in V$, $F(v + w) = F(v) + F(w)$.

(2) Quel que soit $k \in \mathbb{K}$ et quel que soit $v \in V$, $F(kv) = kF(v)$.

En d'autres termes, $F : V \to U$ est linéaire si elle conserve les deux opérations de base d'un espace vectoriel ; c'est-à-dire l'addition vectorielle et la multiplication par un scalaire.

En remplaçant $k = 0$ dans (2), nous obtenons $F(0) = 0$. Cela signifie que l'image du vecteur nul par toute application linéaire est égale au vecteur nul.

Maintenant, quels que soient les scalaires a, $b \in \mathbb{K}$ et quels que soient les vecteurs v, $w \in V$, nous obtenons, en appliquant les deux conditions de linéarité,

$$F(av + bw) = F(av) + F(bw) = a\,F(v) + b\,F(w)$$

Plus généralement, quels que soient les scalaires $a_i \in \mathbb{K}$ et quels que soient les vecteurs $v_i \in V$, nous obtenons la propriété de base des applications linéaires :

$$F(a_1 v_1 + a_2 v_2 + \cdots + a_n v_n) = a_1 F(v_1) + a_2 F(v_2) + \cdots + a_n F(v_n)$$

Remarque : La condition $F(av + bw) = a\,F(v) + b\,F(w)$ caractérise complètement les applications linéaires et est, parfois, utilisée comme définition des applications linéaires.

Exemple 9.3

(a) Soit A une matrice $m \times n$ sur un corps $\mathbb{K}$. Comme nous l'avons dit précédemment, A détermine une application $F : \mathbb{K}^n \to \mathbb{K}^m$ par la correspondance $v \mapsto Av$. [Ici, les vecteurs de $\mathbb{K}^n$ sont écrits comme des vecteurs colonnes.] Nous affirmons que F est une application linéaire. En effet, d'après les propriétés des matrices,

$$F(v + w) = A(v + w) = Av + Aw = F(v) + F(w)$$

et

$$F(kv) = A(kv) = kAv = kF(v)$$

où v, $w \in \mathbb{K}^n$ et $k \in \mathbb{K}$.

(b) Soit $F : \mathbb{R}^3 \to \mathbb{R}^3$ l'application *projection* sur le plan xy, c'est-à-dire $F(x, y, z) = (x, y, 0)$. Montrons que F est linéaire. Soit $v = (a, b, c)$ et $w = (a', b', c')$. Alors

$$F(v + w) = F(a + a', b + b', c + c') = (a + a', b + b', 0)$$
$$= (a, b, 0) + (a', b', 0) = F(v) + F(w)$$

et, pour tout $k \in \mathbb{R}$,

$$F(kv) = F(ka, kb, kc) = (ka, kb, 0) = k(a, b, 0) = k\,F(v)$$

C'est-à-dire : F est linéaire.

(c) Soit $F : \mathbb{R}^2 \to \mathbb{R}^2$ l'application *translation* définie par $F(x, y) = (x + 1, y + 2)$. Remarquons d'abord que $F(0) = F(0, 0) = (1, 2) \neq 0$. Cela signifie que l'image du vecteur nul par F n'est pas égale au vecteur nul. Donc, F n'est pas linéaire.

(d) Soit $F : V \to U$ l'application qui fait correspondre $0 \in U$ à tout vecteur $v \in V$. Alors, quels que soient v, $w \in V$ et quel que soit $k \in \mathbb{K}$, nous avons

$$F(v + w) = 0 = 0 + 0 = F(v) + F(w) \quad \text{et} \quad F(kv) = 0 = k0 = k\,F(v)$$

Ainsi, F est une application linéaire, appelée *l'application nulle* et sera souvent notée 0.

(e) Considérons l'application identité $I : V \to V$ qui, à tout vecteur $v \in V$, fait correspondre le vecteur lui-même. Alors quels que soient v, $w \in V$ et quels que soient a, $b \in \mathbb{K}$, nous avons

$$I(av + bw) = av + bw = a\,I(v) + b\,I(w)$$

Ainsi, I est linéaire.

(f) Soit V l'espace vectoriel des polynômes d'une variable t sur le corps $\mathbb{R}$ des nombres réels. Alors l'application dérivée et $\mathbf{D} : V \rightarrow V$ et l'application $\mathbf{J} : V \rightarrow \mathbb{R}$ définies dans l'exemple 9.1(c) et (d) sont linéaires.

En effet, on démontre, en analyse, que quels que soient u, $v \in V$ et $k \in \mathbb{R}$,

$$\frac{\mathrm{d}(u+v)}{\mathrm{d}t} = \frac{\mathrm{d}u}{\mathrm{d}t} + \frac{\mathrm{d}v}{\mathrm{d}t} \qquad \text{et} \qquad \frac{\mathrm{d}(ku)}{\mathrm{d}t} = k\frac{\mathrm{d}u}{\mathrm{d}t}$$

C'est-à-dire : $\mathbf{D}(u+v) = \mathbf{D}(u) + \mathbf{D}(v)$ et $\mathbf{D}(ku) = k\mathbf{D}(u)$. De même, nous avons

$$\int_0^1 [u(t) + v(t)]\,\mathrm{d}t = \int_0^1 u(t)\,\mathrm{d}t + \int_0^1 v(t)\,\mathrm{d}t$$

et
$$\int_0^1 ku(t)\,\mathrm{d}t = k\int_0^1 u(t)\,\mathrm{d}t$$

C'est-à-dire : $\mathbf{J}(u+v) = \mathbf{J}(u) + \mathbf{J}(v)$ et $\mathbf{J}(ku) = k\mathbf{J}(u)$.

(g) Soit $F : V \rightarrow U$ une application linéaire qui est à la fois injective et surjective. Alors, l'application inverse $F^{-1} : V \rightarrow U$ existe. Nous montrerons (*cf.* problème 9.15) que cette application inverse est également linéaire.

Le théorème suivant (*cf.* problème 9.12 pour la démonstration) permet de construire beaucoup d'exemples d'applications linéaires. En particulier, ce théorème nous dit qu'une application linéaire est complètement déterminée par la donnée des images des vecteurs d'une base.

Théorème 9.2 :   Soit V et U deux espaces vectoriels sur un corps $\mathbb{K}$. Soit $\{v_1, v_2, \ldots, v_n\}$ une base de V et soit $u_1, u_2, \ldots, u_n$ des vecteurs de U. Alors, il existe une application linéaire unique $F : V \rightarrow U$ telle que $F(v_1) = u_1, F(v_2) = u_2, \ldots, F(v_n) = u_n$.

Notons que les vecteurs $u_1, \ldots, u_n$ du théorème 9.2 sont complètement arbitraires. Ils peuvent être linéairement dépendants, voire égaux les uns aux autres.

Isomorphismes d'espaces vectoriels

La notion d'isomorphisme entre deux espaces vectoriels a déjà été définie au chapitre 5 lors de la recherche des coordonnées d'un vecteur relativement à une base. Nous allons maintenant redéfinir ce concept.

Définition :   Deux espaces vectoriels V et U sur le corps $\mathbb{K}$ sont dits *isomorphes* s'il existe une application linéaire bijective $F : V \rightarrow U$. L'application F est alors appelée un *isomorphisme* de V sur U.

Exemple 9.4.   Soit V un espace vectoriel sur $\mathbb{K}$ de dimension n et soit S une base de V. Alors, comme nous l'avons noté précédemment, l'application $v \mapsto [v]_S$ qui, à tout vecteur $v \in V$, fait correspondre son vecteur coordonné relativement à la base S, est un isomorphisme de V sur $\mathbb{K}^n$.

9.4. NOYAU ET IMAGE D'UNE APPLICATION LINÉAIRE

Donnons d'abord les définitions de deux concepts fondamentaux.

Définition :   Soit $F : V \rightarrow U$ une application linéaire. L'*image* de F, notée $\operatorname{Im} F$, est l'ensemble des vecteurs de U, images par F d'éléments de V :

$$\operatorname{Im} F = \{u \in U \ : \ F(v) = u \text{ pour un certain } v \in V\}$$

Le *noyau* de F, noté $\operatorname{Ker} F$, est l'ensemble des éléments de V dont l'image par F est $0 \in U$:

$$\operatorname{Ker} F = \{v \in V : F(v) = 0\}$$

La démonstration du théorème suivant est immédiate (*cf.* problème 9.22).

Théorème 9.3 : Soit $F : V \to U$ une application linéaire. Alors l'image de F est un sous-espace de U et $\operatorname{Ker} F$ est un sous-espace de V.

Supposons maintenant que les vecteurs $v_1, \ldots, v_n$ engendrent V et que $F : V \to U$ est une application linéaire. Nous montrons que $F(v_1), \ldots, F(v_n) \in U$ engendrent $\operatorname{Im} F$. En effet, soit $u \in \operatorname{Im} F$, alors $F(v) = u$ pour un certain vecteur $v \in V$. Puisque les v_i engendrent V et puisque $v \in V$, il existe des scalaires $a_1, \ldots, a_n$ tels que

$$v = a_1 v_1 + a_2 v_2 + \cdots + a_n v_n.$$

Par conséquent,

$$u = F(v) = F(a_1 v_1 + a_2 v_2 + \cdots + a_n v_n) = a_1 F(v_1) + a_2 F(v_2) + \cdots + a_n F(v_n)$$

et, par suite, les vecteurs $F(v_1), \ldots, F(v_n)$ engendrent $\operatorname{Im} F$.

Énonçons formellement ce résultat.

Proposition 9.4 : Supposons que les vecteurs $v_1, \ldots, v_n$ engendrent V et que $F : V \to U$ est une application linéaire. Alors $F(v_1), \ldots, F(v_n)$ engendrent $\operatorname{Im} F$.

Exemple 9.5

(a) Soit $F : \mathbb{R}^3 \to \mathbb{R}^3$ l'application projection sur le plan xy. C'est-à-dire :

$$F(x, y, z) = (x, y, 0)$$

(*Cf.* fig 9-2.) Il est clair que l'image de F est le plan xy tout entier. C'est-à-dire :

$$\operatorname{Im} F = \{(a, b, 0) \,:\, a, b \in \mathbb{R}\}$$

Noter que le noyau de F est l'axe des z. C'est-à-dire :

$$\operatorname{Ker} F = \{(0, 0, c) : c \in \mathbb{R}\}$$

puisque ce sont les seuls vecteurs dont l'image est le vecteur nul $0 = (0, 0, 0)$.

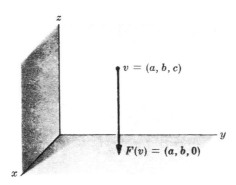

Fig. 9-2

(b) Soit V l'espace vectoriel des polynômes d'une variable t sur $\mathbb{R}$ et soit $\mathbf{T} : V \to V$ l'opérateur *dérivée troisième*, C'est-à-dire

$$\mathbf{T}[f(t)] = \mathrm{d}^3 f / \mathrm{d}t^3$$

[On utilise souvent la notation $\mathbf{T} = \mathbf{D}^3$, où $\mathbf{D}$ est l'application dérivée première comme définie dans l'exemple 9.1(c).] Alors

$$\operatorname{Ker} \mathbf{T} = \{\text{polynômes de degré} \leq 2\}$$

[puisque $\mathbf{T}(at^2 + bt + c) = 0$, mais $\mathbf{T}(t^n) \neq 0$ pour $n > 3$]. D'autre part,

$$\operatorname{Im} \mathbf{T} = V$$

puisque tout polynôme $f(t)$ de V est la dérivée troisième d'un certain polynôme.

(c) Considérons une matrice arbitraire 4×3, A, sur $\mathbb{K}$:

$$A = \begin{pmatrix} a_1 & a_2 & a_3 \\ b_1 & b_2 & b_3 \\ c_1 & c_2 & c_3 \\ d_1 & d_2 & d_3 \end{pmatrix}$$

qui peut être considérée comme une application linéaire $A : \mathbb{K}^3 \to \mathbb{K}^4$. Comme les vecteurs de base $\{e_1, e_2, e_3\}$ de $\mathbb{K}^3$ engendrent $\mathbb{K}^3$, les vecteurs images Ae_1, Ae_2, Ae_3 engendrent l'image de A. Or, les vecteurs Ae_1, Ae_2 et Ae_3 sont les colonnes de A :

$$Ae_1 = \begin{pmatrix} a_1 & a_2 & a_3 \\ b_1 & b_2 & b_3 \\ c_1 & c_2 & c_3 \\ d_1 & d_2 & d_3 \end{pmatrix} \begin{pmatrix} 1 \\ 0 \\ 0 \end{pmatrix} = \begin{pmatrix} a_1 \\ b_1 \\ c_1 \\ d_1 \end{pmatrix} \qquad Ae_2 = \begin{pmatrix} a_1 & a_2 & a_3 \\ b_1 & b_2 & b_3 \\ c_1 & c_2 & c_3 \\ d_1 & d_2 & d_3 \end{pmatrix} \begin{pmatrix} 0 \\ 1 \\ 0 \end{pmatrix} = \begin{pmatrix} a_2 \\ b_2 \\ c_2 \\ d_2 \end{pmatrix}$$

$$Ae_3 = \begin{pmatrix} a_1 & a_2 & a_3 \\ b_1 & b_2 & b_3 \\ c_1 & c_2 & c_3 \\ d_1 & d_2 & d_3 \end{pmatrix} \begin{pmatrix} 0 \\ 0 \\ 1 \end{pmatrix} = \begin{pmatrix} a_3 \\ b_3 \\ c_3 \\ d_3 \end{pmatrix}$$

Ainsi, l'image de A est précisément l'espace colonne de A.

D'autre part, le noyau de A est formé de tous les vecteurs v tels que $Av = 0$. Cela signifie que le noyau de A est l'espace solution du système homogène $AX = 0$.

Remarque : Le résultat précédent est vrai dans le cas général. C'est-à-dire que si A est une matrice $m \times n$ quelconque, considérée comme application linéaire $A : \mathbb{K}^n \to \mathbb{K}^m$ et si $E = \{e_i\}$ est la base usuelle de $\mathbb{K}^n$, alors $Ae_1, \ldots, Ae_n$ sont les colonnes de A, $\operatorname{Ker} A$ est l'espace solution du système homogène $AX = 0$ et $\operatorname{Im} A$ est l'espace colonne de A (*cf.* section 5.5).

Rang et nullité d'une application linéaire

Jusqu'ici, nous n'avons pas relié la notion de dimension avec celle d'une application linéaire $F : V \to U$. Dans le cas d'un espace vectoriel V, de dimension finie, nous avons la relation fondamentale suivante.

Théorème 9.5   (Théorème noyau-image) : Soit V un espace vectoriel de dimension finie, et $F : V \to U$ une application linéaire. Alors

$$\dim V = \dim(\operatorname{Ker} F) + \dim(\operatorname{Im} F) \qquad\qquad (9.1)$$

[C'est-à-dire, la somme des dimensions de l'image et du noyau d'une application linéaire est égale à la dimension de son domaine.]

L'égalité *(9.1)* se vérifie facilement pour la projection F de l'exemple 9.5(a). L'image de F (le plan xy) et le noyau de F sont de dimensions respectives 2 et 1, alors que le domaine $\mathbb{R}^3$ de F est de dimension 3.

Remarque : Soit $F : V \to U$ une application linéaire. Alors le *rang* de F est la dimension de son image, et la *nullité* de F est la dimension de son noyau. C'est-à-dire :

$$\operatorname{rang} F = \dim(\operatorname{Im} F) \quad \text{et} \quad \operatorname{nullité} F = \dim(\operatorname{Ker} F)$$

Ainsi, le théorème 9.5 conduit à la formule suivante pour l'application linéaire F lorsque V est de dimension finie :

$$\operatorname{rang} F + \operatorname{nullité} F = \dim V$$

Rappelons que le rang d'une matrice a été initialement défini comme étant la dimension de son espace colonne et de son espace ligne. Si nous considérons A comme une application linéaire, alors les deux définitions coïncident puisque l'image de A est précisément son espace colonne.

Exemple 9.6. Soit $F : \mathbb{R}^4 \to \mathbb{R}^3$ l'application linéaire définie par

$$F(x, y, s, t) = (x - y + s + t, x + 2s - t, x + y + 3s - 3t)$$

(a) Trouver une base et la dimension de l'image de F.

Cherchons l'image de la base usuelle de $\mathbb{R}^4$:

$$F(1, 0, 0, 0) = (1, 1, 1) \qquad F(0, 0, 1, 0) = (1, 2, 3)$$
$$F(0, 1, 0, 0) = (-1, 0, 1) \qquad F(0, 0, 0, 1) = (1, -1, -3)$$

D'après la proposition 9.4, les vecteurs images engendrent $\operatorname{Im} F$; donc, ils forment une matrice dont les lignes sont ces vecteurs images, qu'on peut réduire suivant les lignes, à la forme échelonnée :

$$\begin{pmatrix} 1 & 1 & 1 \\ -1 & 0 & 1 \\ 1 & 2 & 3 \\ 1 & -1 & -3 \end{pmatrix} \sim \begin{pmatrix} 1 & 1 & 1 \\ 0 & 1 & 2 \\ 0 & 1 & 2 \\ 0 & -2 & -4 \end{pmatrix} \sim \begin{pmatrix} 1 & 1 & 1 \\ 0 & 1 & 2 \\ 0 & 0 & 0 \\ 0 & 0 & 0 \end{pmatrix}$$

Ainsi, $(1, 1, 1)$ et $(0, 1, 2)$ forment une base de $\operatorname{Im} F$; donc $\dim(\operatorname{Im} F) = 2$ ou, en d'autres termes, rang $F = 2$.

(b) Trouver une base et la dimension du noyau de l'application F.

Posons $F(v) = 0$ où $v = (x, y, z, t)$:

$$F(x, y, s, t) = (x - y + s + t, x + 2s - t, x + y + 3s - 3t) = (0, 0, 0)$$

Identifions les composantes correspondantes pour former un système homogène dont l'espace solution est précisément $\operatorname{Ker} F$.

$$\begin{aligned} x - y + s + t &= 0 \\ x + 2s - t &= 0 \quad \text{ou} \\ x + y + 3s - 3t &= 0 \end{aligned} \qquad \begin{aligned} x - y + s + t &= 0 \\ y + s - 2t &= 0 \quad \text{ou} \\ 2y + 2s - 4t &= 0 \end{aligned} \qquad \begin{aligned} x - y + s + t &= 0 \\ y + s - 2t &= 0 \end{aligned}$$

Les variables libres sont s et t ; donc $\dim(\operatorname{Ker} F) = 2$, ou nullité $F = 2$. Posons

(i) $s = -1$, $t = 0$, pour obtenir la solution $(2, 1, -1, 0)$;

(ii) $s = 0$, $t = 1$, pour obtenir la solution $(1, 2, 0, 1)$.

Ainsi, $(2, 1, -1, 0)$ et $(1, 2, 0, 1)$ forment une base de $\operatorname{Ker} F$. (Remarquer que rang F + nullité $F = 2 + 2 = 4$, qui est la dimension du domaine $\mathbb{R}^4$ de F.)

Application aux systèmes d'équations linéaires

Considérons un système de m équations linéaires à n inconnues sur un corps $\mathbb{K}$:

$$\begin{aligned} a_{11}x_1 + a_{12}x_2 + \cdots + a_{1n}x_n &= b_1 \\ a_{21}x_1 + a_{22}x_2 + \cdots + a_{2n}x_n &= b_2 \\ &\cdots\cdots\cdots\cdots\cdots\cdots\cdots \\ a_{m1}x_1 + a_{m2}x_2 + \cdots + a_{mn}x_n &= b_m \end{aligned}$$

qui est équivalent à l'équation matricielle

$$Ax = b$$

où $A = (a_{ij})$ est la matrice des coefficients et les $x = (x_i)$ et $b = (b_i)$ sont les vecteurs colonnes des inconnues et des termes constants, respectivement. Maintenant, la matrice A peut aussi être considérée comme une application linéaire

$$A : \mathbb{K}^n \to \mathbb{K}^m$$

Ainsi, la solution de l'équation $Ax = b$ peut être considérée comme l'image réciproque de $b \in \mathbb{K}^m$ par l'application linéaire $A : \mathbb{K}^n \to \mathbb{K}^m$. De plus, la solution du système homogène associé $Ax = 0$, peut être considérée comme le noyau de l'application linéaire $A : \mathbb{K}^n \to \mathbb{K}^m$.

Le théorème 9.5 sur les applications linéaires nous donne la relation suivante :

$$\dim(\operatorname{Ker} A) = \dim \mathbb{K}^n - \dim(\operatorname{Im} A) = n - \operatorname{rang} A$$

Or, n est exactement le nombre d'inconnues dans le système homogène $Ax = 0$. Ainsi, nous avons rétabli le théorème 5.20.

Théorème 9.6 : La dimension de l'espace solution W du système homogène d'équations linéaires $Ax = 0$, est $n - r$ où n est le nombre d'inconnues et r le rang de la matrice des coefficients A.

9.5. APPLICATIONS LINÉAIRES SINGULIÈRES ET NON SINGULIÈRES, ISOMORPHISMES

Une application linéaire $F : V \to U$ est dite *singulière* s'il existe des vecteurs non nuls dont l'image par F est nulle. C'est-à-dire s'il existe $v \in V$ tel que $v \neq 0$ et $F(v) = 0$. Ainsi, $F : V \to U$ est *non singulière* si seul $0 \in V$ a pour image $0 \in U$ ou, d'une manière équivalente, si son noyau est réduit au vecteur nul : $\operatorname{Ker} F = \{0\}$.

Théorème 9.7 : Soit $F : V \to U$ une application linéaire non singulière. Alors, l'image de tout ensemble linéairement indépendant est linéairement indépendant.

Isomorphismes

Soit $F : V \to U$ une application linéaire injective. Alors, seul $0 \in V$ a pour image $0 \in U$ et, par suite, F est non singulière. La réciproque est également vraie. En effet, supposons que F est non singulière et $F(v) = F(w)$; alors, $F(v - w) = F(v) - F(w) = 0$, donc $v - w = 0$, ou encore $v = w$. Ainsi, $F(v) = F(w)$ implique $v = w$, c'est-à-dire, F est injective. Nous avons donc démontré :

Proposition 9.8 : Une application linéaire $F : V \to U$ est injective si et seulement si elle est non singulière.

Rappelons qu'une application $F : V \to U$ est appelée un isomorphisme si F est linéaire et si F est bijective, *i.e.* si F est à la fois injective et surjective. Rappelons aussi qu'un espace vectoriel V est dit isomorphe à un espace vectoriel U, et on écrit $V \simeq U$, s'il existe un isomorphisme $F : V \to U$.

Le théorème suivant sera démontré dans le problème 9.30.

Théorème 9.9 : Soit V un espace vectoriel de dimension finie, $\dim V = \dim U$. Soit $F : V \to U$ une application linéaire. Alors, F est un isomorphisme si et seulement si F est non singulière.

9.6. OPÉRATIONS SUR LES APPLICATIONS LINÉAIRES

Nous pouvons maintenant combiner des applications linéaires de diverses manières pour obtenir de nouvelles applications linéaires. Ces opérations sont très importantes et seront utilisées tout au long de cet ouvrage.

Soit $F : V \to U$ et $G : V \to U$ deux applications linéaires, où U et V sont des espaces vectoriels sur le corps $\mathbb{K}$. La *somme* $F + G$ est l'application définie de V dans U et qui fait correspondre $F(v) + G(v)$ à tout $v \in V$:

$$(F + G)(v) = F(v) + G(v)$$

De plus, quel que soit le scalaire $k \in \mathbb{K}$, le *produit* kF est l'application définie de V dans U et qui fait correspondre $kF(v)$ à tout $v \in V$:

$$(kF)(v) = k\,F(v)$$

Montrons, maintenant, que si F et G sont des applications linéaires, alors $F + G$ et kF sont aussi linéaires. En effet, quels que soient les vecteurs v, $w \in V$ et quels que soient les scalaires a, $b \in \mathbb{K}$, nous avons

$$(F + G)(av + bw) = F(av + bw) + G(av + bw)$$
$$= a\, F(v) + b\, F(w) + a\, G(v) + b\, G(w)$$
$$= a(F(v) + G(v)) + b(F(w) + G(w))$$
$$= a(F + G)(v) + b(F + G)(w)$$

et
$$(k\, F)(av + bw) = k\, F(av + bw) = k(aF(v) + b\, F(w))$$
$$= ak\, F(v) + bk\, F(w) = a(k\, F)(v) + b(k\, F)(w)$$

Ainsi, $F + G$ et kF sont linéaires.

Théorème 9.10 : Soit V et U des espaces vectoriels sur un corps $\mathbb{K}$. Alors, l'ensemble de toutes les applications linéaires de V dans U, muni des opérations précédentes d'addition vectorielle et de multiplication par un scalaire, est un espace vectoriel sur $\mathbb{K}$.

L'espace vectoriel du théorème 9.10 est souvent noté

$$\mathrm{Hom}(V, U)$$

Ici, Hom provient du mot homomorphisme. Dans le cas où V et U sont de dimension finie, nous avons le théorème suivant, démontré dans le problème 9.36.

Théorème 9.11 : Supposons que $\dim V = m$ et $\dim U = n$. Alors $\mathrm{Hom}(V, U) = mn$.

Composition des applications linéaires

Considérons maintenant V, U et W des espaces vectoriels sur le même corps $\mathbb{K}$, et soit $F : V \to U$ et $G : U \to W$ deux applications linéaires :

$$\boxed{V} \xrightarrow{\;F\;} \boxed{U} \xrightarrow{\;G\;} \boxed{W}$$

Rappelons que la *fonction composée* $G \circ F$ est l'application de V dans W, définie par $(G \circ F)(v) = G(F(v))$. Montrons que, si F et G sont des applications linéaires, alors $G \circ F$ est aussi linéaire. Quels que soient les vecteurs v, $w \in V$ et quels que soient les scalaires a, $b \in \mathbb{K}$, nous avons

$$(G \circ F)(av + bw) = G(F(av + bw)) = G(a\, F(v) + b\, F(w))$$
$$= a\, G(F(v)) + b\, G(F(w)) = a(G \circ F)(v) + b(G \circ F)(w)$$

C'est-à-dire : $G \circ F$ est linéaire.

La composition des fonctions et les opérations d'addition et de multiplication par un scalaire sont reliées comme suit (*cf.* problème 9.37 pour la démonstration).

Théorème 9.12 : Soit V, U et W des espaces vectoriels sur un corps $\mathbb{K}$. Soit F et F' deux applications linéaires de V dans U, soit G et G' deux applications linéaires de U dans W et soit $k \in \mathbb{K}$. Alors

(i) $G \circ (F + F') = G \circ F + G \circ F'$

(ii) $(G + G') \circ F = G \circ F + G' \circ F$

(iii) $k(G \circ F) = (kG) \circ F = G \circ (kF)$.

9.7. L'ALGÈBRE $A(V)$ DES OPÉRATEURS LINÉAIRES

Soit V un espace vectoriel sur un corps $\mathbb{K}$. Nous considérons maintenant un cas particulier d'applications linéaires $F : V \rightarrow V$, *i.e.* de V dans lui-même. Ces applications sont également appelées des *opérateurs* ou *transformations* linéaires sur V (ou encore des *endomorphismes* de V). Nous écrirons $A(V)$ au lieu de $\mathrm{Hom}(V, V)$ pour désigner l'espace de ces applications.

D'après le théorème 9.10, $A(V)$ est un espace vectoriel sur $\mathbb{K}$, de dimension n^2 si V est de dimension n sur $\mathbb{K}$. Maintenant, si F et $G \in A(V)$, alors $G \circ F$ existe et est aussi une application linéaire de V dans lui-même, *i.e.* $G \circ F \in A(V)$. Ainsi, on définit une multiplication dans $A(V)$. [Nous écrirons GF au lieu de $G \circ F$ dans l'espace $A(V)$.]

Remarque : Une algèbre A sur un corps $\mathbb{K}$ est un espace vectoriel sur $\mathbb{K}$ dans lequel est définie une opération de multiplication satisfaisant, pour tout F, G, $H \in A(V)$ et tout $k \in \mathbb{K}$

(i) $F(G + H) = FG + FH$

(ii) $(G + H)F = GF + HF$

(iii) $k(GF) = (kG)F = G(kF)$

Si la multiplication est associative, *i.e.* si pour tout F, G, $H \in A(V)$,

(iv) $(FG)H = F(GH)$

alors, l'algèbre $A(V)$ est dite *associative*

Si la multiplication est commutative, *i.e.* si pour tout F, $G \in A(V)$,

(v) $FG = GF$

alors, l'algèbre $A(V)$ est dite *commutative*.

La définition précédente d'une algèbre et les théorèmes 9.10, 9.11 et 9.12 nous donnent le résultat fondamental suivant.

Théorème 9.13 : Soit V un espace vectoriel sur $\mathbb{K}$. Alors $A(V)$, munie de la composition des applications, est une algèbre associative sur $\mathbb{K}$. Si dim $V = n$, alors dim $A(V) = n^2$.

$A(V)$ est fréquemment appelée *l'algèbre des opérateurs linéaires* sur V.

Opérations linéaires et polynômes

Remarquons d'abord l'application identité $I : V \rightarrow V$ appartient à $A(V)$. Aussi, pour tout $T \in A(V)$, nous avons $TI = IT = T$. Nous pouvons donc former des « puissances » de T ; nous utiliserons les notations $T^2 = T \circ T$, $T^3 = T \circ T \circ T, \ldots$ De plus, pour tout polynôme

$$p(x) = a_0 + a_1 x + a_2 x^2 + \cdots + a_n x^n \qquad a_i \in \mathbb{K}$$

nous pouvons former l'opérateur $p(T)$ défini par

$$p(T) = a_0 I + a_1 T + a_2 T^2 + \cdots + a_n T^n$$

(Pour un scalaire $k \in \mathbb{K}$, l'opérateur kI est fréquemment noté simplement k.) En particulier, si $p(T) = \mathbf{0}$, l'application nulle, alors T est dit un *zéro* du polynôme $p(x)$.

Exemple 9.7. Soit $T : \mathbb{R}^3 \rightarrow \mathbb{R}^3$ défini par $T(x, y, z) = (0, x, y)$. Si (a, b, c) est un élément quelconque de $\mathbb{R}^3$, alors

$$(T + I)(a, b, c) = (0, a, b) + (a, b, c) = (a, a + b, b + c)$$

et

$$T^3(a, b, c) = T^2(0, a, b) = T(0, 0, a) = (0, 0, 0)$$

Ainsi, nous voyons que $T^3 = \mathbf{0}$, l'application nulle de V dans lui-même. En d'autres termes, T est un zéro du polynôme $p(x) = x^3$.

9.8. OPÉRATEURS INVERSIBLES

Un opérateur linéaire $T : V \to V$ est dit *inversible* s'il admet un inverse, *i.e.* s'il existe $T^{-1} \in A(V)$ tel que $TT^{-1} = T^{-1}T = I$.

Maintenant, T est inversible si et seulement si T est à la fois injectif et surjectif. Ainsi, en particulier, si T est inversible, alors seul $0 \in V$ a pour image 0. Ainsi, T est non singulier. La réciproque n'est pas vraie dans le cas général comme le montre l'exemple suivant.

Exemple 9.8. Soit V l'espace vectoriel des polynômes sur $\mathbb{K}$ et soit T l'opérateur sur V défini par

$$T(a_0 + a_1 t + \cdots + a_s t^s) = a_0 t + a_1 t^2 + \cdots + a_s t^{s+1} \qquad (s = 0, 1, 2, \ldots)$$

i.e. T augmente de 1 l'exposant de t dans chaque monôme. T est bien une application linéaire et elle est bien non singulière. Cependant, T n'est pas surjective et, par suite, n'est pas inversible.

L'espace V de l'exemple 9.8 est de dimension infinie. La situation change, d'une manière significative, lorsque V est de dimension finie. Plus précisément, nous avons le théorème suivant.

Théorème 9.14 : Soit T un opérateur linéaire sur un espace vectoriel V de dimension finie. Alors, les quatre conditions suivantes sont équivalentes :

    (i) T est non singulier, *i.e.* : Ker $T = \{0\}$

    (ii) T est injectif.

    (iii) T est surjectif.

    (iv) T est inversible, *i.e.* : T est bijectif.

La proposition 9.8 montre que (i) et (ii) sont équivalentes. Ainsi, pour démontrer le théorème, il suffit de démontrer que (i) et (iii) sont équivalentes. [On peut en déduire que (iv) est équivalente aux autres.] D'après le théorème 9.6, nous avons

$$\dim V = \dim(\operatorname{Im} T) + \dim(\operatorname{Ker} T)$$

Si T est non singulier, alors $\dim(\operatorname{Ker} T) = 0$ et, par suite, $\dim V = \dim(\operatorname{Im} T)$. Ceci signifie que $V = \operatorname{Im} T$, ou encore que T est surjectif. Ainsi, (i) implique (iii). Réciproquement, supposons que T est surjectif. Alors, $V = \operatorname{Im} T$ donc $\dim V = \dim(\operatorname{Im} T)$. Ceci signifie que $\dim(\operatorname{Ker} T) = 0$ et, par suite, T est non singulier. Ainsi, (iii) implique (i). Par conséquent, le théorème est démontré. [La démonstration du théorème 9.9 est identique à cette démonstration.]

Exemple 9.9. Soit T un opérateur sur $\mathbb{R}^2$ défini par $T(x, y) = (y, 2x - y)$. Le noyau de T est $\{(0, 0)\}$; donc T est non singulier et, d'après le théorème 9.14, T est inversible. Cherchons maintenant une formule qui définisse T^{-1}. Supposons que (s, t) est l'image de (x, y) par T ; donc (x, y) est l'image de (s, t) par T^{-1}, c'est-à-dire $T(x, y) = (s, t)$ et $T^{-1}(s, t) = (x, y)$. Nous avons donc,

$$T(x, y) = (y, 2x - y) = (s, t) \qquad \text{et donc} \qquad y = s, \;\; 2x - y = t$$

En résolvant x et y en fonction de s et t, nous obtenons $x = \frac{1}{2} s + \frac{1}{2} t$, $y = s$. Ainsi, T^{-1} est donné par la formule $T^{-1}(s, t) = (\frac{1}{2} s + \frac{1}{2} t, s)$.

Applications aux systèmes d'équations linéaires

Considérons un système d'équations linéaires sur $\mathbb{K}$ et supposons que ce système contient autant d'équations que d'inconnues, par exemple n. Nous pouvons représenter ce système par l'équation matricielle

$$Ax = b \tag{$*$}$$

où A est une matrice carrée d'ordre n sur $\mathbb{K}$ que nous pouvons considérer comme une application linéaire sur $\mathbb{K}^n$. Supposons que la matrice A est non singulière, *i.e.* que l'équation matricielle $Ax = 0$ admet uniquement la solution nulle. Donc, l'application linéaire A est à la fois injective et bijective. Cela signifie que le système $(*)$ admet une solution unique pour chaque $b \in \mathbb{K}^n$. D'autre part, supposons que la matrice A est singulière, *i.e.* que l'équation matricielle $Ax = 0$ admet une solution non nulle. Donc, l'application linéaire A n'est pas injective. Cela signifie qu'il existe $b \in \mathbb{K}^n$ pour lequel l'équation $(*)$ n'admet pas de solution. De plus, si une solution existe, elle n'est pas unique. [Revoir le problème 1.63(ii).] Ainsi, nous avons démontré le résultat fondamental suivant :

Théorème 9.15 : Considérons le système d'équations linéaires contenant autant d'équations que d'inconnues :

$$a_{11}x_1 + a_{12}x_2 + \cdots + a_{1n}x_n = b_1$$
$$a_{21}x_1 + a_{22}x_2 + \cdots + a_{2n}x_n = b_2$$
$$\dots\dots\dots\dots\dots\dots\dots\dots\dots\dots\dots\dots$$
$$a_{n1}x_1 + a_{n2}x_2 + \cdots + a_{nn}x_n = b_n$$

(a) Si le système homogène associé admet uniquement la solution nulle, alors le système précédent admet une solution unique pour chaque valeur de b_i.

(b) Si le système homogène associé admet une solution non nulle, alors : (i) il existe des valeurs des b_i pour lesquelles le système précédent n'admet pas de solution ; (ii) lorsqu'une solution du système précédent existe, elle n'est pas unique.

Problèmes résolus

APPLICATIONS

9.1. Dire, pour chacun des diagrammes de la figure 9-3, s'il définit, ou non, une application de $A = \{a, b, c\}$ dans $B = \{x, y, z\}$.

(a) Non. L'élément $b \in A$ n'a pas d'image dans B.

(b) Non. Deux éléments, x et z, ont la même image $c \in A$.

(c) Oui.

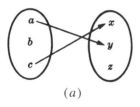   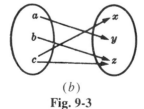   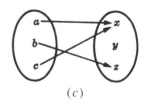

(a)　　　　　　　(b)　　　　　　　(c)

Fig. 9-3

9.2. Considérons les applications $f : A \to B$ et $g : B \to C$, définies par le diagramme de la figure 9-4. Trouver : (a) $(g \circ f) : A \to C$; et (b) les images des applications f, g et $g \circ f$.

(a) Nous utilisons la définition de l'application composée pour calculer :

$$(g \circ f)(a) = g(f(a)) = g(y) = t$$
$$(g \circ f)(b) = g(f(b)) = g(x) = s$$
$$(g \circ f)(c) = g(f(c)) = g(y) = t$$

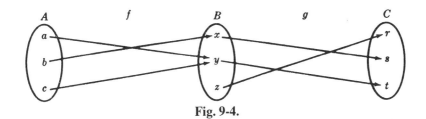

Fig. 9-4.

Remarquer que nous arrivons au même résultat si nous « suivons les flèches » dans le diagramme 9-4 :

$$a \to y \to t \qquad b \to x \to s \qquad c \to y \to t$$

(b) D'après le diagramme 9-4, les images par l'application f sont x et y, et les images par l'application g sont r, s et t. donc

$$\operatorname{Im} f = \{x, y\} \qquad \text{et} \qquad \operatorname{Im} g = \{r, s, t\}$$

Aussi, d'après (a), les images par l'application composée $g \circ f$ sont t et s. Par conséquent, $\operatorname{Im}(g \circ f) = \{s, t\}$. Remarquer que les images de g et de $g \circ f$ sont différentes.

9.3.   Considérons l'application $F : \mathbb{R}^3 \to \mathbb{R}^2$ définie par $F(x, y, z) = (yz, x^2)$. Trouver

(a) $F(2, 3, 4)$;   (b) $F(5, -2, 7)$;   (c) $F^{-1}(0, 0)$, *i.e.* tous les vecteurs $v \in \mathbb{R}^3$ tels que $F(v) = 0$.

   (a) En remplaçant dans l'expression de F, nous obtenons $F(2, 3, 4) = (3 \times 4, 2^2) = (12, 4)$.

   (b) $F(5, -2, 7) = (-2 \times 7, 5^2) = (-14, 25)$.

   (c) Posons $F(v) = 0$ où $v = (x, y, z)$, puis résolvons l'équation en x, y et z :

$$F(x, y, z) = (yz, x^2) = (0, 0) \qquad \text{ou} \qquad yz = 0 \text{ et } x^2 = 0$$

Ainsi, $x = 0$, et $y = 0$ ou $z = 0$. En d'autres termes, $x = 0$ et $y = 0$ *ou* $x = 0$ et $z = 0$. Par conséquent, v parcourt l'axe des z, ou l'axe des y.

9.4.   Considérons l'application $G : \mathbb{R}^3 \to \mathbb{R}^2$ définie par $G(x, y, z) = (x + 2y - 4z, 2x + 3y + z)$. Trouver $G^{-1}(3, 4)$.

   Posons $G(x, y, z) = (3, 4)$ pour obtenir le système d'équations

$$\begin{array}{lll} x + 2y - 4z = 3 & \quad x + 2y - 4z = 3 & \quad x + 2y - 4z = 3 \\ 2x + 3y + z = 4 & \quad -y + 9z = -2 & \quad y - 9z = 2 \end{array}$$

avec « ou » entre chaque système.

Ici, z est une variable libre. Posons $z = a$, $a \in \mathbb{R}$ pour obtenir la solution générale

$$x = -14a - 1 \qquad y = 9a + 2 \qquad z = a$$

En d'autres termes, $G^{-1}(3, 4) = \{(-14a - 1, 9a + 2, a)\}$.

9.5.   Considérons l'application $F : \mathbb{R}^2 \to \mathbb{R}^2$ définie par $F(x, y) = (3y, 2x)$. Soit S le cercle unité de $\mathbb{R}^2$, c'est-à-dire l'ensemble solution de l'équation $x^2 + y^2 = 1$. (a) Décrire $F(S)$. (b) Trouver $F^{-1}(S)$.

   (a) Soit (a, b) un élément de $F(S)$. Alors, il existe $(x, y) \in S$ tel que $F(x, y) = (a, b)$. Donc :

$$(3y, 2x) = (a, b) \quad \text{ou} \quad 3y = a, 2x = b \quad \text{ou} \quad y = a/3, x = b/2$$

Puisque $(x, y) \in S$, c'est-à-dire que $x^2 + y^2 = 1$, nous avons

$$(b/2)^2 + (a/3)^2 = 1 \qquad \text{ou} \qquad a^2/9 + b^2/4 = 1$$

Ainsi, $F(S)$ est une ellipse.

   (b) Posons $F(x, y) = (a, b)$ où $(a, b) \in S$. Alors, $(3y, 2x) = (a, b)$ ou $3y = a$, $2x = b$. Puisque $(a, b) \in S$, $a^2 + b^2 = 1$. Ainsi, $(3y)^2 + (2x)^2 = 1$. Par conséquent, $F^{-1}(S)$ est l'ellipse $4x^2 + 9y^2 = 1$.

9.6. Considérons les applications f et g définies par $f(x) = 2x + 1$ et $g(x) = x^2 - 2$. Calculer les expressions des applications : (a) $g \circ f$; (b) $f \circ g$; (c) $g \circ g$ (notée également g^2).

(a) Calculons l'expression de $g \circ f$ comme suit :

$$(g \circ f)(x) = g(f(x)) = g(2x + 1) = (2x + 1)^2 - 2 = 4x^2 + 4x - 1$$

Remarquer que la même réponse peut être obtenue en écrivant

$$y = f(x) = 2x + 1 \qquad \text{et} \qquad z = g(y) = y^2 - 2$$

puis en éliminant y comme suit : $y^2 - 2 = (2x + 1)^2 - 2 = 4x^2 + 4x - 1$.

(b) $(f \circ g)(x) = f(g(x)) = f(x^2 - 2) = 2(x^2 - 2) + 1 = 2x^2 - 3$

(c) $(g \circ g)(x) = g(g(x)) = g(x^2 - 2) = (x^2 - 2)^2 - 2 = x^4 - 4x^2 + 2$

9.7. Soit $f : A \rightarrow B$ et $g : B \rightarrow C$. Donc, la fonction composée $(g \circ f) : A \rightarrow C$ existe. Démontrer que :

(a) Si f et g sont injectives, alors $g \circ f$ est injective.

(b) Si f et g sont surjectives, alors $g \circ f$ est surjective.

(c) Si $g \circ f$ est injective, alors f est injective.

(d) Si $g \circ f$ est surjective, alors g est surjective.

(a) Supposons que $(g \circ f)(x) = (g \circ f)(y)$. Donc, $g(f(x)) = g(f(y))$. Puisque g est injective, $f(x) = f(y)$ et puisque f est injective, $x = y$. Nous avons ainsi démontré que $(g \circ f)(x) = (g \circ f)(y)$ implique $x = y$; donc $g \circ f$ est injective.

(b) Soit $c \in C$. Puisque g est surjective, il existe $b \in B$ tel que $g(b) = c$. Puisque f est surjective, il existe $a \in A$ tel que $f(a) = b$. Ainsi, $(g \circ f)(a) = g(f(a)) = g(b) = c$; donc $g \circ f$ est surjective.

(c) Supposons que f n'est pas injective. Donc, il exste deux éléments distincts $x, y \in A$ tel que $f(x) = f(y)$. Ainsi, $(g \circ f)(x) = g(f(x)) = g(f(y)) = (g \circ f)(y)$; donc $g \circ f$ n'est pas injective. Par suite, si $g \circ f$ est injective, alors f doit être injective.

(d) Si $a \in A$, alors $(g \circ f)(a) = g(f(a)) \in g(B)$; donc $(g \circ f)(A) \subseteq g(B)$. Supposons que g n'est pas surjective. Alors $g(B)$ est contenue strictement dans C et, par suite, $(g \circ f)(A)$ est contenue strictement dans C. Ainsi, $g \circ f$ n'est pas surjective. Par conséquent, si $g \circ f$ est surjective, alors g est surjective.

9.8. Démontrer qu'une application $f : A \rightarrow B$ admet un inverse si et seulement si f est à la fois injective et surjective.

Supposons que f admet un inverse $f^{-1} : B \rightarrow A$ et donc $f^{-1} \circ f = \mathbf{1}_A$ et $f \circ f^{-1} = \mathbf{1}_B$. Puisque $\mathbf{1}_A$ est injective, f est injective d'après le problème $9.7(c)$, et puisque $\mathbf{1}_B$ est surjective, f est surjective d'après le problème $9.7(d)$. Ainsi, f est à la fois injective et surjective.

Supposons maintenant que f est à la fois injective et surjective. Alors, chaque $b \in B$ est l'image d'un élément unique de A, par exemple $\widehat{b}$, tel que $f(a) = b$, alors $a = \widehat{b}$; donc $f(\widehat{b}) = b$. Maintenant, si g désigne l'application de B dans A définie par $b \mapsto \widehat{b}$, nous avons

(i) $(g \circ f)(a) = g(f(a)) = g(b) = \widehat{b} = a$, pour tout $a \in A$; donc $g \circ f = \mathbf{1}_A$.

(ii) $(f \circ g)(b) = f(g(b)) = f(\widehat{b}) = b$, pour tout $b \in B$; donc $f \circ g = \mathbf{1}_B$.

Par conséquent, f admet un inverse, l'application g.

APPLICATIONS LINÉAIRES

9.9. Montrer que l'application suivante est linéaire : $F : \mathbb{R}^3 \rightarrow \mathbb{R}$ définie par $F(x, y, z) = 2x - 3y + 4z$.

Soit $v = (a, b, c)$ et $w = (a', b', c')$; donc

$$v + w = (a + a', b + b', c + c') \qquad \text{et} \qquad kv = (ka, kb, kc) \quad (k \in \mathbb{R})$$

Nous avons $F(v) = 2a - 3b + 4c$ et $F(w) = 2a' - 3b' + 4c'$. Ainsi,

$$F(v + w) = F(a + a', b + b', c + c') = 2(a + a') - 3(b + b') + 4(c + c')$$
$$= (2a - 3b + 4c) + (2a' - 3b' + 4c') = F(v) + F(w)$$

et
$$F(kv) = F(ka, kb, kc) = 2ka - 3kb + 4kc) = k(2a - 3b + 4c) = k\, F(v)$$

Par conséquent, F est linéaire.

9.10. Une application $F : \mathbb{R}^2 \to \mathbb{R}^3$ est définie par $F(x, y) = (x + 1, 2y, x + y)$. F est-elle linéaire ?

Puisque $F(0, 0) = (1, 0, 0) \neq (0, 0, 0)$, F n'est pas linéaire.

9.11. Soit V l'espace des matrices carrées d'ordre n sur $\mathbb{K}$. Soit M une matrice arbitraire, mais fixée dans V. Soit $T : V \to V$ l'application définie par $T(A) = AM + MA$, où $A \in V$. Montrer que T est linéaire.

Quels que soient A, $B \in V$ et quel que soit $k \in \mathbb{K}$, nous avons

$$T(A + B) = (A + B)M + M(A + B) = AM + BM + MA + MB$$
$$= (AM + MA) + (BM + MB) = T(A) + T(B)$$

et
$$T(kA) = (kA)M + M(kA) = k(AM) + k(MA) = k(AM + MA) = k\, T(A)$$

Par conséquent, T est linéaire.

9.12. Démontrer le théorème 9.2.

La démonstration du théorème se fait en trois étapes : (1) définir une application $F : V \to U$ telle que $F(v_i) = u_i$, $i = 1, \dots, n$. (2) Montrer que F est linéaire. (3) Montrer que F est unique.

Étape 1. Soit $v \in V$. Puisque $\{v_1, \dots, v_n\}$ est une base de V, il existe des scalaires uniques $a_1, \dots, a_n \in \mathbb{K}$ tels que $v = a_1 v_1 + a_2 v_2 + \cdots + a_n v_n$. On définit $F : V \to U$ par

$$F(v) = a_1 u_1 + a_2 u_2 + \cdots + a_n u_n$$

(Puisque les a_i sont uniques, l'application F est bien définie.) Maintenant, pour $i = 1, \dots, n$,

$$v_i = 0 v_1 + \cdots + 1 v_i + \cdots + 0 v_n$$

Donc
$$F(v_i) = 0 u_1 + \cdots + 1 u_i + \cdots + 0 u_n = u_i$$

Ainsi, la première étape de la démonstration est achevée.

Étape 2. Supposons que $v = a_1 v_1 + a_2 v_2 + \cdots + a_n v_n$ et $w = b_1 v_1 + b_2 v_2 + \cdots + b_n v_n$. Alors

$$v + w = (a_1 + b_1) v_1 + (a_2 + b_2) v_2 + \cdots + (a_n + b_n) v_n$$

et, quel que soit $k \in \mathbb{K}$, $kv = k a_1 v_1 + k a_2 v_2 + \cdots + k a_n v_n$. Par définition de l'application F,

$$F(v) = a_1 u_1 + a_2 u_2 + \cdots + a_n u_n \qquad \text{et} \qquad F(w) = b_1 u_1 + b_2 u_2 + \cdots + b_n v_n$$

Donc
$$F(v + w) = (a_1 + b_1) u_1 + (a_2 + b_2) u_2 + \cdots + (a_n + b_n) u_n$$
$$= (a_1 u_1 + a_2 u_2 + \cdots + a_n u_n) + (b_1 u_1 + b_2 u_2 + \cdots + b_n u_n)$$
$$= F(v) + F(w)$$

et
$$F(kv) = k(a_1 u_1 + a_2 u_2 + \cdots + a_n u_n) = k\, F(v)$$

Ainsi, F est linéaire.

Étape 3. Supposons que $G : V \to U$ est une application linéaire telle que $G(v_i) = u_i$, $i = 1, \dots, n$. Si

$$v = a_1 v_1 + a_2 v_2 + \cdots + a_n v_n$$

donc
$$G(v) = G(a_1 v_1 + a_2 v_2 + \cdots + a_n v_n) = a_1 G(v_1) + a_2 G(v_2) + \cdots + a_n G(v_n)$$
$$= a_1 u_1 + a_2 u_2 + \cdots + a_n u_n = F(v)$$

Puisque $G(v) = F(v)$ pour tout $v \in V$, $G = F$. Par conséquent, F est unique. Ce qu'il fallait démontrer.

9.13. Soit $F : \mathbb{R}^2 \to \mathbb{R}^2$ l'application linéaire telle que

$$F(1, 2) = (2, 3) \qquad \text{et} \qquad F(0, 1) = (1, 4)$$

[Puisque $(1, 2)$ et $(0, 1)$ forment une base de $\mathbb{R}^2$, une telle application linéaire existe et est unique, d'après le théorème 9.2.] Trouver l'expression de F, c'est-à-dire trouver $F(a, b)$.

Écrivons (a, b) comme combinaison linéaire de $(1, 2)$ et $(0, 1)$ en utilisant x et y comme inconnues :

$$(a, b) = x(1, 2) + y(0, 1) = (x, 2x + y) \quad \text{donc} \quad a = x, \ b = 2x + y$$

En résolvant x et y en fonction de a et b, nous obtenons $x = a$, $y = -2a + b$. Donc

$$F(a, b) = x\, F(1, 2) + y\, F(0, 1) = a(2, 3) + (-2a + b)(1, 4) = (b, -5a + 4b)$$

9.14. Soit $T : V \to U$ une application linéaire. Soit $v_1, v_2, \ldots, v_n \in V$ des vecteurs tels que $T(v_1), T(v_2), \ldots, T(v_n)$ soient linéairement indépendants. Montrer que $v_1, v_2, \ldots, v_n$ sont aussi linéairement indépendants.

Soit $a_1, a_2, \ldots, a_n$ des scalaires. Supposons que $a_1 v_1 + a_2 v_2 + \cdots + a_n v_n = 0$. Alors

$$0 = T(0) = T(a_1 v_1 + a_2 v_2 + \cdots + a_n v_n) = a_1 T(v_1) + a_2 T(v_2) + \cdots + a_n T(v_n)$$

Puisque les $T(v_i)$ sont linéairement indépendants, tous les a_i sont nuls. Ainsi, $v_1, v_2, \ldots, v_n$ sont linéairement indépendants.

9.15. Soit $F : V \to U$ une application linéaire injective et surjective. Montrer que $F^{-1} : U \to V$ est aussi une application linéaire.

Soit $u, u' \in U$. Puisque F est injective et surjective, il existe des vecteurs uniques $v, v' \in V$ tels que $F(v) = u$ et $F(v') = u'$. Comme F est linéaire, nous avons aussi

$$F(v + v') = F(v) + F(v') = u + u' \quad \text{et} \quad F(kv) = kF(v) = ku$$

Par définition de l'inverse, $F^{-1}(u) = v$, $F^{-1}(u') = v'$, $F^{-1}(u + u') = v + v'$ et $F^{-1}(ku) = kv$. Alors

$$F^{-1}(u + u') = v + v' = F^{-1}(u) + F^{-1}(u') \quad \text{et} \quad F^{-1}(ku) = kv = k\, F^{-1}(u)$$

et, par suite, F^{-1} est linéaire.

IMAGE ET NOYAU D'UNE APPLICATION LINÉAIRE

9.16. Soit $F : \mathbb{R}^5 \to \mathbb{R}^3$ l'application linéaire définie par

$$F(x, y, z, s, t) = (x + 2y + z - 3s + 4t, \ 2x + 5y + 4z - 5s + 5t, \ x + 4y + 5z - s - 2t)$$

Trouver une base et la dimension de l'image de F.

Calculons les images des vecteurs de la base de $\mathbb{R}^5$:

$$F(1, 0, 0, 0, 0) = (1, 2, 1) \qquad F(0, 1, 0, 0, 0) = (2, 5, 4) \qquad F(0, 0, 1, 0, 0) = (1, 4, 5)$$

$$F(0, 0, 0, 1, 0) = (-3, -5, -1) \qquad F(0, 0, 0, 0, 1) = (4, 5, -2)$$

D'après la proposition 9.4, les vecteurs images engendrent $\operatorname{Im} F$. Formons donc la matrice dont les lignes sont ces vecteurs images, que nous réduisons, suivant les lignes, à la forme échelonnée :

$$\begin{pmatrix} 1 & 2 & 1 \\ 2 & 5 & 4 \\ 1 & 4 & 5 \\ -3 & -5 & -1 \\ 4 & 5 & -2 \end{pmatrix} \sim \begin{pmatrix} 1 & 2 & 1 \\ 0 & 1 & 2 \\ 0 & 2 & 4 \\ 0 & 1 & 2 \\ 0 & -3 & -6 \end{pmatrix} \sim \begin{pmatrix} 1 & 2 & 1 \\ 0 & 1 & 2 \\ 0 & 0 & 0 \\ 0 & 0 & 0 \\ 0 & 0 & 0 \end{pmatrix}$$

Ainsi, $(1, 2, 1)$ et $(0, 1, 2)$ forment une base de $\operatorname{Im} F$, et donc $\dim(\operatorname{Im} F) = 2$.

9.17. Soit $G : \mathbb{R}^3 \to \mathbb{R}^3$ l'application linéaire définie par $G(x, y, z) = (x + 2y - z, y + z, x + y - 2z)$. Trouver une base et la dimension du noyau de G.

Posons $G(v) = 0$ où $v = (x, y, z)$:
$$G(x, y, z) = (x + 2y - z, \ y + z, \ x + y - 2z) = (0, 0, 0)$$

En identifiant les composantes correspondantes, nous formons un système dont l'espace des solutions est précisément le noyau W de G

$$
\begin{array}{lll}
\begin{aligned}
x + 2y - z &= 0 \\
y + z &= 0 \\
x + y - 2z &= 0
\end{aligned}
\quad \text{ou} \quad
\begin{aligned}
x + 2y - z &= 0 \\
y + z &= 0 \\
- y - z &= 0
\end{aligned}
\quad \text{ou} \quad
\begin{aligned}
x + 2y - z &= 0 \\
y + z &= 0
\end{aligned}
\end{array}
$$

La seule variable libre est z ; donc $\dim W = 1$. En posant $z = 1$, nous obtenons $y = -1$ et $x = 3$. Ainsi, $(3, -1, 1)$ est une base de $\operatorname{Ker} G$.

9.18. Considérons l'application linéaire $A : \mathbb{R}^4 \to \mathbb{R}^3$ ou $A = \begin{pmatrix} 1 & 2 & 3 & 1 \\ 1 & 3 & 5 & -2 \\ 3 & 8 & 13 & -3 \end{pmatrix}$. Trouver une base et la dimension : (a) de l'image de A ; et (b) du noyau de A.

(a) L'espace colonne de A est égal à $\operatorname{Im} A$. Réduisons, suivant les lignes, A^T à la forme échelonnée :

$$
A^T = \begin{pmatrix} 1 & 1 & 3 \\ 2 & 3 & 8 \\ 3 & 5 & 13 \\ 1 & -2 & -3 \end{pmatrix} \sim \begin{pmatrix} 1 & 1 & 3 \\ 0 & 1 & 2 \\ 0 & 2 & 4 \\ 0 & -3 & -6 \end{pmatrix} \sim \begin{pmatrix} 1 & 1 & 3 \\ 0 & 1 & 2 \\ 0 & 0 & 0 \\ 0 & 0 & 0 \end{pmatrix}
$$

Ainsi, $\{(1, 1, 3), (0, 1, 2)\}$ est une base de $\operatorname{Im} A$ et $\dim(\operatorname{Im} A) = 2$.

(b) Ici, $\operatorname{Ker} A$ est l'espace solution du système homogène $AX = 0$ où $X = (x, y, z, t)^T$. Ainsi, en réduisant la matrice des coefficients à la forme échelonnée, nous obtenons

$$
\begin{pmatrix} 1 & 2 & 3 & 1 \\ 0 & 1 & 2 & -3 \\ 0 & 2 & 4 & -6 \end{pmatrix} \sim \begin{pmatrix} 1 & 2 & 3 & 1 \\ 0 & 1 & 2 & -3 \\ 0 & 0 & 0 & 0 \end{pmatrix} \quad \text{ou} \quad \begin{cases} x + 2y + 3z + t = 0 \\ y + 2z - 3t = 0 \end{cases}
$$

Les variables libres sont z et t. Ainsi, $\dim(\operatorname{Ker} A) = 2$. Posons :

    (i) $z = 1$, $t = 0$, nous obtenons la solution $(1, -2, 1, 0)$,

    (ii) $z = 0$, $t = 1$, nous obtenons la solution $(-7, 3, 0, 1)$.

Ainsi, $(1, -2, 1, 0)$ et $(-7, 3, 0, 1)$ forment une base de $\operatorname{Ker} A$.

9.19. Considérons l'application linéaire $B : \mathbb{R}^3 \to \mathbb{R}^3$ où $B = \begin{pmatrix} 1 & 2 & 5 \\ 3 & 5 & 13 \\ -2 & -1 & -4 \end{pmatrix}$. Trouver une base et la dimension : (a) de l'image de B ; et (b) du noyau de B.

(a) En réduisant la matrice B à la forme échelonnée, nous obtenons le système homogène correspondant à $\operatorname{Ker} B$:

$$
B = \begin{pmatrix} 1 & 2 & 5 \\ 3 & 5 & 13 \\ -2 & -1 & -4 \end{pmatrix} \sim \begin{pmatrix} 1 & 2 & 5 \\ 0 & -1 & -2 \\ 0 & 3 & 6 \end{pmatrix} \sim \begin{pmatrix} 1 & 2 & 5 \\ 0 & 1 & 2 \\ 0 & 0 & 0 \end{pmatrix} \quad \text{ou} \quad \begin{cases} x + 2y + 5z = 0 \\ y + 2z = 0 \end{cases}
$$

La seule variable libre est z, donc $\dim(\operatorname{Ker} B) = 1$. En posant $z = 1$, nous obtenons $(-1, -2, 1)$ qui forme une base de $\operatorname{Ker} B$.

(*b*) Réduisons la matrice B^T à la forme échelonnée :

$$B^T = \begin{pmatrix} 1 & 3 & -2 \\ 2 & 5 & -1 \\ 5 & 13 & -4 \end{pmatrix} \sim \begin{pmatrix} 1 & 3 & -2 \\ 0 & -1 & 3 \\ 0 & -2 & 6 \end{pmatrix} \sim \begin{pmatrix} 1 & 3 & -2 \\ 0 & 1 & -3 \\ 0 & 0 & 0 \end{pmatrix}$$

Ainsi, $(1, 3, -2)$ et $(0, 1, -3)$ forment une base de $\operatorname{Im} B$.

9.20. Trouver une application linéaire $F : \mathbb{R}^3 \to \mathbb{R}^4$ dont l'image est engendrée par $(1, 2, 0, -4)$ et $(2, 0, -1, -3)$.

Méthode 1 : Considérons la base usuelle de $\mathbb{R}^3$: $e_1 = (1, 0, 0)$, $e_2 = (0, 1, 0)$, $e_3 = (0, 0, 1)$. Posons

$$F(e_1) = (1, 2, 0, -4) \qquad F(e_2) = (2, 0, -1, -3) \qquad \text{et} \qquad F(e_3) = (0, 0, 0, 0)$$

D'après le théorème 9.2, une telle application linéaire F existe et est unique. De plus, l'image de F est engendrée par les $F(e_i)$; donc F a les propriétés voulues. Cherchons maintenant l'expression de $F(x, y, z)$:

$$\begin{aligned} F(x, y, z) = F(xe_1 + ye_2 + ze_3) &= x\,F(e_1) + y\,F(e_1) + z\,F(e_3) \\ &= x(1, 2, 0, -4) + y(2, 0, -1, -3) + z(0, 0, 0, 3) \\ &= (x + 2y, 2x, -y, -4x - 3y) \end{aligned}$$

Méthode 2 : Formons la matrice 4×3, A, dont les colonnes sont les vecteurs donnés :

$$\begin{pmatrix} 1 & 2 & 2 \\ 2 & 0 & 0 \\ 0 & -1 & -1 \\ -4 & -3 & -3 \end{pmatrix}$$

Rappelons que A détermine une application linéaire $A : \mathbb{R}^3 \to \mathbb{R}^4$ dont l'image est engendrée par les colonnes de A. Ainsi, A satisfait les conditions voulues.

9.21. Soit V l'espace vectoriel des matrices carrées d'ordre 2 sur $\mathbb{R}$ et soit $M = \begin{pmatrix} 1 & 2 \\ 0 & 3 \end{pmatrix}$. Considérons l'application linéaire $F : V \to V$ définie par $F(A) = AM - MA$. Trouver une base et la dimension du noyau W de F.

Cherchons toutes les matrices $\begin{pmatrix} x & y \\ s & t \end{pmatrix}$ telles que $F\begin{pmatrix} x & y \\ s & t \end{pmatrix} = \begin{pmatrix} 0 & 0 \\ 0 & 0 \end{pmatrix}$.

$$\begin{aligned} F\begin{pmatrix} x & y \\ s & t \end{pmatrix} &= \begin{pmatrix} x & y \\ s & t \end{pmatrix}\begin{pmatrix} 1 & 2 \\ 0 & 3 \end{pmatrix} - \begin{pmatrix} 1 & 2 \\ 0 & 3 \end{pmatrix}\begin{pmatrix} x & y \\ s & t \end{pmatrix} \\ &= \begin{pmatrix} x & 2x + 3y \\ s & 2s + 3t \end{pmatrix} - \begin{pmatrix} x + 2s & y + 2t \\ 3s & 3t \end{pmatrix} \\ &= \begin{pmatrix} -2s & 2x + 2y - 2t \\ -2s & 2s \end{pmatrix} = \begin{pmatrix} 0 & 0 \\ 0 & 0 \end{pmatrix} \end{aligned}$$

Ainsi

$$\begin{cases} 2x + 2y - 2t = 0 \\ \qquad\qquad 2s = 0 \end{cases} \quad \text{ou} \quad \begin{cases} x + y - t = 0 \\ \qquad\quad s = 0 \end{cases}$$

Les variables libres sont y et t ; donc $\dim W = 2$. Pour obtenir une base de W, posons

(*a*) $y = -1$, $t = 0$, pour obtenir la solution $x = 1$, $y = -1$, $s = 0$, $t = 0$;

(*b*) $y = 0$, $t = 1$, pour obtenir la solution $x = 1$, $y = 0$, $s = 0$, $t = 1$.

Ainsi, $\left\{ \begin{pmatrix} 1 & -1 \\ 0 & 0 \end{pmatrix}, \begin{pmatrix} 1 & 0 \\ 0 & 1 \end{pmatrix} \right\}$ est une base de W.

9.22. Démontrer le théorème 9.3.

(a) Puisque $F(0) = 0$, nous avons $0 \in \operatorname{Im} F$. Maintenant, soit u, $u' \in \operatorname{Im} F$ et a, $b \in \mathbb{K}$. Puisque u et u' appartiennent à l'image de F, il existe des vecteurs v, $v' \in V$ tels que $F(v) = u$ et $F(v') = u'$. Alors

$$F(av + bv') = a\,F(v) + b\,F(v') = au + bu' \in \operatorname{Im} F$$

Ainsi, l'image de F est un sous-espace de U.

(b) Puisque $F(0) = 0$, nous avons $0 \in \operatorname{Ker} F$. Maintenant, soit v, $w \in \operatorname{Ker} F$ et a, $b \in \mathbb{K}$. Puisque v et w appartiennent au noyau de F, $F(v) = 0$ et $F(w) = 0$. Ainsi,

$$F(av + bw) = a\,F(v) + b\,F(w) = a0 + b0 = 0 \quad \text{et, par suite,} \quad av = bw \in \operatorname{Ker} F$$

Ainsi, le noyau de F est un sous-espace de V.

9.23. Démontrer le théorème 9.5.

Supposons que $\dim(\operatorname{Ker} F) = r$ et soit $\{w_1, \ldots, w_r\}$ une base de $\operatorname{Ker} F$. De même, supposons que $\dim(\operatorname{Im} F) = s$ et soit $\{u_1, \ldots, u_s\}$ une base de $\operatorname{Im} F$. (D'après la proposition 9.4, $\operatorname{Im} F$ est de dimension finie.) Puisque $u_j \in \operatorname{Im} F$, il existe des vecteurs $v_1, \ldots, v_s \in V$ tels que $F(v_1) = u_1, \ldots, F(v_s) = u_s$. Nous affirmons que l'ensemble

$$B = \{w_1, \ldots, w_r, v_1, \ldots, v_s\}$$

est une base de V, telle que (i) B engendre V, et (ii) B est linéairement indépendant. Il est clair que si (i) et (ii) sont démontrés, il est immédiat que $\dim V = r + s = \dim(\operatorname{Ker} F) + \dim(\operatorname{Im} F)$.

(i) *B engendre V.*

Soit $v \in V$. Donc $F(v) \in \operatorname{Im} F$. Puisque les u_j engendrent $\operatorname{Im} F$, il existe des scalaires $a_1, \ldots, a_s$ tels que $F(v) = a_1 u_1 + \cdots + a_s u_s$. Posons $\widehat{v} = a_1 v_1 + \cdots + a_s v_s - v$. Alors

$$F(\widehat{v}) = F(a_1 v_1 + \cdots + a_s v_s - v) = a_1 F(v_1) + \cdots + a_s F(v_s) - F(v)$$

$$= a_1 u_1 + \cdots + a_s u_s - F(v) = 0$$

Ainsi, $\widehat{v} \in \operatorname{Ker} F$. Puisque les w_i engendrent $\operatorname{Ker} F$, il existe des scalaires $b_1, \ldots, b_r$ tels que

$$\widehat{v} = b_1 w_1 + \cdots + b_r w_r = a_1 v_1 + \cdots + a_s v_s - v$$

Par conséquent,

$$v = a_1 v_1 + \cdots + a_s v_s - b_1 w_1 - \cdots - b_r w_r$$

Ainsi, B engendre V.

(ii) *B est linéairement indépendant.* Supposons que

$$x_1 w_1 + \cdots + x_r w_r + y_1 v_1 + \cdots + y_s v_s = 0 \tag{1}$$

où $x_i, y_j \in \mathbb{K}$. Alors

$$0 = F(0) = F(x_1 w_1 + \cdots + x_r w_r + y_1 v_1 + \cdots + y_s v_s)$$

$$= x_1 F(w_1) + \cdots + x_r F(w_r) + y_1 F(v_1) + \cdots + y_s F(v_s) \tag{2}$$

Or, $F(w_i) = 0$ puisque $w_i \in \operatorname{Ker} F$, et $F(v_j) = u_j$. En remplaçant dans (2), nous avons $y_1 u_1 + \cdots + y_s u_s = 0$. Comme les u_j sont linéairement indépendants, tous les $y_j = 0$. En remplaçant dans (1), nous avons $x_1 w_1 + \cdots + x_r w_r = 0$. Comme les w_i sont linéairement indépendants, tous les $x_i = 0$.

B est linéairement indépendant.

9.24. Soient $F : V \to U$ et $G : U \to W$ des applications linéaires.

$$(a) \ \operatorname{rang}(G \circ F) \le \operatorname{rang} G \qquad (b) \ \operatorname{rang}(G \circ F) \le \operatorname{rang} F$$

(a) Puisque $F(V) \subseteq U$, nous avons aussi $G(F(V)) \subseteq G(U)$ et, par suite, $\dim G(F(V)) \le \dim G(U)$. Donc

$$\operatorname{rang}(G \circ F) = \dim((G \circ F)(V)) = \dim(G(F(V))) \le \dim G(U) = \operatorname{rang} G$$

(b) Nous avons $\dim(G(F(V))) \le \dim F(V)$. Donc

$$\operatorname{rang}(G \circ F) = \dim((G \circ F)(V)) = \dim(G(F(V))) \le \dim F(V) = \operatorname{rang} F$$

9.25. Soit $f : V \to U$ une application linéaire de noyau W et telle que $f(v) = u$. Montrer que l'ensemble $v + W = \{v + w : w \in W\}$ est égal à l'image réciproque de u, c'est-à-dire $f^{-1}(u) = v + W$.

Nous devons démontrer que : (i) $f^{-1}(u) \subseteq v + W$ et (ii) $v + W \subseteq f^{-1}(u)$. Montrons d'abord (i). Supposons que $v' \in f^{-1}(u)$. Donc $f(v') = u$ et, par suite,

$$f(v' - v) = f(v') - f(v) = u - u = 0$$

c'est-à-dire $v' - v \in W$. Ainsi, $v' = v + (v' - v) \in v + W$ et, par suite, $f^{-1}(u) \subseteq v + W$.

Montrons maintenant (ii). Supposons que $v' \in v + W$. Donc, $v' = v + w$ où $w \in W$. Puisque W est le noyau de f, $f(w) = 0$. Par conséquent,

$$f(v') = f(v + w) + f(v) + f(w) = f(v) + 0 = f(v) = u$$

Ainsi, $v' \in f^{-1}(u)$ et, par suite, $v + W \subseteq f^{-1}(u)$.

APPLICATIONS LINÉAIRES SINGULIÈRES ET NON SINGULIÈRES, ISOMORPHISMES

9.26. Déterminer si les applications suivantes sont non singulières. Si non, trouver un vecteur non nul v dont l'image est égale à 0.

(a) $F : \mathbb{R}^2 \to \mathbb{R}^2$ définie par $F(x, y) = (x - y, \, x - 2y)$.

(b) $G : \mathbb{R}^2 \to \mathbb{R}^2$ définie par $G(x, y) = (2x - 4y, \, 3x - 6y)$.

(a) Cherchons Ker F en posant $F(v) = 0$ où $v = (x, y)$:

$$(x - y, \, x - 2y) = (0, 0) \quad \text{ou} \quad \begin{cases} x - y = 0 \\ x - 2y = 0 \end{cases} \quad \text{ou} \quad \begin{cases} x - y = 0 \\ - y = 0 \end{cases}$$

La seule solution est $x = 0$, $y = 0$; donc F est non singulière.

(b) Posons $G(x, y) = (0, 0)$ pour trouver Ker G :

$$(2x - 4y, \, 3x - 6y) = (0, 0) \quad \text{ou} \quad \begin{cases} 2x - 4y = 0 \\ 3x - 6y = 0 \end{cases} \quad \text{ou} \quad x - 2y = 0$$

Le système admet des solutions non nulles puisque y est une variable libre ; donc G est singulière. Posons $y = 1$ pour obtenir la solution $v = (2, 1)$ qui est un vecteur non nul tel que $G(v) = 0$.

9.27. Soit $H : \mathbb{R}^3 \to \mathbb{R}^3$ l'application linéaire définie par $H(x, y, z) = (x + y - 2z, \, x + 2y + z, \, 2x + 2y - 3z)$.

(a) Montrer que H est non singulière. (b) Trouver une expression de H^{-1}.

(a) Posons $H(x, y, z) = (0, 0, 0)$; c'est-à-dire posons

$$(x + y - 2z, \, x + 2y + z, \, 2x + 2y - 3z) = (0, 0, 0)$$

Ce qui conduit au système homogène suivant

$$\begin{cases} x + y - 2z = 0 \\ x + 2y + z = 0 \\ 2x + 2y - 3z = 0 \end{cases} \quad \text{ou} \quad \begin{cases} x + y - 2z = 0 \\ y + 3z = 0 \\ z = 0 \end{cases}$$

Le système, mis sous la forme échelonnée, est triangulaire, donc admet la seule solution nulle $x = 0$, $y = 0$, $z = 0$. Ainsi, H est non singulière.

(b) Posons $H(x, y, z) = (a, b, c)$, puis résolvons le système en x, y, z en fonction de a, b, c :

$$\begin{cases} x + y - 2z = a \\ x + 2y + z = b \\ 2x + 2y - 3z = c \end{cases} \quad \text{ou} \quad \begin{cases} x + y - 2z = a \\ y + 3z = b - a \\ z = c - 2a \end{cases}$$

En résolvant en x, y, z, nous obtenons $x = -8a - b + 5c$, $y = 5a + b - 3c$ et $z = -2a + c$. Ainsi,

$$H^{-1}(a, b, c) = (-8a - b + 5c, \, 5a + b - 3c, \, -2a + c)$$

ou, en remplaçant a, b, c par x, y, z, respectivement,

$$H^{-1}(x, y, z) = (-8x - y + 5z, 5x + y - 3z, -2x + z)$$

9.28. Soit $F : V \to U$ une application linéaire sur V de dimension finie. Montrer que V et l'image de F sont de même dimension si, et seulement si F est non singulière. Déterminer toutes les applications linéaires $T : \mathbb{R}^4 \to \mathbb{R}^3$ non singulières.

D'après le théorème 9.5, $\dim V = \dim(\operatorname{Im} F) + \dim(\operatorname{Ker} F)$. Donc, V et $\operatorname{Im} F$ sont de même dimension si, et seulement si $\dim(\operatorname{Ker} F) = 0$, ou $\operatorname{Ker} F = \{0\}$, *i.e.* si, et seulement si F est non singulière.

Puisque $\dim \mathbb{R}^3$ est inférieure à $\dim \mathbb{R}^4$, alors $\dim(\operatorname{Im} T)$ est inférieure à la dimension du domaine $\mathbb{R}^4$ de T. Par conséquent, aucune application linéaire $T : \mathbb{R}^4 \to \mathbb{R}^3$ ne peut être non singulière.

9.29. Démontrer le théorème 9.7.

Soit $v_1, v_2, \ldots, v_n$ des vecteurs linéairement indépendants de V. Nous affirmons que $F(v_1)$, $F(v_2)$, $\ldots$, $F(v_n)$ sont aussi linéairement indépendants. Supposons que $a_1 F(v_1) + a_2 F(v_2) + \cdots + a_n F(v_n) = 0$ où $a_i \in \mathbb{K}$. Comme F est linéaire, $F(a_1 v_1, a_2 v_2, \ldots, a_n v_n) = 0$; donc

$$a_1 v_1, a_2 v_2, \ldots, a_n v_n \in \operatorname{Ker} F$$

Or, F est non singulière, *i.e.* $\operatorname{Ker} F = \{0\}$; donc $a_1 v_1 + a_2 v_2 + \cdots + a_n v_n = 0$. Puisque les v_i sont linéairement indépendants, tous les a_i sont égaux à 0. Par conséquent, les $F(v_i)$ sont linéairement indépendants. Ce qui achève la démonstration du théorème.

9.30. Démontrer le théorème 9.9.

Si F est un isomorphisme, alors seul 0 a pour image 0, donc F est non singulière. Réciproquement, supposons que F est non singulière. Donc $\dim(\operatorname{Ker} F) = 0$. D'après le théorème 9.5, $\dim V = \dim(\operatorname{Ker} F) + \dim(\operatorname{Im} F)$. D'où, $\dim U = \dim V = \dim(\operatorname{Im} F)$. Puisque U est de dimension finie, $\operatorname{Im} F = U$ et, par suite, F est surjective. Ainsi, F est à la fois injective et surjective, donc F est un isomorphisme.

OPÉRATIONS SUR LES APPLICATIONS LINÉAIRES

9.31. Soit $F : \mathbb{R}^3 \to \mathbb{R}^2$ et $G : \mathbb{R}^3 \to \mathbb{R}^2$ définies par $F(x, y, z) = (2x, y+z)$ et $G(x, y, z) = (x-z, y)$, respectivement. Calculer les expressions des applications : (a) $F + G$, (b) $3F$ et (c) $2F - 5G$.

(a) $(F + G)(x, y, z) = F(x, y, z) + G(x, y, z)$
$= (2x, y + z) + (x - z, y) = (3x - z, 2y + z)$

(b) $(3F)(x, y, z) = 3F(x, y, z) = 3(2x, y + z) = (6x, 3y + 3z)$

(c) $(2F - 5G)(x, y, z) = 2F(x, y, z) - 5G(x, y, z) = 2(2x, y + z) - 5(x - z, y)$
$= (4x, 2y + 2z) + (-5x + 5z, -5y) = (-x + 5z, -3y + 2z)$.

9.32. Soit $F : \mathbb{R}^3 \to \mathbb{R}^2$ et $G : \mathbb{R}^2 \to \mathbb{R}^2$ définies par $F(x, y, z) = (2x, y + z)$ et $G(x, y) = (y, x)$, respectivement. Calculer les expressions des applications (a) $G \circ F$, (b) $F \circ G$.

(a) $(G \circ F)(x, y, z) = G(F(x, y, z)) = G(2x, y + z) = (y + z, 2x)$

(b) L'application $F \circ G$ n'est pas définie puisque l'image de G n'est pas contenue dans le domaine de F.

9.33. Démontrer que : (a) l'application nulle $\mathbf{0}$, définie par $\mathbf{0}(v) = 0 \in U$ pour tout $v \in V$, est l'élément nul de $\operatorname{Hom}(V, U)$; (b) l'opposé de $F \in \operatorname{Hom}(V, U)$ est l'application $(-1)F$, *i.e.* $-F = (-1)F$.

(a) Soit $F \in \operatorname{Hom}(V, U)$. Alors, pour tout $v \in V$,

$$(F + \mathbf{0})(v) = F(v) + \mathbf{0}(v) = F(v) + 0 = F(v)$$

Puisque $(F + \mathbf{0})(v) = F(v)$ pour tout $v \in V$, $F + \mathbf{0} = F$.

(*b*) Pour tout $v \in V$,

$$\big(F + (-1)F\big)(v) = F(v) + (-1)F(v) = F(v) - F(v) = 0 = \mathbf{0}(v)$$

Puisque $\big(F + (-1)F\big)(v) = \mathbf{0}(v)$ pour tout $v \in V$, $F + (-1)F = \mathbf{0}$. Ainsi, $(-1)F$ est l'opposée de F.

9.34. Soit F_1, $F_2, \ldots, F_n$ des applications linéaires de V dans U. Montrer que, pour tous scalaires $a_1, a_2, \cdots, a_n$, et pour tout $v \in V$,

$$(a_1 F_1 + a_2 F_2 + \cdots + a_n F_n)(v) = a_1 F_1(v) + a_2 F_2(v) + \cdots + a_n F_n(v)$$

Par définition de l'application $a_1 F_1$, $(a_1 F_1)(v) = a_1 F_1(v)$; donc le théorème est vrai pour $n = 1$. Ainsi, par récurrence,

$$(a_1 F_1 + a_2 F_2 + \cdots + a_n F_n)(v) = (a_1 F_1)(v) + (a_2 F_2 + \cdots + a_n F_n)(v)$$
$$= a_1 F_1(v) + a_2 F_2(v) + \cdots + a_n F_n(v)$$

9.35. Considérons les applications linéaires $F : R^3 \to \mathbb{R}^2$, $G : \mathbb{R}^3 \to \mathbb{R}^2$ et $H : \mathbb{R}^3 \to \mathbb{R}^2$ définies par

$$F(x, y, z) = (x + y + z, \; x + y) \quad G(x, y, z) = (2x + z, \; x + t) \quad H(x, y, z) = (2y, x)$$

Montrer que F, G et H sont linéairement indépendants [comme éléments de $\operatorname{Hom}(\mathbb{R}^3, \mathbb{R}^2)$].

Supposons que, pour des scalaires a, b, $c \in \mathbb{K}$,

$$aF + bG + cH = \mathbf{0} \tag{1}$$

(Ici, $\mathbf{0}$ désigne l'application nulle.) Pour $e_1 = (1, 0, 0) \in \mathbb{R}^3$, nous avons

$$(a F + b G + cH)(e_2) = a F(0, 1, 0) + b G(0, 1, 0) + cH(0, 1, 0)$$
$$= a(1, 1) + b(0, 1) + c(2, 0) = (a + 2c, a + b) = \mathbf{0}(e_2) = (0, 0)$$

et $\mathbf{0}(e_1) = (0, 0)$. Ainsi, d'après *(1)*, $(a + 2b, a + b + c) = (0, 0)$ et donc

$$a + 2b = 0 \qquad \text{et} \qquad a + b + c = 0 \tag{2}$$

D'une manière analogue, pour $e_2 = (0, 1, 0) \in \mathbb{R}^3$, nous avons

$$(a F + b G + cH)(e_2) = a F(0, 1, 0) + b G(0, 1, 0) + cH(0, 1, 0)$$
$$= a(1, 1) + b(0, 1) + c(2, 0) = (a + 2c, a + b) = \mathbf{0}(e_2) = (0, 0)$$

Ainsi $$a + 2c = 0 \quad \text{et} \quad a + b = 0 \tag{3}$$

En utilisant *(2)* et *(3)* nous obtenons $\qquad a = 0 \quad b = 0 \quad c = 0 \tag{4}$

Puisque *(1)* implique *(4)*, les applications F, G et H sont linéairement indépendantes.

9.36. Démontrer le théorème 9.11.

Soit $\{v_1, \ldots, v_m\}$ une base de V et $\{u_1, \ldots, u_m\}$ une base de U. D'après le théorème 9.2, une application linéaire de $\operatorname{Hom}(V, U)$ est déterminée d'une manière unique en associant des images arbitraires de U aux éléments de base v_i de V. On définit

$$F_{ij} \in \operatorname{Hom}(V, U) \qquad i = 1, \ldots, m \; ; j = 1, \ldots, n$$

les applications linéaires telles que $F_{ij}(v_i) = u_j$ et $F_{ij}(v_k) = 0$ pour $k \neq i$. C'est-à-dire F_{ij} applique v_i sur u_j et les autres vecteurs sur 0. Remarquons que $\{F_{ij}\}$ contient exactement mn éléments. Ainsi, le théorème sera démontré si nous montrons que $\{F_{ij}\}$ est une base de $\operatorname{Hom}(V, U)$.

Démontrons que $\{F_{ij}\}$ est une base de $\operatorname{Hom}(V, U)$. Considérons une fonction arbitraire $F \in \operatorname{Hom}(V, U)$. Supposons que $F(v_1) = w_1$, $F(v_2) = w_2, \ldots, F(v_m) = w_m$. Puisque $w_k \in U$, w_k peut s'écrire comme combinaison linéaire des u_j ; donc

$$w_k = a_{k1} u_1 + a_{k2} u_2 + \cdots + a_{kn} u_n \qquad k = 1, \ldots, m, \quad a_{ij} \in \mathbb{K} \tag{1}$$

Considérons l'application linéaire $G = \sum_{i=1}^{m} \sum_{j=1}^{n} a_{ij} F_{ij}$. Puisque G est une combinaison linéaire des F_{ij}, il nous reste à montrer que $F = G$ pour prouver que $\{F_{ij}\}$ engendre $\operatorname{Hom}(V, U)$.

Calculons maintenant $G(v_k)$, $k = 1, \ldots, m$. Puisque $F_{ij}(v_k) = 0$ pour $k \neq i$ et $F_{ki}(v_k) = u_i$,

$$G(v_k) = \sum_{i=1}^{m} \sum_{j=1}^{n} a_{ij} F_{ij}(v_k) = \sum_{j=1}^{n} a_{kj} F_{kj}(v_k) = \sum_{j=1}^{n} a_{kj} u_j$$

$$= a_{k1} u_1 + a_{k2} u_2 + \cdots + a_{kn} u_n$$

Ainsi, d'après *(1)*, $G(v_k) = w_k$ pour tout k. Or, $F(v_k) = w_k$ pour tout k. Par conséquent, d'après le théorème 9.2, $F = G$; donc $\{F_{ij}\}$ engendre $\mathrm{Hom}(V, U)$.

Démontrons que $\{F_{ij}\}$ est linéairement indépendant. Soit c_{ij} des scalaires de $\mathbb{K}$. Supposons que

$$\sum_{i=1}^{m} \sum_{j=1}^{n} c_{ij} F_{ij} = \mathbf{0}$$

Pour v_k, $k = 1, \ldots, m$,

$$0 = \mathbf{0}(v_k) = \sum_{i=1}^{m} \sum_{j=1}^{n} c_{ij} F_{ij}(v_k) = \sum_{j=1}^{n} c_{kj} u_j$$

$$= c_{k1} u_1 + c_{k2} u_2 + \cdots + c_{kn} u_n$$

Or, les u_i sont linéairement indépendants ; donc, pour $k = 1, \ldots, m$, nous avons $c_{k1} = 0$, $c_{k2} = 0, \ldots, c_{kn} = 0$. En d'autres termes, tous les $c_{ij} = 0$ et, par suite, $\{F_{ij}\}$ est linéairement indépendant.

9.37. Démontrer le théorème 9.12.

(i) Pour tout $v \in V$,

$$(G \circ (F + F'))(v) = G((F + F')(v)) = G(F(v) + F'(v))$$
$$= G(F(v)) + G(F'(v)) = (G \circ F)(v) + (G \circ F')(v) = (G \circ F + G \circ F')(v)$$

Ainsi, $G \circ (F + F') = G \circ F + G \circ F'$.

(ii) Pour tout $v \in V$,

$$((G + G') \circ F)(v) = (G + G')(F(v)) = G(F(v)) + G'(F(v))$$
$$= (G \circ F)(v) + (G' \circ F)(v) = (G \circ F + G' \circ F)(v)$$

Ainsi, $(G + G') \circ F = G \circ F + G' \circ F$.

(iii) Pour tout $v \in V$,

$$(k(G \circ F))(v) = k(G \circ F)(v) = k(G(F(v))) = (kG)(F(v)) = (kG \circ F)(v)$$

et

$$(k(G \circ F))(v) = k(G \circ F)(v) = k(G(F(v))) = G(kF(v)) = G((kF)(v)) = (G \circ kF)(v)$$

Par conséquent, $k(G \circ F) = (kG) \circ F = G \circ (kF)$. (Noter que, pour démontrer que deux applications sont égales, il faut démontrer qu'elles font correspondre la même image à chaque point de leur domaine.)

ALGÈBRE DES OPÉRATEURS LINÉAIRES

9.38. Soit F et G deux opérateurs linéaires sur $\mathbb{R}^2$ définis par $F(x, y) = (y, x)$ et $G(x, y) = (0, x)$. Trouver les expressions des opérateurs (a) $F + G$, (b) $2F - 3G$, (c) FG, (d) GF, (e) F^2, (f) G^2.

(a) $(F + G)(x, y) = F(x, y) + G(x, y) = (y, x) + (0, x) = (y, 2x)$.

(b) $(2F - 3G)(x, y) = 2F(x, y) - 3G(x, y) = 2(y, x) - 3(0, x) = (2y, -x)$.

(c) $(FG)(x, y) = F(G(x, y)) = F(0, x) = (x, 0)$.

(d) $(GF)(x, y) = G(F(x, y)) = G(y, x) = (0, y)$.

(e) $F^2(x, y) = F(F(x, y)) = F(y, x) = (x, y)$. Remarquer que $F^2 = I$, l'application identité.

(f) $G^2(x, y) = G(G(x, y)) = G(0, x) = (0, 0)$. Remarquer que $G^2 = \mathbf{0}$, l'application nulle.

9.39. Considérons l'opérateur linéaire T sur $\mathbb{R}^3$ défini par $T(x, y, z) = (2x,\ 4x - y,\ 2x + 3y - z)$. ($a$) Montrer que T est inversible. Trouver les expressions de (b) T^{-1}, (c) T^2 et (d) T^{-2}.

(a) Posons $W = \operatorname{Ker} T$. Il suffit de démontrer que T est non singulier, *i.e.* que $W = \{0\}$. Supposons que $T(x, y, z) = (0, 0, 0)$. Alors,

$$T(x, y, z) = (2x,\ 4x - y,\ 2x + 3y - z) = (0, 0, 0)$$

Ainsi, W est l'espace solution du système homogène

$$2x = 0 \qquad 4x - y = 0 \qquad 2x + 3y - z = 0$$

qui admet uniquement la solution triviale $(0, 0, 0)$. D'où $W = \{0\}$; donc T est non singulier et, par suite, T est inversible.

(b) Soit $T(x, y, z) = (r, s, t)$ [et donc $T^{-1}(r, s, t) = (x, y, z)$]. Nous avons

$$(2x, 4x - y, 2x + 3y - z) = (r, s, t) \quad \text{ou} \quad 2x = r,\ 4x - y = s,\ 2x + 3y - z = t$$

En résolvant le système en x, y, z en fonction de r, s, t, nous obtenons $x = \frac{1}{2}r$, $y = 2r - s$, $z = 7r - 3s - t$. Ainsi,

$$T^{-1}(r, s, t) = (\tfrac{1}{2}r, 2r - s, 7r - 3s - t) \quad \text{ou} \quad T^{-1}(x, y, z) = (\tfrac{1}{2}x, 2x - y, 7x - 3y - z)$$

(c) En appliquant T deux fois, nous obtenons

$$
\begin{aligned}
T^2(x, y, z) &= T(2x, 4x - y, 2x + 3y - z) \\
&= [4x, 4(2x) - (4x - y), 2(2x) + 3(4x - y) - (2x + 3y - z)] \\
&= (4x, 4x + y, 14x - 6y + z)
\end{aligned}
$$

(d) En appliquant T^{-1} deux fois, nous obtenons

$$
\begin{aligned}
T^{-2}(x, y, z) &= T^{-2}(\tfrac{1}{2}x, 2x - y, 7x - 3y - z) \\
&= [\tfrac{1}{4}x, 2(\tfrac{1}{2}x) - (2x - y), 7(\tfrac{1}{2}x) - 3(2x - y) - (7x - 3y - z)] \\
&= (\tfrac{1}{4}x, -x + y, -\tfrac{19}{2}x + 6y + z)
\end{aligned}
$$

9.40. Soit V un espace vectoriel de dimension finie et T un opérateur linéaire sur V pour lequel il existe un opérateur R sur V tel que $TR = I$. [Nous dirons que R est *l'inverse à droite* de T.] (a) Montrer que T est inversible. (b) Montrer que $R = T^{-1}$. (c) Donner un exemple pour montrer que ce résultat n'est pas nécessairement vrai si V est de dimension infinie.

(a) Supposons que $\dim V = n$. D'après le théorème 9.14, T est inversible si, et seulement si T est surjectif ; donc T est inversible si, et seulement si $\operatorname{rang} T = n$. Nous avons $n = \operatorname{rang} I = \operatorname{rang} TR \le \operatorname{rang} T \le n$. Donc, $\operatorname{rang} T = n$ et T est inversible.

(b) $TT^{-1} = T^{-1}T = I$. Donc, $R = IR = (T^{-1}T)R = T^{-1}(TR) = T^{-1}I = T^{-1}$.

(c) Soit V l'espace vectoriel des polynômes en t sur $\mathbb{K}$; par exemple, $p(t) = a_0 + a_1 t + a_2 t^2 + \cdots + a_s t^s$. Soit T et R les opérateurs sur V définis par

$$T(p(t)) = 0 + a_1 + a_2 t + \cdots + a_s t^{s-1} \quad \text{et} \quad R(p(t)) = a_0 t + a_1 t^2 + \cdots + a_s t^{s+1}$$

Nous avons :

$$(TR)(p(t)) = T(R(p(t))) = T(a_0 t + a_1 t^2 + \cdots + a_s t^{s+1}) = a_0 + a_1 t + a_2 t^2 + \cdots + a_s t^s = p(t)$$

et donc $TR = I$, $k \in \mathbb{K}$ et $k \ne 0$, donc

$$(RT)(k) = R(T(k)) = R(0) = 0 \ne k$$

Par conséquent, $RT \ne I$.

9.41. Soit F et G deux opérateurs linéaires sur $\mathbb{R}^2$ définis par $F(x, y) = (0, x)$ et $G(x, y) = (x, 0)$. Montrer que $GF = \mathbf{0}$, alors que $FG \ne \mathbf{0}$. Montrer aussi que $G^2 = G$.

$(GF)(x, y) = G(F(x, y)) = G(0, x) = (0, 0)$. Puisque GF fait correspondre $0 = (0, 0)$ à tout $(x, y) \in \mathbb{R}^2$, c'est l'application nulle : $GF = \mathbf{0}$.

$(FG)(x, y) = F(G(x, y)) = F(x, 0) = (0, x)$. Par exemple, $(FG)(4, 2) = (0, 4)$. Ainsi, $FG \neq \mathbf{0}$, puisque ne fait pas correspondre $0 = (0, 0)$ à tout élément de $\mathbb{R}^2$.

Pour tout $(x, y) \in \mathbb{R}^2$, $G^2(x, y) = G(G(x, y)) = G(x, 0) = (x, 0) = G(x, y)$. Donc $G^2 = G$.

9.42. Considérons l'opérateur linéaire T sur $\mathbb{R}^2$ défini par $T(x, y) = (2x + 4y, 3x + 6y)$. Trouver : (a) l'expression de T^{-1}, (b) $T^{-1}(8, 12)$, et (c) $T^{-1}(1, 2)$. (d) L'application T est-elle surjective ?

(a) T est singulier, par exemple $T(2, 1) = (0, 0)$. Donc l'opérateur $T^{-1} : \mathbb{R}^2 \to \mathbb{R}^2$ n'existe pas.

(b) $T^{-1}(8, 12)$ désigne l'image réciproque de $(8, 12)$ par T. Posons $T(x, y) = (8, 12)$ pour obtenir le système

$$\begin{cases} 2x + 4y = 8 \\ 3x + 6y = 12 \end{cases} \quad \text{ou} \quad x + 2y = 4$$

Ici, y est une variable libre. Posons $y = a$, où a est un paramètre, pour obtenir la solution $x = -2a = 4$, $y = a$. Ainsi, $T^{-1}(8, 12) = \{(-2a + 4, a) : a \in \mathbb{R}\}$.

(c) Posons $T(x, y) = (1, 2)$ pour obtenir le système

$$2x + 4y = 1 \qquad 3x + 6y = 2$$

Le système n'admet pas de solution. Donc $T^{-1}(1, 2) = \emptyset$, l'ensemble vide.

(d) Non, puisque, par exemple $(1, 2)$ n'a pas d'antécédent.

9.43. Soit $S = \{v_1, v_2, v_3\}$ une base de V et soit $S' = \{u_1, u_2\}$ une base de U. Considérons l'application linéaire $T : V \to U$ telle que

$$\begin{aligned} T(v_1) &= a_1 u_1 + a_2 u_2 \\ T(v_2) &= b_1 u_1 + b_2 u_2 \\ T(v_3) &= c_1 u_1 + c_2 u_2 \end{aligned} \quad \text{et} \quad A = \begin{pmatrix} a_1 & b_1 & c_1 \\ a_2 & b_2 & c_2 \end{pmatrix}$$

Montrer que, quel que soit $v \in V$, $A[v]_S = [T(v)]_{S'}$ (où les vecteurs de $\mathbb{K}^2$ et $\mathbb{K}^3$ sont des vecteurs colonnes).

Supposons que $v = k_1 v_1 + k_2 v_2 + k_3 v_3$; donc $[v]_S = [k_1, k_2, k_3]^T$. Aussi,

$$\begin{aligned} T(v) &= k_1 T(v_1) + k_2 T(V_2) + k_3 T(v_3) \\ &= k_1(a_1 u_1 + a_2 u_2) + k_2(b_1 u_1 + b_2 u_2) + k_3(c_1 u_1 + c_2 u_2) \\ &= (a_1 k_1 + b_1 k_2 + c_1 k_3) u_1 + (a_2 k_1 + b_2 k_2 + c_2 k_3) u_2 \end{aligned}$$

Par conséquent,

$$[T(v)]_{S'} = \begin{pmatrix} a_1 k_1 + b_1 k_2 + c_1 k_3 \\ a_2 k_1 + b_2 k_2 + c_2 k_3 \end{pmatrix}$$

En calculant le produit des matrices, nous obtenons

$$A[v]_S = \begin{pmatrix} a_1 & b_1 & c_1 \\ a_2 & b_2 & c_2 \end{pmatrix} \begin{pmatrix} k_1 \\ k_2 \\ k_3 \end{pmatrix} = \begin{pmatrix} a_1 k_1 + b_1 k_2 + c_1 k_3 \\ a_2 k_1 + b_2 k_2 + c_2 k_3 \end{pmatrix} = [T(v)]_{S'}$$

9.44. Soit k un scalaire non nul. Montrer qu'une application linéaire T est singulière si, et seulement si kT est singulière. Donc T est singulière si, et seulement si $-T$ est singulière.

Supposons que T est singulière. Alors, $T(v) = 0$ pour un certain $v \neq 0$. Donc

$$(kT)(v) = kT(v) = k0 = 0$$

et donc kT est singulière.

Supposons maintenant que kT est singulière. Alors $(kT)(w) = 0$ pour un certain $w \neq 0$; donc

$$T(kw) = k\,T(w) = (kT)(w) = 0$$

Or $k \neq 0$ et $w \neq 0$ implique que $kw \neq 0$. Ainsi, T est aussi singulière.

9.45. Soit E un opérateur linéaire sur V tel que $E^2 = E$. (Un tel opérateur s'appelle une *projection*.) Soit U l'image de E et W son noyau. Montrer que : (a) si $u \in U$, alors $E(u) = u$, *i.e.* E coïncide avec l'application identité sur U ; (b) si $E \neq I$, alors E est singulier, *i.e.* il existe un vecteur $v \neq 0$ tel que $E(v) = 0$; (c) $V = U \oplus W$.

(a) Si $u \in U$, l'image de E, alors, il existe $v \in V$ tel que $E(v) = u$. Donc, en utilisant $E^2 = E$, nous avons

$$u = E(v) = E^2(v) = E(E(v)) = E(u)$$

(b) Si $E \neq I$, il existe un vecteur $v \in V$ tel que $E(v) = u$ et $v \neq u$. D'après (i), $E(u) = u$. Donc

$$E(v - u) = E(v) - E(u) = u - u = 0 \quad \text{ou} \quad v - u \neq 0$$

(c) Montrons d'abord que $V = U + W$. Soit $v \in V$. Posons $u = E(v)$ et $w = v - E(v)$. Alors

$$v = E(v) + v - E(v) = u + w$$

Par définition, $u = E(v) \in U$, l'image de E. Montrons maintenant que $w \in W$, le noyau de E :

$$E(w) = E(v - E(v)) = E(v) - E^2(v) = E(v) - E(v) = 0$$

et, par suite, $w \in W$. Ce qui montre que $V = U + W$.

Montrons maintenant que $U \cap W = \{0\}$. Soit $v \in U \cap W$. Puisque $v \in U$, $E(v) = v$ d'après (a). Puisque $v \in W$, $E(v) = 0$. Ainsi, $v = E(v) = 0$. D'où, $U \cap W = \{0\}$.

Les deux propriétés précédentes montrent que $V = U \oplus W$.

9.46. Trouver la dimension d de : (a) $\mathrm{Hom}(\mathbb{R}^3, \mathbb{R}^2)$; (b) $\mathrm{Hom}(\mathbb{C}^3, \mathbb{R}^2)$; (c) $\mathrm{Hom}(V, \mathbb{R}^2)$, où $V = \mathbb{C}^3$ est considéré comme un espace vectoriel sur $\mathbb{R}$; (d) $A(\mathbb{R}^3)$; (e) $A(\mathbb{C}^3)$; (f) $A(V)$, où $V = \mathbb{C}^3$ est considéré comme un espace vectoriel sur $\mathbb{R}$.

(a) Puisque $\dim \mathbb{R}^3 = 3$ et $\dim \mathbb{R}^2 = 2$, nous avons $d = 3 \times 2 = 6$.

(b) $\mathbb{C}^3$ est un espace vectoriel sur $\mathbb{C}$ et $\mathbb{R}^2$ est un espace vectoriel sur $\mathbb{R}$; donc $\mathrm{Hom}(\mathbb{C}^3, \mathbb{R}^2)$ n'existe pas.

(c) Comme espace vectoriel sur $\mathbb{R}$, $\mathbb{C}^3$ est de dimension 6. Donc (*cf.* théorème 9.11) $d = 6 \times 2 = 12$.

(d) $A(\mathbb{R}^3) = \mathrm{Hom}(\mathbb{R}^3, \mathbb{R}^3)$ et $\dim \mathbb{R}^3 = 3$; donc $d = 3^2 = 9$.

(e) $A(\mathbb{C}^3) = \mathrm{Hom}(\mathbb{C}^3, \mathbb{C}^3)$ et $\dim \mathbb{C}^3 = 3$; donc $d = 3^2 = 9$.

(f) Puisque $\dim V = 6$, $\dim A(V) = 6^2 = 36$.

Problèmes supplémentaires

APPLICATIONS

9.47. Déterminer le nombre d'applications différentes de $\{a, b\}$ dans $\{1, 2, 3\}$.

9.48. Soit g l'application qui fait correspondre à chaque nom de l'ensemble { Betty, Martin, David, Alan, Rebecca }, le nombre de lettres différentes utilisées pour l'écrire. Trouver (a) le graphe de g, et (b) l'image de g.

9.49. La figure 9-5 représente un diagramme des applications $f : A \to B$, $g : B \to A$, $h : C \to B$, $F : B \to C$ et $G : A \to C$. Déterminer, parmi les expressions suivantes, celles qui définissent des applications composées. Et si oui, trouver leurs domaines et codomaines :

(a) $g \circ f$, (b) $h \circ c$, (c) $F \circ f$, (d) $G \circ f$, (e) $g \circ h$, (f) $h \circ G \circ g$.

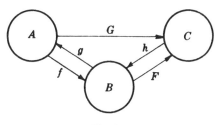

Fig. 9-5

9.50. Soit $f : \mathbb{R} \rightarrow \mathbb{R}$ et $g : \mathbb{R} \rightarrow \mathbb{R}$ définies par $f(x) = x^2 + 3x + 1$ et $g(x) = 2x - 3$. Trouver les expressions des applications composées $(a) f \circ g, (b) g \circ f, (c) g \circ g, (d) f \circ f$.

9.51. Pour chacune des applications suivantes $f : \mathbb{R} \rightarrow \mathbb{R}$ trouver l'expression de l'application inverse : $(a) f(x) = 3x - 7$, et $(b) f(x) = x^3 + 2$.

9.52. Pour toute application $f : A \rightarrow B$, montrer que $\mathbf{1}_B \circ f = f = f \circ \mathbf{1}_A$.

APPLICATIONS LINÉAIRES

9.53. Vérifier que les opérateurs T et R du problème $9.40(c)$ sont linéaires.

9.54. Soit V l'espace vectoriel des matrices carrées d'ordre n sur $\mathbb{K}$. Soit M une matrice non nulle de V. Montrer que les deux premières applications $T : V \rightarrow V$ sont linéaires mais que la troisième ne l'est pas : (i) $T(A) = MA$, (ii) $T(A) = MA - AM$, (iii) $T(A) = M + A$.

9.55. Trouver $T(a, b)$ où $T : \mathbb{R}^2 \rightarrow \mathbb{R}^3$ est défini par $T(1, 2) = (3, -1, 5)$ et $T(0, 1) = (2, 1, -1)$.

9.56. Donner un exemple d'une application non linéaire $F : V \rightarrow U$ telle que $F^{-1}(0) = \{0\}$ mais avec F non injective.

9.57. Montrer que si $F : V \rightarrow U$ est une application linéaire telle que l'image de tout ensemble linéairement indépendant est un ensemble linéairement indépendant, alors F est non singulière.

9.58. Trouver une matrice carrée d'ordre 2 qui applique u_1 et u_2 sur v_1 et v_2 respectivement, où : $(a) u_1 = (1, 3)^T$, $u_2 = (1, 4)^T$ et $v_1 = (-2, 5)^T$, $v_2 = (3, -1)^T$; $(b) u_1 = (2, -4)^T$, $u_2 = (-1, 2)^T$, et $v_1 = (1, 1)^T$, $v_2 = (1, 3)^T$.

9.59. Trouver une matrice carrée B d'ordre 2, singulière qui applique $(1, 1)^T$ sur $(1, 3)^T$.

9.60. Trouver une matrice carrée C d'ordre 2, ayant $\lambda = 3$ pour valeur propre et qui applique $(1, 1)^T$ sur $(1, 3)^T$.

9.61. Soit $T : \mathbb{C} \rightarrow \mathbb{C}$ l'application de conjugaison dans le corps $\mathbb{C}$ des nombres complexes. C'est-à-dire $T(Z) = \bar{z}$ où $z \in \mathbb{C}$, ou $T(A + bi) = a - bi$ où $a, b \in \mathbb{R}$. (a) Montrer que T n'est pas linéaire si $\mathbb{C}$ est considéré comme espace vectoriel sur lui-même. (b) Montrer que T est linéaire si $\mathbb{C}$ est considéré comme espace vectoriel sur le corps $\mathbb{R}$ des nombres réels.

9.62. Soit $F : \mathbb{R}^2 \rightarrow \mathbb{R}^2$ définie par $F(x, y) = (3x + 5y, 2x + 3y)$, et soit S le cercle unité de $\mathbb{R}^2$. (S est formé de tous les points satisfaisant $x^2 + y^2 = 1$.) Trouver : (a) l'image $F(S)$, et (b) l'image réciproque $F^{-1}(S)$.

9.63. Soit $G : \mathbb{R}^3 \rightarrow \mathbb{R}^3$ définie par $G(x, y, z) = (x + y + z, y - 2z, y - 3z)$, et soit S_2 la sphère unité de $\mathbb{R}^3$ formée de tous les points satisfaisant $x^2 + y^2 + z^2 = 1$. Trouver : (a) $G(S_2)$ et (b) $G^{-1}(S_2)$.

9.64. Soit H le plan d'équation $x + 2y - 3z = 4$ dans $\mathbb{R}^3$ et soit G l'application linéaire du problème 9.63. Trouver : (a) $G(H)$ et (b) $G^{-1}(H)$.

NOYAU ET IMAGE D'UNE APPLICATION LINÉAIRE

9.65. Pour l'application linéaire G, trouver une base et la dimension de (i) l'image de G, (ii) le noyau de $G : \mathbb{R}^3 \to \mathbb{R}^2$ définie par $G(x, y, z) = (x + y, y + z)$.

9.66. Trouver une application linéaire $F : \mathbb{R}^3 \to \mathbb{R}^3$ dont l'image est engendrée par $(1, 2, 3)$ et $(4, 5, 6)$.

9.67. Trouver une application linéaire $F : \mathbb{R}^4 \to \mathbb{R}^3$ dont le noyau est engendré par $(1, 2, 3, 4)$ et $(0, 1, 1, 1)$.

9.68. Soit $F : V \to U$ une application linéaire. Montrer que : (a) l'image de tout sous-espace de V est un sous-espace de U et (b) l'image réciproque de tout sous-espace de U est un sous-espace de V.

9.69. Chacune des matrices suivantes détermine une application linéaire de $\mathbb{R}^4$ dans $\mathbb{R}^3$:

$$(a)\ A = \begin{pmatrix} 1 & 2 & 0 & 1 \\ 2 & -1 & 2 & -1 \\ 1 & -3 & 2 & -2 \end{pmatrix} \qquad (b)\ B = \begin{pmatrix} 1 & 0 & 2 & -1 \\ 2 & 3 & -1 & 1 \\ -2 & 0 & -5 & 3 \end{pmatrix}$$

Trouver une base et la dimension de l'image U et du noyau W de chaque application.

9.70. Considérons l'espace vectoriel des polynômes réels $f(t)$ de degré inférieur ou égal à 10. Soit $\mathbf{D}^4 : V \to V$ l'application linéaire définie par $\mathrm{d}^4 f / \mathrm{d} t^4$, *i.e.* la dérivée quatrième. Trouver une base et la dimension de (a) l'image de $\mathbf{D}$ et (b) du noyau de $\mathbf{D}$.

OPÉRATIONS SUR LES APPLICATIONS LINÉAIRES

9.71. Soit $F : \mathbb{R}^3 \to \mathbb{R}^2$ et $G : \mathbb{R}^3 \to \mathbb{R}^2$ définies par $F(x, y, z) = (y, x + z)$ et $G(x, y, z) = (2z, x - y)$. Calculer les expressions des applications $F + G$ et $3F - 2G$.

9.72. Soit $H : \mathbb{R}^2 \to \mathbb{R}^2$ définie par $H(x, y) = (y, 2x)$. En utilisant les applications F et G du problème 9.71, calculer les expressions des applications : (a) $H \circ F$ et $H \circ G$; (b) $F \circ H$ et $G \circ H$; (c) $H \circ (F + G)$ et $H \circ F + H \circ G$.

9.73. Montrer que les applications suivantes F, G et H sont linéairement indépendantes :

(a) $F, G, H \in \mathrm{Hom}(\mathbb{R}^2, \mathbb{R}^2)$ définies par $F(x, y) = (x, 2y)$, $G(x, y) = (y, x + y)$ et $H(x, y) = (0, x)$.

(b) $F, G, H \in \mathrm{Hom}(\mathbb{R}^3, \mathbb{R})$ définies par $F(x, y, z) = x + y + z$, $G(x, y, z) = y + z$ et $H(x, y, z) = x - z$.

9.74. Pour $F, G \in \mathrm{Hom}(V, U)$, montrer que $\mathrm{rang}(F + G) \le \mathrm{rang}\, F + \mathrm{rang}\, G$. (Ici, V est de dimension finie.)

9.75. Soit $F : V \to U$ et $G : U \to V$ des applications linéaires. Montrer que si F et G sont non singulières, alors $G \circ F$ est non singulière. Donner un exemple où $G \circ F$ est non singulière sans que G ne le soit.

9.76. Montrer que $\mathrm{Hom}(V, U)$ satisfait l'ensemble des axiomes d'espace vectoriel. Autrement dit, démontrer le théorème 9.10.

ALGÈBRE DES OPÉRATEURS LINÉAIRES

9.77. Soit F et G deux opérateurs linéaires sur V. Supposons que F est non singulière et V de dimension finie. Montrer que $\text{rang}(FG) = \text{rang}(GF) = \text{rang } G$.

9.78. Supposons que $V = U \oplus W$. Soit E_1 et E_2 les opérateurs linéaires sur V définis par $E_1(v) = u$, $E_2(v) = w$, où $v = u + w$, $u \in U$ et $w \in W$. Montrer que : (a) $E_1^2 = E_1$ et $E_2^2 = E_2$, *i.e.* E_1 et E_2 sont des projections ; (b) $E_1 + E_2 = I$, l'application identité ; (c) $E_1 E_2 = \mathbf{0}$ et $E_2 E_1 = \mathbf{0}$.

9.79. Soit E_1 et E_2 des opérateurs linéaires sur V satisfaisant les propriétés (a), (b) et (c) du problème 9.78. Montrer que $V = \text{Im } E_1 \oplus \text{Im } E_2$.

9.80. Montrer que si les opérateurs linéaires F et G sont inversibles, alors FG est inversible et $(FG)^{-1} = G^{-1} F^{-1}$.

9.81. Soit V un espace vectoriel de dimension finie. Soit T un opérateur linéaire sur V tel que $\text{rang } T^2 = \text{rang } T$. Montrer que $\text{Ker } T \cap \text{Im } T = \{0\}$.

9.82. Parmi les nombres entiers suivants, lesquels peuvent être la dimension d'une algèbre $A(V)$ d'applications linéaires : 5, 9, 18, 25, 31, 36, 44, 64, 88, 100 ?

9.83. Une algèbre A est dite *unitaire* ou *avec élément unité* 1 si $1 \cdot a = a \cdot 1 = a$ pour tout $a \in A$. Montrer que $A(V)$ a un élément unité.

9.84. Trouver la dimension de $A(V)$ où : (a) $V = \mathbb{R}^4$; (b) $V = \mathbb{C}^4$; (c) $V = \mathbb{C}^4$ considéré comme un espace vectoriel sur $\mathbb{R}$; (d) V est l'espace vectoriel des polynômes de degré ≤ 10.

PROBLÈMES DIVERS

9.85. Soit $T : \mathbb{K}^n \to \mathbb{K}^m$ une application linéaire. Soit $\{e_1, \ldots, e_n\}$ la base usuelle de $\mathbb{K}^n$ et A une matrice $m \times n$ dont les colonnes sont les vecteurs $T(c_1), \ldots, T(e_n)$ respectivement. Montrer que, pour tout vecteur $v \in \mathbb{K}^n$, $T(v) = Av$, où v est écrit comme un vecteur colonne.

9.86. Soit $F : V \to U$ une application linéaire et k un scalaire non nul. Montrer que F et kF ont le même noyau et la même image.

9.87. Montrer que si $F : V \to U$ est surjective, alors $\dim U \leq \dim V$. Déterminer toutes les applications linéaires $T : \mathbb{R}^3 \to \mathbb{R}^4$ qui sont surjectives.

9.88. Soit $T : V \to U$ une application linéaire et W un sous-espace de V. La restriction de T à W est l'application $T_W : W \to U$ définie par $T_W(w) = T(w)$, pour tout $w \in W$. Démontrer que : (a) T_W est linéaire ; (b) $\text{Ker } T_W = \text{Ker } T \cap W$; (c) $\text{Im } T_W = T(w)$.

9.89. Deux opérateurs $F, G \in A(V)$ sont dits *semblables*, on écrit $F \sim G$, s'il existe un opérateur inversible $P \in A(V)$ tel que $F = P^{-1} G P$. Démontrer que : (a) la similitude des opérateurs linéaires est une relation d'équivalence ; (b) deux opérateurs semblables ont le même rang (lorsque V est de dimension finie).

9.90. Soit v et w deux éléments d'un espace vectoriel réel V. Le *segment de droite* L de v à $v + w$ est, par définition, l'ensemble des vecteurs $v + tw$ pour $0 \leq t \leq 1$. (*Cf.* fig 9-6.)

    (a) Montrer que le segment de droite L entre v et u est formé des vecteurs :

        (i) $(1 - t)v + tu$, $0 \leq t \leq 1$ (ii) $t_1 v + t_2 u$ pour $t_1 + t_2 = 1$, $t_1 \geq 0$, $t_2 \geq 0$.

    (b) Soit $F : V \to U$ une application linéaire. Montrer que l'image $F(L)$ d'un segment de droite L de V est un segment de droite de U.

9.91. Un sous-ensemble X d'un espace vectoriel V est dit *convexe* si le segment de droite L entre deux vecteurs quelconques $P, Q \in X$ est contenu dans X.

    (a) Montrer que l'intersection de deux convexes ext convexe.

    (b) Soit $F : V \to U$ une application linéaire et X un sous-ensemble convexe de V. Montrer que $F(X)$ ext convexe.

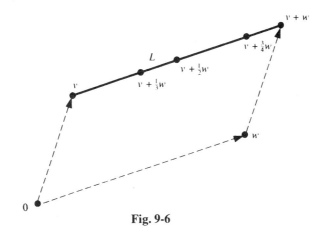

Fig. 9-6

Réponses aux problèmes supplémentaires

9.47.   Neuf.

9.48. (a) $\{$(Betty, 4), (Martin, 6), (David, 4), (Alan, 3), (Rebecca, 5)$\}$. (b) Im $g = \{3, 4, 5, 6\}$.

9.49. (a) $(g \circ f) : A \to A$, (b) non. (c) $(F \circ f) : A \to C$, (d) non. (e) $(g \circ h) : C \to A$,

        (f) $(h \circ G \circ g) : B \to B$.

9.50. (a) $(f \circ g)(x) = 4x^2 - 6x + 1$, (c) $(g \circ g)(x) = 4x - 9$,

        (b) $(g \circ f)(x) = 2x^2 + 6x - 1$, (d) $(f \circ f)(x) = x^4 + 6x^3 + 14x^2 + 15x + 5$.

9.51. (a) $f^{-1}(x) = (x + 7)/3$, (b) $f^{-1}(x) = \sqrt[3]{x - 2}$.

9.55. $T(a, b) = (-a + 2b, -3a + b, 7a - b)$.

9.56.   Choisir $V = \mathbb{R}^2$ et $F(x, y) = (x^2, y^2)$.

9.58. (a) $\begin{pmatrix} -17 & 5 \\ 23 & -6 \end{pmatrix}$.

        (b) Une telle matrice n'existe pas, puisque u_1 et u_2 sont dépendants, alors que v_1 et v_2 ne le sont pas.

9.59. $\begin{pmatrix} 1 & 0 \\ 3 & 0 \end{pmatrix}$. [*Indication* : Envoyer $(0, 1)^T$ sur $(0, 0)^T$.]

9.60. $\begin{pmatrix} -2 & 3 \\ 0 & 3 \end{pmatrix}$. [*Indication* : Envoyer $(0, 1)^T$ sur $(0, 3)^T$.]

9.62. (a) $13x^2 - 42xy + 34y^2 = 1$, (b) $13x^2 + 42xy + 24y^2 = 1$.

9.63. (a) $x^2 - 8xy + 26y^2 + 6xz - 38yz + 14z^2 = 1$, (b) $x^2 + 2xy + 3y^2 + 2xz - 8yz + 14z^2 = 1$.

9.64. (a) $x - y + 2z = 4$, (b) $x - 12z = 4$.

9.65.   (i) $(1, 0), (0, 1)$, rang $G = 2$; (ii) $(1, -1, 1)$, nullité $G = 1$.

9.66. $F(x, y, z) = (x + 4y, \; 2x + 5y, \; 3x + 6y)$.

9.67. $F(x, y, z, t) = (x + y - z, \; 3x + y - t, \; 0)$.

9.69.   (*a*) $\{(1, 2, 1), (0, 1, 1)\}$ base de Im A ; $\dim(\text{Im}\,A) = 2$.

$\{(4, -2, -5, 0), (1, -3, 0, 5)\}$ base de Ker A ; $\dim(\text{Ker}\,A) = 2$.

(*b*) $\text{Im}\,B = \mathbb{R}^3$; $\{(-1, \frac{2}{3}, 1, 1)\}$ base de Ker B ; $\dim(\text{Ker}\,B) = 1$.

9.70.   (*a*) $1, t, \ldots, t^6$; rang $\mathbf{D}^4 = 7$;   (*b*) $1, t, t^2, t^3$; nullité $\mathbf{D}^4 = 4$.

9.71.   (*a*) $(F + G)(x, y, z) = (y + 2z, 2x - y + z)$, $(3F - 2G)(x, y, z) = (3y - 4z, x + 2y + 3z)$.

9.72.   (*a*) $(H \circ F)(x, y, z) = (x + y, 2y)$, $(H \circ G)(x, y, z) = (x - y, 4z)$.   (*b*) Non définie.

(*c*) $(H \circ (F + G))(x, y, z) = [(H \circ F) + (H \circ G)](x, y, z) = (2x - y + z, 2y + 4z)$.

9.82.   Les entiers carrés : $9, 25, 36, 64, 100$.

9.84.   (*a*) 16,   (*b*) 16,   (*c*) 64,   (*a*) 121.

Chapitre 10

Matrices et applications linéaires

10.1. INTRODUCTION

Soit $S = \{u_1, u_2, \ldots, u_n\}$ une base de l'espace vectoriel V sur le corps $\mathbb{K}$ et, pour $v \in V$, supposons que

$$v = a_1 u_1 + a_2 u_2 + \cdots + a_n u_n$$

Alors, le vecteur coordonné de v relativement à la base S, que l'on écrit sous forme de vecteur colonne, à moins qu'il en soit spécifié autrement, est

$$[v]_S = \begin{pmatrix} a_1 \\ a_2 \\ \cdots \\ a_n \end{pmatrix} = [a_1, a_2, \ldots, a_n]^T$$

Rappelons [*cf.* exemple 9.4] que l'application $v \to [v]_S$, déterminée par la base S, est un isomorphisme de V sur l'espace $\mathbb{K}^n$.

Dans ce chapitre, nous montrons qu'il existe aussi un isomorphisme déterminé par la base S, entre l'algèbre $A(V)$ des opérateurs linéaires sur V et l'algèbre $\mathbf{M}$ des matrices carrées d'ordre n sur $\mathbb{K}$. Ainsi, à tout opérateur linéaire $T : V \to V$, on fait correspondre la matrice carrée $[T]_S$ d'ordre n de T dans la base S.

Dans ce chapitre, nous étudierons également la question de savoir si un opérateur linéaire T peut être représenté par une matrice diagonale.

10.2. REPRÉSENTATION MATRICIELLE D'UN OPÉRATEUR LINÉAIRE

Soit T un opérateur linéaire sur un espace vectoriel V sur un corps $\mathbb{K}$ et soit $S = \{u_1, u_2, \ldots, u_n\}$ une base de V. Maintenant, comme $T(u_1), \ldots, T(u_n)$ sont des vecteurs de V, chacun d'eux s'écrit comme combinaison linéaire des éléments de la base S, c'est-à-dire,

$$T(u_1) = a_{11} u_1 + a_{12} u_2 + \cdots + a_{1n} u_n$$
$$T(u_2) = a_{21} u_1 + a_{22} u_2 + \cdots + a_{2n} u_n$$
$$\cdots \cdots \cdots \cdots \cdots \cdots \cdots \cdots \cdots \cdots \cdots$$
$$T(u_n) = a_{n1} u_1 + a_{n2} u_2 + \cdots + a_{nn} u_n$$

Donnons donc la définition suivante :

Définition : La transposée de la matrice précédente des coefficients, notée $m_S[T]$ ou $[T]_S$, est appelée *la représentation matricielle* de T relativement à la base S ou simplement la matrice de T dans la base S ; c'est-à-dire,

$$[T]_S = \begin{pmatrix} a_{11} & a_{21} & \ldots & a_{n1} \\ a_{12} & a_{22} & \ldots & a_{n2} \\ \cdots \cdots \cdots \cdots \cdots \cdots \\ a_{1n} & a_{2n} & \ldots & a_{nn} \end{pmatrix}$$

(L'indice S peut être omis s'il n'y a aucune confusion sur la base S)

Remarque : En utilisant la notation en vecteurs coordonnés (en colonnes), la représentation matricielle de T peut aussi être écrite sous la forme

$$m(T) = [T] = ([T(u_1)], [T(u_2)], \ldots, [T(u_n)])$$

c'est-à-dire, les colonnes de $m(T)$ sont les vecteurs coordonnés $[T(u_1)], \ldots, [T(u_n)]$.

Exemple 10.1

(a) Soit V l'espace vectoriel des polynômes en t sur $\mathbb{R}$ de degré ≤ 3 et soit $\mathbf{D} : V \to V$ l'opérateur différentiel défini par $\mathbf{D}(p(t)) = \mathrm{d}(p(t))/\mathrm{d}t$. Calculons la matrice de $\mathbf{D}$ dans la base $\{1, t, t^2, t^3\}$.

$$
\begin{array}{ll}
D(1) = 0 & = 0 - 0t + 0t^2 + 0t^3 \\
D(t) = 1 & = 1 + 0t + 0t^2 + 0t^3 \\
D(t^2) = 2t & = 0 + 2t + 0t^2 + 0t^3 \\
D(t^3) = 3t^2 & = 0 + 0t + 3t^2 + 0t^3
\end{array}
\qquad \text{et} \qquad
[D] = \begin{pmatrix} 0 & 1 & 0 & 0 \\ 0 & 0 & 2 & 0 \\ 0 & 0 & 0 & 3 \\ 0 & 0 & 0 & 0 \end{pmatrix}
$$

[Remarquons que les vecteurs coordonnés $\mathbf{D}(1)$, $\mathbf{D}(t)$, $\mathbf{D}(t^2)$ et $\mathbf{D}(t^3)$ sont les colonnes, et non les lignes, de $[\mathbf{D}]$.]

(b) Considérons l'opérateur linéaire $F : \mathbb{R}^2 \to \mathbb{R}^2$ défini par $F(x, y) = (4x - 2y, 2x + y)$ et les bases suivantes de $\mathbb{R}^2$:

$$S = \{u_1 = (1, 1), u_2 = (-1, 0)\} \qquad \text{et} \qquad E = \{e_1 = (1, 0), e_2 = (0, 1)\}$$

Nous avons

$$F(u_1) = F(1, 1) = (2, 3) = 3(1, 1) + (-1, 0) = 3u_1 + u_2$$
$$F(u_2) = F(-1, 0) = (-4, -2) = -2(1, 1) + 2(-1, 0) = -2u_1 + 2u_2$$

De plus, $[F]_S = \begin{pmatrix} 3 & -2 \\ 1 & 2 \end{pmatrix}$ est la représentation matricielle de F dans la base S. Nous avons aussi

$$F(e_1) = F(1, 0) = (4, 2) = 4e_1 + 2e_2$$
$$F(e_2) = F(0, 1) = (-2, 1) = -2e_1 + e_2$$

Par conséquent, $[F]_E = \begin{pmatrix} 4 & -2 \\ 2 & 1 \end{pmatrix}$ est la représentation matricielle de F relativement à la base usuelle E.

(c) Considérons une matrice carrée A d'ordre quelconque sur $\mathbb{K}$ (qui définit donc une application linéaire notée aussi $A : \mathbb{K}^n \to \mathbb{K}^n$) et la base usuelle $E = \{e_i\}$ de $\mathbb{K}^n$. Ainsi, $Ae_1, Ae_2, \ldots, Ae_n$ sont précisément les colonnes de A (*cf.* remarque, exemple 9.5) et leurs coordonnées relativement à la base usuelle E sont les vecteurs eux-mêmes. Par conséquent,

$$[A]_E = A$$

c'est-à-dire que la représentation matricielle de l'application linéaire A, relativement à la base usuelle E, est la matrice A elle-même.

L'algorithme suivant sera utilisé pour déterminer les représentations matricielles.

Algorithme 10.2

Étant donné un opérateur linéaire T sur V et une base $S = \{u_1, \ldots, u_n\}$ de V. Cet algorithme permet de trouver la représentation matricielle $[T]_S$ qui représente T relativement à la base S.

Étape 1. Répéter, pour chaque vecteur u_k de la base S :

      (a) Trouver $T(u_k)$.

      (b) Écrire $T(u_k)$ comme combinaison linéaire des vecteurs de base $u_1, \ldots, u_n$ pour obtenir les coordonnées de $T(u_k)$ dans la base S.

Étape 2. Former la matrice $[T]_S$ dont les colonnes sont les vecteurs coordonnés $[T]_S$ obtenus dans l'étape 1(b).

Étape 3. SORTIR

Remarque : Comme l'instruction de l'étape 1(b) doit être recommencée pour chaque vecteur de base u_k, il serait plus pratique de commencer par appliquer :

Étape 0. Trouver l'expression donnant les coordonnées d'un vecteur v arbitraire relativement à la base S.

Notre premier théorème (*cf.* problème 10.10 pour la démonstration), nous dit que « l'action » d'un opérateur linéaire T sur un vecteur v est conservée par sa représentation matricielle.

Théorème 10.1 : Soit $S = \{u_1, u_2, \ldots, u_n\}$ une base de V et T un opérateur linéaire quelconque sur V. Alors quel que soit le vecteur $v \in V$, $[T]_S[v]_S = [T(v)]_S$.

Cela signifie que si nous multiplions le vecteur coordonné de v par la représentation matricielle de T, nous obtenons le vecteur coordonné de $T(v)$.

Exemple 10.2

Considérons l'opérateur différentiel $\mathbf{D} : V \to V$ de l'exemple 10.1(a). Soit

$$p(t) = a + bt + ct^2 + dt^3 \qquad \text{et donc} \qquad \mathbf{D}(p(t)) = b + 2ct + 3dt^2$$

Donc, relativement à la base $\{1, t, t^2, t^3\}$, nous avons

$$[p(t)] = [a, b, c, d]^t \qquad \text{et} \qquad [\mathbf{D}(p(t))] = [b, 2c, 3d, 0]^T$$

Montrons que le théorème 10.1 ne s'applique pas dans ce cas :

$$[\mathbf{D}][p(t)] = \begin{pmatrix} 0 & 1 & 0 & 0 \\ 0 & 0 & 2 & 1 \\ 0 & 0 & 0 & 3 \\ 0 & 0 & 0 & 0 \end{pmatrix} \begin{pmatrix} a \\ b \\ c \\ d \end{pmatrix} = \begin{pmatrix} b \\ 2c \\ 3d \\ 0 \end{pmatrix} = [\mathbf{D}(p(t))]$$

Nous avons donc associé une matrice $[T]$ à chaque opérateur T de $A(V)$, l'algèbre des opérateurs linéaires sur V. D'après notre premier théorème, l'action d'un opérateur linéaire particulier T est conservée par cette représentation matricielle. Les deux théorèmes suivants (*cf.* problèmes 10.11 et 10.12, respectivement, pour la démonstration) nous disent que les trois opérations de base sur les opérateurs,

(i) addition,

(ii) multiplication par un scalaire,

(iii) composition des applications,

sont aussi conservées.

Théorème 10.2 : Soit $S = \{u_1, u_2, \ldots, u_n\}$ une base de l'espace vectoriel V et soit $\mathbf{M}$ l'algèbre des matrices carrées d'ordre n sur $\mathbb{K}$. Alors l'application $m : A(V) \to \mathbf{M}$ définie par $m(T) = [T]_S$ est un isomorphisme d'espace vectoriel. Donc, quel que soit $F, G \in A(V)$ et quel que soit $k \in \mathbb{K}$, nous avons

(i) $m(F + G) = m(F) + m(G)$ ou $[F + G] = [F] + [G]$,

(ii) $m(kF) = km(F)$ ou $[kF] = k[F]$,

(iii) m est à la fois injective et surjective.

Théorème 10.3 : Quels que soient les opérateurs linéaires $G, F \in A(V)$,

$$m(G \circ F) = m(G) \circ m(F) \quad \text{ou} \quad [G \circ F] = [G][F]$$

(Ici, $G \circ F$ désigne l'application composée de G et F.)

Nous illustrons les théorèmes précédents dans le cas où V est de dimension 2. Soit $\{u_1, u_2\}$ une base de V et F et G des opérateurs linéaires sur V tels que

$$F(u_1) = a_1 u_1 + a_2 u_2 \qquad G(u_1) = c_1 u_1 + c_2 u_2$$
$$F(u_2) = b_1 u_1 + b_2 u_2 \qquad G(u_1) = d_1 u_1 + d_2 u_2$$

Alors
$$[F] = \begin{pmatrix} a_1 & b_1 \\ a_2 & b_2 \end{pmatrix} \qquad \text{et} \qquad [G] = \begin{pmatrix} c_1 & d_1 \\ c_2 & d_2 \end{pmatrix}$$

Nous avons

$$(F + G)(u_1) = F(u_1) + G(u_1) = a_1 u_1 + a_2 u_2 + c_1 u_1 + c_2 u_2$$
$$= (a_1 + c_1) u_1 + (a_2 + c_2) u_2$$
$$(F + G)(u_2) = F(u_2) + G(u_2) = b_1 u_1 + b_2 u_2 + d_1 u_1 + d_2 u_2$$
$$= (b_1 + d_1) u_1 + (b_2 + d_2) u_2$$

Ainsi
$$[F + G] = \begin{pmatrix} a_1 + c_1 & b_1 + d_1 \\ a_2 + c_2 & b_2 + d_2 \end{pmatrix} = \begin{pmatrix} a_1 & b_1 \\ a_2 & b_2 \end{pmatrix} + \begin{pmatrix} c_1 & d_1 \\ c_2 & d_2 \end{pmatrix} = [F] + [G]$$

Aussi, pour $k \in \mathbb{K}$, nous avons

$$(k F)(u_1) = kF(u_1) = k(a_1 u_1 + a_2 u_2) = ka_1 u_1 + ka_2 u_2$$
$$(k F)(u_2) = kF(u_2) = k(b_1 u_1 + b_2 u_2) = kb_1 u_1 + kb_2 u_2$$

Ainsi

$$[kF] = \begin{pmatrix} ka_1 & kb_1 \\ ka_2 & kb_2 \end{pmatrix} = k \begin{pmatrix} a_1 & b_1 \\ a_2 & b_2 \end{pmatrix} = k[F]$$

Finalement, nous avons

$$(G \circ F)(u_1) = G(F(u_1)) = G(a_1 u_1 + a_2 u_2) = a_1 G(u_1) + a_2 G(u_2)$$
$$= a_1(c_1 u_1 + c_2 u_2) + a_2(d_1 u_1 + d_2 u_2)$$
$$= (a_1 c_1 + a_2 d_1) u_1 + (a_1 c_2 + a_2 d_2) u_2$$
$$(G \circ F)(u_2) = G(F(u_2)) = G(b_1 u_1 + b_2 u_2) = b_1 G(u_1) + b_2 G(u_2)$$
$$= b_1(c_1 u_1 + c_2 u_2) + b_2(d_1 u_1 + d_2 u_2)$$
$$= (b_1 c_1 + b_2 d_1) u_1 + (b_1 c_2 + b_2 d_2) u_2$$

Par conséquent,

$$[G \circ F] = \begin{pmatrix} a_1 c_1 + a_2 d_1 & b_1 c_1 + b_2 d_1 \\ a_1 c_2 + a_2 d_2 & b_1 c_2 + b_2 d_2 \end{pmatrix} = \begin{pmatrix} c_1 & d_1 \\ c_2 & d_2 \end{pmatrix} \begin{pmatrix} a_1 & b_1 \\ a_2 & b_2 \end{pmatrix} = [F][G]$$

10.3. CHANGEMENT DE BASE ET OPÉRATEURS LINÉAIRES

La discussion précédente montre que nous pouvons représenter tout opérateur linéaire par une matrice dès que nous choisissons une base de l'espace vectoriel V. Une question vient tout de suite à l'esprit : Comment se comporte la représentation matricielle lorsque nous effectuons un changement de base ? Afin de répondre à cette question, nous rappelons d'abord une définition et certaines propriétés.

Définition : Soit $S = \{u_1, u_2, \ldots, u_n\}$ une base de V et soit $S' = \{v_1, v_2, \ldots, v_n\}$ une autre base. Supposons que, pour $i = 1, 2, \ldots, n$,

$$v_i = a_{i1}u_1 + a_{i2}u_2 + \cdots + a_{in}u_n$$

La transposée P de la matrice des coefficients ci-dessus est appelée la *matrice de changement de base* ou la *matrice de passage* de l'« ancienne » base S à la « nouvelle » base S'.

Propriété 1. La matrice P, de passage de la base S à la base S', est inversible et son inverse P^{-1} est la matrice de passage de la base S' à la base S.

Propriété 2. Soit P la matrice de passage de la base usuelle E de $\mathbb{K}^n$ à une autre base S. Alors, P est la matrice dont les colonnes sont précisément les éléments de la base S.

Propriété 3. Soit P la matrice de passage de la base S à la base S'. Alors (*cf.* théorème 5.27), quel que soit le vecteur $v \in V$,

$$P[v]_{S'} = [v]_S \quad \text{et} \quad P^{-1}[v]_S = [v]_{S'}$$

(Ainsi, P^{-1} transforme les coordonnées de v dans l'ancienne base S à la nouvelle base S'.)

Les théorèmes suivants (*cf.* problème 10.19 pour la démonstration), répondent à la question de la page précédente ; c'est-à-dire que la représentation matricielle d'un opérateur linéaire change lorsqu'on effectue un changement de base.

Théorème 10.4 : Soit P la matrice de passage de la base S à la base S' d'un espace vectoriel V. Alors, pour tout opérateur linéaire T sur V,

$$[T]'_S = P^{-1}[T]_S P$$

En d'autres termes, si A est la représentation matricielle de T dans la base S, alors $B = P^{-1}AP$ est la matrice qui représente T dans la nouvelle base S', où P est la matrice de passage de S à S'.

Exemple 10.3. Considérons les bases suivantes de $\mathbb{R}^2$:

$$E = \{e_1 = (1, 0), e_2 = (0, 1)\} \quad \text{et} \quad S = \{u_1 = (1, -2), u_2 = (2, -5)\}$$

Puisque E est la base usuelle de $\mathbb{R}^2$, nous écrivons les vecteurs de la base S en colonnes, pour obtenir la matrice de passage P de E à S.

$$P = \begin{pmatrix} 1 & 2 \\ -2 & -5 \end{pmatrix}$$

Considérons l'opérateur linéaire F sur $\mathbb{R}^2$ défini par $F(x, y) = (2x - 3y, 4x + y)$. Nous avons

$$\begin{aligned} F(e_1) &= F(1, 0) = (2, 4) = 2e_1 + 4e_2 \\ F(e_2) &= F(0, 1) = (-3, 1) = -3e_1 + e_2 \end{aligned} \quad \text{et donc} \quad A = \begin{pmatrix} 2 & -3 \\ 4 & 1 \end{pmatrix}$$

est la représentation matricielle de F relativement à la base E. D'après le théorème 10.4,

$$B = P^{-1}AP = \begin{pmatrix} 5 & 2 \\ -2 & -1 \end{pmatrix} \begin{pmatrix} 2 & -3 \\ 4 & 1 \end{pmatrix} \begin{pmatrix} 1 & 2 \\ -2 & -5 \end{pmatrix} = \begin{pmatrix} 44 & 101 \\ -18 & -41 \end{pmatrix}$$

est la représentation matricielle de F relativement à la base S.

Remarque : Soit $P = (a_{ij})$ une matrice carrée d'ordre n, inversible, sur le corps $\mathbb{K}$, et soit $S = \{u_1, u_2, \ldots, u_n\}$ une base de l'espace vectoriel V sur $\mathbb{K}$. Alors, les n vecteurs

$$v_i = a_{1i}u_1 + a_{2i}u_2 + \cdots + a_{ni}u_n \qquad i = 1, 2, \ldots, n$$

sont linéairement indépendants et, par suite, forment une autre base S'. De plus, P est la matrice de passage de la base S à la base S'. Par conséquent, si A est la représentation matricielle d'un opérateur linéaire T sur V, alors la matrice $B = P^{-1}AP$ est aussi une représentation matricielle de T.

Similitude et opérateurs linéaires

Soit A et B deux matrices carrées pour lesquelles il existe une matrice P, inversible, telle que $B = P^{-1}AP$; alors (*cf.* section 4.13) B est dite *semblable* à A. On dit aussi que B est obtenue à partir de A par la *transformation de similitude* des matrices. D'après le théorème 10.4 et la remarque précédente, nous avons le résultat fondamental suivant.

Théorème : Deux matrices A et B représentent le même opérateur linéaire T si, et seulement si, elles sont semblables.

Cela signifie que l'ensemble des représentations matricielles d'un opérateur linéaire T forme une classe d'équivalence de matrices semblables.

Supposons, maintenant, que f soit une fonction de matrices carrées qui associe la même valeur à des matrices semblables ; c'est-à-dire que $f(A) = f(B)$ si A et B sont semblables. Donc, f introduit une fonction, notée également f, sur les opérateurs linéaires T de façon naturelle : $f(T) = f([T]_S$ où S est une base quelconque de V. La fonction est bien définie par le théorème 10.5. Voici trois exemples importants de telles fonctions :

$$(1) \quad \text{déterminant}, \qquad (2) \quad \text{trace} \qquad \text{et} \qquad (3) \quad \text{polynôme caractéristique}$$

Ainsi, le déterminant, la trace et le polynôme caractéristique d'un opérateur linéaire sont bien définis.

Exemple 10.4. Soit F l'opérateur linéaire sur $\mathbb{R}^2$ défini par $F(x, y) = (2x - 3y, 4x + y)$. D'après l'exemple 10.3, la représentation matricielle de F relativement à la base usuelle de $\mathbb{R}^2$ est

$$A = \begin{pmatrix} 2 & -3 \\ 4 & 1 \end{pmatrix}$$

Par conséquent,

(i) $\det(T) = \det(A) = 2 + 12 = 14$ est le déterminant de T.

(ii) $\operatorname{tr} T = \operatorname{tr} A = 2 + 1 = 3$ est la trace de T.

(iii) $\Delta_T(t) = \Delta_A(t) = t^2 - 3t + 14$ est le polynôme caractéristique de T.

D'après l'exemple 10.3, une autre représentation matricielle de T est la matrice

$$B = \begin{pmatrix} 44 & 101 \\ -18 & -41 \end{pmatrix}$$

En utilisant cette matrice, nous obtenons

(i) $\det(T) = \det(A) = -1\,804 + 1\,818 = 14$ est le déterminant de T.

(ii) $\operatorname{tr} T = \operatorname{tr} A = 44 - 41 = 3$ est la trace de T

(iii) $\Delta_T(t) = \Delta_B(t) = t^2 - 3t + 14$ est le polynôme caractéristique de T.

Comme prévu, les deux matrices conduisent aux mêmes résultats.

10.4. DIAGONALISATION D'OPÉRATEURS LINÉAIRES

Un opérateur linéaire T sur un espace vectoriel V est dit *diagonalisable* si T peut être représenté par une matrice diagonale D. Ainsi, T est diagonalisable si, et seulement si, il existe une base $S = \{u_1, u_2, \ldots, u_n\}$ de V pour laquelle

$$T(u_1) = k_1 u_1$$
$$T(u_2) = \qquad k_2 u_2$$
$$\cdots\cdots\cdots\cdots\cdots\cdots\cdots\cdots\cdots\cdots$$
$$T(u_n) = \qquad\qquad\qquad k_n u_n$$

Dans ce cas, T est représenté par la matrice diagonale

$$D = \operatorname{diag}(k_1, k_2, \ldots, k_n)$$

relativement à la base S.

Les observations précédentes nous conduisent aux définitions et théorèmes suivants, analogues aux définitions et théorèmes sur les matrices, étudiés au chapitre 8.

Un scalaire $\lambda \in \mathbb{K}$ est dit une *valeur propre* de T s'il existe un vecteur non nul $v \in V$ pour lequel

$$T(v) = \lambda v$$

Tout vecteur satisfaisant cette relation est appelé un *vecteur propre* de T *associé* à la valeur propre λ. L'ensemble E_λ de tels vecteurs est un sous-espace de V appelé le *sous-espace propre* de λ. (Autrement dit, λ est une valeur propre de T si $\lambda I - T$ est singulier et, dans ce cas, E_λ est le noyau de $\lambda I - T$.)

On a alors les théorèmes suivants.

Théorème 10.6 : T peut être représenté par une matrice diagonale D (ou T est diagonalisable) si, et seulement si, il existe une base de V formée de vecteurs propres de T. Dans ce cas, les éléments diagonaux de D sont les valeurs propres correspondantes.

Théorème 10.7 :   Les vecteurs propres non nuls $u_1, u_2, \ldots, u_r$ de T associés, respectivement, aux valeurs propres distinctes $\lambda_1, \lambda_2, \ldots, \lambda_r$, sont linéairement indépendants(*cf.* problème 10.26 pour la démonstration).

Théorème 10.8 : T est un zéro de son polynôme caractéristique $\Delta(t)$.

Théorème 10.9 :   Le scalaire λ est une valeur propre de T si et seulement si λ est une racine du polynôme caractéristique $\Delta(t)$.

Théorème 10.10 :   La multiplicité géométrique d'une valeur propre λ de T est inférieure à sa multiplicité algébrique (*cf.* problème 10.27 pour la démonstration).

Théorème 10.11 :   Soit A une représentation matricielle de T. Alors, T est diagonalisable si et seulement si A est diagonalisable.

Remarque :   Le théorème 10.11 permet de réduire l'étude de la diagonalisation d'un opérateur linéaire à celle de la diagonalisation d'une matrice A ; étude faite en détail au chapitre 8.

Exemple 10.5

(a) Soit V l'espace vectoriel des fonctions réelles engendré par $S = \{\sin \theta, \cos \theta\}$, et soit $\mathbf{D}$ l'opérateur différentiel sur V. Alors

$$\mathbf{D}(\sin \theta) = \cos \theta = 0(\sin \theta) + 1(\cos \theta)$$

$$\mathbf{D}(\cos \theta) = -\sin \theta = -1(\sin \theta) + 0(\cos \theta)$$

Donc $A = \begin{pmatrix} 0 & 1 \\ -1 & 0 \end{pmatrix}$ est la représentation matricielle de $\mathbf{D}$ dans la base S. De plus,

$$\Delta(t) = t^2 - (\operatorname{tr} A)t + |A| = t^2 + 1$$

est à la fois le polynôme caractéristique de A et de $\mathbf{D}$. Ainsi, A et $\mathbf{D}$ n'amettent pas de valeurs propres réelles et, en particulier, $\mathbf{D}$ n'est pas diagonalisable.

(b) Considérons les fonctions $e^{a_1 t}, e^{a_2 t}, \ldots, e^{a_r t}$ où $a_1, a_2, \ldots, a_r$ sont des nombres réels distincts. Soit $\mathbf{D}$ l'opérateur différentiel. Alors $\mathbf{D}(e^{a_k t}) = a_k e^{a_k t}$. Par conséquent, les fonctions $e^{a_k t}$ sont des vecteurs propres de $\mathbf{D}$ associés à des valeurs propres distinctes. Ainsi, d'après le théorème 10.7, ces fonctions forment un ensemble linéairement indépendant.

(c) Soit $T : \mathbb{R}^2 \to \mathbb{R}^2$ un opérateur linéaire qui fait tourner chaque vecteur $v \in \mathbb{R}^2$ d'un angle $\theta = 90°$, comme le montre la figure 10-1. Noter que le vecteur nul est un multiple de lui-même. Alors, T n'admet pas de valeurs propres et, par suite, pas de vecteurs propres.

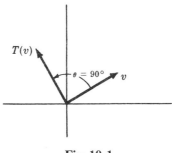

Fig. 10-1

Maintenant, le *polynôme minimal m(t)* d'un opérateur linéaire T est défini, indépendamment de la théorie des matrices, comme le polynôme unitaire de plus petit degré dont T est un zéro. Cependant, pour tout polynôme $f(t)$,

$$f(T) = \mathbf{0} \qquad \text{si, et seulement si} \qquad f(A) = 0$$

où A est une représentation matricielle quelconque de T. Par conséquent, T et A ont le même polynôme minimal. Ainsi, tous les théorèmes du chapitre 8 relatifs au polynôme minimal d'une matrice sont également vrais pour le polynôme minimal d'un opérateur linéaire T.

10.5. MATRICES ET APPLICATIONS LINÉAIRES GÉNÉRALES

Considérons maintenant le cas général d'applications linéaires d'un espace vectoriel dans un autre. Soit V et U deux espaces vectoriels sur le même corps $\mathbb{K}$ et posons, par exemple, $\dim V = m$ et $\dim U = n$. De plus, soit $\mathbf{e} = \{v_1, v_2, \ldots, v_m\}$ et $\mathbf{f} = \{u_1, u_2, \ldots, u_n\}$ des bases arbitraires, mais fixées de V et U, respectivement.

Soit $F : V \rightarrow U$ une application linéaire. Alors, les vecteurs $F(v_1), F(v_2), \ldots, F(v_m)$ appartiennent à U et donc, chacun d'eux peut s'écrire comme combinaison linéaire des u_k, par exemple

$$F(v_1) = a_{11}u_1 + a_{12}u_2 + \cdots + a_{1n}u_n$$
$$F(v_2) = a_{21}u_1 + a_{22}u_2 + \cdots + a_{2n}u_n$$
$$\ldots\ldots\ldots\ldots\ldots\ldots\ldots\ldots\ldots\ldots\ldots\ldots$$
$$F(v_m) = a_{m1}u_n + a_{m2}u_2 + \cdots + a_{mn}u_n$$

La transposée de la matrice des coefficients ci-dessus, notée $[F]_e^f$ est appelée la représentation matricielle de F relativement aux bases $\mathbf{e}$ et $\mathbf{f}$.

$$[F]_e^f = \begin{pmatrix} a_{11} & a_{21} & \ldots & a_{m1} \\ a_{12} & a_{22} & \ldots & a_{m2} \\ \ldots\ldots\ldots\ldots\ldots\ldots\ldots \\ a_{1n} & a_{2n} & \ldots & a_{mn} \end{pmatrix}$$

(Nous utiliserons simplement la notation $[F]$ lorsqu'il n'y a pas d'ambiguïté sur les bases.)

Théorème 10.12 : Quel que soit le vecteur $v \in V$, $[F]_e^f[v]_e = [F(v)]_f$.

C'est-à-dire qu'en multipliant le vecteur coordonné de v dans la base $\mathbf{e}$ par la matrice $[F]_e^f$, nous obtenons le vecteur coordonné de $F(v)$ dans la base $\mathbf{f}$.

Théorème 10.13 : L'application $F \mapsto [F]$ est un isomorphisme de $\text{Hom}(V, U)$ sur l'espace vectoriel des matrices $n \times m$ sur $\mathbb{K}$. Donc, l'application est à la fois injective et surjective et, quels que soient $F, G \in \text{Hom}(V, U)$ et quels que soient $k \in \mathbb{K}$,

$$[F + G] = [F] + [G] \qquad \text{et} \qquad [kF] = k[F]$$

Remarque : Rappelons qu'une matrice quelconque $n \times m$, A, sur $\mathbb{K}$ a été identifiée à l'application linéaire de $\mathbb{K}^m$ dans $\mathbb{K}^n$ définie par $v \mapsto Av$. Supposons maintenant que V et U soient des espaces vectoriels sur $\mathbb{K}$ de dimensions respectives m et n et supposons que $\mathbf{e}$ soit une base de V et $\mathbf{f}$ une base de U. Alors, eu égard au théorème précédent, nous identifierons aussi A avec l'application linéaire $F : V \to U$ définie par $[F(v)]_f = A[v]_e$. Nous pouvons dire que si d'autres bases de V et de U sont données, nous identifierons A avec d'autres applications linéaires de V dans U.

Théorème 10.14 : Soit $\mathbf{e}$, $\mathbf{f}$ et $\mathbf{g}$ des bases de V, U et W, respectivement. Soit $F : V \to U$ et $G : U \to W$ des applications linéaires. Alors

$$[F \circ G]_e^g = [G]_f^g [F]_e^f$$

Cela signifie que, relativement à des bases appropriées, la représentation matricielle de la composition de deux applications linéaires est égale au produit des représentations matricielles de ces applications.

Nous montrons enfin comment la représentation matricielle d'une application linéaire $F : V \to U$ change lorsqu'on effectue un changement de base.

Théorème 10.15 : Soit P la matrice de passage d'une base $\mathbf{e}$ à une base $\mathbf{e}'$ dans V et soit Q la matrice de passage d'une base $\mathbf{f}$ à une base $\mathbf{f}'$ dans U. Alors, pour une application linéaire quelconque $F : V \to U$,

$$[F]_{e'}^{f'} = Q^{-1} [F]_e^f P$$

En d'autres termes, A représente l'application linéaire F relativement aux bases $\mathbf{e}$ et $\mathbf{f}$, alors la matrice

$$B = Q^{-1} A P$$

représente F relativement aux bases $\mathbf{e}'$ et $\mathbf{f}'$.

Notre dernier théorème (*cf.* problème 10.34 pour la démonstration) montre que chaque application linéaire d'un espace vectoriel dans un autre peut être représentée par une matrice très simple.

Théorème 10.16 : Soit $F : V \to U$ une application linéaire et rang $F = r$. Alors il existe des bases de V et U telles que la représentation matricielle de F a la forme

$$A = \begin{pmatrix} I_r & 0 \\ 0 & 0 \end{pmatrix}$$

où I_r est la matrice identité d'ordre r.

La matrice A ci-dessus est appelée la *forme normale* ou *forme canonique* de l'application linéaire F.

Problèmes résolus

REPRÉSENTATION MATRICIELLE D'OPÉRATEURS LINÉAIRES

10.1. Soit $F : \mathbb{R}^2 \to \mathbb{R}^2$ définie par $F(x, y) = (2y, 3x - y)$. Trouver la représentation matricielle de F relativement à la base usuelle $E = \{e_1 = (1, 0), e_2 = (0, 1)\}$.

Remarquons d'abord que si $(a, b) \in \mathbb{R}^2$, alors $(a, b) = ae_1 + be_2$.

$$\begin{aligned} F(e_1) &= F(1, 0) = (0, 3) = 0e_1 + 3e_2 \\ F(e_2) &= F(0, 1) = (2, -1) = 2e_1 - e_2 \end{aligned} \qquad \text{et} \qquad [F]_E = \begin{pmatrix} 0 & 2 \\ 3 & -1 \end{pmatrix}$$

Nous voyons bien que les lignes de la matrice $[F]_E$ sont données directement par les coefficients dans les composantes de $F(x, y)$. Ceci se généralise à un espace $\mathbb{K}^n$ quelconque.

10.2. Trouver la représentation matricielle de l'opérateur linéaire F du problème 10.1 relativement à la base usuelle $S = \{u_1 = (1, 3), u_2 = (2, 5)\}$.

Cherchons d'abord les coordonnées d'un vecteur arbitraire $(a, b) \in \mathbb{R}^2$ relativement à la base S. Nous avons

$$\begin{pmatrix} a \\ b \end{pmatrix} = x \begin{pmatrix} 1 \\ 3 \end{pmatrix} + y \begin{pmatrix} 2 \\ 5 \end{pmatrix} \qquad \text{ou} \qquad \begin{matrix} x + 2y = a \\ 3x + 5y = b \end{matrix}$$

Résolvons le système en x et y, en fonction de a et b, pour obtenir $x = 2b - 5a$ et $y = 3a - b$. Ainsi

$$(a, b) = (-5a + 2b)u_1 + (3a - b)u_2$$

Par suite, $F(x, y) = (2y, 3x - y)$. Donc

$$F(u_1) = F(1, 3) = (6, 0) = -30u_1 + 18u_2$$
$$F(u_2) = F(2, 5) = (10, 1) = -48u_1 + 29u_2$$

et $[F]_S = \begin{pmatrix} -30 & -48 \\ 18 & 29 \end{pmatrix}$.

(*Remarque* : Noter que les coefficients de u_1 et u_2 sont écrits en colonnes, et non en lignes, dans chaque représentation matricielle.)

10.3. Soit G l'opérateur linéaire sur $\mathbb{R}^3$ défini par $G(x, y, z) = (2y + z, x - 4y, 3x)$.

(a) Trouver la représentation matricielle de G relativement à la base

$$S = \{w_1 = (1, 1, 1), w_2 = (1, 1, 0), w_3 = (1, 0, 0)\}$$

(b) Vérifier que $[G][v] = [G(v)]$ pour tout vecteur $v \in \mathbb{R}^3$.

Cherchons d'abord les coordonnées d'un vecteur arbitraire $(a, b, c) \in \mathbb{R}^3$ relativement à la base S. Écrivons (a, b, c) comme une combinaison linéaire des vecteurs w_1, w_2, w_3 en utilisant les scalaires x, y et z :

$$(a, b, c) = x(1, 1, 1) + y(1, 1, 0) + z(1, 0, 0) = (x + y + z, x + y, x)$$

En identifiant les composantes correspondantes, nous obtenons le système d'équations

$$x + y + z = a \qquad x + y = b \qquad x = c$$

Maintenant, en résolvant le système en x, y et z, en fonction de a, b et c, nous obtenons $x = c$, $y = b - c$, $z = a - b$. Ainsi

$$(a, b, c) = cw_1 + (b - c)w_2 + (a - b)w_3 \qquad \text{ou encore} \qquad [(a, b, c)] = [c, b - c, a - b]^T$$

(a) Puisque $G(x, y, z) = (2y + z, x - 4y, 3x)$,

$$G(w_1) = G(1, 1, 1) = (3, -3, 3) = 3w_1 - 6w_2 + 6w_3$$
$$G(w_2) = G(1, 1, 0) = (2, -3, 3) = 3w_1 - 6w_2 + 5w_3$$
$$G(w_3) = G(1, 0, 0) = (0, 1, 3) = 3w_1 - 2w_2 - w_3$$

En écrivant les coordonnées de $G(w_1)$, $G(w_2)$, $G(w_3)$ en colonnes, nous obtenons

$$[G] = \begin{pmatrix} 3 & 3 & 3 \\ -6 & -6 & -2 \\ 6 & 5 & -1 \end{pmatrix}$$

(b) Écrivons $G(v)$ comme combinaison linéaire de w_1, w_2, w_3 où $v = (a, b, c)$ est un vecteur arbitraire de $\mathbb{R}^3$:

$$G(v) = G(a, b, c) = (2b + c, a - 4b, 3a) = 3aw_1 + (-2a - 4b)w_2 + (-a + 6b + c)w_3$$

ou, d'une manière équivalente,

$$[G(v)] = [3a, -2a - 4b, -a + 6b + c]^T$$

Par conséquent,

$$[G][v] = \begin{pmatrix} 3 & 3 & 3 \\ -6 & -6 & -2 \\ 6 & 5 & -1 \end{pmatrix} \begin{pmatrix} c \\ b-c \\ a-b \end{pmatrix} = \begin{pmatrix} 3a \\ -2a-4b \\ -a+6b+c \end{pmatrix} = [G(v)]$$

10.4. Soit $A = \begin{pmatrix} 1 & 2 \\ 3 & 4 \end{pmatrix}$ et soit T l'opérateur linéaire sur $\mathbb{R}^2$ défini par $T(v) = Av$ (où v est écrit en colonne). Trouver la matrice de T dans chacune des bases suivantes :

(a) $E = \{e_1 = (1,0), e_2 = (0,1)\}$, c'est-à-dire la base usuelle ; et (b) $S = \{u_1 = (1,3), u_2 = (2,5)\}$.

(a) Nous avons

$$\left. \begin{aligned} T(e_1) = \begin{pmatrix} 1 & 2 \\ 3 & 4 \end{pmatrix} \begin{pmatrix} 1 \\ 0 \end{pmatrix} = \begin{pmatrix} 1 \\ 3 \end{pmatrix} = 1e_1 + 3e_2 \\ T(e_2) = \begin{pmatrix} 1 & 2 \\ 3 & 4 \end{pmatrix} \begin{pmatrix} 0 \\ 1 \end{pmatrix} = \begin{pmatrix} 2 \\ 4 \end{pmatrix} = 2e_1 + 4e_2 \end{aligned} \right\} \quad \text{et ainsi} \quad [T]_E = \begin{pmatrix} 1 & 2 \\ 3 & 4 \end{pmatrix}$$

Remarquer que la matrice de T dans la base usuelle est précisément la matrice initiale A qui définit T. (*Cf.* exemple 10.1(c).)

(b) D'après le problème 10.2, $(a,b) = (-5a+2b)u_1 + (3a-b)u_2$. Donc

$$\left. \begin{aligned} T(u_1) = \begin{pmatrix} 1 & 2 \\ 3 & 4 \end{pmatrix} \begin{pmatrix} 1 \\ 3 \end{pmatrix} = \begin{pmatrix} 7 \\ 15 \end{pmatrix} = -5u_1 + 6u_2 \\ T(u_2) = \begin{pmatrix} 1 & 2 \\ 3 & 4 \end{pmatrix} \begin{pmatrix} 2 \\ 5 \end{pmatrix} = \begin{pmatrix} 12 \\ 26 \end{pmatrix} = -8u_1 + 10u_2 \end{aligned} \right\} \quad \text{et ainsi} \quad [T]_S = \begin{pmatrix} -5 & -8 \\ 6 & 10 \end{pmatrix}$$

10.5. Chacun des ensembles (a) $\{1, t, e^t, te^t\}$ et (b) $\{e^{3t}, te^{3t}, t^2 e^{3t}\}$ est une base de l'espace vectoriel V des fonctions $f : \mathbb{R} \to \mathbb{R}$. Soit $\mathbf{D}$ l'opérateur différentiel sur V tel que $\mathbf{D}(f) = df/dt$. Trouver la matrice de $\mathbf{D}$ dans chacune des bases données.

(a)

$$\begin{aligned} \mathbf{D}(1) &= 0 &&= 0(1) + 0(t) + 0(e^t) + 0(te^t) \\ \mathbf{D}(t) &= 1 &&= 1(1) + 0(t) + 0(e^t) + 0(te^t) \\ \mathbf{D}(e^t) &= e^t &&= 0(1) + 0(t) + 1(e^t) + 0(te^t) \\ \mathbf{D}(te^t) &= e^t + te^t = 0(1) + 0(t) + 1(e^t) + 1(te^t) \end{aligned} \quad \text{et ainsi} \quad [\mathbf{D}] = \begin{pmatrix} 0 & 1 & 0 & 0 \\ 0 & 0 & 0 & 0 \\ 0 & 0 & 1 & 1 \\ 0 & 0 & 0 & 1 \end{pmatrix}$$

(b)

$$\begin{aligned} \mathbf{D}(e^{3t}) &= 3e^{3t} &&= 3(e^{3t}) + 0(te^{3t}) + 0(t^2 e^{3t}) \\ \mathbf{D}(te^{3t}) &= e^{3t} + 3te^{3t} &&= 1(e^{3t}) + 3(te^{3t}) + 0(t^2 e^{3t}) \\ \mathbf{D}(t^2 e^{3t}) &= 2te^{3t} + 3t^2 e^{3t} = 0(e^{3t}) + 2(te^{3t}) + 3(t^2 e^{3t}) \end{aligned} \quad \text{et ainsi} \quad [\mathbf{D}] = \begin{pmatrix} 3 & 1 & 0 \\ 0 & 3 & 2 \\ 0 & 0 & 3 \end{pmatrix}$$

10.6. Soit V l'espace vectoriel des matrices carrées d'ordre 2, muni de sa base usuelle :

$$\left\{ E_1 = \begin{pmatrix} 1 & 0 \\ 0 & 0 \end{pmatrix}, E_2 = \begin{pmatrix} 0 & 1 \\ 0 & 0 \end{pmatrix} E_3 = \begin{pmatrix} 0 & 0 \\ 1 & 0 \end{pmatrix}, E_4 = \begin{pmatrix} 0 & 0 \\ 0 & 1 \end{pmatrix} \right\}$$

Soit $M = \begin{pmatrix} 1 & 2 \\ 3 & 4 \end{pmatrix}$ et T l'opérateur linéaire sur V défini par $T(A) = MA$. Trouver la représentation matricielle de T relativement à la base usuelle de V.

Nous avons

$$T(E_1) = ME_1 = \begin{pmatrix} 1 & 2 \\ 3 & 4 \end{pmatrix} \begin{pmatrix} 1 & 0 \\ 0 & 0 \end{pmatrix} = \begin{pmatrix} 1 & 0 \\ 3 & 0 \end{pmatrix} = 1E_1 + 0E_2 + 3E_3 + 0E_4$$

$$T(E_2) = ME_2 = \begin{pmatrix} 1 & 2 \\ 3 & 4 \end{pmatrix} \begin{pmatrix} 0 & 1 \\ 0 & 0 \end{pmatrix} = \begin{pmatrix} 0 & 1 \\ 0 & 3 \end{pmatrix} = 0E_1 + 1E_2 + 0E_3 + 3E_4$$

$$T(E_3) = ME_3 = \begin{pmatrix} 1 & 2 \\ 3 & 4 \end{pmatrix} \begin{pmatrix} 0 & 0 \\ 1 & 0 \end{pmatrix} = \begin{pmatrix} 2 & 0 \\ 4 & 0 \end{pmatrix} = 2E_1 + 0E_2 + 4E_3 + 0E_4$$

$$T(E_4) = ME_4 = \begin{pmatrix} 1 & 2 \\ 3 & 4 \end{pmatrix} \begin{pmatrix} 0 & 0 \\ 0 & 1 \end{pmatrix} = \begin{pmatrix} 0 & 2 \\ 0 & 4 \end{pmatrix} = 0E_1 + 2E_2 + 0E_3 + 4E_4$$

Donc

$$[T] = \begin{pmatrix} 1 & 0 & 2 & 0 \\ 0 & 1 & 0 & 2 \\ 3 & 0 & 4 & 0 \\ 0 & 3 & 0 & 4 \end{pmatrix}$$

(Puisque $\dim V = 4$, toute représentation matricielle d'un opérateur linéaire sur V doit être une matrice carrée d'ordre 4.)

10.7. Considérons la base $S = \{(1, 0), (1, 1)\}$ de $\mathbb{R}^2$. Soit $L : \mathbb{R}^2 \to \mathbb{R}^2$ l'opérateur défini par $L(1, 0) = (6, 4)$ et $L(1, 1) = (1, 5)$. (Rappelons qu'une application linéaire est entièrement définie par son action sur une base.) Trouver la représentation matricielle de L dans la base S.

Écrivons chacun des vecteurs $(6, 4)$ et $(1, 5)$ comme combinaison linéaire des vecteurs de la base donnée. Nous obtenons

$$\begin{aligned} L(1, 0) = (6, 4) = 2(1, 0) + 4(1, 1) \\ L(1, 1) = (1, 5) = -4(1, 0) + 5(1, 1) \end{aligned} \quad \text{et ainsi} \quad [L] = \begin{pmatrix} 2 & -4 \\ 4 & 5 \end{pmatrix}$$

10.8. Considérons la base usuelle $E = \{e_1, e_2, \ldots, e_n\}$ de $\mathbb{K}^n$. Soit $L : \mathbb{K}^n \to \mathbb{K}^n$ défini par $L(e_i) = v_i$. Montrer que la matrice A représentant L dans la base usuelle E s'obtient en écrivant les vecteurs images $v_1, v_2, \ldots, v_n$ en colonnes.

Supposons que $v_i = (a_{i1}, a_{i2}, \ldots, a_{in})$. Donc $L(e_i) = v_i = a_{i1}e_1 + a_{i2}e_2 + \cdots + a_{in}e_n$. Ainsi,

$$[L] = \begin{pmatrix} a_{11} & a_{21} & \ldots & a_{n1} \\ a_{12} & a_{22} & \ldots & a_{n2} \\ \multicolumn{4}{c}{\ldots\ldots\ldots\ldots\ldots\ldots} \\ a_{1n} & a_{2n} & \ldots & a_{nn} \end{pmatrix}$$

10.9. Pour chacun des opérateurs linéaires suivants L de $\mathbb{R}^2$, trouver la matrice A qui représente L (dans la base usuelle de $\mathbb{R}^2$) :

(a) L est défini par $L(1, 0) = (2, 4)$ et $L(0, 1) = (5, 8)$.

(b) L est une rotation dans $\mathbb{R}^2$ qui fait tourner un vecteur d'un angle de $90°$ dans le sens des aiguilles d'une montre.

(c) L est la symétrie par rapport à la droite $y = -x$.

(a) Puisque $(1, 0)$ et $(0, 1)$ forment la base usuelle de $\mathbb{R}^2$, écrivons leurs images par F comme vecteurs colonnes (cf. problème 10.8) pour obtenir

$$A = \begin{pmatrix} 2 & 5 \\ 4 & 8 \end{pmatrix}$$

(b) Par la rotation L, nous avons $L(1, 0) = (0, 1)$ et $L(0, 1) = (-1, 0)$. Ainsi $A = \begin{pmatrix} 0 & -1 \\ 1 & 0 \end{pmatrix}$.

(c) Par la symétrie L, nous avons $L(1, 0) = (0, -1)$ et $L(0, 1) = (-1, 0)$. Ainsi $A = \begin{pmatrix} 0 & -1 \\ -1 & 0 \end{pmatrix}$.

10.10. Démontrer le théorème 10.1.

Supposons que, pour $i = 1, \ldots, n$,

$$T(u_i) = a_{i1}u_1 + a_{i2}u_2 + \cdots + a_{in}u_n = \sum_{j=1}^{n} a_{ij}u_j$$

Alors $[T]_S$ est la matrice carrée d'ordre n dont la j-ième ligne est

$$(a_{1j}, a_{2j}, \ldots, a_{nj}) \tag{1}$$

Maintenant, supposons que

$$v = k_1u_1 + k_2u_2 + \cdots + k_nu_n = \sum_{i=1}^{n} k_iu_i$$

En écrivant un vecteur colonne comme la transposée d'un vecteur ligne, nous avons

$$[v]_S = (k_1, k_2, \ldots, k_n)^T \tag{2}$$

De plus, en utilisant la linéarité de T, nous avons :

$$T(v) = T\left(\sum_{i=1}^{n} k_iu_i\right) = \sum_{i=1}^{n} k_iT(u_i) = \sum_{i=1}^{n} k_i\left(\sum_{i=1}^{n} a_{ij}u_j\right)$$

$$= \sum_{j=1}^{n}\left(\sum_{i=1}^{n} a_{ij}k_i\right)u_j = \sum_{j=1}^{n}(a_{1j}k_1 + a_{2j}k_2 + \cdots + a_{nj}k_n)u_j$$

Ainsi $[T(v)]_S$ est le vecteur colonne dont le j-ième élément est

$$a_{1j}k_1 + a_{2j}k_2 + \cdots + a_{nj}k_n \tag{3}$$

D'autre part, le j-ième élément de $[T]_S[v]_S$ est obtenu en multipliant la j-ième ligne de $[T]_S$ par $[v]_S$, c'est-à-dire en multipliant (1) par (2). Or le produit de (1) et (2) est (3) ; donc $[T]_S[v]_S$ et $[T(v)]_S$ ont les mêmes composantes. Par conséquent, $[T]_S[v]_S = [T(v)]_S$.

10.11. Démontrer le théorème 10.2.

Supposons que, pour $i = 1, \ldots, n$,

$$F(u_i) = \sum_{j=1}^{n} a_{ij}u_j \qquad \text{et} \qquad G(u_i) = \sum_{j=1}^{n} b_{ij}u_j$$

Considérons les matrices $A = (a_{ij})$ et $B = (b_{ij})$. Alors $[F] = A^T$ et $[G] = B^T$. Nous avons donc, pour $i = 1, \ldots, n$,

$$(F + G)(u_i) = F(u_i) + G(u_i) = \sum_{j=1}^{n}(a_{ij} + b_{ij})u_j$$

Puisque $A + B$ est la matrice $(a_{ij} + b_{ij})$, nous avons

$$[A + B] = (A + B)^T = A^T + B^T = [A] + [B]$$

Aussi, pour $i = 1, \ldots, n$, $\qquad (kF)(u_i) = kF(u_i) = k\sum_{j=1}^{n} a_{ij}u_j = \sum_{j=1}^{n}(ka_{ij})u_j$

Puisque kA est la matrice (ka_{ij}), nous avons

$$[kF] = (kA)^T = kA^T = k[F]$$

Finalement, m est injective puisqu'une application linéaire est entièrement déterminée par les images des vecteurs d'une base, et m est surjective puisque chaque matrice $A = (a_{ij})$ dans M est l'image de l'opérateur linéaire

$$F(u_i) = \sum_{j=1}^{n} a_{ij}u_j \qquad i = 1, \ldots, n$$

Le théorème est ainsi démontré.

10.12. Démontrer le théorème 10.3.

En utilisant les notations du problème 10.11, nous avons

$$(G \circ F)(u_i) = G(F(u_i)) = G\left(\sum_{j=1}^{n} a_{ij}u_j\right) = \sum_{j=1}^{n} a_{ij}G(u_j)$$

$$= \sum_{j=1}^{n} a_{ij}\left(\sum_{k=1}^{n} b_{jk}u_k\right) = \sum_{k=1}^{n}\left(\sum_{j=1}^{n} a_{ij}b_{jk}\right)u_k$$

Rappelons que AB est la matrice produit $AB = (c_{ik})$ où $c_{ik} = \sum_{j=1}^{n} a_{ij}b_{jk}$. Par conséquent,

$$[G \circ F] = (AB)^T = B^T A^T = [G][F]$$

Et le théorème est ainsi démontré.

10.13. Soit A la représentation matricielle d'un opérateur T. Montrer que $f(A)$ est la représentation matricielle de $f(T)$, pour tout polynôme $f(t)$. [Ainsi $f(T) = 0$ si, et seulement si $f(A) = 0$.]

Soit ϕ l'application $T \mapsto A$, *i.e.* qui envoie l'opérateur T sur sa représentation matricielle A. Il suffit de démontrer que $\phi(f(T)) = f(A)$. Supposons $f(t) = a_n t^n + \cdots + a_1 t + a_0$. La démonstration se fait par récurrence sur le degré n de $f(t)$.

Supposons $n = 0$. Rappelons que $\phi(I') = I$ où I' est l'application identité et I la matrice identité. Ainsi,

$$\phi(f(T)) = \phi(a_0 I') = a_0 \phi(I') = a_0 I = f(A)$$

et, par suite, le théorème est vrai pour $n = 0$.

Supposons maintenant que le théorème est vrai pour tout polynôme $f(t)$ de degré n. Alors, puisque ϕ est un isomorphisme d'algèbres, nous avons

$$\phi(f(T)) = \phi(a_n T^n + a_{n-1}T^{n-1} + \cdots + a_1 T + a_0 I')$$
$$= a_n \phi(T)\phi(T^{n-1}) + \phi(a_{n-1}T^{n-1} + \cdots + a_1 T + a_0 I')$$
$$= a_n A A^{n-1} + (a_{n-1}T^{n-1} + \cdots + a_1 T + a_0 I) = f(A)$$

et le théorème est ainsi démontré.

10.14. Soit V l'espace vectoriel de fonctions engendré par la base $\{\sin\theta, \cos\theta\}$ et soit $\mathbf{D}$ l'opérateur différentiel sur V défini par $\mathbf{D}(f) = \mathrm{d}f/\mathrm{d}t$. Montrer que $\mathbf{D}$ est un zéro du polynôme $f(t) = t^2 + 1$.

Appliquons $f(\mathbf{D})$ à chacune des fonctions de base :

$$f(\mathbf{D})(\sin\theta) = (\mathbf{D}^2 + I)(\sin\theta) = \mathbf{D}^2(\sin\theta) + I(\sin\theta) = -\sin\theta + \sin\theta = 0$$
$$f(\mathbf{D})(\cos\theta) = (\mathbf{D}^2 + I)(\cos\theta) = \mathbf{D}^2(\cos\theta) + I(\cos\theta) = -\cos\theta + \cos\theta = 0$$

Puisque l'image de chaque vecteur de base est égale à 0, l'image de tout vecteur $v \in V$ est égale à 0 par $f(\mathbf{D})$. Ainsi, $f(\mathbf{D}) = \mathbf{0}$. [Ce résultat est prévisible puisque, d'après l'exemple 10.5(a), $f(t)$ est le polynôme caractéristique de $\mathbf{D}$.]

CHANGEMENT DE BASE, MATRICES SEMBLABLES

10.15. Soit $F : \mathbb{R}^2 \to \mathbb{R}^2$ l'opérateur linéaire défini par $F(x, y) = (4x - y, 2x + y)$ et considérons les bases suivantes de $\mathbb{R}^2$:

$$E = \{e_1 = (1, 0), e_2 = (0, 1)\} \qquad \text{et} \qquad S = \{u_1 = (1, 3), u_2 = (2, 5)\}$$

(a) Trouver la matrice de passage P de la base E à la base S. Trouver la matrice de passage de la base S à la base E, et vérifier que $Q = P^{-1}$.

(b) Trouver la matrice A qui représente F dans la base E, la matrice B qui représente F dans la base S, et vérifier que $B = P^{-1}AP$.

(c) Trouver la trace $\operatorname{tr} F$, le déterminant $\det(F)$ et le polynôme caractéristique $\Delta(t)$ de F.

(a) Puisque E est la base usuelle, écrivons les éléments de S en colonnes pour obtenir la matrice de passage

$$P = \begin{pmatrix} 1 & 2 \\ 3 & 5 \end{pmatrix}$$

En résolvant le système $u_1 = e_1 + 3e_2$, $u_2 = 2e_1 + 5e_2$, en e_1 et e_2, nous obtenons

$$\begin{aligned} e_1 &= -5u_1 + 3u_2 \\ e_2 &= 2u_1 - u_2 \end{aligned} \quad \text{et ainsi} \quad Q = \begin{pmatrix} -5 & 2 \\ 3 & -1 \end{pmatrix}$$

Nous avons

$$PQ = \begin{pmatrix} 1 & 2 \\ 3 & 5 \end{pmatrix} \begin{pmatrix} -5 & 2 \\ 3 & -1 \end{pmatrix} = \begin{pmatrix} 1 & 0 \\ 0 & -1 \end{pmatrix} = I$$

(b) Écrivons les coefficients de x et y en lignes (*cf.* problème 10.3), pour obtenir

$$A = \begin{pmatrix} 4 & -1 \\ 2 & 1 \end{pmatrix}$$

Puisque $F(x, y) = (4x - y, 2x + y)$ et $(a, b) = (-5a + 2b)u_1 + (3a - b)u_2$, nous avons

$$\begin{aligned} F(u_1) &= F(1, 3) = (1, 5) = 5u_1 - 2u_2 \\ F(u_2) &= F(2, 5) = (3, 9) = 3u_1 \end{aligned} \quad \text{et ainsi} \quad B = \begin{pmatrix} 5 & 3 \\ -2 & 0 \end{pmatrix}$$

D'où

$$P^{-1}AP = \begin{pmatrix} -5 & 2 \\ 3 & -1 \end{pmatrix} \begin{pmatrix} 4 & -1 \\ 2 & 1 \end{pmatrix} \begin{pmatrix} 1 & 2 \\ 3 & 5 \end{pmatrix} = \begin{pmatrix} 5 & 3 \\ -2 & 0 \end{pmatrix} = B$$

(c) En utilisant A (ou B), nous obtenons

$$\operatorname{tr} F = \operatorname{tr} A = 4 + 1 = 5 \qquad \det(F) = \det(A) = 4 + 2 = 6$$
$$\Delta(t) = t^2 - (\operatorname{tr} A)t + \det(A) = t^2 - 5t + 6$$

10.16. Soit G l'opérateur linéaire sur $\mathbb{R}^3$ défini par $G(x, y, z) = (2y + z, x - 4y, 3x)$ et considérons la base usuelle E et la base suivante S de $\mathbb{R}^3$:

$$S = \{w_1 = (1, 1, 1), \ w_2 = (1, 1, 0), \ w_3 = (1, 0, 0)\}$$

(a) Trouver la matrice de passage P de la base E à la base S, la matrice de passage Q de la base S à la base E, et vérifier que $Q = P^{-1}$.

(b) Vérifier que $[G]_S = P^{-1}[G]_E P$.

(c) Trouver la trace, le déterminant et le polynôme caractéristique de G.

(a) Puisque E est la base usuelle, écrivons les éléments de S en colonnes pour obtenir la matrice de passage

$$P = \begin{pmatrix} 1 & 1 & 1 \\ 1 & 1 & 0 \\ 1 & 0 & 0 \end{pmatrix}$$

En utilisant le procédé habituel d'inversion (*cf.* problème 10.3), nous obtenons

$$\begin{aligned} e_1 &= 0w_1 + 0w_2 + 1w_3 \\ e_2 &= 0w_1 + 1w_2 - 1w_3 \\ e_3 &= 1w_1 - 1w_2 + 0w_3 \end{aligned} \quad \text{et ainsi} \quad Q = \begin{pmatrix} 0 & 0 & 1 \\ 0 & 1 & -1 \\ 1 & -1 & 0 \end{pmatrix}$$

Nous avons

$$PQ = \begin{pmatrix} 1 & 1 & 1 \\ 1 & 1 & 0 \\ 1 & 0 & 0 \end{pmatrix} \begin{pmatrix} 0 & 0 & 1 \\ 0 & 1 & -1 \\ 1 & -1 & 0 \end{pmatrix} = \begin{pmatrix} 1 & 0 & 0 \\ 0 & 1 & 0 \\ 0 & 0 & 1 \end{pmatrix} = I$$

(b) D'après les problèmes 10.1 et 10.3, $[G]_E = \begin{pmatrix} 0 & 2 & 1 \\ 1 & -4 & 0 \\ 3 & 0 & 0 \end{pmatrix}$ et $[G]_S = \begin{pmatrix} 3 & 3 & 3 \\ -6 & -6 & -2 \\ 6 & 5 & -1 \end{pmatrix}$. Ainsi,

$$P^{-1}[G]_E P = \begin{pmatrix} 0 & 0 & 1 \\ 0 & 1 & -1 \\ 1 & -1 & 0 \end{pmatrix} \begin{pmatrix} 0 & 2 & 1 \\ 1 & -4 & 0 \\ 3 & 0 & 0 \end{pmatrix} \begin{pmatrix} 1 & 1 & 1 \\ 1 & 1 & 0 \\ 1 & 0 & 0 \end{pmatrix} = \begin{pmatrix} 3 & 3 & 3 \\ -6 & -6 & -2 \\ 6 & 5 & -1 \end{pmatrix} = [G]_S$$

(c) En utilisant $[G]_E$ (la matrice la plus simple), nous obtenons

$$\text{tr}\, G = 0 - 4 + 0 = -4 \qquad \det(G) = 12 \qquad \text{et} \quad \Delta(t) = t^3 + 4t^2 - 5t - 12$$

10.17. Trouver la trace et le déterminant des opérateurs linéaires suivants sur $\mathbb{R}^3$:

$$T(x, y, z) = (a_1 x + a_2 y + a_3 z,\ b_1 x + b_2 y + b_3 z,\ c_1 x + c_2 y + c_3 z)$$

D'abord, cherchons la représentation matricielle A de T. En choisissant la base usuelle E, nous avons

$$A = \begin{pmatrix} a_1 & a_2 & a_3 \\ b_1 & b_2 & b_3 \\ c_1 & c_2 & c_3 \end{pmatrix}$$

Alors

$$\text{tr}\, T = \text{tr}\, A = a_1 + b_2 + c_3$$

et

$$\det(T) = \det(A) = a_1 b_2 c_3 + a_2 b_3 c_1 + a_3 b_1 c_2 - a_3 b_2 c_1 - a_2 b_1 c_3 - a_1 b_3 c_2$$

10.18. Soit V l'espace vectoriel des matrices carrées d'ordre 2 sur $\mathbb{R}$, et soit $M = \begin{pmatrix} 1 & 2 \\ 3 & 4 \end{pmatrix}$. Soit T l'opérateur linéaire sur V défini par $T(A) = MA$. Trouver la trace et le déterminant de T.

Nous devons d'abord trouver une représentation matricielle de T. En choisissant la base usuelle de V (cf. problème 10.6), nous obtenons la représentation matricielle suivante :

$$[T] = \begin{pmatrix} 1 & 0 & 2 & 0 \\ 0 & 1 & 0 & 2 \\ 3 & 0 & 4 & 0 \\ 0 & 3 & 0 & 4 \end{pmatrix}$$

Alors, $\text{tr}\, T = 1 + 1 + 4 + 4 = 10$ et $\det(T) = 4$.

10.19. Démontrer le théorème 10.4.

Soit v un vecteur quelconque dans V. Alors, D'après le théorème 5.27, $P[v]_{S'} = [v]_S$. Donc,

$$P^{-1}[T]_S P[v]_{S'} = P^{-1}[T]_S [v]_S = P^{-1}[T(v)]_S = [T(v)]_{S'}$$

Mais, $[T]_{S'}[v]_{S'} = [T(v)]_{S'}$; donc

$$P^{-1}[T]_S P[v]_{S'} = [T]_{S'}[v]_{S'}$$

Puisque l'application $v \mapsto [v]_{S'}$ est surjective sur $\mathbb{K}^n$, nous avons $P^{-1}[T]_S PX = [T]_{S'}X$ quel que soit $X \in \mathbb{K}^n$. Ainsi, $P^{-1}[T]_S P = [T]_{S'}$, comme prévu.

DIAGONALISATION D'UN OPÉRATEUR LINÉAIRE, VALEURS PROPRES, VECTEURS PROPRES

10.20. Trouver les valeurs propres et les vecteurs propres linéairement indépendants de l'oprateur linéaire suivant sur $\mathbb{R}^2$, et, s'il est diagonalisable, trouver une représentation diagonale $D : F(x, y) = (6x - y, 3x + 2y)$.

D'abord trouvons la matrice A qui représente F dans la base usuelle de $\mathbb{R}^2$ en écrivant les coefficients x et y en ligne :

$$A = \begin{pmatrix} 6 & -1 \\ 3 & 2 \end{pmatrix}$$

Le polynôme caractéristique $\Delta(t)$ de F est alors

$$\Delta(t) = t^2 - (\operatorname{tr}A)t + |A| = t^2 - 8t + 15 = (t - 3)(t - 5)$$

Ainsi, $\lambda_1 = 3$ et $\lambda_2 = 5$ sont les valeurs propres de F. Cherchons les vecteurs propres associés comme suit :

(i) Soustrayons $\lambda_1 = 3$ à la diagonale de A pour obtenir la matrice $M = \begin{pmatrix} 3 & -1 \\ 3 & -1 \end{pmatrix}$ qui correspond au système homogène $3x - y = 0$. Ici $v_1 = (1, 3)$ est une solution non nulle et donc un vecteur propre de F associé à $\lambda_1 = 3$.

(ii) Soustrayons $\lambda_2 = 5$ à la diagonale de A pour obtenir la matrice $M = \begin{pmatrix} 1 & -1 \\ 3 & -3 \end{pmatrix}$ qui correspond au système homogène $x - y = 0$. Ici $v_2 = (1, 1)$ est une solution non nulle et donc un vecteur propre de F associé à $\lambda_2 = 5$.

Alors $S = \{v_1, v_2\}$ est une base de $\mathbb{R}^2$ constituée de vecteurs propres de F. Ainsi, F est diagonalisable, avec la représentation matricielle diagonale $D = \begin{pmatrix} 3 & 0 \\ 0 & 5 \end{pmatrix}$.

10.21. Soit L l'opérateur linéaire sur $\mathbb{R}^2$ qui fait correspondre à tout vecteur de $\mathbb{R}^2$ son symétrique par rapport à la droite $y = kx$ (où $k \neq 0$ est fixé). (*Cf.* fig 10-2.)

(a) Montrer que $v_1 = (k, 1)$ et $v_2 = (1, -k)$ sont des vecteurs propres de L.

(b) Montrer que L est diagonalisable, et trouver une représentation diagonale D de L.

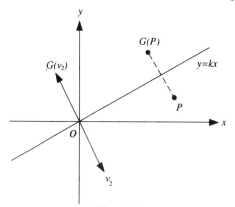

Fig. 10-2

(a) Le vecteur $v_1 = (k, 1)$ appartient à la droite $y = kx$ et, par suite, reste inchangé par la symétrie L. Donc $L(v_1) = v_1$. Ce qui signifie que v_1 est un vecteur propre de L associé à la valeur propre $\lambda_1 = 1$. Le vecteur $v_2 = (1, -k)$ est orthogonal à la droite $y = kx$ et, par suite, l'image de v_2 par L est égale à son opposé. Donc $L(v_2) = -v_2$. Ce qui signifie que v_2 est un vecteur propre de L associé à la valeur propre $\lambda_2 = -1$.

(b) Ici $S = \{v_1, v_2\}$ est une base de $\mathbb{R}^2$ formée de vecteurs propres de L. Ainsi, L est diagonalisable et a pour représentation diagonale (relativement à S) la matrice $D = \begin{pmatrix} 1 & 0 \\ 0 & -1 \end{pmatrix}$.

10.22. Trouver toutes les valeurs propres et une base de chaque sous-espace propre de l'opérateur $T : \mathbb{R}^3 \to \mathbb{R}^3$ défini par $T(x, y, z) = (2x + y, y - z, 2y + 4z)$. T est-il diagonalisable ? Si oui, trouver sa représentation diagonale D.

D'abord trouvons la matrice A qui représente T dans la base usuelle de $\mathbb{R}^3$ en écrivant les coefficients de x, y, z en lignes :

$$A = [T] = \begin{pmatrix} 2 & 1 & 0 \\ 0 & 1 & -1 \\ 0 & 2 & 4 \end{pmatrix}$$

Le polynôme caractéristique $\Delta(t)$ de T est alors

$$\Delta(t) = |tI - A| = \begin{vmatrix} t-2 & -1 & 0 \\ 0 & t-1 & 1 \\ 0 & -2 & t-4 \end{vmatrix} = (t-2)^2(t-3)$$

Ainsi 2 et 3 sont les valeurs propres de T.

Cherchons maintenant une base du sous-espace propre E_2 associé à la valeur propre 2. En remplaçant $t = 2$ dans $tI - A$ pour obtenir le système homogène

$$\begin{pmatrix} 0 & -1 & 0 \\ 0 & 1 & 1 \\ 0 & -2 & -2 \end{pmatrix} \begin{pmatrix} x \\ y \\ z \end{pmatrix} = \begin{pmatrix} 0 \\ 0 \\ 0 \end{pmatrix} \qquad \text{ou} \qquad \begin{cases} -y & = 0 \\ y + z = 0 \\ -2y - 2z = 0 \end{cases} \qquad \text{ou} \qquad \begin{cases} y & = 0 \\ y + z = 0 \end{cases}$$

Le système homogène admet une seule solution indépendante, par exemple $x = 1$, $y = 0$, $z = 0$. Ainsi, $u = (1, 0, 0)$ forme une base du sous-espace propre E_2.

Cherchons maintenant une base du sous-espace propre E_3 associé à la valeur propre 3. En remplaçant $t = 3$ dans $tI - A$ pour obtenir le système homogène

$$\begin{pmatrix} 0 & -1 & 0 \\ 0 & 2 & 1 \\ 0 & -2 & -1 \end{pmatrix} \begin{pmatrix} x \\ y \\ z \end{pmatrix} = \begin{pmatrix} 0 \\ 0 \\ 0 \end{pmatrix} \qquad \text{ou} \qquad \begin{cases} x - y = 0 \\ 2y + z = 0 \\ -2y - z = 0 \end{cases} \qquad \text{ou} \qquad \begin{cases} x - y = 0 \\ 2y + z = 0 \end{cases}$$

Le système homogène admet une seule solution indépendante, par exemple $x = 1$, $y = 1$, $z = -2$. Ainsi, $u = (1, 1, -2)$ forme une base du sous-espace propre E_3.

Ainsi, T n'est pas diagonalisable puisque T admet uniquement deux vecteurs propres linéairement indépendants.

10.23. Montrer que 0 est une valeur propre de T si, et seulement si T est singulier.

Nous savons que 0 est une valeur propre de T si, et seulement si, il existe un vecteur non nul v tel que $T(v) = 0v = 0$, *i.e.* si, et seulement si T est singulier.

10.24. Soit λ une valeur propre de l'opérateur inversible T. Montrer que λ^{-1} est une valeur propre de T^{-1}.

Puisque T est inversible, T est non singulier ; donc, d'après le problème 10.23, $\lambda \neq 0$.

Par définition d'une valeur propre, il existe un vecteur non nul v tel que $T(v) = \lambda v$. En appliquant T^{-1} aux deux membres de cette égalité, nous obtenons $v = T^{-1}(\lambda v) = \lambda T^{-1}(v)$. Donc, $T^{-1}(v) = \lambda^{-1} v$; cela signifie que λ^{-1} est une valeur propre de T^{-1}.

10.25. Supposons que $\dim V = n$. Soit $T : V \to V$ un opérateur inversible. Montrer que T^{-1} s'écrit comme un polynôme en T de degré n'excédant pas n.

Soit $n(T)$ le polynôme minimal de T. Alors, $m(t) = t^r + a_{r-1}t^{r-1} + \cdots + a_1 t + a_0$, où $r \le n$. Comme T est inversible, $a_0 \ne 0$. Nous avons

$$m(T) = T^r + a_{r-1}T^{r-1} + \cdots + a_1 T + a_0 I = 0$$

Donc

$$-\frac{1}{a_0}(T^{r-1} + a_{r-1}T^{r-2} + \cdots + a_1 I)T = I \quad \text{et} \quad T^{-1} = -\frac{1}{a_0}(T^{r-1} + a_{r-1}T^{r-2} + \cdots + a_1 I)$$

10.26. Démontrer le théorème 10.7.

La démonstration se fait par récurrence sur n. Si $n = 1$, alors, u_1 est linéairement indépendant puisque $u_1 \ne 0$. Soit $n > 1$. Supposons que

$$a_1 u_1 + a_2 u_2 + \cdots + a_n u_n = 0 \qquad (1)$$

où les a_i sont des scalaires. En appliquant T à la relation précédente, nous obtenons par linéarité

$$a_1 T(u_1) + a_2 T(u_2) + \cdots + a_n T(u_n) = T(0) = 0$$

Mais, par hypothèse, $T_i(u_i) = \lambda_i u_i$; donc

$$a_1 \lambda_1 u_1 + a_2 \lambda_2 u_2 + \cdots + a_n \lambda_n u_n = 0 \qquad (2)$$

D'autre part, en multipliant l'égalité (1) par λ_n, nous avons

$$a_1 \lambda_n u_1 + a_2 \lambda_n u_2 + \cdots + a_n \lambda_n u_n = 0 \qquad (3)$$

Maintenant, en soustrayant (3) de (2), nous avons

$$a_1(\lambda_1 - \lambda_n)u_1 + a_2(\lambda_2 - \lambda_n)u_2 + \cdots + a_{n-1}(\lambda_{n-1} - \lambda_n)u_{n-1} = 0$$

Par hypothèse de récurrence, les vecteurs $u_1, u_2, \ldots, u_{n-1}$ sont linéairement indépendants ; donc chacun des coefficients ci-dessus est égal à 0. Puisque les λ_i sont distincts deux à deux, $\lambda_i - \lambda_n \ne 0$ pour $i \ne n$. Par conséquent, $a_1 = a_2 = \cdots = a_{n-1} = 0$. Enfin, en remplaçant dans (1), nous obtenons $a_n u_n = 0$ et, par suite, $a_n = 0$. Ainsi, les u_i sont linéairement indépendants.

10.27. Démontrer le théorème 10.10.

Supposons que la multiplicité géométrique de λ est r. Alors, E_λ contient r vecteurs linéairement indépendants $v_1, v_2, \ldots, v_r$. L'ensemble $\{v_i\}$ peut être complété en une base $\{v_1, \ldots, v_r, w_1, \ldots, w_s,\}$ de V. Nous avons

$$
\begin{aligned}
T(v_1) &= k_1 v_1 \\
T(v_2) &= k_2 v_2 \\
&\cdots\cdots\cdots\cdots\cdots\cdots\cdots\cdots\cdots\cdots\cdots\cdots \\
T(v_r) &= k_n v_r \\
T(w_1) &= a_{11}v_1 + \cdots + a_{1r}v_r + b_{11}w_1 + \cdots + b_{1s}w_s \\
T(w_2) &= a_{21}v_1 + \cdots + a_{2r}v_r + b_{21}w_1 + \cdots + b_{2s}w_s \\
&\cdots\cdots\cdots\cdots\cdots\cdots\cdots\cdots\cdots\cdots\cdots\cdots \\
T(w_s) &= a_{s1}v_1 + \cdots + a_{sr}v_r + b_{s1}w_1 + \cdots + b_{ss}w_s
\end{aligned}
$$

La matrice de T dans la base précédente est

$$M = \left(\begin{array}{cccc|cccc}
\lambda & 0 & \cdots & 0 & a_{11} & a_{21} & \cdots & a_{s1} \\
0 & \lambda & \cdots & 0 & a_{12} & a_{22} & \cdots & a_{s2} \\
\multicolumn{8}{c}{\cdots\cdots\cdots\cdots\cdots\cdots\cdots\cdots\cdots\cdots} \\
0 & 0 & \cdots & \lambda & a_{1r} & a_{2r} & \cdots & a_{sr} \\
\hline
0 & 0 & \cdots & 0 & b_{11} & b_{21} & \cdots & b_{s1} \\
0 & 0 & \cdots & 0 & b_{12} & b_{22} & \cdots & b_{s2} \\
\multicolumn{8}{c}{\cdots\cdots\cdots\cdots\cdots\cdots\cdots\cdots\cdots\cdots} \\
0 & 0 & \cdots & 0 & b_{1s} & b_{2s} & \cdots & b_{ss}
\end{array}\right) = \left(\begin{array}{c|c} \lambda I_r & A \\ \hline 0 & B \end{array}\right)$$

où $A = (a_{ij})^T$ et $B = (b_{ij})^T$.

Puisque M est une matrice triangulaire par blocs, le polynôme caractéristique de λI_r, qui est égal à $(t - \lambda)^r$, doit diviser le polynôme caractéristique de M et, par suite, celui de T. Ainsi, la multiplicité algébrique de λ pour l'opérateur T est au moins égale à r, comme prévu.

10.28. Soit $\{v_1, \ldots, v_n\}$ une base de V. Soit $T : V \rightarrow V$ un opérateur pour lequel $T(v_1) = 0$, $T(v_2) = a_{21}v_1$, $T(v_3) = a_{31}v_1 + a_{32}v_2, \ldots, T(v_n) = a_{n1}v_1 + \cdots + a_{n,n-1}v_{n-1}$. Montrer que $T^n = \mathbf{0}$.

Il suffit de montrer que

$$T^j(v_j) = 0 \qquad (*)$$

pour $j = 1, \ldots, n$. Il s'ensuit donc que

$$T^j(v_j) = T^{n-j}(T^j(v_j)) = T^{n-j}(0) = 0, \qquad \text{pour } j = 1, \ldots, n$$

et, puisque $\{v_1, \ldots, v_n\}$ est une base, $T^n = \mathbf{0}$.

Montrons maintenant $(*)$ par récurrence sur j. Le cas $j = 1$ est vrai par hypothèse. L'étape suivante de récurrence provient (pour $j = 2, \ldots, n$) de

$$\begin{aligned}
T^j(v_j) &= T^{j-1}(T(v_j)) = T^{j-1}(a_{j1}v_1 + \cdots + a_{j,j-1}v_{j-1}) \\
&= a_{j1}T^{j-1}(v_1) + \cdots + a_{j,j-1}T^{j-1}(v_{j-1}) \\
&= a_{j1}0 + \cdots + a_{j,j-1}0 = 0
\end{aligned}$$

Remarque : La représentation matricielle de T dans la base précédente est triangulaire supérieure, avec des éléments diagonaux tous égaux à 0.

$$\begin{pmatrix}
0 & a_{21} & a_{31} & \ldots & a_{n1} \\
0 & 0 & a_{32} & \ldots & a_{n2} \\
\hdotsfor{5} \\
0 & 0 & 0 & \ldots & a_{n,n-1} \\
0 & 0 & 0 & \ldots & 0
\end{pmatrix}$$

REPRÉSENTATIONS MATRICIELLES D'APPLICATIONS LINÉAIRES

10.29. Soit $F : \mathbb{R}^3 \rightarrow \mathbb{R}^2$ l'application linéaire définie par $F(x, y, z) = (3x + 2y - 4z, x - 5y + 3z)$.

(a) Trouver la matrice de F relativement aux bases suivantes de $\mathbb{R}^3$ et $\mathbb{R}^2$:

$$S = \{w_1 = (1, 1, 1), w_2 = (1, 1, 0), w_3 = (1, 0, 0)\} \qquad S' = \{u_1 = (1, 3), u_2 = (2, 5)\}$$

(b) Vérifier que l'action de F est conservée par sa représentation matricielle ; c'est-à-dire, pour un vecteur quelconque $v \in \mathbb{R}^3$, $[F]_S^{S'}[v]_S = [F(v)]_{S'}$.

(a) D'après le problème 10.2, $(a, b) = (-5a + 2b)u_1 + (3a - b)u_2$. Donc

$$\begin{aligned}
F(w_1) &= F(1, 1, 1) = (1, -1) = -7u_1 + 4u_2 \\
F(w_2) &= F(1, 1, 0) = (5, -4) = -33u_1 + 19u_2 \\
F(w_3) &= F(1, 0, 0) = (3, 1) = -13u_1 + 8u_2
\end{aligned}$$

Écrivons les coordonnées des vecteurs $F(w_1)$, $F(w_2)$, $F(w_3)$ en colonnes pour obtenir

$$[F]_S^{S'} = \begin{pmatrix} -7 & -33 & -13 \\ 4 & 19 & 8 \end{pmatrix}$$

(b) Si $v = (x, y, z)$ alors, d'après le problème 10.3, $v = zw_1 + (y - z)w_2 + (x - y)w_3$. Aussi,

$$F(v) = (3x + 2y - 4z, x - 5y + 3z) = (-13x - 20y + 26z)u_1 + (8x + 11y - 15z)u_2$$

Donc
$$[v]_S = (z, y - z, x - y)^T \quad \text{et} \quad [F(v)]_{S'} = \begin{pmatrix} -13x - 20y + 26z \\ 8x + 11y - 15z \end{pmatrix}$$

Ainsi,
$$[F]_S^{S'}[v]_S = \begin{pmatrix} -7 & -33 & -13 \\ 4 & 19 & 8 \end{pmatrix} \begin{pmatrix} z \\ y - z \\ x - y \end{pmatrix} = \begin{pmatrix} -13x - 20y + 26z \\ 8x + 11y - 15z \end{pmatrix} = [F(v)]_{S'}$$

10.30. Soit $F : \mathbb{K}^n \rightarrow \mathbb{K}^m$ l'application linéaire définie par :

$$F(x_1, \ldots, x_n) = (a_{11}x_1 + \cdots + a_{1n}x_n, a_{21}x_1 + \cdots + a_{2n}x_n, \ldots, a_{m1}x_1 + \cdots + a_{mn}x_n)$$

Montrer que la représentation matricielle de F relativement aux bases usuelles de $\mathbb{K}^n$ et $\mathbb{K}^m$ est donnée par

$$[F] = \begin{pmatrix} a_{11} & a_{12} & \ldots & a_{1n} \\ a_{21} & a_{22} & \ldots & a_{2n} \\ \cdots\cdots\cdots\cdots\cdots\cdots\cdots \\ a_{m1} & a_{m2} & \ldots & a_{mn} \end{pmatrix}$$

C'est-à-dire que les lignes de $[F]$ sont obtenues à partir des coefficients des x_i dans les composantes de $F(x_1, \ldots, x_n)$ respectivement,

En effet, nous avons

$$\begin{array}{l} F(1, 0, \ldots, 0) = (a_{11}, a_{21}, \ldots, a_{m1}) \\ F(0, 1, \ldots, 0) = (a_{12}, a_{22}, \ldots, a_{m2}) \\ \cdots\cdots\cdots\cdots\cdots\cdots\cdots\cdots\cdots\cdots \\ F(0, 0, \ldots, 1) = (a_{1n}, a_{2n}, \ldots, a_{mn}) \end{array} \qquad \text{et ainsi} \qquad [F] = \begin{pmatrix} a_{11} & a_{12} & \ldots & a_{1n} \\ a_{21} & a_{22} & \ldots & a_{2n} \\ \cdots\cdots\cdots\cdots\cdots\cdots\cdots \\ a_{m1} & a_{m2} & \ldots & a_{mn} \end{pmatrix}$$

10.31. Trouver la représentation matricielle de chacune des applications linéaires suivantes relativement aux bases usuelles de $\mathbb{R}^n$:

$$F : \mathbb{R}^2 \rightarrow \mathbb{R}^3 \text{ définie par } F(x, y) = (3x - y, 2x + 4y, 5x - 6y)$$
$$F : \mathbb{R}^4 \rightarrow \mathbb{R}^2 \text{ définie par } F(x, y, s, t) = (3x - 4y + 2s - 5t, 5x + 7y - s - 2t)$$
$$F : \mathbb{R}^3 \rightarrow \mathbb{R}^4 \text{ définie par } F(x, y, z) = (2x + 3y - 8z, x + y + z, 4x - 5z, 6y)$$

D'après le problème 10.30, il suffit de prendre les coefficients des inconnues dans $F(x, y, \ldots)$. Ainsi,

$$[F] = \begin{pmatrix} 3 & -1 \\ 2 & 4 \\ 5 & -6 \end{pmatrix} \qquad [F] = \begin{pmatrix} 3 & -4 & 2 & -5 \\ 5 & 7 & -1 & -2 \end{pmatrix} \qquad [F] = \begin{pmatrix} 2 & 3 & -8 \\ 1 & 1 & 1 \\ 4 & 0 & -5 \\ 0 & 6 & 0 \end{pmatrix}$$

10.32. Soit $T : \mathbb{R}^2 \rightarrow \mathbb{R}^2$ définie par $T(x, y) = (2x - 3y, x + 4y)$. Trouver la matrice de T dans les bases suivantes de $\mathbb{R}^2$ respectivement :

$$E = \{e_1 = (1, 0), e_2 = (0, 1)\} \qquad \text{et} \qquad S = \{u_1 = (1, 3), u_2 = (2, 5)\}$$

(Nous pouvons considérer T comme une application linéaire d'un espace dans un autre, chacun ayant sa propre base.)

D'après le problème 10.2, $(a, b) = (-5a + 2b)u_1 + (3a - b)u_2$. Donc

$$\begin{array}{l} T(e_1) = T(1, 0) = (2, 1) = -8u_1 + 5u_2 \\ T(e_2) = T(0, 1) = (-3, 4) = 23u_1 - 13u_2 \end{array} \qquad \text{et} \qquad [T]_E^S = \begin{pmatrix} -8 & 23 \\ 5 & -13 \end{pmatrix}$$

10.33. Soit $A = \begin{pmatrix} 2 & 5 & -3 \\ 1 & -4 & 7 \end{pmatrix}$. Rappelons que la matrice A détermine une application linéaire $F : \mathbb{R}^3 \rightarrow \mathbb{R}^2$ définie par $F(v) = Av$ où v est écrit comme vecteur colonne. Trouver la représentation matricielle de F relativement aux bases suivantes de $\mathbb{R}^3$ et $\mathbb{R}^2$.

$$S = \{w_1 = (1, 1, 1), w_2 = (1, 1, 0), w_3 = (1, 0, 0)\} \qquad S' = \{u_1 = (1, 3), u_2 = (2, 5)\}$$

D'après le problème 10.2, $(a, b) = (-5a + 2b)u_1 + (3a - b)u_2$. Donc

$$F(w_1) = \begin{pmatrix} 2 & 5 & -3 \\ 1 & -4 & 7 \end{pmatrix} \begin{pmatrix} 1 \\ 1 \\ 1 \end{pmatrix} = \begin{pmatrix} 4 \\ 4 \end{pmatrix} = -12u_1 + 8u_2$$

$$F(w_2) = \begin{pmatrix} 2 & 5 & -3 \\ 1 & -4 & 7 \end{pmatrix} \begin{pmatrix} 1 \\ 1 \\ 0 \end{pmatrix} = \begin{pmatrix} 7 \\ -3 \end{pmatrix} = -41u_1 + 24u_2$$

$$F(w_3) = \begin{pmatrix} 2 & 5 & -3 \\ 1 & -4 & 7 \end{pmatrix} \begin{pmatrix} 1 \\ 0 \\ 0 \end{pmatrix} = \begin{pmatrix} 2 \\ 1 \end{pmatrix} = -8u_1 + 5u_2$$

En écrivant les coefficients de $F(w_1)$, $F(w_2)$, $F(w_3)$ en colonnes, nous obtenons

$$[F]_S^{S'} = \begin{pmatrix} -12 & -41 & -8 \\ 8 & 24 & 5 \end{pmatrix}$$

10.34. Démontrer le théorème 10.16.

Supposons que $\dim V = m$ et $\dim U = n$. Soit W le noyau de F et U' l'image de F. Supposons que rang $F = r$; donc la dimension du noyau de F est $m - r$. Soit $\{w_1, \ldots, w_{m-r}\}$ une base du noyau de F que nous pouvons prolonger en une base de V :

$$\{v_1, \ldots, v_r, w_1, \ldots, w_{m-r}\}$$

Posons $\qquad\qquad u_1 = F(v_1), u_2 = F(v_2), \ldots, u_r = F(v_r)$

Remarquons que $\{u_1, \ldots, u_r\}$ est une base de U', l'image de F, que nous pouvons prolonger en une base

$$\{u_1, \ldots, u_r, u_{r+1}, \ldots, u_n\}$$

de U. Remarquons également que

$$\begin{aligned}
F(v_1) \quad &= u_1 = 1u_1 + 0u_2 + \cdots + 0u_r + 0u_{r+1} + \cdots + 0u_n \\
F(v_2) \quad &= u_2 = 0u_1 + 1u_2 + \cdots + 0u_r + 0u_{r+1} + \cdots + 0u_n \\
&\cdots\cdots\cdots\cdots\cdots\cdots\cdots\cdots\cdots\cdots\cdots\cdots\cdots\cdots\cdots\cdots \\
F(v_r) \quad &= u_r = 0u_1 + 0u_2 + \cdots + 1u_r + 0u_{r+1} + \cdots + 0u_n \\
F(w_1) \quad &= 0 \ = 0u_1 + 0u_2 + \cdots + 0u_r + 0u_{r+1} + \cdots + 0u_n \\
&\cdots\cdots\cdots\cdots\cdots\cdots\cdots\cdots\cdots\cdots\cdots\cdots\cdots\cdots\cdots\cdots \\
F(w_{m-r}) &= 0 \ = 0u_1 + 0u_2 + \cdots + 0u_r + 0u_{r+1} + \cdots + 0u_n
\end{aligned}$$

Ainsi la matrice de F dans les bases précédentes a la forme demandée.

Problèmes supplémentaires

REPRÉSENTATIONS MATRICIELLES D'OPÉRATEURS LINÉAIRES

10.35. Trouver la représentation matricielle de chacun des opérateurs linéaires suivants T de $\mathbb{R}^3$ relativement à la base usuelle :

(a) $T(x, y, z) = (x, y, 0)$

(b) $T(x, y, z) = (2x - 7y - 4z, 3x + y + 4z, 6x - 8y + z)$

(c) $T(x, y, z) = (z, y + z, x + y + z)$

10.36. Trouver la matrice de chacun des opérateurs T du problème 10.35 relativement à la base

$$S = \{u_1 = (1, 1, 0), u_2 = (1, 2, 3), u_3 = (1, 3, 5)\}$$

10.37. Soit $\mathbf{D}$ l'opérateur différentiel défini par $\mathbf{D}(f) = \mathrm{d}f/\mathrm{d}t$. Chacun des ensembles suivants constitue une base d'un espace vectoriel V de fonctions f de $\mathbb{R}$ dans $\mathbb{R}$. Trouver la matrice de $\mathbf{D}$ dans chacune des bases :

    (a) $\{e^t, e^{2t}, t\,e^{2t}\}$, (b) $\{\sin t, \cos t\}$, (c) $\{e^{5t}, t\,e^{5t}, t^2\,e^{5t}\}$, (d) $\{1, t, \sin 3t, \cos 3t\}$

10.38. Considérons le corps des complexes $\mathbb{C}$ comme un espace vectoriel sur le corps des réels $\mathbb{R}$. Soit T l'opérateur de conjugaison sur $\mathbb{C}$ tel que $T(z) = \bar{z}$. Trouver la matrice de T dans chacunes des bases : (a) $\{1, i\}$ et (b) $\{1 + i, 1 + 2i\}$.

10.39. Soit V l'espace vectoriel des matrices d'ordre 2 sur $\mathbb{R}$ et soit $M = \begin{pmatrix} a & b \\ c & d \end{pmatrix}$. Trouver la matrice de chacun des opérateurs linéaires suivants T, sur V, dans la base usuelle (*cf.* problème 10.18) :

    (a) $T(A) = MA$ (b) $T(A) = AM$, (c) $T(A) = MA - AM$

10.40. Soit $\mathbf{1}_V$ et $\mathbf{0}_V$ respectivement l'opérateur identité et l'opérateur nul de l'espace vectoriel V. Montrer que, quelle que soit la base S de V, (a) $[\mathbf{1}_V]_S = I$, la matrice identité, (b) $[\mathbf{0}_V]_S = 0$, la matrice nulle.

CHANGEMENT DE BASE, MATRICES SEMBLABLES

10.41. Considérons les bases suivantes de $\mathbb{R}^2$: $E = \{e_1 = (1, 0), e_2 = (0, 1)\}$ et $S = \{u_1 = (1, 2), u_2 = (2, 3)\}$.

    (a) Trouver les matrices de passage P et Q de E à S et de S à E, respectivement. Vérifier que $Q = P^{-1}$.

    (b) Montrer que $[v]_E = P[v]_S$, quel que soit $v \in \mathbb{R}^2$.

    (c) Vérifier que $[T]_S = P^{-1}[T]_E P$, pour l'opérateur linéaire $T(x, y) = (2x - 3y, x + y)$.

10.42. Trouver la trace et le déterminant de chacune des applications linéaires suivantes sur $\mathbb{R}^3$:

    (a) $F(x, y, z) = (x + 3y, 3x - 2z, x - 4y - 3z)$, (b) $G(x, y, z) = (x + y - z, x + 3y, 4y + 3z)$.

10.43. Soit $S = \{u_1, u_2\}$ une base de V et $T : V \to V$ un opérateur linéaire tels que $T(u_1) = 3u_1 - 2u_2$ et $T(u_2) = u_1 + 4u_2$. Soit $S' = \{w_1, w_2\}$ une base de V telle que $w_1 = u_1 + u_2$ et $w_2 = 2u_1 + 3u_2$. Trouver la matrice de T dans la base S'.

10.44. Considérons les bases $\{1, i\}$ et $\{1 + i, 1 + 2i\}$ du corps des nombres complexes $\mathbb{C}$ sur le corps des réels $\mathbb{R}$. (a) Trouver les matrices de passage P et Q de S à S' et de S' à S, respectivement. Vérifier que $Q = P^{-1}$. (b) Montrer que $[T]_{S'} = P^{-1}[T]_S P$ pour l'opérateur de conjuguaison T du problème 10.38.

DIAGONALISATION D'OPÉRATEURS LINÉAIRES, VALEURS PROPRES ET VECTEURS PROPRES

10.45. Supposons que v soit un vecteur propre commun aux opérateurs linéaires T_1 et T_2. Montrer que v est aussi un vecteur propre de l'opérateur linéaire $aT_1 + bT_2$ où a et b sont des scalaires quelconques.

10.46. Soit v un vecteur propre d'un opérateur T, associé à la valeur propre λ. Montrer que pour $n > 0$, v est aussi un vecteur propre de T^n associé à la valeur propre λ^n.

10.47. Soit λ une valeur propre d'un opérateur T et $f(t)$ un polynôme. Montrer que $f(\lambda)$ est une valeur propre de $f(T)$.

10.48. Montrer qu'un opérateur linéaire T est diagonalisable si, et seulement si son polynôme minimal est un produit de facteurs linéaires distincts.

10.49. Soit L et T des opérateurs linéaires tels que $LT = TL$. Soit λ une valeur propre de T et soit W le sous-espace propre associé. Montrer que W est invariant par L, c'est-à-dire que $L(W) \subseteq W$.

REPRÉSENTATIONS MATRICIELLES D'APPLICATIONS LINÉAIRES

10.50. Trouver la représentation matricielle relativement aux bases usuelles de $\mathbb{R}^n$ des applications linéaires $F : \mathbb{R}^3 \to \mathbb{R}^2$ définies par $F(x, y, z) = (2x - 4y + 9z, \ 5x + 3y - 2z)$.

10.51. Soit $F : \mathbb{R}^3 \to \mathbb{R}^2$ l'application linéaire définie par $F(x, y, z) = (2x + y - z, \ 3x - 2y + 4z)$. Trouver la matrice de F dans les bases suivantes de $\mathbb{R}^3$ et de $\mathbb{R}^2$:

$$S = \{w_1 = (1, 1, 1), w_2 = (1, 1, 0), w_3 = (1, 0, 0)\} \qquad S' = \{v_1 = (1, 3), v_2 = (1, 4)\}$$

Vérifier que, pour tout $v \in \mathbb{R}^3$, $[F]_S^{S'}[v]_S = [F(v)]_{S'}$.

10.52. Soit S et S' des bases de V, et soit $\mathbf{1}_V$ l'application identité sur V. Montrer que la matrice de $\mathbf{1}_V$ dans les bases S et S' est l'inverse de la matrice de passage P de S à S' ; c'est-à-dire que $[\mathbf{1}_V]_S^{S'} = P^{-1}$.

10.53. Démontrer le théorème 10.12.

10.54. Démontrer le théorème 10.13.

10.55. Démontrer le théorème 10.15.

Réponses aux problèmes supplémentaires

10.35. (a) $\begin{pmatrix} 1 & 0 & 0 \\ 0 & 1 & 0 \\ 0 & 0 & 0 \end{pmatrix}$ $\quad (b)$ $\begin{pmatrix} 2 & -7 & -4 \\ 3 & 1 & 4 \\ 6 & -8 & 1 \end{pmatrix}$ $\quad (c)$ $\begin{pmatrix} 0 & 0 & 1 \\ 1 & 1 & 1 \\ 0 & 0 & 0 \end{pmatrix}$

10.36. (a) $\begin{pmatrix} 1 & 3 & 5 \\ 0 & -5 & -10 \\ 0 & 3 & 6 \end{pmatrix}$ $\quad (b)$ $\begin{pmatrix} 15 & 51 & 104 \\ -49 & -191 & -351 \\ 29 & 116 & 208 \end{pmatrix}$ $\quad (c)$ $\begin{pmatrix} 0 & 1 & 2 \\ -1 & 2 & 3 \\ 1 & 0 & 0 \end{pmatrix}$

10.37. (a) $\begin{pmatrix} 1 & 0 & 0 \\ 0 & 2 & 1 \\ 0 & 0 & 2 \end{pmatrix}$ $\quad (b)$ $\begin{pmatrix} 0 & -1 \\ 1 & 0 \end{pmatrix}$ $\quad (c)$ $\begin{pmatrix} 5 & 1 & 0 \\ 0 & 5 & 2 \\ 0 & 0 & 5 \end{pmatrix}$ $\quad (d)$ $\begin{pmatrix} 0 & 1 & 0 & 0 \\ 0 & 0 & 0 & 0 \\ 0 & 0 & 0 & -3 \\ 0 & 0 & 3 & 0 \end{pmatrix}.$

10.38. (a) $\begin{pmatrix} 1 & 0 \\ 0 & -1 \end{pmatrix}$ (b) $\begin{pmatrix} -3 & 2 \\ 2 & -1 \end{pmatrix}$.

10.39. (a) $\begin{pmatrix} a & 0 & b & 0 \\ 0 & a & 0 & b \\ c & 0 & d & 0 \\ 0 & c & 0 & d \end{pmatrix}$ (b) $\begin{pmatrix} a & c & 0 & 0 \\ b & d & 0 & 0 \\ 0 & 0 & a & c \\ 0 & 0 & b & d \end{pmatrix}$ (c) $\begin{pmatrix} 0 & -c & b & 0 \\ -b & a-d & 0 & b \\ c & 0 & d-a & -c \\ 0 & c & -b & 0 \end{pmatrix}$.

10.41. $P = \begin{pmatrix} 1 & 2 \\ 2 & 3 \end{pmatrix}$ $Q = \begin{pmatrix} -3 & 2 \\ 2 & -1 \end{pmatrix}$.

10.42. (a) $-2, 13, t^3 + 2t^2 - 20t - 13$; (b) $7, 2, t^3 - 2t^2 + 14t - 2$.

10.43. $\begin{pmatrix} 8 & 11 \\ -2 & -1 \end{pmatrix}$

10.44. $P = \begin{pmatrix} 1 & 1 \\ 1 & 2 \end{pmatrix}$ $Q = \begin{pmatrix} 2 & -1 \\ -1 & 1 \end{pmatrix}$

10.50. $\begin{pmatrix} 2 & -4 & 9 \\ 5 & 3 & -2 \end{pmatrix}$

10.51. $\begin{pmatrix} 3 & 11 & 5 \\ -1 & -8 & -3 \end{pmatrix}$

Chapitre 11

Formes canoniques

11.1. INTRODUCTION

Soit T un opérateur linéaire sur un espace vectoriel de dimension finie. Comme nous l'avons vu au chapitre 10, T peut ne pas avoir de représentation matricielle sous forme diagonale. Cependant, il est toujours possible de « simplifier » la représentation matricielle de T de différentes manières. Ceci est le principal sujet de ce chapitre. En particulier, nous obtiendrons le théorème de la décomposition primaire, triangulaire, de Jordan ainsi que les formes rationnelles canoniques.

Nous montrerons que les formes canoniques triangulaire et de Jordan existent pour T si, et seulement si le polynôme caractéristique $\Delta(t)$ de T admet toutes ses racines dans le corps de référence $\mathbb{K}$. Ce qui est toujours possible si $\mathbb{K}$ est le corps des complexes $\mathbb{C}$ mais n'est pas toujours possible si $\mathbb{K}$ est le corps des réels $\mathbb{R}$.

Nous introduirons aussi la notion d'*espace quotient*. Il s'agit d'une notion très puissante qui sera utilisée dans la démonstration de l'existence de formes canoniques triangulaire et rationnelle.

11.2. FORME TRIANGULAIRE

Soit T un opérateur linéaire sur un espace vectoriel V de dimension n. Supposons que T peut être représenté par la matrice triangulaire

$$A = \begin{pmatrix} a_{11} & a_{12} & \ldots & a_{1n} \\ & a_{22} & \ldots & a_{2n} \\ & & \ldots\ldots\ldots \\ & & & a_{nn} \end{pmatrix}$$

Alors le polynôme caractéristique de T :

$$\Delta(t) = |tI - A| = (t - a_{11})(t - a_{22}) \cdots (t - a_{nn})$$

est un produit de facteurs linéaires. La réciproque est également vraie et c'est un théorème important.

Théorème 11.1 : Soit $T : V \to V$ un opérateur dont le polynôme caractéristique se décompose en un produit de facteurs linéaires. Il existe alors une base de V dans laquelle T est représenté par une matrice triangulaire.

Théorème 11.1 (autre forme) : Soit A une matrice carrée dont les facteurs du polynôme caractéristique se décomposent en un produit de facteurs linéaires. Alors A est semblable à une matrice triangulaire, c'est-à-dire qu'il existe une matrice inversible P telle que $P^{-1}AP$ soit triangulaire.

Nous disons qu'un opérateur T peut être mis sous forme triangulaire s'il peut être représenté par une matrice triangulaire. Remarquer que, dans ce cas, les valeurs propres de T sont précisément les éléments de la diagonale principale. Donnons une application de cette remarque.

Exemple 11.1. Soit A une matrice carrée sur le corps des complexes $\mathbb{C}$. Soit λ une valeur propre de A^2. Montrer que $\sqrt{\lambda}$ ou $-\sqrt{\lambda}$ est une valeur propre de A.

Nous savons, d'après le théorème 11.1, que A est semblable à une matrice triangulaire

$$B = \begin{pmatrix} \mu_1 & * & \cdots & * \\ & \mu_2 & \cdots & * \\ & & \cdots\cdots\cdots \\ & & & \mu_n \end{pmatrix}$$

D'où A^2 est semblable à la matrice

$$B^2 = \begin{pmatrix} \mu_1^2 & * & \cdots & * \\ & \mu_2^2 & \cdots & * \\ & & \cdots\cdots\cdots \\ & & & \mu_n^2 \end{pmatrix}$$

Puisque des matrices semblables ont les mêmes valeurs propres, $\lambda = \mu_i^2$ pour un certain i. Ainsi, $\sqrt{\lambda}$ ou $-\sqrt{\lambda}$ est une valeur propre de A.

11.3. INVARIANCE

Soit $T : V \to V$ un opérateur linéaire. Un sous-espace W est dit *invariant par T* ou *T-invariant* si T applique W sur lui-même, *i.e.* si $v \in W$ implique $T(v) \in W$. Dans ce cas, T restreint à W définit un opérateur linéaire sur W. C'est-à-dire que T introduit un opérateur linéaire $\widehat{T} : W \to W$ défini par $\widehat{T}(w) = T(w)$ quel que soit $w \in W$.

Exemple 11.2

(a) Soit $T : \mathbb{R}^3 \to \mathbb{R}^3$ l'opérateur linéaire de rotation d'angle θ autour de l'axe des z (*cf.* fig. 11-1) :

$$T(x, y, z) = (x \cos \theta - y \sin \theta, \; x \sin \theta + y \cos \theta, \; z)$$

Appelons W le plan xy. Remarquons que pour tout vecteur $w = (a, b, 0) \in W$, $T(w) \in W$. Donc W est T-invariant. Remarquons aussi que l'axe des z, appelé U, est aussi T-invariant. De plus, la restriction de T à W n'est autre que la rotation d'angle θ autour de l'origine O ; et la restriction de T à U n'est autre que l'application identité de U.

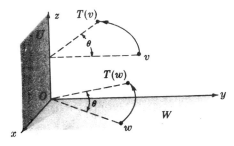

Fig. 11-1

(b) Les vecteurs propres non nuls d'un opérateur linéaire $T : V \to V$ peuvent être caractérisés comme les générateurs de sous-espaces T-invariants de dimension 1. En effet, si $T(v) = \lambda v$, $v \neq 0$, alors $W = \{kv, k \in \mathbb{K}\}$ est un sous-espace de dimension 1 engendré par v et T-invariant puisque

$$T(kv) = k\,T(v) = k(\lambda v) = k\lambda v \in W$$

Réciproquement, supposons que $\dim U = 1$, que $u \neq 0$ engendre U et que U est T-invariant. Alors $T(u) \in U$. Donc $T(u)$ est un multiple de u, *i.e.* il existe un scalaire μ tel que $T(u) = \mu u$. Par suite, u est un vecteur propre de T.

Le théorème suivant (*cf.* problème 11.3 pour la démonstration), nous donne une classe très importante de sous-espaces invariants.

Théorème 11.2 : Soit $T : V \to V$ un opérateur linéaire, et soit $f(t)$ un polynôme quelconque. Alors le noyau de $f(T)$ est invariant par T.

La notion d'invariance peut s'exprimer sous forme de représentation matricielle (*cf.* problème 11.5) comme suit.

Théorème 11.3 : Soit W un sous-espace invariant par $T : V \to V$. Alors T admet une représentation matricielle par blocs de la forme $\begin{pmatrix} A & B \\ 0 & C \end{pmatrix}$ où A est la représentation matricielle de la restriction de T à W.

11.4. DÉCOMPOSITION EN SOMMES DIRECTES INVARIANTES

On dit qu'un espace vectoriel V est la *somme directe* des sous-espaces $W_1, \ldots, W_r$, et on écrit

$$V = W_1 \oplus W_2 \oplus \cdots \oplus W_r$$

si tout vecteur $v \in V$ peut s'écrire d'une manière unique sous la forme

$$v = w_1 + w_2 + \cdots + w_r \qquad \text{avec} \qquad w_i \in W_i$$

Le théorème suivant sera démontré dans le problème 11.7.

Théorème 11.4 : Soit $W_1, \ldots, W_r$ des sous-espaces de V, supposons que

$$\{w_{11}, \ldots, w_{1n_1}\}, \ldots, \{w_{r1}, \ldots, w_{rn_r}\}$$

soient des bases de $W_1, \ldots, W_r$, respectivement. Alors, V est la somme directe des W_i si, et seulement si la réunion $B = \{w_{11}, \ldots, w_{1n_1}, \ldots, w_{r1}, \ldots, w_{rn_r}\}$ est une base de V.

Considérons maintenant un opérateur linéaire $T : V \to V$. Supposons que V soit la somme directe de sous-espaces (non réduits à 0) T-invariants $W_1, \ldots, W_r$:

$$V = W_1 \oplus \cdots \oplus W_r \qquad \text{et} \qquad T(W_i) \subseteq W_i \qquad i = 1, \ldots, r$$

Appelons T_i la restriction de T à W_i. Nous disons alors que T est *décomposable* suivant les opérateurs T_i ou que T est la *somme directe* des T_i, et on écrit $T = T_1 \oplus \cdots \oplus T_r$. De même, nous disons que les sous-espaces $W_1, \ldots, W_r$ *réduisent* T ou forment une *décomposition* de V *en somme directe de sous-espaces T-invariants*.

Considérons maintenant le cas particulier où deux sous-espaces U et W réduisent un opérateur linéaire $T : V \to V$; par exemple $\dim U = 2$ et $\dim W = 3$. Soit $\{u_1, u_2\}$ et $\{w_1, w_2, w_3\}$ des bases de U et W, respectivement. Si T_1 et T_2 désignent les restrictions de T à U et à W, respectivement, alors

$$T_1(u_1) = a_{11}u_1 + a_{12}u_2 \qquad T_2(w_1) = b_{11}w_1 + b_{12}w_2 + b_{13}w_3$$

$$T_1(u_2) = a_{21}u_2 + a_{22}u_2 \qquad T_2(w_2) = b_{21}w_1 + b_{22}w_2 + b_{23}w_3$$

$$T_2(w_3) = b_{31}w_1 + b_{32}w_2 + b_{33}w_3$$

Donc $\qquad A = \begin{pmatrix} a_{11} & a_{21} \\ a_{12} & a_{22} \end{pmatrix} \qquad \text{et} \qquad B = \begin{pmatrix} b_{11} & b_{21} & b_{31} \\ b_{12} & b_{22} & b_{32} \\ b_{13} & b_{23} & b_{33} \end{pmatrix}$

sont les représentations matricielle de T_1 et T_2 respectivement. D'après le théorème 11.4, $\{u_1, u_2, w_1, w_2, w_3\}$ est une base de V. Puisque $T(u_i) = T_1(u_i)$ et $T(w_j) = T_2(w_j)$, la matrice de T dans cette base est la matrice diagonale par blocs $\begin{pmatrix} A & 0 \\ 0 & B \end{pmatrix}$.

Une généralisation de la démonstration précédente nous donne le théorème suivant.

Théorème 11.5 : Soit $T : V \rightarrow V$ un opérateur linéaire sur V. Supposons que V soit la somme directe de sous-espaces invariants par $T : W_1, \ldots, W_r$. Si A_i est la représentation matricielle de la restriction de T à W_i, alors T peut être représenté par la matrice diagonale par blocs

$$\begin{pmatrix} A_1 & 0 & \ldots & 0 \\ 0 & A_2 & \ldots & 0 \\ \ldots\ldots\ldots\ldots\ldots \\ 0 & 0 & \ldots & A_r \end{pmatrix}$$

La matrice diagonale par blocs M dont les éléments diagonaux sont $A_1, \ldots, A_r$ est parfois appelée la *somme directe des matrices* $A_1, \ldots, A_r$ et est notée $M = A_1 \oplus \cdots \oplus A_r$.

11.5. DÉCOMPOSITION PRIMAIRE

Le théorème suivant montre que tout opérateur linéaire $T : V \rightarrow V$ est décomposable suivant des opérateurs dont les polynômes minimaux sont des puissances de polynômes irréductibles. C'est la première étape pour obtenir une forme canonique pour T.

Théorème 11.6 (théorème de décomposition primaire) : Soit $T : V \rightarrow V$ un opérateur linéaire de polynôme minimal

$$m(t) = f_1(t)^{n_1} f_2(t)^{n_2} \cdots f_r(t)^{n_r}$$

où les $f_i(t)$ sont des polynômes unitaires irréductibles et distincts. Alors V est la somme directe des sous-espaces T-invariants $W_1, \ldots, W_r$ où W_i est le noyau de $f_i(T)^{n_i}$. De plus, $f_i(t)^{n_i}$ est le polynôme minimal de la restriction de T à W_i.

Puisque les polynômes $f_i(t)^{n_i}$ sont premiers entre eux, le résultat fondamental précédent provient (*cf.* problème 11.11) des deux théorèmes suivants.

Théorème 11.7 : Soit $T : V \rightarrow V$ un opérateur linéaire. Supposons que $f(t) = g(t) h(t)$ est un polynôme tel que $f(T) = \mathbf{0}$ et que $g(t)$ et $h(t)$ sont premiers entre eux. Alors, V est la somme directe des sous-espaces T-invariants U et W où $U = \operatorname{Ker} g(T)$ et $W = \operatorname{Ker} h(T)$.

Théorème 11.8 : Supposons que dans le théorème 11.7, $f(t)$ est le polynôme minimal de T [et que $g(t)$ et $h(t)$ sont unitaires]. Alors $g(t)$ et $h(t)$ sont les polynômes minimaux des restrictions de T à U et W, respectivement.

Nous utiliserons le théorème de décomposition primaire pour démontrer la la propriété caractéristique des opérateurs diagonalisables (*cf.* problème 11.12 pour la démonstration).

Théorème 11.9 : Un opérateur linéaire $T : V \rightarrow V$ est diagonalisable si, et seulement si son polynôme minimal $m(t)$ est un produit de polynômes linéaires distincts.

Théorème 11.9 (autre forme) : Une matrice A est semblable à une matrice diagonale si, et seulement si son polynôme minimal est un produit de polynômes linéaires distincts.

Exemple 11.3. Soit $A \neq I$ une matrice carrée telle que $A^3 = I$. Déterminer si A est semblable à une matrice diagonale dans chacun des cas suivants : (i) A est une matrice sur $\mathbb{R}$, (ii) A est une matrice sur $\mathbb{C}$.

Puisque $A^3 = I$, A est un zéro du polynôme $f(t) = t^3 - 1 = (t - 1)(t^2 + t + 1)$. Le polynôme minimal $m(t)$ de A ne peut être $t - 1$, puisque $A \neq I$. Donc

$$m(t) = t^2 + t + 1 \qquad \text{ou} \qquad m(t) = t^3 - 1$$

Puisque aucun des deux polynômes ci-dessus n'est un produit de polynômes linéaires distincts, A n'est pas diagonalisable sur $\mathbb{R}$. D'autre part, chacun de ces deux polynômes est un produit de polynômes linéaires distincts sur $\mathbb{C}$. Donc, A est diagonalisable sur $\mathbb{C}$.

11.6. OPÉRATEURS NILPOTENTS

Un opérateur linéaire $T : V \to V$ est dit *nilpotent* si $T^n = \mathbf{0}$ pour un certain entier positif n. L'entier k tel que $T^k = \mathbf{0}$ et $T^{k-1} \neq \mathbf{0}$ est appelé l'*indice de nilpotence*. D'une manière analogue, une matrice A est dite *nilpotente* si $A^n = \mathbf{0}$ pour un certain entier positif n et est d'*indice* k si $A^k = \mathbf{0}$ et $A^{k-1} \neq \mathbf{0}$. Il est clair que le polynôme minimal d'un opérateur linéaire (une matrice) d'indice k est $m(t) = t^k$; donc 0 est sa seule valeur propre.

Le résultat fondamental sur les opérateurs nilpotents est le suivant.

Théorème 11.10 : Soit $T : V \to V$ un opérateur nilpotent d'indice k. Alors T a une représentation matricielle diagonale par blocs dont les blocs diagonaux sont de la forme

$$N = \begin{pmatrix} 0 & 1 & 0 & \ldots & 0 & 0 \\ 0 & 0 & 1 & \ldots & 0 & 0 \\ \ldots\ldots\ldots\ldots\ldots\ldots\ldots \\ 0 & 0 & 0 & \ldots & 0 & 1 \\ 0 & 0 & 0 & \ldots & 0 & 0 \end{pmatrix}$$

(*i.e.* tous les éléments de N sont des 0 exceptés ceux situés juste au-dessus de la diagonale principale, qui sont égaux à 1). Il y a au moins un N d'ordre k, tous les autres blocs N sont d'ordre $\leq k$. Le nombre de blocs N de chaque ordre possible est déterminé d'une manière unique par T. De plus, le nombre total de blocs N est égal à la nullité de T (*i.e.* dim Ker T).

Dans la démonstration du théorème précédent (*cf.* problème 11.16), nous montrerons que le nombre de blocs N d'ordre i est égal à $2m_i - m_{i+1} - m_{i-1}$, où m_i est la nullité de T^i.

Remarquons que la matrice précédente N est elle-même nilpotente et que son indice de nilpotence est égal à son ordre (*cf.* problème 11.13). En particulier, la seule matrice nilpotente d'ordre 1 est la matrice nulle (0).

11.7. FORME CANONIQUE DE JORDAN

Un opérateur T peut être mis sous la *forme canonique de Jordan* si ses polynômes caractéristique et minimal sont des produits de facteurs linéaires. Ce qui est toujours possible si $\mathbb{K}$ est le corps des complexes $\mathbb{C}$. Dans tous les cas, nous pouvons toujours étendre le corps de base $\mathbb{K}$ de telle sorte que les polynômes caractéristique et minimal soient des produits de facteurs linéaires. Ainsi, dans un certain sens, tout opérateur admet une forme canonique de Jordan. D'une manière analogue, toute matrice est semblable à une matrice sous la forme canonique de Jordan.

Théorème 11.11 : Soit $T : V \to V$ un opérateur linéaire dont les polynômes caractéristique et minimal sont respectivement

$$\Delta(t) = (t - \lambda_1)^{n_1} \ldots (t - \lambda_r)^{n_r} \qquad \text{et} \qquad m(t) = (t - \lambda_1)^{m_1} \ldots (t - \lambda_r)^{m_r}$$

où les λ_i sont des scalaires distincts. Alors T a une représentation matricielle diagonale par blocs J et dont les blocs diagonaux sont de la forme

$$J_{ij} = \begin{pmatrix} \lambda_i & 1 & 0 & \ldots & 0 & 0 \\ 0 & \lambda_i & 1 & \ldots & 0 & 0 \\ \ldots\ldots\ldots\ldots\ldots\ldots\ldots \\ 0 & 0 & 0 & \ldots & \lambda_i & 1 \\ 0 & 0 & 0 & \ldots & 0 & \lambda_i \end{pmatrix}$$

Pour chaque λ_i, les blocs J_{ij} correspondants ont les propriétés suivantes :

(i) Il y a au moins un bloc J_{ij} d'ordre m_i, tous les autres J_{ij} sont d'ordre $\leq m_i$.

(ii) La somme des ordres des J_{ij} est égale à n_i.

(iii) Le nombre de blocs J_{ij} est égal à l'ordre de multiplicité géométrique de λ_i.

(iv) Le nombre de blocs J_{ij} de chaque ordre possible est déterminé d'une manière unique par T.

La matrice J du théorème précédent est appelée la *forme canonique de Jordan* de l'opérateur T. Un bloc diagonal J_{ij} est appelé *bloc de Jordan* associé à la valeur propre λ_i. Remarquons que

$$\begin{pmatrix} \lambda_i & 1 & 0 & \ldots & 0 & 0 \\ 0 & \lambda_i & 1 & \ldots & 0 & 0 \\ \hdotsfor{6} \\ 0 & 0 & 0 & \ldots & \lambda_i & 0 \\ 0 & 0 & 0 & \ldots & 0 & \lambda_i \end{pmatrix} = \begin{pmatrix} \lambda_i & 0 & \ldots & 0 & 0 \\ 0 & \lambda_i & \ldots & 0 & 0 \\ \hdotsfor{5} \\ 0 & 0 & \ldots & 0 & 0 \\ 0 & 0 & \ldots & 0 & \lambda_i \end{pmatrix} + \begin{pmatrix} 0 & 1 & 0 & \ldots & 0 & 0 \\ 0 & 0 & 1 & \ldots & 0 & 0 \\ \hdotsfor{6} \\ 0 & 0 & 0 & \ldots & 0 & 1 \\ 0 & 0 & 0 & \ldots & 0 & 0 \end{pmatrix}$$

C'est-à-dire : $$J_{ij} = \lambda_i I + N$$

où N est le bloc nilpotent du théorème 11.10. En fait, nous démontrerons le théorème 11.11 (*cf.* problème 11.18), en montrant que T peut être décomposé suivant des opérateurs dont chacun s'écrit comme somme d'un opérateur scalaire et d'un opérateur nilpotent.

Exemple 11.4. Supposons que les polynômes caractéristique et minimal d'un opérateur T sont, respectivement,

$$\Delta(t) = (t-2)^4(t-3)^3 \quad \text{et} \quad m(t) = (t-2)^2(t-3)^2$$

Alors la forme canonique de Jordan de T est l'une des matrices suivantes :

$$\begin{pmatrix} 2 & 1 & & & & & \\ 0 & 2 & & & & & \\ & & 2 & 1 & & & \\ & & 0 & 2 & & & \\ & & & & 3 & 1 & \\ & & & & 0 & 3 & \\ & & & & & & 3 \end{pmatrix} \quad \text{ou} \quad \begin{pmatrix} 2 & 1 & & & & & \\ 0 & 2 & & & & & \\ & & 2 & & & & \\ & & & 2 & & & \\ & & & & 3 & 1 & \\ & & & & 0 & 3 & \\ & & & & & & 3 \end{pmatrix}$$

La première matrice apparaît lorsque T admet deux vecteurs propres indépendants associés à la valeur propre 2 ; la seconde matrice apparaît lorsque T admet trois vecteurs propres indépendants associés à la valeur propre 2.

11.8. SOUS-ESPACES CYCLIQUES

Soit T un opérateur linéaire sur un espace vectoriel V de dimension finie sur $\mathbb{K}$. Soit $v \in V$ et $v \neq 0$. L'ensemble de tous les vecteurs de la forme $f(T)(v)$, où $f(t)$ parcourt l'ensemble des polynômes sur $\mathbb{K}$, est un sous-espace T-invariant de V appelé le *sous-espace T-cyclique de V engendré par v* et est noté $Z(v, T)$. La restriction de T à $Z(v, T)$ est notée T_v. D'après le problème 11.56, nous pouvons définir $Z(v, T)$, d'une manière équivalente, comme l'intersection de tous les sous-espaces T-invariants de V contenant v.

Considérons maintenant la suite

$$v, T(v), T^2(v), T^3(v), \ldots$$

des puissances de T sur v. Soit k le plus petit entier tel que $T^k(v)$ soit une combinaison linéaire des vecteurs qui le précèdent dans cette suite, c'est-à-dire

$$T^k(v) = -a_{k-1}T^{k-1}(v) - \cdots - a_1 T(v) - a_0 v$$

Alors $$m_v(t) = t^k + a_{k-1}t^{k-1} + \cdots + a_1 t + a_0$$

est l'unique polynôme unitaire de plus petit degré tel que $m_v(T)(v) = 0$. Nous appelons $m_v(t)$ le *T-annulateur de v* et $Z(v, T)$.

Le théorème suivant sera démontré dans le problème 11.29.

Théorème 11.12 : Si $Z(v, T)$, T_v et $m_v(t)$ sont définis comme ci-dessus, alors

(i) L'ensemble $\{v, T(v), \ldots, T^{k-1}(v)\}$ est une base de $Z(v, T)$; donc $\dim Z(v, T) = k$.

(ii) Le polynôme minimal de T_v est $m_v(t)$.

(iii) La représentation matricielle de T_v dans la base précédente est la *matrice compagnon* (*cf.* exemple 8.12) du polynôme $m_v(t)$:

$$C = \begin{pmatrix} 0 & 0 & 0 & \ldots & 0 & -a_0 \\ 1 & 0 & 0 & \ldots & 0 & -a_1 \\ 0 & 1 & 0 & \ldots & 0 & -a_2 \\ \cdots\cdots\cdots\cdots\cdots\cdots\cdots\cdots \\ 0 & 0 & 0 & \ldots & 0 & -a_{k-2} \\ 1 & 0 & 0 & \ldots & 0 & a_{k-1} \end{pmatrix}$$

11.9. FORME CANONIQUE RATIONNELLE

Dans cette section, nous présentons la forme canonique rationnelle d'un opérateur linéaire $T : V \to V$. Cette forme existe même si le polynôme minimal et donc le polynôme caractéristique ne peuvent être factorisés en polynômes linéaires. [Rappelons que ce n'est pas le cas pour la forme canonique de Jordan.]

Lemme 11.13 : Soit $T : V \to V$ un opérateur linéaire dont le polynôme minimal est $f(t)^n$, où $f(t)$ est un polynôme unitaire irréductible. V est alors la somme directe

$$V = Z(v_1, T) \oplus \cdots \oplus Z(v_r, T)$$

de sous-espaces T-cycliques $E(v_i, T)$ avec comme T-annulateurs correspondants :

$$f(t)^{n_1}, f(t)^{n_2}, \ldots, f(t)^{n_r}, \qquad n = n_1 \geq n_2 \geq \cdots \geq n_r$$

Toute autre décomposition de V en sous-espaces T-cycliques a le même nombre de composantes et le même ensemble de T-annulateurs.

Le lemme précédent (*cf.* problème 11.31 pour la démonstration) ne dit pas que les vecteurs v_i ou que les sous-espaces T-cycliques $Z(v_i, T)$ sont déterminés d'une manière unique, mais seulement que l'ensemble des T-annulateurs est déterminé d'une manière unique par T. Ainsi, T a une représentation matricielle unique

$$\begin{pmatrix} C_1 & & & \\ & C_2 & & \\ & & \ldots & \\ & & & C_r \end{pmatrix}$$

où les C_i sont des matrices compagnons. En fait, les C_i sont les matrices compagnons des polynômes $f(t)^{n_i}$.

En utilisant le théorème de décomposition primaire et le lemme 11.13, nous obtenons le résultat fondamental suivant.

Théorème 11.14 : Soit $T : V \to V$ un opérateur linéaire de polynôme minimal :

$$m(t) = f_1(t)^{m_1} f_2(t)^{m_2} \ldots f_s(t)^{m_s}$$

où les $f_i(t)$ sont des polynômes unitaires irréductibles distincts. Alors T admet une représentation matricielle diagonale par blocs, unique

$$
\begin{pmatrix}
C_{11} & & & & & & \\
& \cdots & & & & & \\
& & C_{1r_1} & & & & \\
& & & \cdots & & & \\
& & & & C_{s1} & & \\
& & & & & \cdots & \\
& & & & & & C_{sr_s}
\end{pmatrix}
$$

où les C_{ij} sont des matrices compagnons. En particulier, les C_{ij} sont les matrices compagnons des polynômes $f_i(t)^{n_{ij}}$ où

$$
m_1 = n_{11} \geq n_{12} \geq \cdots \geq n_{1r_1}, \ldots, m_s = n_{s1} \geq n_{s2} \geq \cdots \geq n_{sr}
$$

La représentation matricielle précédente de T est appelée *forme canonique rationnelle*. Les polynômes $f_i(t)^{n_{ij}}$ sont appelés les *diviseurs élémentaires* de T.

Exemple 11.5. Soit V un espace vectoriel de dimension 6 sur $\mathbb{R}$, et soit T un opérateur linéaire de polynôme minimal $m(t) = (t^2 - t + 3)(t - 2)^2$. Alors, la forme canonique rationnelle de T est l'une des sommes directes suivantes de matrices compagnons :

(i) $C(t^2 - t + 3) \oplus C(t^2 - t + 3) \oplus C((t - 2)^2)$

(ii) $C(t^2 - t + 3) \oplus C((t - 2)^2) \oplus C((t - 2)^2)$

(iii) $C(t^2 - t + 3) \oplus C((t - 2)^2) \oplus C(t - 2) \oplus C(t - 2)$

où $C(f(t))$ est la matrice compagnon de $f(t)$; c'est-à-dire,

$$
\begin{pmatrix}
0 & -3 & & & & \\
1 & 1 & & & & \\
& & 0 & -3 & & \\
& & 1 & 1 & & \\
& & & & 0 & -4 \\
& & & & 1 & 4
\end{pmatrix}
\quad
\begin{pmatrix}
0 & -3 & & & & \\
1 & 1 & & & & \\
& & 0 & -4 & & \\
& & 1 & 4 & & \\
& & & & 0 & -4 \\
& & & & 1 & 4
\end{pmatrix}
\quad
\begin{pmatrix}
0 & -3 & & & & \\
1 & 1 & & & & \\
& & 0 & -4 & & \\
& & 1 & 4 & & \\
& & & & 2 & \\
& & & & & 2
\end{pmatrix}
$$

$$
\text{(i)} \qquad\qquad\qquad\qquad \text{(ii)} \qquad\qquad\qquad\qquad \text{(iii)}
$$

11.10. ESPACES QUOTIENTS

Soit V un espace vectoriel sur un corps $\mathbb{K}$ et soit W un sous-espace de V. Si v est un vecteur quelconque de V, nous écrivons $v + W$ pour désigner l'ensemble des sommes $v + w$, avec $w \in W$:

$$
v + W = \{v + W : w \in W\}
$$

Ces ensembles sont appelés les *classes suivant* W dans V. Nous montrerons (*cf.* problème 11.22) que ces classes forment une partition de V.

Exemple 11.6. Soit W le sous-espace de $\mathbb{R}^2$ défini par

$$
W = \{(a, b) : a = b\}
$$

Cela signifie que W est la droite d'équation $x - y = 0$. Nous pouvons considérer $v + W$ comme une translation de la droite, obtenue en additionnant le vecteur v à chaque point de W comme le montre la figure 11-2. Notons que $v + W$ est aussi une droite qui est parallèle à W. Ainsi, les classes suivant W sont précisément toutes les droites parallèles à W.

Dans le théorème suivant, nous utilisons les classes suivant un sous-espace W d'un espace vectoriel V pour définir un nouvel espace vectoriel appelé l'*espace quotient* de V par W et noté V/W.

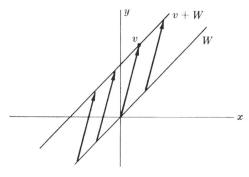

Fig. 11-2

Théorème 11.15 : Soit W un sous-espace W d'un espace vectoriel V sur le corps $\mathbb{K}$. Alors les classes suivant W dans V forment un espace vectoriel sur $\mathbb{K}$, muni des opérations d'addition et de multiplication par un scalaire :

  (i) $(u + W) + (v + W) = (u + v) + W$

  (ii) $k(u + W) = ku + W$, où $k \in \mathbb{K}$.

Remarquons que, dans la démonstration du théorème 11.15 (*cf.* problème 11.24), il faut d'abord démontrer que ces opérations sont bien définies ; c'est-à-dire que si $u + W = u' + W$ et que $v + W = v' + W$, alors

  (i) $(u + v) + W = (u' + v') + W$ et   (ii) $ku + W = ku' + W$ pour tout $k \in \mathbb{K}$

Dans le cas d'un sous-espace invariant, nous avons le résultat suivant (*cf.* problème 11.27 pour la démonstration).

Théorème 11.16 : Soit W un sous-espace invariant par un opérateur linéaire $T : V \to V$. Alors, T induit un opérateur linéaire $\widehat{T}$ sur V/W défini par $\widehat{T}(v + W) = T(v) + W$. De plus, si T est un zéro d'un polynôme, il en est de même pour $\widehat{T}$. Ainsi, le polynôme minimal de $\widehat{T}$ divise le polynôme minimal de T.

Problèmes résolus

SOUS-ESPACES INVARIANTS

11.1. Soit $T : V \to V$ un opérateur linéaire. Montrer que chacun des sous-espaces suivants est invariant par T : (*a*) $\{0\}$, (*b*) V, (*c*) noyau de T, et (*d*) image de T.

  (*a*) Nous avons $T(0) = 0 \in \{0\}$; donc $\{0\}$ est invariant par T.

  (*b*) Pour tout $v \in V$, $T(v) \in V$; donc V est invariant par T.

  (*c*) Soit $u \in \operatorname{Ker} T$. Donc $T(u) = 0 \in \operatorname{Ker} T$ puisque le noyau de T est un sous-espace de V. Ainsi, $\operatorname{Ker} T$ est invariant par T.

  (*d*) Puisque $T(v) \in \operatorname{Im} T$ pour tout $v \in V$, ceci est vrai, en particulier, lorsque $u \in \operatorname{Im} T$. Ainsi, $\operatorname{Im} T$ est invariant par T.

11.2. Soit $\{W_i\}$ une famille de sous-espaces T-invariants d'un espace vectoriel V. Montrer que l'intersection $W = \bigcap_i W_i$ est aussi T-invariante.

  Soit $v \in W$; alors $v \in W_i$ pour tout i. Comme W_i est T-invariant, $T(v) \in W_i$ pour tout i. Ainsi, $T(v) \in W$ et, par suite, W est T-invariant.

11.3. Démontrer le théorème 11.2.

Soit $v \in \operatorname{Ker} f(T)$, *i.e.* $f(T)(v) = 0$. Il suffit de démontrer que $T(v)$ appartient aussi au noyau de $f(T)$, *i.e.* $f(T)(T(v)) = (f(T) \circ T)(v) = 0$. Puisque $f(t)t = tf(t)$, nous avons $f(T) \circ T = T \circ f(T)$. Ainsi

$$(f(T) \circ T)(v) = (T \circ f(T))(v) = T(f(T)(v)) = T(0) = 0$$

comme il est demandé.

11.4. Trouver tous les sous-espaces invariants par $A = \begin{pmatrix} 2 & -5 \\ 1 & -2 \end{pmatrix}$ considérée comme un opérateur de $\mathbb{R}^2$.

D'après le problème 11.1, $\mathbb{R}^2$ et $\{0\}$ sont invariants par A. Maintenant, si A admet un autre sous-espace invariant, il doit être de dimension 1. Cependant, le polynôme caractéristique de A est

$$\Delta(t) = |tI - A| = \begin{vmatrix} t-2 & 5 \\ -1 & t+2 \end{vmatrix} = t^2 + 1$$

Donc A n'admet pas de valeurs propres (réelles) et, par suite, A n'a pas de vecteurs propres. Or, tout sous-espace de dimension 1 invariant par A correspond à un vecteur propre de A. Ainsi, $\mathbb{R}^2$ et $\{0\}$ sont les seuls sous-espaces invariants par A.

11.5. Démontrer le théorème 11.3.

Choisissons une base $\{w_1, \ldots, w_r\}$ de W. Cette base peut être complétée en une base $\{w_1, \ldots, w_r, v_1, \ldots, v_s\}$ de V. Nous avons

$$\widehat{T}(w_1) = T(w_1) = a_{11}w_1 + \cdots + a_{1r}w_r$$

$$\widehat{T}(w_2) = T(w_2) = a_{21}w_1 + \cdots + a_{2r}w_r$$

$$\cdots\cdots\cdots\cdots\cdots\cdots\cdots\cdots\cdots\cdots$$

$$\widehat{T}(w_r) = T(w_r) = a_{r1}w_1 + \cdots + a_{rr}w_r$$

$$T(v_1) = b_{11}w_1 + \cdots + b_{1r}w_r + c_{11}v_1 + \cdots + c_{1s}v_s$$

$$T(v_2) = b_{21}w_1 + \cdots + b_{2r}w_r + c_{21}v_1 + \cdots + c_{2s}v_s$$

$$\cdots\cdots\cdots\cdots\cdots\cdots\cdots\cdots\cdots\cdots\cdots\cdots\cdots$$

$$T(v_s) = b_{s1}w_1 + \cdots + b_{sr}w_r + c_{s1}v_1 + \cdots + c_{ss}v_s$$

Mais, la matrice de T dans cette base est la transposée de la matrice des coefficients du système d'équations ci-dessus (*cf.* page 344). Donc elle est de la forme $\begin{pmatrix} A & B \\ 0 & C \end{pmatrix}$ où A est la transposée de la matrice des coefficients du système précédent. En utilisant un argument analogue, A est la matrice de $\widehat{T}$ relativement à la base $\{w_i\}$ de W.

11.6. Soit $\widehat{T}$ la restriction d'un opérateur T à un sous-espace invariant W, *i.e.* : $\widehat{T}(w) = T(w)$ pour tout $w \in W$. Montrer que :

(i) Pour tout polynôme $f(t)$, $f(\widehat{T})(w) = f(T)(w)$.

(ii) Le polynôme minimal de $\widehat{T}$ divise le polynôme minimal de T.

(i) Si $f(t) = 0$ ou si $f(t)$ est une constante, *i.e.* un polynôme de degré 1, le résultat est immédiat.

Supposons maintenant que $\deg f = n > 1$ et supposons que le résultat est vrai pour tout polynôme de degré inférieur à 1. Supposons que

$$f(t) = a_n t^n + a_{n-1}t^{n-1} + \cdots + a_1 t + a_0$$

Alors

$$f(\widehat{T})(w) = (a_n\widehat{T}^n + a_{n-1}\widehat{T}^{n-1} + \cdots + a_0 I)(w)$$

$$= (a_n\widehat{T}^{n-1})(\widehat{T}(w)) + (a_{n-1}\widehat{T}^{n-1} + \cdots + a_0 I)(w)$$

$$= (a_n\widehat{T}^{n-1})(T(w)) + (a_{n-1}T^{n-1} + \cdots + a_0 I)(w)$$

$$= f(T)(w)$$

(ii) Soit $m(t)$ le polynôme minimal de T. Alors, d'après (i), $m(\widehat{T})(w) = m(T)(w) = \mathbf{0}(w) = 0$ pour tout $w \in W$; c'est-à-dire que $\widehat{T}$ est un zéro du polynôme $m(t)$. Par conséquent, le polynôme minimal de $\widehat{T}$ divise $m(t)$.

DÉCOMPOSITION EN SOMMES DIRECTES INVARIANTES

11.7. Démontrer le théorème 11.4.

Soit B une base de V. Alors, pour tout $v \in V$,

$$v = a_{11}w_{11} + \cdots + a_{1n_1}w_{1n_1} + \cdots + a_{r1}w_{r1} + \cdots + a_{rn_r}w_{rn_r} = w_1 + w_2 + \cdots + w_r$$

où $w_i = a_{i1}w_{i1} + \cdots + a_{in_i}w_{in_i} \in W_i$. Montrons maintenant qu'une telle somme est unique. Supposons que

$$v = w'_1 + w'_2 + \cdots + w'_r \qquad \text{où} \quad w'_i \in W_i$$

Puisque $\{w_{i1}, \cdots, w_{in_i}\}$ est une base de W_i, $w'_i = b_{i1}w_{i1} + \cdots + b_{in_i}w_{in_i}$ et donc

$$v = b_{11}w_{11} + \cdots + b_{1n_1}w_{1n_1} + \cdots + b_{r1}w_{r1} + \cdots + b_{rn_r}w_{rn_r}$$

Puisque B est une base de V, $a_{ij} = b_{ij}$, pour chaque j. Donc $w_i = w'_i$ et, par suite, une telle somme est unique. Par conséquent, V est la somme directe des W_i.

Réciproquement, supposons que V est la somme directe des W_i. Alors, pour tout $v \in V$, $v = w_1 + w_2 + \cdots + w_r$ où $w_i \in W_i$. Comme $\{w_{ij_i}\}$ est une base de W_i, chaque w_i est une combinaison linéaire des w_{ij_i} et donc v est une combinaison linéaire des éléments de B. Ainsi, B engendre V. Il reste maintenant à démontrer que B est linéairement indépendant. Supposons que

$$a_{11}w_{11} + \cdots + a_{1n_1}w_{1n_1} + \cdots + a_{r1}w_{r1} + \cdots + a_{rn_r}w_{rn_r} = 0$$

Remarquons que $a_{i1}w_{i1} + \cdots + a_{in_i}w_{in_i} \in W_i$. Nous avons également $0 = 0 + 0 + \cdots + 0$ où $0 \in W_i$. Comme une telle écriture du vecteur nul est unique, nous avons

$$a_{i1}w_{i1} + \cdots + a_{in_i}w_{in_i} = 0 \qquad \text{pour } i = 1 \cdots r$$

L'indépendance de la base $\{w_{ij_i}\}$ implique que tous les a_{ij} sont égaux à 0. Ainsi, B est linéairement indépendant et, par suite, une base de V.

11.8. Soit $T : V \to V$ un opérateur linéaire. Supposons que $T = T_1 \oplus T_2$ suivant une décomposition en somme directe T-invariante $V = U \oplus W$. Montrer que :

(a) $m(t)$ est le plus petit commun multiple de $m_1(t)$ et de $m_2(t)$ où $m(t)$, $m_1(t)$, $m_2(t)$ sont les polynômes minimaux de T, T_1 et T_2 respectivement.

(b) $\Delta(t) = \Delta_1(t)\,\Delta_2(t)$ où $\Delta(t)$, $\Delta_1(t)$, $\Delta_2(t)$ sont les polynômes caractéristiques de T, T_1, T_2 respectivement.

(a) D'après le problème 11.6, chacun des $m_1(t)$ et de $m_2(t)$ divise $m(t)$. Supposons maintenant que $f(t)$ soit un multiple à la fois de $m_1(t)$ et $m_2(t)$. Alors $f(T_1)(U) = 0$ et $f(T_2)(W) = 0$. Soit $v \in V$, alors $v = u + w$ avec $u \in U$ et $w \in W$. on a donc

$$f(T)v = f(T)u + f(T)w = f(T_1)u + f(T_2)w = 0 + 0 = 0$$

C'est-à-dire que T est un zéro de $f(t)$. Donc $m(t)$ divise $f(t)$ et, par suite, $m(t)$ est le plus petit commun multiple de $m_1(t)$ et $m_2(t)$.

(b) D'après le théorème 11.5, T a une représentation matricielle $M = \begin{pmatrix} A & 0 \\ 0 & B \end{pmatrix}$ où A et B sont les représentations matricielles de T_1 et T_2 respectivement. Alors

$$\Delta(t) = |tI - M| = \begin{vmatrix} tI - A & 0 \\ 0 & tI - B \end{vmatrix} = |tI - A|\,|tI - B| = \Delta_1(t)\Delta_2(t)$$

comme il est demandé.

11.9. Démontrer le théorème 11.7.

Remarquons d'abord que U et W sont T-invariants d'après le théorème 11.2. Maintenant, comme $g(t)$ et $h(t)$ sont premiers entre eux, il existe deux polynômes $r(t)$ et $s(t)$ tels que

$$r(t)\,g(t) + s(t)\,h(t) = 1$$

Donc, pour l'opérateur T $\qquad\qquad r(T)\,g(T) + s(T)\,h(T) = 1$ $\qquad\qquad\qquad\qquad$ (*)

Soit $v \in V$; alors d'après (*) $\qquad\qquad v = r(T)\,g(T)(v) + s(T)\,h(T)(v)$

Or, le premier terme de la somme appartient à $W = \operatorname{Ker} h(T)$. En fait, puisque la composition des *polynômes* en T est commutative,

Or, le premier terme de la somme appartient à $W = \operatorname{Ker} h(T)$. En fait, puisque la composition des *polynômes* en T est commutative,

$$h(T)r(T)g(T)(v) = r(T)g(T)h(T)(v) = r(T)f(T)(v) = r(T)(0) = 0$$

D'une manière analogue, le second terme appartient à U. Par suite, V est la somme de U et de W.

Pour démontrer que $V = U \oplus W$, nous devons démontrer que tout vecteur $v \in V$ s'écrit d'une manière unique comme une somme $v = u + w$, où $u \in U$ et $w \in W$. En appliquant l'opérateur $r(T)\,g(T)$ à $v = u + w$ et, sachant que $g(T)(u) = 0$, nous obtenons

$$r(T)g(T)(v) = r(T)g(T)(u) + r(T)g(T)(w) = r(T)g(T)(w)$$

De même, en appliquant (*) au vecteur w seul et, sachant que $h(T)(w) = 0$, nous obtenons

$$w = r(T)g(T)(w) + s(T)h(T)(w) = r(T)g(T)(w)$$

Les deux dernières équations nous donnent $w = r(T)g(T)(v)$ et, par suite, w est déterminé d'une manière unique par v. De même, u est déterminé d'une manière unique par v. Par conséquent, $V = U \oplus W$, comme il est demandé.

11.10. Démontrer le théorème 11.8. Dans le théorème 11.7, (*cf.* problème 11.9), si $f(t)$ est le polynôme minimal de T [et $g(t)$ et $h(t)$ sont unitaires], alors $g(t)$ est le polynôme minimal de la restriction $\widehat{T}_1$ de T à U et $h(t)$ est le polynôme minimal de la restriction $\widehat{T}_2$ de T à W.

Soit $m_1(t)$ et $m_2(t)$ les polynômes minimaux de $\widehat{T}_1$ et de $\widehat{T}_2$, respectivement. Noter que $g(\widehat{T}_1) = \mathbf{0}$ et $h(\widehat{T}_2) = \mathbf{0}$ puisque $U = \operatorname{Ker} g(T)$ et $W = \operatorname{Ker} h(T)$. Ainsi,

$$m_1(t) \text{ divise } g(t) \qquad\text{et}\qquad m_2(t) \text{ divise } h(t) \qquad\qquad (1)$$

D'après le problème 11.9, $f(t)$ est le plus petit commun multiple de $m_1(t)$ et de $m_2(t)$. Mais, $m_1(t)$ et $m_2(t)$ sont premiers entre eux, puisque $g(t)$ et $h(t)$ sont premiers entre eux. Par conséquent $f(t) = m_1(t)\,m_2(t)$. Nous avons également, $f(t) = g(t)\,h(t)$. Ces deux équations avec l'équation *(1)* et le fait que tous ces polynômes sont unitaires, impliquent que $g(t) = m_1(t)$ et $h(t) = m_2(t)$, comme il est demandé.

11.11. Démontrer le théorème 11.6. sur la décomposition primaire.

La démonstration se fait par récurrence sur r. Le cas $r = 1$ est trivial. Supposons que le théorème est vrai pour $r - 1$. D'après le théorème 11.7, nous pouvons écrire V comme somme directe de sous-espaces T-invariants W_1 et V_1 où W_1 est le noyau de $f_1(T)^{n_1}$ et V_1 est le noyau de $f_2(T)^{n_2} \cdots f_r(T)^{n_r}$. D'après le théorème 11.8, les polynômes minimaux des restrictions de T à W_1 et V_1 sont, respectivement, $f_1(t)^{n_1}$ et $f_2(t)^{n_2} \cdots f_r(t)^{n_r}$.

Désignons par $\widehat{T}_1$ la restriction de T à V_1. Alors, par hypothèse de récurrence, V_1 est la somme directe de sous-espaces $W_2, \ldots, W_r$ où W_i est le noyau de $f_i(T_1)^{n_i}$ de sorte que $f_i(t)^{n_i}$ soit le polynôme minimal de la restriction de $\widehat{T}_1$ à W_i. Mais, le noyau de $f_i(T)^{n_i}$, pour $i = 2, \ldots, r$ est nécessairement contenu dans V_1 puisque $f_i(t)^{n_i}$ divise $f_2(t)^{n_2} \cdots f_r(t)^{n_r}$. Ainsi, le noyau de $f_i(T)^{n_i}$, est le même que le noyau de $f_i(T_1)^{n_i}$ qui est contenu dans W_i. Aussi, la restriction de T à W_i est la même que la restriction de $\widehat{T}_1$ à W_i (pour $i = 2, \ldots, r$) ; donc $f_i(t)^{n_i}$ est aussi le polynôme minimal de la restriction de T à W_i. Ainsi, $V = W_1 \oplus W_2 \oplus \cdots \oplus W_r$ est la décomposition de T cherchée.

11.12. Démontrer le théorème 11.9.

Supposons que $m(t)$ soit un produit de polynômes linéaires distincts :

$$m(t) = (t - \lambda_1)(t - \lambda_2) \cdots (t - \lambda_r)$$

où les λ_i sont des scalaires distincts. D'après le théorème 11.6, V est la somme directe de sous-espaces $W_1, \ldots, W_r$ où $W_i = \text{Ker}(T - \lambda_i I)$. Ainsi, si $v \in W_i$, alors $(T - \lambda_i I)(v) = 0$ ou $T(v) = \lambda_i v$. En d'autres termes, tout vecteur de W_i est un vecteur propre associé à la valeur propre λ_i. D'après le théorème 11.4, la réunion des bases de $W_1, \ldots, W_r$ est une base de V. Cette base étant formée de vecteurs propres, T est diagonalisable.

Réciproquement, supposons que T est diagonalisable, *i.e.* que V admet une base formée de vecteurs propres de T. Soit $\lambda_1, \ldots, \lambda_s$ les valeurs propres distinctes de T. Alors, l'opérateur

$$f(T) = (T - \lambda_1 I)(T - \lambda_2 I) \cdots (T - \lambda_s I)$$

applique chaque vecteur de base sur 0. Donc $f(T) = \mathbf{0}$ et, par suite, le polynôme minimal $m(t)$ de T divise le polynôme

$$f(t) = (t - \lambda_1)(t - \lambda_2) \cdots (t - \lambda_s)$$

Par conséquent, $m(t)$ est un produit de polynômes linéaires distincts.

OPÉRATEURS NILPOTENTS. FORME CANONIQUE DE JORDAN

11.13. Soit $T : V \to V$ un opérateur linéaire. Supposons que pour $v \in V$, $T^k(v) = 0$, mais $T^{k-1}(v) \neq 0$. Démontrer que :

(a) l'ensemble $\{v, T(v), T^2(v), \ldots, T^{k-1}(v)\}$ est linéairement indépendant ;

(b) le sous-espace W engendré par S est T-invariant ;

(c) la restriction $\widehat{T}$ de T à W est nilpotente d'indice k ;

(d) relativement à la base $\{T^{k-1}(v), \ldots, T(v), v\}$ de W, la matrice de T est de la forme

$$\begin{pmatrix} 0 & 1 & 0 & \ldots & 0 & 0 \\ 0 & 0 & 1 & \ldots & 0 & 0 \\ \ldots\ldots\ldots\ldots\ldots\ldots \\ 0 & 0 & 0 & \ldots & 0 & 1 \\ 0 & 1 & 0 & \ldots & 0 & 0 \end{pmatrix}$$

Alors, la matrice carrée d'ordre k ci-dessus est nilpotente d'indice k.

(a) Supposons que

$$av + a_1 T(v) + a_2 T^2(v) + \cdots + a_{k-1} T^{k-1}(v) = 0 \tag{$*$}$$

En appliquant T^{k-1} à $(*)$ et en utilisant $T^k(v) = 0$, nous obtenons $a\, T^{k-1}(v) = 0$; et puisque $T^{k-1}(v) \neq 0$, $a = 0$. Maintenant, en appliquant T^{k-2} à $(*)$ et en utilisant $T^k(v) = 0$ et $a = 0$, nous obtenons $a_1 T^{k-1}(v) = 0$; donc $a_1 = 0$. Puis, en appliquant T^{k-3} à $(*)$ et en utilisant $T^k(v) = 0$ et $a = a_1 = 0$, nous obtenons $a_2 T^{k-1}(v) = 0$; donc $a_2 = 0$. En continuant le procédé, nous montrons que tous les a sont égaux à 0. Par conséquent, S est linéairement indépendant.

(b) Soit $v \in W$. Alors

$$v = bv + b_1 T(v) + b_2 T^2(v) + \cdots + b_{k-1} T^{k-1}(v)$$

En utilisant $T^k(v) = 0$, nous avons

$$T(v) = bT(v) + b_1 T^2(v) + \cdots + b_{k-2} T^{k-2}(v) \in W$$

Ainsi, W est T-invariant.

(c) Par hypothèse, nous avons $T^k(v) = 0$. Donc, pour $i = 0, \ldots, k-1$,

$$\widehat{T}^k(T^i(v)) = T^{k+1}(v) = 0$$

C'est-à-dire qu'en appliquant $\widehat{T}^k$ à chaque vecteur générateur de W, nous obtenons 0 ; donc $\widehat{T}^k = \mathbf{0}$ et, par suite, $\widehat{T}$ est nilpotent d'indice au moins égal à k. Par ailleurs, $\widehat{T}^{k-1}(v) = T^{k-1}(v) \neq 0$; donc T est nilpotent d'indice exactement égal à k.

(d) Calculons les images par $\widehat{T}$ des vecteurs de la base $\{T^{k-1}(v), T^{k-2}(v), \ldots, T(v), v\}$ de W,

$$\widehat{T}(T^{k-1}(v)) = T^k(v) = 0$$
$$\widehat{T}(T^{k-2}(v)) = T^{k-1}(v)$$
$$\widehat{T}(T^{k-3}(v)) = T^{k-2}(v)$$

$$\ldots\ldots\ldots\ldots\ldots\ldots\ldots\ldots\ldots\ldots\ldots\ldots\ldots$$

$$\widehat{T}(T(v)) = T^2(v)$$
$$\widehat{T}(v) = T(v)$$

Donc la matrice de T dans cette base est

$$\begin{pmatrix} 0 & 1 & 0 & \ldots & 0 & 0 \\ 0 & 0 & 1 & \ldots & 0 & 0 \\ \ldots\ldots\ldots\ldots\ldots\ldots & & & & & \\ 0 & 0 & 0 & \ldots & 0 & 1 \\ 0 & 1 & 0 & \ldots & 0 & 0 \end{pmatrix}$$

11.14. Soit $T : V \to V$ un opérateur linéaire. Soit $U = \operatorname{Ker} T^i$, et $W = \operatorname{Ker} T^{i+1}$. Montrer que (a) $U \subseteq W$, et (b) $T(W) \subseteq U$.

(a) Soit $u \in U = \operatorname{Ker} T^i$. Alors $T^i(u) = 0$ et donc $T^{i+1}(u) = T(0) = 0$. Ainsi $u \in \operatorname{Ker} T^{i+1} = W$. Or, ceci est vrai pour tout $u \in U$; donc $U \subseteq W$.

(b) D'une manière analogue, si $w \in W = \operatorname{Ker} T^{i+1}$, alors $T^{i+1}(w) = 0$. Ainsi $T^{i+1}(w) = T^i(T(w)) = T^i(0) = 0$ et donc $T(W) \subseteq U$.

11.15. Soit $T : V \to V$ un opérateur linéaire. Soit $X = \operatorname{Ker} T^{i-1}$, $Y = \operatorname{Ker} T^{i-1}$ et $Z = \operatorname{Ker} T^i$. D'après le problème 11.14, $X \subseteq Y \subseteq Z$. Soit

$$\{u_1, \ldots, u_r\} \qquad \{u_1, \ldots, u_r, v_1, \ldots, v_s\} \qquad \{u_1, \ldots, u_r, v_1, \ldots, v_s, w_1, \ldots, w_t\}$$

des bases de X, Y et Z respectivement. Montrer que

$$S = \{u_1, \ldots, u_r, T(w_1), \ldots, T(w_t)\}$$

est contenu dans Y et est linéairement indépendant.

D'après le problème 11.14, $T(Z) \subseteq Y$ et donc $S \subseteq Y$. Supposons que S est linéairement dépendant. Alors, il existe une relation

$$a_1 u_1 + \cdots + a_r u_r + b_1 T(w_1) + \cdots + b_t T(w_t) = 0$$

où au moins un des coefficients est non nul. De plus, puisque $\{u_i\}$ est indépendant, au moins un des b_k doit être non nul. En transposant dans l'autre membre, nous trouvons

$$b_1 T(w_1) + \cdots + b_t T(w_t) = -a_1 u_1 - \cdots - a_r u_r \in X = \operatorname{Ker} T^{i-2}$$

Donc $$T^{i-2}(b_1 T(w_1) + \cdots + b_t T(w_t)) = 0$$

Ainsi $$T^{i-1}(b_1 w_1 + \cdots + b_t w_t) = 0 \quad \text{et donc} \quad b_1 w_1 + \cdots + b_t w_t \in Y = \operatorname{Ker} T^{i-1}$$

Puisque $\{u_i, v_j\}$ engendre Y, nous obtenons une relation entre les u_i, v_j et w_k où l'un des coefficients, *i.e.* un des b_k, est non nul. Ceci contredit le fait que $\{u_i, v_j, w_k\}$ est indépendant. Par conséquent, S doit aussi être indépendant.

11.16. Démontrer le théorème 11.10.

Supposons que $\dim V = n$. Soit $W_1 = \operatorname{Ker} T$, $W_2 = \operatorname{Ker} T^2, \ldots, W_k = \operatorname{Ker} T^k$. Posons $m_i = \dim W_i$, pour $i = 1, \ldots, k$. Puisque T est nilpotent d'indice k, $W_k = V$ et $W_{k-1} \neq V$ et donc $m_{k-1} < m_k = n$. D'après le problème 11.14,

$$W_1 \subseteq W_2 \subseteq \cdots \subseteq W_k = V$$

Ainsi, par récurrence, nous pouvons choisir une base $\{u_1, \ldots, u_n\}$ de V telle que $\{u_1, \ldots, u_{m_i}\}$ soit une base de W_i.

Choisissons maintenant une nouvelle base de V dans laquelle T a la forme désirée. Il sera pratique de désigner les membres de cette nouvelle base par des couples d'indices. Nous commençons en posant

$$v(1, k) = u_{m_{k-1}+1}, \, v(2, k) = u_{m_{k-1}+2}, \ldots, v(m_k - m_{k-1}, k) = u_{mk}$$

puis,

$$v(1, k-1) = Tv(1, k), \, v(2, k-1) = Tv(2, k), \ldots, v(m_k - m_{k-1}, k-1) = Tv(m_k - m_{k-1}, k)$$

D'après le problème 11.15, $S_1 = \{u_1, \ldots, u_{m_{k-2}}, v(1, k-1), \ldots, v(m_{m_k} - m_{k-1}, k-1)\}$

est un sous-ensemble linéairement indépendant de W_{k-1}. Nous étendons S_1 en une base de W_{k-1} en adjoignant de nouveaux éléments (si nécessaire) que nous noterons

$$v(m_k - m_{k-1} + 1, k-1), \, v(m_k - m_{k-1} + 2, k-1), \ldots, v(m_{k-1} - m_{k-2}, k-1)$$

Posons maintenant,

$$v(1, k-2) = Tv(1, k-1), \, v(2, k-2) = Tv(2, k-1), \ldots, v(m_{k-1} - m_{k-2}, k-2) = Tv(m_{k-1} - m_{k-2}, k-1)$$

De nouveau, d'après le problème 11.15,

$$S_2 = \{u_1, \ldots, u_{m_{k-3}}, v(1, k-2), \ldots, v(m_{k-1} - m_{k-2}, k-2)\}$$

est un sous-ensemble linéairement indépendant de W_{k-2} que nous pouvons étendre en une base de W_{k-2} en adjoignant les éléments

$$v(m_{k-1} - m_{k-2} + 1, k-2), \, v(m_{k-1} - m_{k-2} + 2, k-2), \ldots, v(m_{k-2} - m_{k-3}, k-2)$$

En continuant de cette manière, nous obtenons une nouvelle base de V que nous écrivons comme suit :

$$v(1, k), \qquad \ldots, \, v(m_k - m_{k-1}, k)$$
$$v(1, k-1), \quad \ldots, \, v(m_k - m_{k-1}, k-1) \, \ldots, \, v(m_{k-1} - m_{k-2}, k-1)$$
$$\ldots\ldots\ldots\ldots\ldots\ldots\ldots\ldots\ldots\ldots\ldots\ldots\ldots\ldots\ldots\ldots\ldots\ldots\ldots\ldots\ldots$$
$$v(1, 2), \qquad \ldots, \, v(m_k - m_{k-1}, 2) \qquad \ldots, \, v(m_{k-1} - m_{k-2}, 2), \ldots, \, v(m_2 - m_1, 2)$$
$$v(1, 1), \qquad \ldots, \, v(m_k - m_{k-1}, 1) \qquad \ldots, \, v(m_{k-1} - m_{k-2}, 1), \ldots, \, v(m_2 - m_1, 1), \ldots, \, v(m_1, 1)$$

La dernière ligne forme une base de W_1, les deux dernières lignes forment une base de W_2, etc. Mais, ce qui est important, c'est que T transforme chaque vecteur en le vecteur situé immédiatement en dessous dans le tableau ou en 0 si le vecteur est dans la dernière ligne. C'est-à-dire :

$$Tv(i, j) = \begin{cases} v(i, j-1) & \text{pour } j > 1 \\ 0 & \text{pour } j = 1 \end{cases}$$

Il est clair maintenant [cf. problème 11.13(d)] que T aura la forme désirée si les $v(i, j)$ sont rangés dans l'ordre lexicographique en commençant par $v(1, 1)$ et en décrivant la première colonne jusqu'à $v(1, k)$, puis en passant à $v(2, 1)$ et en décrivant la seconde colonne aussi loin que possible, etc.

De plus, il y a exactement

$m_k - m_{k-1}$	éléments diagonaux d'ordre k
$(m_{k-1} - m_{k-2}) - (m_k - m_{k-1}) = 2m_{k-1} - m_k - m_{k-2}$	éléments diagonaux d'ordre $k-1$
$\ldots\ldots\ldots\ldots\ldots\ldots\ldots\ldots\ldots\ldots\ldots\ldots$	
$2m_2 - m_1 - m_3$	éléments diagonaux d'ordre 2
$2m_1 - m_2$	éléments diagonaux d'ordre 1

comme nous pouvons le lire directement sur le tableau précédent. En particulier, puisque les nombres $m_1, \ldots, m_k$ sont déterminés d'une manière unique par T, le nombre des éléments diagonaux de chaque ordre est déterminé d'une manière unique par T. Finalement, l'identité

$$m_1 = (m_k - m_{k-1}) + (2m_{k-1} - m_k - m_{k-2}) + \ldots + (2m_2 - m_1 - m_3) + (2m_1 - m_2)$$

montre que la nullité m_1 de T est le nombre total des éléments diagonaux.

11.17. Soit $A = \begin{pmatrix} 0 & 1 & 1 & 0 & 1 \\ 0 & 0 & 1 & 1 & 1 \\ 0 & 0 & 0 & 0 & 0 \\ 0 & 0 & 0 & 0 & 0 \\ 0 & 0 & 0 & 0 & 0 \end{pmatrix}$. Alors $A^2 = \begin{pmatrix} 0 & 0 & 1 & 1 & 1 \\ 0 & 0 & 0 & 0 & 0 \\ 0 & 0 & 0 & 0 & 0 \\ 0 & 0 & 0 & 0 & 0 \\ 0 & 0 & 0 & 0 & 0 \end{pmatrix}$ et $A^3 = 0$; donc A est nilpotente

d'indice 3. Trouver la matrice nilpotente M sous forme canonique, semblable à A.

Puisque A est nilpotente d'indice 3, M contient un bloc diagonal d'ordre 3 et pas plus grand que 3. Puisque rang $A = 2$, nullité $A = 5 - 2 = 3$. Ainsi M doit contenir trois blocs diagonaux. Par conséquent, M doit contenir un bloc diagonal d'ordre 3 et deux d'ordre 1 ; c'est-à-dire,

$$M = \begin{pmatrix} 0 & 1 & 0 & 0 & 0 \\ 0 & 0 & 1 & 0 & 0 \\ 0 & 0 & 0 & 0 & 0 \\ 0 & 0 & 0 & 0 & 0 \\ 0 & 0 & 0 & 0 & 0 \end{pmatrix}$$

11.18. Démontrer le théorème 11.11.

D'après le théorème de la décomposition primaire, T se décompose suivant des opérateurs $T_1, \ldots, T_r$, c'est-à-dire : $T = T_1 \oplus \cdots \oplus T_r$, où $(t - \lambda_i)^{mi}$ est le polynôme minimal de T_i. Ainsi en particulier,

$$(T_1 - \lambda_1 I)^{m_1} = 0, \ldots, (T_r - \lambda_r I)^{m_r} = 0$$

Posons $N_i = T_i - \lambda_i I$. Alors, pour $i = 1, \ldots, r$,

$$T_i = N_i + \lambda_i I \qquad \text{où } N_i^{m_i} = 0$$

C'est-à-dire que T_i est la somme de l'opérateur scalaire $\lambda_i I$ et de l'opérateur nilpotent N_i d'indice m_i puisque $(t - \lambda_i)^{mi}$ est le polynôme minimal de T_i.

D'après le théorème 11.10 sur les opérateurs nilpotents, nous pouvons choisir une base de telle sorte que N_i soit écrit sous forme canonique. Dans cette base, $T_i = N_i + \lambda_i I$ est représenté par une matrice diagonale par blocs M_i dont les éléments diagonaux sont les matrices J_{ij}. La somme directe J des matrices M_i est sous forme canonique de Jordan et, d'après le théorème 11.5, J est la représentation matricielle de T.

Finalement, montrons que les blocs J_{ij} satisfont les propriétés voulues. La propriété (i) provient du fait que les N_i sont d'indice m_i. La propriété (ii) est vraie puisque T et J ont le même polynôme caractéristique. La propriété (iii) est vraie puisque la nullité de $N_i = T_i - \lambda_i I$ est égale à la multiplicité géométrique de la valeur propre λ_i. La propriété (iv) découle du fait que les T_i et les N_i sont déterminés d'une manière unique par T.

11.19. Déterminer toutes les formes canoniques de Jordan possibles d'un opérateur linéaire $T : V \to V$ de polynôme caractéristique $\Delta(t) = (t - 2)^3(t - 5)^2$.

Puisque $t - 2$ est d'exposant 3 dans $\Delta(t)$, 2 doit apparaître trois fois sur la diagonale principale. De même, 5 doit apparaître fois. Ainsi, les formes canoniques de Jordan possibles sont

$$\begin{pmatrix} 2 & 1 & & & \\ & 2 & 1 & & \\ & & 2 & & \\ & & & 5 & 1 \\ & & & & 5 \end{pmatrix} \qquad \begin{pmatrix} 2 & 1 & & & \\ & 2 & & & \\ & & 2 & & \\ & & & 5 & 1 \\ & & & & 5 \end{pmatrix} \qquad \begin{pmatrix} 2 & & & & \\ & 2 & & & \\ & & 2 & & \\ & & & 5 & 1 \\ & & & & 5 \end{pmatrix}$$
$$\text{(i)} \qquad\qquad\qquad \text{(ii)} \qquad\qquad\qquad \text{(iii)}$$

$$\begin{pmatrix} 2 & 1 & & & \\ & 2 & 1 & & \\ & & 2 & & \\ & & & 5 & \\ & & & & 5 \end{pmatrix} \qquad \begin{pmatrix} 2 & 1 & & & \\ & 2 & & & \\ & & 2 & & \\ & & & 5 & \\ & & & & 5 \end{pmatrix} \qquad \begin{pmatrix} 2 & & & & \\ & 2 & & & \\ & & 2 & & \\ & & & 5 & \\ & & & & 5 \end{pmatrix}$$
$$\text{(iv)} \qquad\qquad\qquad \text{(v)} \qquad\qquad\qquad \text{(vi)}$$

11.20. Déterminer toutes les formes canoniques de Jordan J possibles d'une matrice de polynôme minimal $m(t) = (t - 2)^2$.

J doit avoir un bloc de Jordan d'ordre 2 et les autres doivent être d'ordre 2 ou 1. Ainsi, il y a seulement deux possibilités :

$$J = \begin{pmatrix} 2 & 1 & & & \\ & 2 & & & \\ \hdashline & & 2 & 1 & \\ & & & 2 & \\ \hdashline & & & & 2 \end{pmatrix} \qquad \text{ou} \qquad J = \begin{pmatrix} 2 & 1 & & & \\ & 2 & & & \\ \hdashline & & 2 & & \\ \hdashline & & & 2 & \\ \hdashline & & & & 2 \end{pmatrix}$$

Noter que tous les éléments diagonaux sont égaux à 2, puisque 2 est la seule valeur propre.

ESPACE QUOTIENT ET FORME TRIANGULAIRE

11.21. Soit W un sous-espace de l'espace vectoriel V. Montrer que les propriétés suivantes sont équivalentes :
(i) $u \in v + W$; (ii) $u - v \in W$; (iii) $v \in u + W$.

Supposons que $u \in v + W$. Alors, il existe $w_0 \in W$ tel que $u = v + w_0$. Donc $u - v = w_0 \in W$. Réciproquement, supposons que $u - v \in W$. Alors $u - v = w_0$ où $w_0 \in W$. Donc $u = v + w_0 \in W$. Ainsi, les propriétés (i) et (ii) sont équivalentes.

Nous avons aussi : $u - v \in W$ si, et seulement si $-(u - v) \in W$ si, et seulement si $v \in u + W$. Ainsi, les propriétés (ii) et (iii) sont équivalentes.

11.22. Démontrer que les classes suivant W dans V réalisent une partition de V en ensembles deux à deux disjoints, c'est-à-dire :

(i) deux classes quelconques $u + W$ et $v + W$ sont soit identiques soit disjointes ;

(ii) quel que soit $v \in V$, v appartient à une classe ; en fait, $v \in v + W$.

De plus, $u + W = v + W$ si et seulement si $u - v \in W$, et donc $(v + w) + W = v + W$ pour un $w \in W$ quelconque

Soit $v \in V$. Puisque $0 \in W$, nous avons $v = v + 0 \in v + W$. Ce qui démontre (ii).

Supposons maintenant que les classes $u + W$ et $v + W$ ne soient pas disjointes ; c'est-à-dire qu'il existe un vecteur x qui appartient à la fois aux deux classes $u + W$ et $v + W$. Alors $u - x \in W$ et $x - v \in W$. La démonstration de (i) sera complète si nous montrons que $u + W = v + W$. Soit $u + w_0$ un élément quelconque de la classe $u + W$. Comme $u - x$, $x - v$ et w_0 appartiennent à W, nous avons

$$(u + w_0) - v = (u - x) + (x - v) + w_0 \in W$$

Ainsi $u + w_0 \in v + W$ et donc la classe $u + W$ est contenue dans la classe $v + W$. D'une manière analogue, $v + W$ est contenue dans $u + W$ et donc $u = W = v + W$.

Le dernier résultat découle du fait que $u + W = v + W$ si, et seulement si $u \in v + W$, et, d'après le problème 11.21, ceci est équivalent à $u - v \in W$.

11.23. Soit W l'espace solution de l'équation homogène $2x + 3y + 4z = 0$. Décrire les classes suivant W dans $\mathbb{R}^3$.

W est le plan passant par l'origine $O = (0, 0, 0)$, et les classes suivant W sont les plans parallèles à W comme le montre la figure 11-3. D'une manière équivalente, les classes suivant W sont les ensembles solution de la famille des équations

$$2x + 3y + 4z = k \qquad k \in \mathbb{R}$$

En particulier, la classe $v + W$, où $v = (a, b, c)$ est l'ensemble solution de l'équation

$$2x + 3y + 4z = 2a + 3b + 4c \qquad \text{ou} \qquad 2(x - a) + 3(y - b) + 4(z - c) = 0$$

11.24. Soit W un sous-espace d'un espace vectoriel V. Montrer que les opérations du théorème 11.15 sont bien définies. Plus précisément, si $u + W = u' + W$ et $v + W = v' + W$, alors :

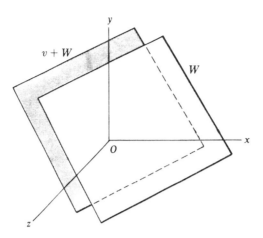

Fig. 11-3

(a) $(u + v) + W = (u' + v') + W$ et (b) $ku + W = ku' + W$,   pour tout $k \in \mathbb{K}$.

(a) Puisque $u + W = u' + W$ et $v + W = v' + W$, à la fois $u - u'$ et $v - v'$ appartiennent à W. Mais alors $(u + v) - (u' + v') = (u - u') + (v - v') \in W$. Donc $(u + v) + W = (u' + v') + W$.

(b) Aussi, puisque $u - u' \in W$ implique $k(u - u') \in W$, alors $ku - ku' = k(u - u') \in W$. Donc $ku + W = ku' + W$.

11.25. Soit V un espace vectoriel et W un sous-espace de V. Montrer que l'*application canonique* $\eta : V \to V/W$, définie par $\eta(v) = v + W$, est linéaire.

Quels que soient $u, v \in V$ et quel que soit $k \in \mathbb{K}$, nous avons

$$\eta(u + v) = u + v + W = u + W + v + W = \eta(u) + \eta(v)$$

et
$$\eta(kv) = kv + W = k(v + W) = k\,\eta(v)$$

Par conséquent, η est linéaire.

11.26. Soit W un sous-espace d'un espace vectoriel V. Supposons que $\{w_1, \ldots, w_r\}$ soit une base de W et que l'ensemble $\{\overline{v}_1, \ldots, \overline{v}_s\}$, où $\overline{v}_j = v_j + W$, soit une base de l'espace quotient. Montrer que B est une base de V, où $B = \{v_1, \ldots, v_s, w_1, \ldots, w_r\}$. Ainsi, $\dim V = \dim W + \dim(V/W)$.

Soit $u \in V$. Puisque $\{\overline{v}_j\}$ est une base de V/W, nous avons

$$\overline{u} = u + W = a_1\overline{v}_1 + a_2\overline{v}_2 + \cdots + a_s\overline{v}_s$$

Donc $u = a_1 v_1 + \cdots + a_s v_s + w$ où $w \in W$. Puisque $\{w_i\}$ est une base de W, nous avons

$$u = a_1 v_1 + \cdots + a_s v_s + b_1 w_1 + \cdots + b_r w_r$$

Par conséquent, B engendre V.

Montrons maintenant que B est linéairement indépendant. Supposons que

$$c_1 v_1 + \cdots + c_s v_s + d_1 w_1 + \cdots + d_r w_r = 0 \qquad (1)$$

Alors
$$c_1\overline{v}_1 + \cdots + c_s\overline{v}_s = \overline{0} = W$$

Puisque $\{\overline{v}_j\}$ est indépendant, les c sont tous nuls. En remplaçant dans (1), nous trouvons $d_1 w_1 + \cdots + d_r w_r = 0$. Puisque $\{w_i\}$ est indépendant, les d sont tous nuls. Ainsi, B est linéairement indépendant et, par suite, est une base de V.

11.27. Démontrer le théorème 11.16.

Montrons d'abord que $\overline{T}$ est bien défini, *i.e.* si $u + W = v + W$ alors $\overline{T}(u + W) = \overline{T}(v + W)$. Si $u + W = v + W$ alors $u - v \in W$ et, puisque W est T-invariant, $T(u - v) = T(u) - T(v) \in W$. Par conséquent,

$$\overline{T}(u + W) = T(u) + W = T(v) + W = \overline{T}(v + W)$$

comme il est demandé.

Montrons maintenant que $\overline{T}$ est linéaire. Nous avons

$$\overline{T}((u + W) + (v + W)) = \overline{T}(u + v + W) = T(u + v) + W = T(u) + T(v) + W$$
$$= T(u) + W + T(v) + W = \overline{T}(u + W) + \overline{T}(v + W)$$

et $\qquad \overline{T}(k(u + W)) = \overline{T}(ku + W) = T(ku) + W = k\,T(u) + W = k\,(T(u) + W) = k\,\overline{T}(u + W)$

Ainsi $\overline{T}$ est linéaire.

D'autre part, pour toute classe $u + W \in V/W$,

$$\overline{T^2}(u + W) = T^2(u) + W = T(T(u)) + W = \overline{T}(T(u) + W) = \overline{T}(\overline{T}(u + W)) = \overline{T}^2(u + W)$$

Donc $\overline{T^2} = \overline{T}^2$. De même, $\overline{T^n} = \overline{T}^n$. Ainsi, pour tout polynôme

$$f(t) = a_n t^n + \cdots + a_0 = \sum a_i t^i$$

$$\overline{f(T)}(u + W) = f(T)(u) + W = \sum a_i T^i(u) + W = \sum a_i(T^i(u) + W)$$
$$= \sum a_i \overline{T^i}(u + W) = \sum a_i \overline{T}^i(u + W) = \left(\sum a_i \overline{T}^i\right)(u + W) = f(\overline{T})(u + W)$$

et, par suite, $\overline{f(T)} = f(\overline{T})$. Par conséquent, si T est un zéro de $f(T)$ alors $\overline{f(T)} = \overline{0} = W = f(\overline{T})$, *i.e.* $\overline{T}$ est aussi un zéro de $f(T)$. Ainsi, le théorème est démontré.

11.28. Démontrer le théorème 11.1.

La démonstration se fait par récurrence sur la dimension de V. Si $\dim V = 1$, alors toute représentation matricielle de T est une matrice carrée d'ordre 1, qui est triangulaire.

Supposons maintenant que $\dim V = n > 1$ et que le théorème est vrai pour tout espace de dimension inférieure à n. Puisque le polynôme caractéristique de T se factorise en polynômes linéaires, T admet au moins une valeur propre et donc un vecteur propre v, donc $T(v) = a_{11}v$. Soit W le sous-espace de dimension 1 engendré par v. Posons $\overline{V} = V/W$. Alors, d'après le problème 11.26, $\dim \overline{V} = \dim V - \dim W = n - 1$. Remarquons aussi que W est T-invariant. D'après le théorème 11.16, T induit un opérateur linéaire $\overline{T}$ sur $\overline{V}$ dont le polynôme minimal divise celui de T. Comme le polynôme caractéristique de T est un produit de facteurs linéaires, il en est de même du polynôme minimal. Par suite, il en est de même, également, pour les polynômes minimal et caractéristique de $\overline{T}$. Ainsi, $\overline{V}$ et $\overline{T}$ satisfont les hypothèses du théorème. Donc, par récurrence, il existe une base $\{\overline{v}_2, \ldots, \overline{v}_n\}$ de $\overline{V}$ telle que

$$\overline{T}(\overline{v}_2) = a_{22}\overline{v}_2$$
$$\overline{T}(\overline{v}_3) = a_{32}\overline{v}_2 + a_{33}\overline{v}_3$$
$$\cdots\cdots\cdots\cdots\cdots\cdots\cdots$$
$$\overline{T}(\overline{v}_n) = a_{n2}\overline{v}_2 + \cdots + a_{n3}\overline{v}_3 + a_{nn}\overline{v}_n$$

Maintenant, soit $v_2, \ldots, v_n$ des éléments de V appartenant aux classes $\overline{v}_2, \ldots, \overline{v}_n$, respectivement. Alors $\{v_1, v_2, \ldots, v_n\}$ est une base de V (*cf.* problème 11.26). Puisque $\overline{T}(\overline{v}_2) = a_{22}\overline{v}_2$, nous avons

$$\overline{T}(\overline{v}_2) - a_{22}\overline{v}_2 = 0 \quad \text{et donc} \quad T(v_2) - a_{22}v_2 \in W$$

Or W est engendré par v ; donc $T(v_2) - a_{22}v_2$ est un multiple de v, posons

$$T(v_2) - a_{22}v_2 = a_{21}v \quad \text{et donc} \quad T(v_2) = a_{21}v + a_{22}v_2$$

D'une manière analogue, pour $i = 3, \ldots, n$,

$$T(v_i) - a_{i2}v_2 - a_{i3}v_3 - \cdots - a_{ii}v_i \in W \qquad \text{et donc} \qquad T(v_i) = a_{i1}v + a_{i2}v_2 + \cdots + a_{ii}v_i$$

Ainsi

$$T(v) = a_{11}v$$

$$T(v_2) = a_{21}v + a_{22}v_2$$

$$\dots\dots\dots\dots\dots\dots\dots\dots$$

$$T(v_n) = a_{n1}v + a_{n2}v_2 + \cdots + a_{nn}v_n$$

et donc la matrice de T est triangulaire dans cette base.

SOUS-ESPACES CYCLIQUES, FORMES RATIONNELLES CANONIQUES

11.29. Démontrer le théorème 11.12.

(i) Par définition de $m_v(t)$, $T^k(v)$ est le premier vecteur de la suite $v, T(v), T^2(v), \ldots$ qui est une combinaison linéaire des vecteurs qui le précèdent. Donc, l'ensemble $B = \{v, T(v), T^2(v), \ldots, T^{k-1}(v)\}$ est linéairement indépendant. Maintenant, il reste à démontrer que $Z(v, T) = L(B)$, le sous-espace engendré par B. D'après ce qui précède, $T^k(v) \in L(B)$. Nous montrons par récurrence que $T^n(v) \in L(B)$ pour tout n. Supposons que $n > k$ et $T^{n-1}(v) \in L(B)$, i.e. $T^{n-1}(v)$ est une combinaison linéaire des vecteurs $v, T(v), \ldots, T^{k-1}(v)$. Donc $T^n(v) = T(T^{n-1}(v))$ est une combinaison linéaire de $T(v), \ldots, T^k(v)$. Or, $T^k(v) \in L(B)$; donc $T^n(v) \in L(B)$ pour tout n. En conséquence, $f(T)(v) \in L(B)$ pour tout polynôme $f(t)$. Ainsi, $Z(v, T) = L(B)$ et, par suite, B est une base comme il est demandé.

(ii) Supposons que $m(t) = t^s + b_{s-1}t^{s-1} + \cdots + b_0$ est le polynôme minimal de T_v. Alors, puisque $v \in Z(v, T)$,

$$0 = m(T_v)(v) = m(T)(v) = T^s(v) + b_{s-1}T^{s-1}(v) + \cdots + b_0 v$$

Ainsi, $T^s(v)$ est une combinaison linéaire de $v, T(v), \ldots, T^{s-1}(v)$, et, par suite, $k \leq s$. Cependant, $m_v(T) = \mathbf{0}$ et $m_v(T_v) = \mathbf{0}$. Alors, $m(t)$ divise $m_v(t)$ et donc $s \leq k$. Par conséquent, $k = s$. D'où $m_v(t) = m(t)$.

(iii)
$$
\begin{aligned}
T_v(v) &= & T(v) \\
T_v(T(v)) &= & T^2(v) \\
\dots\dots\dots\dots&\dots\dots\dots\dots\dots\dots\dots\dots\dots\dots\dots\dots\dots \\
T_v(T^{k-2}(v)) &= & T^{k-1}(v) \\
T_v(T^{k-2}(v)) &= T^k(v) &= -a_0 v - a_1 T(v) - a_2 T^2(v) - \cdots - a_{k-1}T^{k-1}(v)
\end{aligned}
$$

Par définition, la matrice de T_v dans cette base est la transposée de la matrice des coefficients du système d'équations précédent ; c'est donc la matrice compagnon C comme il est demandé.

11.30. Soit $T : V \to V$ un opérateur linéaire. Soit W un sous-espace T-invariant de V et $\overline{T}$ l'opérateur induit sur V/W. Démontrer que : (a) le T-annulateur de $v \in V$ divise le polynôme minimal de T. (b) Le $\overline{T}$-annulateur de $\overline{v} \in V/W$ divise le polynôme minimal de T.

(a) Le T-annulateur de $v \in V$ est le polynôme minimal de la restriction de T à $Z(v, T)$ et, par suite, d'après le problème 11.6, il divise le polynôme minimal de T.

(b) Le $\overline{T}$-annulateur de $\overline{v} \in V/W$ divise le polynôme minimal de $\overline{T}$, qui divise le polynôme minimal de T d'après le théorème 11.16.

Remarque. Dans ce cas, le polynôme minimal de T est $f(t)^n$ où $f(t)$ est un polynôme unitaire irréductible, alors le T-annulateur de $v \in V$ et le $\overline{T}$-annulateur de $\overline{v} \in V/W$ sont de la forme $f(t)^m$ où $m \leq n$.

11.31. Démontrer le lemme 11.13.

La démonstration se fait par récurrence sur la dimension de V. Si $\dim V = 1$, alors V lui-même est T-cyclique et le lemme est vrai. Supposons maintenant que $\dim V > 1$ et que le lemme est vrai pour tout espace de dimension inférieure à $\dim V$.

Puisque le polynôme minimal de T est $f(t)^n$, il existe $v_1 \in V$ tel que $f(T)^{n-1}(v) \neq 0$; donc le T-annulateur de v_1 est $f(t)^n$. Posons $Z_1 = Z(v_1, T)$ et rappelons que Z_1 est T-invariant. Posons $\overline{V} = V/Z_1$. Soit $\overline{T}$ l'opérateur linéaire sur $\overline{V}$ induit par T. D'après le théorème 11.16, le polynôme minimal de $\overline{T}$ divise $f(t)^n$; donc $\overline{V}$ et $\overline{T}$

vérifient les hypothèses. En conséquence, par récurrence, $\overline{V}$ est la somme directe de sous-espaces $\overline{T}$-cycliques. Posons

$$\overline{V} = Z(\overline{v}_2, \overline{T}) \oplus \cdots \oplus Z(\overline{v}_r, \overline{T})$$

où les $\overline{T}$-annulateurs correspondants sont $f(t)^{n_2}, \ldots, f(t)^{n_r}$, $n_1 \geq n_2 \geq \cdots \geq n_r$.

Nous affirmons qu'il existe un vecteur v_2 dans la classe $\overline{v}_2$ dont le T-annulateur est $f(t)^{n_2}$, le $\overline{T}$-annulateur de $\overline{v}_2$. Soit w un vecteur quelconque de $\overline{v}_2$. Alors $f(T)^{n_2}(w) \in Z_1$. Donc il existe un polynôme $g(t)$ tel que

$$f(T)^{n_2}(w) = g(T)(v_1) \tag{1}$$

Puisque $f(t)^n$ est le polynôme minimal de T, nous avons, d'après (1),

$$0 = f(T)^n(w) = f(T)^{n-n_2} g(T)(v_1)$$

Mais $f(T)^n$ est le T-annulateur de v_1 ; donc $f(t)^n$ divise $f(t)^{n-n_2} g(t)$ et, par suite, $g(t) = f(t)^{n_2} h(t)$ pour un certain polynôme $h(t)$. Posons

$$v_2 = w - h(T)(v_1)$$

Puisque $w - v_2 = h(T)(v_1) \in Z_1$, v_2 appartient aussi à la classe $\overline{v}_2$. Ainsi, le T-annulateur de v_2 est un multiple du $\overline{T}$-annulateur de $\overline{v}_2$. D'autre part, d'après (1),

$$f(T)^{n_2}(v_2) = f(T)^{n_2}(w - h(T)(v_1)) = f(T)^{n_2}(w) - g(T)(v_1) = 0$$

Réciproquement, le T-annulateur de v_2 est $f(t)^{n_2}$ comme il est demandé.

D'une manière analogue, il existe des vecteurs $v_2, \ldots, v_r \in V$ tels que $v_i \in \overline{v}_i$ et le T-annulateur de v_i est $f(t)^{n_i}$, le $\overline{T}$-annulateur de $\overline{v}_i$. Posons

$$Z_2 = Z(v_2, T), \cdots, Z_r = Z(v_r, T)$$

Soit d le degré de $f(t)$, donc $f(t)^{n_i}$ est de degré d^{n_i}. Donc, puisque $f(t)^{n_i}$ est à la fois le T-annulateur de v_i et le $\overline{T}$-annulateur de $\overline{v}_i$, nous savons que

$$\{v_i, T(v_i), \ldots, T^{dn_i-i}(v_i)\} \qquad \text{et} \qquad \{\overline{v}_i, \overline{T(v_i)}, \ldots, \overline{T}^{dn_i-1}\overline{(v_i)}\}$$

sont des bases de $Z(v_i, T)$ et $Z(\overline{v}_i, \overline{T})$, respectivement, pour $i = 2, \ldots, r$. Mais, $\overline{V} = Z(\overline{v}_2, \overline{T}) \oplus \cdots \oplus Z(\overline{v}_r, \overline{T})$; donc

$$\{\overline{v}_2, \ldots, \overline{T}^{dn_2-1}(\overline{v}_2), \ldots, \overline{v}_r, \ldots, \overline{T}^{dn_r-1}(\overline{v}_r)\}$$

est une base de $\overline{V}$. Donc, d'après le problème 11.26 et la relation $\overline{T}^j(\overline{v}) = \overline{T^i(v)}$ (*cf.* problème 11.27),

$$\{v_1, \ldots, T^{dn_1-1}(v_1), v_2, \ldots, T^{dn_2-1}(v_2), \ldots, v_r, \ldots, T^{dn_r-1}(v_r)\}$$

est une base de V. Ainsi, d'après le théorème 11.4, $V = Z(v_1, T) \oplus \cdots \oplus Z(v_r, T)$, comme demandé.

Il nous reste à montrer que les exposants $n_1, \ldots, n_r$ sont déterminés d'une manière unique par T. Puisque d désigne le degré de $f(t)$,

$$\dim V = D(n_1 + \cdots + n_r) \qquad \text{et} \qquad \dim Z_i = dn_i \qquad i = 1, \ldots, r$$

Aussi, si s est un entier positif quelconque, alors (*cf.* problème 11.59), $f(T)^s(Z_i)$ est un sous-espace cyclique engendré par $f(t)^s(v_i)$ et est de dimension $d(n_i - s)$ si $n_i > s$ et de dimension 0 si $n_i < s$.

Maintenant, tout vecteur de V s'écrit d'une manière unique sous la forme $v = w_1 + \cdots + w_r$ où $w_i \in Z_i$. Donc, tout vecteur de $f(T)^s(V)$ peut s'écrire d'une manière unique sous la forme

$$f(T)^s(v) = f(T)^s(w_1) + \cdots + f(T)^s(w_r)$$

où $f(T)^s(w_i) \in f(T)^s(Z_i)$. Soit t l'entier, dépendant de s tel que

$$n_1 > s, \ldots, n_t > s, n_{t+1} \geq s$$

Alors $$f(T)^s(V) = f(T)^s(Z_1) \oplus \cdots \oplus f(T)^s(Z_t)$$

et, par suite $$\dim(f(T)^s(V)) = d[(n_1 - s) + \cdots + (n_i - s)] \tag{*}$$

Les nombres de gauche dans (*) sont déterminés d'une manière unique par T. En posant $s = n - 1$, la relation (*) détermine le nombre des n_i égaux à n. En posant ensuite $s = n - 2$, la relation (*) détermine le nombre des n_i (s'il y en a) égaux à $n - 1$. En répétant ce procédé jusqu'à $s = 0$, nous pouvons déterminer le nombre des n_i égaux à 1. Ainsi, les n_i sont déterminés d'une manière unique par T et V. Ce qui achève la démonstration du lemme.

11.32. Soit V un espace vectoriel de dimension 7 sur $\mathbb{R}$ et soit $T : V \to V$ un opérateur linéaire de polynôme minimal $m(t) = (t^2 + 2)(t + 3)^3$. Trouver toutes les formes canoniques rationnelles de T.

La somme des degrés des matrices compagnons ne doit pas dépasser 7. Aussi, il doit y avoir une matrice compagnon associée à $t^2 + 2$ et une autre associée à $(t + 3)^3$. Ainsi, la forme canonique rationnelle de T doit être l'une des trois sommes directes des matrices compagnons suivantes :

(i) $C(t^2 + 2) \oplus C(t^2 + 2) \oplus C((t + 3)^3)$

(ii) $C(t^2 + 2) \oplus C((t + 3)^3) \oplus C((t + 3)^2)$

(iii) $C(t^2 + 2) \oplus C((t + 3)^3) \oplus C(t + 3) \oplus C(t + 3)$

C'est-à-dire :

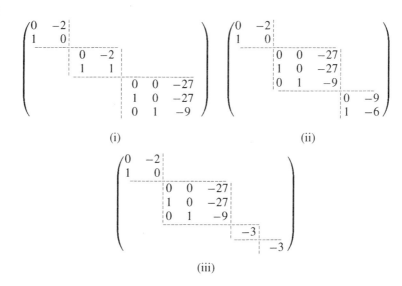

(i)   (ii)

(iii)

PROJECTIONS

11.33. Supposons que $V = W_1 \oplus \cdots \oplus W_r$. La *projection* de V sur le sous-espace W_k est l'application $E : V \to V$ définie par $E(v) = w_k$ où $v = w_1 + \cdots + w_r$, $w_i \in W$. Montrer que (a) E est une application linéaire, et (b) $E^2 = E$.

(a) Puisque la somme $v = w_1 + \cdots + w_r$, $w_i \in W$ est déterminée d'une manière unique par v, l'application E est bien définie. Supposons que pour $u \in V$, $u = w'_1 + \cdots + w'_r$, $w'_i \in W_i$. Alors

$$v + u = (w_i + w'_i) + \cdots + (w_r + w'_r) \quad \text{et} \quad kv = kw_1 + \cdots + kw_r \qquad kw_i, \quad w_i + w'_i \in W_i$$

sont les uniques sommes correspondant à $v + u$ et kv. Donc

$$E(v + u) = w_k + w'_k = E(v) + E(u) \qquad \text{et} \qquad E(kv) = kw_k + k\, E(v)$$

(b) Nous avons $\qquad\qquad w_k = 0 + \cdots + 0 + w_k + 0 + \cdots + 0$

qui est l'unique somme correspondant à $w_k \in W_k$; donc $E((w_k)) = w_k$. Alors pour tout $v \in V$,

$$E^2(v) = E(E(v)) = E(w_k) = w_k = E(v)$$

Ainsi, $E^2 = E$, comme demandé.

11.34. Soit $E : V \to V$ une application linéaire telle que $E^2 = E$. Montrer que : (a) $E(u) = u$ pour tout $u \in \operatorname{Im} E$, ce qui revient à dire que la restriction de E à l'image de E est l'application identité ; (b) V est la somme directe de l'image et du noyau de E : c'est-à-dire $V = \operatorname{Im} E \oplus \operatorname{Ker} E$; (c) E est la projection de V sur $\operatorname{Im} E$, son image. Ainsi, d'après le problème 11.33, une application linéaire $T : V \to V$ est une projection si, et seulement si $T^2 = T$. Comparer ces résultats avec ceux du problème 9.45.

(a) Si $u \in \operatorname{Im} E$, alors il existe $v \in V$ tel que $E(v) = u$; donc

$$E(u) = E(E(v)) = E^2(v) = E(v) = u$$

comme demandé.

(b) Soit $v \in V$. Nous pouvons écrire v sous la forme $v = E(v) + v - E(v)$. Alors $E(v) \in \operatorname{Im} E$ et, puisque

$$E(v - E(v)) = E(v) - E^2(v) = E(v) - E(v) = 0$$

$v - E(v) \in \operatorname{Ker} E$. Par conséquent, $V = \operatorname{Im} E + \operatorname{Ker} E$.

Maintenant, supposons que $w \in \operatorname{Im} E \cap \operatorname{Ker} E$. D'abord, d'après (a), $E(w) = w$ car $w \in \operatorname{Im} E$. Puis, d'autre part, $E(w) = 0$ car $w \in \operatorname{Ker} E$. Ainsi, $w = 0$ et, par suite, $\operatorname{Im} E \cap \operatorname{Ker} E = \{0\}$. Ces deux conditions montrent que V est la somme directe de l'image et du noyau de E.

(c) Soit $v \in V$. Supposons que $v = u + w$ où $u \in \operatorname{Im} E$ et $w \in \operatorname{Ker} E$. Nous avons $E(u) = u$ car $u \in \operatorname{Im} E$ d'après (a) et $E(w) = 0$ car $w \in \operatorname{Ker} E$. Donc

$$E(v) = E(u + w) = E(u) + E(w) = u + 0 = u$$

C'est-à-dire que E est une projection de V sur son image.

11.35. Supposons que $V = U \oplus W$. Soit $T : V \rightarrow V$ une application linéaire. Montrer que U et W sont tous deux T-invariants si, et seulement si, $TE = ET$ où E est la projection de V sur U.

Remarquons que $E(v) \in U$ pour tout $v \in V$ et que : (i) $E(v) = v$ ssi $v \in U$; (ii) $E(v) = 0$ ssi $v \in W$.

Supposons que $ET = TE$. Soit $u \in U$. Comme $E(u) = u$,

$$T(u) = T(E(u)) = (TE)(u) = (ET)(u) = E(T(u)) \in U$$

Donc U est T-invariant. Maintenant, soit $w \in W$. Comme $E(w) = 0$,

$$E(T(w)) = (ET)(w) = (TE)(w) = T(E(w)) = T(0) = 0 \quad \text{et donc} \quad T(w) \in W$$

Donc W est T-invariant.

Réciproquement, supposons que U et W soient tous deux T-invariants. Soit $v \in V$. Supposons que $v = u + w$, où $u \in U$ et $w \in W$. Alors $T(u) \in U$ et $T(w) \in W$; donc $E(T(u)) = T(u)$ et $E(T(w)) = 0$. Ainsi

$$(ET)(v) = (ET)(u + w) = (ET)(u) + (ET)(w) = E(T(u)) + E(T(w)) = T(u)$$

et $\qquad\qquad\qquad (TE)(v) = (TE)(u + w) = T(E(u + w)) = T(u)$

Cela signifie que $(ET)(v) = (TE)(v)$ pour tout $v \in V$; donc $ET = TE$ comme demandé.

Problèmes supplémentaires

SOUS-ESPACES INVARIANTS

11.36. Supposons que W soit invariant par $T : V \rightarrow V$. Montrer que W est invariant par $f(T)$ pour tout polynôme $f(t)$.

11.37. Montrer que tout sous-espace de V est invariant par I, l'application identité, et par $\mathbf{0}$, l'application nulle.

11.38. Supposons que W soit invariant par $T_1 : V \rightarrow V$ et $T_2 : V \rightarrow V$. Montrer que W est aussi invariant par $T_1 + T_2$ et par $T_1 T_2$.

11.39. Soit $T : V \rightarrow V$ linéaire et W un sous-espace propre associé à une valeur propre λ de T. Montrer que W est T-invariant.

11.40. Soit V un espace vectoriel de dimension impaire (supérieure à 1) sur le corps des réels $\mathbb{R}$. Montrer que tout opérateur linéaire sur V admet un sous-espace invariant autre que V et $\{0\}$.

11.41. Déterminer les sous-espaces invariants par $A = \begin{pmatrix} 2 & -4 \\ 5 & -2 \end{pmatrix}$ considérée comme une application linéaire sur (i) $\mathbb{R}^2$, (ii) $\mathbb{C}^2$.

11.42. Supposons que $\dim V = n$. Montrer que $T : V \to V$ admet une représentation matricielle triangulaire si, et seulement si, il existe des sous-espaces T-invariants $W_1 \subset W_2 \subset \cdots W_n = V$ tels que $\dim W_k = k$, $k = 1, \ldots, n$.

SOMMES DIRECTES INVARIANTES

11.43. Les sous-espaces $W_1, \ldots W_r$ sont dits *indépendants* si $w_1 + \cdots + w_r = 0$, $w_i \in W_i$, implique que $w_i = 0$ pour tout i. Montrer que $\mathrm{vect}\,(W_i) = W_1 \oplus \cdots \oplus W_r$ si, et seulement si les W_i sont indépendants. [Ici, $\mathrm{vect}\,(W_i)$ désigne le sous-espace engendré par la famille des W_i.]

11.44. Montrer que $V = W_1 \oplus \cdots \oplus W_r$ si, et seulement si (i) $V = \mathrm{vect}\,(W_i)$ et, pour $k = 1, 2, \ldots, r$, (ii) $W_k \cap \mathrm{vect}\,(W_1, \ldots, W_{k-1}, W_{k-1}, \ldots, W_r) = \{0\}$.

11.45. Montrer que $\mathrm{vect}\,(W_i) = W_1 \oplus \cdots \oplus W_r$ si, et seulement si $\dim \mathrm{vect}\,(W_i) = \dim W_1 + \cdots + \dim W_r$.

11.46. Supposons que le polynôme caractéristique de $T : V \to V$ s'écrit $\Delta(t) = f_1(t)^{n_1} f_2(t)^{n_2} \cdots f_r(t)^{n_r}$ où les $f_i(t)$ sont des polynômes unitaires irréductibles et distincts. Soit $V = W_1 \oplus \cdots \oplus W_r$ la décomposition primaire de V suivant des sous-espaces T-invariants. Montrer que $f_i(t)^{n_i}$ est le polynôme caractéristique de la restriction de T à W_i.

OPÉRATEURS NILPOTENTS

11.47. Soit T_1 et T_2 des opérateurs nilpotents qui commutent, *i.e.* $T_1 T_2 = T_2 T_1$. Montrer que $T_1 + T_2$ et $T_1 T_2$ sont nilpotents.

11.48. Soit A une matrice supertriangulaire, *i.e.* dont tous les éléments situés en dessous et sur la diagonale principale sont nuls. Montrer que A est nilpotente.

11.49. Soit V l'espace vectoriel des polynômes de degré $\leq n$. Montrer que l'opérateur différentiel (dérivée première) sur V est nilpotent d'indice $n + 1$.

11.50. Montrer que les matrices nilpotentes d'ordre n suivantes sont semblables :

$$\begin{pmatrix} 0 & 1 & 0 & \ldots & 0 \\ 0 & 0 & 1 & \ldots & 0 \\ \multicolumn{5}{c}{\ldots\ldots\ldots\ldots\ldots} \\ 0 & 0 & 0 & \ldots & 1 \\ 0 & 0 & 0 & \ldots & 0 \end{pmatrix} \quad \text{et} \quad \begin{pmatrix} 0 & 0 & \ldots & 0 & 0 \\ 1 & 0 & \ldots & 0 & 0 \\ 0 & 1 & \ldots & 0 & 0 \\ \multicolumn{5}{c}{\ldots\ldots\ldots\ldots\ldots} \\ 0 & 0 & \ldots & 1 & 0 \end{pmatrix}$$

11.51. Montrer que deux matrices nilpotentes d'ordre 3 sont semblables si, et seulement si elles ont le même indice de nilpotence. Montrer, par un exemple, que ce résultat n'est pas vrai pour des matrices nilpotentes d'ordre 4.

FORME CANONIQUE DE JORDAN

11.52. Trouver toutes les formes canoniques de Jordan possibles pour les matrices dont le polynôme caractéristique $\Delta(t)$ et le polynôme minimal $m(t)$ sont les suivants :

(a) $\Delta(t) = (t-2)^4(t-3)^2$, $m(t) = (t-2)^2(t-3)^2$

(b) $\Delta(t) = (t-7)^5$, $m(t) = (t-7)^2$

(c) $\Delta(t) = (t-2)^7$, $m(t) = (t-2)^3$

(d) $\Delta(t) = (t-3)^4(t-5)^4$, $m(t) = (t-3)^2(t-5)^2$

11.53. Montrer que toute matrice complexe est semblable à sa transposée. (*Indication* : Utiliser sa forme canonique de Jordan et le problème 11.50.)

11.54. Montrer que toutes les matrices carrées A complexes d'ordre n telles que $A^n = I$, mais $A^k \neq I$ pour $k < n$, sont semblables.

11.55. Soit A une matrice carrée complexe n'ayant que des valeurs propres réelles. Montrer que A est semblable à une matrice dont tous les éléments sont réels.

SOUS-ESPACES CYCLIQUES

11.56. Soit $T : V \rightarrow V$ un opérateur linéaire. Montrer que $Z(v, T)$ est l'intersection de tous les sous-espaces T-invariants contenant v.

11.57. Soit $f(t)$ et $g(t)$ les T-annulateurs de u et v, respectivement. Montrer que si $f(t)$ et $g(t)$ sont premiers entre eux, alors $f(t)\,g(t)$ est le T-annulateur de $u + v$.

11.58. Montrer que $Z(u, T) = Z(v, T)$ si, et seulement si $g(T)(u) = v$ où $g(t)$ et le T-annulateur de u sont premiers entre eux.

11.59. Soit $W = Z(v, T)$. Supposons que le T-annulateur de v est $f(t)^n$ où $f(t)$ est un polynôme unitaire irréductible de degré d. Montrer que $f(T)^s(W)$ est un sous-espace cyclique engendré par $f(T)^s(v)$, de dimension $d(n-s)$ si $n > s$ et de dimension 0 si $n \leq s$.

FORMES RATIONNELLES CANONIQUES

11.60. Trouver toutes les formes canoniques rationnelles possibles pour

(a) des matrices carrées d'ordre 6 de polynôme minimal $m(t) = (t^2 + 3)(t+1)^2$;

(b) des matrices carrées d'ordre 6 de polynôme minimal $m(t) = (t+3)^3$;

(c) des matrices carrées d'ordre 8 de polynôme minimal $m(t) = (t^2 + 2)^2(t+3)^2$.

11.61. Soit A une matrice carrée d'ordre 4 de polynôme minimal $m(t) = (t^2 + 1)(t^2 - 3)$. Trouver la forme canonique rationnelle de A si A est une matrice dans (a) le corps des rationnels $\mathbb{Q}$; (b) le corps des réels $\mathbb{R}$; (c) le corps des complexes $\mathbb{C}$.

11.62. Trouver la forme canonique rationnelle de la matrice de Jordan $\begin{pmatrix} \lambda & 1 & 0 & 0 \\ 0 & \lambda & 1 & 0 \\ 0 & 0 & \lambda & 1 \\ 0 & 0 & 0 & \lambda \end{pmatrix}$.

11.63. Démontrer que le polynôme caractéristique d'un opérateur linéaire $T : V \rightarrow V$ est un produit de ses diviseurs élémentaires.

11.64. Démontrer que deux matrices carrées d'ordre 3 ayant les mêmes polynômes caractéristiques et minimaux sont semblables.

11.65. Soit $C(f(T))$ la matrice compagnon d'un polynôme arbitraire $f(t)$. Montrer que $f(t)$ est le polynôme caractéristique de $C(f(t))$.

PROJECTIONS

11.66. Supposons $V = W_1 \oplus \cdots \oplus W_r$. Soit E_i la projection de V sur W_i. Démontrer que : (i) $E_i E_j = 0$, pour $i \neq j$ et (ii) $I = E_1 + \cdots + E_r$.

11.67. Soit $E_1, \ldots, E_r$ des opérateurs linéaires sur V tels que : (i) $E_i^2 = E_i$ c'est-à-dire que les E_i sont des projections ; (ii) $I = E_1 + \cdots + E_r$. Démontrer que $V = \operatorname{Im} E_1 \oplus \cdots \oplus \operatorname{Im} E_r$.

11.68. Soit $E : V \to V$ une projection, *i.e.* $E^2 = E$. Montrer qu'une représentation matricielle de E est de la forme $\begin{pmatrix} I_r & 0 \\ 0 & 0 \end{pmatrix}$ où r est le rang de E et I_r la matrice identité d'ordre r.

11.69. Démontrer que deux projections quelconques de même rang sont semblables. (*Indication* : Utiliser le résultat du problème 11.68.)

11.70. Soit $E : V \to V$ une projection. Démontrer que : (i) $I - E$ est une projection et $V = \operatorname{Im} E \oplus \operatorname{Im}(I - E)$; et (ii) $I + E$ est inversible (si $1 + 1 \neq 0$).

ESPACES QUOTIENTS

11.71. Soit W un sous-espace de V. Supposons que l'ensemble des classes $\{v_1 + W, v_2 + W, \ldots, v_n + W, \}$ dans V/W est linéairement indépendant. Montrer que l'ensemble de vecteurs $\{v_1, v_2, \ldots, v_n\}$ dans V est aussi linéairement indépendant.

11.72. Soit W un sous-espace de V. Supposons que l'ensemble de vecteurs $\{u_1, u_2, \ldots, u_n\}$ dans V est linéairement indépendant et que vect$(u_i) \cap W = \{0\}$. Montrer que l'ensemble des classes $\{u_1 + W, u_2 + W, \ldots, u_n + W, \}$ est aussi linéairement indépendant.

11.73. Supposons que $V = U \oplus W$ et que $\{u_1, u_2, \ldots, u_n\}$ est une base de U. Montrer que $\{u_1 + W, u_2 + W, \ldots, u_n + W, \}$ est une base de l'espace quotient V/W. (Remarquer qu'aucune restriction n'est faite sur les dimensions de V et de W.)

11.74. Soit W l'espace solution de l'équation linéaire

$$a_1 x_1 + a_2 x_2 + \cdots + a_n x_n = 0 \qquad a_i \in \mathbb{K}$$

et soit $v = (b_1, b_2, \ldots, b_n) \in \mathbb{K}^n$. Démontrer que la classe $v + W$ de W dans $\mathbb{K}^n$ est l'ensemble solution de l'équation linéaire

$$a_1 x_1 + a_2 x_2 + \cdots + a_n x_n = b \qquad \text{et} \qquad b = a_1 b_1 + \cdots + a_n b_n$$

11.75. Soit V l'espace vectoriel des polynômes sur $\mathbb{R}$ et soit W le sous-espace des polynômes divisibles par t^4 ; c'est-à-dire de la forme $a_0 t^4 + a_1 t^5 + \cdots + a_{n-4} t^n$. Montrer que l'espace quotient V/W est de dimension 4.

11.76. Soit U et W des sous-espaces de V tels que $W \subseteq U \subseteq V$. Noter que toute classe $u + W$ suivant W dans U peut aussi être considérée comme une classe suivant W dans V, puisque $u \in U$ implique $u \in V$; donc U/W est sous-ensemble de V/W. Démontrer que (i) U/W est un sous-espace de V/W, et (ii) $\dim(V/W) - \dim(U/W) = \dim(V/U)$.

11.77. Soit U et W des sous-espaces de V. Montrer que les classes suivant $U \cap W$ dans V peuvent être obtenues comme l'intersection de chaque classe suivant U dans V par chaque classe suivant W dans V :

$$V/(U \cap W) = \{(u + U) \cap (v' + W) : v, v' \in V\}$$

11.78. Soit $T : V \rightarrow V$ un opérateur linéaire de noyau W et d'image U. Montrer que l'espace quotient V/W est isomorphe à U par l'application $\theta : V/W \rightarrow U$ définie par $\theta(v + W) = T(v)$. Montrer, de plus, que $T = i \circ \theta \circ \eta$ où $\eta : V \rightarrow V/W$ est l'application canonique de V sur V/W, *i.e.* que $\eta(v) = v + W$ et $i : U \rightarrow V'$ est l'injection (inclusion) canonique, *i.e.* que $i(u) = u$. (*Cf.* fig. 11-4.)

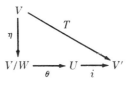

Fig. 11-4

Réponses aux problèmes supplémentaires

11.41. (*a*) $\mathbb{R}^2$ et $\{0\}$ (*b*) $\mathbb{C}^2$, $\{0\}$, $W_1 = L((2, 1 - 2i))$, $W_2 = ((2, 1 + 2i))$.

11.52. (*a*)

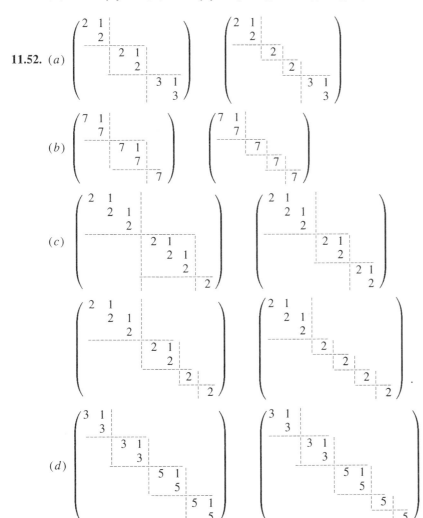

$$\begin{pmatrix} 3 & 1 & & & & & & \\ & 3 & & & & & & \\ & & 3 & & & & & \\ & & & 3 & & & & \\ & & & & 5 & 1 & & \\ & & & & & 5 & & \\ & & & & & & 5 & 1 \\ & & & & & & & 5 \end{pmatrix} \qquad \begin{pmatrix} 3 & 1 & & & & & & \\ & 3 & & & & & & \\ & & 3 & & & & & \\ & & & 3 & & & & \\ & & & & 5 & 1 & & \\ & & & & & 5 & & \\ & & & & & & 5 & \\ & & & & & & & 5 \end{pmatrix}$$

11.60. (a)

$$\begin{pmatrix} 0 & -3 & & & & \\ 1 & 0 & & & & \\ & & 0 & -3 & & \\ & & 1 & 0 & & \\ & & & & 1 & -1 \\ & & & & 1 & -2 \end{pmatrix} \qquad \begin{pmatrix} 0 & -3 & & & & \\ 1 & 0 & & & & \\ & & 0 & -1 & & \\ & & 1 & -2 & & \\ & & & & 0 & -1 \\ & & & & 1 & -2 \end{pmatrix} \qquad \begin{pmatrix} 0 & -3 & & & & \\ 1 & 0 & & & & \\ & & 0 & 1 & & \\ & & 1 & -2 & & \\ & & & & -1 & \\ & & & & & -1 \end{pmatrix}$$

(b)

$$\begin{pmatrix} 0 & 0 & -1 & & & \\ 1 & 0 & -3 & & & \\ 0 & 1 & -3 & & & \\ & & & 0 & 0 & -1 \\ & & & 1 & 0 & -3 \\ & & & 0 & 1 & -3 \end{pmatrix} \qquad \begin{pmatrix} 0 & 0 & -1 & & \\ 1 & 0 & -3 & & \\ 0 & 1 & -3 & & \\ & & & 0 & -1 \\ & & & 1 & -2 \\ & & & & -1 \end{pmatrix} \qquad \begin{pmatrix} 0 & 0 & -1 & & \\ 1 & 0 & -3 & & \\ 0 & 1 & -3 & & \\ & & & -1 & \\ & & & & -1 \\ & & & & -1 \end{pmatrix}$$

(c)

$$\begin{pmatrix} 0 & 0 & 0 & 2 & & & & \\ 1 & 0 & 0 & 0 & & & & \\ 0 & 1 & 0 & -4 & & & & \\ 0 & 0 & 1 & 0 & & & & \\ & & & & 0 & -2 & & \\ & & & & 1 & 0 & & \\ & & & & & & 0 & -9 \\ & & & & & & 1 & -6 \end{pmatrix} \qquad \begin{pmatrix} 0 & 0 & 0 & 2 & & & \\ 1 & 0 & 0 & 0 & & & \\ 0 & 1 & 0 & -4 & & & \\ 0 & 0 & 1 & 0 & & & \\ & & & & 0 & -9 & \\ & & & & 1 & -6 & \\ & & & & & & 0 & -9 \\ & & & & & & 1 & -6 \end{pmatrix}$$

$$\begin{pmatrix} 0 & 0 & 0 & 2 & & & & \\ 1 & 0 & 0 & 0 & & & & \\ 0 & 1 & 0 & -4 & & & & \\ 0 & 0 & 1 & 0 & & & & \\ & & & & 0 & -9 & & \\ & & & & 1 & -6 & & \\ & & & & & & -3 & \\ & & & & & & & -3 \end{pmatrix}$$

11.61. (a) $\begin{pmatrix} 0 & -1 & & \\ 1 & 0 & & \\ & & 0 & \sqrt{3} \\ & & 1 & 0 \end{pmatrix}$ (b) $\begin{pmatrix} 0 & -1 & & \\ 1 & 0 & & \\ & & \sqrt{3} & \\ & & & -\sqrt{3} \end{pmatrix}$ (c) $\begin{pmatrix} i & & & \\ & -i & & \\ & & \sqrt{3} & \\ & & & -\sqrt{3} \end{pmatrix}$

11.62. $\begin{pmatrix} 0 & 0 & 0 & -\lambda^4 \\ 1 & 0 & 0 & 4\lambda^3 \\ 0 & 1 & 0 & -6\lambda^2 \\ 0 & 0 & 1 & 4\lambda \end{pmatrix}.$

Chapitre 12

Formes linéaires et espace dual

12.1. INTRODUCTION

Dans ce chapitre, nous étudierons les applications linéaires d'un espace vectoriel V dans son corps des scalaires $\mathbb{K}$. [Sauf mention expresse du contraire, $\mathbb{K}$ est considéré comme un espace vectoriel sur lui-même.] Naturellement, tous les théorèmes et résultats obtenus pour des applications linéaires quelconques sur V restent vrais dans ce cas particulier. Cependant, nous étudions ces applications séparément à cause de leur importance fondamentale et de la relation particulière entre V et $\mathbb{K}$ qui donne lieu à de nouvelles notions et résultats qui ne s'appliquent pas dans le cas général.

12.2. FORMES LINÉAIRES ET ESPACE DUAL

Soit V un espace vectoriel sur un corps $\mathbb{K}$. Une application $\phi : V \to \mathbb{K}$ est appelée une *fonctionnelle linéaire* ou *forme linéaire* si, pour tout u, $v \in V$ et tout $k \in \mathbb{K}$,

$$\phi(au + bv) = a\,\phi(a) + b\,\phi(v)$$

En d'autres termes, une forme linéaire sur V est une application linéaire de V sur $\mathbb{K}$.

Exemple 12.1

(a) Soit $\pi_i : \mathbb{K}^n \to \mathbb{K}$ est l'application i-ième projection c'est-à-dire : $\pi_i(a_1, a_2, \ldots, a_n) = a_i$. Alors, π_i est linéaire et, par suite, c'est une forme linéaire sur $\mathbb{K}^n$.

(b) Soit V l'espace vectoriel des polynômes en t sur $\mathbb{R}$. Soit $\mathbf{J} : V \to \mathbb{R}$ l'application qui, à tout polynôme $p(t)$, fait correspondre l'intégrale définie $\mathbf{J}(p(t)) = \int_0^1 p(x)\,dx$. Rappelons que $\mathbf{J}$ est linéaire ; donc c'est une forme linéaire sur V.

(c) Soit V l'espace vectoriel des matrices carrées d'ordre n sur $\mathbb{K}$. Considérons l'application *trace* définie par

$$T(A) = a_{11} + a_{22} + \cdots + a_{nn} \qquad \text{où } A = (a_{ij})$$

C'est-à-dire que T fait correspondre à toute matrice A, la somme des éléments diagonaux. Cette applications est linéaire (*cf.* problème 12.24) ; donc c'est une forme linéaire sur V.

D'après le théorème 9.10, l'ensemble des formes linéaires est aussi un espace vectoriel V sur $\mathbb{K}$ pour les opérations d'addition et de multiplication par un scalaire définies par

$$(\phi + \sigma)(v) = \phi(v) + \sigma(v) \quad \text{et} \quad (k\phi)(v) = k\,\phi(v)$$

où ϕ et σ sont des formes linéaires sur V et $k \in \mathbb{K}$. Cet espace est appelé *l'espace dual* de V et est noté V^*.

Exemple 12.2. Soit $V = \mathbb{K}^n$, l'espace vectoriel dont les vecteurs sont écrits en colonnes. Alors l'espace dual V^* peut être identifié à l'espace des vecteurs lignes. En particulier, toute forme linéaire $\phi = (a_1, a_2, \ldots, a_n)$ dans V^* peut être représentée par

$$\phi(x_1, \ldots, x_n) = (a_1, a_2, \ldots, a_n) \begin{pmatrix} x_1 \\ x_2 \\ \cdots \\ x_n \end{pmatrix}$$

ou simplement

$$\phi(x_1, \ldots, x_n) = a_1 x_1 + a_2 x_2 + \cdots + a_n x_n$$

Historiquement, l'expression formelle précédente était appelée *forme linéaire*.

12.3. BASE DUALE

Soit V un espace vectoriel de dimension n sur $\mathbb{K}$. D'après le théorème 9.11, la dimension de l'espace dual V^* est aussi égale à n (puisque $\mathbb{K}$ est de dimension 1 sur lui-même). En fait, chaque base de V détermine une base de V^* de la manière suivante (*cf.* problème 12.3 pour la démonstration) :

Théorème 12.1 : Supposons que $\{v_1, \ldots, v_n\}$ soit une base de V sur $\mathbb{K}$. Soit $\phi_1, \ldots, \phi_n \in V^*$ les formes linéaires définies par

$$\phi_i(v_j) = \delta_{ij} = \begin{cases} 1 & \text{si } i = j \\ 0 & \text{si } i \neq j \end{cases}$$

Alors $\{\phi_1, \ldots, \phi_n\}$ est une base de V^*.

La base précédente $\{\phi_i\}$ est appelée la *base duale* de $\{v_i\}$. Les formules précédentes utilisant le symbole de Kronecker δ_{ij}, sont une écriture contractée de

$$\phi_1(v_1) = 1, \quad \phi_1(v_2) = 0, \quad \phi_1(v_3) = 0, \ldots, \quad \phi_1(v_n) = 0$$
$$\phi_2(v_1) = 0, \quad \phi_2(v_2) = 1, \quad \phi_2(v_3) = 0, \ldots, \quad \phi_2(v_n) = 0$$
$$\cdots\cdots\cdots\cdots\cdots\cdots\cdots\cdots\cdots\cdots\cdots\cdots\cdots\cdots\cdots\cdots$$
$$\phi_n(v_1) = 0, \quad \phi_n(v_2) = 0, \ldots, \quad \phi_n(v_{n-1}) = 0, \quad \phi_n(v_n) = 1$$

D'après le théorème 9.2, ces applications linéaires sont uniques et bien définies.

Exemple 12.3. Considérons la base suivante de $\mathbb{R}^2$: $\{v_1 = (2, 1), v_2 = (3, 1)\}$. Trouver la base duale de $\{\phi_1, \phi_2\}$.

Cherchons les formes linéaires $\phi_1(x, y) = ax + by$ et $\phi_2(x, y) = cx + dy$ telles que

$$\phi_1(v_1) = 1 \qquad \phi_1(v_2) = 0 \qquad \phi_2(v_1) = 0 \qquad \phi_2(v_2) = 1$$

Ainsi,

$$\left. \begin{array}{l} \phi_1(v_1) = \phi_1(2, 1) = 2a + b = 1 \\ \phi_1(v_2) = \phi_1(3, 1) = 3a + b = 0 \end{array} \right\} \quad \text{ou} \quad a = -1, \;\; b = 3$$

$$\left. \begin{array}{l} \phi_2(v_1) = \phi_2(2, 1) = 2c + d = 0 \\ \phi_2(v_1) = \phi_2(3, 1) = 3c + d = 1 \end{array} \right\} \quad \text{ou} \quad c = 1, \;\; d = -2$$

Donc la base duale est $\{\phi_1(x, y) = -x + 3y, \phi_2(x, y) = x - 2y\}$.

Les théorèmes suivants donnent des relations entre les bases et leurs duales.

Théorème 12.2 : Soit $\{v_1, \ldots, v_n\}$ une base de V et $\{\phi_1, \ldots, \phi_n\}$ la base duale de V^*. Alors pour tout vecteur $u \in V$,

$$u = \phi_1(u)v_1 + \phi_2(u)v_2 + \cdots + \phi_n(u)v_n \tag{12.1}$$

et, pour toute forme linéaire $\sigma \in V^*$,

$$\sigma = \sigma(v_1)\phi_1 + \sigma(v_2)\phi_2 + \cdots + \sigma(v_n)\phi_n \tag{12.2}$$

Théorème 12.3 : Soit $\{v_1, \ldots, v_n\}$ et $\{w_1, \ldots, w_n\}$ des bases de V, et $\{\phi_1, \ldots, \phi_n\}$ et $\{\sigma_1, \ldots, \sigma_n\}$ les bases de V^* duales de $\{v_i\}$ et $\{w_i\}$ respectivement. Soit P la matrice de passage de $\{v_i\}$ à $\{w_i\}$. Alors $(P^{-1})^T$ est la matrice de passage de $\{\phi_i\}$ à $\{\sigma_i\}$.

12.4. ESPACE BIDUAL

Nous savons que tout espace vectoriel V admet un espace dual V^* formé de toutes les formes linéaires sur V. Alors V^* lui-même admet un espace dual V^{**}, appelé l'*espace bidual* de V et formé de toutes les formes linéaires sur V^*.

Montrons maintenant que tout vecteur $v \in V$, détermine un élément particulier $\hat{v} \in V^{**}$. Tout d'abord, pour tout $\phi \in V^*$, on définit

$$\hat{v}(\phi) = \phi(v)$$

Il nous reste à montrer que l'application $\hat{v} : V^* \to \mathbb{K}$ est linéaire. Pour tous scalaires a, $b \in \mathbb{K}$ et toutes formes linéaires ϕ, $\sigma \in V$, nous avons

$$\hat{v}(a\phi + b\sigma) = (a\phi + b\sigma)(v) = a\,\phi(v) + b\,\sigma(v) = a\,\hat{v}(\phi) + b\,\hat{v}(\sigma)$$

C'est-à-dire, $\hat{v}$ est linéaire et, par suite, $\hat{v} \in V^{**}$. Le théorème suivant sera démontré dans le problème 12.7.

Théorème 12.4 : Si V est de dimension finie, alors l'application $v \mapsto \hat{v}$ est un isomorphisme de V sur V^{**}.

L'application $v \mapsto \hat{v}$ est appelée l'*application canonique* de V dans V^{**}. Remarquons que cette application n'est jamais surjective sur V^{**} si V est de dimension infinie. Cependant, elle est toujours linéaire et, de plus, elle est toujours injective.

Supposons que V est de dimension finie. D'après le théorème 12.4, l'application canonique est un isomorphisme de V sur V^{**}. Sauf mention du contraire, V sera identifié à V^{**} par cette application. Par conséquent, nous pouvons considérer V comme l'espace des formes linéaires sur V^{**} et nous écrivons $V = V^{**}$. Remarquons que si $\{\phi_i\}$ est une base de V^*, duale d'une base $\{v_i\}$ de V, alors $\{v_i\}$ est la base de $V = V^{**}$ duale de $\{\phi_i\}$.

12.5. ANNULATEURS

Soit W un sous-ensemble (pas nécessairement un sous-espace) de l'espace vectoriel V. Une forme linéaire $\phi \in V$ est appelé *un annulateur* de W si $\phi(w) = 0$ pour tout $w \in W$, *i.e.* $\phi(W) = \{0\}$. Nous montrons que l'ensemble de toutes ces applications, noté W^0 et appelé l'*annulateur* de W, est un sous-espace de V^*. Il est clair que $0 \in W^0$. Maintenant, soit ϕ, $\sigma \in W^0$. Alors, quels que soient les scalaires $a, b \in \mathbb{K}$ et quel que soit $w \in W$,

$$(a\,\phi + b\,\sigma)(w) = a\,\phi(w) + b\,\sigma(w) = a0 + b0 = 0$$

Ainsi, $a\phi + b\sigma \in W^0$. Ce qui montre que W^0 est un sous-espace de V^*.

Dans le cas où W^0 est un sous-espace de V, nous avons les relations suivantes entre W et W^0. (*Cf.* problème 12.11.)

Théorème 12.5 : Supposons que V est de dimension finie. Soit W un sous-espace de V. Alors

$$\text{(i)} \quad \dim W + \dim W^0 = \dim V \quad \text{et} \quad \text{(ii)} \quad W^{00} = W$$

Ici, $W^{00} = \{v \in V \ : \ \phi(v) = 0 \text{ pour tout } \phi \in W^0\}$ ou, d'une manière équivalente, $W^{00} = (W^0)^0 = $ où W^{00} est considéré comme un sous-espace de V par identification de V à V^{**}.

Le concept d'annulateur nous permet de donner une interprétation d'un système homogène d'équations linéaires

$$a_{11}x_1 + a_{12}x_2 + \cdots + a_{1n}x_n = 0$$
$$a_{21}x_1 + a_{22}x_2 + \cdots + a_{2n}x_n = 0$$
$$\dots\dots\dots\dots\dots\dots\dots\dots\dots\dots$$
$$a_{m1}x_1 + a_{m2}x_2 + \cdots + a_{mn}x_n = 0$$

$$(*)$$

Ici, chaque ligne $(a_{i1}, a_{i2}, \ldots, a_{in})$ des coefficients de la matrice $A = (a_{ij})$ est considérée comme un élément de $\mathbb{K}^n$ et chaque vecteur solution $\phi = (a_{i1}, a_{i2}, \ldots, a_{in})$ est considéré comme un élément de l'espace dual. Dans ce contexte, l'espace solution S de $(*)$ est l'annulateur des lignes de A. En conséquence, en utilisant le théorème 12.5, nous obtenons encore le résultat fondamental sur la dimension de l'espace solution d'un système homogène d'équations linéaires :

$$\dim S = \dim \mathbb{K}^n - \dim (\text{espace ligne } A) = n - \text{rang} A$$

12.6. TRANSPOSÉE D'UNE APPLICATION LINÉAIRE

Soit $T : V \to U$ une application linéaire d'un espace vectoriel V sur un espace vectoriel U. Pour toute forme linéaire $\phi \in U^*$, la composée $\phi \circ T$ est une application linéaire de V dans $\mathbb{K}$:

$$V \xrightarrow{\ T\ } U \xrightarrow{\ \phi\ } \mathbb{K}$$
$$\underset{\phi \circ T}{\longmapsto}$$

C'est-à-dire : $\phi \circ T \in V^*$. Ainsi, la correspondance

$$\phi \to \phi \circ T$$

est une application de U^* dans V^* que nous désignons par T^t et appelons la *transposée* de T. En d'autres termes, $T^t : U^* \to V^*$ est définie par

$$T^t(\phi) = \phi \circ T$$

Ainsi $(T^t(\phi))(v) = \phi(T(v))$ pour tout $v \in V$.

Théorème 12.6 : L'application transposée T^t définie ci-dessus est linéaire.

Démonstration.— Pour tout scalaire $a, b \in \mathbb{K}$ et toute forme linéaire $\phi, \sigma \in U^*$,

$$T^t(a\phi + b\sigma) = (a\phi + b\phi) \circ T = a(\phi \circ T) + b(\phi \circ T) = a\, T^t(\phi) + b\, T^t(\sigma)$$

C'est-à-dire que T^t est linéaire comme demandé.

Notons que si T est une application linéaire de V dans U, alors T^t est une application linéaire de U^* dans V^* :

$$V \xrightarrow{\ T\ } U \qquad\qquad V^* \xleftarrow{\ T^t\ } U^*$$

Le nom de « transposée » pour l'application linéaire T^t provient sans doute du théorème suivant, qui sera démontré dans le problème 12.16.

Théorème 12.7 : Soit $T : V \to V$ une application linéaire et soit A la représentation matricielle de T relativement aux bases $\{v_i\}$ de V et $\{u_i\}$ de U. Alors la matrice transposée A^T est la représentation matricielle de T^t relativement aux bases duales $\{u_i\}$ et $\{v_i\}$.

Problèmes résolus

ESPACES DUAUX ET BASES

12.1. Considérons la base suivante de $\mathbb{R}^3$: $\{v_1 = (1, -1, 3), v_2(0, 1, -1), v_3 = (0, 3, -2)\}$. Trouver la base duale $\{\phi_1, \phi_2, \phi_3\}$.

Nous cherchons maintenant les formes linéaires

$$\phi_1(x, y, z) = a_1 x + a_2 y + a_3 z \quad \phi_2(x, y, z) = b_1 x + b_2 y + b_3 z \quad \phi_3(x, y, z) = c_1 x + c_2 y + c_3 z$$

telles que

$$\phi_1(v_1) = 1 \qquad \phi_1(v_2) = 0 \qquad \phi_1(v_3) = 0$$
$$\phi_2(v_1) = 0 \qquad \phi_2(v_2) = 1 \qquad \phi_2(v_3) = 0$$
$$\phi_3(v_1) = 0 \qquad \phi_3(v_2) = 0 \qquad \phi_3(v_3) = 1$$

Nous trouvons ϕ_1 comme suit :

$$\phi_1(v_1) = \phi_1(1, -1, 3) = a_1 - a_2 + 3a_3 = 1$$
$$\phi_1(v_2) = \phi_1(0, 1, -1) = \quad a_2 - a_3 = 0$$
$$\phi_1(v_3) = \phi_1(0, 3, -2) = \quad 3a_2 - 2a_3 = 0$$

En résolvant le système d'équations, nous obtenons $a_1 = 1$, $a_2 = 0$, $a_3 = -3$. Donc $\phi_1(x, y, z) = x$.

Nous trouvons ensuite ϕ_2 :

$$\phi_2(v_1) = \phi_2(1, -1, 3) = b_1 - b_2 + 3b_3 = 0$$
$$\phi_2(v_2) = \phi_2(0, 1, -1) = \quad b_2 - b_3 = 1$$
$$\phi_2(v_3) = \phi_2(0, 3, -2) = \quad 3b_2 - 2b_3 = 0$$

En résolvant le système d'équations, nous obtenons $b_1 = 7$, $b_2 = -2$, $b_3 = -3$. Donc $\phi_2(x, y, z) = 7x - 2y - 3z$.

Nous trouvons ensuite ϕ_2 :

$$\phi_3(v_1) = \phi_3(1, -1, 3) = c_1 - c_2 + 3c_3 = 0$$
$$\phi_3(v_2) = \phi_3(0, 1, -1) = \quad c_2 - c_3 = 0$$
$$\phi_3(v_3) = \phi_3(0, 3, -2) = \quad 3c_2 - 2c_3 = 1$$

En résolvant le système d'équations, nous obtenons $c_1 = -2$, $c_2 = 1$, $c_3 = 1$. Donc $\phi_3(x, y, z) = -2x + y + z$.

12.2. Soit V l'espace vectoriel des polynômes sur $\mathbb{R}$ de degré ≤ 1, *i.e.* : $V = \{a + bt : a, b \in \mathbb{R}\}$. Soit $\phi_1 : \mathbb{R} \to \mathbb{R}$ et $\phi_2 : V \to \mathbb{R}$ définies par

$$\phi_1(f(t)) = \int_0^1 f(t)\,dt \qquad \text{et} \qquad \phi_2(f(t)) = \int_0^2 f(t)\,dt$$

(Remarquons que ϕ_1 et ϕ_2 sont linéaires et appartiennent donc à l'espace dual V^*.) Trouver la base $\{v_1, v_2\}$ de V qui est la base duale de $\{\phi_1, \phi_2\}$.

Soit $v_1 = a + bt$ et $v_2 = c + dt$. Par définition d'une base duale :

$$\phi_1(v_1) = 1, \quad \phi_2(v_1) = 0 \qquad \text{et} \qquad \phi_1(v_2) = 0, \quad \phi_2(v_2) = 1$$

Ainsi

$$\left.\begin{aligned}\phi_1(v_1) = \int_0^1 (a + bt)\,dt &= a + \tfrac{1}{2}b = 1 \\[2mm] \phi_2(v_1) = \int_0^2 (a + bt)\,dt &= 2a + 2b = 0\end{aligned}\right\} \qquad \text{ou} \qquad a = 2,\ b = -2$$

$$\left.\begin{aligned}\phi_1(v_2) = \int_0^1 (c + dt)\,dt &= c + \tfrac{1}{2}d = 0 \\[2mm] \phi_2(v_2) = \int_0^2 (c + dt)\,dt &= 2c + 2d = 1\end{aligned}\right\} \qquad \text{ou} \qquad c = -1/2,\ d = 1$$

En d'autres termes, $\{2 - 2t, -\tfrac{1}{2} + t\}$ est une base de V qui est la base duale de $\{\phi_1, \phi_2\}$.

12.3. Démontrer le théorème 12.1.

Nous montrons d'abord que $\{\phi_1, \ldots, \phi_n\}$ engendre V^*. Soit ϕ un élément arbitraire de V^* et supposons que

$$\phi(v_1) = k_1, \, \phi(v_2) = k_2, \ldots, \phi(v_n) = k_n$$

Posons $\sigma = k_1 \phi_1 + \cdots + k_n \phi_n$. Alors

$$\sigma(v_1) = (k_1 \phi_1 + \cdots + k_n \phi_n)(v_1) = k_1 \phi_1(v_1) + k_2 \phi_2(v_1) + \cdots + k_n \phi_n(v_1)$$
$$= k_1 \cdot 1 + k_2 \cdot 0 + \cdots + k_n \cdot 0 = k_1$$

D'une manière analogue, pour $i = 2, \ldots, n$,

$$\sigma(v_i) = (k_1 \phi_1 + \cdots + k_n \phi_n)(v_i) = k_1 \phi_1(v_i) + \cdots + k_i \phi_i(v_i) + \cdots + k_n \phi_n(v_i) = k_i$$

Ainsi, $\phi(v_i) = \sigma(v_i)$ pour $i = 1, \ldots, n$. Puisque ϕ et σ prennent les mêmes valeurs sur les vecteurs de base, nous avons $\phi = \sigma = k_1 \phi_1 + k_2 \phi_2 + \cdots + k_n \phi_n$. Par conséquent, $\{\phi_1, \ldots, \phi_n\}$ engendre V^*.

Il nous reste à démontrer que $\{\phi_1, \ldots, \phi_n\}$ est linéairement indépendant. Supposons que

$$a_1 \phi_1 + a_2 \phi_2 + \cdots + a_n \phi_n = 0$$

En appliquant les deux membres au vecteur v_1, nous avons

$$0 = 0(v_1) = (a_1 \phi_1 + \cdots + a_n \phi_n)(v_1) = a_1 \phi_1(v_1) + a_2 \phi_2(v_2) + \cdots + a_n \phi_n(v_1)$$
$$= a_1 \cdot 1 + a_2 \cdot 0 + \cdots + a_n \cdot 0 = a_1$$

D'une manière analogue, pour $i = 2, \ldots, n$,

$$0 = 0(v_i) = (a_1 \phi_1 + \cdots + a_n \phi_n)(v_i) = a_1 \phi_1(v_i) + \cdots + a_i \phi_i(v_i) + \cdots + a_n \phi_n(v_i) = a_i$$

Ainsi, $a_1 = 0, \ldots, a_n = 0$. Donc $\{\phi_1, \ldots, \phi_n\}$ est linéairement indépendant et, par suite, c'est une base de V^*.

12.4. Démontrer le théorème 12.2.

Supposons que

$$u = a_1 v_1 + a_2 v_2 + \cdots + a_n v_n \tag{1}$$

Alors

$$\phi_1(u) = a_1 \phi_1(v_1) + \cdots + a_n \phi_1(v_n) = a_1 \cdot 1 + a_2 \cdot 0 + \cdots + a_n \cdot 0 = a_1$$

D'une manière analogue, pour $i = 2, \ldots, n$,

$$\phi_i(u) = a_1 \phi_i(v_1) + \cdots + a_i \phi_i(v_i) + \cdots + a_n \phi_i(v_n) = a_1$$

C'est-à-dire : $\phi_1(u) = a_1$, $\phi_2(u) = a_2, \ldots, \phi_n(u) = a_n$. En substituant ces valeurs dans *(1)*, nous obtenons *(12.1)*.

Nous démontrons ensuite *(12.2)*. En appliquant la forme linéaire σ aux deux membres de *(12.1)*,

$$\sigma(u) = \phi_1(u) \, \sigma(v_1) + \phi_2(u) \, \sigma(v_2) + \cdots + \phi(u) \, \sigma(v_n)$$
$$= \sigma(v_1) \, \phi_1(u) + \sigma(v_2) \, \phi_2(u) + \cdots + \sigma(v_n) \, \phi_n(u)$$
$$= (\sigma(v_1) \, \phi_1 + \sigma(v_2) \, \phi_2 + \cdots + \sigma(v_n) \, \phi_n)(u)$$

Puisque les égalités ci-dessus sont vérifiées pour tout $u \in V$, $\sigma = \sigma(v_1) \, \phi_1 + \sigma(v_2) \, \phi_2 + \cdots + \sigma(v_n) \, \phi_n$ comme demandé.

12.5. Démontrer le théorème 12.3.

Supposons que

$$
\begin{aligned}
w_1 &= a_{11} v_1 + a_{12} v_2 + \cdots + a_{1n} v_n & \sigma_1 &= b_{11} \phi_1 + b_{12} \phi_2 + \cdots + b_{1n} \phi_n \\
w_2 &= a_{21} v_1 + a_{22} v_2 + \cdots + a_{2n} v_n & \sigma_2 &= b_{21} \phi_1 + b_{22} \phi_2 + \cdots + b_{2n} \phi_n \\
&\cdots\cdots\cdots\cdots\cdots\cdots\cdots\cdots\cdots & &\cdots\cdots\cdots\cdots\cdots\cdots\cdots\cdots\cdots \\
w_n &= a_{n1} v_1 + a_{n2} v_2 + \cdots + a_{nn} v_n & \sigma_n &= b_{n1} \phi_1 + b_{n2} \phi_2 + \cdots + b_{nn} \phi_n
\end{aligned}
$$

où $P = (a_{ij})$ et $Q = (b_{ij})$. Nous cherchons à démontrer que $Q = (P^{-1})^T$.

Soit R_i la i-ième ligne de Q et soit C_j la j-ième colonne de P^T. Alors

$$R_i = (b_{i1}, b_{i2}, \ldots, b_{in}) \qquad \text{et} \qquad C_j = (a_{j1}, a_{j2}, \ldots, a_{jn})^T$$

Par définition de la base duale,

$$\sigma_i(w_j) = (b_{i1}\phi_1 + b_{i2}\phi_2 + \cdots + b_{in}\phi_n)(a_{j1}v_1 + a_{j2}v_2 + \cdots + a_{jn}v_n)$$
$$= b_{i1}a_{j1} + b_{i2}a_{j2} + \cdots + b_{in}a_{jn} = R_iC_j = \delta_{ij}$$

où δ_{ij} est le symbole de Kronecker. Ainsi,

$$QP^T = \begin{pmatrix} R_1C_1 & R_1C_2 & \ldots & R_nC_n \\ R_2C_1 & R_2C_2 & \ldots & R_2C_n \\ \ldots\ldots\ldots\ldots\ldots\ldots\ldots \\ R_nC_1 & R_nC_2 & \ldots & R_nC_n \end{pmatrix} = \begin{pmatrix} 1 & 0 & \ldots & 0 \\ 0 & 1 & \ldots & 0 \\ \ldots\ldots\ldots\ldots \\ 0 & 0 & \ldots & 1 \end{pmatrix} = I$$

Ainsi, $Q = (P^T)^{-1} = (P^{-1})^T$ comme demandé.

12.6. Supposons que V est de dimension finie. Montrer que si $v \in V$, alors il existe $\phi \in V^*$ tel que $\phi(v) \neq 0$.

Nous pouvons compléter $\{v\}$ en une base $\{v, v_2, \ldots, v_n\}$ de V. D'après le théorème 9.2, il existe une application linéaire unique $\phi : V \to \mathbb{K}$ telle que $\phi(v) = 1$ et $\phi(v_i) = 0$, $i = 2, \ldots, n$. Donc ϕ a la propriété désirée.

12.7. Démontrer le théorème 12.4.

Démontrons d'abord que l'application $v \mapsto \hat{v}$ est linéaire, *i.e.* que pour tous vecteurs $v, w \in V$ et tous scalaires $a, b \in \mathbb{K}$, $\widehat{av + bw} = a\hat{v} + b\hat{w}$. Pour toute forme linéaire $\phi \in V^*$,

$$\widehat{av + bw}(\phi) = \phi(av + bw) = a\phi(v) + b\phi(w) = a\hat{v}(\phi) + b\hat{w}(\phi) = (a\hat{v} + b\hat{w})(\phi)$$

Puisque $\widehat{av + bw}(\phi) = (a\hat{v} + b\hat{w})(\phi)$ pour tout $\phi \in V^*$, nous avons $\widehat{av + bw} = a\hat{v} + b\hat{w}$. Ainsi l'application $v \mapsto \hat{v}$ est linéaire.

Supposons maintenant $v \in V$, $v \neq 0$. Alors, d'après le problème 12.6, il existe $\phi \in V^*$ tel que $\phi(v) \neq 0$. Donc $\hat{v}(\phi) = \phi(v) \neq 0$ et ainsi $\hat{v} \neq 0$. Puisque $v \neq 0$ implique $\hat{v} \neq 0$, l'application $v \mapsto \hat{v}$ est non singulière et, par suite, est un isomorphisme (*cf.* théorème 9.9).

Maintenant, $\dim V = \dim V^* = \dim V^{**}$ car V est de dimension finie. Par conséquent, l'application $v \mapsto \hat{v}$ est un isomorphisme de V sur V^{**}.

ANNULATEURS

12.8. Montrer que si $\phi \in V^*$ annule un sous-ensemble S de V, alors ϕ annule le sous-espace engendré $L(S)$ par S. Donc $S^0 = (\text{vect}(S))^0$.

Soit $v \in \text{vect}(S)$. Alors il existe $w_1, \ldots, w_r \in S$ tels que $v = a_1w_1 + a_2w_2 + \cdots + a_rw_r$.

$$\phi(v) = a_1\phi(w_1) + a_2\phi(w_2) + \cdots + a_r\phi(w_r) = a_10 + a_20 + \cdots + a_r0 = 0$$

Puisque v est un élément arbitraire de $\text{vect}(S)$, ϕ annule $\text{vect}(S)$ comme demandé.

12.9. Soit W le sous-espace de $\mathbb{R}^4$ engendré par $v_1 = (1, 2, -3, 4)$ et $v_2 = (0, 1, 4, -1)$. Trouver une base de l'annulateur de W.

D'après le problème 12.8, il suffit de trouver une base de l'ensemble des formes linéaires $\phi(x, y, z, w) = ax + by + cz + dw$ pour lesquelles $\phi(v_1) = 0$ et $\phi(v_2) = 0$:

$$\phi(1, 2, -3, 4) = a + 2b - 3c + 4d = 0$$
$$\phi(0, 1, 4, -1) = \qquad b + 4c - d = 0$$

Le système d'équations ayant pour inconnues a, b, c, d est écrit sous forme échelonnée et a pour variables libres c et d.

En posant $c = 1, d = 0$, nous obtenons la solution $a = 11$, $b = -4$, $c = 1$, $d = 0$ et, par suite, la forme linéaire $\phi_1(x, y, z, w) = 11x - 4y + z$.

En posant $c = 0, d = -1$, nous obtenons la solution $a = 6$, $b = -1$, $c = 0$, $d = -1$ et, par suite, la forme linéaire $\phi_2(x, y, z, w) = 6x - y - w$.

L'ensemble des formes linéaires $\{\phi_1, \phi_2\}$ est une base de W^0, l'annulateur de W.

12.10. Montrer que : (a) pour tout sous-ensemble S de V, $S \subseteq S^{00}$; et (b) si $S_1 \subseteq S_2$ alors $S_2^0 \subseteq S_1^0$.

(a) Soit $v \in S$. Alors pour toute forme linéaire $\phi \in S^0$, $\hat{v}(\phi) = \phi(v) = 0$. Donc $\hat{v} \in (S^0)^0$. Donc d'après l'identification de V et de V^{**}, $v \in S^{00}$. En conséquence $S \subseteq S^{00}$.

(b) Soit $\phi \in S_2^0$. Alors $\phi(v) = 0$ pour tout $v \in S_2$. Mais $S_1 \subseteq S_2$; donc ϕ annule tous les éléments de S_1, c'est-à-dire : $\phi \in S_1^0$. Donc $S_2^0 \subseteq S_1^0$.

12.11. Démontrer le théorème 12.5.

(i) Supposons que $\dim V = n$ et $\dim W = r \le n$. Nous cherchons à montrer que $\dim W^0 = n - r$. Choisissons une base $\{w_1, \ldots, w_r\}$ de W. Nous pouvons l'étendre en une base $\{w_1, \ldots, w_r, v_1, \ldots, v_{n-r}\}$ de V. Considérons la base duale

$$\{\phi_1, \ldots, \phi_r, \sigma_1, \ldots, \sigma_{n-r}\}$$

Par définition de la base duale, chacun des σ précédents s'annule sur tous les w_i ; donc $\sigma_1, \ldots, \sigma_{n-r} \in W^0$. Nous affirmons que $\{\sigma_j\}$ est une base de W^0. Maintenant, nous pouvons étendre $\{\sigma_j\}$ en une base de V et, par suite, $\{\sigma_j\}$ est linéairement indépendant.

Montrons maintenant que $\{\phi_j\}$ engendre W^0. Soit $\sigma \in W^0$. D'après le théorème 12.2,

$$\sigma = \sigma(w_1)\phi_1 + \cdots + \sigma(w_r)\phi_r + \sigma(v_1)\sigma_1 + \cdots + \sigma(v_{n-r})\sigma_{n-r}$$
$$= 0\phi_1 + \cdots + 0\phi_r + \sigma(v_1)\sigma_1 + \cdots + \sigma(v_{n-r})\sigma_{n-r}$$
$$= \sigma(v_1)\sigma_1 + \cdots + \sigma(v_{n-r})\sigma_{n-r}$$

Ainsi $\{\sigma_1, \ldots, \sigma_{n-r}\}$ engendre W^0 et donc est une base de W^0. Par conséquent, comme demandé,

$$\dim W^0 = n - r = \dim V - \dim W$$

(ii) Supposons $\dim V = n$ et $\dim W = r$. Alors $\dim V^* = n$ et d'après (i), $\dim W^0 = n - r$. Ainsi d'après (i), $\dim W^{00} = n - (n - r) = r$; de plus $\dim W = \dim W^{00}$. D'après le théorème 12.10, $W \subseteq W^{00}$. Par conséquent, $W = W^{00}$.

12.12. Soit U et W deux sous-espaces de V. Démontrer que : $(U + W)^0 = U^0 \cap W^0$.

Soit $\phi \in (U + W)^0$. Alors ϕ annule $U + W$ et, par suite, ϕ annule U et W, c'est-à-dire que $\phi \in U^0$ et $\phi \in W^0$; donc $\phi \in U^0 \cap W^0$. Ainsi, $(U + W)^0 \subseteq U^0 \cap W^0$.

D'autre part, soit $\sigma \in U^0 \cap W^0$. Alors σ annule U et aussi W. Si $v \in U + W$, alors $v = u + w$ où $u \in U$ et $w \in W$. Donc $\sigma(v) = \sigma(u) + \sigma(w) = 0 + 0 = 0$. Ainsi, σ annule $U + W$, *i.e.* $\sigma \in (U + W)^0$. Par conséquent, $U^0 + W^0 \subseteq (U + W)^0$.

Les deux inclusions donnent l'égalité cherchée.

Remarque : Aucun argument sur les dimensions des espaces n'est utilisé dans cette démonstration. Donc cette démonstration s'applique en dimension finie comme en dimension infinie.

TRANSPOSÉE D'UNE APPLICATION LINÉAIRE

12.13. Soit ϕ la forme linéaire sur $\mathbb{R}^2$ définie par $\phi(x, y) = x - 2y$. Pour chacun des opérateurs linéaires T sur $\mathbb{R}^2$ suivants, trouver $(T^t(\phi))(x, y)$:

(a) $T(x, y) = (x, 0)$, (b) $T(x, y) = (y, x + y)$, (c) $T(x, y) = (2x - 3y, 5x + 2y)$.

Par définition de l'application transposée, $T^t(\phi) = \phi \circ T$, c'est-à-dire que $(T^t(\phi))(v) = \phi(T(v))$ pour tout vecteur v. Donc :

(a) $(T^t(\phi))(x, y) = \phi(T(x, y)) = \phi(x, 0) = x$

(b) $(T^t(\phi))(x, y) = \phi(T(x, y)) = \phi(y, x + y) = y - 2(x + y) = -2x - y$

(c) $(T^t(\phi))(x, y) = \phi(T(x, y)) = \phi(2x - 3y, 5x + 2y) = (2x - 3y) - 2(5x + 2y) = -8x - 7y.$

12.14. Soit $T : V \to V$ une application linéaire et soit $T^t : U^* \to V^*$ sa transposée. Montrer que le noyau de T^t est l'annulateur de l'image de T, *i.e.* : $\operatorname{Ker} T^t = (\operatorname{Im} T)^0$.

Soit $\phi \in \operatorname{Ker} T^t$. Donc $T^t(\phi) = \phi \circ T = 0$. Si $u \in \operatorname{Im} T$, alors $u = T(v)$ pour un certain $v \in V$, donc

$$\phi(u) = \phi(T(v)) = (\phi \circ T)(v) = \mathbf{0}(v) = 0$$

Nous avons donc $\phi(u) = 0$ pour tout $u \in \operatorname{Im} T$; donc $\phi \in (\operatorname{Im} T)^0$. Ainsi, $\operatorname{Ker} T^t \subseteq (\operatorname{Im} T)^0$.

D'autre part, soit $\sigma \in (\operatorname{Im} T)^0$; c'est-à-dire $\sigma(\operatorname{Im} T) = \{0\}$. Alors, pour tout $v \in V$,

$$(T^t(\sigma))(v) = (\sigma \circ T)(v) = \sigma(T(v)) = 0 = \mathbf{0}(v)$$

Nous avons $(T^t(\phi))(v) = 0(v)$ pour tout vecteur $v \in V$; donc : $T^t(\sigma) = 0$. Ainsi, $\sigma \in \operatorname{Ker} T^t$ et, par suite, $(\operatorname{Im} T)^0 \subseteq \operatorname{Ker} T^t$.

Les deux inclusions donnent l'égalité cherchée.

12.15. Supposons que V et U sont de dimension finie. Soit $T : V \to U$ une application linéaire. Démontrer que rang T = rang T^t.

Supposons que $\dim V = n$ et $\dim U = m$. Supposons aussi que rang $T = r$. Alors, d'après le théorème 12.5,

$$\dim(\operatorname{Im} T)^0 = \dim U - \dim(\operatorname{Im} T) = m - \operatorname{rang} T = m - r$$

D'après le problème 12.14, $\operatorname{Ker} T^t = (\operatorname{Im} T)^0$. Donc nullité $T^t = m - r$. Il s'ensuit donc, comme demandé,

$$\operatorname{rang} T^t = \dim U^* - \operatorname{nullité} T^t = m - (m - r) = r = \operatorname{rang} T$$

12.16. Démontrer le théorème 12.7.

Supposons que

$$\begin{aligned}
T(v_1) &= a_{11}u_1 + a_{12}u_2 + \cdots + a_{1n}u_n \\
T(v_2) &= a_{21}u_1 + a_{22}u_2 + \cdots + a_{2n}u_n \\
&\cdots\cdots\cdots\cdots\cdots\cdots\cdots\cdots\cdots\cdots \\
T(v_m) &= a_{m1}u_1 + a_{m2}u_2 + \cdots + a_{mn}u_n
\end{aligned} \qquad (1)$$

Nous cherchons à démontrer que

$$\begin{aligned}
T^t(\sigma_1) &= a_{11}\phi_1 + a_{21}\phi_2 + \cdots + a_{m1}\phi_m \\
T^t(\sigma_2) &= a_{12}\phi_1 + a_{22}\phi_2 + \cdots + a_{m2}\phi_n \\
&\cdots\cdots\cdots\cdots\cdots\cdots\cdots\cdots\cdots\cdots \\
T^t(\sigma_n) &= a_{1n}\phi_1 + a_{2n}\phi_2 + \cdots + a_{mn}\phi_m
\end{aligned} \qquad (2)$$

où $\{\sigma_i\}$ et $\{\phi_i\}$ sont les bases duales de $\{u_i\}$ et $\{v_i\}$, respectivement.

Soit $v \in V$. Supposons que $v = k_1 v_1 + k_2 v_2 + \cdots + k_m v_m$. Alors, d'après (1), nous avons

$$\begin{aligned}
T(v) &= k_1 T(v_1) + k_2 T(v_2) + \cdots + k_m T(v_m) \\
&= k_1(a_{11}u_1 + \cdots + a_{1n}u_n) + k_2(a_{12}u_1 + \cdots + a_{2n}u_n) + \cdots + k_m((a_{m1}u_1 + \cdots + a_{mn}u_n) \\
&= (k_1 a_{11} + k_2 a_{21} + \cdots + k_m a_{m1})u_n + \cdots + (k_1 a_{1n} + k_2 a_{2n} + \cdots + k_m a_{mn})u_n \\
&= \sum_{i=1}^{n} (k_1 a_{1i} + k_2 a_{2i} + \cdots + k_m a_{mi})u_i
\end{aligned}$$

Donc, pour $j = 1, \ldots, n$,

$$(T^t(\sigma_j))(v) = \sigma_j(T(v)) = \sigma_j \left(\sum_{i=1}^{n} (k_1 a_{1i} + k_2 a_{2i} + \cdots + k_m a_{mi}) u_i \right) \quad (3)$$

$$= k_1 a_{1j} + k_2 a_{2j} + \cdots + k_m a_{mj}$$

D'autre part, pour $j = 1, \ldots, n$,

$$(a_{1j}\phi_1 + a_{2j}\phi_2 + \cdots + a_{mj}\phi_m)(v) = (a_{1j}\phi_1 + a_{2j}\phi_2 + \cdots + a_{mj}\phi_m)(k_1 v_1 + k_2 v_2 + \cdots + k_m v_m)$$

$$= k_1 a_{1j} + k_2 a_{2j} + \cdots + k_m a_{mj} \quad (4)$$

Puisque $v \in V$ était arbitraire, (3) et (4) impliquent que

$$T^t(\sigma_j) = a_{1j}\phi_1 + a_{2j}\phi_2 + \cdots + a_{mj}\phi_m \qquad j = 1, \ldots, n$$

qui n'est autre que (2). Ce qui achève la démonstration du théorème.

12.17. Soit A une matrice $m \times n$ arbitraire, sur un corps $\mathbb{K}$. Démontrer que le rang des lignes et le rang des colonnes de la matrice A sont égaux.

Soit $T : \mathbb{K}^n \to \mathbb{K}^m$ une application linéaire définie par $T(v) = Av$, où les éléments de $\mathbb{K}^n$ et ceux de $\mathbb{K}^m$ sont écrits en colonnes. Alors A est la représentation matricielle de T relativement aux bases usuelles de $\mathbb{K}^n$ et $\mathbb{K}^m$. L'image de T est l'espace colonne de A. Donc

$$\text{rang } T = \text{rang colonne de } A$$

D'après le théorème 12.7, A^T est la représentation matricielle de T^t relativement aux bases duales. Donc

$$\text{rang } T^t = \text{rang colonne de } A^T = \text{rang ligne de } A$$

D'après le théorème 12.15, rang $T = $ rang T^t; donc le rang des lignes et le rang des colonnes de la matrice A sont égaux. (Ce résultat a déjà été énoncé dans le théorème 5.18 et démontré directement au problème 5.53.)

Problèmes supplémentaires

ESPACES DUAUX ET BASES DUALES

12.18. Soit $\phi : \mathbb{R}^3 \to \mathbb{R}$ et $\sigma : \mathbb{R}^3 \to \mathbb{R}$ les formes linéaires définies par $\phi(x, y, z) = 2x - 3y + z$ et $\phi(x, y, z) = 4x - 2y + 3z$. Trouver : (a) $\phi + \sigma$, (b) 3ϕ, (c) $2\phi - 5\sigma$.

12.19. Soit V l'espace vectoriel des polynômes sur $\mathbb{R}$ de degré ≤ 2. Soit ϕ_1, ϕ_2 et ϕ_3 les formes linéaires sur V définies par

$$\phi_1(f(t)) = \int_0^1 f(t)\, \mathrm{d}t \qquad \phi_2(f(t)) = f'(1) \qquad \phi_3(f(t)) = f(0)$$

Ici, $f(t) = a + bt + ct^2 \in V$ et $f'(t)$ désigne la dérivée de $f(t)$. Trouver la base $\{f_1(t), f_2(t), f_3(t)\}$ de V, base duale de $\{\phi_1, \phi_2, \phi_3\}$.

12.20. Soit $u, v \in V$ tels que $\phi(u) = 0$ implique $\phi(v) = 0$ pour tout $\phi \in V^*$. Montrer que $v = ku$ pour un certain scalaire k.

12.21. Soit $\phi, \sigma \in V^*$ tels que $\phi(v) = 0$ implique $\sigma(v) = 0$ pour tout $v \in V$. Montrer que $\sigma = k\phi$ pour un certain scalaire k.

12.22. Soit V l'espace vectoriel des polynômes sur $\mathbb{K}$. Pour chaque $a \in \mathbb{K}$, on définit $\phi_a : V \to \mathbb{K}$ par $\phi_a(f(t)) = f(a)$. Montrer que : (a) ϕ_a est linéaire ; (b) si $a \neq b$, alors $\phi_a \neq \phi_b$.

12.23. Soit V l'espace vectoriel des polynômes de degré ≤ 2. Soit $a, b, c \in \mathbb{K}$ des scalaires distincts. Soit ϕ_a, ϕ_b et ϕ_c les formes linéaires définies par $\phi_a(f(t)) = f(a)$, $\phi_b(f(t)) = f(b)$ et $\phi_c(f(t)) = f(c)$. Montrer que $\{\phi_a, \phi_b, \phi_c\}$ est linéairement indépendant et trouver sa base duale $\{f_1(t), f_2(t), f_3(t)\}$ de V.

12.24. Soit V l'espace vectoriel des matrices carrées d'ordre n. Soit $T : V \to \mathbb{K}$ l'application *trace* définie par $T(A) = a_{11} + a_{22} + + \cdots + a_{nn}$, où $A = (a_{ij})$. Montrer que T est linéaire.

12.25. Soit W un sous-espace de V. Pour toute forme linéaire ϕ sur W, montrer qu'il existe une forme linéaire σ sur V telle que $\phi(w) = \sigma(w)$ pour tout $w \in W$, *i.e.* que ϕ est la restriction de σ à W.

12.26. Soit $\{e_1, e_2, \ldots, e_n\}$ la base usuelle de $\mathbb{K}^n$. Montrer que sa base duale est $\{\pi_1, \pi_2, \ldots, \pi_n\}$, où π_i est la i-ième projection, c'est-à-dire que $\pi_i(a_1, \ldots, a_n) = a_i$.

12.27. Soit V un espace vectoriel sur $\mathbb{R}$. Soit $\phi_1, \phi_2 \in V^*$. Supposons que $\sigma : V \to \mathbb{R}$ définie par $\sigma(v) = \phi_1(v) \, \phi_2(v)$, appartienne aussi à V^*. Montrer que $\phi_1 = \mathbf{0}$ ou bien $\phi_2 = \mathbf{0}$.

ANNULATEURS

12.28. Soit W le sous-espace de $\mathbb{R}^4$ engendré par $(1, 2, -3, 4)$, $(1, 3, -2, 6)$ et $(1, 4, -1, 8)$. Trouver une base de l'annulateur de W.

12.29. Soit W le sous-espace de $\mathbb{R}^3$ engendré par $(1, 1, 0)$ et $(0, 1, 1)$. Trouver une base de l'annulateur de W.

12.30. Montrer que, pour tout sous-ensemble S de V, $\text{vect}(S) = S^{00}$ où $\text{vect}(S)$ est le sous-espace engendré par S.

12.31. Soit U et W des sous-espaces d'un espace vectoriel V de dimension finie. Démontrer que : $(U \cap W)^0 = U^0 + W^0$.

12.32. Supposons que $V = U \oplus W$. Démontrer que $V^* = U^0 + W^0$.

TRANSPOSÉE D'UNE APPLICATION LINÉAIRE

12.33. Soit ϕ la forme linéaire sur $\mathbb{R}^2$ définie par $\phi(x, y) = 3x - 2y$. Pour chacune des applications linéaires $T : \mathbb{R}^3 \to \mathbb{R}^2$ suivantes, trouver $(T^t(\phi))(x, y, z)$.

(a) $T(x, y, z) = (x + y, y + z)$;   (b) $T(x, y, z) = (x + y + z, 2x - y)$.

12.34. Supposons que $T_1 : U \to V$ et $T_2 : V \to W$ sont linéaires. Démontrer que $(T_2 \circ T_1)^t = T_1^t \circ T_2^t$.

12.35. Soit V de dimension finie et $T : V \to U$ une application linéaire. Démontrer que $\text{Im}\, T^t = (\text{Ker}\, T)^0$.

12.36. Soit $T : V \to U$ linéaire et $u \in U$. Démontrer que $u \in \text{Im}\, T$ ou bien qu'il existe $\phi \in V^*$ tel que $T^t(\phi) = 0$ et $\phi(u) = 1$.

12.37. Soit V de dimension finie. Montrer que l'application $T \mapsto T^t$ est un isomorphisme de $\text{Hom}(V, V)$ sur $\text{Hom}(V^*, V^*)$. (Ici, T est un opérateur linéaire quelconque sur V.)

PROBLÈMES DIVERS

12.38. Soit V un espace vectoriel sur $\mathbb{R}$ et $\phi \in V^*$. On définit :

$$W^+ = \{v \in V : \phi(v) > 0\} \quad W = \{v \in V : \phi(v) = 0\} \quad \text{et} \quad W^- = \{v \in V : \phi(v) < 0\}$$

Démontrer que W^+, W et W^- sont convexes (*cf.* problèmes 9.90 et 9.91).

12.39. Soit V un espace vectoriel de dimension finie. Un *hyperplan* H de V peut être défini comme le noyau d'une forme linéaire ϕ sur V. [Par cette définition, un hyperplan « passe nécessairement par l'origine », *i.e.* contient le vecteur nul.] Montrer que tout sous-espace de V est l'intersection d'un nombre fini d'hyperplans.

Réponses aux problèmes supplémentaires

12.18. (a) $6x - 5y + 4z$;   (b) $6x - 9y + 3z$;   (c) $-16x + 4y - 13z$.

12.22. (b) Soit $f(t) = t$. Alors $\phi_a(f(t)) = a \neq b = \phi_b(f(t))$, et donc $\phi_a \neq \phi_b$.

12.23. $\left\{ f_1(t) = \dfrac{t^2 - (b+c)t + bc}{(a-b)(a-c)}, \, f_2(t) = \dfrac{t^2 - (a+c)t + ac}{(b-a)(b-c)}, \, f_3(t) = \dfrac{t^2 - (a+b)t + ab}{(c-a)(c-b)} \right\}$.

12.28. $\{\phi_1(x, y, z, t) = 5x - y + z, \; \phi_2(x, y, z, t) = 2y - t\}$.

12.29. $\{\phi(x, y, z) = x - y + z\}$.

12.33. (a) $(T^t(\phi))(x, y, z) = 3x + y - 2z$;   (b) $(T^t(\phi))(x, y, z) = -x + 5y + 3z$.

Chapitre 13

Formes bilinéaires, quadratiques et hermitiennes

13.1. INTRODUCTION

Dans ce chapitre, nous généralisons les notions d'applications et de formes linéaires. Plus précisément, nous introduisons la notion de forme bilinéaire. (Plus généralement, la notion d'application multilinéaire a été introduite dans le chapitre 7.13.) L'étude des applications bilinéaires conduit aux notion de formes quadratiques et hermitiennes. Bien que les formes quadratiques soient déjà apparues précédemment dans l'étude des matrices, dans ce chapitre, nous traitons ces notions indépendamment des résultats précédents. (Ainsi, certains exemples ou problèmes peuvent être déjà rencontrés dans l'étude précédente.)

13.2. FORMES BILINÉAIRES

Soit V un espace vectoriel de dimension finie sur $\mathbb{K}$. Une *forme bilinéaire* sur V est une application $f : V \times V \rightarrow \mathbb{K}$ qui satisfait les deux conditions :

(i) $f(au_1 + bu_2, v) = af(u_1, v) + bf(u_2, v)$

(ii) $f(u, av_1 + bv_2) = af(u, v_1) + bf(u, v_2)$

pour tout $a, b \in \mathbb{K}$ et tout $u_i, v_i \in V$. Nous exprimons la condition (i) en disant que f est *linéaire par rapport à la première variable* et la condition (ii) en disant que f est *linéaire par rapport à la seconde variable*.

Exemple 13.1

(a) Soit ϕ et σ deux formes linéaires sur V. Soit $f : V \times V \rightarrow \mathbb{K}$ définie par $f(u, v) = \phi(u)\,\sigma(v)$. Alors f est bilinéaire car ϕ et σ sont chacune linéaires. (Une telle forme bilinéaire f est en fait le *produit tensoriel* de ϕ et σ et est notée quelquefois $f = \phi \otimes \sigma$.)

(b) Soit f le produit scalaire sur $\mathbb{R}^n$; c'est-à-dire :

$$f(u, v) = u \cdot v = a_1 b_1 + a_2 b_2 + \cdots + a_n b_n$$

où $u = (a_i)$ et $v = (b_i)$. Alors f est une forme bilinéaire sur $\mathbb{R}^n$.

(c) Soit $A = (a_{ij})$ une matrice carrée d'ordre n quelconque sur $\mathbb{K}$. Alors A peut être considérée comme une forme bilinéaire f sur $\mathbb{K}^n$, en posant

$$f(X, Y) = X^T A Y = (x_1, x_2, \ldots, x_n) \begin{pmatrix} a_{11} & a_{12} & \cdots & a_{1n} \\ a_{21} & a_{22} & \cdots & a_{2n} \\ \cdots\cdots\cdots\cdots\cdots\cdots \\ a_{n1} & a_{n2} & \cdots & a_{nn} \end{pmatrix} \begin{pmatrix} y_1 \\ y_2 \\ \cdots \\ y_n \end{pmatrix}$$

$$= \sum_{i,j=1}^{n} a_{ij} x_i y_j = a_{11} x_1 y_1 + a_{12} x_1 y_2 + \cdots + a_{nn} x_n y_n$$

L'expression formelle précédente des variables x_i, y_i est appelée le *polynôme bilinéaire* correspondant à la matrice A. L'équation *(13.1)* ci-dessous montre que, dans un certain sens, toute forme bilinéaire est de ce type.

Nous noterons $B(V)$ l'ensemble des formes bilinéaires sur V. $B(V)$ peut être muni d'une structure d'espace vectoriel en définissant $f + g$ et kf de la manière suivante :

$$(f + g)(u, v) = f(u, v) + g(u, v)$$
$$(kf)(u, v) = kf(u, v)$$

pour tout $f, g \in B(V)$ et tout $k \in \mathbb{K}$.

Théorème 13.1 : Soit V un espace vectoriel de dimension n sur $\mathbb{K}$. Soit $\{\phi_1, \ldots, \phi_n\}$ une base de l'espace dual V^*. Alors $\{f_{ij} : i, j = 1, \ldots, n\}$ est une base de $B(V)$ où f_{ij} est définie par $f_{ij}(u, v) = \phi_i(u)\,\phi_j(v)$. En particulier, $\dim B(V) = n^2$.

(Voir le problème 13.4 pour la démonstration.)

13.3. FORMES BILINÉAIRES ET MATRICES

Soit f une forme bilinéaire sur V, et soit $S = \{u_1, u_2, \ldots, u_n\}$ une base de V. Soit $u, v \in V$. Supposons que :

$$u = a_1 u_1 + \cdots + a_n u_n \qquad \text{et} \qquad v = b_1 u_1 + \cdots + b_n u_n$$

Alors

$$
\begin{aligned}
f(u, v) &= f(a_1 u_1 + \cdots + a_n u_n, b_1 u_1 + \cdots + b_n u_n) \\
&= a_1 b_1 f(u_1, v_1) + a_1 b_2 f(u_1, u_2) + \cdots + a_n b_n f(u_n, u_n) \\
&= \sum_{i,j=1}^{n} a_i b_j f(u_i, u_j)
\end{aligned}
$$

Ainsi f est complètement déterminée par les n^2 valeurs $f(u_i, u_j)$.

La matrice $A = (a_{ij})$ où $a_{ij} = f(u_i, u_j)$ est appelée la *représentation matricielle* de f relativement à la base S, ou simplement, la *matrice de f dans S*. Elle représente f dans le sens suivant :

$$f(u, v) = \sum a_i b_j f(u_i, u_j) = (a_1, \ldots, a_n) A \begin{pmatrix} b_1 \\ b_2 \\ \ldots \\ b_n \end{pmatrix} = [u]_S^T A [v]_S \qquad (13.1)$$

pour tout $u, v \in V$. [Comme d'habitude, $[u]_S$ désigne le vecteur colonne coordonné de $u \in V$ dans la base S.]

Nous nous posons la question comment se comporte la représentation matricielle d'une forme bilinéaire f lorsqu'on effectue un changement de base. La réponse à cette question est donnée par le théorème suivant, qui sera démontré dans le problème 13.6. (Rappelons que, d'après le théorème 10.4, si P est la matrice de passage d'une base S à une autre base S', alors $[u]_S = P[u]_{S'}$, pour tout $u \in V$.)

Théorème 13.2 : Soit P la matrice de passage d'une base S à une autre base S'. Sı A est la représentation matricielle de f dans la base initiale S, alors

$$B = P^T A P$$

est la représentation matricielle de f dans la nouvelle base S'.

Le théorème précédent entraîne la définition suivante.

Définition : Une matrice B est dite *congrue* à une matrice A s'il existe une matrice P inversible (ou non singulière) telle que $B = P^T A P$.

Ainsi, d'après le théorème 13.2, deux matrices représentant une même forme bilinéaire sont congrues. Remarquons que deux matrices congrues ont le même rang puisque P et P^T sont non singulières ; donc la définition suivante est bien définie.

Définition : Le *rang* de la forme bilinéaire f sur V, noté rang$f$, est le rang de toute représentation matricielle de f. Nous disons que f est *dégénérée* ou *non dégénérée* suivant que rang$f < \dim V$ ou rang$f = \dim V$.

13.4. FORME BILINÉAIRE ALTERNÉE

Une forme bilinéaire est dite *alternée* si :

$$(i)\ f(v, v) = 0$$

pour tout $v \in V$. Si f est alternée, alors

$$0 = f(u + v, u + v) = f(u, u) + f(u, v) + f(v, u) + f(v, v)$$

et donc $(ii)\ f(u, v) = -f(v, u)$

pour tout $u, v \in V$. Une forme bilinéaire satisfaisant la condition (ii) est dite *anti-symétrique*. Si $1 + 1 \neq 0$ dans $\mathbb{K}$, alors la condition (ii) implique $f(u, v) = -f(v, u)$ qui implique la condition (i). En d'autres termes, lorsque $1 + 1 \neq 0$, les formes alternées et anti-symétriques sont équivalentes.

Le théorème principal sur les formes bilinéaires alternées (*cf.* problème 13.19 pour la démonstration), est le suivant.

Théorème 13.3 : Soit f une forme bilinéaire alternée sur V. Alors il existe une base de V dans laquelle f est représentée par la matrice :

$$\begin{pmatrix}
0 & 1 & & & & & & & & \\
-1 & 0 & & & & & & & & \\
& & 0 & 1 & & & & & & \\
& & -1 & 0 & & & & & & \\
& & & & \ddots & & & & & \\
& & & & & 0 & 1 & & & \\
& & & & & -1 & 0 & & & \\
& & & & & & & 0 & & \\
& & & & & & & & 0 & \\
& & & & & & & & & \ddots & \\
& & & & & & & & & & 0
\end{pmatrix}$$

De plus, le nombre de blocs $\begin{pmatrix} 0 & 1 \\ -1 & 0 \end{pmatrix}$ est déterminé par f (puisqu'il est égal à $\frac{1}{2}$ rang$f$).

En particulier, ce théorème montre que le rang d'une forme bilinéaire alternée doit être pair.

13.5. FORMES BILINÉAIRES SYMÉTRIQUES, FORMES QUADRATIQUES

Une forme bilinéaire sur V est dite *symétrique* si :

$$f(u, v) = f(v, u)$$

pour tout $u, v \in V$. Si A est une représentation matricielle de f, nous pouvons écrire :

$$f(X, Y) = X^T A Y = (X^T A Y)^T = Y^T A^T X$$

(Nous utilisons le fait que $X^T A Y$ est un scalaire donc égal à sa transposée.) Ainsi, si f est symétrique,

$$Y^T A^T X = f(X, Y) = f(Y, X) = Y^T A X$$

et puisque ceci est vrai pour tout vecteur X, Y, il s'ensuit que $A = A^T$; d'où A est symétrique. Réciproquement, si A est symétrique, alors f est symétrique.

Le résultat principal sur les formes bilinéaires symétriques, démontré dans le problème 13.11, est donné par

Théorème 13.4 : Soit f une forme bilinéaire symétrique dans V sur $\mathbb{K}$ (dans lequel $1 + 1 \neq 0$). Alors V admet une base $\{v_1, \ldots, v_n\}$ dans laquelle f est représentée par une matrice diagonale, *i.e.* : $f(v_i, v_j) = 0$ pour $i \neq j$.

Théorème 13.4 (autre forme) : Soit A une matrice symétrique sur $\mathbb{K}$ (dans lequel $1 + 1 \neq 0$). Alors il existe une matrice P inversible (ou non singulière) telle que $P^T A P$ est diagonale. C'est-à-dire que A est congrue à une matrice diagonale.

Puisqu'une matrice inversible P est un produit de matrices élémentaires (*cf.* théorème 4.10), une façon d'obtenir la forme diagonale $P^T A P$ est d'effectuer une suite d'opérations élémentaires sur les lignes et d'effectuer la même suite d'opérations élémentaires sur les colonnes. Ces deux mêmes suites d'opérations élémentaires appliquées à I donneront P^T.

Définition : Une application $q : V \to \mathbb{K}$ est appelée une *forme quadratique* si $q(v) = f(v, v)$ pour une certaine forme bilinéaire symétrique f sur V.

Maintenant, si f est représentée par une matrice symétrique $A = (a_{ij})$, alors q s'écrit sous la forme

$$q(X) = f(X, X) = X^T A X = (x_1, \ldots, x_n) \begin{pmatrix} a_{11} & a_{12} & \cdots & a_{1n} \\ a_{21} & a_{22} & \cdots & a_{2n} \\ \cdots\cdots\cdots\cdots\cdots \\ a_{n1} & a_{n2} & \cdots & a_{nn} \end{pmatrix} \begin{pmatrix} x_1 \\ x_2 \\ \cdots \\ x_n \end{pmatrix}$$

$$= \sum_{i, j} a_{ij} x_i x_j = a_{11} x_1^2 + a_{22} x_2^2 + \cdots + a_{nn} x_n^2 + \sum_{i < j} a_{ij} x_i x_j$$

L'expression formelle précédente des variables x_i est appelée le *polynôme quadratique* correspondant à la matrice symétrique A. Remarquons que si A est une matrice diagonale, alors q a une représentation diagonale.

$$q(X) = X^T A X = a_{11} x_1^2 + a_{22} x_2^2 + \cdots + a_{nn} x_n^2$$

c'est-à-dire, le polynôme quadratique représentant q ne contiendra aucun « terme rectangle » $x_i x_j$, $i \neq j$. De plus, d'après le théorème 13.4, toute forme quadratique a une telle représentation (lorsque $1 + 1 \neq 0$).

Si $1 + 1 \neq 0$ dans $\mathbb{K}$, alors la définition précédente peut être inversée pour donner

$$f(u, v) = \tfrac{1}{2} [q(u + v) - q(u) - q(v)]$$

formule appelée *forme polaire* de f.

13.6. FORMES BILINÉAIRES SYMÉTRIQUES RÉELLES, LOI D'INERTIE

Dans cette section, nous traiterons des formes bilinéaires symétriques réelles et des formes quadratiques sur des espaces vectoriels sur le corps des réels $\mathbb{R}$. Ces formes apparaissent dans diverses branches des mathématiques et de la physique. La nature particulière de $\mathbb{R}$ permet le développement d'une théorie indépendante. Le résultat principal, démontré dans le problème 13.13, est le suivant.

Théorème 13.5 : Soit f une forme bilinéaire symétrique sur un espace vectoriel V sur $\mathbb{R}$. Alors il existe une base de V dans laquelle f est représentée par une matrice diagonale. Toute autre représentation diagonale de f contient le même nombre **p** d'éléments positifs et le même nombre **n** d'éléments négatifs. La différence **s** = **p** − **n** est appelée la *signature* de f.

Une forme bilinéaire symétrique réelle est dite *positive* si

$$q(v) = f(v, v) \geq 0$$

pour tout vecteur v ; elle est dite *définie positive* si

$$q(v) = f(v, v) > 0$$

pour tout vecteur $v \neq 0$. D'après le théorème 13.5,

(i) f est *positive* si, et seulement si $\mathbf{s} = \operatorname{rang}(f)$,

(ii) f est *définie positive* si, et seulement si $\mathbf{s} = \dim V$, où $\mathbf{s}$ est la signature de f.

Exemple 13.2. Soit f le produit scalaire sur $\mathbb{R}^n$; c'est-à-dire :

$$f(u, v) = u \cdot v = a_1 b_1 + a_2 b_2 + \cdots + a_n b_n$$

où $u = (a_i)$ et $v = (b_i)$. Remarquons que f est symétrique puisque

$$f(u, v) = u \cdot v = v \cdot u = f(v, u)$$

De plus, f est définie positive parce que

$$f(u, u) = a_1^2 + a_2^2 + \cdots + a_n^2 > 0$$

lorsque $u \neq 0$.

Dans le chapitre 14, nous verrons comment une forme quadratique q se transforme lorsque la matrice de passage P est orthogonale. Si P est seulement non singulière, alors q peut être représentée sous une forme diagonale avec seulement des 1 et des -1 comme coefficients non nuls. Plus précisément,

Corollaire 13.1 Toute forme quadratique réelle q admet une représentation unique de la forme

$$q(x_1, \ldots, x_n) = x_1^2 + \cdots + x_{\mathbf{p}}^2 - x_{\mathbf{p}+1}^2 - \cdots - x_r^2$$

avec $r = \mathbf{p} + \mathbf{n}$ est le rang de ladite forme.

Le résultat précédent est quelquefois appelé *loi d'inertie* ou *théorème de Sylvester*.

13.7. FORMES HERMITIENNES

Soit V un espace vectoriel de dimension finie sur $\mathbb{C}$. Soit $f : V \times V \to \mathbb{C}$ telle que

(i) $f(au_1 + bu_2, v) = af(u_1, v) + bf(u_2, v)$

(ii) $f(u, v) = \overline{f(v, u)}$

où $a, b \in \mathbb{C}$ et $u, v \in V$. Alors f est appelée une *forme hermitienne* sur V. (Comme d'habitude, $\bar{k}$ représente le complexe conjugué de $k \in \mathbb{C}$. D'après (i) et (ii),

$$f(u, av_1 + bv_2) = \overline{f(av_1 + bv_2, u)} = \overline{af(v_1, u) + bf(v_2, u)}$$
$$= \bar{a}\overline{f(v_1, u)} + \bar{b}\overline{f(v_2, u)} = \bar{a}f(u, v_1) + \bar{b}f(u, v_2)$$

C'est-à-dire :

(iii) $f(u, av_1 + bv_2) = \bar{a}f(u, v_1) + \bar{b}f(u, v_2)$

Comme précédemment, nous exprimons la condition (i) en disant que f est linéaire par rapport à la première variable. D'autre part, nous exprimons la condition (ii) en disant que f est *antilinéaire* ou *semilinéaire* par rapport à la seconde variable. Remarquer que, d'après (ii), nous avons $f(v, v) = \overline{f(v, v)}$ et, par suite, $f(v, v)$ est réel pour tout $v \in V$.

Les résultats des sections 13.5 et 13.6 sur les formes symétriques ont leurs analogues sur les formes hermitiennes. Ainsi, l'application $q : V \to \mathbb{R}$, définie par $q(v) = f(v, v)$, est appelée *forme quadratique hermitienne* ou *forme quadratique complexe* associée à la forme hermitenne f. Nous pouvons obtenir f à partir de q grâce à l'expression suivante appelée *forme polaire* de f

$$f(u, v) = \tfrac{1}{4}[q(u + v) - q(u - v)] + \tfrac{1}{4}[q(u + iv) - q(u - iv)]$$

Maintenant, soit $S = \{u_1, \ldots, u_n\}$ une base de V. La matrice $H = (h_{ij})$ avec $h_{ij} = f(u_i, u_j)$ est appelée la *représentation matricielle* de f dans la base S. D'après (ii), $f(u_i, u_j) = \overline{f(u_j, u_i)}$; donc H est hermitienne et, en particulier, les éléments diagonaux de H sont réels. Ainsi, toute représentation diagonale de f contient uniquement des éléments réels. Le théorème suivant (*cf.* problème 13.33 pour la démonstration), est l'analogue du théorème 13.5 sur les formes bilinéaires symétriques.

Théorème 13.7 : Soit f une forme hermitienne sur V. Alors, il existe une base $S = \{u_1, \ldots, u_n\}$ de V dans laquelle f est représentée par une matrice diagonale, *i.e.* $f(u_i, u_j) = 0$ pour $i \neq j$. De plus, toute autre représentation diagonale de f contient le même nombre **p** d'éléments positifs et le même nombre **n** d'éléments négatifs. La différence **s** = **p** − **n** est appelée la *signature* de f.

D'une manière analogue, une forme hermitienne est dite *positive* si

$$q(v) = f(v, v) \geq 0$$

pour tout vecteur $v \in V$; elle est dite *définie positive* si

$$q(v) = f(v, v) > 0$$

pour tout vecteur $v \neq 0$.

Exemple 13.3. Soit f le produit scalaire sur $\mathbb{C}^n$; c'est-à-dire :

$$f(u, v) = u \cdot v = z_1 \overline{w}_1 + z_2 \overline{w}_2 + \cdots + z_n \overline{w}_n$$

où $u = (z_i)$ et $v = (w_i)$. Alors f est hermitienne sur $\mathbb{C}^n$. De plus, f est définie positive puisque, pour tout $v \neq 0$,

$$f(u, v) = z_1 \overline{z}_1 + z_2 \overline{z}_2 + \cdots + z_n \overline{z}_n = |z_1|^2 + |z_2|^2 + \cdots + |z_n|^2 > 0$$

Problèmes résolus

FORMES BILINÉAIRES

13.1. Soit $u = (x_1, x_2, x_3)$ et $v = (y_1, y_2, y_3)$ et soit

$$f(u, v) = 3x_1 y_1 - 2x_1 y_2 + 5x_2 y_1 + 7x_2 y_2 - 8x_2 y_3 + 4x_3 y_2 - x_3 y_3$$

Représenter f en notation matricielle.

Soit A la matrice carrée d'ordre 3 dont le ij-élément est le coefficient de $x_i y_j$. Alors

$$f(u, v) = X^T A Y = (x_1, x_2, x_3) \begin{pmatrix} 3 & -2 & 0 \\ 5 & 7 & -8 \\ 0 & 4 & -1 \end{pmatrix} \begin{pmatrix} y_1 \\ y_2 \\ y_3 \end{pmatrix}$$

13.2. Soit A une matrice carrée d'ordre n sur $\mathbb{K}$. Montrer que l'application f définie par

$$f(X, Y) = X^T A Y$$

est une forme bilinéaire sur $\mathbb{K}^n$.

Pour tout $a, b \in \mathbb{K}$ et tout $X_i, Y_i \in \mathbb{K}^n$,

$$f(aX_1 + bX_2, Y) = (aX_1 + bX_2)^T AY = (aX_1^T + bX_2^T)AY$$
$$= aX_1^T AY + bX_2^T AY = af(X_1, Y) + bf(X_2, Y)$$

Donc, f est linéaire par rapport à la première variable. Aussi,

$$f(X, aY_1 + bY_2) = X^T A(aY_1 + bY_2) = aX^T AY_1 + BX^T AY_2 = af(X, Y_1) + bf(X, Y_2)$$

Donc, f est linéaire par rapport à la seconde variable et, par suite, f est une forme bilinéaire sur $\mathbb{K}^n$.

13.3. Soit f la forme bilinéaire sur $\mathbb{R}^2$ définie par

$$f((x_1, x_2), (y_1, y_2)) = 2x_1 y_1 - 3x_1 y_2 + x_2 y_2$$

(a) Trouver la matrice A de f dans la base $\{u_1 = (1, 0), u_2 = (1, 1)\}$.

(b) Trouver la matrice B de f dans la base $\{v_1 = (2, 1), v_2 = (1, -1)\}$.

(c) Trouver la matrice de passage P de la base $\{u_i\}$ à la base $\{v_i\}$, et vérifier que $B = P^T AP$.

(a) Posons $A = (a_{ij})$ avec $a_{ij} = f(u_i, u_j)$:

$$
\begin{aligned}
a_{11} &= f(u_1, u_1) = f(1, 0), (1, 0)) = 2 - 0 + 0 = \ \ 2\\
a_{12} &= f(u_1, u_2) = f(1, 0), (1, 1)) = 2 - 3 + 0 = -1\\
a_{21} &= f(u_2, u_1) = f(1, 1), (1, 0)) = 2 - 0 + 0 = \ \ 2\\
a_{22} &= f(u_2, u_2) = f(1, 1), (1, 1)) = 2 - 3 + 1 = \ \ 0
\end{aligned}
$$

Ainsi, $A = \begin{pmatrix} 2 & -1 \\ 2 & 0 \end{pmatrix}$ est la matrice de f dans la base $\{u_1, u_2\}$.

(b) Posons $B = (b_{ij})$ avec $b_{ij} = f(v_i, v_j)$:

$$
\begin{aligned}
b_{11} &= f(v_1, v_1) = f(2, 1), (2, 1)) &= 8 - 6 + 1 &= 3\\
b_{12} &= f(v_1, v_2) = f(2, 1), (1, -1)) &= 4 + 6 - 1 &= 9\\
b_{21} &= f(v_2, v_1) = f(1, -1), (2, 1)) &= 4 - 3 - 1 &= 0\\
b_{22} &= f(v_2, v_2) = f(1, -1), (1, -1)) &= 2 + 3 + 1 &= 6
\end{aligned}
$$

Ainsi, $B = \begin{pmatrix} 3 & 9 \\ 0 & 6 \end{pmatrix}$ est la matrice de f dans la base $\{v_1, v_2\}$.

(c) Nous devons écrire v_1 et v_2 en fonction des u_i :

$$
\begin{aligned}
v_1 &= (2, 1) = (1, 0) + (1, 1) = u_1 + u_2\\
v_2 &= (1, -1) = 2(1, 0) - (1, 1) = 2u_1 - u_2
\end{aligned}
$$

Alors, $P = \begin{pmatrix} 1 & 2 \\ 1 & -1 \end{pmatrix}$ et, par suite, $P^T = \begin{pmatrix} 1 & 1 \\ 2 & -1 \end{pmatrix}$. Ainsi

$$P^T AP = \begin{pmatrix} 1 & 1 \\ 2 & -1 \end{pmatrix} \begin{pmatrix} 2 & -1 \\ 2 & 0 \end{pmatrix} \begin{pmatrix} 1 & 2 \\ 1 & -1 \end{pmatrix} = \begin{pmatrix} 3 & 9 \\ 0 & 6 \end{pmatrix} = B$$

13.4. Démontrer le théorème 13.1.

Soit $\{u_1, \ldots, u_n\}$ la base de V duale de $\{\phi_i\}$. Nous montrons d'abord que $\{f_{ij}\}$ engendre $B(V)$. Soit $f \in B(V)$. Supposons que $f(u_i, u_j) = a_{ij}$. Nous affirmons que $f = \sum a_{ij} f_{ij}$. Il suffit donc de montrer que

$$f(u_s, u_t) = \left(\sum a_{ij} f_{ij}\right)(u_s, u_t) \qquad \text{pour} \quad s, t = 1, \ldots, n$$

Nous avons

$$\left(\sum a_{ij} f_{ij}\right)(u_s, u_t) = \sum a_{ij} f_{ij}(u_s, u_t) = \sum a_{ij} \phi_i(u_s)\phi_j(u_t) = \sum a_{ij}\delta_{is}\delta_{jt} = a_{st} = f(e_s, e_t)$$

comme demandé. Donc $\{f_{ij}\}$ engendre $B(V)$. Supposons ensuite que $\sum a_{ij} f_{ij} = 0$. Alors, pour $s, t = 1, \ldots, n$,

$$0 = 0(u_s, u_t) = \left(\sum a_{ij} f_{ij}\right)(u_s, u_t) = a_{st}$$

Il s'ensuit que $\{f_{ij}\}$ est linéairement indépendant et, donc, une base de $B(V)$.

13.5. Soit $[f]$ la représentation matricielle d'une forme bilinéaire f sur V relativement à une base $\{u_1, \ldots, u_n\}$ de V. Montrer que l'application $f \mapsto [f]$ est un isomorphisme de $B(V)$ sur l'espace vectoriel des matrices carrées d'ordre n sur $\mathbb{K}$.

Puisque f est entièrement déterminée par les scalaires $f(u_i, u_j)$, l'application $f \mapsto [f]$ est injective et surjective. Il suffit de montrer que l'application $f \mapsto [f]$ est un homomorphisme ; c'est-à-dire que

$$[af + bg] = a[f] + b[g] \qquad (*)$$

Cependant, pour $i, j = 1, \ldots, n$,

$$(af + b\,g)(u_i, u_j) = af(u_i, u_j) + b\,g(u_i, u_j)$$

qui est une autre forme de $(*)$. Ainsi, le résultat est démontré.

13.6. Démontrer le théorème 13.2.

Soit $u, v \in V$. Puisque P est la matrice de passage de la base S à la base S', nous avons $P[u]_{S'} = [u]_S$ et aussi $P[v]_{S'} = [v]_S$; donc $[u]_S^T = [u]_{S'}^T P^T$. Ainsi

$$f(u, v) = [u]_S^T A[v]_S = [u]_{S'}^T P^T A P[v]_{S'}$$

Puisque u et v sont des éléments arbitraires, $P^T A P$ est la matrice de f dans la base S'.

FORMES BILINÉAIRES SYMÉTRIQUES, FORMES QUADRATIQUES

13.7. Trouver la matrice symétrique qui correspond à chacun des polynômes quadratiques suivants :

     (a) $\ q(x, y, z) = 3x^2 + 4xy - y^2 + 8xz - 6yz + z^2$ (b) $\ q(x, y, z) = x^2 - 2yz + xz$

Dans la matrice symétrique $A = (a_{ij})$ représentant $q(x_1, \ldots, x_n)$ chaque élément diagonal a_{ii} est égal au coefficient de x_i^2 alors que pour les éléments a_{ij} et a_{ji}, chacun est égal à la moitié du coefficient de $x_i x_j$. Ainsi,

$$\begin{pmatrix} 3 & 2 & 4 \\ 2 & -1 & -3 \\ 4 & -3 & 1 \end{pmatrix} \qquad\qquad \begin{pmatrix} 1 & 0 & \frac{1}{2} \\ 0 & 0 & -1 \\ \frac{1}{2} & -1 & 0 \end{pmatrix}$$

$$(a) \qquad\qquad\qquad\qquad (b)$$

13.8. Pour la matrice réelle symétrique A suivante, trouver une matrice non singulière P telle que $P^T A P$ soit diagonale et déterminer sa signature :

$$A = \begin{pmatrix} 1 & -3 & 2 \\ -3 & 7 & -5 \\ 2 & -5 & 8 \end{pmatrix}$$

Formons d'abord la matrice par blocs (A, I) :

$$(A, I) = \begin{pmatrix} 1 & -3 & 2 & \vdots & 1 & 0 & 0 \\ -3 & 7 & -5 & \vdots & 0 & 1 & 0 \\ 2 & -5 & 8 & \vdots & 0 & 0 & 1 \end{pmatrix}$$

Appliquons les opérations sur les lignes $3R_1 + R_2 \rightarrow R_2$ et $-2R_1 + R_3 \rightarrow R_3$ à la matrice (A, I), puis les opérations correspondantes sur les colonnes $3C_1 + C_2 \rightarrow C_2$ et $-2C_1 + C_3 \rightarrow C_3$ à A pour obtenir

$$\left(\begin{array}{ccc|ccc} 1 & -3 & 2 & 1 & 0 & 0 \\ 0 & -2 & 1 & 3 & 1 & 0 \\ 0 & 1 & 4 & -2 & 0 & 1 \end{array} \right) \quad \text{et ensuite} \quad \left(\begin{array}{ccc|ccc} 1 & 0 & 0 & 1 & 0 & 0 \\ 0 & -2 & 1 & 3 & 1 & 0 \\ 0 & 1 & 4 & -2 & 0 & 1 \end{array} \right)$$

Appliquons maintenant l'opération sur les lignes $R_2 + 2R_3 \rightarrow R_3$ puis l'opération correspondante sur les colonnes $C_2 + 2C_3 \rightarrow C_3$, pour obtenir

$$\left(\begin{array}{ccc|ccc} 1 & 0 & 0 & 1 & 0 & 0 \\ 0 & -2 & 1 & 3 & 1 & 0 \\ 0 & 0 & 9 & -1 & 1 & 2 \end{array} \right) \quad \text{et ensuite} \quad \left(\begin{array}{ccc|ccc} 1 & 0 & 0 & 1 & 0 & 0 \\ 0 & -2 & 1 & 3 & 1 & 0 \\ 0 & 0 & 18 & -1 & 1 & 2 \end{array} \right)$$

Finalement A a été diagonalisée. Soit $P = \left(\begin{array}{ccc} 1 & 3 & -1 \\ 0 & 1 & 1 \\ 0 & 0 & 2 \end{array} \right)$; donc $P^T A P = \left(\begin{array}{ccc} 1 & 0 & 0 \\ 0 & -2 & 1 \\ 0 & 0 & 18 \end{array} \right)$

La signature de A est donc $\mathbf{s} = 2 - 1 = 1$.

13.9. Supposons que $1 + 1 \neq 0$ dans $\mathbb{K}$. Donner un algorithme formel pour diagonaliser (à une congruence près) une matrice symétrique $A = (a_{ij})$ sur $\mathbb{K}$.

Cas (i) : $a_{11} \neq 0$. Appliquer les opérations sur les lignes $-a_{i1}R_1 + a_{11}R_i \rightarrow R_i$, $i = 2, \ldots, n$, puis les opérations correspondantes sur les colonnes $-a_{i1}C_1 + a_{11}C_i \rightarrow C_i$ pour réduire A sous la forme $\left(\begin{array}{cc} a_{11} & 0 \\ 0 & B \end{array} \right)$.

Cas (ii) : $a_{11} = 0$ mais $a_{ii} \neq 0$, pour un certain $i > 1$. Appliquer l'opération sur les lignes $R_1 \leftrightarrow R_i$, puis l'opération correspondante sur les colonnes $C_1 \leftrightarrow C_i$ pour ramener a_{ii} dans la première position de la diagonale. Ceci réduit la matrice au cas (i).

Cas (iii) : Tous les éléments diagonaux $a_{ii} = 0$. Choisir des indices i, j tels que $a_{ij} \neq 0$ et appliquer l'opération sur les lignes $R_j + R_i \rightarrow R_i$ puis l'opération correspondante sur les colonnes $C_j + C_i \rightarrow C_i$ pour ramener $2a_{ij} \neq 0$ à la i-ième position da la diagonale. Ceci réduit la matrice au cas (ii).

Dans chacun des cas, nous pouvons finalement réduire A à la forme $\left(\begin{array}{cc} a_{11} & 0 \\ 0 & B \end{array} \right)$ où B est une matrice symétrique d'ordre inférieur à celui de A. Par récurrence, nous pouvons donc ramener A à une matrice diagonale.

Remarque : L'hypothèse $1 + 1 \neq 0$ dans $\mathbb{K}$ est utilisée dans le cas (iii) pour affirmer que $2a_{ij} \neq 0$.

13.10. Soit q une forme quadratique associée à la forme bilinéaire symétrique f. Vérifier l'identité polaire $f(u, v) = \frac{1}{2}[q(u + v) - q(u) - q(v)]$. (Supposer que $1 + 1 \neq 0$.)

Nous avons

$$\begin{aligned} q(u + v) - q(u) - q(v) &= f(u + v, u + v) - f(u, u) - f(v, v) \\ &= f(u, u) + f(u, v) + f(v, u) + f(v, v) - f(u, u) - f(v, v) \\ &= 2f(u, v) \end{aligned}$$

Si $1 + 1 \neq 0$, nous pouvons diviser par 2 pour obtenir l'identité demandée.

13.11. Démontrer le théorème 13.4.

Méthode 1. Si $f = 0$ ou si $\dim V = 1$, le théorème est évident. Supposons que $f \neq 0$ et $\dim V > 1$. Si $q(v) = f(v, v) = 0$ pour tout $v \in V$, alors la forme polaire de f (*cf.* problème 13.10) implique que $f = 0$. Donc, nous pouvons supposer qu'il existe un vecteur $v_1 \in V$ tel que $f(v_1, v_1) \neq 0$. Soit U le sous-espace engendré par v_1 et soit W le sous-espace formé des vecteurs $v \in V$ tels que $f(v_1, v) = 0$. Nous affirmons que $V = U \oplus W$.

(i) Montrons que $U \cap W = \{0\}$. Soit $u \in U \cap W$. Puisque $u \in U$, $u = kv_1$ pour un certain $k \in \mathbb{K}$. Puisque $u \in W$, $0 = f(u, u) = f(kv_1, kv_1) = k^2 f(v_1, v_1)$. Mais $f(v_1, v_1) \neq 0$; donc $k = 0$ et $u = kv_1 = 0$. Ainsi, $U \cap W = \{0\}$.

(ii) Montrons que $V = U + W$. Soit $v \in V$. Posons

$$w = v - \frac{f(v_1, v)}{f(v_1, v_1)} v_1 \tag{1}$$

Alors

$$f(v_1, w) = f(v_1, v) - \frac{f(v_1, v)}{f(v_1, v_1)} f(v_1, v_1) = 0$$

Ainsi, $w \in W$. D'après (1), v est la somme d'un élément de U et d'un élément de W. Par suite, $V = U + W$. D'après (i) et (ii), $V = U \oplus W$.

Maintenant, f restreinte à W est une forme bilinéaire symétrique sur W. Mais, $\dim W = n - 1$; donc, par récurrence, il existe une base $\{v_2, \ldots, v_n\}$ de W telle que $f(v_i, v_j) = 0$ pour tout $i \neq j$ et $2 \leq i, j \leq n$. Mais, par définition de W, $f(v_1, v_j) = 0$ pour tout $j = 2, \ldots, n$. Par suite, la base $\{v_1, \ldots, v_n\}$ a la propriété demandée, c'est-à-dire $f(v_i, v_j) = 0$ pour tout $i \neq j$.

Méthode 2. L'algorithme dans le problème 13.9 montre que chaque matrice symétrique sur $\mathbb{K}$ est congrue à une matrice diagonale. Ceci équivaut à dire que f admet une représentation diagonale.

13.12. Soit $A = \begin{pmatrix} a_1 & & & \\ & a_2 & & \\ & & \ldots & \\ & & & a_n \end{pmatrix}$, une matrice diagonale sur $\mathbb{K}$. Montrer que :

(a) pour tout scalaire $k_1, \ldots, k_n \in \mathbb{K}$, A est congrue à une matrice diagonale dont les éléments diagonaux sont $a_i k_i^2$;

(b) si $\mathbb{K}$ est le corps des nombres complexes $\mathbb{C}$, alors A est congrue à une matrice diagonale avec seulement des 1 et des 0 comme éléments diagonaux ;

(c) si $\mathbb{K}$ est le corps des réels $\mathbb{R}$, alors A est congrue à une matrice diagonale avec seulement des 1, des -1 et des 0 comme éléments diagonaux.

(a) Soit P la matrice diagonale dont les éléments diagonaux sont les k_i. Alors

$$P^T A P = \begin{pmatrix} k_1 & & & \\ & k_2 & & \\ & & \ldots & \\ & & & k_n \end{pmatrix} \begin{pmatrix} a_1 & & & \\ & a_2 & & \\ & & \ldots & \\ & & & a_n \end{pmatrix} \begin{pmatrix} k_1 & & & \\ & k_2 & & \\ & & \ldots & \\ & & & k_n \end{pmatrix} = \begin{pmatrix} a_1 k_1^2 & & & \\ & a_2 k_2^2 & & \\ & & \ldots & \\ & & & a_n k_n^2 \end{pmatrix}$$

(b) Soit P la matrice diagonale dont les éléments diagonaux sont les $b_i = \begin{cases} 1/\sqrt{a_i} & \text{si } a_i \neq 0 \\ 1 & \text{si } a_i = 0 \end{cases}$. Alors $P^T A P$ a la forme demandée.

(c) Soit P la matrice diagonale dont les éléments diagonaux sont les $b_i = \begin{cases} 1/\sqrt{|a_i|} & \text{si } a_i \neq 0 \\ 1 & \text{si } a_i = 0 \end{cases}$. Alors $P^T A P$ a la forme demandée.

Remarque : Noter que (ii) n'est plus vraie si la relation de congruence est remplacée par la congruence hermitienne (*cf.* problèmes 13.32 et 13.33).

13.13. Démontrer le théorème 13.5.

D'après le théorème 13.4, il existe une base $\{u_1, \ldots, u_n\}$ de V dans laquelle f est représentée par une matrice diagonale ayant **p** éléments positifs et **n** éléments négatifs. Supposons maintenant que $\{w_1, \ldots, w_n\}$ soit une autre base de V, dans laquelle f est représentée par une matrice diagonale ayant **p′** éléments positifs et **n′** éléments négatifs.

Nous pouvons supposer, sans perdre en généralité, que les éléments positifs apparaissent en premier dans chaque matrice. Puisque rang $f = \mathbf{p} + \mathbf{n} = \mathbf{p}' + \mathbf{n}'$, il suffit de démontrer que $\mathbf{p} = \mathbf{p}'$.

Soit U le sous-espace engendré par $u_1, \ldots, u_p$ et W le sous-espace engendré par $w_{p+1}, \ldots, w_n$. Alors $f(v, v) > 0$ pour tout vecteur non nul $v \in U$ et $f(v, v) \leq 0$ pour tout vecteur $v \in W$. Donc $U \cap W = \{0\}$. Noter que $\dim U = \mathbf{p}$ et $\dim W = n - \mathbf{p}'$. Ainsi

$$\dim(U + W) = \dim U + \dim W - \dim(U \cap W) = \mathbf{p} + (n - \mathbf{p}') - 0 = \mathbf{p} - \mathbf{p}' + n$$

Mais $\dim(U + W) \leq \dim V = n$; donc $\mathbf{p} - \mathbf{p}' + n \leq n$, c'est-à-dire $\mathbf{p} \leq \mathbf{p}'$. D'une manière analogue $\mathbf{p}' \leq \mathbf{p}$ et, par suite, $\mathbf{p} = \mathbf{p}'$ comme demandé.

Remarque : Le théorème précédent et sa démonstration dépendent seulement du concept de positivité. Ainsi, le théorème est vrai pour tout sous-corps $\mathbb{K}$ du corps $\mathbb{R}$.

13.14. Une matrice carrée d'ordre n, réelle symétrique est dite *définie positive* si $X^T A X > 0$ pour tout vecteur (colonne) non nul $X \in \mathbb{R}^n$, c'est-à-dire, si A, considérée comme forme bilinéaire, est définie positive. Soit B une matrice réelle non singulière quelconque. Montrer que (a) $B^T B$ est symétrique et (b) $B^T B$ est définie positive.

(a) $(B^T B)^T = B^T B^{TT} = B^T B$; donc $B^T B$ est symétrique.

(b) Puisque B est non singulière, $BX \neq 0$ pour tout vecteur non nul $X \in \mathbb{R}^n$. Donc, le produit scalaire de BX par lui-même, $BX \cdot BX = (BX)^T(BX)$, est positif. Ainsi, $X^T(B^T B)X = (X^T B^T) = (BX)^T(BX) > 0$ comme demandé.

FORMES HERMITIENNES

13.15. Déterminer si les matrices suivantes sont hermitiennes :

$$\begin{pmatrix} 2 & 2+3i & 4-5i \\ 2-3i & 5 & 6+2i \\ 4+5i & 6-2i & -7 \end{pmatrix} \qquad \begin{pmatrix} 3 & 2-i & 4+i \\ 2-i & 6 & i \\ 4+i & i & 3 \end{pmatrix} \qquad \begin{pmatrix} 4 & -3 & 5 \\ -3 & 2 & 1 \\ 5 & 1 & -6 \end{pmatrix}$$
$$(a) \qquad\qquad\qquad (b) \qquad\qquad\qquad (c)$$

Une matrice A est hermitienne si et seulement si $A = A^*$ ou $a_{ij} = \overline{a_{ji}}$

(a) La matrice est hermitienne, puisqu'elle est égale à la conjuguée de sa transposée.

(b) La matrice n'est pas hermitienne, bien qu'elle soit symétrique.

(c) La matrice est hermitienne. En fait, une matrice réelle est hermitienne si, et seulement si, elle est symétrique.

13.16. Soit A une matrice hermitienne. Montrer que f est une forme hermitienne sur $\mathbb{C}^n$ où f est définie par $f(X, Y) = X^T A \overline{Y}$.

Pour tout $a, b \in \mathbb{C}$ et tout $X_1, X_2, Y \in \mathbb{C}^n$,

$$f(aX_1 + bX_2, Y) = (aX_1 + bX_2)^T A \overline{Y} = (aX_1^T + bX_2^T)A\overline{Y}$$
$$= aX_1^T A \overline{Y} + bX_2^T A \overline{Y} = af(X_1, Y) + bf(X_2, Y)$$

Donc f est linéaire par rapport à la première variable. Aussi,

$$\overline{f(X, Y)} = \overline{X^T A \overline{Y}} = \overline{(X^T A \overline{Y})^T} = \overline{\overline{Y}^T A^T X} = Y^T A^* \overline{X} = Y^T A \overline{X} = f(Y, X)$$

Ainsi, f est hermitienne sur $\mathbb{C}^n$. (*Remarque :* Nous avons utilisé le fait que $X^T A \overline{Y}$ est un scalaire et, par suite, est égal à sa transposée.)

13.17. Soit f une forme hermitienne sur V. Soit H la matrice de f dans la base $S = \{u_1, \ldots, u_n\}$. Montrer que :

(a) $f(u, v) = [u]_S^T H \overline{[v]_S}$ pour tout $u, v \in V$;

(b) Si P est la matrice de passage de la base S à une nouvelle base S' de V, alors $B = P^T H \overline{P}$ (ou $B = Q^* H Q$ où $Q = \overline{P}$) est la matrice de f dans la nouvelle base S'.

Noter que (b) est l'analogue complexe du théorème 13.2.

(a) Soit $u, v \in V$. Supposons que $u = a_1 u_1 + a_2 u_2 + \cdots + a_n u_n$ et $v = b_1 u_1 + b_2 u_2 + \cdots + b_n u_n$. Alors

$$f(u, v) = f(a_1 u_1 + a_2 u_2 + \cdots + a_n u_n, \, b_1 u_1 + b_2 u_2 + \cdots + b_n u_n)$$

$$= \sum_{i,j} a_i \overline{b}_j f(u_i, u_j) = (a_1, \ldots, a_n) H \begin{pmatrix} \overline{b}_1 \\ \overline{b}_2 \\ \cdots \\ \overline{b}_n \end{pmatrix} = [u]_S^T H \overline{[v]_S}$$

comme demandé.

(b) Puisque P est la matrice de passage de la base S à la nouvelle base S', nous avons $P[u]_{S'} = [u]_S$ et $P[v]_{S'} = [v]_S$; donc $[u]_S^T = [u]_{S'}^T P^T$ et $\overline{[v]_S} = \overline{P}\,\overline{[v]_{S'}}$. Ainsi, d'après ($a$),

$$f(u, v) = [u]_S^T H \overline{[v]_S} = [u]_{S'}^T P^T H \overline{P}\, \overline{[v]_{S'}}$$

Comme u et V sont arbitraires dans V ; $P^T H \overline{P}$ est la matrice de f dans S'.

13.18. Soit $H = \begin{pmatrix} 1 & 1+i & 2i \\ 1-i & 4 & 2-3i \\ -2i & 2+3i & 7 \end{pmatrix}$, une matrice hermitienne. Trouver une matrice non singulière P telle que $P^T H \overline{P}$ soit diagonale.

Formons d'abord la matrice par blocs (H, I) :

$$\begin{pmatrix} 1 & 1+i & 2i & \vdots & 1 & 0 & 0 \\ 1-i & 4 & 2-3i & \vdots & 0 & 1 & 0 \\ -2i & 2+3i & 7 & \vdots & 0 & 0 & 1 \end{pmatrix}$$

Appliquons les opérations sur les lignes $(-1+i)R_1 + R_2 \to R_2$ et $2iR_1 + R_3 \to R_3$ à (A, I), puis les opérations conjuguées sur les colonnes $(-1-i)C_1 + C_2 \to C_3$ et $-2iC_1 + C_3 \to C_3$ à A pour obtenir

$$\begin{pmatrix} 1 & 1+i & 2i & \vdots & 1 & 0 & 0 \\ 0 & 2 & -5i & \vdots & -1+i & 1 & 0 \\ 0 & 5i & 3 & \vdots & 2i & 0 & 1 \end{pmatrix} \quad \text{et ensuite} \quad \begin{pmatrix} 1 & 0 & 0 & \vdots & 1 & 0 & 0 \\ 0 & 2 & -5i & \vdots & -1+i & 1 & 0 \\ 0 & 5i & 3 & \vdots & 2i & 0 & 1 \end{pmatrix}$$

Appliquons l'opération sur les lignes $R_3 \to -5iR_2 + 2R_3$ et l'opération conjuguée sur les colonnes $C_3 \to 5iC_2 + 2C_3$ pour obtenir

$$\begin{pmatrix} 1 & 0 & 0 & \vdots & 1 & 0 & 0 \\ 0 & 2 & -5i & \vdots & -1+i & 1 & 0 \\ 0 & 0 & -19 & \vdots & 5+9i & -5i & 2 \end{pmatrix} \quad \text{et ensuite} \quad \begin{pmatrix} 1 & 0 & 0 & \vdots & 1 & 0 & 0 \\ 0 & 2 & 0 & \vdots & -1+i & 1 & 0 \\ 0 & 0 & -38 & \vdots & 5+9i & -5i & 2 \end{pmatrix}$$

H est maintenant diagonalisée. Posons

$$P = \begin{pmatrix} 1 & -1+i & 5+9i \\ 0 & 1 & -5i \\ 0 & 0 & 2 \end{pmatrix} \quad \text{et ensuite} \quad P^T H \overline{P} = \begin{pmatrix} 1 & 0 & 0 \\ 0 & 2 & 0 \\ 0 & 0 & -38 \end{pmatrix}$$

La signature de H est $\mathbf{s} = 2 - 1 = 1$.

PROBLÈMES DIVERS

13.19. Démontrer le théorème 13.3.

Si $f = 0$, le théorème est évidemment vrai. Aussi, si $\dim V = 1$, alors $f(k_1 u, k_2 u) = k_1 k_2 f(u, u) = 0$ et, par suite, $f = 0$. Nous pouvons donc supposer que $\dim V > 1$ et $f \neq 0$.

Puisque $f \neq 0$, il existe des vecteurs (non nuls) $u_1, u_2 \in V$ tels que $f(u_1, u_2) \neq 0$. En fait, en multipliant u_1 par un facteur approprié, nous pouvons supposer que $f(u_1, u_2) = 1$ et, par suite, $f(u_2, u_1) = -1$. Maintenant, u_1 et u_2 sont linéairement indépendants car si, par exemple, $u_2 = ku_1$, alors $f(u_1, u_2) = f(u_1, ku_1) = kf(u_1, u_1) = 0$. Soit $U = \text{vect}(u_1, u_2)$; alors

(i) La représentation matricielle de la restriction de f à U dans la base $\{u_1, u_2\}$ est $\begin{pmatrix} 0 & 1 \\ -1 & 0 \end{pmatrix}$;

(ii) Si $u \in U$, posons $u = au_1 + bu_2$, alors

$$f(u, u_1) = f(au_1 + bu_2, u_1) = -b$$
$$f(u, u_2) = f(au_1 + bu_2, u_2) = a$$

Soit W le sous-espace formé des vecteurs $w \in W$ tels que $f(w, u_1) = 0$ et $f(w, u_2) = 0$. D'une manière équivalente,

$$W = \{w \in V : f(w, u) = 0 \quad \text{pour tout } u \in U\}$$

Nous affirmons que $V = U \oplus W$. Il est clair que $U \cap W = \{0\}$. Montrons que $v = U + W$. Soit $v \in V$. Posons

$$u = f(v, u_2)u_1 - f(v, u_1)u_2 \qquad \text{et} \qquad w = v - u \qquad (1)$$

Puisque u est une combinaison linéaire de u_1 et de u_2, $u \in U$. Montrons que $w \in W$. D'après (1) et (ii), $f(u, u_1) = f(v, u_1)$; donc

$$f(w, u_1) = f(v - u, u_1) = f(v, u_1) - f(u, u_1) = 0$$

D'une manière analogue, $f(u, u_2) = f(v, u_2)$ et, par suite,

$$f(w, u_2) = f(v - u, u_2) = f(v, u_2) - f(u, u_2) = 0$$

Donc $w \in W$ et donc, d'après (1), $v = u + w$ où $u \in W$. Ceci montre que $V = U + W$ et, par suite, $V = U \oplus W$.

Maintenant, la restriction de f à W est une forme bilinéaire alternée sur W. Par récurrence, il existe une base $u_3, \ldots, u_n$ de W dans laquelle la représentation matricielle de f restreinte à W a la forme désirée. Par conséquent, $u_1, u_2, u_3, \ldots, u_n$ est une base de V dans laquelle la représentation matricielle de f a la forme désirée.

Problèmes supplémentaires

FORMES BILINÉAIRES

13.20. Soit V l'espace vectoriel des matrices carrées d'ordre 2 sur $\mathbb{R}$. Soit $M \doteq \begin{pmatrix} 1 & 2 \\ 3 & 5 \end{pmatrix}$, et posons $f(A, B) = \text{tr}(A^T M B)$, où $A, B \in V$ et « tr » désigne l'application trace. (a) Montrer que f est une forme bilinéaire sur V. (b) Trouver la matrice de f dans la base $\left\{ \begin{pmatrix} 1 & 0 \\ 0 & 0 \end{pmatrix}, \begin{pmatrix} 0 & 1 \\ 0 & 0 \end{pmatrix}, \begin{pmatrix} 0 & 0 \\ 1 & 0 \end{pmatrix}, \begin{pmatrix} 0 & 0 \\ 0 & 1 \end{pmatrix} \right\}$.

13.21. Soit $B(V)$ l'ensemble des formes bilinéaires sur V sur $\mathbb{K}$. Démontrer que :

(a) Si $f, g \in B(V)$, alors $f + g$ et kf, pour $k \in \mathbb{K}$, appartiennent aussi à $B(V)$ et, par suite, $B(V)$ est un sous-espace de l'espace vectoriel des fonctions de $V \times V$ dans $\mathbb{K}$;

(b) Si ϕ et σ sont des formes linéaires sur V, alors $f(u, v) = \phi(u)\,\sigma(v)$ appartient à $B(V)$.

13.22. Soit f une forme bilinéaire sur V. Pour tout sous ensemble S de V, nous écrivons

$$S^\perp = \{v \in V : f(u, v) = 0 \text{ pour tout } u \in S\} \qquad S^\top = \{v \in V : f(v, u) = 0 \text{ pour tout } u \in S\}$$

Montrer que : (a) $S^\top$ et $S^\perp$ sont des sous-espaces de V ; (b) $S_1 \subseteq S_2$ implique $S_2^\perp \subseteq S_1^\perp$ et $S_2^\top \subseteq S_1^\top$; et (c) $\{0\}^\perp = \{0\}^\top = V$.

13.23. Démontrer que : si f est une forme bilinéaire sur V, $\mathrm{rang} f = \dim V - \dim V^\perp = \dim V - \dim V^\top$ et $\dim V^\perp = \dim V^\top$.

13.24. Soit f une forme bilinéaire sur V. Pour chaque $u \in V$, soit $\widehat{u} : V \to \mathbb{K}$ et $\widetilde{u} : V \to \mathbb{K}$ définies par $\widehat{u}(x) = f(x, u)$ et $\widetilde{u}(x) = f(u, x)$. Démontrer que :

(a) $\widehat{u}$ et $\widetilde{u}$ sont linéaires, $i.e.$: $\widehat{u}, \widetilde{u} \in V^*$;

(b) $u \mapsto \widehat{u}$ et $u \mapsto \widetilde{u}$ sont des applications linéaires de V sur V^* ;

(c) $\mathrm{rang} f = \mathrm{rang}(u \mapsto \widehat{u}) = \mathrm{rang}(u \mapsto \widetilde{u})$.

13.25. Montrer que la congruence des matrices est relation d'équivalence, $i.e.$: (i) A est congrue à A ; (ii) si A est congrue à B, alors B est congrue à A ; (iii) si A est congrue à B et B est congrue à C alors A est congrue à C.

FORMES BILINÉAIRES SYMÉTRIQUES, FORMES QUADRATIQUES

13.26. Trouver les matrices symétriques correspondant aux polynômes quadratiques suivants :

(a) $q(x, y, z) = 2x^2 - 8xy + y^2 - 16xz + 14yz + 5z^2$ (c) $q(x, y, z) = xy + y^2 + 4xz + z^2$
(b) $q(x, y, z) = x^2 - xz + y^2$ (d) $q(x, y, z) = xy + yz$

13.27. Pour chacune des matrices A suivantes, trouver une matrice non singulière P telle que $P^T A P$ soit diagonale :

(a) $A = \begin{pmatrix} 2 & 3 \\ 3 & 4 \end{pmatrix}$, (b) $A = \begin{pmatrix} 1 & -2 & 3 \\ -2 & 6 & -9 \\ 3 & -9 & 4 \end{pmatrix}$, (c) $A = \begin{pmatrix} 1 & 1 & -2 & -3 \\ 1 & 2 & -5 & -1 \\ -2 & -5 & 6 & 9 \\ -3 & -1 & 9 & 11 \end{pmatrix}$.

Dans chaque cas, trouver le rang et la signature de A.

13.28. Soit $S(V)$ l'ensemble des formes bilinéaires symétriques sur V. Montrer que :

(i) $S(V)$ est un sous-espace de $B(V)$;   (ii) si $\dim V = n$, alors $\dim S(V) = \frac{1}{2} n(n + 1)$.

13.29. Soit A une matrice réelle définie positive. Montrer qu'il existe une matrice non singulière P telle que $A = P^T P$.

13.30. Considérons un polynôme quadratique réel $q(x_1, \ldots, x_n) = \sum_{i,j=1}^{n} a_{ij} x_i x_j$, où $a_{ij} = a_{ji}$.

(i) Si $a_{11} \neq 0$, montrer que le changement de variable

$$x_1 = y_1 = \frac{1}{a_{11}}(a_{12} y_2 + \cdots + a_{1n} y_n), \ x_2 = y_2, \ldots, x_n = y_n$$

donne à l'équation $q(x_1, \ldots, x_n) = a_{11} y_1^2 + q'(y_2, \ldots, y_n)$, où q' est aussi un polynôme quadratique.

(ii) Si $a_{11} = 0$ mais, par exemple, $a_{12} \neq 0$, montrer que le changement de variable

$$x_1 = y_1 + y_2, \ x_2 = y_1 - y_2, \ x_3 = y_3, \ldots, \ x_n = y_n$$

donne l'équation $q(x_1, \ldots, x_n) = \sum b_{ij} y_i y_j$, où $b_{11} \neq 0$, ce qui ramène l'étude au cas (i). Cette méthode de diagonalisation de q est dite *en complétant les carrés* ou *méthode de Gauss*.

FORMES HERMITIENNES

13.31. Soit A une matrice complexe non singulière. Montrer que $H = A^*A$ est hermitienne et définie positive.

13.32. Nous disons qu'une matrice B est *congrue hermitienne* à A s'il existe une matrice non singulière Q telle que $B = Q^*AQ$. Montrer que la congruence hermitienne est une relation d'équivalence.

13.33. Démontrer le théorème 13.7. [Noter que la seconde partie du théorème n'est pas vraie pour des formes bilinéaires symétriques complexes, comme nous l'avons montré dans le problème 13.12(ii). Cependant, la démonstration du théorème 13.5 dans le problème 13.13 s'étend au cas des formes hermitiennes.]

PROBLÈMES DIVERS

13.34. Soit V et W deux espaces vectoriels sur $\mathbb{K}$. Une application $f : V \times W \to \mathbb{K}$ est dite une forme bilinéaire sur V et W si :

    (i) $f(av_1 + bv_2, w) = af(v_1, w) + bf(v_2, w)$

    (ii) $f(v, aw_1 + bw_2) = af(v, w_1) + bf(v, w_2)$

pour tout $a, b \in \mathbb{K}$, $v_i \in V$, $w_j \in W$. Démontrer que :

(a) l'ensemble $B(V, W)$ des formes bilinéaires sur V et W est un sous-espace de l'espace vectoriel des fonctions de $V \times W$ dans $\mathbb{K}$;

(b) si $\{\phi_1, \phi_2, \ldots, \phi_m\}$ est une base de V^* et $\{\sigma_1, \sigma_2, \ldots, \sigma_n\}$ une base de W^*, alors $\{f_{ij} : i = 1, \ldots, m, j = 1, \ldots, n\}$ est une base de $B(V, W)$ où f_{ij} est définie par $f_{ij}(v, w) = \phi_i(v)\, \sigma_j(w)$. Ainsi, $\dim B(V, W) = \dim V \cdot \dim W$.

Remarque : Lorsque $V = W$, nous obtenons l'espace $B(V)$ étudié dans ce chapitre.

13.35. Soit V un espace vectoriel sur $\mathbb{K}$. Une application $f : \overbrace{V \times V \times \cdots \times V}^{m \text{ fois}} \to \mathbb{K}$ est dite une *forme multilinéaire* (ou *m-linéaire*) si f est linéaire pa rapport à chacune des variables, *i.e.* pour $i = 1, \ldots, m$,

$$f(\ldots, \widehat{au + bv}, \ldots) = af(\ldots, \widehat{u}, \ldots) + bf(\ldots, \widehat{v}, \ldots)$$

où $\widehat{}$ désigne la i-ième composante, les autres composantes étant fixées. Une forme m-linéaire f est dite *alternée* si

$$f(v_1, \ldots, v_m) = 0 \quad \text{lorsque} \quad v_i = v_k \quad i \neq k$$

Démontrer que :

(a) L'ensemble $B_m(V)$ des formes m-linéaires sur V est un sous-espace de l'espace vectoriel des fonctions de $V \times V \times \cdots \times V$ dans $\mathbb{K}$.

(b) L'ensemble $A_m(V)$ des formes m-linéaires alternées sur V est un sous-espace de $B_m(V)$.

Remarque 1 : Si $m = 2$, nous obtenons l'espace $B(V)$ étudié dans ce chapitre.

Remarque 2 : Si $V = \mathbb{K}^m$, alors la fonction déterminant est une forme m-linéaire alternée particulière.

Réponses aux problèmes supplémentaires

13.20. (b) $\begin{pmatrix} 1 & 0 & 2 & 0 \\ 0 & 1 & 0 & 2 \\ 3 & 0 & 4 & 0 \\ 0 & 0 & 0 & 4 \end{pmatrix}$

13.26. (a) $\begin{pmatrix} 2 & -4 & -8 \\ -4 & 1 & 7 \\ -8 & 7 & 5 \end{pmatrix}$ (b) $\begin{pmatrix} 1 & 0 & -\frac{1}{2} \\ 0 & 1 & 0 \\ -\frac{1}{2} & 0 & 0 \end{pmatrix}$ (c) $\begin{pmatrix} 0 & \frac{1}{2} & 2 \\ \frac{1}{2} & 1 & 0 \\ 2 & 0 & 1 \end{pmatrix}$ (d) $\begin{pmatrix} 0 & \frac{1}{2} & 0 \\ \frac{1}{2} & 0 & \frac{1}{2} \\ 0 & \frac{1}{2} & 0 \end{pmatrix}$

13.27. (a) $P = \begin{pmatrix} 1 & -3 \\ 0 & 2 \end{pmatrix}$, $P^T A P = \begin{pmatrix} 2 & 0 \\ 0 & -2 \end{pmatrix}$; $r = 2, \mathbf{s} = 0$.

(b) $P = \begin{pmatrix} 1 & 2 & 0 \\ 0 & 1 & 3 \\ 0 & 0 & 2 \end{pmatrix}$, $P^T A P = \begin{pmatrix} 1 & 0 & 0 \\ 0 & 2 & 0 \\ 0 & 0 & -38 \end{pmatrix}$; $r = 3, \mathbf{s} = 1$.

(c) $P = \begin{pmatrix} 1 & -1 & -1 & 26 \\ 0 & 1 & 3 & 13 \\ 0 & 0 & 1 & 9 \\ 0 & 0 & 0 & 7 \end{pmatrix}$, $P^T A P = \begin{pmatrix} 1 & 0 & 0 & 0 \\ 0 & 1 & 0 & 1 \\ 0 & 0 & -7 & 0 \\ 0 & 0 & 0 & 469 \end{pmatrix}$; $r = 4, \mathbf{s} = 2$.

Chapitre 14

Opérateurs linéaires sur un espace préhilbertien

14.1. INTRODUCTION

Dans ce chapitre, nous étudierons l'espace $A(V)$ des opérateurs linéaires T sur un espace vectoriel préhilbertien V. (*Cf.* chapitre 6.) Ainsi, le corps de base $\mathbb{K}$ sera soit le corps des réels $\mathbb{R}$, soit le corps des complexes $\mathbb{C}$. En fait, des terminologies différentes seront utilisées dans le cas réel et dans le cas complexe. Nous utiliserons également le fait que le produit scalaire sur l'espace euclidien $\mathbb{R}^n$ peut être défini par

$$\langle u, v \rangle = u^T v$$

et que le produit scalaire sur l'espace préhilbertien $\mathbb{C}^n$ peut être défini par

$$\langle u, v \rangle = u^T \overline{v}$$

où u et v sont des vecteurs colonnes.

Le lecteur pourrait revoir la notion d'espace préhilbertien, introduite dans le chapitre 6 et, en particulier, les notions de norme (longueur), d'orthogonalité et de bases orthonormales.

Finalement, signalons, qu'au chapitre 6, nous avons travaillé principalement sur des espaces euclidiens (espaces préhilbertiens réels). Dans ce chapitre, nous supposons, sauf mention du contraire, que V est un espace préhilbertien complexe.

14.2. OPÉRATEURS ADJOINTS

Donnons d'abord les définitions fondamentales suivantes.

Définition : Un opérateur linéaire T, sur un espace préhilbertien V, admet un *opérateur adjoint* T^* sur V si $\langle T(u), v \rangle = \langle u, T^*(v) \rangle$ pour tout $u, v \in V$.

Les exemples suivants montrent que l'opérateur adjoint admet une description simple utilisant les matrices.

Exemple 14.1

(*a*) Soit A une matrice carrée réelle d'ordre n considérée comme un opérateur linéaire sur $\mathbb{R}^n$. Alors pour tout u, $v \in \mathbb{R}^n$,

$$\langle Au, v \rangle = (Au)^T v = u^T A^T v = \left\langle u, A^T v \right\rangle$$

Ainsi, la matrice transposée A^T représente l'opérateur adjoint de A.

(*b*) Soit B une matrice carrée complexe d'ordre n considérée comme un opérateur linéaire sur $\mathbb{C}^n$. Alors pour tout u, $v \in \mathbb{C}^n$,

$$\langle Bu, v \rangle = (Bu)^T \overline{v} = u^T B^T \overline{v} = u^T \overline{\overline{B}^T} \overline{v} = u^T \overline{B^* v} = \left\langle u, B^* v \right\rangle$$

Ainsi, la transposée de la matrice conjuguée $B^* = \overline{B}^T$ représente l'opérateur adjoint de B.

Remarque : La notation B^* employée ici pour désigner l'opérateur adjoint de B était utilisée auparavant pour désigner la transposée de la matrice conjuguée de B. Ainsi, l'exemple 14.1(b) lève l'ambiguïté et montre que, désormais, les deux notations donnent le même résultat.

Le théorème suivant, démontré dans le problème 14.4, constitue le résultat principal dans cette section.

Théorème 14.1 : Soit T un opérateur linéaire sur un espace préhilbertien de dimension finie V sur $\mathbb{K}$. Alors :

    (i) Il existe un opérateur linéaire unique T^* sur V tel que $\langle T(u), v \rangle = \langle u, T^*(v) \rangle$ pour tout u, $v \in V$. (C'est-à-dire, T admet un opérateur adjoint T^*.)

    (ii) Si A est une représentation matricielle de T relativement à une base orthonormale quelconque $S = \{u_i\}$ de V, alors la représentation matricielle de T^* relativement à la base S est la transposée de la matrice conjuguée A^* de A (ou la transposée A^T de A lorsque $\mathbb{K}$ est réelle).

Notons qu'il n'existe pas de relation simple entre les représentations matricielles de T et T^* relativement à une base non orthonormale. Nous obtenons ainsi une propriété usuelle des bases orthonormales. Notons également que ce théorème n'est pas vrai lorsque V est de dimension infinie (*cf.* problème 14.31).

Exemple 4.2. Soit T l'opérateur linéaire défini sur $\mathbb{C}^3$ par :

$$T(x, y, z) = (2x + iy,\ y - 5iz,\ x + (1 - i)y + 3z)$$

Cherchons une formule analogue définissant l'opérateur adjoint T^* de T. La matrice de T (*cf.* problème 10.1.) dans la base usuelle de $\mathbb{C}^3$ est

$$[T] = \begin{pmatrix} 2 & i & 0 \\ 0 & 1 & -5i \\ 1 & 1-i & 3 \end{pmatrix}$$

Rappelons que la base usuelle de $\mathbb{C}^3$ est orthonormale. Ainsi, d'après le théorème 14.1, la matrice de T^* dans cette base est la transposée de la matrice conjuguée de $[T]$:

$$[T^*] = \begin{pmatrix} 2 & 0 & 1 \\ -i & 1 & 1+i \\ 0 & 5i & 3 \end{pmatrix}$$

Par conséquent,

$$T^*(x, y, z) = (2x + z,\ -ix + y + (1 + i)z,\ 5iy + 3z)$$

Le théorème suivant, démontré dans le problème 14.5, résume certaines des propriétés de l'adjoint.

Théorème 14.2 : Soit T, T_1 et T_2 des opérateurs linéaires sur V et soit $k \in \mathbb{K}$. Alors :

    (i) $(T_1 + T_2)^* = T_1^* + T_2^*$ (iii) $(T_1 T_2)^* = T_1^* T_2^*$

    (ii) $(kT)^* = \overline{k}\,T^*$ (iv) $(T^*)^* = T$

Formes linéaires et espaces préhilbertiens

Rappelons (*cf.* chapitre 2) qu'une forme linéaire ϕ sur un espace vectoriel V est une application linéaire de V sur le corps de base $\mathbb{K}$. Ce paragraphe contient un résultat important (théorème 14.3) qui sera utilisé dans la démonstration du théorème fondamental 14.1 ci-dessus.

Soit V un espace préhilbertien. Chaque $u \in V$ détermine une application $\widehat{u} :\rightarrow \mathbb{K}$ définie par :

$$\widehat{u}(v) = \langle v, u \rangle$$

Maintenant, pour tout a, $b \in \mathbb{K}$ et tout v_1, $v_2 \in V$,

$$\widehat{u}(av_1 + bv_2) = \langle av_1 + bv_2, u \rangle = a\langle v_1, u \rangle + b\langle v_2, u \rangle = a\widehat{u}(v_1) + b\widehat{u}(v_2)$$

C'est-à-dire $\hat{u}$ est une forme linéaire sur V. La réciproque est également vraie pour des espaces de dimension finie et constitue un théorème important (*cf.* problème 14.3 pour la démonstration). Plus précisément,

Théorème 14.3 : Soit ϕ une forme linéaire sur un espace préhilbertien V de dimension finie. Alors, il existe un vecteur unique $u \in V$ tel que $\phi(v) = \langle u, v \rangle$ pour tout $v \in V$.

Remarquons que le théorème précédent n'est pas vrai pour des espaces de dimension infinie (*cf.* problème 14.24), bien que certains résultats dans ce sens soient connus. (L'un de ces fameux résultats est le théorème de représentation de Riesz.)

14.3. ANALOGIE ENTRE $A(V)$ ET $\mathbb{C}$, OPÉRATEURS PARTICULIERS

Soit $A(V)$ l'algèbre des opérateurs linéaires sur un espace préhilbertien de dimension finie V. L'application adjointe $T \mapsto T^*$ sur $A(V)$ est l'analogue de l'application de conjugaison $z \mapsto \bar{z}$ sur le corps des nombres complexes $\mathbb{C}$. Pour illustrer cette analogie, nous identifions, dans le tableau 14-1, certaines classes d'opérateurs $T \in A(V)$ dont le comportement par l'application adjointe est analogue au comportement par conjugaison de certaines classes familières de nombres complexes.

Tableau 14-1

Classes de nombres complexes	Comportement par conjugaison	Classes d'opérateurs dans $A(V)$	Comportement par l'application adjointe
Cercle unité ($\|z\| = 1$)	$\bar{z} = 1/z$	Opérateurs orthogonaux (cas réel) Opérateurs unitaires (cas complexe)	$T^* = T^{-1}$
Axe réel	$\bar{z} = z$	Opérateurs auto-adjoints appelés aussi : — symétriques (cas réel) — hermitiens (cas complexe)	$T^* = T$
Axe imaginaire	$\bar{z} = -z$	Opérateurs anti-adjoints appelés aussi : — anti-symétriques (cas réel) — anti-hermitiens (cas complexe)	$T^* = -T$
Axe réel positif $(0, \infty)$	$z = \bar{w}w,\ w \neq 0$	Opérateurs définis positifs	$T = S^*S$ avec S non singulier

L'analogie entre ces classes d'opérateurs T et les nombres complexes z, est résumée dans le théorème suivant :

Théorème 14.4 : Soit λ une valeur propre d'un opérateur linéaire T sur V.

(i) Si $T^* = T^{-1}$ (*i.e.* si T est orthogonal ou unitaire), alors $|\lambda| = 1$.

(ii) Si $T^* = T$ (*i.e.* si T est auto-adjoint), alors λ est réelle.

(iii) Si $T^* = -T$ (*i.e.* si T est anti-adjoint), alors λ est un imaginaire pur.

(iv) Si $T = S^*S$ avec S non singulière (*i.e.* si T est défini positif), alors λ est réelle et positive.

Preuve.— Dans chaque cas, soit v un vecteur propre non nul de T associé à la valeur propre λ, c'est-à-dire : $T(v) = \lambda v$ avec $v \neq 0$; donc $\langle v, v \rangle$ est positif.

Preuve de (i) : Montrons que $\lambda\bar{\lambda}\langle v, v \rangle = \langle v, v \rangle$:

$$\lambda\bar{\lambda}\langle v, v \rangle = \langle \lambda v, \lambda v \rangle = \langle T(v), T(v) \rangle = \langle v, T^*T(v) \rangle = \langle v, I(v) \rangle = \langle v, v \rangle$$

Mais $\langle v, v \rangle \neq 0$; donc $\lambda\bar{\lambda} = 1$ et, par suite, $|\lambda| = 1$.

Preuve de (ii) : Montrons que $\lambda \langle v, v \rangle = \overline{\lambda} \langle v, v \rangle$:

$$\lambda \langle v, v \rangle = \langle \lambda v, v \rangle = \langle T(v), v \rangle = \langle v, T^*(v) \rangle = \langle v, T(v) \rangle = \langle v, \lambda v \rangle = \overline{\lambda} \langle v, v \rangle$$

Mais $\langle v, v \rangle \neq 0$; donc $\lambda = \overline{\lambda}$ et, par suite, λ est réelle.

Preuve de (iii) : Montrons que $\lambda \langle v, v \rangle = -\overline{\lambda} \langle v, v \rangle$:

$$\lambda \langle v, v \rangle = \langle \lambda v, v \rangle = \langle T(v), v \rangle = \langle v, T^*(v) \rangle = \langle v, -T(v) \rangle = \langle v, -\lambda v \rangle = -\overline{\lambda} \langle v, v \rangle$$

Mais $\langle v, v \rangle \neq 0$; donc $\lambda = -\overline{\lambda}$ ou $\overline{\lambda} = -\lambda$ et, par suite, λ est un imaginaire pur.

Preuve de (iv) : Remarquons d'abord que $S(v) \neq 0$, car S est non singulière ; donc $\langle S(v), S(v) \rangle$ est positif. Montrons que $\lambda \langle v, v \rangle = \langle S(v), S(v) \rangle$:

$$\lambda \langle v, v \rangle = \langle \lambda v, v \rangle = \langle T(v), v \rangle = \langle S^* S(v), v \rangle = \langle S(v), S(v) \rangle$$

Mais $\langle v, v \rangle$ et $\langle S(v), S(v) \rangle$ sont positifs ; donc λ est positive.

Remarque : Chacun des opérateurs T précédents commute avec son adjoint, c'est-à-dire $TT^* = T^*T$. De tels opérateurs sont appelés des *opérateurs normaux*.

14.4. OPÉRATEURS AUTO-ADJOINTS

Soit T un opérateur *auto-adjoint* sur un espace préhilbertien V, c'est-à-dire, supposons que

$$T^* = T$$

Dans ce cas, T est défini par une matrice A qui est symétrique ou hermitienne suivant que A est réelle ou complexe. D'après le théorème 14.4, les valeurs propres de T sont réelles. Une autre propriété importante de T est donnée par le théorème suivant.

Théorème 14.5 : Soit T un opérateur auto-adjoint sur V. Supposons que u et v soient des vecteurs propres associés à des valeurs propres distinctes de T. Alors u et v sont orthogonaux, *i.e.* $\langle u, v \rangle = 0$.

Preuve.— Supposons que $T(u) = \lambda_1 u$ et $T(v) = \lambda_2 v$ avec $\lambda_1 \neq \lambda_2$. Montrons que $\lambda_1 \langle u, v \rangle = \lambda_2 \langle u, v \rangle$:

$$\lambda_1 \langle u, v \rangle = \langle \lambda_1 u, v \rangle = \langle T(u), v \rangle = \langle u, T^*(v) \rangle = \langle u, T(v) \rangle$$
$$= \langle u, \lambda_2 v \rangle = \overline{\lambda_2} \langle u, v \rangle = \lambda_2 \langle u, v \rangle$$

(La quatrième égalité utilise le fait que $T^* = T$, et la dernière utilise le fait que la valeur propre λ_2 est réelle. Puisque $\lambda_1 \neq \lambda_2$, nous obtenons $\langle u, v \rangle = 0$. Ainsi, le théorème est démontré.

14.5. OPÉRATEURS ORTHOGONAUX ET OPÉRATEURS UNITAIRES

Soit U un opérateur linéaire sur un espace préhilbertien de dimension finie V. Rappelons que

$$U^* = U^{-1} \quad \text{ou, d'une manière équivalente,} \quad UU^* = U^*U = I$$

alors, U est dit *orthogonal* ou *unitaire* suivant que le corps de base est réel ou complexe. Le théorème suivant, démontré dans le problème 14.10, donne une autre caractérisation de ces opérateurs.

Théorème 14.6 : Soit U un opérateur linéaire. Les conditions suivantes sont équivalentes :

  (i) $U^* = U^{-1}$, c'est-à-dire, $UU^* = U^*U = I$.

  (ii) U conserve le produit scalaire, ou pour tout vecteur v, $w \in V$, nous avons

$$\langle U(v), U(w) \rangle = \langle v, w \rangle$$

  (iii) U conserve les longueurs, ou pour tout $v \in V, \|U(v)\| = \|v\|$.

Exemple 14.3

(a) Soit $T : \mathbb{R}^3 \to \mathbb{R}^3$ l'opérateur linéaire qui fait tourner un vecteur d'un angle θ autour de l'axe des z comme le montre la figure 14-1. Ainsi, T est la rotation définie par

$$T(x, y, z) = (\cos \theta - y \sin \theta, x \sin \theta + y \cos \theta, z)$$

L'opérateur T conserve les longueurs (distance à partir de l'origine). Ainsi, T est un opérateur orthogonal.

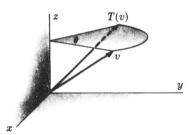

Fig. 14-1

(b) Soit V l'espace l_2 défini dans l'exemple 6.3(b). Soit $T : V \to V$ l'opérateur linéaire défini par

$$T(a_1, a_2, \ldots) = (0, a_1, a_2, \ldots)$$

Il est clair que T conserve les produits scalaires ainsi que les longueurs. Cependant, T n'est pas surjectif puisque, par exemple, $(1, 0, 0, \ldots)$ n'appartient pas à l'image de T. Par suite, T n'est pas inversible. Ainsi, nous voyons que le théorème 14.6 n'est pas vrai pour des espaces de dimension infinie.

Un isomorphisme d'un espace préhilbertien sur un autre est une application bijective qui conserve les trois opérations de base d'un espace préhilbertien : l'addition vectorielle, la multiplication par un scalaire et le produit scalaire. Ainsi, les opérateurs précédents (orthogonaux et unitaires) peuvent être aussi caractérisés comme des isomorphismes de V sur lui-même. À noter que de tels opérateurs U conservent aussi les longueurs, puisque

$$\|U(v) - U(w)\| = \|U(v - w)\| = \|v - w\|$$

Un tel opérateur U est aussi appelé une *isométrie*.

14.6. MATRICES ORTHOGONALES, MATRICES UNITAIRES

Soit U un opérateur linéaire sur un espace préhilbertien V. D'après le théorème 14.1, nous obtenons le résultat suivant lorsque le corps de base $\mathbb{K}$ est complexe.

Théorème 14.7A : Une matrice complexe A représente un opérateur unitaire U (relativement à une base orthonormale) si et seulement si $A^* = A^{-1}$.

D'autre part, si le corps de base $\mathbb{K}$ est réel, alors $A^* = A^T$; donc nous avons le théorème correspondant suivant sur les espaces euclidiens.

Théorème 14.7B : Une matrice réelle A représente un opérateur orthogonal U (relativement à une base orthonormale) si et seulement si $A^T = A^{-1}$.

Les théorèmes ci-dessus conduisent aux définitions suivantes.

Définition : Une matrice complexe A pour laquelle $A^* = A^{-1}$ ou, d'une manière équivalente, $AA^* = A^*A = I$, est appelée une *matrice unitaire*.

Définition : Une matrice complexe A pour laquelle $A^T = A^{-1}$ ou, d'une manière équivalente, $AA^T = A^TA = I$, est appelée une *matrice orthogonale*.

Remarquer que toute matrice unitaire dont tous les éléments sont réels est orthogonale.

Exemple 14.4. Soit $A = \begin{pmatrix} a_1 & a_2 \\ b_1 & b_2 \end{pmatrix}$ une matrice unitaire. Donc, $AA^* = I$ et donc

$$AA^* = \begin{pmatrix} a_1 & a_2 \\ b_1 & b_2 \end{pmatrix} \begin{pmatrix} \overline{a_1} & \overline{b_1} \\ \overline{a_2} & \overline{b_2} \end{pmatrix} = \begin{pmatrix} |a_1|^2 + |a_2|^2 & a_1\overline{b_1} + a_2\overline{b_2} \\ \overline{a_1}b_1 + \overline{a_2}b_2 & |b_1|^2 + |b_2|^2 \end{pmatrix} = \begin{pmatrix} 1 & 0 \\ 0 & 1 \end{pmatrix} = I$$

Ainsi,

$$|a_1|^2 + |a_2|^2 = 1 \qquad |b_1|^2 + |b_2|^2 = 1 \qquad \text{et} \qquad a_1\overline{b_1} + a_2\overline{b_2} = 0$$

Par conséquent, les lignes de A forment une base orthonormale. D'une manière analogue, comme $A^*A = I$, les colonnes de A forment une base orthonormale.

Le résultat de l'exemple précédent est, en fait, vrai dans le cas général. Plus précisément.

Théorème 14.8 : Pour toute matrice A, les conditions suivantes sont équivalentes :

    (i) A est unitaire (resp. orthogonale).

    (ii) Les lignes de A forment une base orthonormale.

    (iii) Les colonnes de A forment une base orthonormale.

14.7. CHANGEMENT ORTHONORMAL DE BASES

Étant donné le rôle très particulier que jouent les bases orthonormales dans la théorie des espaces préhilbertiens, nous sommes naturellement conduits à étudier les propriétés des matrices de changement de base, dite *matrices de passage* d'une telle base à une autre. Le théorème suivant sera démontré dans le problème 14.12.

Théorème 14.9. Soit $\{u_1, \ldots, u_n\}$ une base orthonormale d'un espace préhilbertien V. Alors la matrice de passage de $\{u_i\}$ à une autre base orthonormale est une matrice unitaire (orthogonale). Réciproquement, si $P = (a_{ij})$ est une matrice unitaire (orthogonale), alors l'ensemble suivant est une base orthonormale de V :

$$\{u'_i = a_{1i}u_1 + a_{2i}u_2 + \cdots + a_{ni}u_n : i = 1, \ldots, n\}$$

Rappelons que deux matrices A et B qui représentent un même opérateur linéaire T sont semblables, ce qui signifie que $B = P^{-1}AP$ où P est la matrice (non singulière) de changement de base. D'autre part, si V est un espace préhilbertien, nous sommes généralement intéressés par le cas où P est une une matrice unitaire (ou orthogonale) comme le suggère le théorème 14.9. Rappelons que P est unitaire si $P^* = P^{-1}$ et que P est orthogonale si $P^T = P^{-1}$. Ceci conduit à la définition suivante.

Définition : Deux matrices complexes A et B sont dites *unitairement équivalentes* s'il existe une matrice unitaire P pour laquelle $B = P^*AP$. D'une manière analogue, deux matrices réelles A et B sont dites *orthogonalement équivalentes* s'il existe une matrice unitaire P pour laquelle $B = P^TAP$.

Remarquons que deux matrices orthogonalement équivalentes sont nécessairement congrues.

14.8. OPÉRATEURS POSITIFS ET DÉFINIS POSITIFS

Soit P un opérateur linéaire sur un espace préhilbertien V. P est dit *positif si*

$$P = S^*S \qquad \text{pour un certain opérateur } S$$

et il est dit *défini positif* si S est aussi non singulier. Les théorèmes suivants donnent une autre caractérisation de ces opérateurs. (Le théorème 14.10A sera démontré dans le problème 14.21.)

Théorème 14.10A : Soit P un opérateur sur V, les conditions suivantes sont équivalentes :

    (i) $P = T^2$, où T est un opérateur auto-adjoint.

    (ii) P est positif.

    (iii) P est auto-adjoint et $\langle P(u), u \rangle \geq 0$ pour tout $u \in V$.

Le théorème correspondant sur les opérateurs définis positifs est

Théorème 14.10B : Soit P un opérateur sur V, les conditions suivantes sont équivalentes

    (iii) $P = T^2$, où T est un opérateur auto-adjoint non singulier.

    (iii) P est défini positif.

    (iii) P est auto-adjoint et $\langle P(u), u \rangle > 0$ pour tout $u \neq 0$ dans V.

14.9. DIAGONALISATION ET FORMES CANONIQUES DANS LES ESPACES EUCLIDIENS

Soit T un opérateur linéaire sur un espace préhilbertien V de dimension finie sur $\mathbb{K}$. Représenter T par une matrice diagonale dépend des valeurs propres et des vecteurs propres de T et, par suite, du polynôme caractéristique $\Delta(t)$ de T. Le polynôme $\Delta(t)$ se décompose toujours en un produit de polynômes linéaires sur le corps des complexes $\mathbb{C}$, mais peut n'avoir aucun facteur linéaire sur le corps des réels $\mathbb{R}$. Ainsi, la situation propre aux espaces euclidiens ($\mathbb{K} = \mathbb{R}$) est très différente de celle des espaces préhilbertiens complexes ($\mathbb{K} = \mathbb{C}$). Par conséquent, nous traiterons ces deux cas séparément. Nous étudions ci-dessous le cas des espaces euclidiens (*cf.* problème 14.14 pour la démonstration du théorème 14.11). Le cas des espaces préhilbertiens complexes sera étudié dans la section suivante.

Théorème 14.11 : Soit T un opérateur symétrique (auto-adjoint) sur un espace euclidien V. Alors, il existe une base orthonormale de V formée de vecteurs propres de T ; c'est-à-dire, T peut être représenté par une matrice diagonale relativement à une base orthonormale.

Nous donnons maintenant l'énoncé correspondant sur les matrices.

Théorème 14.11 (autre forme) : Soit A une matrice réelle symétrique. Alors il existe une matrice orthogonale P telle que $B = P^{-1}AP = P^TAP$ soit diagonale.

Forme canonique des opérateurs orthogonaux

Un opérateur orthogonal T n'est pas nécessairement symétrique et peut ne pas être représenté par une matrice diagonale relativement à une base orthonormale. Cependant, un tel opérateur T doit avoir une représentation simple, comme le décrit le théorème suivant qui sera démontré dans le problème 14.16.

Théorème 14.12 : Soit T un opérateur orthogonal sur un espace euclidien V. Alors, il existe une base orthonormale dans laquelle la matrice de T a la forme suivante :

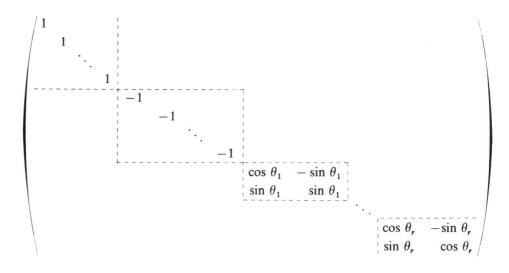

Il est clair que chaque bloc diagonal d'ordre 2 représente une rotation dans le sous-espace de dimension 2 correspondant et que chaque élément -1 représente une réflexion dans le sous-espace de dimension 1 correspondant.

14.10. DIAGONALISATION ET FORMES CANONIQUES DANS LES ESPACES PRÉHILBERTIENS COMPLEXES

Nous présentons maintenant le théorème fondamental de diagonalisation dans les espaces préhilbertiens complexes, *i.e.* si $TT^* = T^*T$. Par conséquent, une matrice complexe A est dite *normale* si elle commute avec la transposée de sa matrice conjuguée, *i.e.* si $AA^* = A^*A$.

Exemple 14.5. Soit $A = \begin{pmatrix} 1 & 1 \\ i & 3+2i \end{pmatrix}$. Alors

$$AA^* = \begin{pmatrix} 1 & 1 \\ i & 3+2i \end{pmatrix} \begin{pmatrix} 1 & -i \\ 1 & 3-2i \end{pmatrix} = \begin{pmatrix} 2 & 3-3i \\ 3+3i & 14 \end{pmatrix}$$

$$A^*A = \begin{pmatrix} 1 & -i \\ 1 & 3-2i \end{pmatrix} \begin{pmatrix} 1 & 1 \\ i & 3+2i \end{pmatrix} = \begin{pmatrix} 2 & 3-3i \\ 3+3i & 14 \end{pmatrix}$$

Ainsi, la matrice A est normale.

Nous avons donc le théorème suivant.

Théorème 14.13 : Soit T un opérateur normal sur un espace préhilbertien complexe V de dimension finie. Alors, il existe une base orthonormale de V formée de vecteurs propres de T ; c'est-à-dire, T peut être représenté par une matrice diagonale relativement à une base orthonormale.

Nous donnons maintenant l'énoncé correspondant sur les matrices.

Théorème 14.13 (**autre forme**) : Soit A une matrice normale. Alors il existe une matrice unitaire P telle que $B = P^{-1}AP = P^*AP$ soit diagonale.

Le théorème suivant montre que même les opérateurs non normaux sur un espace préhilbertien peuvent avoir une forme relativement simple.

Théorème 14.14 : Soit T un opérateur quelconque sur un espace préhilbertien complexe V de dimension finie. Alors T peut être représenté par une matrice triangulaire relativement à une base orthonormale de V.

Théorème 14.14 (**autre forme**) : Soit A une matrice complexe quelconque. Alors il existe une matrice unitaire P telle que $B = P^{-1}AP = P^*AP$ soit triangulaire.

14.11. THÉORIE SPECTRALE

Le théorème spectral est une reformulation des théorèmes de diagonalisation

Théorème 14.15 : Soit T un opérateur normal (symétrique) sur un espace préhilbertien complexe (réel) V de dimension finie. Il existe des opérateurs linéaires $E_1, \ldots, E_r$ sur V et des scalaires $\lambda_1, \ldots, \lambda_r$, tels que :

(i) $T = \lambda_1 E_1 + \lambda_2 E_2 + \cdots + \lambda_r E_r$ (iii) $E_1^2 = E_1, \ldots, E_r^2 = E_r$

(ii) $E_1 + E_2 + \cdots + E_r = I$ (iv) $E_i E_j = 0$ pour $i \neq j$.

Les opérateurs linéaires $E_1, \ldots, E_r$ sont des *projections* dans le sens que $E_i^2 = E_i$. De plus, ces opérateurs sont dits des *projections orthogonales* puisqu'ils ont la propriété supplémentaire $E_i E_j = 0$ pour $i \neq j$.

L'exemple suivant montre la relation qui existe entre une représentation matricielle diagonale et les projections orthogonales correspondantes.

Exemple 14.6. Considérons une matrice diagonale $A = \begin{pmatrix} 2 & & & \\ & 3 & & \\ & & 3 & \\ & & & 5 \end{pmatrix}$. Posons

$$E_1 = \begin{pmatrix} 1 & & & \\ & 0 & & \\ & & 0 & \\ & & & 0 \end{pmatrix} \qquad E_2 = \begin{pmatrix} 0 & & & \\ & 1 & & \\ & & 1 & \\ & & & 0 \end{pmatrix} \qquad E_3 = \begin{pmatrix} 0 & & & \\ & 0 & & \\ & & 0 & \\ & & & 1 \end{pmatrix}$$

Le lecteur peut vérifier que :

(i) $A = 2E_1 + 3E_2 + 5E_3$,   (ii) $E_1 + E_2 + E_3 = I$,   (iii) $E_i^2 = E_i$,   (iv) $E_i E_j = 0$ pour $i \neq j$.

Problèmes résolus

ADJOINTES

14.1. Trouver l'adjointe de la matrice $B = \begin{pmatrix} 3 - 7i & 18 & 4 + i \\ -7i & 6 - i & 2 - 3i \\ 8 + i & 7 + 9i & 6 + 3i \end{pmatrix}$.

La transposée de la matrice conjuguée donne $B^* = \begin{pmatrix} 3 + 7i & 7i & 8 - i \\ 18 & 6 + i & 7 - 9i \\ 4 - i & 2 + 3i & 6 - 3i \end{pmatrix}$.

14.2. Trouver l'adjoint de chacun des opérateurs linéaires suivants :

    (a) $F : \mathbb{R}^3 \to \mathbb{R}^3$ défini par $F(x, y, z) = (3x + 4y - 5z, \; 2x - 6y + 7z, \; 5x - 9y + z)$.

    (b) $G : \mathbb{C}^3 \to \mathbb{C}^3$ définie par :

$$G(x, y, z) = \big(2x + (1 - i)y, \; (3 + 2i)x - 4iz, \; 2ix + (4 - 3i)y - 3z\big)$$

    (a) Cherchons d'abord la matrice A représentant T dans la base usuelle de $\mathbb{R}^3$. (Rappelons que les lignes de A sont les coefficients de x, y, z.) Ainsi,

$$A = \begin{pmatrix} 3 & 4 & -5 \\ 2 & -6 & 7 \\ 5 & -9 & 1 \end{pmatrix}$$

Puisque le corps de base est $\mathbb{R}$, l'opérateur adjoint F^* est représenté par la transposée A^T de A. Nous avons

$$A^T = \begin{pmatrix} 3 & 2 & 5 \\ 4 & -6 & -9 \\ -5 & 7 & 1 \end{pmatrix}$$

Alors $F^*(x, y, z) = (3x + 2y + 5z, \; 4x - 6y - 9z, \; -5x + 7y + z)$.

    (b) Cherchons d'abord la matrice B représentant T dans la base usuelle $\mathbb{C}^3$:

$$B = \begin{pmatrix} 2 & 1 - i & 0 \\ 3 + 2i & 0 & -4i \\ 2i & 4 - 3i & -3 \end{pmatrix}$$

Formons ensuite la matrice B^*, transposée de la matrice conjuguée de B :

$$B^* = \begin{pmatrix} 2 & 3 - 2i & -2i \\ 1 + i & 0 & 4 + 3i \\ 0 & 4i & -3 \end{pmatrix}$$

Ainsi, $G^*(x, y, z) = (2x + (3 - 2i)y - 2iz, \; (1 + i)x + (4 + 3i)z, \; 4iy - 3z)$.

14.3. Démontrer le théorème 14.3.

    Soit $\{w_1, \ldots, w_n\}$ une base orthonormale de V. Posons

$$u = \overline{\phi(w_1)}w_1 + \overline{\phi(w_2)}w_2 + \cdots + \overline{\phi(w_n)}w_n$$

Soit $\hat{u}$ la forme linéaire sur V définie par $\hat{u}(v) = \langle v, u \rangle$, pour tout $v \in V$. Alors pour $i = 1, \ldots, n$,

$$\hat{u}(w_i) = \langle w_i, u \rangle = \big\langle w_i, \; \overline{\phi(w_1)}w_1 + \cdots + \overline{\phi(w_n)}w_n \big\rangle = \phi(w_i)$$

Puisque $\hat{u}$ et ϕ sont égales sur chaque vecteur de base, nous avons $\hat{u} = \phi$.

    Soit u' un autre vecteur de V tel que $\phi(v) = \langle v, u' \rangle$ pour tout $v \in V$. Alors $\langle v, u \rangle = \langle v, u' \rangle$ ou encore $\langle v, u - u' \rangle = 0$. Ceci est vrai, en particulier, pour $v = u - u'$ et, par suite, $\langle u - u', u - u' \rangle = 0$. Ceci montre que $u - u' = 0$, d'où $u = u'$. Ainsi, un tel vecteur u est unique comme demandé.

14.4. Démontrer le théorème 14.4.

    Preuve de (i)

    Nous définissons d'abord l'application T^*. Soit v un vecteur arbitraire mais fixé de V. Alors l'application $u \mapsto \langle T(u), v \rangle$ est une forme linéaire sur V. Donc, d'après le théorème 14.3, il existe un vecteur unique $v' \in V$ tel que $\langle T(u), v \rangle = \langle u, v' \rangle$ pour tout $u \in V$. L'application $T^* V \to V$ est définie par $T^*(v) = v'$. Alors $\langle T(u), v \rangle = \langle u, T^*(v) \rangle$ pour tout $u, v \in V$.

    Montrons maintenant que T^* est linéaire. Pour tout $u, v_i \in V$ et tout scalaire $a, b \in \mathbb{K}$,

$$\langle u, T^*(av_1 + bv_2) \rangle = \langle T(u), av_1 + bv_2 \rangle = \bar{a}\langle T(u), v_1 \rangle + \bar{b}\langle T(u), v_2 \rangle$$
$$= \bar{a}\langle u, T^*(v_1) \rangle + \bar{b}\langle u, T^*(v_2) \rangle = \langle u, aT^*(v_1) + bT^*(v_2) \rangle$$

Ceci étant vrai pour tout $u \in V$; nous avons $T^*(av_1 + bv_2) = aT^*(v_1) + bT^*(v_2)$. Ainsi, T^* est linéaire.

Preuve de (ii)

Les matrices $A = (a_{ij})$ et $B = (b_{ij})$ représentant T et T^*, respectivement, dans la base $S = \{u_i\}$, sont données par $a_{ij} = \langle T(u_j), u_i \rangle$ et $b_{ij} = \langle T^*(u_j), u_i \rangle$ (*cf.* problème 6.23). Donc

$$b_{ij} = \langle T^*(u_j), u_i \rangle = \overline{\langle u_i, T^*(u_j) \rangle} = \overline{\langle T(u_i), u_j \rangle} = \overline{a_{ji}}$$

Ainsi $B = A^*$, comme demandé.

14.5. Démontrer le théorème 14.2.

(i) Pour tout $u, v \in V$,

$$\langle (T_1 + T_2)(u), v \rangle = \langle T_1(u) + T_2(u), v \rangle = \langle T_1(u), v \rangle + \langle T_2(u), v \rangle$$
$$= \langle u, T_1^*(v) \rangle + \langle u, T_2^*(v) \rangle = \langle u, T_1^*(v) + T_2^*(v) \rangle$$
$$= \langle u, (T_1^* + T_2^*)(v) \rangle$$

L'unicité de l'opérateur adjoint implique $(T_1 + T_2)^* = T_1^* + T_2^*$.

(ii) Pour tout $u, v \in V$,

$$\langle (kT)(u), v \rangle = \langle k\,T(u), v \rangle = k\langle T(u), v \rangle = k\langle u, T^*(v) \rangle = \langle u, \overline{k}\,T^*(v) \rangle = \langle u, (\overline{k}\,T^*)(v) \rangle$$

L'unicité de l'opérateur adjoint implique $(k\,T)^* = \overline{k}\,T^*$.

(iii) Pour tout $u, v \in V$,

$$\langle (T_1 T_2)(u), v \rangle = \langle T_1(T_2)(u), v \rangle = \langle T_2(u), T_1^*(v) \rangle$$
$$= \langle u, T_2^*(T_1^*(v)) \rangle = \langle u, (T_2^* T_1^*)(v) \rangle$$

L'unicité de l'opérateur adjoint implique $(T_1 T_2)^* = T_2^* T_1^*$.

(iv) Pour tout $u, v \in V$,

$$\langle T^*(u), v \rangle = \overline{\langle v, T^*(u) \rangle} = \overline{\langle T(v), u \rangle} = \langle u, T(v) \rangle$$

L'unicité de l'opérateur adjoint implique $(T^*)^* = T$.

14.6. Montrer que : (*a*) $I^* = I$, et (*b*) $0^* = 0$.

(*a*) Pour tout $u, v \in V$, $\langle I(u), v \rangle = \langle u, v \rangle = \langle u, I(v) \rangle$; donc $I^* = I$.

(*b*) Pour tout $u, v \in V$, $\langle 0(u), v \rangle = \langle 0, \mathbf{v} \rangle = 0 = \langle u, 0 \rangle = \langle u, 0(v) \rangle$; donc $0^* = 0$.

14.7. Soit T un opérateur inversible. Montrer que $(T^{-1})^* = (T^*)^{-1}$.

$I = I^* = (TT^{-1})^* = (T^{-1})^* T^*$; donc $(T^{-1})^* = T^{*-1}$.

14.8. Soit T un opérateur linéaire sur V, et soit W un sous-espace de V T-invariant. Montrer que $W^\perp$ est T^*-invariant.

Soit $u \in W^\perp$. Si $w \in W$, alors $T(w) \in W$ et, par suite, $\langle w, T^*(u) \rangle = \langle T(w), u \rangle = 0$. Ainsi $T^*(u) \in W^\perp$ puisqu'il est orthogonal à tout $w \in W$. Donc $W^\perp$ est T^*-invariant.

14.9. Soit T un opérateur linéaire sur V. Montrer que chacune des conditions suivantes implique que $T = 0$:

(i) $\langle T(u), v \rangle = 0$ pour tout $u, v \in V$;

(ii) V est un espace complexe et $\langle T(u), u \rangle = 0$ pour tout $u \in V$;

(iii) T est auto-adjoint et $\langle T(u), u \rangle = 0$ pour tout $u \in V$.

Donner un exemple d'un opérateur T sur un espace réel V tel que $\langle T(u), u \rangle = 0$ pour tout $u \in V$, mais $T \neq 0$. [Ainsi (ii) n'est pas nécessairement vrai dans un espace réel V.]

(i) Soit $v = T(u)$. Alors $\langle T(u), T(u) \rangle = 0$ et, par suite, $T(u) = 0$, pour tout $u \in V$. Par conséquent, $T = 0$.

(ii) Par hypothèse, $\langle T(v+w), v+w \rangle = 0$ pour tout $v, w \in V$. En développant et en posant $\langle T(v), v \rangle = 0$ et $\langle T(w), w \rangle = 0$, nous obtenons

$$\langle T(v), w \rangle + \langle T(w), v \rangle = 0 \qquad (1)$$

Noter que w est un vecteur arbitraire dans (1). En substituant iw à w dans cette expression et en utilisant $\langle T(v), iw \rangle = \bar{i}\langle T(v), w \rangle = -i\langle T(v), w \rangle$ et $\langle T(iw), v \rangle = \langle iT(w), v \rangle = i\langle T(w), v \rangle$, nous obtenons

$$-i\langle T(v), w \rangle + i\langle T(w), v \rangle = 0$$

Finalement, en divisant par i et en additionnant le résultat à (1), nous obtenons $\langle T(w), v \rangle = 0$ pour tout $v, w \in V$. Ainsi, d'après (i), $T = \mathbf{0}$.

(iii) D'après (ii), le résultat est vrai dans le cas complexe ; donc, il suffit de le démontrer dans le cas réel. En développant $\langle T(v+w), v+w \rangle = 0$, nous obtenons encore (1). Puisque T est auto-adjoint et puisque V est un espace réel, nous avons $\langle T(w), v \rangle = \langle w, T(v) \rangle = \langle T(v), w \rangle$. Finalement, en substituant ceci dans (1), nous obtenons $\langle T(v), w \rangle = 0$ pour tout $v, w \in V$. Ainsi, d'après (i), $T = \mathbf{0}$.

Comme exemple, considérons l'opérateur linéaire T sur $\mathbb{R}^2$ défini par $T(x, y) = (y, -x)$. Alors $\langle T(u), u \rangle = 0$ pour tout $u \in V$, mais $T \neq \mathbf{0}$.

MATRICES ET OPÉRATEURS UNITAIRES ET ORTHOGONAUX

14.10. Démontrer le théorème 14.6.

Supposons que (i) est vérifié. Alors, pour tout $v, w \in V$,

$$\langle U(v), U(w) \rangle = \langle v, U^* U(w) \rangle = \langle v, I(w) \rangle = \langle v, w \rangle$$

Ainsi, (i) implique (ii). Supposons maintenant que (ii) soit vérifié, alors

$$\|U(v)\| = \sqrt{\langle U(v), U(v) \rangle} = \sqrt{\langle v, v \rangle} = \|v\|$$

Ainsi, (ii) implique (iii). Il nous reste à montrer que (iii) implique (i).

Supposons que (iii) est vérifié. Alors, pour tout $v \in V$,

$$\langle U^* U(v), v \rangle = \langle U(v), U(v) \rangle = \langle v, v \rangle = \langle I(v), v \rangle$$

Donc $\langle (U^* U - I)(v), v \rangle = 0$ pour tout $v \in V$. Mais $U^* U - I$ est auto-adjoint (à démontrer) ; donc, d'après le problème 14.9, nous avons $U^* U - I = 0$ et, par suite, $U^* U = I$. Ainsi $U^* = U^{-1}$ comme demandé.

14.11. Soit U un opérateur unitaire (orthogonal) sur V, et soit W un sous-espace invariant par U. Montrer que $W^\perp$ est également invariant par U.

Puisque U est non singulier, $U(W) = W$; c'est-à-dire que pour tout $w \in W$ il existe $w' \in W$ tel que $U(w') = w$. Maintenant soit $v \in W^\perp$. Alors pour tout $w \in W$,

$$\langle U(v), w \rangle = \langle U(v), U(w') \rangle = \langle v, w' \rangle = 0$$

Ainsi, $U(v)$ appartient à $W^\perp$. $W^\perp$ est invariant par U.

14.12. Démontrer le théorème 14.9.

Soit $\{v_i\}$ une autre base orthonormale. Supposons que

$$v_i = b_{i1} u_1 + b_{i2} + \cdots + b_{in} u_n \qquad i = 1, \ldots, n \qquad (1)$$

Puisque $\{v_i\}$ est orthonormale,

$$\delta_{ij} = \langle v_i, v_j \rangle = b_{i1}\overline{b_{j1}} + b_{i2}\overline{b_{j2}} + \cdots + b_{in}\overline{b_{jn}} \qquad (2)$$

Soit $B = b_{ij}$ la matrice des coefficients dans (1). (Alors B^T est la matrice de passage de la base $\{u_i\}$ à la base $\{v_i\}$.) Alors $BB^* = (c_{ij})$ où $c_{ij} = b_{i1}\overline{b_{j1}} + b_{i2}\overline{b_{j2}} + \cdots + b_{in}\overline{b_{jn}}$. D'après (2), $c_{ij} = \delta_{ij}$ et, par suite, $BB^* = I$. Par conséquent, B et, par suite, B^T sont unitaires.

Il nous reste à démontrer que $\{u_i'\}$ est orthonormale. D'après le problème 6.23,

$$\langle u_i', u_j' \rangle = a_{1i}\overline{a_{1j}} + a_{2i}\overline{a_{2j}} + \cdots + a_{ni}\overline{a_{nj}} = \langle C_i, C_j \rangle$$

où C_i désigne la i-ième colonne de la matrice unitaire (orthogonale) $P = (a_{ij})$. Puisque P est unitaire (orthogonale), ses colonnes sont orthonormales ; donc $\langle u_i', u_j' \rangle = \langle C_i, C_j \rangle = \delta_{ij}$. Ainsi, $\{u_i'\}$ est une base orthonormale.

OPÉRATEURS SYMÉTRIQUES ET FORMES CANONIQUES DANS LES ESPACES EUCLIDIENS

14.13. Soit T un opérateur symétrique. Montrer que : (a) le polynôme caractéristique $\Delta(t)$ de T est un produit de polynômes linéaires (sur $\mathbb{R}$) ; (b) T admet un vecteur propre non nul.

(a) Soit A une matrice représentant T relativement à une base orthonormale de V ; alors $A = A^T$. Soit $\Delta(t)$ le polynôme caractéristique de A. En considérant A comme un opérateur complexe auto-adjoint, A admet uniquement des valeurs propres réelles d'après le théorème 14.4. Ainsi

$$\Delta(t) = (t - \lambda_1)(t - \lambda_2) \cdots (t - \lambda_n)$$

où les λ_i sont toutes réelles. En d'autres termes, $\Delta(t)$ est un produit de polynômes linéaires sur $\mathbb{R}$.

(b) D'après (a), T admet au moins une valeur propre (réelle). Donc T admet un vecteur propre non nul.

14.14. Démontrer le théorème 14.11.

La démonstration se fait par récurrence sur la dimension de V. Si $\dim V = 1$, le théorème est évidemment vrai. Supposons maintenant que $\dim V > 1$. D'après le problème 14.13, il existe un vecteur propre non nul v_1 de T. Soit W le sous-espace engendré par v_1, et soit u_1 un vecteur unitaire de W, par exemple $u_1 = v_1 / \|v_1\|$.

Puisque v_1 est un vecteur propre de T, le sous-espace W de V est invariant par T. D'après le problème 14.8, $W^\perp$ est donc invariant par $T^* = T$. Ainsi, la restriction $\widehat{T}$ de T à $W^\perp$ est un opérateur symétrique. D'après le théorème 6.4, $V = W \oplus W^\perp$. Donc, $\dim W^\perp = n - 1$ puisque $\dim W = 1$. Par hypothèse de récurrence, il existe une base orthonormale $\{u_2, \ldots, u_n\}$ de $W^\perp$ formée de vecteurs propres de $\widehat{T}$ et donc de T. Or, $\langle u_1, u_i \rangle = 0$ pour $i = 2, \ldots, n$ puisque $u_i \in W^\perp$. Par conséquent, $\{u_1, u_2, \ldots, u_n\}$ est une base orthonormale de V formée de vecteurs propres de T. Ainsi, le théorème est démontré.

14.15. Trouver un changement orthogonal de coordonnées qui diagonalise la forme quadratique réelle définie par $q(x, y) = 2x^2 + 2xy + 2y^2$.

Cherchons d'abord la matrice symétrique A qui représente q puis le polynôme caractéristique $\Delta(t)$:

$$A = \begin{pmatrix} 2 & 1 \\ 1 & 2 \end{pmatrix} \quad \text{et} \quad \Delta(t) = |tI - A| = \begin{vmatrix} t - 2 & -1 \\ -1 & t - 2 \end{vmatrix} = (t - 1)(t - 3)$$

Les valeurs propres de A sont 1 et 3 ; donc la forme diagonale de q est

$$q(x', y') = x'^2 + 3y'^2$$

Cherchons le changement de coordonnées correspondant pour obtenir la base orthonormale correspondante formée de vecteurs propres de A.

Posons $t = 1$ dans la matrice $tI - A$ pour obtenir le système homogène correspondant

$$-x - y = 0 \qquad -x - y = 0$$

Une solution non nulle est $v_1 = (1, -1)$. Posons maintenant $t = 3$ dans la matrice $tI - A$ pour obtenir le système homogène correspondant

$$-x - y = 0 \qquad -x + y = 0$$

Une solution non nulle est $v_2 = (1, 1)$. Comme prévu par le théorème 14.5, v_1 et v_2 sont orthogonaux. Normalisons v_1 et v_2 pour obtenir la base orthonormale

$$\left\{ u_1 = (1/\sqrt{2}, -1/\sqrt{2}), u_2 = (1/\sqrt{2}, 1\sqrt{2}) \right\}$$

La matrice de passage P et le changement de coordonnées cherché sont donnés par

$$P = \begin{pmatrix} 1/\sqrt{2} & 1/\sqrt{2} \\ -1/\sqrt{2} & 1/\sqrt{2} \end{pmatrix} \quad \text{et} \quad \begin{pmatrix} x \\ y \end{pmatrix} = P \begin{pmatrix} x' \\ y' \end{pmatrix} \quad \text{ou} \quad \begin{array}{l} x = (x' + y')/\sqrt{2} \\ y = (-x' + y')/\sqrt{2} \end{array}$$

Noter que les colonnes de P sont les composantes des vecteurs u_1 et u_2. Nous pouvons aussi exprimer x' et y' en fonction de x et y en utilisant $P^{-1} = P^T$; c'est-à-dire :

$$x' = (x - y)/\sqrt{2} \qquad y' = (x + y)/\sqrt{2}$$

14.16. Démontrer le théorème 14.12.

Soit $S = T + T^{-1} = T + T^*$. Alors $S^* = (T + T^*)^* = T^* + T = S$. Ainsi, S est un opérateur symétrique sur V. D'après le théorème 14.11, il existe une base orthonormale de V formée de vecteurs propres de S. Si $\lambda_1, \ldots, \lambda_m$ désignent les valeurs propres distinctes de S, alors V peut se décomposer en somme directe $V = V_1 \oplus V_2 \oplus \cdots \oplus V_m$ où V_i désigne le sous-espace propre associé à λ_i. Nous affirmons que chaque V_i est T-invariant. En effet, soit $v \in V_i$; donc $S(v) = \lambda_i v$ et

$$S(T(v)) = (T + T^{-1})T(v) = T(T + T^{-1})(v) = TS(v) = T(\lambda_i v) = \lambda_i T(v)$$

C'est-à-dire : $T(v) \in V_i$. Donc V_i est T-invariant. Puisque les V_i sont orthogonaux deux à deux, nous pouvons restreindre notre étude au cas où T agit sur chaque V_i.

Étant donné V_i, nous avons $(T + T^{-1})v = S(v) = \lambda_i v$. En multipliant par T, nous obtenons

$$(T^2 - \lambda_i T + I)(v) = 0$$

Considérons les cas où $\lambda_i = \pm 2$ et $\lambda_i \neq \pm 2$ séparément. Si $\lambda_i = \pm 2$, alors $(T \pm I)^2(v) = 0$ qui conduit à $(T \pm I)(v) = 0$ ou $T(v) = \pm v$. Ainsi, T restreinte à V_i est égal à I ou $-I$.

Si $\lambda_i \neq \pm 2$, alors T n'admet pas de valeurs propres dans V_i puisque, d'après le théorème 14.4, les seules valeurs propres T sont 1 ou -1. Par conséquent, pour $v \neq 0$, les vecteurs v et $T(v)$ sont linéairement indépendants. Soit W le sous-espace engendré par v et $T(v)$. Alors W est T-invariant, puisque

$$T(T(v)) = T^2(v) = \lambda_i T(v) - v$$

D'après le théorème 6.4, $V_i = W \oplus W^\perp$. De plus, d'après le problème, $W^\perp$ est aussi T-invariant. Ainsi, nous pouvons décomposer V_i en une somme directe de sous-espaces W_j de dimension 2 où les W_j sont T-invariants et orthogonaux deux à deux. Ainsi, nous pouvons maintenant restreindre notre étude au cas où T agit sur chaque W_j.

Puisque $T^2 - \lambda_i T + I = 0$, le polynôme caractéristique $\Delta(t)$ de T restreint à W_j est $\Delta(t) = t^2 - \lambda_i t + 1$. Nous en déduisons que le déterminant de T est égal à 1, le terme constant de $\Delta(t)$. D'après le théorème 4.6, la matrice A représentant T restreint à W_j relativement à une base orthonormale quelconque de W_j doit être de la forme

$$\begin{pmatrix} \cos\theta & -\sin\theta \\ \sin\theta & \cos\theta \end{pmatrix}$$

La réunion des bases des W_j constitue une base orthonormale de V_i et la réunion des bases des V_i constitue une base orthonormale de V dans laquelle la matrice représentant T a la forme désirée.

OPÉRATEURS NORMAUX ET FORMES CANONIQUES DANS LES ESPACES PRÉHILBERTIENS COMPLEXES

14.17. Déterminer si les matrices suivantes sont normales : (a) $A = \begin{pmatrix} 1 & i \\ 0 & 1 \end{pmatrix}$, et (b) $B = \begin{pmatrix} 1 & i \\ 1 & 2+i \end{pmatrix}$.

(a) $AA^* = \begin{pmatrix} 1 & i \\ 0 & 1 \end{pmatrix}\begin{pmatrix} 1 & 0 \\ -i & 1 \end{pmatrix} = \begin{pmatrix} 2 & i \\ -i & 1 \end{pmatrix}$, $\qquad A^*A = \begin{pmatrix} 1 & 0 \\ -i & 1 \end{pmatrix}\begin{pmatrix} 1 & i \\ 0 & 1 \end{pmatrix} = \begin{pmatrix} 1 & i \\ -i & 2 \end{pmatrix}$.

Puisque $AA^* \neq A^*A$, la matrice A n'est pas normale.

(b) $BB^* = \begin{pmatrix} 1 & i \\ 1 & 2+i \end{pmatrix}\begin{pmatrix} 1 & 1 \\ -i & 2-i \end{pmatrix} = \begin{pmatrix} 2 & 2+2i \\ 2-2i & 6 \end{pmatrix}$

$B^*B = \begin{pmatrix} 1 & 1 \\ -i & 2-i \end{pmatrix}\begin{pmatrix} 1 & i \\ 1 & 2+i \end{pmatrix} = \begin{pmatrix} 2 & 2+2i \\ 2-2i & 6 \end{pmatrix}$.

Puisque $BB^* = B^*B$, la matrice B est normale.

14.18. Soit T un opérateur normal. Démontrer que :

(a) $T(v) = 0$ si et seulement si $T^*(v) = 0$.

(b) $T - \lambda I$ est normal.

(c) Si $T(v) = \lambda v$, alors $T^*(v) = \overline{\lambda} v$; donc tout vecteur propre de T est un vecteur propre de T^*.

(d) Si $T(v) = \lambda_1 v$ et $T(w) = \lambda_2 w$ où $\lambda_1 \neq \lambda_2$, alors $\langle v, w \rangle = 0$; c'est-à-dire que les vecteurs propres de T associés à des valeurs propres distinctes sont orthogonaux.

(a) Montrons que $\langle T(v), T(v) \rangle = \langle T^*(v), T^*(v) \rangle$:

$$\langle T(v), T(v) \rangle = \langle v, T^* T(v) \rangle = \langle v, TT^*(v) \rangle = \langle T^*(v), T^*(v) \rangle$$

Donc, d'après $[I_3]$, $T(v) = 0$ si et seulement si $T^*(v) = 0$.

(b) Montrons que $T - \lambda I$ commute avec son adjoint :

$$
\begin{aligned}
(T - \lambda I)(T - \lambda I)^* &= (T - \lambda I)(T^* - \overline{\lambda} I) = TT^* - \lambda T^* - \overline{\lambda} T + \lambda \overline{\lambda} I \\
&= T^* T - \overline{\lambda} T - \lambda T^* + \overline{\lambda} \lambda I = (T^* - \overline{\lambda} I)(T - \lambda I) \\
&= (T - \lambda I)^* (T - \lambda I)
\end{aligned}
$$

Ainsi, $T - \lambda I$ est normal.

(c) Si $T(v) = \lambda v$, alors $(T - \lambda I)(v) = 0$. Maintenant $T - \lambda I$ est normal d'après (b) ; de plus, d'après (a), $(T - \lambda I)^*(v) = 0$. C'est-à-dire, $(T^* - \overline{\lambda} I)(v) = 0$; donc $T^*(v) = \overline{\lambda} v$.

(d) Montrons que $\lambda_1 \langle v, w \rangle = \lambda_2 \langle v, w \rangle$:

$$\lambda_1 \langle v, w \rangle = \langle \lambda_1 v, w \rangle = \langle T(v), w \rangle = \langle v, T^*(w) \rangle = \langle v, \overline{\lambda}_2 w \rangle = \lambda_2 \langle v, w \rangle$$

Mais $\lambda_1 \neq \lambda_2$; donc $\langle v, w \rangle = 0$.

14.19. Démontrer le théorème 14.13.

La démonstration se fait par récurrence sur la dimension de V. Si $\dim V = 1$, alors le théorème est évidemment vrai. Supposons maintenant que $\dim V = n > 1$. Puisque V est un espace vectoriel complexe, T admet au moins une valeur propre et, par suite, un vecteur propre non nul v. Soit W le sous-espace de V engendré par v et soit u_1 un vecteur unitaire de W.

Puisque v est un vecteur propre de T, le sous-espace W est T-invariant. Cependant, v est aussi un vecteur propre de T^* d'après le problème 14.18 ; donc W est aussi invariant par T^*. D'après le problème 14.8, $W^\perp$ est invariant par $T^{**} = T$. Le reste de la démonstration est analogue à la dernière partie de la démonstration du théorème 14.11 (*cf.* problème 14.14).

14.20. Démontrer le théorème 14.14.

La démonstration se fait par récurrence sur la dimension de V. Si $\dim V = 1$, alors le théorème est évidemment vrai. Supposons maintenant que $\dim V = n > 1$. Puisque V est un espace vectoriel complexe, T admet au moins une valeur propre et, par suite, un vecteur propre non nul v. Soit W le sous-espace de V engendré par v et soit u_1 un vecteur unitaire de W. Alors u_1 est un vecteur propre de T. Posons, par exemple, $T(u_1) = a_{11} u_1$.

D'après le théorème 6.4, $V = W \oplus W^\perp$. Soit E la projection orthogonale de V sur $W^\perp$. Il est clair que $W^\perp$ est invariant par l'opérateur ET. Par hypothèse de récurrence, il existe une base orthonormale $\{u_1, \ldots, u_n\}$ de $W^\perp$ telle que, pour $i = 2, \ldots, n$,

$$ET(u_i) = a_{i2} u_2 + a_{i3} u_3 + \cdots + a_{ii} u_i$$

(Noter que $\{u_1, u_2, \ldots, u_n\}$ est une base orthonormale de V.) Mais E est la projection orthogonale de V sur $W^\perp$; donc nous devons avoir

$$T(u_i) = a_{i1} u_1 + a_{i2} u_2 + \cdots + a_{ii} u_i$$

pour $i = 2, \ldots, n$. Ceci, avec $T(u_1) = a_{11} u_1$, donne le résultat désiré.

PROBLÈMES DIVERS

14.21. Démontrer le théorème 14.10A.

Supposons que (i) soit vérifié, c'est-à-dire que $P = T^2$ où $T = T^*$. Alors $P = TT = T^*T$ et, par suite, (i) implique (ii). Supposons maintenant que (ii) soit vérifié. Alors $P^* = (S^*S)^* = S^*S^{**} = S^*S = P$ et, par suite, P est auto-adjoint. De plus,

$$\langle P(u), u \rangle = \langle S^*S(u), u \rangle = \langle S(u), S(u) \rangle \geq 0$$

Ainsi, (ii) implique (iii). Il nous reste donc à montrer que (iii) implique (i).

Supposons maintenant que (iii) soit vérifié. Puisque P est auto-adjoint, il existe une base orthonormale $\{u_1, \ldots, u_n\}$ de V formée de vecteurs propres de P ; par exemple, $P(u_i) = \lambda_i u_i$. D'après le théorème 14.4, les λ_i sont réelles. D'après (iii), nous montrons que les λ_i sont positives ou nulles. Pour chaque i, nous avons,

$$0 \leq \langle P(u_i), u_i \rangle = \langle \lambda_i u_i, u_i \rangle = \lambda_i \langle u_i, u_i \rangle$$

Ainsi, comme $\langle u_i, u_i \rangle \geq 0$, $\lambda_i \geq 0$ comme demandé. Par conséquent, $\sqrt{\lambda_i}$ est un nombre réel. Soit T l'opérateur défini par

$$T(u_i) = \sqrt{\lambda_i} u_i \qquad \text{pour } i = 1, \ldots, n$$

Puisque T est représenté par une matrice diagonale relativement à la base orthonormale $\{u_i\}$, T est auto-adjoint. De plus, pour chaque i, nous avons

$$T^2(u_i) = T(\sqrt{\lambda_i} u_i) = \sqrt{\lambda_i} T(u_i) = \sqrt{\lambda_i}\sqrt{\lambda_i} u_i = \lambda_i u_i = P(u_i)$$

Puisque T^2 et P coïncident sur les vecteurs d'une base de V, $P = T^2$. Ainsi, le théorème est démontré.

Remarque : L'opérateur T précédent est l'unique opérateur positif tel que $P = T^2$. T est appelé la *racine carrée positive* de P.

14.22. Montrer que tout opérateur T est la somme d'un opérateur auto-adjoint et d'un opérateur anti-adjoint.

Posons $S = \frac{1}{2}(T + T^*)$ et $U = \frac{1}{2}(T - T^*)$. Alors $T = S + U$ où

$$S^* = \left(\tfrac{1}{2}(T + T^*)\right)^* = \tfrac{1}{2}(T^* + T^{**}) = \tfrac{1}{2}(T^* + T) = S$$

et
$$U^* = \left(\tfrac{1}{2}(T - T^*)\right)^* = \tfrac{1}{2}(T^* - T) = -\tfrac{1}{2}(T - T^*) = -U$$

i.e. S est auto-adjoint et U est anti-adjoint.

14.23. Démontrer le résultat suivant : Soit T un opérateur linéaire sur un espace préhilbertien V de dimension finie. Alors T est le produit d'un opérateur unitaire (orthogonal) U et d'un unique opérateur positif P ; c'est-à-dire : $T = UP$. De plus, si T est inversible, alors U est également unique.

D'après le théorème 14.10, T^*T est un opérateur positif, donc il existe un opérateur positif (unique) P tel que $P^2 = T^*T$ (*cf.* problème 14.43). Remarquons que

$$\|P(v)\|^2 = \langle P(v), P(v) \rangle = \langle P^2(v), v \rangle = \langle T^*T(v), v \rangle = \langle T(v), T(v) \rangle = \|T(v)\|^2 \tag{1}$$

Considérons maintenant séparément le cas où T est inversible et le cas ou T n'est pas inversible.

Si T est inversible, posons $\widehat{U} = PT^{-1}$ et montrons que $\widehat{U}$ est unitaire :

$$\widehat{U}^* = (PT^{-1})^* = T^{-1*}P^* = (T^*)^{-1}P \qquad \text{et} \qquad \widehat{U}^*\widehat{U} = (T^*)^{-1}PPT^{-1} = (T^*)^{-1}T^*TT^{-1} = I$$

Ainsi, $\widehat{U}$ est unitaire. Posons maintenant $U = \widehat{U}^{-1}$. Alors U est aussi unitaire et $T = UP$ comme demandé.

Pour démontrer l'unicité de P, supposons que $T = U_0 P_0$ où U_0 est unitaire et P_0 positif. Alors

$$T^*T = P_0^* U_0^* U_0 P_0 = P_0 I P_0 = P_0^2$$

Mais, comme la racine carrée positive de T^*T est unique (*cf.* problème 14.43), nous avons $P_0 = P$. (Noter que le fait que T est inversible n'est pas utilisé pour prouver l'unicité de P.) Maintenant, lorsque T est inversible, P l'est aussi d'après *(1)*. En multipliant $U_0 P = UP$ à droite par P^{-1}, nous obtenons $U_0 = U$. Ainsi, U est également unique lorsque T est inversible.

Supposons maintenant que T n'est pas inversible. Soit W l'image de P, *i.e.* : $W = \operatorname{Im} P$. Nous définissons $U_1 : W \to V$ par

$$U_1(w) = T(v) \qquad \text{où} \qquad P(v) = w \tag{2}$$

Nous devons montrer que U_1 est bien défini, c'est-à-dire que $P(v) = P(v')$ implique $T(v) = T(v')$. Ceci découle du fait que $P(v - v') = 0$ est équivalent à $\left\| P(v - v') \right\| = 0$ et, d'après *(1)*, ceci est équivalent à $\left\| T(v - v') \right\| = 0$. Ainsi, U_1 est bien défini. Nous définissons maintenant $U_2 : W \to V$. Remarquons d'abord que, d'après *(1)*, P et T ont le même noyau. Donc les images de P et T sont de même dimension, *i.e.* : $\dim(\operatorname{Im} P) = \dim W = \dim(\operatorname{Im} T)$. En conséquence, $W^{\perp}$ et $(\operatorname{Im} T)^{\perp}$ sont aussi de même dimension. Nous définissons donc U_2 en prenant un isomorphisme quelconque entre $W^{\perp}$ et $(\operatorname{Im} T)^{\perp}$.

Posons ensuite $U = U_1 \oplus U_2$. [Ici, U est défini comme suit : si $v \in V$ et $v = w + w'$ où $w \in W$, $w' \in W^{\perp}$, alors $U(v) = U_1(w) + U_2(w')$.] Maintenant, U est linéaire (*cf.* problème 14.69) et, si $v \in V$ et $P(v) = w$, alors d'après *(2)*

$$T(v) = U_1(w) - U(w) = UP(v)$$

Ainsi, $T = UP$ comme demandé.

Il nous reste à démontrer que U est unitaire. Tout vecteur $x \in V$ peut s'écrire sous la forme $x = P(v) + w'$ où $w' \in W^{\perp}$. Alors $U(x) = UP(v) + U_2(w') = T(v) + U_2(w')$ où $\left\langle T(v), U_2(w') \right\rangle = 0$ par définition de U_2. Aussi, $\left\langle T(v), T(v) \right\rangle = \left\langle P(v), P(v) \right\rangle$ d'après *(1)*. Ainsi,

$$\begin{aligned}
\left\langle U(x), U(x) \right\rangle &= \left\langle T(v) + U_2(w'), T(v) + U_2(w') \right\rangle \\
&= \left\langle T(v), T(v) \right\rangle + \left\langle U_2(w'), U_2(w') \right\rangle \\
&= \left\langle P(v), P(v) \right\rangle + \left\langle w', w' \right\rangle = \left\langle P(v) + w', P(v) + w' \right\rangle \\
&= \left\langle x, x \right\rangle
\end{aligned}$$

[Nous avons aussi utilisé le fait que $\left\langle P(v), w' \right\rangle = 0$.] Ainsi, U est unitaire et le théorème est démontré.

14.24. Soit V l'espace vectoriel des polynômes sur $\mathbb{R}$ muni du produit scalaire défini par :

$$\langle f, g \rangle = \int_0^1 f(t)\, g(t)\, \mathrm{d}t$$

Donner un exemple de forme linéaire ϕ sur V pour laquelle le théorème 14.3 n'est pas vérifié, *i.e.* pour laquelle il n'existe aucun polynôme $h(t)$ tel que $\phi(t) = \langle f, h \rangle$ pour tout $f \in V$.

Soit $\phi : V \to \mathbb{R}$ défini par $\phi(f) = f(0)$, c'est-à-dire ϕ *évalue* $f(t)$ en 0. Autrement dit, ϕ fait correspondre à $f(t)$ son terme constant. Supposons qu'il existe un polynôme $h(t)$ tel que

$$\phi(f) = f(0) = \int_0^1 f(t) h(t)\, \mathrm{d}t \tag{1}$$

pour tout polynôme $f(t)$. Remarquons que ϕ applique chaque polynôme $t f(t)$ sur 0. Donc, d'après *(1)*,

$$\int_0^1 t f(t) h(t)\, \mathrm{d}t = 0 \tag{2}$$

pour tout polynôme $f(t)$. En particulier *(2)* est vrai pour $f(t) = t\, h(t)$, c'est-à-dire

$$\int_0^1 t^2 h^2(t)\, \mathrm{d}t = 0$$

Cette intégrale montre que le polynôme $h(t)$ est nécessairement nul ; donc $\phi(f) = \langle f, h \rangle = \langle f, 0 \rangle = 0$ pour tout polynôme $f(t)$. Ceci contredit le fait que ϕ est une forme linéaire non nulle. Par conséquent, un tel polynôme $h(t)$ n'existe pas.

Problèmes supplémentaires

OPÉRATEURS ADJOINTS

14.25. Trouver la matrice adjointe de chacune des matrices suivantes

$$(a) \quad A = \begin{pmatrix} 5 - 2i & 3 + 7i \\ 4 - 6i & 8 + 3i \end{pmatrix}, \quad (b) \quad B = \begin{pmatrix} 3 & 5i \\ i & -2i \end{pmatrix}, \quad (c) \quad C = \begin{pmatrix} 1 & 1 \\ 2 & 3 \end{pmatrix}.$$

14.26. Soit $T : \mathbb{R}^3 \to \mathbb{R}^3$ définie par $T(x, y, z) = (x + 2y, 3x - 4z, y)$. Trouver $T^*(x, y, z)$.

14.27. Soit $T : \mathbb{C}^3 \to \mathbb{C}^3$ définie par

$$T(x, y, z) = (ix + (2 + 3i)y, 3x + (3 - i)z, (2 - 5i)y + iz)$$

Trouver $T^*(x, y, z)$.

14.28. Pour chacune des formes linéaires ϕ sur V, trouver un vecteur $u \in V$ tel que $\phi(v) = \langle v, u \rangle$ pour tout $v \in V$:

     (a) $\phi : \mathbb{R}^3 \to \mathbb{R}$ définie par $\phi(x, y, z) = x + 2y - 3z$.

     (b) $\phi : \mathbb{C}^3 \to \mathbb{C}$ définie par $\phi(x, y, z) = ix + (2 + 3i)y + (1 - 2i)z$.

     (c) $\phi : V \to \mathbb{R}$ définie par $\phi(f) = f(1)$ où V est l'espace vectoriel du problème 14.24.

14.29. Supposons que V soit de dimension finie. Démontrer que l'image de T^* est le supplémentaire orthogonal du noyau de T, *i.e.* : $T^* = (\ker T)^\perp$. En déduire que rang T = rang T^*.

14.30. Montrer que $T^* T = 0$ implique $T = 0$.

14.31. Soit V l'espace vectoriel des polynômes sur $\mathbb{R}$ muni du produit scalaire défini par $\langle f, g \rangle = \int_0^1 f(t)g(t)\,dt$. Soit $\mathbf{D}$ l'opérateur de dérivation sur V, *i.e.* : $\mathbf{D}(f) = df/dt$. Montrer qu'il n'existe pas d'opérateur $\mathbf{D}^*$ sur V tel que $\langle \mathbf{D}(f), g \rangle = \langle f, \mathbf{D}^*(g) \rangle$ pour tout $f, g \in V$. C'est-à-dire que $\mathbf{D}$ n'admet pas d'opérateur adjoint.

MATRICES ET OPÉRATEURS ORTHOGONAUX ET UNITAIRES

14.32. Trouver une matrice unitaire (orthogonale) dont la première ligne est :

     (a) $(2/\sqrt{13}, 3/\sqrt{13})$, (b) un multiple de $(1, 1 - i)$, (c) $(\frac{1}{2}, \frac{1}{2}i, \frac{1}{2} - \frac{1}{2}i)$.

14.33. Démontrer que les produit et inverse des matrices orthogonales sont orthogonaux. (Ainsi, les matrices orthogonales forment un groupe pour la multiplication appelé le *groupe orthogonal.*)

14.34. Démontrer que les produit et inverse des matrices unitaires sont unitaires. (Ainsi, les matrices unitaires forment un groupe pour la multiplication appelé le *groupe unitaire.*)

14.35. Montrer que si une matrice orthogonale (unitaire) est triangulaire, alors, elle est diagonale.

14.36. Rappelons que deux matrices complexes A et B sont dites *unitairement équivalentes* s'il existe une matrice unitaire P telle que $B = P^* A P$. Montrer que cette relation définit une relation d'équivalence.

14.37. Rappelons que deux matrices complexes A et B sont dites *orthogonalement équivalentes* s'il existe une matrice orthogonale P telle que $B = P^T A P$. Montrer que cette relation définit une relation d'équivalence.

14.38. Soit W un sous-espace de V. Pour tout $v \in V$ posons $v = w + w'$ où $w \in W$, $w' \in W^\perp$. (Une telle écriture est unique puisque $V = W \oplus W^\perp$.) Soit $T : V \to V$ définie par $T(v) = w - w'$. Montrer que T est un opérateur auto-adjoint et unitaire sur V.

14.39. Soit V un espace préhilbertien. Supposons que l'application $U : V \to V$ (non nécessairement linéaire) est surjective et conserve le produit scalaire, *i.e.* que $\langle U(v), U(w) \rangle = \langle u, w \rangle$ pour tout $u, w \in V$. Démontrer que U est linéaire et, par suite, unitaire.

OPÉRATEURS POSITIFS ET OPÉRATEURS DÉFINIS POSITIFS

14.40. Montrer que la somme de deux opérateurs positifs (définis positifs) est un opérateur positif (défini positif).

14.41. Soit T un opérateur linéaire sur V et soit $f : V \times V \to \mathbb{K}$ défini par $f(u, v) = \langle T(u), v \rangle$. Montrer que f est un produit scalaire sur V si, et seulement si T est défini positif.

14.42. Soit E la projection orthogonale sur un sous-espace W de V. Démontrer que l'opérateur $kI + E$ est positif (défini positif) si $k \geq 0$ $(k > 0)$.

14.43. Considérons l'opérateur T défini par $T(u_i) = \sqrt{\lambda_i} u_i$, $i = 1, \ldots, n$, dans la démonstration du théorème 14.10A. Montrer que T est positif et qu'il est le seul opérateur positif pour lequel $T^2 = P$.

14.44. Supposons que P est à la fois positif et unitaire. Démontrer que $P = I$.

14.45. Déterminer si les matrices suivantes sont positives (définies positives) :

$$\begin{pmatrix} 1 & 1 \\ 1 & 1 \end{pmatrix} \quad \begin{pmatrix} 0 & i \\ -i & 0 \end{pmatrix} \quad \begin{pmatrix} 0 & 1 \\ -1 & 0 \end{pmatrix} \quad \begin{pmatrix} 1 & 1 \\ 0 & 1 \end{pmatrix} \quad \begin{pmatrix} 2 & 1 \\ 1 & 2 \end{pmatrix} \quad \begin{pmatrix} 1 & 2 \\ 2 & 1 \end{pmatrix}$$

$$\text{(i)} \qquad\qquad \text{(ii)} \qquad\qquad \text{(iii)} \qquad\qquad \text{(iv)} \qquad\qquad \text{(v)} \qquad\qquad \text{(vi)}$$

14.46. Démontrer qu'une matrice carrée d'ordre 2, $A = \begin{pmatrix} a & b \\ c & d \end{pmatrix}$ est positive si, et seulement si (i) $A = A^*$ et (ii) a, d et $ad - bc$ sont des nombres réels positifs ou nuls.

14.47. Démontrer qu'une matrice diagonale A est positive (définie positive) si, et seulement si tous les éléments diagonaux sont des nombres réels positifs ou nuls (strictement positifs).

OPÉRATEURS AUTO-ADJOINTS ET SYMÉTRIQUES

14.48. Pour tout opérateur T, montrer que $T + T^*$ est auto-adjoint et $T - T^*$ est anti-adjoint.

14.49. Soit T un opérateur auto-adjoint. Montrer que $T^2(v) = 0$ implique $T(v) = 0$. Utiliser ce résultat pour démontrer que $T^n(v) = 0$ implique aussi $T(v) = 0$ pour $n > 0$.

14.50. Soit V un espace préhilbertien complexe. Supposons que $\langle T(v), v \rangle$ pour tout $v \in V$. Montrer que T est auto-adjoint.

14.51. Soit T_1 et T_2 deux opérateurs auto-adjoints. Montrer que $T_1 T_2$ est auto-adjoint si, et seulement si T_1 et T_2 commutent, *i.e.* $T_1 T_2 = T_2 T_1$.

14.52. Pour chacune des matrices symétriques A suivantes, trouver une matrice orthogonale P telle que $P^T A P$ soit diagonale :

(a) $A = \begin{pmatrix} 1 & 2 \\ 2 & -2 \end{pmatrix}$, $\qquad (b)$ $A = \begin{pmatrix} 5 & 4 \\ 4 & -1 \end{pmatrix}$, $\qquad (c)$ $A = \begin{pmatrix} 7 & 3 \\ 3 & -1 \end{pmatrix}$.

14.53. Trouver une transformation orthogonale des coordonnées qui diagonalise chacune des formes quadratiques suivantes :

(a) $q(x, y) = 2x^2 - 6xy + 10y^2$, $\quad (b)$ $q(x, y) = x^2 + 8xy - 5y^2$.

14.54. Trouver une transformation orthogonale des coordonnées qui diagonalise la forme quadratique

$$q(x, y, z) = 2xy + 2xz + 2yz$$

MATRICES ET OPÉRATEURS NORMAUX

14.55. Vérifier que $A = \begin{pmatrix} 2 & i \\ i & 2 \end{pmatrix}$ est normale. Trouver une matrice unitaire P telle que P^*AP soit diagonale, puis trouver P^*AP.

14.56. Montrer qu'une matrice triangulaire est normale si, et seulement si elle est diagonale.

14.57. Montrer que si T est normale sur V, alors $\|T(v)\| = \|T^*(v)\|$ pour tout $v \in V$. Démontrer que la réciproque est vraie dans les espaces préhilbertiens complexes.

14.58. Montrer que les opérateurs auto-adjoint, anti-adjoint et unitaire (orthogonal) sont des opérateurs normaux.

14.59. Soit T un opérateur normal. Démontrer que :

    (a) T est auto-adjoint si, et seulement si ses valeurs propres sont réelles ;

    (b) T est unitaire si, et seulement si ses valeurs propres sont de norme 1 ;

    (c) T est positif si, et seulement si ses valeurs propres sont réelles et positives ou nulles.

14.60. Montrer que si T est normal, alors T et T^* ont le même noyau et la même image.

14.61. Soit T_1 et T_2 deux opérateurs normaux qui commutent. Montrer que $T_1 + T_2$ et $T_1 T_2$ sont aussi normaux.

14.62. Soit T_1 un opérateur normal qui commute avec T_2. Montrer que T_1 commute également avec T_2^*.

14.63. Démontrer le résultat suivant : Soit T_1 et T_2 deux opérateur normaux sur un espace préhilbertien V de dimension finie. Alors, il existe une base orthonormale de V formée de vecteurs propres communs à T_1 et T_2. (C'est-à-dire, T_1 et T_2 peuvent être diagonalisés simultanément.)

ISOMORPHISMES ENTRE ESPACES PRÉHILBERTIENS

14.64. Soit $S = \{u_1, \ldots, u_n\}$ une base orthonormale de l'espace préhilbertien V sur $\mathbb{K}$. Montrer que l'application $v \mapsto [v]_S$ est un isomorphisme (d'espace préhilbertien) entre V et $\mathbb{K}^n$. (Ici, $[v]_S$ désigne le vecteur coordonnées de v dans la base S.)

14.65. Montrer que deux espaces préhilbertiens V et W sur $\mathbb{K}$ sont isomorphes si, et seulement si V et W sont de même dimension.

14.66. Soit $\{u_1, \ldots, u_n\}$ et $\{u_1', \ldots, u_n'\}$ deux bases de V et W, respectivement. Soit $T : V \to W$ une application linéaire définie par $T(u_i) = u_i'$, pour chaque i. Montrer que T est un isomorphisme.

14.67. Soit V un espace préhilbertien. Rappelons (page 426) que chaque $u \in V$ détermine une forme linéaire $\hat{u}$ de l'espace dual V^* définie par $\hat{u}(v) = \langle v, u \rangle$ pour tout $v \in V$. Montrer que l'application $u \mapsto \hat{u}$ est linéaire et non singulière et, par suite, définit un isomorphisme de V sur V^*.

PROBLÈMES DIVERS

14.68. Montrer qu'il existe une base orthonormale $\{u_1, \ldots, u_n\}$ de V formée de vecteurs propres de T si, et seulement si, il existe des projections orthogonales $E_1, \ldots, E_r$ et des scalaires $\lambda_1, \ldots, \lambda_r$ tels que :

    (i) $T = \lambda_1 E_1 + \cdots + \lambda_r E_r$;   (ii) $E_1 + \cdots + E_r = 1$;   (iii) $E_i E_j = 0$ pour $i \neq j$.

14.69. Supposons que $V = U \oplus W$ et supposons que $T_1 : U \to V$ et $T_2 : W \to V$ soient linéaires. Montrer que $T = T_1 \oplus T_2$ est aussi linéaire. Ici T est définie comme suit : si $v \in V$ et $v = u + w$ où $u \in U$, $w \in W$, alors

$$T(v) = T_1(u) + T_2(w)$$

14.70. Supposons que U est un opérateur orthogonal sur $\mathbb{R}^3$ de déterminant positif. Montrer que U est soit un plan, soit une symétrie par rapport à un plan.

Réponses aux problèmes supplémentaires

14.25. (a) $\begin{pmatrix} 5+2i & 4+6i \\ 3-7i & 8-3i \end{pmatrix}$, (b) $\begin{pmatrix} 3 & -i \\ -5i & 2i \end{pmatrix}$, (c) $\begin{pmatrix} 1 & 2 \\ 1 & 3 \end{pmatrix}$.

14.26. $T^*(x, y, z) = (x + 3y, 2x + z, -4y)$.

14.27. $T^*(x, y, z) = (-ix + 3y, (2 - 3i)x + (2 + 5i)z, (3 + i)y - iz)$.

14.28. (a) $u = (1, 2, -3)$, (b) $u = (-i, 2 - 3i, 1 + 2i)$, (c) $u = (18t^2 - 8t + 13)/15$.

14.32. (a) $\begin{pmatrix} 2/\sqrt{13} & 3/\sqrt{13} \\ 3/\sqrt{13} & -2/\sqrt{13} \end{pmatrix}$, (b) $\begin{pmatrix} 1/\sqrt{3} & (1-i)/\sqrt{3} \\ (1+i)/\sqrt{3} & -1/\sqrt{3} \end{pmatrix}$, (c) $\begin{pmatrix} \frac{1}{2} & \frac{1}{2}i & \frac{1}{2} - \frac{1}{2}i \\ i/\sqrt{2} & -1/\sqrt{2} & 0 \\ \frac{1}{2} & -\frac{1}{2}i & -\frac{1}{2} + \frac{1}{2}i \end{pmatrix}$.

14.45. Seules les matrices (i) et (v) sont positives. De plus, (v) est définie positive.

14.52. (a) $P = \begin{pmatrix} 2/\sqrt{5} & -1/\sqrt{5} \\ -1/\sqrt{5} & 2/\sqrt{5} \end{pmatrix}$, (b) $P = \begin{pmatrix} 2/\sqrt{5} & -1/\sqrt{5} \\ -1/\sqrt{5} & 2/\sqrt{5} \end{pmatrix}$, (c) $P = \begin{pmatrix} 3/\sqrt{10} & -1/\sqrt{10} \\ -1/\sqrt{10} & 3/\sqrt{10} \end{pmatrix}$.

14.53. (a) $x = (3x' - y')/\sqrt{10}$, $y = (x' + 3y')/\sqrt{10}$, (b) $x = (2x' - y')/\sqrt{5}$, $y = (x' + 2y')/\sqrt{5}$.

14.54. $x = x'/\sqrt{3} + y'/\sqrt{2} + z'/\sqrt{6}$, $y = x'/\sqrt{3} - y'/\sqrt{2} + z'/\sqrt{6}$, $z = x'/\sqrt{3} - 2z'/\sqrt{6}$.

14.55. $P = \begin{pmatrix} 1/\sqrt{2} & -1/\sqrt{2} \\ 1/\sqrt{2} & 1/\sqrt{2} \end{pmatrix}$, $P^*AP = \begin{pmatrix} 2+i & 0 \\ 0 & 2-i \end{pmatrix}$.

Annexe

Polynômes sur un corps

A.1. INTRODUCTION

L'anneau $\mathbb{K}[t]$ des polynômes sur le corps $\mathbb{K}$ possède plusieurs propriétés analogues à celles de l'anneau $\mathbb{Z}$ des entiers relatifs. Ces résultats jouent un rôle important pour obtenir les formes canoniques d'un opérateur linéaire T sur un espace vectoriel V sur $\mathbb{K}$.

Tout polynôme de $\mathbb{K}[t]$ peut s'écrire sous la forme

$$f(t) = a_n t^n + \cdots + a_1 t + a_0$$

L'élément a_k est appelé le k-ième *coefficient* de f. Si n est le plus grand entier tel que $a_n \neq 0$, alors nous disons que f est de *degré* n et on écrit

$$\deg f = n$$

Nous appelons aussi a_n le *coefficient principal* de f et si $a_n = 1$, nous disons que f est un *polynôme unitaire*. D'autre part, si tous les coefficients de f sont égaux à 0, alors f est appelé le *polynôme nul* et on écrit $f = 0$. Le degré du polynôme nul n'est pas défini. [On pose par convention $\deg 0 = -\infty$ *(N.d.T.)*.]

A.2. DIVISIBILITÉ ; PLUS GRAND COMMUN DIVISEUR

Le théorème suivant formalise le procédé appelé « division euclidienne » de deux polynômes.

Théorème A.1 **(algorithme d'Euclide)** : Soit f et g deux polynômes sur un corps $\mathbb{K}$ avec $g \neq 0$. Alors il existe deux polynômes q et r tels que

$$f = qg + r$$

avec $r = 0$ ou $\deg r < \deg g$.

Preuve.— Si $f = 0$ ou si $\deg f < \deg g$, alors nous avons la représentation demandée

$$f = 0q + f$$

Supposons maintenant que $\deg f \geq \deg g$, et posons

$$f(t) = a_n t^n + \cdots + a_1 t + a_0 \quad \text{et} \quad g(t) = b_m t^m + \cdots + b_1 t + b_0$$

avec a_n, $b_m \neq 0$ et $n \geq m$. Nous formons le polynôme

$$f_1 = f - \frac{a_n}{b_m} t^{n-m} g \tag{1}$$

Alors, $\deg f_1 < \deg f$. Par récurrence, il existe des polynômes q_1 et r tels que

$$f_1 = q_1 g + r$$

avec $r = 0$ ou $\deg r < \deg g$. En remplaçant ceci dans *(1)*, puis en en résolvant en f, nous obtenons

$$f_1 = \left(q_1 + \frac{a_n}{b_m} t^{n-m} \right) g + r$$

qui est la représentation demandée.

Théorème A.2 : L'anneau $\mathbb{K}[t]$ des polynômes sur le corps $\mathbb{K}$ est un anneau principal. Si I est un idéal de $\mathbb{K}[t]$, alors il existe un polynôme unitaire unique d qui engendre I, c'est-à-dire tel que d divise tout polynôme $f \in I$.

Preuve.— Soit d un polynôme de plus petit degré dans I. Puisque le produit de d par un scalaire non nul quelconque appartient encore à I, nous pouvons supposer, sans perdre en généralité, que d est un polynôme unitaire. Maintenant, soit $f \in I$. D'après le théorème A.1, il existe des polynômes q et r tels que

$$f = qd + r \quad \text{avec} \quad r = 0 \text{ ou } \deg r < \deg d$$

Maintenant, $f, d \in I$ implique $qd \in I$ et, par suite, $r = f - qd \in I$. Or, par hypothèse, d est un polynôme de plus petit degré dans I. Par conséquent, $r = 0$ et $f = qd$, c'est-à-dire, d divise f. Il nous reste à montrer que d est unique. Soit d' un autre polynôme unitaire qui engendre I, alors d divise d' et d' divise d. Ceci montre que $d = d'$, puisque d et d' sont unitaires.

Théorème A.3 : Soit f et g deux polynômes non nuls de $\mathbb{K}[t]$. Alors il existe un polynôme unitaire unique d tel que : (i) d divise f et g ; et (ii) si d' divise f et g, alors d' divise d.

Définition : Le polynôme d précédent est appelé le *plus grand commun diviseur* des polynômes f et g. Si $d = 1$, alors f et g sont dits *premiers entre eux*.

Preuve du théorème A.3.— L'ensemble $I = \{mf + ng : m, n \in \mathbb{K}[t]\}$ est un idéal. Soit d le polynôme unitaire qui engendre I. Comme f, $g \in I$, d divise f et g. Supposons maintenant que d' divise f et g. Soit J l'idéal engendré par d'. Alors f, $g \in J$ et, par suite, $I \subset J$. Par conséquent, $d \in J$ et donc d' divise d. Il reste à montrer que d est unique. Si d_1 est un autre (polynôme unitaire) plus grand commun diviseur de f et g, alors d divise d_1 et d_1 divise d. Ce qui implique que $d = d_1$ puisque d et d_1 sont unitaires. Ainsi, le théorème est démontré.

Corollaire A.4 : Soit d le plus grand commun diviseur des polynômes f et g. Alors il existe des polynômes m et n tels que $d = mf + ng$. En particulier, si f et g sont premiers entre eux, alors il existe des polynômes m et n tels que $mf + ng = 1$.

Le corollaire découle directement du fait que d engendre l'idéal

$$I = \{mf + ng : m, n \in \mathbb{K}[t]\}$$

A.3. FACTORISATION

Un polynôme $p \in \mathbb{K}[t]$ de degré positif est dit *irréductible* si $p = fg$ implique que f ou g est un scalaire.

Lemme A.5 : Soit $p \in \mathbb{K}[t]$ un polynôme irréductible. Si p divise le produit fg des polynômes f et $g \in \mathbb{K}[t]$, alors p divise f ou p divise g. Plus généralement, si p divise le produit de n polynômes $f_1 f_2 \ldots f_n$, alors p divise l'un d'entre eux.

Preuve.— Supposons que p divise fg et ne divise pas f. Puisque p est irréductible; les polynômes f et p doivent donc être premiers entre eux. Ainsi, il existe des polynômes m, $n \in \mathbb{K}[t]$ tels que $mf + np = 1$. En multipliant cette équation par g, nous obtenons $mfg + npg = g$. Or p divise fg donc aussi mfg et p divise npg ; donc p divise la somme $g = mfg + npg$.

Supposons maintenant que p divise le produit $f_1 f_2 \ldots f_n$. Si p divise f_1, c'est terminé. Sinon, alors d'après le résultat précédent, p divise le produit $f_2 \ldots f_n$. Par hypothèse de récurrence sur n, p divise l'un des polynômes $f_2, \ldots, f_n$. Ainsi, le lemme est démontré.

Théorème A.6 (de factorisation unique) : Soit f un polynôme non nul de $\mathbb{K}[t]$. Alors, f peut être écrit de manière unique (à l'ordre près) sous la forme d'un produit

$$f = kp_1p_2\cdots p_n$$

où $k \in \mathbb{K}$ et les p_i sont des polynômes unitaires irréductibles dans $\mathbb{K}[t]$.

Preuve.— Nous démontrons d'abord l'existence d'un tel produit. Si f est irréductible, ou si $f \in \mathbb{K}$ alors, il est clair qu'un tel produit existe. D'autre part, supposons que $f = gh$ où g et h ne sont pas des scalaires. Alors les degrés de g et h sont inférieurs à celui de f. Par récurrence, nous pouvons supposer que

$$g = k_1g_1g_2\cdots g_r \quad \text{et} \quad h = k_2h_1h_2\cdots h_s$$

où k_1, $k_2 \in \mathbb{K}$ et les g_i et h_i sont des polynômes unitaires irréductibles. Par conséquent

$$f = (k_1k_2)g_1g_2\cdots g_rh_1h_2\cdots h_s$$

est la représentation cherchée.

Maintenant, nous démontrons l'unicité (à l'ordre près) d'un tel produit pour f. Supposons que $f = kp_1p_2\cdots p_n = k'q_1q_2\cdots q_m$ où $k, k' \in \mathbb{K}$ et les p_i et q_i sont des polynômes unitaires irréductibles. Maintenant p_1 divise $k'q_1q_2\cdots q_m$ et p_1 est irréductible donc p_1 doit diviser l'un des q_j d'après le lemme A.5. Disons, par exemple, p_1 divise q_1. Puisque p_1 et q_1 sont tous deux irréductibles et unitaires, nous avons $p_1 = q_1$. Par conséquent,

$$kp_2\cdots p_n = k'q_2\cdots q_m$$

Par récurrence, nous avons $m = n$ et $p_2 = q_2,\ldots, p_n = q_m$ à un réarrangement près des q_j. Nous avons également $k = k'$. Ainsi, le théorème est démontré.

Si $\mathbb{K}$ est le corps des complexes $\mathbb{C}$, alors nous avons le théorème suivant.

Théorème A.7 (théorème fondamental de l'algèbre) : Soit f un polynôme non nul sur le corps des complexes $\mathbb{C}$. Alors, f peut être écrit de manière unique (à l'ordre près) sous la forme d'un produit

$$f(t) = k(t - r_1)(t - r_2)\cdots (t - r_n)$$

où k, $r_i \in \mathbb{C}$, c'est-à-dire sous la forme d'un produit de polynômes linéaires.

Dans le cas où $\mathbb{K}$ est le corps des réels $\mathbb{R}$, nous avons le résultat suivant.

Théorème A.8 : Soit f un polynôme non nul sur le corps des réels $\mathbb{R}$. Alors, $f(t)$ peut être écrit de manière unique (à l'ordre près) sous la forme d'un produit

$$f(t) = kp_1(t)p_2(t)\cdots p_n(t)$$

où $k \in \mathbb{R}$ et les p_i sont des polynômes unitaires et irréductibles de degré un ou deux.

Index